5G NR and Enhancements

From R15 to R16

5G技术核心与增强

从R15到R16

OPPO研究院 —— 组编

沈嘉　杜忠达　张治　杨宁　唐海　等 —— 编著

清華大學出版社

北　京

内容简介

《5G技术核心与增强：从R15到R16》是OPPO研究院的5G技术专家和国际标准化代表共同编著的一本5G技术图书。与市面上已出版的5G书籍不同，本书不仅介绍了5G NR标准的基础版本——R15版本，也介绍了包含URLLC、NR V2X、非授权频谱通信等5G重要组成部分的5G增强技术标准——R16版本。本书的特色是深入介绍从无到有、由粗到细的5G技术方案遴选和标准形成的过程，不仅可以作为从事5G研发人员的工具书，也可以作为高校、企业中将要投身未来B5G及6G研究的学生和年轻研究人员学习5G的参考书。

图书在版编目（CIP）数据

5G技术核心与增强：从R15到R16/OPPO研究院组编；沈嘉等编著．—北京：清华大学出版社，2021.2
（新时代·技术新未来）
ISBN 978-7-302-57151-3

Ⅰ.①5… Ⅱ.O… ②沈… Ⅲ.①无线电通信-移动网 Ⅳ.①TN929.5

中国版本图书馆CIP数据核字(2020)第257064号

责任编辑：刘 洋
封面设计：徐 超
版式设计：方加青
责任校对：王荣静
责任印制：沈 露

出版发行：清华大学出版社
网　　址：http://www.tup.com.cn，http://www.wqbook.com
地　　址：北京清华大学学研大厦A座　　邮　　编：100084
社 总 机：010-62770175　　邮　　购：010-62786544
投稿与读者服务：010-62776969，c-service@tup.tsinghua.edu.cn
质 量 反 馈：010-62772015，zhiliang@tup.tsinghua.edu.cn
印 装 者：三河市金元印装有限公司
经　　销：全国新华书店
开　　本：185mm×260mm　　印　　张：40.5　　字　　数：1035千字
版　　次：2021年2月第1版　　印　　次：2021年2月第1次印刷
定　　价：198.00元

产品编号：077471-01

序　言

第四代移动通信（4G）技术有力支持了移动互联网业务的快速发展，为消费者的生活、工作提供了空前的便利，已成为迄今应用最成功的移动通信技术。而第五代移动通信（5G）除了进一步提升移动互联网的带宽外，还扩展了高可靠低时延通信（URLLC）、大规模机器通信（mMTC）等更多应用场景，有望打造一张应用于千行百业的移动物联网，对通信基础设施与经济社会各方面的深入融合产生深远意义。

5G 国际标准自 2015 年底开始起草，在 2018 年首先完成了以增强移动宽带（eMBB）为核心的第一版本——R15 版本。2020 年又完成了包含 URLLC、NR V2X、非授权频谱通信等重要垂直行业功能的增强版本——R16 版本。这两个版本构成了 5G 国际标准的核心，将于未来 10 年内在全球广泛部署，国内外大量通信技术人员也陆续投入 5G 设备、终端、应用的研发及 5G 网络的规划、部署、运维工作。这些人员都需要对 5G 技术和标准有深入透彻的理解，5G 技术也将成为今后一段时间高校和研究机构通信专业的教学和研究重点。因此在 5G R16 标准完成之际，编写并出版介绍 5G 标准，尤其是包含 R15 和 R16 版本的完整的技术专著，是非常必要和亟需的。这将对 5G 领域的技术研究、设备开发、系统部署和业务运营起到积极的推动作用，对未来的 B5G、6G 预研也可以提供重要参考。

本书的主要特点是没有局限于对 5G 标准的简单解释。书中不仅介绍了 5G 标准化的结果，而且基于作者的参会经历，深入剖析了 5G 标准化的历程，对 5G 研究和标准化过程中关键技术的取舍和设计方案的甄选过程进行了介绍，诠释了移动通信系统实用导向、整体设计、全面权衡的设计原则。本书一方面可以作为通信企业 5G 开发人员阅读规范、理解规范背后的关键技术和设计原理的参考资料；另一方面也可以作为高校、研究单位人员学习标准化工作的方法和规律的重要参考，为他们将来参与 B5G、6G 研发工作，与产业界顺利对接提供帮助。

本书的作者均为深入参与 3GPP 5G 国际标准化的第一线代表人员，参与了 5G R15、R16 历次标准化会议的技术讨论，经历了各次重大技术选择的确定过程，有些作者还作为负责人牵头了一些技术方向的研讨和标准起草工作。他们对 5G 技术原理和系统设计有深入的理解，对 5G 标准化过程有切身的体会，是精通 5G 标准的专家团队。本书编写的素材全部来自 3GPP 技术规范、标准化文稿、会议记录等第一手资料，具有较高的时效性、权威性和实用性。

当然，在未来几年里，5G 标准还将持续增强和演进，对 5G 标准的学习、研究和应用也是通信产业界一项长期的工作。希望通信产业界能够持续关注、重视 5G 标准的研究，希望本书的出版能为信息通信产业的长期、健康发展贡献一点力量。

中国工程院院士，北京邮电大学教授

张平

2020 年 8 月于北京

前　言

移动通信系统十年一代，从1G到4G，历经了模拟、数字、数据、宽带四次技术变革，为全世界的亿万用户带来了“前所未有”的崭新感受。尤其是4G技术开启了移动互联网时代，深刻改变了人们的生活方式。正当大家满足于微博微信、视频抖音、点餐购物、移动支付、手机游戏等4G带来的丰富的移动互联网应用和便利生活时，移动通信产业已经将目标从“2C”（面向用户）转向“2B”（面向企业），试图用5G NR（新空中接口）技术推动千行百业向数字化、移动化、自动化发展。因此，相较4G“吃喝玩乐神器”的定位，5G技术由于着重增加了对移动物联网的支持，因此在更大广度和更多维度上获得了更广泛的关注，其意义甚至上升到了国家间高科技竞争主要制高点的高度，一定程度上也超出了5G技术研发者的预料。5G技术的核心是什么？5G引入了哪些创新？5G与4G在技术上有什么区别？5G能达到什么样的技术能力？相信这些问题是广大读者都很关心的。在笔者看来，5G并不是神奇的、无所不能的技术，它在很大程度上继承了3G、4G的系统设计理念，引入了一系列必要的创新技术，面向各种垂直应用进行了一系列专门的优化。这些创新和优化绝大多数并不是几个词、几句话就能说明白的“大概念”，而是由很多细致、精巧的工程改进构成的。本书的目的就是将5G的这些创新点和优化点剖析开，讲解给读者。

某些“唯技术论”的观点可能认为5G照搬了4G的核心技术，不过是“宽带版4G”。诚然，从理论基础上讲，5G沿用了4G LTE的OFDMA（正交频分多址）+MIMO（多输入多输出）核心技术架构。但相比LTE的“简化版”OFDMA，5G系统设计在时域和频域上都实现了更大的灵活性，能够充分发挥OFDMA系统的技术潜力，有效支持eMBB（增强移动宽带）、URLLC（高可靠低时延通信）、mMTC（大规模物联网）等丰富的5G应用场景。同时，5G系统设计也远比4G要精细、复杂，在LTE设计的基础上做了很多修改、增强和扩展。所以，本书以LTE标准为基础（假设读者已经了解LTE的基础知识），着重介绍在5G NR采用的全新和增强的系统设计，解读5G NR相对4G LTE的“增量”。

与大部分5G书籍不同，本书采用了“剖析5G标准化过程”的写法。本书的核心作者在2008年曾撰写了《3GPP长期演进（LTE）技术原理与系统设计》一书，此书不仅介绍了LTE标准，而且介绍了“从无到有、从粗到细”的4G系统设计和标准起草过程，出版后受到广大读者的欢迎，被称为“4G红宝书”。这说明广大读者对这种写法的认可。时隔十二年，本书再次采用了这种写法。本书的作者都是OPPO公司的3GPP标准代表，在第一线深入参与、推动了绝大部分5G技术设计的形成，他们提出的很多技术方案也被接受，成为5G标准的一部分。由他们讲述各个方向的技术遴选、特性取舍、系统设计的全过程，对读者是最好的选择。5G作为一个复杂的系统，每个环节上的技术方案选择都不是孤立的，单点技术上的最优方案不一定是对整体系统性能贡献最大的方案，系统设计的目标是选择互相适配、整体最优的均衡的技术组合。本书在大部分章节中回顾5G标准化中出现的多种技术选项，介绍各种选项的优缺点，尽力解读3GPP从中筛选出最终方案的原因和考虑。这不仅包括性能因素，也包括设备实现的复杂度、信令设计的简洁性、对现有标准的影响程度等。如果只是“照本宣科”地对英文技术规范的最终版本进行翻译和解读，其实是大可不必费如此周章的。但作者希望通过讲述这一推理、选择的过程，帮助读者“既知其然，也知其所以然”，一窥无线通信系统设计的原则、方法和手段。

从另一个角度说，今天我们为5G选择的这些技术选项，只是在特定的时间、针对特定的业务需求、考虑近期的产品研发能力，做出的选择。未来业务需求变了，设备能力更强了，今天被淘汰的“次优”选项也有可能变成“最优”选项，重新回到我们的视野，成为新的选择。3GPP标准只是指导产品研发的“工具性文件”，并不具备解读技术原理和设计思想的功能。如果只把标准化的最终结果展示给读者，让读者误以为这些设计都是“天经地义的唯一选择”，仿佛过程中的“优劣对比，纠结取舍”都不曾发生过，那么呈现给读者的就只能是一个“片面的5G”。读者在很多境况下也会感到费解——为什么偏偏设计成这样？难道没有别的选择吗？这么设计有什么好处呢？如果是这样，作为经过了这一过程的标准化亲历者，作者也觉得是一个很大的遗憾。相反，如果今天的年轻读者能够通过这些技术选择过程批判地、客观地看待5G标准，在他们设计下一代系统（如6G）的时候，充分汲取5G标准化中的经验教训，有机会构思出更好的设计，那么作者在本书中的这些回顾、分析和总结工作就是很有意义的。由于具备这个特色，相信本书不仅可以作为5G研发人员在工作中查阅的一本工具书，而且可以成为对广大通信专业的高校教师、学生学习5G的较好的参考书。

本书共分为20章，除第1章概述之外，第2~14章可以看作对5G标准的基础、核心部分的介绍，这些内容主要是在3GPP R15版本中定义的，其核心还是针对eMBB应用场景，并为物联网业务提供了可扩展的技术基础。第15~19章介绍了在R16版本中定义的“5G增强”技术特性，包括URLLC、NR V2X、非授权频谱通信、终端节能等，很多是5G技术不可分割的必要部分。这也是本书并未在R15 5G标准完成的2019年出版，而是等到R16版本完成后的2020年出版的原因。正如前面提到的，5G相对4G等以前的移动通信系统的最大不同是增加了对各种物联网和垂直行业应用的支持。如果只介绍支持eMBB的R15，缺失了R16中的URLLC、NR V2X、非授权频谱通信等重要垂直技术，无疑是无法体现5G技术全貌的。在最后的第20章中，我们还简单介绍了R17版本中5G将要进一步增强的方向，以及我们对B5G和6G发展趋势的粗浅看法。

写在本书每一章开头的其他作者，都是作者在OPPO标准研究部的同事，他们都是各个技术领域的5G标准专家，其中很多人参加了4G LTE的标准化。在这里感谢他们为5G国际标准化做出的贡献。5G手机中的一部分硬件或软件设计（虽然可能只是很小一部分）也基于他们的创新和付出。同时，感谢OPPO产学研事务部的秦征、陈义旎、陈华芳为本书的出版做出的贡献。最后，还要感谢清华大学出版社的大力支持和高效工作，使本书能尽早与读者见面。

本书是基于作者的主观视角和有限学识对标准化讨论过程和结果的理解，观点难免有欠周全之处，敬请读者谅解，并提出宝贵意见。

作者
2020 年 8 月

目 录

第1章 概 述

苏进喜 沈 嘉 编著

第2章 5G系统的业务需求与应用场景

田文强 编著

第3章 5G系统架构

刘建华 杨 宁 编著

第 4 章 带宽分段（BWP）

沈 嘉 编著

第 5 章 5G 灵活调度设计

林亚男 沈 嘉 赵振山 编著

第 6 章　NR 初始接入

徐伟杰　贺传峰　田文强　胡荣贻　编著

第 7 章　信道编码

陈文洪　黄莹沛　崔胜江　编著

第 8 章　多天线增强和波束管理　史志华　陈文洪　黄莹沛　田杰娇　方　昀　尤　心　编著

第 9 章　5G 射频设计　邢金强　张　治　刘启飞　詹文浩　邵　帅　编著

第 10 章　用户面协议设计　石　聪　尤　心　林　雪　编著

第 11 章 控制面协议设计

杜忠达 王淑坤 李海涛 尤 心 编著

第 12 章 网络切片

杨皓睿 许 阳 编著

第 13 章 QoS 控制

郭雅莉 编著

第 14 章 5G 语音

许 阳 刘建华 编著

第 15 章 高可靠低时延通信（URLLC）

徐 婧 林亚男 梁 彬 沈 嘉 编著

第 16 章 高可靠低时延通信（URLLC）——高层

付喆 刘洋 卢前溪 编著

第 17 章 5G V2X

赵振山 张世昌 丁伊 卢前溪 编著

第 18 章　5G 非授权频谱通信

林　浩　吴作敏　贺传峰　石　聪　编著

第 19 章　5G 终端节能技术（Power Saving）

左志松　徐伟杰　胡　奕　编著

第 20 章 R17 与 B5G/6G 展望

杜忠达 沈 嘉 编著

缩略语

第1章 概　述

苏进喜　沈　嘉　编著

移动通信基本保持着每十年出现一代新技术的规律。从1979年第一代模拟蜂窝移动电话系统的试验成功至今，移动通信已经经历了四个时代并已经迈进了第五代。每一代移动通信系统的诞生都具有其特定的应用需求，并且不断采用创新的系统设计和技术方案来推动移动通信整体性能的快速提升。

第一代移动通信技术（1G）出现在20世纪70年代，首次采用蜂窝组网方式，能够为用户提供模拟语音业务，但其业务能力和系统容量都十分有限，而且价格昂贵。大约十年之后，第二代移动通信技术（2G）诞生，2G首次采用了窄带数字移动通信技术，不仅能够提供高质量的移动通话，还能够同时支持短消息和低速数据业务，并使得移动通信成本大幅下降，成为可以全球大规模商用的技术。20世纪90年代末，在互联网浪潮的推动下，第三代移动通信（3G）应运而生。3G最终产生了三种通信制式，分别为欧洲主导的WCDMA技术方案、美国主导的CDMA2000和中国自主提出的TD-SCDMA技术方案。3G的数据传输能力可达至数十Mbps，增强了语音用户的系统容量，同时也能够较好地支持移动多媒体业务。但移动通信技术发展的脚步并没有放缓，随着移动互联网和智能终端的爆发式增长，3G的传输能力越来越不能满足需求。2010年左右，第四代移动通信（4G）技术出现，4G采用正交频分多址复用（Orthogonal Frequency Division Multiplexing，OFDM）和多天线的多输入多输出（Multiple Input Multiple Output，MIMO）等空口关键技术，使得传输速率可达到100 Mbps~1 Gbps，能够支持各种移动宽带数据业务，可以很好地满足当前移动互联网发展的需求。

总之，经过近四十年的飞速发展，移动通信已经融入社会生活的每个角落，深刻地改变了人们的沟通、交流和生活方式。但通信的新需求仍然不断涌现，通信技术也在不断创新和持续演进。2020年全球迎来了第五代移动通信（5G）的大规模商用网络的部署。5G给人的总体印象是大带宽、低时延、广连接，实现万物互联。那5G具体是什么样子，解决了哪些问题，支持了哪些业务和需求，做了哪些技术增强和演进，本书会在下面内容中展开介绍。

在第四代移动通信技术刚刚启动商用之初，全球主流电信企业和研究机构就开始积极投入到第五代移动通信（5G）技术的研究方向。5G技术的产生有多个驱动力，包括新的应用场景出现，以及技术创新、标准竞争、业务驱动、产业升级等多方面因素。早在2013年，我国工信部、发改委和科技部就联合推动成立了IMT-2020（5G）推进组，组织国内产学研用力量开展5G需求、技术、标准、频谱的研究及国际合作。伴随着我国4G网络的大规模商用部署和成熟应用，我国在通信产业已经具备了深厚的技术积累和丰富的产业化经验。我国移动通信产业在经历了“1G空白、2G跟随、3G突破和4G同步”发展之后，抓住了5G发展的良好时机，最终成为5G技术、标准、产业和应用服务的先进国家，奠定了我国在5G全球产业的竞争优势。

当然，5G技术演进和发展除了国家战略和产业竞争这个宏观的驱动力外，还有技术本身的持续优化和增强，向着更高更强的技术指标和系统目标演进的必然结果。5G技术采用了新空口（NewRadio，NR）设计[2,4,6,18-26]，基于LTE的OFDM+MIMO底层空口技术框架，在系统方案设计上相比LTE做了大量技术增强和改进，包括支持更高的频谱范围和更大的载波带宽、灵活的帧结构、多样化的参数集、优化参考信号设计、新型编码、符号级别的资源调度、MIMO增强、时延降低、覆盖增强、移动性增强、终端节能、信令设计优化、全新的网络架构、业务QoS（Quality of Service）保障增强、网络切片、车联网（Vehicle to everything，V2X）、工业互联网（Industry Internet of Things，IIoT）、非授权频谱设计（New Radio-Unlicensed，NR-U）、对多种垂直行业的良好支持等。这些更加先进合理的技术方案使得5G可以在未来产品开发和商业部署时，真正地满足人与人、人与物、物与物之间的泛在连接和智能互联的5G愿景。

1.1 NR相比LTE的增强演进

移动通信已经深刻地改变了人们的生活，而且正在渗入社会的各个领域。尽管4G是一代非常成功的移动通信系统[1]，很好地满足了移动互联网的发展需求，给人们之间的信息沟通带来了极大的便捷，使得全社会和诸多产业尽享移动通信产业发展带来的红利，但4G采用的LTE技术仍然存在一些不足，同时LTE在商用网络部署中也存在一些未能解决的问题。任何技术演进和产业的升级换代，都是由于具有了业务和应用需求的强大驱动力才得以快速成熟和发展。移动互联网和移动物联网作为5G发展的两大主要驱动力，为未来移动通信的发展提供了广阔的前景。5G定义了三大应用场景[3,5]，分别是增强移动宽带（Enhanced Mobile Broadband，eMBB）、高可靠低时延通信（Ultra-Reliable and Low Latency Communications，URLLC）和大规模物联网（Massive Machine Type Communications，mMTC）。其中eMBB主要面向移动互联网，而URLLC和mMTC则面向移动物联网。移动互联网将以用户为中心构建全方位的信息生态系统，近些年来超高清视频、虚拟现实（Virtual Reality，VR）、增强现实（Augmented Reality，AR）、远程教育、远程办公、远程医疗、无线家庭娱乐等以人为中心的需求正变得越来越普及，这些陆续出现的新业务需求必然会对移动通信的传输带宽和传输速率提出更高的要求。同时，移动物联网、工业互联网、车联网、智慧电网、智慧城市等垂直行业也在向信息化和数字化快速转型。除了智能手机外，可穿戴式设备、摄像头、无人机、机器人、车载船载等终端模组、行业定制终端等移动终端的形态也更加丰富多样。可见，基于5G的愿景和不断诞生各种新业务需求和新的应用场景，4G技术已很难满足，4G向5G技术演进和发展是必然趋势。下面就LTE技术存在的主要不足以及5G NR（New Radio）中相应的增强和优化进行介绍。

- **NR支持了更高的频谱范围**

LTE支持的频谱范围主要为低频谱，可支持的最高频谱为TDD的Band42和Band43，在

3 400～3 800 MHz 范围内。而从全球 LTE 实际商用部署网络情况看，基本都部署在 3GHz 以下的频谱范围内。对移动通信而言，频谱是最珍贵、最稀缺的资源，低频谱可用范围小，而且会被已有移动通信系统长期占用。而随着后续移动通信互联网业务的蓬勃发展，无线通信的需求和传输速率要求越来越高，高容量区域 4G 网络已经出现业务拥塞，因此亟须挖掘出更多的频谱来支持未来移动通信的发展。

结合全球无线电频谱使用情况看，6 GHz 以上的频谱范围内还有很广阔的频谱未被利用，因此 5G 支持 FR2（Frequency Range 2，FR2）频率范围（24.25～52.6 GHz）内的毫米波频谱，以更好地满足和解决无线频谱不足的问题。同时，为了解决毫米波传播特性不理想、传播损耗大、信号易受遮挡而阻塞等问题，NR 协议引入了波束扫描、波束管理、波束失败恢复、数字+模拟混合波束赋形等一系列技术方案，来保证毫米波传输的正常通信。支持广阔的毫米波频谱是 5G NR 相比 LTE 的一个巨大增强点，它可以使得未来 5G 部署和业务应用释放出巨大的潜能。

● **NR 支持更大系统带宽**

LTE 标准定义单载波带宽最大为 20 MHz，如果系统带宽超过这个范围，则需要通过多载波聚合（Carrier Aggregation，CA）方式来支持。载波聚合由于在空口存在辅载波添加和激活过程，以及多载波之间的联合调度，会增加协议复杂度和实现复杂度。同时，多载波聚合的载波之间预留一定的保护间隔（Guard Period，GP），会浪费有效频谱效率。此外，LTE 载波有效信号的发射带宽仅为载波带宽的 90%左右，频谱利用率也有一定损失。经过近十年半导体产业和工艺水平的发展，半导体芯片和关键的数字信号处理器件的处理能力都大幅增强，加之射频功率放大器以及滤波器等半导体新材料、新器件的应用，使得 5G 设备处理更大的载波带宽成为可能。目前 5G NR 最终定义低于 6 GHz 频谱的最大载波带宽为 100 MHz，毫米波频谱的最大载波带宽为 400 MHz，相比 LTE 的载波带宽提升了一个数量级，为 NR 系统支持大带宽超高吞吐量奠定了更好的基础。

相比 LTE，NR 还大幅提高了系统带宽的有效频谱效率，通过施加数字滤波器的方式，使得载波的有效带宽由 LTE 的 90%提高到了 98%，等效提升了系统容量。

● **NR 支持了更加灵活的帧结构**

LTE 支持 FDD 和 TDD 两种帧结构，分别为帧结构类型 1 和帧结构类型 2。而对于 TDD 帧结构，是通过配置和调整上下行时隙配比来决定上下行业务容量的。LTE 对 TDD 的帧结构是定义了 7 种固定的上下行时隙配比的帧结构，小区建立过程中就确定了。尽管 LTE 后续演进版本也进行了动态 TDD 帧结构设计，但对传统 UE 有限制，且整体方案不够灵活，因此在 LTE 商用网络中一直未得到实际应用。

NR 从设计之初就考虑了帧结构的灵活性。首先，不再区分 FDD 和 TDD 帧结构，而是采用将时隙中 OFDM 符号配置为上行或下行来实现 FDD 的效果。其次，TDD 频谱的上下行配置周期可以灵活配置，如可以通过信令配置为 0.5 ms、0.625 ms、1 ms、1.25 ms、2 ms、2.5 ms、5 ms、10 ms 等各种周期长度。此外，在一个时隙内的每个符号除了固定配置为上行符号和下行符号外，还可以配置为灵活（Flexible）属性的符号。Flexible 符号可以基于物理层控制信道的动态指示，实时生效为下行符号或上行符号，从而达到灵活支持业务多样性的效果。可见，5G NR 对 TDD 帧结构和上下行资源配置提供了巨大的灵活性。

- **NR 支持了灵活的参数集**

LTE 标准中定义 OFDM 波形的子载波间隔（Subcarrier Spacing，SCS）固定为 15 kHz，基于 OFDM 系统基本原理，OFDM 符号时域长度与 SCS 成反比，因此 LTE 的空口参数是固定的，没有灵活性。LTE 支持的业务主要还是传统的移动互联网业务，拓展支持其他类型业务则会受限于固定的底层参数。

NR 为了更好地满足多样化的业务需求，支持了多种子载波间隔。SCS 以 15 kHz 为基准并以 2 的整次幂为倍数进行扩展，包含 15 kHz、30 kHz、60 kHz、120 kHz、240 kHz 等多种子载波间隔的取值，伴随着 SCS 的增加，对应的 OFDM 符号长度也等比例缩短。由于采用了灵活的子载波间隔，因此可以适配不同的业务需求。例如，URLLC 的低时延业务需要较大的子载波间隔缩短符号长度进行传输，以降低传输空口时延。而大链接的物联网类 mMTC 业务则需要缩小子载波间隔，通过增大符号传输时长和功率谱密度来提升覆盖距离。

NR 支持的毫米波频谱的载波带宽往往比较大，且多普勒频偏也相对较大，因此高频谱载波适合采用较大的子载波间隔 SCS，抵抗多普勒频移。同理，针对高速移动场景，也适合采用较大的子载波间隔。

可见，NR 通过支持灵活的参数集和高低频统一的新空口框架，为后续 5G 多种业务的灵活部署和多业务共存奠定了良好的技术支撑。

- **NR 对空口的低时延的增强**

LTE 协议中定义的数据调度和传输的时间间隔以 1 ms 子帧为基本单位，正是这种固有设计导致了一次空口数据传输无法突破 1 ms 的时间单位限制。再加上 LTE 的 HARQ 重传的至少 N+4 时序定时关系，使得 LTE 的空口时延很难满足低时延的业务要求。尽管 LTE 在后续演进的协议版本中引入了缩短传输时间间隔（Transmission Time Interval，TTI）技术方案，但受限于 LTE 整个产业进度、开发成本以及部署需求不强烈等实际因素，TTI 技术在 LTE 商用网络中的实际应用概率极低。

针对解决空口时延问题，5G NR 在设计之初就在多个技术维度上进行了考虑和优化。首先，NR 采用了灵活的子载波间隔（Subcarrier Spacing，SCS），针对低时延业务可以通过采用大子载波间隔来直接缩短 OFDM 符号长度，从而降低了一个时隙的时间长度。

其次，NR 支持了符号级别（Symbol-level）的资源分配和调度方式，下行数据信道的时域资源分配粒度可以支持 2、4、7 个符号长度，上行则可以支持任意符号（1~14 个）长度的资源调度。采用符号级调度，可以在数据包到达物理层时，不用等到下一帧边界或下一个时隙边界，而是可以在当前时隙的任何符号位置进行传输，这样可以充分降低数据包在空口的等待时延。

除了采用增大子载波间隔和符号级调度机制来降低空口时延外，NR 还通过自包含（Self-contained）时隙的方式来降低混合自动重传 HARQ（Hybrid Automatic Repeat Request）的反馈时延。自包含时隙概念就是在一个时隙内包含下行符号、保护间隔符号和上行符号 3 种不同方向属性的符号，即同一个时隙内包含下行数据信道（PDSCH）传输、保护时间间隔（Guard Period，GP）和下行确认反馈（ACK/NACK）传输，使得 UE 可以在同一个时隙内完成对下行数据接收译码并快速地完成相应的 ACK/NACK 反馈，从而大幅降低 HARQ 的反馈时延。当然，实现自包含时隙对 UE 处理能力也提出了很高的要求，非常适合低时延、高可靠（URLLC）的场景。

- **NR 对参考信号的增强设计**

参考信号设计是移动通信系统设计中最重要的一个技术点，因为接收端对无线信道估计就是通过参考信号来获得的，参考信号设计好坏会直接影响接收端对空口信号的解调性能。在4G系统中，LTE 协议定义的小区级公共参考信号（Cell-specific Reference Signal，CRS），可用于小区内所有用户的下行同步保持和频率跟踪，同时也用于 LTE 用户在空频块编码（Space Frequency Block Code，SFBC）和空分复用（Spatial Division Multiplexing，SDM）等多种传输模式下的解调参考信号，即用户基于 CRS 获得的信道估计用于下行业务信道（PDSCH）数据的解调和接收。CRS 在频域上是占满整个载波带宽的，小区建立后基站就恒定发送，与小区内是否存在用户以及是否有数据传输无关，是一种 always-on 信号。这种 always-on 参考信号 CRS 由于满带宽发送，不但占用较大的下行资源开销，而且还会带来网络中小区间交叠区域的同频干扰。恒定参考信号发送也会导致基站设备在小区无业务发送时，无法采用射频关断等技术手段而实现有效节能。

针对 LTE 的公共参考信号 CRS 存在的这些问题，5G NR 在导频设计上做了根本性改进，尽量避免了小区级公共信号。例如，在 NR 系统中小区级的公共信号仅保留了同步信号，其余参考信号都是用户级（UE-specific）的。这样可以减少小区级公共信号固定占用的系统开销，提高频谱利用率。例如，基站有数据发送给 UE 时，在调度用户业务数据的带宽内才会发送 UE-specific 的解调参考信号（Demodulation Reference Signal，DMRS）。另外，考虑到5G 基站系统会普遍采用大规模天线（Massive MIMO）的波束赋形技术来进行数据传输，数据符号和解调导频采用相同的预编码方式，有数据传输时才发送导频信号，波束赋形发送也会有效降低系统中的干扰。

同时，NR 在 DMRS 导频设计采用前置导频（Front Loaded DMRS）结合附加导频（Additional DMRS）的设计方案。前置 DMRS 有利于接收端快速获得信道估计，降低解调译码时延。而引入附加 DMRS 的目的是满足高速移动场景下对 DMRS 时域密度的需求。用户在不同移动速度下，基站可以配置时隙内附加导频的数目，以匹配用户的移动速度，为用户获得精准信道估计提供保证。

- **NR 对 MIMO 能力的增强**

LTE 的空口技术就是 OFDM+MIMO，且对 MIMO 的支持一直在不断演进和增强，LTE 的后期版本引入的全维度 MIMO（Full Dimension MIMO，FD-MIMO），在水平维度和垂直维度都做到空间的窄波束赋形，可以更好地支持用户的空间区分度。但 MIMO 技术作为提升无线通信空口频谱效率和系统容量的最重要的技术手段，一直是一个持续追求极致性能的重要方向。

伴随着大规模天线（Massive MIMO）阵列的关键器件的成熟以及设备逐渐具备工程化应用和商业化部署的要求，从 5G 需求场景定义和系统设计之初，就把 Massive MIMO 视为 NR 重要的技术手段和 5G 商用网络大规模部署的主流产品形态。因此，5G NR 在标准化过程中对 MIMO 技术又做了大量的优化和增强。

首先，NR 针对解调导频（DMRS）进行了增强，基于频分和码分的方式使得 DMRS 可以支持最大 12 个正交端口，相比 LTE 可以更好地满足多用户 MIMO（MU-MIMO）的性能。其次，NR 相比 LTE 新引入了更高性能的类型 2 码本（Type2 Codebook），基于 CSI-RS 的类型 2 码本可以最佳地反馈空间信道的匹配程度。基站获得 UE 反馈的高精度码本后，可以更好地实现空间波束指向性和赋形精准度，大幅提升多用户多流空分复用的性能。

相比 LTE，NR 的一个巨大优势是增加了对毫米波频谱的支持。毫米波具有频谱高、波长短、空间传播损耗大、绕射能力弱、穿透损耗大等特点，因此毫米波通信必须要通过极窄的波束对准传输才能保证通信链路的质量。为了解决这些问题，NR 采用了数字加模拟混合波形赋形的技术。为了增强覆盖，NR 支持了对广播信道和公共信道的窄波束扫描机制（Beam Sweeping）。针对控制信道和业务信道，NR 引入了波束管理（Beam Management）的机制，包含多波束扫描、波束跟踪、波束恢复等技术手段和过程，目的就是使得通信双方的波束对准，自适应跟踪用户的移动。在此基础上，NR 又进一步支持了多天线面板（Multi-panel）的设计，以提升传输的可靠性和容量。

可见，5G 针对 MIMO 技术引入的一系列的增强方案，再结合大规模天线设备本身能力的提升，必然会使得 Massive MIMO 在 5G 移动通信系统中释放出巨大的技术优势和经济效益。

- **NR 对终端节能技术的增强**

LTE 在对终端节电方面的技术设计考虑并不多，主要是非连续接收（DRX）技术。而 5G 系统的工作带宽增大、天线数增加、传输速率增加等因素，会导致终端上的射频模块和基带信号处理芯片的功耗大幅增加，从而造成手机工作过程中发热发烫或待机时间短等问题，这些问题会严重影响用户体验。

5G 针对终端面临的功耗问题，设计了多种技术方案。从时域节能角度，5G 针对连接态用户在配置了非连续接收（DRX）情况下，新引入了唤醒信号（Wakeup Signal）。由网络侧根据对业务量传输需求来判断是否在 DRX 激活周期到来前唤醒 UE 进行数据接收监听。这样可以避免用户在没有数据传输的情况下，进入 DRX 激活状态进行额外的业务监听，从而带来不必要的 PDCCH 检测功耗。另外，5G 还引入了跨时隙调度的机制，可以在业务数据不连续和偶发性业务传输情况下，减少 UE 在解码出 PDCCH 之前对 PDSCH 信道数据不必要的接收和处理，从时域上降低射频电路的激活时长。

从频域节能角度，5G 引入了带宽分段（Bandwidth Part，BWP）的功能。如前文所述，NR 的载波带宽相比 LTE 增大很多，很多核心频谱都可以支持典型的 100 MHz 载波带宽，大带宽的优势就是可以获得高的传输速率。但如果业务模式是小数据量传输或在业务不连续的情况下，UE 工作在大带宽模式下，是非常不经济的。BWP 的核心就是定义一个比小区的载波带宽和终端带宽能力都小的带宽，当空口传输的数据量比较低时，终端在网络侧的动态配置下工作在一个较小的带宽内进行收发操作，这样终端的射频前端器件、射频收发器以及基带信号处理模块都可以在一个较小处理带宽和较低的处理时钟的条件下工作，从而工作在一个耗电更低的状态。

另一个在频域上节能的技术手段，是针对 MR-DC（Multi-RAT Dual Connectivity）和 NR-CA 场景下引入的辅载波（Scell）休眠机制。处于激活态的辅载波，在无数据传输时可以进入休眠模式（Dormant Scell）。UE 在休眠模式下可以不用监听 PDCCH（Physical Downlink Control Channel），只进行信道状态信息（Channel Status Information，CSI）测量，有数据传输时再快速切换到正常状态进行调度信息监听，从而在不激活辅载波的情况下起到降低 UE 功耗的效果。

从频域和天线域角度，5G 引入了 MIMO 层数自适应的功能，网络侧结合对终端数据量传输需求，结合 BWP 的配置可以降低空间传输的层数，使得 UE 可以降低 MIMO 处理能力和吞吐速率，达到降低终端功耗的效果。

除了上述几种终端节能的技术外，5G 还支持放松对 UE 的无线资源管理（Radio

Resource Management，RRM）测量的要求以降低功耗。例如，UE 处于静止或者低速移动时，可以在不影响 UE 移动性的情况下，采用加大 RRM 测量周期等方式适当放松测量要求，来减少 UE 耗电；或者当 UE 处于空闲态（IDLE）和非激活态（INACTIVE）时，或者未处于小区边缘时，都可以进行适当的 RRM 测量放松，从而减少 UE 耗电。

- **NR 对移动性的增强**

LTE 的移动性管理主要基于 UE 的测量上报，由源基站触发切换请求，并将切换请求发送给目标基站。当收到目标基站的确认回复之后，源基站发起切换流程，并将目标基站的配置信息发送给终端。终端收到该配置消息之后，向目标基站发起随机接入流程，当随机接入过程成功时，则完成切换过程。可见，LTE 系统中的小区切换过程，UE 需要先在目标小区完成随机接入后，才能进行业务传输，不可避免地会存在短暂的业务中断过程。

为了满足 0 ms 中断要求以及提高切换的鲁棒性，5G NR 针对移动性做了两个方面的主要增强：基于双激活协议栈的切换机制和条件切换机制。

双激活协议栈的切换机制与 LTE 切换流程类似，终端基于收到的切换命令判断所要执行的切换类型。如果该切换类型为基于双激活协议栈的切换，则终端在释放源小区之前会保持与源小区的数据收发直到终端成功完成与目标小区的随机接入流程。只有当终端成功接入到目标基站后，终端才会基于网络侧的显示信令去释放源小区的连接并停止与源小区的数据收发。可见，终端在切换过程中会存在与源小区和目标小区同时保持连接和数据传输的状态。通过双激活协议栈设计，使得 NR 可以满足切换过程中 0 ms 中断时延的指标，极大提升了用户在移动过程中的业务感知。

条件切换机制的目标主要是提高用户切换的可靠性及鲁棒性，用以解决在切换过程中由于切换准备时间过长导致的切换过晚的问题或由于切换过程中源小区信道质量急剧下降导致的切换失败的问题。条件切换的核心思想是提前将切换命令内容预配置给 UE，当特定条件满足时，UE 就可以自主地执行切换命令中的配置，直接向满足条件的目标小区发起切换接入。由于切换条件满足时 UE 不再触发测量上报，且 UE 已经提前获取了切换命令中的配置，因而解决了前面提到的测量上报和切换命令不能被正确接收的问题。特别是针对高速移动场景或在切换带出现信号快速衰落的场景，条件切换能极大提高切换成功率。

- **NR 对协议栈的增强**

5G NR 的协议栈大框架是基于 LTE 的协议栈来设计的，然而 LTE 主要以移动宽带业务作为典型应用场景，基本未考虑低时延、高可靠等垂直行业的新业务。5G NR 的高层协议栈相对于 LTE 做了大量增强和优化，从而更好地支持低时延、高可靠业务，主要包括如下四个方面。

第一，5G NR 的媒体接入控制层（Medium Access Control，MAC）增强了 MAC PDU 的格式。在 LTE MAC 中，MAC PDU 的所有子包头都位于 MAC PDU 的头部，而在 NR MAC 中，子包头与相对应的 SDU 紧邻。换句话说，NR 中的 MAC PDU 包含了一个或多个 MAC 子 PDU，每个子 PDU 包含子包头和 SDU。基于这样的设计，收发端在处理 MAC PDU 时可以利用类似“流水线”的方式处理 MAC PDU，从而提高处理速度，降低时延。

第二，5G NR 的无线链路控制层（Radio Link Control，RLC）优化了数据包的处理流程，采用了预处理机制。在 LTE RLC 中，其在生成 RLC PDU 时，需要收到底层传输资源的指示，也就是说只有当获得了物理层传输资源时才能产生 RLC PDU。而对于 NR RLC，其在设计之初就去掉了数据包级联功能，支持在没有收到底层资源指示时，就可以提前将 RLC PDU 准备好，这样可以有效减少在收到物理层资源时实时生成 RLC PDU 的时延。

第三，5G NR 的分组数据汇集协议（Packet Data Convergence Protocol，PDCP）层支持了数据包的乱序递交模式。该功能通过网络侧的配置，PDCP 层可以支持将 RLC 层递交过来的完整数据包以乱序模式递交到上层。换句话说，PDCP 层在这种递交模式下可以不用等所有数据包都按序到达后再执行向上层递交地操作，从而可以减少数据包的等待时延。

第四，为了提高数据包的传输可靠性，5G NR 的 PDCP 层还支持数据包的复制传输模式。该功能通过网络侧配置，PDCP 层可以将 PDCP PDU 复制为两份相同的数据包，通过将相同的 PDCP PDU 递交到关联的两个 RLC 实体，并最终在空口不同的物理载波上或不同的无线链路上冗余传输，来提高传输可靠性。

- **NR 对业务服务质量（QoS）保障的增强**

LTE 系统中通过 EPS 承载的概念进行 QoS（Quality of Service）控制，是 QoS 处理的最小粒度，单个 UE 在空口最多支持 8 个无线承载，对应最多支持 8 个演进分组系统（Evolved Packet System，EPS）承载进行差异化的 QoS 保障，无法满足更精细的 QoS 控制需求。基站对于无线承载的操作和 QoS 参数设定完全依照核心网的指令进行，对于来自核心网的承载管理请求，基站只有接受或拒绝两种选项，不能自行建立无线承载或进行参数调整。LTE 定义的标准化 QCI（QoS Class Identifier）只有有限的几个取值，对于不同于当前运营商网络已经预配的 QCI 或标准化 QCI 的业务需求，无法进行精确的 QoS 保障。随着互联网上各种新业务的蓬勃发展，以及各种专网、工业互联网、车联网、机器通信等新兴业务的产生，5G 网络中需要支持的业务种类，以及业务的 QoS 保障需求远超 4G 网络中所能提供的 QoS 控制能力。

为了给 5G 多种多样业务提供更好的差异化 QoS 保证，5G 网络对 QoS 模型和种类进行了更加精细化的调整。在核心网侧取消了承载的概念，以 QoS Flow（QoS 流）进行代替，每个 PDU 会话可以有最多 64 条 QoS 流，大大提高了差异化 QoS 区分度，从而进行更精细的 QoS 管理。基站自行决定 QoS 流与无线承载之间的映射关系，负责无线承载的建立、修改、删除，以及 QoS 参数设定，从而对无线资源进行更灵活的使用。5G 网络中还增加了动态的 5QI 配置，时延敏感的资源类型，以及反向映射、QoS 状态通知、候选 QoS 配置等特性，从而可以对种类繁多的业务提供更好的差异化 QoS 保证。

- **NR 对核心网架构演进的增强**

在 LTE 网络中，采用控制平面和用户平面不分离的网络架构方式，终端的会话管理和终端的移动性管理通过同一个网络实体处理，导致网络演进的不灵活性和不可演进性。

到了 5G 时代，5G 移动通信目标是实现万物互联，支持丰富的移动互联网业务和物联网业务，4G 的网络架构主要满足语音要求和传统的移动宽带（MBB）业务，已经不能高效地支持丰富多样的业务。

为了能够更好、更高效地满足上述需求，同时，为了支持运营商更好地实现服务的快速创新、快速上线、按需部署等，3GPP 采用控制平面和用户平面完全分离的网络架构方式。此种设计方式有利于不同网元独立的扩容、优化和技术演进。用户面既可以集中部署也可以分布式部署，在分布式部署时可以将用户面下沉到更接近用户的网络实体，提升对用户请求的响应速度；而控制面集中管理、统一集群部署，可以提升可维护性和可靠性。

同时，移动网络需要一种开放的网络架构，通过开放网络架构的更改支持不断扩充的网络能力，通过接口开放支持业务访问所提供的网络能力。基于此，3GPP 采纳 5G 服务化网络架构（Serviced Based Architecture，SBA）。基于 5G 核心网进行了重构，以网络功能（Network Function，NF）的方式重新定义了网络实体，各 NF 对外按独立的功能（服务）提供功能实现并可互相调用，从而实现了从传统的刚性网络（网元固定功能、网元间固定连接、固化信令交互等），向基于服务的柔性网络的转变。基于服务化的网络架构（Service Based Architecture，SBA）解决了点到点架构紧耦合的问题，实现了网络灵活演进，满足了各种业务灵活部署的需求。

1.2 NR 对新技术的取舍

通过 1.1 节的内容可以看出，NR 在标准化过程中相比 LTE 技术做了大量增强和优化。为了满足未来移动通信网络大带宽、低时延、高速率的基本目标，以及能更灵活地支持垂直行业多样化业务的需求，NR 从标准研究和技术方案设计之初的目标就是采用新架构、新空口、新参数、新波形、新编码、新多址等多项全新的关键技术。在正式的标准化制定阶段，每项关键技术都是经过审阅很多公司提交的大量的方案研究报告和技术建议提案，经过多轮讨论和评估，综合考虑多方面的因素做出一定取舍和权衡，最终形成的标准化结论。从最终的 NR 标准化结果可以看到，有些新技术，如新参数、新编码等，最终形成了标准化方案，但也有一些在标准化过程中被充分讨论的关键技术，并没有最终在已经完成的 R15 和 R16 的版本中被标准化，如新波形和新多址这两项技术。下面对 NR 在标准化过程中对新技术的取舍做一些简单的探讨和总结。

1.2.1 NR 对新参数集的选择

NR 之所以需要设计灵活的参数集，是因为 NR 需要更好地支持多样化的业务需求。LTE 标准中定义 OFDM 波形的子载波间隔（Subcarrier Space，SCS）为固定的 15 kHz，这种单一的子载波间隔的参数不能满足 5G 的系统需求。5G 典型的 3 种业务 eMBB、URLLC、mMTC 对传输速率、空口时延、覆盖能力的指标要求是不同的，因此不同的业务需要采用不同的参数集（子载波间隔、循环前缀 CP 长度等）进行部署。相较于传统的 eMBB 业务，URLLC 的低时延业务需要较大的子载波间隔缩短符号长度进行传输，以降低传输空口时延。而大连接的物联网 mMTC 业务往往需要缩小子载波间隔，通过增大符号传输时长和功率谱密度来提升覆盖距离。而且 NR 需要不同参数集的业务在空口能够良好共存，互不干扰。

基于 OFDM 系统基本原理，OFDM 波形的子载波间隔与 OFDM 符号长度成反比。由于改变子载波间隔可以对应改变 OFDM 符号长度，从而可以直接决定一个时隙在空口传输的时间长度。考虑到 NR 要更好地支持不同的空口传输时延，同时也要支持大的载波带宽，因此 NR 最终支持了多种子载波间隔，SCS 以 15 kHz 为基准并以 2 的整次幂为倍数进行扩展，包含 15 kHz、30 kHz、60 kHz、120 kHz、240 kHz、480 kHz 等多种子载波间隔的取值，伴随着 SCS 增加，对应的 OFDM 符号长度也等比例缩短。这样设计的目的是使得不同的子载波间隔的 OFDM 符号之间能够实现边界对齐，便于实现不同子载波间隔的业务频分复用时的资源调度和干扰控制。当然，NR 讨论之初，也考虑过以 17.5 kHz 为基准的子载波间隔，但经过评估，以 15 kHz 为基准的子载波间隔能更好地支持和兼容 LTE 与 NR 的共存场景和频谱共享的场景，因此，其他 SCS 参数集的方案就没有被采纳。

采用了灵活可变的子载波间隔，可以适配不同的业务需求。例如，采用较大的 SCS，可以使符号长度缩短，从而降低空口传输时延。同时，OFDM 调制器的 FFTsize 和 SCS 共同决定了信道带宽。对于给定频谱，相位噪声和多普勒频移决定了最小的子载波间隔 SCS。高频谱的载波带宽往往比较大，且多普勒频偏也相对较大，因此高频谱载波适合采用较大的子载波间隔 SCS，既可以满足 FFT 变换点数的限制，又可以更好地抵抗多普勒频移。同理，针对高速移动场景，也适合采用较大的子载波间隔来抵抗多普勒频偏的影响。

基于如上分析，NR 支持多种子载波间隔，从而具有很好的扩展性，灵活的参数集能很好地满足不同的业务时延、不同的覆盖距离、不同的载波带宽、不同的频谱范围、不同的移动速度等各种场景需求。可见，NR 通过支持灵活的参数集和高低频统一的新空口框架，为 5G 多种业务的灵活部署和多业务共存奠定了良好的技术基础。

1.2.2 NR 对新波形技术的选择

关于 NR 对新波形的需求，与前面讨论的灵活的参数集有相同的出发点，即 NR 需要支持多样化的业务需求。当不同的业务在空口通过不同的参数集（子载波间隔、符号长度、CP 长度等）进行传输时，需要能良好共存、互不干扰。因此，新波形的设计目标是具有更高的频率效率，良好的载波间抵抗频偏和时间同步偏差的能力，更低的带外辐射干扰，优良的峰均比（Peak to Average Power Ratio，PAPR）指标，同时也能满足用户之间的异步传输和非正交传输。

如大家所了解，LTE 下行方向采用的 CP-OFDM（Cyclic Prefix-Orthogonal Frequency Division Multiplexing）波形具有一些固有的优势，如抵抗符号间干扰和频率选择性衰落效果好，频域均衡接收机简单、易与 MIMO 技术相结合、支持灵活的资源分配。但 CP-OFDM 波形也有固有的劣势，如有较高的信号峰均比，CP 的存在会有一定的频谱效率开销，对时间同步和频率偏差比较敏感，带外辐射较大，载波间干扰会导致性能下降。基于 NR 需要满足支持多种新业务的需求，空口新波形设计的目标是需要根据业务场景和业务类型灵活地选择和配置适合的波形参数。例如，将系统带宽划分若干子带承载不同的业务类型，选择不同的波形参数，子带之间只存在极低的保护带或完全不需要保护带，各子带可以采用数字滤波器进行滤波处理，来消除各子带之间的相关干扰，实现不同子带的波形解耦，满足不同业务之间的灵活共存。

在 NR 新波形的标准讨论过程中，以 CP-OFDM 波形为基础，提出了多种优化的或全新的波形方案[7-17]。如表 1-1 所示，有十几种新波形的建议方案被提交，主要可以分为三大类波形：时域加窗处理；时域滤波处理；不做加窗和滤波处理。

表 1-1 NR 候选新波形

	Time Domain Windowing（时域加窗）	Time Domain Filtering（时域滤波）	Without Windowing/Filtering（不做加窗和滤波）
Multi-carrier（多载波）	FB-OFDM FBMC-OQAM GFDM FC-OFDM W-OFDM OTFS	F-OFDM UF-OFDM FCP-OFDM OTFS	CP-OFDM OTFS

续表

	Time Domain Windowing（时域加窗）	Time Domain Filtering（时域滤波）	Without Windowing/Filtering（不做加窗和滤波）
Single-carrier（单载波）	DFT spreading+ TDW MC candidates	DFT spreading+ TDF MC candidates	DFT-s-OFDM ZT-s-OFDM UW DFT-s-OFDM GI DFT-s-OFDM

多载波时域加窗类候选新波形有如下几种。

- FB-OFDM：Filter-Bank OFDM，滤波器组的 OFDM。
- FBMC-OQAM：Filter-Bank Multi-Carrier offset-QAM，滤波器组多载波。
- GFDM：Generalized Frequency Division Multiplexing，广义频分复用。
- W-OFDM：Windowing OFDM，时域加窗的 OFDM。
- FC-OFDM：Flexibly Configured OFDM，灵活配置的 OFDM。
- OTFS：Orthogonal Time Frequency Space，正交时频空间。

多载波时域滤波类候选新波形有如下几种。

- F-OFDM：Filtered-OFDM，滤波的 OFDM。
- UF-OFDM：Universal-Filtered OFDM，通用滤波 OFDM。
- FCP-OFDM：Flexible CP-OFDM，灵活的 CP-OFDM。
- OTFS：Orthogonal Time Frequency Space，正交时频空间。

单载波波形除了时域加窗和时域滤波方案外，后续新波形还有如下几种。

- DFT-s-OFDM ：DFT-spread OFDM，DFT 序列扩频的 OFDM。
- ZT-s-OFDM ：Zero-Tail spread DFT-OFDM，零尾扩频 DFT-OFDM。
- UW DFT-s-OFDM：Unique Word DFT-s-OFDM，单字 DFT-s-OFDM。
- GI DFT-s-OFDM：Guard Interval DFT-s-OFDM，保护间隔 DFT-OFDM。

3GPP 对提交的多种候选新波形方案进行评估和讨论，其中几种重点讨论的候选波形有 F-OFDM、FBMC-OQAM、UF-OFDM 等。新波形在子带或子载波间正交性、频率效率、带外辐射性能、抵抗时频同步误差等方面确实有一定优势，但也都存在着一些问题，如性能增益不够显著、不能与 CP-OFDM 波形良好兼容、与 MIMO 结合的实现复杂度偏高、对碎片频谱利用不足等。标准制定的最终结论是并没有定义新的波形，而仅在标准上定义了 NR 的有效载波带宽、邻道泄露、带外辐射等具体的指标要求。为了保证这些技术指标要求，NR 波形处理中可能用到的如时域加窗、时域滤波等技术方案，留给厂家作为自有的实现方案。最终 NR 维持了下行仍采用 LTE 的 CP-OFDM 波形，上行除了支持 LTE 的单载波 DFT-s-OFDM 波形外，也支持 CP-OFDM 波形。这样做的原因主要是考虑到 CP-OFDM 波形的均衡和检测处理会相对简单，更适合 MIMO 传输，而且上下行采用相同的调制波形也利于 TDD 系统上下行之间统一的干扰测量和干扰消除。

1.2.3　NR 对新编码方案的选择

由于无线通信的空间传播信道会经历大尺度衰落和小尺度衰落，以及系统内和系统间也可能存在同频或邻频干扰，因此无线通信系统通常都会采用前向纠错码，保证数据传输的可靠性。信道编码作为历代无线通信系统中最重要的关键技术之一，被通信领域技术人员持续研究和探索。早期的移动通信系统，如 GSM、IS-95 CDMA 等，一般都采用卷积编码，采用维特比（Viterbi）译码。后续 3G 和 4G 为了支持高速率多媒体业务和移动互联网业务，数据信道均采用了 Turbo 编码方案，控制信道分别采用了卷积编码和咬尾卷积码（Tail-bit Convolutional Code，TBCC）。5G 需要满足大带宽、高速率、低时延、高可靠性的业务需求，这使得业界对 5G 的新编码充满了期待。

在标准化过程中，5G 的数据信道编码选择主要聚焦在 Turbo 码和低密度奇偶校验码（Low-Density Parity-Check code，LDPC）两者之间进行选择。由于 5G 要承载的 eMBB 业务相比 4G 在系统吞吐量方面大幅提高，下行需要满足 20 Gbps 的峰值吞吐率，上行需求需要满足 10 Gbps 的峰值吞吐率。因此，尽管 Turbo 码在 4G 被成熟应用，且在交织器方面做了并行处理的优化，但其在大码块译码性能、超高吞吐率译码时延等方面还是不能满足未来 5G 大带宽高吞吐量的业务需求。LDPC 编码虽然一直未在 3GPP 的前几代移动通信系统中使用，但这种编码方案已经被提出几十年了，且已经被广泛用于数字视频广播（Digital Video Broadcasting，DVB）、无线局域网（WLAN）等通信领域中。LDPC 具有的译码复杂度低、非常适合并行译码、大码块高码率的译码性能好、具有逼近香农限的优异性能，使得 LDPC 天然适合 5G 的大带宽高吞吐率的业务需求。从实际产品化和产业化角度，LDPC 最终芯片化后在译码时延、芯片效率面积比、芯片功耗、器件成本等方面也都有明显的优势。3GPP 经过几轮会议讨论，最终确定 LDPC 编码为 NR 的数据信道的编码方案。

相比数据信道，控制信道编码的主要特征差别是可靠性要求更高，且编码的数据块长度较小。由于 LDPC 在短码性能上没有优势，因此 NR 的控制信道编码主要在 4G 的咬尾卷积码（TBCC）和 Polar 码两者之间进行取舍。Polar 编码作为 2008 年才被提出的一种全新的编码方案，短码的优势非常明显。Polar 码能够获得任意低的码率、任意的编码长度，中低码率的性能优异，且理论分析没有误码平层。经过充分评估，Polar 码在控制信道传输方面的性能要更优于 TBCC 码，因此最终确定了 Polar 码为 NR 的控制信道的编码方案。

可以说，NR 采用了全新的信道编码方案替代了原有 4G 的信道编码方案，一方面是由于 5G 新业务、新需求的驱动力，必须采用新的技术才能支持更高的性能需求。另一方面，由于信道编码在整个无线通信底层的系统方案和系统框架中的功能相对比较独立，信道编码方案本身的替换不会对其他功能模块产生影响。总之，5G 采用全新的信道编码方案，为 5G 支持全新业务和打造强大的空口能力提供了有力的底层关键技术的支撑。

1.2.4 NR 对新多址技术的选择

在 NR 定义关键技术指标和选取关键技术之初，除了新波形、新编码等，还有一项被业界深入研究和探讨的关键技术——非正交多址接入技术。为了提高空口的频谱效率和用户的接入容量，无线通信系统从 2G 到 4G，已经支持了时分、码分、频分、空分这几个维度的多用户复用技术。随着 5G 万物互联时代的到来，面向大规模物联网的 mMTC 场景，需要在单位覆盖面积内能容纳超高用户容量的接入，而非正交多址技术相比正交多址技术可以提供多达数倍的用户容量，是非常适合应用在大连接场景下的关键技术。国内外的很多企业都提出了自己的非正交多址技术方案，但在标准化过程中，非正交多址技术在 R16 版本仅作为一个研究项目开展了相应的讨论，并没有完成最终的标准化工作，即将开展的 R17 版本的项目范围中也没有包含。非正交多址技术会在本书中的 URLLC 物理层章节中进行相关的介绍，这里不做展开性讨论。

总体来说，NR标准相比LTE做了大量的增强、优化和升级，是不兼容LTE的全新的设计。但客观分析，NR空口上更多是针对系统设计方案的全面优化，如带宽增大、MIMO层数增多、参数集多样化、灵活的帧结构、灵活的资源分配方式、灵活的调度等。从无线通信关键技术和信号处理角度，NR仍然沿用了OFDM+MIMO的大体技术框架，采用的核心关键技术并没有本质性的突破和变革。当然这并不否定NR技术的创新性，这是整个产业基于现有技术和需求做出的一个客观、合理的选择。

移动通信技术的目标和定位是在工业界大规模商业部署和应用，为整个社会、个人以及多个行业提供更好的信息化服务。移动通信产业链中各个环节包括运营商、网络设备制造商、终端设备制造商、芯片制造商等，也都需要能伴随着产业的发展和升级换代获得一定的商业价值和利益。通过NR标准化过程中对关键技术的选取，可以看出从产品化、工程化和商业化的角度，更加看重技术的实用性。设备开发实现的复杂度、开发成本、开发难度和开发周期等因素，都会是新技术选择的重要影响因素。另外，新技术引入还要充分考虑系统性，某个方向技术升级或增强要能与已有的系统良好兼容，避免对现有技术框架造成较大影响，不会对产业现状造成较大的冲击。当然，创新性的新技术永远都是令人期待的，不断探索和研究新技术、持续提升系统性能、创新性解决问题，是所有的通信从业人员和整个产业界不断追求的目标。

1.3 5G技术、器件和设备成熟度

在4G产业化和商用化的进程刚刚进入起步阶段，业内对5G技术的研究就如火如荼地展开了。基于全球的众多企业、科研机构、高校等近十年对5G技术的研究成果，使得5G技术和标准快速成熟，如本书1.1节介绍的，5G在标准化方面相比4G做了大量的增强和演进，支持毫米波频谱范围、灵活的帧结构、灵活参数集、导频优化设计、灵活的调度方式、新型编码、MIMO增强、时延降低、移动性增强、终端节能、信令优化、全新的网络架构、非授权频谱（NR-U）、车联网（NR V2X）、工业互联网（IIoT）等多种不同特性。从技术方案上确保了5G技术先进性和未来5G商业部署对新场景新业务需求的良好满足。5G整个产业能够在第一个版本（R15）标准化后迅速开展全球商业部署，也是受益于整个移动通信行业在器件、芯片、设备等产业化方面的积累。

- **数字器件和芯片的发展和成熟良好地支撑了5G设备研发需求**

与4G移动通信系统相比，5G需要满足更加多样化的场景和极致的性能指标，因此对设备的处理能力也提出了更高要求。5G需要支持1 Gbps的用户体验速率，数Gbps的用户峰值速率，数十Gbps的系统峰值吞吐量，相比4G系统的10倍频谱效率提升等，5G还需要支持毫秒级的端到端时延，达到99.999%数据传输正确率的高可靠性，以及海量连接的物联网终端。所有这些5G的超高性能的技术指标的满足，都需要5G商用设备具有强大的计算、处理平台才得以保证。以5G商用网络部署最主流的Massive MIMO宏基站为例，eMBB场景下的基带处理单元（Baseband Unit，BBU）的处理功能需要满足如下技术指标：单载波100 MHz带宽64T64R数字通道，上行8流、下行16流的MIMO处理能力，20 Gbps的系统峰值速率，4 ms的空口时延，单小区支持几千个用户同时在线连接。这些性能指标都需要5G基站平台的处理能力大幅提升，包括如基带处理ASIC（Application Specific Integrated Circuit）芯片、SoC（System on Chip）芯片、多核CPU、多核DSP、大容量现场可编程阵列

(FPGA)、高速的传输交换芯片等。同样，5G 单用户峰值速率提高到几 Gbps，终端设备的通信芯片的处理性能相比 4G 终端也要大幅提升。可见，5G 对通信器件、半导体芯片都提出了更高的要求。

伴随着移动通信技术的不断演进，半导体产业也一直是在飞速发展的。特别是近些年在通信需求巨大的驱动力下，半导体材料以及集成电路的工艺也在快速地完成技术创新和升级换代。数字集成电路（Integrated Circuit，IC）工艺已经从几年前的 14 nm 升级为主流的 10 nm 和 7 nm 工艺。未来一两年全球领先的芯片设计公司和半导体制造企业有望向更先进的 5 nm 和 3 nm 工艺迈进。先进的半导体芯片的工艺水平成熟和发展，满足了 5G 网络设备和终端设备的通信和计算能力需求，使其具备了 5G 商用化的条件。

- **5G 有源大规模天线设备已满足工程化和商用化条件**

除了数字器件和芯片已经可以很好地满足 5G 设备通信需求外，作为 5G 最具代表性的大规模天线（Massive MIMO）技术的设备工程化问题也得到了有效突破。我们都知道，LTE 网络中的远端射频单元（Remote Radio Unit，RRU）设备一般都是 4 天线（FDD 制式）或 8 天线（TDD 制式），RRU 的体积、重量、功耗等设备实现和工程化都没有技术瓶颈。而 5G 的 Massive MIMO 需要水平维度和垂直维度都具有波束扫描能力和更高的空间分辨率，支持多达几十个流的空分复用传输能力，因此天线阵列的规模和数量都需要大幅提高。5G 大规模天线的典型配置是 64 数字通道 192 天线阵元，200 MHz 工作带宽，相比 4G RRU 设备工作带宽增加了 5~10 倍，射频通道数增加了 8 倍。由于射频通道数目太多，4G 之前移动通信采用的 RRU 与天线阵分离的传统的工程应用方式已经无法适用。5G 需要把射频单元和无源天线集成在一起，设备形态演变为射频和天线一体化的有源天线阵列 AAU（Active Antenna Unit）。另外，商用网络部署的要求是 5G 基站能与 4G 网络共用站址建设，由于 5G 的工作频谱相比 4G 要高，工作带宽相比 4G 宽，因此需要 5G AAU 设备能支持更大的发送功率，才能满足与 4G 相同的覆盖距离。

从 LTE 网络建网的后期，为了满足日益增长的用户容量需求，系统厂家就已经针对 LTE 的 TDD 频谱设备进行大规模有源天线阵列的工程样机的研制，并一直在持续改进和优化。近些年，伴随着射频器件工艺改进和新材料的应用，功率放大器（Power Amplifier，PA）支持的工作带宽和效率不断提升，射频收发器（RF Transceiver）的采样率、接口带宽以及集成度不断提高，关键器件和核心芯片的能力和指标有了巨大突破，逐步满足了商用化和工程化的需求。但 5G AAU 的设备功耗和设备工程化问题仍旧面临着较大挑战。一方面，由于 5G 大规模天线设备的射频通道数和工作带宽都数倍于 4G，导致的设备功耗也数倍于 4G 设备。另一方面，从节能环保和降低基础运营成本的角度出发，运营商对设备具有低功耗要求的同时，也会对设备工程参数如体积、重量、迎风面积等有严格的限制性要求。因此，在一定的工程限制条件下，5G AAU 设备所要满足的功率需求、功耗需求、散热需求是网络设备厂家近几年一直努力解决的难题。为此，设备商通过优化射频电路设计，提高功放效率和功放线性度，选用高集成度的收发信机，以及对中射频算法进行优化、降低峰均比（PAPR）和误差矢量幅度（Error Vector Magnitude，EVM）指标等技术手段，来提高整机效率降低设备功耗。另外，针对设备散热问题，一方面，从设备研制角度，采用先进的散热方案、合理的结构设计，以及器件小型化等手段来解决；另一方面，结合工作场景和业务负荷情况，采用自适应地关载波、关通道、关时隙、关符号等软件技术方案来节能降耗，以最终满足设备的商用化和工程化要求。

● **毫米波技术、器件和设备日渐成熟**

5G相比4G的显著增强点之一，就是支持了FR2（24.25~52.6 GHz）范围的毫米波频谱，由于高频谱范围内可用频谱非常广阔，从而为5G的未来部署和业务应用提供更大的潜能和灵活性。

尽管毫米波频谱的频谱广阔可用带宽大，但由于毫米波所处的频谱高，应用于移动通信系统中，相比低频谱存在着如下这些问题。

- 传播路径损耗大，覆盖能力弱。
- 穿透损耗大、信号易受遮挡，适合直视径（LOS）传输。
- 毫米波工作频谱高，功放器件效率低。
- 毫米波工作带宽大，需要的ADC/DAC等射频器件采样率和工作时钟高。
- 毫米波器件相位噪声大，相比低频器件EVM指标要差。
- 毫米波器件成本高、价格昂贵，产业链不成熟。

业界针对毫米波存在的问题，多年来一直在进行研究和突破。为了解决毫米波传播特性不理想、传播损耗大、信号易受遮挡等问题，首先，从技术方案上，5GNR协议引入了多波束（Multi-beam）的机制，包含波束扫描、波束管理、波束对齐、波束恢复等技术方案，在空口通信机制上来保证无线链路的传输质量。其次，从设备形态上，由于毫米波频谱相比sub-6 GHz波长短、天线阵尺寸小，毫米波功放（PA）出口功率低，因此毫米波的天线阵都是设计成在射频前端具有调相能力的相控阵天线面板（Panel），由一组天线单元合成一个高增益的窄波束，通过移相器来调整模拟波束（Analog Beam）的方向对准接收端，提高空口传输链路的信号质量。另外，为了避免分立器件连接导致的能量损耗，毫米波的设备研制都是采用射频前端与天线单元集成一体化（Antenna in Package）的形式，以最大化提高效率。为了满足NR的MIMO传输的功能需求，同时降低对基带处理能力的要求，毫米波设备都是采用数字+模拟混合波束赋形的方案，即一路数字通道信号在射频前端是扩展到一组天线单元后通过模拟波束赋形发送，在通信过程中基站与终端基于NR协议的波束管理（Beam Management）机制，不断进行波束方向的调整与对齐，确保通信双方的波束能准确指向对方。

可见，毫米波用于移动通信中，无论是对技术方案还是对设备性能要求都是巨大的挑战。但经过业内专家多年来的不懈努力，毫米波通信的技术方案已经在5G引入并被标准化，毫米波器件和设备研制也都取得了巨大突破。近两三年已经有一些设备制造商、运营商、芯片制造商等对外展示了一些基于毫米波样机的演示和测试结果。北美、韩国、日本等国家和地区由于5G商用频谱短缺，在2020年启动了毫米波预商用网络的部署。我国的IMT-2020（5G）工作组于2019年组织完成了第一阶段的5G毫米波技术试验，2020年会继续开展相关的工作，进一步推动毫米波技术和设备成熟，为未来的5G毫米波商用网络的部署提供技术方案支撑和测试数据参考。

1.4 R16增强技术

前文对5G关键技术的演进和增强以及5G设备和产品的现状做了整体性介绍，接下来本节对5G的标准化进展情况进行概述性介绍。3GPP对NR的标准化工作有明确的时间计划，R15协议版本作为NR的第一个基础版本，于2018年6月完成并发布，支持了增强移动宽带（eMBB）业务和基本的URLLC业务。截至本书编写的时间，3GPP R16协议版本的标准化工作已经接近尾声，R16 版本对 eMBB 业务又进行了增强，同时也完整支持了 URLLC 业务。R16 协议版本完成的项目支持的新功能主要有如下几个方面。

1.4.1 MIMO 增强

R16 的 MIMO 增强是在 R15 的 MIMO 基础上进行增强和演进，主要增强的内容包括以下 4 点。

- **eType Ⅱ 码本（eType Ⅱ codebook）**

为了解决 R15 Type Ⅱ码本反馈开销太大的问题，R16 进一步引进了 eType Ⅱ码本。不同于 Type Ⅱ码本将宽带或子带上的信道分解成多个波束的幅度和相位，eType Ⅱ码本将子带上的信道进行等效的时域变换，通过反馈各个波束的多径时延和加权系数，大大降低了反馈信令的开销。同时，eType Ⅱ码本还支持更精细化的信道量化以及更高的空间秩（Rank），从而能够进一步提高基于码本的传输性能，在 MU-MIMO 场景下性能提升更为显著。

- **多传输点（Multi-TRP）增强**

为了进一步提高小区边缘 UE 的吞吐量和传输可靠性，R16 引入了基于多个发送接收点（Transmission and Recepetion Point，TRP）传输的 MIMO 增强。基于单个下行控制信息（Downlink Control Information，DCI）和多个下行控制信息（DCI）的非相关联合传输（Non Coherent-Joint Transmission，NC-JT），典型目标场景是 eMBB。基于单个 DCI 的 Multi-TRP 分集传输，典型目标场景是 URLLC。其中，基于单个 DCI 的 NC-JT 传输可以在不增加 DCI 开销的情况下，支持两个 TRP 在相同时频资源上同时传输数据，从而在理想回传（Ideal Back-haul）场景下提高边缘 UE 的传输速率。基于多个 DCI 的 NC-JT 传输支持两个 TRP 独立对同一个 UE 进行调度和数据传输，在提高吞吐量的同时也保证了调度的灵活性，可以用于各种回传的假设。基于多 TRP 的分集传输则支持两个 TRP 通过空分、频分或时分的方式传输相同的数据，提高了边缘 UE 的传输可靠性，从而更好地满足了 URLLC 业务的需求。

- **多波束（Multi-Beam）传输增强**

R15 引入的基于模拟波束赋形的波束管理和波束失败恢复机制，使毫米波频谱的高速率传输成为可能。R16 在这些机制基础上进一步做了优化和增强，具体表现在：通过同时激活一组上行信号或下行信号（如多个资源或多个载波上的信号）的波束信息、引入默认的上行波束等方案，降低了配置或指示波束信息的信令开销；通过引入基于 L1-SINR 的波束测量机制，为网络提供了多样化的波束测量和上报信息；通过将波束失败恢复机制扩展到辅小区，提高了辅小区上的模拟波束传输的可靠性。

- **上行满功率发送（Uplink Full Power Tx）**

基于 R15 的上行发送功率控制机制，如果基于码本的物理上行共享信道（Physical Uplink Shared Channel，PUSCH）传输的端口数大于 1 且小于终端的发送天线数，此时不能以满功率传输 PUSCH。为了避免由此带来的性能损失，R16 引入了全功率发送的增强，即不同 PA 架构的 UE 可以通过 UE 能力上报，使得网络侧能够调度满功率的物理上行共享信道（Physical Uplink Shared Channel，PUSCH）传输。具体的，R16 引入了 3 种满功率发送模式：UE 的单个 PA 支持满功率发送（不需要使用 Power Scaling 方式）、通过全相关预编码向量支持满功率发送（即满端口传输）以及 UE 上报支持满功率发送的预编码向量。实际是否采用满功率发送以及采用哪种方式取决于 UE 能力上报及网络侧配置。

1.4.2 URLLC 增强——物理层

R15 协议对 URLLC 功能的支持比较有限，在 NR 灵活框架的基础上针对 URLLC，增强了处理能力，引入了新的调制编码方式（Modulation and Coding Scheme，MCS）和信道质量指示（Channel Quality Indicator，CQI）对应表格，引入了免调度传输和下行抢占技术。R16 针对 URLLC 成立了增强型项目，进一步突破了时延和可靠性瓶颈。R16 的 URLLC 增强主要包含如下方向。

- 下行控制信道增强，包括压缩 DCI 格式和下行控制信道监听能力增强。
- 上行控制信息增强，包括支持一个时隙内的多 HARQ-ACK 传输，同时构建 2 个 HARQ-ACK 码本和用户内不同优先级业务的上行控制信息抢占机制。
- 上行数据信道增强，支持背靠背和跨时隙边界的重复传输。
- 免调度传输技术增强，支持多个免调度（Configured Grant）传输。
- 半持续传输技术增强，支持多个半持续传输配置和短周期半持续传输。
- 不同用户间的优先传输和上行功率控制增强。

1.4.3 高可靠低时延通信（URLLC）——高层

为了能更好地支持垂直行业的应用，如工业互联网（Industry Internet of Things，IIoT）、智能电网等，R16 在物理层增强立项的同时，也成立了高可靠、低时延的高层增强项目，设计目标是能支持 1 μs 的时间同步精度、0.5 ms 的空口时延，以及 99.999%的可靠性传输。该项目主要的技术增强包括以下几个方面。

- **支持时间敏感性通信（Time Sensitive Communication，TSC）**

为了支持如工业自动化类业务的传输，对以下几个方面进行研究，包括：以太帧头压缩、调度增强和高精度时间同步。具体的，以太帧头压缩是为了支持 Ethernet Frame 在空口的传输以提高空口的传输效率，调度增强是为了保证 TSC 业务传输的时延，高精度时间同步则是为了保证 TSC 业务传输的精准时延要求。

- **数据复制和多连接增强**

R15 协议版本已经支持了空口链路上数据复制传输的机制。R16 则支持了多达 4 个 RLC 实体的数据复制传输功能，进一步提高了业务传输的可靠性。

- **用户内优先级/复用增强**

在 R15 中支持的资源冲突场景是动态授权（Dynamic Grant，DG）和资源预配置授权（Configured Grant，CG）冲突的场景，且 DG 优先级高于 CG 传输。在 R16 协议版本中，需要支持 URLLC 业务和 eMBB 业务共存的场景，且 URLLC 业务传输可以使用 DG 资源，也可以使用 CG 资源。为了保证 URLLC 业务的传输时延，R16 需要对 R15 中的冲突解决机制进行增强。

1.4.4 UE 节能增强

R15 协议版本的针对终端节能的主要功能是非连续接收（DRX）技术和带宽分段（BWP）的功能，分别从时域角度和频域角度降低终端的处理。R16 又在如下几个方面进行了终端节能增强。

- 引入了唤醒信号（Wakeup Signal，WUS），由网络侧决定是否需要在 DRX 激活周期到来前唤醒 UE 来进行数据的监听接收，UE 唤醒机制通过新增控制信息格式（DCI Format 2-6）实现。
- 增强了跨时隙调度的机制，可以在业务数据不连续传输的情况下避免 UE 对 PDSCH 信道数据进行不必要的接收和处理。
- MIMO 层数自适应的功能，网络侧结合 BWP 的配置可以通知 UE 降低空间传输的层数，从而降低 UE 处理能力要求。
- 支持 RRM 测量机制放松。
- 支持终端优选的节能配置上报。

1.4.5 两步 RACH 接入

为了缩短初始接入时延，早在 R15 标准化早期就讨论过两步 RACH（2-step RACH）过程，但 R15 仅完成了传统的 4-step RACH 过程标准化。由于 2-step RACH 对于缩短随机接入时延、减少 NR-U 的 LBT 操作等方面有明显的增益，因此在 R16 版本中对 2-step RACH 进行了正式的标准化，随机接入过程从普通的 msg1 到 msg4 的四步过程优化为 msgA 和 msgB 的两步过程。

1.4.6 上行频谱切换发送

从运营商的 5G 实际频谱分配和可用性情况看，TDD 中频谱（如 3.5 GHz、4.9 GHz）是全球最主流的 5G 商用频谱。TDD 频谱相对较高，带宽大，但覆盖能力不足。FDD 频谱低，覆盖好，但带宽小。UE 可在 TDD 频谱上支持两天线的发送能力，但在 FDD 频谱上仅有单天线发送能力。R16 引入了上行频谱切换发送的技术，即终端在上行发送链路以时分复用方式工作在 TDD 载波和 FDD 载波，同时利于 TDD 上行大带宽和 FDD 上行覆盖好的优势来提升上行性能。上行频谱切换发送可以提高用户的上行吞吐率和上行覆盖性能，同时也能获得更低的空口时延。

上行载波间切换发送方案的前提是 UE 仅有两路射频发送通路，其中 FDD 的发送通路与 TDD 双路发射中的一路共用 1 套 RF 发射机。终端支持通过基站调度，可以动态地在如下两种工作状态下切换。

- FDD 载波 1 路发射+TDD 载波 1 路发射（1T+1T）。
- FDD 载波 0 路发射+TDD 载波 2 路发射（0T+2T）。

上行载波间切换发送机制可以使用户在 EN-DC、上行 CA、SUL 三种模式下工作。当 UE 处于小区近点位置时，基站可以调度用户在 TDD 载波的双发状态（0T+2T）下工作，使得用户获得 TDD 载波上行 MIMO 模式下高速率；基站也可以对近点用户调度在 FDD+TDD 载波聚合状态（1T+1T）下，使得用户获得上行 CA 模式下的高速率。当 UE 处于小区边缘位置时，基站可以调度用户工作在 FDD 低频载波上单发，提升边缘用户的覆盖性能。

1.4.7 移动性增强

R16 协议版本针对移动性增强主要引入了如下两个新功能。

- **双激活协议栈切换增强**

对于支持双激活协议栈（Dual Active Protocol Stack，DAPS）能力终端的切换过程，终端并不先断开与源小区的空口链接，而是成功接入目标小区后，终端才会基于网络侧的显示信令去释放源小区的连接并停止与源小区的数据收发。可见，终端在切换过程中可以与源小区和目标小区同时保持连接和同时进行数据传输的状态，从而满足切换过程中的 0 ms 业务中断时延的指标。

- **条件切换**

条件切换（Conditional Handover）的核心思想是网络侧提前将候选的目标小区以及切换命令信息预配置给 UE，当特定条件满足时，UE 就可以自主地执行切换命令中的配置，直接向满足条件的目标小区发起切换接入。由于切换条件满足时 UE 不再触发测量上报，且 UE 已经提前获取了切换命令中的配置，因而避免了切换过程中的可能的测量上报或切换命令不能被正确接收的情况，从而提高了切换成功率。

1.4.8 MR-DC 增强

在 R16 MR-DC 增强课题中，为了提升在 MR-DC 模式下的业务性能，支持了快速建立 SCell/SCG 的功能，即允许 UE 在 idle 状态或者 inactive 状态下就执行测量，在进入 RRC 连接状态后立即把测量结果上报网络侧，使得网络侧可以快速配置并建立 SCell/SCG。

R16 引入了 SCell 休眠（SCell Dormancy）功能。在激活了 SCell/SCG 但无数据传输的情况下，通过 RRC 配置专用的 Dormant BWP，即 UE 在该 BWP 上不监听 PDCCH，仅执行 CSI 测量及上报，便于 UE 节电。而当有数据传输时可通过动态指示快速切换到激活状态，快速恢复业务。

为了降低无线链路失败带来的业务中断，R16 中引入了快速 MCG 恢复功能。当 MCG 发生无线链路失败时，通过 SCG 链路向网络发送指示，触发网络侧快速恢复 MCG 链路。

在网络架构方面，R16 也进行了增强，支持了异步 NR-DC 和异步 CA，为 5G 网络的部署提供了灵活的选择。

1.4.9 NR V2X

3GPP 在 R12 中开始了终端设备到终端设备（Device-to-Device，D2D）通信技术的标准化工作，主要是用于公共安全（Public Safety）的场景。D2D 技术是基于侧行链路（Sidelink）进行数据传输，实现终端到终端直接通信。与传统的蜂窝通信系统相比，终端在侧行链路上通信的数据不需要通过网络设备的转发，因此具有更高的频谱效率、更低的传输时延。在 R14 中，将 D2D 技术应用到基于 LTE 技术的车联网（Vehicle to Everything，V2X），即 LTE V2X。LTE V2X 可以实现辅助驾驶，即为驾驶员提供其他车辆的信息或告警信息，辅助驾驶员判断路况和车辆的安全。LTE V2X 的通信需求指标并不高，如需要支持的通信时延指标为 100 ms。随着人们对自动驾驶需求的提高，LTE V2X 不能满足自动驾驶的高通信性能的要求，R16 正式开展了基于 NR 技术的车联网（NR V2X）的项目工作。NR V2X 的通信时延需要达到 3～5 ms，数据传输的可靠性要达到 99.999%，以满足自动驾驶的需求。

R16 NR V2X 定义了侧行链路的帧结构、物理信道、物理层过程，侧行链路完整的协议栈等功能。NR V2X 支持侧行链路的资源分配机制，包括基于网络分配侧行传输资源和终端自主选取传输资源的两种方式。NR V2X 支持单播、组播、广播等多种通信方式，优化增强了感知、调度、重传以及 Sidelink 链路的连接质量控制等，为后续车联网多种业务的灵活和可靠部署提供了良好的标准支撑。

1.4.10 NR 非授权频谱接入

R15 协议版本的 NR 技术是应用于授权频谱的通信技术，可以实现蜂窝网络的无缝覆盖、高频谱效率、高可靠性等特性。非授权频谱是一种共享频谱，多个不同的通信系统在满足一定要求的情况下可以友好地共享非授权频谱上的资源来进行无线通信。R16 协议版本的 NR 技术也可以应用于非授权频谱，称为基于 NR 系统的非授权频谱接入（NR-based Access to Unlicensed Spectrum），简称为 NR-U 技术。

NR-U 技术支持两种组网方式：授权频谱辅助接入和非授权频谱独立接入。前者用户需要借助授权频谱接入网络，非授权频谱上的载波为辅载波，作为授权频谱的补充频谱为用户提供大数据业务传输；后者可以通过非授权频谱独立组网，用户可以直接通过非授权频谱接入网络。

除了上述列出的 10 项 R16 协议版本增强的新功能，R16 还完成了接入和回传集成（Integrated Access and Backhaul，IAB）、NR 定位（NR Positioning）、UE 无线能力上报优化、网络切片增强、应对大气波导的远端干扰消除（Remote Interference Management，RIM）、交叉链路干扰测量（Cross Link Interference，CLI）、自组织网络（Self Organization，SON）等项目。同时，R16 也开展了如非陆地通信网络（Non-Terrestrial Network，NTN）、非正交多址（Non-Orthogonal Multiple Access，NOMA）等研究项目（Study Item）。总之，R16 协议版本标准化的新功能和新特性，为运营商以及行业客户的 5G 移动通信网络的网络功能部署、网络性能提升、网络升级演进，以及拓展新业务运营提供了强大的功能选择和技术保障。

1.5 小结

本章作为全书的开篇概述，首先重点介绍了 5GNR 的技术和标准相比 LTE 主要有哪些方面的增强和演进，同时对 NR 在标准制定过程中对新技术的取舍进行了总结和分析；其次介绍 5G 关键器件和设备的成熟度，这是促进 5G 标准化进程的一个重要因素；最后针对 3GPP 刚刚标准化完成的 R16 版本中的主要功能特性进行了概述，便于读者对后续各章节中 R16 技术内容先有一个基本了解。

参考文献

[1] 沈嘉，索士强，全海洋，等 . 3GPP 长期演进（LTE）技术原理与系统设计 . 北京：人民邮电出版社，2008.

[2] 刘晓峰，孙韶辉，杜忠达，沈祖康，徐晓东，宋兴华 . 5G 无线系统设计与国际标准 . 北京：人民邮电出版社，2019.

[3] 3GPPTS 22. 261 V15. 6. 0（2019-06），NR. Service requirements for the 5G system. Stage1（Release 15）.

[4] 3GPPTS 38. 300 V15. 6. 0（2019-06），NR. NR and NG-RAN Overall Description. Stage2（Release 15）.

[5] 3GPP TS 38. 913 V15. 0. 0（2018-06），Study on Scenarios and Requirements for Next Generation Access Technologies（Release 15）.

[6] 3GPP TS 21. 915 V15. 0. 0（2019-06），NR. Summary of Rel-15 Work Items（Release 15）.

[7] R1-165666. Way forward on categorization of IFFT-based waveform candidates，Orange. 3GPP RAN1 #85，May 23-27，2016，Nanjing，China.

[8] R1-162200. Waveform Evaluation Proposals，Qualcomm Incorporated. 3GPP RAN1 #84bis，Busan，Korea，11th-

15th April 2016.

[9] R1-162225. Discussion on New Waveform for new radio, ZTE. 3GPP RAN1 # 84bis, Busan, Korea, 11th-15th April 2016.

[10] R1-162199. Waveform Candidates, Qualcomm Incorporated. 3GPP RAN1 # 84bis, Busan, Korea, 11th-15th April 2016.

[11] R1-162152. OFDM based flexible waveform for 5G, Huawei, HiSilicon. 3GPP RAN1#84bis, Busan, Korea, 11th-15th April 2016.

[12] R1-162516. Flexible CP-OFDM with variable ZP, LG Electronics. 3GPP RAN1#84bis, Busan, Korea, 11th-15th April 2016.

[13] R1-162750. Link-level performance evaluation on waveforms for new RAT, Spreadtrum Communications. 3GPP RAN1 #84bis, Busan, Korea, 11th-15th April 2016.

[14] R1-162890. 5G Waveforms for the Multi-Service Air Interface below 6 GHz, Nokia, Alcatel-Lucent Shanghai Bell. 3GPP RAN1#84bis, Busan, Korea, 11th-15th April 2016.

[15] R1-162925. Design considerations on waveform in UL for New Radio systems, InterDigital Communications. 3GPP RAN1#84bis, Busan, Korea, 11th-15th April 2016.

[16] R1-164176. Discussion on waveform for high frequency bands, Intel Corporation. 3GPP RAN1 #85, May 23-27, 2016, Nanjing, China.

[17] R1-162930. OTFS Modulation Waveform and Reference Signals for New RAT, Cohere Technologies, AT&T, CMCC, Deutsche Telekom, Telefonica, Telstra. 3GPP RAN1#84bis, Busan, Korea, 11th-15th April 2016.

[18] 3GPP TS 38. 211 V15. 6. 0 (2019-06), NR. Physical channels and modulation (Release 15).

[19] 3GPP TS 38. 212 V15. 6. 0 (2019-06), NR. Multiplexing and channel coding (Release 15).

[20] 3GPP TS 38. 213 V15. 6. 0 (2019-06), NR. Physical layer procedures for control (Release 15).

[21] 3GPP TS 38. 214 V15. 6. 0 (2019-06), NR. Physical layer procedures for data (Release 15).

[22] 3GPP TS 38. 101-1 V15. 8. 2 (2019-12), NR. UE radio transmission and reception. Part 1: Range 1 Standalone (Release 15).

[23] 3GPP TS 38. 321 V16. 0. 0 (2020-03), NR. Medium Access Control (MAC) protocol specification (Release 16).

[24] 3GPP TS 38. 323 V16. 0. 0 (2020-03), NR. Packet Data Convergence Protocol (PDCP) specification (Release 16).

[25] 3GPP TS 38. 331V16. 0. 0 (2020-03), NR. Radio Resource Control (RRC) protocol specification (Release 16).

[26] 3GPPTS 38. 300 V16. 1. 0 (2020-03), NR. NR and NG-RAN Overall Description. Stage 2 (Release 16) .

第 2 章

5G系统的业务需求与应用场景

田文强 编著

近几十年，移动通信的演进极大地推动了社会的发展。从模拟通信到数字通信，从 3G 时代到 4G 时代，人们在日常生产生活中对移动通信的需求和依赖程度日益增加。2010 年前后，面对可预见的爆发式数据增长，以及众多垂直行业的个性化通信需求，从国家层面、各个标准化组织至公司与高校等机构相继启动了针对下一代无线通信系统的需求分析与讨论[1-8]，第五代移动通信系统研究随即拉开大幕。

2.1 业务需求与驱动力

每一代通信系统都与其时代背景息息相关。“大哥大”的年代满足了人们对无线通信体验的渴望，以 GSM 为代表的第二代通信系统则让更多人享受到了无线通信服务所带来的便利，3G、4G 的快速发展适应了无线多媒体业务传输的需求，也铺平了移动互联网发展的道路。到了 5G 这样一个新的阶段，新的需求和驱动力又将是什么？首先毫无疑问应该将更优质的宽带通信服务纳入 5G 讨论的范畴，让更多人在更广的区域获得更好的通信体验，这是移动通信发展的一条亘古不变的道路。除此之外，还有哪些新的特征会在 5G 时代呈现？重新审视通信系统的设计蓝图，垂直行业所带来的专业化通信需求有望为未来无线通信系统的构建打开全新空间，其对社会发展的贡献也将更加深入、广泛。本节将围绕上述两个层面，具体分析 5G 时代的业务需求和驱动力特征。

2.1.1 永恒不变的高速率需求

速率一直以来是通信系统的核心，我们通常把无线通信系统比喻成一条信息高速公路，通信速率其实就是这条信息高速公路的基本运力。近年来，随着新业务形态不断出现，一方面，激增的业务量已让 4G 这条“道路”略显拥挤，另一方面，10 年前设计的有限的“道路通行能力”已经成为诸多新兴业务应用落地的瓶颈。面对这种情况，通信行业的技术人员在努力通过资源配置、合理调度等方法对 4G 系统进行优化，尽量避免“堵车塞车”的情况发生。但不容否认的是，这类优化型的工作并不是解决问题的根本方法，建设新一代无线通信系统的需求逐步提上议事日程，且迫在眉睫，一些比较典型的速率提升需求来自以下几类业务[3-5]。

- **增强型多媒体业务**

我们常说的多媒体业务一般是指多种媒体信息的综合，包括文本、声音、图像、视频等形式。通信系统的一代代演进实际上也就是在不断地满足人们对于多媒体类业务交互传输的更高需求。当移动通信系统能够提供语音交互时，新的需求来自图像；当图像传输能够实现后，新需求又来自视频；当基本的视频传输需求得到支持后，新兴的多媒体业务需求又在不断涌现。这其中首先表现为对影像清晰程度的要求在不断提升，从普通的高清视频到 4 K 视频、8 K 视频的传输，都在对无线通信系统的传输性能提出挑战，可以说，只要人们对感官体验的极致追求不止步，人们对“更清晰更丰富”的多媒体业务的新生需求就永不会止步。

- **沉浸式交互多媒体业务**

如果说以清晰程度提升为代表的增强型多媒体业务还只是“量”的积累，那么可以说以增强现实（AR）、虚拟现实（VR）和全息通信为代表的沉浸式交互多媒体业务带来了“质”的改变。在沉浸式的多媒体业务中，以 AR、VR 观赛为例，为了保证用户体验的细腻性与临场感，多角度全方位采集的多路超高清视频数据流需要及时传输至终端，并在渲染等综合处理后输出，上述过程所需的无线传输能力与资源将远远超出原有通信系统的用户需求设定。更进一步，当人们开始考虑全息通信的场景时发现，只有当更大数量级的传输速率得到满足后，真正的全息业务才得以支撑和实现。

- **热点高容量通信业务**

在为单用户提供高速率通信服务的同时，还需要由点到面地考虑特定热点区域的多用户高容量通信需求。在一些存在大量并发用户的场景中，如一些大型体育赛事、演出等场合，当聚集人群集中爆发出诸如视频分享、实时高清直播等需求时，这类高密度高流量特征的通信业务很难被现有通信系统所支持。因此，在商场、大型集会、节日庆典等热点区域或事件中，单位区域内通信设备众多且流量密度需求较高的情况下，如何保障大量用户同时获得其所期望的通信体验是有待分析和解决的问题。

面对上述变化与需求，新一代通信技术的赋能势在必行。

2.1.2　垂直行业带来的新变化

长久以来，如何构建良好的通信环境来满足人与人之间的通信需求是无线通信系统设计的一条主线。但近年，人们在不断追求自身感官所需的信息传输体验的同时，也开始逐渐思考如何让无线通信系统更广泛地应用于日常生产生活中，面向众多垂直行业的个性化通信需求为今后无线通信系统的演进方向带来了新的变化[3-5]。

- **低时延的通信**

通信系统设计在满足传输速率需求的基础上，还需要考虑业务启动的实时性。用赛跑打比方，新的系统不仅要“跑得快”，还必须“起跑快”。一方面，人们期望获得“即时连接”的极致感受，在这种体验中，等待时间需要被尽量压缩，甚至需实现“零”等待时间。例如，在云办公、云游戏、虚拟现实和增强现实等应用中，即时的传输与响应是上述业务成功的关键因素。可以预见，如果在云办公过程中每一步操作都伴随着极大时延，那么所带来的用户体验一定是糟糕的。另一方面，以智能交通、远程医疗为代表的诸多行业应用中，较大的传输时延也将直接影响特定业务的实现，甚至还会带来安全隐患。

● **高可靠的通信**

除了上述“时延”需求以外，来自“可靠性”的信息传输需求也同样重要。以无人驾驶、工业控制等为代表的众多场景均需要高可靠性的连接作为基本通信保障。这些需求是显而易见的，如在无人驾驶的环境中，行驶车辆需要准确获取周边车辆、道路、行人的动态信息以调控自身驾驶行为，此时如果无法可靠获取上述信息，延后的操控判断或者错误的指令指示都将有可能造成难以预计的严重后果。

● **物联通信**

为了在千行百业中应用移动通信技术，使万事万物都享受“无线连接”带来的便利，未来社会连接的规模和程度都将迅速增长。可以预期的是，“物联网”的普及所带来的连接总量、连接深度将远远超过现在人类用户的规模及水平。这些连接的“物”可以是一个简单的设备，如传感器、开关；也可以是一个高性能的设备，如我们常用的智能手机、车辆、工业机床等；还可以是一个更加复杂的系统，如智慧城市、环境监测系统、森林防火系统等。不同的场景、应用下，这些设备将构建起不同层次的物联通信体系，并表现出不同的连接规模、能耗、时延、可靠性、吞吐量、成本等特征，用于满足来自家居、医疗、交通、工业、农业等不同行业的特征化需求。

“物”的互联，相比于以往来看，是通信领域的又一突破。传统的通信系统用于满足人的感官需求，旨在拓展人的视听范围；而物的互联从根本上扩展了通信系统的服务空间，来自“万物互联”的需求将远远超过以往“人际通信”的需求，并且这种突破将触发未来通信系统的全方面性能扩展。

● **高速移动**

对移动性的支持是无线通信系统的基本特征之一。通常我们会考虑到人的移动、车辆的移动，并在设计通信系统时做出针对性的设计以支持上述移动场景下的通信服务。然而，随着社会的发展，以高铁为代表的高速移动场景日益增多，高峰时期的高铁单日客流量可破千万人次，高速移动下的通信保障已不再是小众场景。如何同时为静态用户、动态用户、高速用户提供最佳用户体验已成为新的难题，也正因为如此，下一代通信系统有必要在设计之初就考虑这一问题、解决这一问题。

● **高精度定位**

除了上述的基本通信场景外，一些增值业务需求也在逐渐呈现出来，其中包括高精度定位的需求。准确的定位能力对于当前众多行业应用来说都十分重要，如基于位置的服务、无人机控制、自动化工厂建设等都需要利用高精度的定位信息来支撑相应的业务。以往的通信系统并不能够完全支持上述定位需求，特别是很难满足一些高精度定位的需求，如何改善这种情况、扩展精度定位能力是下一代通信系统需要考虑和解决的又一问题。

2.2 5G 系统的应用场景

基于不同类型的 5G 通信场景、应用及服务需求，通过提取其共性特征，国际电联（ITU）最终将 5G 的典型应用场景划分为三个大类，分别是增强型移动宽带通信（eMBB）、高可靠低时延通信（URLLC），以及大规模机器类通信（mMTC），基本的业务与场景划分情况如图 2-1 所示[3]。

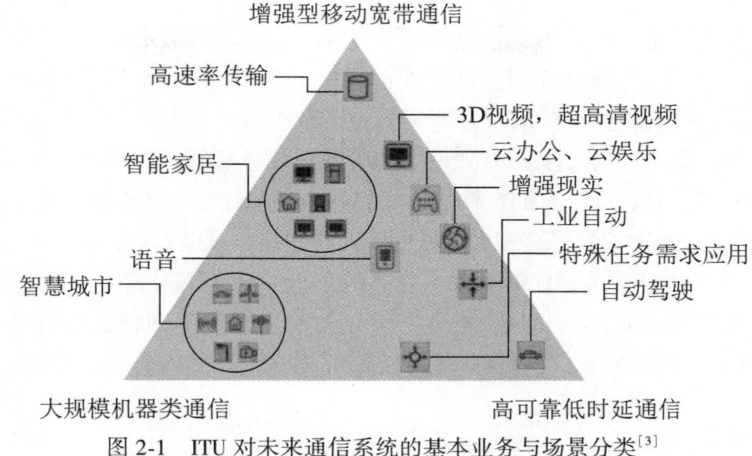

图 2-1　ITU 对未来通信系统的基本业务与场景分类[3]

2.2.1　增强型移动宽带通信

移动宽带通信旨在满足人们对多媒体业务、服务、数据的获取及交互需求，这些需求随着社会的发展也在不断演进更新，相应地也需要进一步构建增强型移动宽带通信系统加以适配，从而满足来自各个应用领域的最新通信支撑要求，以及来自不同用户的个性化服务需求。具体来说，目前增强型移动宽带业务可细分为两类，分别是热点覆盖通信和广域覆盖通信。

对热点覆盖通信来说，其特征是在一些用户密集的区域或事件中，往往存在极高的数据吞吐量需求和用户容量需求，而与此同时，该场景下用户对移动性的期望相比广域覆盖场景有所降低。例如在大型体育赛事中，聚集的观众可能存在极高的数据传输需求，但用户有可能长时间处于同一位置，且周围环境相对稳定。

对广域覆盖通信来说，业务的无缝覆盖以及对中高速移动性的支持将是必须考虑的因素，任何用户都不期望业务服务时断时续，当然用户数据速率的提升也必不可少，但是相比于局部热点覆盖业务来说，广域覆盖场景下的用户数据速率要求可以稍作放松。因为在保证广覆盖、中高速移动性的同时要求极高的传输速率对于通信系统的设计、构建、运营来说都将是极大的挑战。

增强型移动宽带业务的特点是将上一代移动通信系统的性能进行全面升级，并进一步细分广覆盖和热点高速率需求，从而有针对性地构建出下一代无线通信系统的基本框架和能力。

2.2.2　高可靠低时延通信

高可靠低时延通信是 5G 系统三大典型场景的重要支撑部分，主要面向一些特殊部署及应用领域，而这些应用中对系统的吞吐量、时延、可靠性都会有极高的要求。典型的实例包括工业生产过程的无线控制、远程医疗手术、自动车辆驾驶、运输安全保障等，可以看出这些应用中任何差错、延迟带来的后果都将非常严重，所以相比普通的宽带传输业务，这些需求将会在时延和可靠性方面带来额外的极端性能指标要求，以及很高的资源开销与成本代价。考虑到上述各方面的因素，有必要在 5G 系统构建过程中将高可靠低时延通信与普通的增强型移动宽带通信加以区分，开展专门研究、设计和部署。

2.2.3 大规模机器类通信

大规模机器类通信是另一类极具特点的 5G 场景，其标志性应用是以智能水网、环境监测等为代表的大规模物联网部署与应用，这类通信系统的首要特征为终端规模极其庞大，此外，相应伴随的特点是这些大规模连接的设备所需传输的数据量往往较小，时延敏感性也较弱，同时还要兼顾低成本、低功耗的要求，以满足大规模机器设备能够实际部署的市场条件。

综上所述，eMBB、URLLC、mMTC 构建出了 5G 时代的三大典型场景。图 2-2 从场景与特征指标对应的角度出发，再次诠释了这三大场景的不同与联系。可以看到，eMBB 业务是 5G 时代的基础通信场景，其在各项 5G 关键性能上都有较高的需求，只是不对超大规模连接数、极端低时延高可靠传输做要求。mMTC 和 URLLC 类业务分别对应了两类不同特征的特殊通信需求场景，各自强调了大连接数以及低时延、高可靠传输的特征，以补充 eMBB 自身设定的不足。

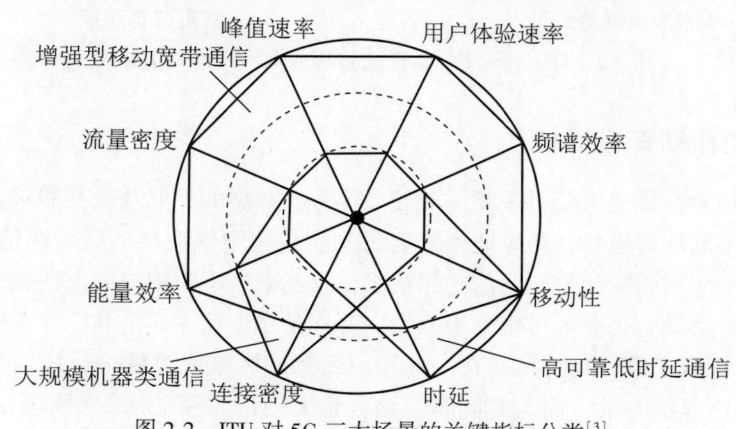

图 2-2 ITU 对 5G 三大场景的关键指标分类[3]

2.3 5G 系统的性能指标

未来社会对无线通信系统的需求持续提升，并将依托三大典型应用场景呈现出专业化、多样化两个层面的需求形态。围绕着上述基本设定，ITU 经过多次讨论和意见征集，最终拟定了 5G 通信系统的八条基本指标[3,7,8]，包括峰值速率、用户体验速率、时延、移动性、连接密度、流量密度、频谱效率和能量效率，如表 2-1 所示。

表 2-1 5G 系统关键能力指标

指　标	基本描述
峰值速率	理想条件下，终端的最大可达数据速率
用户体验速率	覆盖区域内，移动终端普遍可以达到的数据速率
时延	网络从发送端传输数据包至接收端正确接收后的单向空口时延
移动性	在保证服务质量的条件下，能够支持的收发双方的最大相对速度
连接密度	单位区域内的总连接数及可接入数
流量密度	单位区域内所能支持的总吞吐量
频谱效率	每小区内单位频谱资源提供的吞吐量
能量效率	网络端/用户端的每焦耳能量所能传输的比特数量

峰值速率是一个通信系统的最高能力体现，ITU 对 5G 通信系统峰值速率的基本定义是，在理想条件下，终端可以达到的最高数据传输速率。这里的峰值数据速率是最高的理论传输速率，其基本假定是所有可配置的无线资源都分配给了一个用户，且不考虑传输错误、重传等影响因素时，该用户可以达到的数据传输性能。对 5G 通信系统来说，峰值速率较以往通信系统将有大幅提升，下行 20 Gbit/s、上行 10 Gbit/s 是 5G 系统设计需要达到的峰值速率指标。但这并不意味着人人都能畅享如此高的传输速率，当考虑到多用户场景以及实际可用无线资源受限等具体限定条件后，系统峰值速率并不是人人可畅享的速率体验。

鉴于系统峰值速率并不能用来表征普通用户的实际通信服务感受，5G 系统设计时将用户体验速率作为专项指标引入 5G 性能评价体系中。该指标重点考虑特定区域内的普遍可达速率，并考虑有限覆盖和移动性对用户体验速率的影响。对普通用户来说，用户体验速率的高低具有十分重要的参考意义。从具体目标数值上看，100 Mbit/s 的速率将是 5G 通信系统中用户体验速率的基本参考值。

在时延方面，每一代通信系统都尽可能降低时延以提供更好的用户体验。在下一代通信系统中，由于既要考虑人对通信时延的感受，又要考虑来自机器通信的低时延需求，所以时延这一指标的重要性显得更为突出，以低时延高可靠为代表的 URLLC 类业务将构成 5G 通信系统的重要支撑内容。在 4G 时代，我们考虑的最小时延要求是 10 ms 量级，到了 5G 时代，对一些时延敏感应用来说，这一指标显得有些捉襟见肘。在考虑新的时延指标设定时，ITU 将 5G 系统的端到端时延进一步压缩至 1 ms 级别，这一压缩可以说给整个 5G 通信系统设计带来了极大的挑战，即使是只考虑物理层的端到端 1 ms 时延都是极具难度的课题，更何况是高层、应用层的低时延端到端传输。面对这一难题，可以说需求与挑战并存，在后续章节中大家可以看到在全世界通信工作者的共同努力下，众多的针对性设计方案被引入 5G 通信系统中，以期尽可能达到上述低时延目标。

移动性是通信系统的另一特征指标。基本的移动性需求来源于行人的移动和车载用户的移动，而随着社会的快速发展，目前最具挑战的移动性需求已转变为来自于高铁等特殊高速场景的移动性需求。对于 5G 通信系统来说，500 km/h 的时速被作为移动性的关键指标，也就是说当人们坐在高铁上高速穿行于山川大河之间时，5G 通信系统需要保障车厢内用户的高质量通信需求，而如何在高速移动场景中持续保证用户服务质量将是移动性指标背后相关技术方案设计的关键。

连接密度是通信系统在单位区域内能够满足特定服务需求的总连接数。进一步，上述特定服务需求可简化为在 10 s 内成功传输一个 32 Byte 的小包数据。可以看出，该指标对速率、时延的要求相对较低，这主要考虑了环境监测、智慧城市等大规模物联网场景的实际数据特征。对于连接规模的定义，当前 ITU 的基本预期是“百万连接”。但是，如果只说明百万连接这个数值对诠释连接密度指标来说还不够，究竟是一个城市还是一个小区需要支持这样的规模？也就是说需要明确基本定义中的单位区域是如何界定的，针对这个问题，ITU 同样给出了相应描述，即需要在 1 km^2 的范围内支持上述百万连接。

流量密度是指单位区域内可以支持的总业务吞吐量，可以用于评估一个通信网络的区域业务支撑能力，具体来说流量密度通过每平方米区域内网络吞吐量作为评估标准，其与特定区域内基站部署、带宽配置、频谱效率等网络特征均直接相关。ITU 提出的流量密度参考指标是每平方米区域内需支持 10 Mbit/s 数据传输的量级。那么是否对各个应用场景都需要这样一个相对较强的流量密度指标呢？答案是否定的。例如，在物联网或者大范围覆盖通信场景中也要求达到这样的高流量密度指标显然是不必要的。一般来说只有当考虑一些热点覆盖类的业务需求时，才需要重点关注网络流量密度的特征，并利用相应的技术方案来满足热点区域内大吞吐量的需求。如果说速率、时延等指标是单兵作战能力的评估标准的话，流量密度更像是一个团队在特定任务中整体战斗力的体现。

频谱效率的基本定义是单位频谱资源上所能提供的吞吐量，这是一项非常重要的通信指标，在有限带宽内通过各种技术手段不断提升吞吐量水平，是移动通信产业几十年来不断努力的目标。从时分、频分、码分的演进，到 MIMO 技术的不断迭代，其出发点都是让有限频谱资源得到更加充分的利用。对 5G 通信系统来说，怎样更好地利用其频谱资源，实现频谱效率相比以往通信系统的较大提升，是摆在通信工作者面前的又一挑战。以大规模 MIMO 为特征的方案设计与实现将是新阶段提升频谱效率的重要途径，也是 5G 通信系统的重要技术支撑。此外，对于非授权频谱的有效利用，虽然不能直接提高频谱效率，但能降低频谱的使用成本，将是充分利用频谱资源的另一条道路；对于非正交多址技术的研究与探索，则是提升频谱效率的又一重要尝试。这部分内容也将在后续章节中相应介绍。

绿色通信是未来通信发展的方向，在有效提升通信系统各项指标性能的同时兼顾能耗影响对通信产业的健康发展和社会资源的合理利用都有着长远的意义。例如，从网络侧来看，基站等设备的耗电已成为网络运营的重要成本支出之一。从终端侧来看，在以电池为主的供电方式下，过高的能耗带来的电池寿命缩短等问题势必会带来不佳的用户体验。此外，通信系统在整个社会生产生活中所消耗的能源比例不断提升，也是一个不可忽视的问题。基于这些实际问题，5G 网络的设计与建设从一开始就关注能耗问题，并将能量效率作为基本指标之一。在后续章节中可以看到，众多用于降低能耗、提高效率相关的技术方案已被引入 5G 通信系统之中，以期构建出面向未来的绿色通信体系。

如图 2-3 所示，面向上述各项指标所构建出来的下一代移动通信网络相比现有通信网络在各方面都将有明显的提升，5G 网络将会是一张灵活支持不同用户需求的网络，同时也将是一张高效支撑人与人、人与物、物与物相连的绿色网络。

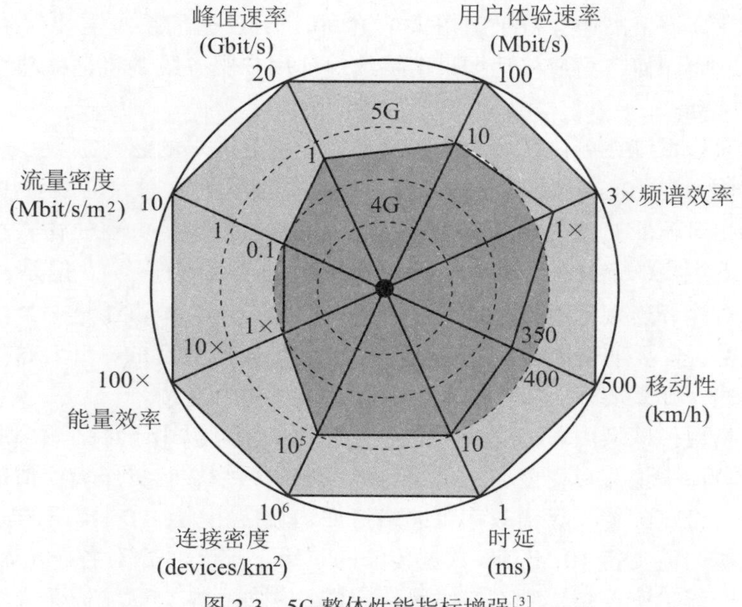

图 2-3 5G 整体性能指标增强[3]

2.4 小结

本章从业务需求、应用场景、性能指标三个方面对 5G 系统进行了分析和说明，有助于读者了解 5G 系统设计所面临的需求与挑战。具体来看，持续的高速率扩展与垂直行业带来的新变化是推动 5G 系统构建的核心驱动力，以 eMBB、URLLC、mMTC 为代表的三大应用场景从产业的高度对 5G 系统的服务对象进行提炼和总结，对峰值速率、用户体验速率、时延、移动性、连接密度、流量密度、频谱效率和能量效率等指标的明确定义与场景对应则为 5G 系统设计提供了基本方向与目标指引。

参考文献

[1] IMT-2020（5G）推进组，5G 愿景与需求白皮书，2014.

[2] IMT-2020（5G）推进组，5G 概念白皮书，2015.

[3] Recommendation ITU-R M. 2083-0 (2015-09), IMT Vision-Framework and Overall Objectives of the Future Development of IMT for 2020 and Beyond.

[4] Report ITU-R M. 2320-0 (2014-11), Future technology trends of terrestrial IMT systems.

[5] Report ITU-R M. 2370-0 (2015-07), IMT Traffic estimates for the years 2020 to 2030.

[6] Report ITU-R M. 2376-0 (2015-07), Technical feasibility of IMT in bands above 6 GHz.

[7] 3GPP TR 37. 910 V16. 1. 0 (2019-09), Study on self evaluation towards IMT-2020 submission (Release 16).

[8] 3GPP TR 38. 913 V15. 0. 0 (2018-06), Study on Scenarios and Requirements for Next Generation Access Technologies (Release 15).

第 3 章

5G系统架构

刘建华　杨　宁　编著

3.1　5G 系统侧网络架构

3.1.1　5G 网络架构演进

在 LTE 网络中，终端的会话管理和终端的移动性管理通过同一个网络实体处理，导致网络演进的不灵活性和不可扩展性。

5G 移动通信目标是实现万物互联，支持丰富的移动互联网业务和物联网业务，4G 的网络架构主要用于满足语音要求和传统的移动宽带（Mobile Broadband，MBB）业务，已经不能高效地支持此类业务。

在制定 5G 网络架构之前，3GPP 首先对 5G 系统及网络架构提出如下需求[1]。

- 能够支持不同 RAT 类型，包括 E-UTRA、non-3GPP 接入类型；不支持 GERAN 和 UTRAN 接入。在 non-3GPP 接入类型中，应该支持 WLAN 和固网接入；应该支持卫星无线接入。
- 针对不同的接入系统支持统一的鉴权架构。
- 支持终端同时通过多个接入技术的同时连接。
- 允许接入网和核心网独立演进，最大化解耦接入网和核心网。
- 支持控制平面和用户平面功能分离。
- 支持 IP 包、非 IP 包、Ethernet 包的数据传输。
- 有效支持不同程度的终端移动性，包括业务连续性。
- 满足终端和数据网络之间不同业务的时延需求。
- 支持网络切片功能。
- 支持针对垂直行业的网络架构增强。
- 支持网络能力开放等。

为了能够更好、更高效地满足上述需求，同时，为了支持运营商更好地实现服务的快速创新、快速上线、按需部署等，3GPP 在 TSG SA#73 次会议采纳了控制平面和用户平面完全分离的网络架构。这种设计方式，有利于不同网元独立的扩容、优化和技术演进。用户面可以集中部署也可以分布式部署，在分布式部署时可以将用户面下沉到更接近用户的位置，提升对用户请求的响应速度；而控制面则进行集中管理与集中部署，提升可维护性和可靠性。

同时，移动网络需要一种开放的网络架构，通过网络架构的开放支持不断扩充的网络能力，通过接口开放支持业务访问提供的网络能力。基于以上考虑，3GPP 在 TSG SA#73 次会议采纳了 5G 服务化网络架构（Service Based Architecture，SBA）；针对 5G 核心网功能进行了重构，以网络功能（Network Function，NF）的方式重新定义了网络实体，各 NF 对外按独立的功能（服务）进行实现并可互相调用，从而实现了从传统的刚性网络（网元固定功能、网元间固定连接、固化信令交互等）向基于服务的柔性网络的转变。基于服务化的网络架构解决了点到点架构紧耦合的问题，实现了网络灵活演进，保障了各种业务需求。

此外，5G 网络引入了网络切片架构。网络切片架构是在网络功能虚拟化、软件化的基础上，把网络切成多个虚拟且相互隔离的子网络，分别应对有不同业务质量要求的服务，再将网络功能进一步细粒度模块化，实现灵活组装业务应用和业务客户化定制功能。

3.1.2　5G 网络架构和功能实体

5G 网络架构设计采用面向服务的设计思路，网络功能间的交互采用两种不同的方式呈现[2]。

- 基于服务化的呈现方式。在此种方式中，控制平面的网络功能允许其他授权的网络功能获取此网络功能的服务。
- 基于参考点的呈现方式。在此种方式中，任意两个网络功能之间采用点到点的参考点进行描述，两个网络功能之间通过参考点进行交互。

图 3-1 给出了基于服务化呈现方式的非漫游参考网络架构。

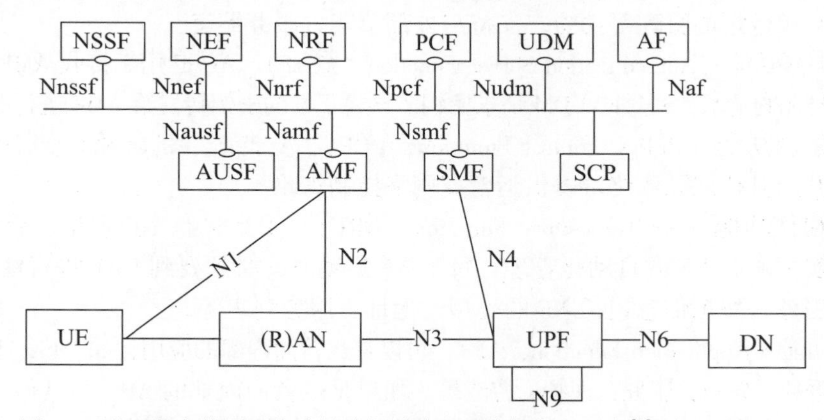

图 3-1　基于服务化呈现方式的非漫游参考网络架构（引自[1]中图 4.2.3-1）

图 3-2 给出了基于参考点呈现方式的非漫游架构。

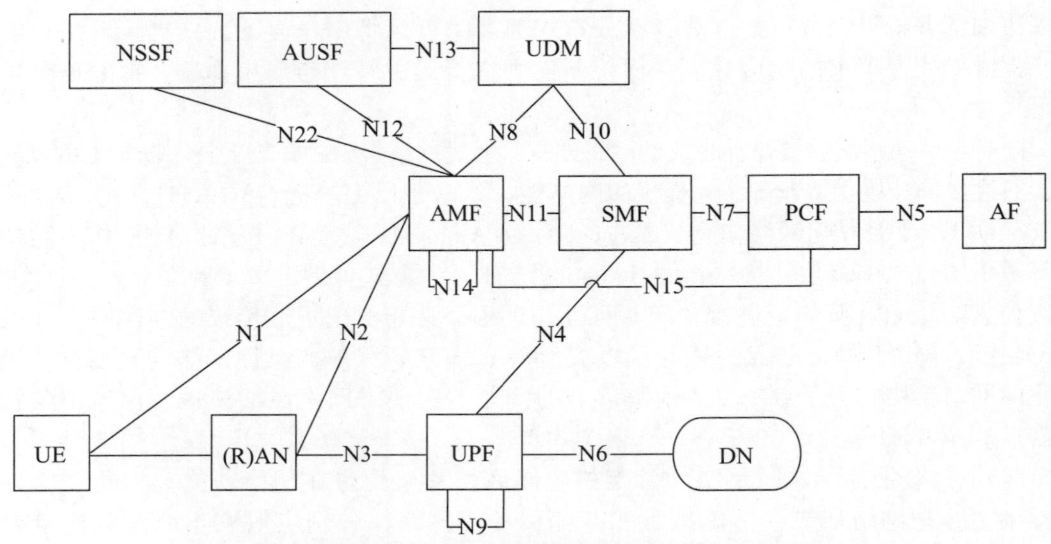

图 3-2　基于参考点呈现方式的非漫游架构（引自[1]中图 4.2.3-2）

5G 系统架构包含以下网络功能，具体功能介绍如下所述。

- 接入及移动性管理功能（Access and Mobility Management Function，AMF），处理所有终端与连接和移动性管理有关的任务，如注册管理、连接管理、移动性管理等。
- 会话管理功能（Session Management Function，SMF），包括会话的建立、修改和释放，UPF（User plane Function）和 AN（Access Node）节点之间的隧道维护，终端 IP 地址分配和管理，选择和控制 UPF 功能，计费数据收集和计费接口支持等。
- 用户面功能实体（User Plane Function，UPF），包括用户平面数据包的路由和转发，用户平面的 QoS 处理，用户使用信息统计并上报，与外部数据网络（Data Network）交互等功能。
- 统一数据管理功能（Unified Data Management，UDM），包括用户签约数据的产生和存储，鉴权数据的管理等功能，支持与外部第三方服务器交互。
- 鉴权服务功能（Authentication Server Function，AUSF），AUSF 用于接收 AMF 对终端进行身份验证的请求，通过向 UDM 请求密钥，再将下发的密钥转发给 AMF 进行鉴权处理。
- 策略控制功能（Policy Control Function，PCF），支持统一的策略框架去管理网络行为，并向其他网元和终端提供运营商网络控制策略。
- 网络存储功能（NF Repository Function，NRF），用来进行 NF 登记、管理、状态检测，实现所有 NF 的自动化管理。每个 NF 启动时，必须要到 NRF 进行注册登记才能提供服务，登记信息包括 NF 的类型、地址、服务列表等。
- 应用功能（Application Function，AF），可以是运营商内部的应用，如 IMS，也可以是第三方的服务，如网页服务，视频，游戏等。如果是运营商内部的 AF，与其他 NF 在一个可信域内，则直接与其他 NF 交互访问；如果 AF 不在可信域内，则需要 NEF 访问其他 NF。
- 网络开放功能（Network Exposure Function，NEF），负责管理 5G 网元对外开放网络数据，外部非可信应用需要通过 NEF 访问 5G 核心网内部数据，以保证 3GPP 网络的安全。NEF 提供外部应用 QoS 能力开放、事件订阅、AF 请求分发等功能。
- 网络切片选择功能（Network Slice Selection Function，NSSF），主要用于网络切片的选择。
- 数据网络（Data Network，DN），在这里包括运营商业务，第三方业务视频、游戏业务等。

整体来说，5G SBA 网络架构中的核心网具有如下关键特性。

- 网元功能松耦合及服务化。传统核心网网元由一组彼此紧密耦合的功能组成。为了支持新的业务需求。5G 网络采用基于服务化的网络架构，组成核心网的各网络功能实体在功能级别上解耦/拆分，网络功能实体拆分出若干个自包含、自管理、可重用的网络功能服务（NF Service，NFS）。网络功能服务可独立升级、独立扩展，在此过程中，网络功能服务提供标准化的服务接口，便于与其他网络功能服务通信。
- 网络接口轻量化。不同网络功能实体之间的接口采用成熟的标准化协议，例如 http 协议，便于快速实现网络接口的开发和网络功能实体的快速升级。同时，采用轻量化的网络接口实现了向业务应用开放网络的能力。
- 网络管理和部署统一化。5G 核心网新引入了网络存储功能实体，用于提供网络功能实体的服务注册管理以及服务发现机制等功能，核心网通过这种服务化的机制实现了自动化运行。
- 按需网络切片和 QoS（Quality of Service）保障。核心网中的网络功能实体可以为不同切片服务，根据切片配置，核心网组成不同的切片网络。不同的应用可根据业务的要求使用不同的网络切片资源。5G 网络实现了基于不同会话设置不同 QoS 的策略，增加了独立的网络数据分析功能，可以根据会话、终端、网络的状态实时调整 QoS 策略。

3.1.3　5G 端到端协议栈

在终端与网络通信过程中，终端和网络会遵循对等协议栈原则，即在每一个接口上都有对等协议功能进行对应。本节介绍了 5G 系统中端到端协议栈，此处只列出了主要接口的对等协议栈以供参考。

- **5G 控制平面端到端协议栈**

控制平面用来承载终端与网络侧的交互信令，控制平面数据传递是通过 Uu 接口-N2 接口-N11 接口实现的，不同网元之间的信令采用对端协议栈的方式实现。如图 3-3 所示，NAS-SM 和 NAS-MM 都属于 N1 接口的 NAS 层协议；其中，NAS-SM 支持终端和 SMF 之间的会话管理功能，NAS-MM 支持终端和 AMF 之间的移动性管理功能，如注册管理，连接管理。NAS 层协议在 Uu 接口通过终端和接入网之间的 RRC 协议层承载。N2 接口是接入网和核心网之间的接口，其中 NG-AP 协议层用于处理核心网和接入网之间的信令连接，通过 SCTP（Stream Control Transmission Protocol）协议承载。

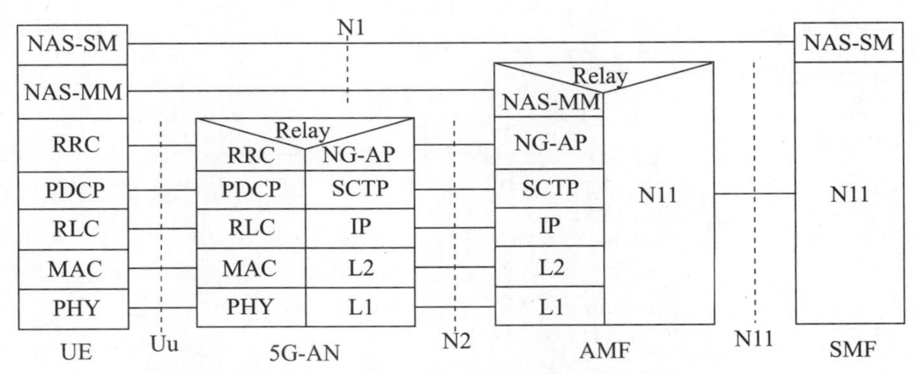

图 3-3　终端和核心网之间端到端控制平面协议栈（引自[1] 中图 8.2.2.3-1）

- **5G 用户平面端到端协议栈**

图 3-4 为用户平面用来承载终端应用层的数据，用户平面数据传递是通过 Uu 接口-N3 接口-N9 接口-N6 接口路径进行传输的。其中，N6 接口是 5G 网络与外部数据网络（Data Network）之间的接口，是数据在网络侧的进出口。在 5G 中，针对不同的应用层采用不同类型的 PDU 承载。目前支持的 PDU 类型有 IPv4、IPv6、IPv4v6、以太网、无结构等。不同 PDU 类型的协议栈对应各自的协议栈。用户的 PDU 数据在 Uu 接口通过接入协议层承载，在骨干网（N9、N3 接口）中采用 GTP-U 协议承载。

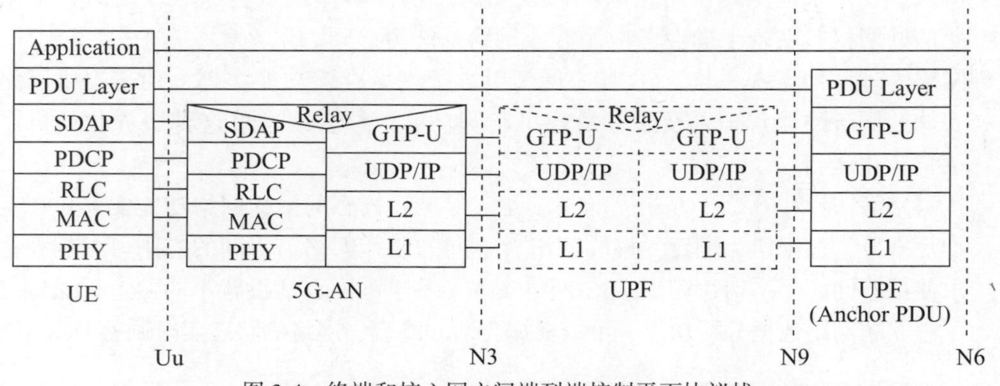

图 3-4 终端和核心网之间端到端控制平面协议栈

3.1.4 支持非 3GPP 接入 5G

在 TSG SA#73 次会议上，3GPP 同意支持终端能够通过 3GPP 以外的接入技术（如 WLAN 网络）接入到 5GC 网络，实现运营商能够控制和管理通过非 3GPP 技术接入的终端，同时也给终端接入到运营商网络提供了多种方式。

图 3-5 提供了终端通过非 3GPP 接入到 5GC 的网络架构。非 3GPP 接入网包含非授信和授信两种方式。非授信网络通过非 3GPP 互操作功能（Non-3GPP InterWorking Function，N3IWF）连接到核心网；授信网络通过授信非 3GPP 网关功能（Trusted Non-3GPP Gateway Function，TNGF）连接到核心网。N3IWF 和 TNGF 分别通过 N2 和 N3 接口连接到核心网的控制片面和用户平面。在此过程中，终端决定采用授信还是非授信非 3GPP 网络接入到 5G 核心网。

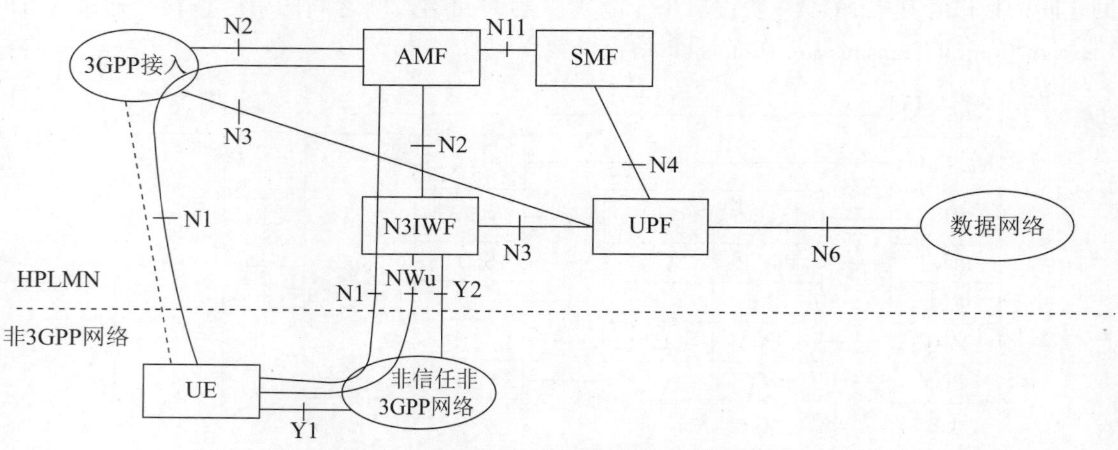

图 3-5 非 3GPP 接入到 5GC 的网络架构（引自[1] 中图 4.2.8.2.1-1）

- 当终端决定采用非授信的非 3GPP 接入到 5G 核心网时：
  - 终端首先选择并连接一个非 3GPP 网络；
  - 终端选择一个 PLMN 和此 PLMN 中的 N3IWF，PLMN 的选择和非 3GPP 接入网的选择是互相独立的过程。
- 当终端决定采用授信的非 3GPP 接入到 5G 核心网时：
  - 终端首先选择 PLMN；
  - 终端选择一个能可靠连接到 PLMN 的 TNAN，TNAN 的选择受 PLMN 选择的影响。

当终端通过 3GPP 接入网和非 3GPP 接入网同时接入到网络时，针对 3GPP 接入和非 3GPP 接入分别存在 N1 连接。终端可以通过 3GPP 和非 3GPP 接入到不同的 PLMN；终端也可以通过 3GPP 接入网和非 3GPP 接入网同时注册到两个不同的 AMF。

3.1.5　5G 和 4G 网络互操作

5G 网络引入之后，在一些场景中，为了保证用户的业务体验，需要支持 5G 网络和 4G 网络的无缝互操作。例如，5G 网络没有做到全覆盖或者部分业务无法获得 5G 网络支持或者运营商需要将部分终端负载均衡到 4G 网络。因此，5G 的商用部署进程将是一个基于 4G 系统进行的长期的替换、升级、迭代的过程；在 5G 覆盖不完善的情况下，4G 系统也是保障用户业务连续性体验的最好补充。

基于 3GPP 现阶段的结论，本书仅讨论 5G 与 4G 直接的融合组网及互操作技术，暂不涉及 5G 与 2G/3G 直接的互操作。

4G 和 5G 融合组网意味着网络、业务均需要进行一体化的融合演进。为了实现这一目标，在 4G 网络到 5G 网络的演进过程中，用户签约数据融合、网络策略融合、数据融合以及业务连续性是最主要考虑的问题。基于此网络演进需求，4G 和 5G 网络部分网元需要进行合设，如 HSS+UDM、SMF+PGW-C 和 UPF+PGW-U，如图 3-6 所示。其中 N26 接口为可选接口，根据运营商的部署策略和业务需求决定是否设置。

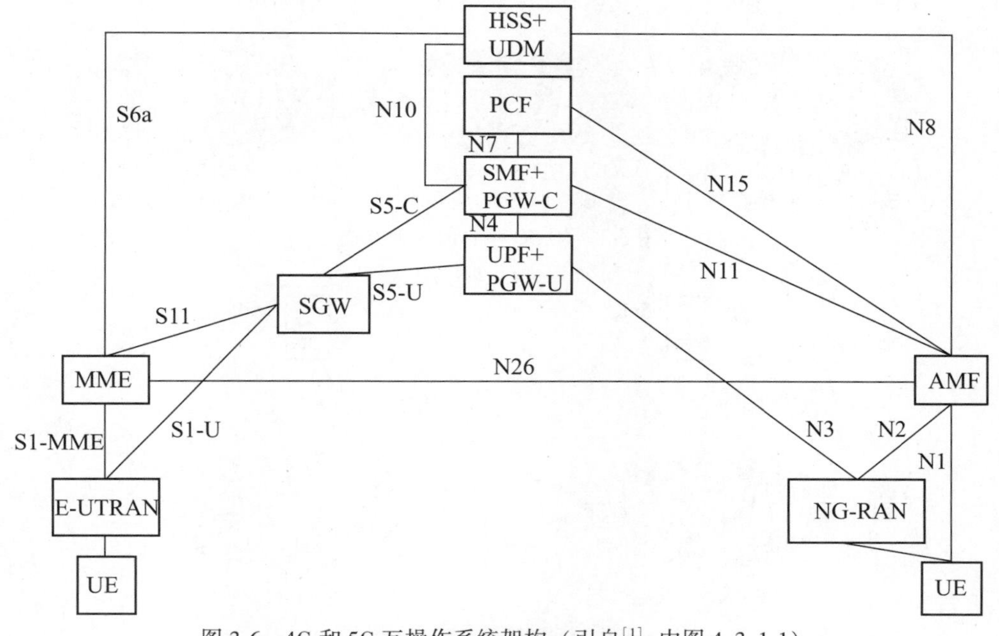

图 3-6　4G 和 5G 互操作系统架构（引自[1]中图 4.3.1-1）

同时，4G 和 5G 网络网元合设除了数据和用户状态的统一管理外，大部分 4G 和 5G 网络间的交互通过网元内部接口实现，不需要单独定义标准化接口，简化了互操作处理流程，减少了交互时延。

PGW-C 与 SMF 合设以及 PGW-U 与 UPF 合设，能够支持 4G/5G 切换过程中的业务连续性，保证用户的无缝切换体验；用户面网元合设使得切换过程中不需要变更用户面锚点，当终端在 5G 和 4G 网络之间进行移动时，终端的地址保留；终端的上下文在 MME 和 AMF 之间传递，实现了业务连续性和用户对于移动性的无感知，同时节省了业务处理资源。

3.2 无线侧网络架构

在 5G 网络架构的讨论中，各个运营商根据自身网络演进需求提出了多种可能的网络架构，希望能够尽可能在继承现有网络节点资源的基础上，使用 5G 关键技术提升性能。因此由于对 4G 网络的存续时间的理解不同以及演进路径的不同，演化出了很多不同版本的网络架构。

有关 5G 网络架构的讨论最早是从 2016 年 4 月的 RAN3#91bis 会议开始，并且在此次会议上确定后续将由 TR38. 801 来负责描述相关内容[4]。在本次会议中，不同公司针对 5G 无线网络场景、功能分割以及架构提出了建议[5-8]，最终认为无线网络架构可能由于接入网与核心网络之间不同的组合，从而导致不同的形态，并将其初步描述在文献［9］中。

在 2016 年 5 月的 RAN2#94 次会议讨论中，基于前期的邮件讨论，初步形成了讨论文件[14]，其中重点形成了 4G 接入网/5G 接入网与 4G 核心网/5G 核心网的组合方式，并初步确定了在后续研究中将会针对 4G-5G 耦合的 3 种方式（见图 3-7）与 5G 独立工作的两种方式（见图 3-8）继续进行研究。

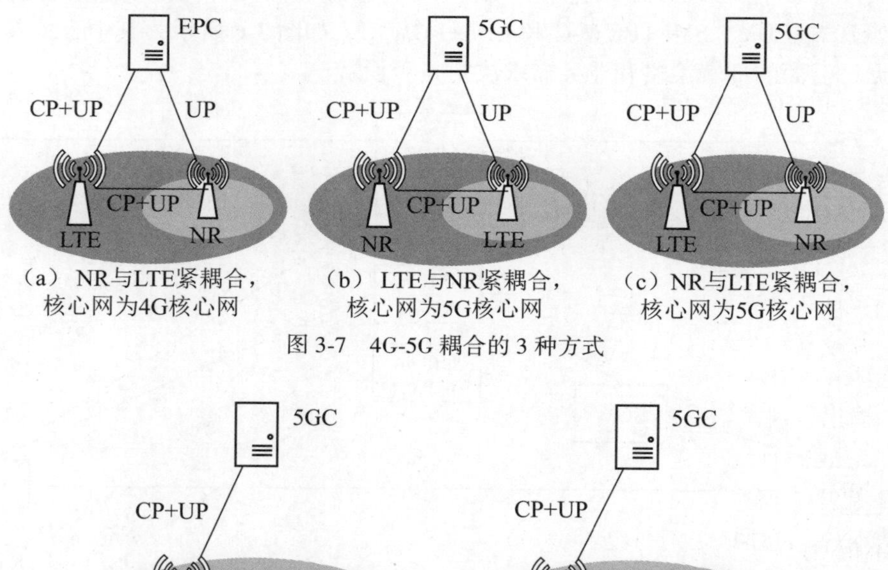

（a）NR与LTE紧耦合，核心网为4G核心网　（b）LTE与NR紧耦合，核心网为5G核心网　（c）NR与LTE紧耦合，核心网为5G核心网

图 3-7　4G-5G 耦合的 3 种方式

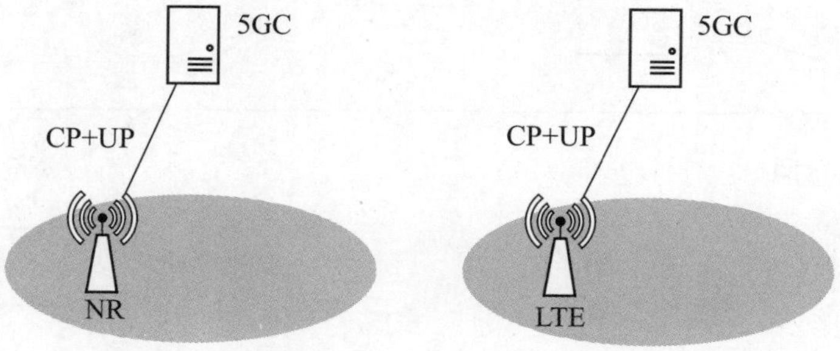

（a）NR与5GC连接　（b）LTE与5GC连接

图 3-8　5G 独立工作的两种方式

此讨论文件在RAN2、RAN3与SA2举行的联合会议进行了讨论，但是未能得到任何结论，仅是在后续RAN2的讨论中，将部分场景描述在TR38.804中[15]。

在2016年6月韩国釜山举行的RAN#72次全会上，针对该问题再次进行了讨论[17]。在此讨论文件中，将4G/5G接入网与4G/5G核心网的组合列出（如表3-1所示）。

表3-1 4G/5G接入网与4G/5G核心网的组合

组　合	4G核心网	5G核心网
4G接入网LTE	选项1	选项5
4G接入网LTE（主）+5G接入网NR（辅）	选项3	选项7
5G接入网NR	选项6	选项2
5G接入网NR（主）+4G接入网LTE（辅）	选项8	选项4

- 选项1：该架构为传统LTE及其增强，如图3-9所示。
- 选项2：5G独立工作模式，接入网为5G NR，核心网为5GC，该架构应为运营商进行5G部署的终极模式，即未来所有4G网络均演进为5G网络时呈现的网络架构，如图3-10所示。

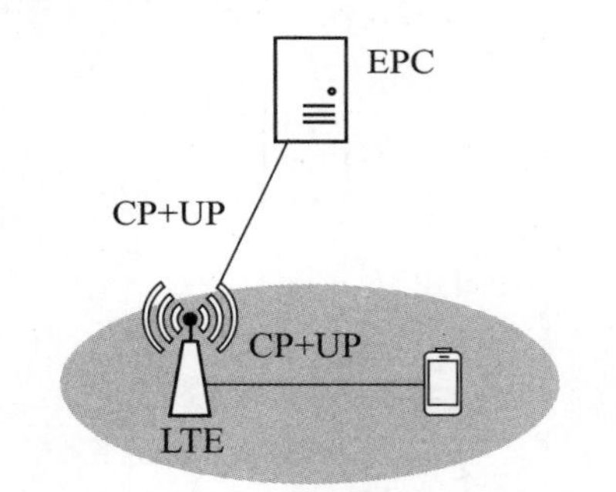

图3-9 4G/5G网络架构选项1示意图

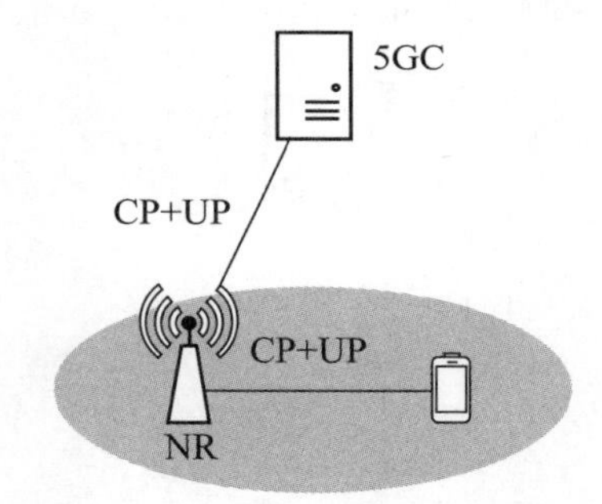

图3-10 4G/5G网络架构选项2示意图

- 选项3：EN-DC模式，接入网以4G LTE为主，5G NR为辅，核心网为4G EPC，该架构的提出主要在于运营商希望能够尽可能重用现有4G接入网与核心网投资，同时又能使用5G节点的传输技术提升网络性能。此外也需要注意尽管在此架构中辅节点也具备控制面功能，但与主节点相比，其仅能够支持部分控制面功能、主要控制面功能及其相应信令仍然由主节点承载，如图3-11所示。
- 选项4：NE-DC模式，接入网以5G NR为主，4G LTE为辅，核心网为5GC，该架构的提出主要是运营商考虑在5G网络大规模部署的情况下，4G LTE网络未能完全演进完成，且网络中也存在少量LTE终端时，可以灵活使用4G LTE网络资源，如图3-12所示。
- 选项5：eLTE模式，接入网为4G LTE增强，核心网为5GC，该网络架构的提出主要在于部分运营商仅考虑核心网升级以支持新的5G特性，例如新的QoS架构，但是仍然重用4G无线网络的能力，如图3-13所示。
- 选项6：接入网为5G NR，核心网为4G EPC，该网络架构在讨论中并未有运营商提出较强的部署预期，因此在较早阶段即被排除，如图3-14所示。
- 选项7：NG EN-DC，接入网以4G LTE为主，5G NR为辅，核心网为5GC，该网络架构考虑在选项 3 的基础上，升级核心网为 5GC 时的场景，如图 3-15 所示。

- 选项 8：接入网以 5G NR 为主，4G LTE 为辅，核心网为 EPC，该网络架构在讨论中并未有运营商提出较强的部署预期，因此在较早阶段即被排除，如图 3-16 所示。

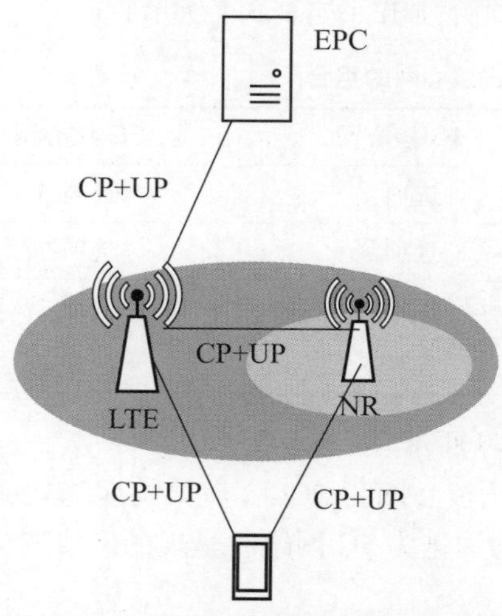

图 3-11　4G/5G 网络架构选项 3 示意图

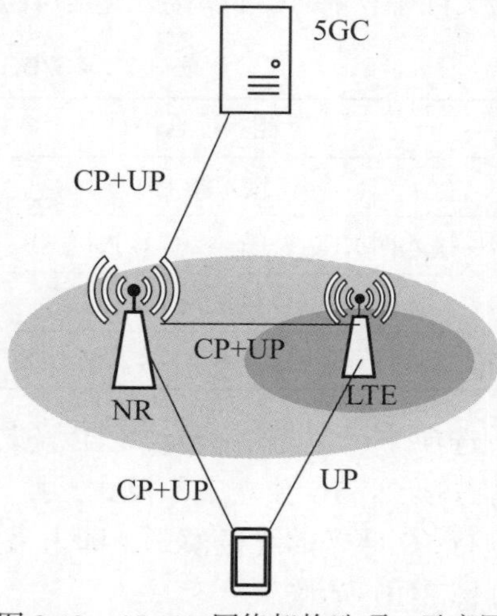

图 3-12　4G/5G 网络架构选项 4 示意图

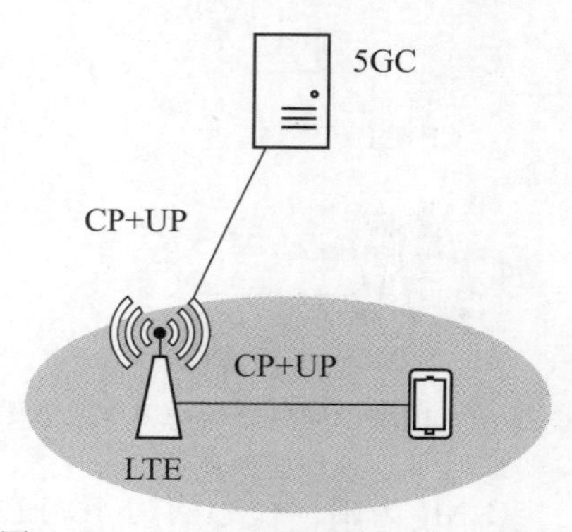

图 3-13　4G/5G 网络架构选项 5 示意图

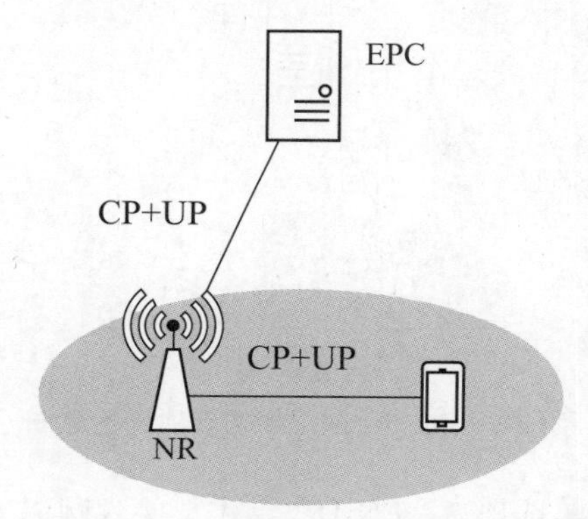

图 3-14　4G/5G 网络架构选项 6 示意图

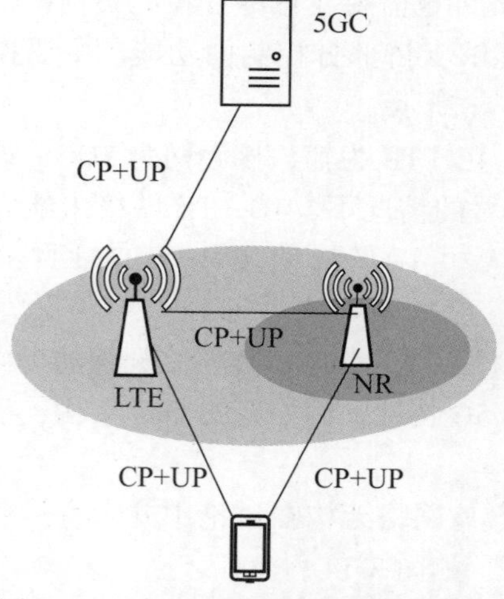

图 3-15　4G/5G 网络架构选项 7 示意图

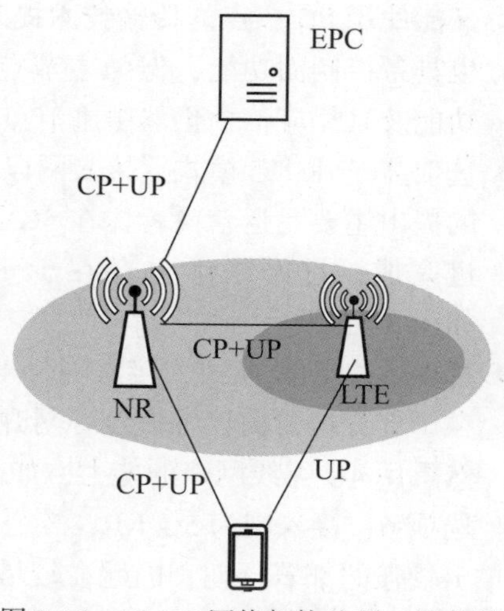

图 3-16　4G/5G 网络架构选项 8 示意图

经过讨论，运营商普遍认同选项 6 和选项 8 并不在其演进的路径上，因此需求较弱，首先将这两个选项删除。此外，由于选项 3 以 4G LTE 部署为主，以 5G NR 为辅，因此可以尽可能重用现有 4G 网络投资，从而作为 5G 标准较高优先级进行研究和标准化；同时针对其他选项（选项 2、选项 4、选项 5、选项 7）同步进行研究和标准化[17]。

在 2016 年 9 月美国新奥尔良举行的 RAN#73 次会议上，由于部分运营商希望能够加速 5G 标准化的进度，从而快速推动 5G 商用进程，讨论是否可以将选项 3 EN-DC 提速完成。最终经过数轮讨论，在 2017 年 3 月的 RAN#75 次全会中最终决定选项 3 EN-DC 将在 2017 年 12 月完成，而其他选项（选项 2、选项 4、选项 5、选项 7）将在 2018 年 6 月完成。受时间以及运营商的关注度的限制，最终选项 4、选项 7 于 2018 年 12 月才真正完成。后续篇幅将着重介绍运营商最为关注的选项 3 EN-DC 架构和选项 2 SA 架构。

在最受运营商关注的选项 3 EN-DC 架构中，又分为选项 3、选项 3a、选项 3x 三类。其主要的区别在于用户面的聚合节点不同[19-20]。从控制面角度来说，选项 3、选项 3a、选项 3x 的架构均相同，如图 3-17 所示。由图 3-17 可知，选项 3 的控制面以 4G LTE 基站为主，5G NR 基站为辅。在这个过程中，主节点负责辅节点的添加、修改、变更、释放，而辅节点也可以触发自身的修改、变更、释放，但是大部分控制信令都是以主节点为主。而从终端的角度来看，终端会与主节点 eNB 建立 SRB0、SRB1 与 SRB2 的信令连接；同时也可以与辅节点 gNB 建立 SRB3 的信令连接。此时辅节点 gNB 由于可以不具备独立接入功能，因此可以不支持除 MIB（ANR 情况下需要支持部分 SIB1 发送）之外的系统信息发送、寻呼消息发送、连接建立流程、重建立流程等过程，终端也不需要针对辅节点 gNB 进行小区搜索、驻留等操作，但是终端可以支持 gNB 通过 SRB3 下发配置信息，如测量配置与测量上报。

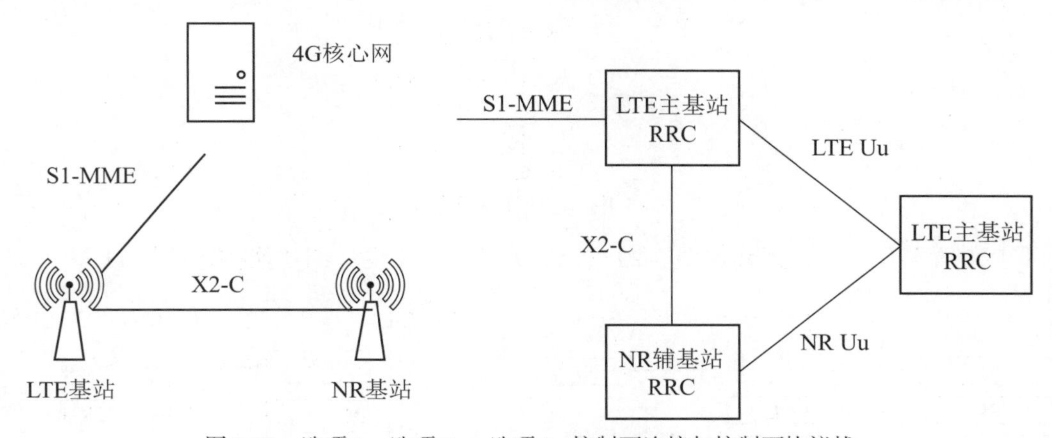

图 3-17　选项 3、选项 3a、选项 3x 控制面连接与控制面协议栈

从用户面角度来说，按照 SCG 终结的位置不同，可以分为选项 3、选项 3a 和选项 3x，如图 3-18 所示。由 3 种架构的用户面协议栈可知，选项 3 为主节点控制用户面数据流的分流，即 MCG 承载分离（MCG SplitBearer）；选项 3a 为核心网控制用户面数据流的分流，即 MCG 承载（MCGBearer）+SCG 承载（SCGBearer）；选项 3x 为辅节点控制用户面数据流的分流，即 SCG 承载分离（SCGSplitBearer）。

选项 2 SA 架构属于与 4G LTE 类似的独立工作架构，如图 3-19 所示，整体无线架构与 4G LTE 区别不大，但是与 4G LTE 初期相比，可以支持载波聚合（CA）、双连接（DC）以及补充上行的机制（SUL）。

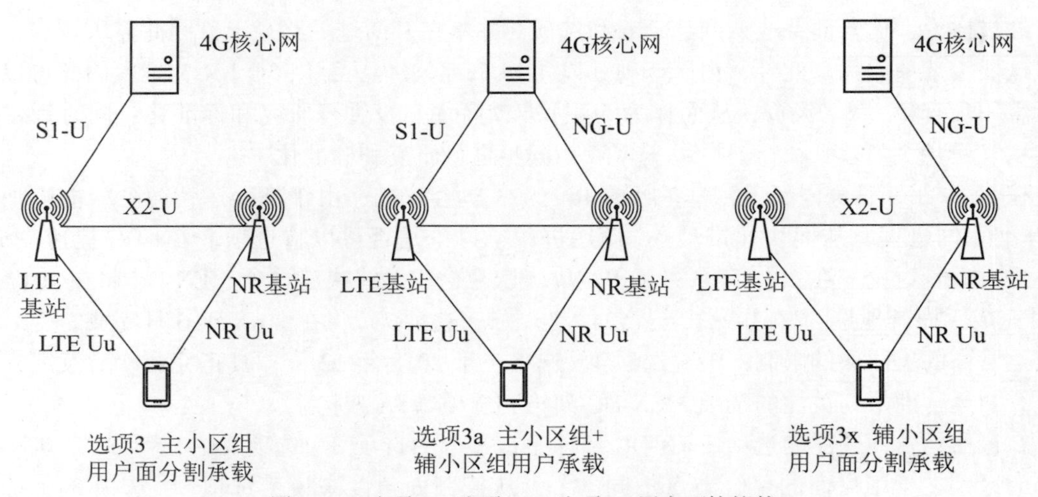

图 3-18 选项 3、选项 3a、选项 3x 用户面协议栈

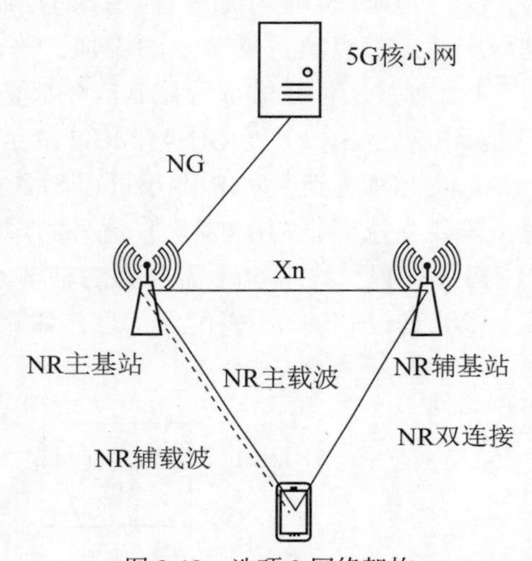

图 3-19 选项 2 网络架构

其控制面与用户面协议栈如图 3-20 所示，有关选项 2 的详细功能描述见第 11 章。

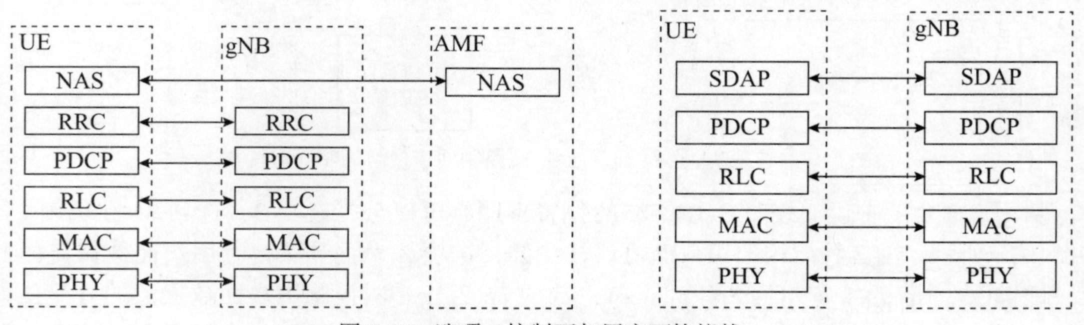

图 3-20 选项 2 控制面与用户面协议栈

这些系统架构中在 3GPP 标准协议中对这些标准化的选项取了各自的术语，如表 3-2 所示。

表 3-2　系统架构术语

系统架构	标准化名称	标准化版本
选项 3/选项 3a/选项 3x	EN-DC	Rel15，early drop
选项 5	E-UTRA connected to 5GC	Rel15，late drop
选项 7	NGEN-DC	Rel15，late drop
选项 2	SA（Stand Alone）	Rel15
选项 2+DC	NR-DC	Rel15，late drop
选项 4	NE-DC	Rel15，late drop

在有双连接架构的情况下，用户面和控制面的协议栈相对来说比较复杂。4G 和 5G 系统之间有一个很大的差别是 QoS 架构的差别。当 MCG 连接到 EPC 时，即使无线接入技术采用的是 NR，建立的无线承载也采用 LTE 系统的 QoS 架构。当 MCG 连接到 5GC 时，建立的无线承载需要采用 NR 系统的 QoS 架构。NR 系统的 QoS 的详细介绍可以参考第 13 章。因此无线承载在 EN-DC 和其他的 DC 架构上，即 NGEN-DC、NE-DC 和 NR-DC，是不同的。从终端的角度和从基站角度来看，无线承载的协议栈构成也是不同的。在双连接架构下，网络节点由两个节点构成，即 MN（主节点）和 SN（辅节点）。PDCP 和 SDAP 协议栈和对应的 PDCP 以下的协议栈（即 RLC、MAC 和 PHY）可能位于不同的网络节点。在终端内部不存在不同节点的区分问题，但是有小区群的角色问题，即需要区分主小区群（MCG）和辅小区群（SCG）。MCG 和 SCG 之间的差异源于不同的无线承载汇聚的协议层（即 MAC 和 PHY）的不同。

对于 EN-DC，从网络侧来看，无线承载的构成如图 3-21[18] 所示。

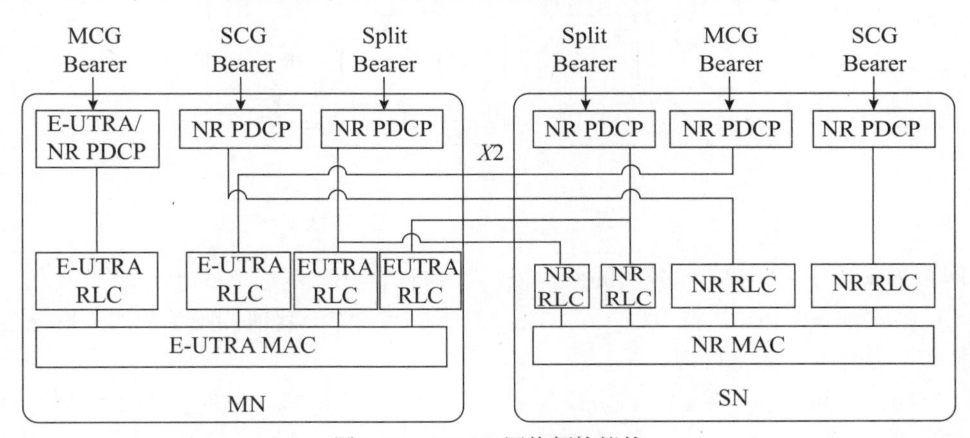

图 3-21　EN-DC 网络侧协议栈

当一个无线承载的 RLC、MAC 和 PHY 协议栈位于 MN 时，该无线承载称为 MCG Bearer，反之称为 SCG Bearer。SCG Bearer 的引入目的很简单，就是为了充分利用 NR 的无线接入流量。当 SCG Bearer 的 PDCP 协议栈在 SN 上时，SN 和核心网之间建立直接的用户平面数据 GTP-U 通道，这样 SN 可以分担 PDCP 协议的处理负荷。当 PDCP 协议栈在 MN 上时，处理负荷分担的好处没有了，而且还增加了用户面的时延。MCG Bearer 的 PDCP 协议栈在 SN 的时候，无线承载有类似的问题。但是这种类型的无线承载在某些异常情况下，可以减少用户面性能的损失。例如，从终端的角度来说，如果 SN 上发生了无线链路失败（RLF），那么网络可以选择把分离承载（Split Bearer）在 SN 分支上 PDCP 以下的协议栈释放掉，但是可以保留在 SN 上的 PDCP 协议栈和 MN 上的协议栈，从而让这个无线承载继续工作。否则，网络要么选择释放 SN 上所有的无线承载，要么把这些无线承载转移到 MN 上。这些操作都会导致用户面协议栈（包括 PDCP）重建。而释放 PDCP 以下协议栈的操作只会导致和这个无线承载相关的 RLC 的重建和 MAC 层对应的 HARQ Process 的复位操作，用户面的损失要小得多。基于此，在 Rel-16 时，引入 MCG 快速恢复的技术特征，以处理 MN 上发生的 RLF（在 SN 还在正常工作的时候）。同样的道理 PDCP 在 MN 上的 SCG Bearer 也可以作为临时的过渡方案减少用户面的损失。

前面提到的分离承载在 MN 和 SN 上都有无线链路，但是只有一个 PDCP 协议栈。这个 PDCP 协议栈可能在 MN 上，也可能在 SN 上。分离承载的目的是提高无线接口的流量。当 PDCP 层允许对 PDCP 数据包在不同链路之间进行重发时，分离承载还可以提高无线承载的可靠性。基于上段落中提到的类似的原因，工程上更多的是采用 PDCP 协议栈在 SN 上的方案。对于 EN-DC 架构来说分离承载的 PDCP 采用的是 NR 系统的 PDCP 协议。这样做的原因是为了减少终端的复杂度。假如分离承载的 PDCP 根据所在位置分别采用 LTE PDCP 和 NR PDCP 协议栈，那么从终端的角度来说实际上会有两种分离承载。如果只采用 NR PDCP 协议栈，那么从终端的角度来说在 PDCP 协议层只有一种分离承载。这个差异在图 3-22 中可以明显看出。

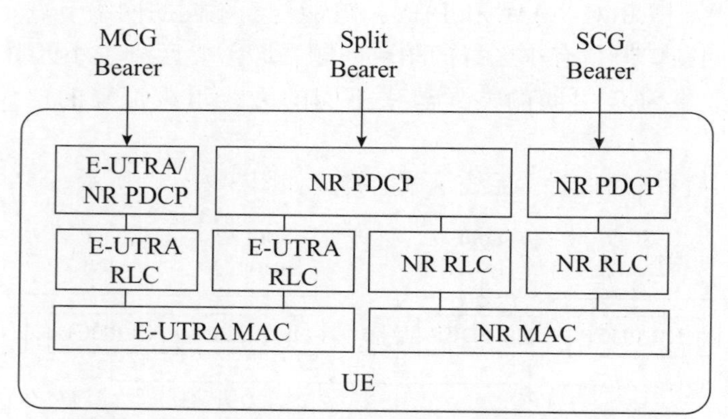

图 3-22　EN-DC 终端侧协议栈（引自[18] 中图 4.2.2-1）

在网络侧采用了 CU 和 DU 分离的架构以后，这种合并对网络来说也是有意义的，因为只要在 CU 中实现 NR PDCP 就可以了，如图 3-23 所示。对于其他的 DC 架构，网络侧和终端侧的协议栈如图 3-23、图 3-24 所示。

与 EN-DC 架构相比，在 PDCP 协议层上多了 SDAP 协议栈。这是由 NR 系统的 QoS 架构决定的。从终端的角度 SDAP 只有一个实体。另外，PDCP 协议栈都统一为 NR PDCP 协议栈。RLC 和 MAC 的协议栈没有明确区分 LTE 和 NR 的协议栈是因为两种协议栈在 MN 和 SN 上都有可能。在 Stage3 的协议规范中，这些协议栈则会做详细的区分。其中 LTE 的协议栈需要参考 TS 36 系列的协议规范，而 NR 的协议栈需要参考 TS 38 系列的协议规范。TS 38 系列协议规范中用户面的详细介绍可以参考第 10 章，控制面的详细介绍可以参考第 11 章。

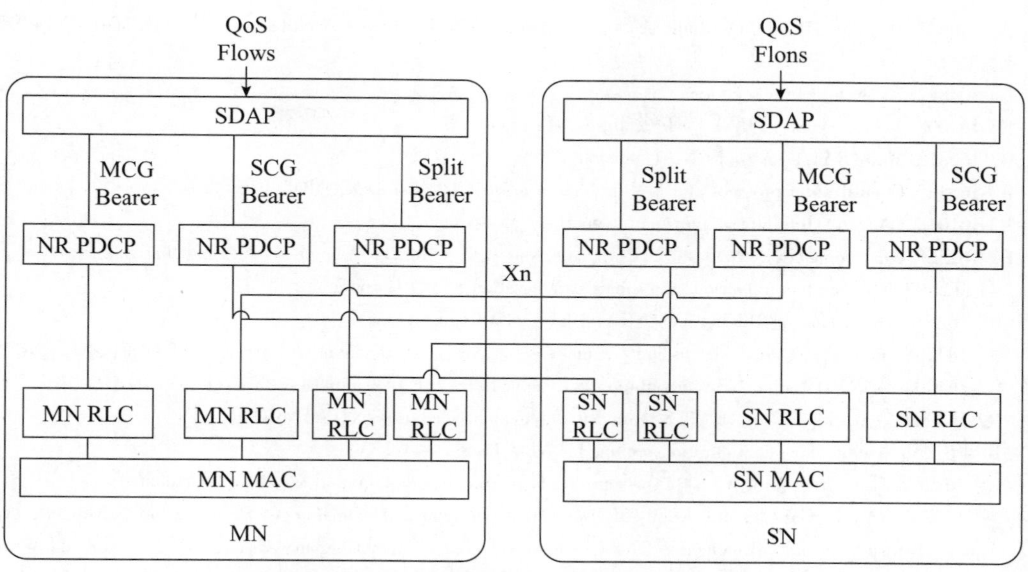

图 3-23　MR-DC 网络侧协议栈（引自[18] 中图 4. 2. 2-4）

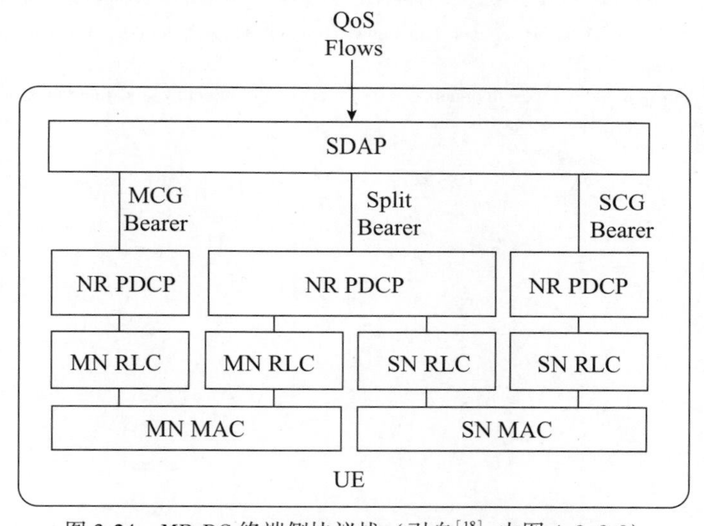

图 3-24　MR-DC 终端侧协议栈（引自[18] 中图 4. 2. 2-2）

3.3　小结

本章从系统侧和无线侧分别介绍了 5G 网络架构的基本概念、演进缘由和演进过程。其中主要阐述了 5G 基本网络架构，以及由 4G 到 5G 网络架构演进过程中，如何满足新的场景和业务需求，同时考虑 4G 网络的平滑演进和共存共生。本章帮助读者对 5G 形成一个整体的认识，对 5G 架构的演进过程有一个初步的了解。

参考文献

[1]　TS 22. 261. Service requirements for the 5G system. Stage 1.

[2]　TS 23. 501. System architecture for the 5G system（5GS）. Stage 2.

[3] R3-160947. Skeleton TR for New Radio Access Technology: Radio Access Architecture and Interfaces, NTT DOCOMO INC.
[4] R3-160842. 5G architecture scenarios, Ericsson.
[5] R3-161008. Next Generation RAT Functionalities, Ericsson.
[6] R3-160823. Multi-RAT RAN and CN, Qualcomm.
[7] R3-160829. Overall radio protocol and NW architecture for NR, NTT DOCOMO, INC.
[8] R3-161010. CN/RAN Interface deployment scenarios, Ericsson.
[9] R2-162365. Dual connectivity between LTE and the New RAT, Nokia, Alcatel-Lucent Shanghai Bell.
[10] R2-162707. NR architectural discussion for tight integration, Intel Corporation.
[11] R2-162536. Discussion on DC between NR and LTE, CMCCdiscussion.
[12] R2-164306. Summary of email discussion [93bis#23] [NR] Deployment scenarios, NTT DOCOMO, INC.
[13] R2-164502. RAN2 status on NR study-Rapporteur input to SA2/RAN3 joint session, NTT DOCOMO, INC.
[14] R2-163969. Text Proposal to TR 38.804 on NR deployment scenarios, NTT DOCOMO, INC.
[15] RP-161266. Architecture configuration options for NR, Deutsche Telekom.
[16] RP-161269. Tasks from joint RAN-SA session on 5G architecture options, RAN chair, SA chair.
[17] RP-170741. Way Forward on the overall 5G-NR eMBB workplan, Alcatel-Lucent Shanghai-Bell, Alibaba, Apple, AT&T, British Telecom, Broadcom, CATT, China Telecom, China Unicom, Cisco, CMCC, Convida Wireless, Deutsche Telekom, DOCOMO, Ericsson, Etisalat, Fujitsu, Huawei, Intel, Interdigital, KDDI, KT, LG Electronics, LGU+, MediaTek, NEC, Nokia, Ooredoo, OPPO, Qualcomm, Samsung, Sierra Wireless, SK Telecom, Sony, Sprint, Swisscom, TCL, Telecom Italia, Telefonica, TeliaSonera, Telstra, Tmobile USA, Verizon, vivo, Vodafone, Xiaomi, ZTE.
[18] TR38.801. Study on new radio access technology: Radio access architecture and interfaces.
[19] TS 37.340. Multi-connectivity, Stage 2.

第4章

带宽分段（BWP）

沈 嘉 编著

带宽分段（Bandwidth Part，BWP）是5G NR引入的最重要的新概念之一，几乎对资源分配、上下行控制信道、初始接入、MIMO、MAC/RRC层协议等NR标准的各个方面都产生了深远的影响，不能正确理解BWP，就无法正确理解NR标准。

在NR标准化的早期，多家公司从不同角度提出了"子带操作"的初始想法，经过反复探索和融合，共同定义了BWP概念，而后又几经波折，不断修改完善，最终形成了一个复杂度超出所有人预期、具有强大潜在能力的系统工具。

直至R15、R16 NR标准冻结，也只能说定义了BWP的基本能力，产业界将在5G的第一波商业部署中逐步摸索BWP的优势和问题，在后续的5G增强标准版本（如R17、R18）中，BWP概念还有可能进一步扩展和演进，在5G增强技术中发挥更大的作用。

BWP采用"RRC配置+DCI（下行控制信息）/计时器激活"的两层信令机制，大量设计问题都是在标准化过程中逐步解决的，包括：BWP如何配置；BWP配置与参数集的关系；TDD和FDD系统的BWP配置是否不同；BWP的激活/去激活机制；在RRC连接之前的初始接入过程中如何使用BWP；BWP与载波聚合的关系等。本章将对这些问题进行一一解读。

4.1 BWP（带宽分段）的基本概念

BWP的核心概念是定义一个比小区系统带宽和终端带宽能力都小的接入带宽，终端的所有收发操作都可以在这个较小的带宽内进行，从而在5G大带宽系统中实现更灵活、更高效、耗电更低的终端操作。LTE的最大单载波系统带宽为20 MHz，终端的单载波带宽能力也为20 MHz，所以不存在终端能力小于小区系统带宽的情况。而在5G NR系统中，最大载波带宽将大幅提高（如400 MHz），而终端带宽能力的提升幅度明显赶不上网络侧（如100 MHz）。另外，终端也并不需要总以最大带宽能力工作，为了节省耗电和更高效的频域操作，可以工作在一个更小的带宽下，这就是BWP（如图4-1所示）。

但在BWP概念明确之前，不同公司从不同角度出发提出了类似的概念，但主要的考虑来自资源分配和终端省电两个方面。另外，BWP客观上也可以用来实现"前向兼容"（Forward Compatibility）等效果[36]。当然，BWP作为NR中定义的一个灵活的"标准工具"，其用途是不会写在 3GPP 标准中的。

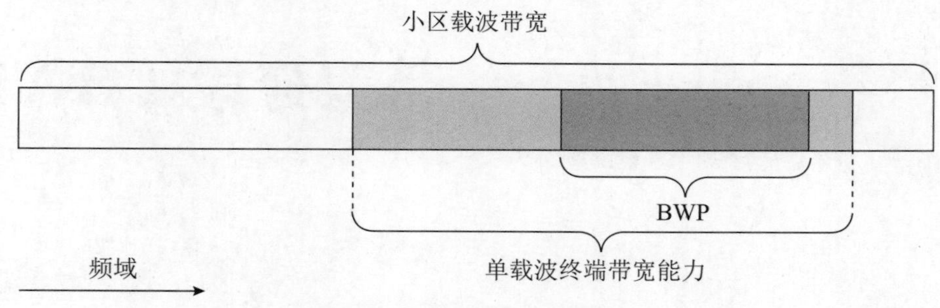

图 4-1　BWP 的基本概念

4.1.1　从多子载波间隔资源分配角度引入 BWP 概念的想法

BWP 的概念首先是从资源分配角度考虑而提出的。NR 的一个重要创新是支持多种子载波间隔的传输，但不同子载波间隔的物理资源块（PRB）大小不同，资源分配的颗粒度也不同，如何实现多种子载波间隔的频域资源的有效调度，是一个需要解决的问题。在 2016 年年底、2017 年年初的 3GPP 会议中，一些公司[2-3] 提出了多子载波间隔的资源分配方案，其中核心的方法是采用“先粗后细”的两步法资源分配。

如表 4-1 所示，以 20 MHz 带宽（实际可用带宽为 18 MHz）为例，不同子载波间隔对应的 PRB 大小和 20 MHz 带宽内包含的 PRB 数量均不同，资源分配的颗粒度和 PRB 索引（PRB Indexing）也不同，无法直接套用 LTE 的资源分配方法。

表 4-1　不同子载波间隔对应的 PRB 大小和 20 MHz 带宽内的 PRB 数量

子载波间隔	PRB 大小	20 MHz 带宽内包含的 PRB 数量
15 kHz	180 kHz	100
30 kHz	360 kHz	50
60 kHz	720 kHz	25

在 2016 年 10 月的 RAN1#86bis 会议上，[1] 提出了两种多子载波间隔（Subcarrier Spacing，SCS）的 PRB Indexing 方法。

- 方法 1：各种 SCS 的 PRB 均在整个系统带宽内索引，如图 4-2 所示，三种 SCS 分别在不同的子带（Subband）内使用，但 PRB Indexing 的起点（PRB#0）均起始于系统带宽起点，终止于系统带宽终点。这种方法可以实现 PRB 的“一步法”直接指示，并可以将各种 SCS 的 PRB 动态调度在系统带宽内的任意频域位置（当然，不同 SCS 的频域资源之间要留有一两个 PRB 避免干扰），不受限于 Subband 的边界。但是这种方法需要定义多套 PRB Indexing，且每个 PRB Indexing 都在整个系统带宽内定义，造成调度频域资源的 DCI 开销过大。如果要降低 DCI 开销，就需要新设计一套比较复杂的资源指示方法。
- 方法 2：各种 SCS 的 PRB 分别独立索引，如图 4-2 所示，PRB Indexing 的起点（PRB #0）起始于 Subband 起点，终止于 Subband 终点。这种方法首先需要指示某种 SCS 的 Subband 的大小和位置，才能获得这种 SCS 的 PRB Indexing，而后再在 Subband 内采用相应的 PRB Indexing 指示资源。可以看到，这种方法的优点是可以在 Subband 内部直接套用 LTE 成熟的 OFDM 资源分配方法。但需要采用 Subband→PRB “两步法”指示。

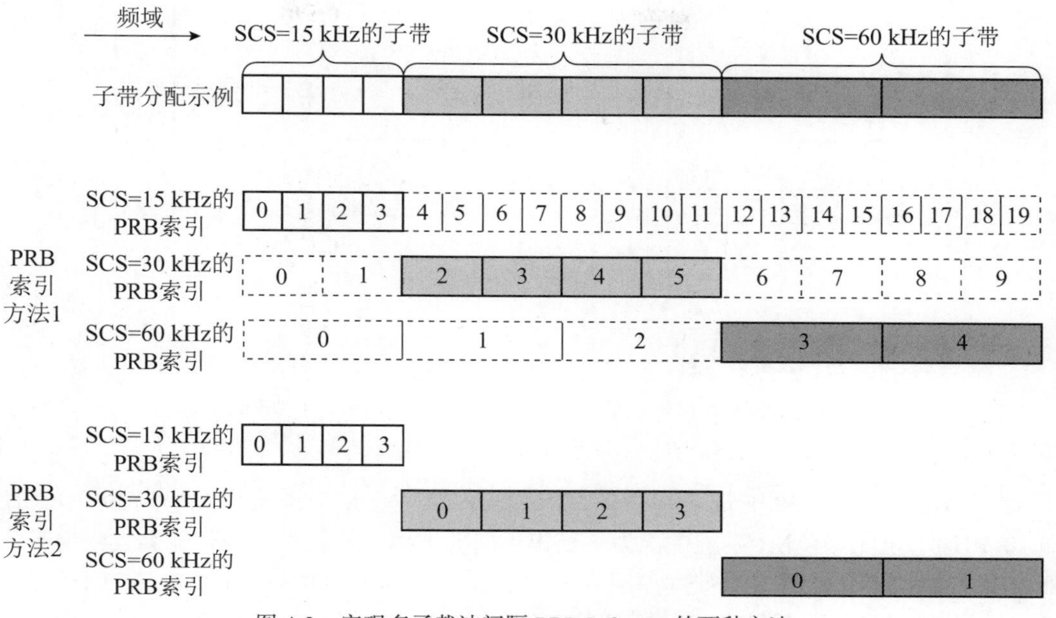

图 4-2 实现多子载波间隔 PRB Indexing 的两种方法

经过讨论和融合，在 RAN1#88 会议上，最终决定采用类似上述方法 2 的先粗后细的“两步法”资源分配[4-5]，但在命名第一层分配对象时，为了避免既有概念对未来的设计造成“先入为主”的限制，没有采用 Subband 等熟知的名词，而现场讨论命名了一个新的概念——“Bandwidth Part”，后续明确缩写为 BWP。而且由于存在不同意见，暂时没有将 BWP 与子载波间隔之间进行关联，只是强调可以将这种方法用于终端带宽能力小于系统带宽的场景。这是“Bandwidth Part”概念第一次出现在 5G NR 的讨论中，但其内涵还很不清晰，随着后续研究的展开，这个概念不断变化、扩展，逐渐变得清晰、完整起来。

4.1.2 从终端能力和省电角度引入 BWP 概念的想法

如 4.1.1 节所述，在 RAN1#88 会议形成“Bandwidth Part”概念的讨论中，之所以有公司将 Bandwidth Part 与终端带宽能力联系起来，是因为这些公司想将这个概念用于描述小于系统带宽的终端带宽能力及用于终端省电的“带宽自适应”（Bandwidth Adaptation）操作。

首先，由于 5G NR 的载波带宽变得更大（单载波可达到 400 MHz），要求所有等级的终端都支持这么大的射频带宽是不合理的，需要支持终端在某个更小的带宽（如 100 MHz）中工作。其次，虽然 5G 的峰值速率会进一步提高，但终端在大部分时间仍然只会传输低速率的数据。即使终端具有 100 MHz 射频能力，也可以在没有被调度高数据率数据时仅工作在较小带宽，以实现终端省电操作。

2016 年 10 月至 2017 年 4 月的 RAN1#86bis、RAN1#87、RAN1#88bis 等会议陆续通过了 5G NR 支持的 Bandwidth Adaptation 功能的基本概念[6,7,12,13,21,22]，即 UE 可以在不同的射频带宽内监测下行控制信道和接收下行数据。如图 4-3 所示，UE 可以在一个较窄的射频带宽 W_1

内监测下行控制信道，而在一个较宽的射频带宽 W_2 内接收下行数据。

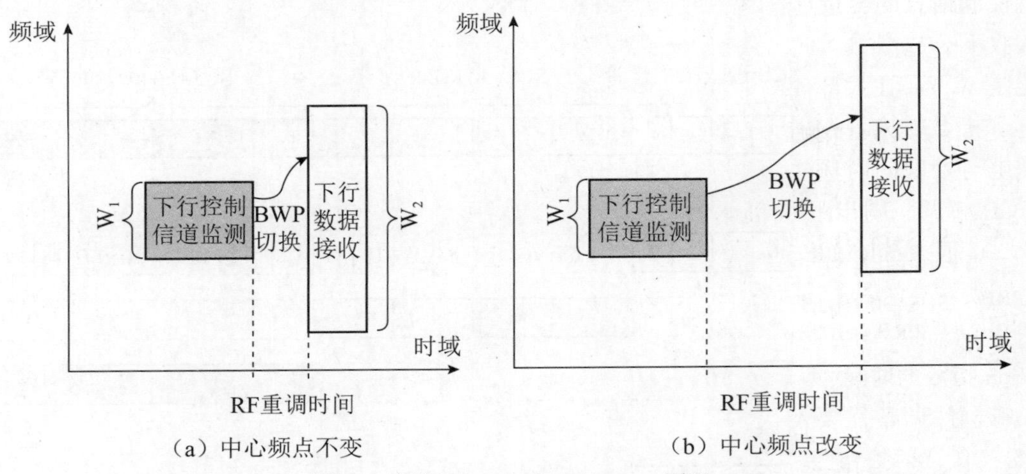

图 4-3　下行 Bandwidth Adaptation 原理

这一问题在 LTE 系统中是不存在的，因为 UE 总是在整个系统带宽内监测 PDCCH 的（如 20 MHz）。但在 5G NR 系统中，为了获得更高数据率，接收数据的带宽会大幅提升（如 100 MHz），而 PDCCH 的监测带宽并不需要大幅提升（如 20 MHz 甚至更小），因此在不同的时刻，根据不同的用途调整 UE 的射频带宽就变得有必要了，这就是 Bandwidth Adaptation 的初衷。此外，W_1 和 W_2 的中心频点也不一定要重合，即 W_1 和 W_2 的频域位置不需要绑定在一起。从 W_1 转换到 W_2 时，可以在原有中心频点不变情况下只扩展带宽［如图 4-3（a）所示］，也可以转移到一个新的中心频点［如图 4-3（b）所示］，以实现整个系统带宽内的负载均衡，充分利用频域资源。

上行的情形与下行类似，在没有大数据量业务需要发送时，gNB（5G 基站的代称，g 没有什么明确含义，因为 4G 基站称为 eNodeB，按序排列，fNodeB 不好看不好读，因此 5G 基站称为 gNodeB，简称 gNB）可以在保证频率分集增益的条件下，将 PUCCH 的频域调度范围限制在一个较小的带宽 W_3 内，节省终端耗电。当有较大数据量业务需要发送时，再在一个较大的带宽 W_4 内调度 PUSCH 的频域资源，如图 4-4 所示。

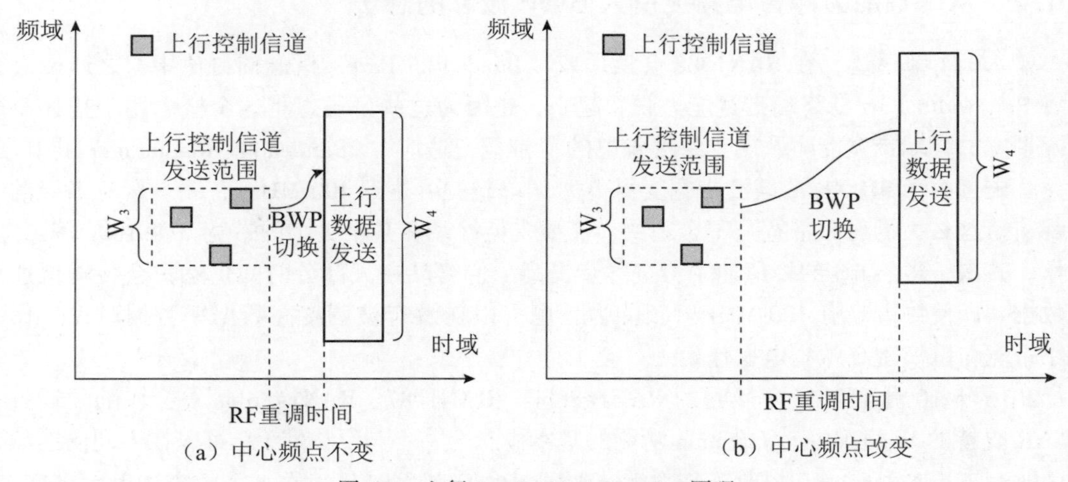

图 4-4　上行 Bandwidth Adaptation 原理

3GPP 各公司对 Bandwidth Adaptation 带来的终端省电效果进行了研究[4~10]。一般来讲，下行控制信息的容量远没有下行数据那么大，而 UE 需要长期监测下行控制信道，却只是偶尔接收下行数据。因此如果 UE 始终工作在一个固定的射频带宽（为了满足数据接收要求，只能是 W_2），在大部分时间里 UE 的射频带宽都超出了所需的大小，可能带来不必要的终端耗电［模数转换（ADC 和 DAC）的耗电与工作带宽（直接影响是采样率）成正比，基带操作耗电与处理的时频资源数量成正比］[8,9]。估计在 LTE 系统中，有 60%的终端耗电来自 PDCCH 解调、同步跟踪和小数据率业务。尽管在实际能节省的耗电量上有不同的分析结果[9,10]，但 Bandwidth Adaptation 可以在宽带操作中显著降低终端耗电，这一点是有共识的。

需要注意的是，Bandwidth Adaptation 由于涉及射频器件的参数调整，因此不能瞬间完成，而需要一定的时间，即射频重调时间（RF Retuning Time），这一时间包括接收 Bandwidth Adaptation 指令的时间、用来重调频点和射频带宽的时间，以及 ADC、DAC、AGC（自动增益跟踪）等器件调整需要的时间[9]。对 BWP 切换时延（BWP Switching Delay）的研究由 3GPP RAN4（负责射频和性能指标的工作组）负责，这项研究和 RAN1（负责物理层设计的工作组）对 BWP 的研究是并行开展的。2017 年年初 RAN4 给出的初步研究结果见表 4-2 [11]，其中给出了 RF Retuning Time 的研究结果，没有给出基带部分的研究结果。3GPP RAN1 基于这一结果开展了 Bandwidth Adaptation 和 BWP 研究。RAN4 对 RF Retuning Time 的完整研究结果是在 2018 年年初给出的，我们将在第 4.3.4 节具体介绍。

从表 4-2 可以看到，RF Retuning Time 是一个不可忽略的过渡期，可能长达几个或十几个 OFDM 符号，而包含基带参数重配置在内的 BWP Switching Delay 更大，在此期间 UE 无法进行正常的收发操作。这对后续 BWP 的设计也产生了很大影响，因为在 BWP 切换（BWP Switching）过程中，UE 是无法传输的，很多信道、信号的时序（Timeline）设计必须考虑到这一点。

表 4-2 不同条件下的 RF Retuning Time

类别		RF Retuning Time	对应的符号数量（常规 CP）	
			30 kHz 子载波间隔	60 kHz 子载波间隔
频带内操作	中心频点不变，只改变带宽	20 μs	约 1 个符号	约 2 个符号
	中心频点改变	50~200 μs	2~6 个符号	3~12 个符号
跨频带操作（Inter-band Operation）		900 μs	约 26 个符号	约 51 个符号

4.1.3 BWP 基本概念的形成

虽然各公司是基于上述两种技术考虑中的一种提出 BWP 概念的，但随着这两种考虑的碰撞和融合，大多数公司觉得可以用一个 BWP 概念实现上述两种效果[33]。在 2017 年 4 月和 5 月的 3GPP RAN1#88bis 和 RAN1#89 会议上陆续通过了一系列定义 BWP 基本概念的提案[21,23-26]，其中确定的 BWP 重要特征包括以下几个方面。

- gNB 可以半静态地配置给 UE 一个或多个 BWP，分成上行 BWP 和下行 BWP。
- BWP 带宽等于或小于终端的射频带宽能力，但大于 SS/PBCH Block［同步信号块，包含 SS（同步信号）和 PBCH（广播信道），具体见第 6 章］的带宽。
- 每个 BWP 内至少包含一个 CORESET（控制资源集，具体见第 5.4 节）。

- BWP 可以包含 SS/PBCH Block，也可以不包含 SS/PBCH Block。
- BWP 由一定数量的 PRB 构成，且绑定一种参数集［包括一个子载波间隔和一个循环前缀（CP）］，BWP 的配置参数包括带宽（如 PRB 数量）、频域位置（如中心频点）和参数集（包括子载波间隔和 CP）。
- 在一个时刻，一个终端只有一个激活的 BWP（Active BWP），对同时多个激活 BWP 的情况需要继续研究。
- 终端只运行在激活 BWP 内，不在激活 BWP 之外的频域范围内收发信号。
- PDSCH、PDCCH 都在下行激活 BWP 中传输，PUSCH、PUCCH 都在激活的上行 BWP 中传输。

4.1.4　BWP 的应用范围

在 BWP 概念形成的早期阶段，这个概念的适用范围是比较有限的，主要用于控制信道和数据信道，但在后续的标准化过程中逐渐扩展，最后形成了一个几乎覆盖 5G NR 物理层各个方面的普适概念。

首先，上述 BWP 的基本概念既包括从“资源分配角度”的考虑，也包含从“终端省电角度”的考虑。从“资源分配角度”出发设计的 BWP 方案只考虑对数据信道采用 BWP，且 BWP 与子载波间隔有密切关系，并未考虑对控制信道也采用 BWP；从“终端省电角度”出发设计的 BWP 方案只考虑对控制信道采用 BWP，并未考虑与子载波间隔的关系，也未考虑对数据信道也采用 BWP（数据信道仍在终端带宽能力范围内调度即可）。而最后形成的 BWP 不仅作用于数据信道、控制信道，而且作用于各种参考信号和初始接入过程，形成了一个 5G NR 标准最基础的概念之一，这是从上述两个角度提出 BWP 概念的人们都始料未及的。

在对数据信道调度是否引入 BWP 的问题上，至少有一个共识是终端带宽能力可能小于小区系统带宽，这种情况下无论如何需要指示终端的工作带宽在系统带宽中的位置或相对某个参考点的位置（这一问题在 4.2 节中介绍）。而只要将 BWP 用于数据信道资源分配，采用图 4.2 所示的 PRB Indexing 方法二，就需要将 BWP 与一种子载波间隔关联，这样才能体现方法二的优势，即在 BWP 内可以重用 LTE 的资源指示方式。

在是否针对控制信道引入 BWP 概念的问题上，也存在一定的争议。理论上，在控制信道收发阶段的终端省电完全可以由其他物理层概念来实现。例如，对 PDCCH 监测的频域范围，可以直接配置 PDCCH 资源集（CORESET），对 PUCCH 发送的频域范围，可以直接配置 PUCCH 资源集（PUCCH Resource Set），只要将这两个资源集的频域范围配置的明显小于数据信道收发的频域范围，一样可以实现终端省电的效果。但不可否认，引入一个单独的 BWP 概念是更为直观、清晰、结构化的方法，统一基于 BWP 指示 CORESET 和 PUCCH Resource Set 等各个信道、信号的资源也更高效、更具有可扩展性。采用 BWP 来定义 PDCCH 监测过程中的工作带宽的另一个好处，是可以配置一个比 CORESET 更宽一点的 BWP，从而使 UE 在监测 PDCCH 的同时也可以接收少量下行数据（如图 4-5 所示）。5G NR 系统强调低时延的数据传输，希望在任何时刻都可以传输数据，这种设计可以有效地支持 PDCCH 和 PDSCH 在任何时刻的同时接收（关于 PDCCH 和 PDSCH 的复用问题将在第 5 章中详细介绍）。

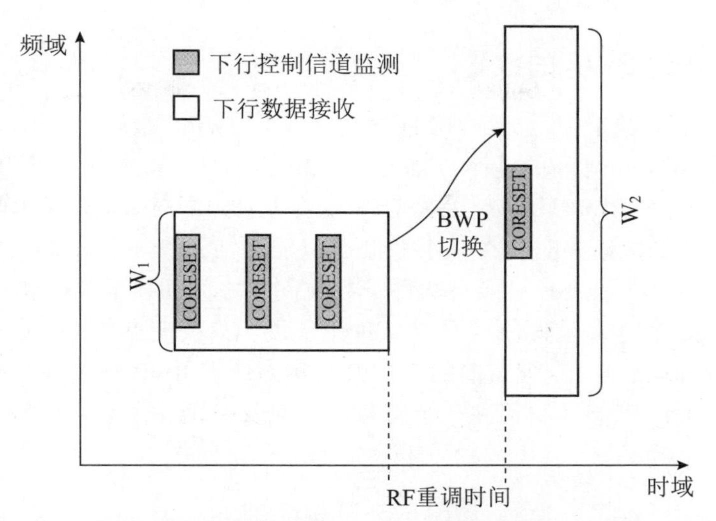

图 4-5　针对 PDCCH 监测阶段配置 BWP 可以支持 PDSCH 的随时传输

另外，在上述初步确定的 BWP 基本概念中，BWP 只用于 RRC 连接（RRC Connected）状态，BWP 是通过 UE 特定的（UE-specific）RRC 信令来配置的。但在后续的研究中，BWP 的使用扩展到了初始接入过程，此阶段内 BWP 的确定遵循另外的方法，具体见 4.4 节。

4.1.5　BWP 是否包含 SS/PBCH Block？

在是否每个 BWP 都应该包含 SS/PBCH Block（SSB，同步信号块）的问题上，有过两种不同的观点。每个 BWP 都包含 SSB 的好处是 UE 可以在不切换 BWP 的情况下进行基于 SSB 的移动性测量和基于 PBCH 的系统信息更新[15]，但缺点是会对 BWP 配置的灵活性带来很多限制[16]。如图 4-6（a）所示，如果每个 BWP 都必须包含 SSB，则所有 BWP 都只能被配置在 SSB 的两侧，远离 SSB 的频域范围很难被充分利用。只有允许不包含 SSB 的 BWP 配置［如图 4-6（b）所示］，才能充分利用所有频域资源以及实现灵活的资源分配。

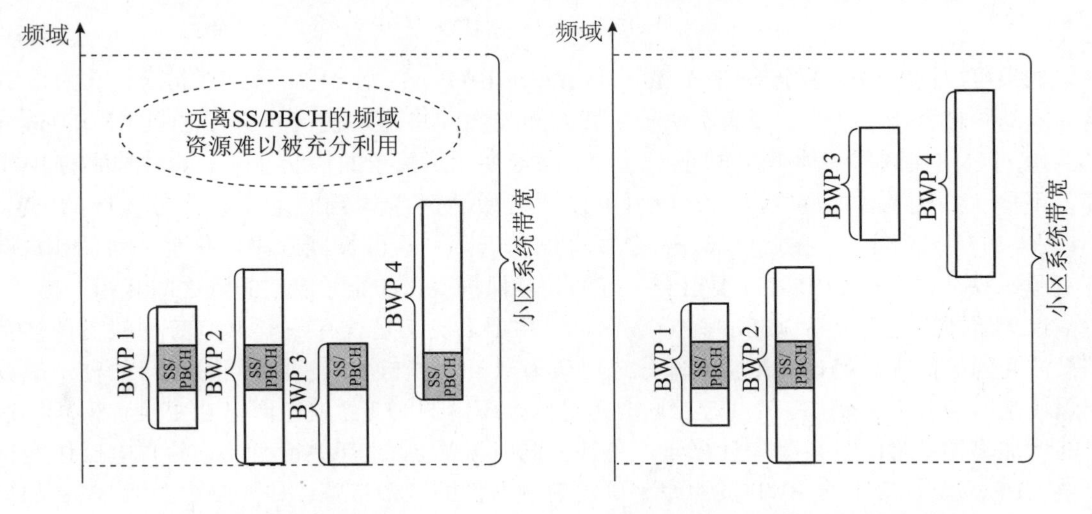

图 4-6　是否强制 BWP 包含 SSB 对频域负载均衡的影响

4.1.6 同时激活的 BWP 的数量

一个具有争议的问题是是否支持 UE 同时激活多个 BWP。激活多个 BWP 的初衷是支持 UE 同时传输多种子载波间隔的业务，如 SCS = 30 kHz 的 eMBB 业务和 SCS = 60 kHz 的 URLLC 业务，由于每个 BWP 只绑定一种 SCS，这样就必须同时激活两个 BWP。

如图 4-7 所示，如果某一时刻在一个载波内只能激活一个下行 BWP 和一个上行 BWP（即 Single Active BWP），则 UE 只能在两种子载波间隔之间切换，且还要经过 RF Retuning Time 才能切换到另一种子载波间隔（虽然从理论上说，只改变参数集不改变带宽和中心频点，不需要 RF Retuning Time，但目前的 5G NR 标准对所有 BWP Switching 都假设要留出 RF Retuning Time），因此 UE 既不可能在一个符号内同时支持两种子载波间隔，也不可能在两种子载波间隔快速切换。

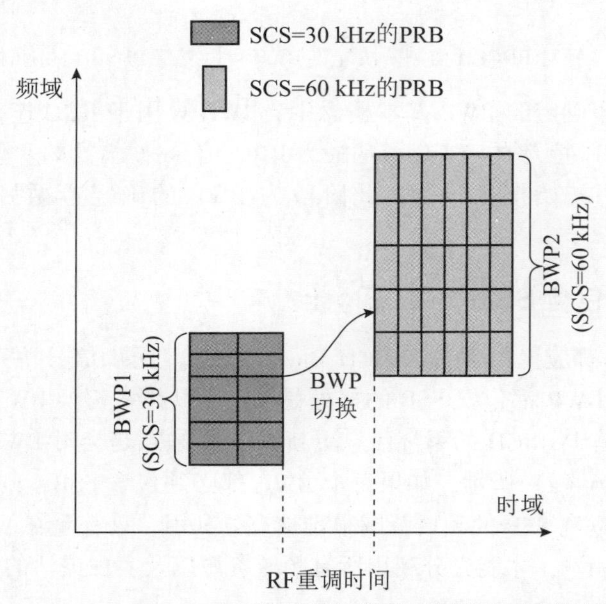

图 4-7 Single Active BWP 无法支持终端同时使用多种子载波间隔

如果可以同时激活多个 BWP（Multiple Active BWPs），则 UE 可以同时被分配多种子载波间隔的频域资源[44,51,52]，或者在两种子载波间隔之间快速切换（不需要经过 RF Retuning Time 就可以切换到另一种子载波间隔），如图 4-8 所示。简单的情况是两个同时激活的 BWP 互不重叠［如图 4-8（a）所示］，但也可以同时激活两个频域上全部或部分重叠的 BWP［如图 4-8（b）所示］。在重叠部分，gNB 可以基于两种子载波间隔中的任何一种为 UE 调度资源，只是在两种 PRB 之间要留有一定的频域保护，以防止子载波间隔之间互相干扰。

综上所述，是否支持 Multiple Active BWPs 主要取决于是否有一个 5G UE 同时支持多种子载波间隔的需求。经过讨论，大部分公司认为对于 R15 5G NR，UE 同时运行两种子载波间隔还是过高要求，例如一个 UE 要同时运行两个不同的 FFT（快速傅里叶变换）模块，这可能增加终端基带的复杂度和计算量。另外，同时激活多个 BWP 会使 UE 的省电操作变得复杂，UE 需要计算多个 BWP 的包络来确定射频器件的工作带宽，如果多个激活 BWP 的相对位置不合理，则可能无法达到终端省电的效果。所以，最终确定在 R15 NR 中只支持 Single Active BWP 的设计[57]，R16 NR 中也未作扩展，Multiple Active BWPs 是否被未来的版本支持，还要看未来的研究情况。

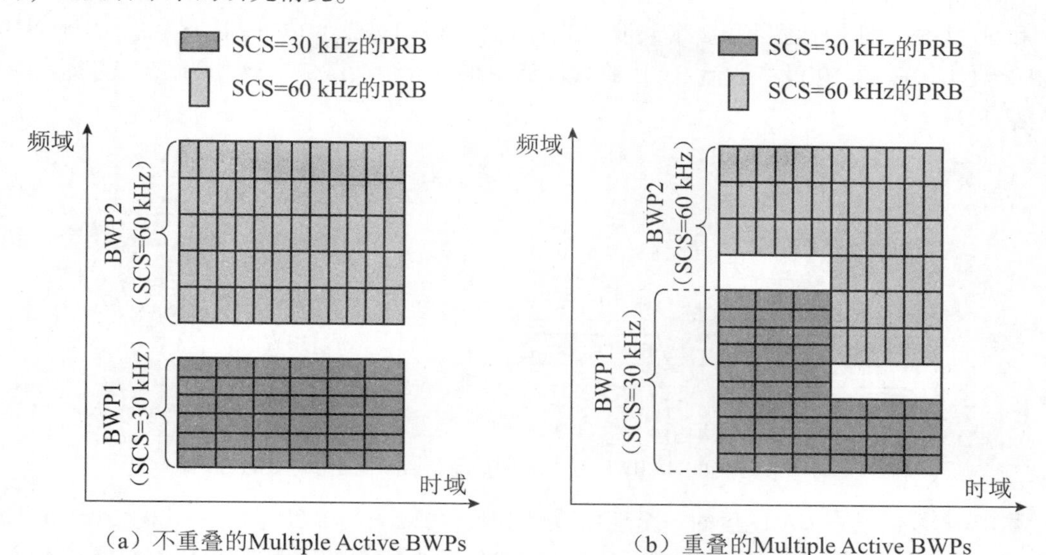

（a）不重叠的Multiple Active BWPs　　（b）重叠的Multiple Active BWPs

图 4-8　Multiple Active BWPs 支持终端同时使用多种子载波间隔

4.1.7　BWP 与载波聚合的关系

载波聚合（Carrier Aggregation，CA）是从 LTE-Advanced 标准就开始支持的一种带宽扩展技术，可以将多个成员载波（Component Carrier，CC）聚合在一起，由一个 UE 同时接收或发送。按照聚合的载波的范围分，CA 又可以分为频带内 CA（Intra-band CA）和跨频带 CA（Inter-band CA）。Intra-band CA 的一个主要用途是用于小区载波带宽大于 UE 的单个载波带宽能力的场景，这种情况下，UE 可以用 CA 方式来实现在“宽载波”（Wide Carrier）中的操作。例如，基站支持 300 MHz 一个载波，而 UE 只支持最大 100 MHz 的载波，此时 UE 可以用 CA 方式实现大于 100 MHz 的宽带操作，聚合的载波可以是相邻的载波，也可以是不相邻的载波。eNB 直接对载波进行激活/去激活操作，如图 4-9 所示，3 个载波中，载波 1 和载波 2 被激活，载波 3 没有被激活，此时 UE 进行的是 2 个 CC（200 MHz）的载波聚合。

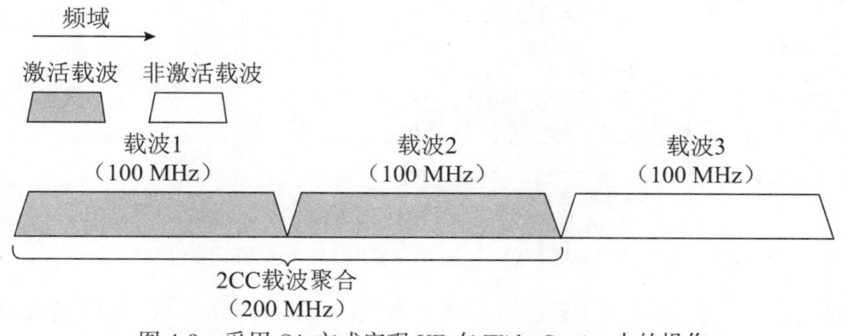

图 4-9　采用 CA 方式实现 UE 在 Wide Carrier 中的操作

在 NR CA 和 BWP 的研究中，一种考虑是将这两种设计合并。因为 Carrier 和 BWP 的配置参数有一定的相似性，都包括带宽和频率位置。既然 NR 引入了 BWP 这种比 Carrier 更灵活的概念，就可以用 BWP 操作代替 Carrier 操作，用 Multiple BWPs 来代替 CA 操作，即可以采用 Multiple BWPs 方式统一实现 CA（为了实现大带宽操作）或 BWP（为了实现终端省电和多子载波间隔资源分配）的配置与激活。如图 4-10 所示，激活了 2 个 BWP，分别为 100 MHz 和 50 MHz，相当于激活了 2 个载波，此时 UE 进行的是 2 个 CC 的载波聚合（100 MHz+50 MHz=150 MHz），在没有激活 BWP 的频域范围则没有激活载波。这相当于通过激活 BWP 来激活 CC。

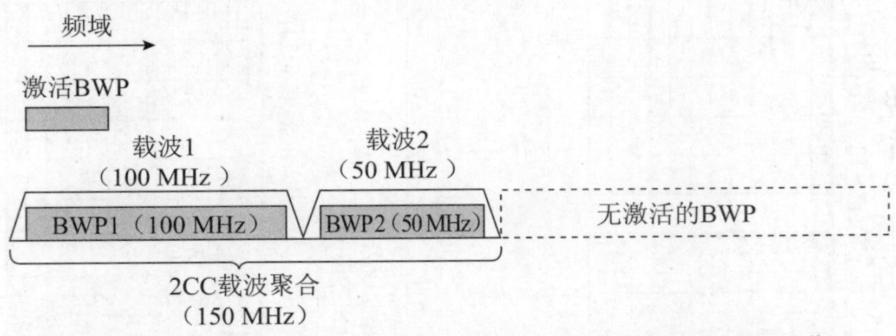

图 4-10　采用 Multiple BWP 方式统一实现 CA 和载波内的 BWP 操作

用 BWP 替代描述 CA 过程的一个理由，是 BWP 可以采用 DCI 激活，相对 CA 中的载波用 MAC CE（媒体接入控制层控制单元）激活，激活/去激活的速度更快[46]。但是这种方法必然支持 Multiple Active BWPs，而如上所述，R15 NR 决定暂不支持 Multiple Active BWPs。

NR 最终确定采用“载波+BWP 两层配置与激活”的方法，BWP 只是一个载波内的概念，载波的配置与激活/去激活和 BWP 的配置与激活/去激活分开设计。载波的激活仍采用传统方法，每个激活载波内可以激活一个 BWP，即首先要激活载波才能激活这个载波内的 BWP。如果一个载波去激活了，这个载波内的激活 BWP 也同时被去激活。如图 4-11 所示，3 个载波中，载波 1 和载波 2 被激活，即 UE 进行 2 个 CC（200 MHz）的载波聚合，CC 1 中激活了一个 100 MHz 的 BWP，CC 2 激活了一个 50 MHz 的 BWP。载波 3 没有被激活，因此载波 3 内不能激活 BWP。当一个 CC 被去激活时，很自然地，这个 CC 中的所有 BWP 都同时被去激活。

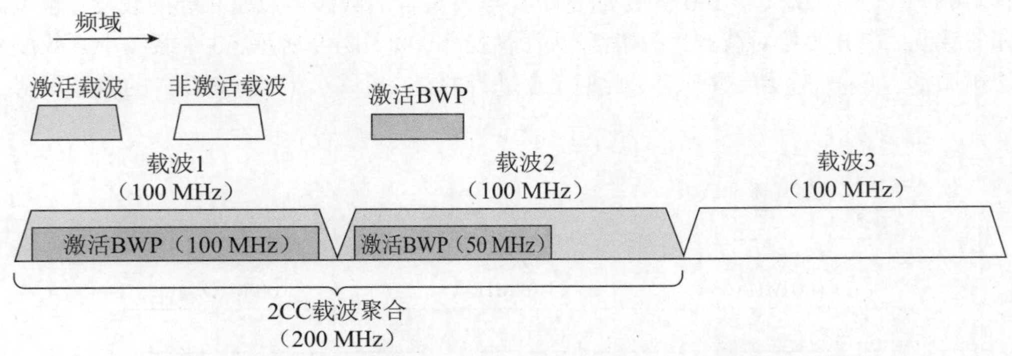

图 4-11　采用 Multiple BWP 方式统一实现 CA 和载波内的 BWP 操作

反过来的问题是：是否能用 BWP 的去激活来触发 CC 的去激活？一些观点认为，CC 的激活与 BWP 的激活固然应该是各自独立的机制，但 BWP 的去激活和 CC 的去激活却可以关联起来。如果一个 CC 中的唯一激活 BWP 被去激活时，这个 CC 也应该同时被去激活，这有利于进一步节省终端耗电。但是在用于动态调度的数据传输的 BWP 被去激活后，不意味着 CC 中不再需要任何收发操作，如 PDCCH 监测、SPS（半持续调度）数据收发等收发行为仍可能存在。正如在 4.3 节将介绍的，实际上，由于始终要有一个 BWP 处于激活状态，因此不需要设计专门的BWP去激活机制。也就是说，只要一个CC处于激活状态，就始终会有BWP处于激活状态，不存在“激活的CC中不存在激活BWP”的情况。

NR的CA设计仍基本沿用LTE CA的设计，包括载波激活仍采用MAC CE激活方式，基于DCI的载波激活方式在R15和R16 NR中没有支持。如上所述，在R15 NR系统中，每个载波内只能激活一个BWP，但在进行N个CC的载波聚合时，实际上可以同时激活N个BWP。

至此，本节介绍了BWP概念形成的过程，BWP设计中还有很多细节将在本章后半部分逐步介绍。BWP的频域特性是由BWP的RRC配置定义的，BWP的时域特性是由BWP的激活/去激活过程定义的，分别在4.2节和4.3节中介绍。在4.4节、4.5节中，我们将分别介绍初始接入过程中的BWP和BWP对其他物理层设计的影响。在3GPP规范中，BWP的核心物理过程在TS 38.213 [1]的12.1节定义，而BWP相关的内容分布在物理层和高层协议的各个规范当中。

4.2　BWP的配置方法

如4.1.3节所述，BWP基本概念形成时已经明确，BWP的基本配置参数包括：带宽（如PRB数量）、频域位置（如中心频点）和参数集（包括子载波间隔和CP）。BWP一个重要的功能是定义了具体资源分配（即4.1.1节所述的“先粗后细”两步法的第二步）的PRB Indexing。在LTE系统内，PRB是在载波内定义的。而在5G NR系统中，几乎所有单载波内的物理过程都是基于BWP来描述的，因此PRB也是定义在BWP内的。只要知道了BWP的频域大小和频域位置，就可以基于BWP内的PRB Indexing，采用类似LTE的方式来描述各种频域操作。但BWP本身的带宽和频域位置又如何确定呢？BWP内的PRB又是如何映射到绝对频域位置的呢？这是一个NR BWP标准化中重点研究的问题。

4.2.1　Common RB的引入

由于BWP的大小和频域位置可以采用RRC信令灵活的配置给各个UE，因此BWP的带宽和频域位置需要基于一个UE已知的RB栅格（RB Grid）来配置，即指示BWP从这个RB Grid的哪个位置开始，到哪个位置终止，这个RB Grid需要在UE建立RRC连接时就能告知UE。由于BWP的配置已经足够灵活，且是UE-specific的配置，这个RB Grid最好设计成一个简单的UE-common（终端公共）标尺。

在RAN1#89和RAN1#AH NR2会议上，确定了将引入一个公共RB（Common RB，CRB）的基本概念[24,27,34,37]，即不同载波带宽的UE以及采用载波聚合的UE都采用统一的RB Indexing。因此这个Common RB相当于一个能够覆盖一个或多个载波频域范围的绝对频域标尺，Common RB的一个主要用途就是配置BWP。而BWP内的PRB Indexing是UE-specific的PRB Indexing，主要用于BWP内的资源调度[37]。BWP内的PRB Indexing与Common RB Indexing（公共RB索引）的映射关系可以简单表示为（如TS 38.211[30]第4.4.4.4节所述）

$$n_{\mathrm{CRB}}=n_{\mathrm{PRB}}+N_{\mathrm{BWP},i}^{\mathrm{start}} \tag{4.1}$$

当然，配置BWP并不是引入PRB Indexing的唯一目的，另一个重要的考虑是很多类型的参考信号（Reference Signal，RS）采用的序列设计需要基于一个统一的起点，不随BWP发生变化。

4.2.2 Common RB 的颗粒度

如上所述，为了确定这个 Common RB 的基本特性，首先要确定 Common RB 的频域颗粒度（即指示单位）及子载波间隔。

关于 Common RB 的颗粒度，曾有两种建议：一是直接采用 RB（即最小频域分配单元）来定义 Common RB；二是采用一个 Subband（包含若干个 RB）来定义 Common RB。方法一可以实现最灵活的 BWP 配置，但会带来较大的 RRC 信令开销。方法二的优点是可以压缩 RRC 信令开销，BWP 的配置只是“粗分配”，原则上不需要过细，如果按预定义将整个载波分成若干个 Subband，只需要指示 BWP 包含哪些 Subband 即可[28]。但经过讨论，认为 RRC 信令在 PDSCH 传输，不需要这么严格地控制开销。因此，最终决定仍采用单个 RB 作为配置 BWP 的 Common RB 的颗粒度。

不同 BWP 可能采用不同的子载波间隔，所以 Common RB 采用的子载波间隔可以有两种方法。

方法 1：不同子载波间隔的 BWP 采用各自的 Common RB 定义，即每种子载波间隔都有各自的 Common RB，如图 4-12 所示，15 kHz、30 kHz、60 kHz 三种子载波间隔各有各的 Common RB，分别基于 SCS = 15 kHz，SCS = 30 kHz，SCS = 60 kHz 的 RB 来定义。在图 4-12 中的示例中，SCS = 15 kHz 的 BWP 起始于 SCS = 15 kHz Common RB 的 RB#8，SCS = 30 kHz 的 BWP 起始于 SCS = 30 kHz Common RB 的 RB#4，SCS = 60 kHz 的 BWP 起始于 SCS = 60 kHz Common RB 的 RB#2。

方法 2：采用一个统一的参考子载波间隔（Reference SCS）定义一个载波内的 Common RB，这个载波内各种子载波间隔的 BWP 均采用这个统一的 Common RB 配置。如图 4-13 所示，统一采用 SCS = 60 kHz 的 Common RB。采用最大的 SCS 的 Common RB，也可以实现降低 RRC 信令开销的作用[29,51]。

可以说，上述两种方法都是可行的。相对而言，第一种方法更为简单直观。如上所述，RRC 信令对开销也并不敏感，因此最后决定采用第一种方法，即每种子载波间隔采用各自的 Common RB。

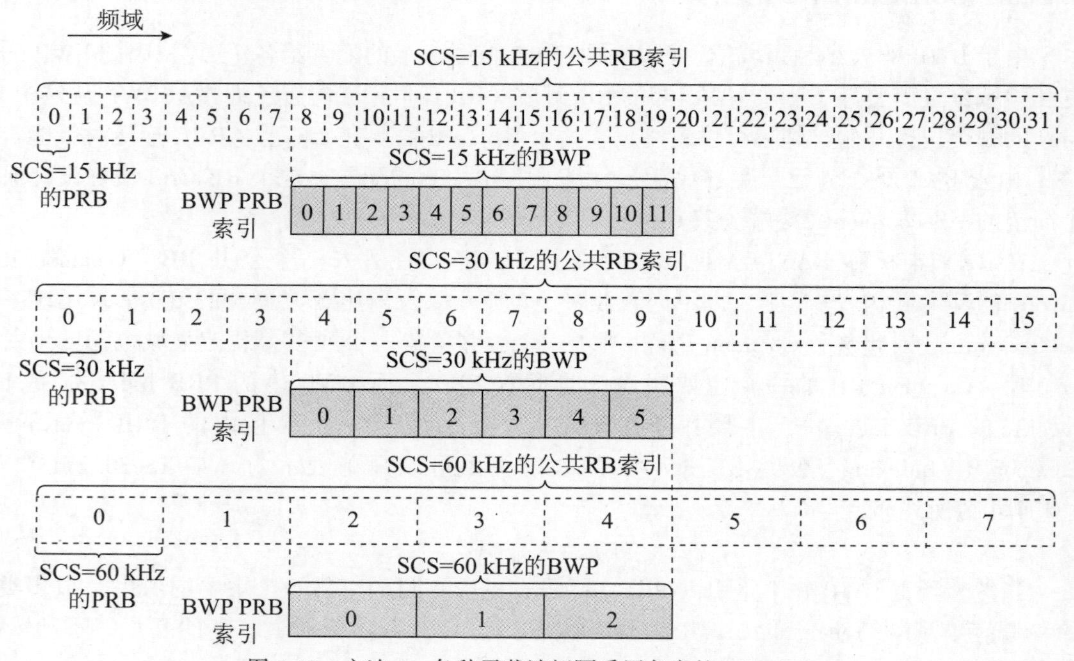

图 4-12 方法 1：各种子载波间隔采用各自的 PRB Grid

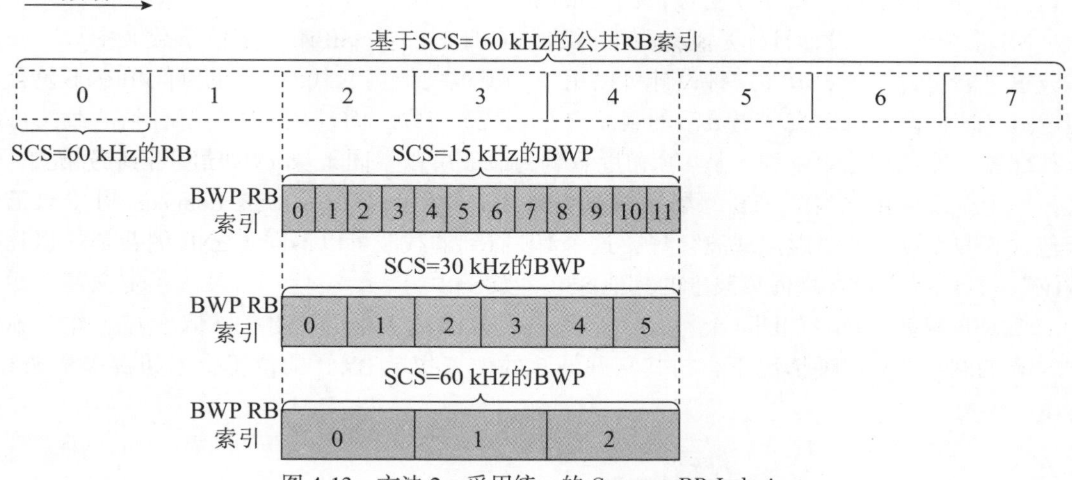

图 4-13　方法 2：采用统一的 Common RB Indexing

4.2.3　参考点 Point A

Common RB 是一个可用于任何载波、BWP 的“绝对频域标尺”，Common RB Indexing 的起点[37] 即 Common RB 0。在 Common RB 的颗粒度确定后，接下来的问题是如何确定 Common RB 0 的位置。确定了 Common RB 0 的位置后，才能用 Common RB 0 的编号指示载波和 BWP 的位置、大小。假设 Common RB 0 位于“Point A”，从直观上讲，有两种定义 Point A 的方法[34,38,39]。

- **方法 1：基于载波的位置定义 Point A**

由于 BWP 是载波的一部分，一种直观的方法是基于载波的位置（如载波的中心频点或载波边界）定义 Point A，然后就可以用 $N_{\mathrm{BWP},i}^{\mathrm{start}}$ 从 Common RB 0 直接指示 BWP 的位置（如图 4-14 所示）。第一种参考点设计是基于传统的系统设计，即同步信号总是位于载波的中央（如 LTE 系统），因此 UE 在小区搜索完成后就已经知道载波的位置和大小了，且从 gNB 角度和 UE 角度，载波是完全一致的概念。这样 gNB 如果想在某个载波中为 UE 配置一个 BWP，就可以直接基于这个载波的位置指示 BWP 的位置，如指示从这个载波的起点到这个 BWP 的起点的偏移量。

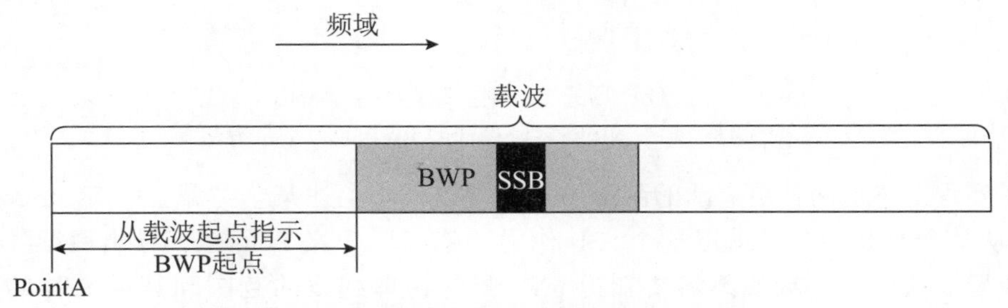

图 4-14　基于传统系统设计的 BWP 起点指示方法

- **方法 2：基于初始接入“锚点”定义 Point A**

终端通过初始接入过程，还掌握了一些更基础的频域“锚点”，如 SSB 的位置（中心频点或边界）、RMSI［剩余主要系统信息，即 SIB1（第一系统信息块）］的位置（中心频点或边界）等，这实际上提供了更灵活的 Point A 定义方法。

NR 系统的一个设计目标是支持更灵活的载波概念，即 SSB 不一定位于载波中央，一个载波里可能包含多个 SSB（这种设计可以用于实现很大带宽的载波），也可能根本不包含任何 SSB（这种设计可以实现更灵活的载波聚合系统）[34,40]。而且从 UE 角度看到的载波可以单独配置，即从理论上来说，从 UE 角度看到的载波可以不同于从 gNB 角度看到的载波。

一个载波里包含多个 SSB 的场景如图 4-15（a）所示，UE 从 SSB 1 接入，可以只工作于包含 SSB 1 的一个“虚拟载波”里，这个 UE 看到的载波可以不同于 gNB 侧看到的“物理载波”，且可以不包含物理载波中的其他 SSB（如 SSB 2）。

无 SSB 载波的场景如图 4-15（b）所示，UE 从载波 1 中的 SSB 1 接入，却工作于不包含 SSB 的载波 2。这种情况下，与其从载波 2 的位置指示 BWP 的位置，不如直接从 SSB 1 指示。

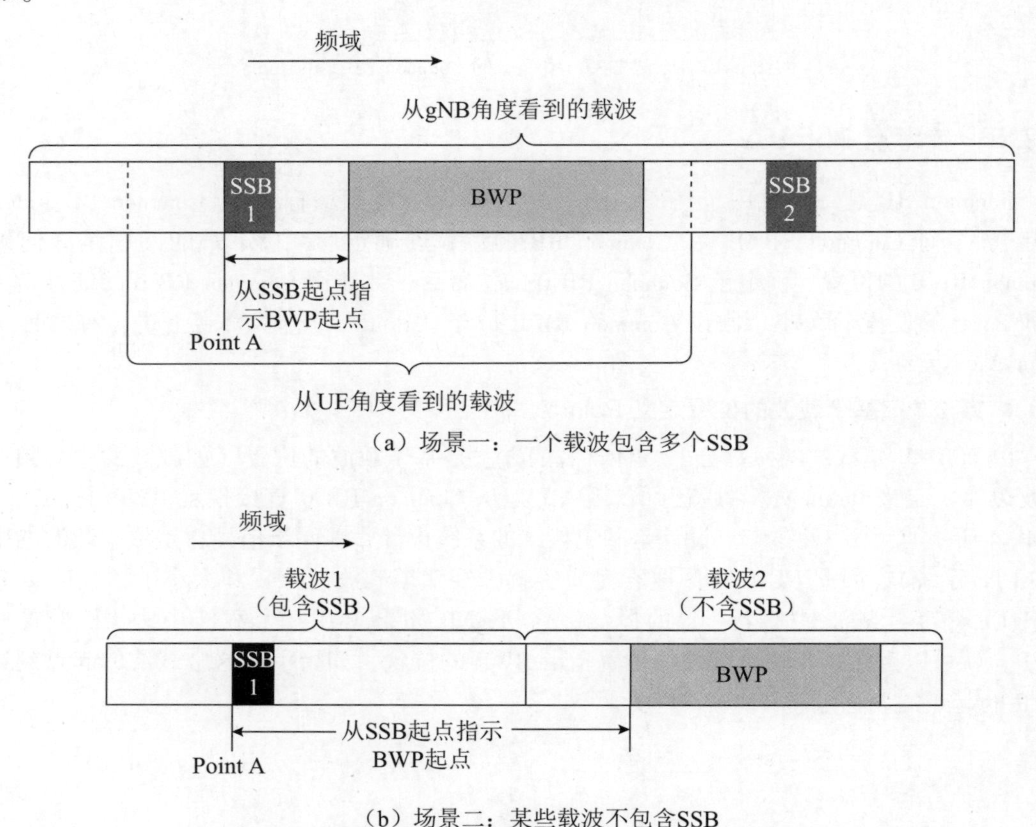

图 4-15　基于 NR 新系统设计的 BWP 起点指示方法

为了实现上述这两种更灵活的部署场景，可以基于上述某个“锚点”定义 Point A。例如，UE 从某个 SSB 接入，就以这个 SSB 作为“锚点”定义 Point A，导出后续各信道的频域资源位置。这样，终端就不需要知道 gNB 侧的物理载波的范围和其他 SSB 的位置。如图 4-16 中所示，假如以 SSB 1 的起点定义 Point A，指示某个 BWP 的起点相对此 Point A 的偏移量，则终端不需要知道载波位置信息，也可以指示 BWP 的位置和大小。

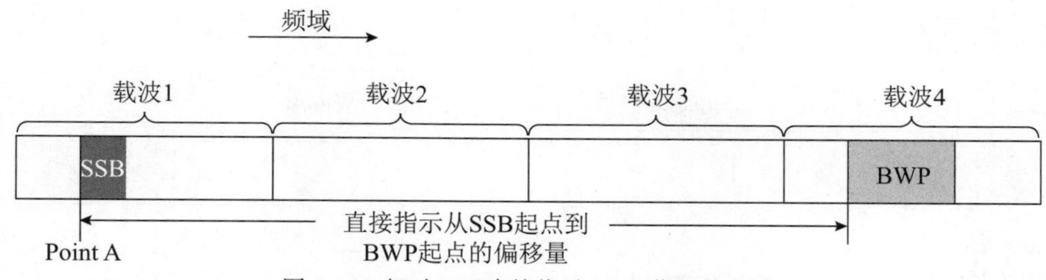

图 4-16　相对 SSB 直接指示 BWP 位置的方法

对比上述两种方法，方法 2 的设计更符合 NR 系统的设计初衷，但它也存在一些问题。即在采用载波聚合的 NR 系统中，BWP 可能被配置在任何载波。如果一个 BWP 距离包含 UE 初始接入所用的 SSB 的载波较远（如图 4-16 所示），则 BWP 起点与 SSB 起点之间的偏移量包含很大数量的 Common RB。如果 BWP 的起点和大小分开指示，这也没有什么问题，但由于 BWP 的起点和大小需要采用联合编码的方式（即资源指示符值，Resource Indication Value，RIV）来指示，因此 BWP 起点指示值过大会造成整个 RIV 值很大，指示的信令开销较大。

为了解决这个问题，可以采用上述两种方法的结合方法来指示 BWP 的位置。如图 4-17 所示，第一步指示从 SSB 起点到载波起点的偏移量，第二步再指示从载波起点到 BWP 起点的偏移量（这个偏移量与 BWP 大小进行 RIV 联合编码）。

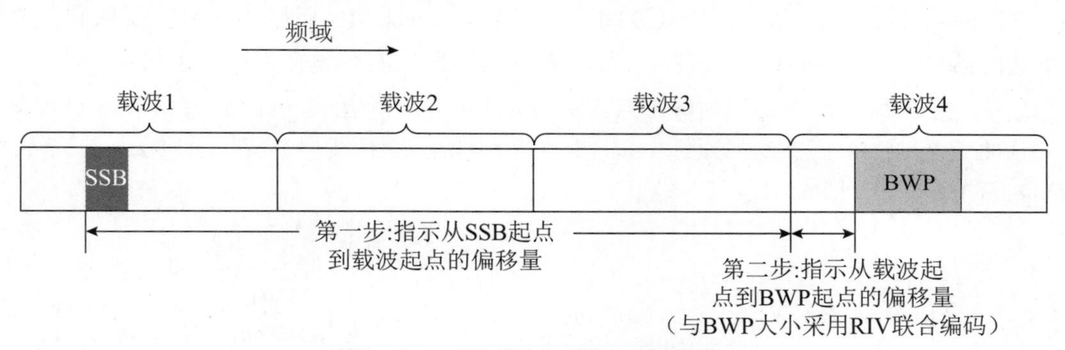

图 4-17　“两步法”指示 BWP 位置

如图 4-17 所示是直接将 SSB 的起点作为 Point A。一种可以进一步引入灵活性的方法是允许 Point A 与 SSB 有一定位移，即从 SSB 起点到 Point A 的相对位移也可以灵活配置。这样，图 4-17 的方法可以修改为另一种方法（如图 4-18 所示），终端根据高层信令参数 *offsetToPointA* 确定从 SSB 第一个 RB 的第一个子载波到 Point A 的偏移量。关于采用何种 RRC 信令指示 *offsetToPointA*，也有过不同的方案。从灵活性考虑，可以采用 UE-specific RRC 信令指示 *offsetToPointA*，这样，即使从同一个 SSB 接入的不同终端也可以有不同的 Point A 和 Common RB Indexing。但是，至少在目前看来，这种灵活性的必要性不是很清晰，Point A 可以作为从同一个 SSB 接入的所有终端共同的 Common RB 起点。这样，*offsetToPointA* 就可以携带在 RMSI 信令（SIB1）中，避免采用 UE-specific 信令给每个 UE 分别配置造成的开销浪费。

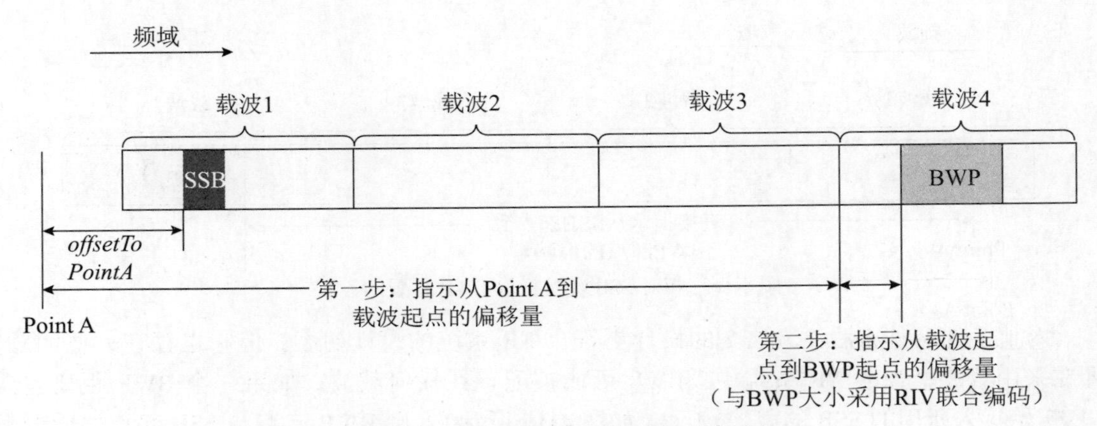

图 4-18　加入 *offsetToPointA* 的 BWP 指示方法

图 4-18 显示了基于 SSB 起点指示 Point A 位置的基本方法，但具体到“SSB 起点”的定义，还有一些细节需要确定。因为从现实的信令开销考虑，*offsetToPointA* 需要以 RB 为单位来指示。而由于射频的原因，初始搜索所用的频率栅格和 Common RB 的频率栅格可能不同，导致 SSB 的子载波、RB 可能无法与 Common RB 的子载波栅格、RB 栅格对齐，因此无法直接将 SSB 的起点作为 *offsetToPointA* 的参考点，而需要以 Common RB 中的某个 RB 作为 SSB 的起点。最终确定采用如图 4-19 所示的方法指示 *offsetToPointA* 的参考点：首先，使用以 *subCarrierSpacingCommon* 指示的子载波间隔定义的 Common RB 栅格。然后，找到和 SSB 发生重叠的第一个 Common RB（称为 $N_{\mathrm{CRB}}^{\mathrm{SSB}}$），与 SSB 之间的具体偏差由高层参数 k_{SSB} 给出。以 $N_{\mathrm{CRB}}^{\mathrm{SSB}}$ 的第一个子载波的中心作为参考点指示 *offsetToPointA*，指示 *offsetToPointA* 的子载波间隔为 15 kHz（针对 FR1，Frequency Range 1，即 6 GHz 以下频谱）或 60 kHz（针对 FR2，Frequency Range 2，即 6 GHz 以上频谱）。

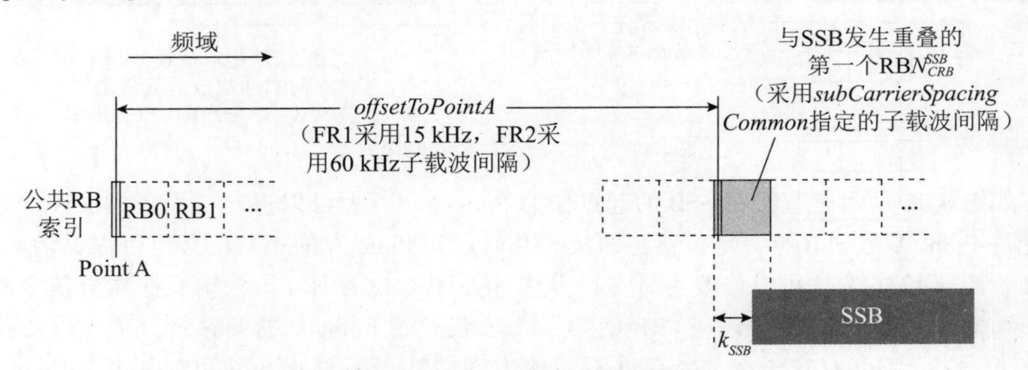

图 4-19　指示 *offsetToPointA* 的参考点的确定方法

如图 4-19 所示的基于 SSB 确定 Point A 和 Common RB 0 位置的方法可以适用于 TDD 系统和 FDD 下行，但却无法直接适用于 FDD 上行。FDD 上行和 FDD 下行处于不同的频率范围，至少相隔几十 MHz，FDD 上行载波中不包含 SSB。因此很难实现从下行接收的 SSB 确定用于 FDD 上行的 Point A 及 Common RB 0 位置。这种情况下，可以使用一种从 2G 时代延续下来的传统方法来代替 SSB 作为指示 Point A 的基点，也就是基于绝对无线频道编号（ARFCN）确定[59]。如图 4-20 所示，不依赖 SSB，终端可以根据高层信令参数 *absoluteFrequencyPointA* 基于 ARFCN 确定用于 FDD 上行的 Point A 的位置。

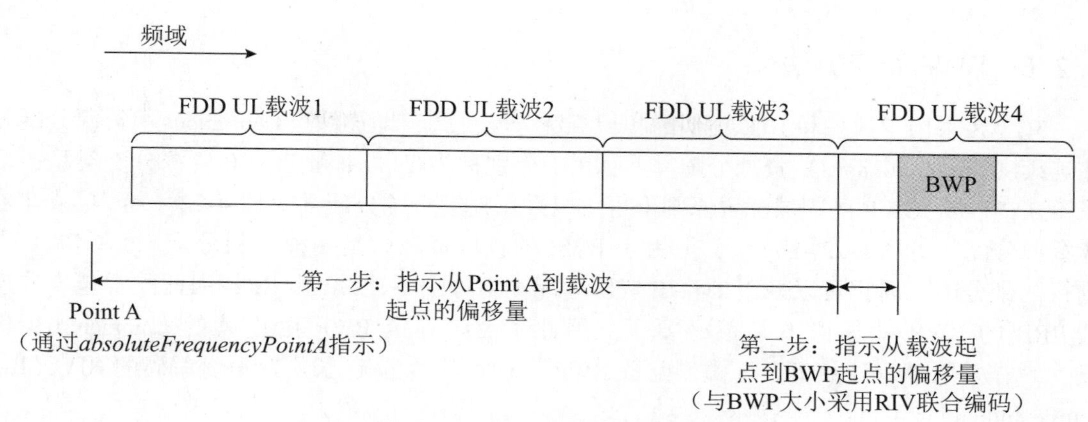

图 4-20　FDD 上行 BWP 指示方法

4.2.4　Common RB 的起点 RB 0

如 4.2.3 节所述，基于 SSB 或 ARFCN 就可以确定 Point A 的位置，而 Point A 就是 Common RB 0 所在的位置。但 Point A 是频域上的一个点，而 Common RB 0 具有一定频域宽度，如何从 Point A 确定 Common RB 0 的位置，还有一个细节问题需要解决。

如 4.2.2 节所述，各个子载波间隔 μ 有不同的 Common RB Indexing，但不同 μ 的 Common RB 0 位置都由 Point A 确定，即 Common RB 0 的第一个子载波（即子载波 0）的中心频点位于 Point A，基于 Point A 就可以确定 Common RB 0 的位置（如 TS 38.211 第 4.4.3 节[30] 所述）。不同 μ 的 Common RB 0 的子载波 0 的中心频点都位于 Point A，如图 4-21 所示。因此，不同 μ 的 Common RB 0 的低端边界实际上是不完全对齐的。

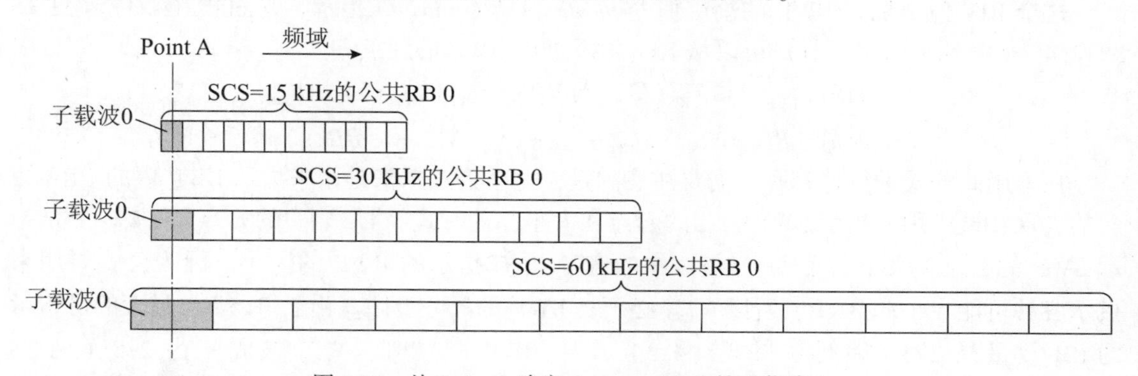

图 4-21　从 Point A 确定 Common RB 0 的子载波 0

4.2.5　载波起点的指示方法

回顾 4.2.1 节～4.2.4 节所述的方法：由 SSB 或 ARFCN 确定 Point A，由 Point A 确定 Common RB 0，再从 Common RB 0 指示载波起点，最后从载波起点指示 BWP 的位置和大小。确定了 Common RB 0 后，载波起点相对 Common RB 0 的偏移量 $N_{\text{grid}}^{\text{start},\mu}$ 可由高层信令 *SCS-SpecificCarrier* 中的 *offsetToCarrier* 来指示，在初始接入过程中由 SIB 信息携带，或在切换过程中由 RRC 信令携带。*offsetToCarrier* 的取值范围为 0～2199（见 TS 38.331[31]）。5G NR 中的 RB Indexing 最多包含 275 个 RB，因此 *offsetToCarrier* 最少可以指示 8 个相邻载波的频域位置，以支持载波聚合操作。

4.2.6 BWP 指示方法

5G NR 采用了两种和 LTE 类似的频域资源分配方式，即连续（Contiguous）资源分配和非连续（Non-contiguous）资源分配（在 NR 中分别称为 Type 1 和 Type 0 资源分配类型，请见第 5.2 节）。BWP 的频域配置原则上也可以采用连续资源分配［见图 4-22（a）］或非连续资源分配［见图 4-22（b）］，但由于 BWP 的频域资源只是一种“粗分配”，在 BWP 内进行“细分配”时仍可以采用 Type 0 资源分配类型分配不连续的 PRB，因此配置包含非连续 PRB 的 BWP 就显得不是很必要了。因此，最终确定 BWP 由连续的 Common RB 构成[21,23]，采用 Type 1 资源分配类型配置 BWP，即采用“起点+长度”联合编码的 RIV（Resource Indication Value）来指示。

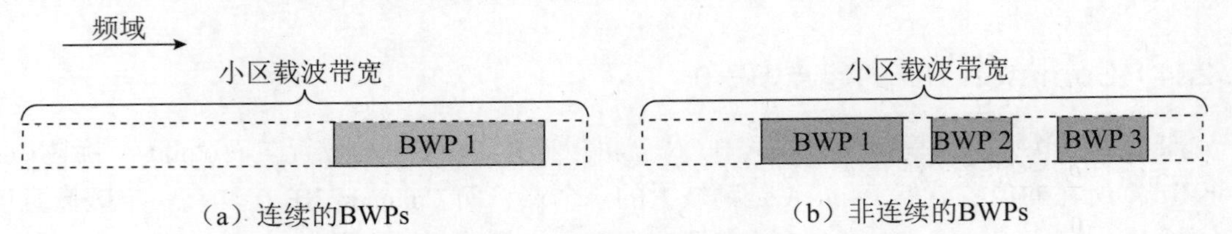

图 4-22　连续 BWP 与非连续 BWP

因此，从载波起点指示 BWP 起点的方法可表示为

$$N_{\mathrm{BWP},i}^{\mathrm{start}}=N_{\mathrm{grid},i}^{\mathrm{start}}+RB_{\mathrm{BWP},i}^{\mathrm{start}} \tag{4.2}$$

其中 $N_{\mathrm{grid},i}^{\mathrm{start}}$ 为载波起点所在的 Common RB 编号，$RB_{\mathrm{BWP},i}^{\mathrm{start}}$ 为从 RIV 值根据式（4.2）得出的起点 Common RB 编号。

这个 RIV 值由配置 BWP 的高层信令 *locationAndBandwidth* 指示，采用式（4.3）（见 TS 38.214[32] 第 5.1.2.2.2 节）可以从 RIV 值反推出 BWP 的起点和大小。

$$\begin{aligned}&\text{如果 } L_{\mathrm{RBs}}-1\leqslant N_{\mathrm{BWP}}^{\mathrm{size}}/2\text{，则 } RIV=N_{\mathrm{BWP}}^{\mathrm{size}}(L_{\mathrm{RBs}}-1)+RB_{\mathrm{start}}\\&\text{否则，}RIV=N_{\mathrm{BWP}}^{\mathrm{size}}(N_{\mathrm{BWP}}^{\mathrm{size}}-L_{\mathrm{RBs}}+1)+(N_{\mathrm{BWP}}^{\mathrm{size}}-1-RB_{\mathrm{start}})\end{aligned} \tag{4.3}$$

在采用此公式进行计算时，需要注意的是，这个公式本来是用来指示 BWP 内的 PRB 分配的，现在被借用来指示 BWP 自己的起点和大小，此时式（4.3）中的 RB_{start} 和 L_{RBs} 分别指示 BWP 的起点和大小，而式（4.3）中的 $N_{\mathrm{BWP}}^{\mathrm{size}}$ 是被指示的 BWP 的大小。因为公式要用来指示各种可能大小的 BWP，所以 $N_{\mathrm{BWP}}^{\mathrm{size}}$ 必须是 BWP 的尺寸上限。由于 R15 NR 最大的可指示的 RB 数量是 275，因此在将式（4.3）用于 BWP 配置时，$N_{\mathrm{BWP}}^{\mathrm{size}}$ 被固定为 275（见 TS 38.213 [1]的第 12 章）。例如，当 $N_{\mathrm{BWP}}^{\mathrm{size}}=275$、$RB_{\mathrm{start}}=274$、$L_{\mathrm{RBs}}=138$ 时，RIV 达到最大值 37949，因此 *locationAndBandwidth* 的数值范围为 0~37 949。

各个 BWP 是完全独立配置的，如图 4-8 所示，不同的 BWP 可以包含重叠的频域资源，在这方面，标准不作限制。

4.2.7 BWP 的基本配置方法小结

综上所述，BWP 的频域配置方法及 PRB→Common RB 的映射方法如图 4-23 所示，整个过程可以总结如下。

- 确定与 SSB 发生重叠的第一个 Common RB$N_{\mathrm{CRB}}^{\mathrm{SSB}}$。
- 从 $N_{\mathrm{CRB}}^{\mathrm{SSB}}$ 的第一个子载波确定下行 Point A，或从 ARFCN 确定上行 Point A。

- 从 Point A 确定各个子载波间隔 μ 的 Common RB 0 的位置及 Common RB Indexing。
- 根据 Common RB 0 的位置和 *offsetToCarrier* 确定载波起点位置 $N_{\text{grid}}^{\text{start},\mu}$。
- 根据 *locationAndBandwidth* 指示的 *RIV* 值确定 BWP 起点相对 $N_{\text{grid}}^{\text{start},\mu}$ 的偏移量及 BWP 的带宽，从而确定以 Common RB 计算的 BWP 起点 $N_{\text{BWP},i}^{\text{start}}$ 和大小 $N_{\text{BWP},i}^{\text{size}}$。
- BWP 内的 PRB Indexing 与 Common RB Indexing 的映射关系为 $n_{\text{CRB}}=n_{\text{PRB}}+N_{\text{BWP},i}^{\text{start}}$。

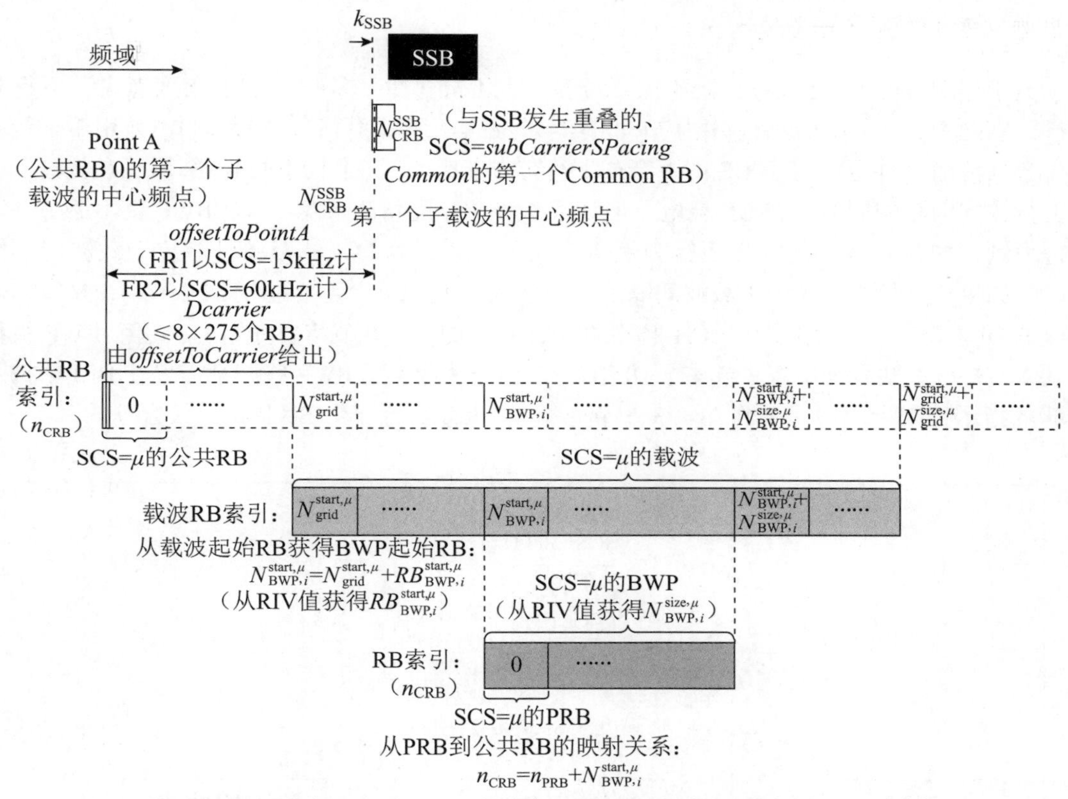

图 4-23　BWP 内的 PRB Indexing 的确定过程（以基于 SSB 确定 Point A 为例）

从上述过程可以看到，UE 确定 BWP 的频域范围和 PRB→Common RB 映射过程只需要用到载波起点 $N_{\text{grid}}^{\text{start},\mu}$，而不需要知道载波的大小 $N_{\text{grid}}^{\text{size},\mu}$（出于对终端发射时的射频要求，终端还是需要知道系统载波的位置，但从配置 BWP 和 Common RB 的角度，以及各种信道的资源分配的角度，这个信息是不需要的）。因此，上述过程只保证了 BWP 的起点位于载波范围内，但无法保证 BWP 的终点也在载波范围内。为了确保 gNB 为 UE 配置的 BWP 的频域范围是被限制在载波范围内的，TS 38.211 的 4.4.5 节[30] 引入了式（4.4）。

$$
\begin{aligned}
&N_{\text{grid},x}^{\text{start},\mu}\leqslant N_{\text{BWP},i}^{\text{start},\mu}<N_{\text{grid},x}^{\text{start},\mu}+N_{\text{grid},x}^{\text{size},\mu}\\
&N_{\text{grid},x}^{\text{start},\mu}<N_{\text{BWP},i}^{\text{size},\mu}+N_{\text{BWP},i}^{\text{start},\mu}\leqslant N_{\text{grid},x}^{\text{start},\mu}+N_{\text{grid},x}^{\text{size},\mu}
\end{aligned}
\tag{4.4}
$$

综上所述，BWP 的基本配置参数值包括 BWP 的频域位置、大小（相应的高层信令参数为 *locationAndBandwidth*）和基础参数集（Numerology）配置。因基础参数集中的子载波间隔由参数 μ 表征，在 $\mu=2$（即 $SCS=60$ kHz）时的两种 CP 需要另一个参数来指示，因此 BWP 的基本配置包括 *locationAndBandwidth*、*subcarrierSpacing* 和 *cyclicPrefix* 三个参数（见 TS 38.331[31]）。由于引入 BWP 的初衷是终端省电及资源分配，因此正常情况下 BWP 是采用 UE-specific RRC 信令来配置的。但初始 BWP（Initial BWP）作为一个特殊的BWP，有自己的确定方法，详见 4. 4 节。

可以看到，每个 BWP 的三个参数都是分别独立配置的，为 BWP 的配置提供了极大的灵活性。与传统的 Subband 概念完全不同，两个 BWP 在频域上可一部分重叠甚至完全重叠，重叠的两个 BWP 可以采用不同的子载波间隔[33]，使频域资源可以灵活用于不同的业务类型。

4. 2. 8 BWP 配置的数量

关于可配置的 BWP 数量，既不需要过多，也不能过少。从终端省电角度考虑，下行和上行分别配置 2 个 BWP 也就够用了（如图 4-3、图 4-4 所示）：一个较大的 BWP 用于下行或上行数据传输（如分别等于 UE 的下行或上行带宽能力）；一个较小的 BWP 用于在传输下行或上行控制信令的同时节省 UE 耗电。但如果从资源分配角度考虑，2 个 BWP 就不够了。以下行为例，如图 4-24 所示，以下行为例，不同子载波间隔的频域资源可能位于载波的不同区域，如果要支持 2 或 3 种子载波间隔的下行数据接收，至少需要配置 2 或 3 个用于 PDSCH 接收的 DL BWP，加上用于 PDCCH 监测的 BWP 1（如 4. 3. 6 节将要介绍的，这个 BWP 被称为缺省 BWP），共需要配置 3 或 4 个 DL BWP。由于 3 或 4 个 BWP 终归都需要在 DCI 中携带 2 bit 的指示符来指示（具体将在 4. 3. 5 节介绍），因此配置 4 个 BWP 是比较合理的。

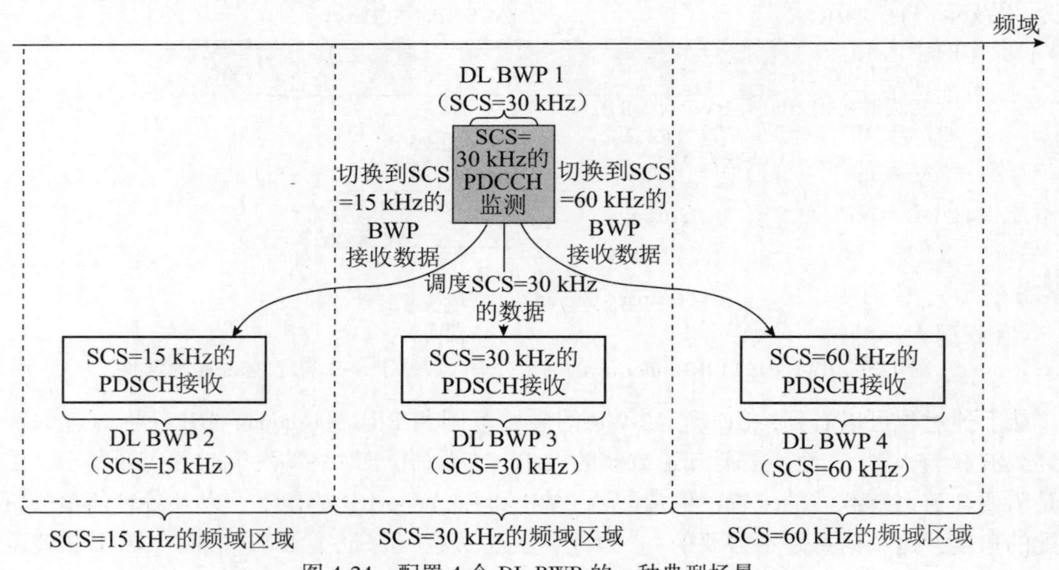

图 4-24 配置 4 个 DL BWP 的一种典型场景

另外，还有建议配置更多的 BWP，如 8 个。在采用 DCI 指示 BWP 切换时，4 个 BWP 需要 2 bit 的 BWP 指示符指示，8 个 BWP 则需要 3 bit。经过讨论，认为至少对 R15 NR 系统来说，上行和下行各配置 4 个 BWP 就够用了。如果未来需要配置更多 BWP，可以在后续版本中再作扩展。

但是需要说明的是，所谓最多配置 4 个 BWP 是指用 UE-specific RRC 信令配置的 BWP（又称为 UE-dedicated BWP），另外 UE 还自然会拥有一个下行初始 BWP（Initial DL BWP）和一个上行初始 BWP（Initial UL BWP）。这样，实际上一个 UE 可以在上行和下行分别拥有 5 个高层信令配置的 BWP，只不过 Initial DL BWP 和 Initial UL BWP 不是由 RRC 专用信令配置的 UE-dedicated BWP（4. 4 节将详细介绍 Initial BWP 概念），由 RRC 专用信令配置的

UE dedicated BWP 仍然是上行最多4个、下行最多4个。因此，TS 38.331[31] 中定义的最大 BWP 数量 maxNrofBWPs=4。但 BWP 的编号 *BWP-Id* 的取值为［0，1，…，4］，即支持5个 BWP 编号，其中 *BWP-Id*=0 指示 Initial DL BWP 或 Initial UL BWP，*BWP-Id*=1~4 指示 RRC 信令配置的4个 UE-dedicated BWP。

关于 BWP 的具体指示方法，在4.3.3节还将详细介绍。

4.2.9 TDD 系统的 BWP 配置

早在 BWP 概念出现之前的 RAN1#87 会议上就达成了共识，下行和上行的 Bandwidth Adaptation 不是必须关联在一起的[12,13]。但是在后续的 BWP 研究过程中，逐渐发现对 TDD 系统，如果不加限制的分别切换 DL BWP 和 UL BWP 可能会带来问题。在 TDD 系统的配置方面，有3种可能的方案。

方案1：上行 BWP 和下行 BWP 分别配置，各自独立激活（即与 FDD 完全相同）。

方案2：上行、下行共享同一个 BWP 配置。

方案3：上行 BWP 和下行 BWP 成对配置，成对激活。

在2017年6月的 RAN1#AH NR2 及10月的 RAN1#90bis 会议上确定，FDD 系统的 UL BWP 和 DL BWP 是分别独立切换的[64]。但在 TDD 系统中进行 BWP Switching 时，DL BWP 和 UL BWP 的中心频点应该保持一致[34,41]（虽然带宽可以不同）。而 BWP 的切换可能会导致终端操作的中心频点发生变化，因此如果 TDD 系统的上行 BWP 和下行 BWP 的切换各自独立，则可能造成上行中心频点和下行中心频点不同。如图4-25所示，假设第一时刻 TDD 终端的下行激活 BWP 和上行激活 BWP 分别为 DL BWP 1 和 UL BWP 1，中心频点一致。在第二时刻，该终端的下行激活 BWP 切换到 DL BWP 2，而上行激活 BWP 仍保持在 UL BWP 1，不能保证 DL BWP 2 和 UL BWP 1 的中心频点一致。因此方案1不合理。

另外，方案2[55] 过于死板。强制 TDD 系统在上行和下行使用相同大小的 BWP（如图4-26所示），对于5G NR 这样下行带宽可能很大（如100 MHz）的系统，同时要求上行也工作在相同大小的带宽，也是不合理的。

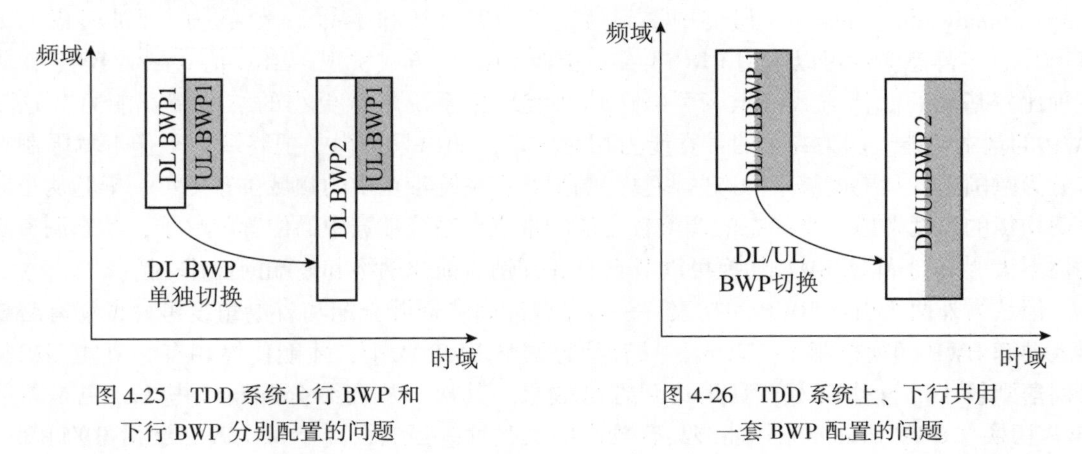

图4-25 TDD 系统上行 BWP 和下行 BWP 分别配置的问题

图4-26 TDD 系统上、下行共用一套 BWP 配置的问题

因此最终决定采用方案3，即下行 BWP 和上行 BWP 需要成对配置、成对切换[64]，即 BWP Index 相同的上行 BWP 和下行 BWP 配成一对，中心频点仍保持一致。如图4-27所示，在第一时刻，上行 BWP 1 和下行 BWP 1 处于激活状态，中心频点一致。在第二时刻，终端

的激活 DL BWP 和激活 UL BWP 同时切换到上行 BWP 2 和下行 BWP 2，中心频点仍保持一致。方案 3 既避免了激活 DL BWP 和激活 UL BWP 的中心频点不同，又允许下行 BWP 和上行 BWP 的大小不同[20]。因此，最终采用方案 3 作为 TDD 系统 BWP 配置方法。

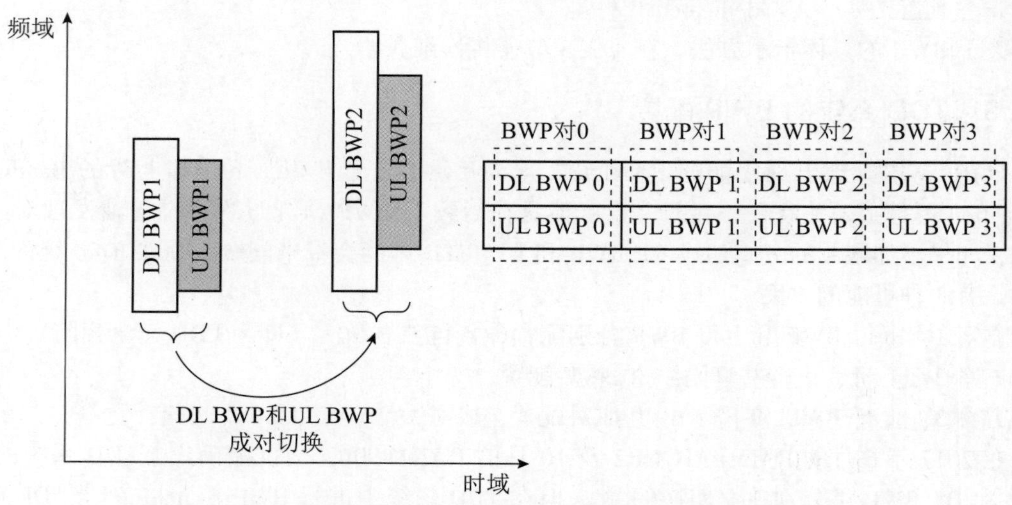

图 4-27 TDD 系统上行 BWP 和下行 BWP 成对配置方法

4.3 BWP 切换

4.3.1 动态切换和半静态切换

由于 R15/R16 NR 标准只支持 Single Active BWP，所以激活一个 BWP 的同时必须去激活原有的 BWP，所以 BWP 的激活/去激活也可称为 BWP 切换（BWP Switching）。

关于如何从已经配置的多个 BWP 中激活一个 BWP 的问题，早在 BWP 概念形成之前就已经在 Bandwidth Adaptation 研究中得到讨论。动态激活和半静态激活是两种被考虑的方案[11,17]，半静态激活可以采用 RRC 重配或类似 DRX 的方式实现。RRC 信令激活 BWP 作为一种比较基本的激活方式，至少可以达到“实现比系统带宽更小的终端带宽能力”这一 BWP 的基本功能。因为终端的带宽能力相对固定，如果只是为了把终端的工作带宽限制在其能力范围内，只要能够半静态的调整终端带宽在系统带宽中的频域位置即可。毕竟从小区负载均衡的角度考虑，半静态的调整各终端的带宽在系统带宽中的位置就够了，动态调整必要性不大[63]。半静态 BWP 切换可以节省 DCI 开销，简化网络和终端的操作。

但从另外两个引入 BWP 的初衷——多子载波间隔资源分配和省电角度考虑，就有必要引入动态 BWP 切换机制了。首先，只有动态调整 BWP 大小，才能使终端有尽可能多的机会回落到较小的操作带宽，真正达到省电效果。其次，从资源分配角度考虑，更是希望 BWP 切换（BWP Switching）能够具有较高的实时性。当然，由于每次改变激活 BWP 都会带来 Retuning Time，不应该过于频繁地进行 BWP Switching，不过这取决于基站的具体实现，在标准中不应过度限制。

因此，最终确定 NR 标准支持半静态、动态两种 BWP 激活方式。在 R15 标准中，基于 RRC 信令的半静态 BWP 激活是必选的 UE 特性，动态 BWP 激活是可选的 UE 特性。基于

RRC 信令的半静态 BWP 激活可以用于初始接入过程内的 BWP 激活、CA 辅载波激活后的 BWP 激活等特殊场景（具体见 4.4 节）。另外，对于不支持动态 BWP 激活的 UE，RRC 激活也可以作为一种缺省的 BWP 激活机制。

4.3.2　基于 DCI 的 BWP 激活方式的引入

在考虑 BWP 的动态激活方式时，有两种候选激活方案——MAC CE 激活和 DCI 激活[26]。

MAC CE 在 LTE 载波聚合（CA）系统中被用来激活辅载波（SCell），采用 MAC CE 的优点是更可靠（因为 MAC CE 可以使用 HARQ 反馈而 DCI 没有反馈机制）[15]，而且可以避免增加 DCI 的信令开销（MAC CE 作为高层信令，可以承受更大的开销），缺点是需要一段时间才能生效（如数个时隙），实时性较差。而作为物理层信令，DCI 可以在几个符号周期内生效[14]，更有利于实现 BWP 的快速切换。虽然从终端节电角度考虑，过于频繁地切换 BWP 也不一定有必要[53]，但 NR 系统中的 BWP Switching 并不仅仅用于终端节电，还有很多别的用途，所以相对于 SCell，BWP 需要更快速的激活机制。

DCI 的缺点是存在漏检（Mis-detection）和误报（False Alarm）问题，尤其是如果终端漏检了指示下行 BWP Switching 的 DCI，当 gNB 已经在新的 DL BWP 上发送 DCI 时，UE 仍停留在旧的 DL BWP 监测 PDCCH，在常规情况下（两个 BWP 的 CORESET 和搜索空间不重叠），终端就始终无法收到 DCI 了。为了解决 DCI 漏检造成的 gNB/UE 对下行激活 BWP 不同理解问题，NR 标准最终也采用了基于 Timer 的 BWP Switching，可以实现在 DCI 漏检时回落到缺省下行 BWP（具体见 4.3.3 节），一定程度上弥补了 DCI 相对 MAC CE 的可靠性劣势。另外，gNB 实现上也可以通过一些冗余传输的方式（如在新、旧 BWP 上都进行下行发送和上行接收，直至收到终端的 HARQ-ACK 反馈）来回避 DCI 误检的影响[54]。最后，NR 肯定会支持基于 RRC 信令这种可靠的 BWP 激活方式，采用 RRC 信令加 DCI 的组合，已经可以兼顾可靠性和低时延，再引入基于 MAC CE 的 BWP 激活方式的必要性不大。因此 NR 最终决定采用基于 DCI 的动态 BWP 激活方法[45]，不采用基于 MAC CE 的 BWP 激活。

如 4.2.9 节所述，在 FDD 系统中，DL BWP 和 UL BWP 是分别独立切换的，即 DL BWP 切换时 UL BWP 可保持不动，UL BWP 切换时 DL BWP 可保持不动。但在 TDD 系统中，DL BWP 和 UL BWP 必须成对切换，即 BWP 指示符（BWP Indicator，BWPI）相同的 DL BWP 和 UL BWP 总是同时处于激活状态[64]。DCI 中具体的 BWP 指示方法见 4.3.5 节。

需要说明的是，在 NR CA 的技术讨论中，也有建议对载波（CC）激活机制进行增强，支持基于物理层信令（主要是 DCI）的 CC 激活/去激活，但在 R15 NR 标准化中没有被接受。因此，DCI 激活在 R15 中成为 BWP 机制相对 CA 的一个明显的优势，使 BWP 激活/去激活明显比 CC 激活/去激活更快速、更高效，也是 BWP 成为明显不同于 CA 的新系统工具的原因之一。

最后，在设计 BWP 的 DCI 激活的同时，也明确了：只定义 BWP 的“激活”，而不定义 BWP 的“去激活”。这个问题的关键是：是否始终有一个 BWP 处于激活状态？如果始终有一个 BWP 处于激活状态，那么激活新的 BWP 自然就会去激活原有的 BWP，不需要专门的 BWP“去激活”机制。但如果是“用时激活 BWP，不用时可以不存在任何激活 BWP”，则既需要 BWP 激活机制，也需要 BWP 去激活机制。随着对 BWP 研究的深入，BWP 的概念逐步变大，不仅用于数据信道的调度，还用于 PDCCH 的控制信道以及测量参考信号等的接收，显然 BWP 已经成为一个“随时必备”的普适概念了，因此“随时都有一个激活的

BWP”已成为必然，BWP“去激活”也就没有必要设计了。

4.3.3 触发 BWP Switching 的 DCI 设计——DCI 格式

首先要回答的问题，是采用何种 DCI 格式（DCI Format）来传输 BWP 切换指令，在这个问题上曾有不同的方案：一种方案是利用调度数据信道的 DCI（Scheduling DCI）触发 BWP Switching[44]，另一种方案是新增一种专用于 BWP Switching 的 DCI Format。

在 R15 5G NR 中，除了 Scheduling DCI（Format 0_0、0_1、1_0、1_1，详见 5.4 节）之外，也引入了几种专门传输某种物理层配置参数的 DCI Format（即 Format 2_0、Format 2_1、Format 2_2、Format 2_3），分别用于时隙格式（见 5.6 节）、URLLC 预清空指示（见第 15 章）和功率控制指令的传输。采用单独的 DCI Format 指示 BWP 切换的优点包括如下几个方面[62]。

（1）在不需要调度数据的时候也可以触发 BWP Switching（如可以切换到另一个 BWP 进行 CSI 测量）。

（2）具有比 Scheduling DCI 更小的负载大小（Payload），有利于提高 PDCCH 传输可靠性。

（3）不用像 Scheduling DCI 那样区分上行、下行，可以用一个 DCI 同时切换 DL BWP 和 UL BWP。

（4）如果未来要支持同时激活多个 BWP，采用单独的 DCI 比 Scheduling DCI 更适合。

但同时，引入一种新的 DCI Format 也会带来一些问题：会增加 PDCCH 开销和 UE 检测 PDCCH 的复杂度，占用有限的盲检测次数。采用基于序列的 DCI 设计、固定 DCI 资源位置等方法降低 PDCCH 检测复杂度，也会带来一系列问题[49]。而上述几种专用 DCI Format 或者是向一组 UE 发送的组公共 DCI（Group-common DCI），或者是用于和数据调度关系不大的控制指令。

应该说，BWP Switching 操作和数据信道调度还是比较相关的。从较小的 BWP 切换到较大的 BWP 通常是由于要调度数据，在 Scheduling DCI 中指示 BWP Switching，可以在激活新的 BWP 的同时在新的 BWP 内调度数据（即跨 BWP 调度），节省了 DCI 开销和时延。从较大的 BWP 切换到较小的 BWP，不一定是调度数据引起的，但可以通过基于 Timer 的 BWP 回落机制来实现（见 4.3.6 节）。综上所述，R15 作为 5G NR 的基础版本，采用 Scheduling DCI 实现 BWP Switching 指示是比较合理稳妥的。当然，从理论上讲，触发 BWP Switching 的 DCI 不一定真的包含 PDSCH、PUSCH 的调度信息，如果其中并没有有效的指示任何 PRB，则这个 DCI 就只用于触发 BWP Switching，而不用于实际的数据调度。

什么是跨 BWP 调度呢？如 4.1 节所述，BWP 既可以应用于 PDCCH 接收，也可以应用于 PDSCH 接收，且每个 BWP 都包含 CORESET。这样在不发生 BWP Switching 的情况下，一个 BWP 中的 PDCCH 就可以用来调度同一 BWP 内的 PDSCH，PDCCH 和被调度的 PDSCH 的子载波间隔也是一致的。但也有可能出现另一种情况：在一个 DCI 之后、被它调度的 PDSCH 之前发生 BWP Switching（一种典型情况是该 DCI 包含一个触发 BWP Switching 的 BWP Indicator），这样该 PDCCH 和被其调度的 PDSCH 就将处于不同的 BWP 中，这种操作可被称为跨 BWP 调度（Cross-BWP Scheduling）。跨 BWP 调度会带来一系列问题，因此在是否支持跨 BWP 调度上，也曾有过不同意见。但如果不允许跨 BWP 调度，会造成在 BWP Switching 时的时域调度的灵活性受限，增大 PDSCH 的调度时延，因此 3GPP 决定支持跨 BWP 调度，只不过要只能对 RF Retuning Time 之后的资源进行调度[24,26]。

如图4-28（a）所示，如果允许跨BWP调度，则在BWP 1内触发BWP Switching的DCI可以直接调度完成BWP Switching之后在BWP 2内的PDSCH，这样UE的Active BWP切换到BWP 2后马上就可以在被调度的PDSCH中接收数据。当然，在Scheduling DCI中指示BWP Switching是实现“跨BWP调度”的最高效的方式。

如果不允许跨BWP调度，采用专用的BWP Switching的DCI Format也是可以的，但实现快速调度有一定困难。如图4-28（b）所示，BWP 1内的最后一个DCI只触发BWP Switching，但不用于调度PDSCH，要等待BWP Switching完成后，UE在BWP 2内检测到第一个调度PDSCH的DCI，获得PDSCH的调度信息，并在更晚的时间在被调度的PDSCH中接收数据。

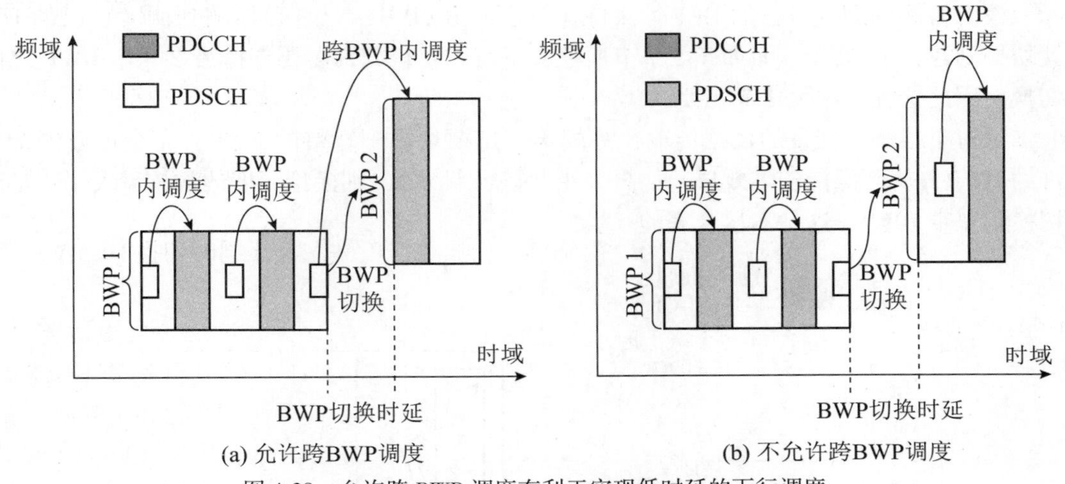

图4-28　允许跨BWP调度有利于实现低时延的下行调度

需要说明的是，对跨BWP快速调度的优势，也并非没有争议。其中一个担心是：跨BWP调度无法预先获得新的BWP的CSI（信道状态信息），只能进行低效的调度。在很多场景下，高效的频域和空域资源调度基于实时的CSI和CQI（信道质量指示）信息，但根据R15 NR的设计，终端只能激活一个DL BWP且CSI测量只发生在激活DL BWP中，尚未激活的BWP的CSI信息是无法预先获得的。因此即使进行跨BWP调度，由于不了解目标BWP里的CSI和CQI，gNB也只能作比较低效的保守调度[61]。当然，即使有效率损失，跨BWP调度仍然是实现快速调度的重要手段。

上述分析都是针对PDSCH调度，PUSCH调度的情况类似，即如果调度PUSCH的DCI中的BWP Indicator指示了一个和当前激活UL BWP不同的UL BWP，则此次调度是Cross-BWP Scheduling，相应的处理方式和下行相同，这里不再重述。

所以最终确定，在R15 NR标准中首先支持利用完整格式的Scheduling DCI触发BWP Switching，即负责上行调度的DCI Format（Format 0_1）可触发上行BWP Switching，负责下行调度的DCI Format（Format 1_1）可触发下行BWP Switching。而回落DCI（Fallback DCI）格式（即Format 0_0、1_0）由于只包含基本的DCI功能，不支持BWP Switching功能，其他的组公共（Group-common）DCI格式（Format 2_0、2_1、2_2、2_3）也不支持BWP Switching功能。当然，新增额外的专门用于BWP Switching的DCI Format，也可能带来一些优化的空间，如在不调度数据信道的时候，可以用一个简短的DCI Format触发BWP Switching，对另一个BWP进行信道估计等。是否支持BWP Switching专用的DCI Format，还可以在后续的NR增强版本中再作研究。

4.3.4 触发 BWP Switching 的 DCI 设计——显性触发和隐性触发

利用“调度 DCI”触发 BWP Switching，仍可以有“显性触发”和“隐性触发”两种方法：显性触发即在 DCI 中有一个显性的域指示 BWP Indicator[44]；隐性触发即 DCI 中不包含 BWP Indicator，但通过 DCI 本身的存在性或 DCI 中的其他内容触发 BWP 切换。一种方法是当 UE 接收到调度自己数据传输的调度 DCI（Scheduling DCI）时自动切换到较大的 BWP[33]；另一种方法是如果 UE 发现 Scheduling DCI 实际调度的频域范围超过了当前的 BWP，则切换到较大的 BWP[18]。

“隐性触发”方法存在一些缺点。一是只能在一大一小两个 BWP 之间切换，如图 4-29 所示，没有检测到调度自己的 DCI 时保持在较小的 BWP 中，当 UE 检测到调度自己的 DCI 时就切换到较大的 BWP。而如 4.2.7 节所述，下行和上行分别需要支持最多 4 个 BWP 之间的切换，因此这种方法无法满足要求。

二是对于很小数据量的数据传输，终端不一定要切换到宽带的 BWP，完全可以停留在窄带的 BWP，从而保持省电效果。如果采用“隐性触发”，则无论调度的数据量大小，都必须切换到宽带 BWP，这是不尽合理的。

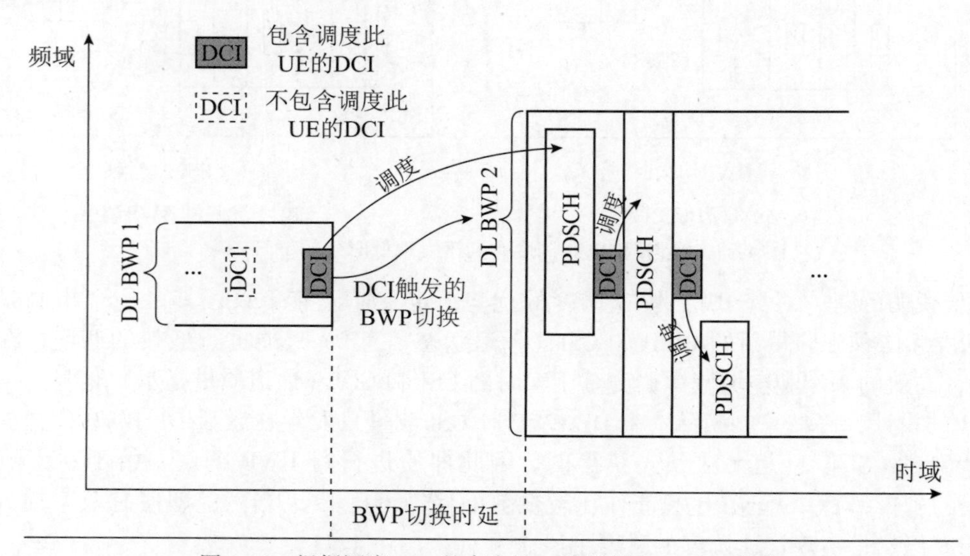

图 4-29 根据调度 DCI 的存在性“隐性触发”BWP 切换

基于实际调度的频域范围的“隐性触发”方法可以避免上述“盲目切换到宽带 BWP”的问题，但它具有和 4.1.1 节中第一种多 SCS PRB Indexing 类似的问题，即需要一个在整个系统带宽内定义的 PRB Indexing，造成调度频域资源的 DCI 开销过大，不如在 BWP 内进行资源指示的方法高效、简洁。由于 PRB Indexing 只定义在 BWP 内部（如 4.2.1 节所述），这种方法也不适用。

“显性触发”方法可以通过在 DCI 中包含 2 bit BWP Indicator，实现 4 个 BWP 之间的自由切换。如图 4-30 所示的例子，除了用来以省电模式监测 PDCCH 的较小的 BWP（DL BWP 1），还可以在不同的频域范围为 UE 配置不同的用于接收 PDSCH 的较大的 BWP（DL BWP 2、DL BWP 3），通过 BWP Indicator 的指示，可以让 UE 切换到 DL BWP 2 或 DL BWP 3。

如 4.1.6 节所述，在 NR 系统中，载波聚合和 BWP 操作是不同层面的概念，因此在 DCI 中，BWP Indicator 和 CIF（载波指示符域，Carrier Indicator Field）是两个不同的域（Field）[57]。

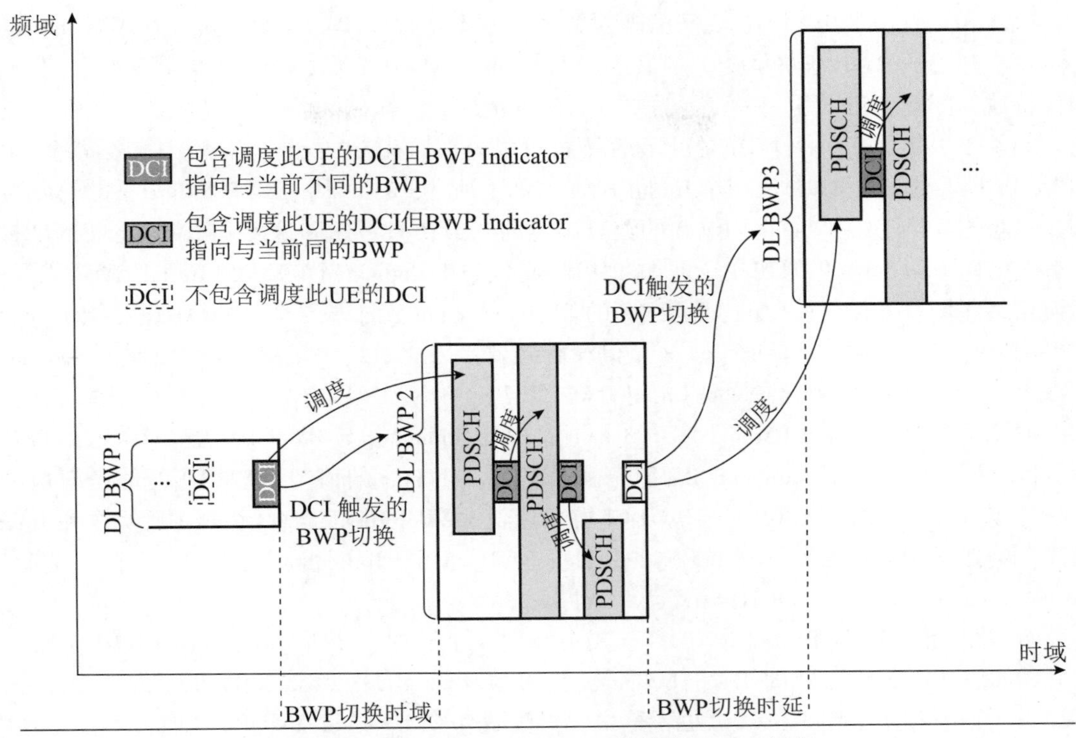

图 4-30　根据 BWP Indicator“显性触发”BWP 切换

4. 3. 5　触发 BWP Switching 的 DCI 设计——BWP 指示符

DCI 中的 BWP Indicator 有两种设计方法：一是只有在需要 BWP Switching 时，DCI 中才包含 BWP Indicator；二是无论是否需要 BWP Switching，DCI 中总是包含 BWP Indicator。第一种方法可以在大部分情况下略微降低 DCI 开销，但却会造成 DCI 长度动态变化，提高 PDCCH 盲检测的复杂度。因此最终确定采用第二种方法，即只要 RRC 信令在上行或下行配置了 BWP，Format 0_1 或 Format 1_1 中的 BWP Indicator 域总是存在的。如果 RRC 信令没有配置 BWP，则唯一可用的 BWP 是 Initial BWP，也就不需要基于 DCI 的 BWP Switching（以及基于 Timer 的 DL BWP Switching），这种情况下 BWP Indicator 的长度为 0。只要 RRC 信令在上行或下行配置了 BWP，gNB 每次用 Format 0_1、1_1 调度 PUSCH、PDSCH 都必须用 BWP Indicator 指示这次调度是针对哪个 BWP 的，即使不做 BWP 切换。如果在当前激活 BWP 中进行调度，则需要在 BWP Indicator 中填写当前激活 BWP 的 BWP ID，只有在 BWP Indicator 中填写了和当前激活 BWP 不同的 BWP ID，才会触发 BWP Switching。当然，如上所述，只有 DCI Format 0_1 和 1_1 才包含 BWP Indicator 域。Format 0_0、1_0 作为 Fall-back DCI，不包含 BWP Indicator 域，不支持触发 BWP Switching。

如图 4-30 所示的例子，UE 在 DL BWP 1 中检测到 UE 调度 PDSCH 的 DCI（DCI Format 1_1），且其中的 BWP Indicator 指向 DL BWP 2，则 UE 切换到 DL BWP 2，这个 DCI 同时也可以调度 DL BWP 2 内的 PDSCH。切换到 DL BWP 2 后，如果检测到的下行调度 DCI 为 DCI Format 1_0 或 DCI Format 1_1 中的 BWP Indicator 仍指向 DL BWP 2，则 UE 仍在 DL BWP 2 内接收 PDSCH。直至 UE 检测到 DCI Format 1_1 中的 BWP Indicator 指向另一个 BWP（如 DL BWP 3），则 UE 切换到 DL BWP 3。

BWP Indicator 与 BWP ID 之间的映射关系，原本是很简单的，用 2 bit 的 BWP Indicator 指示 4 个配置的 BWP 正好够用。但后续考虑了 Initial BWP 之后，又不想扩展 BWP Indicator 的比特数，问题就略微复杂一点，需要分为两种情况。

如 4. 2. 7 节所述，一个 UE 在上行和下行可以分别拥有 5 个配置的 BWP，包括 4 个 RRC 配置的 UE-dedicated BWP 和一个 Initial BWP。如上所述，DCI 中的 BWP Indicator 的长度为 2 bit，是根据 4 个 UE-dedicated BWP 的数量确定的，最初只考虑到这 4 个 BWP 之间的切换，没有考虑向 Initial BWP 的切换。但如 4. 4 节所述，UE-dedicated BWP 和 Initial BWP 之间的切换在某些场景下也是需要的，而 2 bit 的 BWP Indicator 无法从 5 个 BWP 中任意指示一个，如果将 BWP Indicator 扩展到 3 bit 又显得没有必要。因此最终决定只在配置的 UE-dedicated BWP 不大于 3 个的情况下支持向 Initial BWP 的切换。

配置的 UE-dedicated BWP 不多于 3 个时，BWP Indicator 与 BWP ID 的对应关系如表 4-3 所示，以配置 3 个 UE-dedicated BWP 为例，BWP Indicator 的值与 BWP ID 的值是对应的，BWP Indicator=00 对应 BWP ID=0，DCI 可以通过 BWP Indicator=00 指示 UE 切换到 Initial BWP。当然，如果只配置了一个 UE-dedicated BWP，BWP Indicator 只有 1 bit，值为 0 或 1，BWP Indicator=0 对应 BWP ID=0。

而当配置的 UE-dedicated BWP 多于 3 个（即 4 个）时，BWP Indicator 与 BWP ID 的对应关系如表 4-4 所示，此时 BWP Indicator 只对应 4 个 UE-dedicated BWP，因此无法通过 BWP Indicator 指示 Initial BWP。也就是说，当配置 4 个 UE-dedicated BWP 时，不支持通过 DCI 切换到 Initial BWP。

可以看到，表 4-3 中 BWP Indicator 和 BWP ID 的对应关系与表 4-4 中的不同，UE 需要根据 RRC 信令中配置的 UE-dedicated BWP 的数量判断采用两种对应关系中的哪一种。

表 4-3　BWP Indicator 与 BWP ID 的对应关系（配置 3 个 UE-dedicated BWP）

类　别	BWP ID	BWP Indicator
Initial BWP	0	00
UE-dedicated BWP 1	1	01
UE-dedicated BWP 2	2	10
UE-dedicated BWP 3	3	11

表 4-4　BWP Indicator 与 BWP ID 的对应关系（配置 4 个 UE-dedicated BWP）

类　别	BWP ID	BWP Indicator
UE-dedicated BWP 1	1	00
UE-dedicated BWP 2	2	01
UE-dedicated BWP 3	3	10
UE-dedicated BWP 4	4	11

NR 系统相对 LTE 系统的一个重要增强，是可以在时隙中任何位置检测 DCI（虽然这是一个可选的终端特性），大大提高了 PDCCH 监测的灵活性，降低了时延（具体见 5. 4 节）。但是指示 BWP Switching 的 DCI 的时域位置是否也需要这么灵活呢？如 4. 3. 4 节所述，最终标准中规定的 BWP 切换时延定义是以时隙为单位定义的，即只要发生 BWP Switching，UE

就可以有数个时隙的收发中断。因此在时隙任何位置都能传输指示 BWP Switching 的 DCI，也是没有必要的。最终确定，指示 BWP Switching 的 DCI 只在一个时隙的头三个符号中出现，即指示 BWP Switching 的 DCI 采用类似 LTE 的基于时隙的 PDCCH 检测机制，而不采用基于符号的 PDCCH 检测机制（在 R15 NR 标准中，终端仅在时隙头三个符号监测 PDCCH 是必选特性，终端可以在时隙中任意符号监测 PDCCH 是可选特性）。如图 4-31 所示，位于时隙前三个符号中的 DCI（Format 0_1、1_1）既可以调度数据信道（PDSCH、PUSCH），也可以用于触发 BWP Switching，但位于时隙其他符号中的 DCI 只能用于调度数据信道，不能用于触发 BWP Switching。

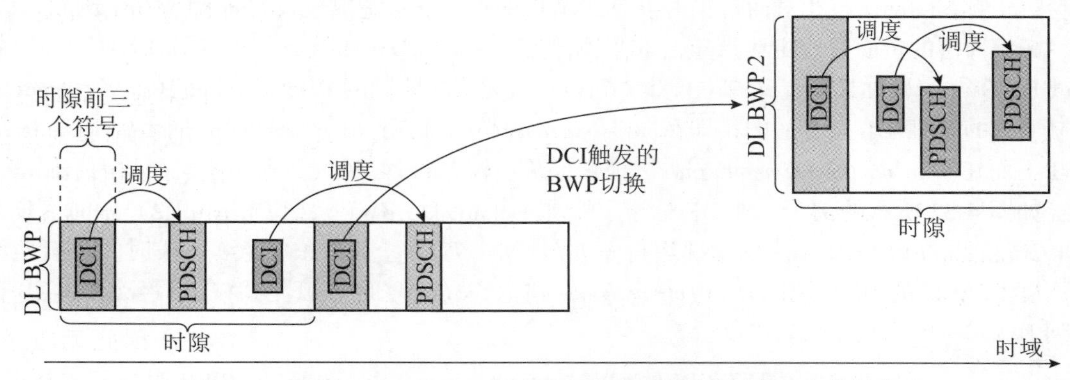

图 4-31　指示 BWP Switching 的 DCI 只会出现在时隙的前三个符号中

4.3.6　基于 Timer 的 BWP 回落的引入

基于 DCI 的 BWP 激活是一种最灵活的 BWP 激活方式，gNB 可以在任何时刻激活任意一个 BWP。但是基于 DCI 的 BWP 激活也有缺点，即每次接收 BWP Switching 指令都需要 UE 读取 DCI，会消耗 UE 有限的 PDCCH 盲检测能力。对于激活用于数据传输的 BWP，采用 DCI 指示 BWP Switching 是顺理成章的，因为 UE 本来就需要接收调度 PDSCH 或 PUSCH 的 DCI，在这个 DCI 中同时接收 BWP Switching 指令并不会导致额外的 PDCCH 盲检测。但对其他用途的 BWP Switching，如果仍采用 DCI 指示就会造成 DCI 信令开销的浪费，因此此时 DCI 不需要调度数据信道，除了 BWP Indicator，DCI 中其他域基本都是无用的。

典型的“非数据调度”的 BWP Switching 场景：一是数据传输完成后的 DL BWP 回落，二是为了接收周期性信道导致的 DL BWP 切换。针对这两种场景，在研究 BWP 激活方法的过程中，除了 DCI 激活，还考虑了计时器（Timer）激活方法和时间图案（Time Pattern）两种方法[34,45]。本节将介绍基于 Timer 的下行缺省 BWP 回落，基于 Timer Pattern 的 BWP 激活方法的取舍将在 4.3.10 节介绍。

如图 4-3、图 4-4 所示，当 gNB 为 UE 调度了下行或上行数据时，可通过 DCI 从利于省电的较小 BWP 切换到较大的 BWP。当数据传输完之后，UE 需要回落到较小的 BWP 以节省耗电。如果仍需要 DCI 触发这种 BWP Switching，会带来额外的 DCI 开销，因此可以考虑用一个 Timer 触发 DL BWP 的回落[33]。

这种基于 Timer 的 DL BWP 回落过程可以借鉴在 LTE 系统中成熟的 DRX（Dis-continous Reception，非连续接收）机制，即根据非激活 Timer（*drx-InactivityTimer*）控制从激活状态向 DRX 状态的回落，当 UE 收到调度数据的 DCI 时，InactivityTimer 会重置，延缓回落的时间，基于 Timer 的 DL BWP 回落完全可以采用和基于 *drx-InactivityTimer* 的 DRX 相似的机制。

实际上可以把下行 BWP 操作看作一种“频域 DRX”操作，这两种机制都是用于终端省电的，用一个 Timer 控制从“工作状态”向“省电状态”的回落。区别只不过是：DRX 操作的工作状态是监测 PDCCH，省电状态是不监测 PDCCH；下行 BWP 操作的工作状态是接收大带宽的 PDSCH，省电状态是只监测 PDCCH 不接收 PDSCH，或只接收小带宽的 PDSCH。在 eMBB 场景下，大部分时间 UE 都是在监测 PDCCH，并没有 PDSCH 调度，因此在小 BWP 内工作应作为“缺省状态”，这个较小的 DL BWP 作为“缺省下行 BWP”（Default DL BWP）。

下行 BWP 操作和 DRX 操作的共同点是：既要在需要该回落时及时回落，节省耗电，又要避免过于频繁的回落。相对而言，由于 DL BWP Switching 会造成较长时间 UE 不能接收下行数据，频繁回落的负面效应更为严重。如果刚刚完成一次 PDSCH 接收就匆匆让 UE 回落到 Default DL BWP，则如果马上又有下行业务到达，就无法立即调度 PDSCH。因此用一个 Timer 来控制回落的时机是非常合适的，即在 *bwp-InactivityTimer* 到期（Expire）时再回落到 Default DL BWP，而在 *bwp-InactivityTimer* Expire 之前仍停留在较大的 DL BWP，避免不必要的频繁回落。

如图 4-32 所示的例子，在 UE 处于一个非 Default DL BWP（如 DL BWP 2）中时，根据 PDCCH 监测和 PDSCH 调度的情况运行 *bwp-InactivityTimer*，如果 UE 连续一段时间没有监测到调度 PDSCH 的 DCI，则 *bwp-InactivityTimer* 到达 Expire 时间才触发 BWP 回落动作，UE 回落到 Default DL BWP（DL BWP 1）。

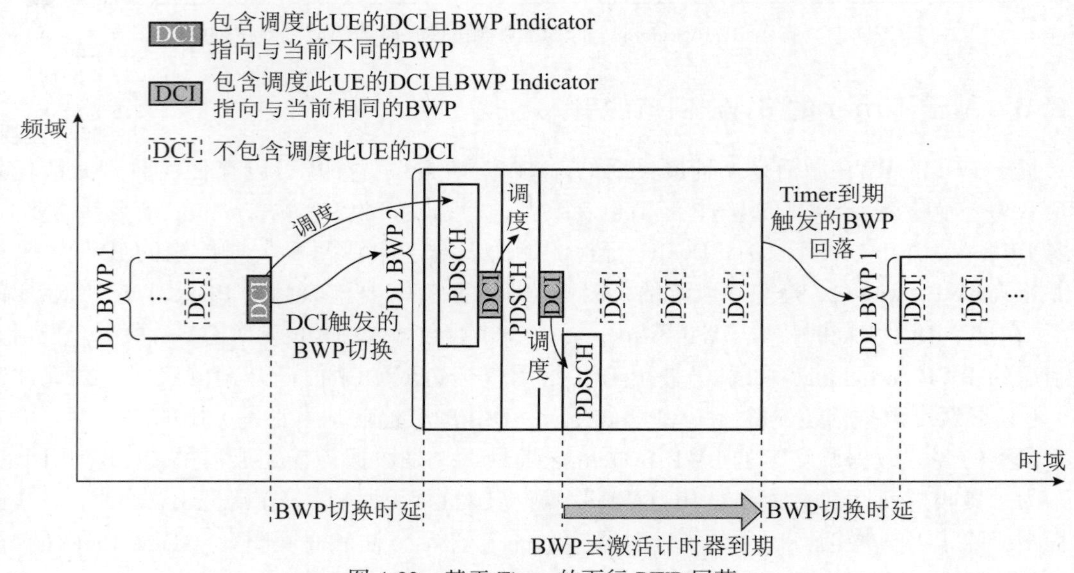

图 4-32 基于 Timer 的下行 BWP 回落

需要说明的是，Default DL BWP 的配置并不是一个独立的 BWP 的配置，它通过 Default Downlink BWP ID 从已经配置的 DL BWP 中选择一个，如 RRC 信令为 UE 配置了 4 个 DL BWP，BWP ID 分别为 1、2、3、4（如 4.2.7 节所述，Initial DL BWP 的 BWP ID=0），则 Default Downlink BWP ID 可以从 1、2、3、4 中选择一个。如 Default Downlink BWP ID=2，则 BWP ID=2 的 BWP 作为 Default DL BWP[31]。

基于 Timer 的 BWP 回落的另一个优点是提供了 DCI 漏检（DCI Mis-detection）的回落机制。DCI 有一定的漏检概率而且缺乏 HARQ-ACK 等直接确认机制，当发生了 DCI 漏检时，UE 无法根据 DCI 的指示切换到正确的 BWP，这种情况下，gNB 和 UE 可能停留在不同的 DL BWP

中，导致 UE 和 gNB 之间失去联系。如图 4-33 所示，如果 gNB 发送的将 UE 从 DL BWP 2 切换到从 DL BWP 3 的 DCI 没有被 UE 检测到，gNB 将如期切换到 DL BWP 3 但 UE 仍将停留在 DL BWP 2 中。这种情况下，gNB 在 DL BWP 3 中发送给 UE 的 DCI 将无法被 UE 收到。

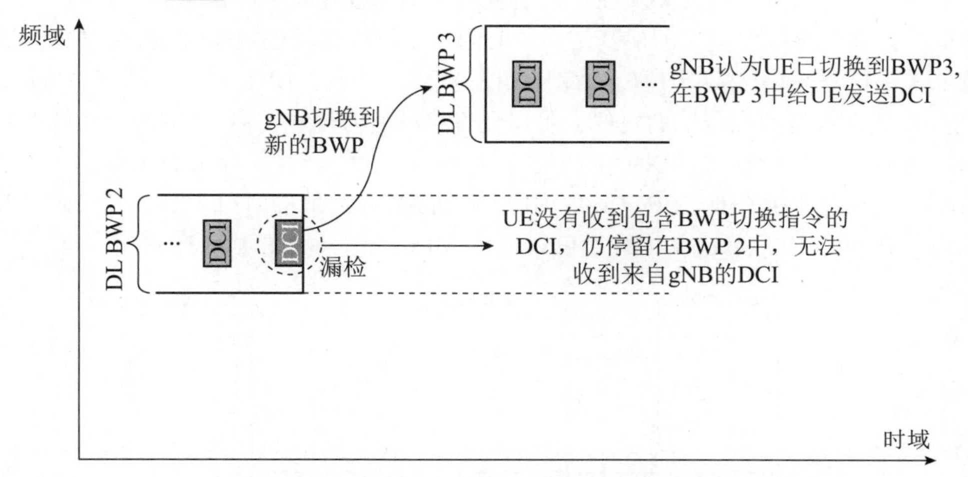

图 4-33　缺乏 BWP 回落机制，DCI 漏检可能导致 UE 和 gNB 失去联系

如果有了基于 Timer 的 DL BWP 回落机制，如图 4-34 所示，则在出现指示 BWP 切换的 DCI 被漏检后，gNB 切换到 DL BWP 3 而 UE 停留在 DL BWP 2，UE 无法收到 gNB 在 DL BWP 3 中发送的 DCI，因此去激活 Timer 将持续运行直至到期，随后，UE 自动回落到 Default DL BWP。gNB 在 DL BWP 3 向 UE 发送 DCI 没有反应，也可以回到 Default DL BWP 向 UE 发送的 DCI，与 UE 恢复正常联系。之后，gNB 可以在 Default DL BWP 中向 UE 重新发送 DCI，将 UE 切换到 DL BWP 3。

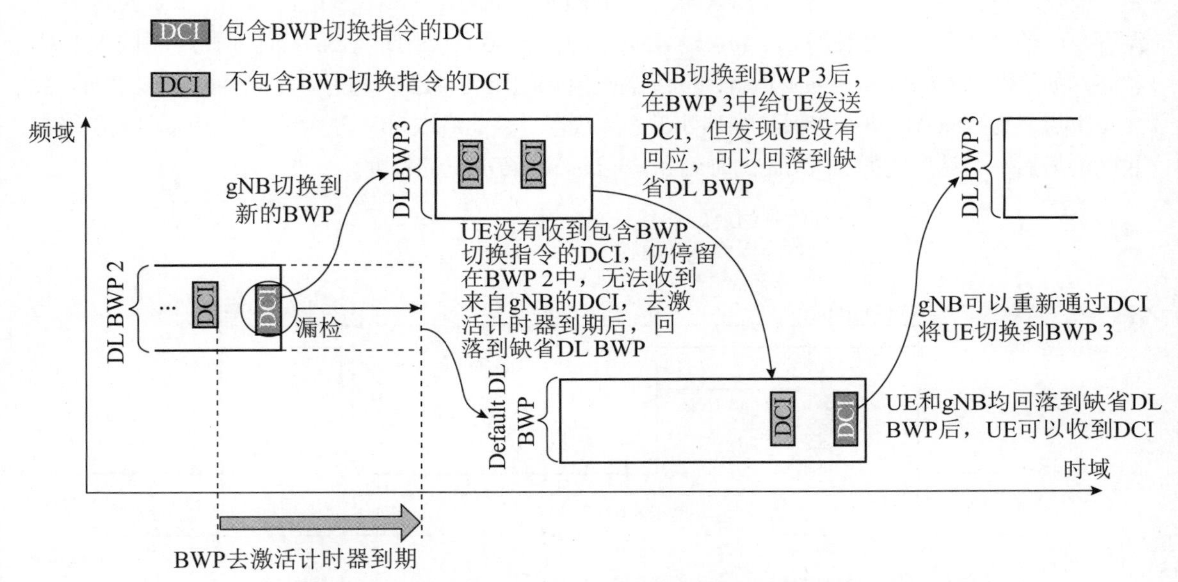

图 4-34　利用基于 Timer 的 BWP 回落，gNB 可以在 DCI 漏检后与 UE 恢复联系

4.3.7 是否重用 DRX Timer 实现 BWP 回落？

具体到 Timer 的设计，有两个问题需要考虑：一是是否重用一个原有的 Timer；二是 Timer 的触发条件。关于第一个问题，存在两种观点：一是沿用 DRX Timer；二是设计新的 Timer。

1. DRX Timer

由于某些业务的数据包是突发性的，通常只集中少数时间段，在大部分时间内并不需要传输数据。但在常规操作中，即使基站一段时间内不调度终端的数据传输，终端也需要周期性监测 PDCCH，不利于终端节电。因此从 LTE 开始，引入了 DRX 操作，即基站可以通过配置 DRX，以便在没有数据传输的时候，可以允许终端暂时停止监测 PDCCH，降低功耗。

DRX 通过在一定周期（DRX Cycle）内配置一定的激活时段（On Duration），终端只在 On Duration 内监测 PDCCH，DRX Cycle 内除 On Duration 之外的时段为 DRX 窗口（DRX Opportunity），在 DRX Opportunity 内终端可以进行 DRX 操作，如图 4-35 所示。

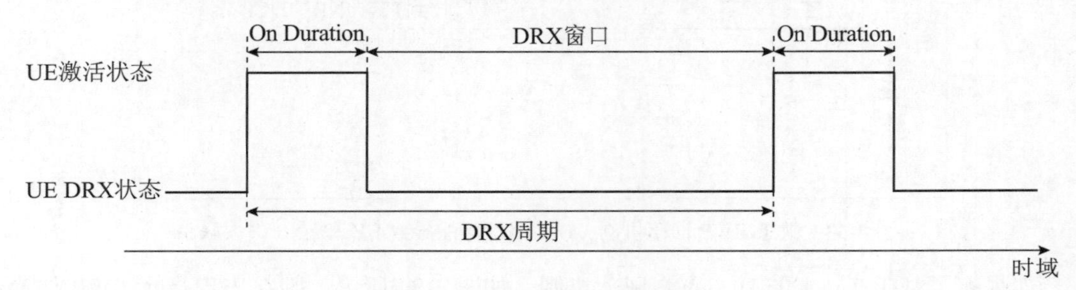

图 4-35 DRX 基本工作原理

但是如果在 On Duration 的末期基站仍需要为终端调度数据，则需要在 On Duration 结束之后一段时间内继续让终端监测 PDCCH。大体上讲，这是通过一个定时器 *drx-InactivityTimer* 来实现的，即当终端被调度初传数据时，就会启动（或重启）*drx-InactivityTimer*，直至 *drx-InactivityTimer* 超时后再停止监测 PDCCH（实际的 DRX 设计还包括另一个可配置的计时器 Short DRX Timer，这里从简化起见，不做展开），转入 DRX 状态。如图 4-36 所示，如果终端在 On Duration 期间收到调度自己的 PDCCH，则启动 *drx-InactivityTimer*，直至该 Timer 到期（Expire）才让终端进入 DRX 状态。如果在 *drx-InactivityTimer* 运行期间终端收到新的调度自己的 PDCCH，*drx-InactivityTimer* 会复位重启（Re-start），进一步保持终端处于激活状态。因此终端何时切换到 DRX 状态取决于终端收到的最后一个调度它的 PDCCH 的时刻和 *drx-InactivityTimer* 的长度。

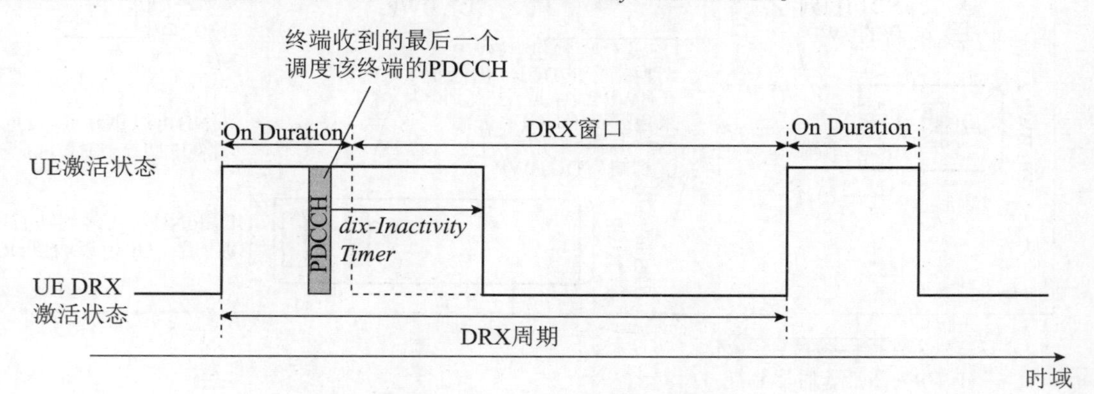

图 4-36 *drx-InactivityTimer* 工作机理

2. BWP 回落 Timer 是否重用 DRX Timer?

如 4. 3. 3 节所述，DL BWP 切换可以看作一种“频域 DRX”操作，这两种机制都是用于终端省电的，重用 *drx-InactivityTimer* 实现 DL BWP 的回落也有一定的合理性，因此有些公司建议不针对 DL BWP 的回落操作定义专门的 Timer，直接重用 *drx-InactivityTimer*[55,56,61]。这相当于将时域省电和频域省电操作统一在一个架构中，如图 4-37 所示，当 *drx-InactivityTimer* 到期后，On Duration 结束，同时 UE 也从宽带 DL BWP 回落到 Default DL BWP。

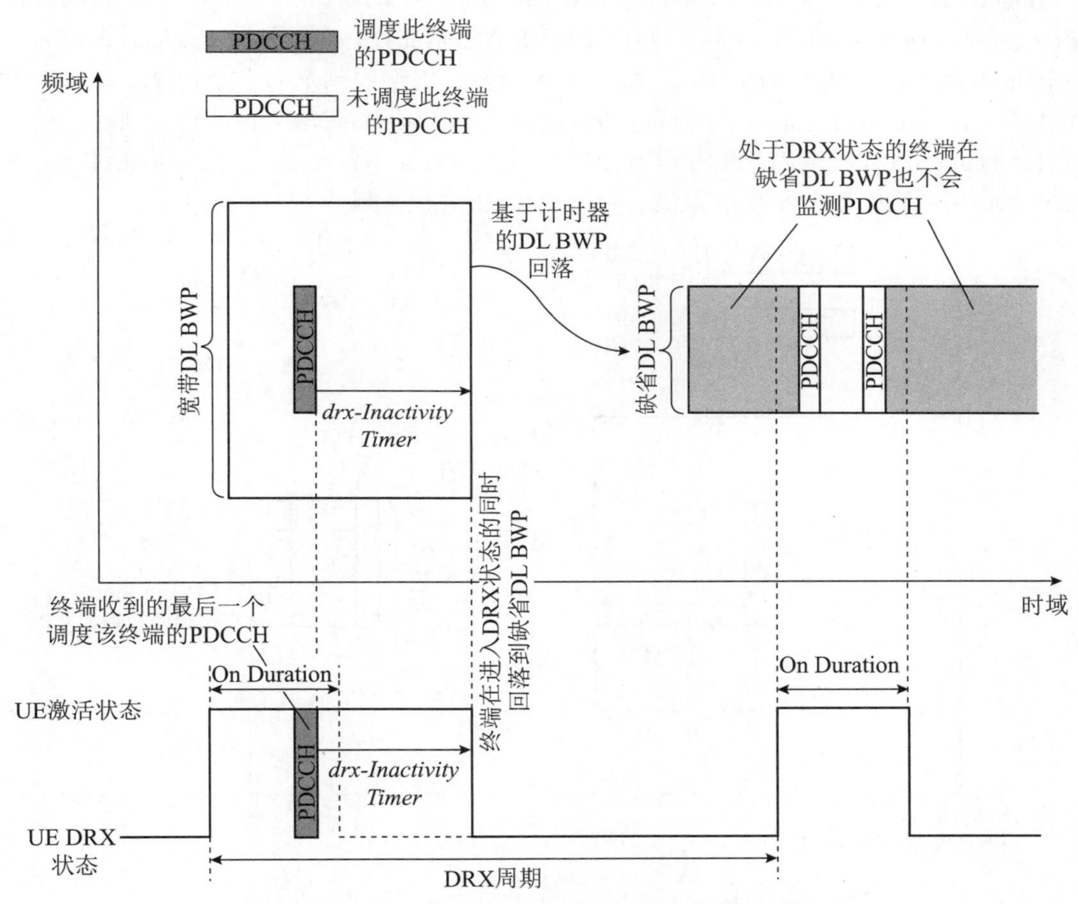

图 4-37　重用 *drx-InactivityTimer* 实现 DL BWP 回落

这种方案的优点是可以避免定义一种新的 Timer，但将“时域省电操作”和“频域省电操作”强相关在一起也未必合理。处于 DRX 状态的终端行为和处于 Default DL BWP 的终端行为是不同的，处于 DRX 状态的终端完全中止 PDCCH 监测，而回落到 Default DL BWP 的终端并非完全中止 PDCCH 检测，仍可以在 Default DL BWP 中监测 PDCCH，只是由于缩小 BWP 获得省电效果。

从这个角度说，DL BWP 回落操作比 DRX 操作更灵活，如果对这两种操作强制使用相同的 Timer 配置，则终端回落到 Default DL BWP 也没有太大意义。如图 4-37 所示，当 *drx-InactivityTimer* 到期后，虽然从 BWP 操作角度，终端可以回落到 Default DL BWP 以较省电的方式继续监测 PDCCH，但由于终端同时进入了 DRX 状态，因此，实际上不会继续监测任何 PDCCH。

如果 DL BWP 回落和 DRX 采用不同的 Timer，则可以充分发挥 DL BWP 切换的潜力，即

BWP 切换操作是嵌套在 DRX 操作内，终端先根据 DRX 配置和 DRX Timer 的运行确定是否监测 PDCCH，而在终端未处于 DRX 状态时，则按照 BWP 配置和 BWP Timer 的运行确定在哪个 DL BWP 里监测 PDCCH。

最后，正如 4.3.6 节所述，DL BWP 回落机制的另一个功能是在 DCI 漏检的时候可以保障终端能够恢复正常的 PDCCH 监测，不像 DRX 机制那样仅仅是终端省电，Timer 的设计目标也会不尽相同。

因此，最终确定，定义一个不同于 *drx-InactivityTimer* 的新的 Timer，用于 DL BWP 回落操作，称为 *bwp-InactivityTimer*。一种典型的配置方法是配置一个较长的 *drx-InactivityTimer* 和一个相对较短的 *bwp-InactivityTimer*，如图 4-38 所示，终端收到最后一个调度该终端的 PDCCH 后，启动 *drx-InactivityTimer* 和 *bwp-InactivityTimer*，*bwp-InactivityTimer* 首先到期，终端回落到 Default DL BWP 继续监测 PDCCH，如果在 *drx-InactivityTimer* 到期前未再收到调度该终端的 PDCCH，则终端进入 DRX 状态，完全中止 PDCCH 监测。

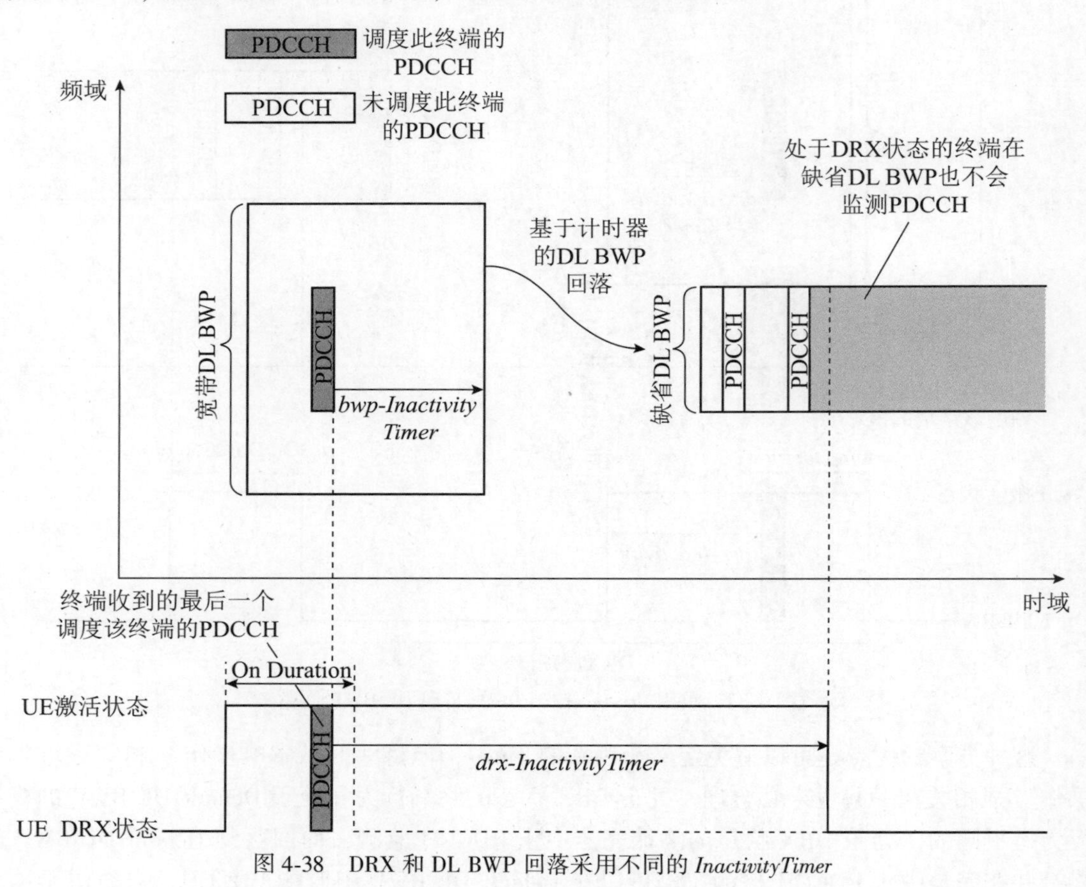

图 4-38 DRX 和 DL BWP 回落采用不同的 *InactivityTimer*

4.3.8 *bwp-InactivityTimer* 的设计

与其他 Timer 类似，*bwp-InactivityTimer* 的具体设计包括如何配置这个 Timer，以及它的启动、重启、中止条件等问题。

1. *bwp-InactivityTimer* 的配置方法

第一个问题是配置计时器的单位。MAC 层运行的 Timer 一般以 ms 为单位，如 *drx-*

InactivityTimer 就是以 ms 为单位配置的。*bwp-InactivityTimer* 是否需要采用更小的单位进行配置呢？如 4.3.9 节所述，BWP Switching 时延是以“时隙”为单位计的，因此 *bwp-InactivityTimer* 采用过小的配置颗粒度（如符号级别）的必要性不大，因此 *bwp-InactivityTimer* 仍然是以 ms 为单位配置的，且最小值为 2 ms。*bwp-InactivityTimer* 的最大配置值可达 2 560 ms，与 *drx-InactivityTimer* 的最大值一致。可以看到，通过配置不同的 *bwp-InactivityTimer* 长度，基站可以控制 DL BWP Switching 的频度，如果希望通过较频繁的 DL BWP 回落获得更好的终端省电效果，则可以配置较短的 *bwp-InactivityTimer*，如果希望避免频繁的 DL BWP Switching，实现比较简单的 BWP 操作，则可以配置较长的 *bwp-InactivityTimer*。

需要说明的是，如果配置了多个 DL BWP，则这个 *bwp-InactivityTimer* 是适用于各个 DL BWP 的，不能针对不同 DL BWP 配置不同的 *bwp-InactivityTimer*。这是一种简化的设计。如果所有的 DL BWP 具有相同的子载波间隔，则采用相同的 *bwp-InactivityTimer* 完全合理。但具有不同子载波间隔的 DL BWP，由于其时隙长度不同，1 ms 内包含的时隙数量不同，如果想使不同 DL BWP 的持续时间包含相同数量的时隙，似乎应该允许为不同 DL BWP 配置不同的 *bwp-InactivityTimer*（以 ms 为单位）。但从简单设计考虑，最终采用了 BWP-common（BWP 公共）的 *bwp-InactivityTimer* 配置方法。

另外，*bwp-InactivityTimer* 不适用于 Default DL BWP，因为这个 Timer 本身就是用来控制回落到 Default DL BWP 的时间的，如果终端本身正处在 Default DL BWP，则不存在回落到 Default DL BWP 的问题。

2. *bwp-InactivityTimer* 的启动/重启条件

显而易见，*bwp-InactivityTimer* 的启动条件应该是 DL BWP 的激活。如图 4-39 所示，当一个 DL BWP（除 Default DL BWP）被激活后，马上启动 *bwp-InactivityTimer*。

bwp-InactivityTimer 的重启主要受数据调度的情况影响。如 4.3.4 节、4.3.5 节所述，*bwp-InactivityTimer* 的主要功能是在终端长时间没有数据调度的情况下回落到 Default DL BWP，以达到省电效果。与 DRX 操作相似，当终端收到调度其数据的 PDCCH 时，应该预计可能还有后续的数据调度，因此无论现在正在运行的 *bwp-InactivityTimer* 的运行情况如何，都应该回到零点，从头开始 Timer 的运行，即重启 *bwp-InactivityTimer*。如图 4-39 所示，当收到一个新的 PDCCH 时，*bwp-InactivityTimer* 被重启，重新开始计时，实际上延长了终端停留在宽带 DL BWP 的时间，如果在 *bwp-InactivityTimer* 到期之前，终端没有收到新的调度数据的 PDCCH，则终端回落到 Default DL BWP。

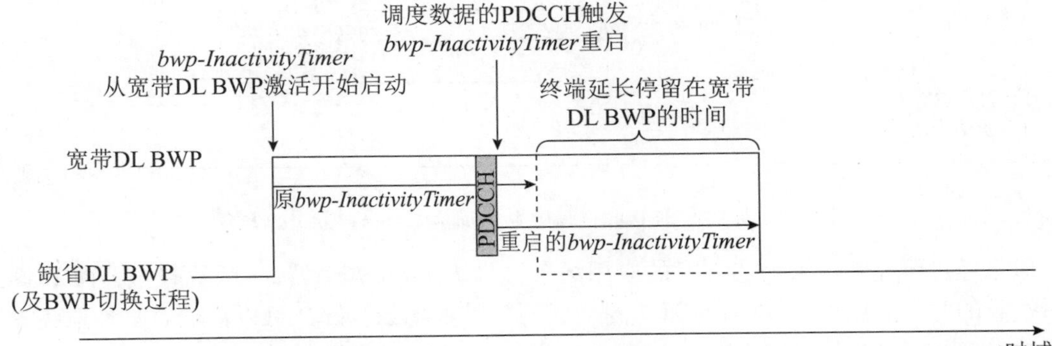

图 4-39　*bwp-InactivityTimer* 的启动与重启

3. *bwp-InactivityTimer* 的中止条件

如上所述，由于收到调度数据的 PDCCH 可能预示着后续有更多的数据将被调度，所以应该重启 *bwp-InactivityTimer*。但还有一些其他的物理过程，并不预示有后续数据调度，但需要保证在该过程中不发生 DL BWP Switching，则 *bwp-InactivityTimer* 需要暂时中止，等该过程结束后再继续运行完剩下的时间。在 NR 标准的研究中，主要讨论了两种可能需要中止 *bwp-InactivityTimer* 的过程：一是 PDSCH 接收；二是随机接入。

如果终端被 PDCCH 调度了一个长度较长的 PDSCH［比如多时隙 PDSCH（Multi-slot PDSCH）］，距离 PDCCH 距离又较远，而配置的 *bwp-InactivityTimer* 长度却较小，可能出现终端尚未完成 PDSCH 的接收，*bwp-InactivityTimer* 就已经过期的情况，如图 4-40 所示。在这种情况下，根据 *bwp-InactivityTimer* 的运行规则，终端就会中止在激活 DL BWP 中的 PDSCH 接收，回落到 Default DL BWP，这显然是不合理的操作。

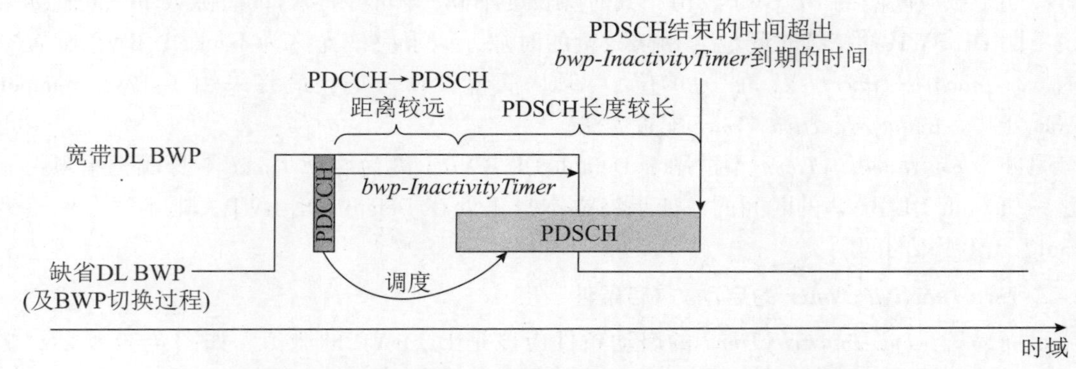

图 4-40　由于 PDSCH 持续接收造成的 *bwp-InactivityTimer* 过早到期的情况

对于这种场景，一种解决方案是在开始接收 PDSCH 时暂时中止 *bwp-InactivityTimer* 的运行，如图 4-41 所示，在完成 PDSCH 接收后恢复 *bwp-InactivityTimer* 的运行，直至 *bwp-InactivityTimer* 到期。

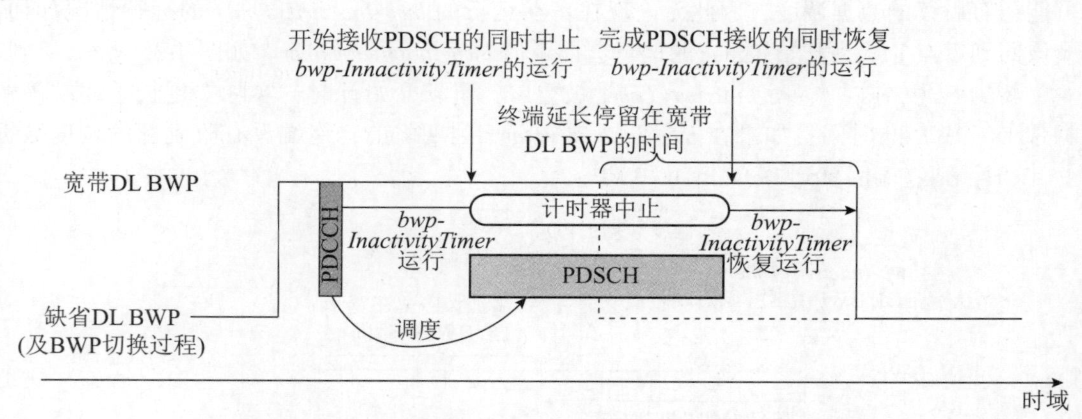

图 4-41　在 PDSCH 接收过程中中止 *bwp-InactivityTimer* 的方案

但是经过研究，认为上述方案的应用场景（即 *bwp-InactivityTimer* 配置较短，而 PDSCH 结束接收的时间点距离 PDCCH 较远）是一种不常见的场景，gNB 可以比较容易地避免这种情况的发生，因此最终 R15 NR *bwp-InactivityTimer* 的中止条件没有采纳这种方案。

R15 NR *bwp-InactivityTimer* 采用的中止条件主要是与随机接入（RACH）过程有关。如

图 4-42 所示，当终端启动 RACH 过程时暂时中止 *bwp-InactivityTimer* 的运行，在完成 RACH 过程后恢复 *bwp-InactivityTimer* 的运行，直至 *bwp-InactivityTimer* 到期。之所以要在 RACH 过程中避免 DL BWP Switching，是因为 RACH 过程需要在成对配置的 DL BWP 和 UL BWP 上完成（原因在 4.3.11 节具体介绍）。因此，要在 RACH 过程未完成前，避免由于 *bwp-InactivityTimer* 到期，终端向 Default DL BWP 回落（如果当前的激活 DL BWP 并非 Default DL BWP），造成 DL BWP 和 UL BWP 不匹配。

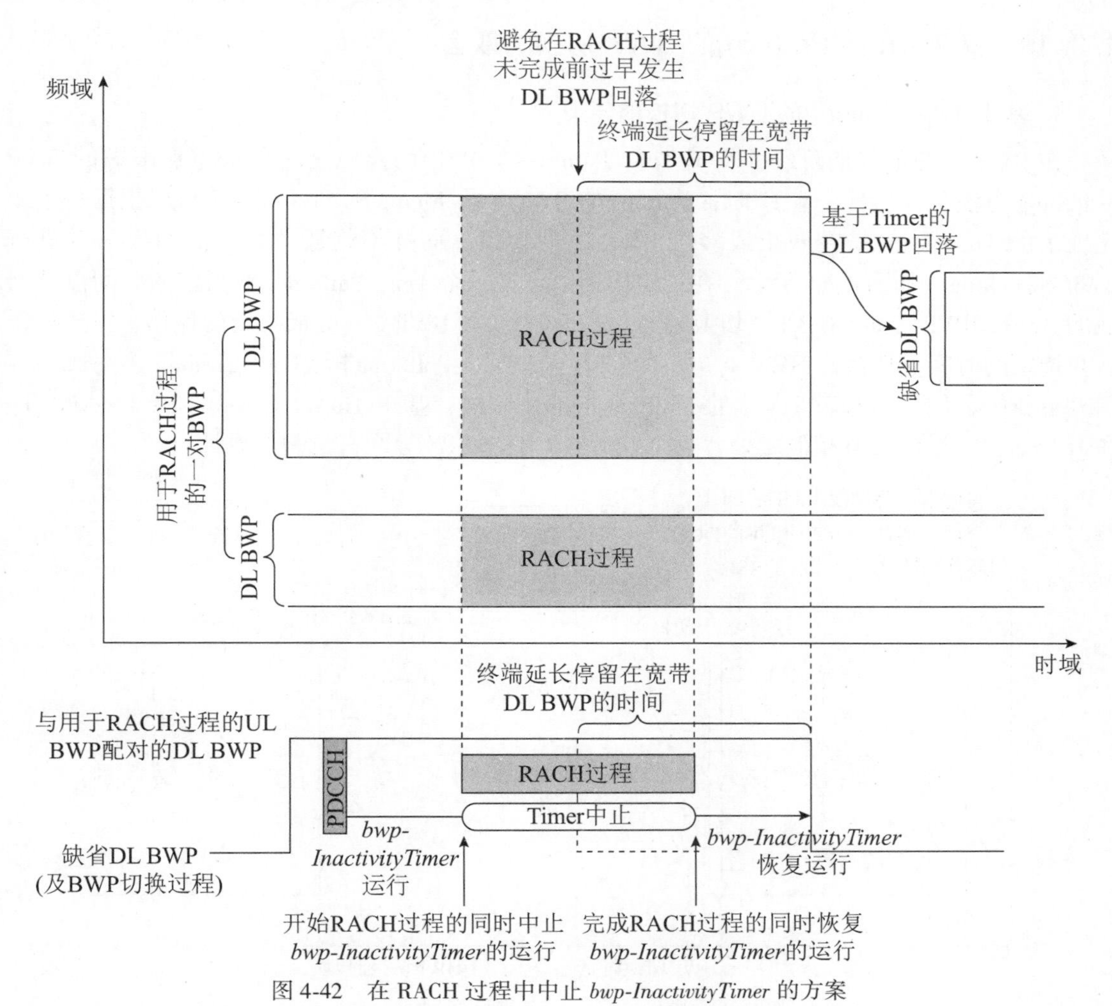

图 4-42　在 RACH 过程中中止 *bwp-InactivityTimer* 的方案

4.3.9　Timer-based 上行 BWP 切换

4.3.4 节~4.3.6 节所述都是关于基于 Timer 的下行 BWP 切换，实际上，也曾有建议将 Timer-based BWP Switching 用在上行，即通过 InactivityTimer 控制 UL BWP 的激活/去激活。例如，在需要在上行发送 HARQ-ACK 时终止 Timer，延长 UL BWP 的激活状态[60]。但相对下行，在上行引入 Default BWP 的必要性不大。在下行，即使没有数据调度，也需要在 DL Default BWP 中监测 PDCCH，以取得省电效果。但在上行并没有像 PDCCH 监测这样周期性的操作，只要没有数据调度，终端就可以采取省电操作，没有必要定义 UL Default BWP。因此，NR 也没有引入专门的 Timer-based UL BWP Switching。

但需要注意的是，UL BWP 有可能在 Timer-based DL BWP Switching 时发生连带切换。如 4.2.9 节所述，在 FDD 系统中，DL BWP 和 UL BWP 是分别独立切换的，即 DL BWP 切换时 UL BWP 可保持不动，因此也就不存在 Timer-based UL BWP Switching。但在 TDD 系统中，DL BWP 和 UL BWP 必须成对切换，当发生 Timer-based DL BWP Switching 时，上行也必须连带切换到具有相同 BWP Indicator 的 UL BWP[64]。所以由于 *bwp-InactivityTimer* 到期造成 UL BWP 切换的现象，在 TDD 系统中是存在的。

4.3.10 基于 Time Pattern 的 BWP 切换的取舍

1. 基于 Time Pattern 的 BWP 切换的原理

在 BWP 研究的早期阶段，基于 Time Pattern 的 BWP 切换也是一种被重点考虑的 BWP Switching 方法[34,45,49,58]。基于 Time Pattern 的 BWP Switching 的原理，是 UE 可以根据一个预先确定的 Time Pattern 在两个或多个 BWP 之间切换，而并不是通过显性的切换信令进行 BWP Switching。如图 4-43 所示，在一定周期内定义一个 Time Pattern，在指定的时间点从当前的 Active BWP（如 BWP 1）切换到另一个 BWP（如 BWP 2）完成指定的操作，完成操作后在指定的时间点切换回 BWP 1。如图所示是按 Time Pattern 进行 BWP Switching 完成系统信息更新的示例。与基于 Timer 的 BWP Switching 一样，基于 Time Pattern 的 BWP Switching 和 DRX、SPS 操作也有相似之处，也可以借鉴 DRX、SPS 等既有机制的设计。

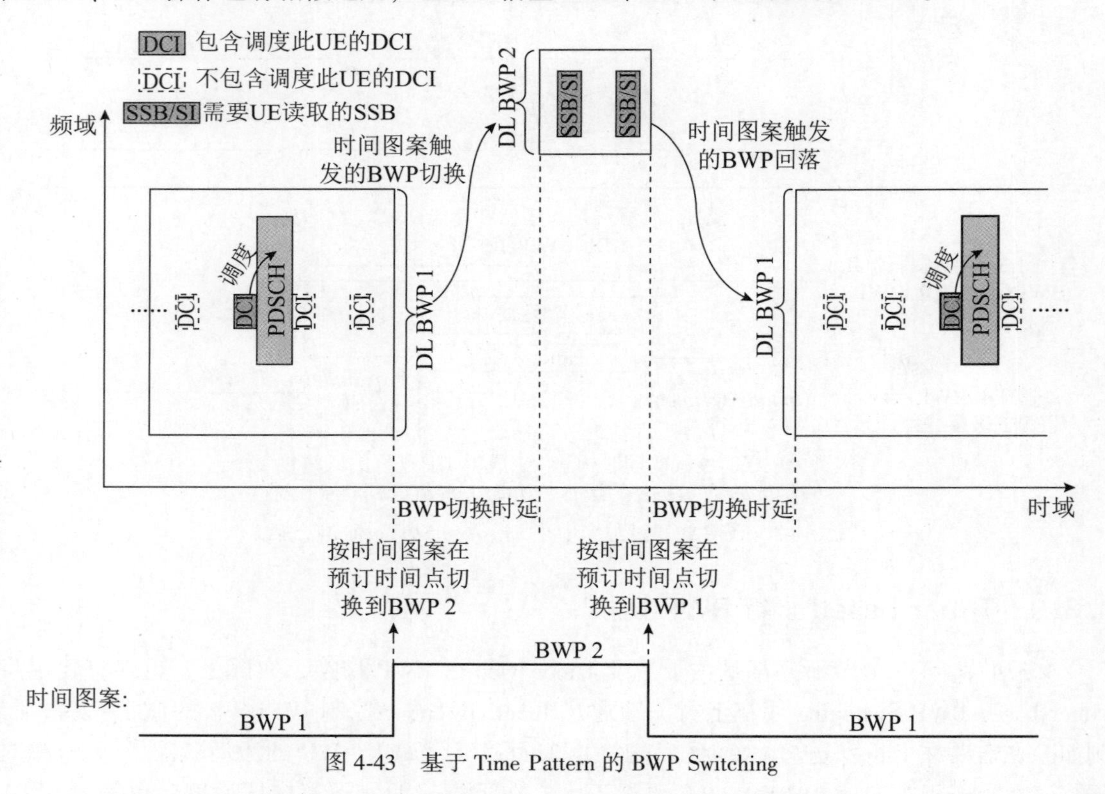

图 4-43 基于 Time Pattern 的 BWP Switching

2. 基于 Time Pattern 的 BWP 切换和基于 Timer 的 BWP 切换的关系

基于 Time Pattern 的 BWP 切换适合的场景，是 UE 在 BWP 2 中有明确的预定操作（在预定的时间点发生，持续预定的时长），如系统信息（SI）的更新（如图 4-43 所示）、跨

BWP 的信道探测、跨频带的移动性测量等。因此，按照某种 Time Pattern 进行 BWP Switching 总是需要的，但问题是是否需要标准化专门的 Time Pattern 配置方法和 BWP Switching 过程。一种观点是，基于 DCI 和 Timer 的 BWP Switching 也可以在某种场景下等效地实现按照 Time Pattern 进行 BWP Switching 的类似效果。所以也可以考虑不定义专门的基于 Time pattern 的 BWP Switching 方法。但是，基于“DCI+Timer”的切换方法也有以下一些明显的问题。

- 基于 DCI 的 BWP Switching 会带来额外的 PDCCH 开销，因此这个 DCI 很可能并不需要调度数据，是一个“额外的”DCI，而且按照 4.2.7 节所述，当配置 4 个 UE-dedicated BWP 时，不支持通过 DCI 切换到 Initial BWP。
- 基于 Timer 的 BWP Switching 的功能是非常单一的，主要是针对“从接收 PDSCH 的较大的 DL BWP 回落到仅监测 PDCCH 的 DL BWP（即 Default DL BWP）”，不能用于上行 BWP Switching，也不能用于向其他 DL BWP 的切换。而且 Timer 的设计主要考虑到 DCI 接收的不确定性（即 gNB 也无法准确预计何时要用 DCI 调度 UE），UE 需要在每次收到 DCI 后一段时间内保持在较大的 DL BWP，准备接收来自 gNB 的进一步调度，因此可以用 Timer 实现在一段时间内稳定停留在较大 BWP 内，避免频繁的 BWP Switching。但是对于系统信息更新、跨 BWP 的信道探测等信息，其结束的时间点是确知的，可以在明确的时间切换到目标 BWP，完成操作后可以马上返回原 BWP，没有必要通过 Timer 延续在某个 BWP 内的停留，采用 Timer 反而耽误了返回的时间，造成效率降低。而 Timer 的配置颗粒度是较粗的（1 ms 或 0.5 ms），难以实现快速的 BWP 切换。

3. 基于 Time Pattern 的 BWP 切换的取舍

第一个适合采用 Time Pattern 的 BWP Switching 场景是系统信息更新。当 UE 的激活 BWP 主要用来收发 UE 特定的（UE-specific）上下行数据或控制信道时，这个 BWP 未必包含一些公共控制信道和信号。例如，一个 DL BWP 可能包含 SSB 或 RMSI，也可能不包含（如 4.1.3 节所述）。假设只有 Initial DL BWP 中包含 SSB 和 RMSI 而当前的 DL Active BWP 不包含，当 UE 需要更新小区系统信息（MIB、SIB1 等）时，UE 需要切换回 Initial DL BWP 做系统信息更新，等完成系统信息更新后再返回之前的 DL Active BWP。由于 SSB 和 RMSI 的时域位置是相对固定的，UE 可以根据高层配置确知需要切换到 Initial DL BWP 的时间窗口，因此可以采用 Time Pattern 方式进行 BWP Switching。采用 DCI 实现这种 BWP Switching，需要 gNB 发送两次 DCI 才能完成。采用 Timer 方法，只有当网络没有配置 Default DL BWP 时，在 Timer 到期后才能切换到 Initial DL BWP。但是，类似系统信息更新这样的 UE 行为发生的概率较低，偶尔发生时采用基于 DCI 的 BWP Switching 也就够了，对总体 DCI 开销的影响很小（但如上所述，当配置 4 个 UE-dedicated BWP 时可能存在问题）。

另一种可能周期性发生的 UE 行为是移动性管理测量（RRM Measurement），这是一种相对发生频率较高的 UE 行为。按照 BWP 的设计初衷，当一个 DL BWP 被激活后，所有的下行信号都应在这个 Active DL BWP 中接收。如果 UE 需要基于某个信道或信号［如 SSB 或 CSI-RS（信道状态信息参考信号）］进行 RRM Measurement，而当前激活 BWP 不包含这一信号，则 UE 需要切换到包含这一信号的 BWP 中进行 RRM Measurement，这样就需要 BWP Switching。经过研究，决定 RRM Measurement 作为例外，可以在 Active DL BWP 之外进行。也就是说，RRM Measurement 的带宽可以单独配置，不算做另外一个 BWP。这个决定也有一定合理性，因为无论如何，异频测量（Inter-frequency Measurement）均不在当前的 Active DL BWP 之内。

最后，跨 BWP 的信道探测也是一种比较适合采用基于 Time Pattern 的 BWP Switching 的场景。如果给 UE 配置的两个 BWP 并不重叠，在 UE 工作在 BWP 1 时，可以定期对 BWP 2 中的信道状态信息（Channel State Information，CSI）进行估计，预先了解 BWP 2 的信道情况，以便切换到 BWP 2 后可以快速进入高效的工作状态。由于 CSI 估计只能在 Active BWP 中进行，做跨 BWP 的 CSI 估计必须要先切换到 BWP 2。由于跨 BWP CSI 估计的时间点和持续时长都是确知的，根据预先配置的 Time Pattern 在两个 BWP 之间切换比基于 Timer 切换更为合适。但跨 BWP 信道探测在 R15 中被视为一种不是必须实现的特性。

综上所述，基于 Time Pattern 和基于 Timer 的 BWP Switching 具有一定的相互可替代性，Time Pattern 的优势是处理周期性 BWP Switching 效率高、开销小，Timer 的优势是更灵活、可以避免不必要的 BWP Switching 时延[49]。R15 NR 标准中最后只定义了基于 DCI 和 Timer 的 BWP Switching，没有定义专门的基于 Time Pattern 的 BWP Switching。

4.3.11 BWP 的自动切换

除了基于 RRC 信令的 BWP 切换（如 4.3.1 节所述）、基于 DCI 的 BWP 切换（如 4.3.2 节和 4.3.3 节所述）、基于 Timer 的 DL BWP 切换（如 4.3.4 节~4.3.6 节所述），还有一些其他场景会触发 BWP 的自动切换，将在本节介绍。

1. TDD 系统的 DL BWP 与 UL BWP 成对切换

如 4.2.8 节所述，TDD 系统的上行 BWP 和下行 BWP 是成对配置、成对激活的。那么如何用一个 DCI 激活“一对 BWP”呢？一种方法是定义一种可以指示“一对 BWP”的 DCI 或 BWP Indicator，专门用于 TDD 系统的 BWP 激活。

正如 4.3.3 节所述，如果引入一种“既非上行、也非下行”的专门用于 BWP Switching 的 DCI Format，其自然可以实现一次激活一对 DL BWP 和 UL BWP，但考虑到新 DCI Format 的额外复杂度，没有采用这种设计。

另一种成对激活的方法是在 DCI 中定义一种新的专门激活“BWP 对”的 BWP Indicator，但这仍然会造成 TDD 的 BWP 切换信令与 FDD 不同。因此，最终确定采用一种更合理的方法，即重用 FDD 的 BWP Indicator 设计，仍然是“负责下行调度的 DCI 触发 DL BWP”“负责上行调度的 DCI 触发 UL BWP”。所不同的是，DL BWP 的切换会连带触发与之配对的 UL BWP 切换，UL BWP 的切换会连带触发与之配对的 DL BWP 切换[6-64]。如图 4-44 所示，如果 DCI Format 1_1 中的 BWP Indicator=0，则同时激活 DL BWP 0 和 UL BWP 0；如果 DCI Format 0_1 中的 BWP Indicator=0，则也可以同时激活 DL BWP 0 和 UL BWP 0。

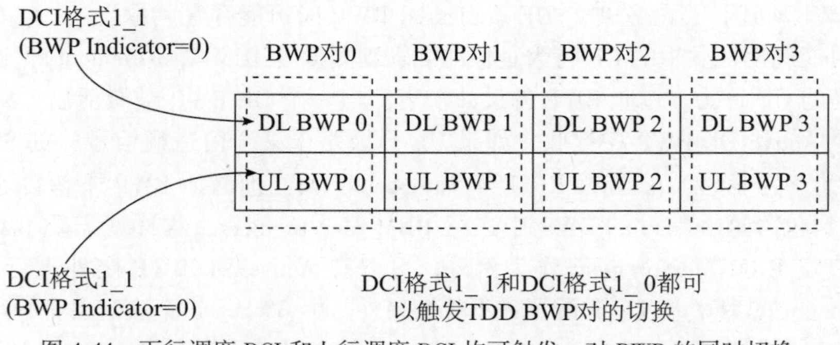

图 4-44 下行调度 DCI 和上行调度 DCI 均可触发一对 BWP 的同时切换

最后需要说明的是，与DCI触发的BWP切换一样，在基于Timer的BWP Switching中，TDD系统的上行BWP和下行BWP仍然需要同时回落。当Timer到期、终端的下行激活BWP回落到Default DL BWP的同时，其上行激活BWP也会同时切换到和Default DL BWP配对的UL BWP（即与Default DL BWP有相同BWP Indicator的那个UL BWP）。

2. 由于随机接入引起的DL BWP切换

如4.3.6节所示，为了避免在随机接入（RACH）过程中发生DL BWP Switching，*bwp-InactivityTimer*会在RACH过程中中止，其原因是：用于RACH的UL BWP和DL BWP需要成对激活。为什么要限制成对激活呢？

如4.2.8节所示，TDD系统的DL BWP和UL BWP需要成对配置、成对激活，但FDD系统并无此限制，DL BWP和UL BWP是独立配置、独立激活的。但在竞争性随机接入过程中，由于gNB尚未完全识别终端，可能会带来一些问题。如图4-45所示，假设在上行和下行各有两个BWP，终端在UL BWP 2发送随机接入前导（Preamble，即Msg. 1），发起随机接入。根据随机接入流程，gNB在下发随机接入反馈（RAR，即Msg. 2）时还不能判断这个Msg. 1来自哪个终端的，因此需要在所有可能的DL BWP都下发Msg. 2，从而造成很大的资源浪费。

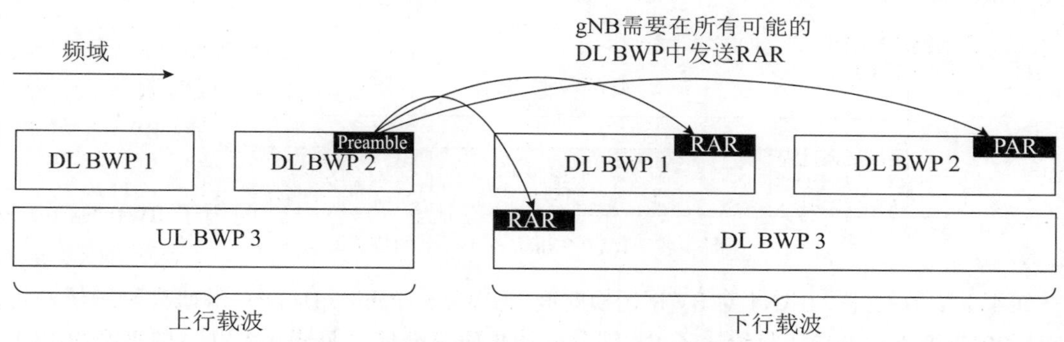

图4-45　在FDD系统中，如果独立配置DL BWP，RAR需要在多个DL BWP中发送

为了避免这个问题，最后确定，RACH过程必须基于成对的DL BWP和UL BWP。与TDD系统的BWP配对相同，采用基于BWP Indicator的配对方法，即具有相同BWP Indicator的DL BWP和UL BWP配成一对，用于RACH过程。如图4-46所示，如果终端在UL BWP 1上发送Preamble，则必须在DL BWP 1上接收RAR。这样gNB就只需要在DL BWP 1上下发RAR，不需要在其他DL BWP下发了。

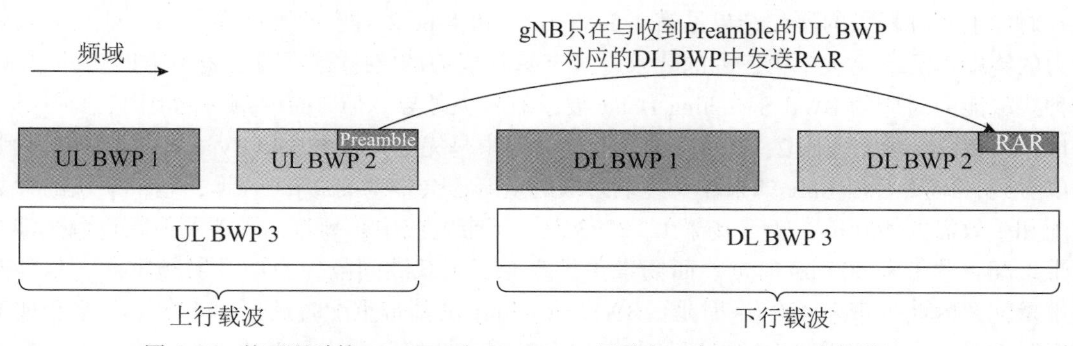

图4-46　基于配对的UL BWP和DL BWP，只需在一个DL BWP中发送RAR

基于上述设计，当终端在上行激活 BWP 中发送 Preamble、启动 RACH 过程时，如果激活的 DL BWP 和 UL BWP 具有不同的 BWP Indicator，需要将下行激活 BWP 切换到与 UL 激活 BWP 具有相同 BWP Indicator 的 DL BWP。

4.3.12 BWP 切换时延

如 4.1.2 节所述，BWP Switching Delay 中，UE 是不能进行正常的信号发送或接收的，因此 gNB 需要注意，不能把上下行数据调度在 BWP Switching Delay 中。如果 UE 发现被调度的 PDSCH 或 PUSCH 的起始时间落在 BWP Switching Delay 过程内，UE 可以将此视为错误情况（Error Case），不按照调度接收 PDSCH 或发送 PUSCH。

关于跨 BWP 调度问题，我们将在 4.5.2 节详细介绍，本节仅介绍 BWP Switching Delay 的相关标准化情况。BWP Switching Delay 主要取决于终端产品实现，由 3GPP RAN4 负责此项研究。BWP Switching Delay 可由三部分构成（如图 4-47 所示）。

- 第一部分是 UE 解调包含 BWP Switching 指令的 DCI 的时间。如果是由其他方式（如基于 Timer 或 RRC 配置）触发的 BWP Switching，这部分时间可以忽略。
- 第二部分是 UE 针对新的 BWP 参数进行计算和加载的时间。
- 第三部分是将新的 BWP 参数应用生效的时间。

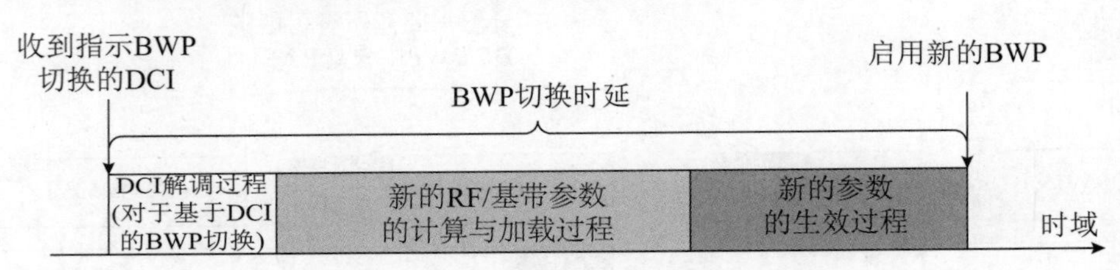

图 4-47　BWP Switching Delay 的构成

如 4.1.2 节所述，RAN4 对 BWP 切换时间（BWP Switching Delay）的研究延续了一年多时间，2017 年年初 RAN4 只给出了 RF 部分的初步研究结果（见表 4-2[11]），直至 2018 年 2 月才给出 RF、基带的完整研究结果[42]。

BWP Switching 可以分为 4 种场景，如图 4-48 所示。

- 场景 1：改变中心频点但不改变带宽（无论子载波间隔改不改变）。
- 场景 2：不改变中心频点但改变带宽（无论子载波间隔改不改变）。
- 场景 3：既改变中心频点也改变带宽（无论子载波间隔改不改变）。
- 场景 4：中心频点和带宽都不改变，只改变子载波间隔。

对如上 4 种场景的研究结果见表 4-5，Type 1 和 Type 2 对应两种终端能力，即具有较强能力的终端需要满足表中第三列的要求，具有基本能力的终端需要满足表中第四列的要求，两种终端能力对应的 BWP Switching Delay 要求有较大差异。但 FR1（频率范围 1，即小于 6 GHz）和 FR2（频率范围 2，即大于 6 GHz）的要求是完全相同的。以 Type 1 终端能力为例，可以看到，BWP Switching 如果涉及终端射频的重调，会带来 200 μs 时延，基带模块的参数重配和生效需要 400 μs。由于场景 1、2、3 改变了带宽或中心频点，既涉及射频重调又涉及基带重配，共带来 600 μs 时延。而场景 4 只改变了子载波间隔，不涉及射频重调，只涉及基带重配，因此只带来 400 μs 时延。BWP Switching 的基带重配时延长达 400 μs，甚至明显长于射频重调，应该说这一结果还是有点超出直观预期的，这也是造成 BWP Switching Delay

长达 400~600 μs 的主要原因。当然由于这些数值是对所有设备的最低性能要求，因此研究时是基于最坏情况进行的分析，实际产品的 BWP Switching Delay 可能可以做到更小。

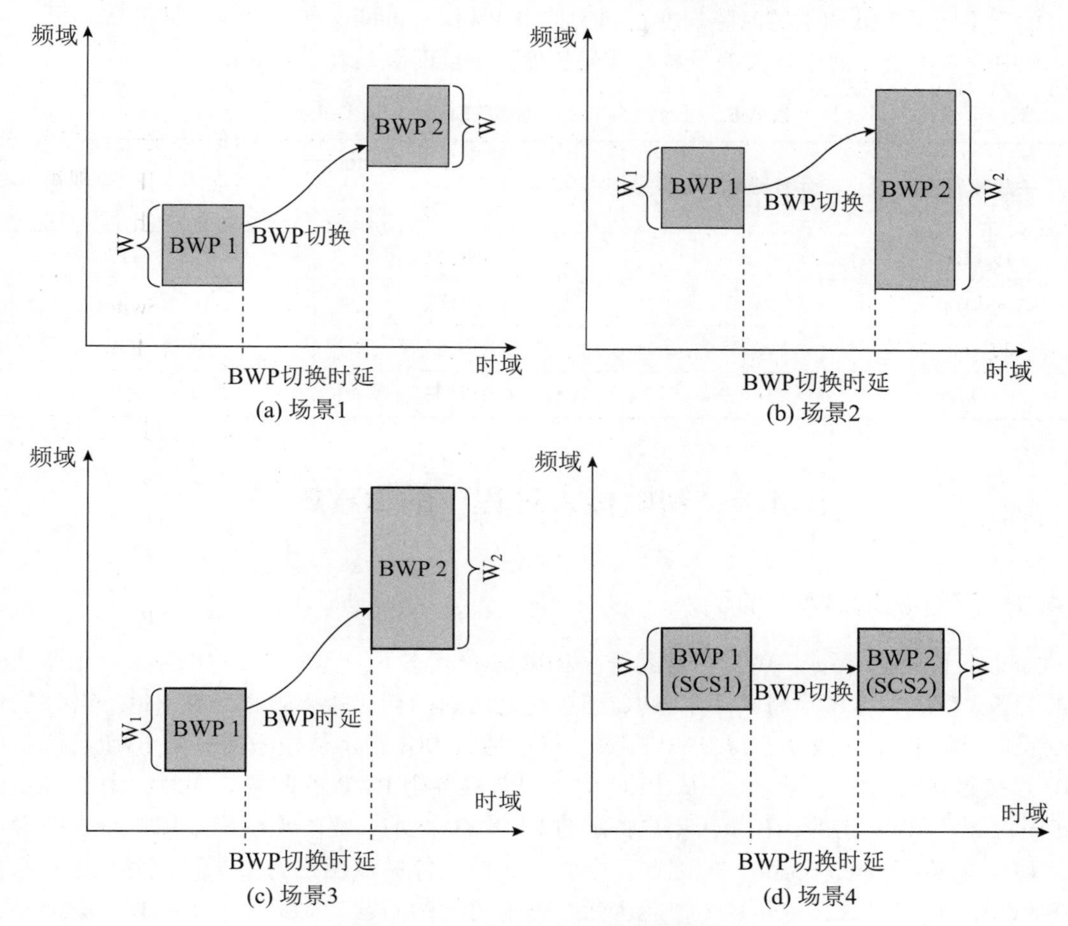

图 4-48　BWP Switching 的 4 种场景

表 4-5　各种场景下的 BWP Switching Delay

频率范围（FR）	BWP Switching 场景	Type 1 时延（μs）	Type 2 时延（μs）	备　注
FR1	场景 1	600	2 000	影响基带和射频
	场景 2	600	2 000	影响基带和射频
	场景 3	600	2 000	影响基带和射频
	场景 4	400	950	只影响基带
FR2	场景 1	600	2 000	影响基带和射频
	场景 2	600	2 000	影响基带和射频
	场景 3	600	2 000	影响基带和射频
	场景 4	400	950	只影响基带

以 30 kHz 子载波间隔计，600 μs 折算为 OFDM 符号周期约为 16. 8 个符号，但 RAN4 规

范中的终端要求是以时隙为单位来计算的，向上取整后为 2 个时隙。最终 RAN4 规范中各种子载波间隔对应的以时隙为单位的 BWP Switching Delay 指标如表 4-6 所示[43]。需要说明的是，由于不同子载波间隔的时隙长度不同，如果 BWP Switching 前后的子载波间隔不同，则表 4-6 中的时隙是以其中较大的子载波间隔长度对应的时隙长度来计算的。

表 4-6 以时隙为单位的 BWP Switching Delay

子载波间隔	时隙长度 (ms)	BWP Switching Delay（时隙）	
		Type 1 时延	Type 2 时延
15 kHz	1	1 个时隙	3 个时隙
30 kHz	0. 5	2 个时隙	5 个时隙
60 kHz	0. 25	3 个时隙	9 个时隙
120 kHz	0. 125	6 个时隙	17 个时隙

4.4 初始接入过程中的 BWP

4.4.1 下行初始 BWP 的引入

如 4.1 节所述，引入 BWP 的初衷是在 RRC 连接状态下，实现终端省电和多种子载波间隔的资源调度，尚未考虑将其用于 RRC 连接建立之前的初始接入过程。在 RRC 连接之后，终端就可以从 RRC 配置中获得 BWP 配置，然后通过 DCI 指示从中激活一个 BWP。但是在 RRC 连接建立之前，终端尚无法从 RRC 信令中获得各个 BWP 的配置。同时，由于 CORESET 是配置在 BWP 内的，在激活用户特定的 DL BWP 之前，终端无法确定用户特定搜索空间（UE-specific Search Space）的配置，也就无法监测针对该用户的 DCI，无法接受指示激活 BWP 的 DCI。因此，这是一个“鸡生蛋、蛋生鸡”的问题，要解决这个问题，必须设计一种在初始过程中自动确定工作带宽的方法。

假设有这样一个终端接入后自动确定的工作带宽，姑且称其为“初始 BWP”，则 BWP 的操作过程如图 4-49 所示（以下行为例）。终端从初始接入过程中自动确定初始 DL BWP，这个初始 DL BWP 从 SSB 的检测中确定，所以可能在 SSB 所在的频域位置周围（具体见 4.4.3 节所述）。在初始接入过程完成、RRC 建立之后，就可以通过 RRC 信令配置多个终端特定（UE-specific）BWP，并通过 DCI 激活用于宽带操作的 DL BWP。为了实现在频域的负载均衡（Load Balancing），这个宽带工作的 DL BWP 可能包含 SSB，也可能不包含。如 4.1 节所述，引入 BWP 的初衷是实现更灵活的资源调度和终端工作带宽，基站也可以利用 BWP 在较大的 5G 系统带宽内实现负载均衡，最终标准并不限制 BWP 配置是否包含同步信号和广播信道。在数据信道传输完成、Timer 到期后，激活 DL BWP 会回落到带宽较小的 Default DL BWP，这个 Default DL BWP 可能包含 SSB，也可能不包含。

可以看到，在 RRC 连接建立之前，终端在下行和上行都需要确定一个初始的工作带宽。在引入 BWP 概念的初始阶段，主要是考虑将其用于数据信道和控制信道，尚未考虑将其用于初始接入过程。因此，当考虑用来描述初始接入（Initial Access）过程的带宽概念的时候，需要回答的问题是：应该新增一个“初始 BWP”（Initial BWP）概念？还是可以利用现有的带宽概念就行了？终端经过小区搜索后，至少是知道 PBCH 或 SS/PBCH Block（SSB）的带宽的，如果终端只需在 PBCH 或 SSB 所在的带宽内完成初始接入的各项下行操作，这样就不需要增加新的概念了[50]。

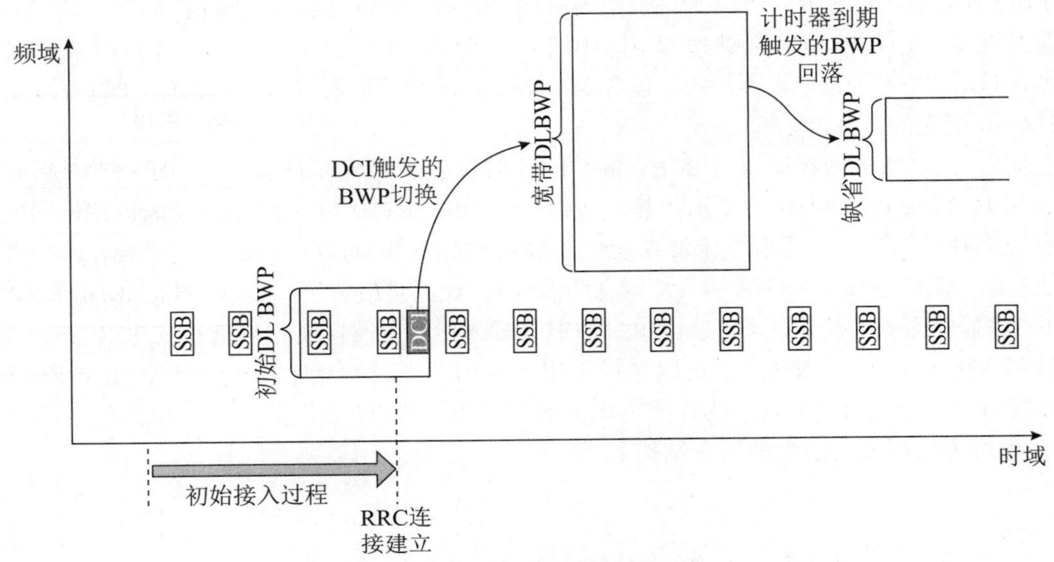

图 4-49　初始接入过程中的 BWP 操作

针对这个问题，在 2017 年 5 月的 RAN1#89 上提出了 3 种可能的方案[24]。

- 方案 1：CORESET#0 标准中的正式名称为“关联于 Type0-PDCCH 公共搜索空间集的 CORESET”（CORESET for Type0-PDCCH CSS set）和 RMSI 的带宽都限制在 SSB 带宽内［如图 4-50（a）所示］。
- 方案 2：CORESET#0 的带宽限制在 SSB 带宽内，RMSI 的带宽不限制在 SSB 带宽内［如图 4-50（b）所示］。
- 方案 3：CORESET#0 和 RMSI 的带宽都不限制在 SSB 带宽内［如图 4-50（c）所示］。

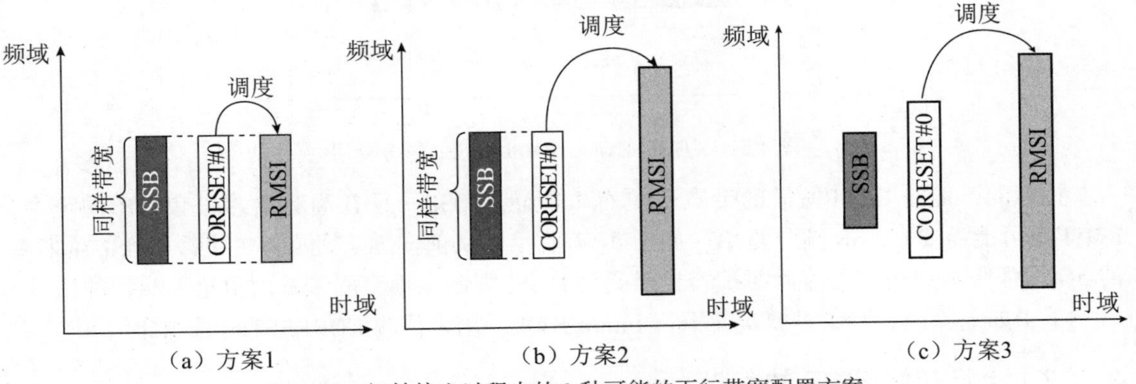

图 4-50　初始接入过程中的 3 种可能的下行带宽配置方案

随着研究的深入，越来越多发现初始接入操作的下行带宽不应该被限制在 SSB 带宽内和频域位置上，有必要为初始接入过程定义单独的 BWP，即需要定义“下行初始 BWP”概念。

首先，下行初始 BWP（Initial DL BWP）需要包括初始接入过程的 PDCCH CORESET（下面为了叙述方便，简称为 CORESET#0）。在 BWP 的研究过程中，考虑 CORESET#0 可能用来调度诸多类型的信息，包括 RMSI（剩余系统信息，即 SIB1（第一系统信息块））、OSI［其他系统信息，即 SIB2（第二系统信息块）以下的 SIB］或 Msg. 2、Msg. 4（随机接入过程的第 2 信息、第 4 信息）等初始接入过程中的 PDSCH 信息[28] 等，需要较大的调度灵活性和 PDCCH 容量，而 SSB 带宽（最终确定为 20 个 PRB）内能容纳的 CCE（控制信道粒子）的数量甚至少于 LTE PDCCH 公共搜索空间中的 CCE 数量（时域上统一以 3 个 OFDM 符号计）。显然，这对 NR 系统是严重不足的，包含 NR PDCCH 的公共搜索空间的 CORESET#0 需要承载在比 SSB 更大的带宽内。

同时，CORESET#0 和 SS/PBCH Block 的频域位置也可能不同，如 CORESET#0 需要和 SS/PBCH Block 进行 FDM（频分复用），以实现 CORESET#0 与 SS/PBCH Block 在相同的时域资源里同时传输［如考虑毫米波系统中多波束轮扫（Beam Sweeping）的需要，需要在尽可能短的时间内完成小区搜索和系统信息的读取］，如图 4-51 所示。这样，Initial DL BWP 的频域位置应该具有一定灵活性，如可由 PBCH（即 MIB，主信息块）来指示（CORESET#0 的设计具体见 5.4 节）。当然，也可以选择不定义专门的下行初始 BWP，直接用 CORESET#0 概念代替，前提是 RMSI 的频域调度范围不超过 CORESET#0。但定义一个单独的下行初始 BWP 无疑可以形成更清晰的信令结构。

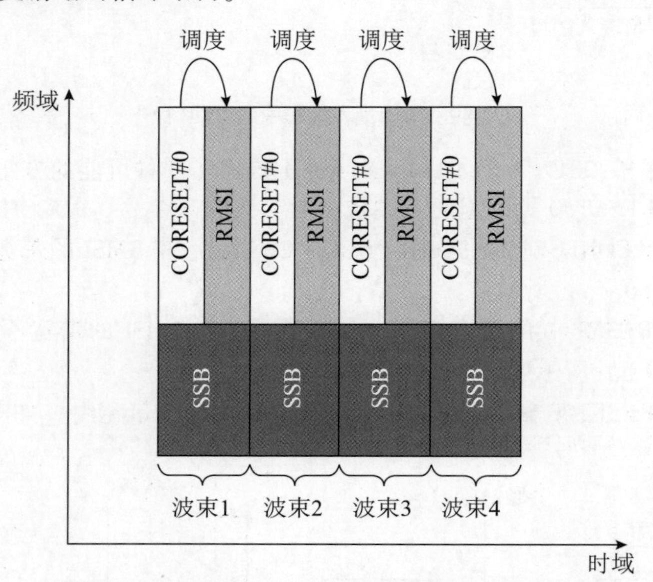

图 4-51 CORESET#0、RMSI 与 SSB 频分复用

相似的，传输 RMSI 所需的带宽也更有可能超过 SSB，且在高频谱多波束 NR 系统中，RMSI 也可能需要和 SSB 频分复用，如图 4-51 所示。从前向兼容的角度考虑，RMSI 在未来的 5G 增强版本中还有可能需要扩容，因此将 RMSI 限制在很窄的带宽内也是不明智的。

基于如上原因，至少需要定义下行 Initial BWP，用来传输 CORESET#0 或 RMSI。

4.4.2 上行初始 BWP 的引入

在初始接入过程中，终端确定的第一个上行带宽是用于发送 PRACH（物理随机接入信道）的带宽（即 Msg. 1 所在的带宽）的大小和位置。需要研究的问题主要是：终端的第二次上行发送（即第 3 条消息，Msg. 3）是在哪个带宽内调度的？与下行类似，这个带宽的配置也可以考虑多种方案。

- 方案 1：Msg. 3 的调度限制在 PRACH 带宽内 [如图 4-52（a）所示]。
- 方案 2：Msg. 3 的调度限制在某种已知的下行带宽（如 RMSI 带宽）内 [如图 4-52（b）所示]。
- 方案 3：Msg. 3 的调度带宽不限制在已知的带宽内，而由 RMSI 灵活配置 [如图 4-52（c）所示]。

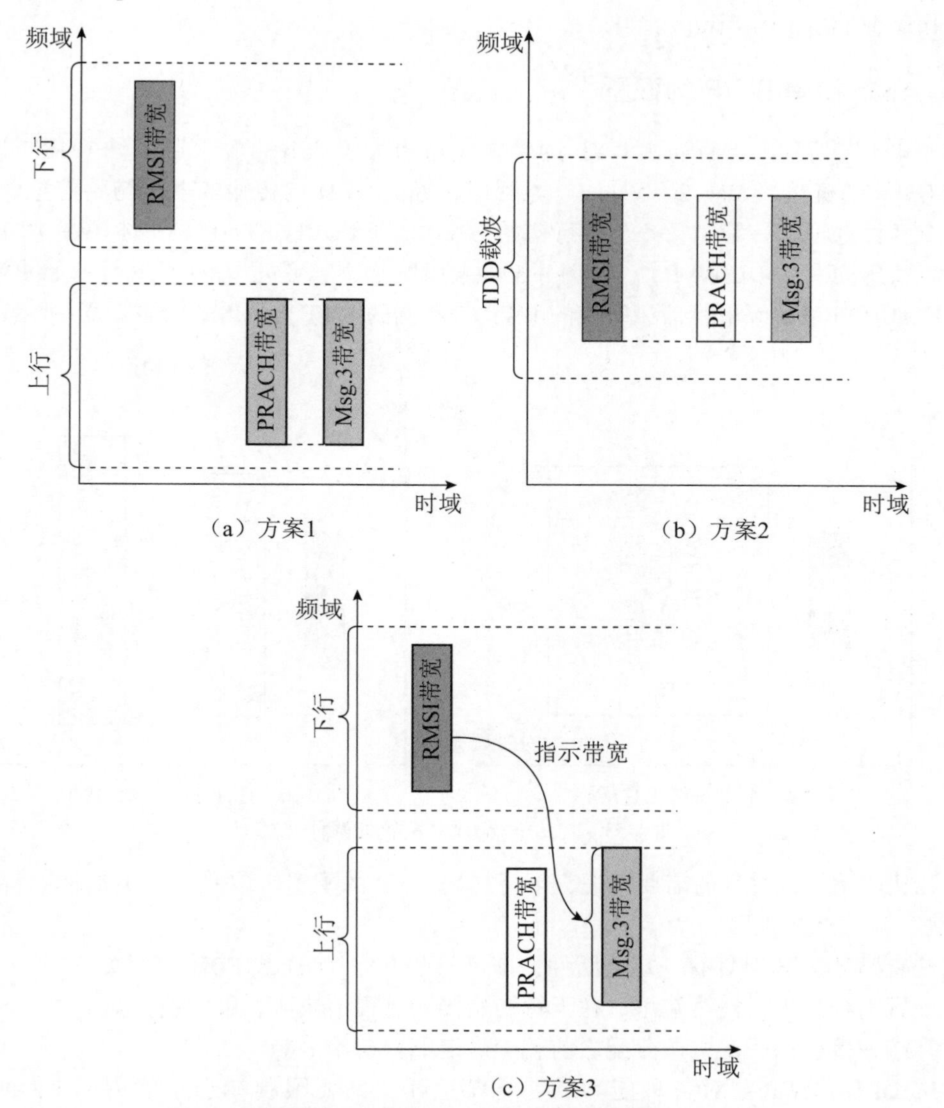

图 4-52　初始接入过程中的 3 种可能的上行带宽配置方案

方案 1 最简单，可以不定义单独的上行初始 BWP、采用 PRACH 的频域范围代替上行 Initial BWP 概念[49]，但 PRACH 的带宽可能有多种配置（2~24 个 PRB），在某些配置下带宽是非常有限的，对 Msg. 3 的调度限制过大。

方案 2 也许在 TDD 系统是一种可行的方案，但不能直接用于 FDD 系统。即便对 TDD 系统，把初始接入的上行带宽和下行带宽绑定起来也不利于调度灵活性和频域的负载均衡。

相对而言，方案 3 最为灵活，而且定义一个单独的上行初始 BWP 对形成更清晰的信令结构也是有帮助的。

因此，在 2017 年 8 月的 RAN1#90 会议上，初步确定下行和上行都将引入初始激活 BWP（Initial Active BWP）概念[47,48]，主要用于在 RRC 连接建立之前的 BWP 操作。Initial UL BWP 可以在 SIB1 中配置，之后终端就可以在 Initial UL BWP 完成剩余的初始接入操作。

Initial UL BWP 中必然配置 RACH 资源。如果当前激活 UL BWP 没有配置 RACH 资源，则终端需要在发起随机接入时切换到 Initial UL BWP。如 4. 3. 11 节所示，其激活 DL BWP 也将同时切换到 Initial DL BWP。

4. 4. 3 下行初始 BWP 的配置

如 4. 4. 1 节所述，下行初始 BWP 的带宽应适当大于 SSB 带宽，以容纳 CORESET#0 和 RMSI、OSI、随机接入 Msg. 2、Msg. 4、寻呼信息等 PDSCH 内传输的下行初始信息。具体而言，还有两种选择：一是定义一个下行初始 BWP（即 CORESET#0 所在的 BWP 和 RMSI 等下行信息共用同一个 DL BWP），如图 4-53（a）所示；二是定义两个下行初始 BWP（即 CORESET#0 和 RMSI 等下行信息所在的 BWP 是不同的 BWP），如图 4-53（b）所示。

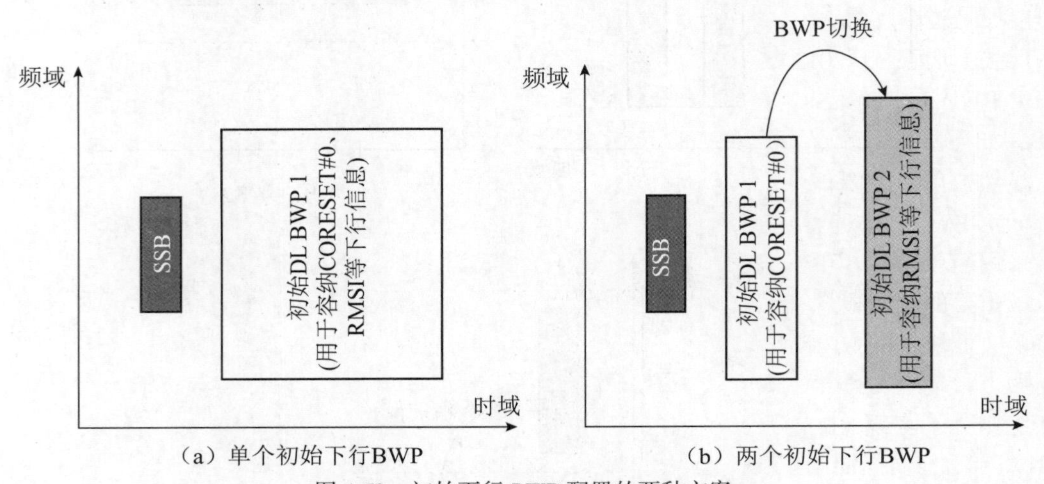

图 4-53 初始下行 BWP 配置的两种方案

单纯从初始接入过程的需要考虑，下行初始 BWP 的配置应该兼顾“灵活性”“简易性”“即时性”和“通用性”。

- 位置紧邻 SSB 但具有一定灵活性，即可与 SSB 呈 TDM 或 FDM 复用关系。
- 配置信令简单，使终端可以在下行初始接入过程中快速、可靠地获知。
- 终端在接收第一次资源分配之前就能确定下行初始 BWP。
- Initial DL BWP 要对各种能力的终端都适用，即要限制在最小能力的 UE 的 RF 带宽内。

从如上要求考虑，2017 年 5 月、6 月的 RAN1#89 和 RAN1#AH NR2 会议上，提出了根据 CORESET#0 的频域范围来指示 Initial DL BWP 的方案。因为 CORESET#0 可以通过初始接入过程获知的（如基于 SSB 带宽和 PBCH 的指示获知），直接将 CORESET#0 的频域范围作为 Initial DL BWP 是最简单直接的解决方案，而且这个方案可以适用于任何 RF 能力的终端，又可以避免一次 BWP Switching。因此，经过初步研究，首先确认了 NR 采用此方案确定 Initial DL BWP。

但是在后续研究中，这一决定又有所修改，实际上转向了第二个方案，即 Initial DL

BWP 可以进行一次重配，以包含比 CORESET#0 更大的带宽。这一改变与对 Initial DL BWP 定位的改变有关，将在下面介绍，这里我们首先集中于第一个方案，即基于 CORESET#0 的频域范围确定 Initial DL BWP 的方法。

在终端刚刚完成小区搜索时，终端从网络获取的信息非常有限，只有 SSB 和 PBCH，因此只能基于 SSB 和 PBCH 指示 CORESET#0。一方面，PBCH 的负载容量非常有限、只用来传输最重要的、完成小区搜索后最重要的系统信息［因此称为主系统信息块（MIB）］，能用来指示 CORESET#0 的字段必须控制在几比特之内。因此，采用如 4.2.6 节的“起点+长度”的常规 BWP 频域配置方法，既不现实也无必要。另一方面，在完成小区搜索后，SSB 这一“锚点”的时域大小和位置均已确知，自然就可以围绕 SSB，在上、下、后预定义几种可能的 BWP“图案”（Pattern），然后用少量比特做选择性指示即可，具体见 6.2.1 节所述。

基于此方法，终端已经可以顺利在初始接入过程中根据 CORESET#0 的频域范围确定自己的 Initial DL BWP。但是在随后的标准化工作中，RAN2 工作组发现对某些应用场景［如服务小区添加（PCell/SCell Addition）和小区切换］来说，以 CORESET#0 的频域范围作为带宽可能还是过小（最大 96 个 RB），希望能有机会重新配置一个更大一点的 Initial DL BWP[66]。RAN1 经过研究，于 2018 年 8 月的 RAN1#94 会议上决定支持 RAN2 的这一改进设计，将 Initial DL BWP 与 CORESET#0 的频域范围“解绑”：基站可以为终端另外配置一个 Initial DL BWP，如果基站不配置，则终端以 CORESET#0 作为 Initial DL BWP[67]。

显然，单独配置 Initial DL BWP 的意义，在于可以定义一个明显比 CORESET#0 更宽的 Initial DL BWP。这种方法除了可以更好支持服务小区添加和小区切换等操作外，实际上为终端采用简单的“单 BWP”操作提供了可能。如 4.1 节所述，BWP 是 5G NR 在频域引入的一个最重要的创新概念，可以有效支持多种子载波间隔资源分配和终端省电操作，但对于追求简单、低成本的 NR 网络和终端，如果只想回到类似 LTE 的“固定系统带宽、单一子载波间隔”的简化工作模式，该如何配置呢？如果以 CORESET#0 不大的频域范围为 Initial DL BWP，则为了实现 NR 较大的工作带宽，就必须至少给 UE 配置一个较大的下行 UE-dedicated BWP，加上 Initial DL BWP（4.4.4 节中将要介绍，当不配置单独的 Default DL BWP 时，Initial DL BWP 就相当于 Default DL BWP），最少也需要支持 2 个 DL BWP 和这 2 个 DL BWP 之间的动态切换。而如果可以另外配置一个具有较大带宽的 Initial DL BWP，就可以通过这个 Initial DL BWP 满足终端所有的大带宽操作，从而不需要一定要配置 UE-dedicated BWP 了。当基站没有给 UE 配置 UE-dedicated BWP 时，UE 就可以一直工作在 Initial DL BWP 中，实现简单的“单 BWP”操作，不支持 BWP Switching 操作也没有关系。

因此，NR 标准最终支持了两种 Initial DL BWP 的确定方式：一是如果高层信令未配置 Initial DL BWP，则根据 CORESET#0 的频域范围作为 Initial DL BWP 的带宽，以 CORESET#0 的参数集（子载波间隔和 CP）作为 Initial DL BWP 的参数集；二是如果高层信令配置了 Initial DL BWP，则根据高层信令配置确定 Initial DL BWP。显然，第二种方式更加灵活，既可以用于确定主小区（PCell）中的 Initial DL BWP，也可以用于确定辅小区（SCell）中的 Initial DL BWP，即可以支持多种 BWP 配置之间的动态切换（通过另外配置 UE-dedicated BWP、Default DL BWP 来实现），也可以支持简单的“单 BWP”模式（不配置 UE-dedicated BWP、Default DL BWP 就行了）。第一种方式只用于确定主小区（PCell）中的 Initial DL BWP，且只能有效地支持“多 BWP 动态切换”模式。NR 标准同时支持这两种 Initial DL BWP 的确定方式，为不同需求的运营商和不同类型的终端提供了不同的产品实现方案。

第一种方式如图 4-54（a）所示，即基站没有配置更宽的 Initial DL BWP，则终端始终沿用根据 CORESET#0 频域范围确定的 Initial DL BWP。基站如果另外配置了 UE-dedicated DL BWP，则终端可以在 UE-dedicated DL BWP 与 Initial DL BWP（在未配置 Default DL BWP 的情况下作为 Default DL BWP）之间动态切换，适用于支持"多 BWP 切换"功能的终端。第二种方式如图 4-54（b）所示，即基站通过 SIB1 为终端配置了更宽的 Initial DL BWP，替换了根据 CORESET#0 频域范围确定的 Initial DL BWP，则基站完全可以不再配置 UE-dedicated DL BWP，允许终端始终工作在这个 Initial DL BWP 内，适用于只支持"单 BWP 工作"功能的终端。

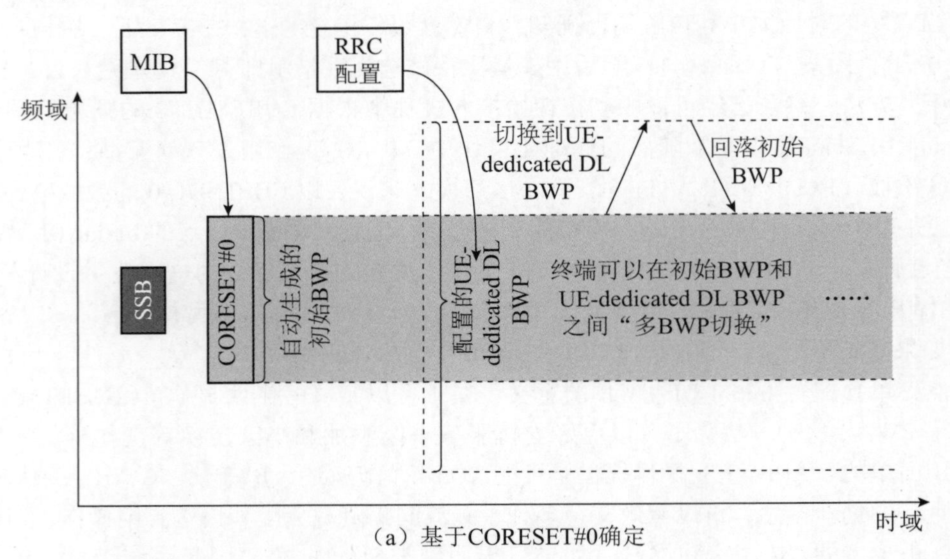

（a）基于CORESET#0确定

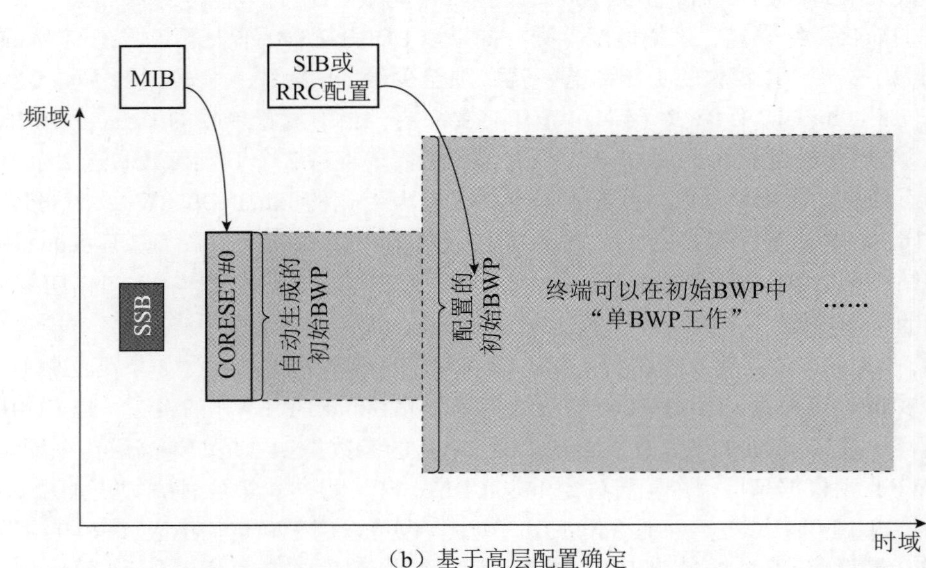

（b）基于高层配置确定

图 4-54 Initial DL BWP 的两种确定方式

4.4.4 下行初始 BWP 与下行缺省 BWP 的关系

下行缺省 BWP 和下行初始 BWP 的基本用途是不同的，但也具有一些相似的特性，如通常都具有比较小的带宽，可以支持终端的省电操作。在经历了初始接入过程后，一个终端总是拥有一个下行初始 BWP，从这个角度说，下行初始 BWP 其实也可以承担下行缺省 BWP 的功能。在 BWP 的研究中，也有建议直接采用下行初始 BWP 代替下行缺省 BWP 的方案。但是正如 4. 4. 1 节所述，如果将 Default DL BWP 限制在 Initial DL BWP 的频域位置，所有处于省电状态的终端都将集中在一个狭窄的 Initial DL BWP 中，不利于实现频域的负载均衡，如图 4-55（a）所示。如果可以给不同的终端配置不同的 Default DL BWP，则可以实现频域负载均衡，如图 4-55（b）所示。

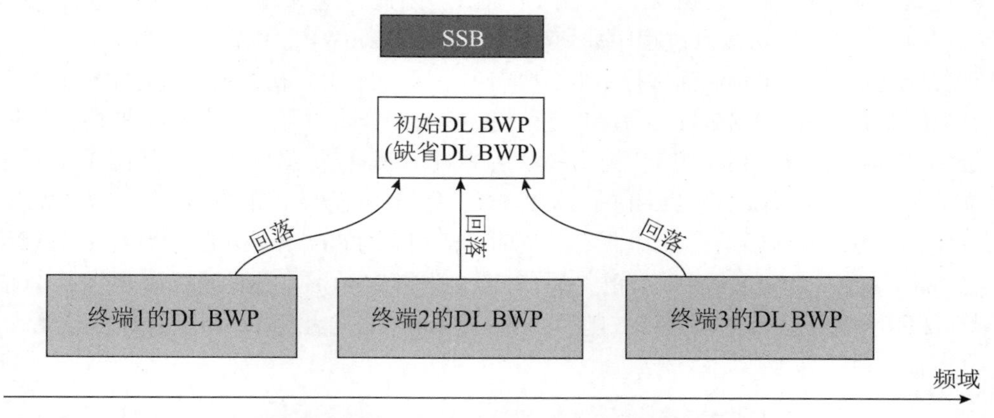

（a）不单独配置Default DL BWP会造成所有用户集中在Initial DL BWP

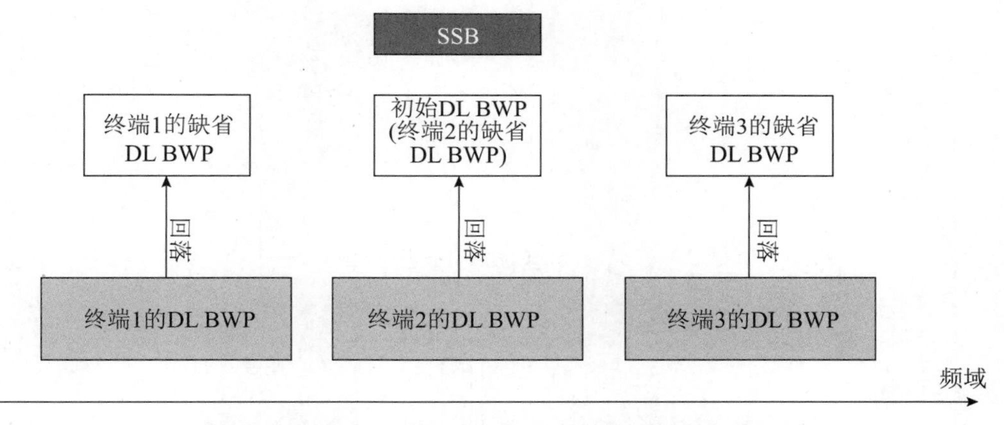

（b）单独配置Default DL BWP可实现更好的频域负载均衡

图 4-55 是否可以独立配置 Default DL BWP 的影响

另外，Initial DL BWP 只采用一种特定的子载波间隔，而 UE 可能更适合工作于另一种子载波间隔。如果所有 UE 都需要统一回落到 Initial DL BWP，则有些 UE 需要切换到 Initial DL BWP 的子载波间隔。而如果针对 UE 配置各自的 Default DL BWP，则可以避免 UE 在回落到 Default DL BWP 改变自己的适合使用的子载波间隔。

因此，最后 NR 标准中规定，下行缺省 BWP 可以单独配置，如果在 RRC 连接建立后，gNB 没有为终端配置下行缺省 BWP，终端就把下行初始 BWP 作为下行缺省 BWP[47,48]。这种机制使 gNB 可以灵活选择下行缺省 BWP 的配置方式，例如在带宽比较小的载波里，如果 gNB 觉得所有终端的下行缺省 BWP 都集中在一起也没有问题，可以将下行初始 BWP 作为所有终端的下行缺省 BWP 使用。

4.4.5 载波聚合中的初始 BWP

如4.1.7节所述，经过研究，NR 最终决定采用“载波+BWP 两层配置与激活”的方法，即 carrier 的配置与激活/去激活和 BWP 的配置与激活/去激活分开设计。因此，当一个 carrier 处于激活状态时，也需要确定这个 carrier 中的激活 BWP。在自载波调度（Self-carrier Scheduling）情况下，需要等待终端在这个 carrier 中接收了第一个 DCI，才能确定第一个激活 BWP，但由于 CORESET 是配置在 BWP 内的，在激活 DL BWP 之前，终端无法确定 CORESET 和搜索空间的配置，也就无法监测 PDCCH。因此，这又是一个“鸡生蛋、蛋生鸡”的问题，与单载波在初始接入过程中如何确定“初始 DL BWP”的情况是类似的。

所以在辅小区（SCell）激活过程中也需要与主小区（PCell）初始接入过程中类似的“初始 BWP”，以便在 DCI 激活 UE-specific BWP 之前使终端有工作带宽可用。为了区别主小区的 Initial BWP，这个 SCell 的“初始 BWP”称为第一激活 BWP（First Active BWP）。如图 4-56 所示，在 CA 系统中，RRC 除了可以配置 PCell 的 BWP 之外，还可以配置 SCell 的 First Active BWP。当通过 PCell 中的 MAC CE 激活某个 SCell 时，将同时激活相应的 First Active DL BWP，终端就可以立即在这个 First Active DL BWP 中配置的 CORESET 中监测 PDCCH，接收到指示 BWP Switching 的 DCI，就可以切换到更大带宽的 BWP，随后的 BWP Switching 方法与 PCell 中的方法相同。

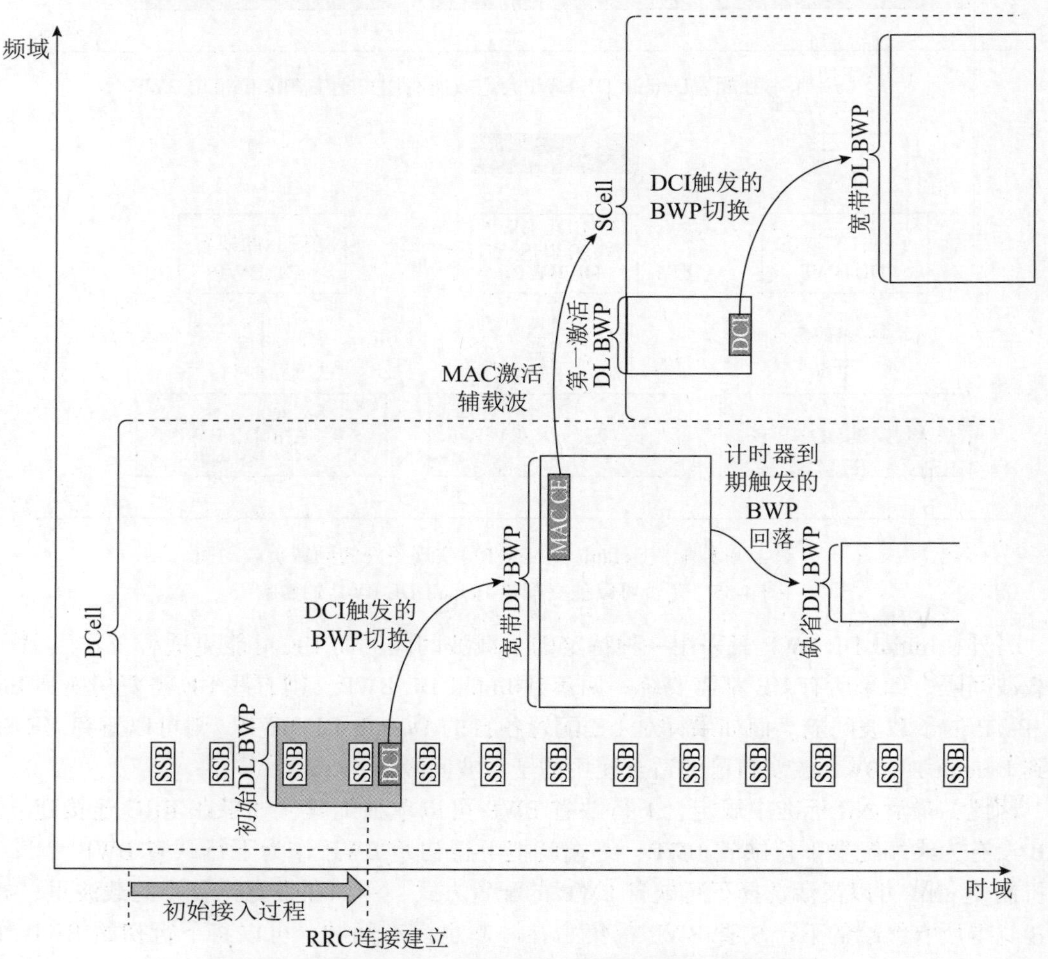

图 4-56 通过 First Active BWP 启动辅载波 BWP 操作

4.5　BWP 对其他物理层设计的影响

4.5.1　BWP 切换时延的影响

当然，正如 4.1.2 节、4.3.4 节所述，gNB 在跨 BWP 调度需要注意，不能把上下行数据调度在 BWP 切换时延（BWP Switching Delay）中。以下行调度为例，如果触发 BWP 切换的 DCI 调度的 PDSCH 是在 BWP Switching Delay 之后到达，UE 是可以正常接收的。但如果该 DCI 调度的 PDSCH 落在 BWP Switching Delay 之内，UE 可以将此视为错误情况（Error Case），不按照调度接收 PDSCH，如图 4-57（a）所示。

如果调度 PDSCH 的 DCI 是位于触发 BWP 切换的 DCI 之前的另一个 DCI，同样道理，如果该 DCI 调度的 PDSCH 落在 BWP Switching Delay 之内，UE 可视为错误情况，如图 4-57（b）所示。

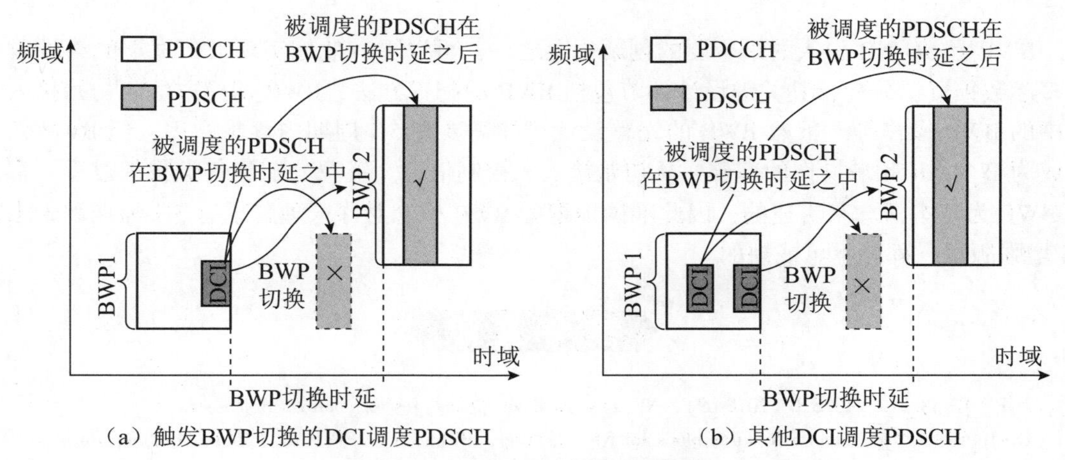

（a）触发BWP切换的DCI调度PDSCH　　（b）其他DCI调度PDSCH

图 4-57　跨 BWP 调度的错误情况

需要注意的是，BWP Switching Delay 是从终端性能指标角度定义的 BWP 切换中断时长（见 4.3.4 节），即只要终端能在这一中断时长内恢复工作，就符合指标要求。但在实际工作中的 BWP 切换中断时长取决于 gNB 的调度，即触发 BWP Switching 的 DCI 中的时隙偏移域决定了这次 BWP 切换中断时长。

4.5.2　BWP-dedicated 与 BWP-common 参数配置

在 BWP 概念形成的初期，它和其他物理层参数是什么关系，还很不清楚。大部分 3GPP 研究人员可能并没有想到 BWP 最终会成为如此“基础”的一个物理层概念，以至于大部分物理层参数都是在 BWP 的框架下配置的，即这些物理层参数是“BWP 特定”（BWP-dedicated）参数。BWP-dedicated 参数可以“逐 BWP”配置，如果为一个 UE 配置了 4 个 BWP，BWP-dedicated 参数也需要在每个 BWP 之下配置，这 4 套参数的数值可以配置得不同，当 BWP 切换时，这些参数的配置也可能发生变化。而不随 BWP 切换发生配置变化的参数是 BWP-common 参数，也称为 cell-specific 参数。在信令结构中，BWP-common 参数也需要在每个 BWP 下分别配置，但每个 BWP 下的 BWP-common 参数都只能配置相同的数值。

在 BWP 的相关标准化过程中，一个重要的研究内容是：哪些物理层参数应该是 BWP-dedicated 参数？哪些应该是 BWP-common 参数的？一个典型的 BWP-dedicated 物理层参数是 CORESET（控制资源集），在 2017 年 6 月的 RAN1#AH NR2 会议上确定[34,41]，每个 DL BWP 都应配置至少一个包含 UE-specific 搜索空间的 CORESET，以在每个 DL BWP 都支持正常的 PDCCH 监测。但包含公共搜索空间（Common Search Space，CSS）的 CORESET 只需要在一个 DL BWP 中配置就可以，这与载波聚合（CA）系统中至少要在一个激活载波（CC）中配置包含 CSS 的 CORESET 类似。

可以看到，在最终的 NR 系统中，RRC 连接状态下的绝大部分物理层参数都是 BWP-dedicated 参数，BWP-common 参数主要包括那些在初始接入过程中使用的参数，未建立 RRC 连接的 UE 尚无法获得 BWP-dedicated 参数，但可以从 SIB 中读取 BWP-common 参数配置。

4.6 小结

BWP 是 5G NR 引入的最重要的创新概念之一，可以更有效地实现大带宽下的终端省电和多参数集资源分配，其关键设计环节包括 BWP 的配置方法、BWP 切换方法、初始接入过程中的 BWP 操作等。虽然 BWP 的完整设计可能需要在 5G 周期内逐步商用，但 BWP 几乎已成为整个 NR 频域操作的基础，从初始接入、控制信道、资源分配到各类物理过程，都是以 BWP 为基本概念来讲述的，因此准确地把握 BWP 概念对深入理解现有 5G 标准和未来的 5G 增强版本，都是不可或缺的。

参考文献

[1] 3GPP TS 38.213 V15.3.0 (2018-09), NR. Physical layer procedures for control (Release 15).
[2] R1-1609429. Discussion on resource block for NR, Huawei, HiSilicon. 3GPP RAN1#86bis, Lisbon, Portugal, Oct 10-14, 2016.
[3] R1-1600570. DL resource allocation and indication for NR, OPPO. 3GPP RAN1 NR Ad Hoc#1701, Spokane, USA, 16th-20th January 2017.
[4] Report of 3GPP TSG RAN WG1#88, Athens, Greece, 13th-17th February 2017.
[5] R1-1703781. Resource allocation for data transmission, Huawei, HiSilicon, OPPO, InterDigital, Panasonic, ETRI. 3GPP RAN1#88, Athens, Greece 13th-17th February 2017.
[6] Report of 3GPP TSG RAN WG1#86bis, Lisbon, Portugal, 10th-14th October 2016.
[7] R1-1611041. Way Forward on bandwidth adaptation in NR, MediaTek, Acer, CHTTL, III, Panasonic, Ericsson, Nokia, ASB, Samsung, LG, Intel. 3GPP RAN1#86bis, Lisbon, Portugal, 10th-14th October 2016.
[8] R1-1611655. Mechanisms of bandwidth adaptation for control and data reception in single carrier and multi-carrier cases, Huawei, HiSilicon. 3GPP RAN1#87, Reno, USA, November 14-18, 2016.
[9] R1-1700158. UE-specific RF Bandwidth Adaptation for Single Component Carrier Operation, MediaTek Inc. 3GPP RAN1 NR Ad Hoc#1701, Spokane, USA, 16th-20th January 2017.
[10] R1-1612439. Bandwidth Adaptation for UE Power Savings, Samsung. 3GPP RAN1#87, Reno, USA, November 14-18, 2016.
[11] R1-1704091. Reply LS on UE RF Bandwidth Adaptation in NR, RAN4, MediaTek. 3GPP RAN1#88, Athens, Greece, 13-17 February 2017.
[12] Report of 3GPP TSG RAN WG1#87, Reno, USA, 14th-18th November 2016.
[13] R1-1613218. WF on UE bandwidth adaptation in NR, MediaTek, Acer, AT&T, CHTTL, Ericsson, III, InterDigi-

tal, ITRI, NTT Docomo, Qualcomm, Samsung, Verizon. 3GPP RAN1#87, Reno, USA, 14th-18th November 2016.

[14] R1-1700011. Mechanisms of bandwidth adaptation, Huawei, HiSilicon. 3GPP RAN1 NR Ad Hoc#1701, Spokane, USA, 16th-20th January 2017.

[15] R1-1700362. On the bandwidth adaptation for NR, Intel Corporation. 3GPP RAN1 NR Ad Hoc#1701, Spokane, USA, 16th-20th January 2017.

[16] R1-1707719. On bandwidth part configuration, OPPO. 3GPP TSG RAN WG1#89, Hangzhou, P. R. China 15th-19th May 2017.

[17] R1-1700497. Further discussion on bandwidth adaptation, LG Electronics. 3GPP RAN1 NR Ad Hoc#1701, Spokane, USA, 16th-20th January 2017.

[18] R1-1700709. Bandwidth adaptation in NR, InterDigital Communications. 3GPP RAN1 NR Ad Hoc#1701, Spokane, USA, 16th-20th January 2017.

[19] R1-1701491. WF on Resource Allocation, Huawei, HiSilicon, OPPO, Nokia, Panasonic, NTT DoCoMo, InterDigital, Fujitsu. 3GPP RAN1 NR Ad Hoc#1701, Spokane, USA, 16th-20th January 2017.

[20] R1-1700371. Scheduling and bandwidth configuration in wide channel bandwidth, Intel Corporation. 3GPP RAN1 NR Ad Hoc#1701, Spokane, USA, 16th-20th January 2017.

[21] Report of 3GPP TSG RAN WG1#88bis, Spokane, USA, 3rd-7th April 2017.

[22] R1-1706427. Way Forward on UE-specific RF bandwidth adaptation in NR, MediaTek, AT&T, ITRI. 3GPP RAN1#88bis, Spokane, USA, 3rd-7th April 2017.

[23] R1-1706745. Way Forward on bandwidth part in NR, MediaTek, Huawei, HiSilicon, Ericsson, Nokia. 3GPP RAN1#88bis, Spokane, USA, 3rd-7th April 2017.

[24] Report of 3GPP TSG RAN WG1#89, Hangzhou, China, 15th-19th May 2017.

[25] R1-1709519. WF on bandwidth part configuration, OPPO, Ericsson, Huawei, HiSilicon, MediaTek, Intel, DOCOMO, LGE, ETRI, CATR, NEC, ZTE, CATT, Samsung. 3GPP RAN1#89, Hangzhou, China, 15th-19th May 2017.

[26] R1-1709802. Way Forward on bandwidth part for efficient wideband operation in NR, Ericsson. 3GPP RAN1#89, Hangzhou, China, 15th-19th May 2017.

[27] R1-1709625. WF on PRB grid structure for wider bandwidth operation, LG Electronics, OPPO, ASUSTEK, Ericsson, Intel, DOCOMO, Huawei, HiSilicon. 3GPP RAN1#89, Hangzhou, China, 15th-19th May 2017.

[28] R1-1706900. On bandwidth part and bandwidth adaptation, Huawei, HiSilicon. 3GPP TSG RAN WG1 Meeting #89, Hangzhou, China, 15-19 May 2017.

[29] R1-1704625. Resource indication for UL control channel, OPPO. 3GPP RAN1#88bis, Spokane, USA, 3rd-7th April 2017.

[30] 3GPP TS 38. 211 V15. 3. 0 (2018-09), NR. Physical channels and modulation (Release 15).

[31] 3GPP TS 38. 331 V15. 3. 0 (2018-06), NR. Radio Resource Control (RRC) protocol specification (Release 15).

[32] 3GPP TS 38. 214 V15. 3. 0 (2018-09), NR. Physical layer procedures for data (Release 15).

[33] R1-1709054. On bandwidth parts, Ericsson. 3GPP RAN1#89, Hangzhou, China, 15th-19th May 2017.

[34] Report of 3GPP TSG RAN WG1#AH NR2, Qingdao, China, 27th-30th June 2017.

[35] R1-1711788. Way forward on further details of bandwidth part operation, Intel, AT&T, Huawei, HiSilicon. 3GPP TSG RAN WG1#AH NR2, Qingdao, China, 27th-30th June 2017.

[36] R1-1711795. On bandwidth parts and "RF" requirements, Ericsson. 3GPP TSG RAN WG1#AH NR2, Qingdao, China, 27th-30th June 2017.

[37] R1-1711855. Way forward on PRB indexing, Intel, Sharp, Ericsson, MediaTek, NTT DOCOMO, Panasonic, Nokia, ASB, NEC, KT, ETRI. 3GPP TSG RAN WG1#AH NR2, Qingdao, China, 27th-30th June 2017.

[38] R1-1711812. WF on configuration of a BWP in wider bandwidth operation, LG Electronics, MediaTek. 3GPP TSG RAN WG1#AH NR2, Qingdao, China, 27th-30th June 2017.

[39] R1-1710352. Remaining details on wider bandwith operation, LG Electronics. 3GPP TSG RAN WG1#AH NR2, Qingdao, China, 27th-30th June 2017.

[40] R1-1711795. On bandwidth parts and "RF" requirementsEricsson. 3GPP TSG RAN WG1#AH NR2, Qingdao, China, 27th-30th June 2017.

[41] R1-1711802. Way Forward on Further Details for Bandwidth Part, MediaTek, Huawei, HiSilicon. 3GPP TSG RAN

WG1#AH NR2, Qingdao, China, 27th-30th June 2017.

[42] R1-1803602. LS on BWP switching delay, RAN4, Intel. 3GPP TSG RAN WG1#93, Sanya, China, 16th-20th April 2018.

[43] 3GPP TS 38. 133 V15. 3. 0 (2018-09), NR. Requirements for support of radio resource management (Release 15).

[44] R1-1710164. Bandwidth part configuration and frequency resource allocation, OPPO. 3GPP TSG RAN WG1#AH NR2, Qingdao, China, 27th-30th June 2017.

[45] R1-1711853. Activation/deactivation of bandwidth part, Ericsson. 3GPP TSG RAN WG1#AH NR2, Qingdao, China, 27th-30th June 2017.

[46] R1-1710416. Design considerations for NR operation with wide bandwidths, AT&T. 3GPP TSG RAN WG1#AH NR2, Qingdao, China, 27th-30th June 2017.

[47] Report of 3GPP TSG RAN WG1 #90 v1. 0. 0, Prague, Czech Rep, 21st-25th August 2017.

[48] R1-1715307. Way Forward on Bandwidth Part OperationMediaTek, Intel, Panasonic, LGE, Nokia, Ericsson, InterDigital. 3GPP TSG RAN WG1#90, Prague, Czech Rep, 21st-25th August 2017.

[49] R1-1713654. Wider Bandwidth Operations, Samsung. 3GPP TSG RAN WG1#90, Prague, Czech Rep, 21st-25th August 2017.

[50] R1-1712728. Remaining details of bandwidth parts, AT&T. 3GPP TSG RAN WG1#90, Prague, Czech Rep, 21st-25th August 2017.

[51] R1-1712669. Resource allocation for wideband operation, ZTE. 3GPP TSG RAN WG1#90, Prague, Czech Rep, 21st-25th August 2017.

[52] R1-1709972. Overview of wider bandwidth operations, Huawei, HiSilicon. 3GPP TSG RAN WG1#AH NR2, Qingdao, China, 27th-30th June 2017.

[53] R1-1713978. Further details on bandwidth part operation, MediaTek Inc . 3GPP TSG RAN WG1#90, Prague, Czech Rep, 21st-25th August 2017.

[54] R1-1714094. On the remaining wider-band aspects of NR, Nokia, Nokia Shanghai Bell. 3GPP TSG RAN WG1#90, Prague, Czech Rep, 21st-25th August 2017.

[55] R1-1715755. On remaining aspects of NR CA/DC and BWPs, Nokia, Nokia Shanghai Bell. 3GPP TSG-RAN WG1 Meeting NRAH#3, Nagoya, Japan, 18th-21st September 2017.

[56] R1-1716019. On Bandwidth Part Operation, Samsung. 3GPP TSG-RAN WG1 Meeting NRAH#3, Nagoya, Japan, 18th-21st September 2017.

[57] Report of 3GPP TSG RAN WG1 #AH_NR3 v1. 0. 0. Nagoya, Japan, 18th-21st September 2017.

[58] R1-1715892. Discussion on carrier aggregation and bandwidth parts, LG Electronics. 3GPP TSG-RAN WG1 Meeting NRAH#3, Nagoya, Japan, 18th-21st September 2017.

[59] R1-1716019. On Bandwidth Part Operation, Samsung. 3GPP TSG-RAN WG1 Meeting NRAH#3, Nagoya, Japan, 18th-21st September 2017.

[60] R1-1716109. Remaing issues on bandwidth parts for NR, NTT DOCOMO, INC. 3GPP TSG-RAN WG1 Meeting NRAH#3, Nagoya, Japan, 18th-21st September 2017.

[61] R1-1716258. Remaining details of BWP, InterDigital, Inc. 3GPP TSG-RAN WG1 Meeting NRAH#3, Nagoya, Japan, 18th-21st September 2017.

[62] R1-1716327. Remaining aspects for carrier aggregation and bandwidth parts, Intel Corporation. 3GPP TSG-RAN WG1 Meeting NRAH#3, Nagoya, Japan, 18th-21st September 2017.

[63] R1-1716601. On CA related aspects and BWP related aspects, Ericsson. 3GPP TSG-RAN WG1 Meeting NRAH#3, Nagoya, Japan, 18th-21st September 2017.

[64] Report of 3GPP TSG RAN WG1 #90bis v1. 0. 0. Prague, Czech Rep, 9th-13th October 2017.

[65] R1-1717077. Remaining issues on bandwidth part, Huawei, HiSilicon. 3GPP TSG RAN WG1 #90bis, Prague, Czech Rep, 9th-13th October 2017.

[66] R1-1807731. LS on Bandwidth configuration for initial BWP, RAN2. 3GPP TSG RAN WG1 #93, Busan, Korea, 21st-25th May 2018.

[67] R1-1810002. LS on bandwidth configuration for initial BWP, RAN1. 3GPP TSG RAN WG1 #94, Gothenburg, Sweden, August 20th-August 24th, 2018.

第5章

5G灵活调度设计

林亚男　沈　嘉　赵振山 

5G NR 与 LTE 一样，都是基于 OFDMA（正交频分多址）的无线通信系统，时频资源的分配与调度是系统设计的核心问题。如第 1 章所述，LTE 由于采用相对粗犷的资源分配颗粒度和相对简单的调度方法，并没有充分发挥 OFDMA 系统的设计潜力，尤其难以支持低时延的信号传输。在 5G NR 系统设计中，首要的一个目标就是引入更灵活的调度方法，充分发挥 OFDMA 的多维资源划分和复用的潜力，适应 5G 三大应用场景需求。

5.1　灵活调度的基本思想

5.1.1　LTE 系统调度设计的限制

LTE 系统的最小资源分配颗粒度为 PRB（物理资源块），即 12 个子载波×1 个时隙（Slot），其中一个时隙包含 7 个符号［采用常规循环前缀（Normal CP，NCP）］或 6 个符号［采用扩展循环前缀（Extended CP，ECP）］。LTE 的资源调度方法大致如图 5-1 所示，时域资源分配的基本单位为一个子帧，包含 2 个时隙（14 个采用 NCP 的符号或 12 个采用 ECP 的符号）。每次至少要调度给物理下行共享信道（PDSCH）、物理上行共享信道（PUSCH）和物理上行控制信道（PUCCH）12 个子载波×1 个子帧（即 2 个 PRB）的时频资源。每个下行子帧的头部几个符号（非 1.4 MHz 载波带宽时最多三个符号）构成“控制区”，用于传输物理下行控制信道（PDCCH），其余符号用于传输物理下行共享信道（PDSCH）。

这个调度方法具有如下几个限制。

- LTE 数据信道（PDSCH、PUSCH）的最小时域分配颗粒度为 1 个子帧，难以进行快速的数据传输，即使 5G NR 的单载波调度带宽已增大到 100 MHz 以上，也无法缩短传输的时长（Duration）。
- LTE 数据信道（PDSCH、PUSCH）在一定带宽内必须一次占满 1 个子帧的时域资源，无法实现在时隙内的两个用户之间的时分复用（TDM）。
- LTE 数据信道（PDSCH、PUSCH）的频域调度方法对 20 MHz 及以下的载波带宽还算适用。但难以满足大带宽（如 100 MHz）操作的需要。

- LTE PDCCH 只能在一个子帧的头部传输，限制了 PDCCH 的时域密度和位置灵活性，无法在需要时快速下发下行控制信令（DCI）。
- LTE PDCCH 控制区域必须占满整个系统带宽（20 MHz），即使需要快速传输 PDSCH 也无法使用子帧头几个符号。即使 PDCCH 控制区域的容量冗余，也不支持 PDSCH 和 PDCCH 通过频分复用（FDM）的方式同时传输，在 5G NR 较大的载波带宽（如 100 MHz）下，将造成很大的频谱资源浪费。

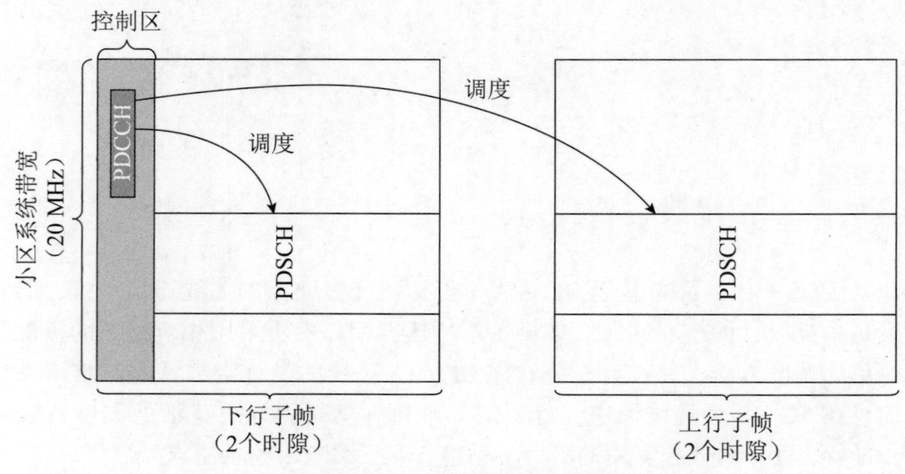

图 5-1　LTE 调度方法示意图

实际上，OFDM 信号的最小频域和时域单位分别为子载波（Subcarrier）和 OFDM 符号（Symbol）[1]，LTE 的资源分配颗粒度明显过粗。这不是 OFDM 原理造成的，而是人为选择的简化设计。这是与 4G 时代的产品软硬件能力和业务需求是适配的，但面向 5G 时代大带宽、低时延、多业务复用的设计需求，就显得过于僵化，不够灵活。

5.1.2　引入频域灵活调度的考虑

5G NR 系统在频域上引入更灵活的资源调度，首先是为了更好地支持大带宽操作。5G NR 为一个用户调度的时频资源与 LTE 相比，可以简单归结为“频域上变宽，时域上变短”。典型的 NR 资源调度如图 5-2 所示，即充分利用增大的带宽，进行大带宽传输，从而提高数据率，并缩短时域调度时长。

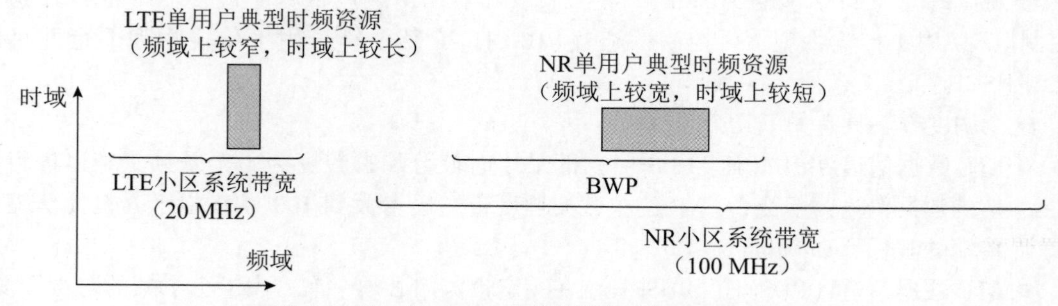

图 5-2　LTE 与 5G NR 数据信道典型调度场景对比

“频域上变宽”在标准层面主要要解决的问题，是控制大带宽带来的复杂度增加和控制信令开销提高。在 4G LTE 系统中，一个载波的系统带宽为 20 MHz，超过 20 MHz 带宽采用载波聚合技术实现，对于数据信道和控制信道的资源分配，都是一个比较适中的带宽范围，基于20 MHz范围进行PDCCH检测和PDSCH/PUSCH资源调度，终端的复杂度和控制信令开销都是可以承受的。但5G NR系统的单载波带宽扩展到100 MHz甚至更大，在如此之大的带宽内照搬LTE的设计进行操作，将大幅提升PDCCH检测的复杂度和PDSCH/PUSCH的调度信令开销。

5G NR的频域灵活调度的另一个用途是实现前向兼容操作，即在分配资源时，可以灵活地将载波内一部分时频资源保留下来，预留给未知的新业务新技术。关于资源预留技术的设计，将在5.7.2节具体介绍。

为了能在不明显增加复杂度和信令开销的前提下支持更大带宽的资源分配和前向兼容的资源预留，提高频域调度灵活性，5G NR主要采用了如下3种方法。

1. 基于带宽分段（BWP）进行资源分配

LTE系统中，资源分配范围是整个载波，即系统带宽。5G NR载波带宽比LTE大幅增加，一个用户不一定始终需要在如此大的带宽中传输，因此可以通过配置一个较小的BWP来限制频域资源分配范围的大小，以降低调度的复杂度和信令开销。另外载波内、BWP之外的频域资源不受调度信令的分配，基本实现了资源预留。相关内容已经在第4章中详细介绍，这里不再赘述。

2. 增大频域资源分配颗粒度

颗粒度的大小在很大程度上决定了资源分配的信令开销和复杂度，可以采用更大的颗粒度来缓解带宽增大带来的资源颗粒数量大幅增加。一方面，5G NR采用的更大子载波带宽可以增大PRB的绝对尺寸，如5G NR系统和LTE系统的PRB同样由12个子载波构成，但5G NR可采用30 kHz子载波间隔，一个PRB的大小为360 kHz，相对LTE系统15 kHz子载波间隔的PRB，尺寸增大了一倍。另一方面，5G NR可以采用更大的RBG（资源块组）来实现更多数量的PRB一起调度，这方面的内容将在5.2.2节介绍。

这里需要说明的是，5G NR标准中的PRB的概念和LTE有所不同。LTE标准中，PRB是时频二维概念，1个PRB等于12个子载波×7个符号（以Normal CP为例），包含84个资源粒子（Resource Element，RE），1个RE等于1个子载波×1个符号。描述一个时频资源的数量，只要给出PRB的数量就行了。但在NR标准中，由于引入了基于符号的灵活时域资源指示方法（详见5.2.5节），将频域资源单位和时域资源单位绑定在一起定义就不合适了，因此NR标准中的PRB只是纯频域概念，包含12个子载波，不带有时域含义，时频资源数量不能只用PRB描述，而需要用“PRB的数量+时隙/符号的数量”来描述。这是5G NR和LTE在基本概念上的一个很大的差异，需要特别注意。

3. 采用更动态的资源指示信令

在采用上述方法时，为了兼顾大带宽调度和小颗粒度精细调度的需要，5G NR采用了比LTE更灵活的信令结构，很多原来预定义的固定配置调整为半静态配置，原来的半静态配置调整为动态指示，如表5-1所示。这些内容将在本章陆续介绍。

表 5-1　LTE 与 5G NR 资源分配信令结构对比

指　　标	4G LTE	5G NR
PDSCH/PUSCH 频域调度	● 调度范围固定为载波，资源分配颗粒度与载波宽度绑定 ● 调度类型由半静态配置 ● 具体资源分配由 DCI 直接指示	● 调度范围为可配的 BWP，资源分配颗粒度与 BWP 大小绑定，且绑定关系可配置 ● 调度类型由半静态配置或动态切换 ● 具体资源分配由 DCI 直接指示
PDSCH/PUSCH 时域调度	● 长度固定，位置为子帧级调度 ● 资源由 DCI 直接指示	● 长度、位置均灵活可变，子帧+符号级调度 ● 候选资源表格半静态配置，再由 DCI 从中选择
PDCCH 资源配置	● 频域监测范围固定为载波宽度 ● 时域控制区位于子帧头部，长度 1~3 个符号动态可变	● 频域监测范围为半静态可配置 ● 时域监测范围可位于时隙任何位置，长度、位置半静态可配置
PUCCH 资源调度	● 长度固定，与 PDSCH 相对位置固定	● 长度、位置均灵活可变，子帧+符号级调度 ● 候选资源集半静态配置，具体资源由 DCI 从中选择
资源预留	● 可通过在帧结构中配置 MBMS 子帧预留 ● 频域颗粒度为整个载波，时域颗粒度为整个子帧	● 候选预留资源集半静态配置，具体预留资源由 DCI 从中选择 ● 频域颗粒度为 PRB，时域颗粒度为符号

5.1.3　引入时域灵活调度的考虑

在时域上，在 5G NR 研究阶段（Study Item）引入的一个重要创新概念是微时隙（Mini-slot）。之所以称为 Mini-slot，是因为这是一个明显小于时隙（Slot）的调度单元。

在现有 LTE 系统中，时域资源调度是基于 Slot 的调度，每次调度的单位是 Slot 或 Subframe（即 2 个 slot，14 个符号）。这虽然有助于节省下行控制信令开销，但大大限制了调度的灵活性。那么，5G NR 为什么要追求比 LTE 更高的时域调度灵活性呢？采用 Mini-slot 主要考虑如下应用场景。

1. 低时延传输

如第 1 章所述，5G NR 与 LTE 相比有一个很大的不同，即除了 eMBB 业务，还要支持高可靠低时延通信（URLLC）业务。要想实现低时延传输，一个可行的方法是采用更小的时域资源分配颗粒度。下行控制信道（PDCCH）采用更小的时域资源分配颗粒度有助于实现更快的下行信令传输和资源调度，数据信道（PDSCH 和 PUSCH）采用更小的时域资源分配颗粒度有助于实现更快的上下行数据传输，上行控制信道（PUCCH）采用更小的时域资源分配颗粒度有助于实现更快的上行信令传输和 HARQ-ACK（混合自动重传反馈信息）反馈。

与图 5-1 所示的子帧级资源分配相比，采用 Mini-slot 作为资源分配颗粒度可以大幅缩短各个物理过程的处理时延。如图 5-3 所示，采用 Mini-slot 可以将一个时隙的时域资源进行进一步划分。

- 如图5-3（a）所示，位于时隙头部的PDCCH既可以调度位于同一时隙内的PDSCH（以Mini-slot 1作为资源单位），也可以调度位于时隙尾部的PUSCH（以Mini-slot 2作为资源单位），从而可以在一个时隙内对上下行数据进行快速调度。
- 如图5-3（b）所示，包含PDCCH的Mini-slot1可以位于时隙的任何位置，这样当在时隙中后部需要紧急调度数据信道传输时，也可以随时发送PDCCH，利用时隙尾部的剩余时域资源，调度一个包含PDSCH的Mini-slot2。
- 如图5-3（c）所示，在Mini-slot1传输完PDSCH后，只要还有足够的时域资源，就可以在时隙尾部调度一个传输PUCCH的Mini-slot2，承载PDSCH的HARQ-ACK信息，从而实现在一个时隙内的快速HARQ-ACK反馈。

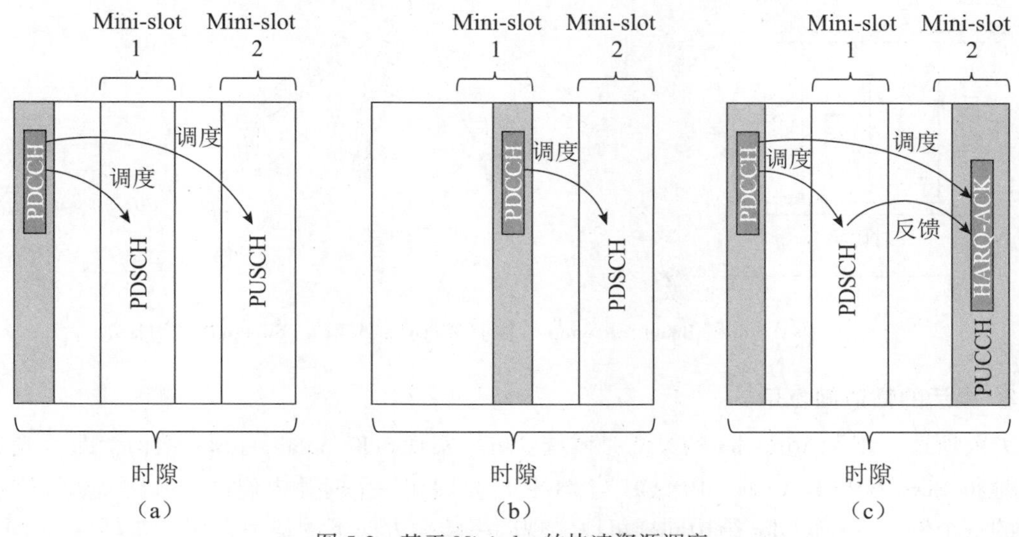

图5-3 基于Mini-slot的快速资源调度

实现图5-3（a）效果的数据信道资源分配将在5.2节介绍；实现图5-3（b）效果的PDCCH资源分配将在5.4节介绍；实现图5-3（c）效果的PUCCH资源分配将在5.5节介绍。另外，如果要在TDD系统中实现图5-3（a）和图5-3（c）的效果，还需要支持在一个时隙内先后传输下行和上行信号，即包含自时隙（Self-contained Slot）结构（TD-LTE特殊子帧可以看作一种特例），这一结构将在5.6节介绍。

2. 多波束传输

在毫米波频谱（频率范围2，FR2）部署5G NR系统时，设备一般采用模拟波束赋形（Analog Beamforming）技术在空间上聚焦功率，克服高频谱的覆盖缺陷，即在某个时刻整个小区只能向一个方向进行波束赋形。如果要支持多用户接入，则需要在多个方向进行波束扫描（Beam Sweeping）。如图5-4所示，如果基于Slot进行波事扫描，则每个Beam都需要占用至少一个Slot，当用户数量较大时，每个用户的信号传输间隔过大，造成资源调度和信令反馈时延大到无法接受。如果采用基于Mini-slot的波事扫描，则每个Beam占用的时间颗粒度缩小为Mini-slot，在一个时隙内就可以完成多个Beam的信号传输，可以大幅提高每个Beam的信号传输频率，将资源调度和信令反馈时延控制在可行范围内。

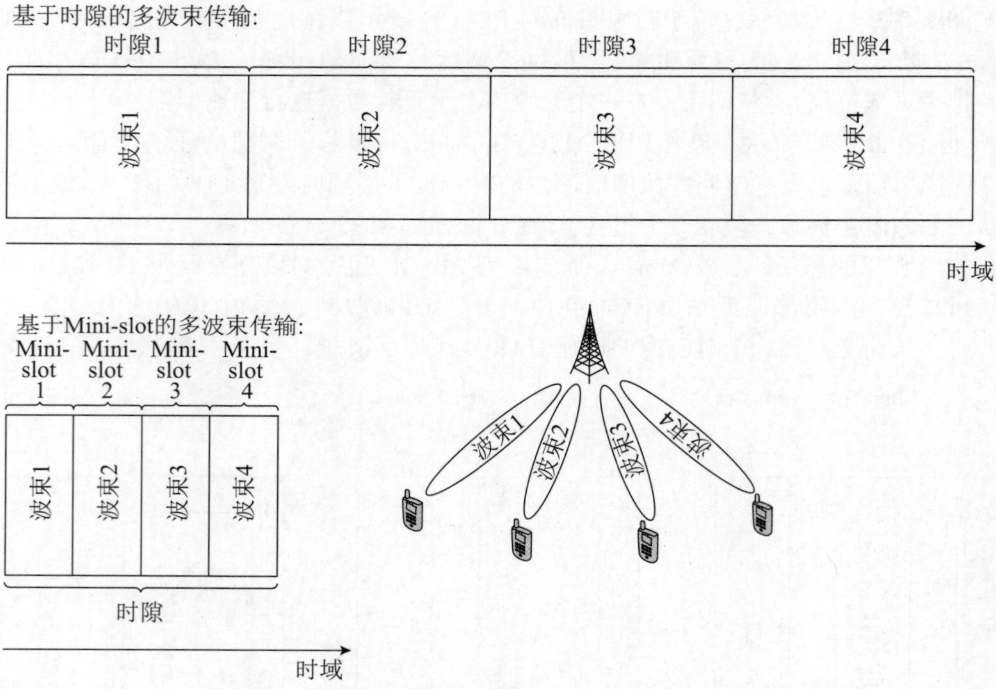

图 5-4　基于 Slot 的 Beam Sweeping 与基于 Mini-slot 的 Beam Sweeping 的对比

3. 灵活的信道间复用

如前所述，基于 Mini-slot 的灵活时域调度可以实现 Self-contained Slot 结构，即“先下后上”地将 PDSCH 与 PUCCH、PDSCH 与 PUSCH 复用在一个时隙内传输，这是灵活的信道间复用的一个例子。Mini-slot 结构同样可以实现同一传输方向下的信道复用，包括在一个时隙内传输 PDCCH 与 PDSCH、PDSCH 与 CSI-RS（信道状态信息参考信号）、PUSCH 与 PUCCH。

Mini-slot 结构可以更灵活地复用 PDCCH 与 PDSCH，在一个时隙内，终端甚至可以在接收完 PDSCH 之后再接收 PDCCH［如图 5-5（a）所示］，可以实现对下行控制信令的随时接收，并可以更有效地利用碎片资源。

CSI-RS 可以用于探测下行信道状态信息（CSI）的变化，以便进行更高效的 PDSCH 调度。如果在一个时隙内不能同时调度 PDSCH 和 CSI-RS，终端在接收 PDSCH 的时隙就无法接收 CSI-RS。允许 PDSCH 和 CSI-RS 复用在一个时隙里，终端就可以在一个下行时隙的大部分符号接收 PDSCH 之后，在剩余的符号接收 CSI-RS［如图 5-5（b）所示］，使基站及时获取最新的下行 CSI。虽然 LTE 可以通过速率匹配的方式将 PDSCH 与 CSI-RS 复用在一个子帧中，但基于 Min-slot 实现复用是一种更灵活的方式，如可以支持两者采用不同的波束。

PUCCH 除了用于传输 PDSCH 的 HARQ-ACK 反馈，还用于传输上行调度请求（SR）、CSI 报告等上行控制信令（UCI）。如果在一个时隙内不能同时调度 PUSCH 和 PUCCH，终端在发送 PUSCH 的时隙，就需要将 UCI 复用到 PUSCH 中。允许 PUSCH 和 PUCCH 复用在一个时隙里，终端就可以在一个上行时隙的大部分符号发送 PUSCH 之后，在剩余的符号发送 PUCCH［如图 5-5（c）所示］，使终端可以及时反馈 HARQ-ACK 或发起业务请求。这种只占有少量符号的 PUCCH 称为“短 PUCCH”，将在第 5.5 节中介绍。

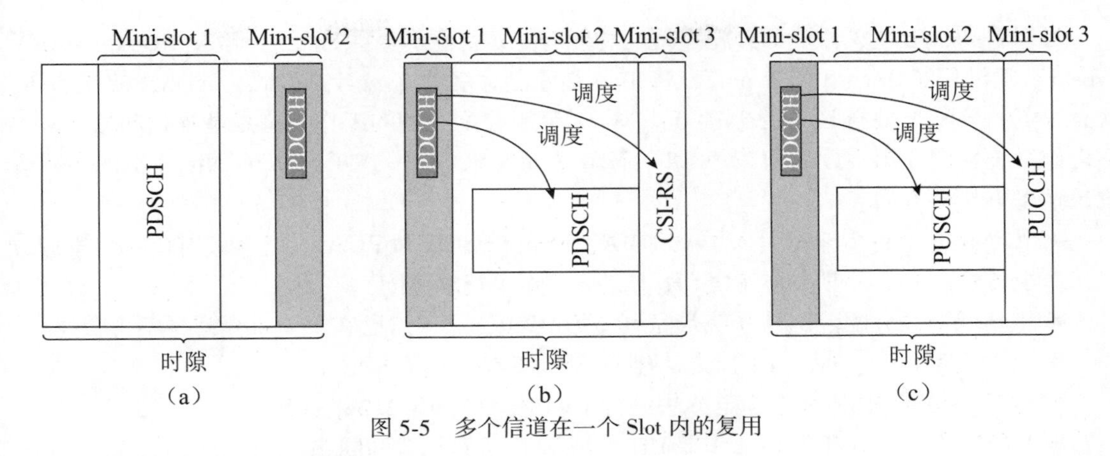

图 5-5　多个信道在一个 Slot 内的复用

4. 有效支持免许可频谱操作

从 4G 时代开始，3GPP 标准就致力于从授权频谱扩展应用到免许可频谱（Unlicensed Spectrum）。虽然 5G NR 标准的第一版本——R15 版本尚未开展非授权频谱 NR 标准（NRU）的制定，但已经考虑到 5G NR 的基础设计需要为未来引入 NR-U 特性提供更好的支持。免许可频谱的传输需要遵守非授权频谱的发射规则，如先听后说（Listen-before-Talk，LBT）规则。经过 LBT 探测后获取的发射窗口可能是非常短暂的，需要在尽可能短的时间内完成传输。理论上讲，Mini-slot 结构比时隙结构更有利于抓住 LBT 发射窗口，进行有效的 NR-U 传输。NR-U 系统是在 3GPP R16 版本标准中定义的，具体见第 18 章所述。

5.2　5G NR 的资源分配设计

如 5.1 节所述，5G NR 的灵活调度设计体现在各种数据信道和控制信道的资源分配上，本节主要介绍针对数据信道的资源分配，针对控制信道的资源分配在 5.4 节和 5.5 节中介绍。在频域资源分配方面，5G NR 主要在分配类型的选择和分配颗粒度的确定方面提高了灵活性，将在 5.2.1 节~5.2.3 节中介绍。而时域调度灵活性的提升更为显著，针对基于符号的灵活调度重新设计了资源分配方法和信令结构，将在 5.2.4 节~5.2.7 节中介绍。

5.2.1　频域资源分配类型的优化

5G NR 数据信道的频域资源分配方法是在 LTE 基础上优化设计的。LTE 系统下行采用 OFDMA 技术，上行采用基于 DFT-S-OFDM（离散傅里叶变换扩展正交频分复用）的 SC-FDMA（单载波频分多址）技术。DFT-S-OFDM 虽然是 OFDM 的变形技术，但为了保持 SC-FDMA 的单载波特性，LTE PUSCH 只能采用连续资源分配（具体见文献［1］），即只能占用连续的 PRB。PDSCH 可以采用连续或非连续（即可以占用不连续的 PRB）的频域资源分配。在 LTE 标准中共定义了 3 种下行频域资源分配类型。

- 类型 0（Type 0）资源分配：采用比特图（Bitmap）指示的资源块组（RBG）进行频域分配，可实现连续或不连续资源分配。
- 类型 1（Type 1）资源分配：是 Type 0 的一种扩展，强制在离散的 RBG 中通过 Bitmap 资源指示，可以保证资源的频率选择性，这种类型只能实现不连续资源分配。
- 类型 2（Type 2）资源分配：采用“起点+长度”方式指示一段连续的 PRB，这种类型只能实现连续资源分配。

可以看到，上述 3 种资源分配类型的功能有一定重叠和冗余，经过研究，5G NR 舍弃了 Type 1，只沿用了 Type 0 和 Type 2，将 Type 2 重新命名为 Type 1。因此，5G NR 的 Type 0、Type 1 资源分配类型与 LTE 的 Type 0、Type 2 资源分配类型的工作机制是基本相同的，本书不再作系统性的介绍，读者可参考 LTE 书籍（如文献［1］）了解。5G NR 做出的主要修改包括以下几个方面。

- 5G NR 的上行传输也引入了 OFDMA，因此 PDSCH 和 PUSCH 完全采用相同的资源分配方法（LTE 早期版本 PUSCH 不支持非连续资源分配）。
- 将频域资源分配范围从系统带宽调整为 BWP，这一点已在第 4 章介绍，不再赘述。
- 引入了 Type 0、Type 1 的动态切换机制，将在本小节介绍。
- 对 Type 0 的 RBG 大小确定方法进行了调整，将在 5. 2. 2 节介绍。

如上所述，Type 0 和 Type 1（即 LTE Type 2）各有优势和问题。

- 如图 5-6（a）所示，Type 0 采用一个 Bitmap 指示选中的 RBG，1 代表将这个 RBG 分配给终端，0 代表不将这个 RBG 分配给终端，可以实现频域资源在 BWP 内的灵活分布，支持不连续资源分配，可以用离散的频域传输对抗频率选择型衰落。但缺点是：①Bitmap 的比特数量比 Type 1 的 RIV（Resource Indicator Value，资源指示符值）大，造成采用 Type 0 频域资源分配类型的 DCI 的信令开销大于采用 Type 1 的 DCI；②资源分配颗粒度较粗，因为一个 RBG 包含 2~16 个 RB，并不能逐 RB 选择资源；③Type 0 对基站调度算法的要求较高，算法实现相对复杂。可见，Type 0 比较适合利用零散的离散频域资源，尤其是当基站调度器采用 Type 1 将整块连续的资源分配给部分终端后，可以用 Type 0 将剩下的碎片资源分配给剩下的终端，充分利用所有频谱资源。
- 如图 5-6（b）所示，Type 1 采用一个 RIV 对起始 RB（RB_{start}）和 RB 数量（L_{RBs}）进行联合编码（基于 RB_{start} 和 L_{RBs} 计算 RIV 的方法和 LTE 基本一致，只是用 BWP 代替了系统带宽，这里不再赘述）。Type 1 的优点是可以用较少的比特数量指示 RB 级别的资源，且基站调度器算法简单，但缺点只能分配连续的频域资源，当资源数量较少时，频率分集有限，容易受到频率选择型衰落的影响。如果资源分配数量较多，则 Type 1 是一种简单高效的资源分配方式，尤其适用于为正在运行高数据率业务的终端分配资源。

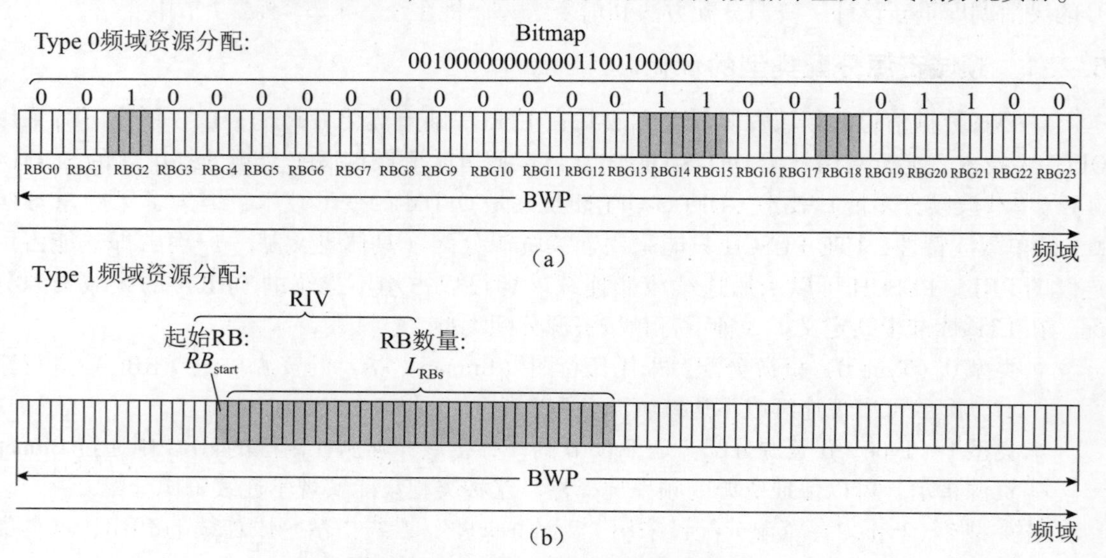

图 5-6 Type 0 与 Type 1 频域资源分配

如上所述，Type 0 和 Type 1 资源分配类型分别适用于不同的应用场景，而一个终端的数据量和业务类型有可能是快速变化的。在 LTE 标准中，资源分配类型是 RRC 配置的，即只能半静态调整，因此在一定时间内只能固定使用一种资源分配类型。5G NR 提出了动态指示资源分配类型的方法，即可以基于 DCI 中的 1 bit 指示资源分配类型，从而可以在 Type 0 和 Type 1 之间动态切换。如图 5-7 所示，基站可以通过 RRC 信令对某个终端的频域资源进行分配类型配置。

- Type 0：当 RRC 配置了 Type 0 时，DCI 中的频域资源分配（Frequency Domain Resource Assignment，FDRA）域中包含的是一个 Type 0 的 Bitmap，进行 Type 0 频谱资源分配。FDRA 域包含 N_{RBG} 比特，其中 N_{RBG} 为当前激活 BWP 包含的 RBG 数量。
- Type 1：当 RRC 配置了 Type 1 时，DCI 中的 FDRA 域中包含的是一个 Type 1 的 RIV 值，进行 Type 1 频谱资源分配。根据 RIV 的计算方法，FDRA 域包含 $\lceil \log_2(N_{RB}^{BWP}(N_{RB}^{BWP}+1)/2) \rceil$ 比特，其中 N_{RB}^{BWP} 为当前激活 BWP 包含的 RB 数量。
- Type 0 和 Type 1 动态切换：当 RRC 同时配置了 Type 0 和 Type 1 时，FDRA 域中的第一个比特是资源分配类型的指示符，当这个比特的值为 0 时，FDRA 域的剩余比特包含的是一个 Type 0 的 Bitmap，进行 Type 0 频谱资源分配；当这个比特的值为 1 时，FDRA 域的剩余比特包含的是一个 Type 1 的 RIV 值，进行 Type 1 频谱资源分配，如图 5-7 所示。需要说明的是，由于 Type 0 Bitmap 和 Type 1 RIV 可能需要不同数量的比特，而 FDRA 域的大小取决于 RRC 配置，因此在采用为了在 Type 0 和 Type 1 动态切换模式时，FDRA 域的大小要按照两种类型中比特数较多的那种考虑，即 $\max(\lceil \log_2(N_{RB}^{BWP}(N_{RB}^{BWP}+1)/2) \rceil, N_{RBG})+1$。如图 5-7 的示例，假设 $N_{RBG}>\log_2[N_{RB}^{BWP}(N_{RB}^{BWP}+1)/2]$，则当切换到 Type 1 时，RIV 只占用 FDRA 域的后面 $\log_2[N_{RB}^{BWP}(N_{RB}^{BWP}+1)/2]$ 比特。

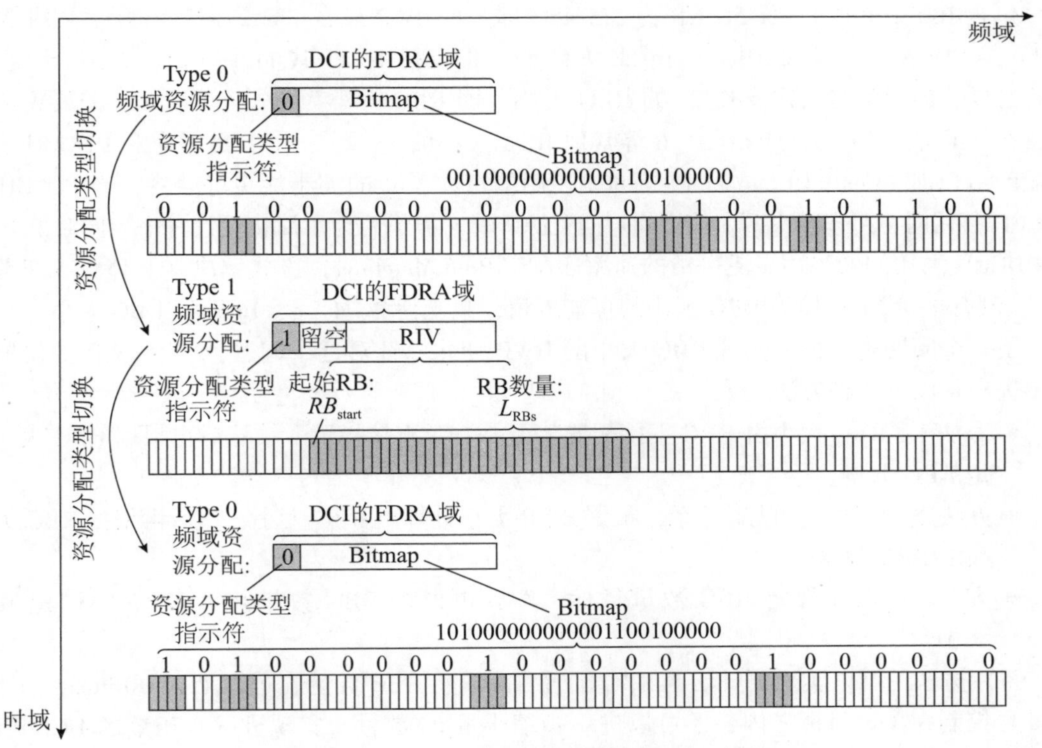

图 5-7　基于 DCI 指示的频域资源分配类型的动态切换

5.2.2 频域资源分配颗粒度

如 5.2.1 节所述，5G NR PDSCH 和 PUSCH 的频域资源分配 Type 0 和 Type 1 主要沿用了 LTE PDSCH 频域资源分配 Type 0 和 Type 2。在 NR 资源分配研究的早期，BWP 概念的应用范围尚未明确，仍有“在整个载波内分配资源、基于载波带宽确定 RBG 大小”的方案[2]。但当 BWP 的功能逐渐清晰，明确了所有信号传输均被限制在 BWP 内之后，“以 BWP 作为频域资源分配范围、基于 BWP 大小确定 RBG 大小”就成为顺理成章的选择了。

如图 5-6 所示，Type 0 调度模式下 DCI 的 FDRA 域的比特数取决于激活 BWP 内包含的 RBG 的数量，为了控制 FDRA 域的 DCI 信令开销，随着 BWP 的增大，RBG 大小（即 RBG 包含的 RB 数量 P）也必须相应增大。在 LTE 标准中，RBG 大小与系统带宽的对应关系通过一个表格定义，如表 5-2 所示。

表 5-2 LTE 标准中 RBG 与系统带宽的对应关系

系统带宽（RB 数量）	RBG 大小（RB 数量）
≤10	1
11~26	2
27~63	3
64~100	4

从表 5-2 可以看到，LTE 标准中的 RBG 大小是小幅度变化的，最大只有 4，Bitmap 最大 25 bit。5G NR 的调度带宽比 LTE 有明显增大，LTE 最大调度带宽为 100 个 RB（即一个载波最多包含 100 个 PRB），而 5G NR 为 275 个（即一个 BWP 最多包含 275 个 PRB）。如果维持 25 bit 的 FDRA 域，最大 RBG 大小要增大到 11，但支持 1~11 共 11 种 RBG 大小过于复杂，没有必要，因此最终决定支持 2^n 的 RBG 大小，即 RBG 大小为 2、4、8、16。需要说明的是，在 NR 研究阶段也曾提出 3、6 等其他 RBG 大小的选项[2]，主要是考虑和 PDCCH 资源分配单元 CCE（Control Channel Element，控制信道粒子）的大小能更好兼容，当 PDSCH 和 PDCCH 复用时，可以减少两个信道间隙的资源碎片。但最后为了简化设计考虑，同时 PDSCH 和 PDCCH 复用问题采用了更灵活的速率匹配（Rate Matching）方式解决（具体见 5.7 节所述），没有接受 3、6 作为 RBG 大小的可能取值，只支持 2、4、8、16 四种 RBG 大小。

下一个问题是：如何实现 RBG 大小随 BWP 变化？针对这个问题，在 5G NR 的研究过程中提出了以下 3 种方法[4]。

- 方法 1：RBG 大小由 RRC 直接配置甚至由 DCI 直接指示[5]，然后再根据 RBG 大小确定 RBG 数量。
- 方法 2：按照一个映射关系，根据 BWP 大小计算出 RBG 大小，然后再根据 RBG 大小确定 RBG 数量。
- 方法 3：首先设定 RBG 数量目标，然后再根据 RBG 数量和 BWP 大小确定 RBG 大小[3]。

采用方法 1 可以实现更灵活的 RBG 配置，除了将 RBG 数量（也即 Type 0 Bitmap 的比特数量）控制在预定目标之内，还可以进一步缩小 RBG 数量，实现进一步压缩的 DCI 开销。压缩 DCI 信令开销是 5G NR 在研究阶段的一个愿望，希望在获得更大的系统灵活性的同时，

DCI 的比特数能比 LTE 有所降低（虽然最终的结果也没有显著降低）。减少 DCI 的比特数也有利于提高 DCI 的传输可靠性，在同等信道条件下，DCI 负载越小，就可以使用越低的信道编码码率，实现更低的 DCI 传输误块率（BLER）。通过压缩 DCI 大小提高 PDCCH 传输可靠性的工作是在 R16 URLLC 项目中完成的，具体请见 15.1 节所述。但在 R15 NR 基础版本的研究中，已经提出了通过 RRC 配置进一步在 DCI 中压缩 FDRA 域的方法，即通过配置更大的 RBG 大小来减少 RBG 数量，压缩 Type 0 Bitmap 的大小。如图 5-8 所示，对同一个 BWP 大小（如并未发生 BWP 切换），基站在第一时刻将终端的 RBG 大小配置为 4，DCI 中的 FDRA 域包含 24 bit，在第二时刻，基站可以通过 RRC 信令将终端的 RBG 大小重配为 16，将 DCI 中的 FDRA 域缩小为 6 bit，从而降低 DCI 信令开销，有助于获得更高的 PDCCH 传输可靠性。但方法 1 的问题是：BWP 大小和 RBG 大小分成两个 RRC 配置，相互之间没有绑定关系，基站需要自行保证两个配置相互适配，BWP 大小除以 RBG 大小不会超过预定的 FDRA 域最大长度。

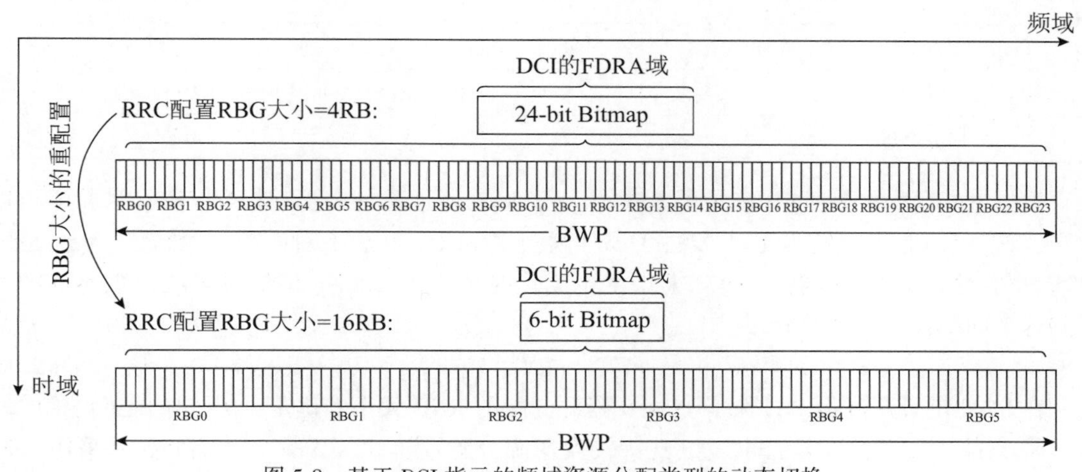

图 5-8　基于 DCI 指示的频域资源分配类型的动态切换

方法 2 基本沿用 LTE 方法，只是将系统带宽替换为 BWP 大小，优点是简单可靠，缺点是没有任何配置灵活性。

方法 3 和方法 2 相似，区别只是“先确定 RBG 数量再确定 RBG 大小”和“先确定 RBG 大小再确定 RBG 数量”。方法 3 也没有引入配置灵活性，但相对方法 2 的优点是可以尽量固定 FDRA 域的大小。由于 LTE 的 DCI 大小非常多变，造成 PDCCH 盲检测复杂度较高。因此在 NR PDCCH 研究的早期就提出，希望能使 DCI 负载大小尽可能固定，降低 PDCCH 盲检测复杂度。方法 3 是先设定一个 Type 0 Bitmap 的位数（即 BWP 内 RBG 数量的上限），然后根据 BWP 大小/RBG 数量上限，确定应该采用 2、4、8、16 中哪种 RBG 大小，Bitmap 中未使用的比特可以做补零（Zero Padding）处理。其缺点是在某些情况下的 FDRA 域开销较大。

经过研究，最终决定在方法 2 的基础上做一点增强，即通过 RRC 配置在两套 BWP 大小与 RBG 大小之间的映射关系中选定一套使用。如表 5-3 所示，第一套映射关系针对不同的 BWP 大小，分别采用 RBG 大小为 2、4、8、16 个 RB；第二套映射关系针对不同的 BWP 大小，分别采用 RBG 大小为 4、8、16、16 个 RB，基站可以通过 RRC 信令配置终端选择使用这两种映射关系的其中一种。可以看到，相对映射关系 1，映射关系 2 采用更大的 RBG 大小，有利于缩小 FDRA 域的大小。同时，映射关系 2 只包含 3 种 RBG 大小，且针对较大的 BWP 大小（>72RB），统一采用 16RB 的 RBG 大小，有利于降低基站调度器的复杂度。因为在 LTE 系统中，RBG 大小和系统带宽绑定，在一个小区内，所有终端的 RBG 大小都是一样的，基站调度器只需要基于一种 RBG 大小进行多用户频域资源调度。但在 5G NR 系统中，由于 RBG 大小和 BWP 大小绑定，而不同终端的激活 BWP 可能不同，因此在一个小区内不同终端的 RBG 大小也可能不同，基站需要基于多种 RBG 大小进行多用户频域资源调度，会显著提高调度器的设计复杂度。因此，映射关系 2 能减少可能的 RBG 大小的数量，并对相当一部分终端统一 RBG 大小，确实可以降低基站调度器的复杂度。

表 5-3　5G NR 标准中 RBG 与系统带宽的对应关系

BWP 大小（RB 数量）	RBG 大小 P（RB 数量）	
	映射关系 1	映射关系 2
1～36	2	4
37～72	4	8
73～144	8	16
145～275	16	16

根据 BWP 大小和表 5-3 确定了 RBG 大小 P 后，通过式（5.1）计算出 RBG 数量，可以看到，式（5.1）并没有像上述方法 3 那样通过 Zero Padding 来对齐 RBG 数量，N_{RBG} 是随 BWP 大小而多变的，这也为 BWP 大小发生变化时留下了 Bitmap 位数过多或位数不够的问题。这个问题在 5.2.3 节介绍。

$$N_{\mathrm{RBG}} = [N_{\mathrm{BWP},i}^{\mathrm{size}} + (N_{\mathrm{BWP},i}^{\mathrm{start}} \bmod P)]/P \tag{5.1}$$

在 5G NR 研究过程中，除了 Type 0 资源分配的 RBG 大小的确定，另一个经过讨论的问题，是 Type 1 资源分配是否也应该支持较大资源分配颗粒度？Type 1 资源分配是采用“起点+长度”方式进行指示，LTE PDSCH Type 2 中的“起点”和“长度”都是以 RB 为单位定义的。由于 5G NR 载波带宽明显大于 LTE，原则上“起点”和“长度”的变化范围都比 LTE 大，从而可能引起 RIV 的位数增大，导致 FDRA 域的开销增大。但是经过分析，和 Type 0 Bitmap 位数和 RBG 大小成反比不同，RIV 联合编码对“起点”“长度”的变化范围并不敏感，在 Type 1 资源分配中采用类似 RBG 这样的比 RB 更大的资源颗粒度节省的比特数有限。因此，在 R15 阶段没有接受在 Type 1 资源分配中使用更大资源颗粒度的方案。在 R16 URLLC 项目中，考虑到严苛的 PDCCH 可靠性需求，对 DCI 比特位需要进一步的压缩。Type 1 资源分配中采用更大资源颗粒度的方案被采纳。

5.2.3　BWP 切换过程中的频域资源指示问题

这个问题是由“BWP 切换”和“跨 BWP 调度”同时发生而引起的。在 4.3 节中，我们在介绍 BWP 切换过程时指出，基站可以通过一个 DCI 触发“BWP 切换”并同时对数据信道进行资源分配，如图 5-9 所示。在 4.3 节中，我们主要关注为什么要做 BWP 切换及如何触发 BWP 切换，并没有关注这个特殊的 DCI 中的资源分配和正常情况有什么不同。问题的症结在于，在决定采用何种 DCI 格式触发 BWP 切换时，选择了调度 DCI 而非专用 DCI，即可以在同一个 DCI 里既触发“BWP 切换”又对数据信道进行资源分配，那么这个资源分配肯定是针对切换后的“新 BWP”的。而 DCI 中 Type 0 FDRA 域的大小是和 BWP 大小绑定的（如表 5-3 所示），当前的 DCI 的 Type 0 FDRA 域大小是根据“当前 BWP”的大小确定的，当根据“新 BWP”算出的 FDRA 域大小和“原 BWP”算出的 FDRA 域大小不同时，就会造成当前 FDRA 域的比特数不够或过多。如图 5-9 中的示例，在第一时刻终端的下行激活 BWP 是 BWP 1，包含 80 个 RB，根据表 5-3，假如采用映射关系 1，RBG 大小为 8 RB，Type 0 FDRA 域由 10 bit Bitmap 构成。如果当前 DCI 中的 BWP Indicator 指向与当前不同的 BWP（如 BWP 2），将触发向 BWP 2 的切换。BWP 2 包含 120 个 RB，按表 5-3，RBG 大小仍为 8 RB，Type 0 FDRA 域由 15 bit Bitmap 构成。因此以一个 10 bit 的 FDRA 域无法直接指示 15 bit Bitmap 的值。反之，当 DCI 指示终端从 BWP 2 切换回 BWP 1 时，又需要以一个 15 bit 的 FDRA 域指示 10 bit Bitmap 的值。

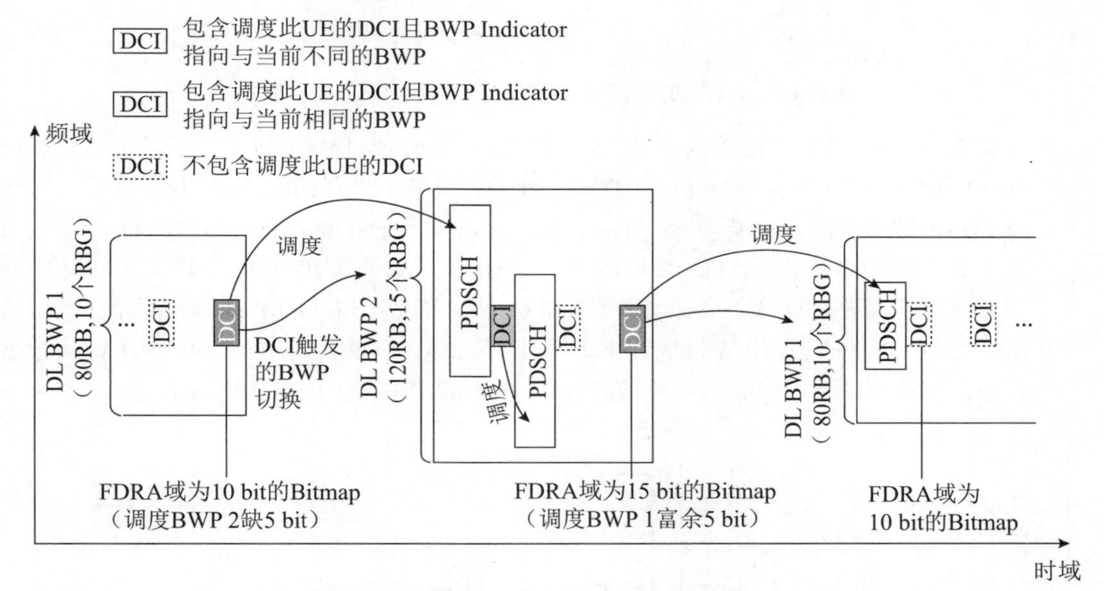

图 5-9 BWP 切换带来的 FDRA 域位数不够或多余的问题

为了解决上述“跨 BWP 调度”带来的 DCI FDRA 域比特数不够或多余的问题，大致提出了两种技术方案[6]。

- 方案 1：考虑各种 BWP 大小可能形成的 FDRA 域大小，统一按照可能的最大 FDRA 域大小来预留比特数，即 FDRA 域不随 BWP 切换而变化。如图 5-9 所示，假设共配置了两个 BWP，分别包含 80 个 RB 和 120 个 RB，对应的 FDRA 域分别需要 10 bit 和 15 bit。按方案 1，FDRA 域的大小统一确定为 15 bit，这样 FDRA 域的大小和当前哪个 BWP 处于激活状态就没有关系了，当 FDRA 域用于调度 BWP 1 时，有 5 bit 的冗余比特不用，当用于调度 BWP 2 时，FDRA 域的大小也能够满足需要。如图 5-10 所示，当 BWP 1 中的 DCI 跨 BWP 调度 BWP 2 中的频域资源时，实际 Type 0 Bitmap 由被调度的 BWP 2 的大小决定（即 15 bit），而非由包含 DCI 的 BWP 1 的大小决定。反之，当 BWP 2 中的 DCI 跨 BWP 调度 BWP 1 中的频域资源时，Type 0 Bitmap 由被调度的 BWP 1 的大小决定（即 10 bit）。

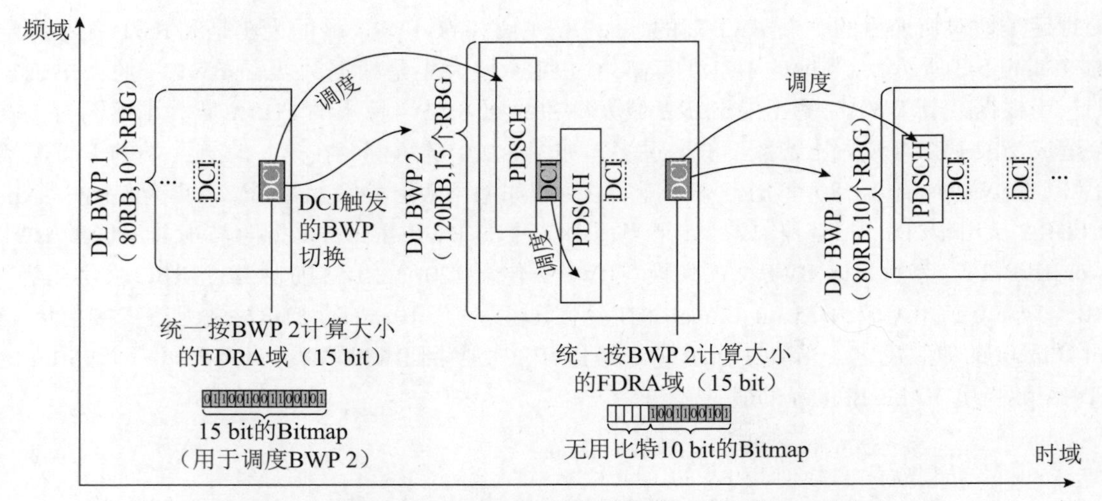

图 5-10　解决 BWP 切换过程中的频域资源指示问题的第一种方案

- 方案 2：FDRA 域大小随当前激活 BWP 的大小变化，当 FDRA 域大小不足时，通过在 FDRA 域的高位（Most Significant Digit，MSD）补零；当 FDRA 域大小冗余时，终端将 FDRA 域高位的几比特剪除（Truncate）之后再用于资源分配。如图 5-11 所示，当激活 BWP 为 BWP 1 时，FDRA 域的大小为 10 bit，如果跨 BWP 用于调度 BWP 2 中的频谱资源，需要在原有 10 bit 的高位补 5 bit 零，形成 15 bit 的 Type 0 Bitmap；当激活 BWP 为 BWP 2 时，FDRA 域的大小为 15 bit，如果跨 BWP 用于调度 BWP 1 中的频谱资源，需要将原有 15 bit 从高位剪除 5 bit，形成 10 bit 的 Type 0 Bitmap。

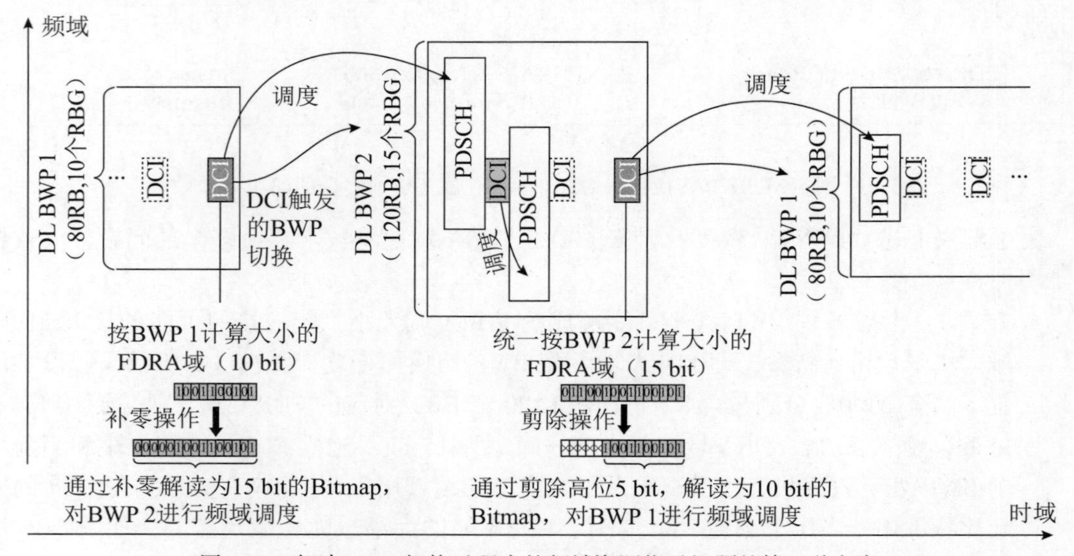

图 5-11　解决 BWP 切换过程中的频域资源指示问题的第二种方案

方案 1 的优点是可以避免 FDRA 域的大小变化，避免了因比特数不够带来的补零操作，可以获得充分的调度灵活性，缺点是在某些情况下的 FDRA 域信令开销较大，这与 5.2.2 节的方案 3 的问题类似。方案 2 的优点是 FDRA 域信令开销较小，缺点是在比特数不够时需要进行补零操作，且损失了部分调度灵活性。如图 5-11 所示，补零操作只能让终端正常解读 FDRA 域，但高 5 bit 对应的频域资源是无法实际分配的。对如图 5-11 所示的 Type 0 资源分配，这意味着 BWP 内频率较低的 5 个 RBG 是无法调度给终端使用的。

经过研究，最终还是决定采用方案 2，即 FDRA 域的大小根据当前激活 BWP 确定，缺比特则补零，多比特则剪除。上述示例都是以 Type 0 资源分配类型为例，Type 1 资源分配类型也采用相同的方法处理。

5.2.4　BWP 内的跳频资源确定问题

对于 BWP 常规的频域资源调度中问题，已经在 5.2.2 节、5.2.3 节中作了介绍。对上行信道，由于传输带宽相对较小，频率分集不足，往往采用跳频（Frequency Hopping）技术获得额外的频率分集增益，上行跳频在 OFDM 系统中得到广泛应用，包括 LTE 系统。在 5G NR 标准中，很早就明确也要支持上行跳频技术，但由于 BWP 概念的引入，任何上行信号都需要限制在上行 BWP 内，如何保持跳频资源不超出 BWP 范围而又充分获得跳频增益？需要给出改进设计。

以 LTE PUCCH 信道的跳频方法为例，如图 5-12 所示，LTE PUCCH 跳频的第一步和第二步是以系统带宽的中心镜像对称的，第一步与系统带宽下边缘的距离和第二步与系统带宽上边缘的距离保持一致，均为 D，即将 PUCCH 分布在系统带宽两侧，而将系统带宽的中央部分留给数据信道（如 PUSCH）。这种方法在 LTE 这样采用固定系统带宽的系统中，可以使 PUCCH 获得尽可能大的跳频步长（Hopping Offset），从而最大限度实现跳频增益。

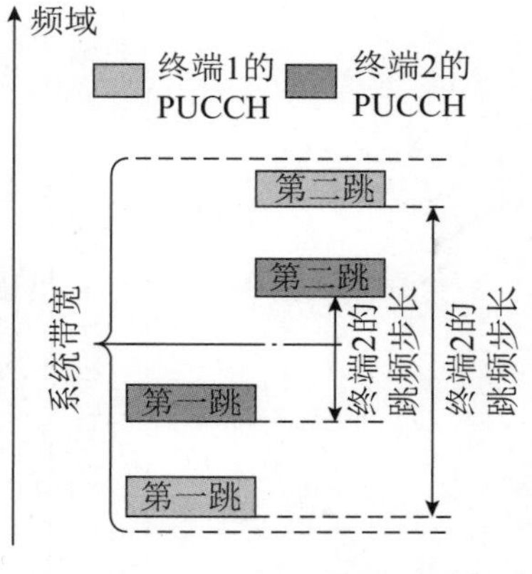

图 5-12　LTE PUCCH 跳频方法示例

但这种设计本身也有一些问题。首先是不同终端的 PUCCH 跳频步长不同，如图 5-12 所示，一些终端的跳频步长较大，PUCCH 更靠近系统带宽边缘，频域分集效果更佳，传输性能更好；而另一些终端的跳频步长较小，PUCCH 更靠近系统带宽中央，频域分集效果更差，传输性能较差。这在 LTE 通常采用 20 MHz、10 MHz 系统带宽的系统里问题并不突出，但在 5G NR 系统中，当激活上行 BWP 较小时，位于中央的 PUCCH 的跳频步长会进一步缩小，影响 PUCCH 传输性能。

因此必须考虑通过 RRC 信令对跳频步长进行灵活配置，以适应不同的 BWP 大小。可供选择的方案有 3 种。

- 方案 1：RRC 配置跳频步长的绝对值。
- 方案 2：RRC 直接配置每跳的频域位置。
- 方案 3：基于 BWP 大小定义跳频步长。

有意思的是，这 3 种方案最终均被 5G NR 标准采纳，分别用于不同信道、不同场景。方案 1 被用于 RRC 连接后的 PUSCH 跳频资源指示；方案 2 被用于 RRC 连接后的 PUCCH 跳频资源指示；方案 3 被用于 RRC 连接之前（即初始接入过程中）的 PUSCH 及 PUCCH 跳频资源指示。

方案 1 是配置从第一跳到第二跳相差的 RB 数量 RB_{offset}，当 DCI 指示了第一跳的频域位置 RB_{start} 时，就可以计算出第二跳的频域位置 $RB_{start}+RB_{offset}$，如图 5-13 所示。

如图 5-13 所示，如果第一跳的位置 RB_{start} 接近 UL BWP 的低端，第二跳的位置 $RB_{start}+RB_{offset}$ 不会超出 UL BWP 的高端。但是，如果 RB_{start} 靠近 UL BWP 的高端，第二跳的位置就有可能超出 UL BWP 的高端，造成频域资源指示错误。为了解决这个问题，最终 5G NR 标准采用“第二跳位置模 BWP”的方法来解决这个问题，如式（5.2）。如图 5-14 所示，如果第二跳位置 $RB_{start}+RB_{offset}$ 超出了 UL BWP，则对 UL BWP 大小取模，将第二跳的位置卷回 UL BWP 内。

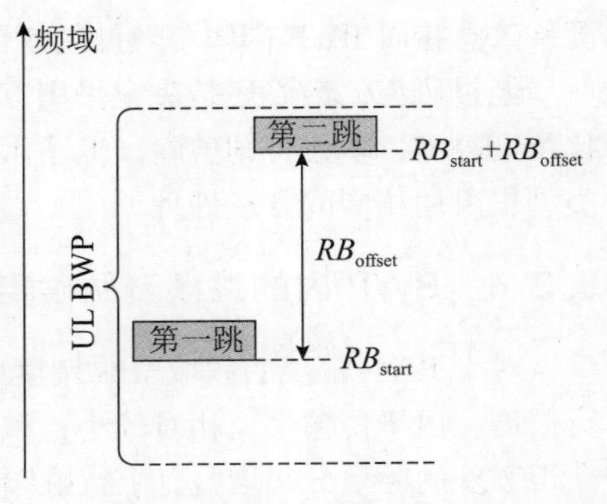

图 5-13　NR PUSCH 跳频指示

$$RB_{start}=\begin{cases} RB_{start} & i=0 \\ (RB_{start}+RB_{offset}) \bmod N_{BWP}^{size} & i=1 \end{cases} \tag{5.2}$$

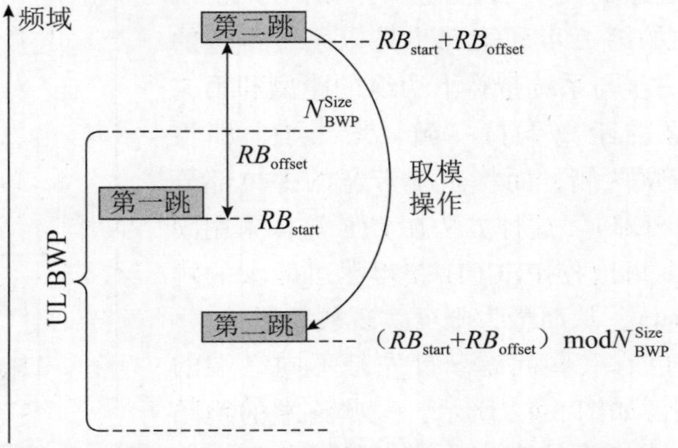

图 5-14　保证不超出 UL BWP 范围的 NR PUSCH 跳频资源取模方法

细心的读者可能发现，式（5.2）实际上是存在一些问题的：式（5.2）只保证了 PUSCH 第二跳的起点 RB 落在 UL BWP 范围内，但当第二跳的频域宽度较宽时，仍可能产生错误。假设每一跳的频域资源包含 L_{RBs} 个 RB，如图 5-15 所示，第二跳的起始位置在 UL BWP 之内，按式（5.2）不会触发取模操作，但第二跳又有一部分 RB 超出了 UL BWP 范围，无法进行正确的跳频操作。

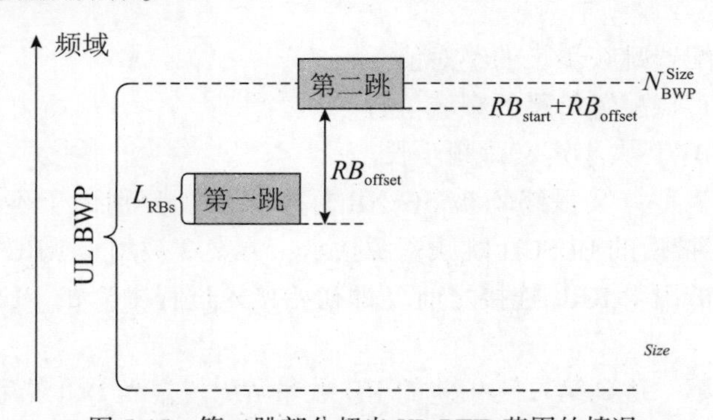

图 5-15　第二跳部分超出 UL BWP 范围的情况

一种改进方法，是将式（5.2）修改为式（5.3），即在取模操作中把第二跳的 RB 数量考虑进去。如图 5-16 所示，只要第二跳的一部分落在 UL BWP 外，也可以触发取模操作，将第二跳卷回UL BWP内[11]。这种改进方案提出的较晚，考虑到对R15 NR研发产品的影响，这个改进方案没有被标准接收。这是R15 NR标准的一个瑕疵，要避免出现这个错误，会对NR基站造成一定调度限制，即基站的调度不能出现第二跳的一部分在UL BWP外的情况。

$$RB_{\text{start}}=\begin{cases}RB_{\text{start}}, & i=0\\(RB_{\text{start}}+RB_{\text{offset}})\bmod(N_{\text{BWP}}^{\text{size}}-L_{\text{RBs}}), & i=1\end{cases}\qquad(5.3)$$

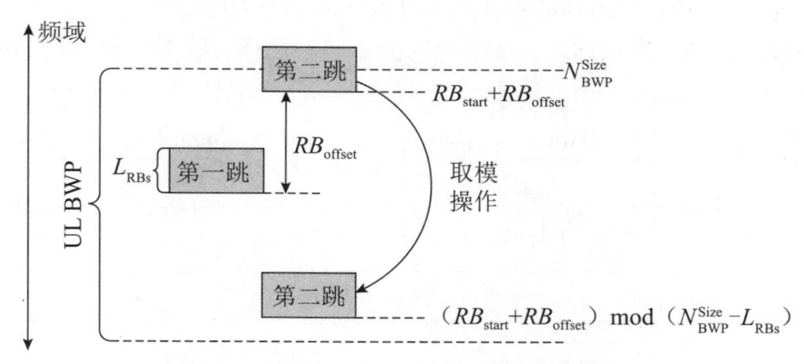

图5-16　改进的NR PUSCH跳频资源取模方法

总的来说，方案1的优点是可以使用DCI直接指示第一跳的频域位置，调度灵活性最高，但半静态配置的跳频步长可能产生的错误，需要依靠对BWP大小取模的操作来修正（如上所述，最终标准采用的取模公式有一些瑕疵）。

方案2的优点是每一跳的频域位置是分别配置的，且可以针对不同UL BWP分别配置，因此可以避免任何一跳的频域资源落在UL BWP之外。方案2的缺点是不能直接通过DCI指示第一跳的频域位置，只能在几个配置好的候选位置中选择一个，调度的灵活性远不如方案1，因此不适于PUSCH的资源分配，但用于PUCCH资源分配是满足要求的。因此，这种方案最终被用于NR PUCCH资源分配，具体介绍详见5.5.5节所述。

相对方案1和方案2，方案3的优点是跳频步长与BWP大小绑定，不依赖于RRC配置。如图5-17所示，可以将跳频步长定义为BWP大小的1/2或1/4。如第4章所述，在任一时刻，终端都确知当前的激活UL BWP，因此可以自动算出应该使用的跳频步长。在RRC连接之后，虽然这个方案可以节省一点RRC信令开销，但远没有方案1和方案2灵活。但在RRC连接建立之前（如初始接入过程中），无法通过RRC信令对跳频步长或每一跳的频域位置进行配置，方案3就成为一个有吸引力的方案了。因此，在随机接入过程中，第三步（Msg3）的NR PUSCH跳频步长就定义为 $[N_{\text{BWP}}^{\text{size}}/2]$、$[N_{\text{BWP}}^{\text{size}}/4]$ 或 $-[N_{\text{BWP}}^{\text{size}}/4]$，具体由RAR（随机接入反馈）来指示选择。

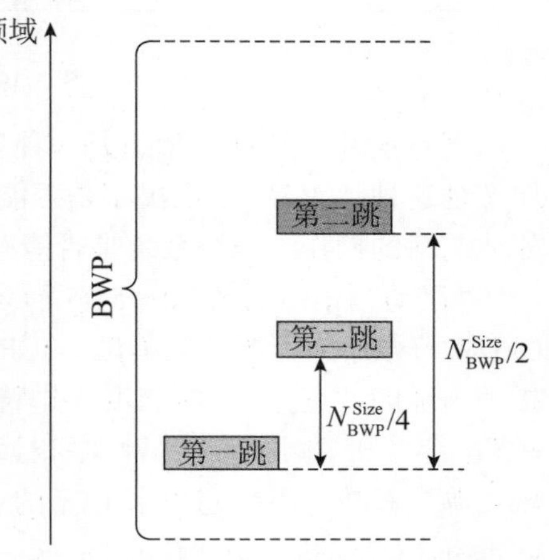

图5-17　基于BWP大小定义跳频步长

5.2.5　信道“起点+长度”调度方法的提出

如5.1.3节所述，在5G NR Study Item引入比时隙更小的Mini-slot时域调度颗粒度，但如何实现基于Mini-slot的灵活时域调度，依赖具体的系统设计。

一种比较保守的建议是沿用 LTE sTTI（short Transmission Time Interval，短发送时间间隔）类似的设计，即将一个 slot 分割成几个小的 Mini-slot。如图 5-18 所示，可以将一个时隙划分为 4 个 Mini-slot，如依次包含 4 个、3 个、3 个、4 个符号，然后基于 Mini-slot 进行资源分配，如 PDSCH 1 包含第一个时隙的 Mini-slot 0，PDSCH 2 包含第一个时隙的 Mini-slot 2 和 Mini-slot 3，PDSCH 3 包含第二个时隙的 Mini-slot 1、Mini-slot 2 和 Mini-slot 3。这种方案只是通过较小的 Mini-slot 长度，减小了 TTI（Transmission Time Interval，发送时间间隔），但并没有实现 Mini-slot 的长度和时域位置的任意灵活性，无法随时开始传输数据，这是一种不彻底的创新。

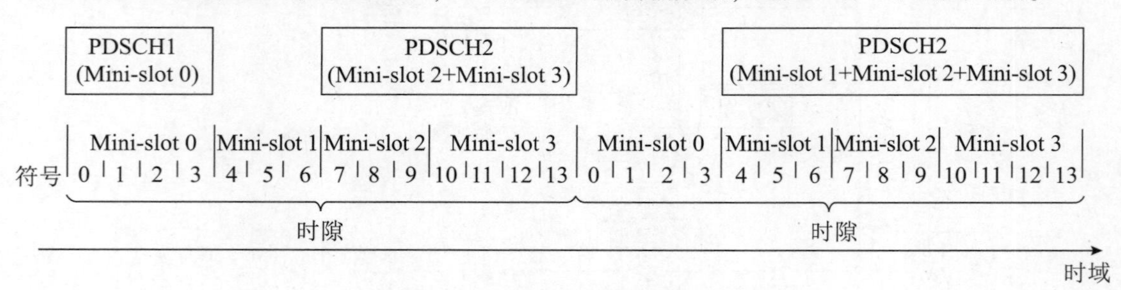

图 5-18　类似 sTTI 的 Mini-slot 结构

另一种方案基于更彻底的创新思想，即设计一种在时域上“浮动”（Floating）的信道结构，一个信道在时域上从任意位置起始、到任意位置终止，如图 5-19 所示，信道就像一个长度可变的船，可以在时间轴上随意浮动。

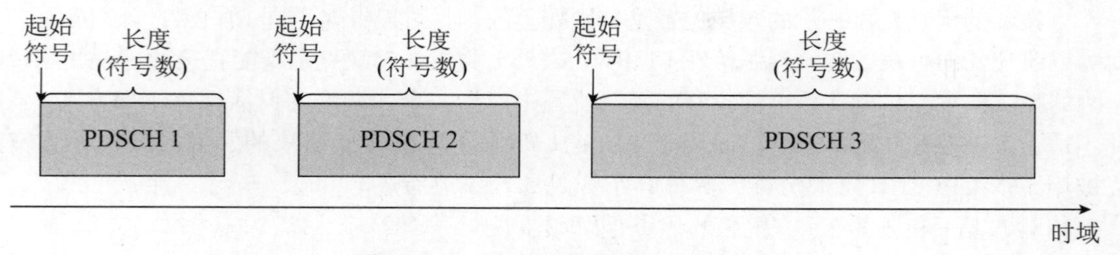

图 5-19　“浮动”式的 Mini-slot 结构

当然这种“浮动”信道是一种理想化的技术概念，多大程度实现这种“浮动”，具体如何实现这种“浮动”，取决于是否能找到一种现实的系统设计，包括设备软硬件是否能实现如此灵活的操作，信令系统是否能有效指示如此灵活的资源分配。

“浮动”信道需要如图 5-18 所示的固定 Mini-slot 网格更细的资源分配颗粒度，即直接用 OFDM 符号作为资源分配单位。3GPP 首先引入了这种“符号级调度”的设计思想[7]，比如指示信道的“起始符号+长度（即符号数量）”（如图 5-19 所示）或指示信道的“起始符号+终止符号”。理论上，这种“符号级调度”可以为信道分配一个任意长度、任意位置的时域资源，其功能不仅超出了 LTE 的“时隙级调度”，也已经超越了早期的 Mini-slot 概念，因此也就不需要再使用 Mini-slot 这一概念，NR R15 标准中也没有使用这个概念。在 R16 URLLC 标准中，为了在一个时隙内传输多个用于 HARQ-ACK 反馈的 PUCCH 且简化多个 PUCCH 之间的冲突解决问题，又引入了和 Mini-slot 相似的 Sub-slot（子时隙）概念，我们将在第 15 章中具体介绍。

5.2.6　起始符号指示参考点的确定

如图 5-19 所示的“符号级调度”首先要解决的一个问题是：如果信道是完全“浮动”的，

那么我们如何指示它的起始符号？就像一艘在河道中漂浮的船，需要一个“锚点”来确定它的相对位置。这个参考点（Reference Point）有两种选择：时隙边界或调度这个信道的 PDCCH。

方法 1：相对时隙边界（Slot Boundary）来指示信道起点符号。

如图 5-20 所示，以信道起点所在的时隙的边界（Symbol 0）为参考点，指示信道的起始符号。如图中示例，PDSCH 1 的起始符号是 Symbol 0，PDSCH 2 的起始符号是 Symbol 7，PDSCH 3 的起始符号是 Symbol 3。可以看到，PDSCH 的起始符号编号与调度它的 PDCCH 的位置无关。

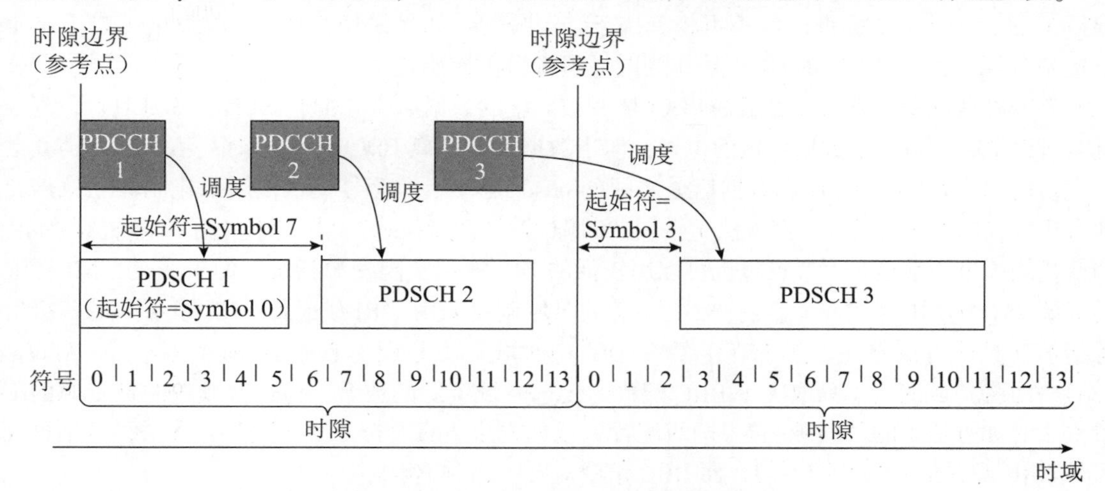

图 5-20　相对时隙边界指示信道的起始符号

方法 2：相对 PDCCH 来指示信道起点符号。

如图 5-21 所示，以调度数据信道的 PDCCH 的起点为参考点，指示数据信道起点相对 PDCCH 起点的偏差（Offset），如图中示例，PDSCH 1 和调度它的 PDCCH 同时开始，因此它的起始符号是 Symbol 0；PDSCH 2 在调度它的 PDCCH 之后 2 个符号开始，因此它的起始符号是 Symbol 2；PDSCH 3 在调度它的 PDCCH 之后 7 个符号开始，因此它的起始符号是 Symbol 7。可以看到，PDSCH 的起始符号编号与它所在的时隙的位置无关，在图 5-21 中时隙的边界都不用体现。

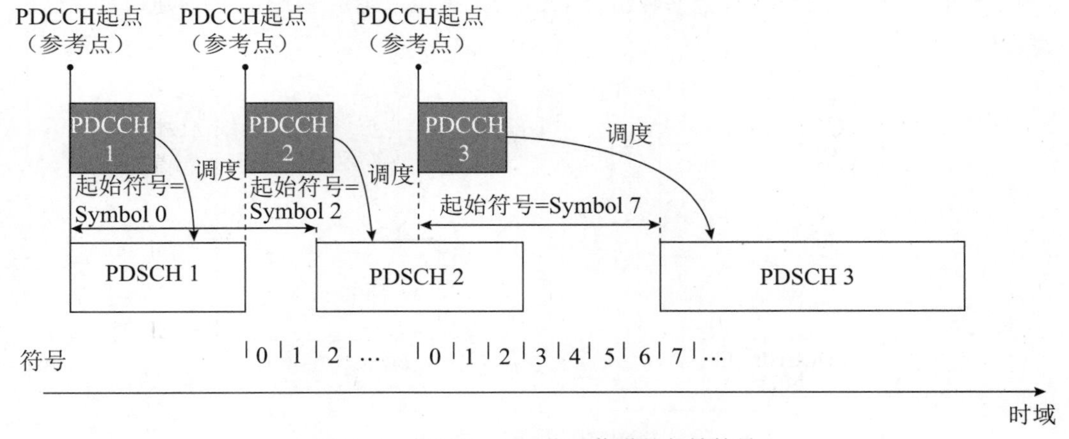

图 5-21　相对 PDCCH 指示信道的起始符号

方法 1 的优点是设备实现简单，缺点是仍然依赖时隙作为资源分配单元，即须采用“时隙+符号两级调度”，没有完全让信道在时域上“浮动”起来。方法 2 直接采用“符号级调度”，优点是实现了无限制的“浮动信道”，尤其是面向低时延传输，PDCCH 和被调度数据信道距离较近时，用“符号级调度”效率更高。方法 2 可以完全摆脱时隙概念进行资源分配，是对 LTE 资源分配方式更彻底的突破。需要说明的是，子帧在 LTE 中作为基本的资源分配颗粒度，在 NR 标准中已经蜕化为一个单纯的 ms 级定时工具，不再承担资源分配的功能。在 NR 标准中，随着 OFDM 子载波间隔的变化，OFDM 符号周期和时隙长度都会随之变化，子载波间隔越大，时域资源分配颗粒度越细。而子帧长度不随子载波间隔变化，始终保持 1 ms，因为 NR 标准已经不再将其用于资源分配。如果采用方法 2，时隙也可以不再用于资源分配，而只使用 OFDM 符号作为时域资源分配颗粒度。

有一种考虑是，方法 2 虽然在 PDCCH 和被调度的数据信道（如 PDSCH、PUSCH）距离较近时可以更高效地指示数据信道的位置，但当数据信道距离 PDCCH 较远时，信令的开销就会很大。例如，如果 PDCCH 和数据信道之间的 offset 是几十个符号，直接用二进制表达就需要很多比特，DCI 开销过大。而方法 1 采用“时隙+符号两级指示”，相当于采用了 14 进制指示，即使相隔几十个甚至几百个符号也可以用较低的 DCI 开销实现资源指示。但事实是，NR 标准的资源指示方法不存在这个差别，因为 NR 的时域调度采用“RRC 配置+DCI 指示”的两级资源指示（具体方法将在 5.2.7 节介绍），DCI 中时域资源分配（Time-Domain Resource Allocation，TDRA）域的大小只取决于 RRC 配置的候选时域资源的数量，与这些候选时域资源的配置方法（如方法 1 的“时隙+符号两级配置”或如方法 2 的“符号级配置”）无关，区别可能只是 RRC 配置信令的开销不同，而 RRC 信令对开销相对不敏感。

经过研究，R15 NR 标准最终决定采用方法 1，即“时隙+符号两级调度”，主要原因还是从产品实现难度考虑的。以当前 5G 设备的软硬件能力，无论基站还是终端，都还要依赖时隙这样的时域网格进行时序操作的参考周期，完全消除时隙概念，进行灵活的“纯符号级”操作，在近期内，设备实现难度过高。

时隙级指示信息指示从 PDCCH 到数据信道的时隙级偏移，具体的，从 PDCCH 到 PDSCH 的时隙级偏移定义为 K_0，从 PDCCH 到 PUSCH 的时隙级偏移定义为 K_2。如图 5-22 所示，以 PDSCH 为例，首先用时隙级指示符 K_0 指示包含 PDCCH 的时隙与包含被其调度的 PDSCH 的时隙之间相差几个时隙，然后用符号级指示符 S 指示从 PDSCH 所在时隙的边界到 PDSCH 的起始符号相差几个符号。这样终端通过参数组合（K_0，S）就可以确定 PDSCH 的时域位置了。

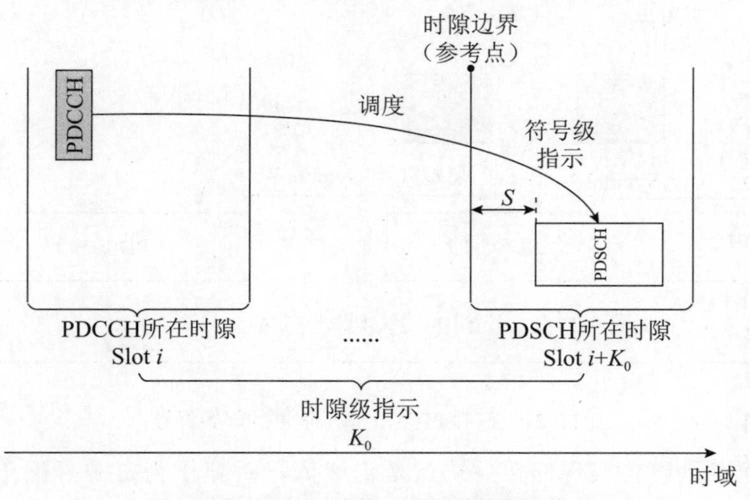

图 5-22 “时隙+符号”两级时域资源指示

虽然 R15 NR 标准采用了方法 1 进行数据信道时域资源指示，但方法 2 在低时延调度方面还是具有一定优势的，尤其是考虑到“RRC 配置+DCI 指示”两级指示信令结构。相关内容在 5.2.9 节介绍。

5.2.7　指示 K_0 与 K_2 的参考子载波间隔问题

在 5.2.3 节中，我们介绍了在 BWP 切换过程中，由于新、旧 BWP 大小变化带来的 DCI 中 FDRA 域的比特数变化问题。如果两个 BWP 的子载波间隔不同，还需要解决 K_0、K_2 用哪个子载波间隔计算的问题。

如果 PDCCH 和被它调度的数据信道所处的 BWP 的子载波间隔不同（PDCCH 和 PUSCH 分别在 DL BWP 和 UL BWP 中传输，因此总是处于不同的 BWP，PDCCH 和 PDSCH 在“跨 BWP 调度”时处于不同的 DL BWP）。以 PDSCH 为例，如图 5-23 所示，假设 PDCCH 所处的 BWP 的子载波间隔 SCS = 60 kHz，PDSCH 所处的 BWP 的 SCS = 30 kHz，则 PDCCH 的时隙长度为 PDSCH 时隙长度的 1/2。如果按照 PDCCH 的 SCS 计算 K_0，$K_0 = 4$，按照 PDSCH 的 SCS 计算 K_0，$K_0 = 2$。经过研究，最终决定用被调度的数据信道的 SCS 计算，一个原因是符号级调度参数（如起始符号 S、符号数 L）肯定要以数据信道自己的 SCS 计算，因此 K_0、K_2 用数据信道的 SCS 计算也是比较合理的。

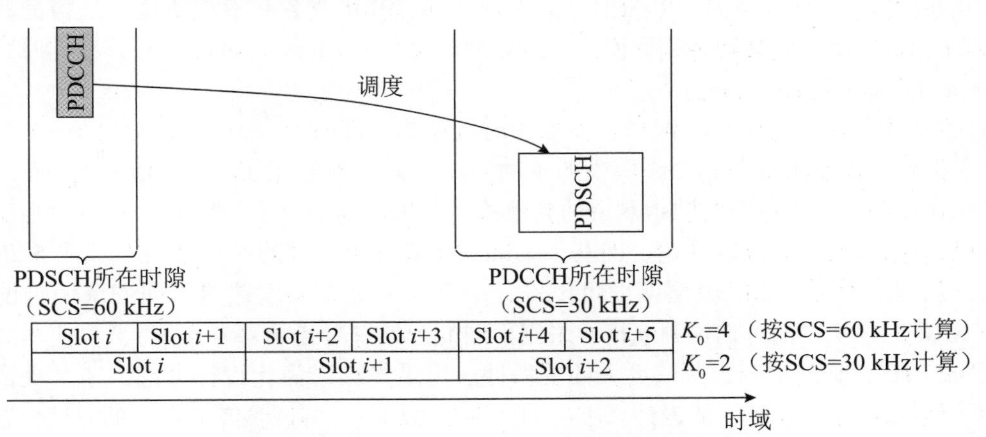

图 5-23　采用 PDCCH 和 PDSCH 的子载波间隔计算

需要说明的是，按照最终传输的信道的 SCS 计算各种时域偏移量，不仅包括 K_0、K_2，还包括从 PDSCH 到相应的 HARQ-ACK 的时间偏移量 K_1，即某个 PDSCH 的 HARQ-ACK 反馈在一个 PUCCH 中传输，如果这个 PUCCH 和 PDSCH 具有不同的 SCS 时，按照 PUCCH 的 SCS 计算 K_1。

5.2.8　Type A 与 Type B 映射类型

在 5.2.6 节中，我们讨论了支持灵活与调度的“浮动”信道结构，考虑到现实产品实现的难度，仍然保留了时隙结构作为调度的参照，即信道可以在时隙内部浮动，但不能跨时隙边界随意浮动。如果一个信道的起始点比较接近一个时隙的末尾，而信道的长度又比较长，则其尾部有可能进入下一个时隙内。从调度信令角度，这种跨时隙边界的时域资源分配也并没有什么难度，但这同样会对设备实现带来额外复杂度，从设备时序操作角度，还是需要在每个时隙范围内完成各种信道处理。因此，在 R15 阶段，最终确定一次传输不能跨越时隙边界，如图 5-24 所示。在 R16 URLLC 项目中，为了降低时延，提高调度的灵活性，跨时隙边界的调度方式在上行数据传输中被支持。

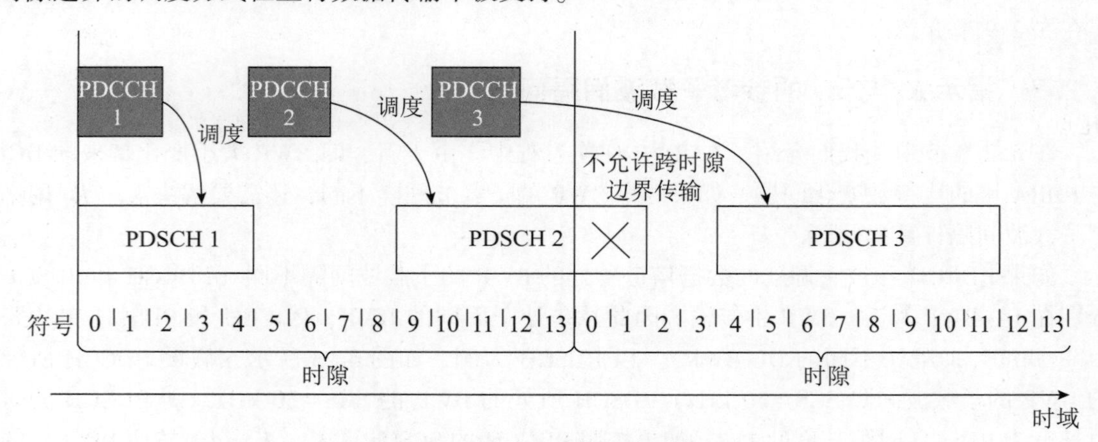

图 5-24　不允许一次传输跨时隙边界

即使只允许信道在一个时隙内“浮动”，这对设备实现仍然是较高的要求，对所有 5G 终端均强制满足这个要求是不尽合理的，虽然低时延的 5G 业务（如 URLLC 业务）要求在时隙内随时开始传输 PDSCH、PUSCH，但大量普通 eMBB 业务并不需要这么严格的时延要求。因此，最终决定定义两种调度模式：时隙型调度（Slot-based Scheduling）和非时隙型调度（Non-slot-based Scheduling）[8]。

时隙型调度其实就是保持和 LTE 类似的时域结构，即时隙（5G NR 系统的一个时隙包含 14 个符号，长度相当于 LTE 系统中的子帧）头部几个符号用于传输 PDCCH，而 PDSCH 或 PUSCH 原则上占满这个时隙中剩余的其他符号［如图 5-25（a）所示］。而非时隙型调度则可以从时隙内的任何位置开始，即基于 Mini-slot 或基于符号的信道结构［如图 5-25（b）所示］。从理论上说，非时隙型调度可以设计一套和时隙型调度截然不同的资源分配方法（如由 RRC 配置不同的可选资源表格、采用不同的起始符号指示参考点等），以使非时隙型调度摆脱 LTE 设计的限制，获取更大的灵活性。但最终出于简化设计考虑，还是决定对两种调度模型采用尽可能统一的设计，唯一的区别是 DMRS（解调参考符号）的时域位置的指示方法有所不同。

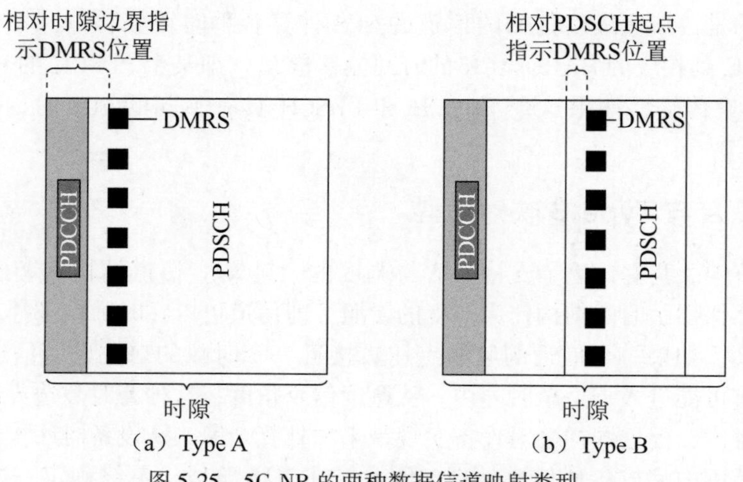

图 5-25　5G NR 的两种数据信道映射类型

如图 5-25 所示的示例，假设 DMRS 位于 PDSCH 中的某个符号（图中的 DMRS 图案仅供示意性的说明 PDSCH 的时域资源结构，NR 系统的 DMRS 设计详见 TS38. 211），如果是时隙型调度，则由于 PDSCH 占用一个时隙的所有可用符号，DMRS 放在时隙中相对固定的位置，可以相对时隙边界定义第一列 DMRS 的位置（如图 5-25（a）所示），如“第一列 DMRS 位于时隙的 Symbol 3”，这种 DMRS 映射类型被命名为 Type A。如果是非时隙型调度，则由于 PDSCH 可能从时隙的中间某个位置开始，DMRS 的位置会随 PDSCH 的位置浮动，因此无法相对时隙边界定义第一列 DMRS 的位置，只能相对 PDSCH 的起始点定义第一列 DMRS 的位置［如图 5-25（b）所示］，如“第一列 DMRS 位于 PDSCH 的 Symbol 1”，则这种 DMRS 映射类型被命名为 Type B。因此，5G NR 标准同时支持 PDSCH/PUSCH 映射 Type A 和映射 Type B，相当于支持时隙型调度和非时隙型调度两种资源调度模式，普通 eMBB 终端和业务可以只支持映射 Type A 和时隙型调度，URLLC 等低时延终端和业务还需要支持映射 Type B 和非时隙型调度。

5. 2. 9　时域资源分配信令设计

在 5. 2. 5 节~5. 2. 8 节中，我们依次介绍了 5G NR 时域资源分配中的关键问题及其解决方案，最后需要解决的问题是如何将一系列解决方案统一到一个完整的信令系统中。

如 5. 1 节所述，5G NR 资源分配相对 LTE 的一大增强，是尽可能采用 DCI 动态指示，支持更灵活的调度。但完全依靠 DCI 调度如此多资源参数，将造成不可接受的 DCI 信令开销。一个折中方案是采用“RRC 配置+DCI 调度”方法平衡信令开销和调度灵活度，即先使用 RRC 信令配置一个待调度的资源列表（或称为资源集，Resource Set），然后再通过 DCI 从资源列表或资源集中选定一个资源。例如，如果 RRC 配置一个包含 16 个资源的列表，DCI 只需要 4 bit 就可以完成指示。而表中每个资源可能需要十几比特来配置，但 RRC 信令通过 PDSCH 承载，是可以承受较大信令开销的。

接下来的问题，是将哪些资源参数配置在资源列表中，哪些被 DCI 直接指示。在这个问题上两类信道要分别考虑：数据信道（PDSCH、PUSCH）和 PUCCH。PUCCH 资源分配问题将在 5. 5. 4 节中专门介绍，这里集中在 PDSCH 和 PUSCH 的资源分配。根据 5. 2. 5 节~5. 2. 8 节，需要由基站指示给终端的 PDSCH 和 PUSCH 的资源参数包括以下几个。

- 时隙级指示信息：K_0（从 PDCCH 到 PDSCH 的时隙级偏移量）、K_2（从 PDCCH 到 PUSCH 的时隙级偏移量）。
- 符号级指示信息：PDSCH、PUSCH 的起点符号和长度（符号数）。
- 映射类型：Type A 还是 Type B。

表 5-4　5G NR 时域资源为配的几种信令设计方案

方　案	映射类型（Type A 或 Type B）	时隙级指示信息（K_0、K_2）	符号级指示信息（起点符号和长度）
方案 1	配置在 RRC 列表中	配置在 RRC 列表中	配置在 RRC 列表中
方案 2	DCI 直接指示	配置在 RRC 列表中	配置在 RRC 列表中
方案 3	DCI 直接指示	DCI 直接指示	配置在 RRC 列表中

可能的信令结构包括以下几种。

方案 1 是将 3 个参数全部配置在资源列表中。这种方案可以最大限度降低 DCI 开销，并可以任意配置各种资源参数组合（4 bit 可以指示 16 种组合），缺点是 3 个参数都只能“在半静态配置的基础上动态指示”，如果发现想要使用的参数组合没有配置在资源列表中，只能通过 RRC 信令重配资源列表，但这需要较大时延才能实现。

方案 2 是将时隙级 K_0、K_2 和符号级指示信息 S（起始符号）、L 配置在资源列表中，而在 DCI 中留出 1 bit 单独指示 PDSCH/PUSCH 的映射类型。这种方案可以更灵活地指示映射类型，对每种 K_0/K_2、S、L 的组合都可以灵活选择采用 Type A 或 Type B，缺点是映射类型占用了 DCI 中的 1 bit，如果 TDRA 域一共 4 bit，剩下 3 bit 只能配置 8 种 K_0/K_2、S、L 的组合。

方案 3 进一步将 K_0、K_2 也用 DCI 直接指示，在完全动态指示 K_0、K_2 的同时，可以配置 S、L 的组合进一步减少。

经过研究，PDSCH、PUSCH 的时域资源分配最终采用方案 1。这种方案将可用时域资源的“配置权”完全交给了基站，如果基站能“聪明”地在列表中配置最优化的候选资源，则能够获得最优的资源分配效果。但 PUCCH 时域资源则采用了类似方案 3 的方法，即从 PDSCH 到 HARQ-ACK 的时隙级偏移量 K_1 在 DCI 直接指示，符号级信息配置在 PUCCH 资源集中。可见上述方案 1、方案 2、方案 3 并没有绝对的优劣之分，可以考虑基站调度算法复杂度和灵活性之间的平衡进行选择。K_2、K_1 的最小取值还要受到终端处理能力的限制，相关内容将在 15.3 节介绍。

表 5-5 是一个典型的 PUSCH 时域资源列表的示例（摘选自 3GPP 规范 TS 38.214 [9]），我们这里以 PUSCH 举例，对 PDSCH 情况是类似的。可以看到，列表中包含 16 个候选 PUSCH 时域资源，每个资源由一个映射类型、K_2、S、L 的组合表达。

表 5-5　PUSCH 时域资源列表示例

资源编号	PUSCH 映射类型	时隙级指示信息 K_2	符号级指示信息	
			起始符号 S	长度 L
1	Type A	0	0	14
2	Type A	0	0	12
3	Type A	0	0	10
4	Type B	0	2	10
5	Type B	0	4	10
6	Type B	0	4	8
7	Type B	0	4	6
8	Type A	1	0	14
9	Type A	1	0	12
10	Type A	1	0	10
11	Type A	2	0	14
12	Type A	2	0	12
13	Type A	2	0	10
14	Type B	0	8	6

续表

资源编号	PUSCH 映射类型	时隙级指示信息 K_2	符号级指示信息	
			起始符号 S	长度 L
15	Type A	3	0	14
16	Type A	3	0	10

如图 5-26 所示，这 16 个资源包括分布在 PDCCH 之后各个时隙的不同位置、长度的资源。可以看到，Type B 资源（从时隙中间开始）集中在 PDCCH 所在的时隙（Slot i，即 $K_2=0$），这是因为，如果这些资源的目的是获得低时延，在时隙 Slot i+1、Slot i+2、Slot i+3 的资源显然不可能取得低时延的效果了，所以在这些时隙配置 Type B 资源没有意义。当然，标准并不限制在 $K_0\neq0$ 或 $K_2\neq0$ 的时隙里配置 Type B 资源，但如果那样做，应该并不是为了实现低时延，而是出于灵活的信道复用等其他考虑。

另外需要注意的是，在图 5-26 所示的示例中，资源 1、资源 2、资源 3 显然不能用于 TDD 系统，因为 PUSCH 不可能与 PDCCH 同时传输，资源 4 用于 TDD 系统也很困难。这些 $K_2=0$ 且起始于时隙头部的 PUSCH 资源只能用于 FDD 系统。

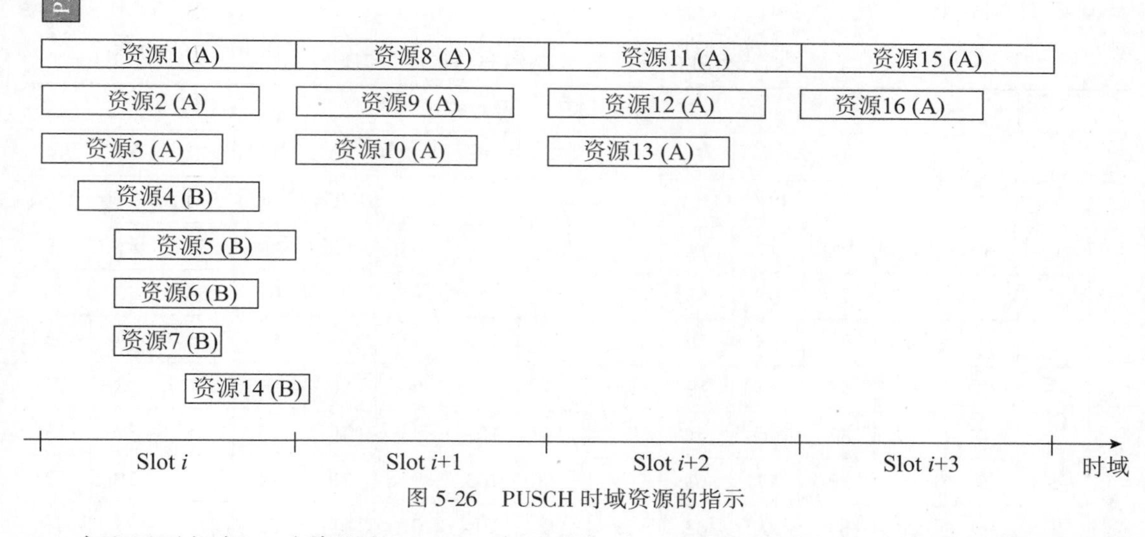

图 5-26 PUSCH 时域资源的指示

在配置了包含 16 个资源的 PUSCH 资源列表后，通过 DCI 中 4 bit 的 TDRA 域就可以从这 16 个资源中动态指示一个资源，终端采用 DCI 指示的资源发送 PUSCH。PDSCH 的资源列表配置和指示方法与 PUSCH 基本相同，这里不再赘述。

如上所述，5G NR 是采用“RRC 配置+DCI 调度”方法来尽可能获取调度灵活性的。但是，表 5-5 所示的是“起始符号 S 和长度 L 分开配置”的方法不是用于 RRC 配置的资源列表的，这种方法主要用于预定义的“缺省时域资源分配列表”（即 Default PDSCH TDRA 和 Default PUSCH TDRA），这些缺省资源列表往往用于初始接入过程或一些不需要很高灵活度的资源调度。如果是在初始接入过程中，RRC 连接尚未建立，还无法通过 RRC 信令配置资源列表，因此只能使用缺省资源列表，缺省列表是在标准中直接定义的（见文献［9］的 5.1.2.1.1 节和 6.1.2.1.1 节），不需要考虑信令开销的问题。但要获得更高的调度灵活性，资源列表还是需要采用 RRC 信令按需配置。如果是通过 RRC 信令配置，“起始符号 S 和长度 L 分开配置”会带来较大的信令开销，虽然 RRC 信令对开销不如 DCI 敏感，但也应该尽可能压缩信令开销。

压缩的方法是对起始符号 S 和长度 L 进行联合编码，即用一个“起点与长度指示符”（SLIV）表达一对 S 和长度 L 的值，算法为：

if $(L-1) \leqslant 7$ then

$SLIV = 14(L-1)+S$

else

$SLIV = 14(14-L+1)+(14-1-S)$

where $0<L\leqslant 14-S$

同为“起点+长度”联合编码，SLIV 采用了与 RIV（Type 1 频域资源指示方法）相似的生成方法，可以用尽可能少的比特数表达各种 S 和 L 的组合，如表 5-6 所示。理论上，S 有 0~13 共 14 个可能的取值，L 有 1~14 共 14 个可能的取值，按照 $SLIV=14(L-1)+S$ 生成的矩阵，128 个值（7 bit）最多只能表达 14 个 S 值与 9 个 L 值的组合。但是如 5.2.8 节所述，由于 R15 NR 标准不允许 PDSCH、PUSCH 跨越时隙边界，因此 $S+L\leqslant 14$。有了这个限制，使我们可以把矩阵副对角线以下的一部分元素搬移到副对角线以上，从而可以用 7 bit 表达 14 个 S 值与 14 个 L 值的组合，如表 5-6 所示灰色的部分，这是 SLIV 公式针对 $S\leqslant 8$ 和 $S\geqslant 9$ 采用不同计算公式的原因。

表 5-6　以 SLIV 表达的“起始符号+长度”信息

		长度 L（符号数）													
		1	2	3	4	5	6	7	8	9	10	11	12	13	14
SLIV 公式		$SLIV=14(L-1)+S$									$SLIV=14(14-L+1)+(14-1-S)$				
S（起始符号）	0	0	14	28	42	56	70	84	98	97	83	69	55	41	27
	1	1	15	29	43	57	71	85	99	96	82	68	54	40	26
	2	2	16	30	44	58	72	86	100	95	81	67	53	39	25
	3	3	17	45	45	59	73	87	101	94	80	66	52	38	24
	4	4	18	32	46	60	74	88	102	93	79	65	51	37	23
	5	5	19	33	47	61	75	89	103	92	78	64	50	36	22
	6	6	20	34	48	62	76	90	104	91	77	63	49	35	21
	7	7	21	35	49	63	77	91	105	90	76	62	48	34	20
	8	8	22	36	50	64	78	92	106	89	75	61	47	33	19
	9	9	23	37	51	65	79	93	107	88	74	60	46	32	18
	10	10	24	38	52	66	80	94	108	87	73	59	45	31	17
	11	11	25	39	53	67	81	95	109	86	72	58	44	30	16
	12	12	26	40	54	68	82	96	110	85	71	57	43	29	15
	13	13	27	41	55	69	83	97	111	84	70	56	42	28	14

需要说明的是，根据对调度灵活性、信道复用的不同要求，不同信道有不同的 S、L 取值范围。如表 5-7 所示，Type A 的 PDSCH 和 PUSCH 原则上从时隙头部开始，但由于下行时隙头部可能包含 PDCCH，Type A PDSCH 的起始符号 S 的取值范围为 {0，1，2，3}，而 Type A PUSCH 只能从 Symbol 0 起始。如果要在一个时隙内先后复用 PDCCH 和 PUSCH，可以采用 Type B PUSCH 进行资源指示。另外，Type B PUSCH 支持 {1，2，…，14} 各种长度，但 Type B PDSCH 只支持 {2，4，7} 三种长度，说明 PUSCH 具有比 PDSCH 更灵活的 Mini-slot 调度能力，Mini-slot PDSCH 的调度灵活性有待在 NR 的后续版本中进一步增强。

表 5-7　不同信道的 S、L 取值范围（Normal CP）

信　道	映射类型	S 取值范围	L 取值范围
PDSCH	Type A	{0，1，2，3}	{3，4，…，14}
	Type B	{0，1，…，12}	{2，4，7}
PUSCH	Type A	{0}	{4，5，…，14}
	Type B	{0，1，…，13}	{1，2，…，14}

从表 5-5 所示的例子可以看到，一个资源列表里虽然可以配置 16 个资源，但需要覆盖 K_0/K_2、S、L 等诸多参数的组合，在一个参数上也只能包含少数几种选择。如图 5-27 示例，起始符号 S 只覆盖了 0、2、4、8 共 4 个数值。这就给实现“超低时延”带来了困难。

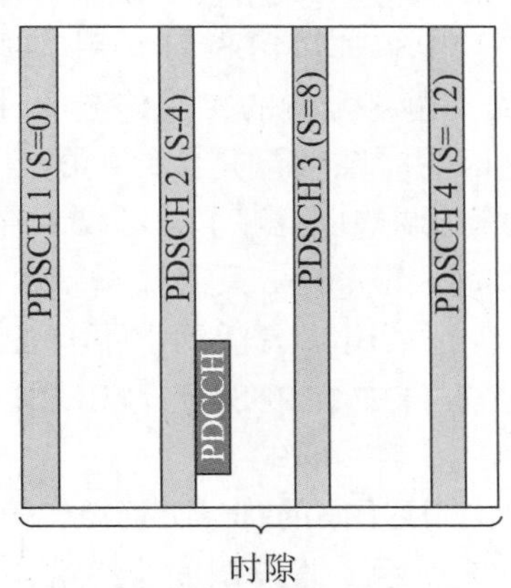

（a）以时隙边界为参考点

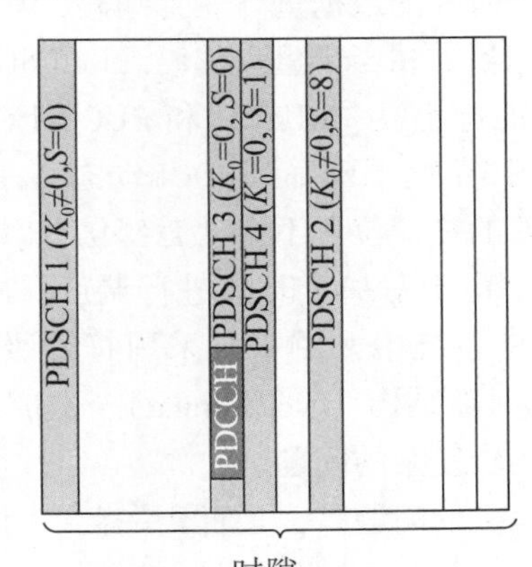

（b）在 K_0=0时采用PDCCH作为参考点

图 5-27　在 $K_0=0$ 时采用 PDCCH 作为参考点有利于快速调度 PDSCH

由于 RRC 配置的资源列表必须事先配置给终端，不可能动态改变，因此只能概略地预估几种可能的起始位置。以 PDSCH 的资源调度为例，假设 4 个候选起始符号位置为 $S=0$、4、8、12，则只能每隔 4 个符号获得一次传输 PDSCH 的机会。如果在两次传输机会之间想要快速调度 PDSCH，也是无法做到的，虽然理论上 Type B PDSCH 的 S 取值范围为 {0，1，…，12}，但真正能接收的 PDSCH 起始位置受限于配置在 PDSCH 资源列表中的少数几个起始位置。如图 5-27（a）所示，即使在 Symbol 5 检测到 DCI，也无法在 Symbol 5、6、7 接收 PDSCH，最早只能在 Symbol 8 开始接收 PDSCH。

如果想解决这个问题，随时快速调度 PDSCH，还是要回到 5.2.6 节中的讨论，以 PDCCH 为参考点指示 PDSCH。如图 5-27（b）所示，如果 PDSCH 资源是相对 PDCCH 指示的，无论 PDCCH 出现在哪个符号，PDSCH 都可以紧紧跟随在 PDCCH 之后传输，即 PDSCH 是随 PDCCH “浮动” 的，可以实现最实时的 PDSCH 传输。为了解决 5.2.6 节中所述的 “相对 PDCCH 指示 PDSCH 难以有效跨时隙调度” 的问题，可以考虑仅在 $K_0=0$ 的情况下采用 PDCCH 作为 PDSCH 调度参考点，在 $K_0\neq0$ 的情况下仍采用时隙边界作为 PDSCH 调度参考点[10]。可以在 PDSCH 资源列表中配置一部分 $K_0\neq0$、以时隙边界为参考点的 PDSCH 资源［如图 5-27（b）中的 PDSCH 1、PDSCH 2］和一部分 $K_0=0$、以 PDCCH 为参考点的 PDSCH 资源［如图 5-27（b）中的 PDSCH 3、PDSCH 4］，如果需要低时延的调度 PDSCH，可以采用 PDSCH 3、PDSCH 4 这样随 PDCCH 浮动的 PDSCH 资源。

由于 R15 NR 标准的重心还是 eMBB 业务，并未对低时延性能进行专门优化，因此这种根据 K_0 的取值确定 PDSCH 资源配置参考点的方案并未被接受，但在 R16 URLLC 增强项目中采用了这种方法，用于缩减 DCI 信令开销。

5.2.10 多时隙符号级调度

多时隙调度（Multi-slot Scheduling）是 5G NR 采用的一种上行覆盖增强技术，即一个 DCI 可以一次性调度多个 slot 的 PUSCH 或 PUCCH，这样 gNB 可以对多个 slot 的 PUSCH 信号进行合并解调，取得更好的等效 SINR。多时隙调度在 LTE 等以前的 OFDM 无线通信系统中就曾使用过，包括时隙聚合（Slot Aggregation）和时隙重复（Slot Repetition）两种类型。时隙聚合是将在多个时隙中传输的数据版本进行联合编码，以在接收端获得解码增益。时隙重复并不对多个时隙的数据进行联合编码，只是简单地将一个数据版本在多个时隙中重复传输，实现能量积累，相当于重复编码。R15 5G NR 对 PUSCH 和 PDSCH 采用了时隙聚合，对 PUCCH 采用了时隙重复，PUSCH 和 PUCCH 在 RRC 半静态配置的 N 个连续的时隙中重复传输。之所以采用半静态配置而非 DCI 动态指示，是因为时隙数量是由终端的信道路损决定的，而终端所处的覆盖位置不会动态变化，因此半静态调整也就够了，可以节省 DCI 开销。

在 LTE 中，由于是基于时隙进行调度，Multi-slot Scheduling 只需要指示时隙的数量即可。但在 5G NR 系统中，由于是采用符号级调度，且采用了灵活的上下行配比（DL/UL Assignment）和时隙结构（Slot Format），造成在各个时隙中给 PUSCH、PUCCH 分配符号级资源成为一个比较复杂的问题。

首先需要解决的问题是，是否允许在不同时隙中调度不同的符号级资源？第一种选择是在各个时隙中分别分配不同的符号级资源，如图 5-28 所示，假设调度给终端 4 个时隙，可以在 4 个时隙里为 PUSCH 的 4 次重复（Repetition）分别分配不同的符号级资源。这种方法虽然可以获得最大的调度灵活性，但需要在 DCI 的 TDRA 域里包含 4 个符号级指示信息，原则上信令开销会增加 3 倍。第二种选择是在各个时隙中均分配相同的符号级资源，即如图 5-29 所示，在 4 个时隙里为 PUSCH 的 4 次重复分配完全相同的符号级资源。这种方法的好处是不需要额外增加 TDRA 域开销，但对调度灵活性影响很大。

最终，5G NR 标准决定采用第二种选择，即牺牲调度灵活性，采用低开销的 “所有时隙采用相同符号级分配” 的调度方法。这种方法对基站调度有较多限制，尤其是解决和上下行配比之间的冲突更为困难。

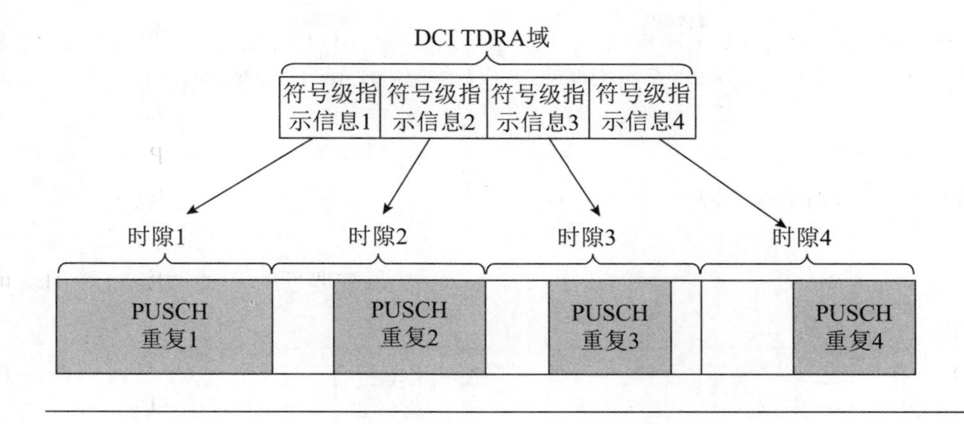

图 5-28 针对不同时隙分别指示不同的符号级资源

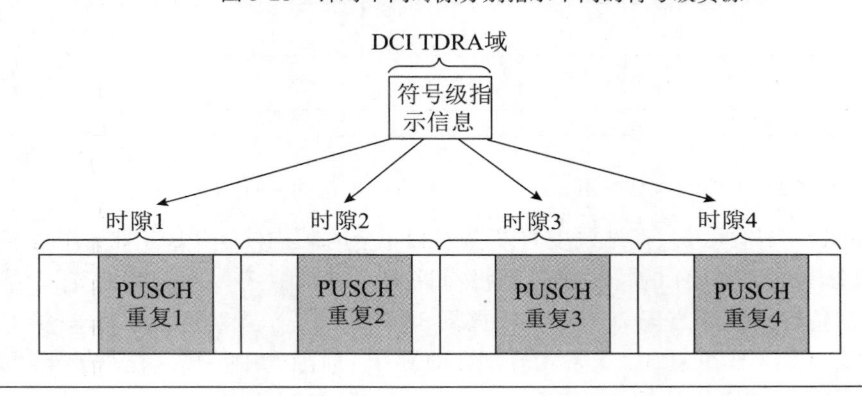

图 5-29 针对不同时隙指示相同的符号级资源

5G NR 系统支持灵活的 TDD（时分双工）操作，即不像 LTE 那样采用固定的 TDD 帧结构，而是可以半静态的配置或动态的指示哪些时隙、符号用于上行，哪些时隙、符号用于下行。5G NR 的灵活 TDD 设计详见 5.6 节，这里不作赘述。本节只讨论多时隙调度如何处理和上下行资源的冲突问题。由于在灵活 TDD 时隙结构下，连续传输的 N 个时隙中经常难以保证全部为上行资源，如果出现上下行资源冲突，原定分配给上行信道的部分符号是无法使用的。在这种情况下，有两种可能的解决方案。

- 方案 1：舍弃掉冲突所在的时隙，即在原定分配的 N 个时隙中，能传输几个时隙就传输几个时隙。
- 方案 2：将冲突的时隙先后顺延，即依次在无冲突的时隙中传输，直至完成 N 个时隙的重复传输。

有意思的是，这两个方案在 R15 5G NR 标准中都得到了采用，即 PUSCH 多时隙传输采用了方案 1，PUCCH 多时隙传输采用了方案 2。

方案 1（如图 5-30 所示），基站调度终端在连续 4 个时隙内发送 PUSCH。假设 TDD 上下行分配（DL/UL Allocation）如图 5-30 所示［实际 NR TDD 系统在下行和上行之间还有灵活（Flexible）符号，这里仅作示意，如何判断一个符号是否可用于上行传输，详见 5.6 节所述］，在时隙 1、2、4 与分配给 PUSCH 的符号级资源没有冲突，但时隙 3 的前半部分为下行，不能用于上行传输，存在资源冲突，因此时隙 3 无法满足 PUSCH 重复 3 的传输。按照方案 1，PUSCH 传输将舍弃 PUSCH 重复 3，仅在时隙 1、2、4 中传输另外 3 个重复。这种方案实际上是一种“尽力而为”的多时隙传输，比较适合 PUSCH 这种数据信道。

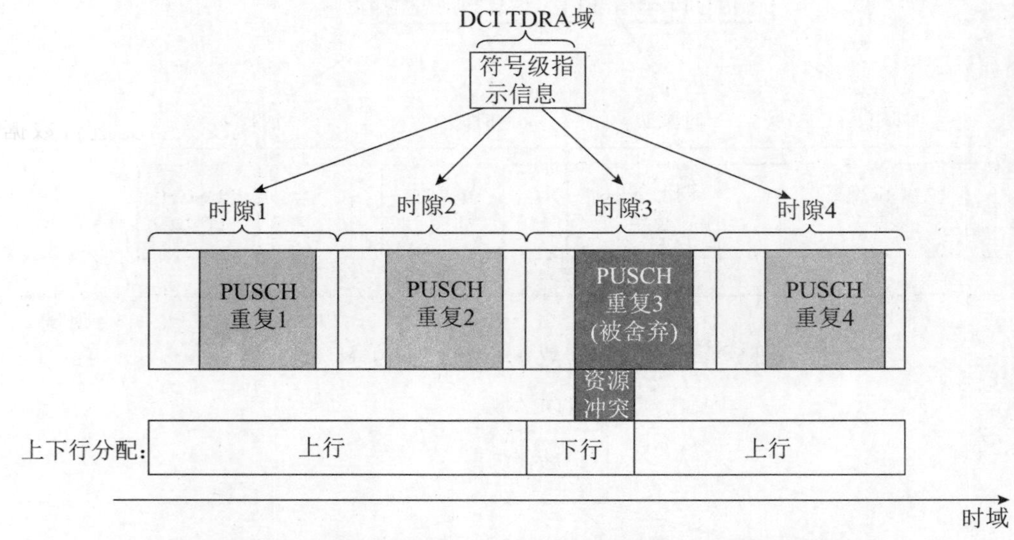

图 5-30 NR PUSCH 采用方案 1 处理与上下行分配冲突的多时隙调度

方案 2（如图 5-31 所示），基站调度终端在连续 4 个时隙内发送 PUCCH。在时隙 1、时隙 2、时隙 4 与分配给 PUCCH 的符号级资源没有冲突，但时隙 3 存在资源冲突，无法满足 PUCCH 重复 3 的传输。按照方案 2，PUCCH 重复 3 将顺延到下一个能满足要求的时隙中传输，按图中示例，PUCCH 重复 3、重复 4 分别在时隙 4、时隙 5 中传输。这种方案可以保证配置的 PUCCH 重复全部得以传输，比较适合 PUCCH 这种控制信道。

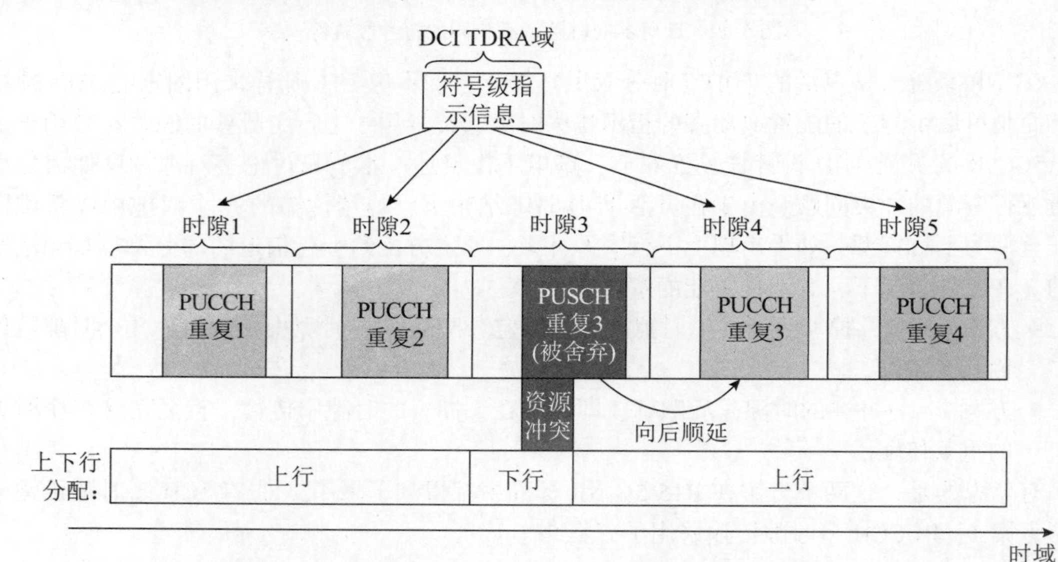

图 5-31 NR PUCCH 采用方案 2 处理与上下行分配冲突的多时隙调度

5.3　码块组（CBG）传输

5.3.1　CBG 传输方式的引入

相较于 LTE 系统，5G 系统的数据传输带宽显著提高。因此当调度大带宽进行数据传输时，传输块（Transport Block，TB）将会非常大。在实际应用中，为了降低实现复杂度，编译码器的输入比特长度都是受限的。当一个 TB 包括的比特数量超过门限时，将会对 TB 进行码块分割得到多个小的编码块（Code Block，CB），而每个 CB 的大小不超过门限。对 LTE 系统，Tubro 码码块分割门限为 6144 bit。在 NR 系统中，LDPC 码码块分割门限为 8448 bit 或 3840 bit。当 TB 的大小增大后，一个 TB 内包含的 CB 的数量也会随之增加。

LTE 系统采用 TB 级的 ACK/NACK 反馈，即一个 TB 中若任意一个 CB 译码失败，将会重传整个 TB。针对 10% BLER 进行统计后，发现由于 TB 内一个 CB 译码失败造成的错误接收占所有错误接收中的 45%。因此在进行 TB 级的重传时，大量的译码正确的 CB 被重传。对 NR 系统来说，由于 TB 内的 CB 数量显著增加，因此重传中会有更大量的无效传输，从而影响系统效率[12-14]。

NR 系统设计之初，为了提高大数据的重传效率，确定采用更精细化的 ACK/NACK 反馈机制，即对一个 TB 反馈多比特 ACK/NACK 信息。在 2017 年 1 月的 RAN1 Ad-Hoc 会议上，提出了 3 种实现对一个 TB 反馈多比特 ACK/NACK 信息方法[16-17]。

方法 1：基于 CB-group（CBG）重传。将一个 TB 划分成多个 CBG，CBG 的数量取决于 ACK/NACK 反馈所支持的最大比特数。该方法的好处之一是有利于降低 URLLC 传输对 eMBB 传输的影响。如图 5-32 所示，当一个 URLLC 占用部分 eMBB 资源进行传输时，只需要对资源冲突的 CBG 进行重传即可。

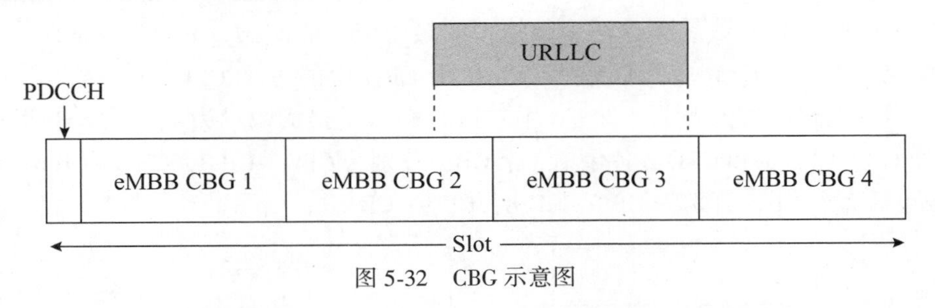

图 5-32　CBG 示意图

方法 2：译码状态信息（Decoder State Information，DSI）反馈。DSI 信息是在译码过程中收集到的，发送端根据反馈的 DSI 信息基于优化函数能够确定需要进行重传的编码比特。

方法 3：外纠删码（Outer Erasure Code）[15]。使用外纠删码（如 Reed-Solomon 码、Raptor 码），接收端不需要反馈译码失败的 CB 的精确位置，只需要上报需要重传的 CB 数量即可。且外纠删码也可以以 CBG 为粒度进行反馈，因此反馈开销小于方法 1。但是外纠删码的缺点之一是难以实现 HARQ 软合并。

由于方法 2 和方法 3 的实际增益不明确，且从标准化及实现角度看都比较复杂，在 RAN1 #88bis 会议上，最终确定支持基于 CBG 的数据传输方式。

5. 3. 2 CBG 的划分

确定采用基于 CBG 的传输方式后，首先达成了如下设计原则[18-20]。

- 针对一个 HARQ 进程内的一个 TB 进行 CBG 重传。
- 一个 CBG 中可以包括一个 TB 中的所有 CB，即回退为基于 TB 的传输。换言之，CBG 传输是可配置的。
- 一个 CBG 中可以只包括一个 CB。
- CBG 的颗粒度是可配置的。

下一个需要解决的问题就是如何将一个 TB 划分成多个 CBG。标准化讨论过程中，主要提出了如下 3 种 CBG 划分方法。

- 方法 1：基站配置 CBG 的数量，每个 CBG 中包括的 CB 数量根据 TBS 确定。
- 方法 2：基站配置每个 CBG 中的 CB 数量，CBG 的数量根据 TBS 确定。
- 方法 3：CBG 的数量或每个 CBG 中包括的 CB 的数量根据 TBS 确定。

由于 CBG 的数量直接关系 ACK/NACK 反馈信息的比特数，因此方法 1 能够较好地控制上行信令开销。对于方法 2，由于 TBS 的取值范围很大，因此会造成反馈信息比特数量发生较大波动。另外，当 ACK/NACK 采用复用传输时，可能会造成基站与 UE 直接 ACK/NACK 反馈信息码本的理解歧义。方法 3 较为复杂，且根据 TBS 同时调整 CBG 数量和每个 CBG 内包括的 CB 数量的意义不大。因此在 RAN1 #89 会议上，一致通过采用方法 1 确定一个 TB 中的 CBG，并且要求每个 CBG 中包括的 CB 数量尽可能平均。

经过 RAN1 #90 及#90 bis 会议进一步讨论，完整的 CBG 划分方法得到通过。具体的，RRC 信令配置每个 TB 包括的 CBG 数量。对于单码字传输，一个 TB 包括的 CBG 最大数量为 2、4、6 或 8。对于双码字传输，一个 TB 包括的 CBG 最大数量为 2 或 4，且每个码字包括的 CBG 最大数量相同。对于一个 TB，其中包括的 CBG 的数量 M 等于该 TB 包括的 CB 数量 C 和配置最大 CBG 的数量 N 这两个数据中的最小值。而前 $M_1=\mathrm{mod}(C, M)$ 个 CBG 中的每个 CBG 包括 $K_1=$「C/M」个 CB，后 $M\text{-}M_1$ 个 CBG 中的每个 CBG 包括 $K_2=$「C/M」个 CB。以图 5-33 为例，RRC 配置一个 TB 中包括的 CBG 的最大数量为 4，一个 TB 根据 TBS 划分成 10 个 CB。CBG 1 和 CBG 2 各包括 3 个 CB，分别为 CB 1～CB 3，CB 4～CB 6。CBG 3 和 CBG 4 各包括 2 个 CB，分别为 CB 7～CB 8，CB 9～CB 10。

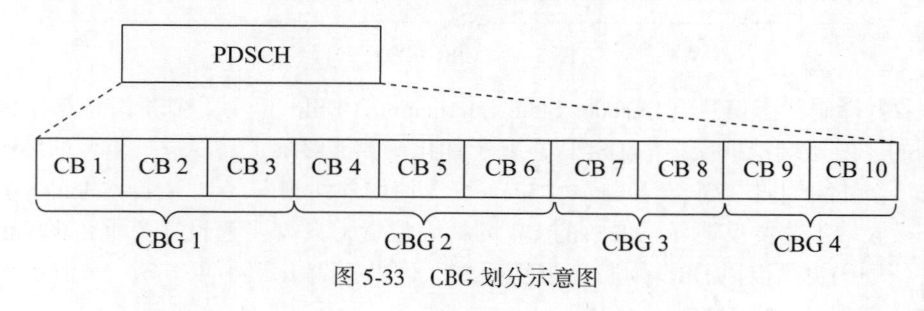

图 5-33 CBG 划分示意图

5. 3. 3 重传 CBG 确定方法

支持 CBG 传输的主要目的是提高重传效率，完成 CBG 划分后，如何实现高效重传成为设计重点。初始讨论过程中，提出了两类确定重传 CBG 的方法：方法一，根据 CBG 级的

ACK/NACK 反馈确定重传的 CBG。具体的，UE 总是期待基站重传最近一次 ACK/NACK 反馈中反馈信息为 NACK 的 CBG。方法二，在 DCI 中显式指示重传的 CBG。方法一的好处在于不增加 DCI 开销，但是缺点也比较突出。由于基站必须全部传输所有反馈为 NACK 的 CBG，因此限制了调度灵活性。另外，若基站没有正确接收到 UE 反馈的 UCI，则终端与基站对于重传 TB 中包括的 CBG 将会有不同理解，造成译码失败，反而降低重传效率。最终，确定使用 DCI 指示重传 CBG。而使用 DCI 指示 CBG 又进一步分化成两种实现方式[21]。

- 方式 1：DCI 中总是包括 CBG 指示信息域（包括由于初传的 DCI 和用于重传的 DCI）。一旦 CBG 传输模式开启，则 DCI 中总是包括基于位图（Bitmap）的 CBG 指示信息，用于确定哪些 CBG 被传输。

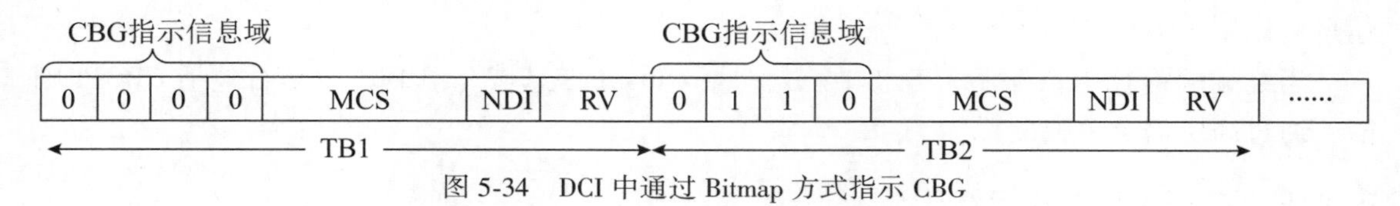

图 5-34　DCI 中通过 Bitmap 方式指示 CBG

- 方式 2：重用 DCI 中的某些已有信息域。该方法的设计前提是对一个 TB，其初始传输总是包括所有 CBG，CBG 级传输只发生在重传。因此对初始传输，其 DCI 中不需要指示 CBG。对一个 TB 的重传，由于 TBS（TB size）已经在初始传输中获得，重传时只需要从 MCS 信息域中得到调制阶数即可。因此，重传时 DCI 中的 MCS 信息域存在冗余信息。重用 MCS 信息域指示重传 CBG 可有效降低 DCI 开销。方式 2 具体的实现方式为通过显示（引入 1 bit CBG flag）或隐式（根据 NDI）的方式确定本次调度的是 TB 级传输（初始传输）还是 CBG 级传输（重传）。若为 CBG 级传输，则该 DCI 中的 MCS 信息域中的部分比特用于指示重传 CBG，剩余比特用于指示调制阶数，如图 5-35 所示。

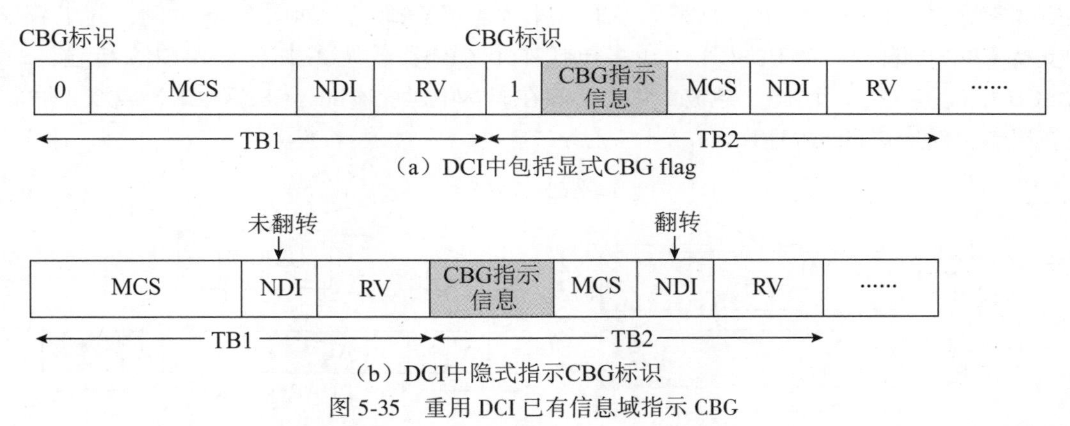

（a）DCI中包括显式CBG flag

（b）DCI中隐式指示CBG标识

图 5-35　重用 DCI 已有信息域指示 CBG

方式 2 能够明显地降低 DCI 开销，但 CBG 重传的正确解码要依赖于正确接收初始调度 DCI，即通过初始调度 DCI 确定 TBS。若终端只收到 CBG 重传则无法进行解码。方法 1 的支持者认为使用方法 1 可以避免终端实现上的复杂度，另外 CBG 重传可以保证自解码。在 RAN1 #91 次会议上确定不支持使用 MCS/TBS 信息域指示进行重传的 CBG。

5.3.4　DCI 中 CBG 相关信息域

对于 CBG 传输控制，另一个需要讨论的问题是：为支持高效的 CBG 传输，DCI 中需要包括哪些指示信息域？

首先，为了支持 CBG 颗粒度的重传，DCI 中需要包括具体的 CBG 指示信息（Code Block Group Transmission Information，CBGTI）。终端基于该信息精确获知哪些 CBG 被重传。3GPP 确定，在 DCI 中使用 Bitmap 方式指示 CBGTI，参见 5.3.3 节的方式 1。

其次，当 URLLC 占用 eMBB 物理资源进行传输造成 eMBB CBG 译码失败后，若 UE 将该 CBG 的重传信息与之前被污染的信息进行合并后再译码，则极可能仍然无法译码成功。为了避免 UE 将污染的信息与重传信息进行合并，对于 CBG 重传，DCI 中需要还加入了 CBG 清除信息（CBG Flushing Out Information，CBGFI）。CBGFI 为 1 bit 信息，若 CBGFI 置为“0”，则表明被重传的 CBG 之前的传输信息被污染，反之则表明被重传的 CBG 之前的传输信息可以用于 HARQ 合并。

当终端配置 CBG 传输后，DCI 中总是包括 CBGTI 信息域。但 DCI 中是否包括 CBGFI 则需要通过高层信令单独配置。

5.3.5 基于 CBG 的反馈设计

NR 系统中，HARQ 时序可动态指示。具体的，终端在时隙 n 中收到 PDSCH 或指示 SPS 资源释放的 DCI，则对应的 ACK/NACK 信息在时隙 $n+k$ 中传输，其中 k 的取值由 DCI 指示。若多个下行时隙中传输的 PDSCH 或指示 SPS 资源释放的 DCI 对应的 HARQ 时序指向同一个时隙时，则对应的 ACK/NACK 信息将通过一个 PUCCH 复用传输。NR R15 支持两种 ACK/NACK 反馈方式。

Type 1 HARQ-ACK 码本（Codebook）：一个上行时隙中承载的 ACK/NACK 信息比特数量基于与该时隙对应的一组潜在的 PDSCH 接收资源数量确定，而潜在的 PDSCH 接收资源根据高层信令配置参数（TDD 上下行配置、反馈时延集合 K1、PDSCH 时域资源分配列表）确定。换言之，Type 1 HARQ-ACK 码本的大小为半静态确定。如图 5-36 示例，其中载波 1 中支持 CBG 传输，一个 PDSCH 中最多包括 4 个 CBG；载波 2 中不支持 CBG 传输，一个 PDSCH 中最多支持 2 个 TB。载波 1 每个时隙在码本中对应 4 bit ACK/NACK，载波 2 每个时隙在码本中对应 2 bit ACK/NACK。

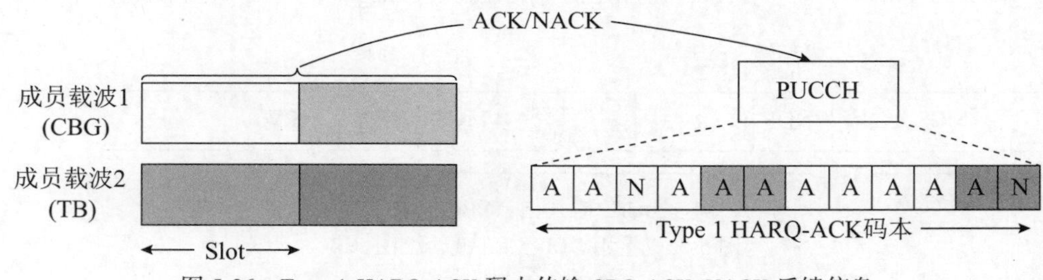

图 5-36　Type 1 HARQ-ACK 码本传输 CBG ACK/NACK 反馈信息

Type 2 HARQ-ACK 码本：一个上行时隙中承载的 ACK/NACK 信息比特数量根据调度的 PDSCH 数量确定。在标准化讨论过程中，提出了如下方法实现使用 Type 2 HARQ-ACK 码本传输 CBG 反馈信息[22]。

方法 1：将载波分成 2 组，分别包括配置 CBG 传输的载波和未配置 CBG 传输的载波，对应得到子码本 1 和子码本 2。子码本 1 包括 CBG 级 ACK/NACK 反馈信息，其中 ACK/NACK 比特数量等于最大 CBG 数量，即子码本 1 部分的比特数量是半静态配置的。子码本 2

包括的 TB 级 ACK/NACK 反馈信息，根据 DAI 确定。DAI 依然基于 PDSCH 进行计数（LTE 系统中 DAI 是基于 PDSCH 计数的），而不需要引入 CBG 级 DAI。由于子码本 1 采用半静态配置，因此 UCI 开销较大。

方法 2：基于 CBG 级 DAI 生成一个码本，其中 DAI 是指基于 CBG 的数量进行计数。该方法的优点在于 ACK/NACK 反馈开销最小，但是在 DCI 中需要较多比特指示 DAI，而且即便对未配置 CBG 传输的载波中的 DCI 也需要增加 DAI 的开销。

方法 3：生成两个子码本，两个子码本经过级联后得到一个码本。子码本 1 包括所有成员载波中对应的 TB 级 ACK/NACK 信息，具体包括以下内容。

- 指示 SPS 资源释放的 DCI 对应的 ACK/NACK。
- SPS PDSCH 对应的 ACK/NACK。
- 未配置 CBG 传输的成员载波中动态调度 PDSCH 对应的 ACK/NACK。
- 配置 CBG 传输的成员载波中，使用 DCI 格式 1_0 或 DCI 格式 1_2 调度的 PDSCH 对应的 ACK/NACK。

若任意一个成员载波上配置采用 2 码字传输，则子码本 1 中每个 PDCCH 或动态调度的 PDSCH 对应 2 bit ACK/NACK；否则每个 PDCCH 或动态调度的 PDSCH 对应 1 bit ACK/NACK。

子码本 2 包括配置了 CBG 传输的成员载波中的 CBG 级 ACK/NACK 反馈信息，即使用 DCI 格式 1_1 调度的 PDSCH 所对应的 ACK/NACK 信息。当多个成员载波配置 CBG 传输且各载波上所支持的最大 CBG 数量不同时，子码本 2 中每个 PDSCH 所对应的 ACK/NACK 的比特数量等于所有载波上所支持的 CBG 数量的最大值。针对子码本 1、子码本 2，DAI 独立计数。

图 5-37 给出了一个示例，载波 1 配置 CBG 传输且一个 PDSCH 最多支持 4 个 CBG，载波 2 配置 CBG 传输且一个 PDSCH 最多支持 6 个 CBG，则子码本 2 中每个动态调度的 PDSCH 对应 6 bit ACK/NACK。载波 3 未配置 CBG 传输且一个 PDSCH 最多支持 2TB，则子码本 1 中每个动态调度的 PDSCH 对应 2 bit ACK/NACK。子码本 1 中动态调度的 PDSCH 对应的 ACK/NACK 信息在前，SPS PDSCH 对应的 ACK/NACK 信息映射到子码本 1 中的最后，且一个 SPS PDSCH 对应 1 bit ACK/NACK 信息。图中 $b_{i,j}$ 表示 PDSCH i 对应的第 j 比特 ACK/NACK 信息。

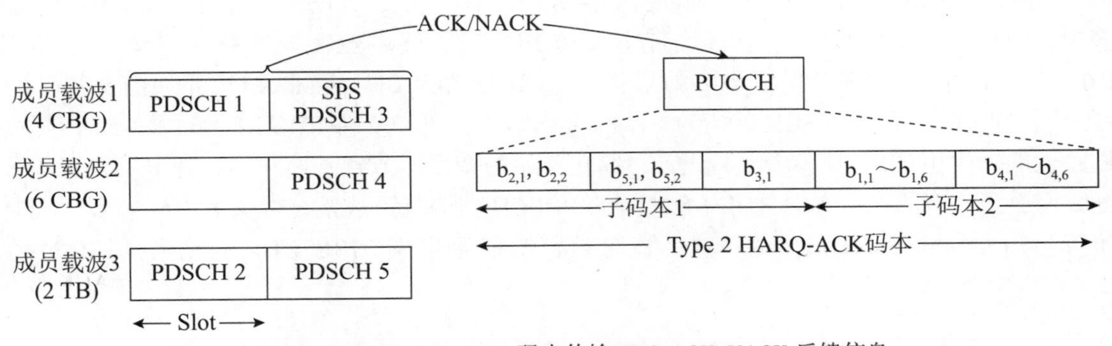

图 5-37　Type 2 HARQ-ACK 码本传输 CBG ACK/NACK 反馈信息

方法 4：对所有成员载波生成 CBG 级 ACK/NACK 反馈信息，一个 TB 对应的反馈信息比特数量等于所有成员载波中配置的最大 CBG 数量。该方法反馈开销最大。

上述方法中，方法 1 和方法 4 的 UCI 反馈信息中存在大量的冗余信息，无法满足 Type 2 HARQ-ACK 码本的设计初衷，即降低 UCI 反馈开销。而方法 2 会增加 DCI 开销。综合考虑，方法 3 不会增加 DCI 开销，而 UCI 反馈中只有少量冗余信息。因此，在 3GPP RAN1#91 会议上确定采用方法 3 实现使用 Type 2 HARQ-ACK 码本传输 CBG ACK/NACK 反馈信息。

5.4 NR 下行控制信道（PDCCH）设计

5.4.1 NR PDCCH 的设计考虑

在 5.2 节中，我们介绍了 5G NR 系统基本的资源分配设计，主要适用于 PDSCH、PUSCH、PUCCH 这些需要基站进行动态调度的信道，虽然 5G NR 广泛采用“RRC 配置+DCI 指示”的信令结构，但归根结底还是由基站直接指示信道具体的资源位置。但下行控制信道（PDCCH）的接收机制与上述几个信道有本质的差异，由于 DCI 是在 PDCCH 中接收的，终端不可能事先获知 DCI 传输的精确时频位置，而只能在一个大致资源范围中对 DCI 进行搜索（Search），也称为盲检测（Blind Detection）。

基于 OFDM 的 PDCCH 盲检测机制在 LTE 系统中已有完整的设计，5G NR PDCCH 的设计目标是在 LTE PDCCH 的基础上进行增强优化，主要考虑的优化方向包括以下几个方面[11]。

- **将小区特定（Cell-specific）的 PDCCH 资源改为终端特定（UE-specific）的 PDCCH 资源**

LTE 系统中，一个小区内的终端搜索 DCI 的 PDCCH 资源范围都是相同的，频域上等于小区系统带宽，时域上为下行子帧的头 1~3 个 OFDM 符号，具体符号数由 PCFICH（物理控制格式指示信道）动态指示。PCFICH 是对小区广播的信道，因此小区内所有终端都在相同的控制区域（Control Region）内搜索 DCI。这一设计沿用到 5G NR 系统中会有一系列的缺点：首先，5G NR 数据信道设计将采用更彻底的 UE-specific 结构，在资源分配、波束赋形、参考信号设计等各方面均如此。如果 PDCCH 仍保持 Cell-specific 结构［如图 5-38（a）所示］，则 PDCCH 和 PDSCH 在链路性能、资源分配等方面均存在显著差异，基站需要针对 PDCCH 和 PDSCH 分别进行调度，调度器复杂度较高。其次，无论需要发送 DCI 的用户数量多少，LTE 基站均需要在整个系统带宽发送 PDCCH，终端也需要在整个系统带宽监测 PDCCH，不利于基站和终端省电。如果将 PDCCH 也改为 UE-specific 结构［如图 5-38（b）所示］，则 PDCCH 和 PDSCH 就均为 UE-specific 结构，可以支持 PDCCH 通过波束赋形提高链路性能，优化 PDCCH 参考信号设计，简化基站的调度，节省基站和终端耗电。在资源分配方面，最显著的改进方向是将一个终端的 PDCCH 监测范围从系统带宽集中到一个“控制子带”（Control Subband）内，这个概念是控制资源集（CORESET）的雏形，具体将在 5.4.2 节中介绍。

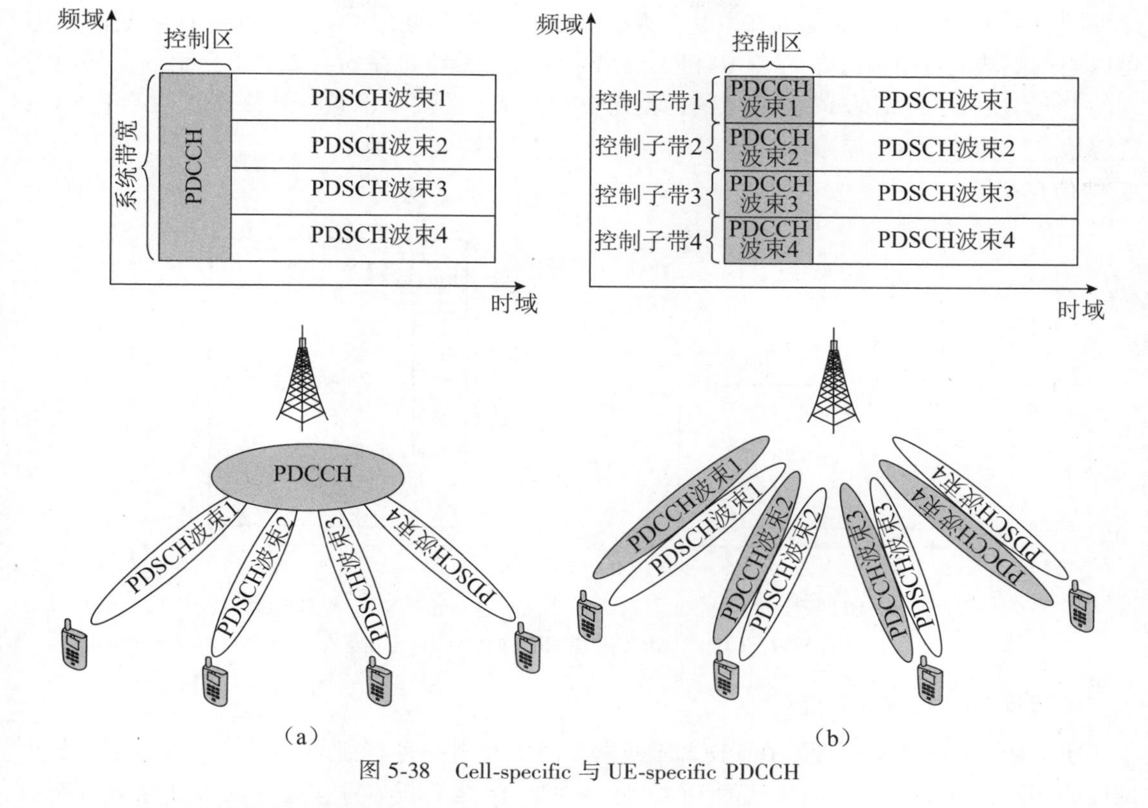

图 5-38　Cell-specific 与 UE-specific PDCCH

● **在时域上“浮动”的 PDCCH**

在 5.2 节中，我们介绍了 5G NR 为了实现低时延而引入的 Mini-slot 和“浮动”信道结构。在整个资源调度的物理过程中，除了 PDSCH、PUSCH、PUCCH 的快速传输，PDCCH 的快速传输也是非常重要的，只有终端能够随时接收 DCI 调度信令，才能实现 PDSCH、PUSCH、PUCCH 的快速调度，像 LTE PDCCH 那样只能在子帧开头几个符号传输 PDCCH 是无法满足 URLLC 和低时延 eMBB 业务的需求的。同时，LTE 终端需要在每个下行子帧都监测 PDCCH，这使终端在不停地监测 PDCCH 过程中不必要地消耗了电能。对于对时延不敏感的业务，如果能通过基站配置终端每若干个时隙监测一次 PDCCH，终端就可以通过微睡眠（Micro-sleep）实现省电。因此，NR PDCCH 也需要在时域上“浮动”起来，以实现按需的随时传输，这种灵活性最终体现在 PDCCH 搜索空间集（Search Space Set）的设计上，具体将在 5.4.3 中介绍。

● **更灵活的 PDCCH 与 PDSCH 复用**

在 LTE 系统中，由于 PDCCH Control Region 在频域上占满整个系统带宽，因此无法与 PDSCH 频分复用（Frequency Domain Multiplexing，FDM），只是可以根据 PDCCH 中的用户数量和负载大小，通过 PCFICH 动态调整 Control Region 的时域长度（1 个、2 个或 3 个符号），实现 PDCCH 与 PDSCH 的时分复用（Time Domain Multiplexing，TDM），如图 5-39（a）所示。由于 LTE 一个载波只有 20 MHz 宽，仅采用 TDM、不采用 FDM 是基本合理的。但 NR 载波宽度可达 100 MHz 以上，只采用 TDM 无法有效的复用 PDCCH 和 PDSCH，在 PDCCH 两侧的大量频域资源会被浪费。因此在 5G NR 系统中，应该支持 PDCCH 和 PDSCH 的 FDM。通过将一个终端的 PDCCH 限制在它的 Control Subband 内，这个终端就可以在 Control Subband

之外同时接收 PDSCH，如图 5-39（b）所示。终端在自己的 PDCCH 和 PDSCH 之间的复用可以通过基站配置给该终端的 CORESET 信息来实现，具体将在 5.4.2 节中介绍。在其他终端的 PDCCH 和本终端的 PDSCH 之间的复用更为复杂，需要获取被其他终端占用的 PDCCH 资源信息，具体将在 5.7 节中介绍。

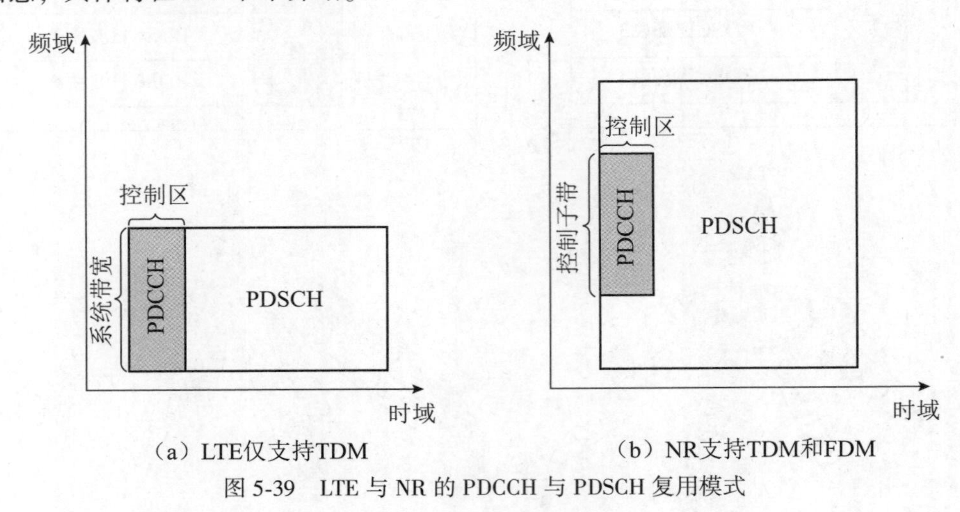

图 5-39　LTE 与 NR 的 PDCCH 与 PDSCH 复用模式

- **降低 DCI 检测复杂度**

DCI 盲检测的基本原理是在 PDCCH 搜索空间中针对每种可能的 DCI 尺寸（Size）作尝试性的解码，直至找到属于自己的 DCI。随着 LTE 标准不断演进，定义的 DCI 格式（Format）和 DCI 尺寸（Size）越来越多，造成 DCI 盲检测的复杂度越来越高。因此，5G NR 标准希望能控制 DCI Format/Size 的数量，同时针对一些“公共控制信息”（Common DCI），采用公共控制信道来传输，以降低终端的检测复杂度，节省终端的电能，具体将在 5.4.4 节中介绍。

另外，在 NR PDCCH 的设计中，也尝试了其他的一些增强方向，如搜索空间的改进设计、2 阶段 DCI（2-stage DCI）等，但暂时未被 5G NR R15 标准接受，本节内容主要集中在 NR PDCCH 的时频资源配置和 DCI 设计方面。

5.4.2　控制资源集（CORESET）

控制资源集（CORESET）是 NR PDCCH 相对 LTE PDCCH 引入的主要创新之一。如 5.4.1 节所述，从支持高效率的 UE-specific PDCCH 传输、PDCCH 与 PDSCH 之间 FDM 等角度考虑，5G NR 希望将针对一个终端的 PDCCH 传输限制在一个 Control Subband 内，而不是在整个系统带宽内传输。同时，为了支持基于 Mini-slot 的“浮动”PDCCH。上述改进方向归结为设计一个更灵活的搜索 PDCCH 的“时频区域”，这个时频区域最终被定义为控制资源集（CORESET）。关于 CORESET 的设计，主要涉及如下一些问题。

- CORESET 的外部结构：CORESET 与 DL BWP 的关系？CORESET 的频域范围如何划定？是否支持非连续的频域资源分配？CORESET 的时域长度是否需要动态调整？CORESET 的时域位置如何描述？CORESET 与 Search Space 是什么关系？
- CORESET 的内部结构：CORESET 内部采用几级结构？采用多大频域颗粒度？采用哪种映射顺序？

1. CORESET 外部结构

如 5.4.1 节所述，NR CORESET 概念是脱胎于 LTE 的 Control Region 概念，可以看作一个时频域上更灵活的 Control Region，但 CORESET 是终端搜索 PDCCH 的时频范围，这一点和 Control Region 的功能是一样的。CORESET 与 LTE Control Region 主要的区别在于以下几点。

- 频域上不需占满整个系统带宽，可以只占一个 Subband。
- 时域上位置更灵活，不仅可以位于时隙头部几个符号，也可以位于时隙其他位置。
- 从 Cell-specific 的统一配置，变为 UE-specific 的配置。

在频域上，首先需要回答的一个问题是：CORESET 和 DL BWP 是什么关系？可以不可以将 DL BWP 与 CORESET 的功能合二为一？客观地说，在 5G NR 系统设计过程中，CORESET 和 BWP 是分别独立形成的两个概念，CORESET 概念的成型甚至早于 BWP。当 BWP 概念出现后，确实有将两种概念合二为一的建议，原因是这两个概念确实存在一些相似性，如都是小于载波带宽的一个 Subband（如第 4 章所述，BWP 在被正式命名之前，也曾被称为 Subband），都是 UE-specific 的配置。但是随着研究的深入，发现这两个概念还是需要赋予不同的内涵：首先，DL BWP 是所有下行信道、信号所在的频域范围（包括控制信道、数据信道、参考信号等），而 CORESET 只是用于描述 PDCCH 检测范围；其次，由于 NR 系统在下行数据量上远高于 LTE，DL BWP 的典型大小是很可能大于 20 MHz 的，而 NR PDCCH 的容量只是略高于 LTE，因此 CORESET 的典型大小是小于 20 MHz 的，如 10 MHz、5 MHz 甚至 1.4 MHz（如对类似 NB-IoT 的 NR 物联网系统）；最后，BWP 是纯频域概念，不能直接确定一个时频资源范围，而 CORESET 还是需要定义一个时频二维区域，用于终端搜索 PDCCH。因此，如果 CORESET 等于 DL BWP，强制终端在整个 DL BWP 内搜索 PDCCH，在大部分情况下也是没有必要的，失去了引入 CORESET 概念的意义。

但也正是因为 CORESET 的典型带宽不大，因此如果 CORESET 只能分配连续的频域资源，可能频率分集不足，影响 PDCCH 的传输性能。因此最终决定，CORESET 可以占用连续的或非连续的频域资源，即在 RRC 信令中采用 Bitmap 指示 CORESET 在 DL BWP 中占用的 PRB，每个比特指示一个包含 6 个 RB 的 RB 组，可以通过 Bitmap 任意选择占用 DL BWP 中的哪些 RB 组。对照 5.2 节可以看到，这个指示颗粒度与用于 PDSCH/PUSCH Type 0 频域资源分配的 RBG 大小不同。RBG 只有 2、4、8、16 几种大小，配置 CORESET 所用的 RB 组之所以包含 6 个 RB，是与构成 PDCCH 的内部资源颗粒度大小有关，在后面“CORESET 内部结构”中会介绍。如 4.2 节所述，BWP 只能由连续的 RB 构成，这一点和 CORESET 是不同的，BWP 主要影响的终端的射频工作带宽，因此只用连续的频域范围描述就行了。

最后一个问题是，CORESET 是否带有时域特性？我们说过，NR 中的 CORESET 相当于时频域上更灵活的 Control Region，而 Control Region 一个重要特性就是它的长度（1~3 个符号），这方面 CORESET 继承了 LTE Control Region 的设计，也是由 1~3 个符号构成的，只是长度不再动态指示，而是与 CORESET 的频域范围一样，采用 RRC 信令半静态配置。表面看，NR CORESET 长度的配置还不如 LTE Control Region 动态，但这是因为 CORESET 的频域大小已经可以半静态配置，远比 LTE Control Region 只能等于载波带宽要灵活得多，足以适应不同的 PDCCH 容量，再采用一个专用的物理信道（类似 LTE PCFICH）动态指示 CORESET 长度也就没有必要了。5G NR 标准中没有再定义类似 LTE PCFICH 的信道。

根据 CORESET 的设计需求，其时域上还需要能够灵活移动位置，即基于 Mini-slot 的

“浮动”CORESET。有两种方案可以考虑。

- 方案 1：RRC 参数 CORESET 除了能描述其频域特性和长度外，还可以描述其时域位置。
- 方案 2：CORESET 的频域特性和长度在 CORESET 参数中描述，但其时域位置通过搜索空间（Search Space）进行描述。

方案 1 的优点是可以用一个 CORESET 配置完整的描述 PDCCH Control Region 的所有时频域特性，Search Space 不须带有物理含义，只是一个逻辑概念。方案 2 的优点是 CORESET 概念和 LTE Control Region 有较好的传承性，即只具有频域特性（对应于 LTE 中的系统带宽）和时域长度（对应于 LTE 中 PCFICH 指示的 Control Region 符号数）。这两个方案都可以工作，区别只在概念定义和信令设计方面，最后 NR 标准选择了方案 2，为了区别于逻辑概念 Search Space，描述 PDCCH 搜索的时域位置的概念称为搜索空间集（Search Space Set）。方案 2 虽然使 CORESET 延续了 LTE Control Region 的类似含义，但将一个完整的时频域描述分在 CORESET 和 Search Space Set 两个概念里描述，两个概念各自都不能独立描述一个完成的时频区域，必须合在一起理解才行。这客观上对标准的可读性有一些影响，初读 NR 标准的人可能不好理解，这是方案 2 的不足。

我们可以用图 5-40 示例性的描述 CORESET 概念（假设终端 1 和终端 2 的 CORESET 是基于相同的 DL BWP 配置的）：RRC 参数 CORESET 中的“频域资源”参数（即 *frequencyDomainResources*）用一个 Bitmap 描述了 CORESET 的频域范围，它在频域上占有 DL BWP 的一部分 RB，可以是连续的 RB（如图中终端 1 的 CORESET），也可以是不连续的 RB（如图中终端 2 的 CORESET）。CORESET 中的“长度”参数（即 *Duration*）描述了 CORESET 的时域长度，图中假设 *Duration*=2。但 CORESET 本身不带有时域位置的信息，所以 CORESET 描述的是一个在时域上位置不定、可以“浮动”的长度 2 个 OFDM 浮动的时域区域。它的位置要在时域上确定下来，还需要读取 Search Space Set 中的时域信息，我们将在 5.4.3 节中介绍。

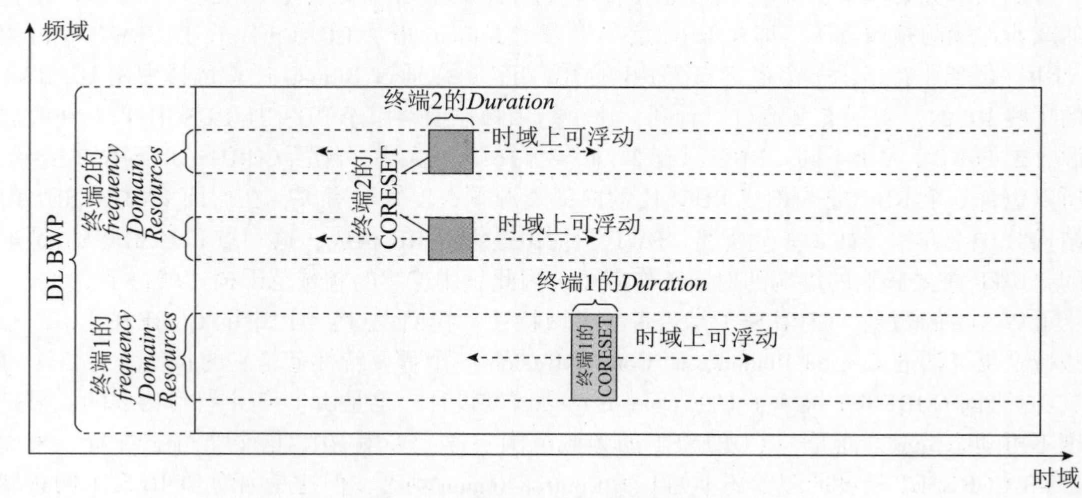

图 5-40 CORESET 的外部结构示例

另外，为两个终端配置的 CORESET 在频域上和时域上都是可以重叠，这一点和 BWP 类似。虽然 CORESET 是 UE-specific 的配置，但从基站显然不可能为每个终端分别配置不同的 CORESET。实际上可能基站针对某个典型的 DL BWP 只配置了几种典型的 CORESET，具有不同的频域大小和位置，针对某个终端，只是在这几种 CORESET 中为其指定一个而已。如图 5-41 的示例（还是假设终端 1 和终端 2 的 CORESET 是基于相同的 DL BWP 配置的），基站在 20 MHz 的 DL BWP 中划分了 5 MHz、10 MHz 的 CORESET，终端 1 被配置了一个 5 MHz 的 CORESET，终端 2 被配置了一个 10 MHz 的 CORESET，两个终端的 CORESET 实际上有 5 MHz 是重叠的。

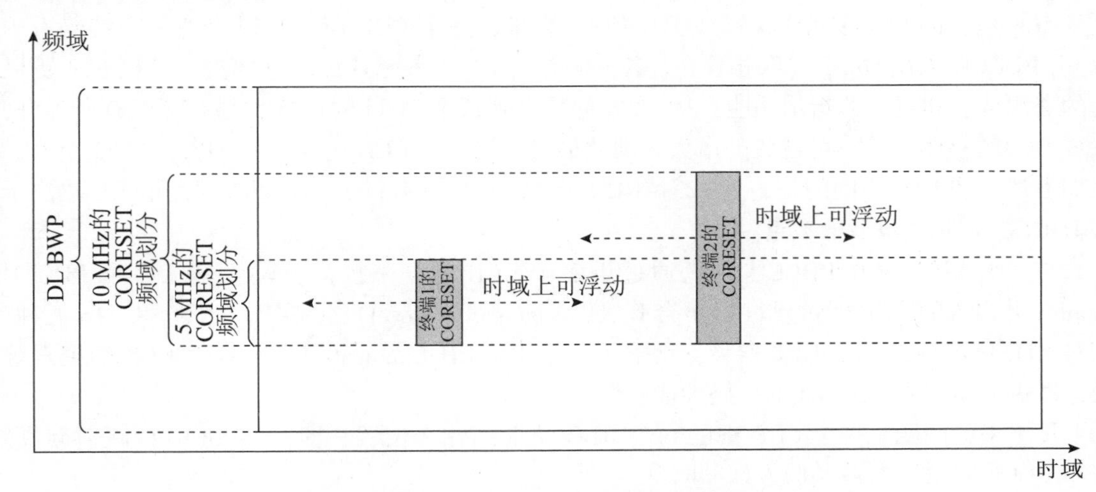

图 5-41　不同终端的 CORESET 可以在频域上重叠

2. CORESET 内部结构

在确定了 CORESET 的外部结构后，终端就知道在哪个时频范围内检测 PDCCH 了，而 CORESET 内是由候选的 PDCCH（PDCCH Candicate）构成，要想在 CORESET 内检测 PDCCH，还必须知道 CORESET 的内部结构，CORESET 的内部结构也就是 PDCCH 的结构。总的说来，NR PDCCH 的时频域结构基本沿用了 LTE PDCCH 的设计，NR PDCCH 仍采用 RE 组（RE Group，REG）、控制信道粒子（Control Channel Element，CCE）两级资源分配颗粒度。即 REG 为基本频域颗粒度，由若干个 RE 构成，一个 CCE 由若干个 REG 构成，一个 PDCCH 由若干个 CCE 构成。在 REG→CCE 映射方面，NR PDCCH 与 LTE PDCCH 是基本类似的，只是在 REG、CCE 的大小方面进行了一些优化。

在考虑 NR PDCCH 的资源颗粒度大小（即一个 REG 包含多少个 RE，一个 CCE 包含多少个 REG）时，主要考虑如下两个因素。

- 由于 5G NR 需要实现更灵活的调度，NR DCI 的尺寸不可避免地会比 LTE DCI 大。
- LTE PDCCH 的部分资源分配方法过于复杂，没有必要，可以简化。

在 LTE 标准里，一个 REG 由同一个符号上，除了解调参考信号（DMRS）占用的 RE 之外的 4 个频域上连续的 RE 构成，1 个 PRB 在一个符号上的 12 个 RE 可以容纳 2 个或 3 个 REG（取决于这 12 个 RE 是否包含 DMRS）。一个 CCE 包含 9 个 REG，共 36 个 RE。如文献［1］中所述，为了在有限长 Control Region（最多 3 个符号）中实现必要的覆盖性能，每个 CCE 中的 REG 在排列时都是首先占满 Control Region 内所有 OFDM 符号的。

如文献［1］所述，LTE REG 之所以采用 4 个 RE 这样小的尺寸，主要是为了有效地支持 PCFICH（物理控制格式指示信道）、PHICH（物理 HARQ 指示符信道）等数据量很小（只有几比特）的控制信道的资源分配。但在 R15 NR PDCCH 设计中，PCFICH 和 PHICH 都没有保留下来，因此只针对 PDCCH 的数量（至少数十比特）考虑 REG 大小的话，4 个 RE 这么小的尺寸就没有必要了。由于 PDSCH 采用 PRB（12 个子载波）作为资源分配单位，如果采用比 PRB 更小的 REG，会在 PDCCH 和 PDSCH FDM 方面造成困难，留下无法利用的资源碎片。因此最终确定，构成 NR PDCCH 的 REG 在频域上就等于 1 个 PRB，时域上仍为 1 个符号。

CCE 包含的 REG 数量取决于典型的 DCI 容量，一个 CCE 应该足以容纳一个编码后的 DCI［PDCCH 采用 QPSK（四相移相键控）调制方式］。考虑到 5G NR 需要支持比 LTE 更灵活的资源调度和更多的指示功能，从 Field 的数量到每个 Field 的比特数都有可能有所提升，造成 DCI 的整体容量不可避免的增大。因此最终确定一个 CCE 包含 6 个 REG，共 72 个 RE。但如上述，和 LTE 不同的是，这 72 个 RE 是包括 DMRS RE 的，实际可以使用的 RE 取决于将 DMRS RE 除去以后的数量。

与 LTE 相似，NR PDCCH 可以通过更多个 CCE 重复来提高传输性能，一个 PDCCH Candicate 包含的 CCE 的数量（即聚合等级，Aggregation Level）包括 1、2、4、8、16 五种。相对 LTE 只包括 1、2、4、8 四种，增加了一个 PDCCH Candicate 包含 16 个 CCE 的聚合等级，以进一步增强 PDCCH 的链路性能。

接下来的问题是一个 CCE 中的 6 个 REG 映射到什么位置，即 CCE 到 REG 映射问题。REG→CCE 映射主要涉及两方面的问题。

- 是采用“先频域后时域”映射顺序（Frequency-first Mapping）还是“先时域后频域”映射顺序（Time-first Mapping）？
- 除了集中式映射（Localized Mapping），是否还要支持交织（Interleaved Mapping）式映射？

在选择 REG→CCE 映射顺序时，实际上还涉及 CCE→PDCCH 映射顺序，因为这两个层次的映射可以形成一定的互补。至少对聚合等级比较大的 PDCCH，如果 Time-first REG→CCE Mapping 不能获得足够的频域分集，还可以通过 Frequency-first CCE→PDCCH Mapping 获得。反之，如果 Frequency-first REG→CCE Mapping 不能获得足够的时域分集，也可以通过 Time-first CCE→PDCCH Mapping 来弥补。理论上的组合方案包括以下 4 种。

- 方案 1：Time-first REG→CCE Mapping+Time-first CCE→PDCCH Mapping。
- 方案 2：Frequency-first REG→CCE Mapping+Frequency-first CCE→PDCCH Mapping。
- 方案 3：Time-first REG→CCE Mapping+Frequency-first CCE→PDCCH Mapping。
- 方案 4：Frequency-first REG→CCE Mapping+Time-first CCE→PDCCH Mapping。

由于 CORESET 最长只有 3 个符号长，方案 1 是基本无法实现的。方案 2、方案 3、方案 4 各有优缺点。以 CORESET 长度为 3 个符号（*Duration*=3）为例，方案 3、方案 4 如图 5-42 所示。Frequency-first Mapping 的优点是整个 CCE 都集中在一个符号内，可以在最短时间内完成一个 PDCCH 的接收，理论上对低时延、省电的检测 PDCCH 有一些好处，且频域上占用 6 个连续的 RB，可以获得最大的频率分集。另外一个潜在的好处是当需要传输的 PDCCH 数量比较少时，可以把 CORESET 的最后一两个符号节省下来，用于传输 PDSCH。但是这个好处只有在 CORESET 长度可以动态调整的条件下才成立，假如 NR 具有像 LTE PCFICH 那样动态指示 CORESET 长度的能力，如果发现 2 个符号的 CORESET 已经足以容纳要传输的所有 PDCCH，就可以通知终端不再在第 3 个符号里搜索 PDCCH，转而从第 3 个符号开始接收 PDSCH。但是如上所述，NR 并没有保留类似 PCFICH 的信道，只支持半静态配置

CORESET 长度，Frequency-first Mapping 的这个优点就不存在了。

Time-first Mapping 的优点是不仅可以最大限度利用时域长度，获得更好的覆盖性能，而且还可以实现不同 CCE 之间的功率共享（Power Sharing），即当某些 CCE 没有 PDCCH 传输时，可以将发送这个 CCE 的功率节省下来，集中在有 PDCCH 传输的 CCE 上。这种频域上的 Power Sharing 在 Time-first REG→CCE Mapping 模式下才能实现。

当然也可以考虑同时支持 Frequency-first 和 Time-first 两种 REG→CCE Mapping 模式，通过 RRC 配置进行选择。但是最终出于简化设计的考虑，决定只支持 Time-first REG→CCE Mapping，不采用 Frequency-first REG→CCE Mapping，即如图 5-42（a）的映射方法。可以看到，这一选择基本继承了 LTE PDCCH 的设计，说明在最长只有 3 个符号长的 CORESET 外部结构下，使每个 CCE 都能扩展到 CORESET 的所有符号，实现必要的覆盖性能，仍是 NR PDCCH 设计的刚性需求。这一映射方式体现在 CORESET 中的 REG 编号是 Time-first 排列的，如图 5-42（a）所示。

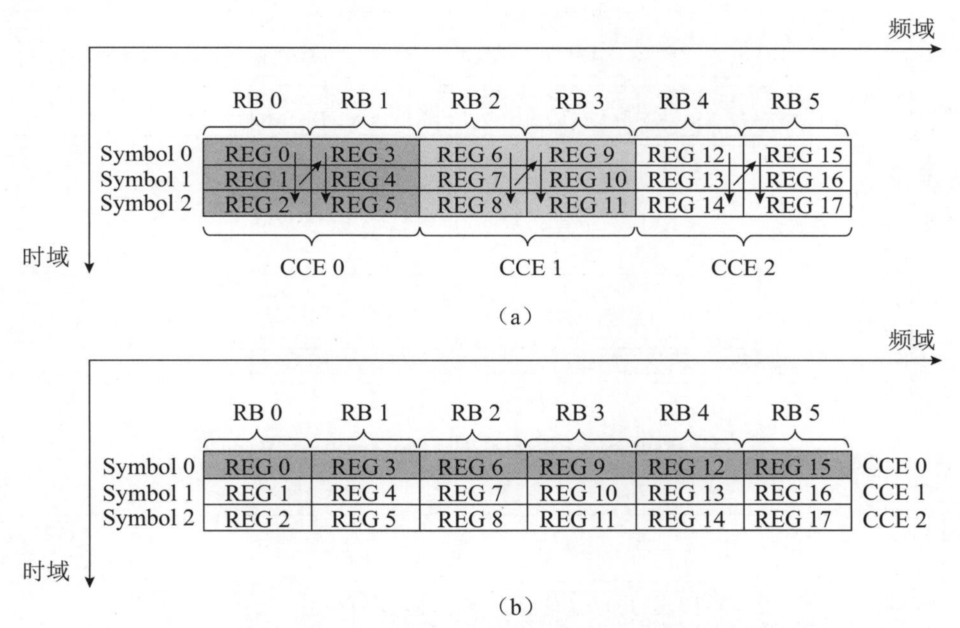

图 5-42　Time-first 与 Frequency-first 两种 CCE→REG 映射顺序

以连续 RB 构成的 CORESET 为例，各种长度的 CORESET 的内部结构示例如图 5-43 所示，当 *Duration* = 1 时，实际上是纯粹的频域 REG→CCE Mapping。

图 5-43 所示的 Localized REG→CCE Mapping，即一个 CCE 包含编号连续的 6 个 REG。为了解决 Time-first Mapping 频率分集不足的问题，NR PDCCH 还支持 Interleaved REG→CCE Mapping，即可以将一个 CCE 中的 REG 打散到分散的 RB 中。但是如果将 6 个 REG 完全打散、互不相邻，会带来另一个问题：PDCCH 信道估计性能受到影响。因为 NR PDCCH 和 LTE PDCCH 的一个重要的差异是 NR PDCCH 可以采用 UE-specific 的预编码（Precoding），实现针对每个终端的波束赋形，因此终端只能基于自己的 REG 中的 DMRS 进行信道估计，如果一个 CCE 中的 REG 互不相邻，则终端只能在每个 REG 内部的 DMRS RE 之间进行信道估计内插，而无法在多个 REG 之间进行联合信道估计，这对信道估计的性能影响很大。因此，为了保证信道估计性能，即使进行交织也不能把 CCE 中的 REG 完全打散，而要一定程

度上保持 REG 的连续性。因此，最终决定以 REG 组（REG Bundle）为单位进行交织，一个 REG Bundle 包含 2 个、3 个或 6 个 REG，这样可以保证 2 个、3 个或 6 个 REG 是相邻的，可以进行联合信道估计。图 5-44 是一个 Interleaved REG→CCE Mapping 的示意图，假设 REG Bundle 大小（REG Bundle Size）为 3，可以将每个 CCE 中的 2 个 REG Bundle 打散到不同的频域位置。

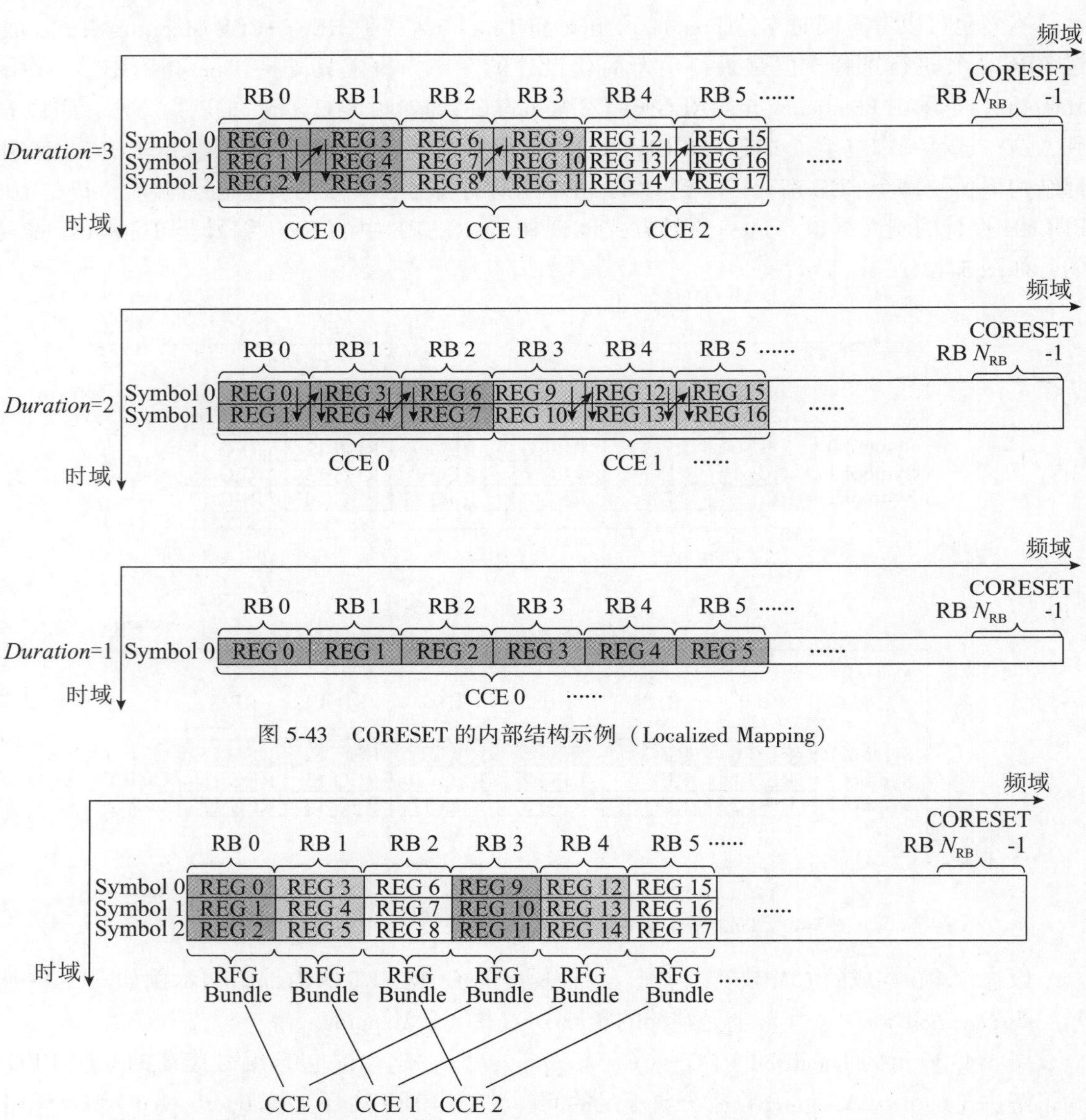

图 5-43 CORESET 的内部结构示例（Localized Mapping）

图 5-44 Interleaved REG→CCE Mapping（以 *Duration*=3，REG Bundle Size=3 为例）

Interleaved REG→CCE Mapping 采用简单的块交织器（Block Interleaver），交织的相关参数 REG Bundle Size、交织器尺寸（Interleaver Size）、偏移量（Shift Index）均包括在 CORESET 配置内的 *cce-REG-MappingType* 参数内。为了简单起见，一个 CORESET 只能采用一种单一的 REG→CCE Mapping，即是否交织、REG Bundle Size、Interleaver Size、Shift Index 等在一个 CORESET 内必须统一，不能混合使用多种 REG→CCE Mapping 方式。

基站最多可以为每个 DL BWP 配置 3 个 CORESET，一个终端的 4 个 DL BWP 共可以配置 12 个 CORESET，不同 CORESET 可以采用不同的配置（频域资源、长度、REG→CCE mapping 参数集等）。

5.4.3　搜索空间集（Search Space Set）

如图 5-41 所示，CORESET 并没有包含终端检测 PDCCH 的时频区域的完整信息，只描述了频域特性和 CORESET 的时域长度，但 CORESET 出现在哪个具体的时域位置，是不足以确定的。5G NR 标准引入了另一个时域概念搜索空间集（Search Space Set）来描述终端检测 PDCCH 的时域位置。LTE 标准中的搜索空间（Search Space）是一个单纯的逻辑域概念，虽然通过一定的映射关系可以映射到 CCE 上，但 Search Space 本身并不描述一个有形的时频资源。在 LTE 标准中是没有 Search Space Set 这个概念的，这是因为所有的 Search Space 都集中在起始于子帧第一个符号的 Control Region 中，不会出现在别的时域位置。NR 标准中也定义了 Search Space 概念，和 LTE Search Space 的含义是完全相同的，而 Search Space Set 和 Search Space 虽只一词之差，但却是完全不同的概念，用来描述每个 CORESET 的时域起点，这是因为 NR 的 Search Space 可能出现在时隙的任何位置，因此需要 Search Space Set 这样一个新概念来描述 Search Space 出现的时域位置。

Search Space Set 的资源分配问题和符号级“浮动”的 PDSCH、PUSCH 很相似，也是要指示一个信道的“起点+长度”。从理论上说，Search Space Set 的时域位置也可以不依赖时隙，直接用“每隔若干个符号出现一次”的方式指示，使 PDCCH 的监测位置在时域上完全“浮动”起来。但正如 5.2 节所述，在讨论 NR 的 PDSCH、PUSCH 时域资源分配方法时，为了兼顾调度灵活性与设备复杂度，还是保留了时隙概念，采用“时隙+符号”两级指示方法。同样原因，Search Space Set 的时域资源分配最终也采用了“时隙+符号”两级配置方法，但与数据信道的时域资源指示如下几点不同。

- PDSCH、PUSCH 是“一次性”的调度，需要相对一个“参考点”（如 PDCCH）来指示时域位置。而 Search Space Set 占用的是一种类似半持续调度（Semi-persistent，SPS）的周期性出现的时域资源，因此 Search Space Set 的时隙级时域位置不是相对某个“参考点”来指示，而是要用“周期+偏移量”的方法指示，由参数 *monitoringSlotPeriodicityAndOffset* 配置。周期 k_s 是指每隔多少个时隙会出现一个 Search Space Set，偏移量 O_s 是指在 k_s 个时隙中从哪个时隙开始出现 Search Space Set。
- Search Space Set 的符号级资源配置不需要指示 Search Space Set 的符号级长度，因为已经在 CORESET 的配置参数 *Duration* 中指示了，Search Space Set 只需要配置 Search Space Set 的起始符号即可。因此 Search Space Set 也没有采用“起点+长度”联合编码的 SLIV 方式指示，而是采用 14 bit 的 Bitmap 直接指示以一个时隙中的哪个符号作为 Search Space Set 的起始符号，这个参数称为 *monitoringSymbolsWithinSlot*。
- Search Space Set 的配置参数还引入了另外一个也称为 *Duration* 的参数 T_s，和 CORESET 的配置参数 *Duration* 含义不同，它是用来指示 Search Space Set 的时隙级长度的，即终端“在一个包含 k_s 个时隙的周期中，在从第 O_s 个时隙开始的 T_s 个连续的时隙中监测 PDCCH”。可以看到这个参数类似于 5.2.10 节中介绍的“多时隙 PDSCH/PUSCH 传输”中的“时隙数量”。后面我们会借助图 5-45 来说明这两个 *Duration* 的关系。
- PDSCH、PUSCH 是采用 DCI 调度的，而 PDCCH 是在 CORESET 中盲检测的，CORESET

是由 RRC 信令半静态配置的。

综上所述，终端需要联合 CORESET 配置和 Search Space Set 配置中的参数一起确定出搜索 PDCCH 的时频范围，如表 5-8 所示。为了描述得更清楚，NR 标准又引入了 PDCCH 监测机会（PDCCH Monitoring Occasion）的概念，一个 PDCCH Monitoring Occasion 等于 Search Space Set 中的一段连续时域资源，它的长度等于 CORESET 长度（1~3 个符号）。反之，Search Space Set 是由周期性出现的许多 PDCCH Monitoring Occasion 构成的。

表 5-8 不同信道的 *S*、*L* 取值范围（Normal CP）

类　别	参　数	指示的内容	说　明
CORESET 配置	*frequencyDomainResources*	搜索 PDCCH 的频域范围	RB 组级 Bitmap，可指示连续或不连续的 RB
	Duration	PDCCH Monitoring Occasion 的长度	1~3 个符号，也即 1 个 Monitoring Occasion 的长度
Search Space Set 配置	*monitoringSlotPeriodicityAndOffset*	Search Space Set 每次出现的第一个时隙	表达时隙级周期 k_s 和在周期内的时隙级偏移量 O_s
	Duration	Search Space Set 每次出现包含的时隙数量	一个时隙中的 PDCCH Monitoring Occasion 在连续 T_s 个时隙中重复出现
	monitoringSymbolsWithinSlot	一个时隙内的 Monitoring Occasion 起始符号	14 bit 符号级 Bitmap

我们借助图 5-45 再完整地总结一下终端确定在哪里监测 PDCCH 的过程。

- 终端根据基站配置的两套 RRC 参数 CORESET 和 Search Space Set 来确定监测 PDCCH 的时频位置，每个 DL BWP 可以配置 3 个 CORESET 和 10 个 Search Space Set，这 10 个 Search Space Set 和 3 个 CORESET 之间的关联组合关系可以灵活配置，一个终端最多可配置 4 个 DL BWP、12 个 CORESET、40 个 Search Space Set。需要说明的是，物理层规范（如 TS 38.213）和 RRC 层规范（TS 38.331）中的名称没有统一，物理层规范中的 CORESET 配置在 RRC 层规范中称为 *ControlResourceSet*，物理层规范中的 Search Space Set 配置在 RRC 层规范中称为 *SearchSpace*，不同规范中的命名差异是 RAN1 和 RAN2 工作组各自编写标准过程中遗留的问题，对标准的可读性带来了一些影响，读者需要注意。
- 终端在连续或不连续的 RB 中监测 PDCCH，这些 RB 的位置由 CORESET 配置中的 *frequencyDomainResources* 参数定义，这是一个 RB 组级的 Bitmap，一个 RB 组包含 6 个 RB。图 5-45 中以连续 RB 分配为例。
- 终端在时域上的一系列 PDCCH Monitoring Occasion 中监测 PDCCH，一个 PDCCH Monitoring Occasion 持续 1~3 个符号，其长度由 CORESET 配置中的 *Duration* 参数定义。图 5-45 中以 *Duration*=3 为例，即一个 PDCCH Monitoring Occasion 持续 3 个符号。
- 一个时隙内可以出现 1 个或多个 PDCCH Monitoring Occasion，其起始符号位置由 Search Space Set 配置中的 *monitoringSymbolsWithinSlot* 参数定义，这是一个 14 bit 的符

号级 Bitmap。图 5-45 中以一个时隙只出现一个 PDCCH Monitoring Occasion 为例，Bitmap 值为 00001000000000，即 PDCCH Monitoring Occasion 从时隙的 Symbol 4 起始，连续 3 个符号。

- PDCCH Monitoring Occasion 可以出现在连续 T_s 个时隙中，T_s 由 Search Space Set 配置中的 *Duration* 参数定义。图 5-45 中以 $T_s=2$ 为例，即 PDCCH Monitoring Occasion 在连续 2 个时隙中重复出现。
- 这连续 T_s 个时隙又是以 k_s 个时隙为周期重复出现的，从 T_s 个时隙周期内第 O_s 个时隙开始出现。图 5-45 中以 $k_s=5$、$O_s=2$ 为例，即每 5 个时隙出现 $T_s=2$ 个包含 PDCCH Monitoring Occasion 的时隙，分别是 5 个时隙中的 Slot 2 和 Slot 3。
- 在每个 PDCCH Monitoring Occasion 中，终端根据 CORESET 配置中的 *cce-REG-MappingType* 参数集确定 REG→CCE 映射方式（是否交织、REG Bundle Size、Interleaver Size、Shift Index）及其他 CORESET 结构信息，基于这些信息对 PDCCH 进行搜索。

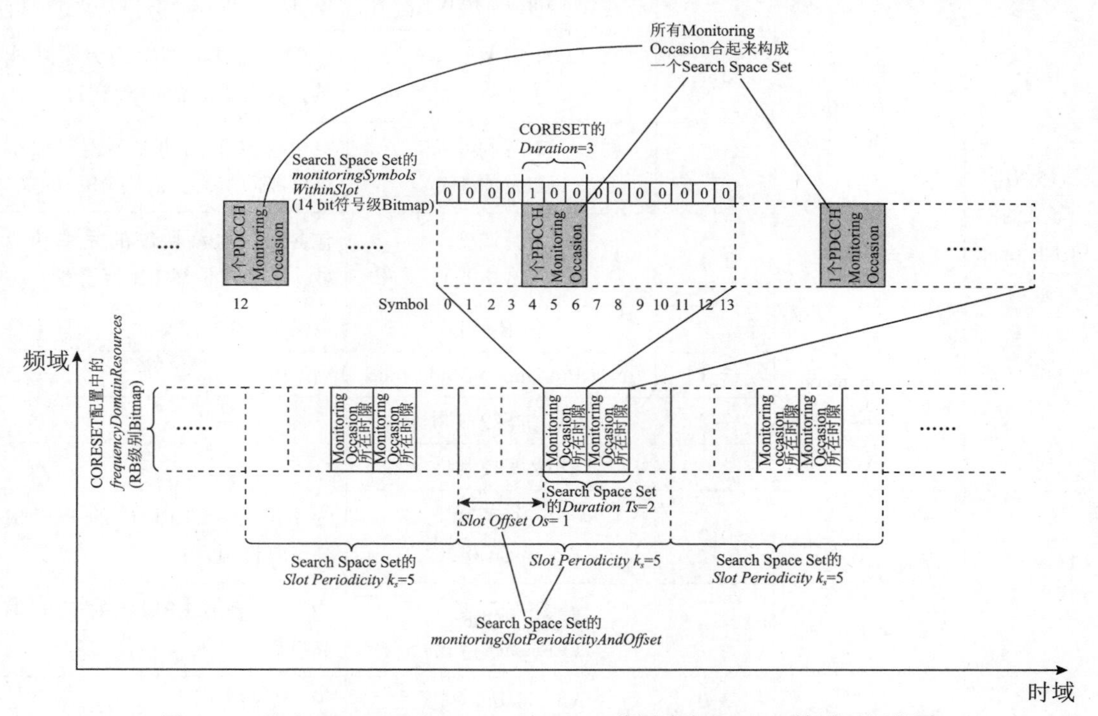

图 5-45　通过 CORESET 和 Search Space Set 共同确定 PDCCH 检测时频范围

NR 终端在 PDCCH Monitoring Occasion 中搜索 PDCCH Candidate 的具体过程和 LTE 类似，这里限于篇幅，就不再赘述了。在 NR 系统中，每种 PDCCH 聚合等级包含的 PDCCH Candidate 的数量可以分别配置，包括在 Search Space Set 配置中。某个聚合等级的 PDCCH Candidate 映射到一个 Search Space Set 的哪些 CCE 上，仍由与 LTE 类似的哈希函数（Hash Function）确定，在 NR 标准化中曾有对这个 Hash 函数进行改进的建议，但最终没有被采纳。终端采用配置给它的 RNTI（Radio Network Temporary Identifier，无线网络临时标识）对根据哈希函数确定的 CCE 中的 PDCCH Candidate 进行解码尝试，如果能成功解出，就可以接收到基站发来的 DCI 了。

5.4.4 下行控制信息（DCI）设计的改进

5G NR 系统的下行控制信息（DCI）基本沿用了 LTE DCI 的结构和设计，定义了各种 DCI 格式（DCI Format），如表 5-9 所示。其中 R15 NR 作为基础 5G 版本，只定义了 4 种用于 UE-specific 数据调度的 DCI（Scheduling DCI）和 4 种支持功率控制（Power Control）、灵活 TDD、URLLC 功能的组公共控制 DCI（Group-common DCI）。随着 R16 中 5G 增强技术的引入，又新增加了 4 种 UE-specific DCI 和 3 种 Group-common DCI，并对一种 Group-common DCI 进行了增强扩展。

表 5-9 5G NR R15、R16 版本定义的 DCI Format

类别		DCI Format	用途	说明
R15 NR 定义的 DCI Format	UE-specific DCI	0_0	上行调度（Fallback 格式）	只包含基本的功能域，域大小尽可能固定，少依赖 RRC 配置
		0_1	上行调度（正常格式）	包含实现灵活调度的完整功能域，域大小依靠 RRC 配置
		1_0	下行调度（Fallback 格式）	只包含基本的功能域，域大小尽可能固定，少依赖 RRC 配置
		1_1	下行调度（正常格式）	包含实现灵活调度的完整功能域，域大小依靠 RRC 配置
	Group-common DCI	2_0	传输 SFI	为灵活 TDD 引入
		2_1	下行 Pre-emption Indication	为 URLLC 引入
		2_2	上行功率控制指令	
		2_3	SRS 功率控制指令	
R16 NR 新定义的 DCI Format	UE-specific DCI	0_2	上行调度（Compact 格式）	为 R16 增强 URLLC 的 PDCCH 高可靠性引入
		1_2	下行调度（Compact 格式）	为 R16 增强 URLLC 的 PDCCH 高可靠性引入
		3_0	NR Sidelink 调度	为 NR V2X 引入
		3_1	LTE Sidelink 调度	为 NR V2X 引入
	Group-common DCI	2_0 增强	传输可用 RB 集、COT 和 Search Space Set 组切换信息	为 IAB、NR-U、双激活协议栈切换等新特性扩展
		2_4	上行 Cancellation Indication	为 R16 增强 URLLC 的上行发送取消引入
		2_5	指示 IAB 系统中的软资源（Soft Resouce）	为 IAB 引入
		2_6	终端节能信号	为 R16 UE Power Saving 引入

NR 标准为了降低 PDCCH 盲检测的复杂度，希望尽量控制 DCI Format 的数量。因此，

在R15版本中只定义了4种用于UE-specific数据调度的DCI（Scheduling DCI），下行、上行各2种。与LTE类似，DCI Format 0_0和1_0为回落DCI格式（Fallback DCI），用于在特殊情况下提供最基本的DCI功能，相对完整的Scheduling DCI格式DCI Format 0_1和1_1，省略了一些支持增强性能的域，其余的域尽可能固定，少依赖RRC配置。DCI Format 2_0用来传输SFI（Slot Format Indicator，时隙格式指示符），以动态指示时隙结构，具体将在5.6节中介绍。DCI Format 2_1用来传输下行预清空指示（Pre-emption Indication），支持URLLC与eMBB业务的灵活复用，具体将在15.7节中介绍。DCI Format 2_2用来传输PUSCH、PUCCH的功率控制（TPC，Transmit Power Control）指令，DCI Format 2_3用来传输SRS（Sounding Reference Signal，信道探测参考信号）的TPC指令。

R16 NR标准中新增的DCI Format主要是为了引入各种5G垂直行业增强技术。为了在增强URLLC技术中提高PDCCH的传输可靠性，新增了DCI Format 0_2和1_2两种压缩DCI（Compact DCI）格式，具体将在15.1节中介绍。为了引入NR V2X（车联网）技术，新增了DCI Format 3_0和3_1两种sidelink调度DCI格式，具体将在第17章中介绍。为了引入IAB（Integrated Access-backhaul，集成接入与回传）、NR-U（NR非授权频谱通信，具体将在第18章中介绍）、双激活协议栈切换等新特性扩展等技术，扩展了DCI Format 2_0，并新增了DCI Format 2_5。为了在增强URLLC技术中引入上行发送取消（UL Cancallation）技术，新增了DCI Format 2_4，具体将在15.7节中介绍。为了引入终端节能信号（UE Power Saving Signal），新增了DCI Format 2_6，具体将在第19章中介绍。

单纯从DCI结构设计的角度，NR标准主要研究了如下两个方向的增强。

1. 两阶DCI（2-stage DCI）的取舍

2-stage DCI是一个在NR标准化早期得到广泛研究的DCI增强设计。传统的PDCCH工作机制在本章中已经作了详细介绍，这种一步式（Single-stage）PDCCH已经在3GPP标准中应用了多代，即通过在搜索空间内对PDCCH Candidate进行盲检测，一次性获取DCI中的全部调度信息。理论上讲，这种Single-stage DCI设计存在盲检测复杂度较高、不完成整个DCI的解码就无法获取调度信息、检测时延相对较大的问题。因此，无论在LTE标准化的晚期（如sTTI项目中）还是NR研究阶段，均有一些公司提出引入两阶DCI（2-stage DCI）技术。

2-stage DCI的基本原理是将一次调度的DCI至少分为两个部分传输，具体可以大致分为两类：第一类2-stage DCI大致如图5-46（a）所示，即两步（Stage）均位于PDCCH内，但各自相互独立编码，典型设计是第1步（1st-stage）位于PDCCH的第1个符号，第2步（2nd-stage）位于第2、3个符号，终端可以不用等待整个DCI解码完成，先用最快速度解出1^{st}-stage DCI，开始为解调PDSCH做准备，等解出2^{nd}-stage DCI后，PDSCH的解调工作可以更快完成，有利于实现低时延业务。1st-stage DCI通常包含终端开始PDSCH解码必须尽早知道的“快调度信息”，如时频资源分配、MIMO传输模式、调制编码阶数（Modulation and Coding Scheme，MCS）等。即使基站调度器还未对剩余的“慢调度信息”［如冗余版本（Redundancy Version，RV）、新数据指示符（New Data Indicator，NDI）］作出最后决定，仍可以先通过1^{st}-stage DCI把“快调度信息”发给终端，便于终端开始对PDCCH进行初步的解调处理。等基站确定了“慢调度信息”后，再通过2^{nd}-stage DCI发给终端，用于对PDSCH进行完整解码。

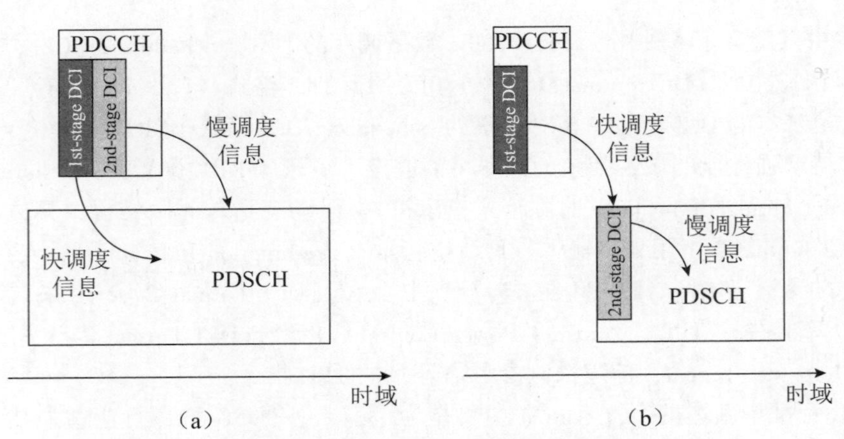

图 5-46　2-stage DCI 原理示意

2-stage DCI 的一个典型应用场景是 HARQ 操作[33]，当 PDSCH 的初次传输已经发给终端后，基站需要等待 PUCCH 中反馈的 HARQ-ACK 信息，暂时还不知道传输是否成功。但此时已经可以用 1st-stage DCI 为下一次 PDSCH 传输调度时频资源、MIMO 模式和 MCS 等（这些参数通常只取决于信道条件），等收到了 HARQ-ACK 信息，如果是 NACK，则用 1st-stage DCI 调度的 PDSCH 资源传输上一次下行数据的重传版本（通过 2nd-stage DCI 指示与重传数据相匹配的 RV 和 NDI）；如果是 ACK，则用 1st-stage DCI 调度的 PDSCH 资源传输新的下行数据（通过 2nd-stage DCI 指示新数据相匹配的 RV 和 NDI）。这种方法对加快与 PDCCH 同一个时隙内的 PDSCH 的接收能发挥一定作用，但对调度 PUCCH（即使和 PDCCH 同时隙，一般也相隔数个符号）和后续时隙中的 PDSCH 起不到加速作用，因为这些信道本身就给终端留有充分的接收时间。另外，分割成两部分的 DCI 长度变短，可能有利于对齐各种 DCI 的尺寸，从而降低 PDCCH 盲检测复杂度。

另一种略不相同的 2-stage DCI 结构如图 5-46（b）所示，即 1st-stage DCI 中包含 2nd-stage DCI 的资源位置信息，可以使终端直接找到 2nd-stage DCI，避免对 2nd-stage DCI 进行盲检测。一种典型的结构是 2nd-stage DCI 不位于 PDCCH 内，而位于被 1st-stage DCI 调度的 PDSCH 内。终端通过 1st-stage DCI 中的“快调度信息”获知 PDSCH 的时频资源，而 2nd-stage DCI 位于 PDCCH 资源内某个预设的位置，可以自动在 PDSCH 中找到 2nd-stage DCI 并解码，再从 2nd-stage DCI 中获取“慢调度信息”。相对第一种 2-stage DCI 结构，这种结构进一步简化了 2nd-stage DCI 的接收，节省了终端搜索 2nd-stage DCI 的功耗，且可以降低 PDCCH 的开销，因为 2nd-stage DCI 被卸载到了 PDSCH 中。而且 PDSCH 可以使用更灵活的传输格式（如 PDSCH 可以使用多种调制阶数，而 PDCCH 只能使用 QPSK 调制），有利于提高 2-stage DCI 的传输效率。需要注意的是，第二种 2nd-stage DCI 只能用于 PDSCH 的调度，不可能用于 PUSCH 的调度，因为终端需要提前获得 PUSCH 的全部调度信息来对 PUSCH 进行准备、编码，不可能把 2nd-stage DCI 放在 PUSCH 内。

但是，2nd-stage DCI 也具有一系列的缺点[33-34]。

首先，将一个 DCI 分成两个部分分开编码，会降低 PDCCH 信道编码的编码效率，从而可能带来 PDCCH 的传输性能损失。

其次，2nd-stage DCI 可能会降低 DCI 的可靠性，因为两个部分都必须正确解码才能获得完整的调度信息，任何一部分有误检均会造成调度信息的错误。

再次，2nd-stage DCI 仅在对 PDCCH 解码有很高时延要求的场景（如上所述示例）有增益，而 Single-stage DCI 作为成熟、可靠的方法，在 NR 标准里肯定是要支持的（如 Fallback DCI 还是适合使用 Single-stage DCI）。这样 2nd-stage DCI 只能在 Single-stage DCI 之外起到额外的辅助作用，不能替代 Single-stage DCI，终端需要同时支持两种 DCI 结构，这增加了终端的复杂度。

最后，2-stage DCI 还有可能增大 DCI 开销，因为两个部分的 DCI 分别需要添加 CRC（Cyclic Redundancy Check，循环冗余校验）。

经过研究，R15 NR 标准最终决定暂不采用 2-stage DCI，仍只采用传统的 Single-stage DCI。但在 R16 NR V2X 标准中，最终在侧链路采用了两阶控制信息结构，即 2-stage SCI（Sidelink Control Information，侧链路控制信息），具体见第 17 章。

2. 组公共控制 DCI（Group-common DCI）的引入

常规的 DCI 主要以终端的资源分配为中心［包括下行（Downlink）、上行（Uplink）和侧行链路（Sidelink）］，但也有些和终端资源调度没有直接联系的信息需要动态的通知给终端。要在 DCI 中传递这些信息，有两个可选的方法。

- 方案 1：在负责调度数据信道的 DCI（Scheduling DCI）中插入一个域（Field）将这些信息顺带发送给终端。
- 方案 2：设计一种单独的 DCI Format，专门传输这些信息。

在 NR 标准中，这两种方案都有所采用。方案 1 的一个典型的例子是 BWP 切换（BWP Switching）的切换指令。如 4.3 节所述，这个指令是通过在 Scheduling DCI 中插入一个 BWP 指示符（BWP Indicator）实现的，DL BWP Switching 通过下行 Scheduling DCI（DCI Format 1_1）中的 BWP Indicator 触发，UL BWP Switching 通过上行 Scheduling DCI（DCI Format 0_1）中的 BWP Indicator 触发，虽然 BWP Switching 其实和终端的资源调度并没有直接的关系。这个方法的优点是避免增加一种新的 DCI Format。终端在单位时间里能够完成的 PDCCH 盲检测（Blind Detection）的次数是有限的，需要搜索的 DCI Format 种类越多，每种 DCI Format 能分到的检测次数就越少。重用 Scheduling DCI 传输一些物理层指令（PHY Command）可以避免终端同时检测过多的 DCI Format，节省有限的终端 PDCCH 盲检测次数。这种方法的缺点也是显而易见的：通常只有和终端有业务往来时才会发送 Scheduling DCI，没有 PDSCH、PUSCH 调度时，是不需要发送 Scheduling DCI 的。如果在没有业务需要调度时发送 Scheduling DCI，则为了传递一条 PHY Command，需要把资源调度相关的 Field（如 TDRA、FDRA Field）都置零，相当于“空调度”，此时 DCI 中绝大部分 Field 都是无效的，对 DCI 的容量浪费很大。好在类似 BWP Switching 这样的 PHY Command 是 UE-specific 的，影响的只是一个终端的 DCI 开销。但如果是影响诸多终端的 PHY Command 也用 UE-specific 的 Scheduling DCI 传输，那 DCI 开销就浪费太多了。

因此，方案 2 也一直研究之中，首先关注的是针对小区级（Cell-specific）公共信息的公共控制信令（Common DCI），其次也关注容量很小的 UE-specific 指令。在 LTE 标准中的一个典型例子就是 PCFICH 信道，它通知的是整个小区的 PDCCH Control Region 的长度，因此用 UE-specific DCI 发送这个信息是很浪费的，也完全没有必要，因此专门设计了 PCFICH 信道。在 NR 研究阶段，是否需要保留类似 LTE PDFICH 这样的信道（PCFICH-like Channel），也是一个讨论的焦点。这样一个 Common DCI 除了可以用来发送 Control Region 的长度［即 LTE 中的 CFI（Control Format Indicator，控制格式指示符）］，还可以考虑用来发送时隙结构（Slot Format）、预留的资源（Reserved Resource）及对非周期信道状态信息（Aperiodic

CSI-RS）的配置信息等。因此，5G NR 标准引入了组公共控制信息（Group-common DCI），和 UE-specific DCI 配合使用。经研究，Reserved Resource（在 5.7 节具体介绍）、Aperiodic CSI-RS 最终还是更适合在 UE-specific DCI 中传输，SFI 是 Cell-specific 信息，最适合用 Group-common DCI 传输，而下行 Pre-emption Indication、上行 Cancellation Indication、TPC 指令等信息虽然是 UE-specific 信息，但经过平衡考虑，最终决定采用 Group-common DCI，其中一个原因是这些信息的尺寸较小。需要注意的是，用于 PUSCH/PUCCH 的 TPC 指令除了可以在 DCI Format 2_2 这个 Group-common DCI 中传输，也可以分别在 DCI Format 0_1、DCI Format 1_1 这两个 UE-specific DCI 中传输，可见小容量的 UE-specific 控制信息在 UE-specific DCI 和 Group-common DCI 中都可以传输，基站可以根据不同应用场景灵活选择，如在有上下行数据调度时可以顺便通过 DCI Format 0_1、DCI Format 1_1 发送 TPC 指令，在没有上下行数据调度时可以通过 DCI Format 2_2 发送 TPC 指令。

Group-common DCI 虽然由一组 UE 公共接收，但它实际上是一个携带多个 UE-specific 控制信息的“公共容器”，由一个个的 UE-specific 信息块（Block）构成。以 DCI Format 2_2 为例，被配置了 TPC-PUSCH-RNTI 或 TPC-PUCCH-RNTI 的终端均可以打开这个“公共容器”，然后再从这个“公共容器”找出属于自己的 TPC 指令。如图 5-47 所示，假设一个 DCI 用于给 4 个终端传输 TPC 指令，则这个 DCI 包含 4 个 Block，这个终端组中的终端分别被配置对应一个 Block，每个终端接收 DCI Format 2_2 后，根据配置的 Block 编号（Block Number）读取对应的 Block 中的 TPC 指令，并忽略其他 Block 中的信息。

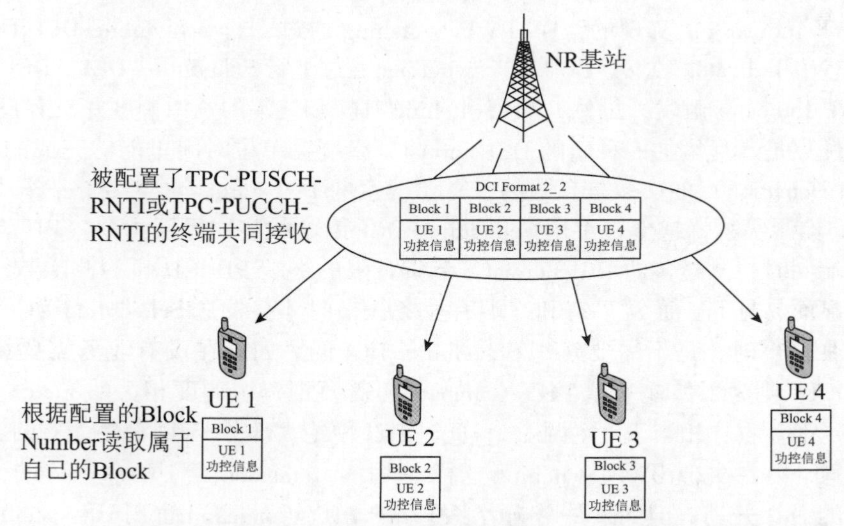

图 5-47　通过 Group-common DCI 传输 UE-specific 控制信息

5.5　上行控制信道（PUCCH）设计

5.5.1　长、短 PUCCH 格式的引入

NR 系统采用灵活的资源分配方式，包括：灵活的 ACK/NACK 反馈，灵活的 TDD 上下行配置，灵活的时、频域物理资源分配等。另外，NR 系统中支持多种业务类型，不同业务的时延要求、不同的可靠性要求。因此，NR PUCCH 设计需要满足如下要求[23-24]。

● **高可靠性**

在 FR1（频率范围 1，即小于 6 GHz）频谱上，NR PUCCH 的覆盖应与 LTE PUCCH 的相同。LTE PUCCH 格式 1、格式 1a、格式 1b 在频域上占用一个 PRB，在时域上占用 14 个 OFDM 符号，码域上使用 CAZAC 序列。由于 LTE PUCCH 自身具有较高的可靠性，NR PUCCH 需要使用较多的时域符号以实现与其类似的覆盖。

在 FR2（频率范围 2，即大于 6 GHz）频谱上，NR 系统设计不需要受限于 LTE 的覆盖要求。但由于 FR2 自身的传输特性（较大的传播/穿透损耗、较大的相位噪声、较低的功率谱密度等），NR PUCCH 也需要使用较多符号以提供足够的覆盖。

● **高灵活性**

当信道条件较好，上行覆盖不受限时，使用较少的时域资源传输 PUCCH：一方面可以降低 PUCCH 占用的物理资源数量；另一方面能够充分利用系统中时域资源碎片，从而提高系统效率。另外，对 URLLC 业务，传输信道的时长也不能太长，否则将无法满足其短时延的性能需求。

● **高效率**

在 LTE 系统中，ACK/NACK 复用传输只用于 TDD 系统或 FDD 载波聚合系统。从系统的角度来看，多个 PDSCH 对应的 ACK/NACK 信息通过一个 PUCCH 复用传输，上行传输效率较高。在 NR 系统中，由于引入了灵活 ACK/NACK 反馈时延，对 TDD 载波和 FDD 载波 ACK/NACK 复用传输的情况都会出现。进一步地，对不同上行时隙，其承载的有效 ACK/NACK 负载差异可能很大。根据实际的负载调整 PUCCH 的传输时长，在保证其覆盖的前提下，也有利于提高系统效率。

NR 系统为了兼顾高可靠性、高灵活性、高效率，在 RAN1#86bis 会议上确定支持两种 PUCCH 类型，即长 PUCCH 和短 PUCCH。

5.5.2　短 PUCCH 结构设计

针对短 PUCCH 设计首先需要确定的是其支持的时域长度。2017 年 1 月 RAN1 #AH_NR 会议中讨论了两种方案：只支持 1 符号长度和支持多于 1 符号的长度。若短 PUCCH 只支持 1 符号长度，则存在的主要问题是短 PUCCH 与长 PUCCH 的覆盖差异较大，影响系统效率。后经讨论确定 NR 短 PUCCH 的时域长度可配置为 1 符号或 2 符号。时域长度确定之后，3GPP RAN1#88 次会议上，提出了如下短 PUCCH 结构设计方案[25-28]，见图 5-48。

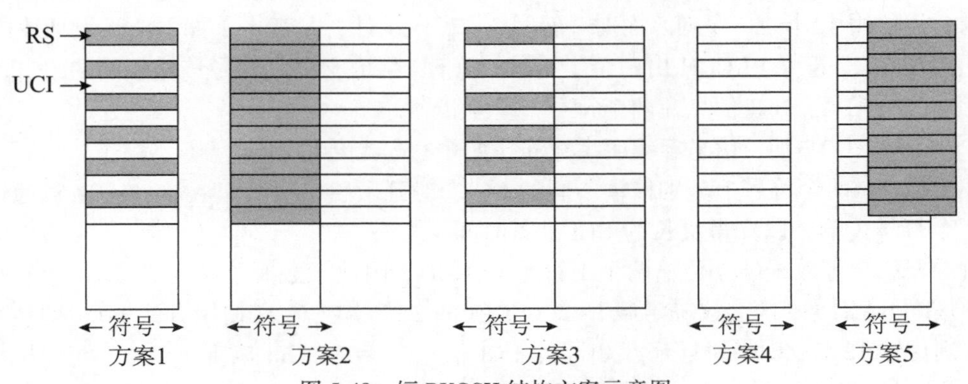

图 5-48　短 PUCCH 结构方案示意图

- 方案 1：RS 与 UCI 在每个时域符号内通过 FDM 方式复用。
- 方案 2：RS 与 UCI 通过 TDM 方式复用。
- 方案 3：RS 与 UCI 在一个时域符号内通过 FDM 方式复用，而其他时域符号上只映射 UCI。
- 方案 4：对于小负载情况，使用序列传输方式，不使用 RS。
- 方案 5：对于小负载情况，使用序列传输方式且使用 RS。
- 方案 6：RS 与 UCI 通过 Pre-DFT 方式复用，如图 5-49 所示。

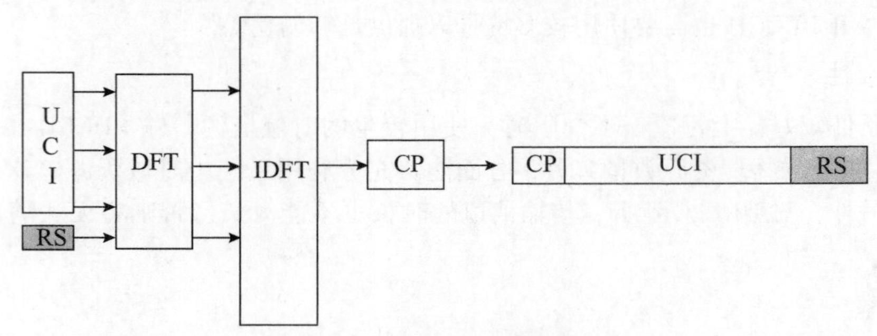

图 5-49　Pre-DFT 复用示意图

上述方案中，方案 1 最为灵活，可用于 1 符号或 2 符号 PUCCH。通过调整频域资源分配可承载较多比特的 UCI 信息，且可实现不同的编码速率，但该方案仅适用于 CP-OFDM 波形，PAPR 较高。方案 2、方案 3 可以认为是对方案 1 的扩展，但都受限应用于 2 符号 PUCCH。方案 2 能在相同 RS 开销下实现单载波传输，而方案 3 可以降低 RS 开销。方案 2、方案 3 采用前置 RS 的目的是降低解调时延，但是由于 2 符号 PUCCH 自身时长很短，因此采用前置 RS 带来的时延增益并不明显。另外，由于方案 2、方案 3 的信道结构无法适用于单符号 PUCCH，若采用方案 2、方案 3 将会导致标准复杂，即需要针对不同的 PUCCH 时长定义不同的结构。方案 4、方案 5 使用序列，好处在于 PAPR 低且可提供多用户间的复用能力，但缺点为承载的 UCI 容量受限。从检测性能来看[28]，针对不同的场景，方案 1 与方案 4 可分别得到最优检测性能，而方案 1 与方案 6 的性能基本相当，但方案 6 的实现较为复杂。

随着讨论的推进，针对短 PUCCH 结构的讨论逐步分化为 1 符号 PUCCH 设计、2 符号 PUCCH 设计。最早达成的结论是承载 2 bit 以上 UCI 的 1 符号 PUCCH 采用方案 1 的结构（3GPP RAN1#88bis 次会议上），并在随后的 RAN1 会议上确定 RS 开销为 1/3，占用的 PRB 数量可配置。而对承载 1~2 bit UCI 的 1 符号 PUCCH，在 RAN1#90 次会议上确定采用方案 4 的结构，且使用 12 长 ZC 序列。而对 2 符号 PUCCH 设计，又考虑了如下两种设计原则。

- 方法 1：2 符号 PUCCH 由两个 1 符号 PUCCH 组成，两个符号传输相同的 UCI。
  - 方法 1-1：UCI 信息在两个符号上重复传输。
  - 方法 1-2：UCI 信息经编码后分布于两个符号上传输。
- 方法 2：两个符号上分别传输不同的 UCI，时延敏感 UCI（如 ACK/NACK）通过第二个符号传输，以获得更长的 UCI 准备时间。

由于方法 2 等效于独立传输两个 1 符号 PUCCH，因此没必要单独定义成为一个 PUCCH 格式。最终 RAN1#89 次会议确定载 1~2 bit UCI 的 2 符号 PUCCH 使用方法 1-1，即在两个符号上分别传输 12 长 ZC 序列且承载相同的 UCI 信息。承载 2 bit 以上 UCI 的 2 符号 PUCCH 中，每个符号上的 RS 结构与 1 符号 PUCCH 相同，但 UCI 信息编码后映射到两个符号上传输（2017 年 9 月 RAN1#AH3）。

在 3GPP 协议中，承载 1～2 bit UCI 的短 PUCCH 称为 PUCCH 格式 0，承载 2 bit 以上 UCI 的短 PUCCH 称为 PUCCH 格式 2。PUCCH 格式 0 使用 12 位长序列的不同循环移位表征 ACK 或 NACK 信息，如表 5-10 和表 5-11 所示。PUCCH 格式 2 频域可使用 1～16 个 PRB，结构如图 5-50 所示。

表 5-10　1 bit ACK/NACK 信息与 PUCCH 格式 0 序列循环移位映射关系

ACK/NACK	NACK	ACK
序列循环移位	$m_{CS}=0$	$m_{CS}=6$

表 5-11　2 bit ACK/NACK 信息与 PUCCH 格式 0 序列循环移位映射关系

ACK/NACK	NACK，NACK	NACK，ACK	ACK，ACK	ACK，NACK
序列循环移位	$m_{CS}=0$	$m_{CS}=3$	$m_{CS}=6$	$m_{CS}=9$

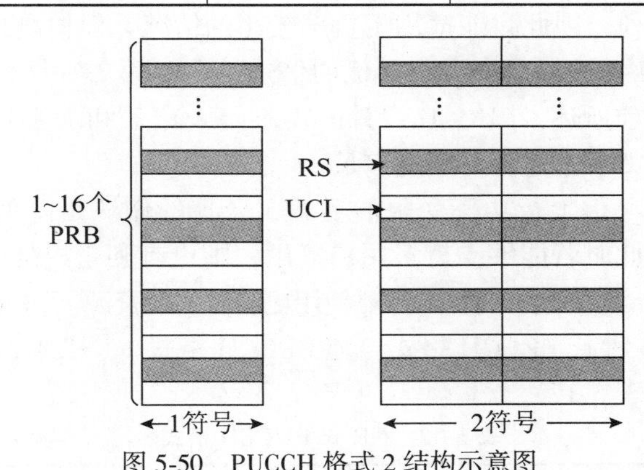

图 5-50　PUCCH 格式 2 结构示意图

5.5.3　长 PUCCH 结构设计

如 5.5.1 节所述，NR 支持长 PUCCH 的目的是保证上行控制信道有较好的覆盖[29-31]。因此，3GPP 在讨论长 PUCCH 设计的最初阶段就定下了一个原则，即要求长 PUCCH 具有低 PAPR/CM。同时，为了在时域上积累更多能量，长 PUCCH 还可以在多个时隙上重复传输，而 NR 短 PUCCH 是不支持多时隙传输的。另外，为了承载不同的 UCI 负载，以及满足不同的覆盖需求，在一个时隙内，若长 PUCCH 支持多种时域长度，则能够有效地提高上行频谱效率，如图 5-51 所示。经讨论，RAN1 #88bis 次会议确定长 PUCCH 的时域长度为 4～14 个符号。在进行具体的 PUCCH 结构设计时，需要考虑 PUCCH 结构具有可伸缩性（Scalability），避免引入过多的 PUCCH 格式，即一种 PUCCH 格式可以应用于不同的时域符号长度。

为了满足长 PUCCH 低 PAPR 的设计原则，两种直观的设计如下所述。

- 使用类似 LTE PUCCH 格式 1a、格式 1b 的结构，即频域上使用 ZC 序列，在时域上使用 OCC 序列，RS 与 UCI 映射到不同的时域符号上。
- 使用类似 LTE PUSCH 结构，RS 与 UCI 映射到不同的时域符号上，采用 DFT-S-OFDM 波形。

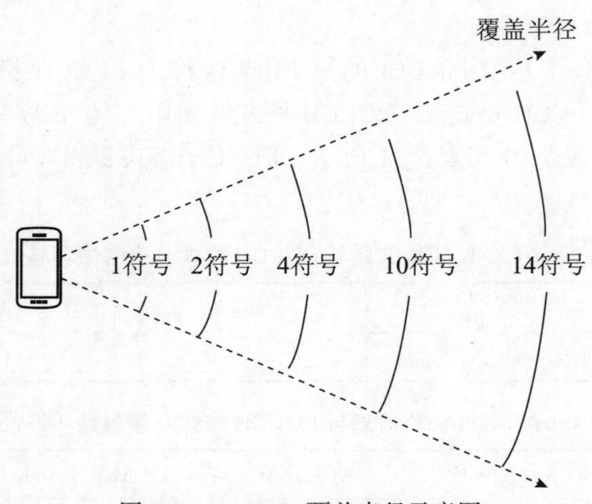

图 5-51　PUCCH 覆盖半径示意图

第一种结构使用序列，因此只能适用于负载较小的情况，但检测性能好，且支持多用户复用，对于 1~2 bit UCI 负载场景来说是最优的信道结构。第二种结构结合信道编码，可承载较大量 UCI 信息。如前所述，PUCCH 设计的需求是大覆盖和大容量，但是从一个终端的角度来看，这两项需求又不一定需要同时满足。

- 对于 UCI 负载中等但上行功率受限的场景，合理的做法是降低频域资源数量，使用更多时域资源。此时若能够支持多用户复用，则更有利于提高系统效率。
- 对于 UCI 负载较大的场景，则势必需要使用更多的物理资源（时域、频域）传输 UCI。

NR 系统最终支持 3 种长 PUCCH 格式，即 PUCCH 格式 1、格式 3、格式 4，分别适用于上述 3 种应用场景（见表 5-12）。

表 5-12　NR 长 PUCCH 格式

	时域符号数量	UCI 负载	频域资源块数量	多用户复用能力
PUCCH 格式 1	4~14	1~2 bit	1 个 PRB	频域 12 长 ZC 序列； 时域 OCC 扩频，扩频系数为 2~7
PUCCH 格式 3		2 bit 以上	1~16 个 PRB，数量满足 2、3、5 幂次方的乘积	不支持
PUCCH 格式 4		2 bit 以上	1 个 PRB	频域 OCC 扩频，扩频系数为 2 或 4

信道结构设计的另外一个主要问题为 RS 图案。对于 PUCCH 格式 1，在标准化讨论过程中出现过如下两种方案（见图 5-52）。

- 方案 1：类似于 LTE PUCCH 格式 1、格式 1a、格式 1b，RS 占用 PUCCH 中间连续多个符号。
- 方案 2：RS 与 UCI 间隔分布。

RS 开销相同时，低速场景中方案 1 与方案 2 的性能基本相同。但是高速场景中，方案 2 的性能要优于方案 1。因此，NR PUCCH 格式 1 采用 RS 与 UCI 间隔分布的图案，且 RS 占用偶数位符号上（符号索引从 0 开始），即前置 RS，有利于降低译码时延。PUCCH 格式 1 的跳频图案中两个跳频部分包括的时域符号尽量均匀。PUCCH 时域长度为偶数时，第一跳频部分与第二跳频部分的时域符号数相同。PUCCH 时域长度为奇数时，第二个跳频部分比第一个跳频部分多一个时域符号。

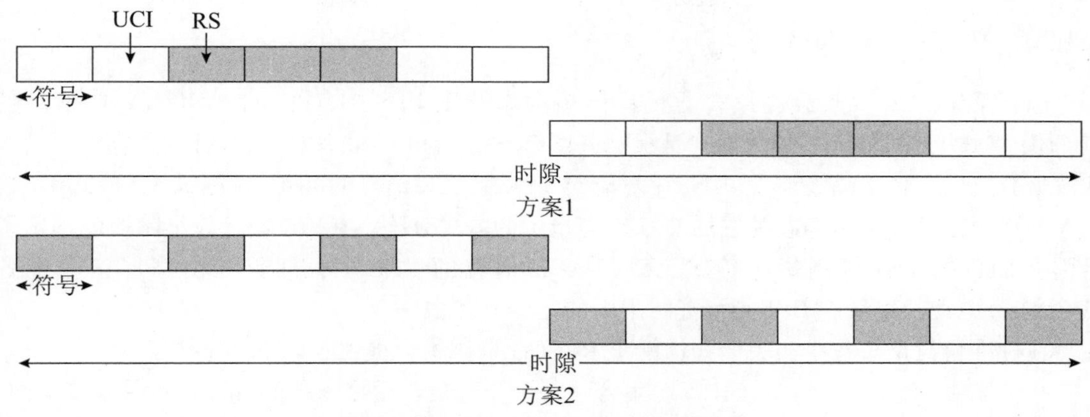

图 5-52　PUCCH 格式 1 RS 图案示意图

2017 年 6 月的 RAN1 #AH2 会议中，对于 PUCCH 格式 3、格式 4 提出如下两种 RS 图案方案。

- 方案 1：每个跳频部分中包括 1 列 RS，RS 位于每个跳频部分的中间。
- 方案 2：每个跳频部分中包括 1 列或 2 列 RS。

虽然 RS 越多，信道估计精确度越高，但是相应的传输 UCI 的物理资源数量也会减少，导致 UCI 的编码速率上升。要想得到最优的检测性能，需要综合考虑信道条件、PUCCH 时域长度和 UCI 的负载。经多次讨论后，NR 系统确定基站可通过高层信令配置上行信道（适用于 PUSCH 和 PUCCH）是否使用额外 RS（Additional DM-RS）。未配置额外 RS 时，PUCCH 格式 3、格式 4 每个跳频部分中包括 1 列 RS。配置额外 RS 后，若每个跳频部分包括的时域符号数量不大于 5，则包括 1 列 RS，若每个跳频部分包括的时域符号数量大于或等于 5，则包括 2 列 RS（见表 5-13）。

表 5-13　PUCCH 格式 3、格式 4 RS 图案

PUCCH 长度	RS 时域符号位置（符号索引从 0 开始）			
	未配置额外 RS		配置额外 RS	
	无跳频	跳频	无跳频	跳频
4	1	0，2	1	0，2
5	0，3		0，3	
6	1，4		1，4	
7	1，4		1，4	
8	1，5		1，5	
9	1，6		1，6	
10	2，7		1，3，6，8	
11	2，7		1，3，6，9	
12	2，8		1，4，7，10	
13	2，9		1，4，7，11	
14	3，10		1，5，8，12	

5.5.4 PUCCH 资源分配

LTE 系统在未引入载波聚合之前，传输动态调度 PDSCH 对应的 ACK/NACK 信息的 PUCCH 格式 1a、格式 1b 的资源，是根据调度 PDSCH 的 DCI 占用的 CCE 计算得到的。引入载波聚合之后，传输动态调度 PDSCH 对应的 ACK/NACK 信息的 PUCCH 格式 3、格式 4、格式 5 的资源则采用了半静态配置加 DCI 动态指示的方式分配。在 NR 设计较早阶段就确定了沿用了 LTE 的工作机制指示传输 ACK/NACK 信息的 PUCCH，即首先由高层信令配置 PUCCH 资源集，然后由 DCI 指示资源集中的一个 PUCCH。

在标准化讨论过程中，关于如何配置 PUCCH 资源集合提出了如下方案[32]。

- 方案 1：配置 K 个 PUCCH 资源集合，每个资源集合用来承载的 UCI 比特数范围不同。每个集合中可以包括相同或不同的 PUCCH 格式。根据待传输的 UCI 比特数从 K 个资源集合中确定一个资源集合。然后根据 DCI 的指示从该集合中确定一个 PUCCH 资源（见图 5-53）。

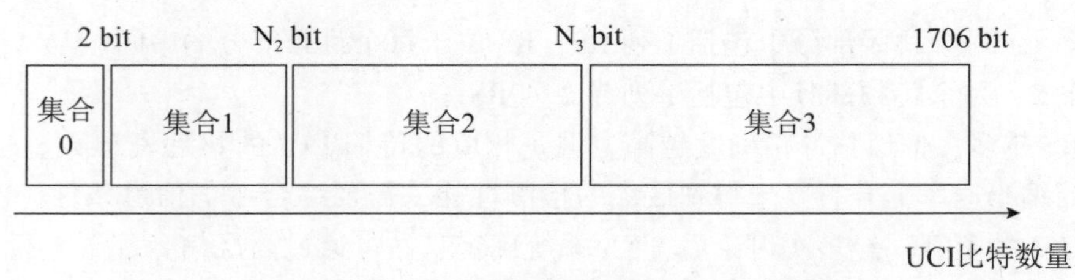

图 5-53　PUCCH 资源集配置方案 1 示意图

- 方案 2：针对每种 PUCCH 格式配置 1 个或多个 PUCCH 资源集合。
  - 方案 2-1：每种 PUCCH 格式配置多个资源集。
  - 方案 2-2：多个资源集分为两组，第一组用于承载 1~2 bit UCI，第二组用于承载 2 bit 以上 UCI。首先，通过 MAC CE 指示每一组内的一个资源集，得到两个资源集。其次，根据待传输 UCI 比特数确定一个资源集。最后根据 DCI 从资源集中确定一个 PUCCH 资源。
  - 方案 2-3：每种 PUCCH 格式配置一个资源集。对短 PUCCH，重用 LTE PUCCH 格式 1a、格式 1b 根据 DCI 占用的资源隐式确定 PUCCH 资源的方法。
  - 方法 2-4：配置两个 PUCCH 资源集，分别包括短 PUCCH 和长 PUCCH，设置短 PUCCH 资源集承载的 UCI 比特上限（如 100 bit），根据待传输 UCI 比特数从两个资源集中选择一个。

方案 1 的好处在于，由于资源集中同时包括短 PUCCH 和长 PUCCH，因此可以实现长短 PUCCH 格式的动态切换。半静态配置的长、短 PUCCH 资源数量可以不均匀，这给基站配置提供了更多灵活性。以 DCI 中包括 3 bit PUCCH 的指示信息为例，方案 1 的一个 PUCCH 集合中包括 8 个 PUCCH 资源，基站可任意配置其中长 PUCCH 和短 PUCCH 的数量。而对于方案 2-1，首先 DCI 中需要 1 bit 指示使用长 PUCCH 还是短 PUCCH，然后剩余的 2 bit 指示一个集合内的资源，即长 PUCCH 集合和短 PUCCH 集合都分别包含 4 个 PUCCH 资源。另外，方案 1 可针对不同的 UCI 负载区间分别配置资源集，能够配置总量更多的资源，给调度带来更大灵活性。经过讨论后确定，NR PUCCH 资源分配采用方案 1。通过高层信令可配置最多 4 个 PUCCH 资源集合，其中资源集合 0 用于承载 1~2 bit UCI，资源集合 1、2 对应的负载范围通过高层信令配置，而资源集合 3 的最大负载为 1706 bit，该数值来自 Polar 编码的限制。

另外，有公司提出在实际系统中大量的 UE 需要同时反馈 1 bit 或 2 bit 比特的 ACK/NACK 信息，若 DCI 中 PUCCH 指示信息域为 2 bit，即每个终端只能有 4 个备选的 PUCCH 资源传输 1 bit 或 2 bit ACK/NACK，则系统中资源冲突问题会比较严重。因此，建议考虑在 DCI 指示基础上，使用隐式的资源指示方法，扩展备选 PUCCH 资源数量。可选方案包括：

- 方案 1：根据 CCE 索引确定 PUCCH 资源。
- 方案 2：根据 RBG 索引确定 PUCCH 资源。
- 方案 3：根据 TPC 隐式确定 PUCCH 资源。
- 方案 4：根据 CORESET 或 Search Space 隐式确定 PUCCH 资源。
- 方案 5：拓展 DCI 中的 PUCCH 指示信息 bit 数，不引入隐式资源确定方式。

经讨论和融合，RAN1#92 次会议确定 DCI 中使用 3 bit 指示 PUCCH 资源。对 PUCCH 集合 0（承载 1~2 bit UCI），高层信令可配置最多 32 个 PUCCH 资源。当 PUCCH 资源数量不大于 8 时，直接根据 DCI 中的指示确定 PUCCH 资源。当 PUCCH 资源数量大于 8 时，则根据 CCE 索引和 DCI 中的 3 bit 指示信息联合确定一个 PUCCH 资源，具体方法如式（5.4）。

$$r_{\mathrm{PUCCH}}=\begin{cases}\left[\dfrac{n_{\mathrm{CCE},p}\cdot\lceil R_{\mathrm{PUCCH}}/8\rceil}{N_{\mathrm{CCE},p}}\right]+\Delta_{\mathrm{PRI}}\cdot\left[\dfrac{R_{\mathrm{PUCCH}}}{8}\right] & \text{if}\quad \Delta_{\mathrm{PRI}}<R_{\mathrm{PUCCH}}\bmod 8\\ \left[\dfrac{n_{\mathrm{CCE},p}\cdot\lfloor R_{\mathrm{PUCCH}}/8\rfloor}{N_{\mathrm{CCE},p}}\right]+\Delta_{\mathrm{PRI}}\cdot\left[\dfrac{R_{\mathrm{PUCCH}}}{8}\right]+R_{\mathrm{PUCCH}}\bmod 8 & \text{if}\quad \Delta_{\mathrm{PRI}}\geqslant R_{\mathrm{PUCCH}}\bmod 8\end{cases}\tag{5.4}$$

其中，r_{PUCCH} 为 PUCCH 资源索引号，$N_{\mathrm{CCE},p}$ 为 CORESET 中 CCE 的数量，$n_{\mathrm{CCE},p}$ 为 DCI 占用的第一个 CCE 的索引号，Δ_{PRI} 为 DCI 中 3 bit 指示信息所指示的值。

对于 PUCCH 集合 1、集合 2、集合 3（承载 2 bit 以上 UCI），高层信令可配置最多 8 个 PUCCH 资源。终端根据 DCI 中的 3 bit 指示信息确定使用的 PUCCH 资源，而不使用隐式资源确定方法。

5.5.5　PUCCH 与其他上行信道冲突解决

在 LTE 系统中，为了保证上行单载波特性，当一个子帧中同时需要传输多个信道时，UCI 将复用在一个物理信道中进行传输。另外，由于 LTE 系统中物理信道在时域上总是占满一个 TTI 中全部可用资源传输，发生重叠的信道在时域上是对齐的。因此当 PUCCH 与其他上行信道发生时域冲突时，只要确定一个大容量信道传输上行信息即可，例如使用 PUCCH 格式 2a、格式 2b、格式 3、格式 4、格式 5 复用传输 CSI 和 ACK/NACK，或使用 PUSCH 复用传输 UCI 和上行数据。

类似的，R15/R16 NR 系统在一个载波内也不能同时传输多个上行信道。在标准化讨论过程中，很快对重叠信道起始符号相同的情况达成结论，即通过一个信道复用传输所有的 UCI 信息。当重叠信道的起始符号不相同时，UCI 复用传输将会涉及一个全新的问题，即将多个信道中复用于一个信道中进行传输是否能满足各信道对应的处理时延要求。图 5-54 和图 5-55 给出了两个重叠信道对应的处理时延问题的示例。

- 图 5-54 中，PDSCH 的结束位置到承载对应 ACK/NACK 的 PUCCH 的起始位置之间的时间差应满足 PDSCH 处理时延要求 $T_{\mathrm{proc},1}$（$T_{\mathrm{proc},1}$ 的取值与终端能力有关，具体参见 TS 36.214 中 5.3 节），但是 PDSCH 的结束位置到 PUSCH 起始位置之间的时间间隔不满足 PDSCH 处理时延要求。此时若要求将 PDSCH 对应的 ACK/NACK 复用于

PUSCH 内进行传输，则终端实际上无法传输有效的 ACK/NACK 信息。

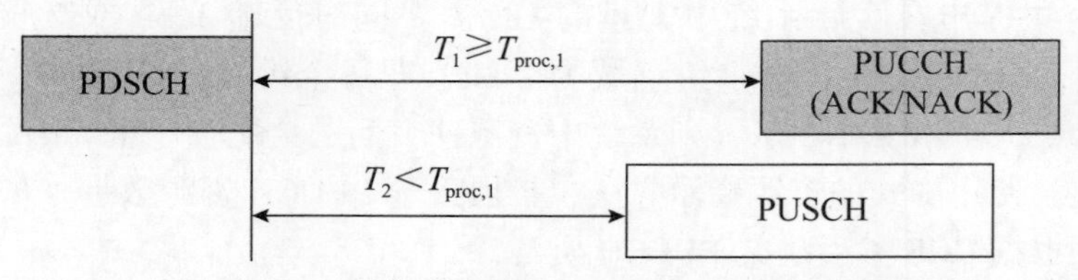

图 5-54　上行信道重叠时，PDSCH 处理时延问题

- 图 5-55 中，承载 UL Grant 的 PDCCH 的结束位置与其调度的 PUSCH 的起始位置之间的时间差应满足 PUSCH 准备时延 $T_{proc,2}$（$T_{proc,2}$ 的取值与终端能力有关，具体参见 TS 36. 214 中 6. 4 节），但是指示 SPS 资源释放的 DCI 所在 PDCCH 的结束位置到 PUSCH 起始位置之间的时间间隔不满足 $T_{proc,2}$。此时若要求将 SPS 资源释放 DCI 对应的 ACK/NACK 复用于 PUSCH 内进行传输，则超出了终端的处理能力。

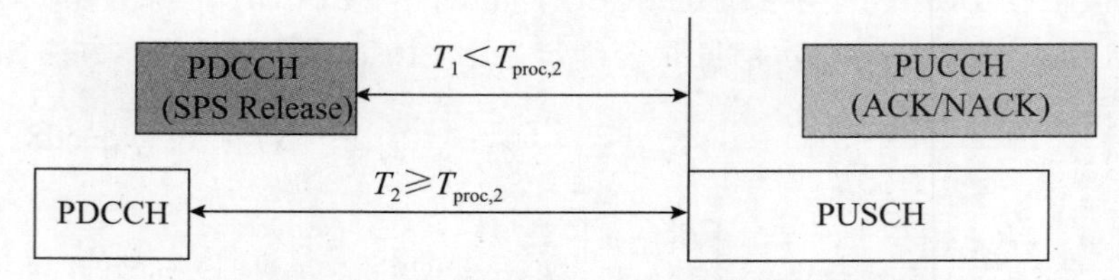

图 5-55　上行信道重叠时，PUSCH 处理时延问题

为了解决上述处理时延问题，同时最大限度地降低对终端的影响，3GPP RAN1#92bis 会议达成工作假设，当重叠的上行信道满足如下时延要求，则将 UCI 复用于一个物理信道中进行传输，如图 5-56 所示。

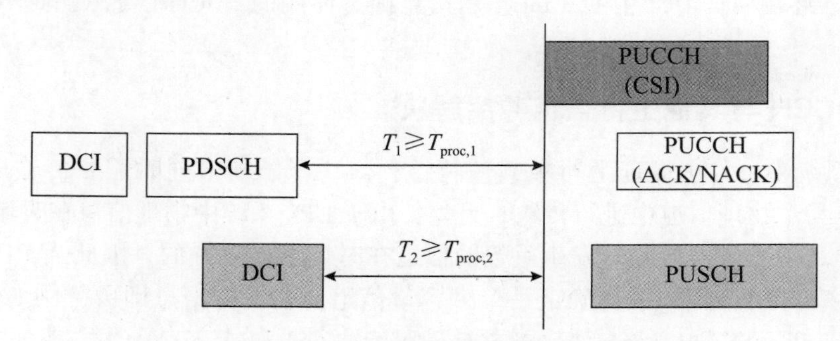

图 5-56　NR UCI 复用传输时延要求示意图

- 从所有重叠信道中起始时间最早的上行信道到与重叠上行信道对应的所有 PDSCH 中，最后一个 PDSCH 的结束位置的时间间隔不小于第一数值。考虑到 UCI 复用传输相比 UCI 独立传输需要额外的基带处理过程，经讨论确定第一数值在正常的 PDSCH 处理时延（$T_{proc,1}$）的基础上多加一个符号。
- 从所有重叠的上行信道中起始时间最早的上行信道到与重叠上行信道对应的所有 PDCCH 中最后一个 PDCCH 的结束位置的时间间隔不小于第二数值。类似于第一数值的定义，第二数值是在正常的 PUSCH 准备时间（$T_{proc,2}$）的基础上多加一个符号。

若多个重叠上行信道不满足上述时延要求，则终端行为不做定义，即隐含约束基站在做调度时，若上述时延无法得到满足，那么基站应该放弃时间在后的调度。

上述复用传输工作机制确定后，另一个需要讨论的问题是如何确定重叠信道集合。重叠信道集合的确定将直接影响参与复用传输的 UCI 数量及最终使用的复用传输方式。以图 5-57 为例，终端在一个时隙中有 4 个待发送信道，其中信道 4 与信道 1 不重叠，但信道 1 与信道 4 都与信道 3 重叠。在确定与信道 1 重叠的信道过程中，若不包括信道 4，则可能会引起二次信道重叠。例如，确定信道 1、信道 2、信道 3 中承载的信息通过信道 3 复用传输，则跟信道 4 再次碰撞。

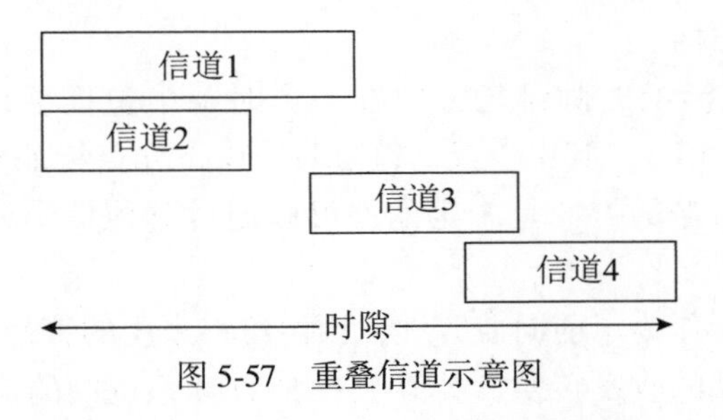

图 5-57　重叠信道示意图

为了避免上述情况发生，RAN1 #93 次会议通过了如下重叠 PUCCH 集合 Q 确定方法。

- 确定 PUCCH A：所有重叠 PUCCH 中起始时间最早的 PUCCH。若存在多个起始相同的 PUCCH，则选择其中时长最长的。若多个 PUCCH 起始时间、时长都相同，则任选其一作为 PUCCH A。
- 与 PUCCH A 重叠的 PUCCH 纳入集合 Q。
- 与集合 Q 中任意 PUCCH 重叠的 PUCCH 纳入集合 Q。
- 根据集合 Q 中所有的 UCI 确定一个复用传输信道 PUCCH B。
- 确定 PUCCH B 是否与其他 PUCCH 重叠。若是，则重复执行前几点内容。

集合 Q 确定之后，根据所有 UCI 确定一个复用传输所有 UCI 的 PUCCH。若该 PUCCH 与任一 PUSCH 重叠，则 UCI 将通过 PUSCH 复用传输；否则，UCI 通过 PUCCH 复用传输。

5.6　灵活 TDD

5.6.1　灵活时隙概念

在 NR 系统的设计之初，就要求 NR 系统相对于 LTE 系统在如下方面具有更优的性能指标：数据速率、频谱利用率、时延、连接密度、功耗等。另外，NR 系统需要具有良好的前向兼容性，可以支持在未来引入其他的增强技术或新的接入技术。因此，在 NR 系统中引入了自包含时隙以及灵活时隙的概念。

所谓自包含时隙即调度信息、数据传输以及该数据传输对应的反馈信息都在一个时隙中传输，从而可以达到降低时延的目的。典型的自包含时隙结构主要分为两种：下行自包含时隙和上行自包含时隙，如图 5-58 所示。

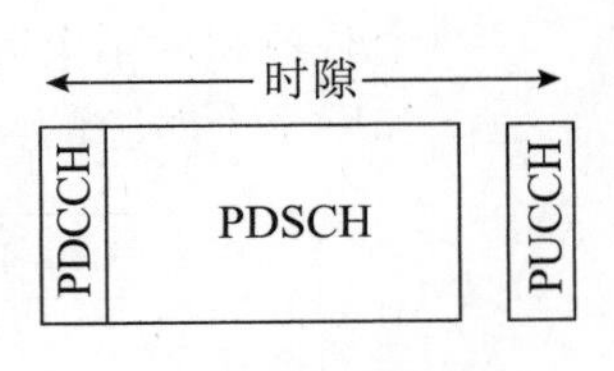

(a) 下行自包含时隙

(b) 上行自包含时隙

图 5-58　自包含时隙示意图

如图 5-58（a）所示，网络发送的 PDCCH 调度该时隙中的 PDSCH，针对该 PDSCH 的 HARQ-ACK 信息通过 PUCCH 反馈，PDCCH、PDSCH 和 PUCCH 在同一时隙中，因此在一个时隙中完成一次数据的调度、传输和反馈。如图 5-58（b）所示，网络发送的 PDCCH 调度的 PUSCH 传输与该 PDCCH 在同一时隙中。

在自包含时隙中，要求终端接收到 PDSCH 后，在同一时隙中完成 HARQ-ACK 反馈。而在 LTE 系统中，终端在子帧 n 接收 PDSCH，在子帧 $n+4$ 发送 HARQ-ACK 反馈信息，因此，NR 系统相对 LTE 系统对终端的处理能力具有更高的要求。

自包含时隙要求在一个时隙中既包括下行符号，也包括上行符号，并且根据自包含时隙类别的不同，一个时隙中下行符号和上行符号的个数也不同，即能够支持自包含时隙的前提是能够支持灵活的时隙结构。

NR 系统中引入了灵活的时隙结构，即在一个时隙中包括下行符号（DL）、灵活符号（Flexible）和上行符号（UL）。其中，灵活符号具有以下几点特征。

- 灵活符号表示该符号的方向是未定的，可以通过其他信令将其改变为下行符号或上行符号。
- 灵活符号也可以看作为了前向兼容性，预留给将来用的符号。
- 灵活符号用于终端的收发转换，类似于 LTE TDD 系统中的保护间隔（GP）符号，终端在该符号内完成收发转换。

在 NR 系统中，定义了多种灵活时隙结构，包括全下行时隙、全上行时隙、全灵活时隙，以及不同下行符号、上行符号、灵活符号个数的时隙结构，不同的时隙结构分别对应一个时隙格式索引。在一个时隙中，可以包括一个或两个上下行转换点。

- 包括一个上下行转换点的时隙结构：在一个时隙中，任意两个灵活符号之间不包括 DL 符号或 UL 符号。如图 5-59（a）中，一个时隙中包括 9 个 DL 符号、3 个灵活符号、2 个 UL 符号。3 个灵活符号的位置相邻，在该 3 个灵活符号中存在一个上下行转换点；如图 5-59（b）中，一个时隙中包括 2 个 DL 符号、3 个灵活符号、14 个 UL 符号。3 个灵活符号的位置相邻，在该 3 个灵活符号中存在一个上下行转换点。
- 包括两个上下行转换点的时隙结构：在一个时隙中，存在两个灵活符号之间包括 DL 符号和 UL 符号。如图 5-59（c）中，一个时隙包括 10 个 DL 符号、2 个灵活符号、2 个 UL 符号。在前半个时隙和后半个时隙中，分别包括 DL 符号、灵活符号和 UL 符号，即在前半个时隙和后半个时隙的灵活符号中分别存在一个上下行转换点；如图 5-59（d）中，一个时隙包括 4 个 DL 符号、4 个灵活符号、6 个 UL 符号。在前半个时隙和后半个时隙中，分别包括 DL 符号、灵活符号和 UL 符号，即在前半个时隙和后半个时隙的灵活符号中分别存在一个上下行转换点。

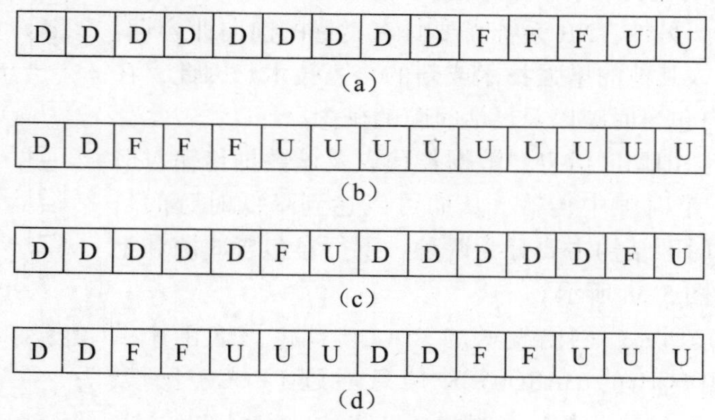

图 5-59　时隙结构示意图

5.6.2　半静态上下行配置

NR 系统支持多种方式配置时隙结构，包括通过半静态上下行配置信令配置时隙结构和通过动态上下行指示信令配置时隙结构，其中，半静态上下行配置信令包括 *tdd-UL-DL-ConfigurationCommon* 和 *tdd-UL-DL-ConfigurationDedicated*，动态上下行指示信令即 DCI 格式 2_ 0。本节介绍半静态的上下行配置方式，下节介绍动态上下行指示方式。

网络通过发送 *tdd-UL-DL-ConfigurationCommon* 信令配置公共的时隙结构，即小区内所有的终端都适用的时隙结构，该信令可以配置一个或两个图案（Pattern），每个图案对应一个周期。在每个图案中，网络可以配置该图案中的时隙结构，主要包括如下参数：参考子载波间隔（μ_{ref}）、周期（P，即该图案的周期参数，其单位为 ms）、下行时隙数（d_{slot}）、下行符号数（d_{sym}）、上行时隙数（u_{slot}）、上行符号数（u_{sym}）。

根据参考子载波间隔和周期可以确定该周期内包括的时隙总数 S，该 S 个时隙中的前 d_{slot} 个时隙表示全下行时隙，最后一个全下行时隙的下一个时隙中的前 d_{sym} 个符号表示下行符号；该 S 个时隙中的最后 u_{slot} 个时隙表示全上行时隙，第 1 个全上行时隙的前一个时隙中的最后 u_{sym} 个符号表示上行符号；该周期中的其余符号表示灵活符号。因此，在一个图案周期内，整体看来配置的帧结构形式也是下行时隙或符号在前，上行时隙或符号在后，中间是灵活时隙或符号。终端根据 *tdd-UL-DL-ConfigurationCommon* 可以确定一个周期内的时隙结构，以周期 P 在时域上重复即可确定所有时隙的时隙结构。

如图 5-60 所示为一个图案的时隙配置，该图案的周期 $P=5$ ms，对 15 kHz 子载波间隔，该图案周期内包括 5 个时隙，其中 $d_{slot}=1$，$d_{sym}=2$，$u_{slot}=1$，$u_{sym}=6$，即表示在 5 ms 的周期内，第 1 个时隙为全下行时隙，第 2 个时隙中的前两个符号是下行符号，最后一个时隙是全上行时隙，倒数第二个时隙中的最后 6 个符号是上行符号，其余的符号是灵活符号，该图案在时域上以 5 ms 周期性重复。

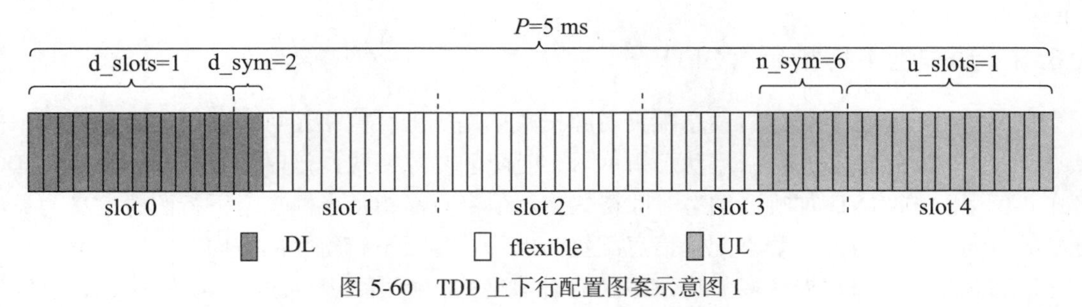

图 5-60　TDD 上下行配置图案示意图 1

网络可以通过 *tdd-UL-DL-ConfigurationCommon* 信令同时配置两个图案，两个图案的周期为 P 和 P_2，并且分别配置两个图案中的时隙结构。当网络配置两个图案时，两个图案的总周期（$P+P_2$）能够被 20 ms 整除。两个图案的时隙结构在时域上一起重复，即以周期 $P+P_2$ 在时域上周期性重复，从而确定所有时隙的时隙结构。

另外，网络可以通过 UE 专属 RRC 信令 *tdd-UL-DL-ConfigurationDedicated* 为终端配置时隙结构。该信令用于配置 *tdd-UL-DL-ConfigurationCommon* 配置的周期内的一组时隙的时隙结构，主要包括如下参数。

- 时隙索引：该参数用于指示 *tdd-UL-DL-ConfigurationCommon* 配置的周期内的一个时隙。

- 符号方向：该参数用于配置时隙内的一组符号，可以配置该时隙索引对应的时隙是全下行符号，全上行符号，或下行符号个数和上行符号个数。

tdd-UL-DL-ConfigurationDedicated 信令只能改变 *tdd-UL-DL-ConfigurationCommon* 配置为灵活符号的方向。如果 *tdd-UL-DL-ConfigurationCommon* 配置信令已经配置为下行符号（或上行符号），不能通过 *tdd-UL-DL-ConfigurationDedicated* 信令将其修改为上行符号（或下行符号）。

例如，网络通过 *tdd-UL-DL-ConfigurationCommon* 配置信令配置的一个图案的时隙结构如图 5-60 所示，在此基础上，网络通过 *tdd-UL-DL-ConfigurationDedicated* 信令配置两个时隙的时隙结构，如图 5-61 所示，这两个时隙分别是 5 ms 周期内的时隙 1 和时隙 2。

- 时隙 1：*tdd-UL-DL-ConfigurationDedicated* 信令配置时隙 1 的下行符号个数是 4 个，上行符号个数是 2 个。
- 时隙 2：*tdd-UL-DL-ConfigurationDedicated* 信令配置时隙 2 的下行符号个数是 3 个，上行符号个数是 2 个。

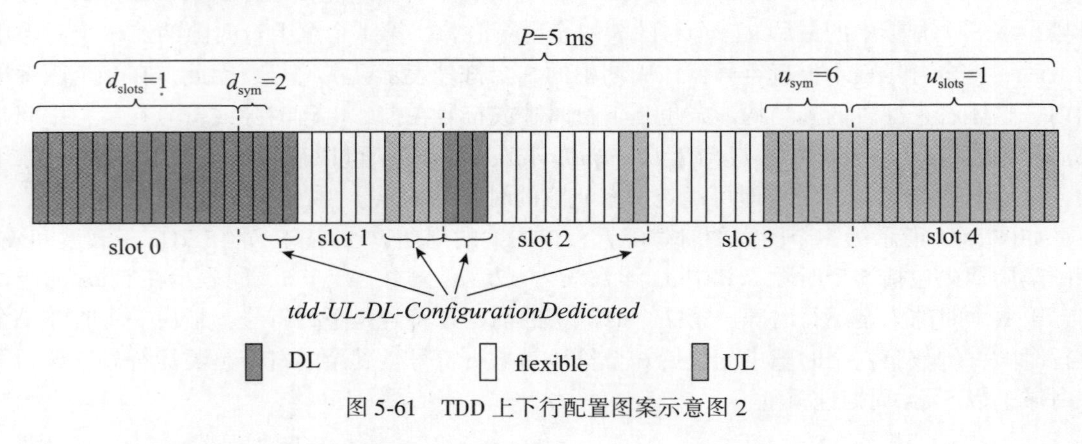

图 5-61　TDD 上下行配置图案示意图 2

5.6.3　动态上下行指示（SFI）

在通过半静态上下行配置信息配置时隙格式的基础上，网络还可以通过时隙格式指示信息（Slot Format Indicator，SFI）动态指示每个时隙的时隙格式，该时隙格式指示信息即 DCI 格式 2-0，用 SFI-RNTI 加扰。动态时隙格式指示信令只能指示半静态上下行配置信息为灵活符号的方向，不能改变半静态配置信息配置为上行符号或下行符号的方向。

动态 SFI 可以同时指示多个服务小区的时隙格式，网络可以通过 RRC 信令配置小区索引，以及该小区索引对应的时隙格式组合标识（*slotFormatCombinationId*）的起始比特在 DCI 格式 2-0 中的位置。网络配置多个时隙格式组合（*slotFormatCombination*），每个时隙格式组合对应一个标识信息（*slotFormatCombinationId*）以及一组时隙的时隙格式指示，每个时隙格式指示用于指示一个时隙的时隙格式。

SFI 指示信息包括 SFI 索引（SFI-index），该 SFI-index 即对应于 *slotFormatCombinationId*，根据该索引即可确定一组时隙格式。该 SFI 指示的时隙格式适用于从承载该 SFI 信令的时隙开始的连续的多个时隙中，并且 SFI 指示的时隙个数大于或等于承载该 SFI 的 PDCCH 的监测周期。如果一个时隙被两个 SFI 信令指示时隙格式，这个时隙被两个 SFI 信令指示的时隙格式应该是相同的。

网络在指示一个服务小区的时隙格式时，会同时配置一个子载波间隔，即 SFI 参考子载波间隔 μ_{SFI}，该子载波间隔小于或等于监测 SFI 信令的服务小区的子载波间隔 μ，即 $\mu \geqslant \mu_{SFI}$。此时 SFI 指示的一个时隙的时隙格式适用 $2^{(\mu-\mu_{SFI})}$ 个连续的时隙，并且 SFI 信令指示的每个下行符号或上行符号或灵活符号对应 $2^{(\mu-\mu_{SFI})}$ 个连续的下行符号或上行符号或灵活符号。

如图 5-62 所示示例，DL : FL : UL = 4 : 7 : 3，即一个时隙中包括 4 个 DL 符号、7 个灵活符号、3 个 UL 符号，并且配置 $\mu_{SFI}=0$，即对应 15 kHz 子载波间隔。该 SFI 用于指示 TDD 小区的时隙格式，并且该小区对应的子载波间隔 $\mu=1$，即 30 kHz 子载波间隔，则该 SFI 指示的时隙格式适用 2 个连续的时隙中，并且 SFI 指示的 1 个 DL 符号、灵活符号或上行符号分别对应该小区的时隙中 2 个连续的 DL 符号、2 个连续的灵活符号或 2 个连续的上行符号。

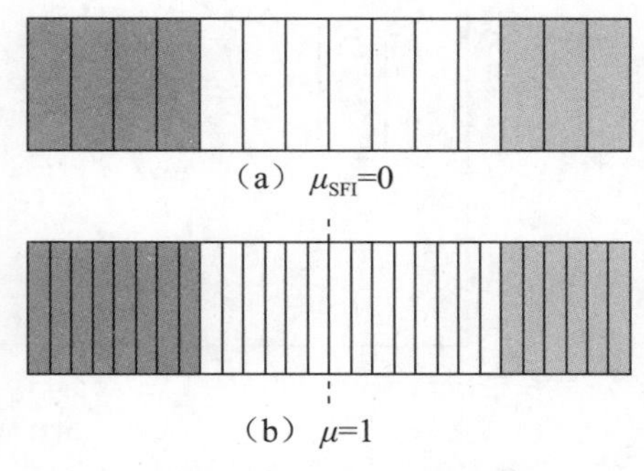

图 5-62　动态时隙指示示意图

5.7 PDSCH 速率匹配

5.7.1 引入速率匹配的考虑

速率匹配（Rate Matching）是一个在 LTE 系统中已经存在的技术，即当分配的资源和传输数据所需的资源有一点差距时，可以通过码率的小幅调整将数据适配到分配的资源中。这种差距通常是因为在分配给终端的时频资源范围中存在一些不能使用的“资源碎块”，常见的“资源碎块”可以是参考信号、同步信号等，采用 Rate Matching 来规避这些“资源碎块”是很好理解的，本节不作为重点介绍。但是 Rate Matching 在 5G NR 标准中最终被用于更广泛的用途，包括：PDCCH 与 PDSCH 复用、资源预留（Resource Reservation）等，本节将重点围绕这些应用场景来介绍。总的来说，之所以要采用 Rate Matching 处理，主要存在两种情况。

- 第一种情况：可能在基站为数据信道（如 PDSCH）分配资源时，还不能准确地计算出这个被分配的资源范围内哪些资源碎块实际上是不能使用、必须避开的，因此只能先分配给终端一个概略的资源范围，等不能使用的资源碎块的位置和大小确定了以后，再由终端在资源映射的时候规避开这些资源碎块，通过 Rate Matching，将原本落在这个资源碎块内的数据外移到不受影响的资源中，如图 5-63 所示。
- 第二种情况：在基站分配 PDSCH、PUSCH 资源时，已经知道这个被分配的资源范围内哪些资源碎块实际上是不能使用、必须避开的，但是为了控制资源分配信令的开销，只能对一个方形时频区域进行分配（即方形分配，Square Allocation）。NR 在频域上还支持基于 Bitmap 的非连续分配（即 Type 0 频域资源分配），而在时域上只支持“起点+长度”的连续指示，不支持非连续的时域资源分配，如果需要规避的资源出现在被分配的资源的时域中间位置，则无法通过主动指示来“避开”这块资源［在 NR 资源分配研究中，也曾有建议支持非连续时域资源分配（如基于 Bitmap 指示），但没有被接受］，只能由终端通过 Rate Matching 来做“资源减法”，规避开不能使用的资源。

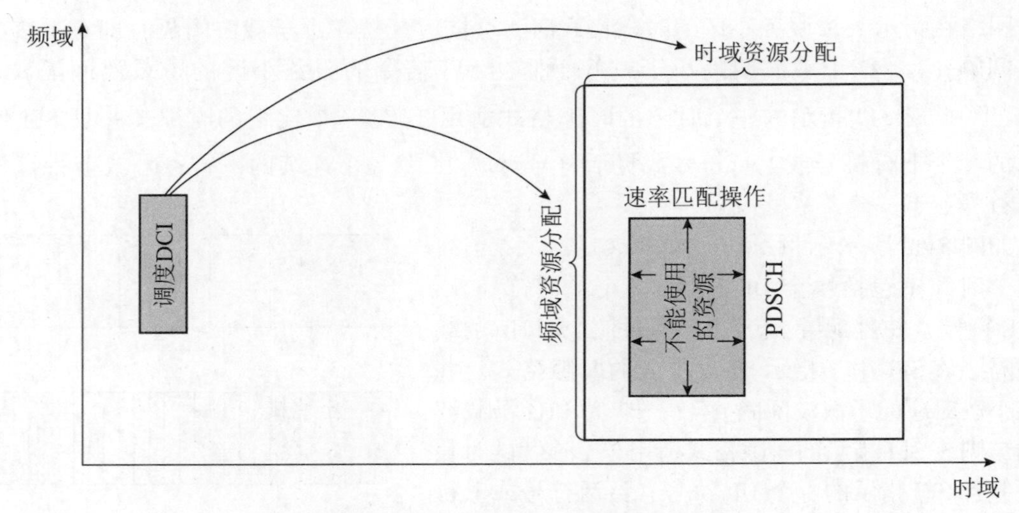

图 5-63 Rate Matching 基本原理示意图

1. PDCCH 与 PDSCH 复用

如 5.4.1 节所述，NR PDCCH 相对 LTE PDCCH 的一大差异，是 PDCCH 和 PDSCH 不仅可以 TDM，还可以 FDM 复用。这有助于充分利用时频资源，减少无法分配的资源碎片。但是，这同时也造成了更复杂的 PDCCH 和 PDSCH 复用关系，甚至 PDSCH 可以包围在 CORESET 四周，如果采用 Rate Matching 技术来规避 CORESET 占用的资源，就需要使终端获知被 CORESET 占用的资源范围。这包括以下两种情况。

- 情况 1：嵌入 PDSCH 资源的 CORESET 是配置给同一个终端的。
- 情况 2：嵌入 PDSCH 资源的还有配置给别的终端 CORESET。

情况 1 是比较简单的情况，如图 5-64（a）所示，因为分配给终端 1 的 PDSCH 的资源范围内只存在配置给终端 1 的 CORESET，而这个 CORESET 的时频范围对于终端 1 是已知的，可以通过 CORESET 配置获得，不需要额外的信令通知，只需要定义终端的 Rate Matching 行为即可，即“与配置给终端的 CORESET 相重叠的 PDSCH 资源，不会用于 PDSCH 传输”，终端需要围绕 CORESET 的时频范围进行 Rate Matching。

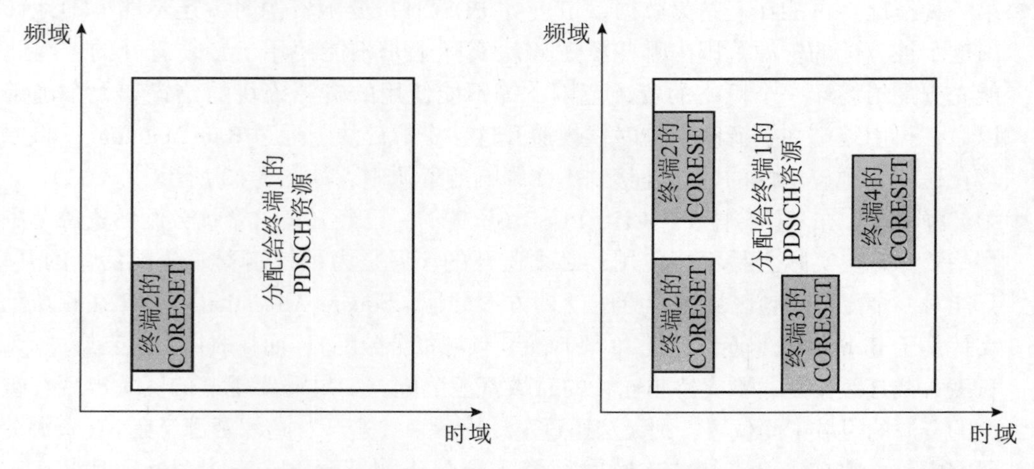

（a） PDSCH中只包含同一个终端的CORESET （b） PDSCH中还包含其他个终端的CORESET

图 5-64 PDCCH 和 PDSCH 复用的两种情况

情况 2 是比较复杂的情况，如图 5-64（b）所示，因为分配给终端 1 的 PDSCH 的资源范围内还存在配置给终端 2、终端 3、终端 4 的 CORESET，而这些 CORESET 的时频范围对于终端 1 是未知的，无法通过它自己收到的 CORESET 配置获得，而需要通过额外的信令获得。

2. 资源预留

资源预留（Resource Reservation）是 5G NR 引入的一项新的需求。移动通信系统，在一代以内需要保证后向兼容（Backward Compatibility），如保证较老版本的 4G 终端可以接入较新版本的 4G 系统，以使购买了 4G 终端的用户在整个 4G 系统生命周期内不需要被迫购买新的终端。但是这个要求带来一个缺点，就是一代移动通信系统在它的生命周期内（如 10 年）无法进行革命性的技术升级，因为在新版本系统中无论采用何种新的增强技术，都必须保证不能影响老的终端的正常工作。在 5G NR 标准化的早期阶段，就提出了 Forward Compatibility 的设计要求，从而在未来使能一些革命性的增强技术。增加这个需求，主要是因为 5G 系统可能要服务于"千行百业"的各种垂直（Vertical）业务，很多业务是我们现在很难预测的，可能不得不采用一些现有 5G 终端不能"识别"的新型技术和"颠覆性"设计。而如果要允许采用这些颠覆性设计，就必须使现有的 5G 终端在不识别这些颠覆性设计的情况下，还能正常接入，即达到前向兼容（Forward Compatibility）的效果。达到这个效果的一个方法就是预留一块资源给这种"未知的未来业务"，当分配给终端的资源与这块预留的资源重叠时，终端可以通过 Rate Matching 来规避开这块资源。这样老版本的 5G 终端即使不识别预留资源内传输的新业务信号，也不会受到这些新业务的影响或影响这些新业务的传输。

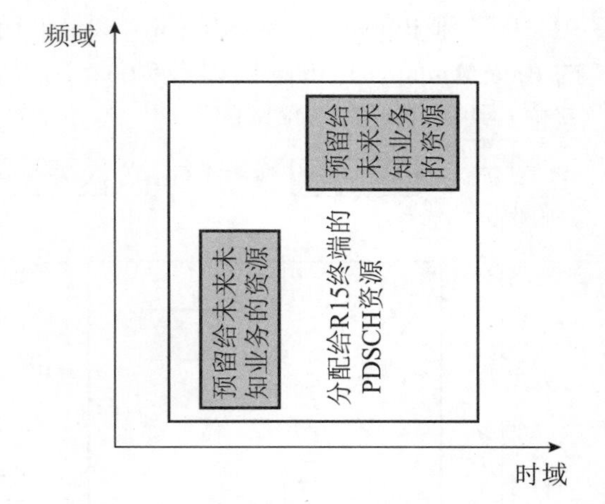

图 5-65　资源预留基本原理示意图

5.7.2　速率匹配设计

根据 5.7.1 节的介绍可以看到，为了支持 PDCCH/PDSCH 复用和资源预留，需要引入一套新的信令，通知终端需要 Rate Matching 的资源区域。从信令的类型上看，应该主要依赖于 RRC 半静态配置，辅助以少量的 DCI 指示，因为如果大量依赖 DCI 来动态指示，会造成 DCI 开销的大量增加，对于 Rate Matching 这样一个辅助性的增强技术，是不太适合的。

从频域上看，预留资源可能出现在任何位置，且可能连续也可能不连续，数据信道和 PDCCH 采用数据信道 Type 0 类似的 Bitmap 来指示即可。从颗粒度上讲，如果只考虑 PDCCH/PDSCH 复用，由于 CORESET 是以 6 个 RB 为单位划分的，似乎采用包含 6 个 RB 的 RB 组作为 Bitmap 单位即可。但如果考虑资源预留的需求，则前向兼容场景下可能出现的"未知新业务"的资源颗粒度不能确定，最好还是以 RB 为单位指示。如果要采用一套统一的资源指示方法指示 Rate Matching 资源，满足各种 Rate Matching 应用场景，还是要在频域上采用 RB 级别的 Bitmap。

从时域上看，从 5.2 节和 5.4 节的介绍可以看到，NR 系统数据信道和控制信道都采用了可以出现在任意时域位置的符号级"浮动"结构，且可能存在多块不连续的预留资源，因此用数据信道资源分配中采用的"起点+长度"的指示方式就不足够了，必须要采用类似 Search Space Set 那样的符号级 Bitmap 来指示。

这一对（Pair）Bitmap 组合就形成了一些在时频域上成矩阵排列的资源块，可以成为一个矩阵形的速率匹配图案（Rate Matching Pattern），矩阵节点上的资源块都不能传输 PDSCH。但单个 Rate Matching Pattern 随之带来了“过度预留资源”的问题。假设在一片资源范围内有三块需要预留的资源，如图 5-66（a）所示，根据这些资源块的大小和位置，采用时频二维 Bitmap（时域 Bitmap = 00110110011100，频域 Bitmap = 011101100001100）形成的 Rate Matching Pattern 则如图 5-66（b）所示，有 9 块资源包含在 Rate Matching Pattern 中，其中 6 块并不包含须预留的资源，是不应该预留的。这会造成很多资源无法被充分利用。

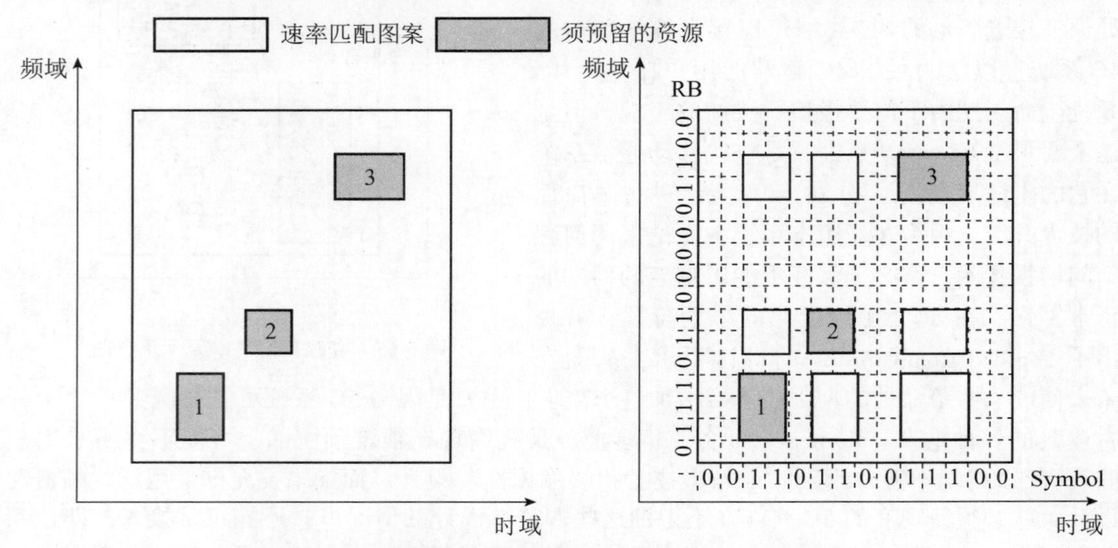

图 5-66　根据预留资源配置的单个 Rate Matching Pattern

图 5-66 是针对 1 个时隙定义的 Rate Matching Pattern，NR 标准还支持长度为 2 个时隙的 Rate Matching Pattern，也就是时域上采用长度覆盖 2 个时隙的符号级 Bitmap。另外，考虑到并不一定在每个时隙都需要预留资源，可能每隔若干个时隙才需要预留一次，因此标准还可以配置一个时隙级的 Bitmap，指示哪些时隙应用这个 Rate Matching Pattern，哪些时隙不应用。如图 5-67 所示，假设采用 1 个时隙长的 Rate Matching Pattern，且以 5 个时隙为周期，每个周期的第 2、3 个时隙采用 Rate Matching Pattern，其余 3 个时隙不采用此 Rate Matching Pattern，则时隙级 Bitmap 可配置为 01100，这样只有 40%的时隙按照 Rate Matching Pattern 预留资源。时隙级 Bitmap 最大可由 40 bit 组成，最大指示周期为 40 ms。

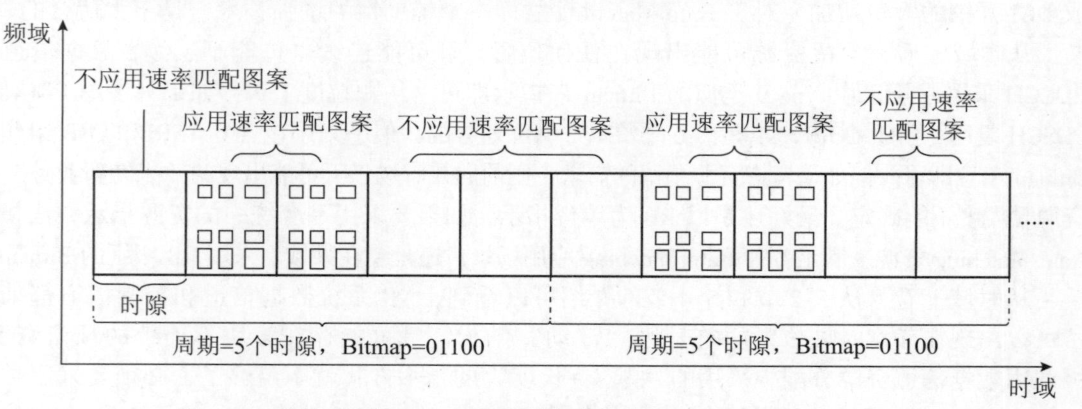

图 5-67　采用时隙级 Bitmap 配置哪些时隙采用 Rate Matching Pattern

为了一定程度上解决单个 Rate Matching Pattern 带来的“过度预留资源”的问题，可以采用多个 Rate Matching Pattern 组合的方式，比如仍是上面这个例子，我们可以配置两个 Rate Matching Pattern，然后再组合在一起。如图 5-68 所示，针对预留资源 1 和预留资源 2 配置 Rate Matching Pattern 1，时域 Bitmap = 00110110000000，频域 Bitmap = 011101100000000，针对预留资源 3 配置 Rate Matching Pattern 2，时域 Bitmap = 00000000011100，频域 Bitmap = 000000000001100。然后配置一个速率匹配图案组（Rate Matching Pattern Group），包含着两个 Pattern 的合集（Union）。可以看到，由两个 Pattern 合成的 Pattern Group，只配置了 5 块资源就覆盖了预留资源 1、预留资源 2、预留资源 3，虽然仍有 2 块资源是“过度预留”，但相比采用一个 Pattern，资源浪费要小得多了。如果想完全不浪费资源，可以配置 3 个 Pattern，分别覆盖预留资源 1、2、3，然后再组合成一个 Pattern Group。

最终确定，针对一个终端，可以最多为每个 BWP 配置 4 个 Rate Matching Pattern，以及 4 个小区级别的 Rate Matching Pattern。另外，可以配置 2 个 Rate Matching Pattern Group，每个 Rate Matching Pattern Group 可以由一系列的 Rate Matching Pattern 组成。

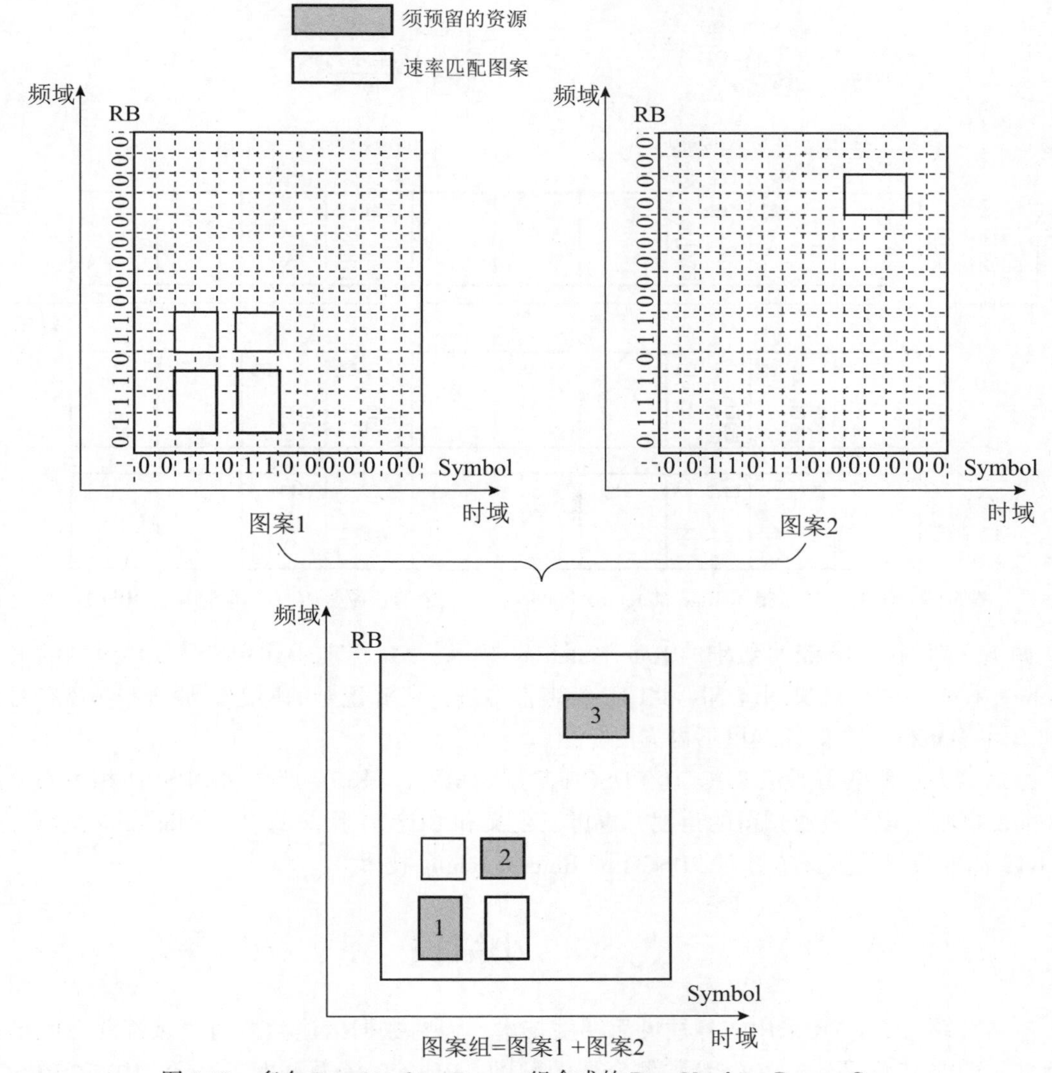

图 5-68　多个 Rate Matching Pattern 组合成的 Rate Matching Pattern Group

最后，虽然通过 Rate Matching Pattern 和 Rate Matching Pattern Group 配置了预留资源，但这些预留资源是否真的不能传输 PDSCH，还是由基站通过 DCI 动态指示的。在 DCI 1_1 中包含 2 bit 的速率匹配指示符（Rate Matching Indicator），基站在通过 DCI 1_1 为终端调度 PDSCH 的同时，通过这个指示符指示 2 个 Rate Matching Pattern Group 中的预留资源能否用于此次调度的 PDSCH 传输。如图 5-69 所示，第一个 Scheduling DCI 中的 Rate Matching Indicator = 10，则这个 DCI 调度的 PDSCH 的实际传输资源需要除去 Rate Matching Pattern Group 1 指示的预留资源，第二个 Scheduling DCI 中的 Rate Matching Indicator = 01，则这个 DCI 调度的 PDSCH 的实际传输资源需要除去 Rate Matching Pattern Group 2 指示的预留资源，第三个 Scheduling DCI 中的 Rate Matching Indicator = 11，则这个 DCI 调度的 PDSCH 的实际传输资源需要除去 Rate Matching Pattern Group 1 和 Rate Matching Pattern Group 2 的合集指示的预留资源，第四个 Scheduling DCI 中的 Rate Matching Indicator = 00，则这个 DCI 调度的 PDSCH 的实际传输资源就等于 TDRA 和 FDRA 中分配的资源，不需要除去任何 Rate Matching Pattern Group 指示的预留资源。

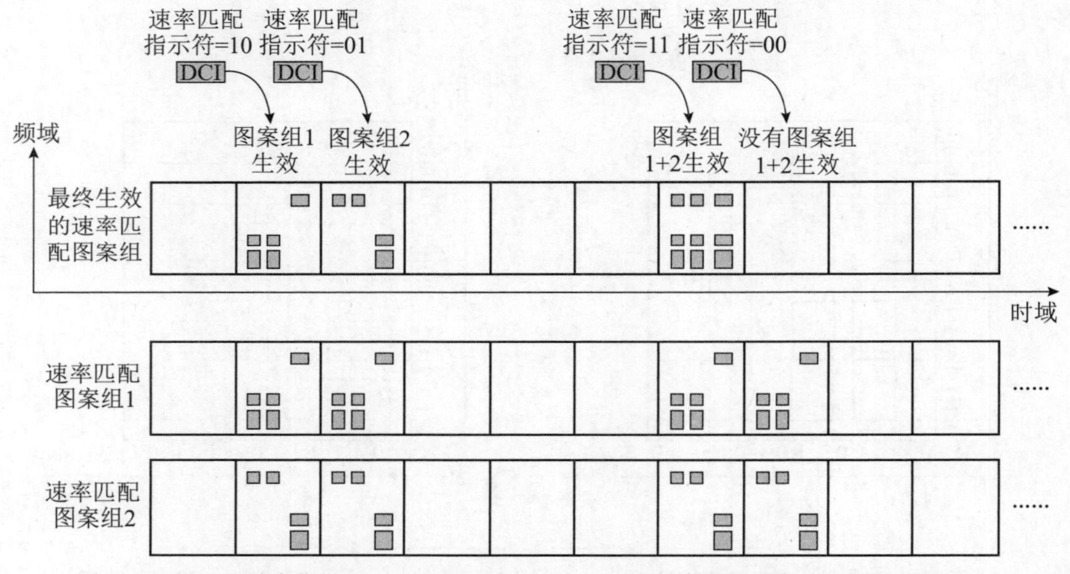

图 5-69 用 DCI 动态指示 Rate Matching Pattern Group 中的资源是否真的不能用于 PDSCH

如上介绍的是 RB-符号级别的 Rate Matching 技术，NR 标准中还定义了 RE 级别的 Rate Matching 技术，主要解决围绕 NR 和 LTE 参考信号进行资源规避的问题，原理与 RB-符号级别的 Rate Matching 类似，这里不再详细介绍。

最后需要说明的是，从 PDCCH/PDSCH 复用的角度，只需要定义和 PDSCH 相关的 Rate Matching 机制，但从资源预留的角度，也可以定义和 PUSCH 相关的 Rate Matching 机制，但 NR R15 标准最终只定义了针对 PDSCH 的 Rate Matching 技术。

5.8 小结

本章介绍了 5G NR 采用的各种灵活调度技术，包括数据信道频域与时域资源分配的基本方法、CBG 传输设计、PDCCH 检测资源的配置、PUCCH 资源调度、灵活 TDD 和 PDSCH

速率匹配等。可以看到，NR 标准正是通过这一套灵活调度技术，比 LTE 更充分地发掘了 OFDMA 系统的技术潜力，也成为 NR 系统很多其他设计的基础。

参考文献

[1] 沈嘉，索士强，全海洋，赵训威，胡海静，姜怡华 . 3GPP 长期演进（LTE）技术原理与系统设计 . 北京：人民邮电出版社，2008.

[2] R1-1709740. Way forward on RBG size，NTT DOCOMO. 3GPP RAN1#89，Hangzhou，China，15th-19th May 2017.

[3] R1-1710164. Bandwidth part configuration and frequency resource allocation，Guangdong OPPO Mobile Telecom. 3GPP RAN1#AH_NR2，Qingdao，China，27th-30th June 2017.

[4] R1-1711843. Outputs of offline discussion on RBG size/number determination，OPPO，Nokia，LGE，Samsung，vivo，ZTE，CATR. 3GPP RAN1#AH_NR2，Qingdao，China，27th-30th June 2017.

[5] R1-1710323. Discussion on frequency-domain resource allocation，LG Electronics. 3GPP RAN1#AH_NR2，Qingdao，China，27th-30th June 2017.

[6] R1-1801065. Outcome of offline discussion on 7. 3. 3. 1（resource allocation）-part I，Ericsson，RAN1#AdHoc1801，Vancouver，Canada，January 22-26，2018.

[7] R1-1706559. Way Forward on Dynamic indication of transmission length on data channel，ZTE，Microelectronics，Ericsson，Nokia，AT&T，vivo，Panasonic，Convida Wireless，Intel，KT Corp，CATT，RAN1#88bis，Spokane，USA，3rd-7th April 2017.

[8] Final Report of 3GPP TSG RAN WG1 #AH_NR2 v1. 0. 0，Qingdao，China，27th-30th June 2017.

[9] 3GPP TS 38. 214 v15. 6. 0，NR. Physical layer procedures for data（Release 15）.

[10] R1-1800488. Text proposal on DL/UL resource allocation，Guangdong OPPO Mobile Telecom. 3GPP TSG RAN WG1 Meeting AH 1801，Vancouver，Canada，January 22nd-26th，2018.

[11] R1-1610736. Summary of offline discussion on downlink control channels，Ericsson. 3GPP TSG RAN WG1 Meeting # 86bis，Lisbon，Portugal，October 10-14，2016.

[12] R1-1810973. Text proposal for DL/UL data scheduling and HARQ procedure，Guangdong OPPO Mobile Telecom. 3GPP TSG RAN WG1 Meeting #94bis，Chengdu，China，October 8th-12th，2018.

[13] R1-1609744. HARQ operation for large transport block sizes，Nokia，Alcatel-Lucent Shanghai Bell，3GPP RAN1 # 86bis，Lisbon，Portugal 10th-14th October 2016.

[14] R1-1700958. TB/CB handling for eMBB，Samsung. 3GPP RAN1 NR Ad Hoc#1701，Spokane，USA，16th-20th January 2017.

[15] R1-1701020. Enriched feedback for adaptive HARQ，Nokia，Alcatel-Lucent Shanghai Bell. 3GPP RAN1 NR Ad Hoc #1701，Spokane，USA，16th-20th January 2017.

[16] R1-1702636. Multi-bit HARQ-ACK feedback，Qualcomm Incorporated. 3GPP RAN1 NR Ad Hoc#1701，Spokane，USA，16th-20th January 2017.

[17] R1-1701874. On HARQ and its enhancements，Ericsson. 3GPP RAN1 # 88，Athens，Greece 13th-17th February 2017.

[18] R1-1707725. Discussion on CBG-based transmission，Guangdong OPPO Mobile Telecom. 3GPP RAN1 #89，Hangzhou，P. R. China 15th-19th May 2017.

[19] R1-1706962. Scheduling mechanisms for CBG-based re-transmission，Huawei，HiSilicon. 3GPP RAN1 #89，Hangzhou，China，15th-19th May，2017.

[20] R1-1707661. Consideration on CB group based HARQ operation. 3GPP RAN1 #89，Hangzhou，P. R. China 15th-19th May 2017.

[21] R1-1721638. Offline discussion summary on CBG based retransmission. 3GPP RAN1 #91，Reno，USA，November 27th-December 1st，2017.

[22] R1-1721370. Summary on CA Aspects，Samsung. 3GPP RAN1#91，Reno，USA，Nov. 27th-Dec. 1st，2017.

[23] R1-1610083. Initial views on UL control channel design，NTT DOCOMO，INC. 3GPP RAN1 #86bis，Lisbon，Portugal 10th-14th October 2016.

[24] R1-1611698. Discussion on uplink control channel，Guangdong OPPO Mobile Telecom. 3GPP RAN1 #87，Reno，

USA 14th-18th November 2016.

[25] R1-1700618. Summary of [87-32]：UL L1/L2 control channel design for NR，NTT DOCOMO，INC. 3GPP RAN1 AH_NR，Spokane，USA，16th-20th January 2017.

[26] R1-1703318. On the short PUCCH for small UCI payloads，Nokia，Alcatel-Lucent Shanghai Bell. 3GPP RAN1#88，Athens，Greece，13th-17th February，2017.

[27] R1-1706159. Short duration PUCCH structure，CATT. 3GPP RAN1 #88bis，Spokane，USA 3rd-7th April 2017.

[28] R1-1705389. Performance Evaluations for Short PUCCH Structures with 2 Symbols，Samsung. 3GPP RAN1 #88bis，Spokane，USA 3rd-7th April 2017.

[29] R1-1711677. Summary of the E-mail Discussion [89-21]：On Long PUCCH for NR，Ericsson. 3GPP RAN1 NR Ad-Hoc#2，Qingdao，P. R. China，27th-30th June 2017.

[30] R1-1711490. On the Design of Long PUCCH for 1-2 UCI bit，Ericsson. 3GPP RAN1 NR Ad-Hoc#2，Qingdao，P. R. China，27th-30th June 2017.

[31] R1-1715567. Long-PUCCH for UCI of more than 2 bit，Huawei，HiSilicon. 3GPP RAN1 AH_NR#3，Nagoya，Japan，18-21 September 2017.

[32] R1-1719972. Summary of email discussion [90b-NR-29] on PUCCH resource set. 3GPP RAN1 #91 Reno，USA，November 27th-December 1st，2017.

[33] R1-1612063. Single-part/Multi-part PDCCH，Qualcomm. 3GPP RAN1 #87，Reno，USA，14th-18th November 2016.

第6章

NR初始接入

徐伟杰　贺传峰　田文强　胡荣贻 

小区搜索是UE获取5G服务的第一步，UE通过小区搜索能够搜索并发现合适的小区，继而接入该小区。小区搜索过程涉及扫频、小区检测、广播信息获取。因此本章6.1节对小区搜索过程相关的同步栅格与信道栅格、SSB（Synchronization Signal/Physical Broadcast Channel Block，同步信号/物理广播信道块）的设计、SSB的传输特征、SSB的实际发送位置、小区搜索过程等方面进行介绍。继而在6.2节对初始接入过程SIB1传输相关的Type0（类型0）PDCCH CORESET和Type0 PDCCH搜索空间进行介绍。

小区搜索完成之后，UE选取合适的小区发起随机接入，从而建立起与网络的RRC链接。6.3节对NR随机接入相关的较有特色的PRACH信道设计、PRACH资源配置、SSB与RO（PRACH Occasion，PRACH时机）的映射以及RACH过程的功率控制等方面进行介绍。

RRM（Radio Resource Management，无线资源管理）测量是UE在发起随机接入之前评估小区信号质量、确定是否接入小区的基本依据。UE接入小区之后，也需要对服务小区以及邻小区进行持续的RRM测量以辅助网络进行调度决策和移动性管理等。因此，6.4节介绍NR RRM测量相关的内容，包括RRM测量参考信号、NR测量间隔、NR的同频测量和异频测量以及RRM测量带来的调度限制。

RLM（Radio Link Moniotring，无线链路监测）过程用于UE接入小区进入RRC连接状态之后UE持续监测和评估服务小区的无线链路质量。正如初始接入过程一样，作为UE监测和维持链路质量的重要手段，RLM过程是UE与网络通信的重要保障，因此，6.5节介绍NR RLM过程相关的内容，包括RLM参考信号和RLM过程。

6.1　小区搜索

NR支持更大的系统带宽、灵活的子载波间隔以及波束扫描，这些方面对NR初始接入相关的设计带来深刻的影响，也使得NR相关方面更有特色。本节介绍小区搜索过程相关的同步栅格与信道栅格、SSB的设计、SSB的传输特征、SSB的实际发送位置、小区搜索过程等方面。

6.1.1　同步栅格与信道栅格

小区搜索的主要目的是发现小区，由于UE一般缺乏小区实际部署情况的先验知识，所以在小区搜索过程中，UE 需要在潜在的小区的可部署频谱范围内通过扫频等方式确定小区位置、继而获取小区信息并尝试发起小区接入。上述过程涉及一个关键问题，既在扫频、小区搜索过程中，UE 需要在哪些频域位置尝试检测小区？盲目地在所有频点上做小区搜索并不可取，怎样制定有效的约束条件和规范，指导小区部署行为并帮助 UE 在小区搜索时有章可循，是 5G 系统小区搜索方案设计的关键。

1. 同步栅格与信道栅格的基本功能与特征

在讨论 5G 小区搜索前，首先需要明确两个基本概念：一是同步栅格，二是信道栅格，了解这两个概念存在的意义以及二者之间的关系，是理解 5G 系统小区搜索过程及方案设计的关键，也是本节的重点内容。

同步栅格是一系列可用于发送同步信号的频点。网络部署时需要建立小区，小区需要有特定的同步信号，同步信号的可配置位置即对应同步栅格位置。比如说频域上 A 点是一个同步栅格中的频点位置，那么当某运营商在 A 点附近部署小区时就可以将该小区的同步信号中心位置配置在 A 点，当 UE 在频率 A 点所在的频谱搜索小区时，可以通过 A 点上的同步信号发现该小区，从而接入该小区。

信道栅格是可用于部署小区的特定频点，这些频点是可作为小区中心频点来建立小区。例如小区带宽为 100 MHz，其中心频点可配置于信道栅格频点 B 上，则该小区的频域配置范围为［B-50 MHz，B+50 MHz］。

有了上述基本概念后，需要明确这两个概念的区别是什么。通过对比不难发现，同步栅格强调的是可以部署小区同步信号的频域位置，信道栅格强调的是可以配置小区中心频点的频域位置，二者看似区别不大，但实际上却会产生完全不同的小区部署设计影响。

首先，同步栅格的主要作用在于让 UE 执行小区搜索过程时可在特定频点位置做相应搜索，避免盲目搜索的不确定性导致过长的接入时延及能耗损失。同步栅格的粒度配置越大，则单位频域范围内的同步栅格点个数越少，UE 搜索小区所需遍历的搜索位置也越少，从而会整体缩短小区搜索所需时间。但是，同步栅格的设计不能无限制地扩大同步栅格的部署粒度，其原因在于网络必须保障在小区频域范围内至少存在一个同步栅格用于发送同步信号，比如当小区带宽是 20 MHz 时，如果同步栅格的粒度设计为 40 MHz，则显然有些频域资源不能被利用于小区部署，这种问题在通信系统设计过程中需要避免。

其次，信道栅格的作用主要是部署小区，从其定义可以看出，信道栅格是可用于部署小区中心频点的一系列频域位置。从网络部署的层面看，信道栅格的粒度越小越好，因为这样能够降低信道栅格粒度划分对小区部署灵活性的影响。考虑一个简单的例子：比如当运营商在 900~920 MHz 部署小区时，若该运营商希望部署一个占满该频谱范围的带宽为 20 MHz 的小区，则该运营商会期望在 910 MHz 位置存在一个信道栅格；而当运营商获得了 900. 1~920. 1 MHz 的频谱使用权时，该运营商期望在 910. 1 MHz 位置也存在一个信道栅格可用于部署 20 MHz 的小区以充分利用带宽资源。由此可见，如果信道栅格的粒度过大，将难以满足不同的频谱分配导致的不同网络部署需求。因此在技术上需要尽量降低小区部署的限制因素，采用更小的信道栅格粒度是一条简单易行的方法。

综上可见，一方面，从 UE 小区搜索的角度而言，同步栅格粒度在一定条件下越大越好，有利于加快小区搜索过程；另一方面，从网络部署角度来看，信道栅格粒度越小越好，有利于网络的灵活部署。

2. LTE 系统中的栅格设计以及 5G NR 所面对的新变化

在 LTE 系统设计中，同步信号的中心频点固定在小区的中心频点，即用于发现小区的同步栅格和用于部署小区的信道栅格被绑定在一起，相应的栅格大小约定为 100 kHz。通过本节第一部分的分析，不难发现这是一个折中的方案，也是一个较为简单的实现方案，100 kHz 的信道栅格保障了网络部署的灵活性，同时由于 LTE 频谱带宽一般在几十兆赫兹，复用 100 kHz 间隔的同步栅格带来的小区搜索的复杂度尚可以接受。

然而，5G NR 的小区部署时，考虑到 5G 系统特征，同步栅格和信道栅格设计的影响因素发生了变化，主要体现在以下两个方面。

首先，5G NR 的系统带宽将大大超越 LTE 系统，如低频场景下典型的频谱宽度为数百兆赫兹，高频场景典型的频谱宽度为数吉赫兹，如果 UE 执行小区初搜时如果依旧沿用 100 kHz 的搜索间隔，势必会导致过长且不能接受的小区搜索时间。此外，在后续具体的 5G 系统同步信号设计章节可以看出，受 5G NR 同步信号特征约束，单频点上的小区搜索将需要 20 ms 甚至更多的时间，当在频域上又要密集搜索更多同步栅格时，整体的小区搜索时间将非常漫长。在 3GPP 的一些讨论中，甚至有公司估算出如果不做针对性改善设计，则小区初搜的时长可能长达十几分钟，这将是一个完全不可接受的过程。所以，优化改进 5G 系统的同步栅格、信道栅格设计是保障 5G 系统用户体验的基本需求。

其次，由于 NR 系统的灵活特性，5G NR 的系统设计将同步信号的位置不再约束在小区中心。对于一个 5G 小区来说，其同步信号只需要在小区系统带宽之内即可。这一变化，一方面支持了网络配置同步信号资源的灵活性，另一方面也给予了重新设计 5G 系统同步栅格的可能性，因为如果依旧约束 5G 同步信号位于小区中心频点位置，则只能以牺牲网络部署灵活性为代价去扩大同步栅格，而当同步栅格与信道栅格解绑定之后，上述布网灵活性与初搜复杂度的矛盾可以在一定程度上独立解决。

3. 5G NR 的同步栅格及信道栅格设计

这里我们说明了同步栅格和信道栅格的特征，LTE 系统中的基本情况以及 5G NR 所面对的新变化，这些内容对于充分理解 5G NR 的同步栅格、信道栅格设计是有帮助的。在接下来的本节内容中，我们将具体说明在考虑上述因素后，5G NR 的同步栅格、信道栅格的设计特征。

首先，关于信道栅格部分，5G NR 约定了全球信道栅格与 NR 信道栅格两个基本概念。其中，全球信道栅格作为基本的射频参考频率位置（F_{REF}），其栅格粒度定义为全球栅格粒度（$\Delta F_{\mathrm{Global}}$），这些位置是用于描述 NR 信道栅格的基础。通常这组频域参考点位置会与特定编号对应后以 NR-ARFCN（NR Absolute Radio Frequency Channel Number，NR 绝对信道编号）的方式呈现出来。如表 6-1 所示，在 0~3 GHz，全球信道栅格的基本频域粒度 $\Delta F_{\mathrm{Global}}$ 是 5 kHz，其分别对应了 0~599 999 的绝对信道编号；在 3~24. 25 GHz，全球信道栅格的粒度 $\Delta F_{\mathrm{Global}}$ 扩大为 15 kHz，其分别对应了 600 000~2 016 666 的绝对信道编号；在 24. 25~100 GHz，全球信道栅格的基本频域粒度 $\Delta F_{\mathrm{Global}}$ 扩大为 60 kHz，分别对应了 2 016 667~3 279 165 的绝对信道编号。

表 6-1　全球信道栅格与绝对信道编号之间的对应关系

频域范围（MHz）	全球频域信道栅格粒度（kHz）	起始频率（MHz）	起始绝对信道编号	绝对信道编号范围
0~3 000	5	0	0	0~599 999
3 000~24 250	15	3 000	600 000	600 000~2 016 666
24 250~100 000	60	24 250. 08	2 016 667	2 016 667~3 279 165

以上述全球信道栅格为基础，5G NR 信道栅格设计对每一个部署频谱都约束了各自对应的信道栅格粒度以及信道栅格的起始计算点和终止计算点。表 6-2 节选了部分频谱上的信道栅格设计结果，以频谱 n38 为例，100 kHz 被作为信道栅格的基本粒度，该频谱上行链路内的第一个信道栅格点位于绝对信道编号 514 000 所对应的频点上，之后每相邻两个信道栅格频点之间相距 20 个绝对信道编号，该频谱内的最后一个信道栅格位于绝对信道编号 524 000 所对应的频点之上。

表 6-2　不同 NR 频谱上的 NR 信道栅格配置情况（节选）

NR 频谱	信道栅格粒度（kHz）	上行链路中通过绝对信道编号定义的信道栅格（起始位置-<步长>-终止位置）	下行链路中通过绝对信道编号定义的信道栅格（起始位置-<步长> -终止位置）
n1	100	384 000-<20>-396 000	422 000-<20>-434 000
n3	100	342 000-<20>-357 000	361 000-<20>-376 000
n8	100	176 000-<20>-183 000	185 000-<20>-192 000
n34	100	402 000-<20>-405 000	402 000-<20>-405 000
n38	100	514 000-<20>-524 000	514 000-<20>-524 000
n39	100	376 000-<20>-384 000	376 000-<20>-384 000
n40	100	460 000-<20>-480 000	460 000-<20>-480 000
n41	15	499 200-<3>-537 999	499 200-<3>-537 999
	30	499 200-<6>-537 996	499 200-<6>-537 996
n77	15	620 000-<1>-680 000	620 000-<1>-680 000
	30	620 000-<2>-680 000	620 000-<2>-680 000
n78	15	620 000-<1>-653 333	620 000-<1>-653 333
	30	620 000-<2>-653 332	620 000-<2>-653 332
n79	15	693 334-<1>-733 333	693 334-<1>-733 333
	30	693 334-<2>-733 332	693 334-<2>-733 332
n258	60	2 016 667-<1>-2 070 832	2 016 667-<1>-2 070 832
	120	2 016 667-<2>-2 070 831	2 016 667-<2>-2 070 831

通过表 6-2 可以看出，对于大多数低频谱，5G NR 都沿用了 100 kHz 粒度的 NR 信道栅格设计，这主要是考虑了这些频谱大多都是 LTE 的重耕频谱，保持和 LTE 的统一设计有利

于最小化重耕频谱上对网络部署规划的影响。对于5G NR新定义的频谱（如n77、n78、n79、n258），信道栅格设计时采用了与该频谱所用子载波间隔大小相对应的信道栅格粒度，如15 kHz、30 kHz，以及60 kHz、120 kHz，从而为这些全新5G频谱提供了更为灵活的网络部署支持。

对于同步栅格来说，5G NR的设计略显复杂。首先类似于上述全球信道栅格与NR信道栅格之间的关系，5G NR定义了全球同步栅格作为基本频域粒度用于构建实际的NR同步栅格。每个全球同步栅格的频域位置均对应一个特定的全球同步编号（Global Synchronization Channel Number，GSCN），其相互之间的对应关系如表6-3所示。

表6-3 全球同步栅格与GSCN之间的对应关系

频域范围	全球同步栅格频域位置	全球同步编号计算方式	全球同步编号范围
0~3 000 MHz	$N\cdot$1 200kHz+$M\cdot$50 kHz，N=1：2 499，$M\in\{1, 3, 5\}$	3N+（M−3）/2	2~7 498
3 000~24 250 MHz	3 000 MHz+$N\cdot$1.44 MHz N=0：14 756	7 499+N	7 499~22 255
24 250~100 000 MHz	24 250.08 MHz+$N\cdot$17.28 MHz，N=0：4 383	22 256+N	22 256~26 639

不同频率范围内全球同步栅格与全球同步编号之间的对应关系有所区别，主要体现在两点：①0~3 GHz的全球同步栅格的基本粒度是1.2 MHz，3~24.25 GHz的全球同步栅格基本粒度是1.44 MHz，24.25~100 GHz的全球同步栅格基本粒度是17.28 MHz。一般而言，频谱越高，网络使用的系统带宽越大，因此上述设计一方面在越高频谱采用越大的同步栅格间距以减小小区搜索复杂度，同时保障所有可部署小区均可在系统带宽内配置同步信号。②0~3 GHz额外增加了正负100 kHz的偏移量，相当于每个间距为1.2 MHz的全球同步栅格外还存在正负偏移100 kHz的两个全球同步栅格点与之共存，这部分修正的原因在于考虑到3 GHz以下频谱需要与LTE频谱共存，当同步栅格和信道栅格解耦后，同步信号中心频点和小区中心频点间的偏移与小区子载波间隔设定之间将不能保证子载波间隔整数倍的关系，所以需要增添正负偏移做微调以规避上述问题。例如，当在n38频谱部署一个子载波间隔为15 kHz的小区时，当小区中心频点部署在信道栅格频点2 603.8 MHz（$ARFCN$=520 760）时，如果期望将同步信号中心频点部署在同步栅格2 604.15 MHz（$GSCN$=6 510，M=3，N=2 170），则上述信道栅格频点与同步栅格频点之间的频域偏移为350 kHz，如图6-1所示，并不是15 kHz子载波间隔的整数倍，这种情况将不利于对小区内的同步信号及同步信号所在符号上的数据信道做统一FFT处理，从而会引入额外的信号生成、检测复杂度。而当同步栅格设计引入正负100 kHz的偏移后，上述问题将得以解决，例如本例中同步信号块中心频点可规划在同步栅格2 604.25 MHz（GSCN=6 511，M=5，N=2 170）处，此时信道栅格频点与同步栅格频点之间的频域偏移为450 kHz，即构成子载波间隔15 kHz的整数倍，从而避免了上述复杂度问题。

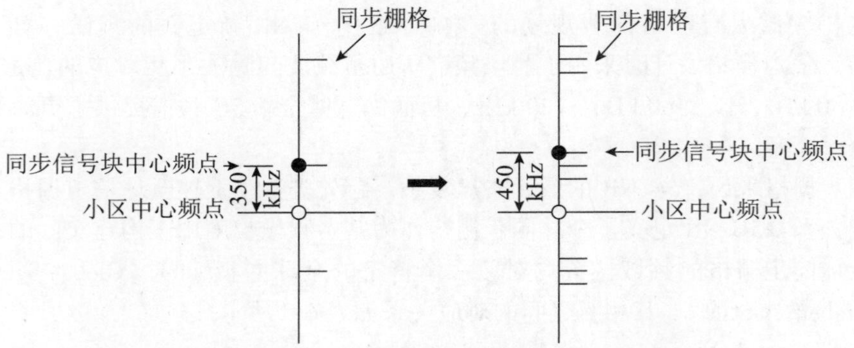

图 6-1　同步栅格偏移设计示例

基于全球同步栅格的规划，即可确定各个频谱上各自对应的 NR 同步栅格位置，如表 6-4 所示，绝大多数频谱内的 NR 同步栅格与该频谱内的全球同步栅格位置一一对应。当然也有一些频谱，如 n41、n79 等频谱，为了进一步减小小区搜索的复杂度，在全球同步栅格基础上，成倍数地扩大了该频谱 NR 同步信道栅格粒度。

表 6-4　不同 NR 频谱上的 NR 同步栅格配置情况（节选）

NR 频谱	同步信号子载波间隔	通过 GSCN 定义的同步栅格（起始位置-<步长>-终止位置）
n1	15 kHz	5 279-<1>-5 419
n3	15 kHz	4 517-<1>-4 693
n8	15 kHz	2 318-<1>-2 395
n34	15 kHz	5 030-<1>-5 056
n38	15 kHz	6 431-<1>-6 544
n39	15 kHz	4 706-<1>-4 795
n40	15 kHz	5 756-<1>-5 995
n41	15 kHz	6 246-<3>-6 717
	30 kHz	6 252-<3>-6 714
n77	30 kHz	7 711-<1>-8 329
n78	30 kHz	7 711-<1>-8 051
n79	30 kHz	8 480-<16>-8 880
n258	120 kHz	22 257-<1>-22 443
	240 kHz	22 258 -<2>-22 442

6. 1. 2　SSB 的设计

SSB 在初始接入过程中扮演基础性的角色，承载非常重要的功能，如携带小区 ID、时频同步、指示符号级/时隙级/帧定时、小区/波束信号强度/信号质量的测量等。为支持这些功能，SSB 中包含 PSS（Primary Synchronization Signal，主同步信号）、SSS（Secondary Synchronization Signal，辅同步信号）、PBCH（Physical Broadcast Channel，物理广播信道）及其参考信号 DMRS（Demodulation Reference Symbol，解调参考符号）。其中，PSS 与 SSS 用于携带小区 ID（可携带 1 008 个小区 ID）、完成时频同步、获取符号级定时；SSS 和 PBCH 的参考信号 DMRS 可用于小区或波束信号强度/信号质量的测量；PBCH 用于指示时隙/帧定时等信息。这里需要说明的是，在标准化讨论的初期，采用了 SSB 的说法。由于 SSB 也包含了 PBCH 信道，因此后期在规范撰写过程中，为了准确起见，改称为 SS/PBCH Block（Synchronization Signal Block/PBCH Block，同步信号广播信道块）。在本书中二者等效，简单起见，一般称为 SSB。

鉴于 SSB 在初始接入过程中的基础性作用，因此在标准化过程中对其信号和结构设计，进行了充分的讨论。

NR 系统以波束扫描的方式发送时，在每一个下行波束中均需要发送 SSB，每一个 SSB 中均需要包含 PSS、SSS、PBCH。PSS、SSS 序列长度均为 127，占用 12 个 PRB（含保护子载波）。为提供足够资源使得 PBCH 以足够低的码率发送，仿真评估确定在每一个符号上占用的带宽为 24 个 PRB 的情况下，PBCH 占用 2 个符号即可满足性能需求，因此 PBCH 的带宽为 24 PRB。

SSB 的结构，尤其是 PSS、SSS、PBCH 符号在时间上的排列顺序是标准化讨论中的一个焦点。由于 UE 在接收和处理 SSB 时，PSS 的处理在 SSS 的处理之前，因此 PSS 若放置在 SSS 之后，UE 需要缓存 SSS 以在处理 PSS 之后处理 SSS[1]，因此各公司首先达成一致，PSS 应放置 SSS 之前。然而，关于 SSB 内 PSS、SSS、PBCH 的具体时域映射顺序，各公司提出不同的设计图样，典型的方案如下。

- 选项 1：映射顺序为 PSS-SSS-PBCH-PBCH，如图 6-2 中选项 1 所示。
- 选项 2：映射顺序为 PSS-PBCH-SSS-PBCH，如图 6-2 中选项 2 所示。
- 选项 3：映射顺序为 PBCH-PSS-SSS-PBCH，如图 6-2 中选项 3 所示。
- 选项 4：映射顺序为 PSS-PBCH-PBCH-SSS，如图 6-2 中选项 4 所示。

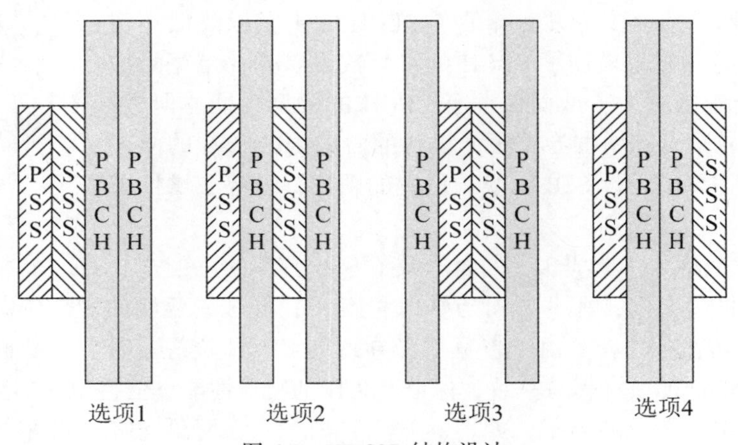

图 6-2　NR SSB 结构设计

上述方案的主要区别在于 PSS、SSS 之间的符号间距，两个 PBCH 符号之间的间距以及 PBCH 符号与 PSS、SSS 符号之间的相对关系。文献［2］与文献［3］等提出，SSS 可以辅助用于两个 PBCH 符号的信道估计，提升 PBCH 的解调性能，因此 SSS 应位于两个 PBCH 符号之间。文献［4］通过仿真指出适当增大 PSS、SSS 之间的符号间隔有利于提升频偏估计的精度。因此，选项 2 可以满足这些要求，选项 2 所对应的时域映射顺序被标准采纳。

至此，3GPP 完成了 SSB 的结构设计。然而，在 2017 年 9 月举办的小组会上，部分芯片厂商提出，由于在 RAN4#82bis 上同意 NR 支持的最小信道带宽在 FR1 为 5 MHz、在 FR2 为 50 MHz，基于目前的 SSB 结构，UE 在小区搜索时，需要完成巨大的小区搜索的工作量，所对应的小区搜索时延也将难以接受。具体分析如式（6.1）[5]。

同步信道的栅格由下述公式确定：

$$\text{同步信道栅格}=\text{最小信道带宽}-\text{SSB 带宽}+\text{信道栅格} \tag{6.1}$$

以 FR1 为例，由于 FR1 支持的最小信道带宽为 5 MHz，SSB 带宽为 24 个 PRB（当 SCS 为 15 kHz 时，对应的带宽为 4.32 MHz），可见同步信道栅格将不足 0.7 MHz。5G 系统支持频谱带宽一般较宽，在 FR1 典型的 5G 频谱（n1、n3、n7、n8、n26、n28、n41、n66、n77、n78 等）的带宽之和接近 1.5 GHz，因此基于现有设计，FR1 的同步信道栅格数目将数以千计。SSB 的典型周期为 20 ms，UE 完成一次小区搜索的时长将达 15 min[5]，对于高频而言，UE 还需要再尝试多个接收 Panel（天线面板），因此小区搜索的时延会进一步延长，这对于实现而言，显然是不能接受的。

由公式 6.1 可知，通过降低 SSB 的带宽，可增大同步信道栅格，由此降低频率域上 SS/PBCH 的搜索次数。

基于此，在 SSB 结构的设计完成半年之后，3GPP 决定推翻此前的设计，重新设计 SSB 结构以降低 UE 小区搜索的复杂度。标准化讨论中，重设计的 SSB 的结构的典型方案如下。

- 选项 1：降低 PBCH 符号的带宽，如降低到 18 个 PRB，不做其他设计修改。
- 选项 2：降低 PBCH 符号的带宽，如降低到 18 个 PRB，同时增加 PBCH 的符号数目。
- 选项 3：降低 PBCH 带宽，同时在 SSS 符号两侧增加 PBCH 的带宽。

选项 1 通过降低 PBCH 的符号，降低小区搜索的复杂度，然而由于 PBCH 总资源变少，导致 PBCH 的解调性能下降，从而影响 PBCH 的覆盖。

如图 6-3 所示，选项 2 一方面降低了 PBCH 的带宽以降低小区搜索的复杂度；另一方面增加了 PBCH 的符号数目以弥补带宽降低带来的 PBCH 资源的减少，从而保证了 PBCH 的解调性能。但是，SSB 所占用的符号数目的增加导致了原设计的时隙内的 SSB 的候选位置不能使用，需要重设计 SSB 的候选位置的图样，这势必增加了标准化的影响。

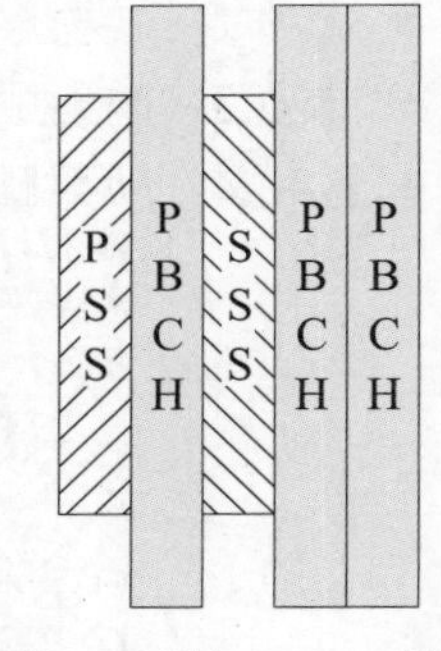

图 6-3 增加 PBCH 符号的 SSB 重设计方案

如图 6-4（a）所示，选项 3 一方面降低了 SSB 占用的总带宽从而降低初始搜索的复杂度；另一方面巧妙地利用 SSB 的 SSS 两侧的剩余资源，各增加 4 个 PRB 用于 PBCH 传输，弥补了由于带宽下降导致的 PBCH 资源量减少，从而使得 PBCH 传输的总资源量与此前的设计保持一致，保证 PBCH 的覆盖性能。值得说明的是，标准讨论过程也提出了与选项 3 类似的方案，如图 6-4（b）所示，在降低 PBCH 带宽的同时，分别在 PSS、SSS 两侧增加 PBCH 传输的频率资源，即该方案也同时利用了 PSS 两侧剩余的频率资源。采用该方案有如下获益：一方面可以进一步增加 PBCH 的总资源量从而提升 PBCH 的传输性能；另一方面，若保持 PBCH 的总资源与图 6-4（a）所示方案一致，则可以进一步降低 SSB 的带宽，从而进一步降低小区搜索的复杂度。但该方案最终未采纳，原因在于 UE 在接收 SSB 时，第一个符号 PSS 通常会用于 AGC（自动增益控制）调整，因此即使 PSS 两侧传输 PBCH，也有可能不能用于增强 PBCH 的解调性能，另外，图 6-4（a）所示方案已经带来足够的小区搜索复杂度降低的增益。

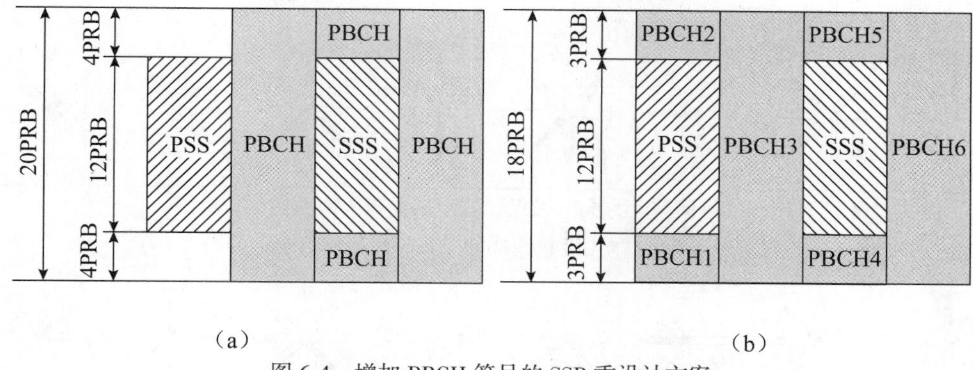

图 6-4　增加 PBCH 符号的 SSB 重设计方案

最终标准采纳了选项 3，如图 6-4（a）所示的方案，需要指出的是，SSB 的带宽从 24 个 PRB 降低为 20 个 PRB。

6.1.3　SSB 的传输特征

6.1.2 节主要介绍了同步信号块的基本设计，本节中将重点说明 5G NR 同步信号块的传输特征。

5G 系统相对于 LTE 系统来说为了寻求更大的可利用带宽以支持更快的传输速率，其在可用频谱上支持更高的频率范围，而高频带来的直接问题就是传输距离受限。一般来说频率越高其信号空间传播时的能量损失越大，相应的通信距离也越短，这对广域覆盖无线通信系统来说影响极大。面对这一难题，3GPP 经过多轮讨论，最终决定采用集中能量传输，如图 6-5 所示，采取用空间换距离、用时间换空间的方法处理上述高频传输与覆盖受限之间的矛盾。

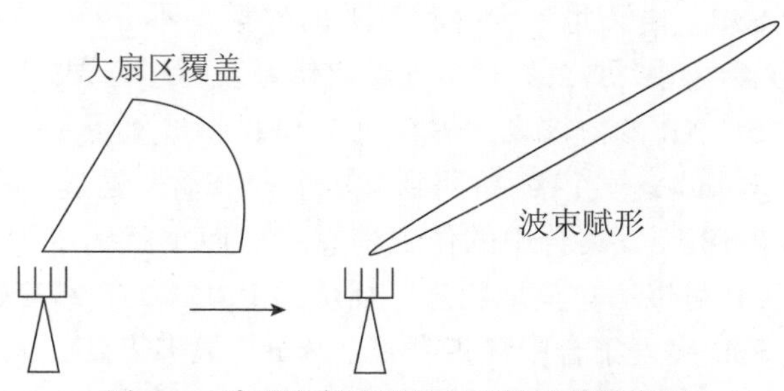

图 6-5　采用波束赋形的方式提升传输距离

这里“用空间换距离”是指在 5G 系统中信息传输时可利用波束赋形技术，将能量集中在特定方向传输，这样相比于全向传输或者大扇区传输的方式，其通信距离更远，但相应的传输覆盖角度会缩小，如图 6-5 所示。这就带来了另一个问题，即如何扩展覆盖角度。如果一个小区只能覆盖一个极小的角度空间范围，不能实现小区的全覆盖，则网络部署与覆盖问题依旧存在，所以进一步地“用时间换空间”的设计思路被采用。不同的方向性波束可以通过时域上的波束扫描过程以间接实现全向或大扇区覆盖，如图 6-6 所示。综上，依托波束赋形技术和波束扫描方案，5G 系统的高频远距离全覆盖组网得以实现。

基于上述设计思路，5G NR 协议中对同步信号块的传输方案相比 LTE 系统同步信号传输做了相应改进，如图 6-7 所示，同步信号块承载于波束赋形后的特定波束上传输，一组多个同步信号块组成一组 SSB 突发集合，并在时域上以波束扫描的方式陆续发送，从而实现同步信号的全小区覆盖。

图 6-6　采用波束扫描的方式扩展传输范围

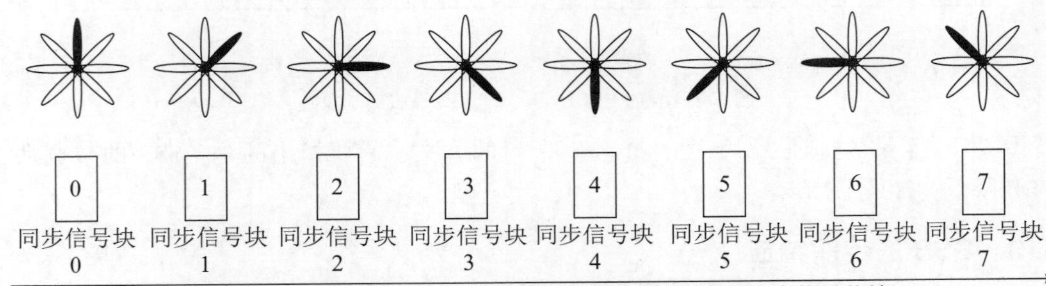

图 6-7　采用波束扫描的方式传输 SSB

基于上面的描述，我们对于 5G NR 中同步信号块发送的基本特征及其原因有了整体了解，接下来我们来关注一些衍生出来的新问题及细节设计。

SSB 突发集合中的这些 SSB 会被约束在一个系统半帧之内，在一个 SSB 突发集合中，每个 SSB 上携带的小区信息是一样的。这里会有一个问题，同步信号块的主要功能之一是帮助 UE 确定系统时序，但如果 SSB 突发集合中的每个同步信号都一样，会不会存在 SSB 识别上的混淆问题？例如，当一个手机检测到上述第 4 个 SSB 后，该 UE 如何确定该 SSB 是第 4 个 SSB，而不是第 8 个 SSB？由于每个 SSB 代表的时序信息不一样，如果 UE 在这点上对所检测到的 SSB 时序做出了误判，那么势必会导致整体系统时序错误。

针对这一问题，在 5G NR 的协议设计中，每个 SSB 都被赋予了一个 SSB 突发集合内确定且唯一的索引，即 SSB Index。当 UE 检测到某一个 SSB 后，通过识别其中的 SSB Index 即可确定出该 SSB 在一个 SSB 突发集合中的位置信息，从而也就确定了 SSB 在系统半帧中的时序。在具体实现上，UE 可以通过读取物理广播信道 PBCH 的负载来获得 SSB Index。对于 6 GHz 以下频谱，一个 SSB 突发集合中最多有 8 个 SSB，最多需要 3 bit 指示这 8 个 SSB 的序号，这 3 bit 通过 PBCH 的 DMRS 序列隐式承载，共有 8 个不同的 PBCH 的 DMRS 序列，分别对应 8 个不同的 SSB 序号。对于 6 GHz 以上频谱，由于所处频率更高，为了保障信号长距离传输其波束能量也需更为集中，相应的单波束覆盖角度将更小，继而需要采用更多的波束以保证小区的覆盖范围。目前在 6 GHz 以上频谱最多可配置 64 个 SSB，需要用 6 bit 指示这 64 个 SSB 的 Index，这 6 bit 中的低 3 bit 还是通过 PBCH 的 DMRS 序列承载的，额外的高 3 bit 是通过 PBCH 的负载内容直接指示的。

通过上述设计，当 UE 检测到一个 SSB 后即可根据相应指示信息获取其 SSB 序号信息，接下来 UE 需要做的就是将该 SSB Index 与具体的 SSB 时域位置对应起来。这里主要是通过协议约定的方式，目前的 3GPP 协议明确约定了不同 SSB Index 所对应的用于 SSB 传输的 SSB 时域候选位置。

在一个系统半帧内，可用于传输同步信号块的时隙是有限定的。如图 6-8 所示，当系统半帧内允许最多传输 4 个 SSB 时，半帧内的前 2 个时隙内允许传输 SSB。当系统半帧内最多允许传输 8 个 SSB 时，半帧内前 4 个时隙内允许传输 SSB。

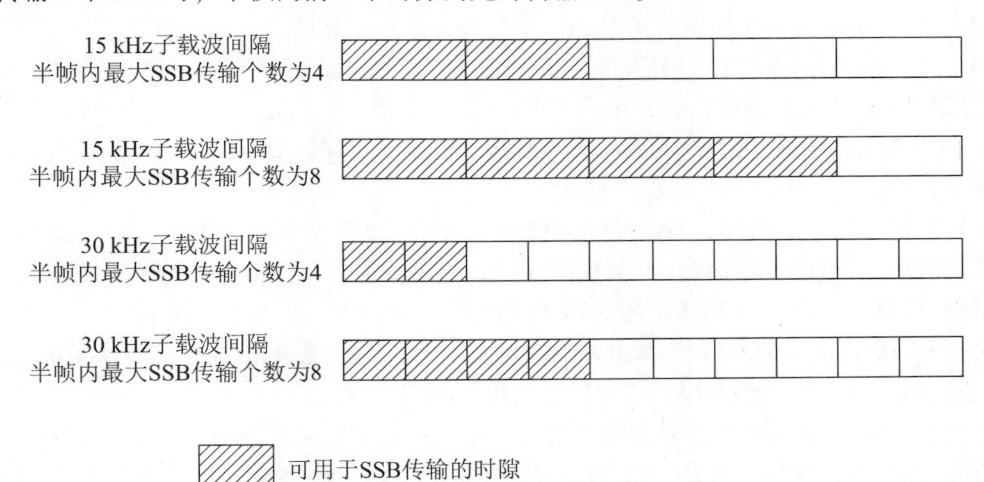

图 6-8　SSB 传输时隙设计

在一个时隙内可用于传输同步信号块的位置也是有限制的，协议具体约定了哪些符号上可以用于传输 SSB，哪些符号上不能用于传输 SSB。以 6 GHz 以下频谱为例，共有 3 种传输模式，如图 6-9 所示。同步信号块传输位置限定的影响因素主要包括：①时隙起始位置处的前两个符号预留给控制信道资源备用，不用于同步信号块传输；②时隙结束位置的最后两个符号预留作上行控制信道资源备用，不用于同步信号块传输；③连续两个同步信号块之间保留一定的符号间隔用于支持系统上下行传输灵活转换，用于支持 URLLC 业务；④考虑到重耕频谱上的 NR 部署，对于 30 kHz 子载波间隔的同步信号块传输增加模式方案 B，规避与 LTE 系统共存时同步信号块的传输与 LTE 控制信道及小区专属参考信号资源的冲突。

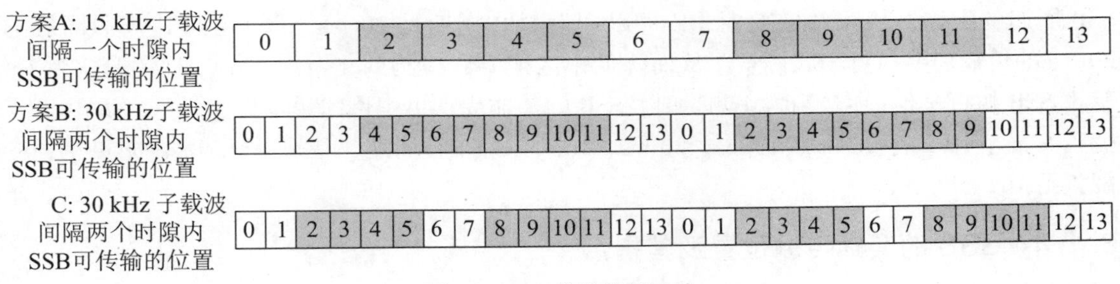

图 6-9　SSB 传输符号设计

基于上述约定，对 SSB 的可传输位置依次排列即可得到系统半帧内的所有 SSB 时序候选位置，且每一个候选位置都对应着一个特定的 SSB 序号。当 UE 确定 SSB 的序号之后，根据协议约定即可反推出具体的半帧内的时序信息。例如，当 UE 确定所检测到的 SSB 的序号为 3 时，该 UE 即可获知所检测到的 SSB 对应于某一特定 5 ms 时间窗口内的第 2 个时隙中的第 2 个候选 SSB 传输位置，也就确定了半帧内的系统时序。

系统半帧内的时序问题得到解决后，接下来则需要关注系统半帧外的时序，这里要分两步来考虑。

第一步，无论在 LTE 系统还是 5G NR 系统中，都存在系统帧号 SFN 的指示，也就是说

UE 获得 SFN 后就可以知道系统帧的信息，对于 5G 系统来说 UE 可以通过广播信道获取 SFN 信息，但特殊的情况在于，SFN 总共有 10 bit 指示，其中高 6 bit 是在 MIB 信息中直接指示的，而低 4 bit 是通过 PBCH 携带的物理层信息部分直接承载的。

第二步，当通过 SSB 序号确定半帧内系统时序并通过系统帧号确定帧信息后，还需确认所检测到的 SSB 位于当前系统帧的前半帧还是后半帧。针对这一问题，5G NR 系统通过引入 1 bit 半帧指示信息直接指示当前半帧时序，这 1 bit 半帧指示信息 UE 通过 PBCH 的负载直接获得。

这里我们可以做个小结，对一个 5G NR 系统来说，UE 究竟需要知道多少信息才可获得完整系统时序？统计后可发现，总共需要 14 bit（或者 17 bit），分别是 10 bit 的 SFN 信息 UE 获得帧信息，1 bit 的半帧指示用于确定半帧，6 GHz 以下需要最多 3 bit 的 SSB Index 指示信息，6 GHz 以上需要 6 bit 的 SSB Index 指示信息。当 UE 获取上述这些时序指示信息后，UE 也就获取了完整的系统时序，即与网络取得了时间同步。

针对 5G NR 系统的同步信号块传输设计，还有一些需要额外说明的方面。

首先，UE 如何确定 SSB 的 QCL 假设。SSB Index 的一项主要功能是让 UE 获取系统时序信息，除此之外，SSB Index 还有另外一项功能，既用于指示 SSB 之间的 QCL 关系。信号之间的 QCL 关系用于描述其大尺度参数特征相似程度，QCL 的定义具体可以参考第 8 章。如果两个信号之间是 QCL 的关系，则可认为这两个信号的大尺度参数相似。具体到 SSB 来说，在 5G NR 系统中不同波束承载的 SSB 构成一个 SSB 突发集合，不同 SSB 索引对应了突发集合内不同 SSB 时域位置信息的同时，也对应了特定的 SSB 传输波束信息。具有同样 SSB 索引的 SSB 之间可认为具有 QCL 关系，UE 可假设基站采用了相同的波束用于传输这些 SSB；不同 SSB Index 对应的 SSB 之间不认为存在 QCL 关系，因为它们可能来自不同的基站传输波束，经历了不同的信道传输特征。

其次，UE 如何确定 SSB 突发集合的周期。在时间上，SSB 突发集合是周期性传输的。SSB 周期性传输的周期参数确定主要分为两种情况：第一种情况，小区搜索时，UE 未获得 SSB 周期的配置，协议约定此时 UE 可以假设 SSB 周期是 20 ms，以方便 UE 按照固定的 20 ms 的传输周期执行小区搜索，从而降低小区搜索和检测的复杂度；第二种情况，当 UE 基于 SSB 执行其他操作如 RRM 测量时，SSB 的传输周期可由网络灵活配置。5G NR 目前支持了 5 ms、10 ms、20 ms、40 ms、80 ms、160 ms 等多种周期，基站可以按需通过高层信令配置给 UE。

6.1.4 SSB 的实际传输位置及其指示

如 6.1.2 节中所述，NR 定义了 SSB 突发集合传输的候选位置，不同频谱上部署的候选位置的数目不同。频谱越高，由于系统需要支持的波束数目越多，SSB 的候选位置越多。另外，在实际网络部署时，运营商可根据小区半径的大小、覆盖的需求、基站设备的发射功率以及基站设备支持的波束数量等多个方面灵活确定小区中实际传输的 SSB 的数量。例如，采用高频谱部署宏小区时，为对抗较大的路径传播损耗，可采用较多的波束，以取得较高的单波束赋形增益提升小区覆盖；而使用低频谱部署，则可以使用较少的波束就可以完成较好的覆盖。

对于 UE 而言，获知网络实际传输的 SSB 的位置是必要的。例如，UE 在 PDSCH 的接收速率匹配时，在 SSB 所占的符号和 PRB 上是不能传输 PDSCH 的。因此，标准上需要解决如何指示实际传输的 SSB 的位置的问题。

由于系统信息、RAR 响应消息以及寻呼消息等均在 PDSCH 信道上承载，需要尽早通知实际传输 SSB 的位置以不影响上述信息的接收，因此有必要在系统消息中指示实际传输 SSB 的位置。由于系统消息负载的限制，因此指示开销是标准设计指示方法的一个重要考虑因素。

在 FR1，由于 SSB 的传输候选位置数量为 4 或 8 个，即使采用完整的比特图指示，所需要的开销仅为 4 bit 或 8 bit。因此，各公司同意 FR1 采用完整的比特图指示实际传输 SSB 的位置。比特图中 1 bit 对应一个 SSB 传输候选位置，若该比特取值为“1”，表示该传输候选位置上实际发送了 SSB；若该比特取值为“0”，则表示该传输候选位置上未发送 SSB。

讨论的焦点聚焦在 FR2，这是由于 FR2 的 SSB 的传输候选位置多达 64 个，若依然采用完整的比特图指示，则在广播消息中进行指示时，显然 64 bit 开销是不能接受的。为此，各公司提出不同的优化方法，较为典型的方法如下所述。

- 方法 1：指示分组比特图和组内比特图。

该方法将 SSB 的传输候选位置进行分组，基于分组比特图指示有实际 SSB 传输的分组。进一步地，基于组内比特图指示每一个有实际 SSB 传输的分组内实际传输的 SSB 的位置，可以看出，每一个组的实际传输的 SSB 的位置相同。例如，如图 6-10 所示，将 64 个 SSB 候选位置划分为 8 组，则共需要使用 8 bit 指示分组，比特图“10101010”表示第 1、3、5、7 分组有 SSB 的传输，进一步地，采用另外 8 个比特图“11001100”指示每组内第 1、2、5、6 个位置有 SSB 发送。因此该方法总共需要 16 bit 的指示信息。

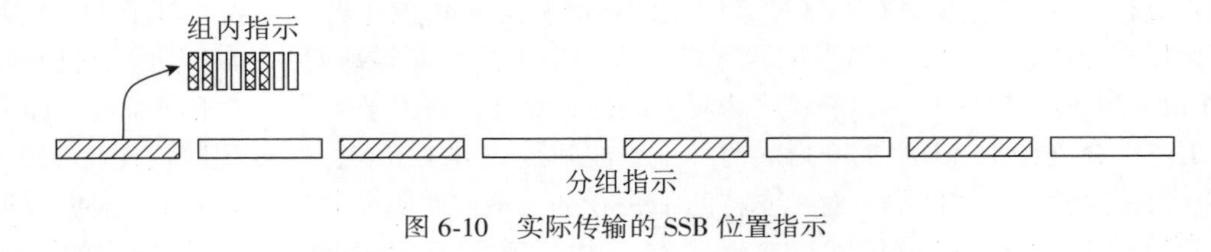

图 6-10　实际传输的 SSB 位置指示

- 方法 2：指示分组比特图和组内实际传输的 SSB 的数量。

该方法中，分组的方法与方法 1 中一样，不同的是约定每一个分组均包含连续的 SSB 候选位置。在分组比特图的基础上，进一步指示每一个分组内实际连续传输的 SSB 的数量并约定传输的 SSB 的起始位置。

例如，可以将 64 个 SSB 候选位置划分为 8 组，则共需要使用 8 bit 指示分组。每组最多有 8 个实际传输的 SSB，因此需要 3 bit 指示组内实际传输的 SSB 的数量，因此该方法总共需要 11 bit 的指示信息指示。若 3 bit 取值为“110”，则表示组内第 1~6 个位置上有 SSB 发送。

- 方法 3：指示实际传输的 SSB 的数量、SSB 的起始传输位置以及相邻两个 SSB 的间隔。

该方法需要使用 6 bit 指示 SSB 的数量，6 bit 指示 SSB 的起始传输位置以及 6 bit 指示相邻两个 SSB 的间隔，因此需要 18 bit。

- 方法 4：分组比特图。

该方法仅使用分组比特图，而每一个分组均对应连续的 SSB 的传输候选位置，若分组比特图指示分组有 SSB 发送，则约定该分组所有的 SSB 位置上均发送 SSB。若将 64 个 SSB 的传输候选位置分为 8 组，则该方法仅需要 8 bit 的指示信息。

可见前述不同的指示方法，所需要的指示开销不同，但所指示的颗粒度和灵活性也有区别。例如，方法 2 和 4 虽然比特开销较小，但可能导致组内多个连续的 SSB 的传输候选位置上均有 SSB 的传输，使得实际传输的 SSB 分布不均匀，且不利于小区间的协调以避免相互干扰。而方法 1 不仅实现了分组级别的指示，而且实现了分组内的传输位置的精细控制，在指示开销和指示灵活性之间取得较好的平衡，最终标准采纳了选项 1。

实际发送的 SSB 位置信息最早可在 SIB1 中向 UE 发送的，因此，UE 在接收承载 SIB1 的 PDSCH 时还未获得所述指示信息，因此只能假定在 PDSCH 的资源分配位置上没有 SSB 的传输。UE 接收其他系统信息（OSI）、RAR 消息以及寻呼消息时，可基于 SIB1 指示的 SSB 的传输位置进行速率匹配。

此外，网络也可以在 RRC 信令中指示服务小区的实际传输的 SSB 位置，如指示辅小区或 SCG 小区的实际传输的 SSB 位置。此时由于没有负载的限制，可以使用完整比特图进行指示。

6.1.5 小区搜索过程

在 6.1.1 节~6.1.3 节介绍了 SSB 的结构和时频位置。UE 在初始接入过程中，通过定义 SSB 的可能时频位置，尝试搜索 SSB，通过检测到的 SSB 获得时间和频率同步、无线帧定时以及物理小区 ID。进一步，UE 还可通过 PBCH 中携带的 MIB 信息确定调度承载 SIB1 的 PDSCH 的 PDCCH 的搜索空间集合信息。

搜索 SSB，除了根据系统定义的同步栅格进行搜索，还要确定 SSB 的子载波间隔。在初始接入过程中，UE 根据进行小区搜索所在的频谱确定 SSB 的子载波间隔。对于 FR1，大部分频谱仅支持一种 SSB 的子载波间隔，即标准约定了这些频谱所对应的 SSB 的子载波间隔为 15 kHz 和 30 kHz 中的一种子载波间隔。但是有部分频谱由于运营商的不同需求，如为了兼容 LTE，会支持 15 kHz 和 30 kHz 两种子载波间隔。对于 FR2，所有频谱均支持 120 kHz 和 240 kHz 两种子载波间隔。对于支持两种 SSB 的子载波间隔的频谱，需要 UE 根据两种子载波间隔对 SSB 尝试进行搜索。文献［6-7］中定义了不同的频谱对应的 SSB 的子载波间隔。

为了根据检测到的 SSB 完成帧同步，需要根据 SSB 的索引，以及该索引对应的 SSB 在无线帧中的位置，确定帧同步。6.1.3 节介绍了 SSB 突发集合在半帧中的位置。该位置与 SSB 的索引一一对应。SSB 的索引承载于 SSB 中，当 UE 检测到 SSB 时，就可以根据其中携带的 SSB 索引以及半帧指示确定该检测到的 SSB 在无线帧中的符号位置，从而确定无线帧的帧边界，完成帧同步。

为了提高 SSB 中的 PBCH 的接收性能，UE 可以对不同 SSB 中的 PBCH 进行合并接收。在 RAN1#88bis 会议上，通过了相关的结论，即 PBCH 的合并接收可以在相同 SSB 突发集合中的不同索引的 SSB 之间进行，也可以在不同 SSB 突发集合中的 SSB 之间进行。由于 SSB 突发集合的发送是周期性的，这就需要 UE 根据一定的周期对 PBCH 进行合并接收。如在 RAN1#88bis 会议上，通过了周期的取值范围为 5 ms、10 ms、20 ms、40 ms、80 ms、160 ms，该周期可以通过高层信令进行配置。但是，对于初始小区搜索的 UE，在搜索 SSB 之前，并不能接收到关于 SSB 突发集合的发送周期的高层信令，因此需要定义一个缺省的周期，用于 UE 按照该周期对不同 SSB 突发集合中的 SSB 进行合并接收。NR 系统中定义，对于进行初始小区搜索的 UE，缺省的周期为 20 ms。当 UE 接收的相关高层信令中包含 SSB

突发集合的周期信息时，可以通过该信息确定 SSB 突发集合的周期；否则，UE 默认该服务小区的 SSB 突发集合的周期为 5 ms。

在 NR 系统中，SSB 可以用于 UE 的初始接入，也可以作为测量参考信号配置给 UE 用于测量。前者用于 UE 接入小区，其频域位置位于同步栅格上，且关联了 SIB1 信息；后者并没有关联 SIB1 信息，即使其频域位置也位于同步栅格上，也不能用于 UE 接入小区。在标准讨论过程中，将前者叫作小区定义 SSB（Cell-Defining SSB），后者叫作非小区定义 SSB（Non Cell-Defining SSB）。也就是说，UE 只有通过 Cell-Defining SSB 才能接入小区。由于 NR 系统设计的灵活性，Non Cell-Defining SSB 也可以配置在同步栅格的位置上。对于初始接入的 UE，在根据同步栅格进行 SSB 的搜索时，可能搜索到这两类 SSB，当搜索到 Non Cell-Defining SSB 时，由于该 SSB 并没有关联 SIB1 信息，UE 不能通过该 SSB 中的 PBCH 承载的 MIB 信息获得用于接收 SIB1 的控制信息，UE 必须继续搜索 Cell-Defining SSB 接入小区。在 RAN1#92 会议上，部分公司提出了网络辅助的小区搜索方案。基站可以在 Non Cell-Defining SSB 中携带一个指示信息，用于指示 Cell-Defining SSB 所在的全局同步信道号（Global Synchronization Channel Number，GSCN）与当前搜索到的 Non Cell-Defining SSB 所在 GSCN 之间的 GSCN 偏移。这样，UE 即使检测到一个 Non Cell-Defining SSB，也可以通过其中携带的指示信息，确定 Cell-Defining SSB 所在的 GSCN。UE 可以基于此辅助信息直接在指向的目标 GSCN 位置搜索 Cell-Defining SSB，从而避免 UE 对 Cell-Defining SSB 的盲搜索，减少了小区搜索的时延和功耗。该 GSCN 偏移信息通过 PBCH 承载的信息进行指示。

PBCH 信道承载的信息包括 MIB 信息和物理层信息中 8 bit 信息。物理层信息括 SFN、半帧指示、SSB 索引等。PBCH 承载的 MIB 信息包括 6 bit SFN 信息域、1 bit 子载波间隔信息域、4 bit SSB 子载波偏移信息域和 *pdcch-ConfigSIB*1 8 bit 信息域等。其中，8 bit *pdcch-ConfigSIB*1 8 bit 信息域用于指示承载 SIB1 的 PDSCH 的调度信息的 PDCCH 的搜索空间集合信息。SSB 的子载波偏移信息域用于指示 SSB 与 CORESET#0 之间的子载波偏移的取值 k_{SSB}，该偏移的范围包括 0~23 和 0~11 个子载波，分别使用 5 bit（MIB 中的 SSB 的子载波偏移信息域和 1 个物理层信令比特）和 4 bit 表示，并且分别对应频移范围为 FR1 和 FR2。当 $k_{\mathrm{SSB}}=0\sim23$（FR1）或者 $k_{\mathrm{SSB}}=0-11$（FR2）时，表示当前 SSB 关联 SIB1。当 $k_{\mathrm{SSB}}>23$（FR1）或者 $k_{\mathrm{SSB}}>11$（FR2）时，k_{SSB} 的取值被网络用于指示当前 SSB 不关联 SIB1。此时，网络可以指示 Cell-Defining SSB 的同步栅格的位置，具体是通过 k_{SSB} 和 *pdcch-ConfigSIB*1 信息域中的比特联合指示 Cell-Defining SSB 的 GSCN。由于 *pdcch-ConfigSIB*1 信息域包含 8 bit，通过指示 Cell-Defining SSB 的 GSCN 和当前 Non Cell-Defining SSB 的 GSCN 的偏移，可以指示 256 个同步栅格的位置。结合 SSB 的子载波偏移信息域中的不同取值，可以进一步扩展指示范围，从而指示 N · 265 个同步栅格的位置。对于 FR1 和 FR2，分别根据表 6-5 和表 6-6，通过 k_{SSB} 和 *pdcch-ConfigSIB*1 联合指示 Cell-Defining SSB 对应的同步栅格的 GSCN 与当前检测到的 Non Cell-Defining SSB 对应的同步栅格的 GSCN 之间的偏移，通过公式 $N_{\mathrm{GSCN}}^{\mathrm{Reference}}+N_{\mathrm{GSCN}}^{\mathrm{Offset}}$ 得到所指示的 Cell-Defining SSB 所在的同步栅格的 GSCN。表 6-5 指示的 GSCN 偏移范围包括 −768，…，−1，1，…，768，表 6-6 指示的 GSCN 偏移范围包括 −256，…，−1，1，…，256。其中，表 6-5 中 $k_{\mathrm{SSB}}=30$ 为保留值，表 6-6 中 $k_{\mathrm{SSB}}=14$ 为保留值[14]。

表 6-5 k_{SSB} 和 *pdcch-ConfigSIB*1 与 N_{GSCN}^{Offset} 的映射关系（FR1）

k_{SSB}	*pdcch-ConfigSIB*1	N_{GSCN}^{Offset}
24	0，1，…，255	1，2，…，256
25	0，1，…，255	257，258，…，512
26	0，1，…，255	513，514，…，768
27	0，1，…，255	−1，−2，…，−256
28	0，1，…，255	−257，−258，…，−512
29	0，1，…，255	−513，−514，…，−768
30	0，1，…，255	Reserved，Reserved，…，Reserved

表 6-6 k_{SSB} 和 *pdcch-ConfigSIB*1 与 N_{GSCN}^{Offset} 的映射关系（FR2）

k_{SSB}	*pdcch-ConfigSIB*1	N_{GSCN}^{Offset}
12	0，1，…，255	1，2，…，256
13	0，1，…，255	−1，−2，…，−256
14	0，1，…，255	Reserved，Reserved，…，Reserved

基站通过 Non Cell-Defining SSB 中携带的指示信息指示 Cell-Defining SSB 所在的 GSCN 的示意图如图 6-11 所示。

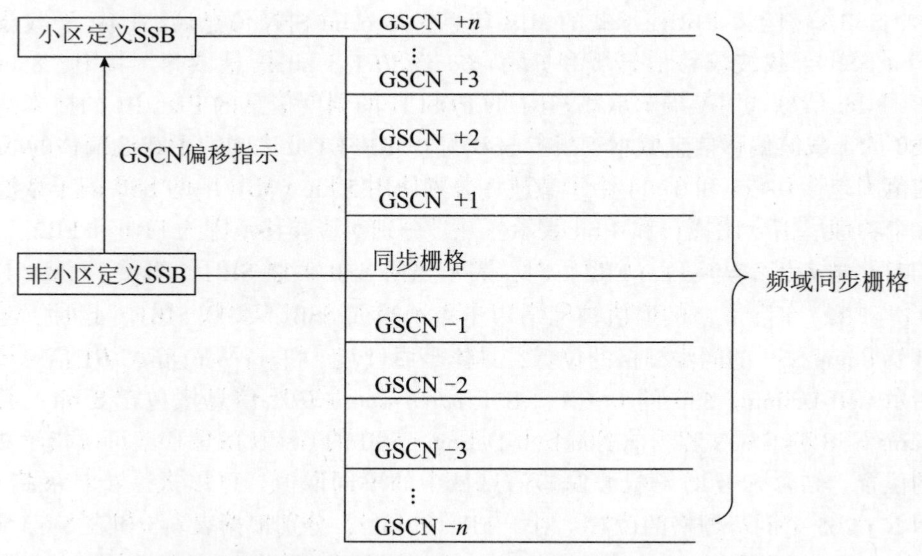

图 6-11　网络辅助的小区搜索示意图（指示 Cell-Defining SSB 的 GSCN）

在标准讨论过程中，还提出了小区搜索的另一种场景，如文献［9］中提出的，运营商在某些载波（如仅用作辅小区的载波）或频谱上可能并没有部署 Cell-Defining SSB，如只部署了不在同步栅格上的 SSB。在这种情况下，UE 实际上不需要在这些频率范围内进行小区搜索。如果网络可以指示该频率范围给 UE，则 UE 可以不在该频域范围内进行小区搜索，以减少 UE 尝试小区搜索的时延和功耗。由于这些潜在的好处，标准最终采纳了这个方案。同样，网络通过 k_{SSB} 和 *pdcch-ConfigSIB*1 信息域中的比特联合指示该频率范围信息。当 UE

收到 FR1 对应的 $k_{SSB}=31$ 或者 FR2 对应的 $k_{SSB}=15$ 时，UE 认为在 GSCN 范围（$N_{GSCN}^{Reference}-N_{GSCN}^{Start}$，$N_{GSCN}^{Reference}+N_{GSCN}^{End}$）内，不存在 Cell-Defining SSB，其中，N_{GSCN}^{Start} 和 N_{GSCN}^{End} 分别由 *pdcch-ConfigSIB1* 信息域的高位 4 bit 和低位 4 bit 指示。该网络辅助的小区搜索方式如图 6-12 所示。

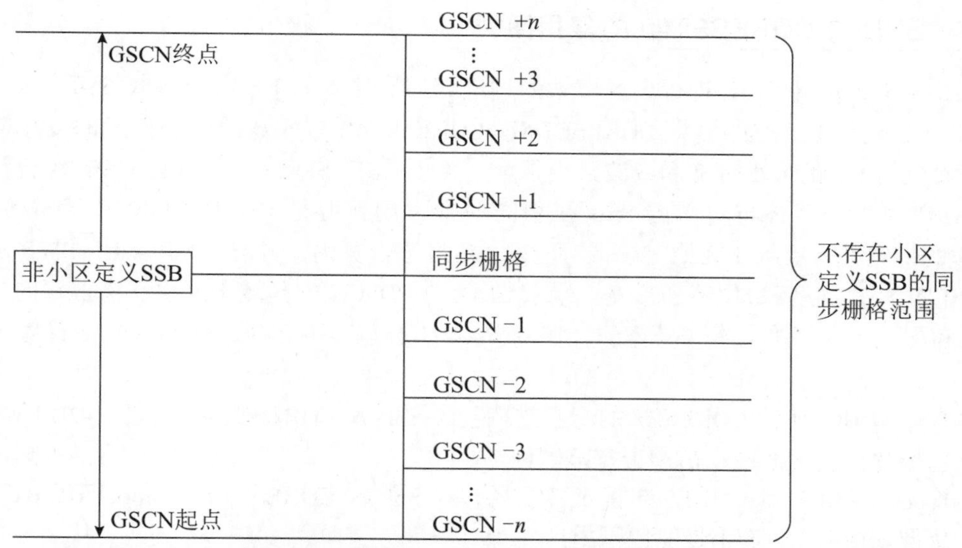

图 6-12　网络辅助的小区搜索示意图（指示不存在 Cell-Defining SSB 的 GSCN 范围）

6.2　初始接入相关的公共控制信道

在初始接入阶段，UE 还未与网络建立 RRC 连接，UE 未被配置用户特定的控制信道，而是需要通过公共控制信道接收小区内的公共控制信息，从而完成后续的初始接入过程。UE 通过公共搜索空间（CSS）集合接收公共控制信道。在 NR 系统中，与初始接入相关的公共搜索空间集合主要包括以下几种。

- Type0-PDCCH CSS 集合：Type0-PDCCH 用于指示承载 SIB1 的 PDSCH 的调度信息，其搜索空间集合通过 MIB 信息中的 *pdcch-ConfigSIB1* 信息域指示，用于 UE 接收 SIB1。在 UE 进入 RRC 连接态之后，Type0-PDCCH CSS 集合还可以通过 RRC 信令进行配置，用于终端在小区切换或 SCG（Secondary Cell group，辅小区组）添加等场景下读取 SIB1。Type0-PDCCH 对应的 DCI Format 的 CRC 通过 SI-RNTI 加扰。
- Type0A-PDCCH CSS 集合：Type0A-PDCCH 用于指示承载 Other System Information 的 PDSCH 的调度信息，其 DCI Format 的 CRC 通过 SI-RNTI 加扰。
- Type1-PDCCH CSS 集合：Type1-PDCCH 用于指示承载 RAR 的 PDSCH 的调度信息，其 DCI Format 的 CRC 通过 RA-RNTI、MsgB-RNTI 或 TC-RNTI 加扰。
- Type2-PDCCH CSS 集合：Type2-PDCCH 用于指示承载寻呼消息的 PDSCH 的调度信息，其 DCI Format 的 CRC 通过 P-RNTI 加扰。

通过不同的 CSS 集合，UE 可以在相应的 PDCCH 监听时机，根据 PDCCH 的控制信道资源集合检测 PDCCH。6.2 节主要说明 Type0-PDCCH CSS 集合的指示和确定方法。

需要指出的是，Type0A-PDCCH CSS 集合、Type1-PDCCH CSS 集合、Type2-PDCCH CSS

集合可在 SIB1 进行配置，且既可分别为它们配置各自的 PDCCH 搜索空间集合，也可以将它们配置为 Type0-PDCCH CSS 集合，即沿用 Type0-PDCCH CSS 集合。在终端处于 RRC 连接态时，网络也可通过 RRC 信令为终端配置当终端在非 Initial DL BWP 上接收广播、RAR 或寻呼时的前述 PDCCH 搜索空间集合。

6.2.1 SSB 与 CORESET#0 的复用图样

在 6.1.5 节介绍了 UE 进行小区搜索的过程，初始接入的 UE 需要接收 SSB，从而获得 Type0-PDCCH 的 CORESET，即 CORESET#0。CORESET#0 与 SSB 的资源位置的复用需要考虑的因素包括 UE 的最小带宽和载波最小带宽。关于 CORESET#0，在 RAN1#90-91 会议上确定了 CORESET#0 不必与对应的 SSB 在相同的带宽内，但是 CORESET#0 和承载 SIB1 的 PDSCH 的带宽都需要限制在给定频带对应的 UE 最小带宽内。并且，Initial DL BWP 的带宽定义为 CORESET#0 频域位置和带宽，承载 SIB1 的 PDSCH 的频域资源也在该带宽内。BWP 的定义和配置可参考第 4 章。具体的，在 RAN1#91 会议上对 CORESET#0 的配置做了以下要求。

- Type0-PDCCH 的 CORESET 的配置支持包含 SSB 和 CORESET#0（Initial DL BWP）的总带宽在载波的最小信道带宽范围内。
- Type0-PDCCH 的 CORESET 的配置支持包含 SSB 和 CORESET#0（Initial DL BWP）的总带宽在 UE 的最小带宽范围内。

如图 6-13 所示，包含 SSB 和 Initial DL BWP 的总带宽为 X，SSB 和 Initial DL BWP 之间的 RB 偏移为 Y。

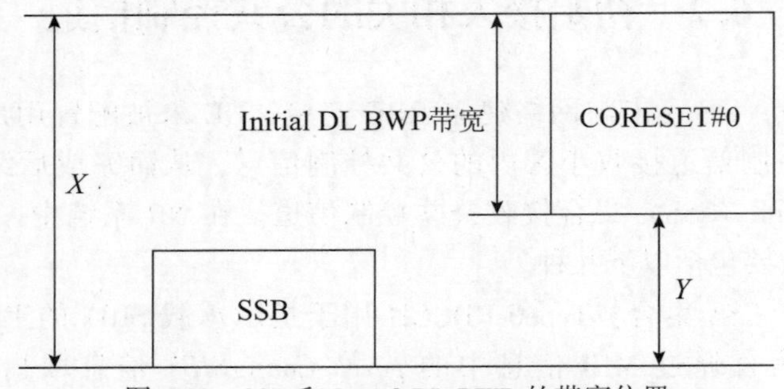

图 6-13　SSB 和 Initial DL BWP 的带宽位置

关于 UE 的最小带宽，其定义为所有 NR 常规 UE 必须支持的最大带宽中的最小值。为了使 UE 能够接入网络，CORESET#0 的带宽必须不能超过 UE 的最小带宽。根据文献[10]，在设计 CORESET#0 的带宽时，对于 FR1 假设 UE 的最小带宽为 20 MHz，对于 FR2 假设 UE 的最小带宽为 100 MHz。

关于最小信道带宽，其定义为系统中某个频谱可以使用的最小信道带宽。如在 FR1 的频谱中，最小信道带宽为 5 MHz[6]；在 FR2 的频谱中，最小信道带宽为 50 MHz[7]。实际上，NR 系统中实际部署时应用的信道带宽往往大于最小信道带宽。在 CORESET#0 的带宽设计中，也包括了大于最小信道带宽的带宽配置。

考虑到 UE 的最小带宽和载波的最小信道带宽的限制，标准首先在 RAN1#90 会议上确定 SSB 和 CORESET#0 的复用至少支持 TDM 方式，这样可以分别考虑 SSB 和 CORESET#0 的带宽是否满足上述最小带宽的限制。对于 SSB 和 CORESET#0 的复用方式为 FDM 时，需要考虑复用之后的总带宽是否满足上述最小带宽的限制。由于这些最小带宽与频谱有关，在 RAN1#91 会议上确定了 FR1 不支持 SSB 和 CORESET#0 二者 FDM 的复用方式。对于 FR2，TDM 和 FDM 的复用方式都是可以支持的。最终，NR 定义了 3 种 SSB 和 CORESET#0 的复用图样。其中，复用图样 1 为 TDM 方式，复用图样 2 为 TDM+FDM 方式，复用图样 3 为 FDM 方式。

- 复用图样 1：时域上，SSB 和关联的 CORESET#0 出现在不同的时刻；频域上，SSB 的带宽被关联的 CORESET#0 的带宽完全或者接近完全覆盖。
- 复用图样 2：时域上，SSB 和关联的 CORESET#0 出现在不同的时刻；频域上，SSB 的带宽与关联的 CORESET#0 的带宽不重叠，且尽量接近。
- 复用图样 3：时域上，SSB 和关联的 CORESET#0 出现在相同的时刻；频域上，SSB 的带宽与关联的 CORESET#0 的带宽不重叠，且尽量接近。

3 种复用图样的示意图如图 6-14 所示。

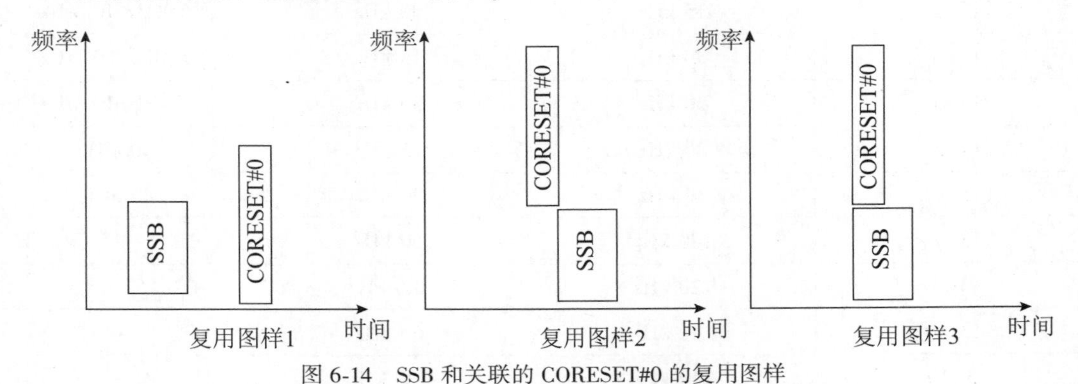

图 6-14 SSB 和关联的 CORESET#0 的复用图样

针对定义的 3 种复用图样，6.2.3 节进一步介绍了 CORESET#0 的具体配置参数，包括 RB 数、符号数以及频域位置；还介绍了 CORESET#0 如何在 MIB 中进行指示。

6.2.2 CORESET#0 介绍

在 6.2.1 节中介绍了 NR 定义的 SSB 与 CORESET#0 的复用图样。针对不同的复用图样，SSB 和 CORESET#0 采用的子载波间隔的不同组合，在协议 38.213[14] 中定义了用于指示 CORESET#0 的映射表 13-1～13-10。映射表格对 CORESET#0 频域位置、带宽和符号数进行了联合编码，既考虑了灵活配置 CORESET#0 的大小，也考虑了 MIB 中 CORESET#0 信息比特的开销[11-13]。

关于 CORESET#0 的子载波间隔的确定，在标准化的过程中出现过不同的备选方案。如在 RAN1#88bis 会议上讨论了传输 SIB1 相关的 PDCCH 和 PDSCH 信道的子载波间隔如何指示，并通过如下备选方案。

- 方案 1：PBCH 指示传输 SIB1 相关的信道的子载波间隔。
- 方案 2：PBCH 传输和 SIB1 传输相关的信道采用的子载波间隔相同。

在 RAN1#89 会议上，各公司同意 CORESET#0 和承载 SIB1 的 PDSCH 采用相同的子载波间隔，并通过 PBCH 进行指示。进一步地，各公司在减少初始接入阶段和 idle 状态的子载波间隔的切换的目标上达成一致，即初始接入过程各信道应尽可能使用相同的子载波间隔。考虑到在 FR1 和 FR2 的频谱范围内 SSB 和 CORESET#0 的子载波间隔的可能取值，标准讨论了需要支持哪些子载波间隔的组合，最终在 RAN1#91 会议上通过了 SSB 和 CORESET#0 的不同子载波间隔的组合。

- {SSB，PDCCH} SCS = {{15，15}，{15，30}，{30，15}，{30，30}，{120，60}，{120，120}，{240，60}，{240，120}} kHz。

PBCH 承载的 *pdcch-ConfigSIB1* 信息域的 4 bit MSB，用于指示 CORESET#0 信息，从而确定 CORESET#0。在协议 38. 213[14] 的第 13 章中定义了 CORESET#0 包含的带宽、符号数以及频域位置与 CORESET#0 信息的映射表格，即表 13-1～表 13-10。不同表格的确定与 SSB 和 PDCCH 的子载波间隔、频带的最小信道带宽有关，如表 6-7 所示。

表 6-7 CORESET#0 映射表格

映射表格	SSB 的 SCS	PDCCH 的 SCS	最小信道带宽
13-1	15 kHz	15 kHz	5 MHz/10 MHz
13-2	15 kHz	30 kHz	5 MHz/10 MHz
13-3	30 kHz	15 kHz	5 MHz/10 MHz
13-4	30 kHz	30 kHz	5 MHz/10 MHz
13-5	30 kHz	15 kHz	40 MHz
13-6	30 kHz	30 kHz	40 MHz
13-7	120 kHz	60 kHz	–
13-8	120 kHz	120 kHz	–
13-9	240 kHz	60 kHz	–
13-10	240 kHz	120 kHz	–

UE 首先基于 SSB 和 PDCCH 的子载波间隔、频带的最小信道带宽等因素确定所使用的映射表格，再根据 4 bit 信息确定该表格中对应的 CORESET#0 包含的 RB 和符号数。4 bit CORESET#0 信息指示表格中的其中一个行，该行对应配置 CORESET#0 包含的 RB 和符号数、复用图样以及 CORESET#0 的起始频率位置相比 SSB 的起始频率位置偏移的 RB 个数。表 6-8 总结了协议 38. 213[14] 中表 13-1～表 13-10 中定义的 CORESET#0 的配置参数，包括复用图样、带宽、符号数以及 CORESET#0 的频域位置相比 SSB 的频域位置偏移的 RB 个数。

表 6-8 CORESET#0 的配置参数

映射表格	复用图样	CORESET#0 带宽（RB）	CORESET#0 符号数	频域偏移（RB）
13-1	1	24	2，3	0，2，4
		48	1，2，3	12，16
		96	1，2，3	38
13-2	1	24	2，3	5，6，7，8
		48	1，2，3	18，20
13-3	1	48	1，2，3	2，6
		96	1，2，3	28

续表

映射表格	复用图样	CORESET#0 带宽（RB）	CORESET#0 符号数	频域偏移（RB）
13-4	1	24	2，3	0，1，2，3，4
		48	1，2	12，14，16
13-5	1	48	1，2，3	4
		96	1，2，3	0，56
13-6	1	24	2，3	0，4
		48	1，2，3	0，28
13-7	1	48	1，2，3	0，8
		96	1，2	28
	2	48	1	-41，-42，49
		96	1	-41，-42，97
13-8	1	24	2	0，4
		48	1，2	14
	3	24	2	-20，-21，24
		48	2	-20，-21，48
13-9	1	96	1，2	0，16
13-10	1	48	1，2	0，8
	2	24	1	-41，-42，25
		48	1	-41，-42，49

要确定 CORESET#0 的频域位置，除了确定与 SSB 频域位置偏移的 RB 的个数，还要确定 CORESET#0 的 RB 与 SSB 的 RB 之间的子载波偏移。6.1.1 节介绍了为了运营商的灵活部署，NR 引入同步栅格和信道栅格的设计。这种灵活性导致 CORESET#0 的所在的公共资源块（Common Resource Block，CRB）与 SSB 的 RB 并不一定是对齐的，它们之间的子载波偏移 k_{SSB} 通过 PBCH 承载的信息进行指示。同时，考虑到 SSB 和 CORESET#0 采用的子载波间隔的不同组合，对 FR1，k_{SSB} 的范围为 0～23，对 FR2，k_{SSB} 的范围为 0～11。CORESET#0 与 SSB 的频域位置偏移的 RB 数，定义为从 CORESET#0 的频域上位置最低的 RB 到与 SSB 的频域上位置最低的 RB 的子载波 0 重叠的、与 CORESET#0 的子载波间隔相同的 CRB 之间的偏移 RB 数。以 SSB 和 CORESET＃0 的复用图样 1 为例，当 SSB 和 CORESET#0 的子载波间隔分别为 15 kHz 和 30 kHz 时，它们之间的频域偏移如图 6-15 所示。图中，假设 SSB

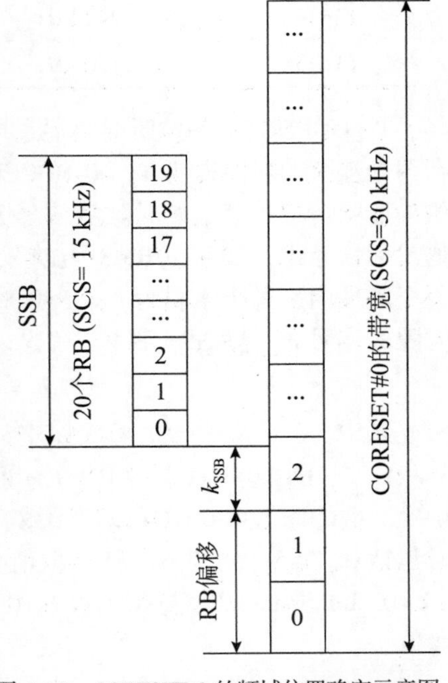

图 6-15　CORESET#0 的频域位置确定示意图

和 CORESET#0 之间的 RB 偏移为 2，k_{SSB} 为 23。

6.2.3 Type0-PDCCH Search Space

Type0-PDCCH 的 Search Space，即 SearchSpace#0，其设计主要考虑以下方面。

- Type0-PDCCH 监听时机包含的监听时隙的个数。
- 监听时机所在时隙的位置。
- 监听时机所在的符号位置。
- 监听时机的周期。
- 监听时机与 SSB 的关联。

这些方面的设计与 SSB 和 CORESET#0 复用图样、子载波间隔和频带范围有关。例如，在复用图样 1 的情况下，Type0-PDCCH 监听时机要保证与 SSB 是 TDM 的，同时，也要保证不同 SSB 关联的 Type0-PDCCH 监听时机尽量也是 TDM 的，尽可能减少监听时机的重叠。

在协议 38.213[14] 的第 13 章中定义了 Type0-PDCCH 的监听时机与 SearchSpace#0 信息的映射表格，即表 13-11～表 13-15。PBCH 承载的 *pdcch-ConfigSIB*1 信息域的 4 bit LSB，用于指示 SearchSpace#0 信息，从而根据映射表格确定 Type0-PDCCH 监听时机。不同表格的确定与复用图样、子载波间隔和频带范围有关，如表 6-9 所示。UE 首先确定所使用的表格，再根据 4 bit 信息确定该表格中对应的 Type0-PDCCH 监听时机的参数。

表 6-9 Type0-PDCCH 监听时机与 SearchSpace#0 信息的映射表格

映射表格	SSB 的 SCS	PDCCH 的 SCS	复用图样	频带范围
13-11	–	–	1	FR1
13-12	–	–	1	FR2
13-13	120 kHz	60 kHz	2	–
13-14	240 kHz	120 kHz	2	–
13-15	120 kHz	120 kHz	3	–

Type0-PDCCH 的监听时机通过以下方式确定。对 SSB 和 CORESET#0 的复用图样 1，UE 在两个连续的时隙监听 Type0-PDCCH。两个连续的时隙作为一个包含 Type0-PDCCH 监听时机的监听窗口，其起始时隙的编号为 n_0。该监听窗口的设置是为了基站发送 Type0-PDCCH 的灵活性考虑，如避免 RMSI 与突发的 URLLC 业务发生冲突。监听窗口的周期为 20 ms，在每个周期内，每个索引为 i 的 SSB 对应一个 Type0-PDCCH 的监听窗口，该监听窗口的起始时隙的编号 n_0 通过式（6.2）确定。

$$n_0=(O\cdot 2^{\mu}+i\cdot M)\bmod N_{\text{slot}}^{\text{frame},\mu} \tag{6.2}$$

其中，$N_{\text{slot}}^{\text{frame},\mu}$ 为一个无线帧中的时隙的个数，M 和 O 根据 SearchSpace#0 信息和协议 38.213[14] 的第 13 章中的 PDCCH 监听时机与 SearchSpace#0 信息的映射表 13-11～表 13-12 确定。O 的取值在 6 GHz 以下频域（FR1）时包括 0、2、5、7，在 6 GHz 以上频域（FR2）时包括 0、2.5、5、7.5。M 的取值包括 1/2、1、2。以协议 38.213[14] 中的表 13-11 为例，4 bit SearchSpace#0 信息指示表 6-10 中的一个 Index，该 Index 对应一组 PDCCH 监听时机的参数。

表 6-10　Type0-PDCCH 监听时机与 SearchSpace#0 信息的映射表格：复用图样 1，FR1

序号	O	每个时隙内监听时机的个数	M	起始符号的编号
0	0	1	1	0
1	0	2	1/2	{0，当 i 为偶数}，{$N_{\text{symb}}^{\text{CORESET}}$，当 i 为奇数}
2	2	1	1	0
3	2	2	1/2	{0，当 i 为偶数}，{$N_{\text{symb}}^{\text{CORESET}}$，当 i 为奇数}
4	5	1	1	0
5	5	2	1/2	{0，当 i 为偶数}，{$N_{\text{symb}}^{\text{CORESET}}$，当 i 为奇数}
6	7	1	1	0
7	7	2	1/2	{0，当 i 为偶数}，{$N_{\text{symb}}^{\text{CORESET}}$，当 i 为奇数}
8	0	1	2	0
9	5	1	2	0
10	0	1	1	1
11	0	1	1	2
12	2	1	1	1
13	2	1	1	2
14	5	1	1	1
15	5	1	1	2

在确定时隙编号 n_0 之后，还要确定监听窗口所在的无线帧编号SFN_C。

当$[(O\cdot 2^{\mu}+[i\cdot M])/N_{\text{slot}}^{\text{frame},\mu}]$ mod2=0，SFN_Cmod2=0。

当$[(O\cdot 2^{\mu}+[i\cdot M])/N_{\text{slot}}^{\text{frame},\mu}]$ mod2=1 时，SFN_Cmod2=1。

即当根据$(O\cdot 2^{\mu}+i\cdot M)$计算得到的时隙个数小于一个无线帧包含的时隙个数时，SFN_C为偶数无线帧；反之则SFN_C 为奇数无线帧。

对 SSB 和 CORESET#0 复用图样 2、复用图样 3，UE 在一个时隙内监听 Type0-PDCCH，而该监听时隙的周期与 SSB 的周期相等。在每个监听周期内，索引为 i 的 SSB 对应监听时隙的编号 n_C 和所在的无线帧号SFN_C，以及时隙内的起始符号，通过 SearchSpace#0 信息和协议 38.213[14] 的第 13 章中的监听时机与 SearchSpace#0 信息的映射表 13-13～表 13-15 确定。以协议 38.213[14] 中的表 13-11 为例，SearchSpace#0 指示信息如表 6-11 所示。

表 6-11　Type0-PDCCH 监听时机参数：复用图样 2，{SSB，PDCCH} 的子载波间隔 = {120，60} kHz

序号	PDCCH 监听时机（SFN 和时隙编号）	起始符号的编号（k=0，1，…，15）
0	$\text{SFN}_\text{C}=\text{SFN}_{\text{SSB},i}$ $n_\text{C}=n_{\text{SSB},i}$	0，1，6，7 for $i=4k$，$i=4k+1$，$i=4k+2$，$i=4k+3$
1	Reserved	
2	Reserved	
3	Reserved	

续表

序号	PDCCH 监听时机（SFN 和时隙编号）	起始符号的编号（k=0，1，…，15）
4	Reserved	
5	Reserved	
6	Reserved	
7	Reserved	
8	Reserved	
9	Reserved	
10	Reserved	
11	Reserved	
12	Reserved	
13	Reserved	
14	Reserved	
15	Reserved	

6.3 NR 随机接入

随机接入是初始接入过程中非常重要的过程，NR 随机接入过程除了完成建立 RRC 连接、维护上行同步、小区切换等传统的功能外，还承担上下行波束初步对齐、系统消息的请求等 NR 特色功能。

NR 系统鲜明的特点是支持灵活的时隙结构、波束扫描、多种子载波间隔以及丰富的部署场景。因此，NR 随机接入过程的设计需要适应上述系统特点和应用场景需求。

本节从 NR PRACH 信道设计、PRACH 资源的配置、SSB 与 PRACH 资源的映射以及 PRACH 功率控制等方面介绍 NR 随机接入过程。

6.3.1 NR PRACH 信道的设计

1. NR Preamble 格式

PRACH 信道设计首先要考虑 Preamble 格式的设计。我们知道，LTE 系统中的 PRACH 信道中的 Preamble 格式包含 CP（Cyclic Prefix，循环前缀）、Preamble 序列两部分，不同的 Preamble 格式中包含的 Preamble 序列的数目不同，旨在获得不同的覆盖性能。为防止 UE 在初始接入因未获得准确的上行定时导致的 PRACH 对其他信号的干扰，在 Preamble 之后通常还预留 GT（Guard Time，保护间隔），如图 6-16 所示。

CP	Sequence	Sequence	GT

图 6-16　LTE Preamble 格式

为了支持不同的小区半径，支持 NR 多样的子载波间隔以及灵活的部署场景，3GPP 在讨论 NR Preamble 格式的设计之初，就达成如下的设计原则共识。

- NR 系统支持多种 Preamble 格式，包含长 Preamble 格式、短 Preamble 格式。
- 在同一 RACH 资源上支持重复的 RACH Preamble 以支持波束扫描和提升覆盖。
- 不同频谱使用的 Preamble 的子载波间隔可以不同。
- RACH Preamble 与其他控制或数据信道的子载波间隔可以相同或不同。

对 Preamble 格式的具体设计，当 Preamble 格式中仅包含单个序列时，可沿用 LTE 的 Preamble 格式的设计，即 CP+序列+GT 的格式。但在 Preamble 格式包含多个或重复的 Preamble 时，3GPP 讨论如下不同的设计选项，如图 6-17 所示。

- 选项 1：CP 在整个 Preamble 格式之前部，GT 预留在 Preamble 格式之后部，在 CP 和 GT 之间为连续的多个/重复的 RACH 序列。
- 选项 2：每一个 RACH 序列之前均插入 CP；多个相同的 RACH 序列连续重复，之后预留 GT。
- 选项 3：多个相同的前置 CP、后置 GT 的 RACH 序列连续重复。
- 选项 4：每一个 RACH 序列之前均插入 CP；多个不同的 RACH 序列连续分布，之后预留 GT。
- 选项 5：多个不同的前置 CP、后置 GT 的 RACH 序列连续分布。

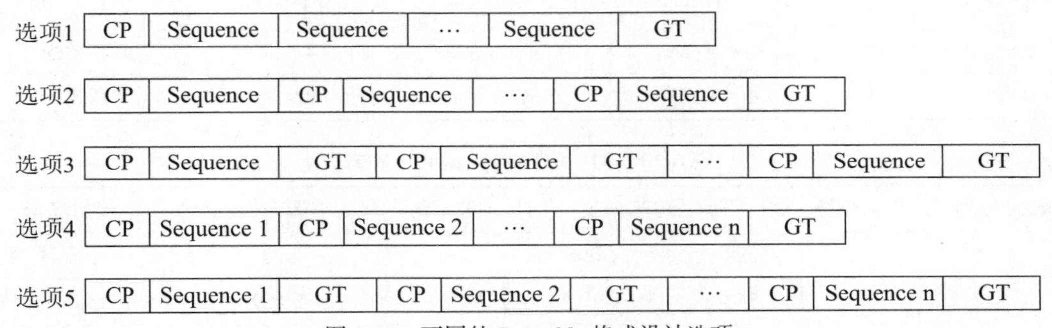

图 6-17　不同的 Preamble 格式设计选项

这些选项中，选项 1 沿用了 LTE 的 Preamble 格式的设计思路，因此具有良好的前向兼容性。由于仅在 Preamble 的头部和尾部分别插入 CP 和 GT，因此在所有选项中具有最高的资源利用效率，因此相同长度 Preamble 中可承载更多的 RACH 序列，从而有利于支持深远覆盖的场景或更好支持基站以波束扫描方式接收 Preamble。连续传输的 RACH 序列也有利于产生连续的 Preamble 波形。较小的 CP 和 GT 开销，更有利于采用较大的 CP 和 GT，从而支持超大小区覆盖（如小区半径 100 km）的部署场景。另外，由于采用了重复的 RACH 序列，基站在接收 RACH 序列时，与该序列相邻的 RACH 序列可提供 CP 的功能。

选项 3 和选项 5 具有最低的资源利用率，由于 CP 已经提供了不同 RACH 序列之间的保护，不再需要进一步采用 GT 提供序列之间的干扰保护；选项 2 和选项 4 具有较小的 GT 开销，但 CP 开销依然较大，选项 2 和选项 4 的主要优势是试图通过在不同的 RACH 序列的基础上应用 OCC，如图 6-18 所示，不同 UE 使用相同的序列，但使用不同的掩码，从而扩大可支持的 RACH 容量以支持更多的 UE 复用。然而 OCC 的方式在应用时会遇到潜在的挑战，例如由于残余频偏的存在或高频谱的相位噪声使得产生信道时变特性，使得不同的掩码之间的正交性变差导致性能损失。

综合上述因素，选项 1 具有多方面明显的优势，因此 3GPP 最终选择了选项 1。对于 RACH 容量的问题，通过采用在时域或频域配置更多的 RACH 资源的方式解决。

用户1	CP	+Sequence	CP	+Sequence	CP	+Sequence	CP	+Sequence	GT
用户2	CP	+Sequence	CP	-Sequence	CP	+Sequence	CP	-Sequence	GT

图 6-18　采用 OCC 提升 RACH 容量

在确定了 Preamble 的基本格式后，通过调整 CP、GT、序列长度、序列重复次数等参数，NR 支持一系列的 Preamble 格式以支持不同的应用场景，如超大小区、小小区覆盖、高速场景、中低速场景等。

NR 支持 4 种长序列的 Preamble 格式，如表 6-12 所示，其中格式 0、1 沿用 LTE 的格式，格式 0 用于典型宏小区的覆盖，格式 1 用于超大小区覆盖，格式 2 采用更多的序列重复用于覆盖增强，格式 3 应用于高速移动场景，如高铁。如表 6-13 所示，NR 支持 A、B、C 三个系列的短 Preamble 格式，适应于不同的应用场景。

表 6-12　NR 长序列 Preamble 格式

格式	SCS（kHz）	CP（Ts）	序列长度（Ts）	GT（Ts）	使用场景
0	1.25	3 168	24 576	2 975	LTERefarming
1	1.25	21 024	2×24 576	21 904	大小区，≤100 km
2	1.25	4 688	4×24 576	4 528	覆盖增强
3	5	3 168	4×6 144	2 976	高速

表 6-13　NR 短序列 Preamble 格式

Preamble 格式		序列个数	CP（Ts）	序列长度（Ts）	GT（Ts）	最大小区半径（m）	使用场景
A	1	2	288	4 096	0	938	小小区
	2	4	576	8 192	0	2 109	正常小区
	3	6	864	12 288	0	3 516	正常小区
B	0	1	144	2 048	0	469	TA 已知或非常小小区
	1	2	192	4 096	96	469	小小区
	2	4	360	8 192	216	1 055	正常小区
	3	6	504	12 288	360	1 758	正常小区
	4	12	936	24 576	792	3 867	正常小区
C	0	1	1 240	2 048	0	5 300	正常小区
	1	2	1 384	4 096	0	6 000	正常小区

2. NR Preamble 序列的选择

NR 标准化讨论中，对 NR Preamble 序列的类型也进行了讨论。除 LTE 已经采用的 ZC（Zadoff-chu）序列外，也评估采用 m 序列、ZC 序列的变种（如掩码 ZC 序列）等序列的可能性。由于 ZC 序列所具有的低峰均比（ZC 序列具有恒包络的性质）、良好的互相关和自相关特性，且 ZC 序列的 Preamble 根序列的选择、逻辑根序列至物理根序列的映射等方面可以沿用 LTE 成熟的设计，减少标准化以及产品实现的影响，最终 NR Preamble 序列依然采用了 ZC 序列。

3. NR Preamble 的子载波间隔

第一，Preamble 子载波间隔的选择要考虑对抗多普勒频偏，因此在高速场景需要支持较大的子载波间隔，如在 FR1 5 kHz 的 Preamble 子载波间隔可以支持 500 Km/h 的 UE 移动速度。由于 FR2 载波的波长较短，因此使用的 Preamble 子载波间隔需要大于 FR1 的 Preamble 的子载波间隔。

第二，NR 支持波束扫描，在基站不支持互易性的场景，基站需要以波束扫描的方式接收 UE 发送的 Preamble 序列从而获得最好的接收波束。较大的子载波对应较短的 OFDM 符号，因此单位时间内可传输更多的 Preamble 序列，可更好地满足波束扫描的需要。例如，当采用 15 kHz 的子载波间隔时，在 1 ms 的子帧内可以支持 12 个波束[15]。

第三，不同的小区半径所需设定的子载波间隔也不同。例如，小子载波间隔的 Preamble 可以使得 PRACH 占用的信道带宽较小，从而保证较大 PRACH 发送的功率谱，进一步保证较大的小区半径的小区覆盖；而较大的子载波间隔占用较短的 Preamble 符号，在适应较小的小区覆盖的同时有效节省资源。

第四，较小的子载波间隔可以支持较长的 Preamble 序列，从而提供更多的正交 Preamble 数量，保证系统支持的 PRACH 容量。

第五，较大的子载波间隔结合较短的 Preamble 序列，也更有利于支持时延要求较高的场景；较短的信号长度，使得 PRACH 与其他信道的复用也有更有利。

综合上述因素，NR 在 FR1 支持 1. 25 kHz 和 5 kHz 的长序列以及 15 kHz 和 30 kHz，而 FR2 支持 60 kHz/120 kHz 的子载波间隔。

4. NR Preamble 的序列长度

3GPP 在标准化过程对于 Preamble 序列的长度也进行了深入的讨论。对于 FR1 宏小区覆盖的场景，文献［16］给出评估，即长序列（序列长度为 839）采用小子载波间隔与短序列（序列为 139）采用大子载波间隔相比，长序列的 Preamble 具有更优的性能。文献［17］也指出，FR1 应致力于提供与 LTE 类似的小区覆盖和系统容量。因此，需要支持长序列以提供足够的 Preamble 数量。因此，NR 支持与 LTE 相同的 839 长 Preamble 序列。

对于 FR2，应采用较短的 Preamble 序列以控制 PRACH 信道占用的带宽，至于 FR2 的 PRACH 容量，可以通过在频率域配置 FDM 的多个 PRACH 资源的方式加以保证。标准化讨论中，短序列的长度有两个选择，139 和 127。其中采用 127 的主要目的是在 ZC 序列的基础上通过 M 序列掩码提升系统 PRACH 容量。然而，由于 FR2 的 PRACH 容量可以通过多配置频率资源的方式解决，且 ZC 序列上添加 M 序列的掩码导致 PAPR（Peak to Average Power Ratio，峰均比）升高，因此最终 NR 选择的短序列长度为 139[18]。

6. 3. 2　NR PRACH 资源的配置

1. PRACH 资源的周期

一方面，PRACH 资源的周期影响随机接入时延，较短的 PRACH 周期可以缩短随机接入时延；反之，较长的 PRACH 周期导致随机接入时延增大。另一方面，PRACH 资源的周期也影响 PRACH 所占的资源开销。NR 的一个鲜明特点是需要支持波束扫描，为支持分布于在各个波束的 UE 的随机接入请求，系统需要针对每一个波束方向配置相应的 PRACH 资源，因此相比 LTE，NR 的 PRACH 资源开销显著增大。

因此，NR 标准支持 10 ms、20 ms、40 ms、80 ms、160 ms 的 PRACH 周期，网络设备可以权衡时延、系统开销等多方面因素，设定合适的 PRACH 周期。

2. PRACH 资源的时域配置

为了确定 PRACH 的时域资源，在确定 PRACH 周期的基础上，还需要进一步确定在 PRACH 周期内 PRACH 资源的时域分布。与 LTE 类似，如图 6-19 所示，在 FR1，PRACH 资源配置信息中指示 PRACH 资源所在的一个或多个子帧的子帧编号；而对于 FR2，为了指示资源的便利，以 60 kHz 子载波间隔为参考时隙指示 PRACH 资源所在的一个或多个参考时隙的时隙编号。在 FR1 的一个子帧对应一个 15 kHz 的 PRACH 时隙，或两个 30 kHz 的 PRACH 时隙；在 FR2 的一个参考 60 kHz 的参考时隙内对应一个 60 kHz 的 PRACH 时隙，或两个 120 kHz 的 PRACH 时隙。

在每一个 PRACH 时隙之内，如图 6-19 所示，网络可以配置一个或多个 RO（PRACH Occasion，PRACH 时机），所谓 PRACH Occasion 即为承载 Preamble 传输的时频资源。进一步地，由于 NR 支持 DL/UL 混合的时隙结构，网络可配置在 PRACH 时隙之内，第一个 PRACH Occasion 所占用的时域资源的起始符号，当在 PRACH 时隙之内的靠前的符号需要传输下行控制信息时，则可通过配置合适的起始符号预留对应的下行控制信息传输所需要的资源。

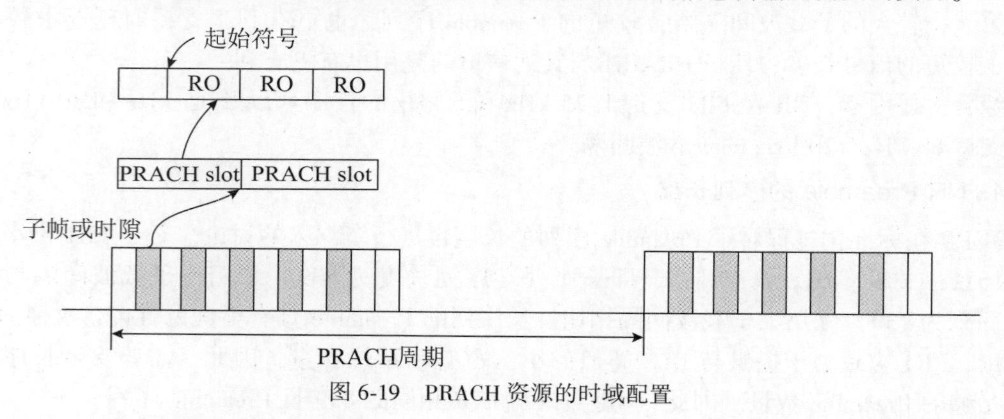

图 6-19　PRACH 资源的时域配置

3. PRACH 频率域的资源配置

如图 6-20 所示，在频率域上，NR 支持配置 1、2、4 或 8 个 FDM（Frequency-division Multiplexing，频分复用）的 PRACH 资源，以扩充 PRACH 容量，当在频率域上配置的 PRACH 资源为 1 个以上时，这些 PRACH 资源在频率域连续分布。网络通知频率域上第一个 RO 资源的起始 PRB 相对 BWP 的起始 PRB 的偏移。

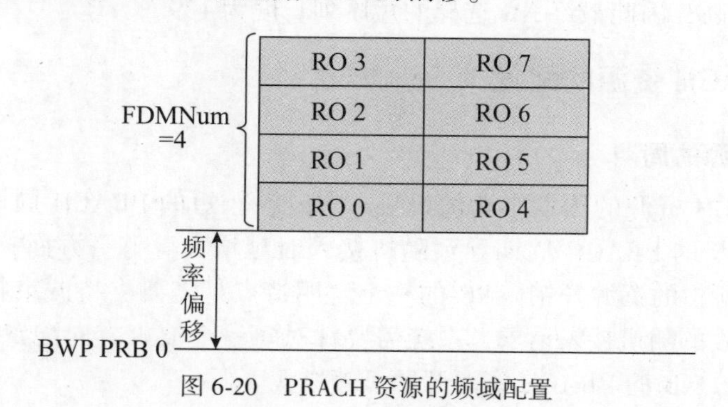

图 6-20　PRACH 资源的频域配置

4. PRACH 格式的配置

如6.3.1节所述，NR支持了灵活多样的Preamble格式以适应不同的部署场景。与LTE一样，在同一个小区之内，网络一般仅会配置一种Preamble格式。唯一所不同的是，NR支持将Format A和Format B打包的混合的Preamble格式，如图6-21所示，在PRACH时隙中，靠前的RO为Preamble Format A，而最后一个RO使用Preamble Format B。

Format A结构中，Preamble包含CP部分和序列部分，但没有预留保护间隔GT，而Format B结构包含CP部分，序列部分以及预留的GT部分。Format A可与其他上行信道共享FFT窗口，因此有利于简化基站实现，但可能带来对时间上紧邻的其他信道的潜在干扰，如图6-22所示。而Format B需要单独的FFT窗口，但有利于避免干扰，因此将二者混合，可以最大程度上充分发挥两种格式的优点：靠前的RO上使用Format A简化基站实现，最后一个RO使用Format B从而规避对后面信道的符号间干扰。

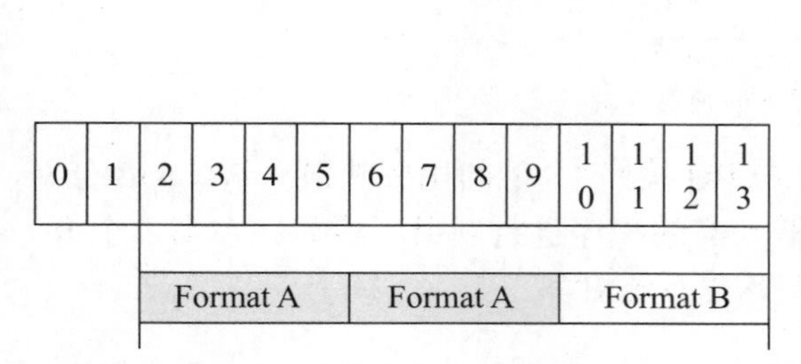

图6-21 Format A/B混合的Preamble Format

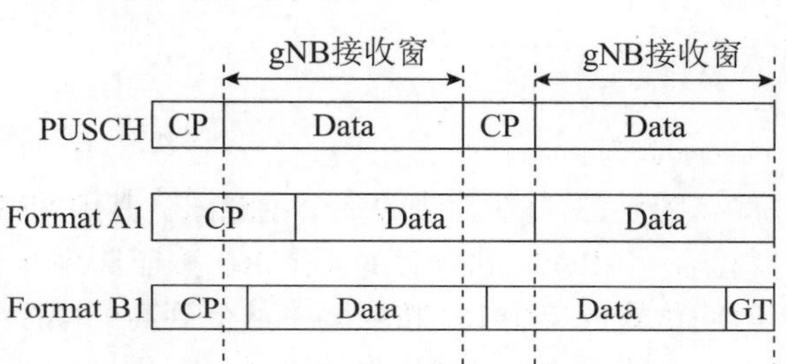

图6-22 Preamble A/B的优缺点

6.3.3 SSB与PRACH Occasion的映射

NR小区的鲜明特点是支持下行多波束，在网络与UE通信之前，网络需要知道UE所在的波束进而在后续的数据传输过程中设定合适的波束方向，由于随机接入过程的PRACH是UE向网络发送的第一条信息且对msg2的发送网络就需要已知UE的波束信息，因此上报UE所在的波束的功能就自然地由PRACH承载。由于Preamble为序列信号，不能显性携带信息，但可使用Preamble所占用的时频资源或不同的Preamble码字序列来隐式携带波束信息，因此，NR系统就需要建立SSB与PRACH Occasion之间的映射关系。

在UE发起随时接入之前，UE对小区的信号质量以及小区中的各个SSB的信号强度会进行测量评估。在发起PRACH时，UE在对应信号最强或较强的SSB的PRACH Occasion上发送Preamble。网络若成功接收Preamble，就基于Preamble所在PRACH Occasion获知UE的下行波束信息，进而使用该波束信息进行后续通信，例如msg2、msg4等。

SSB与PRACH Occasion之间存在多种可能的比例关系：①一对一映射；②多对一映射；③一对多映射。考虑支持多样化的场景，这3种比例关系在NR标准中均得到支持。例如，在用户较少的场景，可以支持多个SSB对应同一个PRACH Occasion以节省PRACH资源，而多个SSB分享同一个PRACH Occasion内的Preamble，即不同的SSB对应同一个PRACH Occasion内的不同的Preamble子集；在用户较多的场景，可以支持一个SSB对应多个PRACH Occasion以提供足够的PRACH容量。

系统中有多个实际传输的SSB以及多个配置的PRACH Occasion和相应的Preamble资源，网络与UE均需要获知每一个SSB与哪些PRACH Occasion以及相应的Preamble资源对应，因此，标准需要明确 SSB 与 PRACH Occasion 以及相应的 Preamble 资源的映射顺序的规则。标准化讨论过程中，主要有如下 3 种方案。

- 选项 1：频域优先的方案（见图 6-23）
  - 首先，在每一个 PRACH Occasion 之内依据 Preamble 索引递增的顺序。
  - 其次，依据 FDM 的 PRACH Occasion 的编号递增的顺序。
  - 最后，依据时分复用的 PRACH Occasion 的编号递增的顺序。

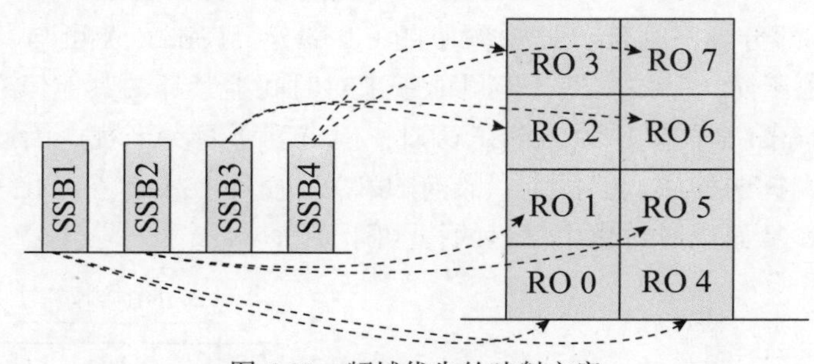

图 6-23 频域优先的映射方案

图 6-23 为本方法的一个示意图，其中 SSB 与 RO 按照 1：1 的比例映射。4 个 SSB 分别与第一个 RO 时间位置的 4 个 RO 按照频率从低到高的顺序进行映射。然而，在第二个 RO 时间位置的 4 个 RO 按照频率从低到高的顺序再次进行映射。

- 选项 2：时域优先的方案（见图 6-24）
  - 首先，在每一个 PRACH Occasion 之内依据 Preamble 索引递增的顺序。
  - 其次，依据时分复用的 PRACH Occasion 的编号递增的顺序。
  - 最后，依据 FDM 的 PRACH Occasion 的编号递增的顺序。

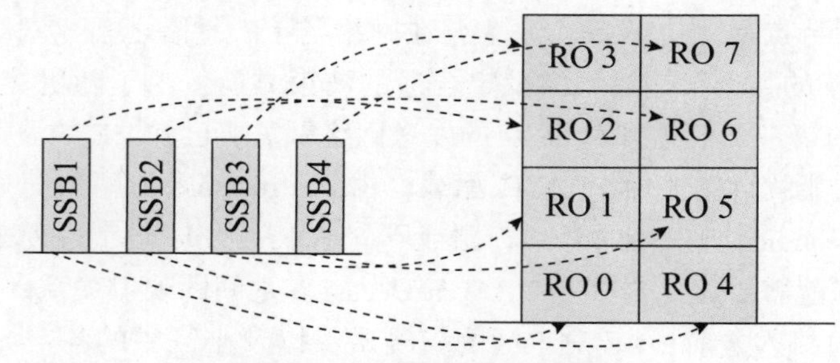

图 6-24 时域优先的映射方案

图 6-24 为本方法的一个示意图，其中 SSB 与 RO 按照 1：1 的比例映射。4 个 SSB 在两个 RO 时间位置上按照先时间递增再频率递增的顺序与 RO 进行映射。

- 选项 3：网络配置时域优先或频域优先

即网络配置采用上述选项 1 还是选项 2。

选项 1 和选项 2 在实际场景中均可能会有一些限制，例如选项 1 可能导致多个 SSB 对应的 PRACH Occasion 位于相同的时间上，要求基站具备同时接收多个波束方向的 PRACH 信号的能力。而选项 2 会导致对应同一个 SSB 的两个相邻 PRACH Occasion 之间有较大的时间间隔，进而导致较大的 PRACH 发送时延。选项 3 相对就是一种折中的方案。最终标准支持了选项 1，对于基站仅能接收单个波束的场景，可将频分复用的多个 PRACH Occasion 配置为对应同一个 SSB。

6.3.4 RACH 过程的功率控制

PRACH 的功率控制采用开环功率控制的机制，UE 基于网络配置的期望接收功率以及由下行参考信号测量得到的路径损耗等因素设定 PRACH 的发送功率。在随机接入过程中，若 UE 发送了 PRACH 但未接收到网络的 RAR（Random Access Reponse，随机接入响应）或没有成功接收到冲突解决消息，UE 需要重发 PRACH。当 NR UE 支持多个发射波束时，当发射波束保持不变时，重传的 PRACH 发射功率在上一次发送的 PRACH 功率基础上爬升，直至成功完成随机接入过程。但在 UE 切换发射波束时，PRACH 的发射功率是否爬升是一个需要解决的问题。切换波束时如果发射功率还持续增大，则可能对切换至的目标波束带来较大的干扰水平变化，影响其他用户的信号传输，因此标准化讨论中主要设计如下 4 种选项，如图 6-25 所示。

- 选项 1：功率爬升的计数器重置。
- 选项 2：功率爬升的计数保持不变。
- 选项 3：功率爬升的计数递增。
- 选项 4：每一个发送波束使用单独的功率爬升的计数器[19]。

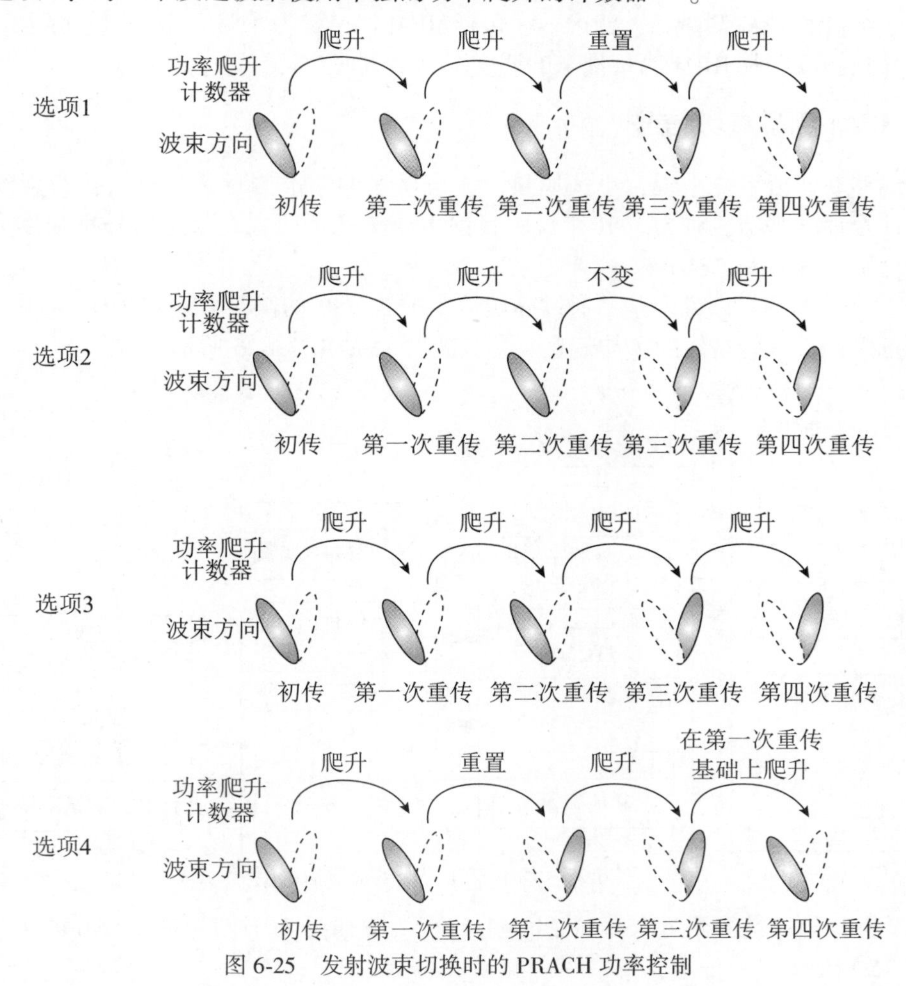

图 6-25　发射波束切换时的 PRACH 功率控制

选项 1 是一种最保守的功率发射方法，可以最大程度地减少波束后 PRACH 的发送对目标波束方向的干扰，但由于切换到目前波束后功率爬升的计数器重置，UE 可能还需要多次尝试达到满足 PRACH 成功接收的发射功率，因此导致随机接入的时延增大。选项 3 在切换波束后功率爬升的计数依然递增，因此导致对目标波束较大的干扰。而选项 2 是选取 1 和选项 3 的折中方案，在切换后的第一次传输，功率爬升的计数保持不变，首先尝试第一次传输，如果再次重传，则递增计数器，因此本方法兼顾了干扰水平控制和随机接入的时延。而选项 4 为每一个波束维护一个独立的功率爬升的计数器，从而类似选项 1，在切换到新的目标波束时，如目标波束上位第一次发射，则重置计数器，最大程度上减少波束后 PRACH 的发送对目标波束方向的干扰，但相比选项 1 的改进是每一次切换至此前曾经发送过 PRACH 的波束时，可以在该波束上的功率爬升的计数器的基础上爬升功率，而不是将功率爬升的计数器重置，所以该方法一定程度上有利于控制随机接入的时延。

最终，标准采纳了选项 2，兼顾了波束切换时干扰的控制和随机接入的时延，且相比选项 4，选项 2 仅需维护一套功率计数器，也有利于降低标准化和实现的复杂度。

6.4 RRM 测量

本节介绍 NR RRM 测量相关的内容，包括 RRM 测量参考信号、NR 测量间隔、NR 的同频测量与异频测量以及 RRM 测量带来的调度限制等方面。

6.4.1 RRM 测量参考信号

对无线移动通信系统来说，小区质量、波束质量的精准测量是其有效执行无线资源管理、移动性管理的基础。对 5G NR 来说，目前主要考虑了两大类参考信号用来作为测量参考信号，分别是 SSB 和 CSI-RS。

对基于 SSB 的测量来说，基站通过高层信令配置 SSB 的测量资源给 UE，以供 UE 执行相应的测量操作，一些具体的参数信息及参数映射关系如图 6-26 所示。

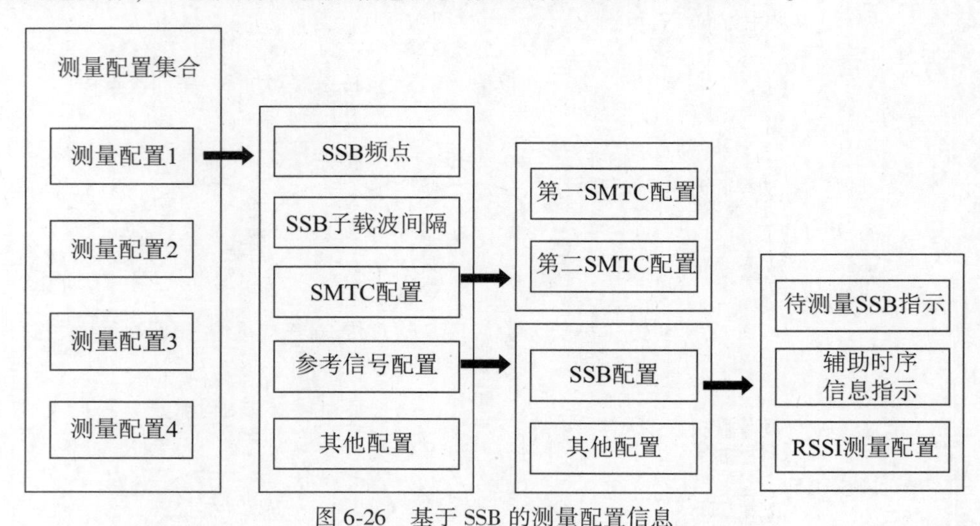

图 6-26　基于 SSB 的测量配置信息

其中，SSB 频点是待测量 SSB 的中心频点位置，SSB 子载波间隔是该 SSB 的子载波间隔信息（如 15 kHz、30 kHz 等）。

SMTC（SSB Measurement Timing Configuration，SSB 测量时间配置）是 SSB 测量的时域

资源配置信息，也是 5G NR 测量配置新引入的一个重要概念，主要用于配置基于 SSB 测量的一组测量时间窗口，可通过配置参数调节该窗口的大小、位置、周期等参数，一个例子如图 6-27 所示。

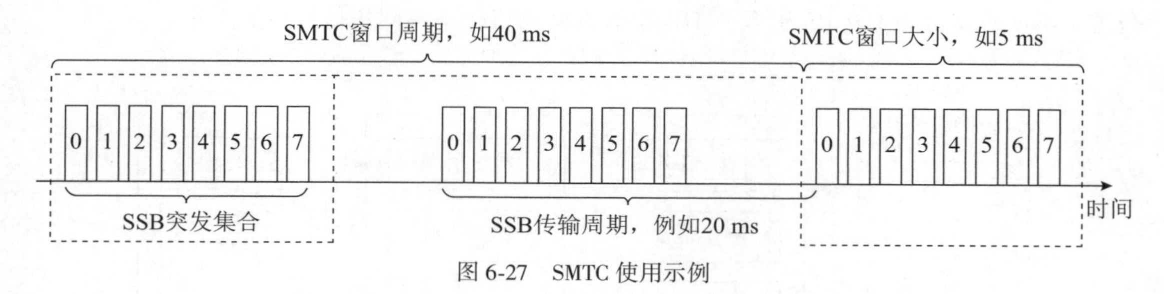

图 6-27　SMTC 使用示例

需要特别说明的是，SMTC 为针对每一个频点而分别配置。UE 在做测量时，其每个测量频点上有一套 SMTC 配置用来指示该频点上的可用测量窗口信息。不过，这一限制条件在协议讨论中也在逐渐放松，在 3GPP Release-15 阶段，为了匹配不同小区的不同同步信号块周期，允许连接态同频测量时配置两套 SMTC 参数用于给定小区测量。例如，除了基本的 SMTC 配置外，还可以再配置一套较为密集的测量窗口供服务小区及特定小区列表内所指示的小区利用。随后的 3GPP Release-16 阶段，空闲态的测量也将各频点上的最大 SMTC 配置数量扩增到了两个，以进一步满足网络运营的灵活性。

此外，高层信令可通过参考信号配置（ReferenceSignalConfig）参数来指示具体测量参考信号的特定配置信息。对基于 SSB 的测量来说，待测量 SSB 指示（ssb-ToMeasure）利用比特图指示 SSB 突发集合中的实际发送的 SSB 的位置信息，UE 可以通过 ssb-ToMeasure 明确知道哪些 SSB 候选位置实际发送了 SSB，哪些 SSB 候选位置没有发送 SSB，在没有发送 SSB 的位置 UE 不需要执行测量，从而实现了 UE 的节能。辅助时序信息指示（DeriveSSB-Index-FromCell）参数配置主要用于指示 UE 是否可借助服务小区或特定小区的定时确定待测量小区的参考信号的时序信息，其好处在于 UE 可利用已知时序信息确定邻区时序，从而可在测量过程中省去大量邻区同步工作，避免不必要的测量开销。当前协议约定，在同频测量时，辅助时序信息指示 UE 是否可以直接利用本小区的时序来确定邻区的 SSB 位置，在异频测量时，该参数指示 UE 是否可以利用目标频点上的任意一个小区的时序来确定异频邻区的 SSB 位置。RSSI 测量配置（ss-RSSI-Measuremen）用于配置 RSSI 的测量资源位置，具体可以指定 SMTC 窗口内的哪些时隙以及时隙内的哪些符号可以用来做 RSSI 测量。

对基于 CSI-RS 的测量来说，基站可通过高层信令配置一个或多个 CSI-RS 资源供 UE 做测量。如图 6-28 所示，首先以小区为单位，高层信令可给出小区级别的 CSI-RS 配置参数，如小区 ID、小区的测量带宽、资源密度等信息。此外，由于每个小区可配置多个 CSI-RS 资源，进一步的参数配置中还会给出各个 CSI-RS 资源级别的配置信息，如特定的 CSI-RS 索引，该 CSI-RS 资源所占用的时域、频域位置信息、序列生成方式等，这部分配置实际上与 MIMO 当中的 CSI-RS 配置方式基本相同，详细说明可参阅第 8 章。

需要额外说明的是在基于 CSI-RS 的测量方案设计中，引入了一项特殊的配置信息，即 CSI-RS 所关联 SSB（Associated SSB）的信息指示。当这个参数域被配置时，UE 需要先检测与这个 CSI-RS 关联的 SSB，通过该 SSB 确定目标小区，然后依据目标小区时序信息确定目标 CSI-RS 资源位置，最后测量该目标 CSI-RS 得到相应测量结果。此外，如果 UE 没能检测到某个 CSI-RS 资源所关联的 SSB，那该 CSI-RS 资源将不用再被测量，从而在一定程度上降低基于 CSI-RS 的测量复杂度。如果关联 SSB 的信息指示域位未被配置，则意味着 UE 此时可直接利用测量配置中指示的参考服务小区（refServCellIndex）的时序确定 CSI-RS 资源的位置，继而直接测量 CSI-RS 资源，不用再做额外的目标小区同步信号检测工作。

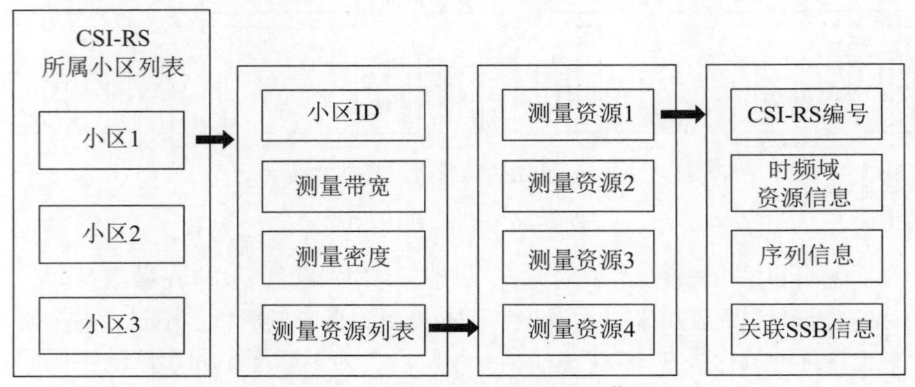

图 6-28　基于 CSI-RS 的测量配置信息

综上，在有了上述配置参数后，UE 也就知道了应该在哪些时域、频域资源范围内，针对哪些参考信号做相应的测量操作。

6.4.2　NR 测量间隔

为了更好地实现移动性管理，网络可以配置 UE 在特定的时间窗口执行同频（intra-frequency）测量、异频（inter-freqeuncy）测量或异系统（inter-RAT）测量，以上报 RSRP、RSRQ 或 SINR 等测量结果，特定的时间窗口即本章所述的测量间隔（Measurement Gap，MG，或简称为 Gap）[8]。

1. 测量间隔的类型

在 NR Rel-15，UE 的工作频率范围除了 6 GHz 以下的 FR1，还包括 6 GHz 以上的毫米波频谱 FR2。所以，根据 UE 是否支持 FR1/FR2 频率范围的能力，RAN4 定义了 per UE 和 per FR 的测量间隔，即 gapFR1、gapFR2 和 gapUE。同时，UE 还引入了 independent gap 的能力指示（independentGapConfig），用于指示是否可以配置 per FR1/2 的测量 gap。如果 UE 支持了 independent gap 能力，也即 FR1 和 FR2 的测量可以独立进行，不受彼此影响。

2. 测量间隔的配置

测量间隔的参数配置一般包括以下几个。

- MGL（Measurement Gap Length，测量间隔长度）。
- MGRP（Measurement Gap Repetition Period，测量间隔重复周期）。
- MGTA（Measurement Gap Timing Advance，测量间隔定时提前量）。
- gapOffset（测量间隔的时域偏置）。其中，gapOffset 取值范围为 0～MGRP-1。

根据以上配置信息，UE 可以计算得到每个 gap 的第一子帧所在的 SFN 和子帧号。其中，$SFN\ mod\ T = FLOOR\ (gapOffset/10)$；$subframe = gapOffset\ mod\ 10$；$T = MGRP/10$。而 UE 要求在该 gap 子帧之前 MGTA 即启动测量。

3. 测量间隔 gap pattern

不同的测量间隔参数配置对应不同的测量间隔图样（gap patern），并采用不同的 ID 表示。LTE UE 只支持 per UE 的测量间隔，gap pattern 有 4 个，其中 gap pattern ID 0 和 gap pattern ID 1 是必选支持的，在 R14 中引入了短测量间隔（short Measurement Gap-r14）并增加了 gap pattern ID 2 和 gap pattern ID 3，其间隔长度支持更短的 3 ms。为支持更灵活的测量配置，NR 的测量间隔在 LTE 测量间隔的基础上，引入了新的测量间隔长度（MGL）和测量间隔重复周期（MGRP）。

表 6-14　测量间隔的配置

Gap 参数配置	可选值（ms）
MGL	1.5，3，3.5，4，5.5，6
MGRP	20，40，80，160
MGTA	0，0.25，0.5
gapOffset	0~159

注：gapOffset 的最大值不超过配置的 MGRP。

由表 6-15 可见，5G NR 对于 FR1 的测量间隔长度增加为 3 ms、4 ms、6 ms 3 种，还增加了专用于 FR2 测量的 1.5 ms、3.5 ms、5.5 ms。可以看出，FR2 的测量间隔比 FR1 对应短 0.5 ms。这是由于测量间隔包含了 UE 射频切换时延（包含切换至目标测量频率以及切换出目标测量频率两次切换时延），而 UE 在 FR2 比在 FR1 的射频链路切换更快，对应地，所需射频切换时间（RF Switching Time）变短，一般假设 FR1 的 RF Switching Time 为 0.5 ms，FR2 的 RF Switching Time 为 0.25 ms，因此 FR2 的 gap 长度比 FR1 的相应地要短 0.5 ms。

同时，NR 的测量间隔也随之增加至 24 个 gap pattern，其中 0~11 用于 FR1 的测量间隔配置，12~23 用于 FR2 的测量间隔配置，具体见表 6-15。

表 6-15　NR gap 图样

gap	MGL/ms	MGRP/ms
0	6	40
1	6	80
2	3	40
3	3	80
4	6	20
5	6	160
6	4	20
7	4	40
8	4	80
9	4	160
10	3	20
11	3	160
12	5.5	20
13	5.5	40
14	5.5	80

续表

gap	MGL/ms	MGRP/ms
15	5.5	160
16	3.5	20
17	3.5	40
18	3.5	80
19	3.5	160
20	1.5	20
21	1.5	40
22	1.5	80
23	1.5	160

R15 中，gap pattern 0 和 gap pattern 1 都是 UE 必须支持的，因此不需要向网络上报相关终端能力。而表 6-15 中的其他 gap pattern 是需要 UE 上报是否支持的。所以，只定义了 22 位的比特图用于上报支持 gap pattern 2~23 中的 gap pattern，其中例外的 gap pattern 13、gap pattern 14 是 FR2 必选支持的，但也需要对应 bit 配置指示。

R16 新增了一些 UE 必选支持的测量间隔配置。在 R16 RRM 增强项目中，RAN4 同意引入了新增的必选支持的测量间隔（Additional Mandatory Gap）。这些新增的 gap 规定只适用于 NR（NR-only）测量。NR-only 测量是指在测量间隔内目标测量对象均为 NR 载波。

具体地，因 gap 周期 40 ms 和 80 ms 是实际网络部署中最常用的 gap 周期，所以 FR1 的 gap pattern 2 和 gap pattern 3 以及 FR2 的 gap pattern 17 和 gap pattern 18 作为新增的必选支持的测量间隔得到几乎所有公司的支持，而是否还需要引入其他 gap pattern 的问题引起了激烈讨论。考虑到增加 gap pattern 在一定程度上会提高移动测量的灵活性，但同时会增加 UE 实现和测试的复杂程度，所以网络设备商、运营商以及 UE 芯片等公司在 RAN4 R16 最后一次会议（3GPP RAN4#95e）上达成了共识，决定 FR1 和 FR2 在 Rel-16 版本各新增必选 3 个 gap pattern，其中 FR2 必选支持 gap pattern 17、gap pattern 18 和 gap pattern 19，FR1 必选支持 gap pattern 2、gap pattern 3 和 gap pattern 11。

另外，为了更好地澄清 R16 UE 的兼容性问题，避免新增 gap 在不同版本的 UE 和网络产生混淆，RAN4 还触发了不同模式下 UE 行为或能力指示的讨论。各公司首先达成共识，现有 R15 中关于测量间隔的配置和 UE 支持的测量间隔能力等，对于 R16 的 UE 都适用。而关于 R16 中新增的必选支持的测量间隔，考虑到不同网络模式的 UE 的 LTE 和 NR 芯片之间交互方式设计不同、网络配置测量 gap 的方式不同等因素，UE 能力指示如何定义，新增的测量间隔的适用范围，以及如何影响 RAN2 的相关的信令设计等，需要进一步在标准中澄清。各公司也将 UE 工作模式分为 NR SA 和 LTE SA/EN-DC/NE-DC 两类，进行了充分的讨论。

具体地，对于支持 NR SA（包括 NR DC）模式的 UE，大家的观点比较明确统一，每个新增的必选支持的测量间隔只用于 NR-only 测量，且均需要 UE 能力指示。而对于 LTE SA 和 EN-DC 或 NE-DC 双连接模式下，是否需要对支持新必选 gap 的 UE 增加标识进行区分，以避免与现有 R15 网络的兼容问题，网络与 UE 公司的观点发生分歧。最后，RAN4 达成妥协，决定引入额外的 1 bit UE 能力指示表征 UE 是否支持一组必选支持的 gap，这里，这组 gap 即是上述 NR SA 模式下 UE 必选支持的 gap（如 gap pattern 2、gap pattern 3 和 gap pattern 11），而且这个新的能力对 UE 也是可选的[21-22]。

4. 测量间隔适用范围

根据服务小区和测量目标小区的不同，UE 可适用的 gap 配置（per UE 或 per FR 的 gap）、gap pattern ID 也是有相应的要求，工作于 EN-DC/NE-DC 和 NR SA 模式下的适用范围也不尽相同。

例如，对于 NR SA 网络的 UE，如果服务小区只有 FR1 的小区或者同时包括 FR1 和 FR2 的小区，测量目标小区只有 FR1（FR1 only）的小区，则网络可配置 per UE 的 gap pattern（gapUE）或 per FR 的 gap pattern（gapFR1）均为 gap 0–11。如果服务小区只有 FR1 的小区或者同时包括 FR1 和 FR2 的小区，测量目标小区只有非 NR 系统（non-NR RAT）的小区，则网络可配置 per UE 的 gap pattern（gapUE）或 gapFR1 的 gap pattern 为 0、1、2、3，而 gapFR2 的 gap 不适用（如 No gap）。又或者，如果服务小区只有 FR2（FR2 only）的小区，测量目标小区只有非 NR（如 LTE）的小区，那么网络不用配置 gap 就可以去测量非 NR（如 LTE）的小区。

类似的，我们也可以从其他场景中发现，gapFR1 不适用于配置 FR2 only 的测量，gap-FR2 不适用于 non-NR RAT 或 FR1 的测量。而由于 non-NR 的测量不支持周期 160ms 的 gap，同时测量 non-NR 和 FR1 为的可用 gap pattern 为 0、1、2、3、4、6、7、8、10。

表 6-16 和表 6-17 分别给出了 UE 在 EN-DC/NE-DC 和 NR SA 模式下不同的服务小区和测量目标小区配置下可用的 gap pattern。更详细的关于适用范围补充性描述可参见 TS 38. 133 中的表 9. 1. 2-2 和表 9. 1. 2-3 的备注。

表 6-16　EN-DC/NE-DC gap pattern 配置要求

gap 配置	服务小区	测量目标小区	可用的 gap pattern ID
per UE 测量间隔	E-UTRA+FR1，或 E-UTRA+FR2，或 E-UTRA+FR1+FR2	non-NR RAT	0，1，2，3
		FR1 和/或 FR2	0~11
		non-NR RAT 和 FR1 和/或 FR2	0，1，2，3，4，6，7，8，10
per FR 测量间隔	E-UTRA 和 FR1（如果配置）	non-NR RAT	0，1，2，3
	FR2（如果配置）		No gap
	E-UTRA 和 FR1（如果配置）	FR1 only	0~11
	FR2（如果配置）		No gap
	E-UTRA 和 FR1（如果配置）	FR2 only	No gap
	FR2（如果配置）		12~23
	E-UTRA 和 FR1（如果配置）	non-NR RAT 和 FR1	0，1，2，3，4，6，7，8，10
	FR2（如果配置）		No gap

续表

gap 配置	服务小区	测量目标小区	可用的 gap pattern ID
per FR 测量间隔	E-UTRA 和 FR1（如果配置）	FR1 和 FR2	0~11
	FR2（如果配置）		12~23
	E-UTRA 和 FR1（如果配置）	non-NR RAT 和 FR2	0，1，2，3，4，6，7，8，10
	FR2（如果配置）		12~23
	E-UTRA 和 FR1（如果配置）	non-NR RAT 和 FR1 和 FR2	0，1，2，3，4，6，7，8，10
	FR2（如果配置）		12~23

表 6-17　NR SA gap pattern 配置要求

gap 配置	服务小区	测量目标小区	可用的 gap pattern ID
per UE 测量间隔	FR1 或 FR1+FR2	non-NR RAT	0，1，2，3
		FR1 和/或 FR2	0~11
		non-NR RAT 和 FR1 和/或 FR2	0，1，2，3，4，6，7，8，10
	FR2	non-NR RATonly	0，1，2，3
		FR1 only	0~11
		FR1 和 FR2	0~11
		non-NR RAT 和 FR1 和/或 FR2	0，1，2，3，4，6，7，8，10
		non-NR RAT	12~23
per FR 测量间隔	FR1（如果配置）	non-NR RAT only	0，1，2，3
	FR2（如果配置）		No gap
	FR1（如果配置）	FR1 only	0~11
	FR2（如果配置）		No gap
	FR1（如果配置）	FR2 only	No gap
	FR2（如果配置）		12~23
	FR1（如果配置）	non-NR RAT 和 FR1	0，1，2，3，4，6，7，8，10
	FR2（如果配置）		No gap
	FR1（如果配置）	FR1 和 FR2	0~11
	FR2（如果配置）		12~23
	FR1（如果配置）	non-NR RAT 和 FR2	0，1，2，3，4，6，7，8，10
	FR2（如果配置）		12~23

续表

gap 配置	服务小区	测量目标小区	可用的 gap pattern ID
per FR 测量间隔	FR1（如果配置）	non-NR RAT 和 FR1 和 FR2	0，1，2，3，4，6，7，8，10
	FR2（如果配置）		12~23

此外，网络给 UE 测量配置 per FR 或 per UE 的测量间隔，也会对 FR1 或 FR2 的服务小区造成传输中断，一般中断时间不会超过配置的 MGL，具体各种 SCS、MGTA 组合情况下不同的中断要求可参见 TS 38.133 的 9.1.2 节。

5. 测量间隔共享

当在网络配置的同一个测量间隔内 UE 需同时执行同频和异频频点的测量时，UE 需要在测量间隔内协调用于同频测量和异频测量的时间分配。NR 基本上沿用了 LTE 的测量间隔共享机制，通过参数 MeasGapSharingScheme 来指示。类似于测量间隔的配置，测量间隔共享（简称 gap sharing）包括 per UE 和 per FR 的配置，即 gapSharingUE、gapSharingFR1 和 gapSharingFR2。

- 对于 EN-DC，以配置 per UE 的 gap sharing 为例（per FR1 或 per FR2 测量间隔类似），共享的两方为：
  - 同频场景的测量，包括需要 gap 的 NR 同频测量，或 SMTC 与测量 gap 完全重叠的不需要 gap 的同频测量。
  - 异频场景的测量，包括 NR 异频测量，E-UTRA 异频测量，UTRA 或者 GSM 测量。
- 对于 SA，以 per UE 的 gap sharing 为例，共享的两方为：
  - 同频场景的测量，包括需要 gap 的 NR 同频测量，或 SMTC 与测量 gap 完全重叠的同频测量。
  - 异频场景的测量，包括 NR 异频测量，E-UTRA 需要 gap 的异频测量，不包括 3G 和 2G 的测量。

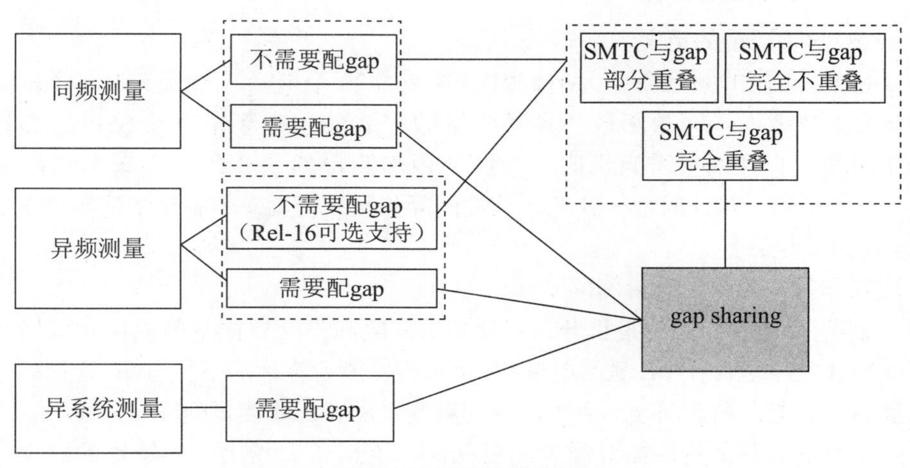

图 6-29　测量间隔共享

R15 定义了不同类型的测量之间共享 gap，由网络通过信令配置不同类型的测量的时间占比，具体地，配置信令为 2 bit。其中，2 bit 取值为“00”表征所有的测量频点（包括需要 MG 的同频频点）均分测量 gap 的时间；2 bit 的取值分别为“01”“10”“11”时，所对

应的 X 为 25、50、75。X 和 100-X 分别表征同频测量和异频测量或其他类型测量所占的比例，如表 6-18 所示。

表 6-18 测量间隔共享方案

测量间隔共享方案	X (%)
00	均分
01	25
10	50
11	75

注：当 MeasGapSharingScheme 缺省时，取决 UE 实现来选择用哪种共享方案。

不同类型的测量之间共享测量间隔导致每一种测量在测量间隔内的测量时间变短，为了弥补时间缩短带来的影响，相应地，采用 gap 共享后对两类测量所需要的测量时间也对应进行了缩放。缩放因子 $K_{intra}=1/X\times 100$，$K_{inter}=1/(100-X)\times 100$。$K_{intra}$ 和 K_{inter} 为根据相应同频和异频类型测量 gap 折算后需要缩放的测量时间。

例如，当共享方案指示为“01”，$X=25$，则同频测量占 25%，其他类型测量占 75%，$K_{intra}=4$，$K_{inter}=4/3$，对应地同频测量所需时间拉长 4 倍，异频测量的时间拉长 4/3 倍。可见，通过缩放调整，保证了测量间隔共享时与测量间隔非共享时的每种类型测量的实际测量时间是一致的。

6.4.3 NR 的同频测量与异频测量

NR 的移动性测量包括基于 SSB 和 CSI-RS 两种类型参考符号的测量。NR 在 3GPP R15 只完成了基于 SSB 的移动性测量的标准化工作，至 R16 RAN4 才开始标准化 CSI-RS 移动性测量相关的定义和要求制定等工作。

1. 基于 SSB 的移动性测量

（1）同频/异频测量的定义

由于 NR SSB 占用的频域资源大小是固定的（如 20 个 RB），基于 SSB 的 NR 测量同频和异频的定义主要考虑：同频测量与异频测量的 SSB 的中心频率以及 SSB 的子载波间隔（SCS）是否相同。同频测量需满足服务小区的用于测量的 SSB 的中心频率和相邻小区的 SSB 的中心频率相同，并且两个 SSB 的子载波间隔相同。否则，不满足上述条件的基于 SSB 的 NR 测量都是异频测量。

（2）同频和异频测量与测量间隔

不同于 LTE，NR 的同频测量也分为配置测量间隔和不配置测量间隔两种。当满足同频测量的邻区 SSB 完全包含在 UE 激活的 BWP 带宽内，或者激活的下行 BWP 为初始 BWP 时，该同频测量不需要配置测量间隔。否则，该同频测量需要配置测量间隔。

而 R15 所有的异频测量均需要配置测量间隔。有运营商指出一种特殊的需求，虽然异频测量的邻区 SSB 虽然中心频点无法与服务小区对齐，但也可能会出现完全包含在 BWP 内的情况，这种情况 UE 不需要调整射频。运营商希望对这种场景在 Rel-16 标准化以增强异频测量的性能。因此，在 R16 RRM 增强项目中，一个重要的议题是不需要 gap 的异频测量增强。

所有公司均同意对满足邻区 SSB 在 UE 激活 BWP 带宽内的异频测量不配置 gap 进行测量。但仍有很多问题在讨论中不断涌现出来，包括如何解决支持不需要 gap 的异频测量的 UE 的兼容性问题（如能力指示）、UE 的测量行为的更新以及 R16 的“异频测量不需要 gap”的能力与 RAN2 定义的“needforgap”（是否需要测量间隔）的关系等[23-26]。

关于 UE 后向兼容性问题，各公司基本达成一致意见，通过一个 R16 的配置标识显式地指示 UE“异频测量不需要 gap”的能力。运营商希望这个能力是 UE 必选支持的，而大部分 UE 公司和芯片公司认为会增加实现的复杂度而建议可选。在经过多次 RAN4 小组会的讨论后，该异频测量的能力定义为可选的 UE 能力，且需要新的信令指示。

关于 UE 的行为，因为引入了不需要 gap 的异频测量，现有 R15 的 gap sharing 机制和调度限制等方案均需要做相应的优化。而参考不需要 gap 的同频测量的 UE 行为定义对应的要求很容易就成为大家的共识。

例如，gap sharing 机制，如图 6-18 所示，当 SMTC 和 MG 完全重叠时，不需要 gap 的异频测量允许都在 gap 内执行，此时异频不需要 gap 的测量可参与测量间隔共享。此外，对异频测量 SSB 的 SMTC 和网络配置的 MG 完全不重叠的情况，UE 的行为也有明确的定义，允许 UE 在 gap 之外执行不需要 gap 的异频测量。而各公司的主要分歧点在于，当 MG 与 SMTC 部分重叠时，UE 如何定义这类异频测量行为，以及是否可以沿用不需要 gap 的同频测量的载波级别的测量时间缩放。经过两次会议的讨论，大家最后达成了共识，UE 在 gap 外还是 gap 内执行测量取决于它是否支持载波聚合（Carrier Aggregation，CA）的能力，如果 UE 具备 CA 能力，则当异频测量不需要 gap 时，UE 可在 gap 之外执行异频测量，并按照 gap 外的测试时间缩放要求定义测量时间的要求；反之，UE 应满足在 gap 内异频测量的测量时间要求。

关于 needforgap 和异频测量不需要 gap 的关系的澄清，触发讨论的主要原因是 R16 讨论中 RAN2 和 RAN4 对于测量是否需要 gap 分别定义了两个判断方法。RAN2 定义了 UE 基于 SSB 的同频和异频测量是否需要 gap 的配置信息 needforgap，包括 UE 上报给网络的配置参数 needForGapsInfoNR 或网络指示给 UE 的配置参数 needForGapsConfigNR，来上报或指示 NR 小区上的同频测量或 NR 频谱列表上的异频测量是否需要 gap；而 RAN4 规定了基于当前邻区测量频点的配置与 UE 激活 BWP 的时频位置关系（是否重叠），来判断是否需要 gap，并且 R15 和 R16 先后支持了不需要 gap 的同频和异频测量，特别是为不需要 gap 异频测量引入了额外的 1 bit 的能力指示。

对于上述两种判断标准在 UE 测量中如何协同工作，在 R16 异频测量讨论中对 UE 的行为也做了相应的澄清。

- 如果 UE 上报或网络配置的当前的异频频点的 needforgap 信息为需要 gap（gap），同时该 UE 支持异频不需要 gap 的能力，则一旦目标 SSB 落在 UE 激活 BWP 内时 UE 仍允许在 gap 之外执行不需要 gap 的测量。
- 如果 UE 上报或网络配置的当前的异频频点的 needforgap 信息为不需要 gap（No-gap），有两种可能的处理方式：方式一是直接判定该 UE 在对应频点的测量均不需要 gap，不需要判断该 UE 是否支持异频不需要 gap 的能力；方式二是仍需要结合 RAN4 定义的异频测量不需要 gap 的条件，当该 UE 指示支持异频不需要 gap 的能力时，该频点的异频测量才允许不需要 gap。最后，RAN4 在方式一上达成一致，RAN4 定义的 gap 判断机制并不影响 RAN2 定义的“needforgap”对 gap 配置的指示。采用这种方式，将网络侧的配置置于更高的判断层级，UE 基于网络配置的测量行为更加简单。

2. 基于 CSI-RS 的 L3 移动性测量

NR R15 版本完成了基于 SSB 的测量定义、测量要求和测量限制等协议内容，而由于时间原因或产品支持力度不够强烈，基于 CSI-RS 的移动性测量并没有在 3GPP RAN4 完成相关的需求指标定义等。尽管在 R15 RAN1 和 RAN2 分别在物理层和高层协议已经完成了 CSI-RS 测量的基本功能和流程，但由于 RAN4 标准工作的滞后，并没有实际的产品支持 CSI-RS 的移动性测量。直至 2020 年上半年，RAN4 仍在讨论和制订 R16 版本基于 CSI-RS 的 L3 移动性测量的相关定义和要求。

（1）同频/异频测量的定义

与 SSB 不同的是，用于移动性测量的 CSI-RS 资源块配置更加灵活。基于 SSB 的同频和异频测量的定义是否可以沿用、CSI-RS 在时域和频域上是否要做一些限制、UE 最小支持测量频点和小区的数目等议题成为标准化讨论制定中的主要争议点。

关于 CSI-RS 同频测量的定义，围绕 CSI-RS 资源的中心频点或 SCS 和 CP 长度是否相同，以及与 active BWP 的位置关系等问题，不同公司的观点鲜明而又分散[27,29]。从 3GPP 标准化会议的讨论来看，满足同频测量的条件包括以下几种。

- 服务小区和测量目标邻区的 CSI-RS 资源的中心频点相同。
- 服务小区和测量目标邻区的 CSI-RS 的 SCS 和 CP 长度相同。
- 服务小区和测量目标邻区的 CSI-RS 资源的带宽相同（限制 CSI-RS 的带宽来减少同频测量的 MO 数目）。
- 目标邻区的 CSI-RS 资源包含在 UE 激活 BWP 的带宽之内。
- 同时满足上述部分或所有条件。

各个条件的出发点和优缺点也不尽相同。其中前两种得到较多支持，而第三、第四种的分歧较大。要求同频测量的 CSI-RS 的带宽相同，虽然减少了实现的复杂度，但会限制 CSI-RS 测量配置，又失去了 CSI-RS 资源可灵活配置的优势。目标邻区的 CSI-RS 资源包含在 UE 激活 BWP 的带宽之内，会简化同频测量的要求，但也带来同频或异频测量对象（Measurement Object，MO）随着 BWP 切换频繁变化的问题。

历时半年的讨论，各公司终于在 RAN4#94-e-bis 会议基本完成了 CSI-RS 同频测量和异频测量的定义，以及测量要求的初步框架。

- 当服务小区的 CSI-RS 可用时，CSI-RS 同频测量定义为：服务小区和邻区的 CSI-RS 的 SCS 相同，CP 类型相同，目标小区配置用于测量的 CSI-RS 资源的中心频点与用于测量的服务小区的 CSI-RS 资源的中心频点相同。否则为异频测量。
- 当服务小区的 CSI-RS 资源不可用时，不定义指标要求。

图 6-30 给出了一个同频 MO 配置的示例，该 MO 里不同小区可支持不同的 CSI-RS 带宽。如果所有的 CSI-RS 资源均包含在服务小区的激活 BWP 带宽之中，那么该同频测量也就不需要配置测量间隔。但是由于 R16 冻结时间的限制，RAN4 决定缩减需要标准化的场景，只定义 CSI-RS 资源带宽相同的同频小区的测量要求（如小区 1），其他的不作指标要求（如小区 2 和小区 3）。

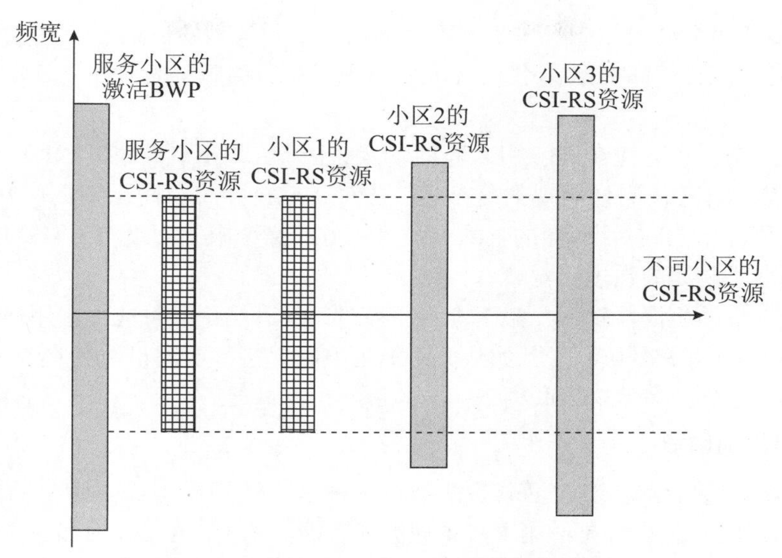

图 6-30　一种 CSI-RS L3 同频测量 MO 的示意图

同一个测量对象 MO 同时配置了 SSB 和 CSI-RS 测量的情况，二者是否是需要统一同频或异频的定义，一部分公司认为需要统一定义，使得 CSI-RS 和 SSB 的同频测量共用相同的一部分 UE 带宽，以节省 UE 在执行测量时的射频调整时间（RF Tuning Time）；另一部分公司认为 CSI-RS 和 SSB 测量本身为两种类型的测量，需要独立的同频和异频的定义，且 CSI-RS 和 SSB 可支持的最低要求测量的频点数、小区数、资源数等测量能力也完全独立。最后 RAN4 采纳了第二种方式去定义 UE 支持 CSI-RS 的测量能力[31]。

（2）同频/异频测量与测量间隔

考虑到 CSI-RS 和激活 BWP 的带宽之间的关系，可能出现同频或异频需要或不需要 gap 等 4 种测量场景[28]。由于 Rel-16 标准时间的限制，各公司最后一致决定优先标准化如下场景。

- 场景 1：同频测量不需要测量间隔，满足如下条件：
  - 同一 MO 中的所有的 CSI-RS 资源有相同的带宽；
  - 邻区 CSI-RS 的带宽包含在 UE 激活 BWP 之内；
  - 同频 MO 中 CSI-RS 带宽不同于服务小区的情况在 Rel-16 中没有要求。
- 场景 2：异频测量需要测量间隔，满足如下条件：
  - 同一 MO 中的所有的 CSI-RS 资源有相同的带宽；
  - 邻区 CSI-RS 的带宽在 UE 激活 BWP 之外。

（3）时域测量限制

由于周期性 CSI-RS 的设计十分灵活，UE 在测量时的复杂度比较高。基于简化测量的考虑，用于测量的 CSI-RS 资源在时域上做一定的限制，得到了几乎参加 RAN4 的所有公司的支持。但具体如何限制，大家的观点不尽相同。

一种观点是类似 SSB 测量的 SMTC（SSB Measurement Timing Configuration，SSB 测量时间配置），专门引入不长于 5 ms、周期不长于 40 ms 的时间窗 CMTC（CSI-RS Measurement Timing Configuration，CSI-RS 测量时间配置）表征可用于测量的 CSI-RS 资源，所有用于 L3 测量的 CSI-RS 资源应该被配置在 CMTC 窗口中。CMTC 最后是否会被同意引入，以及具体的参数配置仍在 3GPP RAN4 讨论中。由于 CMTC 的定义会牵扯到新的信令设计改动，对协议的影响较大，作者看来，CMTC 暂不会在 R16 中出现，在后续版本是否引入还取决于 3GPP 的进一步讨论。

另一种观点是，为避免在 R16 引入新的信令，限制 CSI-RS 测量在 SMTC 中执行。这种方式一方面可以减小 UE 测量实现的复杂度，方便 UE 在同一时间窗内同时执行 CSI-RS 和 SSB 的测量，得到 UE 和芯片厂商的青睐；但另一方面又会限制网络对于 CSI-RS 测量的配置灵活性，得到网络厂商的强烈反对[30]。

上述两个方案的争议性较大，截至本书完稿时还没有结论。可能会采用一种简单的妥协方案来约束 R16 CSI-RS 时域测量，如从原则上去限制规定每次测量配置在 5 ms 内，CSI-RS 的周期小于 40 ms 等，当然这还取决于标准的最终讨论进展。

3. 测量时间的缩放

以基于 SSB 测量为例，缩放可分为两种：一种是只适用于不需要测量间隔的测量时间缩放（用 Kp 表征）；另一种是适用于具备载波聚合能力的 UE 在 gap 内和 gap 外的多载波测量的时间缩放（Carrier Specific Scaling Factor，CSSF）。该因子施加于各种同频或异频测量的测量时间（包括小区识别 Cell Identification 和测量周期 Measurement Period）的放松。

测量时间的缩放，是为了满足一定的测量精度要求（如 RSRP、RSRQ 和 SINR 的测量精度），UE 同频或异频测量需要在单位测量时间内得到足够的参考信号采样，并评估相关的测量结果后上报给网络。其中，UE 所配置的 SMTC 之外的 SSB 不考虑用于 RRM 测量。由于同频或异频测量可支持需要配置 gap 或不需要 gap 的测量，对应的 SMTC 和测量 gap 可能出现不完全重叠的情况。考虑到当前 SMTC 和网络配置的 per-UE 或 per-FR gap 的重叠关系，测量参考信号的长度、周期与测量间隔的长度、周期之间会存在不重叠、完全重叠或部分重叠 3 种情况，因此测量周期需对应分别定义不同的缩放的要求，以满足测量精度的要求。

具体地，适用于不需要 gap 同频或异频测量的测量时间缩放 Kp 的定义，满足如下几种情况。

- 若 SMTC 全在 gap 内或全在 gap 外，则不需要 gap 的同频测量全在 gap 内或全在 gap 外执行，不需要做额外放松，$Kp=1$。
- 若 SMTC 与 gap 有部分重叠且 SMTC period < MGRP 时，则不需要 gap 的同频测量需拉长测量时间以保证足够的测量参考信号的采样数量，拉长倍数 $Kp = 1/[1-(\text{SMTC period}/\text{MGRP})]$。
- 对于 SMTC 与 gap 有部分重叠且 SMTC period> MGRP 的情况，协议中并没有明确定义 UE 测量的时间要求，属于 UE 实现的范畴。

而适用于 gap 内和 gap 外的多载波测量的时间缩放，按照 gap 之外的测量和 gap 内的测量（这里的测量包括同频或异频），可分为 $CSSF_{outside\_gap}$ 和 $CSSF_{within\_gap}$。

（1）$CSSF_{outside\_gap}$

$CSSF_{outside\_gap}$，顾名思义，适用于允许 gap 外测量的 UE，当该 UE 不需要 gap 的测量所配置的 SMTC 与当前 UE 所配置的 gap 存在部分重叠或没有重叠时，对 UE 测量时间所做的放松调整。

当 UE 具备 CA 能力时，认为该 UE 可最多同时处理两个载波的测量，当 UE 需要同时测量多个载波 NR 的同频、异频或异系统频点时，可根据测量的载波数目，定义缩放测量时间的因子，用于 NR 同频或异频测量时间的放松。以 SA 模式为例，表 6-19 给出了 FR1 或 FR2

主载波或辅载波上对应的测量时间放松因子。其他模式下的要求可具体参见 TS 38.133 的 9.1.5.1 节。

表 6-19　SA 模式下 UE 的 $CSSF_{outside\_gap}$

$CSSF_{outside\_gap,i}$ 适用场景	FR1 主载波	FR1 辅载波	FR2 主载波	FR2 辅载波（当配置 FR2 邻区测量时）	FR2 辅载波（当不需 FR2 邻区测量时）
FR1 only CA	1	$N_{configuredFR1SCell}$	N/A	N/A	N/A
FR2 only 带内 CA	N/A	N/A	1	N/A	$N_{configuredFR2SCell}$
FR1+FR2 CA（FR1 PCell）[1]	1	2×（$N_{configuredSCell}-1$）	N/A	2	2×（$N_{configuredSCell}-1$）

注：FR1+FR2 带间 CA 只有 1 个 FR1 和 1 个 FR2 频谱。

（2）$CSSF_{within\_gap}$

$CSSF_{within\_gap}$ 适用于 UE 需配置 gap 的测量，或不需要 gap 的同频或异频测量所配置的 SMTC 与当前 per UE 或 per FR gap 完全重叠的情况。对 UE 测量时间所做的放松调整。UE 所配置的 gap 共享方案（measGapSharingScheme），和需要在 gap 内测量的同频或异频测量对象的数目，二者共同决定了 $CSSF_{within\_gap}$。

例如，当 gap 共享方案为均分时，同频和异频测量的缩放因子相同，测量对象 i 对应的 $CSSF_{within\_gap,i}$ 表示 160 ms 内与测量对象 i 同样配置在相同 gap（最多有 {160/MGRP-1} 个 gap）中测量对象的最大数目 max（$M_{tot,i,j}$），与 R_i 的乘积，其中 R_i 表示该测量对象 i 所配置的 gap 数量与去掉用于特定配置的定位测量的 gap 的数量的比值。这里需要说明的是，这类定位测量的 gap 是被单独考虑的（相关的特定配置要求可参考协议规范[8] 的 9.1.5.2 节）。

类似地，当配置其他的测量 gap 共享方案，可以得到对应同频和异频或异系统测量时间的缩放因子（具体见 6.4.4 节中的 K_{intra} 和 K_{inter}），然后分别计算得到同频和异频或异系统测量对象的在 gap 内的测量时间缩放 $CSSF_{within\_gap}$。

6.4.4　RRM 测量带来的调度限制

前文中提到，调度限制只适用于对测量不需要配置 Gap 的情况。带来调度限制的原因至少包括以下 1 种：UE 是否支持同时接收不同的 SCS 的数据和测量参考信号（SSB 或 CSI-RS），是否支持接收波束扫描，测量频谱是否为 TDD 频谱等。

一般地，UE 在对应实际测量的 SSB 所占的 OFDM 符号或 SMTC 窗口内的所有 OFDM 符号均不能发射或接收数据，甚至某些情况下考虑到接收信号同步对齐等因素还会要求 SSB 符号前后的 1 个或多个符号也不能收发数据。

下面以基于 SSB 的不需要 gap 的同频测量为例具体说明调度限制的要求。在 R15，同时接收不同 SCS 的数据和 SSB 被定义为一种 UE 的可选能力，从 UE 实现角度来看具备该能力的 UE 可以同时进行两组 FFT 运算从而处理不同子载波间隔的信息。如果 UE 不支持该能力那么因无法同时处理这两种 SCS 类型的信号，UE 不期望在接收当前测量 SSB 的所有符号上发送 PUCCH/PUSCH/SRS 或者接收 PDCCH/PDSCH/TRS/用于 CQI 反馈的 CSI-RS 等信号；此外由于时钟同步调整等操作，这些连续的 SSB 符号之前的和之后紧邻的 1 个符号也不允许做以上传输。

关于 FR1 TDD 频谱和 FR2 频谱的测量，因上下行传输的帧结构、波束扫面等限制，也有类似的调度要求。值得一提的是，这些调度限制同样适用于 R15 的 SSB 同频不需要 gap 的测量和 R16 SSB 异频不需要 gap 的测量。具体的限制要求了详见协议规范[8] 的第 9 章对应的同频和异频测量小节，本书不再赘述。

而对于截至 RAN4 95 次会议还没完成讨论的 R16 CSI-RS L3 测量，不需要 gap 的同频测量的调度限制仍作为重要的一个议题，各家公司就是否保持与 SSB 测量的类似的调度限制持不同的观点。因为 CSI-RS 测量同步的问题尚未彻底解决，不同场景下连续测量的 CSI-RS 符号前后应有多少个符号会受影响仍是个待定因素。由于 R16 时间限制等因素，该问题可能需在后续 R17 版本的标准讨论中才有望得到清晰的解决。

6.5 RLM 测量

无线链路监测（RLM）是 RRC_CONNECTED 状态的 UE 监测主小区的下行无线链路质量的过程。本节介绍在 NR 中定义的 RLM 参考信号和 RLM 过程。

6.5.1 RLM 参考信号

在 NR 中，用于 RLM 的参考信号（RLM Reference Signal，RLM-RS）是通过高层信令 *RadioLinkMonitoringRS* 配置的。可被配置的 RLM-RS 包括两种：CSI-RS 和 SSB。一个 RLM-RS 的配置包括一个 CSI-RS 的资源索引或一个 SSB 的索引。网络可以为 UE 在每个 BWP 上配置多个 RLM-RS，可配置的 RLM-RS 的最大数量与频率范围有关：在 3 GHz 以下为 2；在 3~6 GHz 为 4；在 6 GHz 以上为 8[8]。这一方面考虑到频谱越高，UE 所需要监测的波束数量越多，另一方面也考虑实现中 UE 的能力的限制，因此对 RLM-RS 的最大数量加以限制。RLM-RS 的测量结果用于评估假想 PDCCH 的 BLER。在配置的多个 RLM-RS 中，UE 假定 RLM-RS 与所评估的假想 PDCCH 具有相同的天线端口。

对于 SSB，网络为 UE 配置一个或多个 SSB 的索引作为 RLM-RS。由于 NR 中的多波束传输，网络在配置 RLM-RS 时，需要根据在一段时间内为 UE 服务的波束配置相应的多个 SSB 作为 RLM-RS，用于根据这些 SSB 的信号质量进行测量，确定同步/失步（In Synchronization/Out Of Synchronization，IS/OSS）的状态。

对于 CSI-RS，由于其资源是 UE 特定的配置，网络可以更加灵活地为某个 UE 配置用于 RLM-RS 资源。网络同样可以为 UE 配置一个或多个 CSI-RS 资源的索引作为 RLM-RS，也同样支持多波束传输的信道质量的测量。并且，相比 SSB，CSI-RS 资源的配置在空间域和频域上可以与 RLM 所评估的 PDCCH 更好地匹配。用于 RLM 的 CSI-RS 资源的配置有一定的限制，包括 cdm-Type 为 “noCDM”，资源密度只能为 1 或 3，天线端口数只能为单天线端口[13]。

还有一种情况是，UE 没有被配置 *RadioLinkMonitoringRS*，但是 UE 被配置了用于 PDCCH 接收的 TCI 状态，这些 TCI 状态包含了一个或多个 CSI-RS，那么：

- 如果用于 PDCCH 接收的激活的 TCI 状态只包含一个 CSI-RS，则 UE 把该 CSI-RS 作为 RLM-RS。
- 如果用于 PDCCH 接收的激活的 TCI 状态包含两个 CSI-RS，则 UE 把 QCL 信息被配置为 QCL-TypeD 的 CSI-RS 作为 RLM-RS。UE 不期望两个 CSI-RS 的 QCL 关系都配置为

QCL-TypeD。

- UE 不使用配置为非周期或者半持续的 CSI-RS 作为 RLM-RS。
- 对于 $L_{max}=4$，UE 会从用于 PDCCH 接收的激活的 TCI 状态所包含的 CSI-RS 中选择 2 个 CSI-RS 作为 RLM-RS。选择的顺序从 PDCCH 的 search space 中具有最小的监听周期的 search space 开始。当多于一个 CORESET 关联具有相同的监听周期的 search space，则选择的顺序从最高的 CORESET 的索引开始。

当一个 UE 的服务小区配置了多个下行 BWP 时，UE 只在激活的 BWP 上使用该 BWP 上配置的 RLM-RS 进行 RLM 测量，当该激活的 BWP 上没有配置 RLM-RS 时，按照上述的方法，使用该激活 BWP 上用于 PDCCH 接收的 CORESET 对应的激活的 TCI 状态所对应的 CSI-RS，作为 RLM-RS 进行 RLM 测量。

6.5.2　RLM 过程

在配置了 RLM-RS 之后，UE 对 RLM-RS 进行测量，测量的结果与 IS/OOS 的阈值进行比较，从而获得无线链路的 IS/OOS 状态，并周期性地上报 IS/OOS 状态的评估结果给高层。如果配置的所有 RLM-RS 中有任何一个 RLM-RS 的测量结果高于 IS 阈值，则物理层上报 IS 状态给高层；如果配置的所有 RLM-RS 的测量结果都低于 OOS 阈值，则物理层上报 OOS 状态给高层。可以看出，IS/OOS 状态的上报并不基于小区内波束的数量，也就是配置的 RLM-RS 的数量。

在非 DRX 状态下，IS/OOS 状态的上报周期为配置的所有 RLM-RS 资源的周期中最短周期和 10 ms 之间的最大值。在 DRX 状态下，IS/OOS 状态的上报周期为配置的所有 RLM-RS 资源的周期中最短周期和 DRX 周期之间的最大值。

与 LTE 类似，NR 的 RLM 中 IS/OOS 的阈值也是根据假想 PDCCH 的 BLER 确定的。所不同的是，NR 支持两组假想 PDCCH 的 BLER。其中第一组阈值与 LTE 一致，IS 的阈值对应的假想 PDCCH 的 BLER 为 2%；OOS 的阈值对应的假想 PDCCH 的 BLER 为 10%[8]。引入另外一组阈值的目的是，该组门限对应更高的假想 PDCCH 的 BLER，便于在无线信号差的位置也能够保持无线链路的连接，避免触发无线链路失败而造成连接的失败，从而有利于保持 VoIP 等业务的连续性。使用哪一组假想 PDCCH 的 BLER 由网络通过信令 *rlmInSyncOutOfSyncThreshold* 进行配置[20]。IS/OOS 的 BLER 阈值所对应的 SINR 数值并不直接在 NR 标准中定义，各厂家根据假想 PDCCH 的 BLER，结合 UE 的接收机的性能，确定出自己生成的 UE 的 IS/OOS 的阈值。

6.6　小结

本章介绍了 NR 初始接入相关的小区搜索、Type-0 PDCCH CORESET 和 Type-0 PDCCH 搜索空间、NR 随机接入过程、NR RRM 测量以及 NR RLM 测量等方面的内容。从以上章节的阐述可见，NR 的初始接入的设计很好地支持了 NR 的大带宽、多波束传输以及灵活多样的部署场景。

参考文献

[1] R1-1708161. Discussion on SS block composition and SS burst set composition，Huawei，HiSilicon RAN1#89.

[2] R1-1707337. SS block composition，Intel Corporation，RAN1#89.

[3] R1-1708569. SS block and SS burst set composition consideration，Qualcomm Incorporated，RAN1#89.

[4] R1-1708720. SS Block Composition and SS Burst Set Composition Ericsson.

[5] R1-1718526. Remaining details on synchronization signal design，Qualcomm Incorporated，RAN1#90bis.

[6] 3GPP TS 38. 101-1，User Equipment（UE）radio transmission and reception. Part 1：Range 1 Standalone，V16. 2. 0（2019-12）.

[7] 3GPP TS 38. 101-2，User Equipment（UE）radio transmission and reception. Part 2：Range 2 Standalone，V16. 2. 0（2019-12）.

[8] 3GPP TS 38. 133. Requirements for support of radio resource management，V16. 2. 0（2019-12）.

[9] R1-1802892，On indication of valid locations of SS/PBCH with RMSI，Nokia，RAN1#92.

[10] R1-1721643. Reply LS on Minimum Bandwidth，RAN4，2017，CATT，NTT DOCOMO.

[11] R1-1717799. Remaining details on RMSI，CATT，RAN1#90bis.

[12] R1-1720169. Summary of Offline Discussion on Remaining Minimum System Information，CATT，RAN1#91.

[13] 3GPP TS 38. 214. Physical layer procedures for data，V16. 1. 0（2020-03）.

[14] 3GPP TS 38. 213. Physical layer procedures for control，V16. 1. 0（2020-03）.

[15] R1-1700614. Discussion on 4-step random access procedure for NR，NTT DOCOMO，INC.，RAN1Ad-hoc #1 2017.

[16] R1-1704364. PRACH evaluation results and design，ZTE，ZTE Microelectronics，RAN1#88.

[17] R1-1705711. Discussion and evaluation on NR PRACH design，NTT DOCOMO，INC.，RAN1#88bis.

[18] R1-1716073. Discussion on remaining details on PRACH formats，NTT DOCOMO，INC.，RAN1Ad-hoc #3 2017.

[19] R1-1706613. WF on Power Ramping Counter of RACH Msg. 1 Retransmission，Mitsubishi Electric，RAN1#88bis.

[20] 3GPP TS 38. 331. Radio Resource Control（RRC）protocol specification，16. 0. 0（2020-03）.

[21] R4-2008992. LS on mandatory of measurement gap patterns，RAN4（ZTE）. 3GPP RAN4#95e.

[22] R4-2005846 . LS on mandatory of measurement gap patterns，RAN4（ZTE）. 3GPP RAN4#94e-bis.

[23] R4-1912739. WF on inter-frequency without MG，CMCC. 3GPP RAN4#92bis，Chongqing，China.

[24] R4-1915853. WF on inter-frequency without MG，CMCC. 3GPP RAN4#93，Reno，USA.

[25] R4-2002250. WF on inter-frequency without MG was agreed in RAN4#94e meeting，CMCC. 3GPP RAN4#94e.

[26] R4-2005348. WF on R16 NR RRM enhancements-Inter-frequency measurement without MG，CMCC. 3GPP RAN4#94e-bis.

[27] R4-2005355，WF on CSI-RS configuration and intra/inter-frequency measurements definition for CSI-RS based L3 measurement，CATT. 3GPP RAN4#94e-bis.

[28] R4-2009256. WF on CSI-RS configuration and intra/inter-frequency measurements definition for CSI-RS based L3 measurement，CATT. 3GPP RAN4#95e.

[29] R4-2009037. Email discussion summary for［95e］［225］NR_CSIRS_L3meas_RRM_1，Moderator（CATT）. 3GPP RAN4#95e.

[30] R4-2009009. WF on CSI-RS based L3 measurement capability and requirements，OPPO. 3GPP RAN4#95e.

[31] R4-2009038. Email discussion summary for［95e］［226］NR_CSIRS_L3meas_RRM_2，Moderator（OPPO）. 3GPP RAN4#95e.

第7章 信道编码

陈文洪　黄莹沛　崔胜江　编著

进入数字通信时代以来，信道编码一直是通信系统演化过程中最基本的技术。每一代通信系统相较前一代通信系统在系统性能、可靠性、容量等方面的巨大提升，都离不开信道编码方案的持续增强。4G 系统中，控制信息采用了里德-穆勒（Reed-Muller，RM）码、咬尾卷积码（Tail-bit Convolutional Code，TBCC）等信道编码方式，数据信息采用了 Turbo 码，以满足不同码块大小和不同码率下的性能需求。针对数据和控制信息，NR 在鲁棒性、性能、复杂度和可靠性等方面提出了更高的要求，目前的信道编码方式已经难以满足 NR 对更高传输速率的要求。因此，NR 中针对各种信道类型分别讨论并引入了新的信道编码方案。

7.1 NR 信道编码方案概述

从 RAN1#84bis 会议（2016 年 4 月）开始，3GPP 组织经过 5 次会议的讨论，确定了 NR 数据信道和控制信道采用的信道编码方案。在这之后，从 2017 年的第一次 RAN1 AdHoc 会议开始，3GPP 组织经过 9 次 RAN1 会议（6 次正式会议和 3 次加会）的激烈讨论，才最终确定了这些信道编码方案的设计细节，从而完成了 NR 信道编码的标准化工作。那么，NR 中不同信道类型的信道编码方案是如何确定下来的呢？为什么要采用这样的信道编码方案？本节将一一揭晓这些答案。

7.1.1 信道编码方案介绍

本节首先介绍几种常见的信道编码方案，包括 LTE 中使用的 RM 码、TBCC 码和 Turbo 码，以及 NR 中新提出的外码（Outer Code），低密度奇偶校验码（Low-Density Parity-Check code，LDPC）和 Polar 码。这些编码方案也是 NR 中考虑的候选信道编码方案。

RM 码是 1954 年由 Reed 和 Muller 提出的一类能够纠正多个差错的线性分组码。这类码构造简单、结构特性丰富，可以采用软判决或硬判决算法的方式来进行译码，在实际工程中得到了广泛的应用。LTE 中的信道质量指示（Channel Quality Indicator，CQI）和混合自动重传请求应答（Hybrid Automatic Repeat Request Acknowledgement，HARQ-ACK）均采用了 RM 编码方式[1]。

Outer Code 是指在主要的编码方式之外，再加上一层其他的码而构成的编码方式。在无线移动通信系统中，由于无线信道中存在多径、多普勒效应、障碍物等影响，数据在传输过程中往往会出现随机错误（单个零散的错误）或者突发错误（成片的大量错误），此时可以通过外码来提高解码性能。外码分为显式外码和隐式外码，常见的显式外码包括 CRC、RS（Reed-Solomon）码、BCH（BoseRay-Chaudhuri Hocquenghem）码等，通常应用在主要编码方案外；隐式外码是指内码和外码混为一体，在译码时可以先对其中之一进行处理，也可以对两者进行迭代处理。在实际应用中，外码和内码可以不在同一协议层，如内码工作在物理层，而外码工作在 MAC 层。内码和外码也可以针对不同的数据，如内码针对每个编码块，外码针对多个编码块[2]。

卷积码最早由 MIT 的教授 Peter Elias 于 1955 年提出[3]，在 CDMA2000 中的专用控制信道[4]、WCDMA 中的业务信道[5] 中得到了广泛的应用，且在 LTE 中也得到了应用。早先的卷积编码器开始工作时需要进行初始化，将所有寄存器单元进行清零处理，在编码结束时，使用尾比特进行归零。相对于编码比特而言，尾比特增加了编码开销，导致解码器性能下降和码率损失。为了解决这一问题，研究人员提出了 TBCC 码[6-7]，其基本原理是在编码过程中直接用码字最后若干个比特初始化编码寄存器，在编码结束时编码器无须再输入额外的“0”，从而提高码率。

Turbo 码是由 Claude Berrou 等在 1993 年提出[8] 的一种级联码，其基本思想是通过交织器将两个分量卷积码进行并行级联，然后译码器在两个分量卷积码译码器之间进行迭代译码。Turbo 码的交织器一般采用确定性交织器，这样交织和解交织的过程可以通过算法导出，不用存储整个交织器表。凭借优异的性能且工程上易于实现，Turbo 码被广泛应用在 WCDMA[9]、LTE[1] 等通信标准中。在交织器的选择上，WCDMA 采用的是块交织器，LTE 采用的是二次项置换多项式（Quadratic Permutation Polynomials，QPP）交织器。

LDPC 码是由 Gallager 在 1963 年发明的一种线性分组码[10]，常用校验矩阵或 Tanner 图来描述。LDPC 码的校验矩阵一般是稀疏矩阵，通过校验矩阵可以清晰地看到信息比特和校验比特之间的约束关系，同时校验矩阵的稀疏特性能够有效降低基于消息传递算法进行译码的复杂度。Tanner 图则是将校验节点（校验矩阵中的行，用来指示校验方程）和变量节点（校验矩阵中的列，代指码字中的编码比特）分为两个集合，然后通过校验方程的约束关系连接校验节点和变量节点。如果变量节点位于校验节点对应校验矩阵中行约束方程的非零位置，则对该变量节点和校验节点进行连线。LDPC 码的构造即稀疏校验矩阵的构造，其中基于 Raptor Like 结构的 LDPC 码能够很好地支持多码率、多码长以及增量冗余混合自动重传请求（Incremental Redundancy Hybrid Automatic Repeat request，IR-HARQ），而准循环结构（Quasi-Cyclic，QC）则使低复杂度、高吞吐量的编译码器易于实现。LDPC 码在 WiMAX、Wi-Fi、DVB-S2 等通信系统中得到了广泛应用[11-13]，在 LTE 早期也作为候选方案参与讨论[14]。

Polar 码是由 Erdal Arikan 在 2008 年发明的一种信道编码方法[15]，是目前唯一被证明在二进制删除信道（Binary Reasure Channel，BEC）和二进制离散无记忆信道（BinaryDiscrete Memoryless Channel，B-DMC）下能够达到香农极限的编码方法，并于 2011 年在解码算法上取得了突破性的进展。Polar 码主要由信道合并、信道分离和信道极化三部分组成，其中信道合并和信道极化在编码时完成，信道分离在解码时完成。Polar 码的编码是选择合适的承载数据的子信道和放置冻结比特的子信道，然后进行逻辑运算的过程。对子信道可靠度的评估和排序将直接影响信息比特集合的选取，进而影响 Polar 码的性能。Polar 码的解码通常使用连续删除（Successive Cancellation，SC）译码，在无穷码长时可以通过 SC 译码达到香农容量；在有限码长时需要通过序列连续删除（Successive Cancellation List，SCL）等译码算法改善译码性能。对于短码，可以直接采用搜索的方法找到码距最佳的级联 Polar 码；而对于长码，可以采用增加 CRC 比特或奇偶校验比特的方法提升 Polar 码性能。

7.1.2 数据信道的信道编码方案

7.1.1 节介绍了几种常见的信道编码方案，这些方案在 NR 标准化的初期作为候选方案被广泛讨论。在讨论 NR 信道编码的第一次 3GPP 会议（RAN1#84bis 会议）上，各公司基于自己的研究成果，从以上候选方案中给出了推荐的初步方案，包括 Polar 码[16]、TBCC 码[17]、外码[18]、LDPC 码[17] 和 Turbo 码[19] 等。也有公司建议将 RM 码、TBCC 码、Polar 码作为广播和控制信道的候选信道编码方式，将 Turbo 码、LDPC 码和 Polar 码作为数据信道的候选信道编码方式[20]。同时，各公司的提案也讨论了信道编码的评估方法，即信道编码方案的需求和性能指标。

基于各公司的观点，一些公司共同提出了一项技术提案[21]，建议将 LDPC 码、Polar 码和 TBCC 码作为 NR 数据信道的候选编码技术，同时给出了建议的性能评估指标。基于该提案的讨论结果，会议决定将 LDPC 码、Polar 码、卷积码（LTE 的卷积码或增强卷积码）和 Turbo 码（LTE 的 Turbo 码或增强的 Turbo 码）4 种编码方式作为 NR 数据信道的候选信道编码方案，同时将性能，实现复杂度，编解码的时延和灵活性（如支持的码长、码率和 HARQ 方案等）作为方案选择的考虑因素。其他信道编码方案虽然暂时没有排除，但已难以成为研究的重点。在之后的几次 3GPP 会议中，围绕这几种信道编码方案，各公司进行了大量的技术讨论和仿真评估。

在 RAN1#85 会议中，各公司基于不同的业务类型（如 eMBB、URLLC、mMTC）和不同的码率（高/低码率），从复杂度、性能和灵活性等几个方面，对几种候选的信道编码方案做了大量的性能评估和比较。

- 部分公司认为不同的信道编码方案在不同的场景下性能相当，但 LTE Turbo 码比 LDPC 码的译码复杂度高，因此 LDPC 码在时延和高数据吞吐量方面优于 LTE Turbo 码[22]。
- 一些其他公司认为小码块（如小于 1 000 bit）应该优先考虑 Polar 码和 TBCC 码以得到更好的性能[23]。
- 还有公司认为 TBCC 码在小码块时相比 LDPC 码和 Polar 码具有一定性能优势[24]。
- 基于 LTE 的 Turbo 码，一些公司给出了增强的 Turbo 码设计方案[25-27] 并联署了一篇提案[28]，认为 Turbo 码可以提供各种码率下的灵活性，支持 40~8 192 bit 的编码。

由于各家公司的仿真结果差别较大，本次会议上统一了仿真结果的输出格式，同时要求各公司提供所用算法的复杂度分析。同时，各公司也纷纷给出了 Polar 码、LDPC 码、Turbo 码、Outer 码和 TBCC 码的具体设计方案。其中，4G 时在与 Turbo 码的竞争中落败的 LDPC 码是最受关注的信道编码方案，其他编码方式在信道编码讨论初期支持公司并不多。

在接下来的一次 RAN1 会议中，各家公司提供了更全面的结果，同时就 Turbo 码、LDPC 码和 Polar 码的优缺点进行了长时间的讨论，焦点在于各信道编码方案能否满足 NR 的性能要求。

- LDPC 码是一种已经被深入研究数十年的广为人知的信道编码技术，24 家公司建议 LDPC 码用于 eMBB 数据信道[29]，以在高码率和大数据块时提供更好的性能。几乎所有的参与公司都提出了自己的 LDPC 码设计方案，包括支持其他方案的公司。

- Polar 码是一种近几年才出现的新兴信道编码技术，越来越多的公司也参与到 Polar 码的方案设计中。9 家公司联署的提案[30] 建议将 Polar 码作为 NR 各种业务的信道编码方式，并准备在性能、技术成熟度、稳定性、终端实现复杂度和功耗等方面进一步完善方案，以更好地与 LDPC 码竞争。
- 同时，仍有一些公司建议 LTE 的 Turbo 码作为 NR 低码率时的信道编码方式[31]，但支持公司的增强方案各不相同，整体缺乏竞争力。
- 外码的支持公司逐渐减少，基本退出了方案竞争。

考虑到信道编码是整个 NR 标准的基石，为了保证 NR 的其他设计工作能够顺利开展，3GPP 计划在 RAN1#86bis 会议上首先确定 eMBB 数据信道的信道编码方案，但 Turbo 码、LDPC 码和 Polar 码三个方案在性能、灵活性、技术成熟度、可实现性等方面各有优势与特色，经过长时间深入的技术讨论，在 RAN1#86bis 会议上对这三个候选方案初步作出了较为客观的总结性评价[32]。

- 性能方面，很难得出哪个方案性能更好的结论（实际上这是由于各家公司的仿真假设并不完全一致，所用的实现算法也各不相同）。
- 灵活性方面，LDPC 码、Polar 码和 Turbo 码都能提供可接受的灵活性，即都能支持一定范围的码率和码块大小。
- HARQ 支持方面，三种方式都能支持 CC 合并和 IR 合并，但是有公司认为 Turbo 码的 HARQ 在 4G 已经被广泛使用，而 LDPC 码和 Polar 码缺乏实际应用。
- 实现复杂度方面，几种方案各有千秋。
  - LDPC 码已经在商业硬件（802.11n）中广泛使用，能够提供几千兆比特每秒（Gbps）的吞吐量，在一些情况下具备有吸引力的面积效率和能量效率，但在能否实现低复杂度解码器方面，各家公司存在分歧。它的缺点在于，在低码率时面积效率较低，且复杂度随着灵活性增加。对 LDPC 码，当同时满足 NR 的峰值速率和灵活性要求时，如何达到一定的面积效率和能源效率可能是实现中的一个挑战。
  - Polar 码目前虽然没有商业实现，但从理论上可以证明其可以实现无差错编码。主要问题在于：与 LDPC 码类似，在小码块和低码率时面积效率会降低；列表解码器的实现复杂度随着列表大小的增加而增加，对大码块尤其明显。虽然支持的公司认为实现最大 list-32 的解码器是可行的，一些公司对其能达到的性能（包括面积效率、吞吐量等）有顾虑，认为其解码器不够稳定且复杂度过高。基于能够满足时延、性能和灵活性要求的解码硬件，有的公司对 Polar 码所能达到的效率有一些担忧。
  - Turbo 码在 4G 中已经广泛应用，支持 HARQ 和 NR 所需的灵活性，但不满足 NR 要求的高速率或低延迟。支持公司认为通过一些 Turbo 码的具体实现，可以满足 NR 的灵活性要求，且具有可观的能效，尤其是针对低码率和小码块。其他公司则认为其延迟和能效不足以满足 NR 的要求，并且能效在较小码块时较低。复杂度上，在给定的母码速率下，其解码复杂度随码块大小线性增加。虽然有公司提出改进的 Turbo 码以提高吞吐量并在复杂性和性能之间进行折中，但并不被其他公司认可。例如，支持者认为可以设计一个 Turbo 解码器，能够同时用于解码 LTE 数据和 NR 的小码块（$K \leqslant 6\,144$），但其他公司认为这种重用有很多问题难以解决。

- 时延方面，支持者认为他们各自的方案都可以满足 NR 的时延要求。Turbo 码和 LDPC 码的优势在于智能延迟、高度并行的解码器有助于减少延迟；Polar 码虽然不是高度可并行的，但支持者认为可以采用其他设计来降低 Polar 解码器的延迟。同时，支持者认为，如果不考虑解码大码块的能力，Polar 码可以在较小码块（约 1 Kbits）时实现较低的解码延迟；反对的公司则认为 Polar 解码器会产生比 Turbo 码更长的解码延迟。
- 其他方面，Turbo 码和 LDPC 码的设计已相对稳定，而 Polar 码由于是 3 种方案中最新的技术，其工程实现还在逐步完善之中。为了满足 NR 的要求，所有的方案都需要在标准设计方面做大量的工作。

同时，本次会议上很多公司也开始考虑一些兼顾多种技术的组合方案。7 家支持 Turbo 码的公司提出将 LDPC 码和 Turbo 码一起用于 eMBB 数据信道[33]。29 家公司仍建议使用 LDPC 码作为 eMBB 数据信道唯一的编码方式[34]。但也有 28 家公司支持 Polar 码作为 eMBB 数据信道的信道编码方案[35]，和 LDPC 码的支持公司数量相当。随之，一些公司提出了"LDPC+Polar"的组合方案[36]，即小码块传输采用 Polar 码，大码块传输采用 LDPC 码。这一方案可以充分发挥两种编码技术各自的优势，是一种很有吸引力的选择。总体上看，研究的焦点已经集中到 LDPC 码和 LDPC+Polar 两种方案上。经过长时间的技术讨论，终于达成初步结论：至少大码块的数据传输采用 LDPC 码，小码块数据传输的编码方案以及"大/小码块"的划分门限将在 RAN1#87 会议再决定。

在决定 LDPC 码用于 eMBB 的大码块数据之后，在关键的 RAN1#87 会议中，各公司继续围绕 eMBB 的小码块传输的编码技术方案开展研究和讨论。此时，Turbo 码支持公司减少到 6 家，已经集中到 LDPC 码和 Polar 码两种候选方案的对决。

- 一些公司仍然担心 Polar 码的 HARQ 机制（HARQ 的增量收敛方法以及后续提出的 IR HARQ 方法）的性能存在问题，建议把 LDPC 码作为 NR eMBB 唯一的信道编码技术，这一建议[37] 获得了 31 家公司的支持。
- 另一些公司建议把 Polar 码作为 eMBB 数据信道小码块的信道编码方式，这一建议[38] 获得了 56 家公司的支持。期间多次讨论了"大/小码块"的划分及门限 X 的取值，即在门限值以上采用 LDPC 码，门限值以下采用 Polar 码，但未达成一致。

在最后一天的会议中，经过多轮长时间的技术讨论，提出了一种广泛能够接受的新的组合技术方案：LDPC 码作为数据信道唯一的编码技术，而 Polar 码则作为控制信道的编码技术，并在次日凌晨，这场引人关注的技术选择最终落下了帷幕，为 5G 选出了替代 Turbo 码的新一代信道编码技术方案。NR 中使用的 Polar 码和 LDPC 码的具体设计方案将在后面的章节中描述。

7.1.3　控制信道的信道编码方案

7.1.2 节介绍了数据信道的信道编码方案是如何选出的。相较于数据信道，控制信道的讨论则相对缓和很多。

控制信道的信道编码方案讨论从 RAN1#86 会议开始，在 LTE 控制信道中已经广泛使用的 TBCC 码和 Polar 码作为主要的候选方案被讨论，LDPC 码则由于小码块的性能和能效存在劣势没有成为主流方案。一些公司[39] 建议采用 TBCC 码作为控制信道的编码方案[40]，还提出了一些 TBCC 码的增强方案以提高性能。另一些公司则建议采用 Polar 码[41]。由于本次会议主要讨论数据信道，控制信道只通过了统一的仿真评估假设，并建议各公司继续比较 TB-CC 码和 Polar 码的性能。其中，控制信道的评估方案包括重复编码（Repetition）、单纯形编码（Simplex）、TBCC 码、Turbo 码、LDPC 码、RM 码和 Polar 码。同时，控制信道的信道编码方案的比较主要考虑解调性能，不像数据信道一样考虑多种因素。

在 RAN1#87 会议中，控制信道的信道编码方案和小码块数据的信道编码方案作为 NR 的重点议题被讨论，主要的竞争在 Polar 码和 TBCC 码之间进行。

- Polar 码获得了广泛支持，58 家公司联合建议[42] 采用 Polar 码作为 eMBB 上下行控制信道的信道编码方案。
- 一些公司提出将 TBCC 码用于上下行的控制信道，只获得少数公司的支持[43]。
- 还有公司提出了折中的方案[44]，即 Polar 码用于上行控制信道，TBCC 码用于下行控制信道，获得了 20 多家公司的支持。
- 有的提案[45] 建议控制信道的小码块采用 TBCC 码，大码块考虑 LDPC 码，但总体上 LDPC 的性能在码块较小的情况下没有优势，因此在控制信道采用 LDPC 一直是比较边缘的方案。

与同时进行的数据信道的讨论不同的是，多数公司的评估结果表明，Polar 码在控制信道上的传输性能明显好于 TBCC 码和 LDPC 码，支持的公司也更多。但一些公司坚持将控制信道和数据信道的编码方案一起讨论，即如果控制信道采用 Polar 码，数据信道无论大、小码块应该采用统一的编码技术。在讨论过程中，数据信道采用 LDPC 码，控制信道采用 Polar 码的方案也多次被提出，但由于各公司对 eMBB 数据小码块编码方案还存在分歧而被搁置，经过长时间的研究讨论，直至会议的最后期限，这一组合方案才最终被各公司接受，即将 Polar 码用于上下行控制信道，而数据信道只用 LDPC 码。归根结底，从技术和标准的角度，对一种信道的不同码块大小引入两种复杂的信道编码方式确实对设备实现复杂度的影响较大，在两种信道分别采用优化的编码技术则是一种更合理的组合，这是最后各公司能够达成共识的原因之一。

7.1.4 其他信息的信道编码方案

前面介绍了 NR 数据信道和控制信道的信道编码方案，相关的讨论占用了信道编码的大多数讨论时间。在 RAN1#87 会议通过的工作假设中，虽然控制信道多数场景都同意使用 Polar 码，但对于超短码长（如小于 12 bit 的控制信息），还需要进一步讨论采用哪种信道编码方式，比如是否使用 LTE 中的重复码或者块码。

在 RAN1#88bis 会议中，各公司针对超短码的编码方式提供了大量的评估结果，主要用于大小为 3-X 比特的控制信息，且集中在 3 个方案：Polar 码[46-48]、LTE RM 码和增强的块码[49-50]。对于 1~2 bit 的控制信息，各公司对重用 LTE 的方案基本没有异议，即 1 bit 采用重复编码（Repetition）、2 bit 采用单纯形编码（Simplex）。虽然对 X 的取值以及是否对 LTE RM 码进行优化各公司仍有一定分歧，但总体上 RM 码支持的公司占多数，Polar 码的支持公司较少。会上最终以多数支持通过了重用 LTE RM 码作为 2 bit 以上（3~11 bit）的控制信息的信道编码方式。具体的信道编码方式参考 LTE 协议[51]。

另外，在 2017 年第一次 RAN1 AdHoc 会议中，澄清了在下行控制信道中，Polar 码只用于 PDCCH，PBCH 使用的信道编码方案还需在后续会议上进一步讨论。在 RAN1#88bis 会议中，各公司开始讨论 PBCH 的信道编码方案，并在本次会议统一了评估假设以及两个主要的候选方案。

- 方案 1：重用控制信道的 Polar 码方案，最大码长为 512 bit。
- 方案 2：重用数据信道的 LDPC 码方案，采用相同的解码器，即没有新的移位网络，但可以考虑新的基础图。

由于与 PBCH 性质类似的 PDCCH 已经选用 Polar 码，最开始提出 Polar 码方案的公司仍然支持 Polar 码用于 PBCH，而最开始提出 LDPC 方案的公司只有少数仍然坚持 LDPC 码用于 PBCH，其他公司则保持中立甚至转而支持 Polar 码，以避免在下行信令中引入两种不同的信道编码方案。同时，一些公司[52-53]还建议向终端指示 SSB 索引以获得 PBCH 的合并增益，从而进一步提高 Polar 码的解调性能。最终，在 RAN1#89 次会议上通过了将控制信道所用的 Polar 码用于 PBCH 的编码，自此，NR 所有信道的信道编码方案都尘埃落定。

7.2 Polar 码

7.2.1 Polar 码的基本原理

Arikan 于 2008 年第一次提出了信道极化的方法[15]，由两个独立信道构造出两个子信道，如图 7-1 所示，其中一个子信道性能得到改善（称为进化信道），另一个子信道性能变差（称为退化信道[54]），并在此基础上通过递归方式构造长度为 $N=2^m$ 的极化子信道。

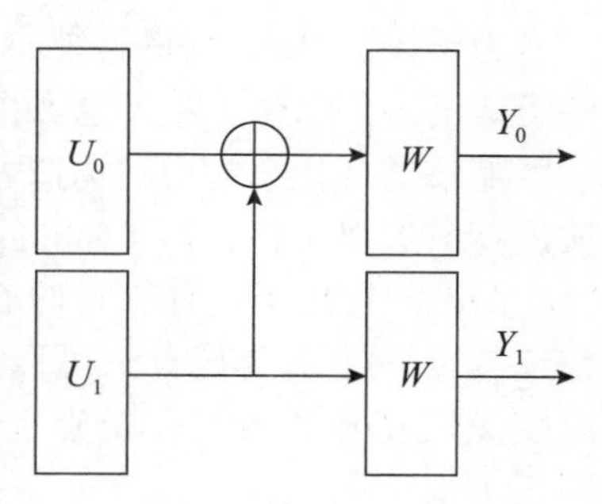

图 7-1　信道极化过程

其递归形式可以表示为

$$
\begin{aligned}
G_2 &= \begin{bmatrix} 1 & 0 \\ 1 & 1 \end{bmatrix} \\
G_N &= \begin{bmatrix} G_{N/2} & 0 \\ G_{N/2} & G_{N/2} \end{bmatrix} \\
x &= uG_{\mathrm{N}}
\end{aligned}
\tag{7.1}
$$

其中，u 表示输入符号，x 表示信道码字。退化子信道可以表示为 W^-：$U_0 \to (Y_0, Y_1)$，在已知 U_0 条件下进化子信道为 W^+：$U_1 \to (Y_0, Y_1, U_0)$，对于 W^-，由于 Y_0 来自 U_0 和 U_1 的奇偶校验，解 U_0 时受到来自 U_1 的干扰；对 W^+ 考虑 U_0 的干扰消除，Y_0 和 Y_1 为 U_1 重复独立发送两次的结果。两组构造子信道的信道容量满足

$$
\begin{aligned}
I(W^-) &\leqslant I(W) \leqslant I(W^+) \\
I(W^-) + I(W^+) &= 2I(W)
\end{aligned}
\tag{7.2}
$$

信道极化在不损失信道总容量的前提下，构造出的信道 W^+ 相比原来信道 W 变好，而信道 W^- 相比原来信道 W 恶化。对于二元离散无记忆信道 W，当 N 很大时，$I(W^+)$ 近似为 1 的比例趋近于 I（W），利用这些无噪信道可以实现无差错传输；而剩下的 $1-I(W)$ 的信道容量 $I(W^-)$ 趋近 0 即纯噪声信道，无法传输数据[15]。通过 2×2 极化核构造的信道误码率指数项为 $2^{-N^{\beta}}$，$\beta \leqslant 1/2$[55]，通过设计更大转换矩阵可以趋近 1[56]。排序后的信道容量分布如图 7-2 所示。

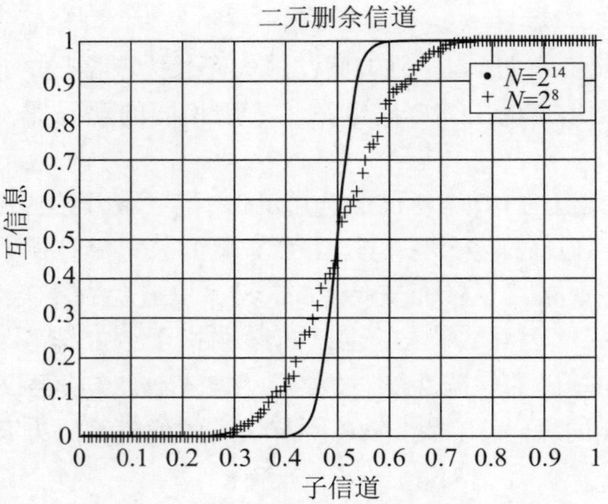

二元删余信道

图 7-2　极化子信道容量示意图

为了保证 Polar 码的性能，极化需要选择信道质量好的子信道进行数据传输，发送数据的子信道为信息位，不发送数据的子信道为冻结位，一般假设固定为 0。通常最优子信道的位置随信道变化，常用的构造方法根据误码率挑选最优的子信道[15]，或者沿用 LDPC 密度演进高斯近似（Density Evolution Guassian Approximation，DE/GA）估计子信道可靠性[58-60]。

Arikan 提出了一种简单的 Polar 码的 SC 译码算法，并证明该算法下 Polar 码达到了香农信道容量[15]。其译码算法可以表示为深度优先遍历完全二叉树，根节点输入信道似然比，深度优先遍历 2^N 个叶子节点，依次估计构造信道似然比，如图 7-3 所示。

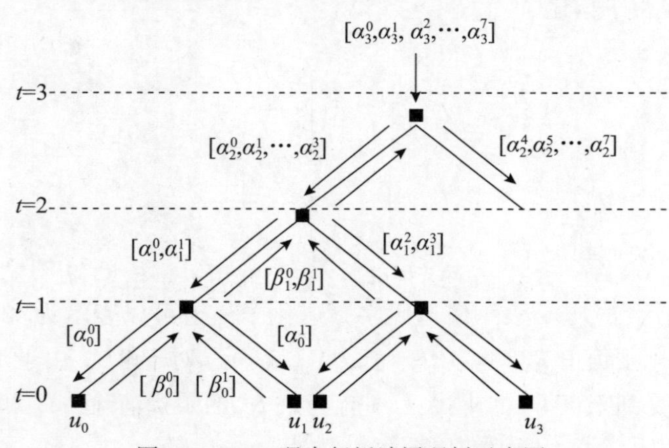

图 7-3　Polar 码串行抵消译码树示意图

其中，前向左分支消息

$$\alpha_t^i = f(\alpha_{t+1}^i,\ \alpha_{t+1}^{i+2^t}) = 2\tanh^{-1}(\tanh(\alpha_{t+1}^i/2)\ \tanh(\alpha_{t+1}^{i+2^t}/2)) \tag{7.3}$$

前向右分支消息

$$\alpha_t^{i+2^t} = g(\alpha_{t+1}^i,\ \alpha_{t+1}^{i+2^t},\ \beta_t^i) = \alpha_{t+1}^{i+2^t} + (1-2\beta_t^i)\alpha_{t+1}^i \tag{7.4}$$

反向为编码过程，左分支和右分支分别为

$$\begin{aligned} \beta_t^i &= \beta_{t-1}^i \oplus \beta_{t-1}^{i+2^t} \\ \beta_t^{i+2^t} &= \beta_{t-1}^{i+2^t} \end{aligned} \tag{7.5}$$

其中，$f(x,\ y)$ 可以类似 min-sum 化简成[61]

$$f(x,\ y)=\operatorname{sign}(x)\operatorname{sign}(y)\min(|x|,|y|) \tag{7.6}$$

现实中考虑简单的子树结构减少递归分支，进一步简化串行抵消算法复杂度[62-63]，可以将 Polar 码分解成若干类组成码，如全为冻结位（零码率）或全为信息位（未编码）的子树、单奇偶校验码或者重复码。这些子树上可以直接停止前向递归，并直接计算反向消息和判决比特。虽然理论上采用串行抵消译码的 Polar 码可以达到香农信道容量，但是码长有限时单靠串行抵消译码在性能上的优势还不明显。在串行抵消译码的基础上，一些文献提出了 SCL 算法[64-65]，译码器同时搜索若干条路径，并从多个幸存路径中通过 CRC 进行判决。其解码性能可以趋近最大似然，极大地提高了 Polar 码的性能。

基于上述 Polar 码的基本原理，NR 针对 Polar 码的标准化方案进行了深入讨论，并对 Polar 码的构造，序列设计和速率匹配进行了相应标准化设计。

7.2.2 序列设计

前述 Polar 码比特翻转部分[15]只影响构造信道的顺序，而对实际性能没有影响，因此 NR 没有对比特翻转部分进行标准化，等价于从右往左的 Arikan 编码器。NR 中使用的 Polar 码编码器如图 7-4 所示[83]。

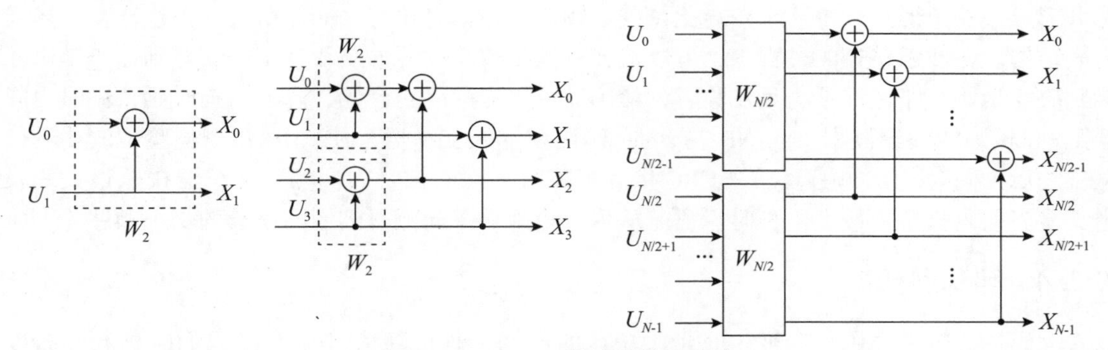

图 7-4　NR Polar 码编码器示意图

Polar 码在不同信道下冻结位的最优位置不一样，信噪比不同冻结位的位置可能也变化很大。理论上需要根据信道状态和速率匹配，编码端实时计算 DE/GA 来确定各个子信道的可靠性，但会增加计算复杂度和时延。考虑到实现复杂度，需要采用信道独立的方式（而非冻结位随着信道、码长等因素变化），以简化 UE 存储、计算构造的信道可靠性时带来的开销，UE 只用简单的操作来获得 Polar 码的构造序列。

对于 Polar 码的构造方法，讨论了基于部分序列和分形构造等方法。对于串行抵消译码，所有子信道中有一部分子信道的可靠性顺序相对于信道是独立的[58,71]，这些子信道的可靠性顺序组成部分序列。部分序列满足内嵌性，短序列可以从长序列中获得。对于与信道相关的剩下的序列，可以通过 DE/GA 来确定[72]。NR 采用的序列基本满足部分序列条件，并通过大量仿真验证其性能的稳定性。NR 设计母码长度的序列来确定最长码块的子信道可靠性，对于小于母码的码字序列利用其内嵌性，从母码序列中确定得到子序列的排序。

7.2.3 级联码

NR 主要考虑两种级联 Polar 码，一类是通过 CRC 辅助校验的 CA-Polar 码[65]，另一类是包含奇偶校验的 PC-Polar[66]，两类级联都可以用来辅助提高 SCL 译码性能。

CA-Polar 码通过 CRC 辅助从 L 个幸存路径中选择译码结果，会提高盲检时的虚警概率。在给定虚警概率（False Alarm Rate，FAR）目标的条件下，需要额外增加 $\log_2 L$ 比特的 CRC 才能保证 FAR 不随列表大小提升。实现时可以通过译码器选择一个合适门限来对 FAR 进行判决。对于下行传输，长度为（21+3）bit 的 CRC 可以确保盲检满足 FAR 要求，但当信息比特数比较小时，CRC 带来的额外开销比较大，造成误码率下降明显。对于上行传输，当信息比特大小为 $12 \leqslant K \leqslant 19$ 时，采用 6 bit 的 CRC 可以满足虚警概率小于 2^{-3} 的要求，当信息比特 $K>19$ 时，采用 11 bit CRC 可以满足虚警概率小于 2^{-8} 的要求。另外，如果 CRC 编码的寄存器初始状态为 0，盲检时将无法确定信息比特位的长度，因此 NR 将 PDCCH 的 CRC 寄存器初始化成全 1[73]。

与 CA-polar 相比，PC-polar 在一些位置上引入奇偶校验比特，在搜索路径的过程中可以通过裁剪不满足校验方程的路径，提高译码性能。NR 系统采用 3 bit 校验位，其中 1 bit 对应码重最小的码字，2 bit 放在可靠性低的子信道，用来改善 SCL 译码性能[74]。同时，由于校验比特位于信息比特中，译码过程中能够提前判决终止译码。校验方程由长度为 5 的循环移位寄存器确定[75]。在 NR 系统中，PC-Polar 仅用于 PUCCH 的小块传输（信息位小于 19 bit）。

分布式 CRC-Polar 类似 PC-Polar，将 CRC 的生成矩阵进行行列交换初等变换后，校验阵部分形成上三角形式。每一个校验比特仅依赖前一段信息比特，而非所有的信息比特，形成内嵌结构。在搜索路径的过程中，可以裁剪不满足校验方程的路径，不需要等到译码结束才能判决。当所有路径都不满足校验时，译码器可以提前终止译码，降低盲检时延，同时也降低了 Polar 码的虚警概率[76]。NR 在 Polar 编码前加入交织器，使 CRC 每个检验位放在其信息位之后，同时 CRC 顺序不变。CRC 生成矩阵对不同码长是内嵌的，交织器按照最大码长定义。当前码长小于最大码长时，只需从生成矩阵自下向上得到实际码长的交织顺序[77]。

7.2.4 码长和码率

大码块会带来译码复杂度、时延、功耗的增加，码长翻倍时 SCL 译码的时延和复杂度几乎成倍增长。对于控制信道，负载通常不大，高聚合等级时码率很低，优化大码块的构造带来的额外的编码增益相对简单重复编码不高。当码率较低时（或给定码率的码长较大时），编码增益较小，简单对码字重复就能获得能量上的增益。因此，NR 系统中的 Polar 码最大码长设为 512（下行）和 1 024（上行），最低设计码率为 1/8。同样的，当信道比特数大于最大设计码长时，速率匹配通过重复编码获得的能量增加。当负载较大导致母码码率比较高，如传输几百比特的 CSI 时，重复编码的效率较低。此时通过分段形成多个低码率码字，相对于重复编码能够获得更多的编码增益。在 NR 系统中，当信道比特大于 1 088 bit，并且负载大于 360 bit，以及信息比特数超过最大母码码长 1 024 时，将大码块分割成两个小码块，并采用独立的速率匹配和信道交织，最后简单级联[78] 得到编码后比特。

7.2.5 速率匹配与交织

实际系统中需要配置灵活的码长，以匹配配置的物理资源。Polar 码 G2 核的码长为 2 的幂次，当目标码长与母码码长不匹配时，需要自适应信道比特数，功能上分成比特选择和子块交织两部分。NR 中的速率匹配主要考虑了 3 种基本方式：打孔、缩短和简单重复。

- 打孔（Puncture）：信息位长度不变，通过减少校验比特，缩短码长，如可以打孔前 n 个比特翻转后的信道比特[67]。此时被删除的信道的互信息为 0（纯噪声信道，译码器输入端似然比为 0)，由于极化过程保持信道总容量不变同时一个信道退化，容量为 0 的打孔信道会上浮，最终在子信道形成一组容量为 0 的集合。接收机无法判决这些位置的原始信息比特，导致出现误码[68]。打孔信道的个数等于无法译码的子信道个数，需要冻结这些位置保证性能，最优打孔图样可以通过穷举得到[70]。

- 缩短（Shortening），校验比特数不变，通过减少信息比特来缩短码长。对于码字中的某些比特固定为 0 的位置，因为接收端已知这些比特在码字中的位置，发送端不需要发送这些比特，对应的信道互信息为 1，对应的位置似然比为无穷大。Polar 码的编码矩阵是一个下三角矩阵，如果输入编码器的最末 n 位固定为 0，编码器输出的最后 n 位也为 0[69]。由于末尾子信道可靠性较高，会牺牲一部分性能。
- 当信道比特数超过设计的码长时，采用重复来做速率匹配，重复包括码字比特以及中间节点比特的重复。

当码率比较低时（如 R<7/16），采用打孔的方式能够得到较好的性能。当码率比较高时，采用缩短方式性能较好。

考虑实现复杂度，NR 采用循环缓存的方式来选择信道比特[79]，如图 7-5 所示。

- 打孔模式，从循环缓存位置 $N-M$ 到 $N-1$ 选择 M 信道比特。
- 缩短模式，从循环缓存位置 0 到 $M-1$ 选择 M 信道比特。
- 重复模式，依次从循环缓存中选择 M 信道比特。

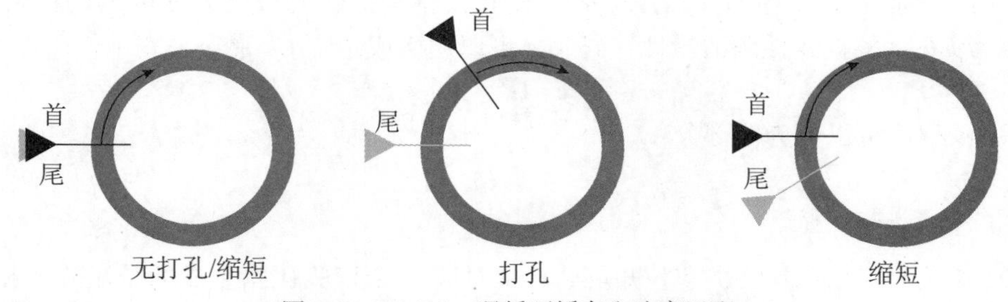

图 7-5　NR Polar 码循环缓存和速率匹配

码字进入循环缓存之前，NR 采用了子块交织器，调整比特选择的顺序，从而提高速率匹配后的纠错能力[80]。具体的，将信道比特分成长度为 32 的子块，形成 4 组，中间两组交替[81]，同时在打孔时对前部分信息比特进行预冻结，如图 7-6 所示。

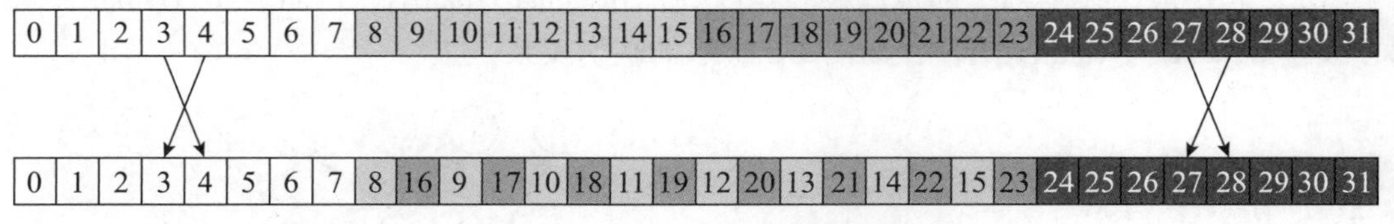

图 7-6　NR Polar 码子块交织器

对于上行高阶调制，不同符号比特信道的差错保护不一致，相同的信道假设下 Polar 码性能下降明显。一些公司提出通过比特交织编码调制（Bit Interleaved Code Modulation，BICM）方式，引入交织器随机化不同信道可靠性以改善 Polar 码性能，候选方案包括长为素数的矩形交织器和等腰三角形交织器。最终 NR 采用了等腰三角形交织器[82]，如图 7-7 所示，基本达到随机交织的性能。使用信道交织器对提升下行频率选择性信道下的性能的效果不明显，因此 NR 在下行没有使用信道交织器。

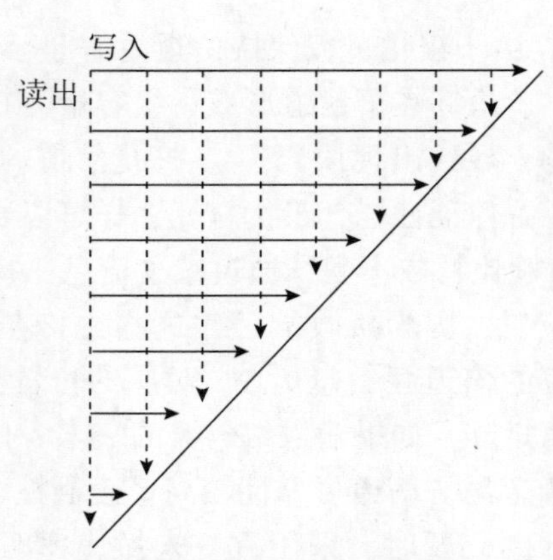

图 7-7　NR Polar 码信道交织器

7.3　LDPC 码

7.3.1　LDPC 码的基本原理

LDPC 码是 Gallager 在 1963 年提出的一种线性分组码[10]，其编码器可以描述为：一个长度为 k 的二元信息比特序列 u，引入 m 个校验比特后，生成长度为 n 的编码比特序列 $\boldsymbol{c}$，此时码率为 k/n。根据线性码的特性，码字 $\boldsymbol{c}$ 可以用生成矩阵 G^{T} 乘 u 来表示：

$$\boldsymbol{c}=\boldsymbol{G}^{\mathrm{T}}\cdot\boldsymbol{u} \tag{7.7}$$

生成矩阵 $\boldsymbol{G}^{\mathrm{T}}$ 可以分为两部分：

$$\boldsymbol{G}^{\mathrm{T}}=\begin{bmatrix}\boldsymbol{I}_{k\times k}\\ \boldsymbol{P}_{m\times k}\end{bmatrix} \tag{7.8}$$

其中，$\boldsymbol{I}$ 是对应信息比特的单位矩阵，$\boldsymbol{P}$ 是对应 m 个校验比特生成的子矩阵。相应的校验矩阵 $\boldsymbol{H}$ 可以表示为

$$\boldsymbol{H}=[\boldsymbol{P}_{m\times k},\boldsymbol{I}_{m\times m}] \tag{7.9}$$

校验矩阵 $\boldsymbol{H}$ 和编码结果 $\boldsymbol{c}$ 满足

$$\boldsymbol{H}\cdot\boldsymbol{c}=0 \tag{7.10}$$

LDPC 码一般用一个稀疏的奇偶校验矩阵（Parity check matrix，PCM）或 Tanner 图来表示，校验矩阵 $\boldsymbol{H}$ 与 Tanner 图存在如图 7-8 所示的映射关系。

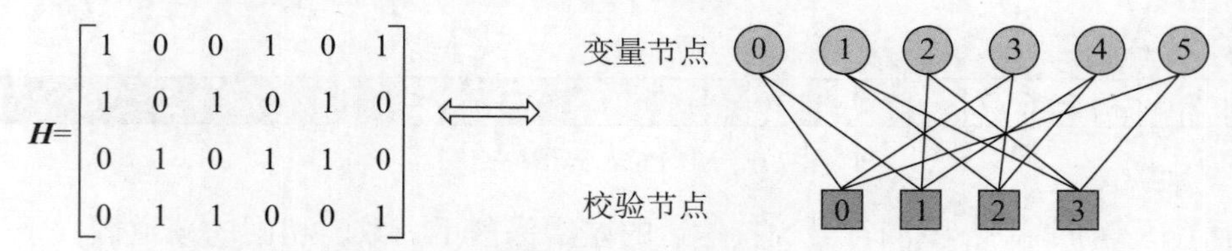

图 7-8　LDPC 码校验矩阵与 Tanner 图的映射

LDPC 码需要支持多种信息块和码率大小，如果直接根据信息块和码率大小设计对应的校验矩阵，则需要非常多个校验矩阵来满足 5G NR 调度的信息块颗粒度的需求，这对于 LDPC 码的描述和编译码实现来说都不可行，准循环 LDPC 码（Quasi Cyclic Low-Density Parity-Check code，QC-LDPC）的提出使这个问题得以解决。QC-LDPC 码通过大小为 $m_b\times n_b$ 的基

础矩阵 $\boldsymbol{H}_b$、提升值（也称扩展因子）Z 和大小为 $Z\times Z$ 的置换矩阵 $\boldsymbol{P}$ 来定义。通过对基础矩阵$\boldsymbol{H}_b$ 中每个元素 hb_{ij} 用大小为 $Z\times Z$ 的全零矩阵或者循环移位矩阵$\boldsymbol{P}^{hb_{ij}}$（$P^{hb_{ij}}$ 也可以称为分块矩阵）进行替换可以得到奇偶校验矩阵 $\boldsymbol{H}$。基础矩阵$\boldsymbol{H}_b$、校验矩阵 $\boldsymbol{H}$ 和置换矩阵 $\boldsymbol{P}$ 如下所示：

$$\boldsymbol{H}_b=\begin{bmatrix} hb_{00} & hb_{01} & \cdots & hb_{0(n_b-1)} \\ hb_{10} & hb_{11} & \cdots & hb_{1(n_b-1)} \\ \cdots & \cdots & \cdots & \cdots \\ hb_{(m_b-1)0} & hb_{(m_b-1)1} & \cdots & hb_{(m_b-1)(n_b-1)} \end{bmatrix},\ \boldsymbol{H}=\begin{bmatrix} \boldsymbol{P}^{hb_{00}} & \boldsymbol{P}^{hb_{01}} & \cdots & \boldsymbol{P}^{hb_{0(n_b-1)}} \\ \boldsymbol{P}^{hb_{10}} & \boldsymbol{P}^{hb_{11}} & \cdots & \boldsymbol{P}^{hb_{1(n_b-1)}} \\ \cdots & \cdots & \cdots & \cdots \\ \boldsymbol{P}^{hb_{(m_b-1)0}} & \boldsymbol{P}^{hb_{(m_b-1)1}} & \cdots & \boldsymbol{P}^{hb_{(m_b-1)(n_b-1)}} \end{bmatrix},\ \boldsymbol{P}=\begin{bmatrix} 0 & 1 & 0 & \cdots & 0 \\ 0 & 0 & 1 & \cdots & 0 \\ \cdots & \cdots & \cdots & \cdots & \cdots \\ 0 & 0 & 0 & \cdots & 1 \\ 1 & 0 & 0 & \cdots & 0 \end{bmatrix} \tag{7.11}$$

在基础矩阵$\boldsymbol{H}_b$ 中，hb_{ij} 的取值可以为−1、0 和正整数。当 $hb_{ij}=-1$ 时，校验矩阵 $\boldsymbol{H}$ 中的$\boldsymbol{P}^{hb_{ij}}$ 是一个大小为 $Z\times Z$ 的零矩阵；当 $hb_{ij}=0$ 时，校验矩阵 $\boldsymbol{H}$ 中的$\boldsymbol{P}^{hb_{ij}}$ 是一个大小为 $Z\times Z$ 的单位矩阵（这里考虑 $\boldsymbol{P}$ 的权重为 1）；当 hb_{ij} 是一个正整数时，校验矩阵 $\boldsymbol{H}$ 中的 $P^{hb_{ij}}$ 是置换矩阵 $\boldsymbol{P}$ 的 hb_{ij} 幂次矩阵，即 $\boldsymbol{P}^0$ 向右移位 hb_{ij} 之后得到的矩阵。

考虑到 QC-LDPC 码已广泛应用于 IEEE 802.11n，IEEE 802.16e 和 IEEE 802.11ad 等高吞吐量系统中，RAN1#85 会议上[84] 确定了 NR 采用 QC-LDPC 码的结构化设计。5G NR 中 LDPC 码的设计，主要可以分为基础矩阵$\boldsymbol{H}_b$（即基础图 BG）的设计、置换矩阵 $\boldsymbol{P}$ 的设计和提升值 Z 的确定等，此外在 LDPC 码的设计过程中需要考虑对灵活的码块大小和码率大小的支持，以及实际传输中进行 CRC 附加和速率匹配等处理，这些内容在接下来的小节中进行展开介绍。

7.3.2　奇偶校验矩阵设计

LDPC 码需要支持多码率和不同码块大小，初期的设计方案主要有 3 个方向。

- 方案 1：针对不同码率和码块大小设计多个基础 PCM，通过重用基础 PCM 实现码率扩展[85]。对于较高的码率（高于 1/2，如 2/3、3/4、5/6 等），通过图 7-9（a）所示的方式实现码率由 5/6 到 2/3 的扩展；对于较低的码率（如 1/2、1/3、1/6 等），通过图 7-9（b）所示的方式实现码率由 1/6 到 1/2 的扩展。

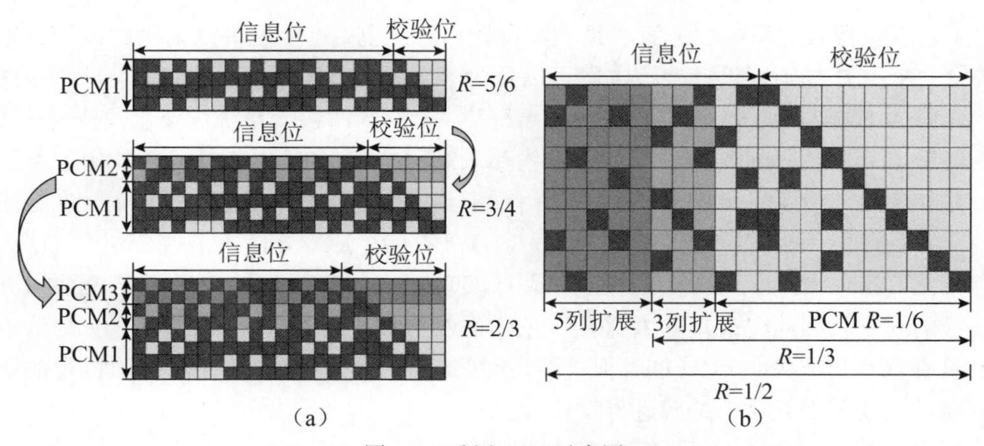

图 7-9　重用 PCM 示意图

● 方案 2：针对低码率设计基础 PCM，通过从低码率 PCM 中提取相应行和列[86]（即进行打孔处理）以支持不同的码率；通过更改提升值 Z 以支持不同的代码块大小。其中，不同码率（R_i 和 R_j）及不同的提升值大小（Z_s 和 Z_t）的示例如图 7-10 所示。

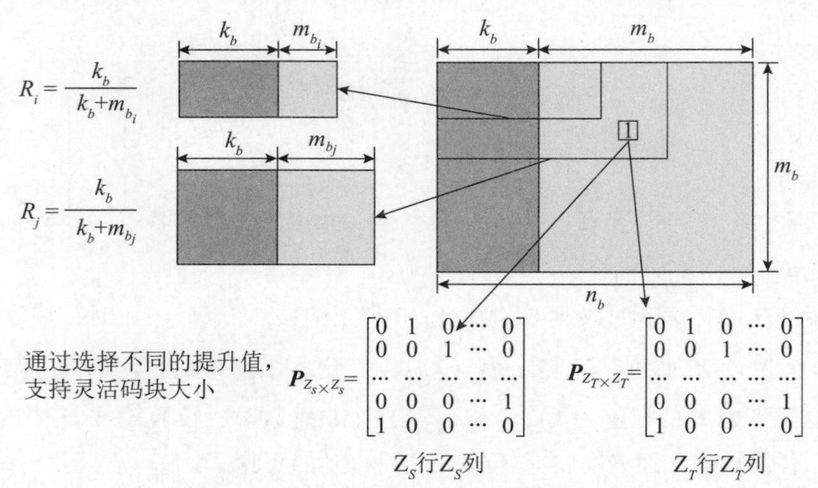

图 7-10 不同码率和码块大小实现示意图

● 方案 3：针对高码率进行 LDPC 码的设计，然后进行扩展以实现较低码率，LDPC 码的矩阵采用“Raptor-Like”的结构[87-96]（如图 7-11 所示）。其中 $\boldsymbol{A}$ 和 $\boldsymbol{B}$ 描述高码率矩阵，$\boldsymbol{C}$ 是一个适当大小的全零矩阵，$\boldsymbol{E}$ 是一个和 $\boldsymbol{D}$ 有相同行数的单位阵。$\boldsymbol{A}$ 和 $\boldsymbol{B}$ 中未涉及的所有变量节点（也称为增量冗余变量节点）的度为 1。$\boldsymbol{A}$ 和 $\boldsymbol{B}$ 给出了最高码率的 LDPC 码，可以通过从增量冗余部分传输其他变量节点来支持更低的码率。

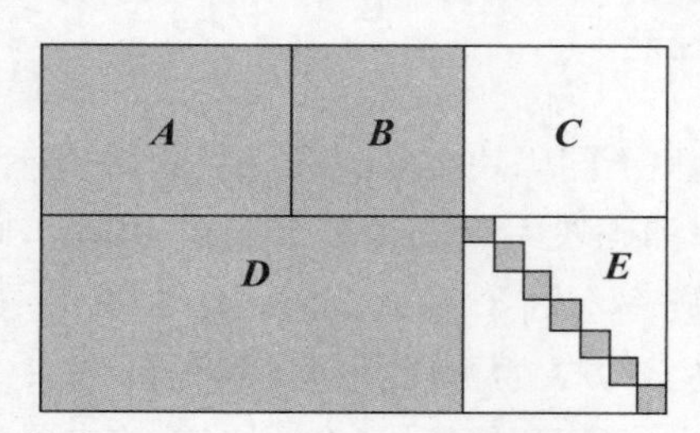

图 7-11 LDPC 码的结构示意图

在上述 3 种候选方案中，方案 3 是主流设计思路，也是 NR 中最终采用的设计方案。根据矩阵 $\boldsymbol{A}$、$\boldsymbol{B}$ 和 $\boldsymbol{D}$ 的不同设计，该方案可以分为不同的子方案。

● 矩阵 $\boldsymbol{A}$ 根据结构分为两类：仅包含系统位[87] 和同时包含系统位及奇偶校验位[93]。

● 矩阵 $\boldsymbol{B}$ 可以有两种结构：下三角结构和双对角结构。IEEE 802. 11ad 使用了下三角结构，IEEE 802. 16e 和 IEEE 802. 11n 使用了双对角结构。这两种结构的性能基本相同，均可以用于支持线性编码，而无须额外存储生成器矩阵。一些公司[86] 认为就基础图（Base Graph，BG）的构造和硬件实现而言，双对角结构比下三角结构具有更多的限制，因此建议矩阵 $\boldsymbol{B}$ 采用下三角的结构设计。另一些公司[87-88,90] 则认为采用具有双对角结构的 PCM 能够促进线性时间编码，同时也能够提供更加稳定的译码性能，建议采用双对角结构进行设计。

● 矩阵 $\boldsymbol{D}$ 的设计差异主要在于行正交与准行正交（去除部分列之后，满足行正交）的设计上：一些公司认为采用正交特性能够支持译码器的高吞吐量和低时延[85,93,95]；其他公司考虑大多数性能良好的 LDPC 码存在变量节点的打孔处理，准行正交的 LDPC 码也能保持良好的性能，同时采用适合行正交 PCM 的行并行译码器存在高复杂度和大功耗的风险，建议采用准行正交的设计[90,96-97]。

综合考虑码率和码块的灵活性、性能和实现复杂度等多种因素，在 RAN1#88 会议上确定了 NR 中的 PCM 具有如图 7-11 所示的结构[98]。其中，矩阵 $\boldsymbol{A}$ 对应于系统位部分（编码后码字中与未编码的信息位相同的部分）；矩阵 $\boldsymbol{B}$ 是一个具有双对角结构的方阵，对应奇偶校验位部分；矩阵 $\boldsymbol{C}$ 是一个全零阵；矩阵 $\boldsymbol{D}$ 可以分为行正交部分和准行正交部分；矩阵 $\boldsymbol{E}$ 是一个单位阵。矩阵 $\boldsymbol{A}$ 和矩阵 $\boldsymbol{B}$ 构成了 QC-LDPC 码的高码率核心部分，矩阵 $\boldsymbol{D}$ 和矩阵 $\boldsymbol{E}$ 共同构成单奇偶校验关系，可以和矩阵 $\boldsymbol{C}$ 组合实现低码率扩展。具有双对角结构的矩阵 $\boldsymbol{B}$ 根据是否含有列重为 1 的列分为两类参考设计（如图 7-12 所示）。

- 如果存在列重为 1 的列，则非零值在最后一行，并且该行的行重为 1（指矩阵 $\boldsymbol{B}$ 中该行行重为 1）；其余列组成一个方阵，方阵的首列列重为 3，其后的列具有双对角结构，如图 7-12（a）、图 7-12（b）所示。
- 如果不存在列重为 1 的列，则首列列重为 3，其后的列具有双对角结构，如图 7-12（c）所示。

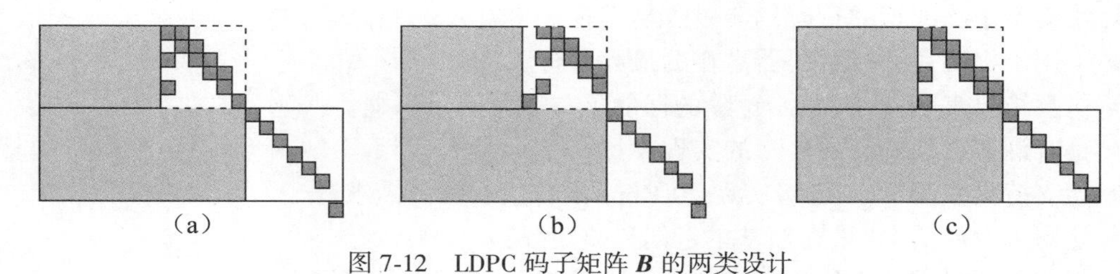

图 7-12　LDPC 码子矩阵 $\boldsymbol{B}$ 的两类设计

7.3.3　置换矩阵设计

置换矩阵的循环权重是指置换矩阵叠加的循环移位单位阵的数量。在置换矩阵 $\boldsymbol{P}$ 的循环权重上，NR 讨论了最大循环权重为 1 和 2 的两种不同设计方案。部分公司[85-91] 考虑使用最大循环权重为 2 的 PCM 来改善中短块长度 LDPC 码的性能。此时，紧凑的基础图可以降低解码器实现的复杂性。在循环权重为 2 情况下，当提升值为 5 时，置换矩阵 $\boldsymbol{P}^{2,4}$（相当于 $\boldsymbol{P}^2$ 和 $\boldsymbol{P}^4$ 的叠加）的示例矩阵如下所示：

$$\boldsymbol{P}^{2,4}=\begin{bmatrix}0&0&1&0&1\\1&0&0&1&0\\0&1&0&0&1\\1&0&1&0&0\\0&1&0&1&0\end{bmatrix}\tag{7.12}$$

此外，许多现有的 LDPC 码（包括 802.11n/ac/ad 等）采用循环权重为 1 的设计。对于分层 LDPC 解码算法，当循环权重为 2 时，同一变量节点会参与一层内的两个校验方程，这会导致在处理该层的对数似然比（Log Likelihood Ratio，LLR）更新时发生冲突。这些冲突需要特殊处理，如将 LLR 内存分为两个存储区，这可能会使实现复杂化或导致并行度降低。而采用最大循环权重为 1 的设计则无须在子矩阵级别进行任何特殊处理。另外，研究表明最大循环权重为 1 的 LDPC 码设计具有非常好的性能，可以满足 eMBB 的要求[87,99-100]。考虑到循环权重对性能、实现的复杂度和并行处理的影响，NR 最终采用最大循环权重为 1 的 LDPC 码设计[101]。

7.3.4 基础图设计

本节将着重介绍对奇偶校验矩阵设计至关重要的基础图设计，具体包括基础图的大小、数量、结构和打孔方式等。

1. 基础图大小

基础矩阵的列数越多，其平均行重（所有行中非-1 的个数的平均值）可能越大，从而导致较高的解码器复杂度和更新奇偶校验节点 LLR 时较高的解码延迟。同时，在相同的编码率下，总列数较大，则总行数也会较大，从而增加分层解码器中的层数，导致解码器具有较高的延迟。尽管可以通过降低系统列列数来减少总行数，但这样可能会破坏基础矩阵的统一性。因此，在应用 QC-LDPC 码的系统中，如 IEEE 802. 16e/11n/11ac，其系统列列数的最大取值为 20。一些公司提出 NR LDPC 码的基础图应该尽可能小[86,89-91]，即采用紧凑型的基础图设计，以达到高吞吐量和低复杂度的要求。与非紧凑矩阵相比，紧凑矩阵具有以下优点：

- 紧凑型矩阵的行并行解码器更容易实现，更有效；
- 可用于提高块并行解码器潜在的最大并行度；
- 仿真结果表明[102]，紧凑矩阵的性能可与非紧凑矩阵媲美；
- 具有许多成熟的高吞吐量的实现设计；
- 能支持更多的 MCS 等级实现 20 Gbps 的峰值吞吐量需求；
- 使用更少的 ROM 来存储基本奇偶校验矩阵；
- 周期移位操作的表达式和控制电路更简单；
- 在基于 CPU 或 DSP 的软件仿真中，所需的时间明显减少。

考虑以上几个方面，NR 采用紧凑型的基础矩阵设计，即采用具有较小的系统列列数（具体为 22 和 10）的基础图。

2. 基础图设计

LDPC 码可以使用单个基础图[86,89,103] 或多个基础图[85,87,104-105] 来支持灵活的码块大小和码率。其中，使用单个基础图与使用多个基础图性能相当，且简单统一，适用于并行解码器，只需要较少的 ROM 进行存储；相对的，多个基础图会导致更高的复杂度。但是，NR 支持的数据速率、块大小和编码速率的范围较大，对于不同的块大小和不同的编码速率分别进行基础图的优化，即通过选择不同的基础图支持不同的范围，就无须将奇偶校验矩阵从非常高的码率扩展到非常低的码率。

考虑到 BG 设计对实现复杂度和性能的影响，在 RAN1#88bis 会议上确定了基于单个基础图和多个基础图的 3 个候选方案[106]。

- 方案 1：使用一个 BG，覆盖的码率范围为 $\sim\frac{1}{5}\leqslant R\leqslant\sim\frac{8}{9}$。
- 方案 2：使用一个由两个 BG（BG1 和 BG2）嵌套组成的 BG，覆盖码块大小的范围为 $K_{\min}\leqslant K\leqslant K_{\max}$，码率范围为 $\sim\frac{1}{5}\leqslant R\leqslant\sim\frac{8}{9}$。

■ BG1 覆盖的码块范围为：$K_{min1} \leqslant K \leqslant K_{max1}$，其中 $K_{min1} > K_{min}$，$K_{max1} = K_{max}$，覆盖的码率范围为 $\sim\frac{1}{3} \leqslant R \leqslant \sim\frac{8}{9}$，即优先考虑支持大码块和较高码率，同时进一步确认码率是否可以支持到 $\sim\frac{1}{5}$；

■ BG2 需要嵌套在 BG1 中，覆盖的码块范围为 $K_{min2} \leqslant K \leqslant K_{max2}$，$K_{min2} = K_{min}$，$K_{max2} < K_{max}$，其中 $512 \leqslant K_{max2} \leqslant 2\ 560$，覆盖的码率范围为 $\sim\frac{1}{5} \leqslant R \leqslant \sim\frac{2}{3}$，即优先考虑支持较小码块和较低码率。在设计 BG2 时，初始设计的最大系统列列数 $K_{bmax} = 16$，允许 $10 \leqslant K_{bmax} < 16$。

● 方案 3：使用两个独立的 BG，其中 BG1 和 BG2 覆盖的码块大小和码率与方案 2 类似，但 BG2 不需要嵌套在 BG1 中。

上述 3 种方案均能实现对灵活码率和码块大小的支持，因此将 BLER 性能作为评判矩阵好坏的主要标准。各公司针对 BLER 和译码时延进行了仿真评估，最终根据性能确定了使用两个独立 BG 的方案。其中，BG1 大小为 46×68，支持的最低码率为 1/3，主要用于吞吐量要求较高、码率较高、码块较大的场景；BG2 大小为 42×52，支持的最低码率为 1/5，主要用于吞吐量要求不高、码率较低、码块较小的场景。BG2 通过删除不同个数的系统列，对不同长度的码块做了进一步支持。具体的，当信息块小于等于 192 bit 时，系统列列数为 6；当信息块大于 192 bit 且小于等于 560 bit 时，系统列列数为 8；当信息块大于 560 bit 且小于等于 640 bit 时，系统列列数为 9；当信息块大于 640 bit 时，系统列列数为 10。

NRLDPC 码使用的 BG1 和 BG2 矩阵结构分别如图 7-13 和图 7-14 所示，其中元素“0”表示置换矩阵为全零阵，元素“1”表示置换矩阵为循环移位矩阵（BG 的具体取值查阅文献［107］可以得到）。BG 中的前两列属于大列重，即这两列中 1 的数量明显多于其他列。这样做的好处是在译码过程中加强消息流动，增加校验方程之间的消息传递效率。左下角的矩阵可以分为行正交设计和准行正交设计两部分。右下角是对角阵，支持 IR-HARQ，每次重传只需要发送更多的校验比特即可。

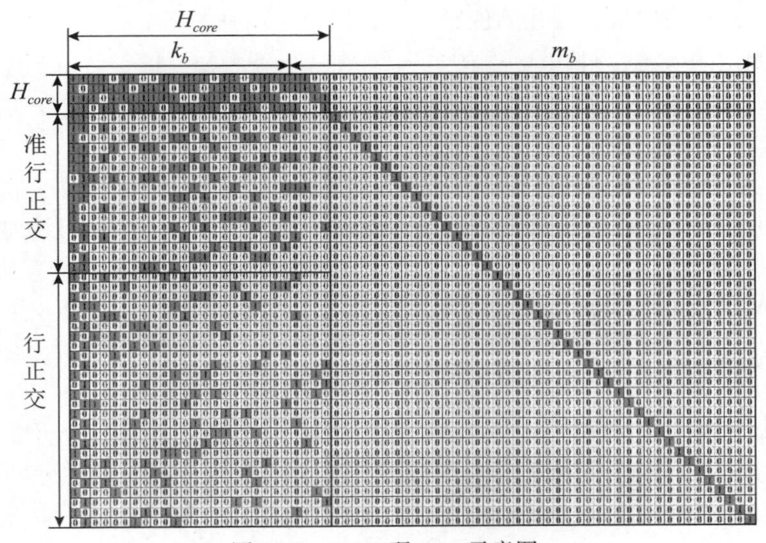

图 7-13　LDPC 码 BG1 示意图

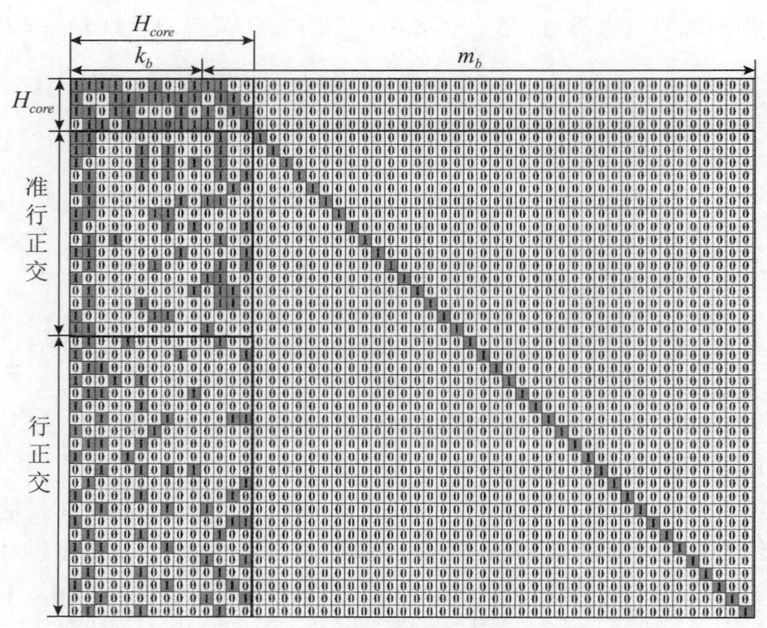

图 7-14　LDPC 码 BG2 示意图

3. 基础图元素

在 LDPC 解码器中，基础矩阵中的每个元素（非-1）对应于循环移位，元素的值等于“0”意味着不需要循环移位。因此，基础矩阵中的“0”元素越多，LDPC 解码器的复杂度越低。对于基础矩阵中的任何列，如果每列的第一个非-1 元素等于“0”，在更新前两行时可以得出原始顺序的信息位。因此，部分公司建议对于基础矩阵，每列的第一个非-1 元素固定为“0”[86]。考虑到 LDPC 码的性能和实现的复杂度，NR 最终没有采纳该方案。

4. 基础图打孔方式

对 QC-LCPC 的系统比特进行适当打孔处理，即不传输列重很大的变量节点所对应的系统比特，QC-LDPC 码的性能可以进一步提高[108]。对于基础图的打孔设计，不同设计方案的区别主要体现在打孔的数量和打孔的位置上，具体分为 4 种方案。

- 不考虑固定的系统位打孔[96]。
- 对前 Z 个系统位进行打孔[91]。
- 对前 $2Z$ 个系统位进行打孔[86-87,90,92-93,95]。
- 对最后 $2Z$ 个系统位进行打孔[96]。

基于性能仿真和 LDPC 码矩阵的结构设计考虑，为了保证通过与前几个变量节点的充分连接，校验节点能够达到彼此之间的软信息的顺畅流通，系统位矩阵的最左边列的列重设计的很大，最终 NR 确定对开始的前 $2Z$ 个系统位进行打孔处理。

7.3.5　提升值设计

对于每个基础图，通过使用相应的基础矩阵，根据提升值 Z 将每个元素替换为相应的 $Z×Z$ 循环移位矩阵，可以获得特定的奇偶校验矩阵。通过更改提升值大小可以支持不同的码块大小，同时，提升值会通过内置的并行机制影响编码器/解码器的吞吐量以及延迟，对 LDPC 码的性能和实现都有影响，通常较大的提升值意味着较低的延迟，也可以通过其他技术来进一步减少等待时间，例如并行处理多个校验/变量节点或使用多个单独的解码器等。NR 考虑最大提升值从候选值集合｛256，512，1 024｝、320 附近的值和 384 附近的值进行选取[101]。其中，较大取值的 Z（如 $Z_{max}=1\ 024$）可能会导致非常小的奇偶校验矩阵（行/列数），从而影响性能。在综合考虑了吞吐量、延迟、性能以及灵活性之后，NR 最终同意采用 $Z_{max}=384$。

为了 LDPC 码能够支持灵活的码块大小，需要设计多个提升值。在提升值粒度的选取上，部分公司提出可以采用粒度为 1 的设计[94]，即 $Z_{min}:1:Z_{max}$。还有一些公司从实现和资源利用率等方面考虑，不建议使用连续的提升值[99-100,109]，可以通过不同的粒度在最小提升值和最大提升值之间进行抽取，例如｛1：1：8，8：1：16，16：2：32，32：4：64，64：8：128，128：16：256，256：32：512｝。其中提升值粒度为 2^L，$L\geqslant 0$；对于较大的提升值范围，支持的提升值粒度为 2^L，$L\geqslant 3$。从硬件效率的角度，Z 为 2 的幂次是最理想的，因为并行度为 2 的幂次的 LDPC 码可以非常有效地实现移位网络（如 Banyan 网络）。并且，对于分层解码器，当解码器并行度小于 Z 时，Z 应等于解码器并行度的整数倍。如果 Z 等于 2^j 的质数整数倍，将为并行性选择提供更多的正整数因子。最终，NR 同意了提升值的形式为 $Z=a\times 2^j$，其中 $a=\{2,3,5,7,9,11,13,15\}$，$j=\{0,1,2,3,4,5,6,7\}$。一方面，2^j 形式的取值可以尽可能地使用 Banyan 网络进行设计；另一方面，引入因子 a 可以减少填充位的数量。

针对每个提升值优化一组循环矩阵是最灵活的，通过为每个提升值选择适当的偏移，可以消除性能曲线中的尖峰，并且不同码块长度的性能也可以非常平滑。但是，为了在 BLER 性能和硬件面积效率之间取得良好的折中，需要减少偏移系数矩阵的个数。针对这个问题，各公司提出了不同的方案。

- 一些公司建议对提升值进行聚类或分组设计，每组由彼此接近的提升值组成，采用相同的偏移系数设计[93]。
- 也有部分公司建议按照 a 的取值不同进行分组[96]，每组基于组内最大提升值 $Z_{a,max}$ 进行移位系数设计，从而得到每组对应的移位系数表；组内其他提升值 Z 的移位系数根据 $P_{a,Z}^{m,n}=P_a^{m,n}\bmod Z$ 得到，其中 $P_a^{m,n}$ 表示该组移位系数表中的第（m，n）个移位系数。
- 还有公司建议构造一个基本的偏移系数矩阵，通过模或 div-floor 操作从中得到不同提升值的偏移系数矩阵[94]。

结合 BLER 性能和实现考虑，NR 根据不同 a 的取值，一共构造了 8 个偏移系数表（$i_{LS}=\{0,1,2,3,4,5,6,7\}$），每个偏移系数表支持的提升值取值如表 7-1 所示。同一个偏移系数表内，提升值 Z 对应的偏移系数根据 $P_{a,Z}^{m,n}=P_a^{m,n}\bmod Z$ 进行计算。

表 7-1　不同偏移系数表支持的提升值大小

i_{LS}	提升值 Z
0	{2，4，8，16，32，64，128，256}（a=2）
1	{3，6，12，24，48，96，192，384}（a=3）
2	{5，10，20，40，80，160，320}（a=5）
3	{7，14，28，56，112，224}（a=7）

续表

i_{LS}	提升值 Z
4	{9，18，36，72，144，288}（a=9）
5	{11，22，44，88，176，352}（a=11）
6	{13，26，52，104，208}（a=13）
7	{15，30，60，120，240}（a=15）

7.3.6 分割与 CRC 校验

1. 最大信息块长度

编码器输入端的最大信息块长度 K_{max} 影响码块分段和解码器的实现复杂度，是信道编码重要的设计参数。LTE 系统中 Turbo 码的最大信息块长度为 6 144，当信息块大小大于 6 144 时，对码块进行分段处理。针对 LDPC 码的最大信息块长度，各公司给出了如下几种设计方案。

- K_{max} = 12 288 位[91]，即一个 IP 数据包的位数。
- 从硬件实现的角度，选择 K_{max} 为 2 的 n 次幂更合理，建议采用 K_{max} = 8 192[94]。
- 对于 LDPC 解码器，最大信息块长度 K_{max} 越大内存消耗越高，因此建议 LDPC 码的最大信息块长度与 LTE Turbo 码类似，即 K_{max} 满足 6 144≤K_{max}≤8 192[110]。

最大信息块长度的选择主要考虑性能和实现复杂度两个方面。部分公司通过对 8K 和 12K 两种信息块长度进行仿真[111]，发现 8K 和 12K 两种长度的代码块之间的性能差异可以忽略不计。由于 LDPC 译码器的存储器和更新逻辑的数量与最大信息块长度成正比，长度为 12K 的码块的实现复杂度比长度为 8K 的码块将增加大约 50%。结合 NR 采用的基础图，NR 最后同意 LDPC 的最大信息块长度为 K_{max} = 8 448（BG1）和 K_{max} = 3 840（BG2）。

2. CRC 附加位置

如果传输块（Transport Block，TB）的长度大于 LDPC 码最大信息块的长度，传输块将被分割为几个分段码块（Code Block，CB），并独立进行编码。如何给 TB 和 CB 添加 CRC 校验码，不同公司给出了两种处理方法。

- TB 级和码块组（Code BlockGroup，CBG）级的 CRC 附加[112-113]。LDPC 码具有内置的错误检测功能，在 CB 级利用 LDPC 码本身的特性进行错误检测和停止，可以减少 CRC 的开销，提高整体性能。这种方案可以提供三层的错误检测（如图 7-15 所示）：CB 级的 LDPC 奇偶校验、CBG 级的 CRC 校验和 TB 级的 CRC 校验。

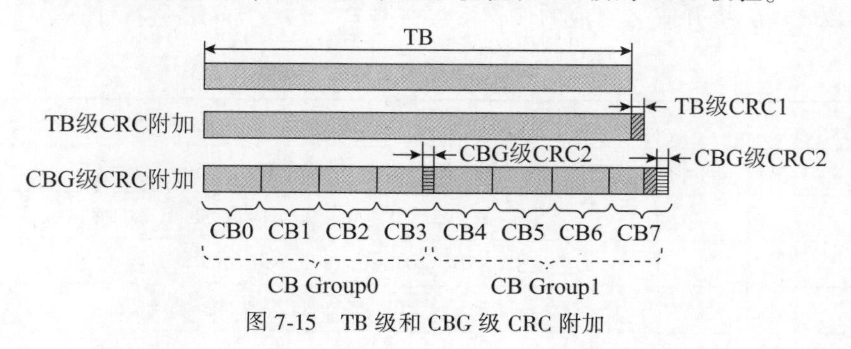

图 7-15 TB 级和 CBG 级 CRC 附加

- TB 级和 CB 级的 CRC 附加[114-115]。对于中小 TB 大小，可能不会对 CB 进行分组，此时可以考虑不进行 CBG 级的 CRC 附加，而是进行 CB 级的 CRC 附加。对于较大的 TB 大小，如果需要对 CB 进行分组，则可以利用 CB 级的 CRC 检测来支持 CBG 级的 HARQ。如果一个 CBG 的较早 CB 有错误并且被认为不可恢复，则 CBG 中的其余 CB 不需要解码，直接生成 NACK 信息，示意图如图 7-16 所示。

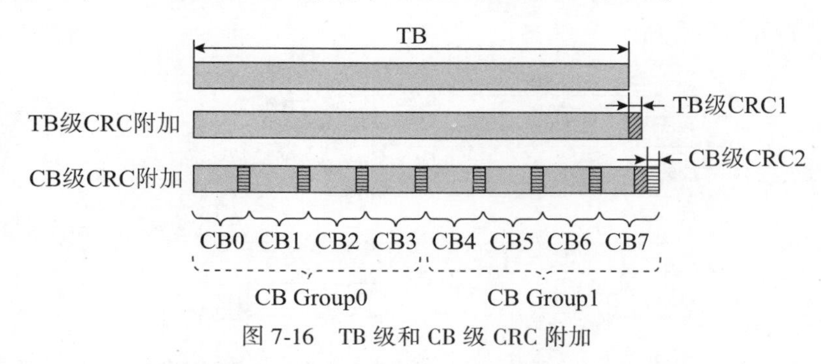

图 7-16　TB 级和 CB 级 CRC 附加

CBG 级的 CRC 附加仅在以下情况才会发生作用：CBG 中所有 CB 均通过了固有的 LDPC 奇偶校验且 CBG 中有至少一个 CB 发生了错误。这种情况并不多见，并且 TB 级的 CRC 已经可以有效避免将错误的 TB 传送到高层。另外，尽管 CBG 级 CRC 检测的开销要低于 CB 级 CRC 检测，但 CRC 本身开销并不大，因此在确定 CRC 附加的位置时开销不是决定因素。最终 NR 没有采用 CBG 级的 CRC 添加[116]，而是进行 TB 级和 CB 级的 CRC 附加[115]。

3. CRC 附加长度

对于 LDPC 码，达到给定的未检测到的错误概率所需的 CRC 位数随信息块大小和编码率而变化。考虑实际性能需求，NR 最终确定当信息块大小 $A>3\ 824$ 时，在传输块后附加长度为 $L=24$ 位的 CRC，生成多项式为

$$g_{CRC24A}(D)=D^{24}+D^{23}+D^{18}+D^{17}+D^{14}+D^{11}+D^{10}+D^{7}+D^{6}+D^{5}+D^{4}+D^{3}+D+1 \quad (7.13)$$

当信息块大小 $A\leqslant 3\ 824$ 时，在传输块后附加长度为 $L=16$ 位的 CRC，生成多项式为

$$g_{CRC16}(D)=D^{16}+D^{12}+D^{5}+1 \quad (7.14)$$

如果需要进行码块分段（即码块数 $C>1$），则在每个分段码块后附加长度为 24 位的 CRC，生成多项式为

$$g_{CRC24B}(D)=D^{24}+D^{23}+D^{6}+D^{5}+D+1 \quad (7.15)$$

4. 码块分段

对于分段码块，可以使用较低的硬件复杂度进行独立处理。在进行码块分段前，需要先根据附加 CRC 之后的传输块大小 $B=A+L$（其中 A 为信息块大小，L 为附加的 TB 级 CRC 的大小）、最大码块长度 K_{cb}、分段码块 CRC 长度 CRC_{CB} 确定 CB 数目：$C=\left\lceil \frac{B}{K_{cb}-CRC_{CB}} \right\rceil$。对码块的分段处理 NR 考虑了 3 种方式。

- 对除最后 CB 之外的所有 CB 均等划分 TB[117]。

前 $C-1$ 个 CB 可以包含 $\lceil B/C \rceil$ 个原始比特位，而最后一个 CB 可以包含 $B-(C-1)$

$\lceil B/C \rceil$原始比特位。将 $C\ (B/C)\ -B$ 个零作为填充位$^+$填充到最后一个 CB，以使其长度与其他 CB 相同。选择提升值 Z 使得 $K_b \cdot Z$（其中 K_b 是使用的基础矩阵中的系统列列数）大于或等于 $K=\lceil B/C \rceil+CRC_{CB}$ 位的最小值，之后附加填充位*到每个 CB，以匹配选定的 Z 值。填充位$^+$和填充位*之间的区别在于，填充位$^+$与原始比特位一起发送，而填充位*将在 LDPC 编码后删除①。通过这种方法，保证了所有发送的 CB 的长度都相同，简化了接收机的操作。其示意图如图 7-17 所示。

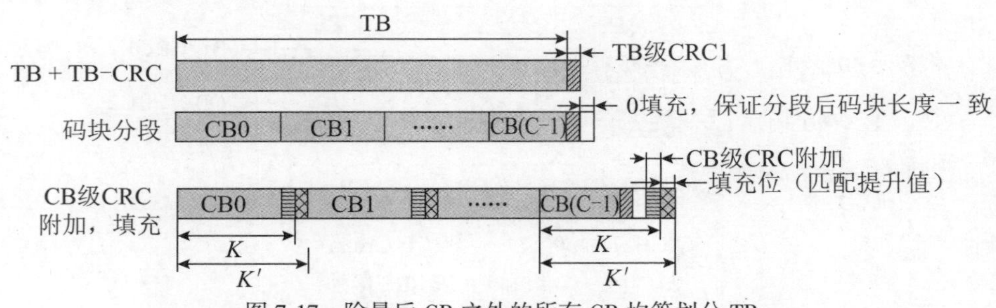

图 7-17　除最后 CB 之外的所有 CB 均等划分 TB

- 为所有 CB 大致均等地划分 TB[117-119]。

定义两个码块大小 $K^+=\left\lceil \frac{B+C\cdot CRC_{CB}}{C} \right\rceil$和 $K^-=\left\lfloor \frac{B+C\cdot CRC_{CB}}{C} \right\rfloor$，让前 C^+个 CB 包含 K^+-CRC_{CB} 个信息，而其余的 CB 包含 K^--CRC_{CB} 个信息。选择提升值 Z 使得 $K'=K_{b,\max}\cdot Z$ 是大于或等于 K^+位的最小值。对于前 C^+的每个 CB，插入 $K'-K^+$填充位。对于其余的 CB，插入 $K'-K^-$填充位。该方案的缺点在于，实际发送的 CB 的长度可能不同，会在接收侧引入额外的操作。其示意图如图 7-18 所示。

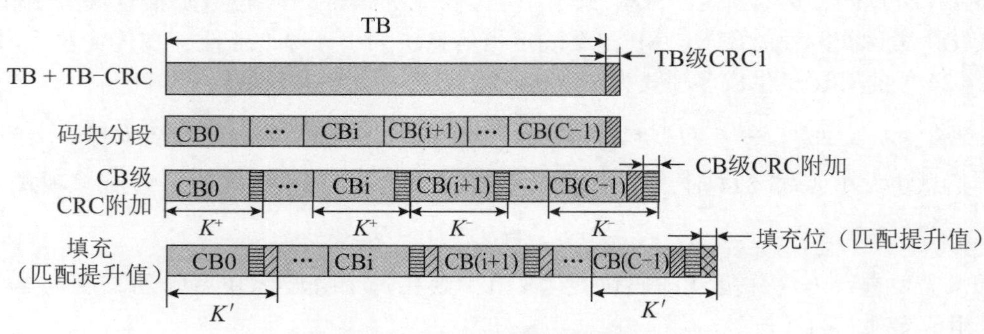

图 7-18　所有 CB 大致均等地划分 TB

- 为所有 CB 均等地划分 TB[120]。

每个 CB 包含 $CBS=\left\lceil \frac{B}{C} \right\rceil$个原始比特位。由于 B 通常不是 CBS 的整数倍，需要对一个或多个 CB 进行零比特填充。可以调整 TB 块大小，以便在 CB 分割时不需要零填充，如图 7-19 所示。

① *，+是为了区分不同类型的填充位。

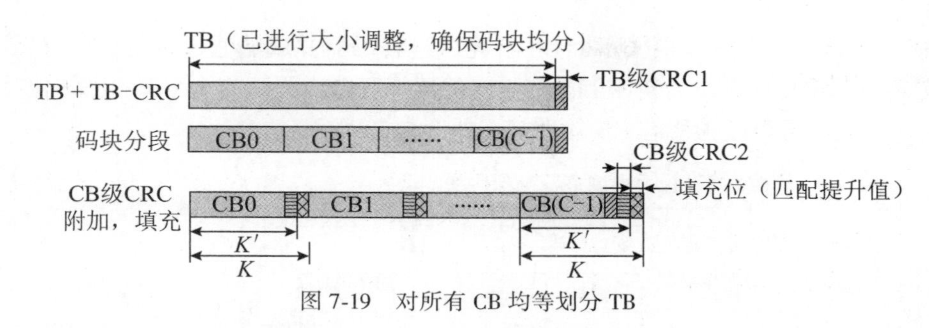

图 7-19　对所有 CB 均等划分 TB

最终 NR 中采用等长分割的第三种方式（通过对传输块大小进行调整，确保分段时不需要进行 0 填充），即码块数满足 $C=\left\lceil \frac{B}{K_{cb}-CRC_{CB}} \right\rceil$，分割之后总的传输块长度为 $B'=B+C\times CRC_{CB}$，每个码块长度为 $K'=B'/C$。在 LDPC 编码之前，需要根据选择的 BG 和 B 的大小确定 K_b，然后找到最小的提升值 Z（用 Z_C 表示），使其满足 $K_bZ_C\geqslant K'$。之后根据 Z_C 确定参与编码的分段码块的长度 K，对于 BG1，设置 $K=22Z_C$；对于 BG2，设置 $K=10Z_C$。如果 $K\geqslant K'$，则需要在原分段码块后插入 $K-K'$ 个填充位。在对代码块进行分段之后的其余操作，如 LDPC 编码、速率匹配（包括具有冗余版本的循环缓冲区操作和调制符号映射等）等均在码块级别执行。

表 7-2　不同 BG 的系统列列数

BG1	BG2			
All B	$B\leqslant 192$	$192<B\leqslant 560$	$560<B\leqslant 640$	$640<B$
$K_b=22$	$K_b=6$	$K_b=8$	$K_b=9$	$K_b=10$

7.3.7　速率匹配与 HARQ

1. 比特填充

一次传输中可传输的信息块大小是根据可用的物理资源确定的，LDPC 编码时需要配置灵活的码长和码率，以适应所配置的物理资源。由于提升值的集合是离散的，仅依靠提升值调整往往不能满足要求，通常还需要缩短、打孔或重复等其他处理。

由上节介绍可知，经过分段处理之后的码块长度 K' 不一定等于实际参与编码的码块长度 K，当 $K'<K$ 时，需要对码字进行缩短处理，即在长度为 K' 的系统位之后进行比特填充。对于填充位 F 的具体取值 NR 讨论了 3 种方案。

（1）零填充[121-122]

许多常见标准都使用“零”进行比特填充，即在系统位最后添加适当数量的零比特。在大多数情况下，这些填充位在编码后会被打孔。解码器将这些打孔的零填充比特与匹配的 LLR 相加，这些 LLR 通常设置为最大/最小 LLR 值。当 CB 的数量很少，填充开销很大并且需要简单的操作时，可以将零填充应用于比特填充中。

（2）重复填充[121]

在 LTE 系统中，一个 TB 中只要有一个 CB 传输错误，整个 TB 就会被重传。在 NR 系统中，可以通过使用 LDPC 期望的填充位来提供相同的错误保护，从而提高传输效率。具体的，可以将相邻 CB 的信息位用作填充位以满足编码要求，然后使用此附加信息来改善两个

CB 的性能。在接收端，可以根据哪个 CB 首先通过解码器并成功通过奇偶校验（或 CRC 校验）来交换用于重复信息位的初始 LLR，重复的比特可以作为下一个 CB 的已知比特。通过这种方式，填充位可以改善所有 CB 的性能，如图 7-20 所示。

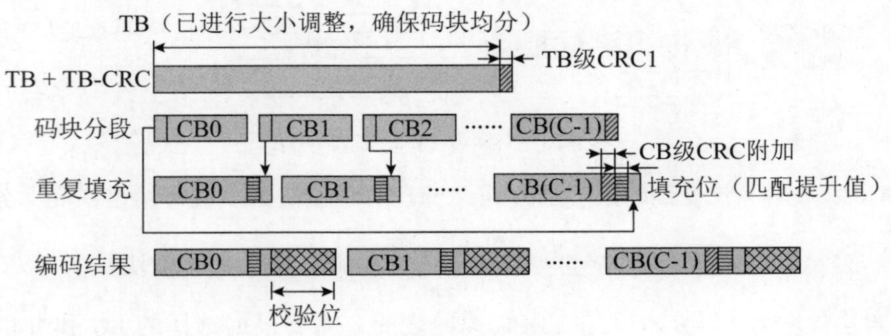

图 7-20 重复填充示意图

图 7-20 中还给出了接收端用于顺序处理的解码过程。当 CB0 解码成功时，第二个接收到的 CB 中的重复位对应的 LLR 将更新，利用更可靠的信息以开始解码过程。对于所有其他接收到的 CB，可以重复此过程。如果一个（或几个）CB 没有被正确检测，则解码器可以继续解码下一个 CB，从而可以在下一次尝试中使用成功解码的 CB 所携带的已知比特来解码错误的 CB。同时，可以将相同的原理应用于并行译码处理中，此时不再是使用相邻的 CB 进行填充，而是先进行 CB 分组，利用第二组 CB 对第一组 CB 进行填充。

（3）RNTI 填充[121]

将标识接收器（如 RNTI）和/或发送器的比特用作缩短了信道代码的已知比特，用于比特填充。特别地，数据比特被复用或填充已知的 RNTI 比特。

综合考虑不同填充位取值对性能和实现的影响，NR 最终选择零比特进行填充处理。

2. HARQ 传输

与 LTE Turbo 码类似，NR 通过循环缓冲区实现 HARQ 和速率匹配。编码后的结果放在缓冲区中，定义冗余版本（Redundant Version，RV）来指示循环缓冲区的地址。每次传输时根据 RV 从循环缓冲区中依次读取，进而实现速率匹配。为了在 QC-LDPC 码中轻松寻址 RV，NR 使用提升值 Z 作为 RV 的位置单位。

针对 LDPC 的 HARQ 传输，NR 主要考虑了以下 3 个候选方案。

（1）顺序传输[112,123]

为了利用 IR-HARQ 的编码增益，起始索引从上次传输结束的位置开始。首次传输长度为 N 的信息块，包含长度为 K 的信息，重传过程中从上次传输结束的位置处开始传输。如图 7-21 所示。

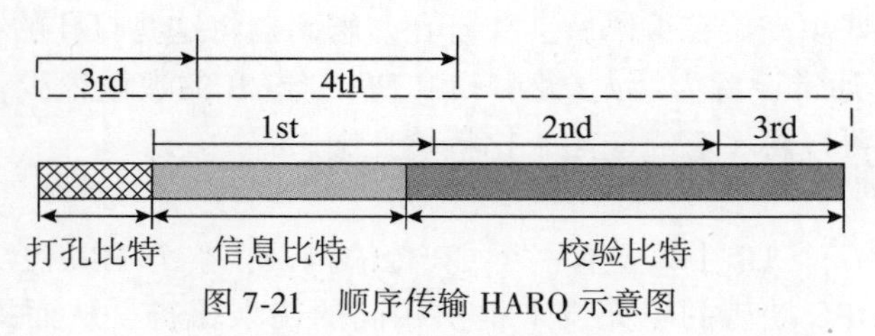

图 7-21 顺序传输 HARQ 示意图

（2）信息位重传

如图 7-22 所示，在每次传输中均包含信息位[124]，过程如下：

- 在第 1 次传输中，发送除了打孔位以外的所有信息比特和部分校验比特，总长度为 N；
- 在第 2 次传输中，发送长度为 I 的信息比特，包含打孔处理的信息比特和部分其他信息比特（其他信息比特的长度可以为 0），发送长度为 $N-I$ 的新校验比特；
- 在第 3 次传输中，重传开始点向右偏移长度为 I，包含 I 个信息比特和长度为 $N-I$ 的新校验比特；
- 在第 4 次传输中，重传开始点向右偏移长度为 I，包含 I 个信息比特和长度为 $N-I$ 的新校验比特。

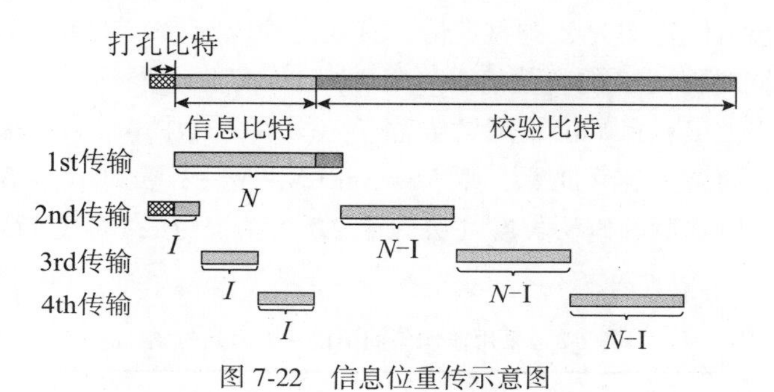

图 7-22　信息位重传示意图

（3）基于固定起始位 RV 的重传

起始位置的分布可以是均匀的也可以是不均匀的，根据 RV 的选择顺序可以进一步分为两种场景。

- 顺序选择 RV（以起始位置均匀分布为例），循环缓冲区如图 7-23 所示。

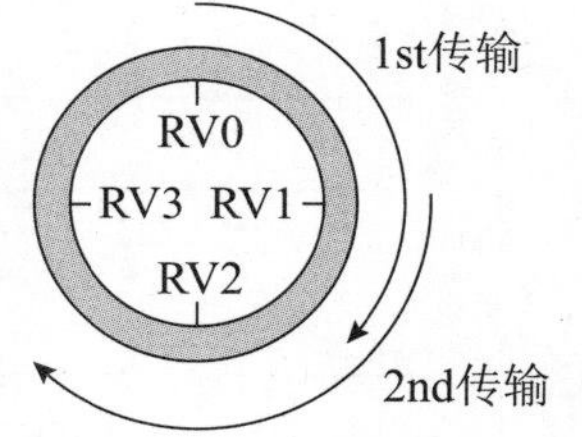

图 7-23　顺序选择 RV 号

根据打孔位的传输情况可以进一步分为首次重传、末次重传、首末重传和不传输等 4 种传输打孔位的方式，分别如图 7-24（a）、图 7-24（b）、图 7-24（c）、图 7-24（d）所示。

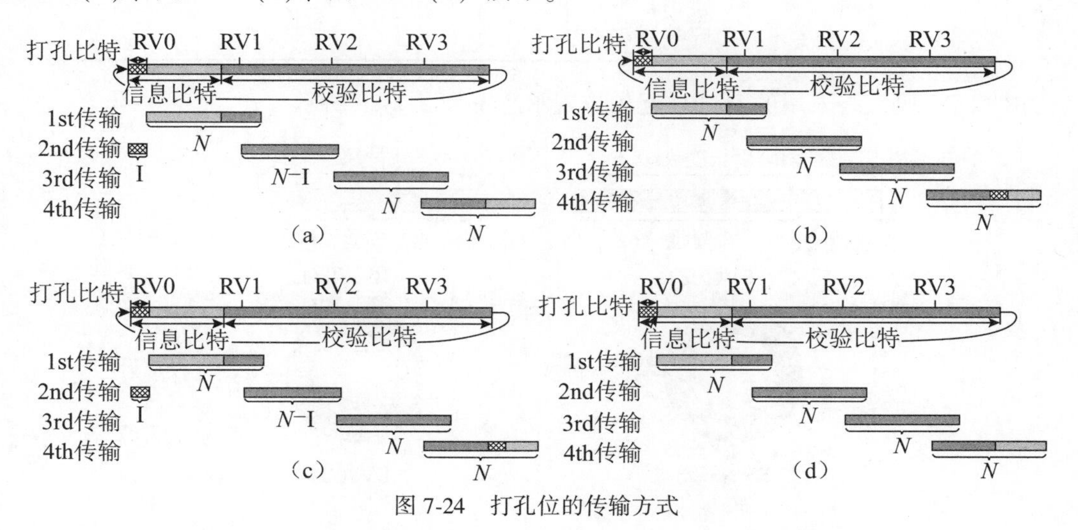

图 7-24　打孔位的传输方式

● 非连续选择 RV（以起始位置均匀分布为例），循环缓冲区如图 7-25 所示[125-126]。

综合考虑重传对性能的影响、实现复杂度以及自解码特性等因素，NR 最终采用了非连续选择 RV（一般为 0→2→3→1 的 RV 传输顺序）和不传输打孔系统位的方式。具体方案如下。

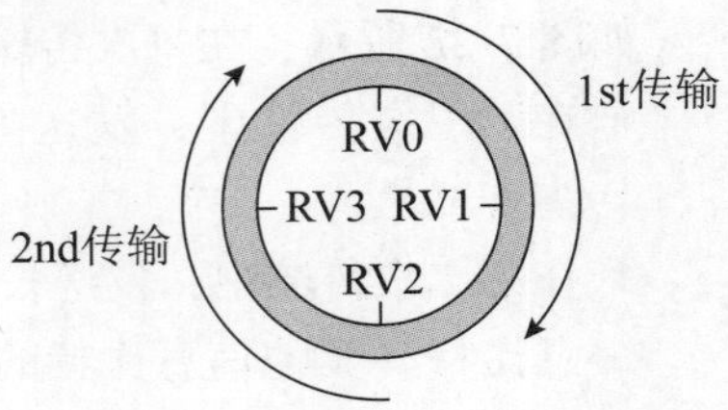

图 7-25　非连续选择 RV 号传输

● 前 $2Z$ 个打孔位不输入循环缓冲区，填充位输入到循环缓冲区中。

● 重传起始位的数目为 4，并且在循环缓冲区中的固定位置上。

● RV#0 和 RV#3 是可以自解码的（即包含信息位和校验位）。

● 每个 RV 的起始位置均为 Z 的整数倍，有限缓冲区的 RV 起始位置从完整缓冲区位置进行缩放，同时保证 Z 的整数倍。

采用非均匀间隔的 RV 起始位置配置如表 7-3 所示，其中 N_{cb} 表示循环缓冲区的大小。如果接收端使用有限缓冲区速率匹配，则 $N_{cb}=\min(N,\ N_{ref})$；否则 $N_{cb}=N$。其中 N_{ref} 为有限缓冲区大小，N 为编码之后的码块长度（去除前 $2Z$ 个系统位），对于 BG1，$N=66Z_c$，对于 BG2，$N=50Z_c$。

表 7-3　采用非均匀间隔的 RV 起始位置

RV_{id}	k_0	
	BG1	BG2
0	0	0
1	$\left\lfloor \frac{17N_{cb}}{66Z_c} \right\rfloor Z_c$	$\left\lfloor \frac{13N_{cb}}{50Z_c} \right\rfloor Z_c$
2	$\left\lfloor \frac{33N_{cb}}{66Z_c} \right\rfloor Z_c$	$\left\lfloor \frac{25N_{cb}}{50Z_c} \right\rfloor Z_c$
3	$\left\lfloor \frac{56N_{cb}}{66Z_c} \right\rfloor Z_c$	$\left\lfloor \frac{43N_{cb}}{50Z_c} \right\rfloor Z_c$

NR LDPC 码最终采用的 HARQ 起始位置示意图如图 7-26 所示。

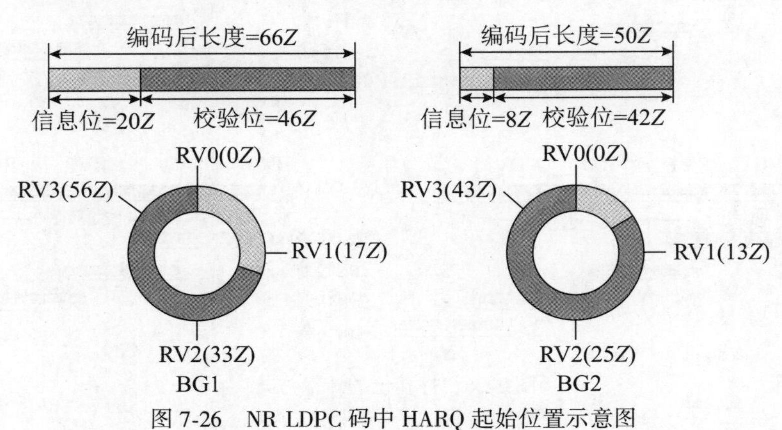

图 7-26　NR LDPC 码中 HARQ 起始位置示意图

3. 交织器设计

在实际传输中，某些子载波或 OFDM 符号可能会经历深度衰落，导致严重的码字突发错误。交织器可以消除连续的错误，并将其扩展到整个码字中，这些分散的错误可以在解码器中被纠正。当采用高阶调制时，比特能量分布不均，各个比特的可靠性是不同的。一个符号对应的比特位中，越靠后的比特可靠性越差。NR 中最终采用的是行数等于调制阶数的行列交织器，采用按行写入，按列读出的方式，如图 7-27 所示。

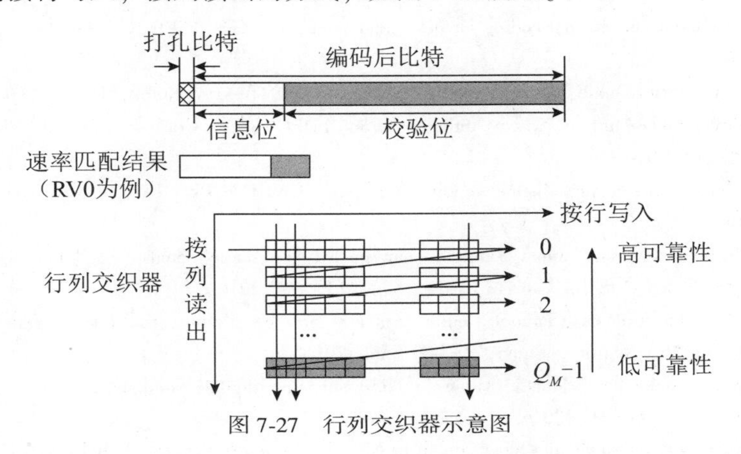

图 7-27 行列交织器示意图

7.4 小结

作为 5G 的基础性技术，NR 信道编码凝聚了 3GPP 组织众多参与公司和技术研究人员的心血和汗水。通过在数据信道引入 LDPC 码，满足了 NR 对高吞吐量、灵活码块范围和较小译码时延要求。同时，在控制信道采用 Polar 码对控制信息进行编码，可以达到小码块情况下的低误码率，保证了控制信息的传输可靠性。这两种信道编码技术保证了 NR 的基本传输性能，为后续引入多天线和波束管理等增强技术打下了基础。

参考文献

[1] 3GPP. TS36. 212 V14. 0. 0-Multiplexing and channel coding（Release 14）. Sept. 2016.

[2] R1-164280. Consideration on Outer Code for NR，ZTE Corp. ZTE Microelectronics，3GPP RAN1#85，Nanjing，China，23rd-27th May 2016.

[3] P. Elias. Coding for noisy channels. Ire Convention Record，1995. 6，pp. 33-47.

[4] 3GPP2. C. S0002-0 V1. 0 Physical Layer Standard for cdma2000 Spread Spectrum Systems. Oct. 1999.

[5] 3GPP，TS25. 212 V5. 10. 0-Multiplexing and channel coding（FDD）（Rlease 5）. June 2005.

[6] G. Solomon. A connection between block and convolutional codes. Siam Journal on Applied Mathematics，Oct. 1979，37（2），pp. 358-369.

[7] H. Ma. On tail-biting convolutional codes. IEEE Trans. On Communications，2003，34（2），pp. 104-111.

[8] C. Berrou，et. al. Near Shannon limit error-correcting coding and decoding：Turbo Codes，Proc. IEEE Intl. Conf. Communication（ICC93），May 1993，pp. 1064-1070.

[9] 3GPP. TS25. 212 V5. 10. 0-Multiplexing and channel coding（FDD）（Release 5）. June 2005.

[10] R. G. Gallager. Low-density parity-check codes，MIT，1963.

[11] IEEE. 802. 16e.

[12] IEEE. 802. 11a.

[13] ETSI. EN 302 307 V1. 3. 1-Digital Video Broadcasting (DVB) Second generation framing structure, channel coding and modulation systems for Broadcasting, Interactive Services, News Gathering and other broadband satellite applications (DVB-S2), 2013. 03.

[14] 3GPP, TR 25. 814-V710-Physical layer aspects for E-UTRA, 2006. 9.

[15] E. Arikan. Channel polarization: A method for constructing capacity achieving codes for symmetric binary-input memoryless channels. IEEE Trans. Inform. Theory, vol. 55, July 2009, pp. 3051-3073.

[16] R1-162162. High level comparison of candidate FEC schemes for 5G, Huawei, HiSilicon. 3GPP RAN1#84bis, Busan, Korea, 11th-15th April 2016.

[17] R1-162230. Discussion on channel coding for new radio interface, ZTE. 3GPP RAN1#84bis, Busan, Korea, 11th-15th April 2016.

[18] R1-162397. Outer erasure code, Qualcomm. 3GPP RAN1#84bis, Busan, Korea, 11th-15th April 2016.

[19] R1-163232. Performance study of existing turbo codes and LDPC codes, Ericsson. 3GPP RAN1#84bis, Busan, Korea, 11th-15th April 2016.

[20] R1-163130. Considerations on channel coding for NR, CATR. 3GPP RAN1 # 84bis, Busan, Korea, 11th-15th April 2016.

[21] R1-163662. Way Forward on Channel Coding Scheme for 5G New Radio, Samsung, Nokia, Qualcomm, ZTE, Intel, Huawei. 3GPP RAN1#84bis, Busan, Korea, 11th-15th April 2016.

[22] R1-165637. Way Forward on Channel Coding Scheme for New Radio, Samsung, Nokia, Qualcomm, Intel, ZTE. 3GPP RAN1#85, Nanjing, China, 23rd-27th May 2016.

[23] R1-165598. WF on small block length, Huawei, HiSilicon, Interdigital, Mediatek, Qualcomm. 3GPP RAN1#85, Nanjing, China, 23rd-27th May 2016.

[24] R1-165726. Code type for small info block length in NR, Ericsson, Nokia, ASB. 3GPP RAN1#85, Nanjing, China, 23rd-27th May 2016.

[25] R1-164251. Performance evaluation of binary turbo codes with low complexity decoding algorithm, CATT. 3GPP RAN1#85, Nanjing, China, 23rd-27th May 2016.

[26] R1-164361. Turbo Code Enhancements, Ericsson. 3GPP RAN1#85, Nanjing, China, 23rd-27th May 2016.

[27] R1-164635. Improved LTE turbo codes for NR, ORANGE. 3GPP RAN1#85, Nanjing, China, 23rd-27th May 2016

[28] R1-165792. WF on turbo coding, LG, Ericsson, CATT, Orange. 3GPP RAN1 # 85, Nanjing, China, 23rd-27th May 2016.

[29] R1-167999. WF on Channel Coding Selection, Qualcomm Incorporated, Samsung, Nokia, ASB, ZTE, MediaTek, Intel, Sharp, MTI, Interdigital, Verizon Wireless, KT Corporation, KDDI, IITH, CEWiT, Reliance-jio, Tejas Networks, Beijing Xinwei Telecom Technology, Vivo, Potevio, WILUS, Sony, Xiaomi. 3GPP RAN1#85, Nanjing, China, 23rd-27th May 2016.

[30] R1-168040. WF on channel coding selection, Huawei, HiSilicon, CMCC, CUCC, Deutsche Telekom, Orange, Telecom Italia, Vodafone, China Unicom, Spreadtrum. 3GPP RAN1 # 86, Gothenburg, Sweden, 22nd-26th August 2016.

[31] R1-168164. WF on turbo code selection, LG Electronics, Ericsson, CATT, NEC, Orange, IMT. 3GPP RAN1# 86, Gothenburg, Sweden 22nd-26th August 2016.

[32] R1-168164. Final report of 3GPP TSG RAN WG1#86bis, Lisbon, Portugal, 10th-14th October 2016.

[33] R1-1610604. WF on channel codes for NR eMBB data, AccelerComm, Ericsson, Orange, IMT, LG, NEC, Sony. 3GPP RAN1#86bis, Lisbon, Portugal, 10th-14th October 2016.

[34] R1-1610767. Way forward on eMBB data channel coding, Samsung, Qualcomm Incorporated, Nokia, Alcatel-Lucent Shanghai Bell, Verizon Wireless, KT Corporation, KDDI, ETRI, IITH, IITM, CEWiT, Reliance Jio, Tejas Network, Xilinx, Sony, SK Telecom, Intel Corporation, Sharp, MTI, National Instrument, Motorola Mobility, Lenovo, Cohere Technologies, Acorn Technologies, CableLabs, WILUS Inc, NextNav, ASUSTEK, ITL. 3GPP RAN1#86bis, Lisbon, Portugal, 10th-14th October 2016.

[35] R1-1610850. WF on channel codes, Huawei, HiSilicon, Acer, Bell, CATR, China Unicom, China Telecom, CHTTL, Coolpad, Deutsche Telekom, Etisalat, InterDigital, III, ITRI, MediaTek, Nubia Technology, Nuel, OPPO, Potevio, Spreadtrum, TD Tech, Telus, Vivo, Xiaomi, Xinwei, ZTE, ZTE Microelectronics. 3GPP RAN1#86bis, Lisbon, Portugal, 10th-14th October 2016.

[36] R1-1610607. Way Forward on Channel Coding, ZTE, ZTE Microelectronics, Acer, Bell, CATR, China Unicom, China Telecom, CHTTL, Coolpad, Deutsche Telekom, Etisalat, Huawei, HiSilicon, InterDigital, III, ITRI, MediaTek, Nubia Technology, Neul, OPPO, Potevio, Shanghai Tejet, Spreadtrum, TD Tech, Telus, Vivo, Xiaomi, Xinwei, IITH, IITM, CEWiT, Reliance Jio, Tejas Network. 3GPP RAN1 #86bis, Lisbon, Portugal, 10th-14th October 2016.

[37] R1-1613342. WF on channel coding for eMBB data, Samsung, Acorn Technologies, Alcatel-Lucent Shanghai Bell, Ceragon Networks, Cohere Technologies, Ericsson, ETRI, European Space Agency, HCL Technologies limited, IAESI, Intel Corporation, ITL, KDDI, KT Corporation, Mitsubishi Electric, Motorola Solutions, NextNav, NEC, Nokia, Nomor Research, NTT Docomo, Prisma telecom testing, Qualcomm Incorporated, Reliance Jio, Sharp, SK Telecom, Sony, Straight Path Communications, T-Mobile USA, Verizon Wireless, WILUS Inc. 3GPP RAN1#87, Reno, USA, 14th-18th November 2016.

[38] R1-1613342. WF on channel coding, Huawei, HiSilicon, Acer, ADI, Aeroflex, Alibaba, Bell Mobility, Broadcom, CATR, CATT, Coolpad, Coherent Logix, CHTTL, CMCC, China Telecom, China Unicom, Dish Network, ETISALAT, Fiberhome, Hytera, IAESI, III, Infineon, InterDigital, ITRI, Irdeto, Lenovo, Marvell, MediaTek, Motorola Mobility, National Taiwan University, Netas, Neul, Nubia Technology, OOREDOO, OPPO, Potevio, SGS Wireless, Skyworks, Sporton, Spreadtrum, SRTC, Starpoint, STMicroelectronics, TD-Tech, Telekom Research & Development Sdn. Bhd, Telus, Toshiba, Turk Telekom, Union Telephone, Vivo, Xiaomi, Xilinx, Xinwei, ZTE, ZTE Microelectronics. 3GPP RAN1#87, Reno, USA, 14th-18th November 2016.

[39] R1-168170. WF on coding technique for control channel of eMBB, Ericsson, Nokia, ASB, LG, NEC, Orange, IMT, 3GPP RAN1#86, Gothenburg, Sweden, 22nd-26th August 2016.

[40] R1-166926. Further Discussion on Performance and Complexity of Enhanced TBCC, Ericsson. 3GPP RAN1 #86, Gothenburg, Sweden, 22nd-26th August 2016.

[41] R1-168024. WF on code selection for control channel, Huawei, HiSilicon, CMCC, CUCC, Deutsche Telekom, Vodafone, MTK, Interdigital, Spreadtrum. 3GPP RAN1#86, Gothenburg, Sweden, 22nd-26th August 2016.

[42] R1-1613211. WF on Channel Coding, Huawei, HiSilicon, Acer, ADI, Aeroflex, Alibaba, Bell Mobility, Broadcom, CATR, CATT, Coolpad, Coherent Logix, CHTTL, CMCC, China Telecom, China Unicom, Dish Network, ETISALAT, Fiberhome, Hytera, IAESI, III, Infineon, InterDigital, ITRI, Irdeto, Lenovo, Marvell, MediaTek, Motorola Mobility, National Taiwan University, Netas, Neul, Nubia Technology, OOREDOO, OPPO, Potevio, SGS Wireless, Skyworks, Sporton, Spreadtrum, SRTC, Starpoint, STMicroelectronics, TD-Tech, Telekom Research & Development Sdn Bhd, Telus, Toshiba, Turk Telekom, Union Telephone, Vivo, Xiaomi, Xinwei, ZTE, ZTE Microelectronics. 3GPP RAN1#87, Reno, USA, 14th-18th November2016.

[43] R1-1613577. WF on coding technique for control channel for eMBB, LG, AT&T, Ericsson, NEC, Qualcomm. 3GPP RAN1#87, Reno, USA, 14th-18th November 2016.

[44] R1-1613248. WF on NR channel coding, Verizon Wireless, AT&T, CGC, ETRI, Fujitsu, HTC, KDDI, KT, Mitsubishi Electric, NextNav, Nokia, Alcatel-Lucent Shanghai Bell, NTT, NTT DOCOMO, Samsung, Sierra Wireless, T-Mobile USA. 3GPP RAN1#87, Reno, USA, November 14th-18th, 2016.

[45] R1-1613248. Investigation of LDPC Codes for Control Channel of NR, Ericsson. 3GPP RAN1 #87, Reno, USA, 14th-18th November 2016.

[46] R1-1706194. On channel coding for very small control block lengths, Huawei, HiSilicon. 3GPP RAN1#88bis, Spokane, USA, 3rd-7th April 2017.

[47] R1-1704386. Consideration on Channel Coding for Very Small Block Length, ZTE, ZTE Microelectronics. 3GPP RAN1#88bis, Spokane, USA, 3rd-7th April 2017.

[48] R1-1705528. Performance Evaluation of Channel Codes for Very Small Block Lengths, InterDigital Communications. 3GPP RAN1#88bis, Spokane, USA, 3rd-7th April 2017.

[49] R1-1705427. Channel coding for very short length control information, Samsung. 3GPP RAN1 #88bis, Spokane, USA, 3rd-7th April 2017.

[50] R1-1706184. Evaluation of the coding schemes for very small block length, Qualcomm Incorporated. 3GPP RAN1# 88bis, Spokane, USA, 3rd-7th April 2017.

[51] 3GPP TS 36. 212 V8. 8. 0 (2009-12), NR. Multiplexing and channel coding (Release 8).

[52] R1-1709154. Coding Techniques for NR-PBCH, Ericsson, 3GPP RAN1 # 89, Hangzhou, P. R. China, 15th-

19th May 2017.

[53] R1-1707846. Channel coding for NR PBCH, MediaTek Inc. 3GPP RAN1 # 89, Hangzhou, P. R. China, 15th-19th May 2017.

[54] I. Tal and A. Vardy. How to Construct Polar Codes. in IEEE Transactions on Information Theory, vol. 59, no. 10, pp. 6562-6582, Oct. 2013.

[55] E. Arikan and E. Telatar. On the rate of channel polarization. 2009 IEEE International Symposium on Information Theory, Seoul, 2009, pp. 1493-1495.

[56] S. B. Korada, E. Şaşoĝlu and R. Urbanke. Polar Codes: Characterization of Exponent, Bounds, and Constructions. in IEEE Transactions on Information Theory, vol. 56, no. 12, pp. 6253-6264, Dec. 2010.

[57] E. Arikan. A performance comparison of polar codes and Reed-Muller codes. in IEEE Communications Letters, vol. 12, no. 6, pp. 447-449, June 2008.

[58] R. Mori and T. Tanaka. Performance of Polar Codes with the Construction using Density Evolution. in IEEE Communications Letters, vol. 13, no. 7, pp. 519-521, July 2009.

[59] P. Trifonov. Efficient Design and Decoding of Polar Codes. in IEEE Transactions on Communications, vol. 60, no. 11, pp. 3221-3227, November 2012.

[60] Sae-Young Chung, T. J. Richardson and R. L. Urbanke. Analysis of sum-product decoding of low-density parity-check codes using a Gaussian approximation. in IEEE Transactions on Information Theory, vol. 47, no. 2, pp. 657-670, Feb 2001.

[61] C. Leroux, I. Tal, A. Vardy and W. J. Gross. Hardware architectures for successive cancellation decoding of polar codes. 2011 IEEE International Conference on Acoustics, Speech and Signal Processing (ICASSP), Prague, 2011, pp. 1665-1668.

[62] A. Alamdar-Yazdi and F. R. Kschischang. A Simplified Successive-Cancellation Decoder for Polar Codes. in IEEE Communications Letters, vol. 15, no. 12, pp. 1378-1380, December 2011.

[63] G. Sarkis, P. Giard, A. Vardy, C. Thibeault and W. J. Gross. Fast Polar Decoders: Algorithm and Implementation. in IEEE Journal on Selected Areas in Communications, vol. 32, no. 5, pp. 946-957, May 2014.

[64] I. Tal and A. Vardy. List decoding of polar codes. IEEE Transactions on Information Theory, vol. 61, no. 5, pp. 2213-2226, May 2015.

[65] K. Niu and K. Chen. CRC-aided decoding of polar codes. IEEE Communications Letters, vol. 16, no. 10, pp. 1668-1671, October 2012.

[66] T. Wang, D. Qu and T. Jiang. Parity-Check-Concatenated Polar Codes. in IEEE Communications Letters, vol. 20, no. 12, pp. 2342-2345, Dec. 2016.

[67] K. Niu, K. Chen and J. Lin. Beyond turbo codes: Rate-compatible punctured polar codes. 2013 IEEE International Conference on Communications (ICC), Budapest, 2013, pp. 3423-3427.

[68] D. Shin, S. Lim and K. Yang. Design of Length-Compatible Polar Codes Based on the Reduction of Polarizing Matrices. in IEEE Transactions on Communications, vol. 61, no. 7, pp. 2593-2599, July 2013.

[69] R. Wang and R. Liu. A Novel Puncturing Scheme for Polar Codes. in IEEE Communications Letters, vol. 18, no. 12, pp. 2081-2084, Dec. 2014.

[70] L. Zhang, Z. Zhang, X. Wang, Q. Yu and Y. Chen. On the puncturing patterns for punctured polar codes. 2014 IEEE International Symposium on Information Theory, Honolulu, HI, 2014, pp. 121-125.

[71] C. Schürch. A partial order for the synthesized channels of a polar code. 2016 IEEE International Symposium on Information Theory (ISIT), Barcelona, 2016, pp. 220-224.

[72] R1-1705084. Theoretical analysis of the sequence generation, Huawei, HiSilicon. 3GPP RAN1#88bis, Spokane, USA, 3rd-7th April 2017.

[73] R1-1721428. DCI CRC Initialization and Masking, Qualcomm Incorporated. 3GPP RAN1 # 91, Reno, USA, 27th November-1st December 2017.

[74] R1-1709996. Parity check bit for Polar code, Huawei, HiSilicon. 3GPP RAN1#AH1706, Qingdao, China, 27th-30th June 2017.

[75] R1-1706193. Polar Coding Design for Control Channel Huawei, HiSilicon. 3GPP RAN1#88bis, Spokane, USA, 3rd-7th April 2017.

[76] R1-1708833. Design details of distributed CRCNokia, Alcatel-Lucent Shanghai Bell. 3GPP RAN1#89, Hangzhou,

China, 5th19th May 2017.

[77] R1-1716771. Distributed CRC for Polar code construction, Huawei, HiSilicon. 3GPP RAN1#AH1709, Nagoya, Japan, 18th-21st September 2017.

[78] R1-1718914. Segmentation of Polar code for large UCI, ZTE, Sanechips. 3GPP RAN1#90bis, Prague, Czechia, 9th-13th October2017.

[79] R1-1711729. WF on Circular buffer of Polar Code, Ericsson, Qualcomm, MediaTek, LGE. 3GPP RAN1#AH1709, Qingdao, China, 27th-30th June2017.

[80] R1-1715000. Way Forward on Rate Matching for Polar CodingMediaTek, Qualcomm, Samsung, ZTE. 3GPP RAN1#90, Prague, Czech Republic, 21st-25th August 2017.

[81] R1-1713705. Polar rate-matching design and performance MediaTek Inc. 3GPP RAN1#90, Prague, Czech Republic, 21st-25th August 2017.

[82] R1-1708649. Interleaver design for Polar codes Qualcomm Incorporated. 3GPP RAN1 # 89, Hangzhou, China, 15th-19th May2017.

[83] Final Report of 3GPP TSG RAN WG1 #AH1_NR, Spokane, USA, 16th-20th January 2017.

[84] Final Report of 3GPP TSG RAN WG1 #85 v1. 0. 0, Nanjing, China, 23rd-27th May 2016.

[85] R1-1612280. LDPC design for eMBB, Nokia. 3GPP RAN1#87, Reno, USA, 14th-18th November 2016.

[86] R1-1611112. Consideration on LDPC design for NR, ZTE. 3GPP RAN1#87, Reno, USA, 14th-18th November 2016.

[87] R1-1611321. Design of LDPC Codes for NR, Ericsson. 3GPP RAN1#87, Reno, USA, 14th-18th November 2016.

[88] R1-1612586. LDPC design for data channel, Intel. 3GPP RAN1#87, Reno, USA, 14th-18th November 2016.

[89] R1-1613059. High performance and area efficient LDPC code design with compact protomatrix, MediaTek. 3GPP RAN1#87, Reno, USA, 14th-18th November 2016.

[90] R1-1700092. LDPC design for eMBB data, Huawei. 3GPP RAN1#AdHoc1701, Spokane, USA, 16th-20th January 2017.

[91] R1-1700237. LDPC codes design for eMBB, CATT. 3GPP RAN1#AdHoc1701, Spokane, USA, 16th-20th January 2017.

[92] R1-1700518. LDPC Codes Design for eMBB data channel, LG. 3GPP RAN1#AdHoc1701, Spokane, USA, 16th-20th January 2017.

[93] R1-1700830. LDPC rate compatible design, Qualcomm. 3GPP RAN1 # AdHoc1701, Spokane, USA, 16th-20th January 2017.

[94] R1-1700976. Discussion on LDPC Code Design, Samsung. 3GPP RAN1 # AdHoc1701, Spokane, USA, 16th-20th January 2017.

[95] R1-1701028. LDPC design for eMBB data, Nokia. 3GPP RAN1 # AdHoc1701, Spokane, USA, 16th-20th January 2017.

[96] R1-1701210. High Performance LDPC code Features, MediaTek. 3GPP RAN1#AdHoc1701, Spokane, USA, 16th-20th January 2017.

[97] R1-1700111. Implementation and Performance of LDPC Decoder, Ericsson. 3GPP RAN1 # AdHoc1701, Spokane, USA, 16th-20th January 2017.

[98] Final Report of 3GPP TSG RAN WG1 #88 v1. 0. 0, February 2017.

[99] R1-1700108. LDPC Code Design, Ericsson. 3GPP RAN1#AdHoc1701, Spokane, USA, 16th-20th January 2017.

[100] R1-1700383. LDPC prototype matrix design, Intel. 3GPP RAN1#AdHoc1701, Spokane, USA, 16th-20th January 2017.

[101] RAN1 Chairman's Notes of 3GPP TSG RAN WG1 # AH_NR Meeting, January 2017.

[102] R1-1701597. Performance evaluation of LDPC codes for eMBB, ZTE, ZTE Microelectronics. 3GPP RAN1 #88, Athens, Greece, 13th-17th February 2017.

[103] R1-1704250. LDPC design for eMBB data, Huawei. 3GPP RAN1#88bis, Spokane, USA, 3rd-7th April 2017.

[104] R1-1706157. LDPC Codes Design for eMBB, LG. 3GPP RAN1#88bis, Spokane, USA, 3rd-7th April 2017.

[105] R1-1705627. LDPC code design for larger lift sizes, Qualcomm. 3GPP RAN1 # 88bis, Spokane, USA, 3rd-7th April 2017.

[106] Final Report of 3GPP TSG RAN WG1 #88b v1. 0. 0, Spokane, USA, 3rd-7th April 2017.

[107] 3GPP. TS38. 212 V15. 0. 0-Multiplexing and channel coding (Release 15) . Dec. 2017.

[108] Divsalar, S. Dolinar, C. R. Jones and K. Andrews. Capacity-approaching protograph codes. in IEEE Journal on Selected Areas in Communications, vol. 27, no. 6, pp. 876-888, August 2009.

[109] R1-1700245. Consideration on Flexibility of LDPC Codes for NR, ZTE. 3GPP RAN1 # AdHoc1701, Spokane,

USA, 16th-20th January 2017.

[110] R1-1700247. Compact LDPC design for eMBB, ZTE. 3GPP RAN1#AdHoc1701, Spokane, USA, 16th-20th January 2017.

[111] R1-1700521. Discussion on maximum code block size for eMBB, LG. 3GPP RAN1#AdHoc1701, Spokane, USA, 16th-20th January 2017.

[112] R1-1701030. CRC attachment for eMBB data, Nokia, RAN1#AdHoc1701, Spokane, USA, 16th-20th January 2017.

[113] R1-1702732. eMBB Encoding Chain, Mediatek. 3GPP RAN1#88, Athens, Greece, 13rd-17th February 2017.

[114] R1-1703366. On CRC for LDPC design, Huawei. 3GPP RAN1#88, Athens, Greece, 13rd-17th February 2017.

[115] R1-1704458. eMBB Encoding Chain, Mediatek. 3GPP RAN1#88bis, Spokane, USA, 3rd-7th April 2017.

[116] Draft Report of 3GPP TSG RAN WG1 #AH_NR2 v0. 1. 0, August 2017.

[117] R1-1714167. Code Block Segmentation for Data Channel, InterDigital, 3GPP RAN1#90, Prague, Czech Republic, 21st-25th August 2017.

[118] R1-1712253. Code block segmentation, Huawei. 3GPP RAN1#90, Prague, Czech Republic, 21st-25th August 2017.

[119] R1-1714373. Code block segmentation principles, Nokia. 3GPP RAN1#90, Prague, Czech Republic, 21st-25th August 2017.

[120] R1-1714547. Code Block Segmentation for LDPC Codes, Ericsson. 3GPP RAN1#90, Prague, Czech Republic, 21st-25th August 2017.

[121] R1-1701031. Padding for LDPC codes, Nokia. 3GPP RAN1#AdHoc1701, Spokane, USA, 16th-20th January 2017.

[122] R1-1712254. Padding for LDPC codes, Huawei. 3GPP RAN1#90, Prague, Czech Republic, 21st-25th August 2017.

[123] R1-1701706. LDPC design for eMBB data, Huawei. 3GPP RAN1#88, Athens, Greece, 13rd-17th February 2017.

[124] R1-1700240. IR-HARQ scheme for LDPC codes, CATT. 3GPP RAN1#AdHoc1701, Spokane, USA, 16th-20th January 2017.

[125] R1-1707670. On rate matching with LDPC code for eMBB, LG. 3GPP RAN1#89, Hangzhou, China, 15th-19th May 2017.

[126] R1-1710438. Rate matching for LDPC codes, Huawei. 3GPP RAN1#AH1706, Qingdao, China, 27th-30th June 2017.

第 8 章

多天线增强和波束管理

史志华　陈文洪　黄莹沛　田杰娇　方　昀　尤　心 

从 4G LTE 开始，通过增加天线单元的数量，基于大规模天线阵列的多输入多输出（Multiple Input Multiple Output，MIMO）传输一直是持续提高频谱效率的有效手段之一。在 5G NR 中，数据可以在更高的频谱上传输，这种新的场景对 MIMO 技术提出了新的挑战。一方面，高频谱上传输带宽更大，天线阵子更多，但相应的空间传输损耗也越大；另一方面，随着天线数量的增加，MIMO 处理的复杂度也相应增加，导致很多 MIMO 传输方案（如大规模的数字预编码和空间复用）在这种场景难以实现。面对这些问题，NR 引入了模拟波束赋形作为克服复杂度和覆盖方面局限性的重要技术手段。通过形成更窄的波束，发送较少的数据流，得到更大的赋形增益，从而抵消高频传输特性上的先天不足。

为了适应新的应用场景，同时保证在 6GHz 以下频谱中也能获得可观的增益，NR 针对多天线技术引入了多个方面的增强：更精细化和更灵活的信道状态信息（Channel State Information，CSI）反馈、波束管理和波束失败恢复、参考信号增强以及多发送接收点（Transmission and Reception Point，TRP）协作传输等。其中，NR R15 中的参考信号设计基本上重用了 4G LTE 的设计原则，只是进行了一些优化设计和增强，这里不详细介绍。本章重点介绍 NR 相对 4G 新引入的一些特性，包括 R15 类型 2（Type II）码本、R15 和 R16 引入的波束管理和波束失败恢复，以及 R16 引入的增强类型 2（eType II）码本和多 TRP 协作传输等。

8.1　NR MIMO 反馈增强

MIMO 反馈是 NR 多天线增强的重要组成部分。为了支持更多的天线端口、更灵活的 CSI 上报和更准确的信道信息，NR 针对 CSI 反馈引入了多个方面的增强，如配置/触发方式、测量方式、码本设计、UE 能力上报等。本节将介绍 NR 系统对 LTE 系统 CSI 反馈机制所做的一些增强和优化，并重点介绍 NR 在 R15 新引入的 Type Ⅱ码本。

8.1.1　NR 的 CSI 反馈增强

NR CSI 反馈的总体框架是在 LTE 系统的 CSI 反馈机制上建立起来的。在 NR 标准化讨论初期通过的 CSI 配置的初始框架[1]中，通过以下 4 个参数集合支持 CSI 相关的资源配置和上报配置。

- *N* 个 CSI 上报配置，用于配置 CSI 上报的资源和方式，类似 LTE 的 CSI 进程。
- *M* 个信道测量资源配置，用于配置信道测量所用的参考信号。
- *J* 个干扰测量测量资源配置，用于配置干扰测量所用的参考信号和/或资源，类似于 LTE 的干扰测量资源（Interference Measurement Resource，IMR）。
- 1 个 CSI 测量配置，用于关联上述 *N* 个 CSI 上报配置以及上述 *M* 个信道测量资源配置和 *J* 个干扰测量资源配置。

在 RAN1#AH1701 会议上，上述信道测量资源配置和干扰测量资源配置合并成 CSI 资源配置[2]，同时明确了 CSI 测量配置可以包含 *L* 个关联指示，每个关联指示用于关联一个 CSI 上报配置和一个 CSI 资源配置。但是，RAN2 在设计相应 RRC 信令时，并没有完全采用 RAN1 的设计框架，而是直接在 CSI 上报配置中包含用于相应 CSI 测量的若干个 CSI 资源配置，从而避免额外的信令指示 CSI 上报配置和 CSI 资源配置之间的关联。UE 可以直接从 CSI 上报配置中，获得 CSI 测量和上报所需要的所有信息。其中，每个 CSI 资源配置可以包含若干个用于信道测量的非零功率（Non-Zero Power，NZP）信道状态信息参考信号（Channel State Information Reference Signal，CSI-RS）资源集合（每个集合可以包含若干个 CSI-RS 资源，对应于前述参考信号配置），以及若干个用于干扰测量的信道状态信息干扰测量（Channel State Information Interference Measurement，CSI-IM）资源集合（每个集合可以包含若干个干扰测量的资源，对应于前述干扰测量配置）。对于非周期 CSI 上报，CSI 资源配置还可以进一步包含若干个用于干扰测量的非零功率 CSI-RS 资源集合（如图 8-1 所示）。

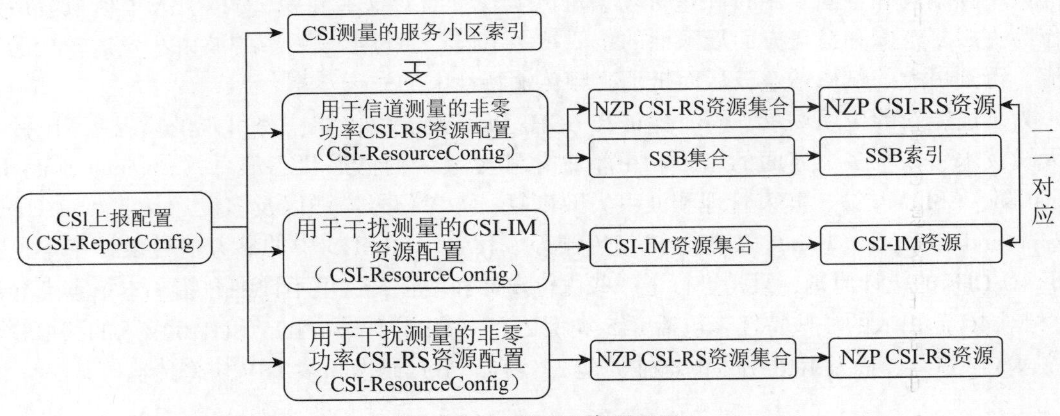

图 8-1 NR 的 CSI 资源配置

在 CSI 反馈的讨论过程中，出现过 3 种不同的干扰测量方案。

- 采用与 LTE 类似的基于零功率 CSI-RS 的干扰测量资源（Interference Measurement Resource，IMR）进行干扰测量，主要用于测量小区外的干扰。
- 基于非零功率 CSI-RS 资源进行干扰测量[3]，网络侧采用预调度的方式对 CSI-RS 端口进行预编码，令终端基于预编码后的 CSI-RS 端口测量复用用户的干扰，网络侧可以将测量结果用于后续数据的调度。
- 基于解调参考信号（Demodulation Reference Signal，DMRS）端口进行干扰测量[4]，终端在自身未使用的 DMRS 端口上估计复用用户可能存在的干扰。

其中，第一种方案沿用了 LTE 的方式，在 NR 标准化初期便被同意。后两种方案作用类似，估计的干扰类型是相同的。其中，CSI-RS 方案的优点是可以基于每个端口进行干扰测量，因此可以较为准确地估计后续调度中每个复用端口存在的干扰；缺点在于需要额外的资源用于干扰测量，同时 UE 的测量复杂度较高。基于 DMRS 的方案不需要额外的资源，在连续调度的情况下可以保证很高的测量精度，但由于只能测量当前调度带宽的信道，实际业务时很难保证连续两次调度的物理资源、复用用户和预编码矩阵都保持不变。经过几次会议讨论后，在 RAN1#89 次会议中通过了基于非零功率 CSI-RS 的干扰测量方案[5]，没有引入基于 DMRS 的干扰测量。在后续的标准化过程中，又限制了基于非零功率 CSI-RS 资源的干扰测量只用于非周期 CSI 上报。

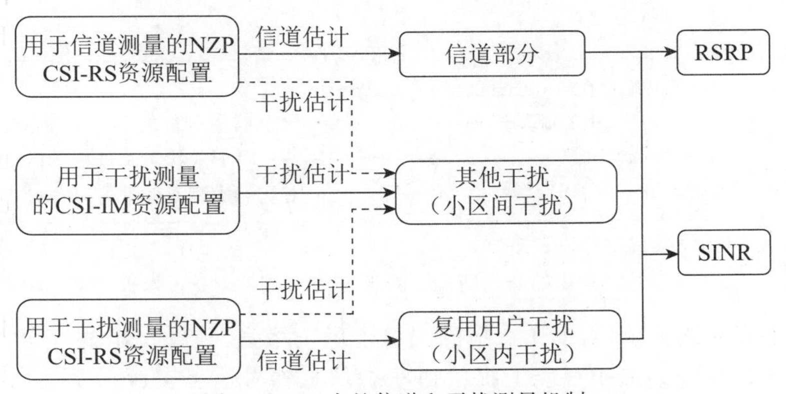

图 8-2　NR 中的信道和干扰测量机制

在 LTE 系统中支持周期性（Periodic）和非周期性（Aperiodic）两种 CSI 上报方式，NR 在沿用这两种方式之外，还进一步支持了半持续性（Semi-persistent）的 CSI 上报，并对非周期性 CSI 上报的机制进行了进一步增强。具体的，NR 支持了以下 3 种 CSI 上报方式。

- 周期 CSI 上报沿用了 LTE 的方式，基于 RRC 信令进行 CSI 的配置和上报。
- 半持续 CSI 上报可以细分为两种不同的方式：基于 DCI 调度的 PUSCH 上报和基于 MAC CE 激活的 PUCCH 上报。其中，第一种方式在 3GPP 讨论时存在较大分歧，最后考虑到 NR 的灵活性，作为妥协，两种方式都支持，具体采用哪种取决于 UE 能力和网络侧配置。
- NR 中的非周期 CSI 上报讨论了两种触发方式：RRC+DCI 和 RRC+MAC+DCI。后者允许更高的配置灵活性，但同时也引入额外的信令设计复杂度。由于两种方案都有不少公司支持，在 R15 的最后两次 RAN1 会议通过了妥协性方案：当 RRC 配置的非周期 CSI 触发状态的数量超过 DCI 中的 CSI 触发信令能够指示的数量时，通过 MAC CE 激活其中的部分状态以通过 DCI 进行触发。这样是否使用 MAC CE 进行激活完全取决于网络侧的配置。另外，如果非周期 CSI 的测量基于非周期性的测量资源（如非周期 CSI-RS），则相应的触发信令同时指示用于测量的非周期参考信号的传输和触发非周期 CSI 的上报（如图 8-3 所示）。

在与 LTE 类似的基于 PUSCH 的非周期 CSI 上报的基础上，在 NR#AdHoc1709 会议中，3GPP 通过结论打包的方式同意了 DCI 触发的基于 PUCCH 的非周期 CSI 上报[6]。一些公司认为需要很高的实现复杂度和标准化工作量，很难在 R15 的时间窗内完成。在 RAN1#90bis 会议上，讨论了 3 种触发方式用于支持基于 PUCCH 的非周期 CSI 上报[7]：通过调度 PDSCH 的 DCI 触发、通过调度 PUSCH 的 DCI 触发（RRC 配置使用 PUCCH 还是 PUSCH）和通过调度 PUSCH 的 DCI 触发和指示（使用 PUCCH 还是 PUSCH），没有达成结论。在会后的邮件讨论中，各公司对使用哪个 DCI 触发仍存在很大分歧，最后该方案没有被标准支持。

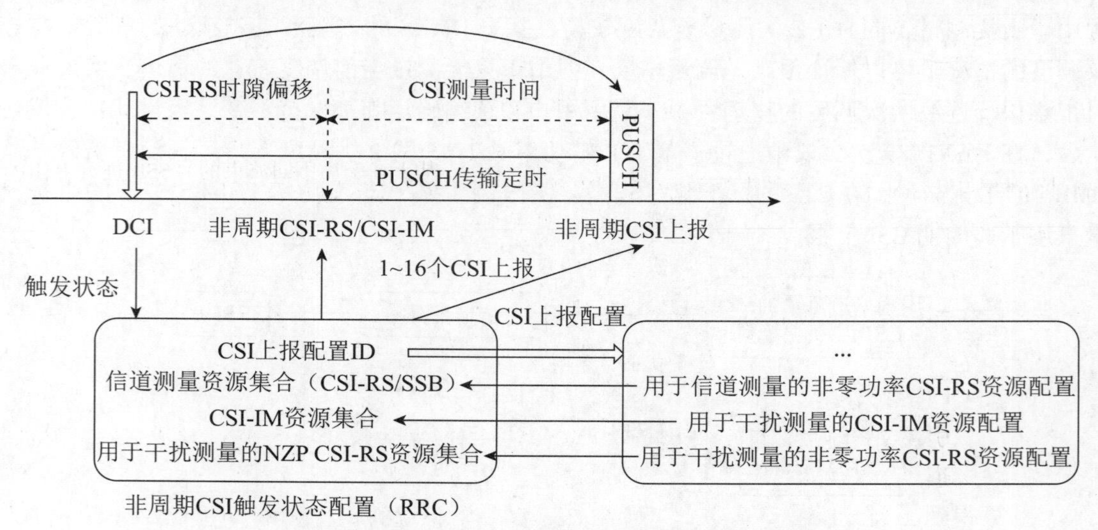

图 8-3　NR 中的非周期 CSI-RS 触发和非周期 CSI 上报机制

除了 CSI 上报方式，NR 对 CSI 上报的内容也做了增强，以使 NR 的 CSI 反馈能够支持更多的功能。LTE 系统的 CSI 只能上报信道状态信息参考信号资源指示（CSI-RS Resource Indicator，CRI）/秩指示（Rank Indicator，RI）/预编码矩阵指示（Precoding Matrix Indicator，PMI）/信道质量指示（Channel Quality Indicator，CQI）等用于 PDSCH 调度的信道信息，而 NR 的 CSI 中引入了波束管理相关的内容，例如 CRI/SSB 索引和相应的参考信号接收功率（Reference Signal Reception Power，RSRP），网络侧可以根据 UE 的反馈确定所用的下行波束。进一步地，NR 的 CSI 上报配置也可以对应一个内容为空的 CSI 上报（即 UE 不需要进行实际的 CSI 上报），此时所述 CSI 上报配置可以用于触发时频同步所用的非周期跟踪参考信号（Tracking Reference Signal，TRS）或下行接收波束管理所用的非周期 CSI-RS，终端不需要基于这些参考信号进行测量和上报。

表 8-1　NR 中的 CSI 上报内容和相应的应用场景

上报内容	目　的	应　用	说　明
'cri-RI-PMI-CQI'	基于 PMI 的 CSI 上报	Type Ⅰ/Ⅱ码本	可以支持基于 CSI-RS 的波束选择和 CSI 上报，类似 LTE 的 Class A/Class B CSI 上报
'cri-RI-LI-PMI-CQI'	基于 PMI 的 CSI 上报	Type Ⅰ/Ⅱ码本	增加了最强传输层指示 LI，用于确定 DL PTRS 关联的传输层
'cri-RI-i1'	部分 CSI 上报	Type Ⅰ码本	只上报宽带的信道信息，可以和其他上报内容一起使用
'cri-RI-i1-CQI'	准开环的 CSI 上报	Type Ⅰ码本	只上报 W_1 不上报 W_2，UE 在每个 PRG 上从 W_1 对应的多个 W_2 中随机选择一个来计算 CQI
'cri-RI-CQI'	基于非码本的 CSI 上报	指示的 CSI-RS 端口	基于网络设备为每个 Rank 指示的 CSI-RS 端口进行 RI 和 CQI 估计

续表

上 报 内 容	目 的	应 用	说 明
'cri-RSRP'	发送波束管理	RSRP 测量	基于（采用不同波束的）CSI-RS 资源进行 RSRP 测量和上报
'ssb-Index-RSRP'	发送波束管理	RSRP 测量	基于（采用不同波束的）SSB 进行 RSRP 测量和上报
'none'	TRS 传输或下行接收波束管理	基于 PUSCH 的 CSI 上报	不能配置用于 PUCCH 上的 CSI 上报

LTE 系统中终端可以基于没有经过预编码的 CSI-RS 端口和预设的传输方案上报相应 CQI，其他 CSI 信息由网络侧根据信道互易性确定。NR 为了更好地支持基于信道互易性的下行传输，也引入了新的非码本反馈机制。在 RAN1#88bis 会议上，通过了在网络侧能够获得完整上行信道信息情况下的非码本反馈方案，即 CSI 中包含 RI 和 CQI，其中 CQI 基于一个码本计算得到，预编码信息基于信道互易性得到。关于非码本反馈所假定的码本，经过几次会的讨论后，在 RAN1#90 会议上同意了 3 个候选方案[8]：采用端口选择码本、采用单位阵的若干列作为码本和采用现有的码本。在接下来的一次 RAN1 会议上，第三个方案被排除，前两个方案进一步演变成两个端口选择的方式。

- 基于端口选择码本计算 CQI，每一列用于选择一个层对应的一个 CSI-RS 端口。
- 网络侧指示端口索引，用于从 CSI-RS 资源包含的 CSI-RS 端口中选择用于 RI/CQI 计算的 CSI-RS 端口，对于每个 Rank 都指示相应的 CSI-RS 测量端口。

在 RAN1#90bis 会议上同意了使用后一种方法，即网络侧基于信道互易性确定预编码向量，对 CSI-RS 端口进行预编码，而 UE 基于预编码后的 CSI-RS 端口进行 RI 和 CQI 的上报。其中，不同 RI 对应的 CSI-RS 端口由网络侧预先通知 UE，UE 通过 RI 上报通知网络侧当前推荐的 Rank，也即对应的 CSI-RS 端口，同时 UE 基于这些 CSI-RS 端口进行 CQI 计算。同时，在标准化过程中也讨论了部分信道互易性（即 UE 的发送天线较少，网络侧只能获得部分上行信道信息）情况下的 CSI 反馈机制，各公司基于候选的反馈机制做了大量的评估，但由于各公司分歧比较大没有标准化相应的方案。

8.1.2 R15 Type Ⅰ码本

R15 支持两种类型的码本：Type Ⅰ码本和 Type Ⅱ码本。R16 在 Type Ⅱ码本基础上进一步引入了增强的 eType Ⅱ码本。其中，Type Ⅰ码本的设计思路基本沿用了 LTE 的码本设计，用于支持正常的空间分辨率和 CSI 精度；Type II 和 eType Ⅱ码本采用特征向量量化和特征向量线性加权的码本设计思路，用于支持更高的空间分辨率和 CSI 精度。本节主要介绍 Type Ⅰ码本的设计，Type II 和 eType Ⅱ码本的设计将在后面的章节中详细介绍。

在 NR 讨论初期，同意了 Type Ⅰ码本使用 LTE 系统中的两级码本设计，即 $\boldsymbol{W}=\boldsymbol{W}_1\boldsymbol{W}_2$，其中 $\boldsymbol{W}_1$ 用于上报波束（组），$\boldsymbol{W}_2$ 用于上报从波束组选择的波束、波束间的加权系数和极化方向间相位中的至少一个信息。基于该方案还需要解决两个问题：波束只基于 $\boldsymbol{W}_1$ 确定（波束组中的波束数量 $L=1$）还是与 LTE 一样基于 $\boldsymbol{W}_1$ 和 $\boldsymbol{W}_2$ 确定（$L=4$）；一个层采用单个波束还是采用多个波束的线性加权。其中，$L=1$ 和 $L=4$（决定了是否用 $\boldsymbol{W}_2$ 来选择波束）存在较大争议，而每个层采用单个波束和极化方向间相位的上报方式得到多数公司的支持。在

RAN1#89 会议上，30 多家公司联署的提案[9] 提交了一套 NR 码本设计的打包方案，确定了 Type I 和 Type Ⅱ码本的大部分设计。该提案的联署公司较多，得到多数公司的支持，虽然有部分细节存在较大争议，最后还是打包通过。需要注意的是，码本设计中的波束一般指数字域的波束，即数字预编码形成的波束，与后面介绍的模拟波束赋形形成的模拟波束不同。

基于该提案通过的结论，除了 2 端口码本重用 LTE 码本外，Type Ⅰ码本中的其他码字可以用如下公式表示：$\boldsymbol{W}=\boldsymbol{W}_1\boldsymbol{W}_2$，其中 $\boldsymbol{W}_1=\begin{bmatrix}\boldsymbol{B} & 0\\ 0 & \boldsymbol{B}\end{bmatrix}$，$\boldsymbol{B}=[\boldsymbol{b}_0, \boldsymbol{b}_1, \cdots, \boldsymbol{b}_{L-1}]$ 对应 L 个过采样的 DFT 波束（可以是水平垂直二维波束）。基于类似的表达式，NR 的 Type Ⅰ码本相对 LTE 引入了几个方面的增强。

- 当 Rank = 1 或 2 时，支持 $L=1$ 和 $L=4$ 由网络侧配置的方式，具体设计基本重用了 LTE 的码本。$L=1$ 时，$\boldsymbol{W}_2$ 只反馈极化间相位；$L=4$ 时，$\boldsymbol{W}_2$ 用于从 $\boldsymbol{W}_1$ 对应的波束组中选择一个波束并反馈极化间相位，波束组的定义只采用了 LTE 定义的 3 个波束组图样中的 1 个，如图 8-4 所示。

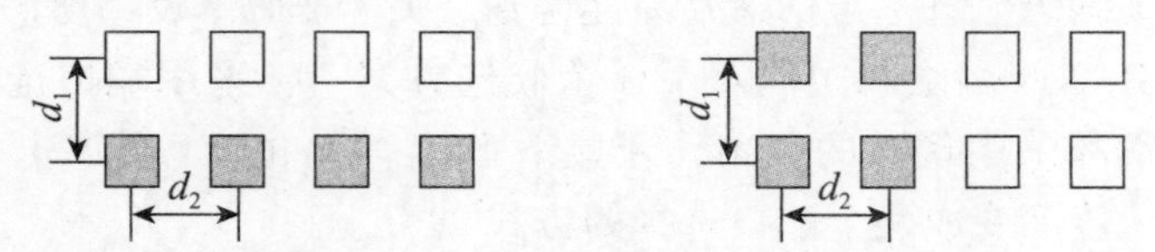

图 8-4　$L=4$ 支持的波束组（$\boldsymbol{B}$）的图样（左为水平端口，右为二维端口）

- 当 Rank = 3 或 4 时，只支持 $L=1$，在小于 16 端口时重用了 LTE 的码本设计，而 16 和 32 端口的码本在 LTE 码本的基础上增加了正交波束之间的相位反馈。
- 当 Rank 大于 4 时，只支持 $L=1$ 且采用固定的正交波束。
- 在单 panel 码本的基础上增加 panel 间相位的上报（可以是宽带或子带），从而支持了多 panel 的 Type Ⅰ码本，其中每个 panel 仍然采用单 panel 的码本。
- 引入了针对 Type Ⅰ码本的码本子集约束（Codebook Subset Restriction，CSR），可以针对每个 DFT 波束和每个 Rank 分别做码本子集约束，被限制的波束对应的 PMI 不能被终端上报。

基于 Type I 的单 panel 码本，NR 中还引入了用于半开环传输的 CSI 上报，即终端只上报 CRI/RI 和波束信息（$\boldsymbol{W}_1$），不上报 $\boldsymbol{W}_2$。UE 假设网络侧采用 $\boldsymbol{W}_1$ 对应的波束进行下行的开环传输。此时，终端计算 CQI 所用的预编码假设（即开环传输假设）可以有多种选择：分集传输（典型的是 SFBC；类似于 LTE 传输模式 7 所用的 CQI 假设）、码字轮询（类似于 LTE 传输模式 3 所用的 CQI 假设）或者随机选择码字。在 NR#AdHoc1709 会议上通过的结论[6] 中同意了该方案所用的 CSI 上报方式，即 UE 假设在每个 PRG（Precoding Resource Group，预编码资源组）中使用的码字是从上报的 $\boldsymbol{W}_1$ 对应的多个 $\boldsymbol{W}_2$ 中随机选择的。其中，所述用于随机选择的码字可以通过码本子集约束来指示。

8.1.3　R15 Type Ⅱ码本

8.1.2 节介绍了 NR 的 Type Ⅰ码本设计，该码本可以通过较低的反馈开销基本满足低精度的 CSI 反馈需求，如 SU-MIMO 或者中低速的 CSI 反馈。但是在一些对信道量化精度要求较高的应用场景中（如 MU-MIMO），需要更高信道辨识度的 CSI 反馈方式。为此，RAN1#86bis 通过了支持高精度的 Type Ⅱ码本[10]。

Type II 和 Type Ⅰ码本之间的主要区别体现在以下方面。

- Type Ⅰ码本主要用于 SU-MIMO，可以支持较高的 Rank；Type Ⅱ码本主要用于 MU-MIMO，Rank 一般较低，为了保证较低的开销只支持 Rank=1/2。
- Type Ⅰ码本只上报一个波束信息，Type Ⅱ码本上报多个波束的线性组合。
- Type Ⅰ码本端口上的功率恒模，Type Ⅱ码本由于线性叠加不同端口的功率变化很大。
- Type Ⅰ码本各层之间是正交的，Type Ⅱ码本没有层间正交性约束。
- Type Ⅰ码本子带上仅有相位信息上报，Type Ⅱ码本可以通过宽带+子带方式上报子带上的幅度系数。
- Type Ⅰ码本的反馈开销较低，只有几十比特，可以通过穷举搜索得的全局最优码本；Type Ⅱ码本需要几百比特的开销（大于 500 bit），无法穷举码本，可以通过求最小均方误差解出加权系数然后进行量化。
- Type Ⅰ码本开销固定，Type Ⅱ码本开销会随着信道状态变化。

下面将详细介绍 NR Type Ⅱ码本的设计。

1. Type Ⅱ码本的结构

在 RAN1#AdHoc1701 会上确定了采用线性合并的方式上报高精度信道信息[11]。线性合并是将空间信道信息分解到一组基向量上，UE 上报主要的空间分量，包括加权系数等。反馈的内容和形式包括 3 种类型：信道相关阵的反馈、预编码矩阵的反馈和混合反馈。预编码矩阵的反馈延续 LTE 的设计，UE 推荐上报预编码向量和 RI/CQI 信息，确定该预编码对应的传输速率。基于相关阵反馈的方案，UE 上报长时/宽带的信道发端相关阵。混合反馈类似 LTEclassB 的方式，选择波束赋形的 CSI-RS 端口来反馈等效信道。从模型上看，基于相关阵的反馈和基于预编码矩阵的反馈基本类似。

线性合并[12-15] 的基本方案如图 8-5 所示，原理是将空间信道变换到角度域上，合并系数表示每个分量的幅度和相位。一方面，信道本身在空间上是稀疏的，即只有若干方向上有能量。当天线数增大时空间采样率提高，可以明显分辨出各个方向的分量，其中大部分分量上能量为零。利用这一特点，可以仅反馈有限非零分量上的信道，比直接反馈全部信道大大降低了开销。另一方面，预编码向量（例如特征向量）也能够表示成信道空间向量的线性组合。

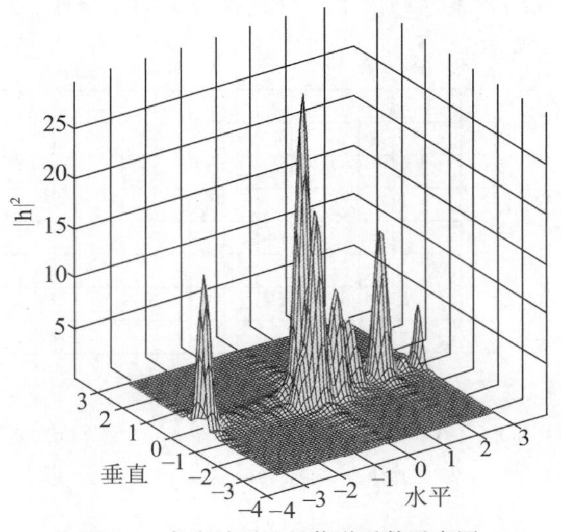

图 8-5　角度域稀疏的信道系数示意图

关于码本结构，多数公司同意 Type Ⅱ码本继续采用双码本结构[12]

$$\boldsymbol{W}=\boldsymbol{W}_1\boldsymbol{W}_2 \tag{8.1}$$

RAN1#AH1701 会议上通过了 TypeⅡ码本的候选方案，类似 Type I 选择宽带波束 W_1 的结构主要讨论了两种模型，第一种为

$$\boldsymbol{W}_1=\begin{bmatrix}\boldsymbol{B}_1 & \boldsymbol{B}_2\\ \boldsymbol{B}_1 & -\boldsymbol{B}_2\end{bmatrix} \tag{8.2}$$

另一种方式采用

$$\boldsymbol{W}_1=\begin{bmatrix}\boldsymbol{B} & 0\\ 0 & \boldsymbol{B}\end{bmatrix} \tag{8.3}$$

这两种方式没有太大区别，都是将双极化信道展开到 DFT 向量上，仅在极化间引入一次正交变换。另一方面对于向量 $\boldsymbol{B}$ 的选择也有两种方案，第一种方案保证 $\boldsymbol{B}$ 是一组正交向量，第二种方案允许 $\boldsymbol{B}$ 可以是非正交的。在 RAN1 89 次会上通过的结论中[16]，多数公司提议两个极化方向使用相同的波束，从而 $\boldsymbol{W}_1$ 具有块对角结构。

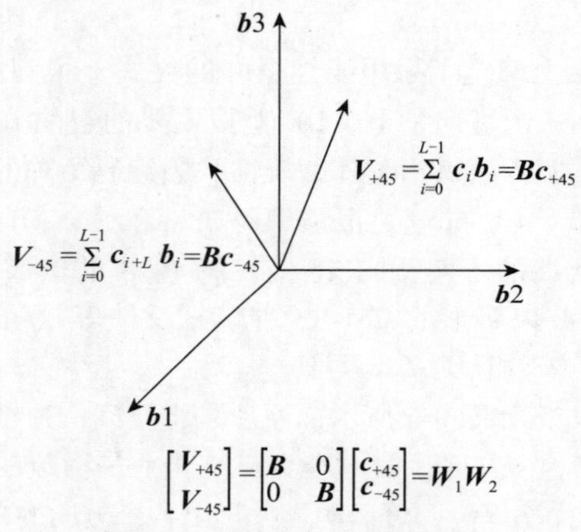

图 8-6　线性合并增强示意图

为了提高反馈精度，NR 在水平和垂直两个方向使用 4 倍过采样的 2D-DFT 向量来量化波束。类似 LTE R14 引入的码本，约束了 L 个选择波束的正交性，$L\leqslant N_1N_2$。Type II 支持的 CSI-RS 端口数量如表 8-2 所示。

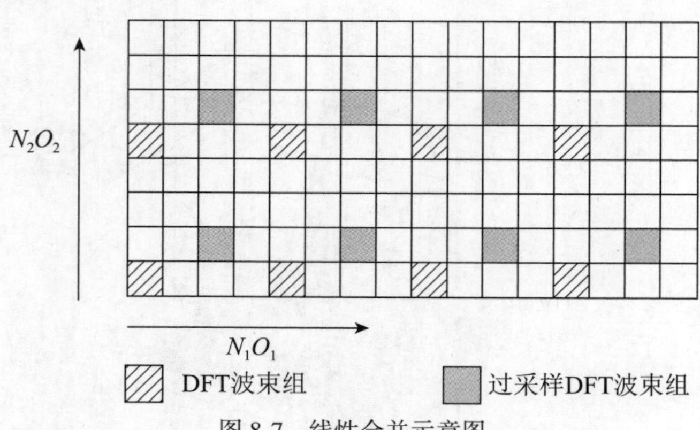

图 8-7　线性合并示意图

表 8-2　Type Ⅱ码本配置

CSI-RS 端口	(N_1, N_2)	(O_1, O_2)
4	(2, 1)	(4, -)
8	(2, 2)	(4, 4)
	(4, 1)	(4, -)
12	(3, 2)	(4, 4)
	(6, 1)	(4, -)
16	(4, 2)	(4, 4)
	(8, 1)	(4, -)
24	(6, 2), (4, 3)	(4, 4)
	(12, 1)	(4, -)
32	(8, 2), (4, 4)	(4, 4)
	(16, 1)	(4, -)

在上述表达式中，$\boldsymbol{W}_2$ 为子带上 L 个波束对应的合并系数信息，包括幅度和相位，各个层和极化方向上的系数独立选择。此时 UE 上报的码本表示成：

$$\widetilde{\boldsymbol{w}}_{r,\ l} = \sum_{i=0}^{L-1} \boldsymbol{b}_{k_1^{(i)}k_2^{(i)}} \cdot p_{r,\ l,\ i}^{(WB)} \cdot p_{r,\ l,\ i}^{(SB)} \cdot c_{r,\ l,\ i} \tag{8.4}$$

其中：$\boldsymbol{b}_{k_1^{(i)}k_2^{(i)}}$ 为角度过采样的 DFT 向量，由 $\boldsymbol{W}_1$ 向量构成；$p_{r,l,i}^{(WB)}$ 为极化方向 r 和层 l 的第 i 个波束的宽带幅度；$p_{r,l,i}^{(SB)}$ 为极化方向 r 和层 l 的第 i 个波束的子带幅度；$c_{r,l,i}$ 为极化方向 r 和层 l 的第 i 个波束的合并相位。

2. 量化上报方法

在方案讨论过程中，一部分公司认为子带上不需要采用幅度上报，其他公司则认为子带上报幅度能够带来更好的开销和性能间的折中。前者方式开销小，但是性能略差；后者从宽带功率上差分得到子带幅度[18]，增加一些开销的同时也带来了一定系统性能提升。最后 NR 融合了这两种观点，支持高层配置两种幅度上报方法[16]。

- 仅宽带幅度上模式，UE 不上报子带上的差分幅度，即 $p_{r,l,i}^{(SB)}=1$。
- 宽带+子带幅度上报，UE 上报子带上的差分幅度，子带差分幅度采用 1 bit 量化，即 $\{1, \sqrt{0.5}\}$，其中宽带幅度采用 3 bit 量化，3dB 步长的均匀量化器以方便实现，$\{1, \sqrt{0.5}, \sqrt{0.25}, \sqrt{0.125}, \sqrt{0.0625}, \sqrt{0.0313}, \sqrt{0.0156}, 0\}$。

合并系数的相位可以采用 QPSK 和/或 8PSK（8-state Phase Shift Keying，八相相移键控）量化，由高层配置参数确定。对于宽带+子带幅度上报，Type II 采用了非均匀的相位量化方式[17]，对于相对功率强的波束，采用高精度（8PSK）的相位量化，对于相对功率弱的波束，采用低精度（QPSK）的相位量化，优化开销与性能的折中。当 $L=\{2, 3, 4\}$ 时，前 $K=\{4, 4, 6\}$ 个波束采用高精度相位的量化。预编码向量只需要反映端口之间的相位和幅度差，维度为 $2L$-1，Type II 码本以宽带功率最强的波束作为参考“1”，通过$\log_2(2L)$ 比特指示最强波束，UE 上报 $2L$-1 个波束的幅度和相位[18]。类似 UE 选择上报子带编码方式，Type II 采用了组合数上报 L 个选择的波束（$\log_2 C_{N1N2}^{L}$ 比特），相比用 Bitmap 方式节省一些开销，但是编码带来一定复杂度[19]。

由于 L 是高层配置参数，实际选择的波束个数可能小于 L，宽带幅度量化中需要包含零元素[20]，减少子带上开销浪费[21]，两个极化方向上宽带幅度是独立选择，允许一个极化方向上的功率为零。为了网络侧能够确定信息长度，UE 同时上报宽带非零系数的个数[22]，即 L 个波束中功率大于零的数量。如图 8-8 所示，M_l 为上报的非零系数的个数，$K^{(2)}$ 为高精度量化的波束数量。

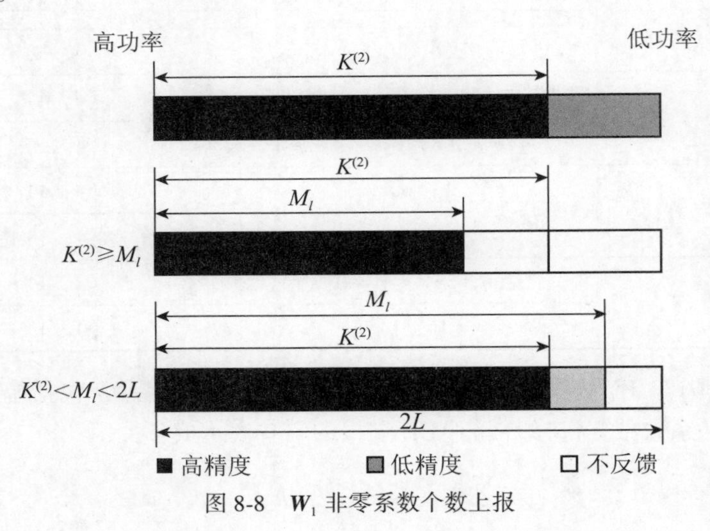

图 8-8 $\boldsymbol{W}_1$ 非零系数个数上报

3. 端口选择码本

当网络侧知道部分下行信道信息时，如通过上下行互易得到了信道的主要波束后，可以通过对 CSI-RS 进行预编码，令 UE 测量赋形后的 CSI-RS，此时 UE 只测量少数端口的信道，可以降低计算存储信道的复杂度，同时降低 CSI 的开销。在 Type Ⅱ 码本的基础上，可以将 $\boldsymbol{W}_1$ 换成端口选择形式[23]：

$$\boldsymbol{W}_1=\begin{bmatrix}\boldsymbol{E} & 0\\ 0 & \boldsymbol{E}\end{bmatrix}$$

其中矩阵 $\boldsymbol{E}$ 的具体表达式如下：

$$\boldsymbol{E}=\left[\boldsymbol{e}_{\bmod\left(md,\frac{X}{2}\right)}\quad \boldsymbol{e}_{\bmod\left(md+1,\frac{X}{2}\right)}\quad \cdots\quad \boldsymbol{e}_{\bmod\left(md+L-1,\frac{X}{2}\right)}\right] \tag{8.5}$$

其中，X 为 CSI-RS 的端口数。和 $\boldsymbol{W}_1$ 波束选择略有不同，该方法将候选端口分成 d 组，作为选择端口组的窗起点（d 通过高层配置），从而选择连续的 L 个端口。$\boldsymbol{E}$ 的每一列只有一个 1，即 e_i 表示位置 i 的元素为 1，其余为 0，用来表示端口的选择情况。

4. CSI 丢弃

Type Ⅱ 码本的最大问题是反馈信令的开销过大。如表 8-3 所示，Type Ⅱ 码本的开销和 Rank 成正比，在一些配置下开销会达到 500 bit 以上，而且不同配置的开销差别很大。网络侧为 CSI 分配 PUSCH 资源时，很难准确估计 UE 上报 CSI 实际需要的开销，只能按照最大可能开销分配资源，这样就会造成资源浪费。

表 8-3　Type Ⅱ 码本反馈开销

Rank1 开销（比特数）								
波束数量	过采样	波束选择	参考波束	宽带幅度	宽带开销	子带幅度	子带相位	总开销
2	4	7	2	9	22	3	9	142
3	4	10	3	15	32	3	13	192
4	4	11	3	21	39	5	19	279
Rank2 开销（比特数）								
2	4	7	4	18	33	6	18	273
3	4	10	6	30	50	6	26	370
4	4	11	6	42	63	10	38	543

为了解决这个问题，NR 考虑了一些降低资源开销的方法。由于信道在频域上的相关性，相邻子带上 CSI 变化不大，可以通过频域降采样的方法来减少上报 CSI 的子带个数，效果类似于配置更大的 PMI 子带。当 PUSCH 资源分配不足时，可以对子带采用 2 倍抽取，从而降低一半左右的开销，同时保证 CSI 没有明显失真。网络侧通过 Part 1 CSI 能够确定整个 CSI 的长度，基于相同的规则即可解析丢弃后的 CSI 信息。具体的，奇偶子带上的信息交织后发送，优先丢弃奇数子带 CSI[24]。

所有上报宽带CSI	#1上报子带CSI偶数子带	#1上报子带CSI奇数子带	#2上报子带CSI偶数子带	#2上报子带CSI奇数子带	…

高优先级 → 低优先级

图 8-9　CSI 省略优先级

8.2　R16 码本增强

Type Ⅱ码本相比传统码本可以明显提高信道信息的分辨率，从而提高下行传输特别是下行多用户传输的性能[25-26]。但是，Type Ⅱ码本的反馈开销非常大，如在 $L=4$，Rank = 2 且子带数量为 10 的配置下，总反馈开销达到 584 bit，而其中大部分是子带反馈的开销。同时，Type Ⅱ码本受限于反馈信令开销过高，仅能支持单层和两层传输，从而限制了其应用场景。为了降低 Type Ⅱ码本的反馈信令开销，并扩展到更多的场景支持更多的传输层数，NR 在 R16 引入了增强的 Type Ⅱ码本，称为 eType Ⅱ码本。

8.2.1　eType Ⅱ码本概述

Type Ⅱ码本通过 L 个 DFT 波束对特征向量的空间域进行了压缩，但是对频域部分没有压缩。同时，Type Ⅱ码本的反馈开销主要集中在线性组合的系数矩阵 $\boldsymbol{W}_2$ 部分，可以考虑通过压缩 $\boldsymbol{W}_2$ 中的线性组合系数来降低 Type Ⅱ码本的开销[27]。因此，R16 引入的 eType Ⅱ码本考虑两种降低反馈开销的方法：首先对频域部分进行压缩，再选择性上报部分线性组合系数来压缩系数矩阵的相关性。

在 RAN1#94bis 会议上提出了两种用于降低 Type Ⅱ码本反馈开销的压缩方案：频域压缩（Frequency Domain Compression，FDC）和时域压缩（Time Domain Compression，TDC），两者的关键思想在于利用频域相关或时域稀疏性来减少反馈开销。其中，FDC 方案利用相邻子带间预编码系数的相关性，引入一组频域基向量对频域进行压缩；TDC 方案则通过 DFT 或 IDFT 将子带的系数转换为时域内不同分频的系数。当频域基向量为 DFT 向量时，FDC 和 TDC 压缩方案可以认为是等价的。因此，在 RAN1#95 次会议上，引入 DFT 向量作为频域压缩矩阵的基向量，将 FDC 和 TDC 两个方案合并成一个方案[28-30]，统一称为 FDC 方案。

在 RAN1#95 会议上，一些公司还提出了另一种降低反馈开销的候选压缩方案，即基于奇异值分解（Singular Value Decomposition，SVD）的压缩方案[31]。该方案利用对的 $\boldsymbol{W}_2$ 进行奇异值分解来获得 $\boldsymbol{W}_f$ 和压缩的 $\widetilde{\boldsymbol{W}}_2$。$\boldsymbol{W}_f$ 是由 SVD 分解得到的，由于其没有采用一组预定义的基向量，因此 UE 需要动态上报 $\boldsymbol{W}_f$ 对应的基向量[32]。虽然该方法可以捕获最大的信号能量，得到最优的压缩效果，但是对于误差具有更高的敏感性。另外，SVD 方案需要反馈子带的 $\boldsymbol{W}_f$，需要较大的开销。与前述方案相比，SVD 方案的优势需要在更大的反馈开销下才能体现出来，最后 3GPP 采纳了 FDC 作为频域部分的压缩方案。

基于 FDC 方案，eType Ⅱ码本可以表示为 $\boldsymbol{W}=\boldsymbol{W}_1\widetilde{\boldsymbol{W}}_2\boldsymbol{W}_f^H$。UE 需要上报的内容包括 $\boldsymbol{W}_1=\{b_i\}_{i=0}^{L-1}$，$\boldsymbol{W}_f=\{f_k\}_{k=0}^{M-1}$ 和线性组合系数 $\widetilde{\boldsymbol{W}}_2=\{c_{i,f}\}$，$i=0,1,\cdots,L-1$，$f=0,1,\cdots,M-1$。其中，$\boldsymbol{W}$ 的维度为 N 行 N_3 列，N 为 CSI-RS 端口数，N_3 为频域单元的个数；$\boldsymbol{W}_1$ 矩阵重用 Type II 码本的设计，每个极化组包含 L 个波束，即 $\boldsymbol{W}_1=\begin{bmatrix} b_0,\cdots,b_{L-1} & 0 \\ 0 & b_0,\cdots,b_{L-1}\end{bmatrix}$；$\widetilde{\boldsymbol{W}}_2$ 矩阵与 Type Ⅱ码本的设计类似，包含所有线性组合的 $2L\times M$ 个系数，其中 M 为频域基向量的个数；$\boldsymbol{W}_f$ 矩阵由用于频域压缩的 DFT 基向量组成，即 $\boldsymbol{W}_f=[f_0\cdots f_{M-1}]$。

例如，对于 Rank = 1，eType Ⅱ码本的预编码矩阵可以用图 8-10 所示的乘积形式表示[33]：

$$\underset{N\times N_3}{\boldsymbol{W}} = \underset{N\times 2L}{\boldsymbol{W}_1} \times \underset{2L\times M}{\widetilde{\boldsymbol{W}}_2} \times \underset{M\times N_3}{\boldsymbol{W}_f}$$

图 8-10 R16 eType II 预编码矩阵的通用形式

图 8-11 给出了从 Type Ⅱ码本到 eType Ⅱ码本的演变过程。相比 Type Ⅱ码本，eType Ⅱ码本增加了 $\boldsymbol{W}_f$ 部分，其中 $\boldsymbol{H}$ 为信道的特征向量矩阵，$\boldsymbol{H}$ 的第 k 列为第 k 个子带的信道特征向量[27]。

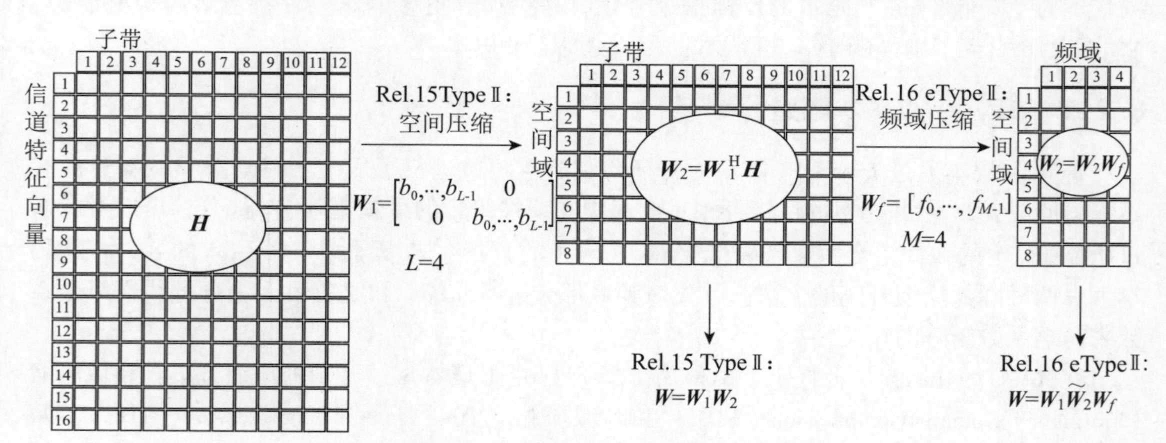

图 8-11 R15 到 R16 Type II 的演变过程示意图

在确定了 eType Ⅱ码本的通用形式之后，接下来将介绍 $\boldsymbol{W}_1$，$\widetilde{\boldsymbol{W}}_2$，$\boldsymbol{W}_f^H$ 的具体生成方式。其中，$\boldsymbol{W}_1$ 矩阵与 Type Ⅱ码本的设计相同，本节不再赘述。下面首先介绍 Rank = 1 时 $\widetilde{\boldsymbol{W}}_2$，$\boldsymbol{W}_f$ 的设计，再扩展到 Rank>1 的情况。

8.2.2　频域矩阵设计

$\boldsymbol{W}_f$ 设计的重点在于 DFT 基向量的选择，即如何从 N_3 个频域单元中选择 M 个 DFT 基向量，其中 $N_3 = N_{sb} \times R$，$M = \lceil p \times N_3 / R \rceil$，$N_{\rm sb}$ 为子带的个数，R 表示每个子带包含的频域单元个数，$R \in \{1, 2\}$，p 由高层信令配置，用于确定 DFT 基向量的个数。

对于 Rank = 1，3GPP 考虑了以下两种方案用于 DFT 基向量的选择。

● 共同基向量[34]：$2L$ 个波束选择相同的 DFT 基向量，其中 $\boldsymbol{W}_f = [f_0, \cdots, f_{M-1}]$，$M$ 个基向量是动态选择的，如图 8-12 所示。

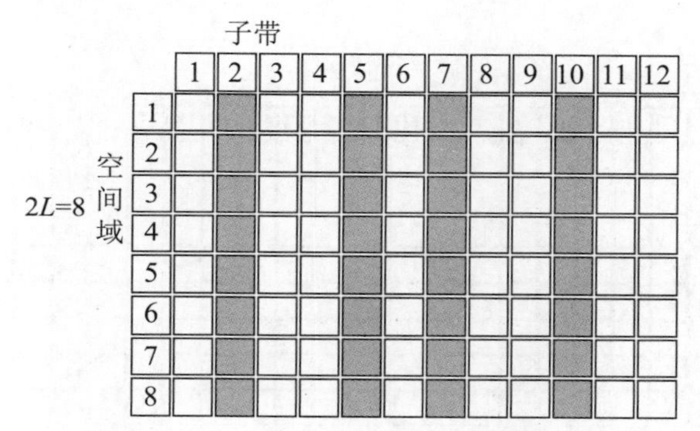

图 8-12　2L 个波束采用相同的 DFT 基向量

● 独立基向量[35]：每一个波束独立选择 DFT 基向量，$\boldsymbol{W}_f = [\boldsymbol{W}_f(0), \cdots, \boldsymbol{W}_f(2L-1)]$，其中 $\boldsymbol{W}_f(i) = [\boldsymbol{f}_{k_{i,0}} \boldsymbol{f}_{k_{i,1}}, \cdots, \boldsymbol{f}_{k_{i,M_i-1}}]$，$i \in \{0, 1, \cdots, 2L-1\}$，如图 8-13 所示。

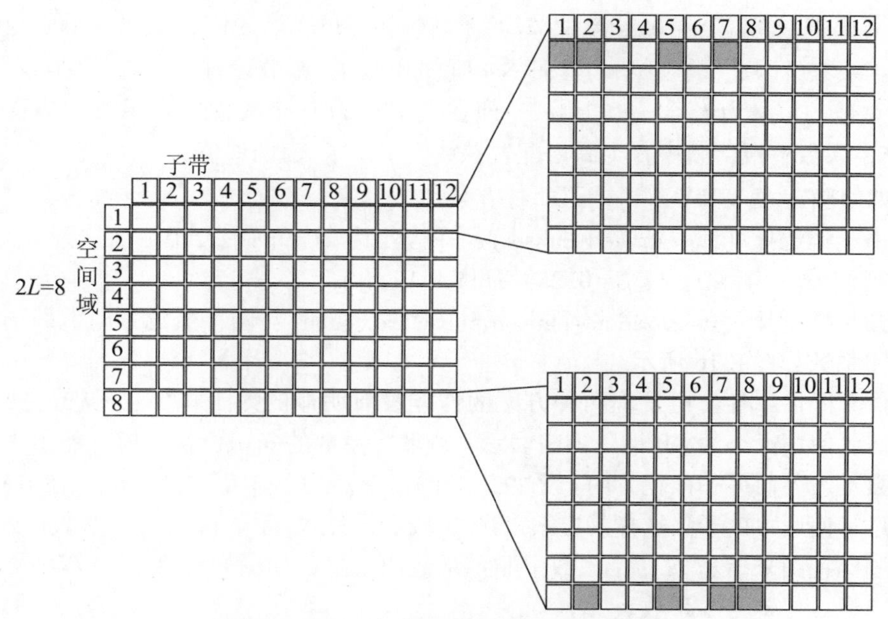

图 8-13　每一个波束独立选择 DFT 基向量

基于以上两个方案，各公司进行了大量的仿真，发现共同基向量方案的实现更为简单且开销相对较小[36]，因此在 RAN1#AH1901 会议上确定了 Rank = 1 时采用共同基向量的方案。

另外，在上述讨论过程中，各公司还发现从 N_3 个频域单元中选择 M 个 DFT 基向量时需要反馈$\left\lceil \log_2 \binom{N_3-1}{M-1} \right\rceil$比特，而当 N_3 较大时，需要反馈的比特数也会随之增长。为了进一步减少反馈开销，在 RAN1#97 会议上通过了适用于不同场景的一步（one-stage）方案和两步加窗（two-stage window）方案[37]。其中，当 $N_3 \leqslant 19$ 时，采用一步方案，如图 8-12 所示。当 $N_3>19$ 时，采用两步加窗方案，即由高层信令配置长度为 $2M$ 的窗，UE 上报 $M_{initial}$ 从而确定窗的起始位置，同时选择性上报窗内 M 个 DFT 基向量，其中 $M_{initial} \in \{-2M+1, -2M+2, \cdots, 0\}$。如图 8-14 所示，假设 $M=4$，$M_{initial}=-6$，黑色虚框为长度为 $2M$ 的窗，灰格子为窗内选择上报的 M 个 DFT 基向量。

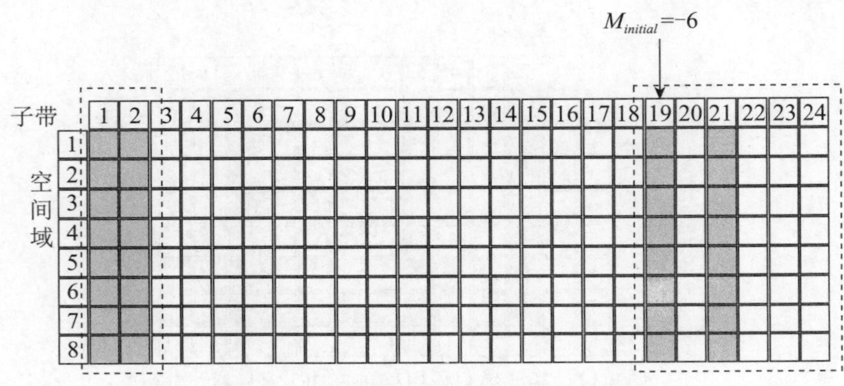

图 8-14　$N_3>19$ 时，基于加窗的两步方案

8.2.3　系数矩阵设计

Type Ⅱ码本的 $\boldsymbol{W}_2$ 矩阵为包含 $K=2LM$ 个线性组合的系数矩阵，其每一行中包含了相关的线性组合系数。因此，在 eType Ⅱ码本中通过引入 K_0 系数以进一步降低 eType Ⅱ码本的开销。K_0 系数的定义为 $K_0=\lceil \beta \times 2LM \rceil$，即在大小为 $2LM$ 个线性组合系数的集合中最多选择 K_0 个非零系数上报，其中 β 为高层配置参数，决定了 K_0 的取值大小。

围绕如何确定 K_0，RAN1 讨论了两种方案[38-39]。

- 自由子集选择（Unrestricted Subset）：在大小为 $2LM$ 的集合中自由选择 K_0 个非零系数（假设 $L=4$，$M=4$，$\beta=0.25$）如图 8-15 所示。
- 公共子集选择（Polarization-common Subset Selection）：两个极化方向上的选择相同的非零系数如图 8-16 所示。

通过仿真评估，各公司发现两种方案的性能没有明显的差距[40-42]。尽管公共子集选择的方案仅需要使用大小为 LM 的位图来表示零或非零系数的确切位置，但可能出现某一极化方向上系数不为零而另一极化方向上系数为零的情况。为了避免这种情况，在 RAN1#96 次会议上通过了使用自由子集选择的方案来选择 K_0。通过 K_0 系数的引入，系数矩阵 $\widetilde{\boldsymbol{W}}_2$ 被压缩，并通过比特图来指示 $2LM$ 个系数中非零系数的位置，如图 8-17 所示。图中标 1 位置为非零系数，标 0 位置为零系数。

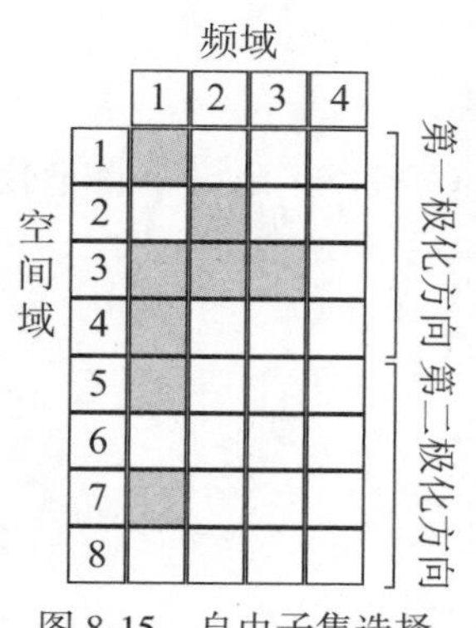

图 8-15　自由子集选择

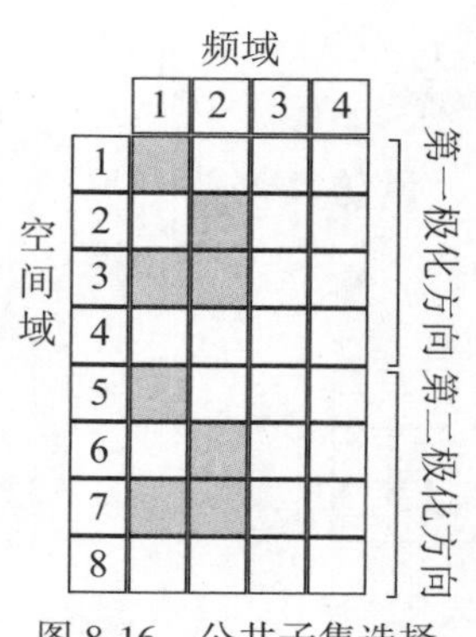

图 8-16　公共子集选择

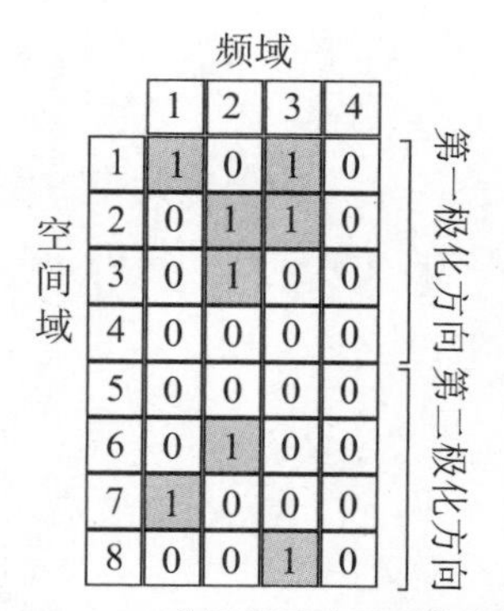

图 8-17　$2LM$ 位图指示非零系数的位置

通过 $2LM$ 比特的位图指示出非零系数的位置之后，UE 需要进一步上报相应非零系数的振幅和相位。NR 中主要考虑了 3 个方案用于 $\widetilde{\boldsymbol{W}}_2$ 中非零系数的量化[43-44]，其中与波束 $i \in \{0，1，\cdots，L-1\}$、频域单元 $f \in \{0，1，\cdots，M-1\}$ 有关的线性组合系数记为 $c_{i,f}$，最强的系数记为 $c_{i*,f*}$。

量化方案 1（类似于 R15 Type II $\boldsymbol{W}_2$）的主要特征如下所述。

- 最强线性组合系数的位置（i^*，f^*）通过$\log_2 K_{NZ}$ 比特指示，其中 K_{NZ} 为实际上报的非零系数个数，其中最强系数 $c_{i*,f*}=1$（因此其振幅和相位不需要上报）。
- 对于非最强的线性组合系数$\{c_{i,f}，(i，f) \neq (i^*，f^*)\}$：振幅由 3 bit 量化，相位由 3 bit（8PSK）或 4 bit（16PSK）量化，其中振幅 3 bit 量化集合表与 R15 一致。

量化方案 2 [45] 的主要特征如下：

- 最强线性组合系数的位置（i^*，f^*）通过 $\lceil \log_2 K_{NZ} \rceil$ 比特指示，其中最强系数 $c_{i^*,f^*}=1$（因此其幅度和相位不需要上报）。
- 极化方向参考振幅 $p_{ref}(i，f)$：对于包含最强系数的极化方向 $c_{i,f*}=1$，不需要上报参考振幅；对于另一个极化方向，其参考振幅相对于最强系数 $c_{i*,f*}$ 的参考振幅由 4 bit 量化，量化集合表为 $\left\{1，\left(\frac{1}{2}\right)^{\frac{1}{4}}，\left(\frac{1}{4}\right)^{\frac{1}{4}}，\left(\frac{1}{8}\right)^{\frac{1}{4}}，\cdots，\left(\frac{1}{2^{14}}\right)^{\frac{1}{4}}，0\right\}$。
- 对于非最强系数$\{c_{i,f}，(i，f) \neq (i^*，f^*)\}$：对于每个极化方向，非零系数的差分振幅 $p_{\text{diff}}(i，f)$ 使用 3 比特对其所在极化方向参考振幅进行差分量化，量化集合表为 $\left\{1，\frac{1}{\sqrt{2}}，\frac{1}{2}，\frac{1}{2\sqrt{2}}，\frac{1}{4}，\frac{1}{4\sqrt{2}}，\frac{1}{8}，\frac{1}{8\sqrt{2}}\right\}$。最终量化振幅为参考振幅与差分振幅相乘的形式为 $p_{i,f}=p_{\text{ref}}(i，f) \times p_{\text{diff}}(i，f)$。
- 每个系数的相位由 3 bit（8PSK）或 4 bit（16PSK）量化。

量化方案 3[46] 的主要特征如下所述。

- 最强线性组合系数的位置（i^*，f^*）通过 $\lceil \log_2 K_{NZ} \rceil$ 比特指示，其中最强系数 $c_{i^*,f^*}=1$（因此其幅度和相位不需要上报）。
- 对于$\{c_{i,f*}，i \neq i^*\}$：振幅由 4 bit 量化，相位由 16PSK 量化，其中 4 bit 量化集合表为 $\left\{1，\left(\frac{1}{2}\right)^{\frac{1}{4}}，\left(\frac{1}{4}\right)^{\frac{1}{4}}，\left(\frac{1}{8}\right)^{\frac{1}{4}}，\cdots，\left(\frac{1}{2^{14}}\right)^{\frac{1}{4}}，0\right\}$。
- 对于$\{c_{i,f}，f \neq f^*\}$：振幅由 3 bit 量化，相位由 8PSK 或 16PSK 量化，其中 3 bit 量化集

合表为 $\{1, \frac{1}{\sqrt{2}}, \frac{1}{2}, \frac{1}{2\sqrt{2}}, \frac{1}{4}, \frac{1}{4\sqrt{2}}, \frac{1}{8}, \frac{1}{8\sqrt{2}}\}$。

各公司基于这几个方案进行了大量仿真评估[40,47-49]，最终在 RAN1#96 会议上将量化方案 2 作为振幅和相位的量化方案。

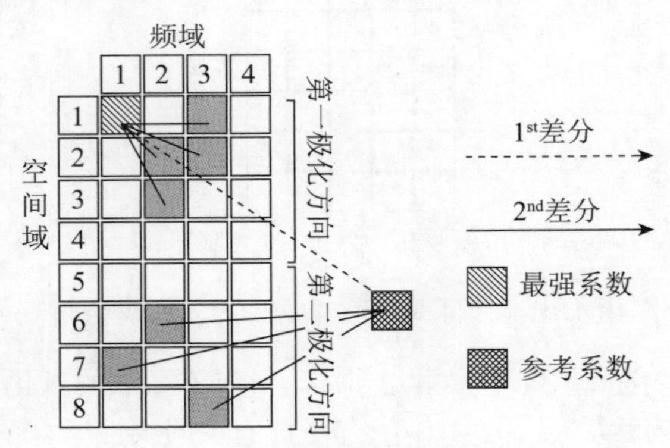

图 8-18　量化方案 2

基于上述量化方案 2，$\widetilde{\boldsymbol{W}}_2$ 中非零系数的振幅可以表示为极化方向参考振幅和差分振幅相乘的形式。假设最强系数位于第一个极化方向，即图 8-18 中 $c_{1,1}$ 位置，其极化方向参考振幅 $p_0^{(1)}=1$。第二极化方向的参考振幅 $p_1^{(1)}$ 使用 4 bit 对 c_{i^*,f^*} 进行量化，如图中虚线所示。非零系数的差分振幅 $p_{i,f}^{(2)}$ 使用 3 bit 对其所在极化方向参考振幅进行差分量化，如图中实线所示。基于量化方案 2，当 Rank = 1 时，$\widetilde{\boldsymbol{W}}_2$ 的具体表达形式为：

$$\widetilde{W}_2 = \begin{bmatrix} \sum_{i=0}^{L-1} \sum_{f=0}^{M-1} c_{i,f} \\ \sum_{i=0}^{L-1} \sum_{f=0}^{M-1} c_{i+L,f} \end{bmatrix} = \begin{bmatrix} \sum_{i=0}^{L-1} p_0^{(1)} \sum_{f=0}^{M-1} p_{i,f}^{(2)} \varphi_{i,f} \\ \sum_{i=0}^{L-1} p_1^{(1)} \sum_{f=0}^{M-1} p_{i+L,f}^{(2)} \varphi_{i+L,f} \end{bmatrix} \tag{8.6}$$

其中，$c_{i,f}$ 为线性组合系数，$p_0^{(1)}$ 为第一个极化方向的参考振幅，$p_1^{(1)}$ 为第二个极化方向的参考振幅，$p_{i,f}^{(2)}$ 为差分振幅，$\varphi_{i,f}$ 为非零系数的相位。

8.2.4　Rank = 2 码本设计

对于 Rank = 2，RAN1 进一步讨论了空间域（Spatial Domain，SD）子集、频域（Frequency Domain，FD）子集和系数子集的选择方法。其中，SD 子集选择指在 N_1N_2 的波束集合中选出 L 个空间域 DFT 向量；FD 子集选择指在 N_3 个频域单元中选择 M 个 DFT 基向量；系数子集选择指在 $2LM$ 的线性组合系数集合中实际选择上报的 K_{NZ} 个非零系数。尽管一些仿真结果显示每层独立选择 SD 子集会带来一定的性能增益，出于开销和复杂度的考虑，R16 仍然采用了与 R15 一致的不同层使用相同波束的方式。FD 子集选择和系数子集的选择考虑了 3 种方案。

- FD 子集和系数子集的选择均是每层通用的。
- FD 子集选择为每层通用的，系数子集的选择是每层独立的。
- FD 子集和系数子集的选择均是每层独立的。

对于 Rank = 2，各层独立的 FD 子集和系数子集选择能提供充分的配置灵活性，在不增加太多反馈信令开销的情况下能获得可观的增益。基于性能和开销的折中考虑，在 RAN1#96 会议上通过了各层独立的 FD 子集和系数子集的选择方案[44,50-51]。同时，两个层的 K_0 取值相同，即 $K_0=\lceil \beta\times 2LM \rceil$（$\beta$ 由高层信令配置），且每层实际上报的非零系数都不能超过 K_0，即 $K_l^{NZ}\leqslant K_0$，$l=1$，2。

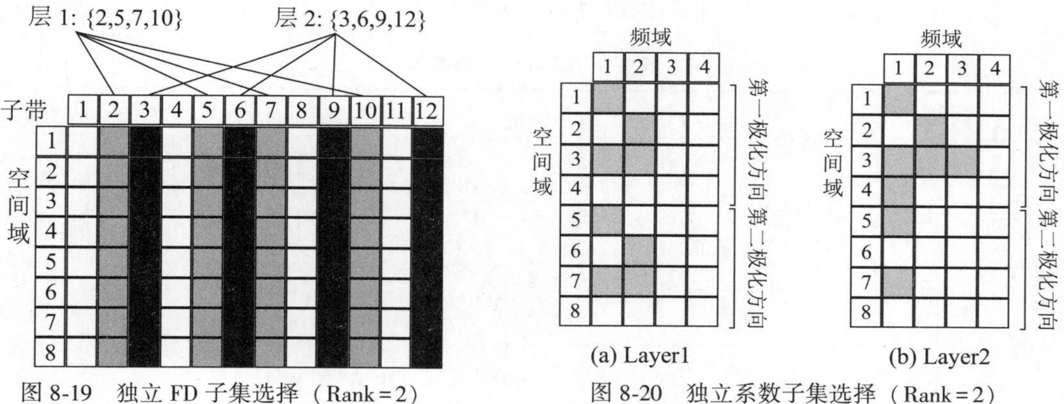

图 8-19　独立 FD 子集选择（Rank=2）

图 8-20　独立系数子集选择（Rank=2）

8.2.5　高 Rank 码本设计

前面介绍了低 Rank 的 eType Ⅱ码本设计，相比于 Type Ⅱ码本可以显著降低开销。为了在信道质量较好的场景中也能通过高分辨率的 CSI 反馈获得更好的性能，eType Ⅱ码本引入了针对高 Rank 的增强，将 Rank=1/2 的方案扩展到了 Rank=3/4。高 Rank 的 SD 子集选择、FD 子集选择和系数子集选择遵循和 Rank=2 相同的原则，即 SD 子集选择是各层相同的，FD 子集选择和系数子集选择都是各层独立的。

由于码本的开销与非零系数的比特图以及量化参数的数量成正比，直接将 Rank=2 扩展到 Rank=3/4 将带来开销的显著增加。考虑到 R16 引入 eType Ⅱ码本的目的是降低 Type Ⅱ码本的开销，RAN1#96bis 次会上决定在不增加反馈信令开销的前提下进行 Rank 的扩展。具体的，每层实际上报的非零系数个数不大于 K_0，即 $K_l^{NZ}\leqslant K_0$，并且所有层上报非零系数的总和不能大于 $2K_0$，即 $\sum_{l=1}^{RI} K_l^{NZ} \leqslant 2K_0$ [52-53]。为满足以上两条限制，在综合考虑了复杂度、性能之后，RAN1 最后确定的参数组合（L，p，β）如表 8-4 所示[54]。

表 8-4　eType Ⅱ码本的参数组合

paramCombination-r16	***L***	p_v		β
		$v\in\{1,2\}$	$v\in\{3,4\}$	
1	2	1/4	1/8	1/4
2	2	1/4	1/8	1/2
3	4	1/4	1/8	1/4
4	4	1/4	1/8	1/2
5	4	1/4	1/4	3/4
6	4	1/2	1/4	1/2
7	6	1/4	–	1/2
8	6	1/4	–	3/4

8.2.6 eType Ⅱ码本表达式

基于上面的内容，eType Ⅱ码本可以通过表 8-5 表示。

表 8-5 eType Ⅱ码本表达式

层数	W
$v=1$	$\boldsymbol{W}^{(1)}=\boldsymbol{W}^{1}$
$v=2$	$\boldsymbol{W}^{(2)}=\frac{1}{\sqrt{2}}[\boldsymbol{W}^{1}\boldsymbol{W}^{2}]$
$v=3$	$\boldsymbol{W}^{(3)}=\frac{1}{\sqrt{3}}[\boldsymbol{W}^{1}\boldsymbol{W}^{2}\boldsymbol{W}^{3}]$
$v=4$	$\boldsymbol{W}^{(4)}=\frac{1}{\sqrt{4}}[\boldsymbol{W}^{1}\boldsymbol{W}^{2}\boldsymbol{W}^{3}\boldsymbol{W}^{4}]$

其中，$\boldsymbol{W}^{l}=\boldsymbol{W}_{1}\widetilde{\boldsymbol{W}}_{2}^{l}(\boldsymbol{W}_{f}^{l})\boldsymbol{H}=\frac{1}{\sqrt{N_{1}N_{2}\gamma_{t,l}}}\begin{bmatrix}\sum_{i=0}^{L-1}v_{m_{1}^{(i)},m_{2}^{(i)}}p_{l,0}^{(1)}\sum_{f=0}^{M_{v}-1}y_{t,l}^{(f)}p_{l,i,f}^{(2)}\varphi_{l,i,f}\\ \sum_{i=0}^{L-1}v_{m_{1}^{(i)},m_{2}^{(i)}}p_{l,1}^{(1)}\sum_{f=0}^{M_{v}-1}y_{t,l}^{(f)}p_{l,i+L,f}^{(2)}\varphi_{l,i+L,f}\end{bmatrix}$，$l=1$，…，$v$，$v$ 为层数，$i=0$，1，…，$L-1$，$f=0$，1，…，$M_{v}-1$，$t=0$，…，$N_{3}-1$，$\gamma_{t,l}=\sum_{i=0}^{2L-1}(p_{l,\lfloor\frac{i}{L}\rfloor}^{(1)})^{2}\left|\sum_{f=0}^{M_{v}-1}y_{t,l}^{(f)}p_{l,i,f}^{(2)}\varphi_{l,i,f}\right|^{2}$。$v_{m_{1}^{(i)},m_{2}^{(i)}}$ 为二维 DFT 波束。$y_{t,l}=[y_{t,l}^{(0)}\,y_{t,l}^{(1)},\cdots,y_{t,l}^{(M_{v}-1)}]$ 为 l 层的 M_{v} 个 DFT 基向量。$p_{l,0}^{(1)}$ 为 l 层的第一个极化方向的参考振幅，$p_{l,1}^{(1)}$ 为 l 层第二个极化方向的参考振幅，$p_{l,i,f}^{(2)}$ 为 l 层上报的非零系数的差分振幅，$\varphi_{l,i,f}$ 为 l 层上报的非零系数的相位，其中对于为零的系数，$p_{l,i,f}^{(2)}=0$，$\varphi_{l,i,f}=0$。

8.3 波束管理

随着移动通信技术的快速发展和移动网络部署的不断深入，频谱资源越来越紧缺，尤其是覆盖好、穿透强的低频频谱基本已经被使用。为了满足更高的传输速率和更大的系统容量，新一代的移动通信技术和系统需要考虑更高的频谱，如 3.5~6 GHz 的中频谱、毫米波高频谱等。这些中频谱和高频谱具有以下几个特征。

- 丰富的频率资源，可以分配连续的大带宽，有利于系统的部署和应用。
- 频率较高，导致路损较大，导致覆盖范围相对较小，因此空间上隔离度较好，便于实现密集组网。
- 由于频谱较高，相应的天线等硬件模块体积较小，可以采用更多的接收和发送天线，有利于实现大规模 MIMO 技术。

由上面介绍的特征可以看到，一方面频率较高，带来覆盖受限的问题；另一方面由于天线数目较多，带来设备实现复杂度和成本的问题。为有效解决上述两个问题，NR 中引入模拟波束赋形（Analog Beamforming）技术，在增强网络覆盖同时，也可以降低设备的实现复杂度。

8.3.1　模拟波束赋形概述

模拟波束赋形技术的基本原理是通过移相器来改变各个天线对应通道上的相位，使得一组天线能够形成不同方向的波束，从而通过波束扫描（Beam Sweeping）来实现小区的覆盖，即在不同的时刻使用不同方向对应的波束来覆盖小区中的不同区域。通过使用移相器来形成不同方向的波束，避免从基带进行超大带宽的全数字赋形的高复杂度处理，从而可以有效地降低设备实现复杂度。

下面给出了不使用模拟波束赋形和使用模拟波束赋形系统的示意图。图 8-21（a）是传统的、不使用模拟波束赋形的 LTE 和 NR 系统，图 8-21（b）是使用模拟波束赋形的 NR 系统。

- 在图 8-21（a）中，LTE/NR 网络侧使用一个宽的波束来覆盖整个小区，用户 1~5 在任何时刻都可以接收到网络信号。
- 与此相反，图 8-21（b）中网络侧使用较窄的波束（如图中的波束 1~4），在不同的时刻使用不同波束来覆盖小区中的不同区域，如在时刻 1，NR 网络侧通过波束 1 覆盖用户 1 所在的区域；在时刻 2，NR 网络侧通过波束 2 覆盖用户 2 所在的区域；在时刻 3，NR 网络侧通过波束 3 覆盖用户 3 和用户 4 所在的区域；在时刻 4，NR 网络侧通过波束 4 覆盖用户 5 所在的区域。

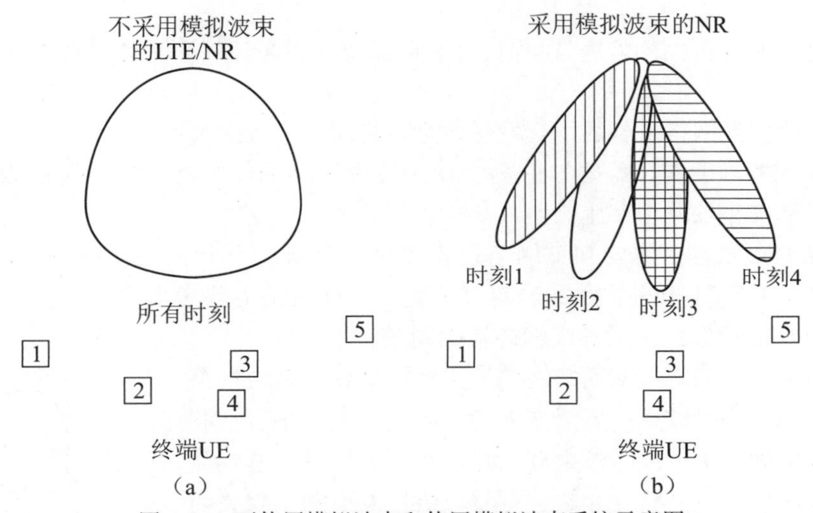

图 8-21　不使用模拟波束和使用模拟波束系统示意图

图 8-21（b）中，由于网络使用较窄的波束，发射能量可以更集中，因此可以覆盖更远的距离。同时，由于波束较窄，每个波束只能覆盖小区中的部分区域，因此模拟波束赋形是“以时间换空间”。

模拟波束赋形不仅可以用于网络侧设备，也同样可以用于终端。业界普遍认为，对于 2~6 GHz 频谱，网络设备可以选择是否采用模拟波束赋形技术，终端仍然采用传统的全向天线，不采用模拟波束赋形；对于毫米波频谱，无论是网络设备还是终端都可以选择采用模拟波束赋形技术。同时，模拟波束不仅可以用于信号的发送（称为发送波束），同样也可以用于信号的接收（称为接收波束）。

模拟波束赋形技术和常用的预编码技术（Precoding，也可以称为数字波束赋形）的差别不在于是用模拟方法还是数字方法来实现波束，因为产品实现时，模拟波束赋形也可以通过数字方法来实现。它们的主要差别如下所述。

- 模拟波束赋形技术中，一个频带内（如一个载波内或带内载波聚合的多个载波内）所有 PRB 都使用同一个模拟波束。
- 预编码技术中，一个频谱内的不同子带甚至每个 PRB，都可以使用不同的预编码（等效地，使用不同的数字波束）。

由于这一不同，为了高效地使用模拟波束赋形技术，NR 系统针对性地设计了模拟波束测量、选择、指示等方法和流程，这些方法和流程统称为波束管理。

在本章中，我们将重点介绍波束管理中的下行传输相关的波束管理流程，上行传输相关的波束管理流程。由于模拟波束较窄，容易被遮挡，因此导致了通信链路不可靠，如何有效地改善通信的可靠性，是波束管理的重要内容。

8.3.2 下行波束管理基本流程

从下行传输的角度看，波束管理需要解决以下两个基本问题。

- 如果网络和终端都采用模拟波束，则为了获得良好的通信质量，需要使得发送波束和接收波束对准（即发送波束和接收波束的配对），形成一个波束对。因此，如何确定一个或多个波束对，使得波束对对应的链路信道质量较好，是波束管理的一个基本问题。
- 网络选择某个方向的发送波束时，UE 应需要知道采用哪个最佳接收波束来接收下行信号。

第一个问题涉及网络设备的下行发送波束和终端的下行接收波束。

- 从网络侧的角度看，需要知道哪个发送波束给终端传输比较好，这依赖于终端对于下行发送波束的测量和上报。
- 从终端的角度看，需要知道网络设备哪个或者哪些下行发送波束对自己传输较好，同时对于某个具体的下行发送波束，毫米波终端还需要考虑使用哪个接收波束来进行接收性能较好，这同样依赖终端的测量。

第二个问题涉及网络如何通知终端波束相关信息，来协助终端确定对应的下行接收波束，属于波束指示问题。在本小节，我们将介绍如何来确定下行发送波束和下行接收波束配对的基本流程。下行波束测量和上报将在 8.3.3 小节介绍；波束指示相关内容将在 8.3.4 小节介绍。

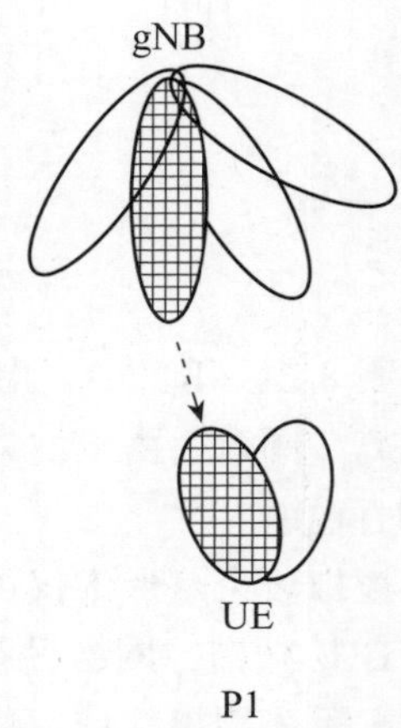

图 8-22　下行发送波束和接收波束的粗配对（P1）

下行传输中的发送波束和接收波束配对过程，大体可以分为 3 个主要流程（分别记为 P1、P2 和 P3）[55]：

- P1：下行发送波束和接收波束的粗配对。
- P2：网络侧下行发送波束的精细调整。
- P3：终端侧下行接收波束的精细调整。

图 8-22 给出了下行发送波束和接收波束的粗配对流程（P1）示意图。在实际系统中可以有不同的实现方式。例如，在初始接入时，通过 4 步随机接入流程来实现粗配对，即完成初始接入后，网络和 UE 之间已经能够建立一个链路质量相对较好的波束配对，可以支撑后续的数据

传输。此时，如果发送波束和接收波束都较窄，则需要较长时间来完成相互之间的对齐，会给系统带来较大的延时。因此，为了能够快速完成波束之间的粗配对，相应的发送和接收波束可能会比较宽，形成的波束配对可以获得较好的性能，但不是最优的配对。

在 P1 粗配对的基础上，可以来进行发送波束和接收波束的精细调整（分别对应 P2 和 P3 流程），使用更细的波束来进一步提高传输性能。P2 流程示意图参见图 8-23。

- 通过 P1 流程，下行发送波束 2 和下行接收波束 A 之间完成了粗同步。
- 为了对发送波束 2 进行精细化调整，网络发送 3 个更窄的波束 2-1、波束 2-2、波束 2-3。
- 终端使用接收波束 A 来分别接收发送波束 2-1、波束 2-2 和波束 2-3 上传输的信号，并进行 L1-RSRP 测量。
- 根据测量结果，终端向网络上报哪个或者哪些窄波束用于传输更好。

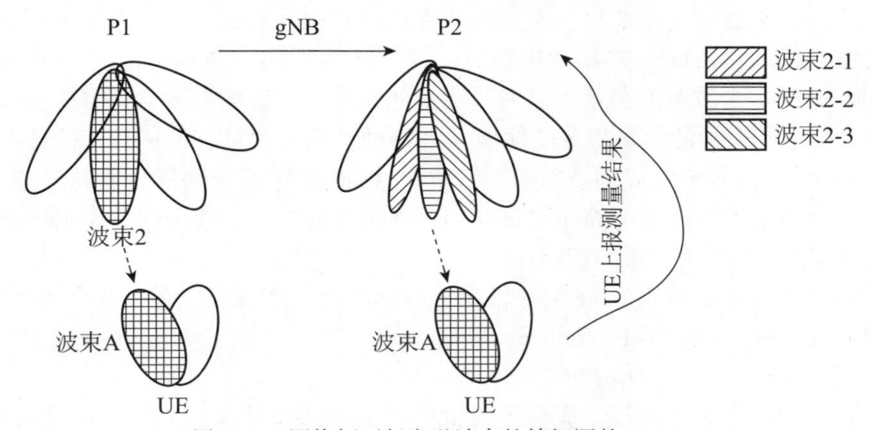

图 8-23　网络侧下行发送波束的精细调整（P2）

P3 流程示意图参见图 8-24。

- 通过 P1 流程，下行发送波束 2 和下行接收波束 A 之间完成了粗同步。
- 为了对接收波束进行精细化调整，网络在波束 2 上多次发送测量信号。
- 终端使用 3 个更窄的波束 A-1、波束 A-2、波束 A-3 来接收波束 2 上传输的信号，并进行测量。
- 终端根据测量结果，决定针对发送波束 2 采用哪个窄波束更好。此流程中，终端不需要向网络上报自己选择了哪个窄波束来对发送波束 2 进行接收。

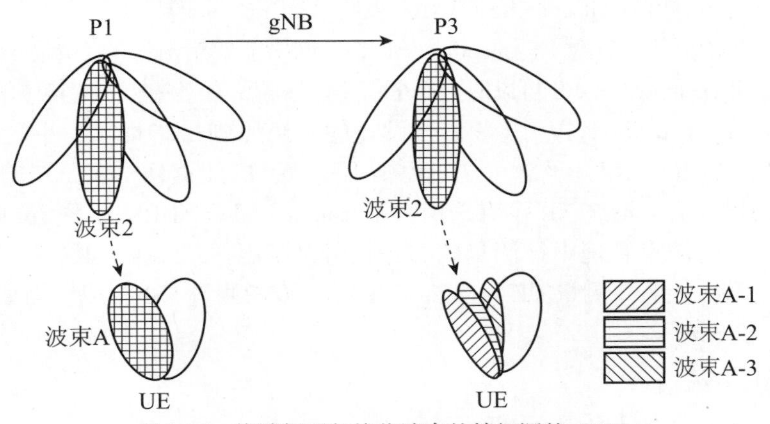

图 8-24　终端侧下行接收波束的精细调整（P3）

上面介绍的 P1、P2 和 P3 流程，在协议中没有显式定义，但是通过协议的功能模块(如波束测量、波束上报、波束指示等)，网络和终端可以完成上述流程。下面来详细介绍对应的功能模块：下行波束测量与上报、下行波束指示。

8.3.3 下行波束测量与上报

本小节将介绍如何解决以下 3 个基本问题。

- 测量对象是什么？
- 测量度量（Metric）是什么？
- 如何上报测量结果？

1. 测量参考信号的确定

前面介绍的波束管理基本流程，需要对波束进行相应的测量。波束是一个客观存在的物理实体，但是在标准化协议（尤其是物理层协议）中一般考虑逻辑概念，不限定具体的物理实体，因此对于一个波束的测量，是通过测量此波束上所传输的参考信号来实现的。

在 NR 系统中，大量的测量相关的功能（如移动性相关测量、信道状态信息测量等）都是基于 CSI-RS/SSB 信号来完成的。对于下行波束管理，NR 系统同样也支持基于 CSI-RS 和 SSB 信号的波束测量[56-58]。为了描述简单，如不做额外说明，后续提到波束都由此波束上传输的 CSI-RS 信号和 SSB 信号来间接描述。

对于下行波束管理中使用的 CSI-RS 信号，在标准化工作过程中存在两个选项[59]。

- 终端特定 CSI-RS（UE-specific CSI-RS）。
- 小区特定 CSI-RS（Cell-specific CSI-RS）。

在 NR 整个系统设计中，一个基本倾向就是尽量基于每个 UE 来配置特定的参考信号，避免或减少小区级别的参考信号。这样做的好处是，一方面网络可以更灵活地配置参考信号，另一方面便于网络设备的节能优化。基于这一背景，大部分公司普遍支持利用 UE-specific 的 CSI-RS 信号来进行波束管理。同时，部分公司则倾向于采用 Cell-specific CSI-RS 来进行波束管理[56]，主要好处有以下几方面。

- 初始接入阶段性能更好：在初始接入阶段，终端可基于 Cell-specific CSI-RS 来选择性能更好的波束，从而提高链路的传输性能。而 UE-specific CSI-RS 需要等终端进入 RRC 连接状态才能配置。
- 时频资源开销更低：控制信道对应的发送波束往往需要兼顾多个用户，因此这些用户可以使用相同的 Cell-specific CSI-RS 来测量同一个发送波束。
- 配置信令开销更低：针对 UE-specific CSI-RS，网络需要给对应的终端发送专用的配置信令，而 Cell-specific CSI-RS 可以通过一个信令广播给所有终端，因此整体信令开销更低。

如前所述，在 NR 的设计中，参考信号设计的一个原则是尽量减少小区专属的参考信号。Cell-specific CSI-RS 的设计理念与这一原则不一致，因此遭到很多公司的反对。经过多次 RAN1 会议的讨论后，最终 NR 没有采用基于 Cell-specific CSI-RS 的下行波束测量。在 NR 的最终协议中，下行波束管理中被测量的参考信号为 UE-specific CSI-RS 和 SSB。根据网络的配置信息，终端可能需要测量 UE-specific CSI-RS，或者测量 SSB，或者需要同时测量 UE-specific CSI-RS 和 SSB。

2. 测量量的确定

在 NR 中，常用的测量主要分为两大类。

- L3 测量：在移动性管理相关测量、路损测量等机制中，一般都采用层 3（L3）测量。L3 测量一般需要对多个测试样本进行 L3 滤波操作，会带来较大的延时。
- L1 测量：对于 CSI，NR 采用物理层测量，即层 1（L1）的测量。L1 测量直接在物理层处理，优点是延时较小。

波束管理流程工作主要是在物理层，因此采用 L1 测量，可以有效降低整个波束管理流程的延时。对于下行波束测量度量（Metric），3GPP 讨论过程中出现两个选项。

- L1-RSRP：层 1 参考信号接收功率。
- L1-SINR：层 1 信干噪比（信号与干扰和噪声的比值）。

其中，采用 L1-RSRP 作为测量度量的好处在于以下几个方面。

- L1-RSRP 测量简单，复杂度低，便于终端实现。
- L1-RSRP 测量值主要反映下行波束对应的信道质量，其变化相对较慢，便于相对稳定地选择可靠的下行波束；与此相反，干扰变化快，从而会导致 L1-SINR 波动性更大，用作波束测量可能会导致频繁的波束切换。
- 在 MIMO 传输方案中，CSI 反馈已经体现干扰相关特性，因此基于 L1-RSRP 的波束管理以及 CSI 反馈结合使用已经可以达到与 L1-SINR 相同的目的。
- 和 L1-RSRP 相比，L1-SINR 带来的额外增益不明显，在部分情况下甚至会带来性能损失[60-61]。

采用 L1-SINR 作为测量度量的好处在于以下几个方面。

- 下行波束接收质量的好坏不仅仅取决于对应的信道质量，同样也取决于干扰情况。L1-RSRP 不能真正体现波束传输质量[62]。因此，基于 L1-SINR 的测量，可以更好地考虑波束相互之间的干扰。
- L1-RSRP 测量和 CSI 反馈结合使用，需要波束管理和 CSI 测量反馈两个流程才能完成，而使用 L1-SINR 通过一个流程就可以完成用户配对。
- L1-SINR 可辅助网络来协调不同小区或者不同 TRP 使用的下行发送波束，从而提高系统整体性能。

经过各公司之间的技术讨论，最终在 NR R15 版本中只采用 L1-RSRP 作为下行波束管理的测量度量。同时，在 NR 的增强版本 R16 中，L1-SINR 也被引入作为一种新的测量度量。因此，在 R16 NR 中，如果一个终端支持基于 L1-SINR 的下行波束测量，则网络可以通过配置信令来指示此终端 UE 具体采用哪种测量度量：L1-RSRP 或 L1-SINR。

3. 测量上报的方法

终端根据测量结果，向网络上报 $K \geq 1$ 个信息，每个信息包括波束指示信息（如 CSI-RS 资源标识、SSB 编号），以及对应的 L1-RSRP 信息。当 $K>1$ 时，K 个 L1-RSRP 值中的最大值的量化结果直接上报，其他 $K-1$ 个 L1-RSRP 值与最大 L1-RSRP 值的差值量化后进行上报，即其他 $K-1$ 个 L1-RSRP 上报差分值[63]。对于 L1-SINR 的测量，也类似上报。

根据终端能否接收 K 个下行波束上同时传输的数据，波束测量结果的上报方法可以分为以下两类。

- 不基于组的上报（Non-group Based Reporting）。
- 基于组的上报（Group Based Reporting）[64]。

在不基于组的上报中，终端根据网络配置的 N 个参考信号进行测量，根据测量结果，选择上报 K 个信息，K 的取值由网络配置，可以为 1、2、3 或 4。K 个参考信号对应 K 个波束。网络不能从 K 个波束中的多个波束同时给此终端传输信号，因为此终端无法同时接收多个下行波束上传输的信号。终端在上报 K 个信息时，可以根据自己的实现算法从 N 个参考信号中选择 K 个，如可以仅考虑 L1-RSRP 最强的 K 个，也可以考虑不同波束的到达方向（即考虑接收到的不同参考信号之间的空间相关性）来选择 K 个。对此，NR 协议没有规定，由终端自己来实现。

基于组的上报首先要求终端具备同时接收多个下行发送波束的能力。当网络配置终端进行基于 group 的上报时，终端根据网络配置的 N 个参考信号进行测量，根据测量结果，选择上报 $K=2$ 个信息，其中每个信息中包括参考信号的指示信息（如 CSI-RS 资源标识，SSB 编号）和对应的 L1-RSRP 信息。网络可以同时从上报的 $K=2$ 个波束上与终端进行数据传输。

在标准化讨论过程中，基于组的上报指的是终端在进行波束上报时是基于不同的组来进行：假设有 G 个组，针对每个组上报对应的 M_i（$i=1, 2, \cdots, G$）个下行发送波束。基本方案有两个[65]。

- 方案 1：终端可以同时接收同一个组对应的多个下行发送波束，但是不能同时接收不同组对应的多个下行发送波束。
- 方案 2：终端可以同时接收不同组对应的多个下行发送波束，但是不能同时接收同一个组对应的多个下行发送波束。

方案 1 和方案 2 的不同，体现在产品实现时 group 对应不同的物理实体。通常，在产品实现时可以采用如下的对应方式。

- 方案 1：一个组对应终端侧的一组能同时使用的接收波束，而不同组对应的接收波束不能同时使用。因此，一个组中的所有下行发送波束，终端都可以同时接收。
- 方案 2：一个组对应 UE 侧的一个天线面板（panel）。当终端同时开启多个天线面板进行接收时，不同天线面板可以接收不同的下行发送波束，因此终端可以接收不同组对应的下行发送波束。对于一个天线面板，每个时刻只会使用一个接收波束，因此不能很好地同时接收多个下行发送波束。

方案 1 和方案 2 在不同的场景下具有各自的优缺点。下面以图 8-25 和图 8-26 为例来说明。在所述两个图中，假设有两个 TRP 在进行传输（也可以是同一个 TRP 的两个天线面板），同时 UE 也有两个天线面板，因此可以同时在两个方向有不同的接收波束。

图 8-25 中，发送波束 1 对应接收波束 X1，发送波束 2 对应接收波束 X2，发送波束 A 对应接收波束 YA，发送波束 B 对应接收波束 YB。其中接收波束 X1 和 X2 在第一个天线面板上，每次只能使用其中一个；接收波束 YA 和 YB 在第二个天线面板上，每次只能使用其中一个。同时一个时刻，每个天线面板上都可以有一个接收波束，因此在同一个时刻，可能会有 4 种组合：{波束 X1，波束 YA}，{波束 X1，波束 YB}，{波束 X2，波束 YA} 和 {波束 X2，波束 YB}。

假设在终端侧，波束 2 和波束 A 的信号会形成较大的干扰，因此波束 2 和波束 A 不能同时传输，否则会降低传输性能。因此，采用方案一时，终端可以上报 3 个组，分别为 {波束 1，波束 A}，{波束 1，波束 B}，{波束 2，波束 B}。网络接收到终端的波束上报后，可以从上面任一个组中的两个波束同时给终端传输信号，终端可以使用对应接收波束来同时接收。与之相反，如果采用方案 2，终端上报 2 个组，其中两个组中包含的内容可以有以下一些选项。

- 两个组分别为 {波束 1} 和 {波束 B}，即对应 $G=2$，$M_1=1$，$M_2=1$。这种情况下，网络不知道能同时从波束 2 和波束 B 同时传输，从而会影响网络侧的负载均衡和调度进一步优化。

- 两个组分别为 {波束 1，波束 2} 和 {波束 B}，即对应 $G=2$，$M_1=2$，$M_2=1$。这种情况下，网络不知道能同时从波束 1 和波束 A 同时传输，从而会影响网络侧的负载均衡和调度进一步优化。
- 两个组分别为 {波束 1} 和 {波束 A，波束 B}，即对应 $G=2$，$M_1=1$，$M_2=2$。这种情况下，网络不知道能同时从波束 2 和波束 B 同时传输，从而会影响网络侧的负载均衡和调度进一步优化。
- 两个组分别为 {波束 1，波束 2} 和 {波束 A，波束 B}，即对应 $G=2$，$M_1=2$，$M_2=2$。这种情况下，网络如果同时从波束 2 和波束 A 给终端传输数据，这两个发送波束相互之间会产生较大干扰，从而降低传输性能。

从这一例子可以看到，通过方案 1，终端可以非常精确地选择上报哪些波束较为合适同时传输，从而可以很好地控制同时传输的波束之间的干扰。终端如果通过方案 2 来进行上报，需要在网络调度灵活性和同时传输波束干扰之间进行折中考虑，在一些情况下可能需要牺牲某个方面，如降低网络调度灵活性，或忍受同时传输波束之间的干扰等。

下面以图 8-26 为例来说明方案 2 的一些优势。图 8-26 与图 8-25 类似，差别在于，波束 2 和波束 A 的信号在终端侧不会形成较大的干扰，因此波束 2 和波束 A 可以同时传输。采用方案 2 时终端可以上报 2 个组，分别为 {波束 1，波束 2} 和 {波束 A，波束 B}。网络接收到终端上报后，可以根据情况选择从下面任意一对波束同时进行数据发送。

- 波束 1，波束 A。
- 波束 1，波束 B。
- 波束 2，波束 A。
- 波束 2，波束 B。

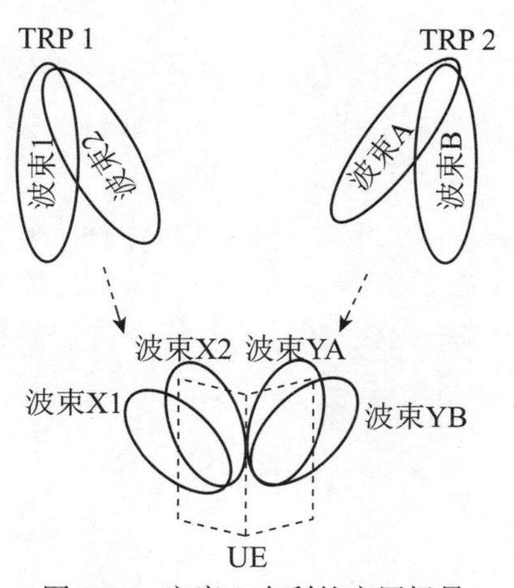

图 8-25　方案 1 有利的应用场景

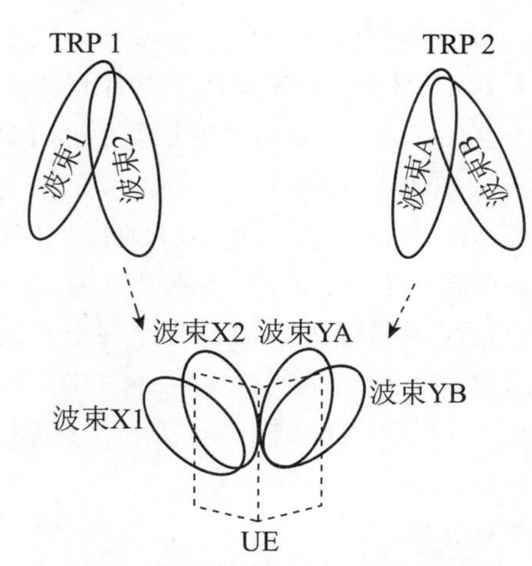

图 8-26　方案 2 有利的应用场景

如果此时采用方案 1，则终端可以上报 $G=4$ 个组，分别为 {波束 1，波束 A}，{波束 1，波束 B}，{波束 2，波束 A} 和 {波束 2，波束 B}。可以看到图 8-26 的场景下，为了达到同样的效果，方案 1 需要上报 $G=4$ 个组，每个组包含 2 个波束（$M_1=M_2=M_3=M_4=2$），而方案 2 只需要上报 $G=2$ 个组，每个组包含 2 个波束（$M_1=M_2=2$）。因此，此时方案 2 上报带来的开销更小。

由于两种方案在不同的场景中具有各自的优缺点，因此经过长时间讨论后，各个公司之间仍难以达成一致。为了推动进展，在 3GPP 讨论中，一些公司提出了兼容两种方案的新提案，主要分为两个不同的思路。

- 思路 1：两个方案进行融合，形成一个新的方案。通过不同的参数配置，可以退化到方案 1 或者方案 2。
- 思路 2：同时支持方案 1 和方案 2，网络通过信令配置终端采用方案 1 还是方案 2 来进行上报。

上述讨论到 R15 结束都没有实质进展，最后形成了一个妥协结论：当采用基于 group 的上报时，终端上报的 2 个波束可以同时传输。这可以看作两个方案共同的特例（或者说最小交集）[64]。

- 方案 1：$G=1$，$M_1=2$。此时，终端上报 $K=2$ 个波束，可以认为 2 个上报的波束都属于同一个 group 。
- 方案 2：$G=2$，$M_1=M_2=1$。此时，终端上报 $K=2$ 个波束，可以认为 2 个上报的波束分别属于 2 个不同的 group，每个 group 含有 1 个波束。

8.3.4 下行波束指示

在 NR 系统中，PDSCH 和 PDCCH 可以独立使用各自的波束，这为实际商用系统优化提供了更大的灵活性和自由度。例如，实际网络部署的一种可能方式为使用较宽的波束来传输 PDCCH，使用较窄的波束来传输 PDSCH。从技术角度讲，PDSCH 和 PDCCH 可能使用不同波束的原因如下。

- PDCCH 和 PDSCH 对链路性能要求不同。PDCCH 需要单次传输的高可靠性，但是传输速率要求不高。与之相反，PDSCH 传输速率要求高，但是可以通过 HARQ 重传来提升可靠性。
- PDCCH 和 PDSCH 服务的用户可能会不同。例如，部分 PDCCH 服务于一组终端（称为 Group-common PDCCH），而 PDSCH 通常是针对某个终端的，因此对于发送波束的要求也会不同。

在 NR 中，波束的指示是通过 TCI 状态（TCI-state）和准共址（Quasi-Co-Location，QCL）概念来实现的。网络侧可以为每个下行信号或下行信道配置相应的 TCI 状态，指示目标下行信号或目标下行信道对应的 QCL 参考信号，终端根据该 QCL 参考信号进行目标下行信号或目标下行信道的接收。一个 TCI 状态可以包含如下配置。

- TCI 状态 ID，用于标识一个 TCI 状态。
- QCL 信息 1。
- QCL 信息 2。

其中，一个 QCL 信息包含如下内容：

- QCL 类型配置，可以是 QCL-typeA、QCL-typeB、QCL-typeC 或 QCL typeD 中的一个。
- QCL 参考信号配置，包括参考信号所在的小区 ID，BWP ID 以及参考信号的标识（可以是 CSI-RS 资源标识或 SSB 标号）。

其中，QCL 信息 1 和 QCL 信息 2 中，至少一个 QCL 信息的 QCL 类型必须为 QCL-TypeA、QCL-TypeB、QCL-TypeC 中的一个，另一个 QCL 信息（如果配置）的 QCL 类型必须为 QCL-TypeD。

不同 QCL 类型的定义如下。

- 'QCL-TypeA'：{多普勒频偏（Doppler Shift），多普勒扩展（Doppler Spread），平均延时（Average delay），延时扩展（Delay Spread）}。
- 'QCL-TypeB'：{多普勒频偏（Doppler Shift），多普勒扩展（Doppler Spread）}。
- 'QCL-TypeC'：{多普勒频偏（Doppler Shift），平均延时（Average Delay）}。
- 'QCL-TypeD'：{空间接收参数（Spatial Rx Parameter）}。

其中，QCL-TypeA，QCL-TypeB 和 QCL-TypeC 对应无线信道的不同大尺度参数集合。如果一个 PDSCH 信道与参考信号 X 是关于 QCL-TypeA 准共址的，则终端可以认为该 PDSCH 和参考信号 X 对应的无线信道的 4 个大尺度参数{多普勒频偏，多普勒扩展，平均时延，时延扩展}是相同的。因此终端可以根据参考信号 X 来估计出多普勒频偏、多普勒扩展、平均时延、时延扩展 4 种大尺度参数，并利用这些估计的参数值来优化 PDSCH 解调信号（DMRS）信道估计器，从而提升 PDSCH 的接收性能。

QCL-TypeD 对应终端侧如何来接收采用不同发送波束传输的信号。如果一个 PDSCH 信道与参考信号 X 是关于 QCL-TypeD 准共址的，则终端可以认为 PDSCH 传输和参考信号 X 可以使用同一个接收波束来进行接收。例如，通过前面的波束管理流程，终端可以知道对于参考信号 X，其最佳匹配的接收波束为接收波束 A。当网络指示一个 PDSCH 信道与参考信号 X 是关于 QCL-TypeD 准共址的，则终端使用接收波束 A 来接收 PDSCH。对于低频频谱（如小于 6 GHz），终端侧没有多个模拟波束，使用全向天线来进行接收，因此 QCL-TypeD 的指示不需要。

TCI 状态可以采用 RRC 信令、MAC CE 或者 DCI 信令来指示，这 3 种方法的主要优点和缺点如表 8-6 所示[67]。

表 8-6　不同信令指示方法

类　别	优　点	缺　点
RRC 信令	• 可靠性比 MAC CE 信令和 DCI 信令高（RRC：约 10^{-6} 量级，MAC CE：约 10^{-3} 量级，DCI：约 10^{-2} 量级） • RRC 信令有对应的 ACK/NACK 反馈	• 较大的信令处理时延 • 信令开销更大
MAC CE 信令	• 比 DCI 信令可靠性高 • 有对应的 ACK/NACK 反馈 • 信令时延比 RRC 信令低	• 时延比 DCI 信令大 • 信令开销比 DCI 信令大
DCI 信令	• 时延小 • 信令开销低	• 可靠性差于 MAC CE 信令和 RRC 信令

从表 8-6 可以看到，不同信令指示方案体现了在时延、可靠性和开销之间的不同折中。PDCCH 对于传输可靠性要求较高，如果终端在接收波束指示信令时出现错误，会导致无法接受物理层下行控制信令，对系统性能影响较大，因此 DCI 信令不适合用来指示 PDCCH 传输使用的波束指示，使用 RRC 信令和 MAC CE 信令来指示 PDCCH 传输使用的波束是一个相对较好的选择。与之相反，PDSCH 可以使用 HARQ 重传来提高传输成功率。同时，在部分场景下，根据用户分布和实际业务需求，系统需要在不同波束之间快速进行切换来给终端进行数据传输，从而在各个波束获得较好的负载均衡。因此，时延小、开销小的 DCI 信令指

示方案被用来指示 PDSCH 的波束。

对于 PDCCH 信道，NR 采用 RRC 信令+MAC CE 的方式来指示 TCI 状态（如图 8-27 所示）。

- RRC 信令针对一个 CORESET 配置 N 个 TCI 状态。
- 若 $N=1$，则配置的 TCI 状态用于指示 PDCCH 的接收。
- 若 $N>1$，则网络需要进一步通过 MAC CE 信令激活其中一个 TCI 状态，用于指示 PDCCH 的接收。

对于 PDSCH 信道，NR 采用 RRC+MAC CE+DCI 指示的方式来指示 TCI 状态（如图 8-28 所示）。

- RRC 信令配置一组 TCI 状态。
- MAC CE 信令从这组 TCI 状态中选择激活 K 个 TCI 状态（$K\leqslant 8$）。
- PDCCH 在调度 PDSCH 时，通过 DCI 信令指示当前传输使用的 K 个状态中的某一个 TCI 状态。

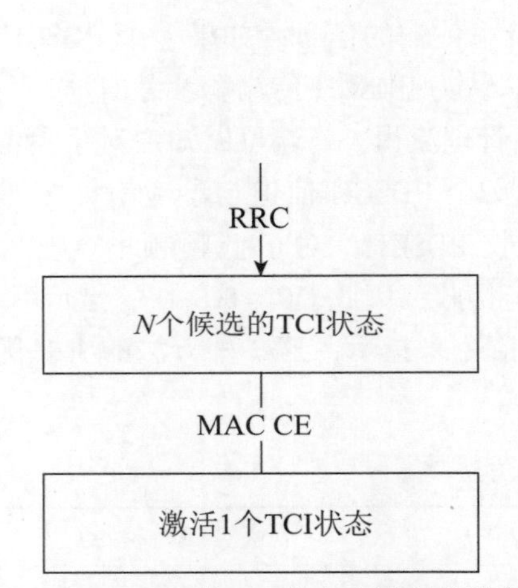

图 8-27 PDCCH 的 TCI 状态配置和指示方法

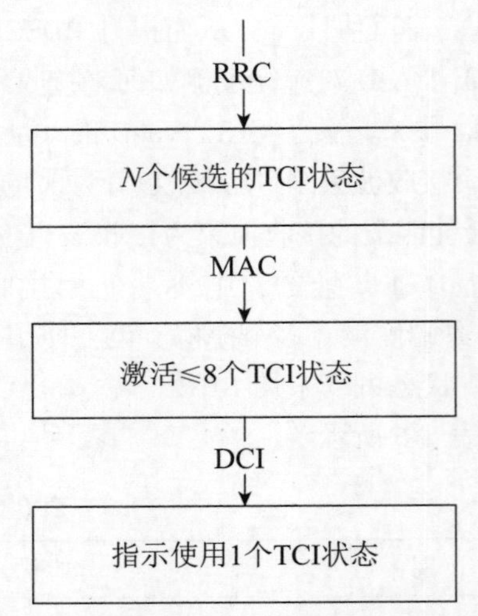

图 8-28 PDSCH 的 TCI 状态配置和指示方法

上面描述的是单个 TRP 传输情况。后面章节会描述多个 TRP 传输的方案，其中 DCI 可以指示 2 个 TCI 状态。另外，在 R15 中，每个载波上的 TCI 状态激活都是通过各自对应的信令进行的。在 R16，为了降低信令开销，引入新的 MAC CE 格式，可以通知对一组载波上的激活的 TCI 状态进行变更。

8.3.5 上行波束管理基本流程

在低频频谱（如小于 6 GHz），终端不会采用多个模拟发送波束。因此，上行波束管理只用于高频频谱上的通信，如毫米波频谱的通信。上行波束管理的主要目的和要解决的问题，和下行管理波束流程类似。对应地，上行波束管理也有 3 个主要流程，分别记为 U1、U2 和 U3（与下行波束管理的 P1、P2 和 P3 对应）[68]。

- U1：上行发送波束和接收波束的粗配对。
- U2：网络侧上行接收波束的精细调整。
- U3：终端侧上行发送波束的精细调整。

与 P1 流程类似，U1 流程在初始接入过程中完成。为了能够快速完成上行发送波束和上行接收波束之间的粗配对，相应的上行发送波束和接收波束可能会比较宽，因此形成的波束配对可以获得较好的性能，但是达不到最优效果。为进一步提升性能，在粗配对的基础上，可以进行网络上行接收波束和终端上行发送波束的精细调整（分别对应 U2 和 U3 流程），使用更细的波束来进一步提高传输性能。U2 流程示意图参见图 8-29，具体流程如下。

● 通过 U1 流程，终端上行发送波束 A 和网络侧上行接收波束 2 之间完成粗同步。

● 为了对接收波束进行精细化调整，网络配置终端在波束 A 上多次发送测量信号。

● 网络使用 3 个更窄的波束 2-1、波束 2-2、波束 2-3 来接收波束 A 上传输的信号，并进行测量。

● 网络根据测量结果，决定针对 UE 的发送波束 A，选择哪个窄波束作为接收。

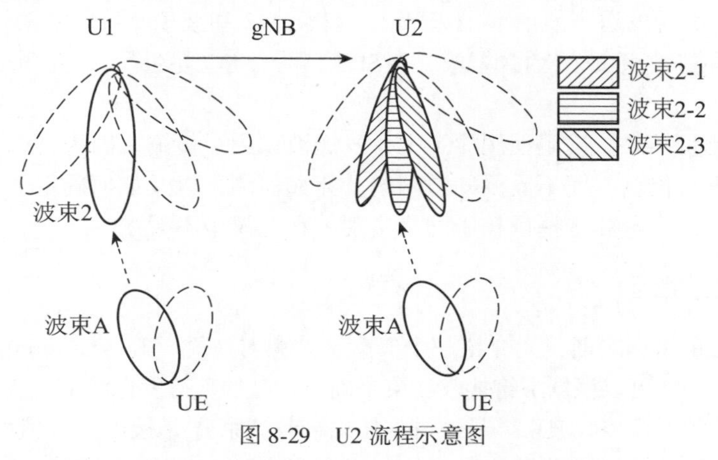

图 8-29　U2 流程示意图

U3 流程示意图参见图 8-30，具体流程如下。

● 通过 U1 流程，终端上行发送波束 A 和网络上行接收波束 2 之间完成粗同步。
● 为了对终端上行发送波束进行精细化调整，网络配置终端使用 3 个更窄的波束 A-1、波束 A-2、波束 A-3 分别发送参考信号。
● 网络侧使用接收波束 2 来分别接收发送波束 A-1、波束 A-2 和波束 A-3 上传输的信号，并进行测量。根据测量结果，网络侧指示 UE 在哪个上行波束上进行数据传输。
● 后续网络可以配置或指示终端采用某个发送窄波束来进行上行传输。

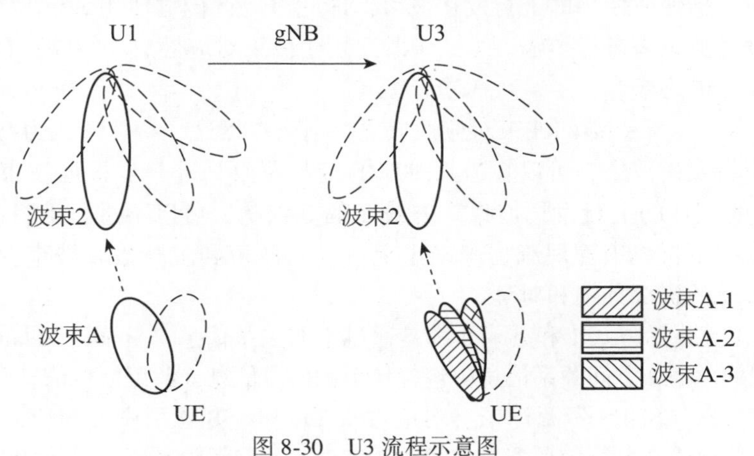

图 8-30　U3 流程示意图

8.3.6 上行波束测量

前面已经介绍过，下行波束管理基于 CSI-RS 和 SSB 信号来进行下行波束测量。相应的，上行波束管理基于探测参考信号（Sounding Reference Signal，SRS）进行上行波束测量。

- 图 8-29 中的 U2 流程：网络配置 3 个 SRS 资源给终端，终端在 3 个不同时刻使用同一个上行发送波束 A 分别发送这 3 个 SRS 资源，网络通过 3 个接收波束（波束 2-1、波束 2-2 和波束 2-3）依次接收这 3 个 SRS 信号并进行测量，以确定哪个接收窄波束性能更好。
- 图 8-30 中的 U3 流程：网络配置 3 个 SRS 资源给终端，终端在 3 个不同时刻分别使用 3 个不同的上行发送窄波束（波束 A-1、波束 A-2 和波束 A-3）来发送这 3 个 SRS 资源，网络通过波束 2 依次接收这 3 个 SRS 信号，进行测量，确定哪个发送窄波束性能更好。

网络侧根据测量结果，确定使用哪个上行发送波束进行传输。因为终端只需知道采用哪个上行发送波束进行传输，而不需要知道网络具体如何测量以及如何确定上行发送波束。因此，上行波束的具体测量和选择依赖于网络实现，在协议中不规定。

8.3.7 上行波束指示

在介绍上行波束指示之前，先介绍一个概念：波束对应性（Beam Correspondence）。当存在波束对应性时，终端可以根据下行接收波束来确定自己的上行发送波束，或者根据上行的发送波束来确定自己的下行接收波束。具体讲，如果接收波束 A 是接收下行信号的较佳/最佳选择，终端根据下行接收波束 A 推断出其对应的上行发射波束 A′也是较佳/最佳的上行发送波束。此时，如果网络指示某个下行发送波束的对应的下行参考信号 X，则终端能够根据接收信号 X 对应的接收波束 A 知道其对应的发送波束 A′。当终端的波束对应性成立时，系统中指示 UE 的上行发送波束 A′，往往可以直接指示下行信号 X 来间接的指示上行发送波束 A′。

在 NR 系统中，网络可以有两种方式来指示上行发送波束。

- 方式 1：网络配置多个 SRS 资源，让终端使用不同的上行发送波束进行对应的 SRS 传输（不同的上行波束发送不同的 SRS 资源对应的信号）。网络通过指示 SRS 信号 S1 来指示上行传输所使用的上行发送波束，即此次上行传输使用 SRS 信号 S1 最近使用的上行发送波束来进行传输。方式 1 既适用于波束对应性成立终端，也适用于波束对应性不成立的终端。
- 方式 2：如果一个终端的波束对应性成立，网络根据这一特性，认为终端可以根据其较佳的下行发送波束，可以知道其对应的接收波束，进一步根据波束对应性知道此 UE 对应的较佳的上行发送波束。方式 2 的好处是，可以不进行上行波束管理过程，网络会根据下行波束管理流程来确定上行发送波束和上行接收波束，从而降低波束管理流程总的资源开销和时延。

在 NR 中，上述指示方式 1 和方式 2 都是通过空间关系信息（Spatial Relation Information）这一概念来实现的。一个空间关系信息中包含一个源信号信息，此源信号信息可以是 SRS 资源标识（对应方式 1），CSI-RS 资源标识（对应方式 2）和 SSB 索引中（对应方式 2）的一个。网络可以给上行信道或者上行信号配置空间关系信息。若空间关系信息包含的源信号为 X，则终端根据源信号 X 按照前述方法确定上行信道或者上行信号传输使用的上行发送波束。

- 对于 SRS 信号，采用 RRC 信令配置方法来指示上行发送波束，即在 SRS 信号的配置信息中，直接包含一个空间关系信息来指示上行发送波束。对于半持续 SRS 信号，MAC CE 在激活其传输时，同时也携带了对应的空间关系信息。在 R16 中，MAC CE 可以更新 SRS 空间关系信息的机制也被应用到非周期 SRS。
- 对于 PUCCH 信道，采用 RRC 信令+MAC CE 信令的二级指示方式。在一个 PUCCH 资源中配置 K 个空间关系信息，如果 $K=1$，则终端根据此空间关系信息中的源信号确定此 PUCCH 资源上行发送波束；如果 $K>1$，则网络进一步通过 MAC CE 激活其中 K 个空间关系信息中的 1 个，终端根据此激活的空间关系信息中的源信号确定此 PUCCH 资源上行发送波束。一些公司认为 R15 的设计是基于每个 PUCCH 资源来指示或更新空间关系信息，从而导致信令开销很大，因此在 R16 中引入了新的方法来降低信令开销：设计新的 MAC CE 格式，同时更新一组 PUCCH 资源的空间关系信息。
- 对于不同的 PUSCH，上行波束指示的方法不同。例如，对于动态调度的基于码本传输的 PUSCH，如果只配置 1 个 SRS 资源用于 PUSCH 传输，终端将此 SRS 资源上所用的发送波束作为 PUSCH 的上行发送波束；如果配置 2 个 SRS 资源用于 PUSCH 传输，网络通过 DCI 指示其中 1 个 SRS 资源，终端将网络指示的这个 SRS 资源上所用的发送波束作为 PUSCH 的上行发送波束。

在 R16 协议的增强中，运营商认为 R15 的协议设计非常灵活，导致在一些典型的现网部署中，RRC 信令开销过大，因此提出了要设计一系列规则来确定默认空间关系信息。对一些没有配置空间关系信息的上行信道或信号（包括 PUCCH 资源和 SRS 资源）通过一些规则确定其对应的空间关系信息。这些规则主要是用来减少 RRC 信令开销，并且主要利用一些常见的方法来确定，对于整个系统的工作方法影响很小，因此不做详细介绍。

8.4　主小区波束失败恢复

如前面介绍，模拟波束的重要使用场景是在高频频谱，如毫米波频谱。由于高频谱电磁波穿透损耗大，以及模拟波束变窄，会导致通信链路容易被遮挡，从而导致通信质量变差，甚至造成通信中断。

为提升高频谱模拟波束传输的[illegible]可采用两种不同的策略。

- 主动策略：采用多个波[illegible]波束来自不同方向，同时被遮挡的可能性较小，因此可以提高[illegible]的基于组的上报，可用于支持两个下行波束同时传输。[illegible]终端，可以采用多个波束交替传输的方式。
- 被动策略：当发现[illegible]程度时，终端主动寻找链路质量好的新波束，并且通知网络[illegible]新建立高质量的可靠通信链路。这一处理方式称为波束失败恢复[illegible]re Recovery，BFR）机制，简称为波束恢复机制。

在 NR 系统中，波束失败恢复流程是针对下行发送波束设计的，不考虑上行发送波束被阻挡的问题。主要原因是，若下行链路的通信质量较好，网络可以通过下发指示，让终端切换到较好的上行发送波束进行传输；如果下行链路通信质量不好，终端可能无法接收到网络的指示，因此无法与终端进行有效通信来确定新的波束配对。

8.4.1 基本流程

在 NR R15 版本中，针对主小区（PCell）和辅主小区（PSCell）设计了波束失败恢复机制，其主要功能模块（或称为主要步骤）分为 4 个[69]。

- 波束失败检测（Beam Failure Detection，BFD）。
- 新波束选择（New Beam Identification，NBI）。
- 波束失败恢复请求（Beam Failure Recovery ReQest，BFRQ）。
- 网络侧响应。

终端对 PDCCH 进行测量，判断下行发送波束对应的链路质量。如果对应的链路质量很差，则认为下行波束发生波束失败。终端还会对一组备选波束进行测量，从中选择满足一定门限的波束作为新波束。然后终端通过波束失败恢复请求流程 BFRQ，通知网络发生了波束失败，并且上报新波束。网络收到一个终端发送的 BFRQ 信息后，知道所述终端发生了波束失败，选择从新波束上发送 PDCCH，终端在新波束上收到网络发送的 PDCCH 则认为正确接收了网络侧的响应信息。至此，波束失败恢复流程成功完成。图 8-31 给出了波束失败恢复的完整流程。

在后文，为描述简单，我们把主小区（PCell）和辅主小区（PSCell）统称为主小区。

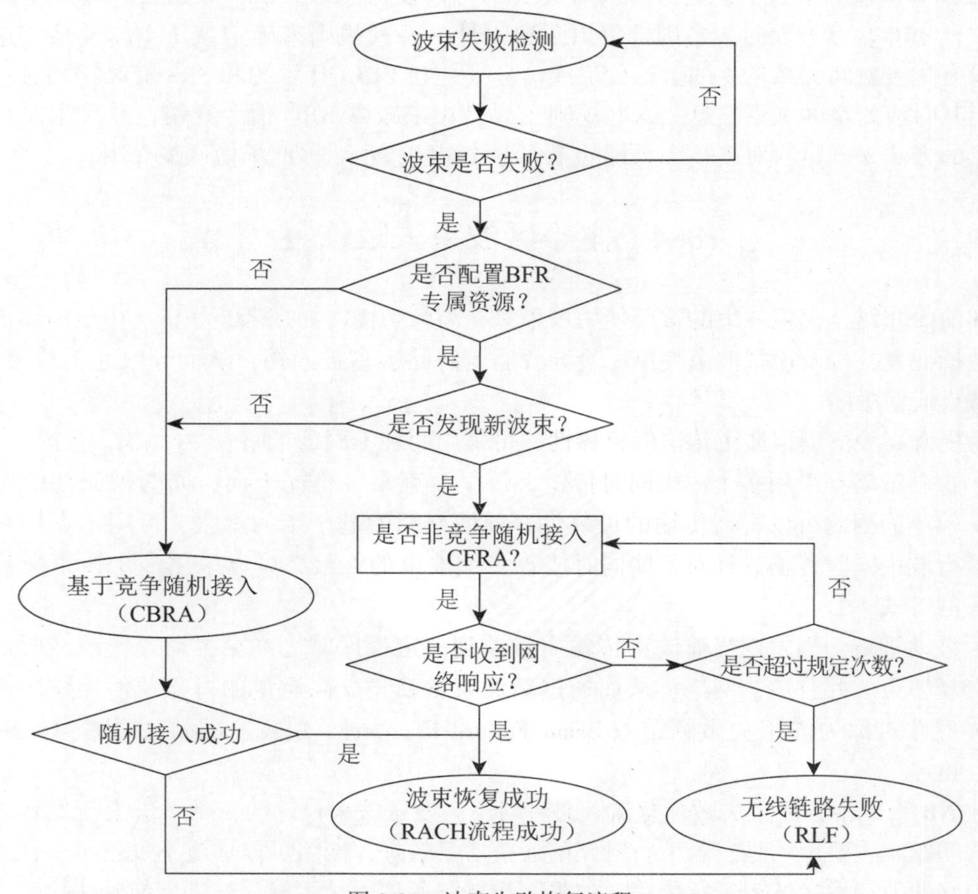

图 8-31　波束失败恢复流程

8.4.2　波束失败检测

从物理层的角度看，下行传输最频繁使用两个信道是 PDCCH 和 PDSCH。因此两个信道对应的链路质量都需要保证。

波束失败检测的第一个问题：测量 PDCCH 信道质量还是 PDSCH 信道质量？因为 DCI 可以灵活指示 PDSCH 从不同发送波束上进行传输，因此只要控制信道对应的链路质量好，网络就可以选择并指示质量好的发送波束来进行数据传输，从而不会让 PDSCH 的通信链路中断。基于这一原因，波束失败测量和判定是基于 PDCCH 信道的链路质量。

波束失败检测的第二个问题：使用什么度量来确定链路质量？在标准讨论过程中，针对测量度量讨论过两个选项[70-71]。

- L1-RSRP：支持 L1-RSRP 作为度量的公司认为，在下行波束管理中已经使用了 L1-RSRP，应该保持一致性，使用相同的度量，一方面可以降低终端实现复杂度，另一方面可以避免乒乓效应。所谓的乒乓效应指的是：由于 L1-RSRP 与假定的 BLER 不是一一对应的，会出现一个值好、另一个值差的情况。例如，通过下行波束管理终端基于 L1-RSRP 上报某个波束质量好，但是在波束失败检测基于假定的 PDCCH BLER 认为这个波束质量差。
- 假定的 PDCCH BLER：因为 PDCCH 传输的真实 BLER 无法直接获得，终端都是根据测量的 SINR 来推算出对应的可能的 BLER，因此称为假定的 PDCCH BLER。支持假定的 BLER 的公司认为，波束失败与原有的无线链路失败（Radio Link Failure，RLF）类似，需要统一设计，应该采用 RLF 使用的假定的 BLER 作为度量。另外即使 L1-RSRP 值很好，但是没有包含干扰信息，不能体现真正的链路质量。

这两个方案在 3GPP 进行了长时间的讨论，最后为了能按时完成波束失败恢复机制的标准化工作，双方同意支持假定的 PDCCH BLER 作为波束失败检测的度量。

波束失败检测的第三个问题：终端测量什么信号？为了及时获得较为可靠的假定的 PDCCH BLER，被测量的信号需要满足下列要求[72]。

- 周期性信号：只有周期性信号，才能保证终端能够及时估计出对应的链路质量。
- 能反映 PDCCH 信道的质量。

基于这两个要求，在 3GPP 讨论过程中曾提出过以下信号用于 BFD。

- PDCCH DMRS：可以较好地体现 PDCCH 信道质量，但是 PDCCH 和对应的 DMRS 不一定会经常发送，不是周期性的信号，这会导致在某些情况下终端无法及时测量当前 PDCCH 信道的质量。
- SSB：各公司希望设计一个方案，能够适用 NR 各种部署场景，包括将来可能的新场景，而基于 SSB 的波束失败检测在一些情况下不适用。例如，多 TRP 场景中，SSB 可能会从多个 TRP 传输，但是某个 PDCCH 可能只从 1 个 TRP 传输，两者使用的波束不一样，不能体现 PDCCH 信道的质量。
- 周期性 CSI-RS：如果周期性 CSI-RS 和 PDCCH 使用同一个发送波束，则 CSI-RS 可以体现 PDCCH 的信道质量，因此在最终的 NR 协议中，各公司一致同意终端通过测量 PDCCH 对应的周期性 CSI-RS 来进行波束失败检测。

PDCCH 信道使用单端口，同时用于 RLF 的 CSI-RS 也是单端口的，因此在 NR 中只有单端口的周期性 CSI-RS 可以用于波束失败检测。具体讲，终端可以有以下两种不同的方式来确定用于波束失败检测的周期性 CSI-RS。

- 显式配置：网络通过信令直接配置周期性 CSI-RS 用于波束失败检测。
- 隐式获取：如果网络没有采用显式配置，则终端使用 PDCCH 信道对应 CORESET 的激活 TCI-state 状态中的周期性 CSI-RS 来进行波束失败检测。在 R15 协议中，规定最多检测 2 个周期性 CSI-RS 信号。在下一小节（辅小区波束失败恢复），会详细讨论这一限制存在的潜在问题，以及标准化中讨论到的其他相关方案。

前面提到，针对每个 CORESET 可以配置对应的发送波束，因此一个终端对应的 PDCCH 可能会有多个发送波束。这就引出了波束失败检测的第四个问题：PDCCH 中几个波束质量差可以认为是波束失败？在标准化过程中，主要争论的是下面两个选项[73]。

- 选项 1：PDCCH 有部分波束质量差，则认为是波束失败。支持的公司认为：当部分波束质量差时，可采用相应机制快速进行链路重建、恢复可靠通信链路，这样可有效降低整个 BFR 流程时延，同时也可减少通信中断的概率；若采用选项 2，则因为 PDCCH 所有波束质量都很差，整个波束恢复流程时延较长，会导致用户业务质量连续性差等问题。
- 选项 2：PDCCH 所有的波束质量差，才认为是波束失败。支持的公司认为，只有部分波束质量差时，网络可以通过实现的方式来解决更改波束。例如，通过 RRC 信令配置新波束，或者通过 MAC CE 信令激活新的波束；选项 1 会频繁触发相应的波束恢复流程，从而会增大系统的开销。

在 3GPP 标准讨论过程中，同意针对两个选项都研究和设计相应的流程。最后，NR 只完成了基于选项 2 的波束失败恢复流程，即只有 PDCCH 所有的波束质量都差时，才认为发生了波束失败。

在 NR 协议中，确定波束失败需要物理层和 MAC 层协同完成，具体步骤如下。

- 物理层检测 PDCCH 对应波束的 Hypothetical BLER，如果所有波束的 Hypothetical BLER 都差于规定的门限，则记为一次波束失败样本（Beam Failure Instance，BFI），给 MAC 上报发生一次 BFI。物理层需要周期性地向 MAC 侧上报，如果某次没有上报，则认为没有 BFI。
- MAC 层维护相关的波束失败检测定时器（Beam Failure Detection Timer）和波束失败计数器（BFI_COUNTER）。为保证波束失败检测的可靠性，每当 MAC 层收到一次 BFI 上报，则启动或重启波束失败检测定时器，同时波束失败计数器计数增加 1，若波束失败检测定时器超时，终端会重置计数器为 0，从而确保波束失败的判断是基于连续的 BFI 上报。若在定时器运行期间内波束失败计数器达到了规定的最大值，则终端认为发生了波束失败，并在相应的主小区上发起随机接入流程。

8.4.3 新波束选择

终端仅知道发生了波束失败，并不能与网络快速重新建立新的链路，还需要知道其他哪个波束质量好，才能利用质量好的波束快速重建链路。如果终端通过盲搜索来寻找可靠的下行发送波束，则不仅终端实现复杂度高，而且延时大。因此，为了协助终端省时省力地找到质量好的下行发送波束，网络提前给终端配置一组参考信号（如 CSI-RS 信号，或 SSB）。实际上，每个参考信号对应一个备选下行发送波束，即网络给终端配置了一组备选下行发送波束。终端通过测量这些备选波束的 L1-RSRP 来确定一个新波束。网络会预先配置一个 RSRP

门限值，终端从 L1-RSRP 测量值大于这一 RSRP 门限的备选波束中选择一个波束作为可用的新波束。

新波束选择流程的启动时间，协议没有规定，取决于终端实现。例如，终端可以在波束失败发生后，再启动新波束选择流程，这样实现的好处是终端处理少，有利于降低功耗，缺点是可能会引入额外时延。终端的另一种实现是，在波束失败发生之前，就启动新波束选择流程，这样做的好处是时延小，因为一旦波束失败发送，终端可以第一时间发送 BFRQ，缺点是终端对备选波束的测量增多，会消耗额外的功耗。

8.4.4　波束失败恢复请求

终端需要通知网络找到的可用的新波束，以便网络知道能够使用这个新波束进行下行传输。这一通知流程称为 BFRQ。对于如何传输 BFRQ，标准化过程中讨论过 3 种方案[69]，其主要优点和缺点参考表 8-7。

表 8-7　不同的 BFRQ 传输方案比较

方　案	优　点	缺　点
PRACH	• 重用现有 PRACH 信号，标准化工作量小 • 传输可靠性高	• PRACH 长度较长，导致时频资源开销大 • 占用 PRACH 容量，可能会导致 PRACH 不够 • 传输的信息量少
PUCCH	• 传输信息量大 • 时频资源开销小	• 需要引入新的 CI 格式，标准化工作量大 • 与现有反馈使用的 PUCCH 复用复杂
PRACH-like	• 时频资源开销小 • 传输时间短	• 引入新的信号，标准化工作量大 • 新的信号性能未得到验证

在以上方式中，PRACH-like 采用 PRACH 类似的结构，但是部分参数不同，例如长度更短。在标准化过程中，3 个方案都有不少的公司支持，尤其是基于 PRACH 和 PUCCH 的方案。最后，考虑方案的复杂度，在 NR 中只采用了 PRACH 来发送 BFRQ。即当发生波束失败时，终端会触发随机接入流程，通过随机接入的 MSG1 指示网络侧该终端发生了波束失败以及终端选择的新波束信息。具体的，网络为终端预配置一组候选波束（如 CSI-RS 信号，和/或 SSB），并且为其中每个 SSB/CSI-RS 配置对应的 PRACH 资源以及随机前导码，那么当终端确定某个波束为新波束时，使用新波束对应的 PRACH 资源发送相应的随机前导码，网络收到后，就知道终端发生了波束失败，网络会基于收到的 PRACH 信息确定终端选择的新波束，并且在新波束上发送随机接入响应。

上述的随机接入过程是基于网络预配置的专属 PRACH 资源，所以随机接入类型是非竞争的随机接入。在实际系统中，网络可能未配置专属 BFR 资源（包括一组候选波束及其对应的专属 PARCH 资源）给 UE，或者说终端可能无法在网络配置的候选波束中找到可用新波束，具体有两种情况。

- 网络未配置用于 NBI 的参考信号以及对应的 PRACH 资源，即终端没有备选波束可以测量。
- 所有候选波束对应的 L1-RSRP 测量值差于网络配置的门限值。

当上述情况发生时，终端会根据小区中的 SSB 信号质量测量结果，发起现有的基于竞争的随机接入流程来完成与网络的重新连接。在这种情况下，由于网络没有为终端预配置用于波束失败请求的专用 PRACH 资源，当终端发送了相应的 MSG1 后，网络不知道终端是由于波束失败启动的随机接入流程，还是其他原因启动的随机接入流程。在 NR 增强版本 R16 中，为了进一步增强这种情况下的波束失败恢复机制，终端在基于竞争的随机接入的 Msg3 或者 MsgA 中可以携带一个专用于指示 BFR 信息的 MAC CE 来指示网络侧该随机接入过程是由于波束失败而触发的，同时该 BFR MAC CE 还可以携带 UE 选择的新波束信息。

8.4.5 网络侧响应

为监测网络侧对 BFRQ 的响应，也就是随机接入响应，终端会在发送完 MSG1 后的第一个 PDCCH Occasion 启动 *ra-ResponseWindow* 并开始监测 PDCCH。如 8.4.4 节提到，若该 BFR 触发的是非竞争的随机接入，UE 会在 BFR 专属的搜索空间上使用新波束监测随机接入响应，也就是说网络事先会配置 BFR 对应 CORESET 以及搜索空间，此专用 CORESET 只关联了这个专用搜索空间，不关联其他的搜索空间。UE 具体操作如下。

- 若在 *ra-ResponseWindow* 内，终端在新波束上监测到网络发给它的 DCI，则认为波束恢复成功。此后，网络和终端可以在新波束上进行通信，网络可以进行正常的波束管理流程，如指示终端进行波束测量、进行波束指示等。
- 若在 *ra-ResponseWindow* 内，终端在新波束上没有监测到网络发给它的 DCI，则可以重新发送 BFRQ。这一过程可以重复进行，直到波束恢复流程成功，或者重传 BFRQ 次数超过网络规定的门限。

对于网络未配置 BFR 专属资源的情况，也就是前面提到的基于竞争的随机接入，网络不需要配置这个专用的搜索空间，UE 在公共搜索空间监测 PDCCH 即可。BFRQ（随机接入）响应的监测以及重传与现有基于竞争的随机接入相同。

8.5 辅小区波束失败恢复

当终端和网络通过载波聚合（Carrier Aggregation，CA）进行通信时，可能会同时配置主小区和辅小区（SCell）。8.4 节已介绍针对主小区的波束恢复流程，在 R15 标准化工作中，一些公司推动设计针对辅小区的波束失败恢复流程，认为辅小区上波束失败后的快速恢复十分重要。

- 波束失败恢复流程可以快速重建高质量的链路，否则会导致辅小区的去激活。重新激活辅小区会带来较大的延时，影响数据速率和用户体验。
- 在典型波束场景中，主小区一般会配置在低频频谱上，而在高频频谱（如毫米波频谱）一般配置辅小区。

反对的公司则认为辅小区上额外设计一个波束失败恢复流程价值不大[74]，具体理由如下。

- 在载波聚合中，只要主小区通信质量良好，就可保证通信的可靠性和连续性。当辅小区上波束质量较差时，网络可通过主小区来传输相关配置或指令，让终端进行相应的波束管理流程，选择和上报质量较好的波束，不会触发辅小区的去激活。因此，不需要针对 Scell 的设计额外波束相关的流程。
- 在辅小区上进行波束失败测量，会不必要地额外增加终端实现复杂度。

- 若采用和主小区相同的波束失败恢复流程，则需要在辅小区上预留非竞争的 PRACH，引起额外的资源浪费；若采用一套不同的设计，则会在 NR 系统中引入两套不同的波束失败恢复机制，增加协议复杂度，同时也增加了网络设备和终端产品的实现复杂度。
- 方案涉及因素较为复杂，R15 标准化没有足够时间。

由于双方僵持不下，在 R15 标准化后期，不同的工作组达成了相反的结论：RAN1 同意设计针对 Scell 的波束失败恢复机制[75]；RAN2 建议在后续版本研究。最后，辅小区上的波束失败恢复机制在 R16 版本中制定完成。

针对辅小区的波束恢复机制，在标准化一开始，定的总体原则是尽量重用 R15 中主小区的波束失败恢复机制，因此主要功能模块也分为如下 4 个。

- 波束失败检测。
- 新波束选择。
- 波束失败恢复请求。
- 网络侧响应。

其中，波束失败检测和新波束选择功能基本上与 R15 主小区波束失败恢复机制类似；后两个功能模块做了较大改动，后续会详细介绍。

8.5.1　波束失败检测

各个辅小区的波束失败检测是独立进行的，流程上与其他辅小区或者主小区之间没有关联。与 R15 已有机制一样，辅小区波束失败检测同样是基于单端口的周期性 CSI-RS，其中周期性 CSI-RS 可以通过网络侧显式配置，或者终端根据 PDCCH 的 TCI 状态来隐式地确定。波束失败检测流程的其他分步骤（如门限确定、波束失败确定等）也是重用 R15 的设计。

在辅小区波束失败检测流程方案设计中，一个争论点是关于波束失败检测信号如何确定的问题[76]。

- 选项 1：一个 BWP 上的波束失败检测信号最多可以配置 2 个。
- 选项 2：一个 BWP 上的波束失败检测信号最多可以配置 2 个，同时制定规则当 PDCCH 使用了 2 个以上波束时，如何确定 2 个波束失败检测信号（隐式配置方法）。
- 选项 3：一个 BWP 上的波束失败检测信号最多可以配置 3 个。

这一问题其实是 R15 的遗留问题。一个 R15 UE 在一个 BWP 上可以通过 RRC 配置最多 3 个 CORESET，在 R15 波束恢复机制标准化过程中，设想其中有一个 CORESET 专用（对应一个专用的搜索空间）于监测网络侧针对 BFRQ 的响应，不用于波束失败之前的正常数据传输。此时，2 个 CORESET 每个配置独立的 TCI 状态，最多可以对应 2 个不同的下行发送波束。因此，当时会上同意了波束失败检测信号最多可以配置 2 个。到 R15 标准化后期，各公司发现把不同工作组（如 RAN1 和 RAN2）的结论整合在一起时，PDCCH 可能会使用 2 个以上波束。因为专用的搜索空间（以及对应的专用的 CORESET）配置是可选的，即可能没有专用于波束失败恢复流程的 CORESET，这时候 PDCCH 最多可以有 3 个下行发送波束。如前面介绍，当没有配置专用的 CORESET 时，终端检测到波束失败后，通过四步随机接入流程进行后续操作。在 R15 中发现上述问题后，有公司提出修改以前的结论，如上面提到的选项 2 和选项 3。当时 R15 标准化即将结束，大部分公司不同意花费时间进行额外的性能优化，因此最后还是维持原来结论。在 R16 研究辅小区的波束失败流程时，尽量沿用 R15

的设计，因此上述问题重新提出来被讨论。

支持选项 1（即 R15 相同设计）的主要理由如下。

- 和 R15 限制保持一致，如果两个方案不一样，则会破坏系统设计的一致性。
- 如果增加失败检测信号的最大数量，会增加终端处理复杂度，影响终端功耗。
- 网络可以通过显式配置来通知终端波束失败检测信号，因此可以保证网络和终端理解一致，如果为隐式方式引入额外的规则（如选项 2），则只会增加不必要的复杂度，不会带来明显好处。

支持选项 2 的主要理由如下。

- 在 R16 中，为了支持多 TRP 传输，一个终端可以配置 5 个 CORESET，因此 PDCCH 使用的最大发送波束数目为 5。无论是把波束失败检测信号最大数量设为 2 和 3 都存在相同的问题。
- 采用隐式方式确定波束失败检测信号时，如果 PDCCH 使用的发送波束大于 2，则网络不知道终端针对哪 2 个波束进行了波束失败检测。这会导致网络和终端双方理解不一致，影响整个系统的性能，因此需要规定按照何种准则选择 2 个波束进行波束失败检测。

支持选项 3 的主要理由如下。

- 把波束失败检测信号最大数目增加为 3，一方面可以避免选项 2 中建议的复杂规则，另一方面能很好地处理 PDCCH 可能使用的所有波束。
- 把最大数字从 2 增加到 3，对终端复杂度影响有限，同时终端可以通过上报能力（例如终端上报可同时支持多少个辅小区进行波束恢复流程）来控制整体的复杂度。
- 对应多 TRP 传输的场景，目前标准化没有考虑其与波束失败恢复的结合，因此暂时不在设计范畴内。

在标准化的过程中，大部分公司都认为直接沿用 R15 的限制，对于部分应用场景确实不够优化，因此需要加以修改或增强。但是对于具体的增强方案，公司主要分为支持选项 2 和选项 3 的两大阵营，互相争执不下，结果这两个方案都没有被同意，最后还是沿用了 R15 相同的限制：在隐式方式中，若 PDCCH 使用的下行发送波束超过 2 个，则由终端自主选择 2 个下行发送波束用于波束失败检测。

与 R15 主小区波束失败的确定一致，Scell 波束失败的判断由物理层和 MAC 层协同完成，基于物理层的 BFI 上报以及 MAC 层维护的波束失败检测定时器（Beam Failure Detection Timer）和波束失败计数器（BFI_COUNTER）来确定该 Scell 上是否发送波束失败。

8.5.2 新波束选择

辅小区波束恢复流程中的新波束选择基本重用 R15 已有的设计，区别在于网络必须给终端配置用于新波束选择的参考信号，而在 R15 设计中网络可以配置，也可以不配置。R15 波束失败恢复机制针对主小区，因此当网络不配置用于新波束选择参考信号时，终端可以发起基于竞争的四步随机接入流程来重新建立新的链路。R16 新的波束失败恢复机制针对辅小区，而辅小区没有基于竞争的 PRACH，因此辅小区本身无法发起基于竞争的四步随机接入流程。

- 如果要从对应的主小区发起基于竞争的四步随机接入流程，涉及 R16 新波束失败恢复流程与主小区波束恢复流程相关之间操作或者优先级确定，协议设计将会比较复杂。

- 基于竞争的四步随机接入流程时延相对较长，上行资源占用较多。

基于上述原因考虑，在 R16 中规定，针对辅小区波束失败恢复机制，网络必须给终端配置对应的用于新波束选择的参考信号。

8.5.3 波束恢复请求

在 R15 中，波束恢复流程主要针对主小区，最后标准采用 PRACH 信号来传输 BFRQ。和主小区相比，辅小区具有自身的一些特点，如辅小区可能只有下行载波，没有上行载波。因此，在 R16 阶段对于辅小区 BFRQ 的传输，各公司提出了各种设计方案，主要包括以下 3 种[77]。

- 方案 1：采用 PRACH 信号传输 BFRQ（沿用 R15 类似设计）。
- 方案 2：采用 PUCCH 传输 BFRQ。
- 方案 3：采用 MAC CE 信令来传输 BFRQ。

各方案的优点和缺点如表 8-8 所示。

表 8-8　不同的辅小区 BFRQ 方案比较

方　案	优　点	缺　点
PRACH	• 重用 R15 现有机制，避免针对类似问题设计不同的方案	• PRACH 占用资源多 • 和主小区不同，辅小区上 PRACH 资源使用相对受限制，如不能使用基于竞争的 PRACH 资源 • 因为主小区的存在，其他更灵活、更高效的机制可以使用（如方案 2、方案 3），不需要使用主小区采用的机制
PUCCH	• 整体流程时延小 • 资源开销小 • PUCCH 传输信息比 PRACH 更灵活，是一个灵活性与性能较好的折中	• 辅小区可能没有上行载波，或者上行载波不能配置 PUCCH，这会占用其他小区上的 PUCCH 资源 • 为了保持低延时，需要占用 PUCCH 资源，即使波束失败一直没有发生，PUCCH 资源也不能释放，浪费资源 • 尽管比 PRACH 能传输更多的信息，但是其灵活性比 MAC CE 低 • 与承载其他信息的 PUCCH 之间的优先级或者复用，将会使得系统设计更为复杂
MAC CE	• MAC CE 很容易携带更多信息。与 PUCCH 格式相比，MAC CE 格式设计简单 • 由于主小区存在，无论辅小区是否有上行载波，MAC CE 都能可靠地从主小区传输 • 由于 MAC CE 通过 PUSCH 传输，因此波束恢复整体流程简单，协议设计量小	• 和 PUCCH 相比，MAC CE 信令传输会带来较大的延时，失去了波束快速恢复的意义

其中，支持方案一的公司相对较少，各公司主要是支持方案 2 或方案 3。由于方案 2 和方案 3 争执不下，后来妥协成一个 PUCCH+MAC CE 的新的融合方案。新方案主要包括以下过程。

- 当 Scell 发生了波束失败，且目前可用的上行资源可以满足 BFR MAC CE 的传输时，终端会基于 BFR MAC CE 上报该 Scell 的波束失败信息，包括辅小区标识信息以及新波束的指示信息。
- 若当前没有足够的上行资源来发送 BFR MAC CE，终端可以通过发送 SR 来请求上行资源来发送 BFR MAC CE。
- 如果终端既没有可用的上行资源来传输 BFR MAC CE，网络也没有提供 SR 配置，终端会基于 R15 的行为触发随机接入过程来获得上行资源。

与 R15 新波束选择一样，辅小区上新波束选择过程可能选择不到满足系统配置的门限要求的波束，这时候终端应该如何上报也是需要解决的问题。在 R15 中，这种情况下终端会启动基于竞争的四步随机接入流程。而现在使用 MAC CE 上报具体的信息，可以具有更多的灵活性，因此针对出现这种情况的辅小区，各公司提出了不同的上报方案。

- 方案 1：终端上报这一辅小区的标识信息，以及一个特殊状态来指示：针对这一辅小区未找到满足门限的新波束。
- 方案 2：终端上报这一辅小区的标识信息，以及 RSRP 最好的一个波束和它的 RSRP 值。
- 方案 3：终端只上报这一辅小区的标识信息。

这 3 个方案都会上报这一辅小区的指示信息，即通知网络发送波束失败的是哪个辅小区，差别在于要不要再上报其他的额外信息。方案 1 的主要技术逻辑是，把未找到满足门限的新波束这一情况也告诉网络，便于网络可以做出更好的决策；同时 MAC CE 可以使用同一个格式来支持找到或者没找到新波束的上报内容。支持方案 2 的出发点是，找不到满足条件的新波束时，给网络上报一个质量最好的波束，可以协作网络做出更好的判断。同时，反对方案 2 的主要技术理由在于：网络可以根据需求灵活配置不同的门限。因此，既然网络已经配置了一个选择新波束的门限值，就应该尊重网络的配置，而不应该上报不满足条件的内容；引入不同的上报内容需要让 MAC CE 支持各种不同的上报内容，导致 MAC CE 格式多样化，增加系统复杂性。支持方案 3 的主要好处是：理论上可节约 MAC CE 上报所使用的资源。但很多公司认为实际中很难达到这一目的，同时还会导致 MAC CE 指示不同上报内容，而引入不必要的格式，使系统复杂化。由于方案 1 比较直观，同时设计简单，最后 3GPP 采用了这一方案。也就是说如果终端未找到满足条件的新波束，也可以通过 BFR MAC CE 指示网络所配置的候选波束中没有满足条件的新波束。

另外，终端可能会配置多个辅小区，不同的辅小区可执行各自的波束失败恢复流程。在 R16 中，终端可支持多少个辅小区同时配置和进行波束失败恢复流程，属于终端能力，需要终端上报给网络。当多个辅小区执行各自的波束失败恢复流程时，可能存在多个辅小区同时发现波束失败的情况，这时候可把多个辅小区的波束失败信息通过同一个 BFR MAC CE 一次性全部上报，从而节约资源开销，同时也可降低延时。若多个辅小区同时发生了波束失败，但是当前可用的上行资源无法传输所有辅小区的波束失败信息，则可通过截短 BFR MAC CE 的方式把发生波束失败的辅小区标识上报给网络，这样当网络侧收到截短的 MAC CE 后，就可以知道哪些小区发生了波束失败，并且还知道 UE 没有足够的上行资源来上报波束失败信息，从而可以配置上行资源给终端。BFR MAC CE 上报不仅可以通过主小区传输，也可以通过辅小区传输，协议没有任何限制，完全取决于当时当前可用的上行资源情况。

8.5.4　网络侧响应

因为 MAC CE 信令通过 PUSCH 来传输，网络是否正确接收到 MAC CE 信令可以通过现有 PUSCH 的 HARQ 相关机制来确定。在 R15 NR，如果终端收到同一个 HARQ 进程对应的调度新数据的上行授权，则认为上一次传输已经被网络正确接收。针对辅小区波束失败请求，终端发送完对应的 MAC CE 后，也是按照同一方法来确定网络是否正确接收到 MAC CE。

针对这一机制，部分公司提出需要改进，因为网络可能一段时间没有新的上行数据需要传输，此时终端无法确定网络是否正确接收到 MAC CE 上报。反对公司认为网络侧可以做出明智选择，不需要标准进行其他额外改进。一方面，网络具有自主权，可以根据需求决定什么时间给终端发送相应；另一方面，即使一段时间没有新的上行数据传输，如果网络认为需要给终端响应，它也可以发起一次 PUSCH 的调度。最后，NR 没有引入其他任何额外的增强方案。

8.6　多 TRP 协作传输

为提升小区边缘用户的性能，在覆盖范围内提供更为均衡的服务质量，NR 中引入了多 TRP 协作传输的方案。多 TRP 协作传输通过多个 TRP 之间进行非相干联合传输（Non Coherent-Joint Transmission，NC-JT）或者分集传输，既可以用于提高边缘用户的吞吐量，也可以提高边缘用户的性能，从而更好地支持 eMBB 业务和 URLLC 业务。其中，NR R16 协议版本只支持 2 个 TRP 的协作传输，因此下面的介绍都基于 2 个 TRP 协作的假设。

8.6.1　基本原理

根据发送数据流与多个传输 TRP 的对应关系，多 TRP 协作传输方案可以分为相干传输和非相干传输两种类型。

- 在进行相干传输时，发送的数据流通过多个传输点进行联合赋形，协调不同传输点的预编码矩阵（相对相位）来保证同一个数据流在接收端能够进行相干叠加，即将多个传输点的子阵虚拟成一个维度更高的天线阵列来获得更高的赋形增益。相干传输方案，对传输点之间的同步和协作的要求较高。在 NR 实际部署环境中，传输点之间的协作性能容易受到频偏等一些非理想因素的影响，同时各传输点地理位置的差异、路损等大尺度参数的差异也会对联合赋形的性能带来影响。因此，相干传输的实际性能增益很难得到保障。
- 相对于相干传输，非相干传输（NC-JT）不需要多个传输点之间进行联合赋形，每个传输点可以独立对各自传输的数据流进行预编码，不需要协调相对的相位，因此受以上非理想因素的影响相对较小。因此，NR 系统将非相干传输作为提升小区边缘用户性能的一个重要手段进行了研究和标准化。

考虑到多 TRP 传输在不同回程链路（Backhaul）能力和业务需求下的应用，NR 主要研究了以下几种多 TRP 协作传输方案（如图 8-32 所示）。

- 基于单 DCI 的 NC-JT 传输方案（简称为单 DCI 方案），主要用于提升 eMBB 业务的数据速率。单 DCI 方案通过单个 PDCCH 调度一个 PDSCH，PDSCH 的每个数据流只能从一个 TRP 上传输，不同的数据流可以映射到不同的 TRP 上。由于需要动态地进行 TRP 之间的快速协作，该传输方案适合于 Backhaul 比较理想的部署场景。
- 基于多 DCI 的 NC-JT 传输方案（简称为多 DCI 方案），主要用于提升 eMBB 业务的数据速率。基于多 DCI 方案中，每个传输点通过独立的 PDCCH 分别调度各自的 PDSCH 传输。这种情况下，各 TRP 之间不需要紧密的协作与频繁的信令和数据交互，因此该方案更适合非理想 Backhaul 的应用场景。
- 基于多 TRP 的分集传输方案，主要用于提升 URLLC 业务的传输可靠性。基于多 TRP 的分集传输方案是利用多个 TRP 重复传输相同的数据以提高传输可靠性，从而更好地支持 URLLC 业务。

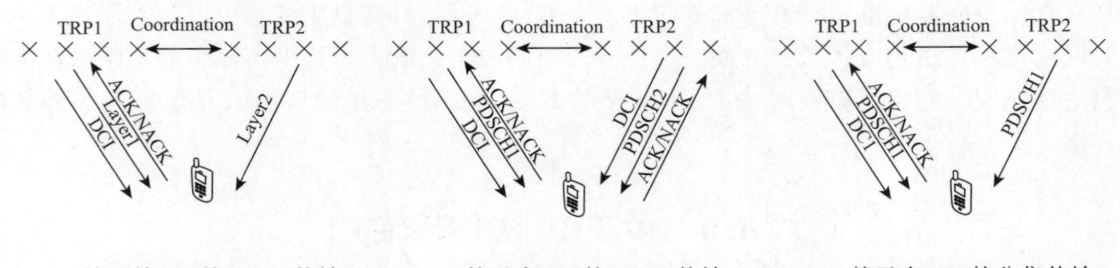

图 8-32　多 TRP 的 3 种传输方案

8.6.2　基于单 DCI 的 NC-JT 传输

在单 DCI 方案中，一个 PDSCH 的不同数据流在相同的时频资源上通过多个传输点并行传输，可以有效地提升边缘频谱效率。因为 PDSCH 是由单个 DCI 进行调度的，相对于多 DCI 方案而言，其 PDCCH 信令开销更小。单 DCI 方案的研究和标准化重点主要包括码字映射方案、DMRS 分配指示方案以及 TCI 状态指示与映射方案。

1. 码字映射方案

在 R15 中，数据流数目（即 MIMO 层数）小于 4 时采用单码字传输，层数为 5~8 时采用双码字传输。由于多 TRP 协作的应用场景主要在于提升小区边缘用户的性能，并且考虑 4 接收天线将会是终端的主流配置，因此多 TRP 协作传输主要考虑 4 层及以下的数据传输。如果采用 R15 现有的码字映射规则，在通过多 TRP 进行传输时，多 TRP 只能共享一个码字，因为 NR 协议规定一个码字只能有一个对应的 MCS，这样带来的问题是多 TRP 之间无法根据各自的链路质量进行各自独立的 MCS 自适应调整。但是，考虑到调整现有的码字映射方案[78-79] 会导致标准上较大的改动，而且部分公司[80] 给出的仿真结果显示使用单个码字不会带来明显的性能损失，因此在单 DCI 方案中，码字映射方案仍然沿用了 R15 的规定。

2. DMRS 端口分配指示方案

由于每个 TRP 的大尺度信道特征存在差异，为了保证同一个码分复用（Code Division Multiplexing，CDM）组内的 DMRS 端口之间的正交性，要求同一个 CDM 组的 DMRS 端口是 QCL 的，因此在设计多 TRP 协作传输的 DMRS 端口分配方案时，需要支持至少两个 CDM 组的端口分配，即一个 CDM 组用于一个 TRP 的数据传输。在 R15 的 TS 38.212 协议中，通过

DMRS 端口指示表格中给出了不同 CDM 组的 DMRS 端口分配，可以通过不同的 DMRS 配置支持以下多 TRP 的传输层组合（只考虑 4 层及以下）。

- 1+1：两个 TRP 上各自传输 1 个数据流。
- 2+1：第一个 TRP 上传输 2 个数据流，第二个 TRP 上传输 1 个数据流。
- 2+2：两个 TRP 上各自传输 2 个数据流。

为了支持更灵活的调度，R16 中额外支持了｛1+2｝的传输层组合，通过引入 DMRS 端口｛0，2，3｝来达到了这个目的：第一个 TRP 上传输 1 个数据流，第二个 TRP 上传输 2 个数据流。

在 rank = 4 时，一些公司[81]还提出引入一个 CDM 组中包含 1 个 DMRS 端口，而另一个 CDM 组中包含 3 个 DMRS 端口的配置，以支持｛1+3｝或｛3+1｝的传输层组合。但是，多 TRP 主要针对小区边缘用户，用户到两个协作 TRP 之间的信号强度差别不会过大，此时两个协作 TRP 的层数也应该是相近的。基于这种假设，部分公司[82]对总 rank 数不超过 4 且允许协作 TRP 传输的层数分别为 1 和 3 的情况进行了仿真，其结果显示这样的传输配置相比不允许该配置并没有明显的性能提升。因此，NR 最终没有支持｛1+3｝和｛3+1｝的传输层组合。

除了 rank 组合问题之外，NR 还讨论了是否同时支持 NC-JT 与 MU-MIMO。部分公司[83-84]认为 NC-JT 的传输主要针对边缘用户的性能提升，而 MU-MIMO 主要用于中心用户提升吞吐量，边缘用户采用 MU-MIMO 可能会抵消 NC-JT 的增益。此外，NC-JT 的性能增益主要在系统资源利用率较低时才能得以体现，而 MU-MIMO 性能提升的典型场景为较高资源利用率的情况，二者同时使用的场景很少。同时，有部分公司[85]针对基于单 DCI 方案的多 TRP 多用户传输进行了仿真评估，没有发现明显的性能增益，因此最终 NR 没有支持这一特性。

3. TCI 状态指示方案

由于不同 TRP 在空间位置上的不同，各 TRP 对应的信道大尺度特性具有明显的差异。因此在多 TRP 联合传输时，需要分别指示各个 TRP 对应的 QCL 信息。在 R15 中，DCI 中 TCI 信息域的一个状态仅对应到 1 个 TCI 状态。为了能够支持基于多 TRP 的传输，在 R16 中对 MAC-CE 信令进行了增强，DCI 中 TCI 信息域的一个状态最多可以映射到 2 个 TCI 状态。如果 DCI 中指示的 TCI 信息域指示了 2 个 TCI 状态，第一个 TCI 状态所关联的数据将采用第一个 CDM 组中所指示的 DMRS 端口进行传输，第二个 TCI 状态所关联的数据将采用第二个 CDM 组中指示的 DMRS 端口进行传输。

TCI 状态的配置和指示包括 RRC 配置，MAC-CE 激活以及 DCI 指示 3 个步骤，其具体过程如下。

- RRC 通过 PDSCH-Config 为终端配置最多 M 个 TCI 状态，其中 M 的取值由 UE 能力确定，M 的最大值可以是 128。
- MAC-CE 激活最多 8 个 TCI 状态组用以映射到 DCI 中的 3 bit TCI 信息域。其中 MAC-CE 激活的每个 TCI 状态组可以包含 1 个或 2 个 TCI 状态。当高层参数配置 DCI 中包含 TCI 指示域时，DCI format 1_1 可以从 MAC-CE 激活的 TCI 状态组中指示一个 TCI 状态组。当高层参数配置 DCI 中不包含 TCI 指示域或者数据是通过 DCI format 1_0 来调度时，DCI 中将不包含 TCI 状态指示域。

- 如果 MAC-CE 激活的 TCI 状态组中至少有一个 TCI 状态组包含 2 个 TCI 状态，且 DCI 和调度的 PDSCH 之间的时间间隔小于 UE 上报的门限 timeDurationForQCL 时，则终端采用 MAC-CE 激活的包含两个 TCI 状态的 TCI 状态组中索引最低的 TCI 状态组进行数据的接收。

8.6.3 基于多 DCI 的 NC-JT 传输

由于多 TRP 间的 Backhaul 容量可能受限，此时 TRP 间的交互会存在较大时延，无法通过单 DCI 进行多 TRP 的调度。此外，不同传输点到用户间的信道条件相对独立，通过独立的 PDCCH 为每个 TRP 独立进行资源调度和链路自适应可以带来一定的性能增益。因此，R16 引入了基于多 DCI 的多 TRP 传输方案。虽然基于多 DCI 的非相干传输主要是针对非理想 Backhaul 引入的，但是这种传输方案也同样可以用于理想 Backhaul 的情况。在对两个 PDSCH 进行 HARQ-ACK 反馈时，网络可以基于传输点之间的实际 Backhaul 情况来配置独立反馈或者联合反馈。

1. PDCCH 增强

由于来自不同 TRP 的 PDSCH 通过各自独立的 PDCCH 调度，终端需要分别监测来自不同 TRP 的 PDCCH。在 NR 中，通过不同的 CORESET 来区分不同的 TRP，即每个 CORESET 只对应一个 TRP，不同的 TRP 可以采用不同的 CORESET 组来传输 PDCCH。具体地，不同 CORESET 组中的 CORESET 通过配置不同的 CORESET 组索引（*CORESETPoolIndex*）来区分。对于没有配置 CORESET 组索引的 CORESET，UE 假设其取值为 0。通过该参数，UE 可以假设具有相同 CORESET 组索引的 CORESET 中的 PDCCH 所调度的数据来自同一个 TRP。相比 R15，由于每个 TRP 分配的 CORESET 是独立的，网络需要配置更多的 CORESET 以支持两个 TRP 独立的调度。R16 中每个 BWP 可以配置最多 5 个 CORESET（R15 是 3 个），具体支持的数量取决于 UE 能力上报。

基站可以在每个 BWP 下为每个用户最多配置 10 个搜索空间集合，不同的搜索空间的监测周期可以不同。由于监测周期的不同，基站在每个搜索空间可以按照终端最大监测能力进行配置。这样带来的一个问题是当监测时域位置重合时，如终端需要同时监测公共搜索空间和 UE 专属搜索空间时，可能会导致该用户需要盲检的 PDCCH 数目超过用户的最大能力。为此标准中引入了 overbooking 机制，当用户盲检的 PDCCH 数目超过用户的最大能力时，按照搜索空间 ID 由大到小的顺序来进行丢弃。对于支持多 DCI 调度的小区，每个 TRP 下的最大盲检和终端信道估计能力不能超过 R15 的规定。当一个服务小区的最大盲检次数与最大 CCE 数量与每个 TRP 的限制相同时，按照 R15 的 overbooking 原则来进行丢弃处理。如果服务小区的最大盲检次数与最大 CCE 数量大于一个 TRP 的限制时，仅对 CORESET 组索引为 0 的 CORESET 所关联的 UE 专属搜索空间进行 overbooking。

2. PDSCH 增强

当各传输点通过各自的 PDCCH 分别调度对应的 PDSCH 时，两个 PDSCH 的时频资源的不同交叠情况会对协作传输的性能及终端复杂度带来不同的影响[86-89]。

- 如果不同 TRP 调度的 PDSCH 的时频资源完全不重合，则从终端实现的角度出发，终端的处理复杂度可以得到降低，PDSCH 间也不会引入额外的干扰。但是，为了保证各 PDSCH 的资源完全不重叠，需要各传输点预先协调可用的资源，这样对传输点之间数据交互的实时性要求较高，或需要网络提前进行半静态的资源协调。

- 不同传输点调度的 PDSCH 的时频资源完全重合时，理想情况下可以提升系统频谱效率，但是考虑到各传输点信道条件的差异，这种方式同样可能会损失频率选择性调度的增益。从终端实现角度考虑，由于在所分配的资源上 PDSCH 之间干扰的统计特性是相对稳定的，其干扰估计和干扰抑制的实现较为便利。为了保证各 PDSCH 的资源完全重叠，也需要各传输点预先协调可用的资源，这样对传输点之间数据交互的实时性要求也较高。
- 如果各 PDSCH 的时频资源部分重合（不完全重合），则不同资源上 PDSCH 间的干扰将会不同，从而会对终端的信道估计和干扰抑制带来额外的复杂度。

考虑以上因素，如果不对资源分配进行限制，基站的调度灵活性可以得到满足，对 Backhaul 的要求也会降低，但是终端的实现复杂度将会明显提高。因此，是否支持多 DCI 调度的终端需要同时支持无资源重叠、部分资源重叠和完全资源重叠，成为终端/芯片厂商和网络厂商博弈的焦点。最终，经过多轮 UE 能力的相关讨论[90]，部分资源重叠和完全资源重叠作为可选的独立 UE 能力，由终端上报给网络侧。

对于以上几种资源重叠情况，为了进一步降低终端的实现复杂度并降低 PDSCH 之间的干扰，NR 中引入了如下限制和增强[91]。

- 各 PDSCH 的前置 DMRS 和附加 DMRS 的配置以及所在的位置和所占的符号数应当保持相同，并且每一个 CDM 组中的数据仅来自于同一个 TRP。这样在发送 DMRS 的符号上，各 PDSCH 的 DMRS 分别使用不同的 CDM 组，从而避免了不同 PDSCH 的 DMRS 之间的干扰。
- 当存在重叠或部分重叠的 PDSCH 调度时，应当避免在一个 PDSCH 的 DMRS RE 位置发送另一个 PDSCH 的数据，这个主要靠基站调度实现。
- 用户仅能在相同的 BWP 带宽和相同的子载波配置下同时接收来自两个 TRP 的数据。在通过多个 PDCCH 调度时，由于每个传输点可以通过各自的 DCI 指示 UE 进行 BWP 的切换，但是由于任一时刻终端在一个载波上仅能在一个 BWP 上进行接收和发送，如果不同的 TRP 在相同时刻指示了不同的 BWP，终端将无法同时在两个 BWP 上进行接收发送。
- 配置不同 CORESET 组索引的 CORESET 中的 PDCCH 调度的 PDSCH 使用不同的 PDSCH 加扰序列。在通过多个传输点进行多 PDSCH 传输时，如果仍然按照 R15 的方式来进行加扰，不同 TRP 发送的 PDSCH 的加扰序列是相同的。这样在 PDSCH 资源重叠或部分重叠时，不同 TRP 发送的 PDSCH 之间会存在持续的干扰。为了随机化不同的 TRP 上传输数据之间的相互干扰，网络设备可以通过高层信令配置两个加扰序列 ID，关联不同的 CORESET 组索引。

NR 中除了考虑多 DCI 调度的 PDSCH 之间的干扰，还要考虑不同 TRP 传输的 NR 数据与邻小区传输的 LTE CRS 之间的冲突。如果 NR 和 LTE 被布置到了相同的频谱，需要通过对 PDSCH 进行速率匹配避免 NR PDSCH 和 LTE CRS 之间的冲突。具体的，在基于 M-DCI 的多 TRP 协作传输中，可以为 2 个 TRP 分别配置最多 3 个 CRS 图样。如果一个 TRP 传输的 PDSCH 与另一个 TRP 传输的 CRS 之间没有显著的干扰，网络设备可以分别对每个 TRP 各自的 CRS 图样进行独立的速率匹配，即每个 TRP 仅针对自己传输的 CRS 对 NR PDSCH 进行速率匹配，从而减少对吞吐量的影响。这种情况下，每个 PDSCH 只需要对调度 PDCCH 关联的 CORESET 组索引对应的 CRS 图样集合进行速率匹配，这种处理方式需要独立的 UE 能力上报。如果终端不支持这种独立的速率匹配，则需要对网络配置的所有 CRS 图样进行速率匹配，即 PDSCH 要对所有 TRP 的 CRS 都进行速率匹配。

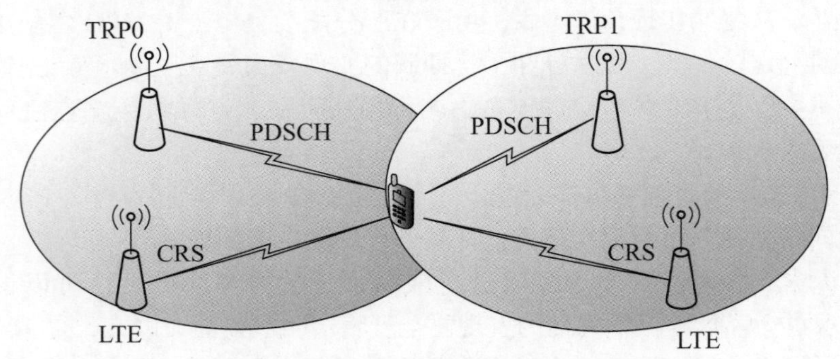

图 8-33　UE 同时受到两个 CRS 的干扰

3. HARQ-ACK 增强

对基于多 DCI 的多 TRP 协作传输，UE 可以采用两种方式对各 TRP 传输的下行数据进行 ACK/NACK 反馈：独立的 HARQ-ACK 反馈或联合的 HARQ-ACK 反馈。如果 UE 上报的能力支持这两种反馈方式，实际采用的方式可由 RRC 进行配置。在两种反馈方式中，都需要考虑 HARQ-ACK 的动态和半静态码本生成方式问题。对于独立反馈方式，还需要考虑两个 PUCCH 的资源划分问题。

● 独立 HARQ-ACK 反馈

对于独立 HARQ-ACK 反馈，UE 分别使用独立的 PUCCH 资源反馈不同 TRP 的数据对应的 HARQ-ACK，如图 8-34 所示。

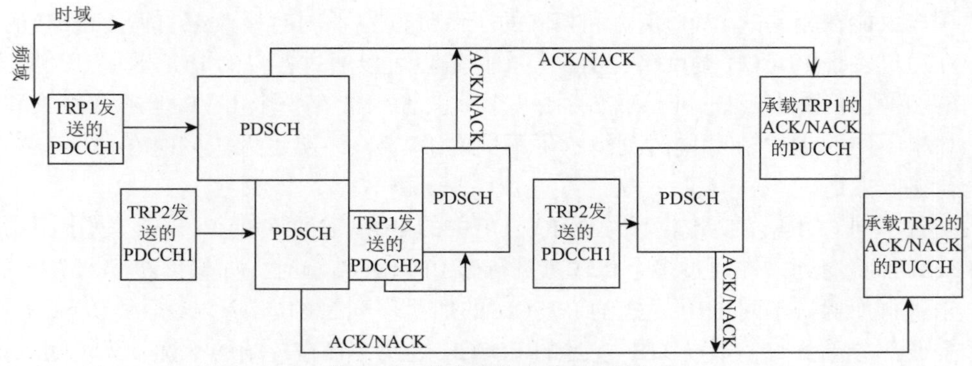

图 8-34　独立 HARQ-ACK 反馈

在 R15 的半静态码本中，HARQ-ACK 码本的大小是预先定义的或是由 RRC 配置的参数来确定的，如需要根据高层配置的下行数据的接收时刻集合来确定。在半静态码本中，针对各次下行传输的 HARQ-ACK 比特按照预先定义的时域和服务小区顺序排列。在 R15 的动态码本中，HARQ-ACK 码本的大小随着实际 PDSCH 调度情况动态改变。其中，针对各次下行传输的 HARQ-ACK 比特是根据时域顺序和 DCI 中的 DAI 指示排列的。在 M-DCI 的多传输点传输中，如果配置了独立 HARQ-ACK 反馈，各 TRP 的 HARQ 码本仍然按照 R15 的规则独立生成。具体而言，对于半静态码本，用户根据网络侧配置的 CORESET 组索引来确定属于同一个 TRP 的数据传输，并生成半静态码本。当使用动态码本时，每个 CORESET 组索引对应的 DAI 独立计数。用户在反馈动态码本时，仅反馈配置同一 CORESET 组索引的 CORESET 中的 PDCCH 所调度的数据。

用户进行独立 HARQ-ACK 反馈时，需要保证用户反馈给不同 TRP 的 PUCCH 资源在时域上不会重合。针对这一问题，有公司[92-93] 提出对 PUCCH 资源集合进行分组，使每个 TRP 的 PUCCH 资源组在时域上互不重叠。在两个 TRP 的数据需求不均衡时，这种显式分组的方案会导致 PUCCH 资源使用率的降低，同时还要考虑 CSI 和 SR 的资源分配问题。另一种方案[94] 是不进行显式分组，由网络侧通过一定的协调机制确保 TRP 之间的 PUCCH 资源在时域上不重叠，这种方式对终端是透明的。还有一种方案[95] 是由网络侧进行 TRP 之间的 PUCCH 资源配置，并且 PUCCH 资源在时域上可以存在重叠。综合考虑各种潜在的影响因素之后，NR 没有同意显示分组的方案[96]，而是由网络侧通过实现避免不同的 TRP 的上行信号之间的冲突。

- 联合 HARQ-ACK 反馈

在理想 Backhaul 情况下，网络设备可以配置联合 HARQ-ACK 反馈的方式，将两个 TRP 的 HARQ-ACK 反馈给其中一个 TRP。此时，与 R15 类似，如果两个 TRP 的 HARQ-ACK 资源在同一个时隙内，UE 将两个 TRP 的 PDSCH 的 HARQ-ACK 比特放在一个 HARQ-ACK 码本中通过相同的 PUCCH 资源反馈。这种反馈机制完全重用了 R15 的 HARQ-ACK 反馈。如果两个 TRP 的 HARQ-ACK 资源被配置在不同的时隙上，UE 仍然以独立反馈的方式分别反馈各 TRP 的 HARQ-ACK 码本。具体的反馈机制如图 8-35 所示。

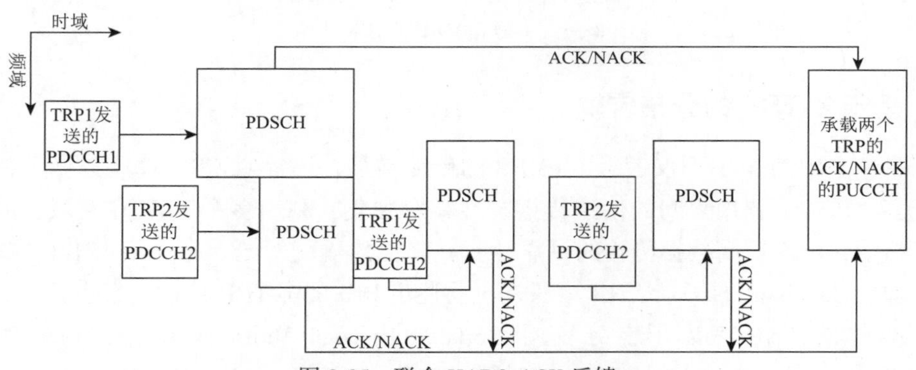

图 8-35 联合 HARQ-ACK 反馈

使用联合反馈时，半静态码本需要根据 PDSCH 的接收时间、服务小区索引以及关联的 CORESET 组索引（对应于 TRP）进行排序。在 R15 中，静态码本在排序时先按照接收时间索引值升序，然后按照服务小区索引值升序进行排列。为了兼容 R15 的排序规则，如果网络配置了不同的 CORESET 组索引，半静态码本的反馈按照 PDSCH 接收时间优先，服务小区索引升序其次，最后为 CORESET 组索引升序的顺序来生成，如图 8-36 所示。

由于存在两个 TRP 同时给用户传输下行数据，动态码本中的 DAI 如何产生决定了码本中的 HARQ-ACK 比特的顺序。关于 DAI 的计数规则，NR 讨论了两种方案[97-99]：每个 TRP 独立计数与 TRP 间联合计数。独立计数的方式中，在同一个接收时间点，各 TRP 的 DAI 值随着各自调度的下行数据分别累加计数，此时可分别生成各 TRP 的 HARQ-ACK 码本，然后级联得到联合的动态码本。在联合计数的方式中，对同一个接收时间点，按照 CORESET 组索引升序的顺序随调度的下行数据进行累加计数，动态码本中按照 DAI 的升序进行排列。考虑到采用联合计数的方式时，一个 TRP 的 DCI 发生漏检可以通过另一个 TRP 的 DAI 来确定，NR 最终采用了联合计数的方式。针对联合反馈使用的 PUCCH 资源，R15 协议中确定使用最后一个 DCI 指示的 PUCCH 资源作为联合反馈的资源。但是由于不同 TRP 发送的 DCI 可能占用相同的时域资源，此时需要一定的规则确定哪个 DCI 才是最后一个 DCI。具体的，当终端配置多个 CORESET 组索引时，先按照 PDCCH 的监测时刻升序来确定；如果相同监测时刻存在多个服务小区的 PDCCH 时，按照服务小区索引值升序来确定；如果同时存在相同服务小区的多个来自不同 TRP 的 PDCCH 时，按照关联的 CORESET 组索引值升序来确定最后的 DCI。

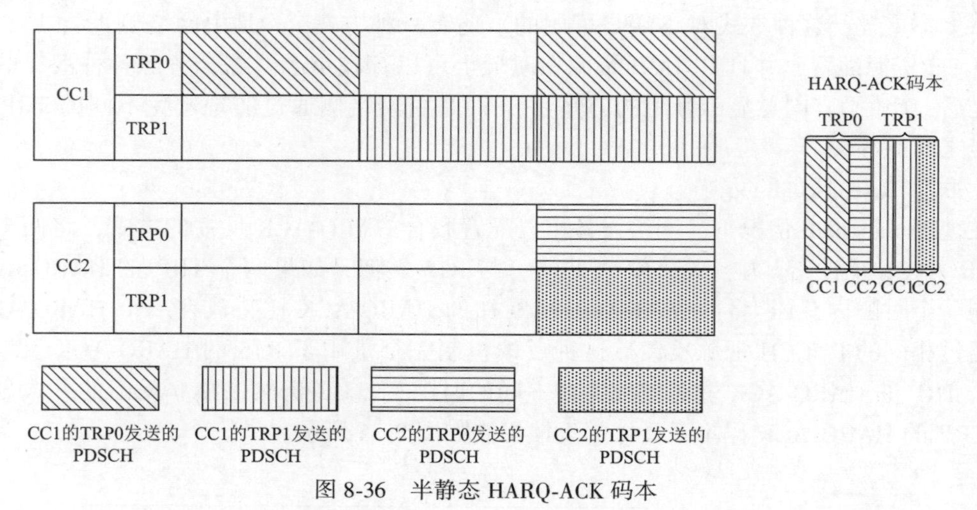

图 8-36　半静态 HARQ-ACK 码本

8.6.4　基于多 TRP 的分集传输

R16 的多 TRP 方案中不仅考虑了 eMBB 的传输增强，还针对 URLLC 业务做了相应的增强。由于多个传输点到用户间的信道传播特性相对独立，利用多个 TRP 在空域、时域、频域的重复传输，可以提高数据传输的可靠性，并降低传输的时延。考虑到 URLLC 增强方案主要针对理想 Backhaul 的场景，NR 中只基于前述单 DCI 的多 TRP 传输方案进行了分集传输的增强。具体的，NR 考虑了空分复用（Spatial Division Multiplexing，SDM）、频分复用（Frquency Division Multiplexing，FDM）、时隙内时分复用（Time Division Multiplexing，TDM）和时隙间 TDM 4 种分集传输方案[100-102]。

- SDM 方案：在一个时隙中，不同 TRP 在相同的时频资源上分别通过不同的 TCI 状态和 DMRS 端口集合进行数据传输。由于在相同的时频资源上进行多层数据的传输，其资源利用率相对较高，但是层间存在一定的干扰。
- FDM 方案：在一个时隙中，不同 TRP 在相同的 OFDM 符号上使用不重叠的频域资源进行数据的重复传输。由于多 TRP 的传输资源在频域上不重叠，相互不存在干扰，但是其频带利用率较低。
- 时隙内 TDM 方案：在一个时隙中，不同 TRP 在相同频域资源上使用不同的 OFDM 符号进行数据的重复传输。由于可用的传输的时域资源相对较少，重复次数受限，但可以在很短的时间内完成重复，适用于可靠性要求较高、对时延敏感且数据量相对较小的 URLLC 业务。
- 时隙间 TDM 方案：不同 TRP 在相同频域资源上使用不同的时隙进行数据的重复传

输。该方案可靠性较高，但是由于重复传输会跨越多个时隙，适用于对时延不敏感的 URLLC 业务。

其中，FDM 方案、时隙内 TDM 方案和时隙间 TDM 方案之间通过 RRC 信令进行切换，同时它们都可以通过 DCI 动态切换到 R15 的非重复传输方案或 SDM 的分集传输方案。

1. SDM 方案

NR 讨论过 3 种不同的 SDM 方案。

- 方案 1a：同一个传输块对应的两组数据层分别通过不同的传输点发送，每个传输点使用不同的一组 DMRS 端口。
- 方案 1b：同一个 TB 通过两个独立的 RV 版本由不同的传输点发送，每个传输点使用不同的一组 DMRS 端口，两个传输点发送的数据的 RV 版本可以相同也可以不同。
- 方案 1c：两个传输点使用同一组 DMRS 端口重复地发送相同 RV 版本的数据。

这 3 种方案中，方案 1a 相对于前述基于单 DCI 方案不需要额外的标准化工作。当所传输的两个 RV 版本都可以自解码时，方案 1b 的鲁棒性更高，尤其是某个 TRP 被遮挡的情况下。但是实际上在码率较低时，方案 1a 也可能实现每个 TRP 发送信息的自解码。对于方案 1c，根据一些公司[103-104] 提供的性能评估，其相对于标准化透明的 SFN 传输的增益并不明显。考虑到对协议的影响，NR 最终采用了 SDM 方案 1a，通过单 DCI 方案隐性支持了这种分集方式。

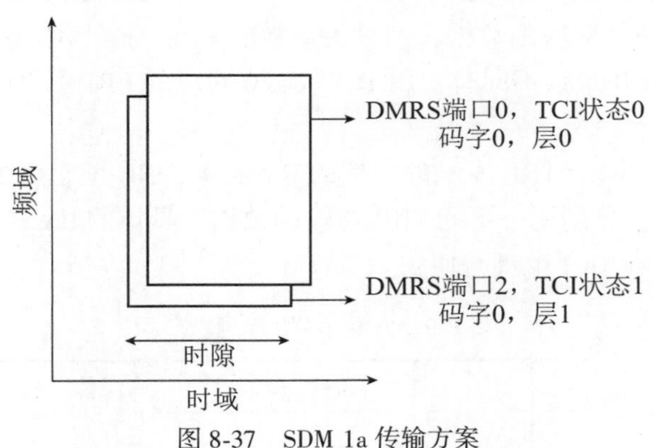

图 8-37　SDM 1a 传输方案

2. FDM 方案

根据在不同频域资源上发送的数据是否采用相同的 RV 版本，FDM 分为两种方案。

- 方案 2a：单个码字的同一个 RV 版本被映射在所有 TCI 状态对应的频域资源上。每个 TRP 仅传输该码字中的部分信息比特。
- 方案 2b：一个码字的两个独立 RV 版本分别映射到不同 TCI 状态所对应的频域资源上，即每个 TRP 通过互不重叠的频域资源分别传输同一个传输块的不同 RV 版本。

由于各 TRP 的频域资源互不重叠，不同 TCI 状态的数据可以使用相同的 DMRS 端口集合。其中，为了保证方案 2b 的性能，终端需要对不同 RV 版本的数据进行软比特合并，如果终端不支持该能力，该方案的性能会明显下降。图 8-38 分别给出了方案 2a 和方案 2b 的传输示意图。

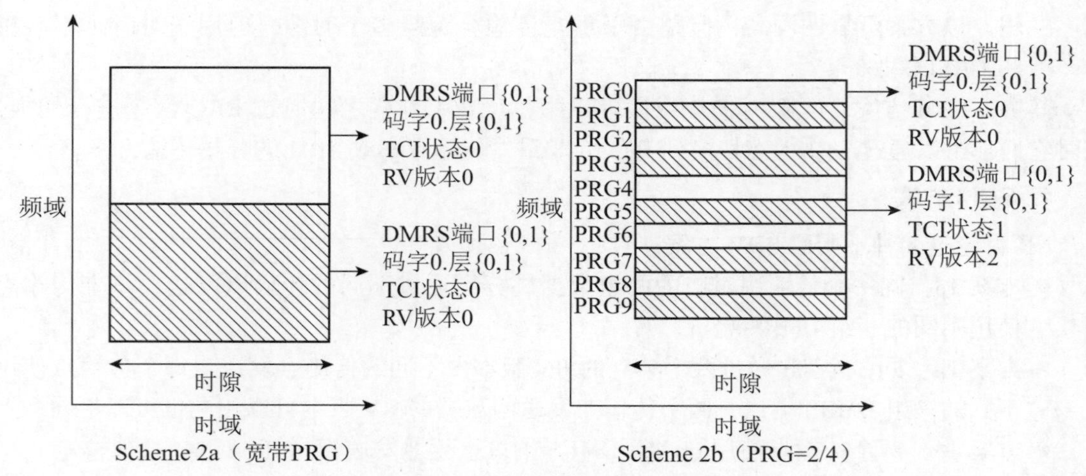

图 8-38　FDM 传输方案

方案 2 中需要解决两个 TRP 的频域资源分配问题以及 TCI 状态和频域资源的映射问题。由于分集传输是通过单 DCI 来调度的，考虑到信令的开销，NR 仅支持频域资源在两个 TRP 间平均分配的方案。具体的资源分配方式和基站配置的预编码颗粒度相关：当预编码颗粒度为全宽带时，DCI 指示的频域资源的前一半 PRB 分给 TCI 状态 0 对应的数据，后一半 PRB 分给 TCI 状态 1 对应的数据；当预编码颗粒度为 2 或 4 时，DCI 指示的频域资源中编号为偶数的 PRG 分给 TCI 状态 0 对应的数据，编号为奇数的 PRG 分给 TCI 状态 1 对应的数据。当两个 TCI 状态分配的 PRB 个数不同时，用 TCI 状态 0 对应的 PRB 数来计算 PDSCH 传输块的大小。

为了确定方案 2b 中两个 TRP 发送的数据的 RV 版本，NR 预定义了 4 组 RV 序列，每组序列中包含 2 个 RV 值，分别用于不同 TRP 传输的数据。具体的 RV 指示方式如表 8-9 所示，其中 RV 信息域的取值在 DCI 中进行通知。

表 8-9　方案 2b 的 RV 指示

RV 域取值	RV1	RV2
0	0	2
1	2	3
2	3	1
3	1	0

3. 时隙内 TDM 方案

对于 TDM 的方案，由于各 TRP 占用的时域资源不重叠，多个 TCI 状态对应于同一个 CDM 组中的相同的 DMRS 端口。针对一个时隙内重传的次数，NR 讨论了 2、4、7 等不同的最大重传次数。对于超过两次的重复传输，相比于采用两次占用 OFDM 符号相同的重复传输，并不能提供额外的分集增益，且会增加 DMRS 开销，因此 NR 最终确定最大的重复次数为 2。具体的重复传输次数通过 DCI 指示的 TCI 状态个数隐式指示：如果 TCI 状态个数为 2，则重复传输次数为 2，否则为 1。该方案的 RV 指示方式和前身方案 2b 相同，也是从 4 个预定义的 RV 组合中进行指示。

在时隙内 TDM 方案中，UE 通过 DCI 确定使用指示的第一个 TCI 状态的数据所采用的时域资源，包括传输的起始符号的位置及传输的长度。使用 DCI 指示的第二个 TCI 状态的数据的起始符号的位置相对于第一次重复传输的最后一个符号的偏移，由网络侧通过高层信令进行指示，其取值为 0~7。

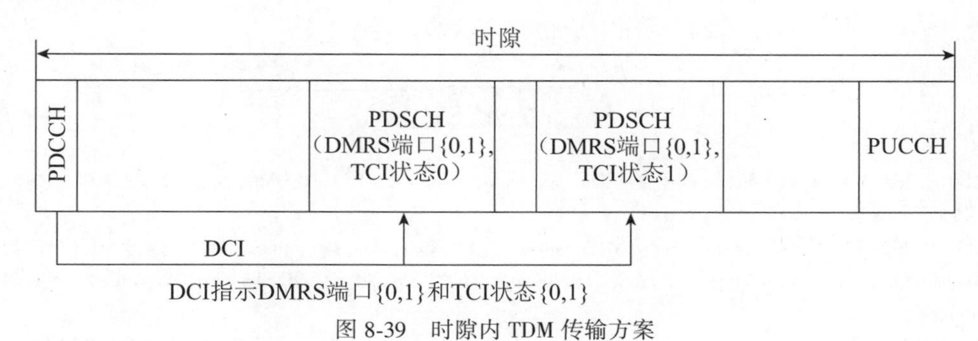

图 8-39　时隙内 TDM 传输方案

4. 时隙间 TDM 方案

网络可以通过 DCI 指示一个或两个 TCI 状态，并通过 DCI 中用于指示时域资源的信息域指示所用的重复传输次数。每个 TCI 状态对应于一个或多个时隙中的传输机会，不同 TCI 状态对应的时域资源上使用同一组 DMRS 端口，并且这组 DMRS 端口属于同一个 CDM 组。同时，不同的时隙中采用相同的物理资源传输数据，均通过 DCI 进行指示。

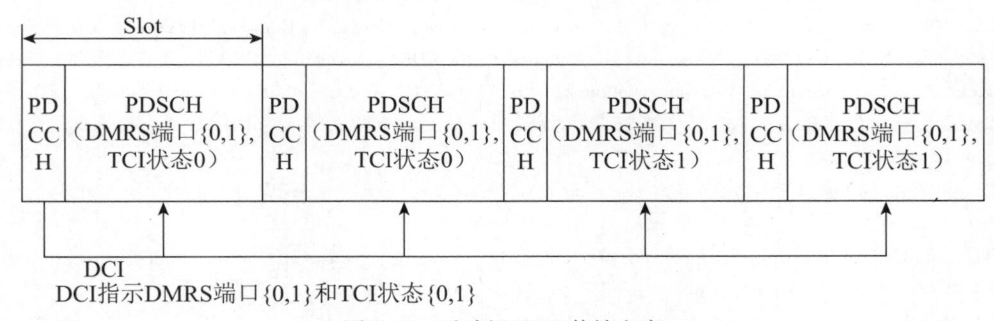

图 8-40　时隙间 TDM 传输方案

对于时隙间重复，终端需要确定每个时隙中的数据传输所用的 TCI 状态及 RV 版本。对于 DCI 指示了两个 TCI 状态的情况，NR 中讨论了两种 TCI 状态到数据传输机会的映射方式：循环方式和连续方式。前者将两个 TCI 状态循环映射到配置的多个传输时隙上，可以提高终端在更短的时间内正确解调数据的概率；后者将两个 TCI 状态连续映射到配置的多个传输时隙上，可以减少终端切换接收波束的次数，从而降低终端复杂度。鉴于两种方式各有其优缺点，NR 最终决定通过 RRC 信令配置 UE 使用哪种方式进行 TCI 状态映射。重复传输次数大于 4 时（如 8 或 16），可以重复使用 4 次传输的图样。

8.7　小结

经过多个 Release（版本）的持续增强，大规模天线技术在 LTE 系统中已经非常成熟。在继承 LTE 系统的部分多天线技术的基础上，并结合 NR 的新场景引入必要的 MIMO 增强，NR 的多天线技术可以达到更高的频谱效率和传输可靠性。例如，通过引入 CSI 反馈和码本的增强，网络可以得到更准确的下行信道信息，从而进行更精确的调度；通过引入波束管理和波束失败恢复的机制，模拟波束赋形可以在毫米波频谱广泛应用，提供可观的赋形增益以抵抗信道衰弱；通过引入多TRP传输的增强，可以利用多个传输点的协作，进一步提高小区边缘用户的吞吐量和传输可靠性。多天线技术的增强并没有止步于此，随着新的应用场景的出现，多天线技术在随后的Release中也将进一步完善。

参考文献

[1] R1-1613175. WF on CSI Framework for NR，Samsung，AT&T，NTT DOCOMO. 3GPP RAN1#87，Reno，USA，14th-18th November 2016.

[2] R1-1701292. WF on CSI Framework for NR，Samsung，Ericsson，LG Electronics，NTT DOCOMO，ZTE，ZTE Microelectronics，KT Corporation，Huawei，HiSilicon，Intel Corporation，NR Ad-Hoc，Spokane，USA，16th-20th January 2017.

[3] R1-1706927. Channel and interference measurement for CSI acquisition，Huawei，HiSilicon. 3GPP RAN1#89，Hangzhou，P. R. China，15th-19th，May 2017.

[4] R1-1708455. On CSI measurement for，NR NTT DOCOMO，INC. 3GPP RAN1#89，Hangzhou，P. R. China，15th-19th May 2017.

[5] R1-1709295. WF on NZP CSI-RS for interference measurement，Huawei，HiSilicon，Xinwei，MediaTek，AT&T，CeWiT，Intel，ZTE，ZTE Microelectronics，IITH，IITM，China Unicom，Tejas Networks，Softbank，Qualcomm，LGE，Ericsson，KDDI，Deutsche Telekom，Mitsubishi Electric，InterDigital，NEC，SONY，Spreadtrum，China Telecom，CATR，SHARP. 3GPP RAN1#89，Hangzhou，P. R. China，15th-19th May 2017.

[6] R1-1716901. WF for Open Issues on CSI Reporting，Samsung，Ericsson，Huawei，HiSilicon，ZTE，Sanechips，Mediatek，NTT DOCOMO，Nokia，Nokia Shanghai Bell，KDDI，Vodafone，CEWiT，IITH，IITM，Tejas Networks，Verizon，Deutsche Telekom，Softbank，CHTTL，NEC，WILUS，Sharp，China Unicom，ITL，KRRI，CMCC，ASTRI，KT Corporation，BT，Sprint，LG Electronics，AT&T，NR Ad-Hoc，Nagoya，Japan，18th-21st September 2017.

[7] R1-1719142. Offline session notes CSI reporting（AI 7. 2. 2. 2），Ericsson. 3GPP RAN1#90bis，Prague，CZ，9th-13th October 2017.

[8] R1-1714907. Way forward on reciprocity based CSI，ZTE，Ericsson，Samsung，LG Electronics，Nokia，NSB. 3GPP RAN1#90，Prague，Czech Republic，21st-25th August 2017.

[9] R1-1709232. WF on Type I and II CSI codebooks，Samsung，Ericsson，Huawei，HiSilicon，NTT DOCOMO，Intel Corporation，CATT，ZTE，Nokia，Alcatel-Lucent Shanghai Bell，AT&T，BT，CATR，China Telecom，CHTTL，Deutsche Telekom，Fujitsu，Interdigital，KDDI，Mitsubishi Electric，NEC，OPPOj，Reliance Jio，SK Telecom，Sharp，Sprint，Verizon，Xiaomi，Xinwei，CEWiT，IITH，Tejas Networks，IITM. 3GPP RAN1#89，Hangzhou，P. R. China，15th-19th May 2017.

[10] Final Report of 3GPP TSG RAN WG1 #86bis v1. 0. 0，Lisbon，Portugal，10th-14th October 2016.

[11] R1-1701553. Final Report of 3GPP TSG RAN WG1 #AH1_NR v1. 0. 0，(Spokane，USA，16th-20th January 2017）.

[12] R1-1700752. Type II CSI Feedback，Ericsson，Spokane，WA，USA，16th-20th January，2017.

[13] R1-1609012. Linear combination W1 codebook，Samsung，Lisbon，Portugal 10th-14th October 2016.

[14] R1-1609013. Linear combination W2 codebook，Samsung，Lisbon，Portugal 10th-14th October 2016.

[15] R1-1700415. Design for Type II Feedback，Huawei，HiSilicon，Spokane，USA，16th-20th January 2017.

[16] R1-1709232. WF on Type I and II CSI codebooks，Hangzhou，China，15th-19th May 2017.

[17] R1-1705076. Design for Type II Feedback，Huawei，HiSilicon，Spokane，USA，3rd-7th April 2017.

[18] R1-1705899. Type II CSI feedback，Ericsson，Spokane，U. S.，3rd-7th April 2017.

[19] R1-1713590. Remaining details of Type I and Type II CSI codebooks，Samsung，Prague，P. R. Czechia，21th-25th August 2017.

[20] R1-1708688. Codebook design for Type II CSI feedback，Ericsson，Hangzhou，China，15th-19th May，2017.

[21] R1-1716505. Reduced PMI Payload in the NR Type II Codebooks，Nokia，Nokia Shanghai Bell，Nagoya，Japan，

18th-21st September 2017.

[22] R1-1716349. On CSI reporting, Ericsson, Nagoya, Japan, 18th-21st, September 2017.

[23] R1-1707127. Type II CSI feedback based on linear combination, ZTE, Hangzhou, China, 15th-19th May 2017.

[24] R1-1718886. WF on omission rules for partial Part 2, Prague, Czeck Republic, 9th-13th October 2017.

[25] Final Report of 3GPP TSG RAN WG1 #94bis, Chengdu, China, 8th-12th October 2018.

[26] R1-1811276. CSI enhancement for MU-MIMO support, Qualcomm Incorporated. 3GPP RAN1 # 94bis, Chengdu, China, 8th-12th October 2018.

[27] R1-1810884. CSI enhancement for MU-MIMO, Samsung. 3GPP RAN1#94bis, Chengdu, China, 8th-12th October 2018.

[28] R1-1811654. Summary of CSI enhancement for MU-MIMO support, Samsung. 3GPP RAN1#94bis, Chengdu, China, 8th-12th October 2018.

[29] Final Report of 3GPP TSG RAN WG1 #95, Spokane, USA, 12th-16th November 2018.

[30] R1-1812242. Discussion on CSI enhancement, Huawei, HiSilicon, 3GPP RAN1#95, Spokane, USA, 12th-16th November 2018.

[31] R1-1813913. CSI enhancements for MU-MIMO support, ZTE. 3GPP RAN1#95, Spokane, USA, 12th-16th November 2018.

[32] R1-1813002. Summary of CSI enhancement for MU-MIMO, Samsung. 3GPP RAN1#95, Spokane, USA, 12th-16th November 2018.

[33] R1-1813441. CSI enhancement for MU-MIMO support, Qualcomm Incorporated. 3GPP RAN1#95, Spokane, USA, 12th-16th November 2018.

[34] R1-1901276. Samsung, CSI enhancement for MU-MIMO. 3GPP RAN1#AH1091, Taipei, Taiwan, 21st-25th January 2019.

[35] R1-1900904. CSI enhancement for MU-MIMO support, Qualcomm Incorporated. 3GPP RAN1 # AH1091, Taipei, Taiwan, 21st-25th January 2019.

[36] R1-1900265. Enhancements on overhead reduction for type II CSI feedback, OPPO. 3GPP RAN1#AH1091, Taipei, China, 21st-25th January 2019.

[37] Final Report of 3GPP TSG RAN WG1 #97, Reno, USA, May 13-17, 2019.

[38] Final Report of 3GPP TSG RAN WG1 #AH_1901 v1. 0. 0, Taipei, China, 21st-25th January 2019.

[39] R1-1901075. Summary of CSI enhancement for MU-MIMO, Samsung, 3GPP RAN1 # AH1091, Taipei, China, 21st-25th January 2019.

[40] R1-1902700. Discussion on overhead reduction for type II CSI feedback, OPPO. 3GPP RAN1#96, Athens, Greece, 25th February-1st March2019.

[41] R1-1902123. Enhancements on Type-II CSI reporting, Fraunhofer IIS, Fraunhofer HHI. 3GPP RAN1#96, Athens, Greece, 25th February-1st March2019.

[42] R1-1901701. Further discussion on type II CSI compression and feedback parameters, vivo. 3GPP RAN1#96, Athens, Greece, 25th February-1st March2019.

[43] R1-1903501. Summary of Offline Email Discussion on MU-MIMO CSI, Samsung. 3GPP RAN1 # 96, Athens, Greece, 25th February-1st March2019.

[44] Final Report of 3GPP TSG RAN WG1 #96, Reno, USA, May 13-17, 2019.

[45] R1-1903343. CSI enhancements for MU-MIMO support, ZTE. 3GPP RAN1#96, Athens, Greece, 25th February-1st March2019.

[46] R1-1900690. Nokia, CSI Enhancements for MU-MIMO. 3GPP RAN1 # AH1091, Taipei, China, 21st-25th January 2019.

[47] R1-1901566. Discussion on CSI enhancement, Huawei, HiSilicon. 3GPP RAN1#96, Athens, Greece, 25th February-1st March2019.

[48] R1-1903038. On CSI enhancements for MU-MIMO, Ericsson. 3GPP RAN1#96, Athens, Greece, 25th February-1st March2019.

[49] R1-1902501. Type II CSI feedback compression, Intel Corporation. 3GPP RAN1#96, Athens, Greece, 25th February-1st March2019.

[50] R1-1902304. Summary of CSI enhancement for MU-MIMO, Samsung. 3GPP RAN1#96, Athens, Greece, 25th February-1st March2019.

[51] R1-1902018. Discussions on Type II CSI enhancement, CATT. 3GPP RAN1#96, Athens, Greece, 25th February-

1st March2019.

[52] Final Report of 3GPP TSG RAN WG1 #96 bis, Xi'an, China. 12th-16th April 2019.

[53] R1-1905724. Feature lead summary for MU-MIMO CSI Tuesday offline session, Samsung. 3GPP RAN1 # 96bis, Xi'an, China, 12th-16th April 2019.

[54] Final Report of 3GPP TSG RAN WG1 #98, Prague, Czech Republic, August 26-30, 2019.

[55] Final Report of 3GPP TSG RAN WG1 #86, Lisbon, Portugal, 10th-14th October 2016.

[56] R1-1707953. Downlink beam management details, Samsung. 3GPP RAN1 # 89, Hangzhou, China 15th-19th May 2017.

[57] Final Report of 3GPP TSG RAN WG1 #88bis.

[58] R1-1706733. WF on use of SS blocks in beam management, Qualcomm, LG, AT&T, Ericsson, Xinwei, Oppo, IITH, CEWiT, Tejas Networks, IITM, ZTE. 3GPP TSG RAN1 #88bis, Spokane, USA, 3rd-7th April 2017.

[59] R1-1706457. WF on beam measurement RS, Samsung. 3GPP RAN1 Meeting # 88bis, Spokane, USA, 3rd-7th April 2017.

[60] R1-1901084. Evaluation on SINR metrics for beam selection, Samsung. 3GPP RAN1 AH-1901, Taipei, China, 21st-25th January 2019.

[61] R1-1901204. Performance of beam selection based on L1-SINR, Ericsson. 3GPP TSG RAN1 Ad-Hoc Meeting 1901, Taipei, China, 21st-25th January 2019.

[62] R1-1902503. On Beam Management Enhancement, Intel. 3GPP RAN1 #96, Athens, Greece, 25th February-1st March, 2019.

[63] Final Report of 3GPP TSG RAN WG1 #92.

[64] R1-1700122. Group based beam management, ZTE, ZTE Microelectronic. 3GPP RAN1 NR Ad-Hoc Meeting, Spokane, USA, 16th-20th January 2017.

[65] R1-1710183. Discussion on DL beam management, ZTE. 3GPP RAN1 NR Ad-Hoc#2, Qingdao, P. R. China 27th-30th June 2017.

[66] Final Report of 3GPP TSG RAN WG1 #93, Busan, Korea, 21st-25th May 2018.

[67] R1-1705342. DL beam management details, Samsung, 3GPP TSG RAN1#88bis, Spokane, USA 3rd-7th April 2017.

[68] Final Report of 3GPP TSG RAN WG1 #86bis, Lisbon, Portugal, 10th-14th October 2016.

[69] Final Report of 3GPP TSG RAN WG1 #88bis, Spokane, U. S. , 3rd-7th April 2017.

[70] R1-1717606. Beam failure recovery, Samsung. 3GPP RAN1# 90bis, Prague, CZ, 9th-13th October 2017.

[71] R1-1718434. Basic beam recovery, Ericsson. 3GPP RAN1#90bis, Prague, CZ, 9th-13th October 2017.

[72] R1-1705893. Beam failure detection and beam recovery actions, Ericosson. 3GPP RAN1#88bis, Spokane, U. S. , 3rd-7th April 2017.

[73] R1-1715012. Offline Discussion on Beam Recovery Mechanism, MediaTek. 3GPP RAN1#90, Prague, Czech, 21th-25th August 2017.

[74] R1-1807661. Summary 1 on Remaing issues on Beam Failure Recovery, MediaTek. 3GPP RAN1#93, Busan, Korea, 21th-25th May 2018.

[75] R1-1807725. DRAFT Reply LS on beam failure recovery, RAN1. 3GPP RAN1 # 93, Busan, Korea, 21th-25th May 2018.

[76] R1-1911549. Feature Lead Summary 3 on SCell BFR and L1-SINR, Apple. 3GPP RAN1#98bis Chongqing, China, 14th-20th October 2019.

[77] R1-1903650. Summary on SCell BFR and L1-SINR, Intel. 3GPP RAN1 #96, Athens, Greece, 25th February-1st March, 2019.

[78] R1-1906029. Enhancements on multi-TRP/panel transmission, Huawei, HiSilicon. 3GPP RAN1#97, Reno, USA, 13th-17th May 2019.

[79] R1-1906345. On multi-TRP/panel transmission, CATT. 3GPP RAN1#97, Reno, USA, 13rd-17th May 2019.

[80] R1-1905513. On multi-TRP/panel transmission, Ericsson. 3GPP RAN1#96b, Xi'an, China, 8th-12th April, 2019.

[81] R1-1906738. Discussion on DMRS port indication for NCJT, LG Electronics. 3GPP RAN1#97, Reno, USA, 13rd-17th May 2019.

[82] R1-1905166. NC-JT performance with layer restriction between TRPs, Ericsson. 3GPP RAN1#96bis. , Xi'an, China, 8th-12th April 2019.

[83] R1-1907289. Multi-TRP Enhancements, Qualcomm Incorporated. 3GPP RAN1#97, Reno, USA, 13rd-17th May 2019.
[84] R1-1909465. On multi-TRP and multi-panel, Ericsson. 3GPP RAN1 # 98, Prague, Czech Republic, 26th-30th August, 2019.
[85] R1-1908501. Enhancements on multi-TRP/panel transmission, Samsung. 3GPP RAN1#98, Prague, Czech Republic, 26th-30th August 2019.
[86] R1-1901567. Enhancements on multi-TRP/panel transmission, Huawei, HiSilicon. 3GPP RAN1 # 96, Athens, Greece, 25th February-1st March 2019.
[87] R1-1902019. Consideration on multi-TRP/panel transmission, CATT. 3GPP RAN1#96, Athens, Greece, 25th February-1st March 2019.
[88] R1-1902091. Enhancements on multi-TRP/panel transmission, LG Electronics. 3GPP RAN1#96, Athens, Greece, 25th February-1st March 2019.
[89] R1-1902502. on multi-TRP/panel transmission, Intel Corporation. 3GPP RAN1#96, Athens, Greece, 25th February-1st March 2019.
[90] R1-2005110. RAN1 UE features list for R16 NR updated after RAN1#101-e, Moderators. 3GPP RAN1#101-e, e-Meeting, 25th-June 5th May 2020.
[91] Chairman's Notes RAN1#96 final. 3GPP RAN1#96, Athens, Greece, 25th February-1st March 2019.
[92] R1-1904013. Enhancements on Multi-TRP and Multi-panel Transmission, ZTE. 3GPP RAN1#96b, Xi'an, China, 8th-12th April 2019.
[93] R1-1905026. Multi-TRP Enhancements, Qualcomm Incorporated. 3GPP RAN1#96b, Xi'an, China, 8th-12th April 2019.
[94] R1-1906029. Enhancements on Multi-TRP Enhancements, Huawei, HiSilicon. 3GPP RAN1 # 97, Reno, USA, 13rd-17th May 2019.
[95] R1-1906274. Discussion of Multi-TRP Enhancements, Lenovo, Motorola Mobility. 3GPP RAN1#97, Reno, USA, 13rd-17th May 2019.
[96] Final_Minutes_report_RAN1#98b_v200. 3GPP RAN1#98b, Chongqing, China, 14th-20th October 2019.
[97] R1-1910073. Enhancements on Multi-TRP Enhancements, Huawei, HiSilicon, 3GPP RAN1 # 98b, Chongqing, China, 14th-20th October 2019.
[98] R1-1910865. Remaining issues for mTRP, Ericsson. 3GPP RAN1#98b, Chongqing, China, 14th-20th October 2019.
[99] R1-1911126. Multi-TRP Enhancements, Qualcomm. 3GPP RAN1#98b, Chongqing, China, 14th-20th October 2019.
[100] R1-1900017. Enhancements on Multi-TRP, Huawei, HiSilicon. 3GPP RAN1 AH-1901, Taipei, 21th-25th January 2019.
[101] R1-1900728. on multi-mRP and multi-panel, Ericsson. 3GPP RAN1 AH-1901, Taipei, China, 21th-25th January 2019.
[102] Final_Minutes_report_RAN1#AH_1901_v100. 3GPP RAN1 AH-1901, Taipei, China, 21th-25th January 2019.
[103] R1-1812256. Enhancements on multi-trp and multi-panel transmission, ZTE. 3GPP RAN1#95, Spokane, USA, 12th-16th November 2018.
[104] R1-1813698. Evaluation results for multi-TRP/panel transmission with higher reliability/robustness, Huawei, HiSilicon. 3GPP RAN1#95, Spokane, USA, 12th-16th November 2018.

第9章

5G射频设计

邢金强 张 治 刘启飞 詹文浩 邵 帅 编著

射频技术是5G技术研究及标准化的重要内容，任何物理层及高层协议设计都需要建立在射频实现能力的基础之上。

本章将从5G频谱入手，讨论5G引入的新频谱及频谱组合，进而探讨以传导指标为主的FR1（Frequency Range 1，频率范围1）终端射频技术、以OTA（Over The Air，基于空口）指标为主的FR2（Frequency Range 2，频率范围2）终端射频及天线技术、终端测试技术以及5G终端在实际实现过程中的新挑战及应对策略等。希望通过本部分的探讨能够让读者对5G终端射频设计有个概要了解。

9.1 新频谱及新频谱

频谱是5G NR系统设计需要首先考虑的问题，频谱及其所代表的电磁波传播特性在很大程度上决定了潜在的通信关键技术特征。当前2G、3G和4G移动通信系统占据了3 GHz以下的低频谱，并鲜有大的频谱可供5G NR系统使用。因此，在5G NR系统设计之初就将目标频谱设定为有更多空闲频谱的高频谱，如3 GHz以上频谱及更高频率的毫米波频谱。

9.1.1 频谱划分

考虑到毫米波频谱与常规的低频谱（7.125 GHz以下频谱）在射频及天线等方面的巨大差异，为便于描述，3GPP将频谱在大的维度上进行了划分，即分为FR1和FR2，具体频率范围如表9-1所示。

表9-1 频率范围定义

标识	对应频率范围
FR1	410~7 125 MHz
FR2	24 250~52 600 MHz

1. 新频谱定义

FR1频谱包含了现有2G、3G和4G移动通信系统占用频谱，以及一些新的频谱等。在

FR1 新频谱上，相对讨论比较多或有望用于全球漫游的新频谱如表 9-2 所示。

表 9-2　部分 FR1 频谱示意

频谱	上行频谱	下行频谱	制式
n77	3 300~4 200 MHz	3 300~4 200 MHz	TDD
n78	3 300~3 800 MHz	3 300~3 800 MHz	TDD
n79	4 400~5 000 MHz	4 400~5 000 MHz	TDD

在以上频谱中，n79 频谱目前主要在中国及日本等有需求，相对来说尚无法构成全球漫游。而 n77 和 n78 频谱是 5G NR 频谱中比较有希望做到全球漫游的频谱。

在 5G NR 标准的制定过程中，n77 和 n78 频谱的划分兼容了不同地区和国家的需求及法规要求。在标准制定之初，中国和欧洲的频谱划分主要集中在 3. 3~3. 8 GHz，而日本则将 3. 3~4. 2 GHz 划分给 5G 使用。因此，为了能够实现一个全球漫游的统一频谱，从而利用规模效应降低产业成本，日本运营商希望能够将 3. 3~4. 2 GHz 的频谱范围与 3. 3~3. 8 GHz 的频谱范围绑定，并定义成一个频谱。然而，日本为了保护雷达及卫星等业务对终端发射功率进行了限制，即不能采用高功率进行发射。相反，在中国及欧洲，为了提升上行覆盖，高功率是一个十分重要的特性。鉴于此，在 3. 5GHz 这个频谱上分别定义了 n77 频谱和 n78 频谱。

在 FR2，目前很少有应用的系统，这给 5G 采用更大的带宽来达到相比于 FR1 更高的通信速率提供了可能。按照香农信道容量的定义，在信噪比不变的情况下信道容量正比于信道带宽。增加带宽的直接好处是终端峰值速率的提升，但在 FR1 实际很难找到更多的空闲频谱用于 NR。因此，毫米波频谱（在 R15 中指 24 GHz 以上的毫米波频谱）以其可用带宽大且现有系统少的特点而被寄予厚望。在 5G 系统中，最大信道带宽在 FR1（在 R15 中指 7. 125 GHz 以下频谱）增加到了 100 MHz，在 FR2 则增加到了 400 MHz。

在 R15 频谱划分方面，FR2 根据不同国家的需求定义了 n257、n258、n260 和 n261 共 4 个频谱。在 R16 中，又增加了 n259 频谱即 39. 5~43. 5 GHz（见表 9-3）。

表 9-3　部分 FR2 频谱示意

频谱	上下行频谱	制式
n257	26 500~29 500 MHz	TDD
n258	24 250~27 500 MHz	TDD
n259	39 500~43 500 MHz	TDD
n260	37 000~40 000 MHz	TDD
n261	27 500~28 350 MHz	TDD

2. 现有频谱的重耕

在 2G、3G 和 4G 时代定义了很多频谱，但实际随着新通信系统的部署和应用，旧通信系统中的用户会逐渐迁移到新的通信系统中，导致旧通信系统的用户量逐渐减少，其价值也逐步降低。对于这些使用率并不高的频谱，运营商基于实际情况会逐步对其进行重耕并用于部署 5G 系统。

当然，在标准定义过程中，这种重耕频谱的定义往往远早于旧通信系统的退网及新通信系统的引入，从而确保在未来某个时间点在运营商决定用新通信系统替代旧通信系统时可以直接拿来使用。基于这种情况，在 R15 标准中对大部分现有的 2G、3G 和 4G 系统中已定义的频谱都进行了重耕，即定义了对应的 5G NR 频谱。同时，在标识上面也进行了更新以便于区分，如 B8 频谱实际在 5G NR 系统里面对应为 n8 频谱。当然由于 NR 频谱引入了不同的子载波间隔（scs），虽然 NR 频谱总体跟现有频谱在频率范围上保持一致，但所用子载波间隔、信道栅格（Channel Raster）等系统参数则可能不同。

典型的重耕频谱是 B41 向 n41 的重耕。B41 频谱（2 496~2 690 MHz）在中国、日本及美国都有部署 LTE 网络，但该频谱拥有共计 194 MHz 频谱，即使部署了 LTE 网络仍有大量的频谱可以用于 NR 系统。因此，B41 就很自然地重耕到了 n41 频谱。不过，在 3GPP 讨论 B41 频谱的重耕时，只有很少的运营商对此有明确的规划，导致该频谱的定义也未能考虑与 LTE 系统的共存问题。

具体来说，对于绝大部分的重耕频谱为了保持跟 LTE 的信道栅格能够对齐，都沿用了 LTE 100 kHz 的信道栅格。但对于 n41 频谱则不同，它采用了基于 scs（15 kHz 或 30 kHz）的信道栅格定义，这样潜在可以有更高的系统频谱利用率，但也导致了 NR 系统跟 LTE 系统不能很好地兼容。为了避免同一频谱内不同系统间的干扰，需要在 LTE 系统与 NR 系统间有一定的保护频带。这个问题后来在各地区的 5G 频谱划分确定以后才逐渐显现出来，导致运营商希望在有限的频谱内开展基于 RB 级别精确的 LTE 和 NR 系统动态频谱共享难以实现。无奈之下，3GPP 经过长时间的讨论又重新定义了一个 n41 的翻版，即 n90 频谱，才最终解决了 NR 系统与 LTE 系统在 B41 上的兼容性问题。

9.1.2 频谱组合

在 NR 中，实际有大量的频谱组合存在，其中包括了载波聚合（Carrier Aggregation，CA）、双连接（Dual Connectivity，DC）以及 LTE 和 NR 双连接（EN-DC 或 NE-DC）等。通过频谱组合的方式，可以将前面提到的新频谱和重耕频谱均按照实际需求进行组合，从而获得更宽的组合带宽及更高的峰值速率。

1. CA 频谱组合

NR CA 基本沿用了跟 LTE 类似的机制，包括带内连续 CA、带内非连续 CA、带间 CA 等。NR 系统为了兼顾实际网络部署中不同的带宽聚合需求，定义了多种 CA 带宽等级。相比 LTE，NR 的带宽组合更复杂，且定义了新的 CA 带宽等级回退组（Fallback Group）。处于同一个 CA Fallback Group 中的带宽等级可以从高带宽等级向低带宽等级进行回退。在实际网络中，基站可以根据需要对终端的载波数量及聚合带宽进行配置。表 9-4 和表 9-5 分别列出了 R15 里面 FR1 和 FR2 的 CA 带宽等级。

表 9-4　NR FR1 CA 带宽等级

NR CA 带宽等级	聚 合 带 宽	连续 CC 数量	Fallback Group
A	BWChannel≤BWChannel, max	1	1，2
B	20 MHz≤BWChannel_CA≤100 MHz	2	2

续表

NR CA 带宽等级	聚合带宽	连续 CC 数量	Fallback Group
C	100 MHz < BWChannel_CA≤2 x BWChannel, max	2	1
D	200 MHz < BWChannel_CA≤3 x BWChannel, max	3	
E	300 MHz < BWChannel_CA≤4 x BWChannel, max	4	
G	100 MHz < BWChannel_CA≤150 MHz	3	2
H	150 MHz < BWChannel_CA≤200 MHz	4	
I	200 MHz < BWChannel_CA≤250 MHz	5	
J	250 MHz < BWChannel_CA≤300 MHz	6	
K	300 MHz < BWChannel_CA≤350 MHz	7	
L	350 MHz < BWChannel_CA≤400 MHz	8	

表 9-5 NR FR2 CA 带宽等级

NR CA 带宽等级	聚合带宽	连续 CC 数量	Fallback Group
A	BWChannel≤400 MHz	1	1，2，3，4
B	400 MHz < BWChannel_CA≤800 MHz	2	1
C	800 MHz < BWChannel_CA≤1200 MHz	3	
D	200 MHz < BWChannel_CA≤400 MHz	2	2
E	400 MHz < BWChannel_CA≤600 MHz	3	
F	600 MHz < BWChannel_CA≤800 MHz	4	
G	100 MHz < BWChannel_CA≤200 MHz	2	3
H	200 MHz < BWChannel_CA≤300 MHz	3	
I	300 MHz < BWChannel_CA≤400 MHz	4	
J	400 MHz < BWChannel_CA≤500 MHz	5	
K	500 MHz < BWChannel_CA≤600 MHz	6	
L	600 MHz < BWChannel_CA≤700 MHz	7	
M	700 MHz < BWChannel_CA≤800 MHz	8	
O	100 MHz ≤ BWChannel_CA≤200 MHz	2	4
P	150 MHz ≤ BWChannel_CA≤300 MHz	3	
Q	200 MHz ≤ BWChannel_CA≤400 MHz	4	

2. EN-DC 频谱组合

如前面章节所述，3GPP 根据 NR 基站连接核心网的不同定义了 SA 和 NSA 两种网络结构。在 NSA 网络中，终端需要同时跟 LTE 基站和 NR 基站保持连接。这实际就构成了一个 EN-DC 频谱组合，也即 LTE 频谱和 NR 频谱的组合。

根据 LTE 频谱和 NR 频谱是否相同，划分成了带内 EN-DC 和带间 EN-DC。在带内 EN-DC 中又根据 LTE 载波和 NR 载波是否连续划分成了带内连续 EN-DC 和带内非连续 EN-DC。

在标识上面，以 LTE B3 和 NR n78 为例，构成的带间 EN-DC 是 DC_3_n78。以 LTE B41 和 NR n41 为例，如果是带内连续 EN-DC 则标识为 DC_(n)41，带内非连续 EN-DC 则标识为 DC_41_n41。

另外，如果 LTE 频谱或 NR 频谱分别有多个 CA 载波，那么标识将变得比较复杂。以 LTE B1+B3 和 NR n78+n79 构成的 EN-DC 为例，该组合的标识为 DC_1-3_n78-n79。

为了进一步描述在 EN-DC 组合中 LTE 和 NR 上面各频谱载波聚合下的成员载波数量，对 LTE 及 NR 中成员载波的连续性及数量进行了定义。

3. Bandwidth Combination Set

Bandwidth Combination Set（带宽组合集）用于描述在 CA、DC、EN-DC 或 NE-DC 等组合中，不同频谱能够支持的带宽组合。终端通过上报 Bandwidth Combination Set 可以明确告知基站其能支持的带宽组合，也便于基站对不同的终端根据其能力分别进行带宽配置。

以 EN-DC 为例，表 9-6 给出了 DC_(n)41AA 即 LTE B41 与 NR n41 带内非连续 EN-DC 下终端可选择支持的 Bandwidth Combination Set。

表 9-6 EN-DC Bandwidth Combination Set 示例

下行 EN-DC 配置	上行 EN-DC 配置	下述载波以频率增加的方式排序（MHz）			最大聚合带宽（MHz）	Bandwidth Combination Set
		E-UTRA 载波带宽	NR 载波带宽	E-UTRA 载波带宽		
DC_(n)41AA	DC_(n)41AA	20	40，60，80，100		120	0
			40，60，80，100	20		
		20	40，50，60，80，100		120	1
			40，50，60，80，100	20		

9.2 FR1 射频技术

总体来说，FR1 射频技术跟 LTE 射频技术比较相似，保持了以传导指标为基础的射频指标体系。但由于 NR 具有比 LTE 更大的工作带宽、更复杂的 EN-DC 工作场景等，导致 NR FR1 射频技术具有了区别于 LTE 的特点。

下面将主要从高功率终端、接收灵敏度和互干扰 3 个典型问题入手来介绍 NR FR1 的关键技术特征。

9.2.1 高功率终端

1. 终端功率等级

终端功率等级（Power Class，PC）用于描述终端的最大发射功率能力。在 3GPP 标准中为不同功率能力的终端定义了不同的功率等级，如表 9-7 所示。在最大发射功率的基础上，通常会考虑终端发射功率实现的准确度问题而引入一个功率容限（Tolerance）。功率容限的大小与频谱有关，通常上下容限是+2 dB/−3 dB，当然对于部分频谱其下限可能为−2.5 dB 或−2 dB，具体在 3GPP TS38.101−1 中都有详细定义。

表 9-7　终端功率等级

功率等级	PC 1	PC 1.5	PC 2	PC 3
最大发射功率（dBm）	31	29	26	23

在上述功率等级中，PC3 属于普通发射功率或常规发射功率的终端，对于比其更高的发射功率终端，通常叫作高功率终端。

另外，除了在单个频谱中定义了功率等级外，在 CA 和 EN-DC 等频谱组合下也分别定义了相应的功率等级用于表示其在多个载波发射时能达到的最大发射功率。

上述功率等级作为终端的基本能力信息会在初始接入网络时连同其他无线接入能力一并上报给网络，如终端没有上报该功率等级能力信息则默认的终端发射功率能力等级为 PC3。

2. 发射分集

发射分集在 LTE 中已有广泛应用，但在 3GPP 物理层协议中实际并没有明确定义，而是通过终端的自主实现来解决，即以标准透明的方式来支持，典型的实现如图 9-1 所示。当然，3GPP 标准的完全透明是难以做到的，尤其是射频指标定义。

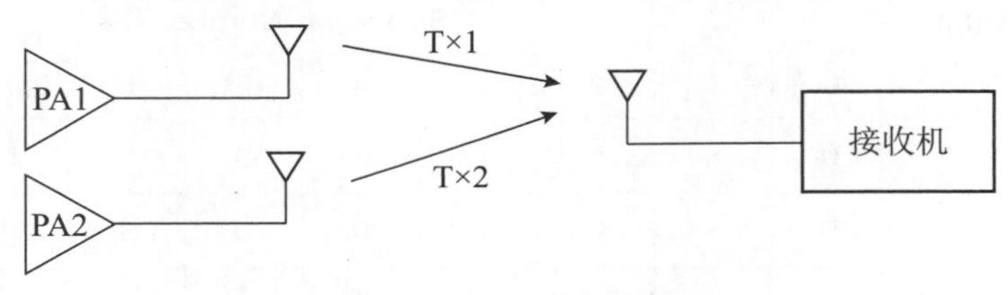

图 9-1　发射分集示意图

一个典型的例子是终端通过两个 PC3 的 PA 来实现 PC2 功率等级。那么对于这个终端来说，在 UL MIMO 下可以达到 PC2 的功率等级，而在单天线端口下的功率等级能力则取决于该终端是否支持发射分集。对于支持发射分集的终端，在网络配置为单天线端口时依然可以通过两个 PA 的功率叠加达到 PC2。但对于不支持发射分集的终端，在网络配置为单天线端口时只有单个 PA 在工作，其功率能力实际只有 PC3。

通过这个例子可以知道，发射分集虽然在物理层标准中是标准透明的，但却直接对射频指标的制定以及后续的一致性测试产生了不可忽略的影响。特别是在 3GPP R15 标准中，终端只会上报一个功率等级给网络，而对于这个功率等级在单逻辑端口和双逻辑端口下最大功率能力不一致时如何上报功率等级标准并没有给出明确定义。

在射频标准制定之初，对于终端的类型还是保持了与 LTE 比较类似的思路，即整个射频指标分成了单逻辑天线端口下的射频指标和双逻辑天线端口（UL MIMO）下的射频指标。在单逻辑天线端口下，终端的状态实际可以进一步区分为单物理天线发射和双物理天线工作在发射分集两种状态。不过在 R15 标准制定之初，发射分集并没有引起 3GPP 的注意力，从而在单逻辑天线端口下的指标都按照单物理天线进行了定义，而在 R15 结束之时关于发射分集的讨论才慢慢增多，并在 R15 冻结以后才引发了大规模的激烈讨论。问题主要是如何避免大规模改动 R15 标准，同时兼容上述通过两个 PC3 的 PA 来实现 PC2 功率等级的终端实现以及如何兼容。

3. 高功率终端及 SAR 解决方案

如前面所述，高功率终端具有更高的发射功率，能够提升上行覆盖，但高发射功率也带来了相应的问题，如人体辐射安全。在辐射安全领域，ISO、IEC 以及 FCC 等标准组织分别定义了 SAR（Specific Absorption Rate）指标要求，即电磁波吸收比值。各类无线发射终端设备都需满足该指标要求。

SAR 是终端保持最大发射功率的情况下在一段时间内，人体吸收电磁辐射的平均值，因此 SAR 与终端的发射功率及发射时间密切相关。发射功率越高且发射时间越长则 SAR 超标的可能性越大。这导致 PC1、PC1. 5 以及 PC2 等高功率终端在满足 SAR 指标上面充满挑战，需要考虑如何解决高功率终端的 SAR 超标问题。

传统上 LTE 高功率终端通过限制上下行配置可以达到降低 SAR 的目的。以常规功率终端为基准，对于 PC2 终端来说其发射功率提高了一倍，那么相应的发射时间也应降低为常规功率终端的 50%。按照此思路，LTE PC2 高功率终端仅适用于上行发射时间占比低于 50%的上下行配置中，即排除了表 9-8 中的上下行配置 0 和 6。当网络的上下行配置为 0 或 6 时，高功率终端将回退为 PC3。

表 9-8　LTE 上下行配置

LTE Uplink-downlink Configuration	Subframe Number									
	0	1	2	3	4	5	6	7	8	9
0	D	S	U	U	U	D	S	U	U	U
1	D	S	U	U	D	D	S	U	U	D
2	D	S	U	D	D	D	S	U	D	D
3	D	S	U	U	U	D	D	D	D	D
4	D	S	U	U	D	D	D	D	D	D
5	D	S	U	D	D	D	D	D	D	D
6	D	S	U	U	U	D	S	U	U	D

参照 LTE 高功率终端解决 SAR 的思路，NR 标准制定初期也曾尝试去限制 SA 高功率终端的上下行配置，但与 LTE 不同的是 NR 的上下行配置是可以灵活调度的，并不存在如 LTE 中的固定上下行配置。如表 9-9 所示，其中在 X 符号上网络可以灵活调度终端用于上行发射或下行接收。因此，在讨论中运营商希望保留更大的灵活性，从而倾向将 X 作为下行符号来计算上行时间占比，而终端厂商则希望保证终端的安全性，在计算上行时间占比方面倾向于将 X 作为上行符号来计算，最终基于排除部分上下行配置的思路始终难以在运营商和终端厂商间达成一致。

3GPP 最终在 R15 引入了基于终端上报最大上行时间占比能力的解决方案。这种方案的思路是不排除任何上下行配置，同时允许终端在检测到网络调度的上行配置超过其最大上行时间占比能力时进行功率回退，兼顾了网络调度的灵活性和终端的安全性，但付出的代价是终端需要保持对网络调度的上行时间占比的实时统计，从而对终端的耗电有影响。

表 9-9 NR 上下行配置

NRSlot Format	Symbol Number in a Slot													
	0	1	2	3	4	5	6	7	8	9	10	11	12	13
0	D	D	D	D	D	D	D	D	D	D	D	D	D	D
1	U	U	U	U	U	U	U	U	U	U	U	U	U	U
2	X	X	X	X	X	X	X	X	X	X	X	X	X	X
3	D	D	D	D	D	D	D	D	D	D	D	D	D	X
4	D	D	D	D	D	D	D	D	D	D	D	D	X	X
5	D	D	D	D	D	D	D	D	D	D	D	X	X	X
⋮														
56	D	X	U	U	U	U	U	D	X	U	U	U	U	U
57	D	D	D	D	X	X	U	D	D	D	D	X	X	U
58	D	D	X	X	U	U	U	D	D	X	X	U	U	U
59	D	X	X	U	U	U	U	D	X	X	U	U	U	U
60	D	X	X	X	X	X	U	D	X	X	X	X	X	U
61	D	D	X	X	X	X	U	D	D	X	X	X	X	U
62~255	Reserved													

上述 SA 下 SAR 的解决方案后来在解决其他高功率终端上面得到广泛应用，如 R16 的 EN-DC LTE TDD band+NR TDD band 高功率终端，以及 EN-DC LTE FDD band+NR TDD band 高功率终端等。只不过，区别在于 EN-DC 终端需要同时考虑 LTE 频谱和 NR 频谱的发射功率。

对于 LTE TDD 频谱跟 NR TDD 频谱构成的 EN-DC 高功率终端来说，通常终端在 LTE TDD 频谱和 NR TDD 频谱上均可达到 23 dBm 的最大发射功率。终端在初始接入 LTE 小区时会首先接入 LTE 网络并读取系统广播消息，从而获取该小区的上下行配置信息，进一步得到终端在 NR TDD 频谱的最大可用发射时间占比。从这里可以看到，对于 EN-DC LTE TDD 频谱+NR TDD 频谱来说，为满足 SAR 法规要求需要限制 NR TDD 频谱的发射时间且该时间与 LTE TDD 频谱的上下行配置一一对应。

表 9-10 EN-DC LTE TDD 频谱+NR TDD 频谱最大上行占比能力

LTE 上下行配置	0	1	2	3	4	5	6
NR 最大上行发射时间占比能力	能力 0	能力 1	能力 2	能力 3	能力 4	能力 5	能力 6

9.2.2 接收机灵敏度

接收机灵敏度是最基本也是最关键的接收机指标。3GPP 对 FR1 接收机灵敏度指标的定义遵循了常规的灵敏度计算方法，即以热噪声为基准，考虑终端解调门限、终端接收机噪声系数及终端的多天线分集增益，并在此基础上进一步预留一定的实现余量得到的。具体计算公式为

$$REFSENS\,(dBm) = -174+10\lg(Rx\ BW)+10\lg(SU)+NF-Diversity\ Gain+SNR+IM \tag{9.1}$$

其中 Rx BW 是终端的接收带宽；SU（Spectrum Utilization）是满 RB 下的频谱利用率；NF（Noise Figure）是跟频谱相关的接收机噪声系数；Diversity Gain 是终端两天线的分集接收增益；SNR 是终端的基带解调门限；IM（Implementation Margin）是终端的实现余量。

通过式（9.1）可以得到各频谱不同带宽下的接收机灵敏度指标。表 9-11 给出了两天线接收机灵敏度。对于四天线接收机灵敏度可以在此基础上进一步考虑额外的两接收天线带来的灵敏度增益，具体增益如表 9-12 所示。

表 9-11　两天线接收机灵敏度

频谱	SCS (kHz)	10 MHz (dBm)	15 MHz (dBm)	20 MHz (dBm)	40 MHz (dBm)	50 MHz (dBm)	60 MHz (dBm)	80 MHz (dBm)	90 MHz (dBm)	100 MHz (dBm)
n41	15	-94.8	-93.0	-91.8	-88.6	-87.6				
	30	-95.1	-93.1	-92.0	-88.7	-87.7	-86.9	-85.6	-85.1	-84.7
	60	-95.5	-93.4	-92.2	-88.9	-87.8	-87.1	-85.6	-85.1	-84.7
n77	15	-95.3	-93.5	-92.2	-89.1	-88.1				
	30	-95.6	-93.6	-92.4	-89.2	-88.2	-87.4	-86.1	-85.6	-85.1
	60	-96.0	-93.9	-92.6	-89.4	-88.3	-87.5	-86.2	-85.7	-85.2
n78	15	-95.8	-94.0	-92.7	-89.6	-88.6				
	30	-96.1	-94.1	-92.9	-89.7	-88.7	-87.9	-86.6	-86.1	-85.6
	60	-96.5	-94.4	-93.1	-89.9	-88.8	-88.0	-86.7	-86.2	-85.7
n79	15				-89.6	-88.6				
	30				-89.7	-88.7	-87.9	-86.6		-85.6
	60				-89.9	-88.8	-88.0	-86.7		-85.7

表 9-12　四天线相比两天线接收机灵敏度增益

频　段	$\Delta R_{IB,4R}$（dB）
n1，n2，n3，n40，n7，n34，n38，n39，n41，n66，n70	-2.7
n77，n78，n79	-2.2

9.2.3　互干扰

接收机灵敏度回退是指终端的接收机受到干扰或噪声等因素的影响，导致其接收机灵敏度有一定的恶化。在 NR 中造成灵敏度回退的情况很多，比较典型的是在 EN-DC 或带间 CA 下，因谐波或互调干扰带来的灵敏度回退。下面以 EN-DC 为例进行简要介绍。

通常终端内互干扰主要来源于射频前端器件的非线性。非线性器件可划分为无源和有源两大类，无源器件产生的谐波及互调干扰一般要弱于有源器件。在有源器件中 PA 是主要的非线性来源。

描述非线性器件输入输出信号的泰勒级数展开式是

$$y=f(v)=a_0+a_1v+a_2v_2+a_3v_3+a_4v_4+a_5v_5+\cdots,$$

其中 v 为输入信号，y 为输出信号。　　(9.2)

当输入为单音信号 cos（wt）时，输出信号包含 $2wt$、$3wt$ 等高次谐波分量。如谐波落入接收频谱时就造成了谐波干扰。该干扰多发生在低频发射和高频接收同时进行的场景。

当输入信号包含多个频率分量时，输出包含这些频率分量的各阶互调产物。以输入两个频率分量 cos（w_1t）和 cos（w_2t）为例，输出会包含二阶互调（$w_1 \pm w_2$）、三阶互调（$2w_1 \pm w_2$，$w_1 \pm 2w_2$）等。如互调产物落入接收频谱就会造成互调干扰。该干扰多发生在高低频同发场景、外界信号倒灌入 UE 发射链路场景等。

以 B3 与 n77 的互干扰为例，如图 9-2 所示。B3 上行的 2 次谐波会对 n77 下行造成 2 次谐波干扰。B3 上行与 n77 上行的二阶互调产物会对 B3 的下行接收造成干扰[6]。

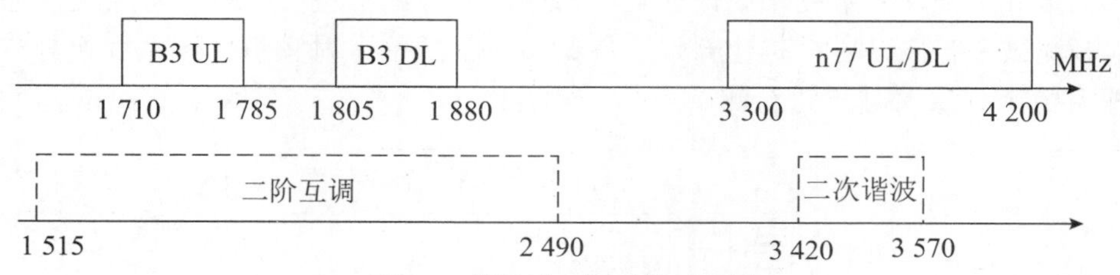

图 9-2　谐波及互调干扰示意图

在 NR 中，上述谐波及互调干扰对终端的接收性能造成了严重影响，尤其是二次谐波及二阶互调产物的影响程度更有可能达到数十 dB 的灵敏度恶化。在 NR 中新引入的 n77 及 n78 等 3.5GHz 附近频谱有望成为全球漫游主力频谱，而该频谱的 1/2 频率为 1.8 GHz 左右，这正是 LTE 的主力中频谱范围。换句话说，在 EN-DC 下，当 LTE 中频谱和 NR 3.5 GHz 频谱同时工作时将会出现强烈的二次谐波或二阶互调干扰问题。因此，EN-DC 下的互调及谐波干扰成为 3GPP 标准化过程中重点关注的一个领域，最终根据干扰情况定义了最大灵敏度回退值，允许终端在这些频谱组合下当干扰发生时进行一定的灵敏度指标放松。

另外，在具体射频设计中，上述谐波及互调干扰的产生，除了经终端发射和接收链路反向耦合进来产生的干扰外，经过终端 PCB（Printed Circuit Board，印制电路板）直接泄露进入另外一个支路的干扰也成为不可忽略的影响因素。

图 9-3 是终端 B3 发射链路产生的二次谐波干扰 3.5 GHz 接收链路的示意图。其中有一部分常规的二次谐波经过 B3 发射链路并经 Triplexer（三工器）泄露进入 3.5 GHz 接收链路造成干扰；另一部分二次谐波从 B3 发射 PA 直接经过 PCB 泄露进入 3.5 GHz 接收链路造成干扰。在这两种干扰中，经 PCB 直接泄露的干扰已经成为不可忽略的重要干扰源[6]。

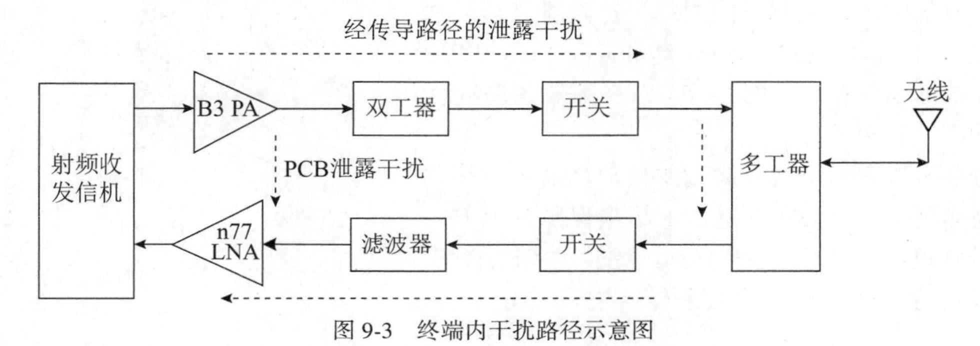

图 9-3　终端内干扰路径示意图

9.3　FR2 射频及天线技术

不论是终端的射频天线架构还是终端的指标体系及测试手段等，FR2 射频及天线技术相比于 FR1 都有了很大变化。本部分将对 FR2 射频及天线技术和指标体系进行简要介绍。

9.3.1　射频天线架构

终端在毫米波频谱普遍将射频前端和天线阵进行了一体化集成和封装设计。如图 9-4 所示，天线阵前面会连接一系列的移相器及发射和接收功率放大器，用于对信号进行放大并形成发射和接收波束。

射频前端和天线阵的集成化设计导致了射频测试口的消失。这意味着将无法通过类似 FR1 的射频测试来验证终端的发射指标，需要将 FR1 的整个射频指标体系变换为空口辐射指标，即需要在 OTA 环境下进行测试。

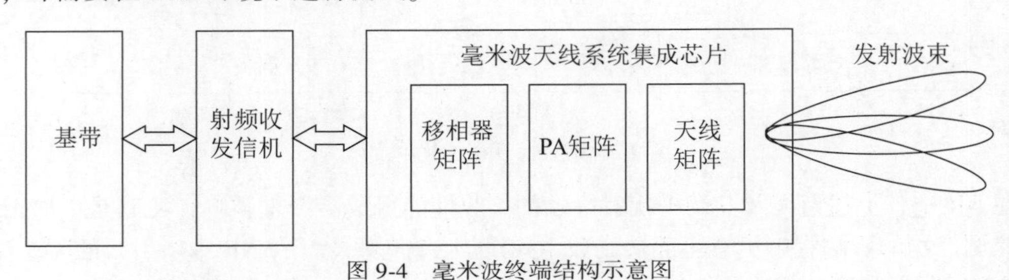

图 9-4　毫米波终端结构示意图

9.3.2　功率等级

对于基于空口辐射的发射指标来说，功率等级是第一个需要定义清楚的指标。在 FR1 中，功率等级指的是终端的最大发射功率能力，这个基本原则也相应地应用到了毫米波功率等级的定义中。

1. 指标形式

毫米波终端的典型发射信号波束如图 9-5 所示。终端的发射波束具有很强的指向性，在总发射功率相同的情况下，发射波束越窄则峰值信号越强，当然，其他方向的强度也就越弱。不过考虑到毫米波信号的空间传播损耗很大，必须采用基于窄波束的通信方式集中能量克服空间损耗。这就对终端最强发射波束的信号强度下限 Minimum Peak EIRP（Equivalent Isotropic Radiated Power，等效各向同性辐射功率）提出了要求。

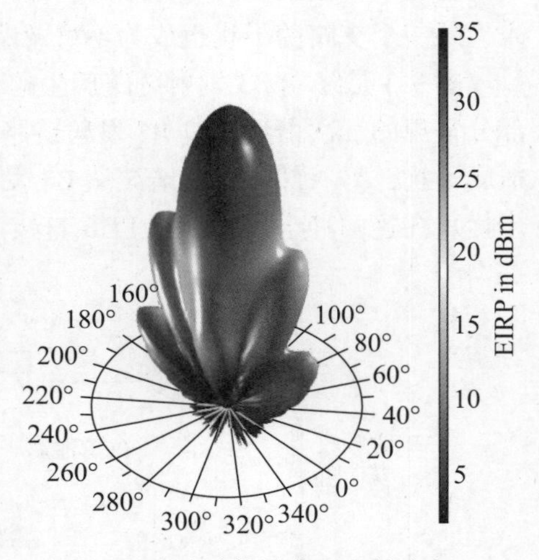

图 9-5　毫米波终端典型发射波束

进一步考虑到毫米波终端的移动性需求，终端需要在满足 Peak EIRP 的基础上尽量保障其他方向的信号强度。为了定义清楚这个要求，3GPP 对发射信号进行球面采样，并对采样值进行 CDF（Cumulative Distribution Function，累积分布函数）处理，得到终端发射信号球面的辐射统计结果。终端需要在CDF统计曲线中某个百分比位置的发射信号强度不低于相应的指标要求。这就是球面覆盖要求，即Spherical Coverage指标。

此外，与FR1类似，各国家和地区的法规要求也是3GPP指标需要考虑的内容。在3GPP讨论指标时，除美国外，基本没有对毫米波的指标要求。因此，3GPP大量采用了美国在毫米波频谱的法规要求作为指标，其中就包括了最强发射波束的信号强度上限Maximum Peak EIRP以及整个球面辐射的总强度上限Maximum TRP（Total Radiated Power，总辐射功率）。在后续的3GPP演进R17标准中，也引入了日本的一些法规要求，并定义了新的终端类型来跟R15的终端进行区分。

综上所述，毫米波终端的功率等级最终是多个指标的组合，即

- 最强发射波束的信号强度下限（Minimum Peak EIRP）；
- 最强发射波束的信号强度上限（Maximum Peak EIRP）；
- 整个球面辐射的总强度上限（Maximum TRP）；
- 球面覆盖要求（Spherical Coverage）。

2. 终端类型

上述功率等级指标确定后，下一步是如何就功率等级进行划分。在FR1中，功率等级的划分是相对比较简单的，即通过功率值大小进行区分。但毫米波终端的功率等级则是4个指标的组合，划分相对比较困难。

在3GPP讨论如何区分不同发射功率能力终端时，发现涉及的FR2终端形态具有很大的差异，包括FWA（Fix Wireless Access，固定无线接入）终端、车载终端、手持终端、高功率非手持终端等。鉴于这4类终端的不同应用场景、不同产品形态及需求，3GPP将每类终端定义为一个功率等级，即在毫米波射频标准中每个功率等级在区分发射功率能力的同时也实际代表了一类终端形态。这是与FR1终端功率等级不同的地方。

3. Peak EIRP指标定义

完成上述指标形式和终端形态的讨论后，开始进入最艰难的指标定义阶段。通常指标定义需要考虑多方面的影响因素，如运营商布网中对终端发射功率的切实需求、终端实现中所能达到的能力，以及需要给产线大规模生产预留出来的一些余量等。其中各个影响因素的合理性以及取值的大小等都会经过大量的讨论，并最终达成一致。

从指标计算上，Peak EIRP作为空口辐射指标，可从传导功率进行推导，如式（9.3）所示。

$$\text{Peak EIRP}=\text{传导功率}+\text{天线增益}-\text{实现损失} \tag{9.3}$$

其中，传导功率的计算需要考虑毫米波终端本身会具备多个PA，因此需要计算得到总发射功率；而对于天线增益则需要同时考虑单个阵子的增益以及多个阵子组成天线阵后的总增益。这里不论传导功率还是天线增益，都是可以通过理论计算得到的数值，不同公司间的差异也不大。而对于最后一项实现损失，则存在较大的讨论空间。

实现损失一般包含了射频器件连接失配损失、传输线损失、波束赋形不理想带来的损失、天线集成到手机内部时周边器件带来的天线性能损失等。这些实现损失的具体数值范围取决于终端的设计能力，最后标准定义的实现损失综合前述因素后共计约7 dB。

因此，以具备4个天线阵子的手持终端为例，最后定义的Minimum Peak EIRP是22.4 dBm。对于其他终端类型Peak EIRP指标的定义原理也比较类似，不过因终端产品形态的差

异以及能力的不同，最终定义的 Peak EIRP 指标也有所不同。

4. Spherical Coverage 指标定义

相比 Peak EIRP 来说 Spherical Coverage 的指标讨论则要更加复杂且充满争议。Spherical Coverage 指标定义的核心是希望确保终端在各个方向都能够达到较高的信号强度，以满足终端的移动性需求。这个指标潜在是运营商部署网络的一个关键参考指标，如果终端不能达到一个较高的 Spherical Coverage 水平，那么终端在网络里面的移动性将很难保证。但从终端实现来看，要保证在各个方向上都有很强的发射功率是很难的。

一个典型的问题是屏幕对终端发射功率的影响。如图 9-6 所示，通常情况下，手机屏幕具有一个金属背板用于支撑手机屏幕，而这个金属背板对信号来说相当于是一个反射面。天线在没有手机屏幕的情况下可以实现全向覆盖，而当有屏幕存在时近一半的信号被遮挡造成辐射面的急剧缩小[7]。

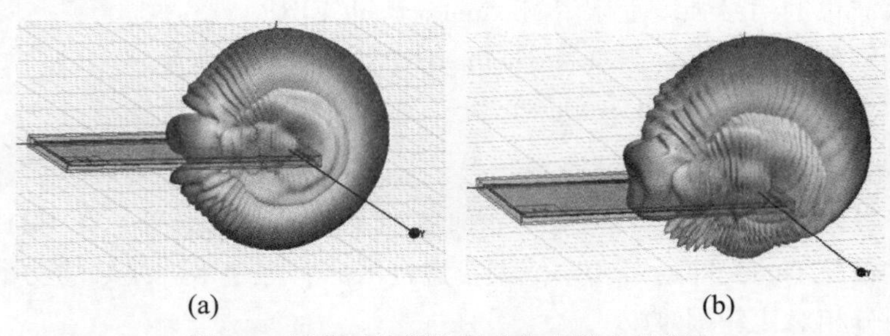

(a) (b)

图 9-6 屏幕对终端发射功率的影响示意图

此外，天线阵的数量及摆放位置也对球面覆盖带来很大影响。终端采用的天线阵数量越多球面覆盖效果越好。终端的天线摆放位置也应考虑上述类似显示屏等终端内周边器件的影响。

鉴于毫米波终端的天线阵辐射效果受到诸多实现中因素的影响，Spherical Coverage 的指标定义通过对真实终端实现的仿真得到。

各类型终端的功率等级最终定义如表 9-13～表 9-16 所示。

表 9-13 适用于 FWA 终端的 PC1

	Minimum Peak EIRP (dBm)	Maximum Peak EIRP (dBm)	Spherical Coverage @85% CDF (dBm)	Maximum TRP (dBm)
n257	40	55	32	35
n258	40	55	32	35
n260	38	55	30	35
n261	40	55	32	35

表 9-14 适用于车载终端的 PC2

	Minimum Peak EIRP (dBm)	Maximum Peak EIRP (dBm)	Spherical Coverage @60% CDF (dBm)	Maximum TRP (dBm)
n257	29	43	18	23
n258	29	43	18	23
n261	29	43	18	23

表 9-15　适用于手持终端的 PC3

	Minimum Peak EIRP (dBm)	Maximum Peak EIRP (dBm)	Spherical Coverage @50% CDF (dBm)	Maximum TRP (dBm)
n257	22.4	43	11.5	23
n258	22.4	43	11.5	23
n260	20.6	43	8	23
n261	22.4	43	11.5	23

表 9-16　适用于高功率非手持终端的 PC4

	Minimum Peak EIRP (dBm)	Maximum Peak EIRP (dBm)	Spherical Coverage @20% CDF (dBm)	Maximum TRP (dBm)
n257	34	43	25	23
n258	34	43	25	23
n260	31	43	19	23
n261	34	43	25	23

5. 多频谱的影响

相比于 FR1，毫米波频谱的显著特点是频谱非常宽，如图 9-7 所示单个频谱的宽度达到了 3 GHz 以上。

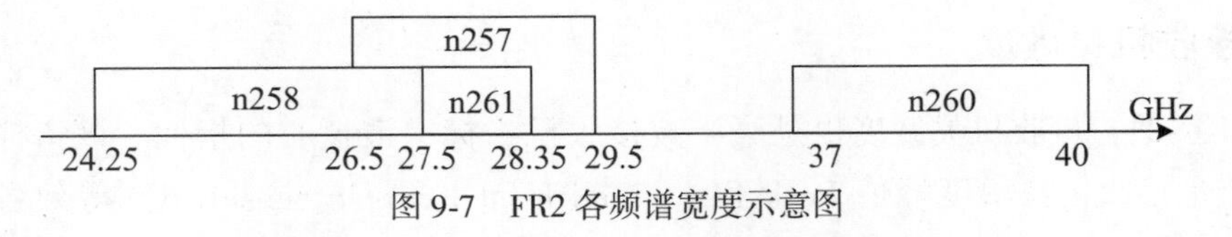

图 9-7　FR2 各频谱宽度示意图

对于 28 GHz 的频谱组（n257、n258 和 n261）总带宽达到了 5.25 GHz，而且在实现中通常这 3 个频谱会复用同一个天线阵。如果进一步考虑 n260 频谱跟 28 GHz 频谱组复用同一个天线阵，则总带宽更是达到了 15.75 GHz。在天线设计中，为支持这么宽的频率范围，不得不在性能上做一定的折中。图 9-8 是天线阵在 28 GHz 频谱组和 n260 频谱范围内天线性能影响的一个示例[8]，其中当天线根据 24 GHz 进行优化时，其在 30 GHz 的辐射功率球面损失达到近 3 dB。

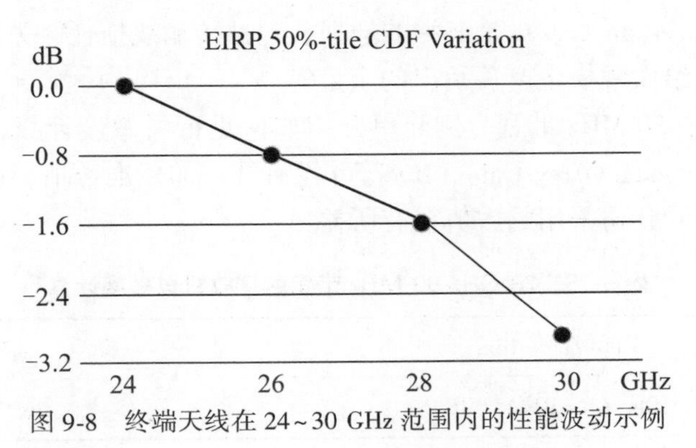

图 9-8　终端天线在 24~30 GHz 范围内的性能波动示例

因此，在 3GPP 讨论中最终决定在定义单频谱指标的基础上，对于支持多频谱的终端引入了一个额外的多频谱放松以给予终端设计更多的自由度，来满足不同国家和地区的市场需求。具体的多频谱放松指标如表 9-17 所示[2]。

表 9-17　PC3 终端多频谱放松

支持的频谱	Peak EIRP 总放松值（$\sum MB_P$（dB））	Spherical Coverage 总放松值（$\sum MB_S$（dB））
n257，n258	≤1.3	≤1.25
n257，n260 n258，n260	≤1.0	≤0.75
n257，n261	0.0	0.0
n258，n261	≤1.0	≤1.25
n260，n261	0.0	≤0.75
n257，n258，n260 n257，n258，n261 n257，n258，n260，n261	≤1.7	≤1.75
n257，n260，n261	≤0.5	≤1.25
n258，n260，n261	≤1.5	≤1.25

9.3.3　接收机灵敏度

与 FR1 类似，接收机灵敏度也是毫米波接收机指标中最核心的指标。该指标包括两个参量，一个是接收机灵敏度峰值 Peak EIS（Equivalent Isotropic Sensitivity，等效各向同性辐射灵敏度），另一个是接收机灵敏度球面覆盖（EIS Spherical Coverage）。

1. Peak EIS

Peak EIS 计算方法与 FR1 类似，可以通过公式 9.4 得到。

$$\text{Peak EIS}=-174+10\lg(\text{Rx BW})+10\lg(\text{SU})+\text{NF}+\text{SNR-Ant. gain}+\text{ILs} \quad (9.4)$$

其中，Rx BW 是终端的接收带宽；SU（Spectrum Utilization）是满 RB 下的频谱利用率；NF 是跟频谱相关的终端接收机噪声系数；SNR 是终端的基带解调门限；Ant. gain 是终端的天线阵增益；ILs（Insertion Loss）是终端的插损，包括传输线损耗、失配损失、天线集成到终端内部的损失以及给大规模生产预留出的余量等。

以 28 GHz 频谱中 50 MHz 带宽为例简单介绍如何进行灵敏度计算，但需要注意的是部分参数如天线增益 Antenna Array Gain、ILs 等并没有统一的标准数值，而是基于不同终端的实现水平得到的，不同公司采用的数值会有所差异。

表 9-18　28 GHz 50 MHz 带宽的接收机灵敏度计算

kTB/Hz（dBm）	−174
10lg（Rx BW）（dB）	76.77

续表

Antenna Array Gain（dB）	9
SNR（dB）	-1
NF（dB）	10
ILs（dB）	8.93
Peak EIS（dBm）	-88.3

R15中针对手持终端（Power Class 3）定义的各频谱不同带宽下的接收机灵敏度指标如表9-19所示。

表9-19 FR2各频谱接收机灵敏度

工作频谱	Peak EIS（dBm）			
	50 MHz	100 MHz	200 MHz	400 MHz
n257	-88.3	-85.3	-82.3	-79.3
n258	-88.3	-85.3	-82.3	-79.3
n260	-85.7	-82.7	-79.7	-76.7
n261	-88.3	-85.3	-82.3	-79.3

2. EIS Spherical Coverage

毫米波终端的接收机灵敏度球面覆盖（EIS Spherical Coverage）在很大程度上参考了发射机球面覆盖的指标定义。EIS Spherical Coverage采用通过对终端各方向的接收机灵敏度进行采样并统计得到EIS CCDF（Complementary Cumulative Distribution Function，互补累计分布函数）的方法来描述终端的球面覆盖能力。

在指标定义上面，以手持终端（Power Class 3）为例，EIS Spherical Coverage定义了在CCDF 50%位置的灵敏度强度。此外，为了简化标准制定的复杂度，EIS Spherical Coverage指标讨论复用了EIRP CDF的仿真结果，即采用从Peak EIRP到EIRP CDF 50%位置点的功率差值作为从Peak EIS到EIS CCDF 50%位置点的灵敏度差值，从而得到了EIS Spherical Coverage指标。具体各终端类型下的Spherical Coverage指标如表9-20～表9-23所示。

表9-20 FR2 PC1 FWA终端各频谱接收机灵敏度

频谱	EIS@ 85th%-tile CCDF（dBm）/信道带宽			
	50 MHz	100 MHz	200 MHz	400 MHz
n257	-89.5	-86.5	-83.5	-80.5
n258	-89.5	-86.5	-83.5	-80.5
n260	-86.5	-83.5	-80.5	-77.5
n261	-89.5	-86.5	-83.5	-80.5

表 9-21　FR2 PC2 车载终端各频谱接收机灵敏度

频谱	EIS @ 60th %-tile CCDF（dBm）/信道带宽			
	50 MHz	100 MHz	200 MHz	400 MHz
n257	−81.0	−78.0	−75.0	−72.0
n258	−81.0	−78.0	−75.0	−72.0
n261	−81.0	−78.0	−75.0	−72.0

表 9-22　FR2 PC3 手持终端各频谱接收机灵敏度

频谱	EIS @ 50th %-tile CCDF（dBm）/信道带宽			
	50 MHz	100 MHz	200 MHz	400 MHz
n257	−77.4	−74.4	−71.4	−68.4
n258	−77.4	−74.4	−71.4	−68.4
n260	−73.1	−70.1	−67.1	−64.1
n261	−77.4	−74.4	−71.4	−68.4

表 9-23　FR2 PC4 高功率非手持终端各频谱接收机灵敏度

频谱	EIS@ 20th %-tile CCDF（dBm）/信道带宽			
	50 MHz	100 MHz	200 MHz	400 MHz
n257	−88.0	−85.0	−82.0	−79.0
n258	−88.0	−85.0	−82.0	−79.0
n260	−83.0	−80.0	−77.0	−74.0
n261	−88.0	−85.0	−82.0	−79.0

3. 多频谱放松

与发射功率一样，在接收机灵敏度中，也面临着终端支持多个毫米波频谱时难以做到各个频谱最优从而带来的相比单频谱指标的放松。同样，为了简化标准讨论的复杂度，接收灵敏度 Peak EIS 及 EIS Spherical Coverage 的多频谱放松值复用了发射功率多频谱放松值，具体可参见 9.3.2 节中关于 Peak 值和 Spherical Coverage 值的放松定义。

4. 互干扰

在 FR1 中重点讨论了终端内部不同频率间的谐波及互调等干扰。与 FR1 不同的是，毫米波系统由于其工作频率与现有的通信系统工作频率距离很远，现有系统的发射信号及其谐波等很难直接落到毫米波频谱范围内并造成干扰。

不过，终端在将发射信号上变频到毫米波频谱时，一般会首先将发射信号上变频到 10 GHz 左右，再经过一次上变频到 28 GHz 或 39 GHz 等的毫米波频谱。当终端内部同时有其他通信系统工作时，如 LTE 或 GPS 等系统，如隔离度不够则此中频信号会潜在与这些系统产生相互干扰，导致性能下降。

9.3.4　波束对应性

波束对应性（Beam Correspondence）是毫米波终端需要支持的一个重要的 R15 特性，其基本含义是终端需要根据下行波束的来波方向，完成上行发射波束的选择。该特性可以使终端能够快速选择发射波束并完成上行信号的发射，从而降低响应时延。如不具备该能力则会导致终端必须采用比较耗时的波束扫描（Beam Sweeping）过程在基站的辅助下完成最优发射波束的选择。因此，Beam Correspondence 成为终端必选支持的特性。

在指标定义方面，Beam Correspondence 复用了已定义的 Peak EIRP 指标和 Spherical Coverage 指标，并进一步定义了一个放松值即 Beam Correspondence 容限指标。Beam Correspondence 容限指标的定义如下。

- 固定基站的下行波束方向，终端通过基站辅助的上行波束扫描过程选取最优发射波束，并测量得到该发射波束的 Peak $EIRP_1$。
- 固定基站的下行波束方向，终端通过自主 Beam Correspondence 选择发射波束，并测量得到该发射波束的 Peak $EIRP_2$。
- 在各基站下行波束方向，统计得到上述 Peak $EIRP_1$ 和 Peak $EIRP_2$ 差值的统计 CDF 曲线。取该 CDF 曲线的 85%位置点，作为 Beam Correspondence 容限指标。

在 R15 规范中仅定义了手持终端（Power Class 3）的 Beam Correspondence 容限指标，即 Peak EIRP 差值 CDF 曲线的 85%位置点应不高于 3 dB。需要注意的是，上述 Peak EIRP 差值 CDF 曲线并非将所有的波束指向都纳入统计，而是选取了 Peak $EIRP_1$ 满足 EIRP Spherical Coverage 指标的波束方向。

关于 Peak EIRP、Spherical Coverage 和 Beam Correspondence 容限这 3 个指标的使用遵循了以下原则。

- 如终端通过自主波束选择能满足该频谱的 Peak EIRP 及 Spherical Coverage 指标，则认为终端可以满足 Beam Correspondence 要求，即不需要去验证 Beam Correspondence 容限指标。
- 如终端只有在基站辅助上行波束选择的情况下才能满足该频谱的 Peak EIRP 及 Spherical Coverage 指标，那么该终端需要进一步满足 Beam Correspondence 容限指标，才被认为满足了 Beam Correspondence 要求。

9.3.5 MPE

MPE（Max Permissible Emission，最大允许辐射）是对 FR2 终端电磁辐射从人体安全角度提出的指标要求。该指标目前主要由 FCC 和 ICNIRP 等标准组织制定，规定终端在某个方向上的平均最大辐射功率密度，在 3GPP 标准制定中需要考虑该指标的限制。

以 FCC 和 ICNIRP 为例，MPE 指标尚在制定中，具体如表 9-24 所示[9]。平均辐射功率密度的计算除了在面积上的平均外，还包括了时间上的平均，其中 FCC 在 28 GHz 及 39 GHz 频谱上时间较短，为数秒内的平均值，而 ICNIRP 则取几分钟内的平均值。

表 9-24　MPE 指标

类　别	FCC	ICNIRP
f 频率范围（GHz）	6 GHz 以上	6 GHz 以上
平均功率密度（W/m^2）	10	$55*f^{-0.177}$
平均面积	4 cm^2	4 cm^2（6~30 GHz） 1 cm^2（30 GHz 以上）

1. MPE 对 R15 规范的影响

MPE 指标实际会对终端的发射功率形成一定限制。以手持终端（Power Class 3）为例，要求发射功率 Peak EIRP 大于 22.4 dBm 同时小于 43 dBm，而 TRP 需要小于 23 dBm。终端在此最大功率条件下，当靠近人体时为满足 MPE 指标要求实际是很难一直保持发射状态的。

在文献［10］中对终端可用的发射时间进行了理论计算。终端在 30 GHz 频谱，如满足上述 FCC 指标，则可用的最大发射时间占比为 28.8%，如满足上述 ICNIRP 指标，则可用的最大发射时间占比为 91.2%。终端在 40 GHz 频谱，如满足上述 FCC 和 ICNIRP 指标，则可用的最大发射时间占比仅为 43.7%。

在文献［11］中同样分析了终端在 28 GHz 频谱，为满足上述 FCC 及 ICNIRP MPE 指标，可用于发射的最大上行时间占比更是降低到了惊人的 2%。

当基站调度终端用于上行发射的时间占比超过上述值时，终端实际只能通过功率回退来满足 MPE。因此，为了保证终端能够以最大功率发射，基站在进行上行调度时需要保证上行时间占比低于一定门限，这个门限与终端的能力有关。因此，在 R15 规范中引入了终端上报的最大上行占比能力（*maxUplinkDutyCycle-FR2*）来辅助基站调度，同时保证终端能够满足 MPE 要求。该能力的可选上报值，包括 15%，20%，25%，30%，40%，50%，…，100%。

上述最大上行占比能力对基站的调度不具有约束力，当基站调度的实际上行占比超过该能力时，终端将进行功率回退。在部分情况下功率回退值可能会达到 20 dB[12]，并可能引起无线链路失败，而这正是 R16 中继续优化的地方。

2. R16 无线链路失败优化方案

在 R16 中就如何解决上述潜在的无线链路失败问题进行了大量的研究和讨论，其中包括在物理层基于波束选择及切换的解决方案等，但最终对实际增益达不成统一认识而没有继续进行标准化。

相比而言，通过上报因 MPE 引起的功率回退 P-MPR（Power Management Maximum Power Reduction，功率管理最大功率回退）来辅助基站预警并减少无线链路失败问题则逐步趋于收敛。当终端监测到可能面临 MPE 超标并即将采取功率回退时，终端上报其功率回退值，基站可以采取一定的措施来避免无线链路失败的发生。

9.4 NR 测试技术

测试是整个质量工作中的一个重要环节，在移动通信系统当中可起到关键的作用，终端在接入系统之前都要通过众多的测试。准确和全面的终端测试可以保证终端的功能和性能，确保终端可以在不同的网络环境下正常地工作。

5G 是一个全新的系统，包括 NSA 和 SA 两种网络架构以及多种组网方案，测试量大大提升。而且 5G 引入了毫米波，对于毫米波的测试是标准中的一个全新的课题，特别是毫米波射频的测试方法与传统的射频测试完全不同。另外，高功率终端（HPUE）、上行双逻辑天线端口（UL MIMO）和载波聚合（CA）等 5G 重要特性的引入也对终端的测试产生了更大的挑战。因此，5G 终端的测试相比之前每一代的移动通信系统都要复杂。

3GPP NR 的一致性测试标准从 2017 年立项开始研究制定，到 2020 年年中依然没有完成针对 R15 版本核心规范指标的测试用例制定。数量庞大的测试例、全新的测试方法和 5G 关键特性的引入都是影响 5G 测试标准制定进展的重要原因。在测试用例能够确保终端满足功能和性能要求的前期下，如何提高测试效率也是在标准制定时必须要考虑的问题。

9.4.1　SA FR1 射频测试

5G SA FR1 射频测试依旧采用传统的传导测试方法，因此 SA FR1 射频测试与 LTE 相比变化不大，测试用例也基本参考了 LTE 的标准。但是 NR 在 R15 的版本引入了 HPUE、UL MIMO、4 天线接收等特性，这些特性的引入对射频测试用例的设计产生了很大的影响。

1. 最大发射功率测试

终端射频测试里面最大发射功率是非常重要的测试项，一般来说网络在做建设和规划的时候都会考虑终端的最大发射功率，因此终端的最大发射功率直接影响终端的通信能力。如果终端的最大发射功率过小，则基站的覆盖范围就会降低，但如果终端的最大发射功率过大，则有可能会对其他的系统和设备造成干扰。如前所述，NR FR1 在设计之初就引入了 HPUE 的特性，对于 n41、n77、n78、n79 等频谱定义了支持 Power Class 2（功率等级 2，即 26 dBm）的终端能力。但在终端设计的时候可能会通过不同的方式来实现 HPUE，如终端可以通过单天线发射 26 dBm 或者双天线各发射 23 dBm 等方案达到 HPUE 的要求。不同的实现方式意味着测试方法也会不同，因此在设计最大发射功率和相关的测试用例的时候需要考虑不同的终端实现方式，使测试可以满足所有终端的测试需求。考虑到在实际的网络部署中，为减少小区间的干扰等，基站会将小区内的终端最大发射功率限制到 23 dBm，因此要求对 HPUE 的最大发射功率需进一步测试其回退到 23 dBm 发射时的能力[13]。

2. 测试点的选取

在测试用例的设计中测试点的选取是一个重要的步骤，选择合适的测试点可以使测试更加准确和高效。对于 NR 的测试，其测试点的选取需要考虑测试环境、频点、带宽、子载波间隔（SCS）和上下行配置等因素，选取最具有典型代表意义的配置，尽可能使测试能够覆盖更多的场景。同时，需要考虑测试时间的问题，可以适当去除一些优先级不高或者可以复用的测试点，提高测试效率。考虑到 LTE 的射频测试已经较为成熟，而且 SA FR1 射频测试与 LTE 变化不大，因此在选取 SA FR1 测试用例的测试点时通常以 LTE 的测试点为参考，再结合 NR 的特点，选出最合适的测试点。

对于个别的测试用例可能会出现没有测试点可以满足测试要求的情况，如 UL MIMO 下的最大发射功率测试。在 UL MIMO 下终端只能采用 CP-OFDM 的波形进行发射，但 R15 的标准对于 CP-OFDM 波形都配置了最大功率回退（MPR），导致在用例设计的时候没有办法获取无 MPR 的测试点来进行 UL MIMO 下的最大发射功率测试。产生没有合适测试点问题的主要原因是在标准在设计时并没有充分考虑测试的需求，最严重的后果是测试没有办法开展，相应的指标不能得到完整的验证，对系统产生潜在影响。因此，在标准和需求的制定过程中要尽量考虑测试的需求，如果定义的指标和功能无法开展测试，则会导致终端和网络的能力无法得到保证。

9.4.2　SA FR2 射频测试

毫米波是 5G 新引入的频谱，与传统的低频谱相比，毫米波波长短，如果采用传导测试，通过导线会产生很大的插损，严重影响测试的准确性。而且毫米波终端的射频和天线多采用一体化集成设计，在天线和射频之间没有可连接测试仪器的测试端口，这也直接导致了毫米波测试不再采用传统的传导测试方案，转而采用 OTA 测试。

1. FR2 OTA 测试方案

3GPP 目前主要定义了直接远场法（DFF）、间接远场法（IFF）和近场远场转换法（NFTF）3 种 OTA 测试方案[16]。

（1）直接远场法

直接远场法是较为传统的 OTA 测试方案，采用直接远场法测试时需要测试静区满足远场条件，即被测物和测试天线的距离需满足 $R>\frac{2D^2}{\lambda}$，其中 D 是被测物的对角线尺寸。由于毫米波波长短，当被测物尺寸较大时，测试的远场距离将非常大，如图 9-9（a）所示。测试距离增加会导致暗室的尺寸也要进一步增加，极大提高了 OTA 测试系统的造价。而且测试距离的增加也会导致信号的传播损耗进一步增加，影响系统的动态范围和测试的准确性。因此，在进行 FR2 的射频测试时，直接远场法较适用于小尺寸的被测物。

（2）间接远场法

间接远场法可以通过反射面、天线阵列等间接的方式产生平面波，达到远场所需的测试条件。标准主要定义了基于金属反射面的紧缩场方案，如图 9-9（b）所示，馈源天线发出的球面波经过金属抛物面反射后可以产生平面波，在较短的距离内形成一个幅度和相位稳定的静区。间接远场法不需要满足远场的距离要求，静区的大小主要取决于反射面的大小，因此暗室尺寸较小，能满足较大尺寸被测物的测试需求，反射面的大小和制造工艺很大程度上决定了测试系统的成本和精度。

（3）近场远场转换法

近场远场转换法的原理是通过对被测物在近场区的辐射值和相位信息进行采样，然后通过傅里叶频谱变换计算出远场的辐射值。这种测试方案所需的暗室尺寸最小，转换的精度取决于采样的空间分辨率大小，测试较为耗时，而且只适用于 EIRP、TRP 和杂散辐射等少数几项射频测试。

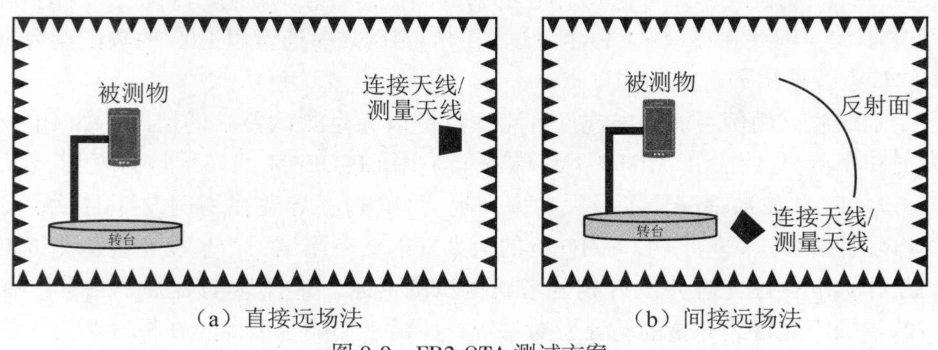

（a）直接远场法　　（b）间接远场法

图 9-9　FR2 OTA 测试方案

2. FR2 OTA 测试方案适用性

测试系统的不确定度直接反映了测试的准确度，测试不确定度过大会导致测试结果非常不可靠，严重影响终端功能和性能的验证，甚至会导致测试变得没有意义。相比于低频的传导测试，毫米波 OTA 测试系统更为复杂，因此影响测试不确定度的因素也更多，如被测物的摆放位置、测试距离、测试栅格等都会对测试结果产生影响，这也导致毫米波 OTA 测试的不确定度要远远大于传导测试。

不同的测试方案的测试不确定度的计算方式和值都不相同，对于直径小于 5 cm 的被测物来说，采用直接远场法作为基准定义测试不确定度的大小。对于直径大于 5 cm 的被测物，如果采用直接远场法需要较大的暗室，则由于测试距离的增加导致测试不确定度大大提高，因此标准定义采用间接远场法作为基准定义测试不确定度的大小。标准定义如果其他测试方案的测试不确定度小于基准的测试不确定度，该测试方案也同样可以适用于一致性测试（如表 9-25 所示）。

表 9-25　FR2 测试方案适用性

测试终端天线配置	直接远场法	间接远场法	近场远场转换法
直径小于 5 cm 的一个天线阵列	适用	适用	适用
直径小于 5 cm 的多个非相关的天线阵列	适用	适用	适用
任意尺寸相位相关的天线阵列	不适用	适用	不适用

3. FR2 OTA 测量栅格

对于 EIRP、EIS、TRP 等测试，都需要获取被测物在一个封闭球面上的辐射量，对于测试系统来说在一个时刻只能测试球面上的一个点，因此需要对封闭球面进行采点取样。如果取样点过密则测试时间会大大增加，取样点过稀疏则会导致测试不够准确，增加测试的不确定度。因此对于 OTA 测试来说，选择合适的测量栅格对测试非常关键。3GPP 定义了两种类型的测量栅格，如图 9-10 所示，分别是固定步长栅格和固定密度栅格。当采样点数量相同时，选择固定密度栅格的测试不确定度要更小，但固定步长栅格对测试转台的要求较低。两种类型的测试栅格都可以满足毫米波 OTA 测试的需求，选择哪种类型的栅格主要取决于测试系统的设计。对于具体的测试可以在确保测试不确定度满足要求的情况下选择采样点尽可能少的测量栅格，以节省测试的时间。

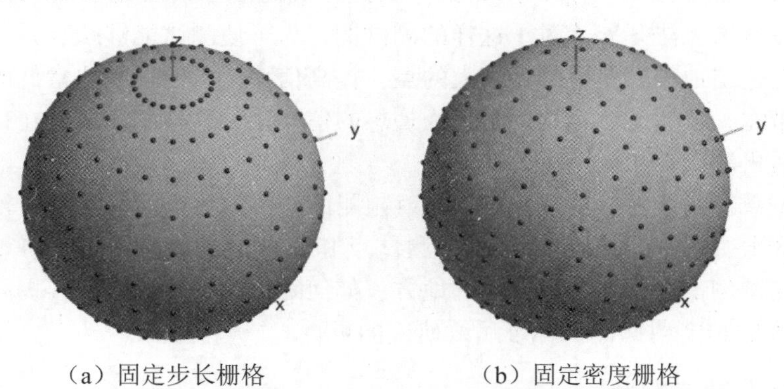

（a）固定步长栅格　　（b）固定密度栅格

图 9-10　FR2 OTA 测量栅格

FR2 OTA 测试时需要获得被测物的波束峰值方向信息，基准的波束峰值方向搜索方案采用比较细的测量栅格对被测物进行测量，从而找到波束峰值的方向。这就意味着即使在知道某一个区域 EIPR/EIS 都较低的时候，仍然需要在这片区域内的所有栅格点进行测量。很显然这些栅格点的测量是没有必要的，只会增加测试的整体时间。为了提高波束峰值方向搜索的效率，标准定义了粗细测量栅格结合的方法[14]。

当采用粗细测量栅格时，先选用步长较大或者密度较低的粗测量栅格进行测量，找到可能存在波束峰值方向的区域，如图 9-11（a）所示。然后在这些区域内采用细测量栅格，如图 9-11（b）所示，再一次进行测量，测量到的 EIPR/EIS 最大的点即为波束峰值的方向。采用粗细测量栅格的方法可以显著减少测试的取样点，减少测试时间，同时又不会影响测试的准确度。

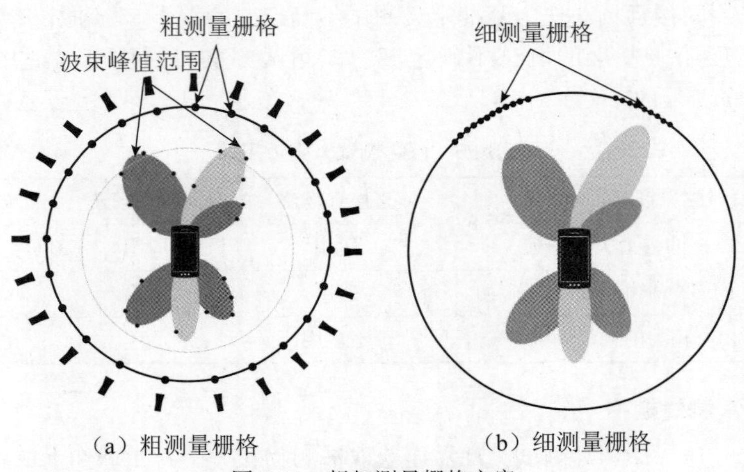

（a）粗测量栅格　　（b）细测量栅格

图 9-11　粗细测量栅格方案

4. FR2 OTA 测试局限性

与较为成熟的 FR1 射频测试相比，FR2 的射频测试研究和系统的开发尚处于起步阶段。由于测试环境和系统等因素的影响，对于一些传统的射频测试例，毫米波 OTA 系统存在无法测试的问题。以最大输入电平测试为例，因为毫米波路径损耗较大，在现有的测试系统硬件条件下无法达到标准定义的最大输入电平值，所以无法对最大输入电平的指标进行验证。

对于终端发射功率较低的测试项，由于毫米波频谱的带宽更大，所以终端的功率谱密度更低，再加上 OTA 测试噪声更大，因此到达测试天线的信号信噪比很低，测试的不确定度显著增加，导致测试无法开展。对于这样的测试例，为了使测试能够顺利开展，标准在选取测试点的时候会适当地排除信道带宽较大的点，提高信噪比。但功率非常低的测试例，即使采用了较小的带宽，依然无法达到一个较为理想的信噪比，这样的测试例在目前只能对测试指标进行放松后再测试。

受限于测试系统的能力等因素，FR2 的射频测试总体的测试不确定度还较高。对于一部分的 FR2 测试例特别是接收相关的测试，测试点和取样点较多，测试的耗时非常大。FR2 的测试系统和测试例都有很多可以优化的地方，如何降低测试不确定度，提高测试准确性和测试的效率依然是 FR2 射频测试标准后续研究的重点。

9.4.3　EN-DC 射频测试

对于 EN-DC 的射频测试，标准定义了一种全新的测试方法即 LTE 锚点不可知方法（LTE Anchor Agnostic Approach）[15]，这种测试方式以 LTE 为锚点确保终端和测试系统之间的连接，测量 NR 载波的射频指标。一般来说，如果作为锚点的 LTE 载波不会干扰 NR 的载波则可以采用 LTE Anchor Agnostic 方法进行射频测试。当采用 LTE Anchor Agnostic 方法时，标准定义对于同一 NR 频谱的 EN-DC 频谱组合，可以选取任意一个 LTE 频谱作为锚点进行测试，且同一 NR 频谱的 EN-DC 组合只需进行一次测试。对于 NR 为 FR2 频谱的 EN-DC 组合，同样需要采用 OTA 的方法进行测试，大多数的测试例可采用 LTE 作为锚点进行测试。EN-DC 的频谱组合众多，LTE Anchor Agnostic 方法可以极大地提高测试效率，减少测试量，避免重复测试。

EN-DC 虽然有 LTE 和 NR 两条链路，但在标准只定义了终端总的最大发射功率要求。对于 EN-DC 终端来说，存在 LTE 和 NR 两个链路同时发射以及 LTE 和 NR 链路单独发射两种状态。测试标准定义的时候需要考虑两种状态都能够被测试。

- 当 LTE 和 NR 链路单独发射时，需要满足 LTE 和 NR 单载波下的最大发射功率要求。
- 当 LTE 和 NR 链路同时发射时，对于支持动态功率共享的终端，如果测试的时候不限定 LTE 和 NR 链路各自的最大发射功率，当仪表调度终端到最大发射功率时，终端为了保证 LTE 连接，有可能会把大多数的功率分配给 LTE 链路，NR 链路有可能会由于可用的发射功率过小而断开，这就无法满足 LTE 和 NR 同时发射的要求。因此，对于 LTE 和 NR 同时发射的状态，标准分别定义 LTE 和 NR 链路各自的最大发射功率。例如，对于 PC3 的终端设置其 LTE 和 NR 最大发射功率均为 20dBm，这样确保终端在发射功率最大时 LTE 和 NR 链路都能保证一定的发射功率，确保测试可以顺利开展。

实际的网络中通过基站指令限制终端的发射功率只是一部分的场景，因此设置 LTE 和 NR 链路的最大发射功率并没有体现所有的应用场景，对于一致性的测试标准，我们很难针对每一种可能的使用场景都定义测试，如何更准确、更高效地通过测试确保终端的功能和性能满足网络的需求才是标准定义的宗旨。

9.4.4　MIMO OTA 测试

如前文所述，MIMO 是提升系统容量的有效手段，也是 5G 最重要的关键技术之一。由于 MIMO 利用了空间复用技术，因此终端 MIMO 性能应该在空口下进行验证，即以 OTA 方式进行。MIMO OTA 测试由 SISO（Single In Single Out，单入单出）OTA 引申而来，SISO OTA 旨在测试终端整机的极限接入能力，包括发射功率（TRP）和接收灵敏度（TRS），显然其无法反映终端在多入多出条件下的表现。为了验证终端的 MIMO 接收性能，借鉴 SISO OTA 测试方法，在全电波暗室中已构造好的“准自由空间”环境基础上，叠加一个符合某信道传播特征的空间信道环境，在这个可控、可复现的多入多出空间无线环境下进行的终端吞吐量测试就是 MIMO OTA 测试。

Release16 仅用了 15 个月就基本完成了 NR MIMO OTA 测试方法的研究和制定，其中包含了针对 FR1 的多探头全电波暗室法（Multi-Probe Anechoic Chamber，MPAC）和辐射两步法（Radiated Two Stage，RTS），以及针对 FR2 的三维多探头全电波暗室法（3D Multi-Probe Anechoic Chamber，3D-MPAC），同时还确定了用于 MIMO OTA 测试的信道模型。NR MIMO OTA 的标准化实际是建立在 4G 阶段长达 8 年的技术储备和产业积累之上的，包括测试静区性能的验证方法、多探头校准和补偿方法、信道模型验证方法，基于 SNR（Signal-Noise Ratio，信噪比）的吞吐量测试与基于 RSRP（Reference Signal Reception Power，参考信号接收功率）的吞吐量测试比对，MIMO 信道模型的选取等。不论 4G 阶段还是 5G 阶段，MIMO OTA 标准化工作不仅需要研究上述的技术问题及其解决方案，还需要进一步考虑如何简化测试系统复杂度、缩短测试时长等成本因素，如探头个数、极化方向、信道模型个数、DUT 测试姿态等，使得这项极其复杂的系统级测试具备工程实现的基础和产业推广的价值。

1. NR MIMO OTA 信道模型

为有效且高效地验证 NR MIMO OTA 性能，在 NR MIMO OTA 研究中，最基础、最迫切的问题是如何选定信道模型。有效，在于所选定的信道模型能够显性区分出不同终端的 MIMO 性能表现；高效，力求用最少的信道模型覆盖最典型的应用场景。在 2019 年 8 月 RAN4 #92 会议上，各公司对信道模型的选取达成一致[17]，见表 9-26，该结论大大简化了后续研究的工作量。

表 9-26　NR MIMO OTA 信道模型

类别	信道模型 1	信道模型 2
FR1	UMi CDL-A	UMa CDL-C
FR2	InO CDL-A	UMi CDL-C

注：

- UMi：Urban Micro，城市微蜂窝场景。
- UMa：Urban Macro，城市宏蜂窝场景。
- CDL：Clustered Delay Line，簇延时线。
- InO：Indoor Office，室内办公场景。

2. NR FR1 MIMO OTA 暗室布局

在解决了信道模型选择问题后，接下来要解决的最重要、最复杂的问题是探头个数和分布方式。这个问题在研究课题启动初期就被提出并进行了多轮讨论。

如表 9-27 所示，信道模型在垂直方向上具有一定的能量分布[18]，基于此，在标准化初期 3GPP 曾讨论过三维测量探头方案。

表 9-27　信道模型在俯仰方向上能量分布角度扩展

类　别	能量俯仰角度扩展（deg）	
	CDL-A	CDL-C
无波束方向性基站	8.2	7.0
8x8 URA，1 最强波束	5.4	5.3
8x8 URA，2 最强波束	5.4	5.5
8x8 URA，4 最强波束	5.6	7.3

注：URA（Uniform Rectangular Array），均匀矩形阵列。

但是仅经过 2 次会议的讨论，放弃了三维方案，回到了二维方案的考量上。原因是三维方案需要的探头数量过于庞大，如在基站天线未使用波束赋形、Uma CDL-C 信道模型、终端工作频率 7.25 GHz、终端天线间隔 0.3 m 的条件下，需要的探头个数达到了 429 个。这不仅意味着在全电波暗室中的指定位置需要配置 429 个双极化探头[19]，而且需要在探头背后配备 858 个通道的信道仿真设备。这显然不是一个适合产业实现的解决方案。

此后，二维方案聚焦到了 3 个备选方案，如图 9-12 所示。方案 1 的探头布局沿用了 LTE MIMO OTA 的方案，即 8 个双极化探头均匀分布在水平环上。方案 2 在方案 1 的基础上将探头密度增加了 1 倍，即 16 个双极化探头均匀分布在水平环上。方案 3 在方案 1 的基础上增加额外 8 个分布在一定角度范围内的双极化探头，来进行 5G FR1 MIMO OTA 信道环境的构建。

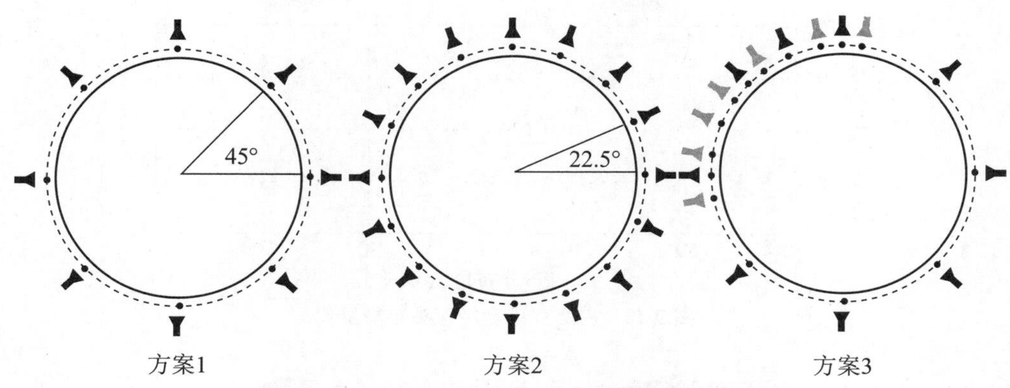

图 9-12　FR1 MIMO OTA 二维探头布局备选方案

方案 1 的优点是可以完全复用 LTE MIMO OTA 暗室的硬件，测试环境改造成本最低，但由于其构造的信道模型的空间相关性系数存在较大误差（误差达到 0. 25 以上）[20]，被首先排除。

方案 2 的优点是暗室硬件改造成本较低，很多建成的暗室已经配备或具备升级为 16 个均匀分布探头的条件。而且，均匀分布探头有利于适配上文所列的选定信道模型以外的其他信道模型，使暗室具备更强的可扩展性。

方案 3 的优点是既兼容了 LTE MIMO OTA 的方案，又可以较好地拟合上文所列的被选定 NR MIMO OTA 信道模型 UMi CDL-A 和 UMa CDL-C。

对比方案 2 与方案 3，方案 2 使用的 16 探头拟合信道模型，与方案 3 中用 8 个探头拟合的误差恶化不明显。此外，均匀分布探头具备明显的可扩展性优势，可以使价值不菲的暗室环境具备更多应用场景。综合技术指标、成本以及方案的可扩展性，最终选择方案二作为暗室的布局。

3. NR FR2 MIMO OTA 暗室布局

对于 FR2 的探头部署方案由于不需考虑后向兼容问题，方案的制订过程相对简单。根据毫米波阵列的强方向性特点，探头布局不再采用圆环或球面的方式，而是使用覆盖一定区域的三维扇区。通过不同暗室布局对信道模型的仿真，最终确定了使用 6 个双极化探头的方案[21-22]，探头位置如表 9-28 及图 9-13 所示。被测终端与测试探头的相对位置关系如图 9-14 所示。

表 9-28　FR2 三维测量探头布局位置

探头编号	Theta 方向角/ZoA（°）	Phi 方向角/AoA（°）
1	90	75
2	85	85
3	85	55
4	85	95
5	95	95
6	90	105

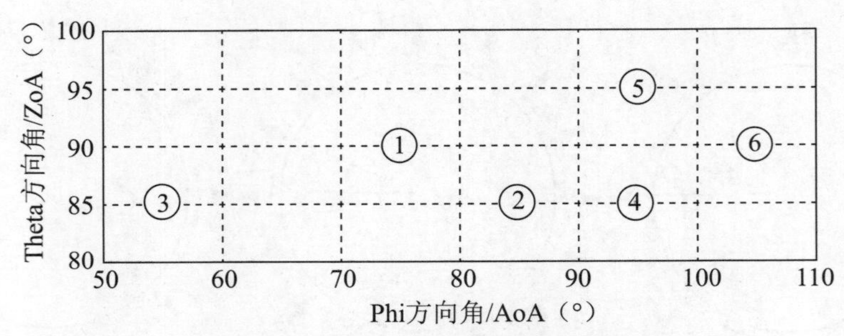

图 9-13　FR2 三维测量探头布局位置

注：

- ZoA：Zenith angle of Arrival，纵向到达角。
- AoA：Azimuth angle of Arrival，水平到达角。

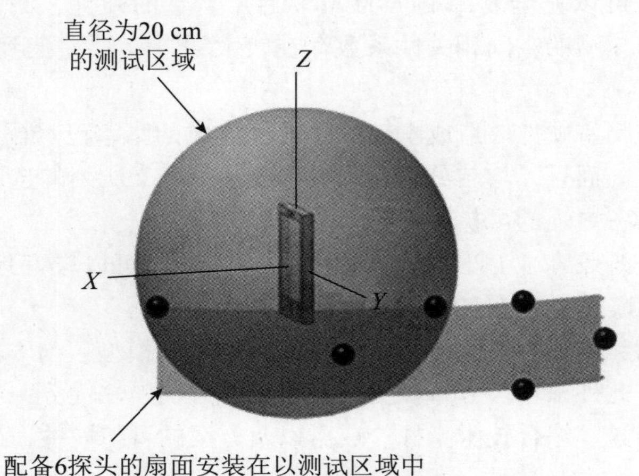

图 9-14　FR2 三维测量探头与被测终端相对位置关系

2020 年 6 月，NR MIMO OTA 启动了 Work Item 阶段的标准化工作，将具体讨论 MIMO OTA 指标定义等内容。

9.5　NR 射频实现与挑战

9.5.1　NR 射频前端

5G NR 给终端射频实现带来了前所未有的挑战，在终端设计中需要考虑以下新功能的引入带来的潜在问题。

- Sub 6G NR 支持高达 100 MHz 的信道带宽。
- 上行和下行 256QAM。
- 26 dBm HPUE。
- EN-DC 带来的 NR 与 LTE 互干扰。
- NR 与 WIFI 等短距离模组的共存。
- 多天线及 SRS Switch。

除了以上新功能外，终端还需要支持 LTE、UMTS、GSM 等蜂窝技术，以及 Wi-Fi、蓝牙、GNSS（全球卫星导航系统）、NFC（近场通信）等无线通信模组，如图 9-15 所示，终端的射频架构达到了前所未有的复杂度。在这种情况下，在保证射频性能与指标的同时，进一步兼顾 UE（终端设备）结构设计的空间限制及整体功耗要求将变得更加困难。

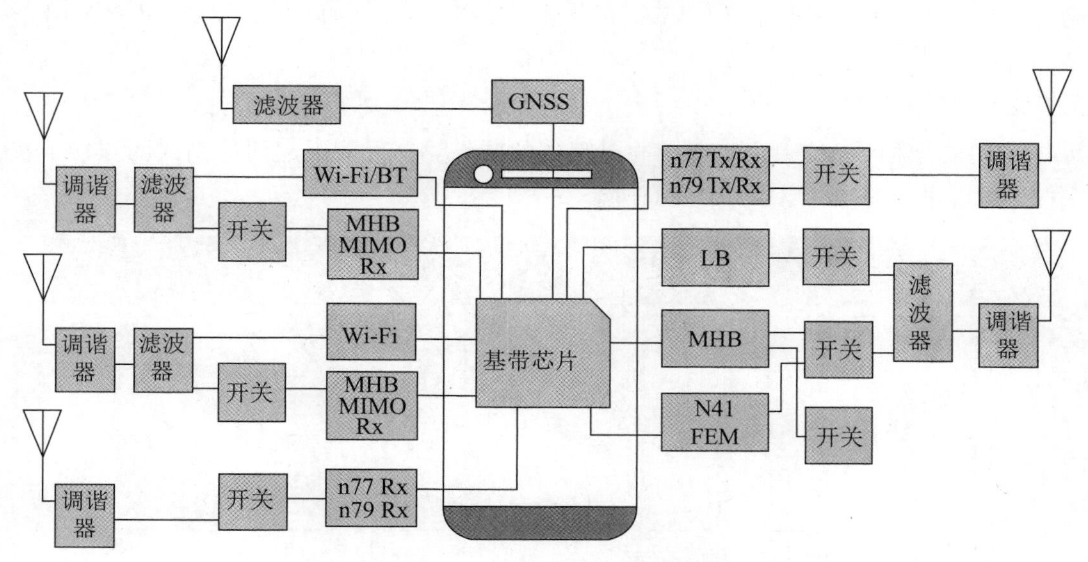

图 9-15 含有 NR 的射频终端

为应对上述挑战，需要在射频器件的选取以及射频架构的设计上进行提升，如采用支持更大带宽的包络追踪（Envelope Tracking）芯片，采用线性度更好的 PA（功率放大器）及开关等前端器件降低干扰。

支持 NR 的终端其射频前端需要从离散型向集成型转化。如图 9-16 所示，LPMAiD 模组的使用增加了射频前端设计的灵活性，在模组中集成了低噪放（LNA Bank）、多模多频谱 PA（MMPA）以及双工器（Duplexer）等。相比离散设计，集成设计可以有效减少插损，降低噪声系数（Noise Figure），从而提升射频性能。此外，由于手机多天线性能的差别以及 EN-DC 的需要，集成模式可以减少多工器的使用并且满足射频前端灵活切换天线的需求[24]。

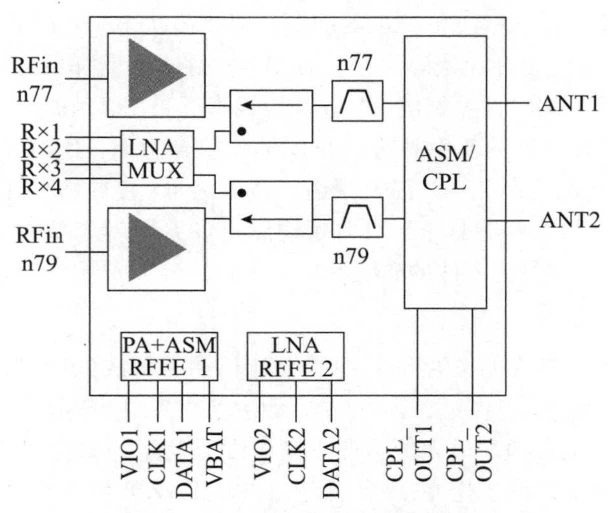

图 9-16 NR 射频前端模组示意图

9.5.2 干扰与共存

干扰问题是终端设计常见问题，也通常是棘手问题。NR 带来的干扰在 9.2.3 节射频标准部分已有描述，本节重点介绍 EN-DC 架构下 LTE 和 NR 之间的干扰，以及 NR 对 Wi-Fi 的干扰。

1. EN-DC 互干扰

在 EN-DC 架构下，存在 4G、5G 同时工作的状态，这可能引起两种制式的互相干扰，如谐波干扰、谐波混频，以及互调干扰等。

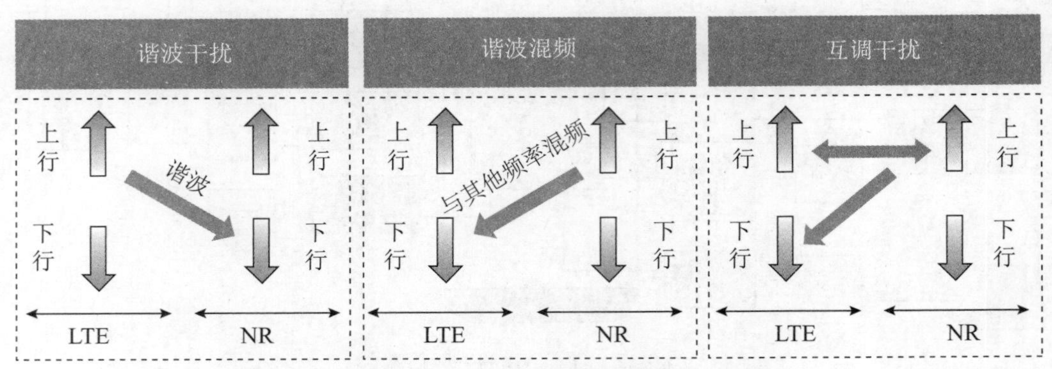

图 9-17　4G LTE 与 5G NR 常见干扰问题

谐波干扰如 B3+n78 的组合，B3 的上行二次谐波可能会落入 n78 带内，造成对 n78 的干扰，影响接收机灵敏度。产生干扰的原因有以下几点。

- B3 PA 非线性产生二次谐波。
- B3 发射机通路的开关非线性产生二次谐波。
- n78 接收通路的开关非线性产生二次谐波。
- 天线以及天线附近非线性器件如瞬态电压抑制二极管（Transient Voltage Suppression Diode，TVS）、天线调谐器（Tuner）产生干扰。

解决干扰问题的第一步是排查干扰源，如上文所述产生二次谐波噪声可能有多处。通过对比试验判断出干扰源，才能解决下一步的问题。对于解决 B3 对 n78 的谐波干扰，目前的主要做法为增加 B3 和 n78 物理天线隔离度、在 B3 发射通路增加低通滤波器、在 n78 接收通路增加高通滤波器、采用线性度好的 PA 以及天线附近采用高线性度的器件等。

高阶互调也可是 NR 遇到的棘手问题。以 B1+n3 组合为例，B1 上行频率的二倍频与 n3 上行频率形成的三阶互调会落入 B1 接收频谱，造成对 B1 接收机的干扰，降低其灵敏度。产生二次谐波的原因，仍然可能是 PA 及射频通路上的开关等非线性器件。由此可见，在 NR 终端设计中，需要重点关注器件的非线性。

2. NR 与 Wi-Fi 共存

蜂窝射频与其他无线制式的共存也是终端设计长期需解决的问题。在 NR 终端中，NR 新频谱 n41 与 Wi-Fi 2.4G 频谱接近，因此 NR 发射会对 Wi-Fi 接收造成较大干扰。如采用 100 MHz 带宽的 n41 在发射功率最大的情况下其旁瓣以及副旁瓣会直接落入 Wi-Fi 2.4 GHz 带内，造成严重的灵敏度恶化。此外，n41 发射频率二次谐波可以直接落入 Wi-Fi 5 GHz 带内，同样造成严重的灵敏度恶化。

解决这种共存问题的一个显而易见的方法是 Wi-Fi 与 NR 分时工作。但是这种方法会减小每个无线制式的使用时间，从而影响无线传输吞吐量，给用户体验造成负面影响。

从硬件设计角度的解决方案有以下几种。

- 增大 n41 发射机与 Wi-Fi 2.4G 天线的隔离度。
- 在 n41 发射通路增加滤波器，减小带外噪声发射，如图 9-18 所示。
- 在 Wi-Fi 接收通路加滤波器，滤除带外泄露。
- 通过器件内部结构优化减小 n41 射频前端辐射杂散。

对于以添加新硬件减少带外泄露的方法，潜在会抬升链路的插损，这也是需要考虑的要素。

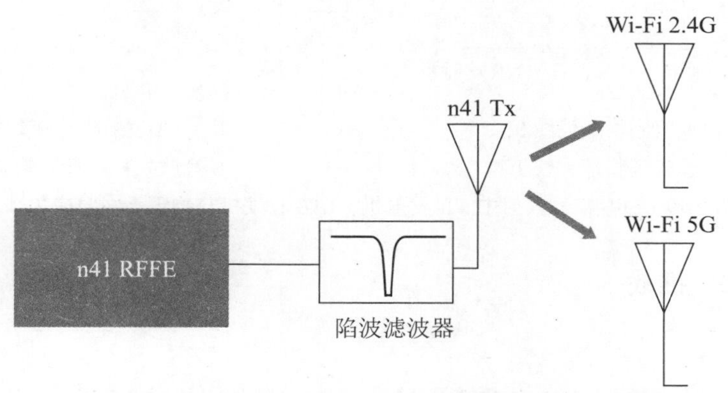

图 9-18　NR n41 与 Wi-Fi 干扰解决方案

9.5.3　SRS 射频前端设计

SRS Switch 要求 UE 在所有接收天线上发射参考信号用于改善 MIMO 信道估计，并进一步提升下行吞吐量。SRS Switch 需要 UE 能够快速切换物理天线。在 EN-DC 中，UE 需要兼顾 LTE 与 NR 天线的收发，因此 SRS Switch 对天线结构以及切换机制提出了很大挑战。

在 EN-DC 组合中可能会出现 NR 与 LTE 共物理天线的情况。UE 需要发射 SRS 信号时，射频链路与天线的对应关系会产生变化，在这种情况下 LTE 甚至会中断与天线的连接。如何在 SRS 信号发射的同时确保 LTE 通信不中断是需要在射频前端设计中考虑的因素，文献 [25] 提出了一种天线开关架构可以在保证 LTE 通信的情况下实现 SRS 信号发射。

如图 9-19 所示，通过控制天线开关，NR 发射机与 LTE 收发机均可以连接到物理天线 ant0 和 ant1。在（a）中打开开关 Switch1 中的 1—3 通路，开关 Switch2 中的 2—6 通路，开关 Switch3 中的 1 通路，可以实现 NR 发射机与天线 ant0 连接，LTE 收发机与 ant1 连接。

在图 9-19（b）中打开开关 Switch1 中 1—4 通路，开关 Switch2 中 1—6，2—5 通路，开关 Switch3 中的 2 通路，可以实现 NR 发射机与天线 ant1 相连接，LTE 发射机与天线 ant0 相连接。如此便实现了在发射 SRS 信号时保证 LTE 的收发。

在具体射频设计中，需要兼顾 UE 天线的性能及布局、终端外观和结构、成本限制等，从而选取最优的射频及天线架构。针对不同的 ENDC 组合，不同的 UE 设计需求会产生不同的射频及天线架构，因此并不存在一种最优解而是根据具体情况进行射频、天线、结构、成本的取舍。

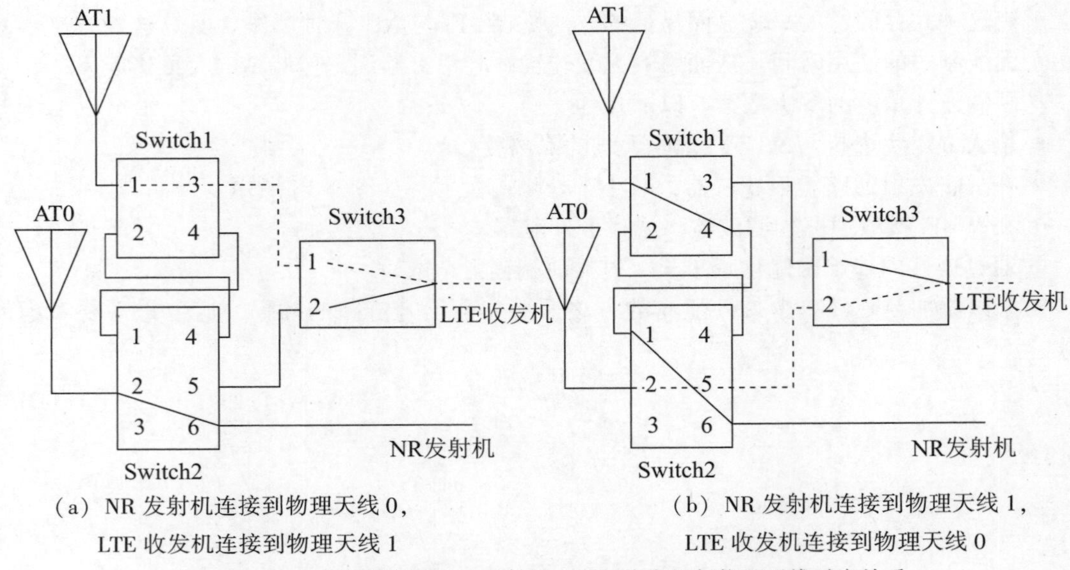

（a）NR 发射机连接到物理天线 0，LTE 收发机连接到物理天线 1

（b）NR 发射机连接到物理天线 1，LTE 收发机连接到物理天线 0

图 9-19　SRS 信号发射中 NR 发射机，LTE 收发机与物理天线对应关系

9.5.4　其他 NR 挑战

1. 双卡支持

5G NR 对于终端支持双 SIM 卡功能也带来了新的挑战。在 4G 时代，多数 UE 采用双卡双待（Dual SIM Dual Standby，DSDS）模式。在此种模式下卡 2 在监听系统寻呼消息时会对卡 1 进行抽帧。因此，当卡 1 正在进行大数据的交互（如游戏、视频）时，用户会遇到明显的卡顿问题。

在 5G 时代终端双卡模式多采用双收双卡双待模式（Dual Receive Dual SIM Dual Standby，DR-DSDS）。此模式在硬件上为双 SIM 卡各自提供了射频接收通路，因此不会造成卡顿，可提升用户体验。此种技术的另一升级为 DR-DSDS+TX Sharing，即在 DR-DSDS 的前提下支持双卡对射频发射通路的共享以达到双卡并发，如同时进行 5G 游戏与 4G VoLTE（长期演进语音承载）。

在此书写作时 5G 双卡终端采用的技术主要为 5G+4G 的模式，即一张 SIM 卡工作于 5G，另一张 SIM 卡工作于 4G，且 5G 可以采用 NSA 或 SA 的组网方式。对于 5G+5G 的双卡终端，则主要采用 SA+SA 或 NSA+SA 的组网方式。

终端支持 5G+4G 的双卡模式需要对射频架构、天线架构进行仔细分析。受限于终端结构、外观、通信芯片特性等，需要对五天线或六天线设计进行取舍。无论采用 NSA+LTE 还是 SA+LTE 组网，总体原则都是在卡 1 与卡 2 之间进行工作状态切换时不需要重新配置 NR 通路。为了到达这一点，射频前端器件内开关控制也需要支持 MIPI2. 1+，以实现 Hardware Mask Write 的功能。

2. 射频前端开关

对于射频器件的应用，5G 终端不仅是数量上的增加，更需要器件性能的提升。开关是射频架构中应用广泛的器件，既可以单独使用也可集成于其他模组中。对于 5G 终端中开关的选取应考虑如下因素。

- 隔离度。
- 线性度（避免干扰与共存问题）。
- 插损。
- 切换时间（SRS 切换时间要求）。
- MIPI 寄存器控制（是否支持 Hardware Mask Write）。
- VDD/VIO 电压。
- GPIO/MIPI 控制方式。
- P2P 资源。

9.6　小结

本章从频谱技术入手介绍了 5G 新频谱的引入及新频谱的定义，并进一步介绍了 FR1 和 FR2 射频技术、NR 测试技术以及射频实现与挑战等内容。在 9.2 节，重点介绍了高功率终端、接收机灵敏度以及互干扰等关键技术及指标要求。在 9.3 节重点讨论了射频天线架构、功率等级定义、灵敏度、波束对应性、MPE 等区别于 FR1 的技术及标准。在 9.4 节，重点从 SA 及 NSA 测试技术出发做了介绍，同时阐述了 MIMO OTA 测试技术的进展。在 9.5 节，从终端射频设计角度出发讨论了 NR 带来的新问题及相应的解决思路。

参考文献

[1] 3GPP TS 38.101-1 V15.8.2 (2019-12), NR. UE radio transmission and reception. Part 1: Range 1 Standalone (Release 15).

[2] 3GPP TS 38.101-2 V15.8.0 (2019-12), NR. UE radio transmission and reception. Part 2: Range 2 Standalone (Release 15).

[3] 3GPP TS 38.101-3 V15.8.0 (2019-12), NR. UE radio transmission and reception. Part 3: Range 1 and Range 2 Interworking operation with other radios (Release 15).

[4] R4-1707507. UE RF requirements for 3.3-3.8 GHz and 3.3-4.2 GHz, NTT DOCOMO. 3GPP RAN4 #84, Berlin, Germany, 21st-25th August 2017.

[5] R4-2002738. WF on UL MIMO PC2, Huawei. 3GPP RAN4 #94e, Feb 24th-Mar 06th, 2020.

[6] 邢金强 . LTE 与 5G NR 终端互干扰研究 . 移动通信，2018（2）.

[7] R4-1711036. Consideration of EIRP spherical coverage requirement, Samsung. 3GPP RAN4 #84-Bis, Dubrovnik, Croatia, 09-13 October, 2017.

[8] RP-180933. Extending FR2 spherical coverage requirement to multi-band UEs, Apple Inc. 3GPP RAN#80, La Jolla, USA, 11-14 June, 2018.

[9] R4-1814719. Update on RF EMF regulations of relevance for handheld devices operating in the FR2 bands, Ericsson, Sony. 3GPP RAN4#89, Spokane, WA, US, 12 November-16 November 2018.

[10] R4-1900253. Discussion on FR2 UE MPE remaining issues, OPPO. 3GPP RAN4#90, Athens, GR, 25 Feb-1 Mar, 2019.

[11] R4-1900440. P-MPR and maxULDutycycle limit parameters, Qualcomm Incorporated. 3GPP RAN4 #90, Athens, GR, 25 Feb-1 Mar, 2019.

[12] R4-1908820. Mitigating Radio Link Failures due to MPE on FR2, Nokia, Nokia Shanghai Bell. 3GPP RAN4#92, Ljubljana, Slovenia, August 26th-30th 2019.

[13] 3GPP TS 38.521-1 V16.3.0 (2020-3), NR. User Equipment (UE) conformance specification. Radio transmission and reception. Part 1: Range 1 standalone (Release 16).

[14] 3GPP TS 38.521-2 V16.3.0 (2020-3), NR. User Equipment (UE) conformance specification. Radio transmission

and reception. Part 2: Range 2 standalone (Release 16).

[15] 3GPP TS 38. 521-3 V16. 3. 0 (2020-3), NR. User Equipment (UE) conformance specification. Radio transmission and reception. Part 3: Range 1 and Range 2 Interworking operation with other radios (Release 16).

[16] 3GPP TS 38. 810 V16. 5. 0 (2020-1), NR. Study on test methods (Release 16).

[17] R4-1910609. WF on NR MIMO OTA, CAICT. 3GPP RAN WG4 Meeting # 92, Ljubljana, Slovenia, 26-30 Aug, 2019.

[18] R4-1814833. 2D vs 3D MPAC Probe Configuration for FR1 CDL channel models, Keysight Technologies. 3GPP RAN WG4 Meeting #89, Spokane, USA, 12-16 November 2018.

[19] R4-1900498. 3D MPAC System Proposal for FR1 NR MIMO OTA Testing, Keysight Technologies. 3GPP RAN WG4 Meeting #90, Athens, Greece, 25 Feb-1 Mar 2019.

[20] R4-1909728. System implementation of FR1 2D MPAC, Keysight Technologies, 3GPP RAN WG4 #92, Ljubljana, SI, 26-30 Aug 2019.

[21] R4-2002471. WF on finalizing FR2 MIMO OTA, CAICT, Keysight. 3GPP RAN WG4 Meeting #94-e, Electronic Meeting, Feb. 24th-Mar. 6th 2020.

[22] R4-2004718. 3D MPAC Probe Configuration Proposal, Spirent Communications, Keysight Technologies. 3GPP RAN WG4 Meeting #94Bis, e-meeting, April 20th-April 30th, 2020.

[23] 3GPP TR 38. 827 V1. 4. 0 (2020-06), Study on radiated metrics and test methodology for the verification of multi-antenna reception performance of NR User Equipment (UE) (Release 16).

[24] Skyworks white paper 5G New Radio Solutions: Revolutionary Applications Here Sooner Than You Think.

[25] Natarajan, Vimal; Daugherty, John; Black, Gregory; and Burgess, Eddie. Multi-antenna switch control in 5G. Technical Disclosure Commons, (August 29, 2019).

第10章
用户面协议设计

石 聪 尤 心 林 雪 编著

10.1 用户面协议概述

用户面是指传输UE数据的协议栈及相关流程，与之对应的是控制面，控制面是指传输控制信令的协议栈及相关流程。关于控制面协议的介绍可以参考第11章的介绍，本章主要介绍用户面协议及相关流程。用户面协议栈如图10-1所示[1]。

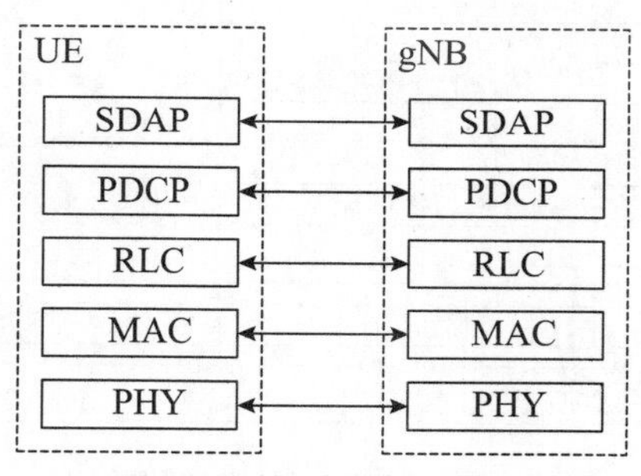

图10-1 用户面协议结构

5G NR用户面相对于LTE用户面增加了一个新的协议层SDAP（Service Data Adaptation Protocol，业务数据适配协议）层，SDAP层往下的协议栈延续了LTE结构。对于NR协议栈层2协议（即PHY以上的协议层）的主要特点归纳如下。

- SDAP层：负责QoS（Quality of Service，服务质量）流和DRB（Data Radio Bearer，数据无线承载）之间的映射。
- PDCP（Packet Data Convergence Protocol，分组数据汇聚协议）层：负责加解密、完整性保护、头压缩、序列号的维护、重排序及按序递交等。相对于LTE，NR PDCP可以基于网络配置支持非按序递交功能。另外，为了提高数据包的传输可靠性，NR PDCP还支持复制数据传输等功能，第16章会对该功能进行详细介绍。
- RLC（Radio Link Control，无线链路控制）层：负责RLC SDU（Service Data Unit，业务数据单元）数据包切割、重组、错误检测等。相对于LTE，NR RLC去掉了数据包级联功能。

- MAC（Medium Access Control，媒体接入控制）层：负责逻辑信道和传输信道之间的映射、复用及解复用、上下行调度相关流程、随机接入流程等，相对于 LTE，NR MAC 引入了一些新的特性，如 BWP 的激活/去激活流程、波束失败恢复流程等。

从用户面处理数据的流程（以发送端的处理为例）来看，用户面数据首先通过 QoS 流的方式到达 SDAP 层，对于 QoS 流的描述具体可以参考第 13 章。SDAP 层负责将不同 QoS 流的数据映射到不同的 DRB，并且根据网络配置给数据加上 QoS 流的标识，生成 SDAP PDU（Packet Data Unit，数据包单元）递交到 PDCP 层。PDCP 层将 SDAP PDU（也就是 PDCP SDU）进行相关的处理，包括包头压缩、加密、完整性保护等，并生成 PDCP PDU 递交到 RLC 层。RLC 层根据配置的 RLC 模式进行 RLC SDU 的处理，如 RLC SDU 的切割以及重传管理等，相对于 LTE，NR RLC 去掉了级联功能，但是保留了 RLC SDU 的切割功能。MAC 层负责将逻辑信道的数据复用成一个 MAC PDU（也称为传输块），这个 MAC PDU 可以包括多个 RLC SDU 或 RLC SDU 的切割段，这些 RLC SDU 可以来自不同的逻辑信道，也可以来自同一个逻辑信道。一个典型的层 2 数据流如图 10-2 所示[1]。从图 10-2 中可以看出，对于某一个协议层，其从上层收到的数据称为 SDU，经过该协议层处理之后添加对应的协议层包头所产生的数据称为 PDU。MAC PDU 可以包含一个或者多个 SDU，一个 MAC SDU 可以对应一个完整的 RLC SDU，也可以对应一个 RLC SDU 的切割段。

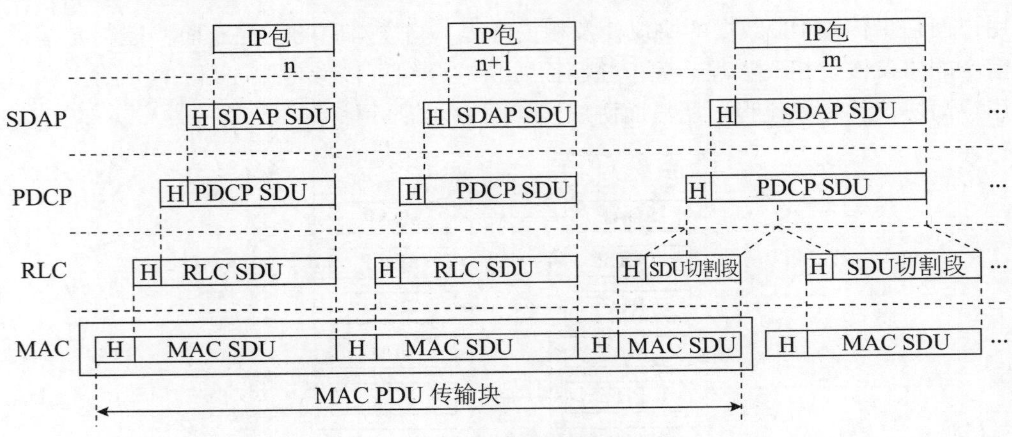

图 10-2　层 2 数据处理流程示例

从用户面支持的主要功能来看，5G NR 用户面的功能在设计之初就考虑了支持更多不同 QoS 类型的应用，如 URLLC 业务和 eMBB 业务，同时也考虑了支持不同的数据速率、可靠性以及时延要求[2]。具体来讲，为了更好地支持多种 QoS 类型的应用、更高的可靠性以及更低的时延要求，5G NR 的用户面主要在如下一些方面做了增强。

- MAC 层功能的增强[3]：MAC 层增强了一些 LTE 已有的流程，如对于上行调度流程，引入了基于逻辑信道的 SR（Scheduling Request，调度请求）配置，这样 UE 可以根据不同的业务类型触发对应的 SR，从而使得网络能够在第一时间调度合适的上行资源。上行配置资源引入了 RRC 预配置即激活的配置资源（Configured Grant，CG），即所谓的第一类型配置资源（CG Type1），使得终端可以更快速地使用该资源传输数据。基于逻辑信道优先级（Logical Channel Prioritization，LCP）的 MAC PDU 组包流程也会根据收到的物理层资源特性选择配置的逻辑信道，从而更好地满足该数据的 QoS 要求。最后，MAC PDU 的格式也有所增强，采用交织的格式有利于传输和接收端的快速处理。

- PDCP 层和 RLC 层功能的增强[4-5]：大部分的 NR PDCP 和 RLC 功能继承了 LTE。一方面，为了能够更快地处理数据，RLC 层去掉了级联功能而只保留数据包分段功能，这样的目的是实现数据包的预处理，也就是使得终端在没有收到物理层资源指示时就能把数据提前准备好，这是 NR RLC 相对于 LTE 的一个主要增强点。RLC 的重排序及按序递交功能统一放在了 PDCP 层，由网络配置，可以支持 PDCP 层的数据包非按序递交，这样也有利于数据包的快速处理。另外，为了提高数据包传输可靠性，PDCP 引入复制数据传输功能，这部分内容会在第 16 章描述。
- 在 NR 后续协议演进增强中，为了支持更低时延，引入了两步 RACH（Random Access Channel，随机接入信道）流程，这一部分也会在本章进行介绍。另外，在移动性增强中，引入了基于双激活协议栈（Dual Active Protocol Stack，DAPS）的增强移动性流程，这个流程对 PDCP 的影响也会在本章介绍。

下面几节，我们按照由上往下的顺序从各个协议层的角度介绍几个 NR 相对于 LTE 增强的用户面功能。

10.2 SDAP 层

首先，SDAP 是 NR 用户面新增的协议层[6]。NR 核心网引入了更精细的基于 QoS 流的用户面数据处理机制，从空口来看，数据是基于 DRB 来承载的，这个时候就需要将不同的 QoS 流的数据按照网络配置的规则映射到不同的 DRB 上。引入 SDAP 层的主要目的就是完成 QoS 流与 DRB 之间的映射，一个或多个 QoS 流的数据可以映射到同一个 DRB 上，同一个 QoS 流的数据不能映射到多个 DRB 上，SDAP 层结构如图 10-3[6] 所示。

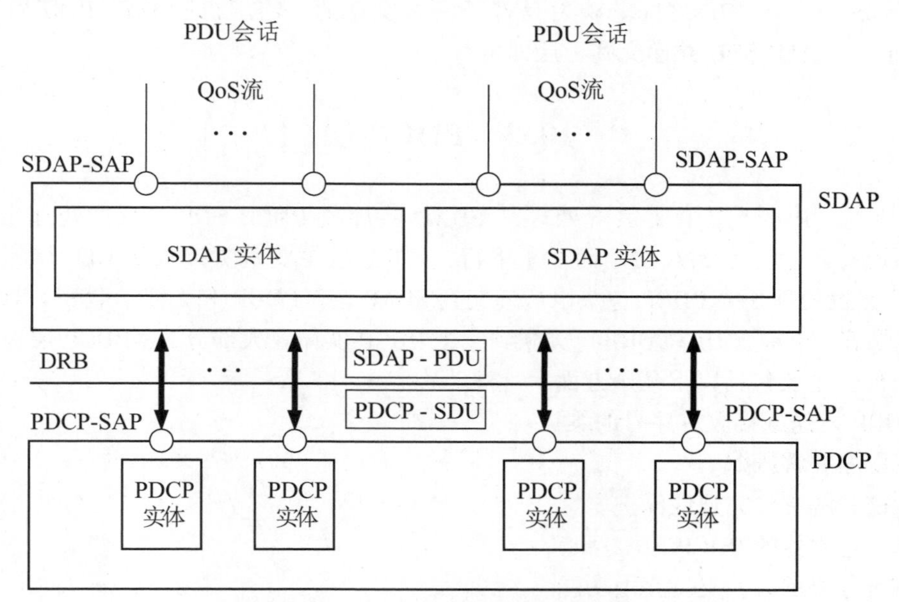

图 10-3　SDAP 协议层结构

从图 10-3 中可以看出，每个 UE 可以支持配置多个 SDAP 实体，每个 SDAP 实体对应一个 PDU 会话。一个 PDU 会话对应一个或者多个 QoS 流的数据，关于 PDU 会话的具体细节见第 13 章。SDAP 层的主要功能包括两方面，一方面是传输用户面数据，另一方面是保证数据的按序递交。

上行数据传输，当 UE 从上层收到了 SDAP SDU 时，UE 会根据存储的 QoS 流与 DRB 之间的映射关系来将不同的 QoS 的数据映射到对应的 DRB 上。如果没有保存这样的映射关系，则会存在一个默认的 DRB 负责承接 QoS 流的数据。确定好映射关系之后，UE 基于网络配置生成 SDAP PDU 并递交底层，在这里，SDAP PDU 可以根据网络侧配置携带 SDAP 包头，也可以不携带 SDAP 包头。

下行数据接收，当 UE 从底层接收了 SDAP PDU，SDAP 层会根据收到该 SDAP PDU 的 DRB 是否配置了 SDAP 包头来进行不同的处理。如果没有配置 SDAP 包头，则可以递交到上层。如果配置了 SDAP 包头，则 SDAP 需要去掉 SDAP 包头之后再将数据递交到上层。在这种情况下，UE 基于数据包头里的信息进行处理，如判断反向映射功能是否激活。这里反射映射指的是 UE 基于接收的下行数据的映射关系确定上行数据的映射关系，也就是说 UE 会判断下行数据包头中的 QoS 流标识，并存储该 QoS 流与 DRB 的映射关系，用于后续的上行传输，从而节省额外配置映射关系的信令开销，关于反向映射的进一步细节可以参考第 13 章的相关描述。

对上行而言，当 QoS 流与 DRB 的映射关系发生变化时，如基于网络配置更新一种 QoS 流与 DRB 的映射关系，或者通过反向映射导致上行的 QoS 流与 DRB 映射关系发生改变时，有可能导致对端 SDAP 层从新的 DRB 收到的数据早于旧的 DRB 的数据，由于 SDAP 层没有重排序功能，这样可能会导致数据的乱序递交。为了解决这一问题，SDAP 层支持一种基于 End-Marker 的机制。该机制会使得 UE 侧的 SDAP 层在某个 QoS 流发生重映射时，会通过旧的 DRB 递交一个 End-Marker 的控制 PDU，这样，接收侧的 SDAP 在从旧的 DRB 收到 End-Marker 之前不会将新的 DRB 的数据递交到上层，从而保障了 SDAP 层的按序递交。对于下行而言，QoS flow 与 DRB 之间的映射是基于网络实现的，UE 收到 SDAP PDU 后，恢复该 SDAP PDU 至 SDAP SDU 并递交到上层即可。

10.3 PDCP 层

对于上行，PDCP 层主要负责处理从 SDAP 层接收 PDCP SDU，通过处理生成 PDCP PDU 以后递交到对应的 RLC 层。而对于下行，PDCP 层主要负责接收从 RLC 层递交的 PDCP PDU，经过处理去掉 PDCP 包头以后递交到 SDAP 层。PDCP 和无线承载一一对应，即每一个无线承载（包括 SRB 和 DRB）关联到一个 PDCP 实体。大部分 NR PDCP 层提供的功能与 LTE 类似，主要包括以下几个方面[5]。

- PDCP 发送或接收方序号的维护。
- 头压缩和解压缩。
- 加密和解密，完整性保护。
- 基于定时器的 PDCP SDU 丢弃。
- 对于分裂承载，支持路由功能。
- 复制传输功能。
- 重排序以及按序递交功能。

PDCP 层在数据收发流程上与 LTE 类似，有一个改进是，NR PDCP 对于数据收发流程的本地变量维护以及条件比较中采用的是基于绝对计数值 COUNT 的方法，这样可以大大提高协议的可读性[7]。COUNT 由 SN 和一个超帧号组成，大小固定为 32 bit。需要注意的是，PDCP PDU 的包头部分仍然是包含 SN，而不是 COUNT 值，因此不会增加空口传输的开销。

具体而言，对于上行传输，PDCP 传输侧维护一个 TX_NEXT 的本地 COUNT 值，初始设置为 0，每生成一个新的 PDCP PDU，对应的包头中的 SN 设置为与该 TX_NEXT 对应的值，同时将 TX_NEXT 加 1。PDCP 传输侧根据网络配置依次对 PDCP SDU 进行包头压缩，完整性保护及加密操作[5]。这里需要注意的是，NR PDCP 的包头压缩功能并不适用于 SDAP 的包头。

对于下行接收，PDCP 接收侧根据本地变量的 COUNT 值维护一个接收窗，该接收窗有如下几个本地变量维护。

- RX_NEXT：下一个期待收到的 PDCP SDU 对应的 COUNT 值。
- RX_DELIV：下一个期待递交到上行的 PDCP SDU 所对应的 COUNT 值，这个变量确定了接收窗的下边界。
- RX_REORD：触发排序定时器的 PDCP PDU 所对应的 COUNT。

在标准制定过程中，讨论了两种接收窗的机制[8]，即基于 PULL 窗口的机制和基于 PUSH 窗口的机制。简单来说，PULL 窗口是用本地变量维护一个接收窗的上界，下界则为上界减去窗长。PUSH 窗口是用本地变量维护一个接收窗的下界，上界则为下界加上窗口。这两种窗口机制本质上都能工作，最后由于 PUSH 窗口机制在写协议的角度更简便，因此采用了基于 PUSH 窗口的机制。基于 PUSH 窗口机制，PDCP 接收侧对于接收的 PDCP PDU 有如下处理步骤。

- 将 PDCP PDU 的 SN 映射为 COUNT 值；在映射为 COUNT 值时，需要首先计算出该接收的 PDCP PDU 的超帧号，即 RCVD_HFN。计算出 RCVD_HFN 则得到了接收 PDCP PDU 的 COUNT 值，也就是［RCVD_HFN，RCVD_SN］。
- PDCP 接收侧根据计算出的 COUNT，来决定是否要丢弃该 PDCP PDU，丢弃 PDCP PDU 的条件如下。
  - 该 PDCP PDU 的安全性验证没有通过。
  - 该 PDCP PDU 在 PUSH 窗口之外。
  - 该 PDCP PDU 是重复接收包。
- PDCP 接收侧会把没有被丢弃的 PDCP PDU 所对应的 PDCP SDU 保存在缓存中，并根据接收包的 COUNT 在不同的情况下更新本地变量，具体的情况如图 10-4 所示，分为如下几种。
  - 当 COUNT 处于情况 1 和情况 4 时，丢弃该 PDCP PDU。
  - 当 COUNT 处于情况 2 时，也就是在 PUSH 窗口内，但是小于 RX_NEXT，则可能相应地更新本地 RX_DELIV 值，并将保存的 PDCP SDU 递交到上层。
  - 当 COUNT 处于情况 3 时，更新 RX_NEXT 值。

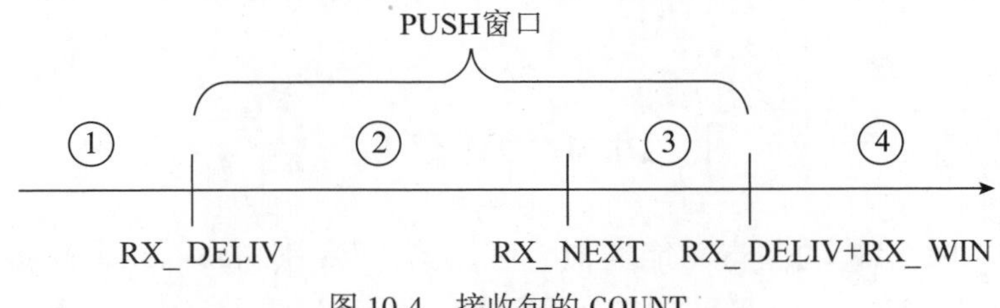

图 10-4　接收包的 COUNT

需要注意的是，网络也可以给 PDCP 层配置非按序递交接收方式。如果网络配置了 PDCP 层以非按序递交方式接收，则 PDCP 接收侧可以直接把生成的 PDCP SDU 递交到上层而不用等待之前是否有未接收到的数据包，这样可以进一步降低时延。

NR PDCP 还支持复制数据传输，简单地说是可以基于网络侧的配置和激活指令，将 PDCP PDU 复制成为相同的两份，并递交到不同的 RLC 实体，这部分内容在第 16 章有详细描述，这里不再赘述。

另外，在后续标准演进中，基于 DAPS 切换的移动性增强特性也对 PDCP 协议有一定的影响。对 DAPS 切换的具体介绍可以参考第 10 章，这里只介绍 DAPS 切换对于 PDCP 层的影响。具体的，DAPS 切换指的是在切换过程中，UE 向目标小区发起随机接入过程的同时保持与源小区的连接，这个设计对 PDCP 的主要影响在于以下 3 点。

第一，对于配置了 DAPS 的 DRB，该 DRB 对应的 PDCP 实体配置了两套安全功能和对应的密钥，以及两组头压缩协议，其中一套用于与源小区的数据处理，另一套用于目标小区的数据处理。DAPS PDCP 实体会基于待传输的数据是发送至还是接收于源小区或目标小区，来确定要使用的包头压缩协议、安全相关算法以对 PDCP SDU 进行处理。

第二，NR PDCP 的引入了 PDCP 重配置流程，具体的，协议规定 PDCP 实体与 DAPS PDCP 实体之间转换过程定义为 PDCP 重配置过程。当上层要求对 PDCP 实体进行重配置以配置 DAPS 时（PDCP 实体重配置至 DAPS PDCP 实体），UE 会基于上层提供的加密算法、完整性保护算法和头压缩配置为该 DRB 建立对应的加密功能、完整性保护功能以及头压缩协议。也就是说，当 UE 收到 DAPS 切换命令时，会添加目标小区对应的头压缩协议以及安全相关功能。反之，当上层指示重配置 PDCP 以释放 DAPS 时（DAPS PDCP 实体重配置至 PDCP 实体），UE 会释放所要释放小区对应的加密算法、完整性保护算法和头压缩配置。举例来说，如果 RRC 层在 DAPS 切换完成释放源小区时指示重配置 PDCP，那么 UE 会删除源小区对应的头压缩协议以及安全相关的配置功能。如果 RRC 层在 DAPS 切换失败回退至源小区时指示重配置 PDCP，UE 会删除目标小区对应的头压缩协议以及安全相关功能。

第三，DAPS 切换会影响 PDCP 层状态报告的触发条件。PDCP 状态报告主要用于通知网络侧当前 UE 下行数据的接收状况，使网络侧进行有效的数据重传或新传。现有的 PDCP 状态报告是在 PDCP 重建或者 PDCP 数据恢复的时候触发，而且只针对 AM DRB。对于 DAPS 切换，源小区在切换准备期间就可以给目标小区转发数据，然而 DAPS 切换执行期间 UE 依然保持与源小区的数据收发，这样一来，当 UE 与目标小区成功建立连接并开始收发数据时，目标小区可能会下发冗余的数据给 UE，从而带来额外的开销。同样的情况在释放源小区的时候也会发生，所以对于 AM DRB，DAPS 切换引入了新的 PDCP 状态报告触发条件，即当上层请求了上行数据切换以及指示了释放源小区时，都会触发 PDCP 状态报告。对于 UM DRB，由于 UM DRB 对于时延比较敏感且不支持重传，所以这里的 PDCP 状态报告主要是为了避免网络侧下发冗余的数据给 UE，UE 只会在上层请求了上行数据切换时触发 PDCP 状态报告。

10.4 RLC 层

NR RLC 跟 LTE RLC 的基本功能类似，可以支持 TM（Transparent Mode，透明模式）、UM（Unacknowledge Mode，非确认模式）和 AM（Acknolowledge Mode，确认模式）3 种模

式。3 种 RLC 模式的主要特征概述如下。

- RLC TM：也就是透明模式，当 RLC 处于 TM 模式时，RLC 直接将上层收到的 SDU 递交到下层。TM 模式适用于广播、公共控制以及寻呼逻辑信道。
- RLC UM：也就是非确认模式，当 RLC 处于 UM 模式时，RLC 会对 RLC SDU 进行处理，包括切割、添加包头等操作。UM 一般适用于对数据可靠性要求不高且时延比较敏感的业务逻辑信道，如承载语音的逻辑信道。
- RLC AM：也就是确认模式，当 RLC 处于 AM 模式时，RLC 具有 UM 的功能，同时还能支持数据接收状态反馈。AM 适用于专属控制以及专属业务逻辑信道，一般对可靠性要求比较高。

NR RLC 的基本的功能总结如下[4]。

- 数据收发功能，即传输上层递交的 RLC SDU 以及处理下层收到的 RLC PDU。
- 基于 ARQ 的纠错（AM 模式）。
- 支持 RLC SDU 的分段（AM 和 UM）以及重分段（AM）功能。
- RLC SDU 丢弃（AM 和 UM）等功能。

RLC 配置在不同的模式，相应的数据收发流程也有不同，但是基本的流程与 LTE RCL 类似。这里介绍一下相对于 LTE RLC，NR RLC 的一些增强。

第一个增强是在 RLC 传输侧去掉了数据包的级联功能（Concatenation）。在 LTE 中，RLC 支持数据包级联，也就是说 RLC 会把 PDCP PDU 按照底层给出的资源大小级联成一个 RLC PDU，MAC 层再将级联之后的 RLC PDU 组装成一个 MAC PDU。这意味着数据包的级联需要预先知道上行调度资源的大小，对于 UE 来说，也就是需要先获得调度资源，才能进行数据包的级联操作。这种处理使得生成 MAC PDU 时产生额外的处理时延。

为了优化这个实时处理时延，NR RLC 将级联功能去掉，这也就意味着 RLC PDU 最多只包含一个 SDU 或者一个 SDU 的切割片段。这样 RLC 层的处理可以不用考虑底层的物理资源指示提前将数据包准备好，同时 MAC 层也能将相应的 MAC 层子包头生成并准备好。唯一需要考虑的实时处理时延在于，当给定的物理资源不能完整地包含已经生成的 RLC PDU 时，RLC 仍然需要进行切割包操作，但是这个时延相对于传统的 LTE RLC 处理可以大大减少时延。

NR RLC 另外一个增强是在 RLC 接收侧不再支持 SDU 的按序递交，也就是说，从 RLC 层的角度，如果从底层收到一个完整的 RLC PDU，RLC 层去掉 RLC PDU 包头之后可以直接递交到上层，而不用考虑之前序号的 RLC PDU 是否已经收到[15]。这主要是为了减少数据包的处理时延，也就是说，完整的数据包可以不必等在序列号在这个数据包之前的数据包头到齐之后再往上层递交。当 RLC PDU 中的 SDU 包含的是切割部分时，RLC 接收侧不能将该 RLC SDU 递交到上层，而是需要等到其他切割段收到之后才能递交上层。

10.5 MAC 层

MAC 层的主要架构如图 10-5 所示[3]。

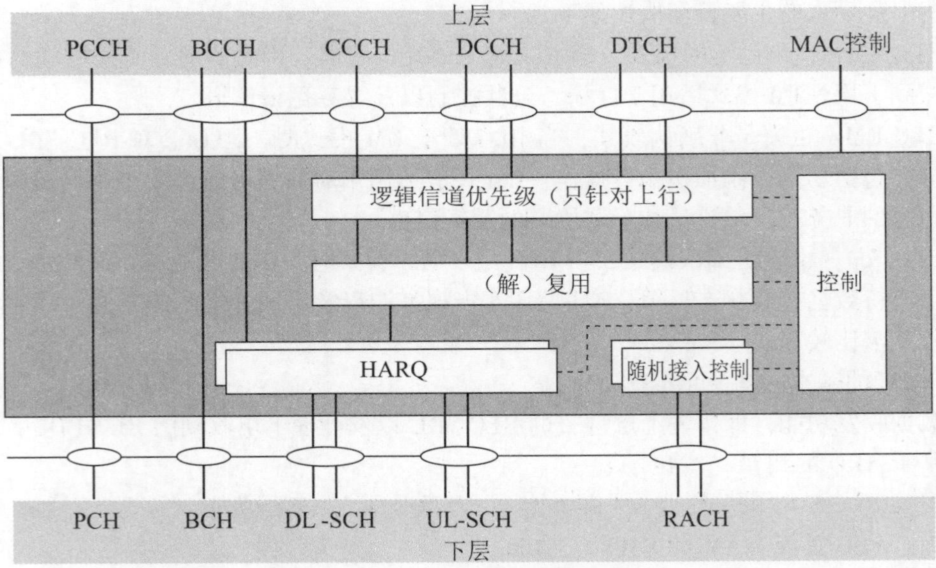

图 10-5　MAC 层主要架构

大部分 NR MAC 层的功能沿用 LTE 的设计，如上下行数据相关的处理流程、随机接入流程、非连续接收相关流程等，但在 NR MAC 中引入了一些特有的功能或将现有的功能根据 NR 的需求做了一些增强。

对于随机接入，NR MAC 中基于竞争的四步随机接入流程是以 LTE 的流程为基础进行了一些支持波束管理的改进，同时在此基础上，后续标准的演进也引入了两步随机接入流程，以进一步减少时延。

在数据传输方面，NR MAC 既支持动态调度也支持非动态调度。其中，为了更好地支持 URLLC 业务，在上行动态调度流程上，NR MAC 对 SR 和 BSR 的上报流程做了优化，使得 NR MAC 更好地支持 URLLC 业务。另外，基于 LCP 的上行组包流程也做了相应的优化，使得特定的逻辑信道数据能够复用到更加合适的上行资源上传输。在非动态调度流程上，LTE 中支持的非动态调度（Semi-persistent Scheduling，SPS）也在 NR 中得到了沿用，只不过 NR 在此基础上引入了一种新的上行配置资源，称为第一类型配置资源（CG Type1），把 LTE 中支持的上行 SPS 称为第二类型配置资源（CG Type2）。

在终端省电方面，时域上面 NR DRX（Discontinuous Reception，非连续接收）机制以 LTE 的 DRX 机制为基础，其基本功能没有变化。在后续的标准演进中，为了更好地省电，引入了唤醒机制，对 DRX 流程有一定的影响，这部分内容在第 9 章有详细描述；在频域方面，NR 最大的一个特性是引入了 BWP 机制，NR MAC 层也相应地支持 BWP 的激活和去激活机制以及相应的流程，这部分内容在第 5 章有详细介绍。

在 MAC 层的 MAC PDU 格式方面，NR MAC PDU 相对于 LTE 也做了一些增强，具体体现在支持所谓的交织性的 MAC PDU 格式，以此来提高收发侧的数据处理效率。

最后，NR MAC 层支持一些新的特性，如对于波束失败的恢复流程，以及相应的复制数据激活去激活流程等。

总结来看，NR MAC 相对于 LTE 的一些增强特性如表 10-1 所示。

表 10-1　MAC 层的主要功能

功　能	LTE MAC	NR MAC
随机接入	四步竞争随机接入 四步非竞争随机接入	四步竞争随机接入 四步非竞争随机接入 两步竞争随机接入 两步非竞争随机接入
下行数据传输	基于 HARQ 的下行传输	基于 HARQ 的下行传输
上行数据传输	调度请求（SR） 缓存状态上报（BSR） 逻辑信道优先级（LCP）	增强的调度请求（SR） 增强的缓存状态上报（BSR） 增强的逻辑信道优先级（LCP）
半静态配置资源	下行 SPS 上行 SPS	下行 SPS 第一类型配置资源 第二类型配置资源
非连续接收	DRX	DRX
MAC PDU	上下行 MAC PDU	增强的上下行 MAC PDU
NR 特有		BWP 基于随机接入的波束恢复流程

下面具体介绍 NR MAC 层的一些增强特性。

1. 随机接入过程

随机接入过程是 MAC 层定义的一个基本过程，NR MAC 沿用了 LTE 的基于竞争四步随机接入流程与基于非竞争随机接入流程。在 NR 中，由于引入了波束操作，将前导资源与参考信号进行关联，如 SSB 或 CSI-RS，这样可以基于 RACH 流程进行波束管理。简单来说，UE 在发送前导码时，会测量相应参考信号并选择一个信号质量满足条件的参考信号，并用这个参考信号关联的随机接入前导资源传输相应的前导码。有了这个关联关系，网络在收到 UE 发送的前导码时就能知道从 UE 的角度哪个参考信道是比较好的，并用与这个参考信号对应的波束方向发送下行，具体的流程参考第 8 章。另外，NR 引入了一些新的随机接入触发事件，如基于波束失败的随机接入、基于请求系统消息的随机接入等。

在后续标准的演进中，为了进一步优化随机接入流程，引入了基于竞争的两步随机接入流程以及基于非竞争的两步随机接入流程，其目的是减小随机接入过程中的时延和信令开销。另外，考虑到 NR 也需要支持非授权频谱，两步随机接入过程相对于四步随机接入过程能进一步减少抢占信道的次数，从而提高频谱利用率，关于非授权频谱的具体描述可以参考第 18 章。以基于竞争的随机接入流程为例，四步随机接入流程和两步随机接入流程如图 10-6 所示。

基于竞争的四步随机接入过程需要进行 4 次信令交互。

- 第一步：UE 选择随机接入资源并传输前导码，这一步消息称为第一步消息（Msg1）。在发送 Msg1 之前，UE 需要测量参考信号的质量，从而选择出一个相对较好的参考信号以及对应的随机接入资源和前导码。
- 第二步：UE 在预先配置的接收窗口中接收网络发送的 RAR（Random Access Response，随机接入响应），这一步消息称为第二步消息（Msg2）。RAR 包含用于后续上行数据传输的定时提前量、上行授权以及 TC-RNTI。

- 第三步：UE 根据随机接入响应中的调度信息进行上行传输，也就是第三步消息（Msg3）的传输，Msg3 会携带 UE 标识用于后续的竞争冲突解决；一般来说，根据 UE 所处的 RRC 状态，这个标识会不一样。处于 RRC 连接态的 UE 会在 Msg3 中携带 C-RNTI，而处于 RRC 空闲态和非激活态的 UE 会在 Msg3 中携带一个 RRC 层的 UE 标识。不管是什么形式的标识，这个标识都能让网络唯一地识别出该 UE。
- 第四步：UE 发送完 Msg3 之后会在一个规定的时间内接收网络发送的竞争冲突解决消息。一般来说，如果网络能够成功地接收到 UE 发送的 Msg3，网络就已经识别出这个 UE，也就是说竞争冲突在网络侧被解决了。对于 UE 侧，如果 UE 能够在网络调度的第四步消息（Msg4）中检测到竞争冲突解决标识，则意味着冲突在 UE 侧也得到了解决。

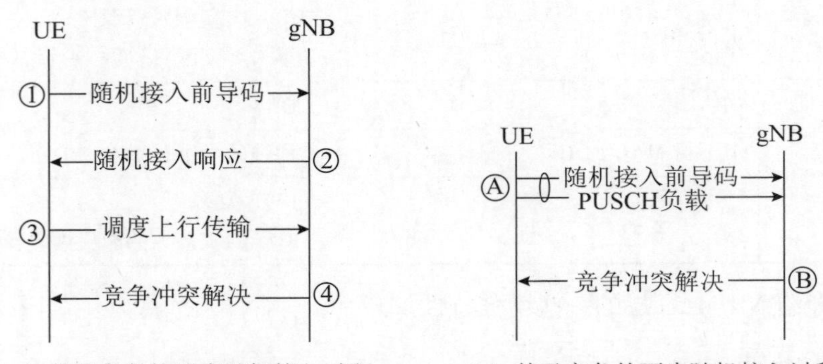

（a）基于竞争的四步随机接入过程　（b）基于竞争的两步随机接入过程

图 10-6　基于竞争的四步和两步随机接入过程

在基于竞争的四步随机接入过程的基础上，NR 进一步引入了基于竞争的两步随机接入过程，其中只包含两次信令交互。具体的，第一条消息称为消息 A（MsgA），MsgA 包含在随机接入资源上传输的前导码以及在 PUSCH 上传输的负载信息，可以对应到基于竞争的四步随机接入过程中的 Msg1 和 Msg3。第二条消息称为消息 B（MsgB），MsgB 可以对应基于竞争的四步随机接入过程中的 Msg2 和 Msg4，MsgB 在后面会有详细介绍。

在目前的协议中，基于竞争的四步随机接入的触发事件同样适用于基于竞争的两步随机接入。因此，当 UE 同时配置了两种类型的竞争随机接入资源时，如果某一个事件触发了基于竞争的随机接入过程，则 UE 需要明确知道该选择哪个随机接入类型。竞争随机接入类型的选择在标准的制定过程中有两种比较主流的方案[16]。一种方案是基于无线链路质量，也就是说网络为 UE 配置用于判断无线链路质量的门限，满足门限的 UE 选择竞争两步随机接入，也就是说只有当信道质量足够好的时候 UE 才可以尝试使用竞争两步随机接入流程，这个目的在于提高基站成功接收到 MsgA 的概率。这种方案的弊端在于，当满足门限的 UE 足够多时，竞争两步随机接入仍然有可能造成较大的资源冲突。另一种方案是基于随机数的选择方案，也就是说网络根据随机接入资源的配置情况向 UE 广播一个负载系数，UE 利用生成的随机数与负载系数进行比较，确定随机接入类型，以实现两种接入类型间的负载均衡。综合考虑物理层的反馈以及方案的简便性，最终确定将基于无线质量的方式作为选择随机接入类型的准则。

UE 在选择两步随机接入流程并传输 MsgA 之后，需要在配置的窗口内监听 MsgB。参考基于竞争的四步随机接入的设计，对于不同 RRC 连接状态的 UE，有不同的 MsgB 监听行为。一般来说，当 UE 处于 RRC 连接态，也就是说 UE 在 MsgA 中携带了 C-RNTI 时，UE 会监听 C-RNTI 加扰的 PDCCH 和 MsgB-RNTI 加扰的 PDCCH。当 UE 处于 RRC 空闲态或者非激活态时，没有一个特定的 RNTI，因此 UE 在 MsgA 中携带 RRC 消息作为标识，并监听 MsgB-RNTI 加扰的 PDCCH。MsgB-RNTI 的计算参考四步随机接入过程中用于调度 RAR 的 RA-RNTI 的设计，也就是基于 UE 在传输 MsgA 时选择的随机接入资源的时频位置。考虑到两步随机接入资源和四步随机接入资源会重用，为了避免不同类型的 UE 在接收网络反馈时产生混淆，MsgB-RNTI 在 RA-RNTI 的基础上增加一个偏置量。

对于 MsgB 消息，如前所述，其对应的是基于竞争四步随机接入过程中的 Msg2 和 Msg4，因此它的设计需要考虑 Msg2 和 Msg4 的功能。一方面，MsgB 要支持竞争冲突的解决，如竞争冲突解决标识和对应 UE 的 RRC 消息。另一方面，MsgB 也要支持 Msg2 的内容，如随机避让指示以及 RAR 中的内容。原因主要是，对于网络侧，在接收解码 MsgA 时，一种可能是网络能够成功解码出 MsgA 的所有内容，如前导码以及 MsgA 的负载消息，这样网络可以通过 MsgB 发送竞争冲突解决消息，也就是对应 Msg4 的功能。另一种可能是网络只解出了 MsgA 中的前导码，没有解出 MsgA 中的负载。对于这种情况，网络并没有识别出该 UE，但是网络仍然可以通过 MsgB 发送一个回退指示（对应 Msg2 的功能）来指示这个 UE 继续发送 Msg3，而不用重新传输 MsgA。这种回退也可以称为基于 MsgB 的回退，如图 10-7 所示。

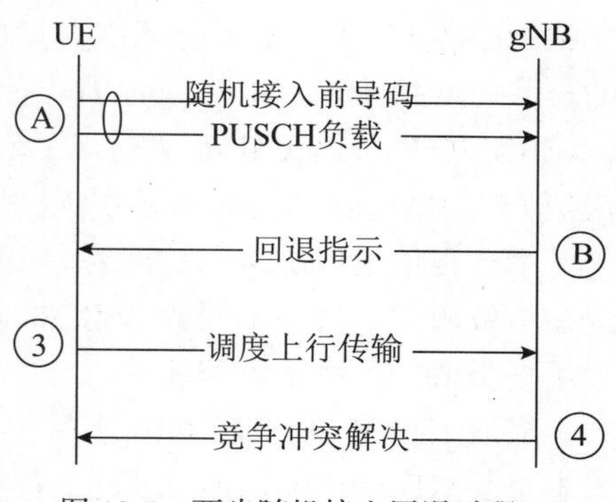

图 10-7　两步随机接入回退过程

如果 UE 在收到 MsgB 的回退指示，并基于回退指示所包含的调度资源传输 Msg3 之后，仍未接入成功，则终端可以重新尝试 MsgA 的传输。此外，网络可以为终端配置 MsgA 的最大尝试次数。当终端尝试的 MsgA 的次数超过这个配置的最大次数时，则终端可以切换到基于竞争的四步随机接入过程继续进行接入尝试。

2. 数据传输过程

下行数据传输过程基本沿用 LTE 的设计，在 NR MAC 中同样支持基于 C-RNTI 的动态调度以及基于 RRC 配置的非动态调度。由于下行调度的调度算法取决于基站实现，这里不做过多赘述。

上行数据传输方面，NR 支持动态调度以及非动态调度。对于上行动态调度，同样的，NR MAC 支持调度资源请求（Scheduling Request，SR）以及缓存状态上报（Buffer Status Report，BSR）流程。相对 LTE，这两个流程都有相应的增强。

首先对于 SR，其作用是当 UE 存在带发送上行数据时，用于请求网络侧的动态调度资源。在 LTE 中，SR 只能通知网络 UE 是否有数据要传，网络在收到 UE 发送的 SR 时，只能基于实现调度一个上行资源。在 NR 中，由于 UE 支持各种不同类型的业务，同时 NR 支持的物理层资源属性也不一样，有些物理资源可能更适合传输时延敏感性业务，有些更适合传输高吞吐量业务等。因此，为了能够让网络在第一时间就知道 UE 想要传输的数据类型，从而在调度该 UE 时更有针对性，NR 对 SR 做了增强。具体的，通过 RRC 层配置，可以将不同的逻辑信道映射到不同的 SR 配置上，这样，当某个逻辑信道触发了 SR 传输时，UE 能采用对应的 SR 配置资源来传输该 SR。网络侧可以根据逻辑信道与 SR 配置的关系来推导出收到的 SR 对应哪个或者哪些逻辑信道，从而能够在第一时间为 UE 调度更加合适的物理资源。

其次对于 BSR 上报流程，其作用也与 LTE 类似，主要适用于 UE 向网络上报当前 UE 的带传输数据缓存状态，以便网络能够进一步调度上行资源。对于 BSR，NR 在 LTE 的基础上进一步增加了逻辑信道组的个数，也就是说由 LTE 中的最多支持 4 个逻辑信道组的缓存状态上报到 NR 中最多支持 8 个逻辑信道组的缓存状态上报。主要目的是支持精度更高的逻辑信道缓存状态上报，以便于网络更精确的调度。逻辑信道组数量的增加导致了 BSR MAC CE 的格式发生了变化，具体的，NR 主要支持长、短两种 BSR MAC CE 的格式。其中，对于长 MAC CE 格式，又可以分为可变长度的长 BSR MAC CE（Long BSR MAC CE）以及可变长度的长截短 BSR MAC CE（Long Truncated BSR MAC CE）。短 MAC CE 格式又可以分为短 BSR MAC CE（Short BSR MAC CE）以及短截短 BSR MAC CE（Short Truncated BSR MAC CE）。截短 BSR MAC CE 是 NR 中新引入的 BSR MA CE 类型，主要用于当上行资源不足而 UE 有大于一个逻辑信道组的缓存数据要上报时，UE 可以让网络知道有一些逻辑信道组的数据没有放在该资源中上报。不同的 BSR MAC CE 的格式主要用于不同的上报场景，与 LTE BSR 上报场景类似，这里不再赘述。

最后上报完 SR 或者 BSR 之后，当 UE 获得上行传输资源时，UE 需要根据上行资源的大小组装对应的 MAC PDU 进行上行传输。NR MAC 层采用基于 LCP 的上行组包流程，相对于 LTE，该流程也做了相应的优化。在 LTE 中，对于上行传输，MAC 层会根据 RRC 层给逻辑信道配置的优先级等参数来决定给每个逻辑信分配资源的顺序和大小。在 LTE 中，给定的授权资源在物理传输特性上，如子载波间隔等参数，是没有区别的，LCP 流程针对所有有待传数据的逻辑信道的处理方式也是一样的。也就是说对于给定的资源，如果这个资源足够大，则理论上所有逻辑信道的数据都可以在该资源上传输。在 NR 中，为了支持具有不同 QoS 要求的业务，不同的逻辑信道的数据需要在具有特定物理传输属性的上行资源上传输，如 URLLC 业务需要在子载波间隔足够大、物理传输信道（PUSCH）足够短时才能满足其时延要求。为了区别不同的资源属性，需要对 LCP 流程进行增强。在 NR 研究阶段，就已经形成了相关结论，认为网络需要支持某种控制方式使得不同逻辑信道的数据能够映射到不同属性的物理资源上[9-10]。

为了实现上述目的，在 NR 标准化阶段，讨论了一种基于传输特征（Transmission Profile）的机制来达到限制逻辑信道数据在特定物理资源传输的目的[11]。也就是说，RRC 给终端配置一个或多个传输特征，每个不同的传输特征具有一个唯一的标识，且映射到一系列物理层参数值上。同时，RRC 也给逻辑信道配置一个或者多个传输特征标识，指示该逻辑信道只能在具有对应的物理层参数的授权资源上传输。终端在获得上行资源时，会根据该资源的属性推导出一个唯一的传输特征标识，然后从所有逻辑信道中选出可以匹配到该传输特征标识的逻辑信道，再按照 LCP 的流程对这些逻辑信道进行服务。实际上，传输特征的方式是将一系列的物理资源参数打包对应成一个特征标识，考虑到实现的复杂度以及前向兼容性问题，这个方案最终没有通过。NR 规定了一种更简单的逻辑信道选择流程，也就是给每个逻辑信道直接配置一系列的物理层资源参数，这些参数如下所述。

- 允许的子载波间隔列表（allowedSCS-List）：这个参数规定了该逻辑信道的数据只能在具有对应子载波间隔的资源上传输。
- 最大 PUSCH 时长（maxPUSCH-Duration）：这个参数规定了该逻辑信道的数据只能在

小于该参数的 PUSCH 资源上传输。

- 允许 CG type1 资源（configuredGrantType1Allowed）：这个参数规定了该逻辑信道是否允许使用 CG type1 资源进行传输。
- 允许的服务小区（allowedServingCells）：这个参数规定了该逻辑信道的数据所允许的服务小区。

MAC 层在收到一个上行资源时，可以根据该上行授权资源的指示或者相关配置参数，来决定该授权资源的一些物理属性，如这个授权资源的子载波间隔、该授权资源的 PUSCH 时长等。确定了这些物理资源属性之后，MAC 层会将具有待传数据的逻辑信道筛选出来使得这些逻辑信道所配置的参数能够匹配该授权资源的物理属性。对于这些筛选出来的逻辑信道，MAC 层再基于 LCP 流程将逻辑信道的数据复用到上行资源上。

前面提到的上行传输资源可以是基于网络动态调度的上行传输资源，也可以是基于 RRC 层配置的非动态调度传输资源。对于非动态调度传输资源，NR 重用了 LTE 的上行 SPS 资源使用方式，也就是说，RRC 配置一组资源的持续周期、HARQ 进程数等参数，UE 通过接收 PDCCH 来激活或者去激活该资源的使用，这种类型的资源在 NR 中成为 CG Type2。另外，在 NR 中，为了更好地支持超低时延要求的业务，在 CG Type2 的基础上引入了只需要 RRC 层配置就能激活使用的资源类型，称为 CG Type1。具体的，RRC 提供周期、时间偏移、频域位置等相关的配置参数，使得 UE 在收到 RRC 配置时，该资源就能激活使用，可以减少由 PDCCH 额外激活所带来的时延。

3. MAC PDU 格式

NR MAC PDU 的格式相对 LTE 也做了增强，早在 NR 研究阶段就已经决定了 NR MAC PDU 的格式需要采用一种交织（Interleave）结构，也就是说 NR MAC PDU 中包含的 MAC 子包头与其对应的负载（Payload）是紧邻在一起的，这不同于 LTE 将所有负载的子包头都放在整个 MAC PDU 的最前面[12-14]。NR MAC PDU 的这种交织结构所带来的好处是可以使得接收端在处理 MAC PDU 时能够采用类似“流水线”的处理方式，也就是说可以将其中的 MAC 子包头和其对应的负载当成一个整体去处理，而不用像 LTE 那样只有等所有的 MAC PDU 中的子包头和负载都处理完才算处理完整个 MAC PDU。这样可以有效地降低数据包的处理时延。

在决定了 MAC PDU 的交织结构之后，另一个问题是 MAC 子包头的位置摆放问题，即放置在对应的负载前面和后面的问题[12-13]。一种观点认为 MAC 子包头应该放置于对应负载的前面，其主要原因是这样可以加快接收端按“流水线”方式的处理速度，因为如果接收端按照从前往后的数序，可以一个接一个的将 MAC 子 PDU 处理完成。而认为将 MAC 子包头放置在对应负载后面的主要原因是，可以让接收端从后往前处理，同时考虑到 MAC CE 的位置一般放置在后面，这样可以有利于接收端快速处理 MAC CE。最后经过讨论，认为将 MAC 子包头放在对应负载后面的方案带来的好处不如放在前面明显且会增加接收端处理复杂度，因此最终决定将 MAC 子包头放置于对应负载前面。

对于 MAC CE 在整个 MAC PDU 中的位置，也有不同的观点。其中一种观点认为，对于下行 MAC PDU，MAC CE 放置在最前面；对于上行 MAC PDU，MAC CE 放置在最后面[12]。另一种观点认为，上下行 MAC PDU 的 MAC CE 位置应该统一，且放置在最后[13-14]。一般来说，合理的方式应该是尽可能地让接收端先处理控制信息，对于下行，MAC CE 一般在调度之前就能产生，因此可以放在最前面。但是对于上行，有一些 MAC CE 并不能预先产生，而是需要等到上行资源之后才能生成，强行让这些 MAC CE 放置在整个 MAC PDU 的最前面会减缓 MAC PDU 的生成速度。因此，最终在 MAC 层采用的方式是将下行 MAC PDU 的 MAC CE 放置在最前面，而上行 MAC CE 的位置放置在 MAC PDU 的最后面。

10.6 小结

本章主要介绍了用户面协议栈以及相关流程，按照协议栈从上往下顺序依次介绍了 SDAP 的相关流程，PDCP 层的数据收发流程以及引入 DAPS 对 PDCP 层的影响，RLC 的主要改进，最后具体介绍了 MAC 层相对 LTE 的一些主要增强特性。

参考文献

[1] 3GPP TS 38.300 V15.8.0（2019-12）. NR and NG-RAN Overall Description; Stage 2（Release 15）.
[2] 3GPP TS 38.913 V15.8.0（2019-12）. Study on Scenarios and Requirements for Next Generation Access Technologies（Release 15）.
[3] 3GPP TS 38.321 V15.8.0（2019-12）. Medium Access Control（MAC）protocol specification（Release 15）.
[4] 3GPP TS 38.322 V15.5.0（2019-03）. Radio Link Control（RLC）protocol specification（Release 15）.
[5] 3GPP TS 38.323 V15.6.0（2019-06）. Packet Data Convergence Protocol（PDCP）specification（Release 15）.
[6] 3GPP TS 37.324 V15.1.0（2018-09）. Service Data Adaptation Protocol（SDAP）specification（Release 15）.
[7] R2-1702744. PDCP TS design principles Ericsson discussionRel-15 NR_newRAT-Core.
[8] R2-1706869. E-mail discussion summary of PDCP receive operation LG Electronics Inc.
[9] R2-163439. UP Radio Protocols for NR Nokia，Alcatel-Lucent Shanghai Bell.
[10] R2-166817. MAC impacts of different numerologies and flexible TTI duration Ericsson.
[11] R2-1702871. Logical Channel Prioritization for NR InterDigital Communications.
[12] R2-1702899. MAC PDU encoding principles Nokia，Alcatel-Lucent Shanghai Bell.
[13] R2-1703511. Placement of MAC CEs in the MAC PDU LG Electronics Inc.
[14] R2-1702597. MAC PDU Format Huawei，HiSilicon.
[15] R2-166897. Reordering in NR Intel Corporationdiscussion.
[16] R2-1906308. E-mail discussion report：Procedures and mgsB contentZTE Corporation.

第11章

控制面协议设计

杜忠达　王淑坤　李海涛　尤　心

本章介绍了 NR 系统中控制面协议的相关内容，包括系统消息广播和更新，寻呼机制，通用接入控制，RRC 状态和 RRC 连接控制的相关流程，RRM 测量机制和框架以及与此相关的移动性管理。

11.1　系统消息广播

5G NR 的系统消息在内容、广播、更新、获取方式和有效性等方面总体上和 4G LTE 之间有很大的相似性，但也引入了一些新的机制，如按需请求（On-demand Request）的获取方式，使得 UE 可以“点播”系统消息。

11.1.1　系统消息内容

与 LTE 类似，5G NR 系统消息的内容也是按照消息块（System Information Block，SIB）的方式来定义的，可以分成主消息块（MIB）、系统消息块 1（SIB1，也称为 RMSI）、系统消息块 n（SIBn，$n=2\sim14$）。除了 MIB 和 SIB1 是单独的一个 RRC 消息之外，不同的 SIBn 可以在 RRC 层合并成一个 RRC 消息，称为其他系统消息（Other System Information，OSI），而一个 OSI 中所包含的具体的 SIBn 则在 SIB1 中规定。

UE 在初始接入阶段，在获得时频域同步以后，第一个动作就是获取 MIB。MIB 所包含的参数的主要作用简单地说是让 UE 知道当前小区是否允许驻留以及是否在广播 SIB1，以及获取 SIB1 的控制信道的配置信息是什么。如果 MIB 指示当前小区上没有广播 SIB1，那么 UE 在这个小区的初始接入阶段就结束了。如果广播了 SIB1，那么 UE 接下去就会进一步获取 SIB1。比较特殊的情况是在切换的时候，UE 在获取了目标小区的 MIB 以后，会先根据收到的切换命令中所包含的随机接入信息完成切换，然后才会获取 SIB1。在 MIB 中有另外两个重要的信元与小区选择和重选有关。一个是 CellBarred 信元，表示当前小区是否被禁止接入。如果是，那么处于 RRC_IDLE（RRC 空闲状态）或者 RRC_INACTIVE（RRC 非激活状态）状态的 UE 就无法在这样的小区驻留。这样做的原因是在网络中有些小区可能不适合 UE 驻留，如在 EN-DC（LTE NR 双连接）架构中的 SCG（辅小区群）节点上的小区。SCG 只有在 UE 建立了 RRC 连接以后才可能配置给 UE。让 UE 在获取 MIB 以后就知道该小区被禁止接入是为了让 UE 在这个小区上跳过小区驻留的后续过程从而节省 UE 的能耗。另一个是 intraFreqReselection 信元，表示如果当前小区是当前频率的最佳小区，而又不允许 UE 驻留的时候，是否允许 UE 选择或者重选到当前频率上的次佳小区上去。如果这个信元的值是"not allowed"，那么就表示不允许，也就是说 UE 需要选择/重选到其他的服务频率上去，否则就可以。一般情况下如果网络中只有一个频率的时候，这个值会设为"allowed"，因为别无选择；否则总是会设为"not allowed"。UE 工作在次佳小区的不利因素是会受到最佳小区信号的同频干扰。因为小区被禁止接入而导致小区不可选择或者重选的有效时间是 300 s，也就是说 UE 在 300 s 以后还需要重新检查这个限制是否还存在，直到 UE 允许选择到该小区或者离开。

UE 在获取了 MIB 以后，一般情况下会继续获取 SIB1。SIB1 主要包含了以下几类信息。

- 与当前小区相关的小区选择参数。
- 通用接入控制参数。
- 初始接入过程相关公共物理信道的配置参数。
- 系统消息请求配置参数。
- OSI 的调度信息和区域有效信息。
- 其他参数，如是否支持紧急呼叫等。

其中，通用接入控制参数的具体细节请参考 11.3 节，初始接入过程相关公共物理信道的配置参数相关的具体细节请参考第 6 章。系统消息请求配置参数和 OSI 的调度信息的具体细节请参考 11.1.2 节，OSI 的有效性请参考 11.1.3 节。

表 11-1 列出了 SIB 的内容。

表 11-1 SIB 内容

SIB 序号	SIB 内 容
SIB2	同频异频和 LTE 与 NR 间小区重选的公共参数以及频率内小区重选需要的除了邻近小区之外的其他配置参数
SIB3	频率内小区重选所需要的邻近小区的配置参数
SIB4	频率间小区重选所需要的邻近小区和所在的其他频率的配置参数
SIB5	重选到 LTE 小区所需要的 LTE 频率和邻近小区的配置参数
SIB6	ETWS（地震和海啸预警系统）的主通知消息
SIB7	ETWS 的第二通知消息
SIB8	CMAS（公共移动警报系统）通知消息
SIB9	GPS（全球定位系统）和 UTC（协调时间时）时间信息
SIB10	HRNN（私有网络的可读网络名列表）
SIB11	RRC_IDLE 和 RRC_INACTIVE 状态下提前测量配置信息
SIB12	侧行链路通信的配置参数
SIB13	LTE 侧行链路通信的配置参数（LTE 系统消息块 21）
SIB14	LTE 侧行链路通信的配置参数（LTE 系统消息块 26）

SIB2～SIB5 与小区重选有关，具体的相关内容参考 11.4.2 节。SIB6～SIB8 利用 5G NR

系统消息的广播机制来广播与公共安全相关的消息，这 3 个系统消息的广播和更新方式有别于其他的 OSI，具体内容请参考 11.1.2 节。SIB9 提供了全球同步时间，可以用于 GPS 的初始化或者矫正 UE 内部的时钟等。

11.1.2　系统消息的广播和更新

MIB 是通过映射到 BCH（广播传输信道）信道的 BCCH（广播逻辑信道）信道进行广播的。SIB1 和 OSI 是通过映射到 DL-SCH（下行共享信道）信道的 BCCH 信道进行广播的，在用户面上对层 2 协议（Layer 2 protocol），包括 PDCP（分组数据汇聚协议）、RLC（无线链路控制协议）和 MAC（媒体接入控制）层来说是透明的，也就是说 RRC 层在进行了 ASN.1（抽象语法符号 1）编码以后直接发送给物理层来进行处理。

MIB 和 SIB1 的广播周期是固定不变的，分别是 80 ms 和 160 ms。MIB 和 SIB1 在各自的周期内还会进行重复发射，具体内容请参考第 6 章。OSI 消息的调度信息包含在 SIB1 里面，其调度的方式与 LTE 系统类似，即采用周期+广播窗口的方式。图 11-1 是系统消息调度的一个示例。

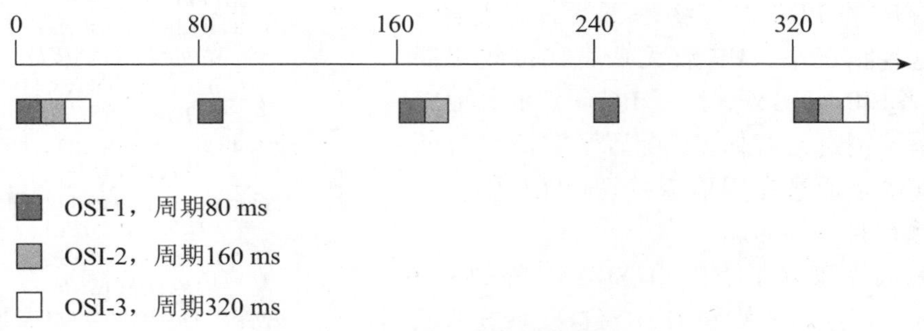

图 11-1　OSI 调度示意图

图 11-1 中的每个小框代表一个广播窗口，最小的窗口值是 5 个时隙，最大可达 1 280 时隙。窗口的大小和载波的子载波间隔 SCS 以及系统的带宽有关，FR1 载波的广播窗口一般要大于 FR2 的广播窗口。在一个小区中所有 OSI 的广播窗口是一样的，在周期重叠的地方按照 OSI 在 SIB1 调度的顺序依次排列。OSI 的调度周期范围是 80 ms~5 120 ms，按 2 的指数增加。

一般来说一个 OSI 可以包含一个或者多个 SIB*n*。但是当 SIB 中包含的内容比较多的时候，一个 OSI 可能只包括一个 SIB*n* 中的一个分段。这种情况适用于广播 ETWS 的 SIB6 和 SIB7，以及广播 CMAS 的 SIB8。这是因为 5G NR 中系统消息的大小最大不能超过 372 字节。而 ETWS 和 CMAS 的通知消息一般都会超过这个限制，所以在 RRC 层中对这些 SIB 进行了分段。UE 需要在收到 SIB 分段以后，再在 RRC 层进行合并，然后才能得到完整的 ETWS 或者 CMAS 的通知消息。

5G NR 更新系统消息的时候，会通过寻呼消息通知给 UE。收到寻呼消息的 UE 一般会在下一个更新周期获取新的系统消息（除了 SIB6、SIB7 和 SIB8 外）。一个更新周期是缺省寻呼周期的整数倍。与 LTE 系统不一样的是，触发系统消息更新的寻呼消息承载在一个 PDCCH 上，称为短消息（Short Message）。这样做的原因是这个消息本身需要包含的内容很少，目前只有 2 bit。另外，UE 也因此无须像接收其他类型的寻呼消息那样总是对 PDSCH 进行解码，从而可以节省 UE 的处理资源和耗电。

短消息中的 1 bit 用来表示 systemModification，用于除 SIB6、SIB7 和 SIB8 以外的 SIB*n* 的更新。另外 1 bit etwsAndCmasIndication 如果是 1，那么 UE 会在当前更新周期就会试图接收新的 SIB6、SIB7 或 SIB8。这是因为这些系统消息的内容如前所述是用于广播公共安全相关的信息，如地震、海啸等，所以基站在收到这些消息的时候会马上广播，否则会引入不必要的时延。

从 UE 的角度来看，监听短消息的行为和 UE 所在的 RRC 状态有关。在 RRC_IDLE 或者 RRC-INACITVE 状态的时候，UE 监听属于它自己的寻呼机会。在 RRC_CONNECTED 状态的时候，UE 会每隔一个更新周期在任何一个寻呼机会至少监听一次短消息。但是协议还规定 UE 会每隔一个缺省寻呼周期在任何一个寻呼机会至少监听一次短消息用于接收更新 ETWS 或者 CMAS 的寻呼短消息，所以实际上支持接收 ETWS 或者 CMAS 的 UE 在 RRC_CONNECTED 状态会每隔一个缺省寻呼周期监听。

除了周期性广播这种方式外，SIB1 和 SIB*n* 还可以通过专用信令的方式发给 UE。其原因是 UE 当前所在的 BWP 不一定会配置用于接收系统消息或者寻呼的 PDCCH（物理下行控制信道）信道。在这种情况下，UE 就无法直接接收广播的 SIB1 或者 SIB*n*。另外，除了 PCell 外的其他服务小区的系统消息，假如 UE 配置了载波聚合或者双连接，也是通过专用信令发送给 UE 的，这点与 LTE 系统是一样的。

NR UE 会发现除了 MIB 和 SIB1 之外的 OSI 可能不在进行广播，即使 SIB1 中对这些系统消息进行了调度。这就需要介绍 5G NR 特有的按需广播的机制。详细内容请参考 11.1.3 节。图 11-2 是 3GPP 阶段 2 协议 TS 38.300[6] 中的一个插图，其中包括上述 3 种系统消息的传送方式。

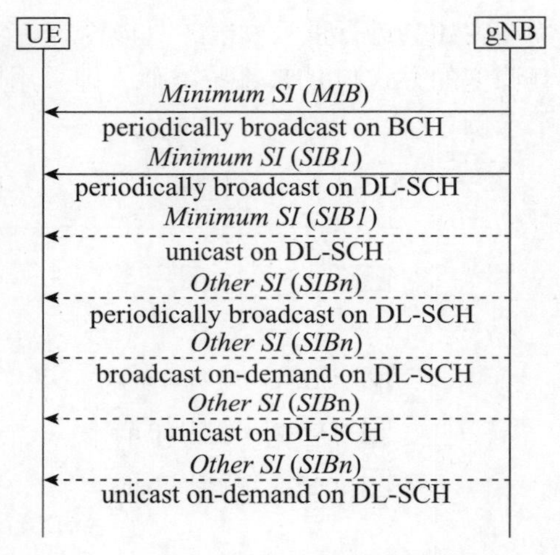

图 11-2　系统信息获取过程

11.1.3　系统消息的获取和有效性

从 UE 的角度，获取系统消息的基本的原则是如果本地还没有系统消息，或者系统消息已经无效，那么 UE 需要获取或者重新获取系统消息。那么 UE 是怎么判断某个 SIB 是否有效呢？

在时间有效性上，5G NR 和 LTE 系统的方式是一样的。每个 SIB*n* 都有一个 5 比特长的标签（Value Tag），范围在 0~31。SIB*n* 的标签的初始值是 0，并且在每次更新的时候加 1。5G NR 还规定一个本地系统消息最长的时效是 3 h。这两个条件结合在一起要求网络在 3 h 内更新系统消息的次数不能多于 32 次，否则 UE 可能会误以为已经更新的系统消息是有效的而不进行重新获取，导致网络和 UE 之间系统消息不同步。这种可能性会发生在离开某个小区一段时间（小于 3 h）以后重新回来的 UE 身上。

5G NR 还引入了区域的有效性。在 SIB1 的调度消息中有一个参数系统消息区域标识（systemInformationAreaID）。在每个 SIB*n* 的调度信息中会被标注是否在这个区域标识规定的区域内有效。如果 SIB1 中某个区域标识或者某个 SIB*n* 被标注不在当前的区域标识规定的区域内有效，那么这个 SIB*n* 的有效区域就是本小区。

如图 11-3 所示配置有相同区域标识（对应到图中的颜色）的小区通常形成一个连贯的区域。同一个区域中各个小区上的某个相同的 SIBn 在这个区域内有效。引入区域有效性的原因在于某些系统消息在不同的小区之间往往是相同的。例如，用于小区重选的 SIB2、SIB3 和 SIB4，假如这些消息中没有特别的和某个邻近小区相关的信息，如 Blacklist（黑名单小区），那么邻近小区的描述都是以频率为粒度进行配置的。对于处于同一个频率的小区来说，这些以频率为粒度配置的邻近小区以及相关的参数很有可能在某个区域内是一样的。在这种情况下，UE 在获取了该区域中某个小区上的这些 SIB 以后，就没有必要再次获取其他邻近小区相同的 SIB。区域有效性的设置以 SIB 为粒度，而不是以 OSI 为粒度的原因是不同小区中 SIB 到 OSI 的映射可能是不一样的，而且如前所述决定是否具备区域有效性的是系统消息的内容，而不是调度的方式。表 11-2 显示了系统性消息有效性相关的属性。

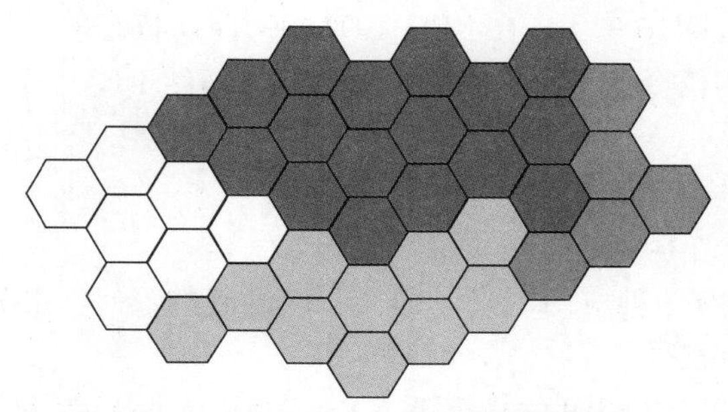

图 11-3 系统消息区域有效性示意图

表 11-2 系统消息有效性参数

系统消息参数	MIB	SIB1	SIBn
有效时间	3 h	3 h	3 h
标签	N/A	N/A	0~31
有效区域	本小区	本小区	本小区或者小区所在区域

回到 11.1.3 节开始提出的 SIB 有效性的问题，答案是如果 UE 在获取了某个小区的 SIB1 以后，发现所关心的 SIBn 的标签在 3 h 内没有发生改变，而且在有效区域内，那么这个 SIBn 就是有效的，否则就是无效的。UE 一旦发现某个 SIBn 无效，就需要通过 SIB1 的调度信息来获取正在广播的 SIBn。如果这个 SIBn 在 SIB1 中的广播状态是“非广播”，那么 UE 需要通过按需广播的机制来获取。引入时间有效性是为了避免网络和 UE 之间系统参数的不一致，引入区域有效性主要是为了节省 UE 的耗电。

引入按需广播的原因主要是节省网络的能源。MIB 和 SIB1 是 UE 在该小区进行通信所不可或缺的系统消息，所以必须周期性广播，否则 UE 无法接入该小区。但是其他的系统消息，如用于小区选择和重选的 SIB，在小区中没有驻留的 UE 的时候是没有必要广播的。这在网络比较空闲的时段，如深夜的商业区，是每天都会发生的事情。

在 5G NR 系统中按需广播是基于随机接入过程来进行的，一共有两种方式。第一种方式是通过 RACH 过程中第一个消息，也就是发送的 Preamble（前导）来表示 UE 想要获取是哪个 OSI。如果 SIB1 中配置的用于系统消息请求的 Preamble 的资源只有一个，那么网络接收到 Preamble 的时候，会认为有 UE 想要所有在 SIB1 中标识为“非广播”的 OSI。如果 SIB1 中配置的资源多于一个，那么 Preamble 和标识为“非广播”的 OSI 之间按照 Preamble

配置的顺序和被调度的顺序之间有一一对应关系，所以网络可以根据收到的 Preamble 判断 UE 到底想要那个 SIB。为了防止随机接入信道的拥塞，在后一种情况下，不同的 Preamble 的发送时机被安排在不同的随机接入资源关联周期内，最大的发送周期是 16 个随机接入资源关联周期。

第二种方式是通过 RRC 消息来表示 UE 想要获取的 SIB。这个消息称为 RRCSystem-InfoRequest（系统消息请求），在 Rel15 和 Rel16 的版本中最大可以请求 32 个 OSI。这个 RRC 消息可以通过随机接入过程的第三个消息（Message 3）发给网络。

网络在接收到 UE 的系统消息请求的信息以后，开始系统消息广播的过程。而从 UE 的角度，在发送系统消息请求以后，可以马上开始准备系统消息获取的过程，而无须等待下一个系统消息更新周期。按需请求系统消息的方式在 R15 中只适用于在 RRC_IDLE 和 RRC_INACTIVE 状态的 UE。在 R16 中 UE 在 RRC_CONNECTED 状态的时候也可以触发这个过程，在这种情况网络通过专用信令把 UE 要求的系统消息发送给 UE。

11.2 寻呼

NR 系统的寻呼主要有 3 种应用场景，即核心网发起的寻呼、gNB 发起的寻呼和 gNB 发起的系统消息更新的通知。

核心网发起的寻呼和 RRC_IDLE 状态下 NAS（非接入层）层的移动性管理是配套的过程，即寻呼的范围就是 UE 当前注册的跟踪区（Tracking area，TA）。设定的跟踪区是寻呼的负荷和位置更新的频度之间的一个折中。这是因为跟踪区越大，位置更新的频度越少，但是系统寻呼的负荷就越大。核心网发起的寻呼通常只是针对处于 RRC_IDLE 状态的 UE。处于 RRC_INACTIVE 状态的 UE 会接收到 gNB 发起的寻呼。这是由于在 RRC_INACTIVE 状态下，NR 引入了与跟踪区类似的概念，即通知区（RAN Notification Area，RNA）。处于 RRC_INACTIVE 状态的 UE 只有跨越 RNA 移动的时候，才需要通过通知区更新的流程（RNA Update）告诉网络新的 RNA。当有新的下行数据或者信令（如 NAS 信令）需要发送给 UE 的时候，会触发 gNB 发送的寻呼过程。这个寻呼过程的发起者是 UE 在 RRC_INACTIVE 状态下锚点 gNB，即通过 RRCRelease（RRC 释放）消息让 UE 进入 INACTIVE 状态的 gNB。由于一个 RNA 下所包括的小区有可能覆盖了多个 gNB，所以 gNB 发起的寻呼也需要通过 X_n 接口进行前转。

这两种寻呼机制之间并不是完全独立的。核心网可以提供一些辅助信息给 gNB 来确定 RNA 的大小。而且核心网发起的寻呼是 gNB 发起的寻呼的一种回落方案。当 gNB 在发起寻呼以后没有收到 UE 的寻呼响应时，会认为 UE 和网络之间在 RNA 这个层面上已经失去了同步，gNB 因此会通知核心网。核心网会触发在 TA 范围内的寻呼过程。而 UE 如果在 RRC_INACTIVE 状态下收到核心网的寻呼消息以后，就会先进入 RRC_IDLE 状态，然后才响应寻呼消息。核心网和 gNB 触发的寻呼消息可以通过寻呼消息中包含的 UE 标识来区分。包含 I-RNTI（INACTIVE 状态下的无线网络临时标识）的寻呼消息是 gNB 触发的寻呼消息；包含 NG-5G-S-TMSI（5G 系统临时移动注册号码）的是核心网触发的寻呼消息，3 种寻呼消息的对比如表 11-3 所示。

系统消息的更新在 RRC 协议中称为短消息（Short Message），实际上是一个包含在 PDCCH 信道里的 RRC 信息，里面包含 2 bit，其中 1 bit 表示触发的是除了 ETWS/CMAS 消息

（SIB6，SIB7，SIB8）之外的其他系统消息的更新，另外 1 bit 表示触发的是 ETWS/CMAS 消息（SIB6、SIB7、SIB8）的更新。系统消息更新的过程请参考 11.1 节的内容。处于任何一个 RRC 状态的 UE 都可能会接收到这个 Short Message 来更新系统消息。

上述 3 种寻呼消息的 PDCCH 信道上都加扰了小区中配置的公共的寻呼标识 P-RNTI（寻呼无线网络临时标识）。核心网发起的寻呼消息和 gNB 发起的寻呼消息中可以包含多个寻呼记录（Paging Record）。其中，每个 Paging Record 中包含的是针对某个具体的 UE 的寻呼消息。

表 11-3　3 种寻呼消息的对比

寻 呼 类 型	寻呼的范围	相关的状态	卷积的标识	包含的 UE 标识
核心网发起的寻呼	跟踪区	RRC_IDLE	P-RNTI	NG-5G-S-TMSI
gNB 发起的寻呼	通知区	RRC_INACTIVE	P-RNTI	I-RNTI
Short Message	小区	RRC_IDLE， RRC_INACTIVE， RRC_CONNECTED	P-RNTI	N/A

寻呼消息的发送机制详细记录在文献［3］的 7.1 节中。其基本的原理对于核心网发起的寻呼和 gNB 发起的寻呼来说是一样的。从网络的角度来说会在系统消息更新周期内的每个寻呼机会（Paging Occasion，PO）上进行发送。而处于 RRC_IDLE 和 RRC_INACTIVE 状态的终端只会监听与自己相关的 PO。而处于 RRC_CONNECTED 状态的 UE 监听的 PO 不一定与自己的标识相关联，目的是尽可能避免和其他专用的下行数据发生冲突。

在介绍具体的寻呼机制之前，需要先介绍两个基本的概念，即寻呼帧（Paging Frame，PF），寻呼机会（Paging Occasion，PO）。在 LTE 系统中，PF 和 PO 的定义很简单，PF 就是在一个 DRX 周期中包含 PO 的无线帧，而 PO 就是一个在 PF 中可以发送寻呼消息的子帧。在 NR 中，如果 PDCCH 的监听机会（PDCCH Monitoring Occasion，PMO）是由 SIB1 中的寻呼搜索空间定义，那么 PF 的定义可以与 LTE 的保持一致，而 PO 的定义则需要改成包含多个 PMO 的无线时隙。其中，PMO 的个数和这个小区中 SSB BURST 集合中实际发送的 SSB 的个数是相等的。当 PMO 是由 MIB 中的 0 号搜索空间来定义的时候，PO 的定义可以沿用新的定义，但是 PF 实际上是指向 PO 的参考无线帧。这个参考无线帧实际上包含了 SSB BURST。而这个参考无线帧和所关联的 PO 所在无线帧（以及所在的无线时隙和 OFDM 符号）之间的关系是固定的，所以 UE 可以根据参考无线帧精确定位 PO。

协议中定义了确定 PF 的公式，适用于上述两种情况。

$$(SFN+PF\_offset)\ \mathrm{mod}T = (T\mathrm{div}N) \times (UE\_ID\mathrm{mod}N) \tag{11.1}$$

其中的参数含义如下：

- SFN：PF 所在的无线帧的帧号；
- PF_offset：无线帧偏移；
- T：寻呼周期；
- N：在寻呼周期 PF 的个数；
- UE_ID：UE 的标识，等于 5G-S-TMSI mod 1024。

式（11.1）比 LTE 中 PF 的公式多一个参数，即 PF_offset，这样做是有原因的。如果寻呼搜索空间是由 SIB1 配置的，那么这个 PF_offset 是不需要的。如果搜索空间是由 MIB 配置的，那么这个搜索空间和 UE 获取 SIB1 的搜索空间是相同的，而获取 SIB1 的寻呼搜索空间和小区中 SSB 在时频域上的相对位置是固定的，一共有 3 种模式。在模式 1 中，搜索空间在 SSB（同步信号块）的几个 OFDM 符号之后，而且搜索空间必定出现在偶数帧内，所以在这种情况下 PF_offset 总是等于 0。在模式 2 和 3 中，搜索空间和 SSB 在相同的时域上，所以 PF 就是 SSB 所在的无线帧。而 NR 系统允许 SSB 所在的无线帧可以是任何无线帧。SSB 的周期可以是 5 ms、10 ms、20 ms、40 ms、80 ms、160 ms。当周期大于 10 ms 时，SSB 所在的无线帧可以是满足下述条件的任何无线帧。

$$SFN \bmod (P/10) = SSB\_offset \tag{11.2}$$

其中，P 是上述 SSB 的周期，SSB_offset 的范围是 0~（$P/10$）-1。

例如，当 $P=40$ ms 时，式（11.2）就变成 $SFN \bmod 4=SSB\_offset$，其中 $SSB\_offset=0$、1、2、3。

在式（11.1）中，周期 T 的取值是 320 ms、640 ms、1 280 ms、2 560 ms，而 N 是一个可以被 T 整除的常数，而且 T/N 是偶数。所以，如果式（11.1）中没有 PF_offset 这个参数，PF 必须在偶数帧内。而这和前述模式 2 和模式 3 中对 PF 的要求是矛盾的。为了满足 NR 系统 PF 设置的灵活性，在式（11.1）中增加了 PF_offset 参数。从数学上来说，PF_offset 和 SSB_offset 是一致的。

计算 PO 的公式如下：

$$i\_s=floor(UE\_ID/N) \bmod Ns \tag{11.3}$$

其中，UE_ID 和 N 的含义和式（11.1）中的参数是一致的。Ns 表示一个 PF 中 PO 的个数，可以是 1、2 和 4。

如果搜索空间是由 MIB 中的参数定义，那么在模式 1 中 $Ns=1$，在模式 2 和模式 3 中 $Ns=1$ 或 2。如果搜索空间是由 SIB1 中的寻呼搜索空间定义的，那么 Ns 可以是 1、2 和 4。

在协议中还增加了两个参数用来定义 PO 的位置。第 1 个参数用来定义与一个 SSB 对应的 PMO 的个数，目的是为 NR-U 小区增加寻呼机会。第 2 个参数用来定义一个 PF 中每个 PO 开始的 PMO 的序号，可以称为 PO_Start。这个参数只适用于搜索空间由 SIB1 中寻呼搜索空间定义的情况。在这种配置下，PF 中所有的 PMO 按照时间先后进行排序。在没有 PO_Start 参数的时候，每个 PO 所拥有的 PMO 是按序排列的，即第 1 个 PO 所对应的 PMO 序号是 0~（S-1）个 PMO，第 2 个 PO 所对应的 PMO 的序号是 S~（2S-1），依次类推。其中，S 是 SSB BURST 实际发送的个数。这个方法的一个主要问题是 PO 所对应的 PMO 总是在 PF 中所有 PMO 中最前面的 PMO，从而使得 PMO 在时间上分布不均匀。而寻呼过程通常会触发随机接入过程，所以又会导致 PRACH 资源使用不均匀。为了克服这个问题，引入了 PO_Start（寻呼机会开始符号），从而使得每个 PO 开始的 PMO 可以是 PF 中所有 PO 中的任何一个。

11.3 RRC 连接控制

11.3.1 接入控制

UE 在发起呼叫之前，首先要进行接入控制。接入控制从执行者的角度来区分一共有两种，一种是由 UE 自己执行的，在 NR 系统中统称为 UAC（Unified Access Control），另一种由基站根据 RRCSetupRequest（RRC 建立请求）消息中的"RRC 建立原因"（RRC Establishment Cause）来执行。后一种的关键在于 UE 的 NAS 层在发起呼叫的时候，会根据接入标识和接入类别映射得到一个"RRC 建立原因"。具体的映射表格可以参见文献［1］的表4.5.6.1。这个"RRC 建立原因"由 RRC 层编码在 RRCSetupRequest 消息中发送给 gNB。而 gNB 如何根据"RRC 建立原因"进行接入控制则是 gNB 的内部算法。如果 gNB 接纳 UE 发起的 RRCSetupRequest 消息，那么会发送 RRCSetup 消息进行响应，否则会发送 RRCReject（RRC 拒绝）消息进行拒绝。详细内容请参见 11.3.2 节。

本节中重点介绍 UAC 机制。首先需要明确接入标识（Access Identity）和接入类别（Access Category）的概念。接入标识表征了 UE 本身的身份特征，非常类似于以前的 3GPP 系统中的 Access Class 的概念。在 NR 中目前已经标准化的接入标识有 0~15，其中 3~10 是未定义的部分，具体的定义可以参见文献［1］的表 4.5.2.1。接入类别则表征了 UE 发起呼叫的业务属性，从文献［1］的表 4.5.2.2 中可以看到 0~7 是标准化的接入类别，而 32~63 是运营商定义的接入类别，其他的则是未定义的接入类别。

NR 小区的 SIB1 会定义具体的接入控制参数，其中关键的参数称为"uac-BarringFactor""uac-BarringTimer"和"uac-BarringForAccessIdentity"，与接入类别之间有映射关系的是前 2 个参数。所以，UE 在某个小区执行 UAC 过程的时候，必须先获得这个小区的 SIB1。

UE 的 AS 层执行 UAC 的过程可以分成 3 个步骤。步骤 1 是根据 NAS 层所给的接入类别来判断是否可以直接进入"绿色通道"或"红色通道"。接入类别 0 表示 UE 发起的响应寻呼的过程，这个接入类别不需要经过 UAC 的过程，而且也会体现在"RRC 建立原因"中。也就是说被叫过程是无条件被接纳的。接入类别 2 表示紧急呼叫。UE 只有在当前正处于被网络拒绝建立 RRC 连接状态，即 T302 正在运行的时候，才需要对这个接入类别进行 UAC 的过程，否则也不需要经过 UAC 的过程。也就是说紧急呼叫在网络特别繁忙的时候，也需要经过 UAC 控制过程。除了上述情况以外，如果 UE 发现对应到当前的接入类别网络并没有广播任何相关的 UAC 参数，也会认为可以直接进入"绿色通道"。进入"红色通道"的意思是被直接拒绝。在 T302 运行时候，除了接入类别 0 和类别 2 之外，其他所有的接入类别都会被挡住。而当某个接入类别在执行 UAC 的时候没有通过时，UE 内部会针对这个接入类别启动定时器 T390（其时间长度就定义在 uac-BarringTimer 参数）。当相同的接入类别在 T390 运行的时候被再次发起时，就会被直接拒绝。除了上述进入"绿色通道"或"红色通道"的情况外，其他的接入类别会进入"黄色通道"，并且执行步骤 2 的过程。

在步骤 2 中要检验接入标识。接入标识 1、2、11~15 对应的通道定义在参数 uac-BarringForAccessIdentity 中。这个参数其实就是一个位图，被设置为 1 的接入标识可以直接进入"绿色通道"，被设置为 0 的接入标识直接进入"红色通道"，只有接入标识 0 没有对应的位图，因为需要在进入步骤 3 中进行判断。

在步骤 3 中首先根据接入类别确定控制参数"uac-BarringFactor""uac-BarringTimer"。然后 AS 层会产生一个 0~1 的随机数。这个随机数如果小于对应的 uac-BarringFactor 则认为通过了 UAC 控制，否则会启动定时器 T390，其长度是（0.7+0.6 uac-BarringTimer）。

11.3.2　RRC 连接控制

在介绍 RRC 连接控制的具体内容之前，首先介绍 NR 系统引入的 RRC_INACTIVE 状态。RRC_INACTIVE 状态的引入有两个主要目的，一是省电，二是缩短控制面的接入时延。当

UE 处于 RRC_CONNECTED 状态的时候，是否发送数据主要取决于当前业务的模型。有些业务，如微信这样的社交媒体类的应用，有的时候数据包之间的间隔时间会比较长，在这种情况下如果让 UE 一直处于 RRC_CONNECTED 状态，对用户体验来说并没有什么帮助，但是为了保持 RRC 连接，UE 需要持续不断地对当前的服务小区和邻近小区进行测量，以便在当前小区保持无线连接，并且在跨越小区的时候通过切换避免掉话。UE 的测量以及测量报告的发送都会要求 UE 的硬件处于活动状态。在 RRC_CONNECTED 状态配置 DRX（非连续接收）在一定程度上可以节省电池的消耗，但是并不能彻底解决问题。有一种选择是释放 RRC 连接，然后在有数据需要发送和接送的时候，再重新建立 RRC 连接。这种解决方案的问题是，用户的体验会比较差，这是因为从 RRC_IDLE 状态建立 RRC 连接需要经过整套的呼叫建立过程，包括建立 gNB 到核心网的控制连接和传输通道，而这个过程通常需要几十毫秒，甚至更长时间。另一个问题是，频繁的释放和连接会导致大量的控制信令。在业务比较繁忙的时候，这样的信令会导致所谓的信令风暴，从而对核心网的稳定运行造成冲击。RRC_INACTIVE 状态可以认为是两个方案之间的一个折中。

如图 11-4 所示，处于 RRC_INACTIVE 状态的 UE 保持了 NAS 层的上下文和 AS 层无线承载的配置，但是会挂起所有信令无线承载和数据无线承载，并且释放半静态的上行无线资源，如 PUCCH/SRS 资源等。而 gNB 除了保持 AS 层的无线承载之外，会保留 Ng 接口和这个 UE 相关的上下文。

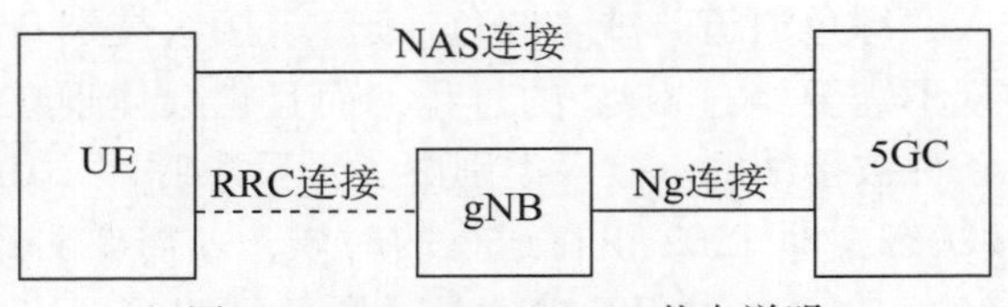

图 11-4 RRC_INACTIVE 状态说明

当 UE 需要发送和接收数据的时候，UE 需要重新进入 RRC_CONNECTED 状态。因为只要恢复 RRC 连接和相关的无线配置，就可以节省 Ng 连接和 NAS 连接的建立过程，从而使得控制面的时延缩短到 10 ms。在 R17 中引入了在 RRC_INACTIVE 状态发送和接送小数据包的方案，从而避免进入 RRC_CONNECTED 状态。在结合 2-step RACH（两步随机接入过程）之后，这样的方案不仅仅可以缩短控制面时延，还可以节省 MAC 层和 RRC 层的信令，从而达到省电的目的。但是 RRC_INACTIVE 状态省电的功能主要还在于在这个状态下需要服从 RRC_IDLE 状态的移动性管理的规则，而不是 RRC_CONNECTED 状态下的移动性管理规则，从而节省不必要的 RRM（无线资源管理）测量和信令开销。

除了服从 RRC_IDLE 状态下的移动性管理和测量规则外，UE 还需要在跨越 RNA 的时候或周期性地进行通知区更新过程（RNA Update），目的是通知网络当前所在 RNA。当 UE 在 RNA 内移动时，除了周期性的 RNA Update 过程外，在跨越小区时不需要通知网络。

图 11-5 给出了不同 RRC 状态在关键指标上定性的对比图。

RRC 连接控制主要包括两个部分：一部分是在不同 RRC 状态之间转换时候的 RRC 连接维护的过程；另一部分是指在 RRC_CONNECTED 状态无线链路的维护过程，包括无线链路失败和因此导致的 RRC 重建。在配置了双连接的前提下，MCG（主小区群）或 SCG（辅小区群）的无线链路还可以单独维护。

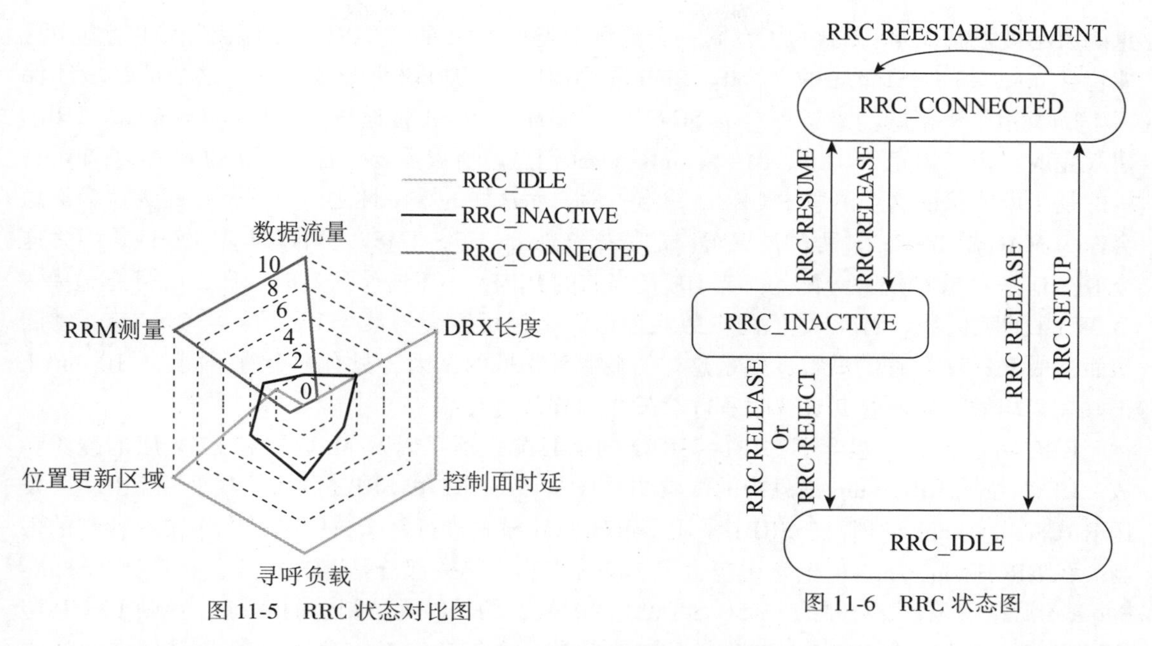

图 11-5　RRC 状态对比图

图 11-6　RRC 状态图

在这个状态机中，RRC_INACTIVE 状态回退到 RRC_IDLE 状态是一种比较少见的情况。这种情况实际上从 RRC_INACTIVE 状态向 RRC_CONNECTED 状态转换时候的一种异常情况，也就是说 gNB 在收到 RRCResumeRquest（RRC 恢复请求）消息以后，gNB 要么通过发送 RRCReject 消息来拒绝 UE 接入或 gNB 发送 RRCRelease 消息让 UE 进入到 RRC_IDLE 状态。接下来的章节重点介绍 RRC 连接建立和释放的过程，UE 在 RRC_INACTIVE 状态和 RRC_CONNECTED 状态之间的转换过程以及 RRC 重建的过程。

RRC 连接过程有两个握手过程，图 11-7 是文献［2］中的图 5. 3. 3. 1-1。

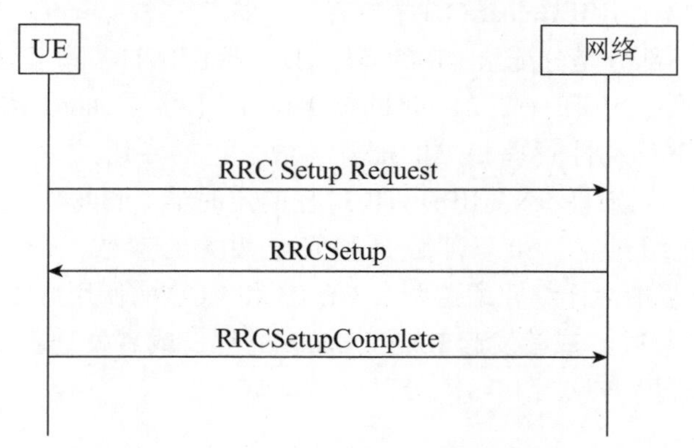

图 11-7　RRC 连接过程

RRCSetupRequest 消息中包含了 UE ID 和“RRC 建立原因”。如果 UE 在当前选择的 PLMN 中曾经注册过，那么 UE ID 是 NAS 层的临时标识，称为“ng-5G-S-TMSI”。这个标识的完整长度是 48 bit。而 RRCSetupRequest 消息是承载在 MAC RACH 过程的消息 3 中发送给网络。RACH 过程的消息 3 受限于上行的网络覆盖，在没有 RLC 层的 ARQ 机制帮助下（因为 RLC AM 配置参数是通过后续的 RRCSetup 消息进行配置的，所以这个消息只能通过 RLC TM 模式进行发送），消息 3 本身的大小有限制。当消息 3 用来承载 RRCSetupRequest 消息的时候，消息 3 被限制在 56 bit。在扣除了 8 bit 的 MAC 层头协议头开销以后，RRCSetupRequest 消息的大小被限制在 48 bit。为了在同一个消息中表示 4 bit 的“RRC 建立原因”，在消息中只能包含 ng-5G-S-TMSI 低位的 39 bit。在扣除了 RRC 层的协议头开销以后，这个消息中还保留 1 bit，用于将来的消息扩展。ng-5G-S-TMSI 的高位 9 bit 将通过 RRCSetupComplete（RRC 建立完成）消息发送给 gNB。RRCSetupRequest 消息之所以需要包含 39 bit 的 ng-5G-S-TMSI，目的是尽可能保证这个消息中 UE ID 的唯一性，而这样的唯一性之所以重要是因为这个消息会作为 MAC 层 RACH 过程的冲突解决的依据。而 ng-5G-S-TMSI 之所以具备唯一性是因为这个 UE ID 是由 5GC 统一分配的。当 UE 在当前的 PLMN 中不曾注册过时，那么就只能选择一个 39 bit 的随机数。UE 产生的随机数从理论上来说可能会与某个 UE 的 ng-5G-S-TMSI 雷同从而造成 RACH 过程的失败，但是这样的概率是很低的，因为只有两个有雷同 UE ID 的 UE 正好在相同的时候发起 RACH 过程才会发生这样的冲突。

RRCSetup 消息中包含了 SRB1、SRB2 的承载配置信息以及 MAC 层和 PHY 层的配置参数。UE 在按照 RRCSetup 消息中的配置参数配置了 SRB1 和 SRB2 以后，就会在 SRB1 上发送 RRCSetupComplete 消息。SRB1 采用了 RLC AM 模式进行发送，所以其大小没有特殊的限制。在 RRCSetupComplete 消息中包含了 3 部分内容。第一部分是 UE ID 信息。当 RRCSetup-Request 消息中包含 39 bit 的 ng-5G-S-TMSI 的时候，UE ID 就是剩余的 9 bit，否则 UE ID 包含了完整的 48 bit 的 ng-5G-S-TMSI。第二部分是一个包含的 NAS 消息。第三部分是 gNB 需要的路由信息，包括 UE 注册的网络切片列表、选择的 PLMN、注册的 AMF 等内容。gNB 利用这些信息确保能够包含的 NAS 消息路由到合适的核心网网络节点，并且把完整的 ng-5G-S-TMSI 和允许的网络通过 Ng 接口的 INITIAL UE MESSAGE（初始 UE 消息）发送给核心网。

如果 gNB 在检查了“RRC 建立原因”以后认为网络比较拥塞的时候不接纳当前的这个呼叫，那么会通过 RRCReject 消息拒绝 UE 接入。这样 RRC 连接建立的过程就失败了。

UE 在 RRC_CONNECTED 状态的时候，gNB 可以通过 RRCRelease 消息让 UE 进入 RRC_INACTIVE 状态。在这个 RRCRelease 消息中有一个称为“SuspendConfig”的参数，其中包含了 3 部分内容。第一部分是分配给 UE 的新的 ID，即 I-RNTI。除了 40 bit 的完整的 I-RNTI（称为 fullI-RNTI）之外，还有一个 24 bit 的短 I-RNTI（称为 shortI-RNTI）。第二部分是和 RRC_INACTIVE 状态下移动性管理相关的配置参数，包括专用的寻呼周期（PagingCycle），通知区（RNA）和用于周期性 RNA UPDATE 过程的定时器（t380）的长度。这些参数的时候在 11.1 节中已经介绍过了。第三部分是和安全相关的参数，即 NCC 参数。在后面的 RRCResume 过程的介绍中会详细介绍这两个 UE ID 和 NCC 的使用方式。

UE 可能会因为被寻呼，或者发起 RNA Update 过程，或者发送数据而发起 RRC 恢复的过程。这个过程的流程图（见图 11-8）可以参考文献［2］。

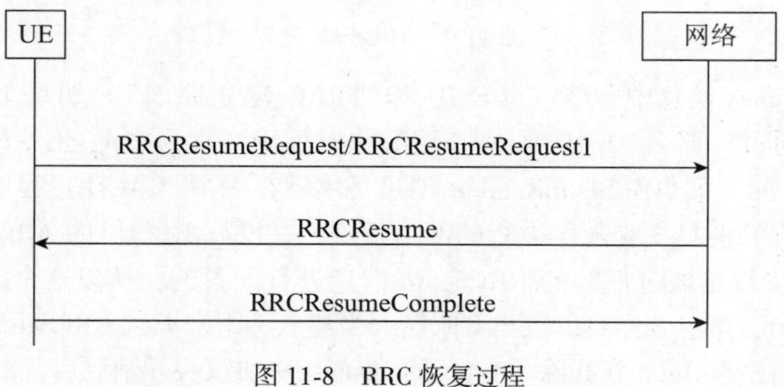

图 11-8　RRC 恢复过程

UE 在发送 RRCResumeRequest/RRCResumeRequest1（RRC 恢复请求）之前，也需要进行接入控制过程，有些特别的地方是接入类别的确定。如果 UE 是为了响应 gNB 的寻呼，那么接入类别设置为 0，如果是因为 RNA Update，那么接入类别为 8。其他的都与本章介绍的 UAC 机制一致。

发送的 RRCResumeRequest 和 RRCResumeRequest1 之间的差异在于包含的 I-RNTI 的长度。与 RRC 建立过程中的 RRCSetupRequest 的原因类似，这两个消息的大小受一定的限制。为了保证覆盖 RRCResumeRequest 也采用了 48 bit。由于消息中同时还需要包含 16 bit 的 Short-MAC-I（短完整性消息鉴权码）和 RRC 恢复的原因，所以包含的 I-RNTI 只有 24 bit，也就是前文中提到的 ShortI-RNTI。没有完整 I-RNTI 的缺陷是 gNB 根据 I-RNTI 确定锚点 gNB（挂起 UE 进入 RRC_INACTIVE 状态的 gNB）的时候，可能会存在一定的歧义。为了解决这个问题，比如在覆盖范围比较小的小区，UE 会发送包含 40 bit I-RNTI 的 RRCResumeRequest1。小区的 SIB1 中有一个参数来指明 UE 是否允许发送 RRCResumeRequest1。

这两个消息都会包含 Short-MAC-I 用于安全验证和 UE 上下文的确定。Short-MAC-I 实际上是 16 bit 的 MAC-I。在 RRCResumeRequest 或 RRCResumeRequest1 的 Short-MAC-I 计算的对象是 source PCI（源小区物理小区标识）、target Cell-ID（目标小区标识）、source C-RNTI（源小区分配的 C-RNTI）。采用的是 UE 在锚点 gNB 使用的旧的完整性保护的密钥和算法。假设当前的服务 gNB 就是原来的锚点 gNB，那么这个 gNB 会按照相同的密钥和算法对前述计算对象进行计算和验证。如果完整性验证通过，那么 gNB 才会根据 UE 的上下文来应答 RRCResume（RRC 恢复）消息。这个 RRCResume 消息的目的是恢复 SRB2 和所有的 DRB，并且配置 MAC 和 PHY 层的无线参数（SRB1 在接收到 RRCResumeRequest 消息的时候就认为已经恢复）。RRCResume 消息通过 SRB1 发送给 UE，然后 UE 会接收和处理了这个 RRCResume 消息以后会在 SRB1 上应答 RRCResumeComplete（RRC 恢复完成）消息。至此，这个 UE 就在此进入 RRC_CONNECTED 状态。

表 11-4 中 K_{gNB} 是根据 NCC 对应的旧的 K_{gNB} 或 NH 采用平行或者垂直的密钥推算方式进行推算得到的，推算的时候还需要输入当前服务小区的 PCI 和频点信息。详细内容可以参考协议 33. 501 的 6. 9. 2. 1. 1 节。

表 11-4　RRC 恢复过程消息

RRC 消息	承载的 SRB	采用的安全秘钥	安全措施
RRCResumeRequest（1）	SRB0	无	无
RRCResume	SRB1	K_{gNB} 或 NH 和对应的 NCC	完整性保护和加密
RRCResumeComplete	SRB1	K_{gNB} 或 NH 和对应的 NCC	完整性保护和加密

如果当前的服务 gNB 不是锚点 gNB，那么当前的 gNB 需要把收到的信息和服务 gNB 的信息包括 PCI 和临时分配的 C-RNTI 前转给锚点 gNB。如果锚点 gNB 根据前转的信息完成的 Short-MAC-I 的验证，那么会把保留的相关 UE 的上下文，包括安全上下文，前转给服务 gNB。然后服务 gNB 才会继续后续的流程。图 11-9 参考文献［4］的图 8. 2. 4. 2-1，标识在 old NG-RAN node（老下一代无线接入网络节点）和 new NG-RAN node（新下一代无线接入网络节点）之间通过 RETRIEVE UE CONTEXT REQUEST（获取 UE 上下文请求）消息和

RETRIEVE UE CONTEXT RESPONSE（获取 UE 上下文请求响应）消息来交换 UE 上下文的过程。

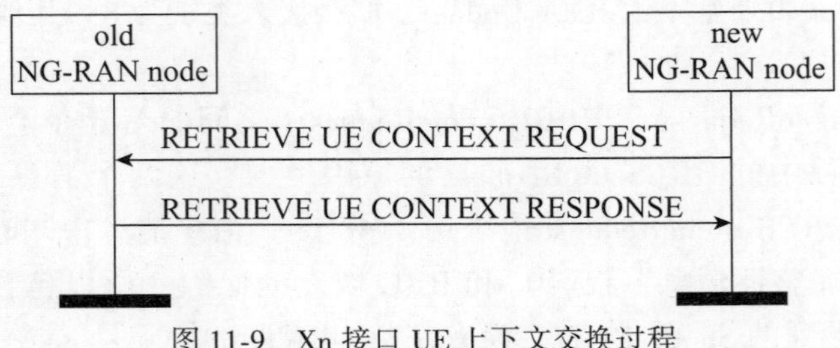

图 11-9　Xn 接口 UE 上下文交换过程

RRC 连接恢复的流程也可能出现不同的异常流程，表 11-5 列出了各种可能的情况。

表 11-5　RRC 连接恢复的流程中的异常流程

gNB 响应的消息	UE 的处理	进入的 RRC 状态
RRCSetup	UE 清除原有的上下文，然后开始 RRC 连接的建立过程	RRC_CONNECTED 状态
RRCRelease	UE 释放上下文	RRC_IDLE 状态
RRCRelease（带有 SuspendConfig）	UE 接收新的进入 RRC_INACTIVE 状态的配置	RRC_INACTIVE 状态
RRCReject（RRC 拒绝）	UE 清除原有的上下文，并且启动 T302 定时器	RRC_IDLE 状态

NR 的 RRC 重建过程和 LTE 系统的 RRC 重建过程的触发原因比较类似。其目的也是恢复 SRB1 和激活新的安全秘钥。

从表 11-6 可以看出 NR 的 RRC 重建过程对 RRCRestablishment 消息的安全保护比较好。SRB1 的配置依赖于缺省配置的好处是消息很简单，但是因为缺少必要的 PUCCH 资源的配置，gNB 在发送了 RRCRestablishment 消息以后，必须在适当的时间给 UE 发送一个 UL Grant，让 UE 能够在这个 UL Grant 上发送 RRCRestablishmentComplete，否则当 UE 处理 RRCRestablishment 以后，并且需要发送完成消息的时候，会因为没有发送 SR（Schedule Reuqest）的 PUCCH 资源而发起 RACH 过程，从而延误完成消息的发送。

表 11-6　NR 和 LTE 的 RRC 重建消息对比

RRC 重建过程	LTE 系统	NR 系统
RRCRestablishmentRequest（RRC 重建请求）	在 SRB0 上发送，没有安全保护	在 SRB0 上发送，没有安全保护
RRCRestablishment（RRC 重建）	在 SRB0 上发送，没有安全保护。包含了 SRB1 的无线配置和 NCC 参数	在 SRB1 上发送，采用了完整性保护，但是没有加密。SRB1 的配置采用了缺省配置，包含了 NCC 参数
RRCRestablishmentComplete（RRC 重建完成）	在 SRB1 上发送，采用了完整性保护和加密	在 SRB1 上发送，采用了完整性保护和加密

gNB 如果在收到 RRCRestablishmentRequest 消息以后，如果无法定位到 UE 的上下文，那么发送 RRCSetup 消息发起 RRC 的建立过程。而 UE 在收到 RRCSetup 消息以后，则会清除现有的 UE 上下文，开始一个 RRC 的建立过程。这个异常处理是 LTE 系统所没有的。下述流程图（见图 11-10）可以参考文献［2］的图 5. 3. 7. 1-2。

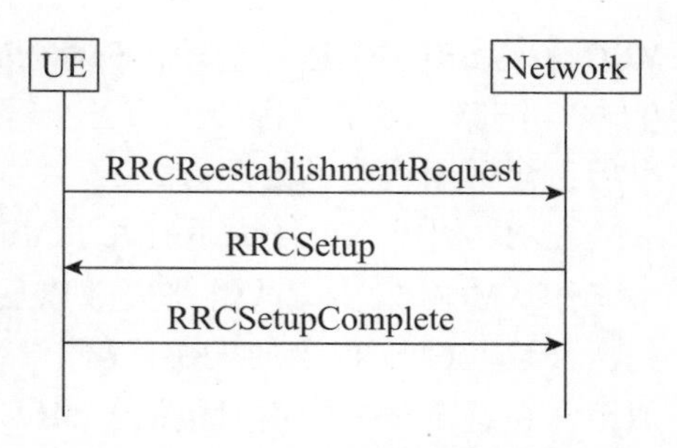

图 11-10　RRC 重建流程图

NR 系统 RRC 连接控制在引入 MR-DC（多接入技术双连接）架构的时候，也对控制面做了一定的改进。从模型的角度，在网络产生 RRC 消息内容的有两个地方，即 MCG 和 SCG[5]。下述流程图（见图 11-11）可以参考文献［5］的图 4. 2. 1-1，其中 Master Node（主节点）在后文中也称为 MN，Secondary Node 在后文中也称为 SN。

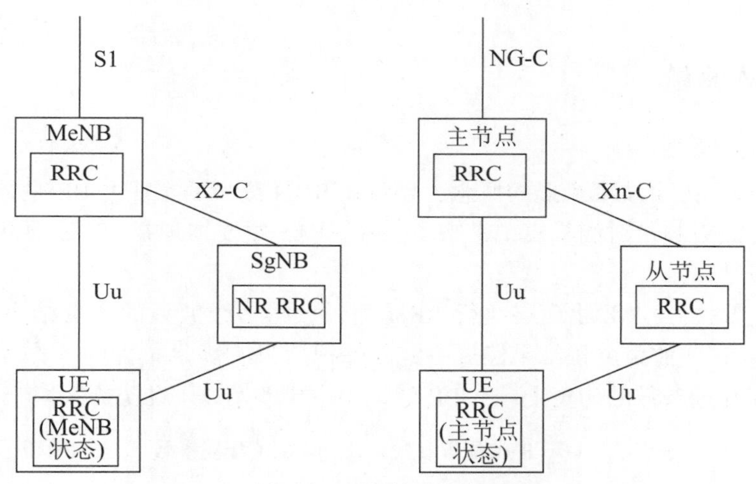

图 11-11　控制面架构图

在 MR-DC 架构中，如果 SCG 是 gNB，那么网络还可以配置一个新的无线信令承载，称为 SRB3。SCG 的初始配置消息总是需要通过 MCG 的 SRB1 发送给 UE 的，在这种情况下 SCG 只负责 RRC 的内容和 ASN. 1 编码，而 PDCP 的安全处理则由 MCG 负责。之后的其他消息网络可以选择承载在 MCG 上的 SRB1 或者 SCG 上的 SRB3 上发送。如果采用 SRB3 发送，那么安全处理则由 SCG 的 PDCP 协议层负责完成，其中密钥和 MCG 的配置不一样，而安全算法则可能相同。尽管有可能采用 SRB1 或 SRB3 发送 RRC 信令，RRC 的状态机还是只有一个。

在 MRDC 的这种架构下，NR 系统引入了 MCG 和 SCG 链路单独维护和恢复的机制。SCG 的无线链路失败的原因可能有以下几个。

- 主辅小区（PSCell）上发生了无线链路失败。
- 主辅小区（PSCell）上发生了随机接入失败。
- SCG 上 RLC AM 的无线承载在 RLC 上重发的次数超过了规定的次数。
- SCG 上 RRC 重配或者 SCG 更换流程失败。
- SRB3 上承载的信令的完整性验证失败。

在发生了这些事件之后，UE 暂时挂起 SRB3 和 DRB 的发送和接收的过程，并且会通过

MCG 上的 SRB1 发送一个 *SCGFailureInformation*（SCG 失败信息）给网络。这个消息包含发生 SCG 链路失败的原因以及服务小区和邻近小区的一些测量结果。网络在接收到这个消息以后，会采用适当的处理方式。

在 R16 中，NR 系统还引入了 MCG 链路失败和恢复的过程，前提是 SCG 的链路还在正常工作。MCG 发生无线链路失败以后，UE 会挂起 MCG 上的 SRB 和 DRB 的发送和接收过程，并且通过 SCG 上的 SRB1（假设 SRB1 配置成了分离式承载）或 SRB3 发送给网络。类似地，在这个小区中不但包括了 MCG 链路失败的原因，还会上报服务小区和邻近小区的一些测量结果。网络在接收到这个消息以后，会采用适当的处理方式。UE 等待网络处理的时间由一个定时器 T316 来限制。如果 T316 超时的时候还没有得到网络的及时处理，那么就会触发 RRC 重建过程。

11.4 RRM 测量和移动性管理

11.4.1 RRM 测量

1. RRM 测量模型

NR 系统由于引入了波束赋形的概念，导致在 RRM 测量的实现上 UE 是针对各个波束分别进行测量的。波束测量对测量模型带来了一些影响，主要体现在 UE 需要从波束测量结果推导出小区测量结果。

如图 11-12 所示[6]，UE 物理层执行 RRM 测量获得多个波束的测量结果并递交到 RRC 层。在 RRC 层，这些波束测量结果经过一定的筛选后只有满足条件的才作为小区测量结果的计算输入。在筛选条件的确定上，3GPP 讨论中主要涉及以下几类方案[7]。

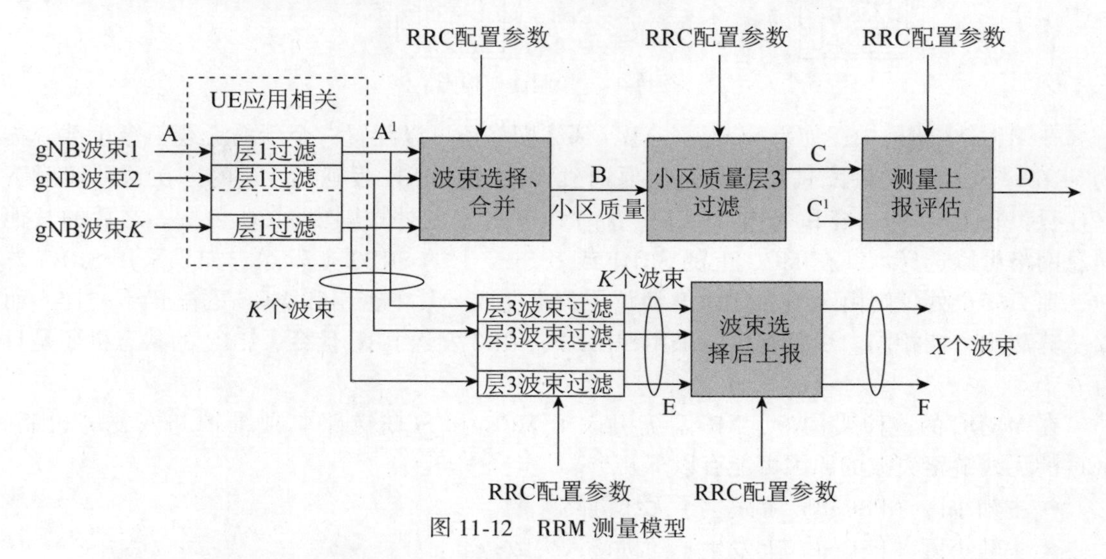

图 11-12 RRM 测量模型

- 方案 1：选择 N 个最好的波束测量结果。
- 方案 2：选择满足一定门限值的 N 个最好的波束测量结果。
- 方案 3：选择最好波束以及与最好波束质量相差一定门限值的 N-1 个较好的波束测量结果。

3 种方案的初衷都是选择最好的一些波束来计算小区测量结果。方案 1 对波束测量结果不做质量上的要求，因而不利于网络去准确使用由此计算的小区测量结果。方案 2 和方案 3 的差别不是很大，只是方案 3 相比方案 2 而言对波束测量结果的绝对值没有严格控制。最终，3GPP RAN2 NR Adhoc June 会议讨论通过投票表决采用了方案 2。在方案 2 的实现上，UE 通过 RRC 专用信令获取该门限值和最大波束个数 N，并对满足门限的 N 个最大的波束测量结果取线性平均得到小区测量结果。当网络不配置门限和 N 时，UE 选择最好的波束测量结果作为小区测量结果。为了降低测量过程中的随机干扰，生成的小区测量结果要经过 L3 滤波后才能触发测量上报。以上是 UE 上报小区测量结果的过程，在一些场景中，网络可能要求 UE 上报波束测量结果，此时物理层递交的波束测量结果仍要经过 L3 滤波操作才能进行测量上报。

针对连接态的 UE，5G 系统的测量基本配置继承了 LTE 系统的框架，包括以下几个部分。

测量对象标识了 UE 执行测量所在的频点信息，这一点是与 LTE 系统相同的。不同的是，在测量参考信号方面，NR 系统支持了 SSB 和 CSI-RS 两种参考信号的测量（详见 6.4.1 节）。对于 SSB 测量，频点信息是测量对象所关联的 SSB 频点，由于 5G 系统支持多个不同子载波间隔的传输，测量对象中需要指示测量相关的 SSB 子载波间隔。对于 SSB 参考信号的测量配置，测量对象中还要额外指示 SSB 测量的时间窗信息，即 SMTC 信息，网络还可以进一步指示 UE 在 SMTC 内对哪几个 SSB 进行测量等信息。对于 CSI-RS 参考信号的测量配置，测量对象中包含了 CSI-RS 资源的配置。为了使得 UE 从波束测量结果推导出小区测量结果，测量对象中还配置了基于 SSB 和 CSI-RS 的波束测量结果筛选门限值以及线性平均计算所允许的最大波束个数。针对波束测量结果和小区测量结果的 L3 滤波，测量对象中还根据不同的测量参考信号分别指示了具体的滤波系数。

上报配置主要包括上报准则、参考信号类型和上报形式等配置信息。与 LTE 系统一样，NR 支持周期上报、事件触发上报、用于 ANR 目的的 CGI 上报和用于测量时间差的 SFTD 上报。对于周期上报和事件触发上报，上报配置中会指定参考信号类型（SSB 或者 CSI-RS）、测量上报量（RSRP、RSRQ 和 SINR 的任意组合）、是否上报波束测量结果以及可上报波束的最大个数。对于事件触发上报，上报配置针对每个事件会指定一个测量触发量，从 RSRP、RSRQ 和 SINR 中选择其一。目前 5G 系统继承了 LTE 系统的 6 个 intra-RAT 测量事件（即 A1 到 A6 事件）和 2 个 inter-RAT 测量事件（即 B1 和 B2 事件）。

与 LTE 系统一样，NR 系统采用测量标识与测量对象和上报配置相关联的方式，如图 11-13 所示。这种关联方式比较灵活，可以实现测量对象和上报配置的任意组合，即一个测量对象可关联多个上报配置，一个上报配置也可以关联多个测量对象。测量标识会在测量上报中携带，供网络侧作为参考。

测量量配置定义了一组测量滤波配置信息，用于测量事件评估和上报以及周期上报。测量配置中每一个测量量配置都包含了波束测量量配置和小区测量量配置，并分别针对 SSB 和 CSI-RS 定义了两套滤波配置信息，而每套滤波配置信息又针对 RSRP、RSRQ 和 SINR 分别定义了 3 套滤波系数。具体的配置关系如图 11-14 所示。测量对象中所使用的 L3 滤波系数就是对应于这里的一个测量量配置，通过测量量配置序列中的索引来指示。

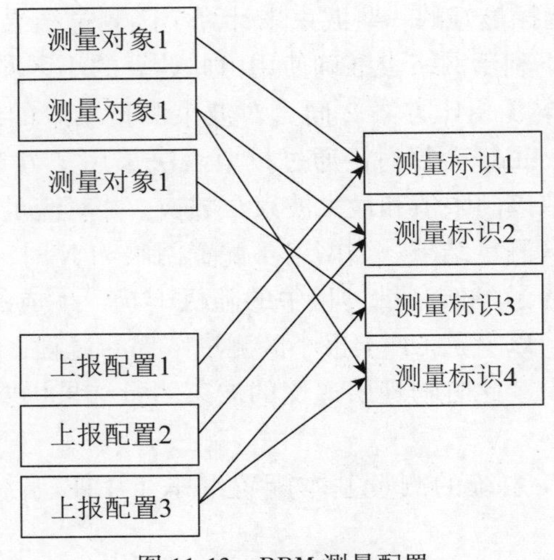

图 11-13　RRM 测量配置

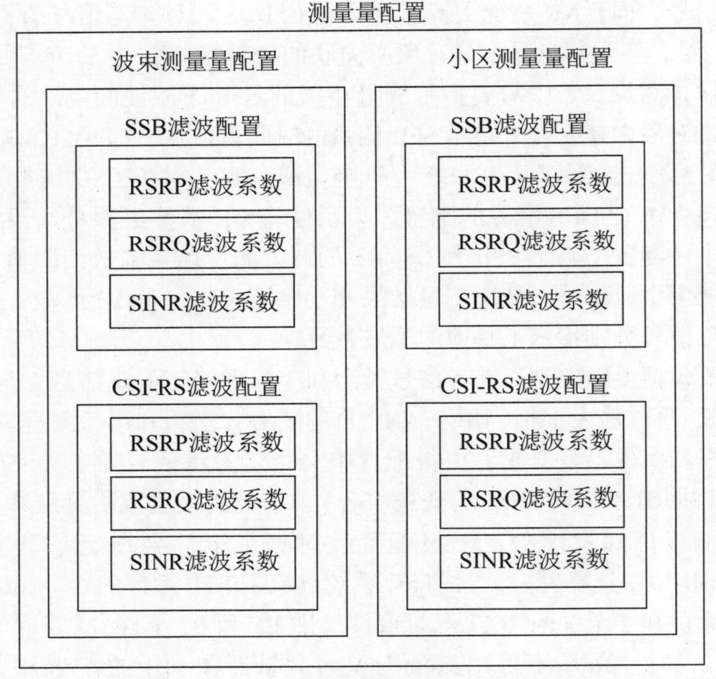

图 11-14　测量量配置

与 LTE 系统相同，对于连接态的 NR UE，在进行异频或者异系统测量时，需要网络侧配置测量间隔（详见 6.4.2 节）。在测量间隔内，UE 停止所有业务和服务小区的测量等。对于同频测量，UE 也可能需要测量间隔，如在当前激活的 BWP 并没有覆盖到待测量的 SSB 频点时。在配置方式上，NR 支持 per UE 和 per FR 两种测量间隔。以 EN-DC 为例，在配置 per UE 测量间隔时，辅节点（SN）将要测量的 FR1 和 FR2 频点信息通知给主节点（MN），MN 决定最终的测量间隔，并将测量间隔配置信息通知给 SN。在按频率范围配置测量间隔时，SN 将要测量的 FR1 频点信息通知给 MN，MN 将要测量的 FR2 频点信息通知给 SN，MN 来配置 FR1 的测量间隔，SN 来配置 FR2 的测量间隔。MN 配置的测量间隔，UE 在执行测量时参考的是 PCell 的无线帧号和子帧号。相应的，SN 配置的测量间隔，UE 基于 PSCell 的无线帧号和子帧号来计算测量间隔。

2. 测量执行和测量上报

为了满足 UE 节电的需求，网络可以在测量配置中包含 s-measure（RSRP 值）参数。UE 用 PCell 的 RSRP 测量值和 s-measure 参数对比，用于控制 UE 是否执行非服务小区的测量，这点与 LTE 系统相同。与 LTE 系统不同的是，由于 NR 支持 SSB 和 CSI-RS 两种测量，因此在 3GPP 讨论中出现了关于 s-measure 配置的不同方案。总结为两类方案。

- 方案 1：配置两个 s-measure 参数，一个针对 SSB-RSRP 值，另一个针对 CSI-RSRP 值，两个 s-measure 参数分别控制邻小区 SSB 测量和 CSI-RS 测量的启动。
- 方案 2：只配置一个 s-measure 参数，网络指示该门限值是针对 SSB-RSRP 还是 CSI-RSRP 值，一个 s-measure 参数控制所有邻小区的测量（包括 SSB 测量和 CSI-RS 测量）启动。

最终 RAN2#100 次会议讨论认为方案 1 虽然在配置使用 s-measure 上更灵活，但方案 2 更简单且足以满足终端省电的需求，最终通过了方案 2，即 UE 按照配置的 s-measure 值来开启或停止所有邻小区的 SSB 和 CSI-RS 测量。

NR 系统的测量上报过程与 LTE 系统大体相同，区别在于 NR 中增加了 SINR 测量结果和波束测量结果的上报。UE 在上报波束测量结果时，同时上报波束索引以作为标识。

3. 测量优化

NR 系统的第一条 RRC 重配置消息一般情况下无法为 UE 配置合适的 CA 或 MR-DC 功能，因为此时网络侧还没有获取到 UE 的测量结果。第一条 RRC 重配置消息往往会配置测量任务。网络可以根据测量上报的结果来配置合适的 CA 或 MR-DC 功能。在实现过程中，这个过程时延比较大，因为从 UE 开始执行测量到上报测量结果需要一段时间。为了快速配置 SCell 或 SCG，网络可以要求 UE 在 RRC_IDLE 状态或者 RRC_INACTIVE 状态下执行提前测量（即 Early Measurement），并在进入 RRC_CONNECTED 状态时上报给网络，这样网络可以根据提前测量结果，快速配置 SCell 或 SCG。gNB 配置的测量目标频点可以包含 NR 频点列表和 E-UTRAN 频点列表。其中，NR 的频率列表只支持 SSB 的测量，不支持 CSI-RS 的测量，SSB 频点包含同步 SSB 和非同步两种 SSB。

提前测量通过专用信令 RRCRelease 消息或者系统广播（原来 SIB4 和新引入的 SIB11）进行配置。其中，系统广播中的测量配置对于 RRC_IDLE 状态的 UE 和 RRC_INACTIVE 状态的 UE 是公用的。如果通过 RRCRelease 接收到提前测量配置，则其内容会覆盖从系统广播获取的测量配置。如果 RRCRelease 配置的 NR 频点没有包含 SSB 的配置信息，那么会采用 SIB11 或者 SIB4 中的 SSB 配置信息。

只有在小区系统广播指示当前小区支持提前测量上报（也就是 idleModeMeasurements），UE 才会在 RRCSetupComplete 或 RRCResumeComplete 消息通过一个参数（idleMeasAvailable）指示 UE 是否存在可以上报的提前测量的测量结果。然后网络侧通过 UEInformationRequest（UE 信息请求）要求 UE 在 UEInformationResponse（UE 信息请求响应）消息中上报提前测量结果。对于 RRC_INACTIVE 状态的 UE，提前测量结果的请求和上报还可以通过 RRCResume 消息和 RRCResumeComplete 消息来完成。

UE 执行提前测量需要在规定的时间内完成，这个时间由 RRC 释放消息中配置的 T331 来控制。UE 在获取了提前测量的测量配置以后，就会启动这个定时。UE 在 RRC_INACTIVE 和 RRC_IDLE 状态之间转换的时候是不需要停止这个定时器的。

提前测量还可能需要在有效区域（validity AreaList）内执行。有效区域可以在专用信令中配置，也可以在 SIB11 中配置。有效区域由一个频点和该频点内小区列表组成。网络侧如果没有配置有效区域，则意味着没有测量区域限制。

11.4.2 移动性管理

NR 系统中 UE 的移动性管理主要包括 RRC_IDLE 或 RRC_INACTIVE 状态的小区选择和重选过程以及连接态 UE 的切换过程。

1. RRC_IDLE 或 RRC_INACTIVE 状态移动性管理

对于 RRC_IDLE 或 RRC_INACTIVE 状态的 UE 来说，能够驻留在某个小区的前提是该小区的信号质量（包括 RSRP 和 RSRQ 测量结果）满足小区选择 S 准则，这一点与 LTE 系统是一样的。UE 选择到合适的小区后会持续进行小区重选的评估，评估小区重选所要执行的测量是按照各个频点的重选优先级来划分并进行的。具体内容如下所述。

- 对于高优先级频点，邻小区测量是始终执行的。
- 对于同频频点，当服务小区的 RSRP 和 RSRQ 值均高于网络配置的同频测量门限时，UE 可以停止同频邻小区测量，否则是要进行测量的。
- 对于同优先级和低优先级频点，当服务小区的 RSRP 和 RSRQ 值均高于网络配置的异频测量门限时，UE 可以停止同优先级和低优先级频点的邻小区测量，否则是要进行测量的。

通过测量获取多个候选小区后，如何确定小区重选的目标小区的过程与 LTE 系统基本是一样的，采取高优先级频点上的小区优先重选的原则。具体内容如下所述。

- 对于高优先级频点上的小区重选，要求其信号质量高于一定门限且持续指定时间长度，且 UE 驻留在源小区时间不短于 1 s。
- 对于同频和同优先级频点上的小区重选，需要满足 R 准则（按照 RSRP 排序），新小区信号质量好于当前小区且持续指定时间长度，且 UE 驻留在源小区时间不短于 1 s。
- 对于低优先级频点上的小区重选，需要没有高优先级和同优先级频点小区符合要求，源小区信号质量低于一定门限，低优先级频点上小区信号质量高于一定门限且持续指定时间长度，且 UE 驻留在源小区时间不短于 1 s。

在同频和同优先级频点上的小区重选过程中，当出现多个候选小区都满足要求时，LTE 系统会通过 RSRP 排序的方式选出最好的小区作为重选的目标小区。考虑到 NR 系统中 UE 是通过波束接入小区的，为了增加接入过程中 UE 通过好的波束接入成功的概率，确定目标小区的时候需要同时兼顾小区信号质量和好的波束个数。为了达到这一目的，3GPP 会议讨论中涉及了以下两类方案。

- 第一类方案：将好的波束个数引入排序值中，如将好的波束个数乘以一个因子附加到小区测量结果上，UE 选择排序值最高的小区作为目标小区。
- 第二类方案：不改变排序值的计算（即仍使用小区测量结果排序），在选择目标小区前先挑选信号质量相近的最好几个小区，然后选择好的波束个数最多的小区作为目标小区。

最终，RAN2#102 次会议通过投票表决通过了第二类方案。

2. 连接态移动性管理

连接态 UE 的移动性管理主要通过网络控制的切换过程来实现，NR 系统继承了 LTE 系统的切换流程，主要包括了切换准备、切换执行和切换完成 3 个阶段。

在切换准备阶段，源基站收到 UE 发送的测量上报后会做出切换判决并向目标基站发起切换请求，如果目标小区接纳了该请求，则会通过基站间接口发送切换应答消息给源基站，该消息中包含了目标小区的配置信息，即切换命令。

在切换执行阶段，源基站将切换命令发送给 UE。UE 收到切换命令后即断开源小区的连接，开始与目标小区建立下行同步，然后利用切换命令中配置的随机接入资源向目标小区发起随机接入过程，并在随机接入完成时上报切换完成消息。UE 在接入目标小区的过程中，源基站将 UPF 传来的数据包转发给目标基站，并将转发前源小区内上下行数据包收发的状态信息发送给目标基站。

在切换完成阶段，目标基站向 AMF 发送路径转换请求，请求 AMF 将 UPF 到接入网的数据包传输路径转换到目标基站侧。一旦 AMF 响应了该请求，则表明路径转换成功，目标基站就可以指示源基站释放 UE 的上下文信息了。至此，整个 UE 的连接就切换到了目标小区内。

如前所述，在 NR 的 Rel-15 版本中，切换过程相比 LTE 系统没有做过多的改动和增强。其中，与 LTE 系统切换不同的一点是，NR 系统内的切换不意味着一定会伴随安全密钥的更新，这主要是针对 NR 系统中 CU 和 DU 分离的网络部署场景。如果切换过程是发生在同一个 CU 下的不同 DU 之间，则网络在切换过程中可以指示 UE 不更换安全密钥，即此时在切换前后使用相同的安全密钥不会造成安全隐患。当不需要更新安全密钥时，PDCP 实体也可以不进行重建，因此 NR 系统内切换时 PDCP 重建的操作也是受网络控制的，这一点与 LTE 系统不同，LTE 系统内的切换是一定要执行密钥更新和 PDCP 实体重建的步骤。

3. 连接态移动性优化

针对以上基本的切换流程，NR 技术演进时提出了进一步的优化，主要体现在用户面业务中断时间缩短和控制面切换鲁棒性增强的优化上。

（1）业务中断时间缩短优化

移动性的中断时间是指 UE 不能与任何基站交互用户面数据包的最短时间。在现有的 NR 切换流程中，当终端收到切换命令后，UE 会断开与源小区的连接并向目标小区发起随机接入过程，在这期间内，UE 的数据中断时间至少长达 5 ms。为了缩短用户数据的中断时间，NR 引入了一种新的切换增强流程，也就是基于双激活协议栈的切换（本书称为 DAPS 切换）。

DAPS 切换的主要思想是，当 UE 收到切换命令后在向目标小区发起随机接入的同时保持和源小区的数据传输，从而在切换过程中实现接近 0 ms 的数据中断时间。在缩短切换中断时间的标准化讨论之初，DAPS 只是其中一种候选方案，另一种候选方案是基于双连接的切换（本书中称为基于 DC 的切换）[8-9]。

图 11-15 给出了现有切换过程中 UE 与网络侧协议栈的示意图，UE 同一时间只会保持与一个小区的连接以及其对应的协议栈。基于 DC 的切换（见图 11-16）的主要思想是首先将目标小区添加为主辅小区（PSCell），然后通过角色转换过程将目标小区（主辅小区）转换为主小区（PCell），同时将源小区（主小区）转换为主辅小区，最后将转换为主辅小区的源小区释放达到切换至目标小区的目的。基于 DC 的切换通过在切换期间保持与两个小区的连接 UE 也可以达到接近 0 ms 的中断时间并提高了切换的可靠性，但是由于需要引入新的角色转换的流程，且支持的公司较少，最终并未被标准采纳。

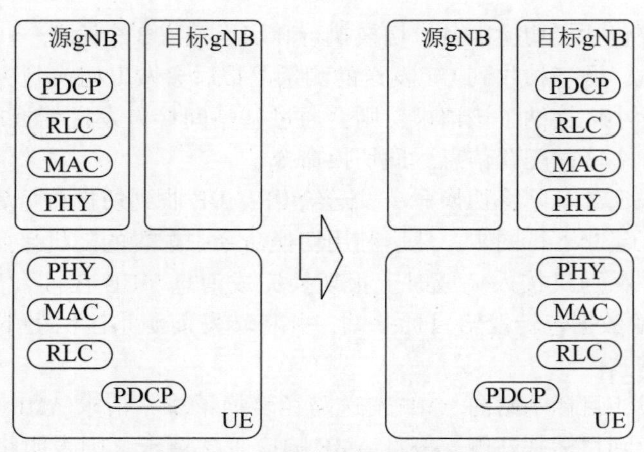

图 11-15 Rel-15 切换前和切换后的协议栈

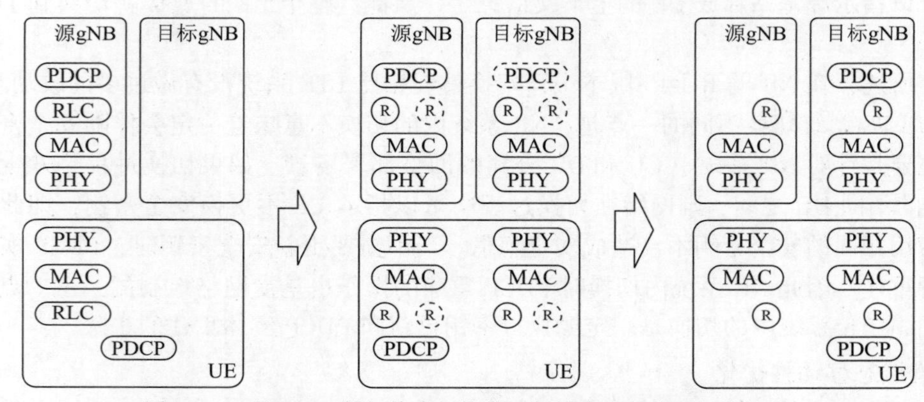

图 11-16 基于 DC 的切换在切换前、切换中和切换后的协议栈

如图 11-17 所示，DAPS 切换的协议栈架构比较简单，主要包括了建立目标侧的协议栈，并且在接入目标小区期间保留源测的协议栈，当切换完成时释放源测协议栈。DAPS 切换的流程和普通切换类似，主要包括了切换准备、切换执行和切换完成几个阶段。DAPS 切换可以基于数据无线承载（DRB）来配置，也就是说网络可以配置部分对业务中断时间要求比较高的 DRB 进行 DAPS 切换。对于未配置 DAPS 切换的 DRB，执行切换的流程和现有的切换基本一致。

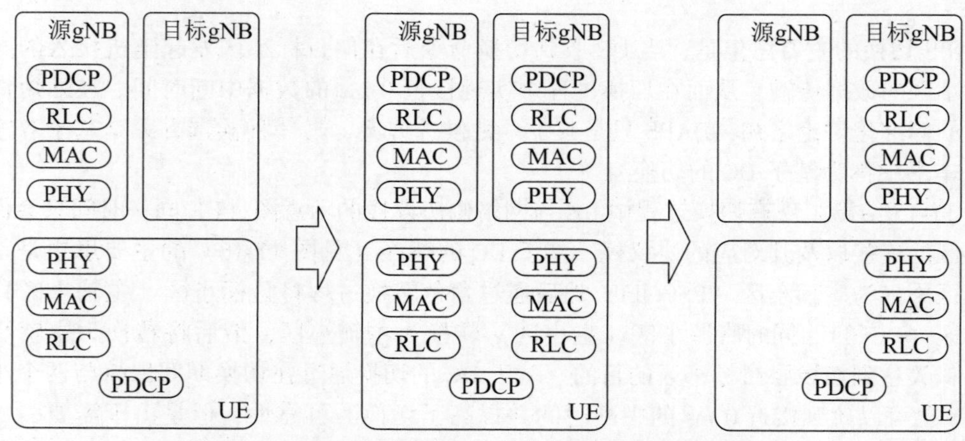

图 11-17 DAPS 切换准备、切换执行和切换完成的协议栈

在切换准备期间，源小区确定在 DAPS 切换期间的源小区配置并在切换请求消息中携带该配置信息，考虑到 UE 能力问题，Rel-16 版本的 DAPS 切换不同时支持双连接（DC）和载波聚合（CA），也就是说在 DAPS 切换期间，UE 只维持与源小区 PCell 和目标小区的 PCell 的连接，那么源小区在发送切换请求之前就需要先释放 SCG 以及所有 SCell。

目标基站基于收到的源小区配置以及 UE 能力确定在 DAPS 切换期间的目标小区配置并生成切换命令，然后在切换请求响应消息中将 DAPS 切换命令发送给源小区，源小区收到后会透传该 DAPS 切换命令给 UE。

UE 收到切换命令后开始执行 DAPS 切换，对于配置了 DAPS 的 DRB，UE 会建立目标侧的协议栈，具体包括了以下几点。

- 基于切换命令中的配置将源小区侧的标准 PDCP 实体重配置至 DAPS PDCP 实体，详见 10.3 节。
- 建立目标侧的 RLC 实体以及对应的逻辑信道。
- 建立目标侧的 MAC 实体。

SRB 的处理与 DRB 有所不同，UE 收到切换命令后会基于配置信息建立目标侧 SRB 对应的协议栈，由于 UE 只有一个 RRC 状态，UE 会挂起源小区的 SRB，并且将 RRC 信令处理切换到目标小区以处理目标侧的 RRC 消息。对于未配置 DAPS 的 DRB，UE 对于协议栈的处理与现有切换是一致的。

当完成了上述步骤后，UE 开始向目标小区发起随机接入过程以获得与目标小区的上行同步。我们前面提到 DAPS 的主要思想是同时维持源小区和目标小区的协议栈，也就是说 UE 在向目标小区发起随机接入过程的同时保持与源小区的连接，UE 和源小区之间的数据传输也是保持的。

在 UE 向目标小区发起随机接入期间，UE 会保持对源小区的无线链路监测，如果源小区链路失败，则 UE 会释放与源小区的连接并停止与源小区之间的数据收发。

反之，若此时 DAPS 切换失败，UE 未成功接入目标小区，且源小区未发生无线链路失败，那么，UE 可以回退到与源小区的连接，从而避免了由于切换失败导致的 RRC 连接重建立过程，此时对于协议栈的处理包括以下几部分内容。

- 对于 SRB，UE 会恢复源测已挂起的 SRB，并向网络侧上报 DAPS 切换失败，同时释放目标侧 SRB 对应的 PDCP 实体、RLC 实体以及对应的逻辑信道等。
- 对于配置了 DAPS 的 DRB，UE 会将 DAPS PDCP 实体重配置至标准 PDCP 实体，并释放目标侧的 RLC 实体以及对应的逻辑信道等。
- 对于未配置 DAPS 的 DRB，UE 会回退到接收切换命令之前的源小区配置，包括 SDAP 配置、PDCP 与 RLC 状态变量、安全配置以及 PDCP 和 RLC 中存储在传输和接收缓冲区中的数据等。
- 同时 UE 会释放所有目标侧的配置。

当 UE 成功接入目标小区后，UE 就会把上行数据传输从源小区侧切换到目标小区侧。在标准讨论过程中，关于 UE 支持单上行数据传输还是同时保持与源小区和目标小区的上行数据发送经历了很长时间的讨论，一方面考虑到 UE 上行功率受限问题，另一方面由于此时网络侧的上行锚点在源小区侧，如果同时发送上行数据给源小区和目标小区，目标小区向源小区转发已收到数据会带来额外的网络侧 $X2$ 接口传输时延，因此，最终通过了单上行数据传输的方案。

UE 成功完成随机接入过程后，就会立即执行上行数据切换，其中上行数据切换包括向目标侧发送待传输的以及未收到正确反馈的 PDCP SDU，同时 UE 会继续源侧 HARQ 和 ARQ 的上行重传。源小区维持与 UE 下行数据传输，那么这些下行数据对应的 HARQ 反馈、CSI 反馈、ARQ 反馈、ROHC 反馈也会继续向源小区上报。

在 UE 成功接入目标小区之后且释放源小区之前，UE 同时保持源小区和目标小区的连接，UE 会维持正常的目标侧无线链路监测，源小区侧所有无线链路失败的触发条件也都保持。若此时目标小区发生了无线链路失败，UE 会触发 RRC 连接重建立过程；反之若源小区发生了无线链路失败，UE 不会触发 RRC 连接重建立过程，同时会挂起源侧所有的 DRB，并释放与源小区的连接。

当目标小区指示 UE 释放源小区时，UE 会释放与源小区连接并停止与源小区的上行数据发送和下行数据接收，包括重置 MAC 实体并释放 MAC 的配置、物理信道配置以及安全密钥配置。对于 SRB，UE 会释放其对应的 PDCP 实体、RLC 实体以及对应的逻辑信道配置；对于配置了 DAPS 的 DRB，UE 会释放源侧的 RLC 实体以及对应的逻辑信道，并将 DAPS PDCP 实体重配置为标准 PDCP 实体。

（2）切换鲁棒性优化

切换鲁棒性优化的场景主要针对高速移动场景，如蜂窝网络覆盖的高铁场景。高速移动场景下 UE 监测到的源小区信道质量会急剧下降，这样容易造成切换过晚，从而导致较高的切换失败率。具体的，体现在以下两个方面。

- 如果测量事件参数设置不合理，如测量上报阈值配置过高，则容易导致在触发测量上报时由于源小区的链路质量急剧变差而无法正确接收测量上报的内容。
- 高速移动给切换准备过程带来了新的挑战，目标小区反馈切换命令后，由于源小区链路质量急剧变差，UE 可能无法正确地接收源小区转发的切换命令。

条件切换（Conditional Handover，CHO）是在标准化制定过程中公认的能够提高切换鲁棒性的一项技术。与传统的由基站触发的立即切换过程不同，条件切换的核心思想是在源小区链路质量较好的时候提前将目标小区的切换命令内容提前配置给 UE，并同时配置一个切换执行条件与该切换命令内容相关联。当配置的切换执行条件满足时，UE 就可以自发地基于切换命令中的配置向满足条件的目标小区发起切换接入。由于切换条件满足时 UE 不再触发测量上报，且 UE 已经提前获取了切换命令中的配置，因而解决了前面提到的测量上报和切换命令不能被正确接收的问题。

条件切换过程也分为 3 个阶段。

在切换准备阶段，源基站收到 UE 发送的测量上报（通常，配置给 CHO 测量上报的门限会早于正常切换过程所配置的上报门限）后决定发起条件切换准备过程，并向目标基站发送切换请求消息，目标基站一旦接纳了切换请求就会响应一套目标小区配置发送给源基站，源基站在转发目标小区配置时会同时配置一套切换执行条件给 UE。

展开来说，条件切换配置包含了两部分，分别是目标小区配置和切换执行条件配置。其中，目标小区配置就是目标基站响应的切换命令，源基站必须将其完整地并且透明地转发给 UE，不允许对其内容进行任何修改，这一原则是同传统切换保持一致的。与传统切换同样相同的是，切换命令可以采用完整配置的方式，也可以采用增量配置的方式。当采用增量配置方式时，源小区最新的 UE 配置将作为增量配置的参考配置。

切换执行条件配置主要是 UE 用来评估何时触发切换的配置。在条件切换配置的讨论中，3GPP 采用了最大化重用 RRM 测量配置的原则，并决定将传统切换中广泛使用的测量上报事件引入到切换执行条件配置中，这其中主要是针对 A3 和 A5 两个测量事件。区别是，当切换执行条件配置中的 A3 或 A5 事件触发时，终端将不再进行测量上报，而是执行切换接入的操作。为了达到以上区分，在 RRC 信令设计上，标准讨论中决定将 A3 和 A5 事件重新定义到上报配置中的一个新的条件触发配置分支上，这样，切换执行条件就可以通过测量标识的形式配置给 UE，而不会与测量上报相关的测量配置相互影响。在讨论过程中，一些网络设备厂商提出，为了最大限度不偏离传统切换判决中的网络实现，配置给终端的切换执行条件需要考虑多种因素，如多个参考信号（SSB 或 CSI-RS）、多个测量量（RSRP、RSRQ 以及 SINR）和多个测量事件等。相反，终端厂商希望切换执行条件的配置尽量简单，便于 UE 实现。最终，通过标准会议讨论和融合，针对切换执行条件的配置，达成了以下限制和灵活度。

- 最多两个测量标识。
- 最多一个参考信号（SSB 或 CSI-RS）。
- 最多两个测量量（RSRP、RSRQ 和 SINR 中的两个）。
- 最多两个测量事件。

由于条件切换配置是提前下发给 UE 的，并且由于终端移动方向具有一定的不可预见性，源基站并不能精准地知道 UE 最终会向哪个候选小区发起切换接入，因此，在实际网络部署中，源基站会向多个目标基站发起切换请求，并将多个目标基站反馈的切换命令都转发给 UE，同时配置相应的切换执行条件。也就是说，终端通常收到的是一组候选小区的条件切换相关配置。

在切换执行阶段，UE 会持续评估候选小区的测量结果是否满足切换执行条件。一旦条件满足，UE 立即中断和源小区的连接，与该小区建立同步，然后发起随机接入过程，并在随机接入完成时向目标基站上报切换完成消息。

前面提到，由于终端移动方向是不可预见的，网络通常会给终端配置一组目标小区的条件切换相关配置，这实际上也给终端选择切换执行的目标小区提供了很大的灵活性。在标准讨论初期，主要有以下两类方案。

- 方案 1：终端可以进行多次目标小区的选择，即一个目标小区接入失败后，终端仍继续评估其他目标小区是否满足切换执行条件。
- 方案 2：终端只允许进行一次目标小区的选择，若该目标小区接入失败，则终端触发连接重建立过程。

方案 1 的优势是可以最大化利用网络配置给 UE 的条件切换配置资源，缺点是由于多个目标小区的逐个尝试，整个切换过程的时延较难控制，网络侧可能需要额外配置一个单独的定时器来控制多小区接入的时长。方案 2 的优势是简单，利于终端实现，缺点是由于只能选择其中一个目标小区接入，会造成网络资源的浪费。最终，3GPP 采纳了更为简单的方案 2，而针对其缺点，3GPP 引入了连接重建立的增强。具体来说，在连接重建立过程中，如果终端选择到的小区是一个 CHO 候选小区，那么终端可以直接基于该小区的条件切换配置执行切换接入；否则，终端执行传统的连接重建立过程。这种增强的处理实际上也融合了方案 1 的一些好处，一定程度上利用了已有的条件切换配置。

上述方案 2 虽然简单，但也仍然有一些问题需要解决。例如，终端如何从满足条件的多个目标小区中选择其中一个？标准讨论中一些观点认为，终端应该选择信道质量最好的小区作为最终的目标小区。另一些观点认为，应该模拟 RRC_IDLE/RRC_INACTIVE 状态小区重选过程中终端选择目标小区的行为，终端应该优先选择好的波束个数最多的小区，这样可以提高接入成功的概率。还有一些观点认为，网络应该为多个目标小区配置响应的优先级，这些优先级可以体现该目标小区所在频点的优先级以及该小区的负载情况。由于方案太多难以融合，最终，3GPP 决定不规范终端的行为，即如何选择目标小区留给终端实现。

切换完成阶段与传统切换过程中类似，包括路径更换过程等。值得提及的是，由于源基站不能准确地预测 UE 何时满足切换执行条件发起切换接入，因此源基站何时进行数据转发是一个需要解决的问题。基本上来说，有以下两个方案。

- 方案 1：前期转发，即在发送完条件切换配置时就开始向目标基站发起数据转发过程，以使得目标基站在 UE 连接到目标小区后能够第一时间进行数据传输。
- 方案 2：后期转发，即当终端选择目标小区进行切换接入后，目标基站通知源基站进行数据转发。

方案 1 的好处是切换过程中的数据中断时间较短、业务连续性好，缺点是源基站需要向多个目标基站进行数据转发，网络开销大。方案 2 恰恰相反，好处是只向一个目标基站进行数据转发，节省网络开销，缺点是终端接入目标小区成功后目标基站不能立即传输数据给终端，需要等到源基站转发数据后才可以。两个方案各有利弊，最终 3GPP RAN3 讨论决定两类数据转发方案都支持，具体使用哪种留给网络侧实现。

11.5 小结

NR 系统的系统消息广播从广播机制的角度和 LTE 系统相比最大的区别是引入了按需请求的方式，其目的是减少不必要的系统消息广播，减少邻区同频干扰和能源的消耗。NR 不仅引入了新的寻呼原因，其发送机制也为了适应波束管理进行了相应的优化，更加适合在高频系统使用。RRC 状态中 RRC_INACTIVE 状态的引入是在节电和控制面时延之间做了一个折中，同时也因此引入了新的 RRC 连接恢复流程。RRM 测量基本上沿用了 LTE 的框架，但也引入了新的参考信号，即基于 CSI-RS 的测量。RRC_CONNECTED 状态下的移动性管理最大的亮点是引入了基于双激活协议栈的切换，这样的机制使得用户面的中断之间接近 0 ms；而条件切换的方式则在很大程度上提高了切换的鲁棒性。

参考文献

[1] 3GPP TS 24. 501 Non-Access Stratum (NAS) protocpol for 5G System (5GS).

[2] 3GPP TS 38. 331 Radio Resource Control (RRC) protocol specification V15. 8. 0.

[3] 38. 304 User Equipment (UE) procedures in idle mode and in RRC Inactive state.

[4] 38. 423 Xn Application Protocol (XnAP).

[5] 37. 340 Evolved Universal Terrestrial Radio Access (E-UTRA) and NR. Multi-connectivity.

[6] 3GPP TS 38. 300 V16. 2. 0 (2020-06), Study on Scenarios and Requirements for Next Generation Access Technologies (Release 16).

[7] R2-1704832. RRM Measurements open issues, Sony.

[8] R2-1910384. Non DC based solution for 0ms interruption time, Intel Corporation, Mediatek Inc, OPPO, Google Inc. vivo, ETRI, CATT, China Telecom, Xiaomi, Charter Communications, ASUSTeK, LG Electronics, NEC, Ericsson, Apple, ITRI.

[9] R2-1909580. Comparison of DC based vs. MBB based Approaches, Futurewei.

第12章

网络切片

杨皓睿　许　阳　编著

网络切片是5G网络引入的新特性，也是5G网络的代表性特征，早在5G研究的第一个版本（R15版本）就被写入标准，并在第二个版本（R16版本）的研究中进一步优化。本章将对网络切片引入的背景、架构、相关流程与参数等进行详细介绍。

12.1　网络切片的基本概念

本节主要介绍网络切片的基本概念，以帮助对网络切片建立初步的认知。同时，本节也希望为后续更加深入地理解网络切片打下基础。

12.1.1　引入网络切片的背景

随着通信需求的不断提高，无线通信网络需要应对各种不断出现的新兴应用场景（详见第2章）。目前可以预测的场景主要有增强移动宽带（Enhanced Mobile Broadbrand，eMBB）、超高可靠性低时延通信（Ultra-Reliable Low Latency Communications，URLLC）、海量物联网（Massive Internet of Things，MIoT）、车联网技术（Verticle to Everything，V2X）等。

目前，包括4G在内的现有无线通信网络并不能满足这些新的通信需求。首先，现有无线通信网络部署环境无法根据不同的业务需求进行资源优化。这是因为，现有无线通信网络中的所有业务都共享这张网络中的网络资源，所有需要路由到相同的外部网络的业务数据传输共用相同的数据连接，只能通过不同的业务质量（Quality of Service，QoS）承载而进行区分。但是，不同的业务根据自身提供的服务不同，对资源的需求也千差万别。另外，随着更多新兴业务场景的产生，除了单纯的高速率外，还产生更多维度的需求，如高可靠性、低时延等。显然，一张通用的网络无法满足不同业务场景的定制化需求。其次，因为某些业务基于安全等因素考虑，需要与别的业务进行隔离，这样，一张统一的网络也无法满足不同业务相互隔离的需求。

为了解决上述问题，网络切片的概念应运而生[6]。网络切片针对不同的业务或厂商进行定制化地设计，还可以实现网络资源的专用和隔离，在满足不同业务场景需求的同时，也可以提供更好的服务。

对于网络切片的架构设计，在5G网络研究初期，基于网络切片的隔离程度，对于网络切片的架构曾设计了三种可选方案[1]。这三种可选方案对网络切片的分割程度不同，如图 12-1 所示。

- 方案 1：所有的核心网网元都进行隔离。
- 方案 2：只有部分核心网网元进行隔离。
- 方案 3：核心网的控制面网元共用，用户面网元进行隔离。

经过各个公司的激烈讨论，基于现实部署的可行性和技术复杂度等方面的考量，再根据不同网元的功能和控制粒度，最终决定选择方案 2（方案 3 可以认为是方案 2 的子集）。因为 UE 的移动管理和业务数据传输管理是独立的，所以不需要将接入与移动性管理功能（Access and Mobility Management Function，AMF）分割到各个网络切片，而是不同的网络切片共用 AMF。只有针对具体业务传输管理的网元，即会话管理功能（Session Management Function，SMF）和用户面功能（User Plane Function，UPF）进行隔离。这里的隔离可以通过虚拟化技术进行软件层面的隔离，也可以使用部署不同的真实网元来实现物理上的隔离。

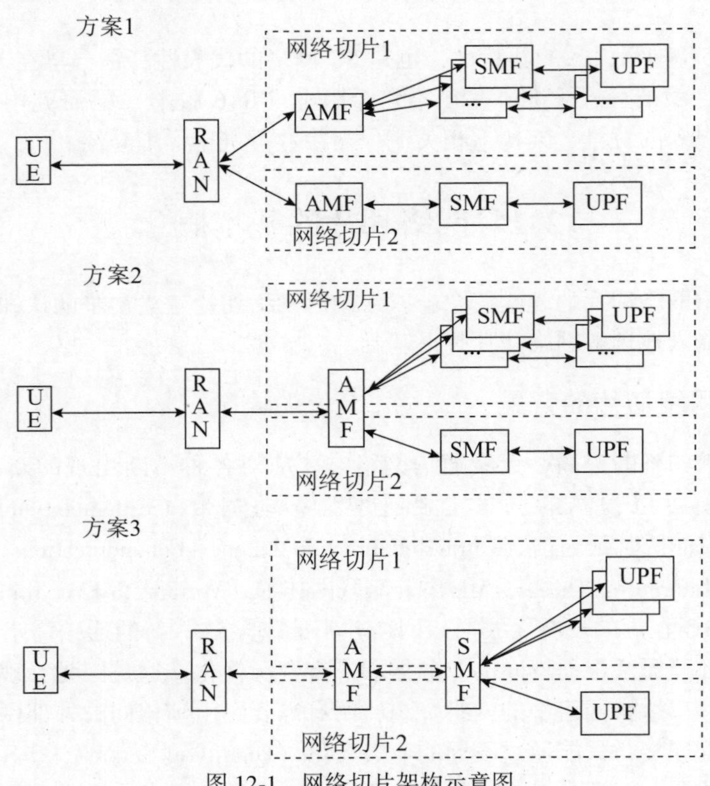

图 12-1　网络切片架构示意图

不同的业务需要不同的网络切片，这就意味着一个运营商需要部署多个网络切片来给不同的业务提供服务，另外，对于请求多个业务的用户设备（User Equipment，UE），也需要能够同时接入不止一个网络切片。所以，需要明确如何标识网络切片。

12.1.2　如何标识网络切片

标准中定义的网络切片标识可以为单一网络切片选择辅助信息（Single-Network Slice Selection Assistance Information，S-NSSAI）。S-NSSAI 是一个端到端的标识，即 UE、基站、核心网设备都可以识别的切片标识。

S-NSSAI由两部分组成，即切片/服务类型（Slice/Service Type，SST）和切片差异化（Slice Differentiation，SD），如图12-2所示[5]。其中，SST用于区分网络切片应用的场景类型，位于S-NSSAI的高8 bit。另外，SD是在SST级别之下更加细致地区分不同的网络切片，位于S-NSSAI的低24比特。例如，SST为V2X时，通过SD区分不同的车企。

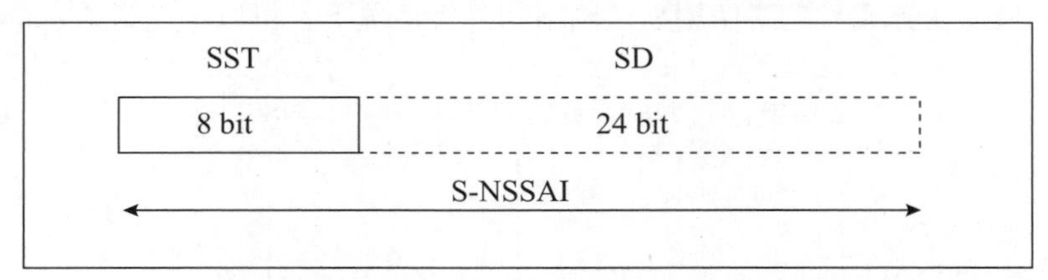

图12-2　S-NSSAI格式（引自TS 23.122[5] 的28.4.2节）

考虑到网络切片的定制化特性，每个运营商都会针对与自己进行合作的应用厂商部署不同的网络切片。所以，统一全世界运营商部署的网络切片的标识是不切实际的。但是，也的确存在全世界大部分运营商都普遍支持的业务。例如，传统的数据流量业务、语音业务等。所以，SST的取值分为标准化取值和非标准化取值。现有的标准化SST值有4个，分别代表eMBB、URLLC、MIoT和V2X。除了V2X在R16中引入外，其他3个值都在R15标准中定义。非标准化取值可以由运营商根据自己部署的网络切片进行定义。

考虑到UE可以使用多个网络切片的场景，S-NSSAI的组合被定义为NSSAI。直到R16，NSSAI可以分为配置的NSSAI（Configured NSSAI），默认配置的NSSAI（Default Configured NSSAI），请求的NSSAI（Requested NSSAI），允许的NSSAI（Allowed NSSAI），挂起的NSSAI（Pending NSSAI），拒绝的NSSAI（Rejected NSSAI）。Default Configured NSSAI中的S-NSSAI只包含标准化取值的SST，是所有运营商可以识别的参数。除了Default Configured NSSAI，其他NSSAI中包含的S-NSSAI会包含其适用的运营商定义的取值，需要和其适用的公共陆地移动网络（Public Land Mobile Network，PLMN）进行关联。UE只有在其关联的PLMN下才可以使用该NSSAI。

12.2　网络切片的业务支持

网络切片的部署最终目的是为UE提供服务。当UE需要在网络切片中进行业务数据传输时，UE需要先注册到网络切片中，收到网络的许可后，再建立传输业务数据的通路，即数据包单元（Packet Data Unit，PDU）会话。以下详细介绍UE注册和PDU会话建立流程。

12.2.1　网络切片的注册

UE需要使用网络切片，必须先向网络请求，在获得网络的允许后才能使用。详细的注册流程图见TS 23.502[2]，简略流程可见图12-3，注册流程包括如下步骤。

对于不同的网络切片，网络需要控制可以接入该切片的UE，网络会为UE配置Configured NSSAI。Configured NSSAI中的网络切片对应于UE签约的网络切片。UE可以基于Configured NSSAI来决定Requested NSSAI。

Requested NSSAI由业务对应的一个或多个S-NSSAI组成。UE获得Configured NSSAI后，当UE需要使用业务时，UE确定当前PLMN对应的Configured NSSAI。如果UE保存有当前

PLMN 对应的 Allowed NSSAI，如 UE 曾注册到该 PLMN、获得并保存收到的 Allowed NSSAI，则 UE 从 Configured NSSAI 和 Allowed NSSAI 中选择业务对应的 S-NSSAI。如果 UE 没有当前 PLMN 对应的 Allowed NSSAI，则只从 Configured NSSAI 中选择业务对应的 S-NSSAI。

UE 将 Requested NSSAI 携带在注册请求（Registration Request）消息中发送给 AMF。另外，UE 在没有具体业务或只需要使用默认网络切片等情况下，可以不携带 Requested NSSAI。

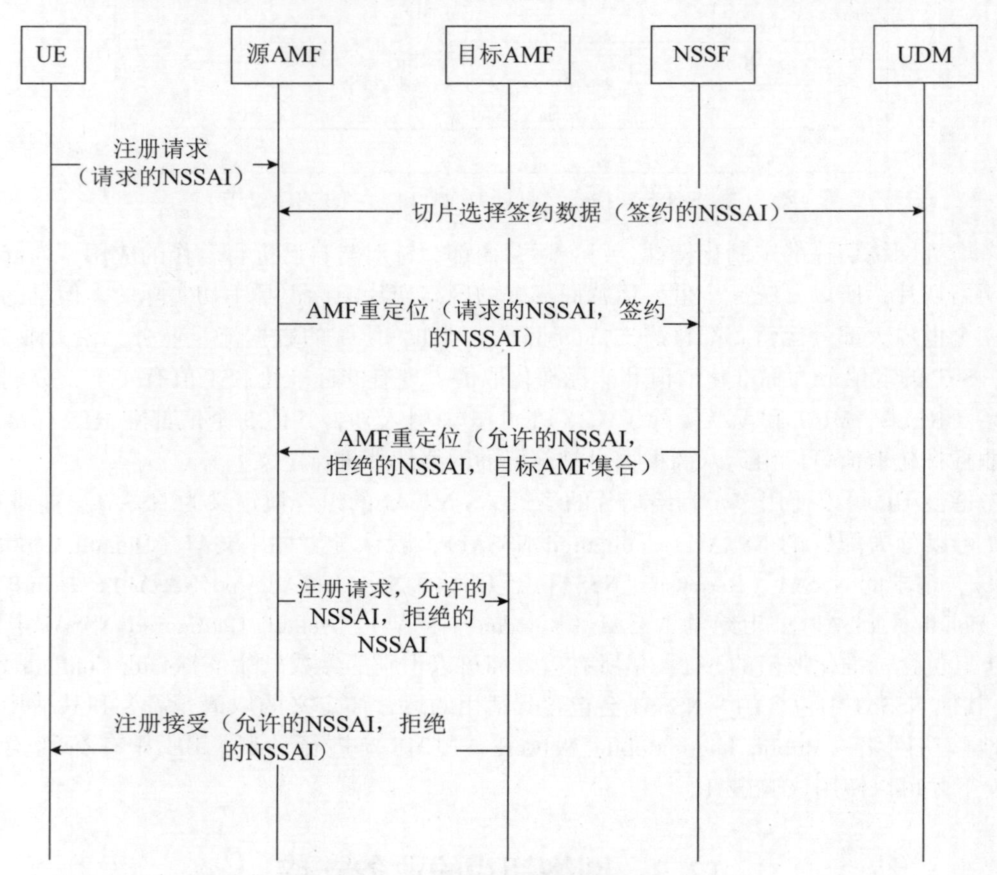

图 12-3　网络切片注册流程简图

当 AMF 收到 Requested NSSAI 后，AMF 需要确定允许 UE 使用的网络切片，即 Allowed NSSAI。在收到 Registration Request 后，AMF 首先对 UE 进行鉴权，如果通过，则从统一数据管理功能（Unified Data Management，UDM）获取 UE 的切片选择签约数据（Slice Selection Subscription Data）。切片选择签约数据包含 UE 签约的网络切片（Subscribed NSSAI），其中存在默认网络切片和需要进行二次授权的网络切片。AMF 结合 Requested NSSAI 和 UE 签约的网络切片确定 Allowed NSSAI，再判断自己是否可以支持 Allowed NSSAI。如果 AMF 无法支持这些 Allowed NSSAI，AMF 需要触发 AMF 重定向来选择另一个能够支持这些 Allowed NSSAI 的目标 AMF。确定目标 AMF 可以由源 AMF 或网络切片选择功能（Network Slice Selection Function，NSSF）来完成，取决于源 AMF 是否配置有确定目标 AMF 的配置信息。如果 AMF 没有配置确定目标 AMF 的信息且网络部署了 NSSF，可由 NSSF 来完成 AMF 重定位（AMF Relocation）。下面我们以 NSSF 确定目标 AMF 为例进一步说明该步骤。

源 AMF 将 UE 签约的网络切片和 Requested NSSAI 发送给 NSSF。NSSF 根据收到的信息，将 Requested NSSAI 中 UE 签约允许的网络切片作为 Allowed NSSAI，不允许的切片作为 Rejected NSSAI，确定可以支持 Allowed NSSAI 的 AMF 集合（Set），再将该 AMF 集合和 Allowed NSSAI 发送给源 AMF。源 AMF 再从该 AMF 集合中选择一个 AMF 作为目标 AMF。目标 AMF 被确定之后，源 AMF 将从 UE 收到的 Registration Request 消息、Allowed NSSAI、Rejected NSSAI 转给目标 AMF。

目标 AMF 再把 Allowed NSSAI、Rejected NSSAI 放在注册接受（Registration Accept）消息中发送给 UE。针对 Rejected NSSAI，AMF 同时会通知 UE 该被拒绝的网络切片不可使用的范围。R16 之前，被拒绝的网络切片的不可使用范围可以是整个 PLMN 或 UE 当前的注册区域。

另外，R16 中引入网络切片的二次认证，即需要第三方厂商和 UE 针对是否允许 UE 使用该网络切片进行再次鉴权。AMF 会把在注册完成时仍需进行二次认证的网络切片作为 Pending NSSAI，把二次认证成功的网络切片放在 Allowed NSSAI，把二次认证失败的网络切片放在 Rejected NSSAI，再把 Pending NSSAI、Allowed NSSAI、Rejected NSSAI 放在 Registration accept 消息中发送给 UE。

12.2.2　网络切片的业务通路

UE 在网络切片中注册成功后，还无法真正地使用网络切片提供的服务，仍需要请求建立业务数据所需的 PDU 会话，在相应的 PDU 会话建立完成后，UE 才能开始使用业务。

1. URSP 介绍

用户设备路径选择策略（UE Route Selection Policy，URSP）用于将特定的业务数据流按需绑定到不同的 PDU 会话上进行传输，由于 PDU 会话的属性参数中包含 S-NSSAI，因此可以使用 URSP 规则实现将特定的业务数据流绑定到不同的网络切片上的目的。

如图 12-4 所示，不同的数据流可以匹配到不同的 URSP 规则上，而每个 URSP 规则对应不同的 PDU 会话属性参数，包括区分不同网络切片的 S-NSSAI 参数。不同的 PDU 会话可以将数据传输到网络外部的应用服务器（Application Server，AS）。

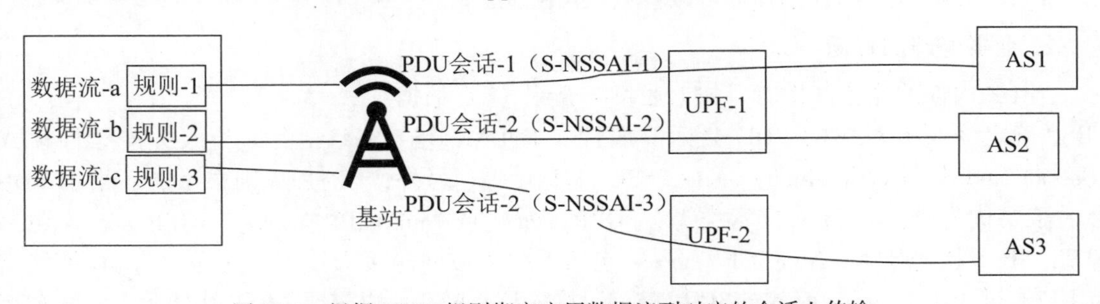

图 12-4　根据 URSP 规则绑定应用数据流到对应的会话上传输

每个 URSP 策略可以包含多个 URSP 规则，每个 URSP 规则中包含数据描述符（Traffic Descriptor，TD）用来匹配特定业务的特征。在 3GPP 的定义中，数据描述符可以使用以下参数用于匹配不同的数据流。

- 应用标识（Application Identifier）：包含操作系统（Operation System，OS）ID 和应用程序（Application，APP）ID，其中 OS ID 用于区分不同终端厂商的操作系统，APP

ID 用于区分该操作系统下的应用标识。

- IP 描述符（IP Descriptor）：IP 描述符包含目的地址、目的端口和协议类型。
- 域描述符（Domain Descriptor）：目标全限定域名（Fully Qualified Domain Name，FQDN），同时带有主机名和域名的名称。
- 非 IP 描述符（Non-IP Descriptor）：用来定义一些非 IP 的描述符，常见的就是虚拟局域网（Virtual Local Area Network，VLAN）ID、媒体接入控制（Media Access Control，MAC）地址。
- 数据网络名称（Data Network Name，DNN）：DNN 是运营商决定的参数，不同的 DNN 会决定核心网不同的出口位置（也就是 UPF），也决定能够访问的不同的外部网络。例如，IP 多媒体系统（IP Multimedia System，IMS）-DNN，Internet-DNN 等。
- 连接能力（Connection Capability）：安卓平台定义的参数，应用曾在建立连接前可以用该参数告知建立连接的目的，如用于“ims”“mms”或“internet”等。

为了实现 URSP，3GPP 在 UE 中引入了 URSP 层。如图 12-5 所示，当新的应用发起数据传输时，OS/APP 向 URSP 层发起连接请求消息，其中连接请求消息会包含该应用数据流的特征信息（前面所述的数据描述符参数中的一个或多个），URSP 层根据上层提供的参数进行 URSP 规则的匹配，并尝试将该应用数据流通过匹配上的 URSP 规则对应的 PDU 会话属性参数进行传输，这里如果该 PDU 会话已经存在，则直接绑定传输，如果不存在，则 UE 会尝试为该应用数据建立 PDU 会话，然后绑定传输。绑定关系确立后，UE 会将后续该应用的数据流按照该绑定关系进行传输。

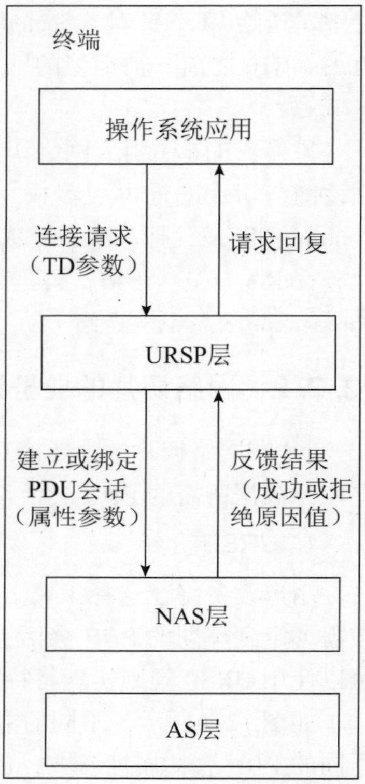

终端
操作系统应用
连接请求（TD参数）
请求回复
URSP层
建立或绑定PDU会话（属性参数）
反馈结果（成功或拒绝原因值）
NAS层
AS层

图 12-5 UE 中引入 URSP 层

关于 URSP 规则的详细描述可以参见 TS 23. 503[3]。

2. 业务通路的打通

当 UE 内部的业务产生时，如上述章节介绍，UE 根据 URSP 确定该业务对应的 PDU 会话的属性，如 DNN，S-NSSAI，会话与服务连续性模式（Session and Service Continuity mode，SSC mode）等。另外，URSP 规则中可能还指示 PDU 会话需要优先使用的接入技术类型：3GPP access 或 Non-3GPP access。3GPP access 包括 LTE、NR 等接入技术，Non-3GPP access 包括无线局域网等接入技术。这是因为 5G 网络支持 UE 通过 3GPP access 或 Non-3GPP access 接入核心网，所以需要 URSP 中指示 UE 该 PDU 会话应该优先使用哪种接入技术类型接入网络。UE 使用这些 PDU 会话属性触发 PDU 会话建立流程，简略流程可见图 12-6，详细流程可参见 TS 23. 502[2]。

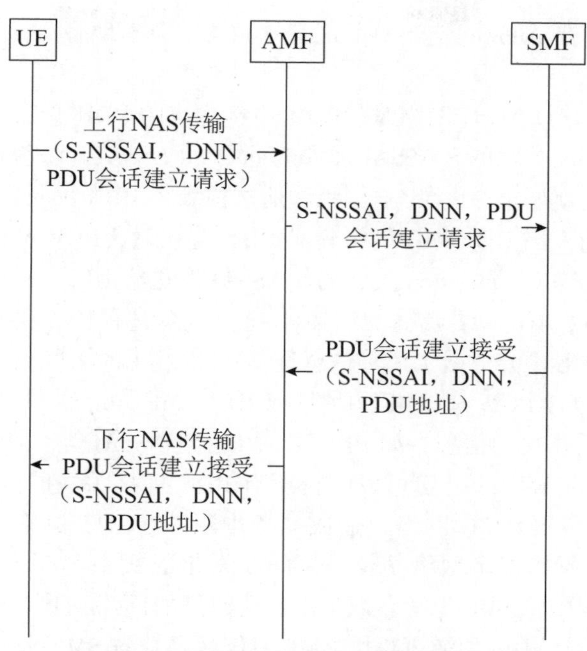

图 12-6　PDU 会话建立流程简图

UE 将 PDU 会话的 DNN，S-NSSAI 等属性参数放在上行 NAS 传输（UL NAS Transport）消息中，并携带 PDU 会话建立请求（PDU Session Establishment Request）消息，发送给 AMF。

AMF 根据 DNN、S-NSSAI 等信息选择能服务的 SMF，并将 UL NAS Transport 消息中的参数和 PDU 会话 Establishment Request 消息发送给选择的 SMF。SMF 再选择切片中的 UPF，并打通 UPF 和基站之间的隧道，用于传输用户数据。

SMF 再将 PDU 会话建立接受（PDU Session Establishment Accept）消息发送给 UE，通知 UE 会话建立成功并给 UE 分配一个 PDU type 对应的地址（PDU Address）。PDU Session Establishment Accept 消息放在下行 NAS 传输（DL NAS Transport）消息中，并由 AMF 转发给 UE。之后，UE 可以使用该 PDU 会话传输对应业务的数据。

当 UE 的签约信息或网络部署发生变化时，网络可能会向 UE 更新 Allowed NSSAI。UE 收到 Allowed NSSAI 后，将 Allowed NSSAI 中的 S-NSSAI 与已经建立的 PDU 的 S-NSSAI 进行比对。当某个 PDU 会话的 S-NSSAI 不在 Allowed NSSAI 中时，UE 需要本地释放该 PDU 会话。

3. 如何支持与 4G 网络的互操作

UE 从 4G 网络移动到 5G 网络时，为了数据传输不间断，也就是保证业务连续性，4G 网络中的分组数据网络（Packet Data Network，PDN）连接需要切换到 5G 网络，发送给 UE 的 PDN 连接关联的地址保持不变，如 IPv4 地址。为了实现关联的地址不变，4G 网络中的 PDN 网关（PDN Gateway，PGW）的控制面和 5G 网络的 SMF 共同部署，称为 PGW-C +SMF。

UE 在移动到 5G 网络时需要发起注册，在注册请求中携带 Requested NSSAI，并获得 Allowed NSSAI。空闲态的 UE 直接发起注册，连接态的 UE 在切换流程之后发起注册。根据 12.2.1 中描述，如果 UE 没有将现有 PDN 连接对应的 S-NSSAI 放入 Requested NSSAI 中，该

S-NSSAI 也不会被包含在 Allowed NSSAI。这就导致 UE 会本地释放该 PDN 连接（或者说，PDU 会话）。

所以，为保证 UE 移动到 5G 网络时，PDN 连接对应的 PDU 会话不被释放，UE 需要在注册时将 PDN connection 关联的 S-NSSAI 加入 Requested NSSAI，以达到 Allowed NSSAI 包含该 S-NSSAI 的目的。这就要求 UE 在 5G 网络注册之前获得 PDN connection 关联的 S-NSSAI。

为了达到上述目的，当 UE 在 4G 网络建立 PDN 连接时，PGW-C+SMF 会根据网络配置和 APN 等信息，将该 PDN connection 关联的 S-NSSAI 发送给 UE。

当 UE 在连接态时，4G 基站会触发切换流程。切换过程中，移动管理实体（Mobility Management Entity，MME）会根据 TAI 等信息选择 AMF，并将保存的 UE 的移动性管理上下文发给 AMF，其中就包含 PGW-C+SMF 的地址或 ID。AMF 寻址到 PGW-C+SMF 并从 PGW-C +SMF 获得和 PDU 会话相关的信息，如 PDU 会话 ID，S-NSSAI 等。

但是，MME 选择的 AMF 不一定可以支持所有 PDN 连接关联的网络切片，这就会导致部分 PDN 连接无法被转移到 5G 网络，造成业务中断。在 R15 讨论时，大多数公司认为，初期的 5G 网络并不会部署很多网络切片，该问题发生的概率不高，所以在 R15 先不做优化。另外，在切换过程中，AMF 无法获取 UE 正在使用的网络切片，所以 AMF 无法根据切片信息选择 SMF，在 R15 中的切换过程中 AMF 只能选择缺省 SMF 来为 UE 服务。

在 R16 的协议制定中，该问题得到了解决。在 R16 的 TS 23.502[2] 中，当 AMF 从 PGW-C+SMF 获得 S-NSSAI 后，AMF 可以结合这些 S-NSSAI，按照 12.2.1 节中 AMF Relocation 的描述，选择一个更合适的目标 AMF。也就是将 AMF Relocation 过程嵌入切换过程。这样，PDU 会话就可以被尽可能多地保留，用户也获得更好的服务体验。目标 AMF 在获取 UE 使用的切片信息后，也可以根据所使用的切片信息选择 SMF 来为 UE 服务。

12.3 网络切片拥塞控制

由于网络切片的负荷有限，当大量信令同时产生时，网络切片可能出现拥塞。针对这些拥塞的网络切片，AMF 或 SMF 如果收到 UE 发送的会话管理信令，可以拒绝这些信令。

为了防止 UE 不断重复发起信令从而造成网络切片的进一步拥塞，AMF 或 SMF 在拒绝信令的同时，可以向 UE 提供回退计时器（Back-off Timer）。R15 中，UE 将 Back-off Timer 与 PDU 会话建立过程中携带的 S-NSSAI 进行关联。如果 UE 在 PDU 会话建立过程中没有提供 S-NSSAI 或者该 PDU 会话是从 4G 网络转移过来的，则 UE 将 Back-off Timer 关联到 no S-NSSAI。

在 Back-off Timer 超时之前，UE 不可重复发起针对该 S-NSSAI 或 no S-NSSAI 的会话建立、会话修改信令。

考虑到 UE 的移动性，除了上述 Timer，网络还会指示 UE 该 Back-off Timer 是否适用所有 PLMN。

但是，网络切片的拥塞控制不适用于高优先级 UE、紧急业务和 UE 更新移动数据开关（PS Data Off）状态的信令。

12.4　漫游场景下的切片使用

当 UE 在漫游时，因为某些业务需要从漫游网络路由回归属网络，所以 PDU 会话会使用漫游网络和归属网络的网络切片。在漫游场景下，与前述内容的不同之处在于以下几点。

- S-NSSAI 中可以包含漫游网络 SST、漫游网络 SD、对应的归属网络 SST、对应的归属网络 SD。对应的归属网络 SST 和 SD 可选。
- UE 在注册时，如果 UE 有漫游网络对应的 Configured NSSAI 时，则 UE 需要提供漫游网络的 S-NSSAI 和对应的归属网络的 S-NSSAI 作为 Requested NSSAI。如果 UE 没有漫游网络对应的 Configured NSSAI，但是存有 PDU 会话对应的归属网络的 S-NSSAI，则 UE 只需要提供归属网络的 S-NSSAI 作为 Requested Mapped NSSAI。
- AMF 将漫游网络的 S-NSSAI 和归属网络的 S-NSSAI 放在 Allowed NSSAI，Pending NSSAI 中发给 UE。
- Rejected NSSAI 适用于当前服务网络。当二次认证失败，需要拒绝 UE 所请求的 S-NSSAI 时，Rejected S-NSSAI 中包含归属网络的 S-NSSAI。除了二次认证失败，需要拒绝 UE 所请求的 S-NSSAI，Rejected S-NSSAI 中包括漫游网络的 S-NSSAI。
- UE 在会话建立时，需要提供漫游网络的 S-NSSAI 和归属网络的 S-NSSAI。
- 如果 Back-off Timer 适用于所有 PLMN，则该 Back-off Timer 和归属网络的 S-NSSAI 进行关联。

12.5　小结

本章介绍了网络切片的背景知识、网络切片的注册、业务通路建立、网络切片拥塞控制等内容，并且介绍了针对漫游场景的网络切片相关适配。希望本章能为读者提供有用的网络切片知识，帮助读者对网络切片建立基础概念，对网络切片实际部署的意义有所展望。

参考文献

[1] 3GPP TS 23.799 V14.0.0 (2016-12). Study on Architecture for Next Generation System (Release 14).

[2] 3GPP TS 23.502 V16.3.0 (2019-12). Procedures for the 5G System (5GS) (Release 16).

[3] 3GPP TS 23.503 V16.4.0 (2020-3). Policy and charging control framework for the 5G System (5GS). (Release 16).

[4] 3GPP TS 24.501 V16.4.1 (2020-3). Non-Access-Stratum (NAS) protocol for 5G System (5GS) (Release 16).

[5] 3GPP TS 23.003 V16.1.0 (2019-12). Numbering, addressing and identification (Release 16).

[6] 3GPP TR 22.891 V1.0.0 (2015-09). Feasibility Study on New Services and Markets Technology Enablers (Release 14).

第 13 章

QoS控制

郭雅莉　编著

13.1　5G QoS 模型的确定

QoS（Quality of Service）即服务质量，5G 网络通过 PDU 会话提供 UE 到外部数据网络之间的数据传输服务，并可以根据业务需求的不同，对在同一个 PDU 会话中传输的不同业务数据流提供差异化的 QoS 保障。为了更容易理解 5G 网络 QoS 模型的确定，我们首先对 4G 网络的 QoS 模型进行一些回顾。

在 4G 网络中，通过 EPS 承载的概念进行 QoS 控制。EPS 承载是 QoS 处理的最小粒度，对相同 EPS 承载上传输的所有业务数据流进行相同的 QoS 保障。对于不同 QoS 需求的业务数据流，需要建立不同的 EPS 承载来提供差异化的 QoS 保障。在 3GPP 规范中，4G 网络的 QoS 控制在 TS23.401[1] 的 4.7 节定义。

如图 13-1 所示，UE 与 PGW 之间的 EPS 承载由 UE 与基站之间的无线承载、基站与 SGW 之间的 S1 承载、SGW 与 PGW 之间的 S5/S8 承载共同组成，无线承载、S1 承载、S5/S8 承载之间具有一一映射的关系。每个 S1 承载、S5/S8 承载都由单独的 GTP 隧道进行传输。PGW 是 QoS 保障的决策中心，负责每个 EPS 承载的建立、修改、释放和 QoS 参数的设定，以及确定每个 EPS 承载上所传输的业务数据流。基站对于无线承载的操作和 QoS 参数设定完全依照核心网的指令进行，对于来自核心网的承载管理请求，基站只有接受或拒绝两种选项，不能自行进行无线承载的建立或参数调整。

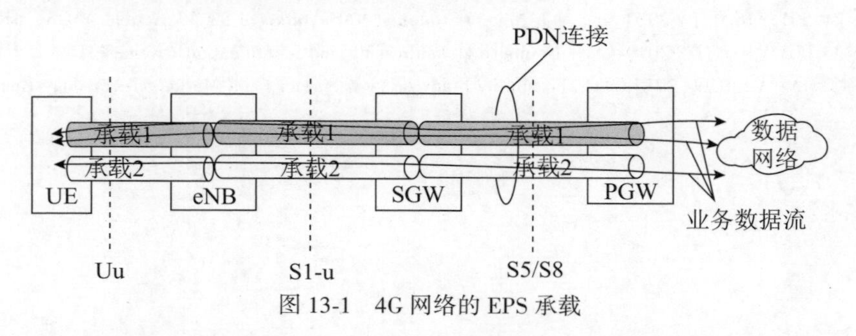

图 13-1　4G 网络的 EPS 承载

4G 网络中，单个 UE 在空口最多支持 8 个无线承载，因此对应最多支持 8 个 EPS 承载进行差异化的 QoS 保障，无法满足更精细的 QoS 控制需求。多段承载组成的端到端承载在承载管理过程中，对每个 EPS 承载的处理都要进行单独的 GTP 隧道的拆建，信令开销大、过程慢，对差异化的应用适配也不够灵活。4G 网络定义的标准化 QCI 只有有限的几个取值，对不同于当前运营商网络已经预配的 QCI 或标准化的 QCI 的业务需求，则无法进行精确的 QoS 保障。随着互联网上各种新业务的蓬勃发展，以及各种专网、工业互联网、车联网、机器通信等新兴业务的产生，5G 网络中需要支持的业务种类，以及业务的 QoS 保障需求远超 4G 网络中所能提供的 QoS 控制能力，为了对种类繁多的业务提供更好的差异化 QoS 保证，5G 网络对 QoS 模型进行了调整。

5G 网络的 QoS 模型在 3GPP 规范 TS23. 501[2] 的 5. 7 节定义，如图 13-2 所示。

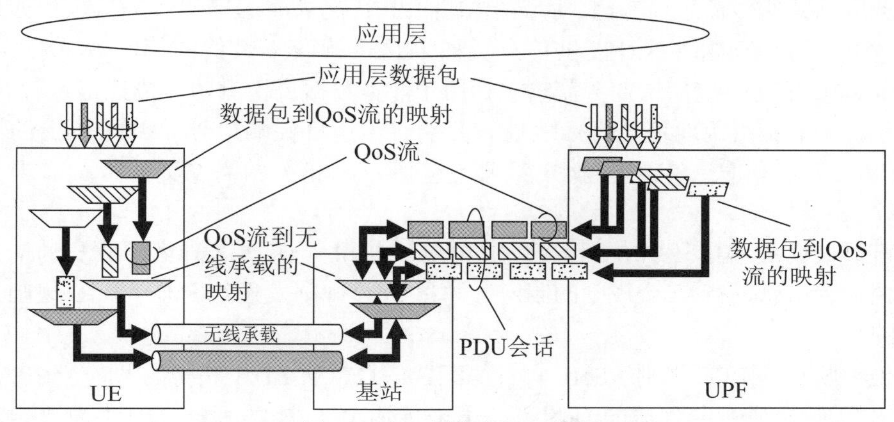

图 13-2　5G 网络的 QoS 模型

5G 网络在核心网侧取消了承载的概念，以 QoS Flow（QoS 流）进行代替，一个 PDU 会话可以有最多 64 条 QoS 流，5GC 和 RAN 之间不再存在承载，5GC 和 RAN 之间的 GTP 隧道为 PDU 会话级别，隧道中传输的数据包的包头携带 QoS 流标识（QFI），基站根据数据包头中的 QFI 识别不同的 QoS 流。因此，不需要在每次建立或者删除 QoSFlow 时对 GTP 隧道进行修改，这就减少了会话管理流程处理所带来的信令开销，提高了会话管理流程处理的速度。

空口的无线承载数在 5G 网络中也扩展到最大 16 个，每个无线承载只能属于一个 PDU 会话，每个 PDU 会话可以包括多个无线承载，这样核心网中相应最多可以有 16 个 PDU 会话，从而最多支持 16×64＝1 024 个 QoS 流，相比 4G 网络的最大 8 个 EPS 承载，大大提高了差异化 QoS 区分度，从而进行更精细的 QoS 管理。QoS 流到无线承载的映射在 5G 网络中变成了多到一的映射，具体的映射关系由基站自行确定，为此在 5G 系统中，基站增加了专门的 SDAP 层进行 QoS 流和无线承载的映射处理，具体 SDAP 层的技术请参考本书 10. 2 节的描述。基站根据映射关系可以自行进行无线承载的建立、修改、删除，以及 QoS 参数设定，从而对无线资源进行更灵活的使用。

在 5G 网络中，不仅支持标准化 5QI 及运营商网络预配的 5QI，还增加了动态的 5QI 配置、时延敏感的资源类型，以及反向映射 QoS、QoS 状态通知、候选 QoS 配置等特性，从而可以对种类繁多的业务提供更好的差异化 QoS 保证。

13.2 端到端的 QoS 控制

13.2.1 端到端的 QoS 控制思路介绍

本节具体介绍通过 5G 网络进行数据传输的端到端的 QoS 控制思路。这里以 UE 和应用服务器之间的数据传输进行举例，并且由应用层的应用功能（AF）主动向 5G 网络提供业务需求。5G 网络也可以支持其他场景的通信，如 UE 和 UE 之间的通信，或 UE 主动向 5G 网络提供业务需求等方式，各种场景下基本 QoS 控制方式与本节是一致的。

在业务数据开始传输之前，UE 对端的 AF 向 PCF 提供应用层的业务需求。如果是运营商可信的 AF，可以直接向 PCF 提供信息；如果是运营商不可信的第三方 AF，可以通过 NEF 向 PCF 提供信息。应用层业务需求包括用于业务数据流检测的流描述信息，对于 IP 类型的数据包，一般是由源地址、目标地址、源端口号、目标端口号、IP 层以上的协议类型所组成的 IP 五元组信息。应用层业务需求还包括 QoS 相关的需求，如带宽需求、业务类型等。

PCF 可以根据从 SMF、AMF、CHF、NWDAF、UDR、AF 等各种渠道收集的信息，以及 PCF 上的预配置信息进行 PCC 规则的制定。并将 PCC 规则发送给 SMF，PCC 规则是业务数据流级别的。

SMF 根据收到的 PCC 规则、SMF 自身的配置信息、从 UDM 获得的 UE 签约等信息，可以为收到的 PCC 规则确定合适的 QoS 流，用来传输 PCC 规则所对应的业务数据流。多个 PCC 规则可以绑定到同一个 QoS 流，也就是说，一个 QoS 流可以用于传输多个业务数据流，是具有相同 QoS 需求的业务数据流的集合。QoS 流是 5G 网络中最细的 QoS 区分粒度，每个 QoS 流用 QFI 进行标识，归属于一个 PDU 会话。每个 QoS 流中的所有数据在空口具有相同的资源调度和保障。SMF 会为每个 QoS 流确定如下信息。

- 一个 QoS 流配置（QoS profile），其中包括这个 QoS 流的 QoS 参数：5QI、ARP、码率要求等信息。QoS profile 主要是发给基站使用的，是 QoS 流级别的。
- 一个或多个 QoS 规则，QoS 规则中主要是用于业务数据流检测的流描述信息以及用于传输这个业务数据流的 QoS 流的标识 QFI，QoS 规则是发给 UE 使用的，主要用于上行数据的检测，是业务数据流级别的。
- 一个或多个包检测规则及对应的 QoS 执行规则，主要包括用于业务数据流检测的流描述信息以及用于传输这个业务数据流的 QoS 流的标识 QFI，发给 UPF 使用，主要用于下行数据的检测，但也可以用于上行数据在网络侧的进一步检测和控制，是业务数据流级别的。

SMF 将 QoS 流配置发送给基站，将 QoS 规则发送给 UE，将包检测规则及对应的 QoS 执行规则发送给 UPF，SMF 还将业务数据流级别的码率要求以及 QoS 流级别的码率要求也提供给 UE 和 UPF。

基站收到 QoS 流配置信息之后，根据这个 QoS 流的 QoS 参数，将 QoS 流映射到合适的无线承载，进行相应的无线侧资源配置。基站还会将 QoS 流与无线承载的映射关系发送给 UE。

在业务的 QoS 流及无线资源准备完毕之后，业务数据开始传输。

下行数据的处理机制如下。

- UPF 使用从 SMF 收到的包检测规则对下行数据进行匹配，并根据对应的 QoS 执行规则在匹配的数据包头添加 QoS 流的标识 QFI，然后通过 UPF 与基站之间的 PDU 会话级别的 GTP 隧道将数据包发送给基站；UPF 会丢弃无法与包检测规则匹配的下行数据包，此外 UPF 还会对下行数据包进行码率控制。
- 基站从与 UPF 之间的 PDU 会话级别的 GTP 隧道收到数据包，根据数据包头携带的 QFI 区分不同的 QoS 流，从而将数据包通过相应的无线承载发送给 UE。

上行数据的处理机制如下。

- UE 首先将待发送的数据包与 QoS 规则中的流描述信息进行匹配，从而根据匹配的 QoS 规则确定业务数据所属的 QoS 流，UE 在上行数据包头添加相应的 QFI。之后 UE 的接入层（AS 层）根据从基站获得的 QoS 流与无线承载的映射关系确定出对应的无线承载，将上行数据包通过相应的无线承载发送给基站。UE 会丢弃无法与 QoS 规则中的流描述信息相匹配的上行数据包，此外 UE 还会对上行数据包进行码率控制。
- 基站将收到的上行数据通过 PDU 会话级别的 GTP 隧道发送给 UPF，发送给 UPF 的上行数据包头中携带 QFI。
- UPF 会使用从 SMF 收到的包检测规则对收到的上行数据进行校验，验证上行数据是否携带了正确的 QFI。UPF 也还会对上行数据包进行码率控制。

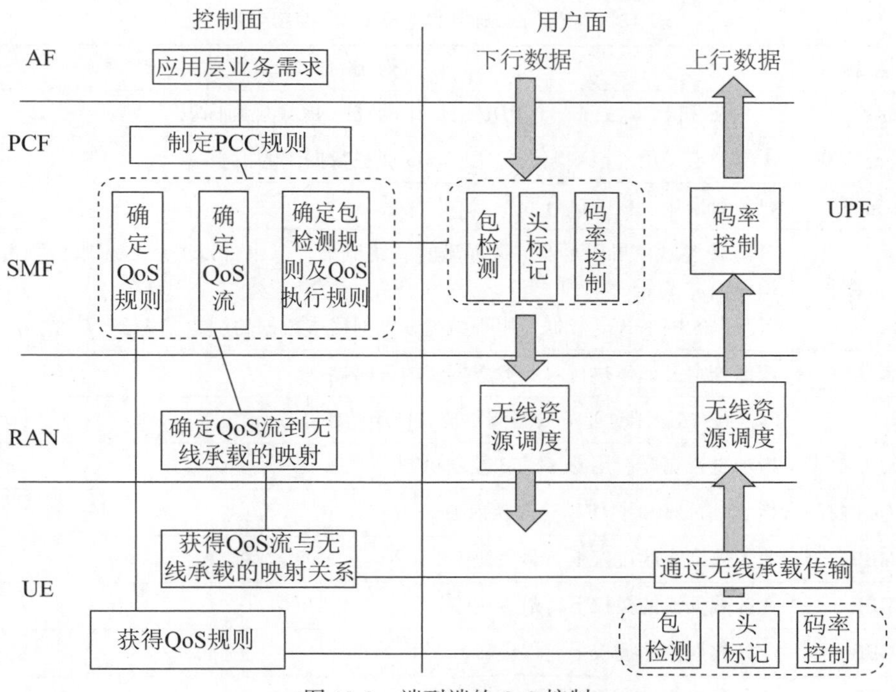

图 13-3　端到端的 QoS 控制

以上端到端的 QoS 控制思路是在接入网为 3GPP 基站的情况下进行说明的，也可以用于 UE 通过非 3GPP 接入点接入网络的情况。QoS 流的 QFI 可以是 SMF 动态分配的，也可以是 SMF 直接使用 5QI 的值作为 QFI 的值。对于这两种情况，SMF 都会将 QFI 及对应的 QoS profile 通过 N2 信令发送给基站，涉及 PDU 会话建立、PDU 会话修改流程，以及在每次 PDU 会话的用户面激活时都会再次将 QoS profile 通过 N2 信令发送给基站。

但是在 UE 通过非 3GPP 接入点接入网络的情况下，某些非 3GPP 的接入点可能不支持从 SMF 通过控制面信令的方式获得 QFI 及对应的 QoSprofile。于是 5G 系统中还设计了另外一种 QoS 控制方式，SMF 直接使用 5QI 的值作为 QFI 的值，SMF 发送给 UPF 的信息以及 UPF 对数据的处理与上面的介绍一致，但是 SMF 不需要将 QFI 及对应的 QoS profile 通过 N2 信令发送给基站。基站上预配有 ARP 的取值，基站根据从 UPF 收到的下行数据包携带的 QFI 得到对应 5QI 的值，再根据预配的 ARP 的取值就可以进行相应的无线资源调度。这种 QoS 控制方式只适用于非 GBR 类型的 QoS 流，并且仅适用于非 3GPP 的接入方式。

13.2.2 PCC 规则的确定

在 13.2.1 节中我们讨论了 5G 网络进行数据传输的端到端的 QoS 控制思路，其中 PCF 负责 PCC 规则的制定，并将 PCC 规则发送给 SMF，从而影响 SMF 对 QoS 流的建立、修改、删除，以及 QoS 参数的设定。那么 PCC 规则具体包括哪些内容？这些内容又是如何产生的呢？

PCC 规则包括的信息主要用于业务数据流的检测和策略控制，以及对业务数据流进行正确的计费。根据 PCC 规则中的业务数据流模板检测出来的数据包共同组成了业务数据流。在 3GPP 规范中，5G 网络的 PCC 规则在 TS23.503[4] 的 6.3 节定义。在表 13-1 中仅列出了 PCC 规则中的主要 QoS 控制参数所需要的信息名称和信息描述。

表 13-1 PCC 规则中的主要 QoS 控制参数

信息名称	信息描述
规则标识	在 SMF 和 PCF 之间一个 PDU 会话中的唯一 PCC 规则标识
业务数据流检测	该部分定义用于检测数据包所归属的业务数据流的信息
检测优先级	业务数据流模板的执行顺序
业务数据流模板	对于 IP 数据：可以是业务数据流的过滤器集合，也可以关联到应用检测过滤器的应用标识 对于以太网格式的数据：用于检测以太网格式数据的过滤器集合
策略控制	该部分定义如何执行对业务数据流的策略控制
5QI	5G QoS 标识，对业务数据流所授权使用的 5QI
QoS 通知控制	指示是否需要启用 QoS 通知控制机制
反向映射 QoS 控制	指示是否对 SDF 使用反向映射 QoS 机制
上行 MBR	业务数据流的授权上行最大码率
下行 MBR	业务数据流的授权下行最大码率
上行 GBR	业务数据流的授权上行保证码率
下行 GBR	业务数据流的授权下行保证码率
ARP	业务数据流的分配和保持优先级，包括优先级、资源抢占能力、是否允许资源被抢占
候选 QoS 参数集	定义业务数据流的候选 QoS 参数集，一个业务数据流可以有一个或多个候选 QoS 参数集

PCF 根据从各种网元例如 SMF、AMF、CHF、NWDAF、UDR、AF 等收集的信息，以及 PCF 上的预配置信息进行 PCC 规则的制定。以下列举一些 PCF 制定 PCC 规则的信息，需要说明的是，PCF 并不一定需要所有的这些信息进行 PCC 规则的制定，下面的举例只是列举了 PCF 从各种网元可能获得的用于策略制定的一些信息。

- AMF 提供的信息，包括 SUPI、UE 的 PEI、用户的位置信息、RAT 类型、业务区域限制信息、网络标识 PLMNID、PDU 会话的切片标识。
- SMF 提供的信息，包括 SUPI、UE 的 PEI、UE 的 IP 地址、默认的 5QI，默认的 ARP、PDU 会话类型、S-NSSAI、DNN。
- AF 提供的信息，包括用户标识、UE 的 IP 地址、媒体类型、带宽需求、业务数据流描述信息、应用服务提供商信息。其中，业务数据流描述信息包括源地址、目标地址、源端口号、目标端口号、协议类型等。
- UDR 提供的信息，如特定 DNN 或切片的签约信息。
- NWDAF 提供的信息，如一些网元或者业务的统计分析或预测信息。
- PCF 可以在任何时候对制定的 PCC 规则进行激活、修改、去激活操作。

13.2.3 QoS 流的产生和配置

5G 的 QoS 模型支持两种 QoS 流类型：保证码率（也就是 GBR 类型）和非保证码率（也就是 Non-GBR 类型）。每个 QoS 流，无论是 GBR 类型还是 non-GBR 类型，都对应一个 QoS 流配置，其中至少包括 5GQoS 标识 5QI，及分配与保持优先级 ARP。对于 GBR 类型的 QoS 流，QoS 流配置中还包括保证流码率 GFBR 和最大流码率 MFBR。SMF 会将 QoS 流的 QFI 及对应的 QoS 流配置一起发给基站，用于基站侧的资源调度。

每个 PDU 会话，存在一个与 PDU 会话相同生命周期的默认的 QoS 流，默认 QoS 流是 non-GBR 类型的 QoS 流。

SMF 根据 PCC 规则确定一个 PDU 会话范围内的业务数据流到 QoS 流之间的绑定关系。最基本的用于 PCC 规则到 QoS 流绑定的参数为 5QI 和 ARP 的组合。

一个 PCC 规则，SMF 检查是否有一个 QoS 流具有与这个 PCC 规则相同的绑定参数，也就是相同的 5QI 和 ARP。如果存在一个这样的 QoS 流，则 SMF 将这个 PCC 规则绑定到这个 QoS 流，并可能进行这个 QoS 流的修改，如将这个 QoS 流现有的 GFBR 增大以支持新绑定的 PCC 规则的 GBR，一般认为 QoS 流的 GFBR 会设置为绑定到这个 QoS 流上的 PCC 规则的 GBR 之和。如果没有这样的 QoS 流，则 SMF 新建一个 QoS 流，SMF 为新建的 QoS 流分配 QFI，并根据 PCC 规则中的参数确定这个 QoS 流相应的 QoS 参数，将 PCC 规则绑定到这个 QoS 流。

SMF 还可以根据 PCF 的指示将一个 PCC 规则绑定到默认的 QoS 流上。

QoS 流的绑定还可以基于一些其他的可选参数，如 QoS 通知控制指示、动态设置的 QoS 特征值等，在此不再详述。

QoS 流绑定完成之后，SMF 将 QoS 流配置发送给基站，将 QoS 规则发送给 UE，将包检测规则及对应的 QoS 执行规则发送给 UPF，SMF 还将业务数据流级别的码率要求以及 QoS 流级别的码率要求也提供给 UE 和 UPF。因此，业务数据流的下行数据就可以在 UPF 侧被映射到正确的 QoS 流进行传输，业务数据流的上行数据在 UE 侧也可以被映射到正确的 QoS 流进行传输。

当 PCC 规则中的绑定参数改变的时候，SMF 就要重新对 PCC 规则进行评估以确定新的

QoS 流绑定关系。

如果 PCF 删除了一个 PCC 规则，则 SMF 相应删除 PCC 规则和 QoS 流之间的关联，当绑定到一个 QoS 流的最后一个 PCC 规则也被删除的时候，SMF 相应删除这个 QoS 流。

当一个 QoS 流被删除的时候，如根据基站的指示无法保证空口资源的情况下，SMF 也需要删除绑定到这个 QoS 流的所有 PCC 规则，并向 PCF 报告这些 PCC 规则被删除。

13.2.4 UE 侧使用的 QoS 规则

UE 基于从 SMF 收到的 QoS 规则进行上行数据的包检测，从而将上行数据映射到正确的 QoS 流。QoS 规则中包括以下信息。

- SMF 分配的 QoS 规则标识，这个 QoS 规则标识在一个 PDU 会话中唯一。
- 根据 QoS 流绑定结果，用于传输这个业务数据流的 QoS 流的标识 QFI。
- 用于业务数据流检测的流描述信息，根据 QoS 规则所对应的 PCC 规则中的业务数据流模板产生，主要包括上行的业务数据流模板，但是可选的也可以包括下行的业务数据流模板。
- QoS 规则的优先级，根据相应的 PCC 规则的优先级产生。

QoS 规则是业务数据流级别的，一个 QoS 流可以对应多个 QoS 规则。

每个 PDU 会话，会有一个默认的 QoS 规则。对于 IP 和以太网类型的 PDU 会话，默认 QoS 规则是一个 PDU 会话中唯一的一个可以匹配所有上行数据的 QoS 规则，并且具有最低的匹配优先级。也就是一个数据包在无法与其他 QoS 规则匹配的情况下，才可以通过与默认 QoS 规则匹配的方式进行相应 QoS 流的传输。

对于非结构化的 PDU 会话，也就是这个 PDU 会话中的数据包头无法用固定格式进行匹配，这种 PDU 会话仅支持默认 QoS 规则，并且默认 QoS 规则不包括业务数据流检测的流描述信息，从而可以允许所有的上行数据与默认 QoS 规则匹配，并通过默认 QoS 规则进行所有数据包的 QoS 控制。非结构化的 PDU 会话只支持一个 QoS 流，通过这个 QoS 流传输 UE 与 UPF 之间的所有数据并进行统一的 QoS 控制。

13.3 QoS 参数

13.3.1 5QI 及对应的 QoS 特征

5QI 可以理解为指向多种 QoS 特征值的一个标量，这些 QoS 特征值用于控制接入网对一个 QoS 流的 QoS 相关的处理，如可用于调度权重、接入门限、队列管理、链路层配置等。5QI 分为标准化 5QI、预配置 5QI、动态分配 5QI 几种。对于动态分配的 5QI，核心网在向基站提供 QoS 流的 QoS 流配置时，不但包括 5QI，还要包括这个 5QI 对应的完整的 QoS 特征值的集合。对于标准化和预配置的 5QI，核心网只需要提供 5QI，基站就可以解析出这个 5QI 对应的多种 QoS 特征值的集合。另外，对于一个标准化或预配置的 5QI，也允许核心网提供与标准化或者预配置所不同的一个或者多个 QoS 特征值，用于修改相应的标准化或者预配置的 QoS 特征值。标准化 5QI 主要用于比较通用的、使用频率高的业务，用 5QI 这个标量代表多种 QoS 特征值的集合，从而对信令传输进行优化。动态分配的 5QI 主要用于标准化 5QI 无法满足的不太通用的业务。

5QI 对应的 QoS 特征值如下所述（见表 13-2）。

- 资源类型：包括 GBR 类型、时延敏感的 GBR 类型、non-GBR 类型。
- 调度优先级。
- 包延迟预算（PDB）：代表 UE 到 UPF 的数据包传输时延。
- 包错误率（PER）。
- 最大数据并发量（MDBV）：用于时延敏感的 GBR 类型。
- 平均时间窗：用于 GBR 和时延敏感的 GBR 类型。

表 13-2 标准化 5QI 与 QoS 特征值之间的对应关系

5QI	资源类型	调度优先级	PDB	PER	MDBV	平均时间窗
1	GBR	20	100 ms	10^{-2}	N/A	2 000 ms
2		40	150 ms	10^{-3}	N/A	2 000 ms
3		30	50 ms	10^{-3}	N/A	2 000 ms
4		50	300 ms	10^{-6}	N/A	2 000 ms
65		7	75 ms	10^{-2}	N/A	2 000 ms
66		20	100 ms	10^{-2}	N/A	2 000 ms
67		15	100 ms	10^{-3}	N/A	2 000 ms
71		56	150 ms	10^{-6}	N/A	2 000 ms
72		56	300 ms	10^{-4}	N/A	2 000 ms
73		56	300 ms	10^{-8}	N/A	2 000 ms
74		56	500 ms	10^{-8}	N/A	2 000 ms
76		56	500 ms	10^{-4}	N/A	2 000 ms
5	Non-GBR	10	100 ms	10^{-6}	N/A	N/A
6		60	300 ms	10^{-6}	N/A	N/A
7		70	100 ms	10^{-3}	N/A	N/A
8		80	300 ms	10^{-6}	N/A	N/A
9		90				
69		5	60 ms	10^{-6}	N/A	N/A
70		55	200 ms	10^{-6}	N/A	N/A
79		65	50 ms	10^{-2}	N/A	N/A
80		68	10 ms	10^{-6}	N/A	N/A
82	时延敏感 GBR	19	10 ms	10^{-4}	255 B	2 000 ms
83		22	10 ms	10^{-4}	1 354 B	2 000 ms
84		24	30 ms	10^{-5}	1 354 B	2 000 ms
85		21	5 ms	10^{-5}	255 B	2 000 ms
86		18	5 ms	10^{-4}	1 354 B	2 000 ms

资源类型用于确定网络是否要为 QoS 流分配专有的网络资源。GBR 类型的 QoS 流和时延敏感的 GBR 类型的 QoS 流需要专有的网络资源，用于保证这个 QoS 流的 GFBR。Non-GBR 类型的 QoS 流则不需要专有的网络资源。相比 4G 网络，资源类型中增加了时延敏感的 GBR 类型，用于支持高可靠、低延迟的业务，这种业务，如自动化工业控制、遥控驾驶、智能交通系统、电力系统的能量分配等，对传输时延要求很高，并且对传输可靠性要求也比较高。从表 13-2 也可以看出，相比其他 GBR 类型和 non-GBR 类型的 5QI，时延敏感的 GBR 类型的 5QI 所对应的包延迟预算 PDB 取值明显很低，包错误率也比较低。在 4G 网络中，对于 GBR 业务的码率保证，在基站侧计算时候一般是预配一个秒级的时间窗，根据这个时间窗计算传输的平均码率是否满足 GBR 的要求，但是因为这个时间窗太长，很可能出现虽然从秒级的时间窗内看码率得到了保证，但是从更短的毫秒级时间窗却发现一段时间内传输码率较低的问题。为了更好地支持高可靠、低延迟业务，5G 网络对于时延敏感的 GBR 类型的 5QI 还增加了 MDBV，用于表示业务在毫秒级短时间窗内需要传输的数据量，从而更好地保证对高可靠、低延迟业务的支持。

调度优先级用于 QoS 流之间的调度排序，既可以用于一个 UE 的不同 QoS 流之间的排序，也可以用于不同 UE 的 QoS 流之间的排序。当拥塞发生的时候，基站不能保证所有 QoS 流的 QoS 需求，则使用调度优先级选择优先需要满足 QoS 需求的 QoS 流。在没有拥塞发生的时候，调度优先级也可以用于不同 QoS 流之间的资源分配，但并不是唯一决定资源分配的因素。

包延迟预算定义的是数据包在 UE 和 UPF 之间传输的最大时延，对于一个 5QI，上下行数据的包延迟预算是相同的。基站在计算 UE 与基站之间的包延迟预算时候，使用 5QI 对应的包延迟预算减去核心网侧包延迟预算，也就是减去基站和 UPF 之间的包延迟预算。核心网侧包延迟预算可以是静态配置在基站上的，也可以是基站根据与 UPF 之间的连接情况动态确定的，还可以是 SMF 通过信令指示给基站的。对于 GBR 类型的 QoS 流，如果传输的数据不超过 GFBR，网络需要保证 98%的数据包的传输时延不超过 5QI 所对应的包延迟预算，也就是 2%以内的传输超时可以认为是正常的。但是对于时延敏感类型的 QoS 流，如果传输的数据不超过 GFBR 并且数据并发量也不超过 MDBV，则超过 5QI 所对应的包延迟预算的数据包会被认为是丢包并计入 PER。对于 non-GBR 类型的 QoS 流，则允许拥塞导致的超过包延迟预算的传输时延和丢包。

包错误率定义已经被发送端的链路层处理但是并没有被接收端成功传送到上一层的数据包的比率的上限，用于说明非拥塞情况下的数据包丢失。包错误率用于影响链路层配置，如 RLC 和 HARQ 的配置。对于一个 5QI，允许的上下行数据的包错误率是相同的。对于 non-GBR 类型和普通的 GBR 类型的 QoS 流，超过包时延预算的数据包不会被计入 PER，但是时延敏感类型的 QoS 流比较特殊，如果传输的数据不超过 GFBR 并且数据并发量也不超过 MDBV，超过 5QI 所对应的包延迟预算的数据包就会被认为是丢包并计入 PER。

平均时间窗仅用于 GBR 和时延敏感的 GBR 类型的 QoS 流，用于表示计算 GFBR 和 MFBR 的持续时间。该参数在 4G 网络中也是存在的，但是在 4G 标准中并未体现，一般是预配在基站侧的一个秒级的时间窗。在 5G 网络中增加了平均时间窗这个特征值，使得核心网可以根据业务需要对时间窗长度进行更改，从而更好地适配业务对码率计算的要求。对于标准化和预配置的 5QI，虽然已经标准化或者与配置了 5QI 所对应的平均时间窗，但是也允许核心网提供不同取值的平均时间窗，用于修改相应的标准化或者预配置的平均时间窗的取值。

最大数据并发量仅用于时延敏感的 GBR 类型的 QoS 流，代表了在基站侧包延迟预算的周期内，需要基站为这个 QoS 流支持处理的最大数据量。对于时延敏感的 GBR 类型的标准化和预配置 5QI，虽然已经标准化或与配置了 5QI 所对应的最大数据并发量，但是也允许核心网提供不同取值的最大数据并发量，用于修改相应的标准化或者预配置的最大数据并发量的取值。

UDM 中为每个 DNN 保存有签约的默认 5QI 取值，默认 5QI 是 non-GBR 类型的标准化 5QI。SMF 从 UDM 获得签约的默认 5QI 取值之后，用于默认 QoS 流的参数配置，SMF 可以根据与 PCF 的交互或根据 SMF 的本地配置修改默认 5QI 的取值。

当前 5G 系统中标准化 5QI 与其所指代的 QoS 特征值之间的对应关系在 3GPP 规范 TS23. 501[2] 的 5. 7 节定义，如表 13-2 所示。需要说明的是，该表中的数值在 TS23. 501 的不同版本中会略有不同，所以在此仅为示例，便于理解标准化 5QI 与其所指代的 QoS 特征值之间的对应关系，后续不再根据 TS23. 501 的版本变化进行本表格数值的修改。

13. 3. 2　ARP

分配与保持优先级 ARP 具体包括优先级别、资源抢占能力、是否允许资源被抢占三类信息，用于在资源受限时候确定是否允许 QoS 流的建立、修改、切换，一般用于 GBR 类型的 QoS 流的接纳控制。ARP 也用于在资源受限时候抢占现有的 QoS 流的资源，如释放现有 QoS 流的资源，从而接纳建立新的 QoS 流。

ARP 的优先级别用于指示 QoS 流的重要性。取值是 1 ~ 15，1 代表最高的优先级。一般来说，可以用 1 ~ 8 分配给当前服务网络所授权的业务，9 ~ 15 分配给家乡网络授权的业务，因此可以用于 UE 漫游的情况。根据漫游协议，也可以不局限于此，从而进行更弹性的优先级别的分配。

资源抢占能力指示是否允许一个 QoS 流抢占已经分配给另外一个具有较低 ARP 优先级的 QoS 流的资源，可以设置为“允许”或“禁止”。

是否允许资源被抢占指示一个 QoS 流已经获得的资源是否可以被具有更高 ARP 优先级的 QoS 流所抢占，可以设置为“允许”或“禁止”。

UDM 中为每个 DNN 保存有签约的默认 ARP 取值，SMF 从 UDM 获得签约的默认 ARP 取值之后，用于默认 QoS 流的参数配置，SMF 可以根据与 PCF 的交互或者根据 SMF 的本地配置修改默认 ARP 的取值。

对默认 QoS 流以外的 QoS 流，SMF 将绑定到这个 QoS 流的 PCC 规则中的 ARP 优先级别、资源抢占能力、是否允许资源被抢占设置为 QoS 流的 ARP 参数，或者如果网络中没有部署 PCF 的情况下，也可以根据 SMF 的本地配置进行 ARP 的设置。

13. 3. 3　码率控制参数

码率控制参数包括 GBR、MBR、GFBR、MFBR、UE-AMBR 和 Session-AMBR。

- GBR 和 MBR 是业务数据流级别的码率控制参数，用于 GBR 类型的业务数据流的码率控制，在 13. 2. 2 节 PCC 规则所包括的参数中已经进行了介绍。MBR 对 GBR 类型的业务数据流是必需的，对于 non-GBR 类型的业务数据流是可选的。UPF 会执行业务数据流级别的 MBR 的控制。
- GFBR 和 MFBR 是 QoS 流级别的码率控制参数，用于 GBR 类型的 QoS 流的码率控制。

GFBR 指示基站在平均时间窗内保证预留足够的资源为一个 QoS 流传输的码率。MFBR 限制为 QoS 流传输的最大码率，超过 MFBR 的数据可能会被丢弃。在 GFBR 和 MFBR 之间传输的数据，基站会根据 QoS 流的 5QI 所对应的调度优先级进行调度。QoS 流的下行数据的 MFBR 在 UPF 进行控制，基站也会进行上下行数据的 MFBR 的控制。UE 可以进行上行数据的 MFBR 控制。

- UE-AMBR 和 Session-AMBR 都用于 non-GBR 类型的 QoS 流控制。
- Session-AMBR 控制的是一个 PDU 会话的所有的 non-GBR 类型的 QoS 流的总码率。在每个 PDU 会话建立时，SMF 从 UDM 获得签约的 Session-AMBR，SMF 可以根据与 PCF 的交互或者 SMF 的本地配置修改 Session-AMBR 的取值。UE 可以进行上行数据的 Session-AMBR 的控制，UPF 也会对上下行数据的 Session-AMBR 进行控制。
- UE-AMBR 控制的是一个 UE 的所有 non-GBR 类型的 QoS 流的总码率。AMF 可以从 UDM 获得签约的 UE-AMBR，并可以根据 PCF 的指示进行修改。AMF 将 UE-AMBR 提供给基站，基站会重新进行 UE-AMBR 的计算，计算方法是，将一个 UE 当前所有 PDU 会话的 Session-AMBR 相加后的取值与从 AMF 收到的 UE-AMBR 的取值进行比较，取最小值作为对 UE 进行控制的 UE-AMBR。基站负责执行 UE-AMBR 的上下行码率控制。

13.4 反向映射 QoS

13.4.1 为什么引入反向映射 QoS

反向映射 QoS 最初是在 4G 网络中引入，用于 UE 通过固定宽带，如 WLAN，接入 3GPP 网络的 QoS 控制。固定宽带网络中可以通过数据包头的 DSCP 进行 QoS 的区分处理。4G 网络的反向映射 QoS 机制在 3GPP 规范 TS23. 139[3] 的 6. 3 节定义，如图 13-4 所示，当 UE 通过固定宽带接入 4G 核心网之后，对于下行数据，PGW 基于来自 PCF 的策略获得业务数据流模板和 QoS 控制信息，在匹配的数据包头打上相应的 DSCP 再发送到固定宽带网络，固定宽带网络基于 DSCP 进行 QoS 控制并发送给 UE。而对于上行数据，UE 依靠反向映射机制，根据下行数据的包头产生相应的用于上行数据的数据包过滤器和 DSCP 信息，从而在匹配的上行数据包头打上相应的 DSCP 再发送到固定宽带网络。UE 根据下行数据的包头产生用于上行数据的数据包过滤器，举例也就是把下行数据包头的源 IP 地址、源端口号作为上行数据包过滤器的目标 IP 地址、目标端口号，把下行数据包头的目标 IP 地址、目标端口号作为上行数据包过滤器的源 IP 地址、源端口号，这样进行反向映射。

这种反向映射的 QoS 控制机制也就是通过用户面包头的指示进行 QoS 控制，避免了控制面为了交互 QoS 参数在核心网与基站之间，以及核心网与 UE 之间所产生的大量信令交互，提高了网络对业务数据 QoS 控制的反应速度。在 5G 网络中考虑对多种新业务的支持，很多互联网业务会使用大量非连续的地址/端口信息，或者频繁变化地址/端口信息，因此网络向 UE 配置的 QoS 规则中的流描述信息（也就是流过滤器）数量可能非常多，大大增加了网络与 UE 之间 NAS 消息中需要传输的信元数量，用于更新 QoS 规则中的流描述信息的 NAS 消息也会非常频繁。因此，在 5G 网络的 QoS 模型设计之初，把反向映射 QoS 机制引入 5GQoS 模型就是一个重要话题。

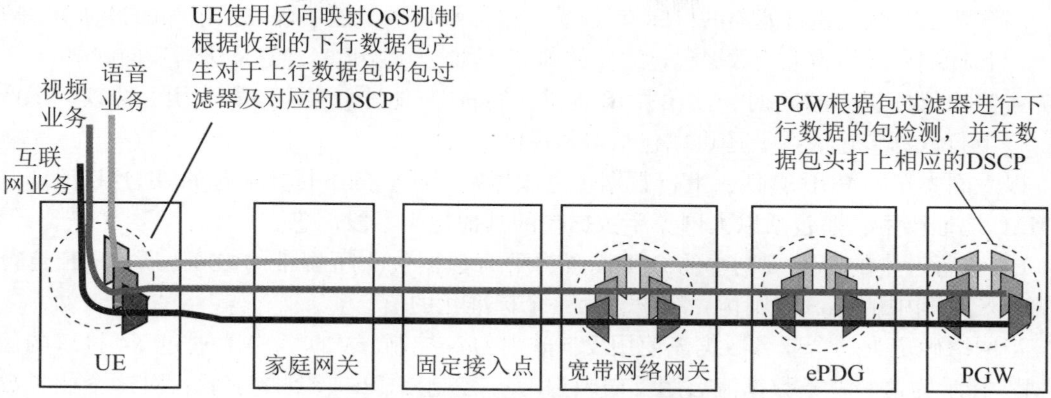

UE使用反向映射QoS机制根据收到的下行数据包产生对于上行数据包的包过滤器及对应的DSCP

视频业务　语音业务　互联网业务

PGW根据包过滤器进行下行数据的包检测，并在数据包头打上相应的DSCP

UE　家庭网关　固定接入点　宽带网络网关　ePDG　PGW

图 13-4　UE 通过固定宽带接入 LTE 的 QoS 控制

另外，在 13.2.1 节中，我们介绍了一种特殊的 QoS 控制方式，也就是直接使用 5QI 的值作为 QFI 的值，因为 UPF 会将 QFI 添加在每个数据包的包头发送到基站，基站根据数据包头的 QFI 就可以对应出 5QI 的取值，从而进行差异化的 QoS 控制，SMF 也不再需要通过 N2 信令将 QoS 流配置发送到基站。如果与这种 QoS 控制方式相配合，则可以在 5G 网络中达到类似图 13-4 的用户面 QoS 控制机制，避免了 SMF 与基站之间以及 SMF 与 UE 之间的 QoS 控制信令，达到信令更少、QoS 控制反应速度更快的效果。遗憾的是，这种 QoS 控制方式仅用于 non-3GPP 接入方式，并且仅用于 non-GBR 类型的业务，所以对于大部分的业务，5G 网络还是需要基于 N2 信令的 QoS 控制方式，但是可以通过反向映射机制取得一部分的用户面 QoS 控制方式的优势。

13.4.2　反向映射 QoS 的控制机制

反向映射 QoS 机制可以用于 IP 类型或以太网类型的 PDU 会话，不需要 SMF 提供 QoS 规则就可以在 UE 侧实现上行用户面数据到 QoS 流的映射。UE 根据收到的下行数据包自行产生 QoS 规则。反向映射 QoS 机制是业务数据流级别的，在同一个 PDU 会话甚至同一个 QoS 流中，都可以既存在通过反向映射 QoS 进行控制的数据包，也存在通过普通 QoS 控制方式进行控制的数据包。

如果 UE 支持反向映射 QoS 功能，则 UE 需要在 PDU 会话流程中向网络指示自己支持反向映射 QoS。一般来说，UE 支持反向映射 QoS 的指示在 PDU 会话的生命周期中是不会改变的。但是某些特殊情况下，UE 也可以收回之前发送给网络的支持反向映射 QoS 的指示。这种情况下，UE 需要删掉这个 PDU 会话中所有 UE 自行产生的 QoS 规则，网络也可以通过信令向 UE 提供新的 QoS 规则，用于之前通过反向映射 QoS 功能控制的业务数据流。因为这种场景比较特殊，UE 在这个 PDU 会话的生命周期内不允许再次向网络指示支持反向映射 QoS。

UE 自行产生的 QoS 规则包括以下几个方面。

- 一个上行数据包过滤器。
- QFI。
- QoS 规则的优先级。

IP 类型的 PDU 会话，上行数据包过滤器基于收到的下行数据包产生。

- 当协议标识为 TCP 或者 UDP 时，使用源 IP 地址、目标 IP 地址、源端口号、目标端口号、协议标识产生上行数据包过滤器。也就是把下行数据包头的源 IP 地址、源端口号作为上行数据包过滤器的目标 IP 地址、目标端口号，把下行数据包头的目标 IP 地址、目标端口号作为上行数据包过滤器的源 IP 地址、源端口号，这样进行反向映射。

- 当协议标识为 ESP 时，使用源 IP 地址、目标 IP 地址、安全参数索引、协议标识产生上行数据包过滤器。还可以包括 IPSec 相关信息。

以太网类型的 PDU 会话，上行数据包过滤器基于收到的下行数据包的源 MAC 地址、目标 MAC 地址产生，还包括以太网类型数据包的其他包头字段信息。

UE 自行产生的 QoS 规则中的 QFI 设置为下行数据包头所携带的 QFI。所有 UE 自行产生的 QoS 规则中的 QoS 规则优先级设置为一个标准化的值。

当网络确定为一个业务数据流使用反向映射 QoS 控制方式时，SMF 通过 N4 接口的信令向 UPF 指示为这个业务数据流启用反向映射 QoS 控制。UPF 收到指示后，对这个业务数据流的所有下行数据包，在每个数据的包头添加 QFI 同时还额外添加反向映射指示 RQI。包头中添加了 QFI 和 RQI 的数据包通过基站发送到 UE。

UE 上会设置一个反向映射计时器，可以采用默认的取值，或网络为每个 PDU 会话设置一个反向映射计时器的取值。

UE 收到一个携带 RQI 的下行数据包之后产生。

- 如果 UE 上不存在对应于这个下行数据包的 UE 自行产生的 QoS 规则，则 UE 产生一个新的 UE 自行产生的 QoS 规则，这个规则的数据包过滤器根据这个下行数据包头信息反向映射生成，并且为这个自行产生的 QoS 规则启动一个反向映射计时器。
- 如果 UE 上已经存在对应于这个下行数据包的 UE 自行产生的 QoS 规则，则 UE 重启这个 UE 自行产生的 QoS 规则的反向映射计时器。如果这个 QoS 规则中只有数据包过滤器与下行数据包头对应，但是 QFI 与下行数据包头携带的 QFI 不同，则 UE 使用下行数据包头中所携带的新的 QFI 修改 UE 侧已经存在的对应这个下行数据包的 UE 自行产生的 QoS 规则。

在一个 UE 自行产生的 QoS 规则所对应的反向映射计时器过期之后，UE 删除相应的自行产生的 QoS 规则。

当网络决定不再为一个业务数据流使用反向映射 QoS 控制方式时，SMF 通过 N4 接口的信令删除发给 UPF 的对这个业务数据流的反向映射 QoS 指示。UPF 收到删除指示后，不再对这个业务数据流的下行数据包添加 RQI。

使用反向映射 QoS 控制方式的业务数据流可以与其他使用普通非反向映射 QoS 控制方式的业务数据流绑定到同一个 QoS 流进行传输。只要一个 QoS 流中包括至少一个使用反向映射 QoS 控制方式的业务数据流，SMF 就会在通过 N2 信令向基站提供的 QoS 流配置中增加反向映射属性 RQA。基站根据收到的 RQA 可以对这个 QoS 流开启基站侧对于反向映射 QoS 的控制机制，如 SDAP 层的反向 QoS 映射配置。

13.5 QoS 通知控制

13.5.1 QoS 通知控制介绍

在 LTE 网络中，对于 GBR 类型的承载，在基站侧资源无法保证承载所需要的 GBR 时，基站会直接发起承载的释放。如果业务可以接受降级到更低的 GBR，则可以重新发起新的较低 GBR 的承载的建立，但是这样会导致业务中断，业务体验效果较差。

为了进一步提高业务体验，而且考虑对一些新业务（如 V2X 业务）的支持，新业务可能对业务中断比较敏感，甚至业务中断会造成实际业务使用中较为严重的后果，5G 网络对于 GBR 类型的 QoS 流增加了 QoS 通知控制机制。

QoS 通知控制机制指示当基站无法保证 QoS 流的 QoS 需求时候继续保持 QoS 流并通知核心网 QoS 需求无法保证的状况，用于可以根据网络状况进行 QoS 需求调整的 GBR 业务，如业务可以根据网络状况进行码率调整。对于这种业务 PCF 在 PCC 规则中设置 QoS 通知控制指示，SMF 在执行业务数据流到 QoS 流的绑定时除了考虑 13.2.3 节的绑定参数，还需要考虑 PCC 规则中的 QoS 通知控制指示，并根据绑定到 QoS 流的 PCC 规则中的 QoS 通知控制指示为这个 QoS 流设置 QoS 通知控制指示，通过 QoS 流配置发送到基站。

一个 GBR 类型的 QoS 流，如果设置了 QoS 通知控制指示，则当基站发现这个 QoS 流的 GFBR、PDB 或 PER 无法保证时，基站继续保持这个 QoS 流并继续努力尝试为这个 QoS 流分配资源去满足 QoS 流配置中的参数，同时基站向 SMF 发送通知消息，指示 QoS 需求无法保证。之后如果基站发现 GFBR、PDB 或 PER 又可以得到满足，则再次发送通知消息给 SMF 指示可以保证 QoS 需求。

13.5.2　候选 QoS 配置的引入

QoS 通知控制机制虽然解决了 GBR 业务在 QoS 需求无法得到保证时无线资源被立即释放的问题，但是基站在向核心网发送了 QoS 需求无法保证的通知之后，因为核心网和应用的交互相对较慢，而且应用侧是否需要调整业务 QoS 需求或者调整成怎样的 QoS 需求也是不可预测的，基站只能一边尽量分配资源去满足原来的 QoS 需求，一边等待从核心网发来的调整指示，这时候基站对资源的分配其实具有一定的盲目性。5G 网络 QoS 通知控制机制中引入了候选 QoS 配置，用于让基站了解在 QoS 需求无法得到保证时，业务可调整到的后续 QoS 需求，从而进一步提高资源利用的效率，提高业务根据无线资源状况对 QoS 需求调整的速度。

候选 QoS 配置是依赖于 QoS 通知控制机制的一种可选优化，仅用于启用了 QoS 通知控制的 GBRQoS 流。PCF 通过与业务的交互，在 PCC 规则中设置一组或多组候选 QoS 参数集。SMF 在相应的 QoS 流的 QoS 流配置中对应增加一组或多组候选 QoS 参数集，通过 QoS 流配置发送到基站。

当基站发现无线资源无法保证一个 QoS 流的 QoS 需求时，基站需要评估无线资源是否可以保证某个候选 QoS 参数集，如果可以，则在向 SMF 通知 QoS 需求无法保证时也指示可以保证的候选 QoS 参数集。基站具体操作如下。

- 当基站发现这个 QoS 流的 GFBR 或者 PDB 或者 PER 无法保证时，首先按照候选 QoS 参数集的优先级逐个评估当前无线资源是否可以保证某个候选 QoS 参数集。如果可以保证某个候选 QoS 参数集，则基站向 SMF 指示最先匹配到的可以保证的候选 QoS 参数集。如果没有匹配的候选 QoS 参数集，则基站向 SMF 指示 QoS 需求无法保证并且没有任何可以保证的候选 QoS 参数集。
- 当基站发现可以保证的 QoS 参数集发生变化时，再次向 SMF 指示当前最新的 QoS 状态。
- 基站总是努力尝试为比当前状态更高优先级的候选 QoS 参数集分配资源。

- SMF 收到基站侧的通知之后需要通知给 PCF。
- SMF 还可以将 QoS 改变的信息通知给 UE。

13.6 小结

本章介绍了 5G 网络的 QoS 控制，通过对 4G 网络 QoS 控制方式的回顾和对比，阐述了 5G 网络 QoS 模型的产生原因，并对 5G 网络中的 QoS 控制方式、QoS 参数，以及 5G 网络中所引入的反向映射 QoS、QoS 状态通知、候选 QoS 配置等特性进行了详细介绍。

参考文献

[1] 3GPP TS23.401 V16.5.0（2019-12）. General Packet Radio Service（GPRS）enhancements for Evolved Universal Terrestrial Radio Access Network（E-UTRAN）access（Release 16）.
[2] 3GPP TS23.501 V16.4.0（2020-03）. System architecture for the 5G System（5GS）Stage 2（Release 16）.
[3] 3GPP TS23.139 V15.0.0（2018-06）. 3GPP system-fixed broadband access network interworking Stage 2（Release 15）.

第 14 章

5G语音

许　阳　刘建华　编著

语音业务是运营商收入中重要的一项，在 2G、3G、4G 运营商的“长尾效应”突出。所谓“长尾效应”是指语音、短信、流量占比很高（通常可以占据 90%或以上），而其他几十甚至几百项增值业务的总收入占比则很低。因此，语音业务一直是运营商关注的重点业务，在 5G 时代仍将会是重点业务。

回顾 4G 语音方案，主流方案包括如下几种（见表 14-1）。

表 14-1　4G 主流语音方案

语音方案	描　　述
VoLTE/eSRVCC	语音业务基于 IMS 提供，并支持从 LTE 切换到 2G/3G 网络的语音连续性 UE 和网络均需支持 IMS 协议栈，需支持 SRVCC 功能，改动较大
CSFB	UE 单待，当语音业务需求时，UE 主动请求回落至 2G/3G，通过电路与建立语音连接 UE 和网络需支持重定向或切换方式的回落功能，重用 2G/3G 网络的语音功能，改动适中，但通话建立时间较长
SvLTE	UE 双待，语音业务有传统 2G/3G 网络提供。对网络改动小，但 UE 需要支持双待，对手机芯片有较高要求，且耗电量高

5G 时代，由于全网络 IP 化的趋势不可阻挡，传统的 CS 域语音正逐渐被淘汰，将被基于 IMS 网络的 4G VoLTE 和 5G VoNR 语音代替。CS 业务以及传统的短信业务在 5G 时代将逐渐被淘汰，取而代之的是 VoNR/VoLTE 业务以及 RCS 业务。这种演进趋势有助于运营商降低网络的维护成本同时进一步提升相关业务的用户体验。

随着 5G 的到来，虽然，相较于其他业务，语音的重要性相比 4G 有所降低，但是仍然是运营商的重要收入和服务内容，相比 OTT 的语音功能（如微信语音），运营商的 5G 语音具有如下不可替代的优势。

- 原生态嵌入，不需要安装第三方 APP。
- 使用电话号码即可拨通电话，不需要 OTT 软件进行好友认证。
- 可以与 2G、3G、4G 用户以及固话用户互通。
- 具有专有承载和领先的编码能力，保障用户的语音质量。相比 OTT 语音数据与普通上网流量同时传输，5G 语音数据会在运营商网络中优先传输，且编码效率具有优势。

- 紧急呼叫功能。紧急呼叫功能可以让用户在没有 SIM 卡时或任意运营商网络下拨通紧急呼叫号码（如中国的 110、美国的 911），保障紧急情况下的人身安全。

同时相比 4G 时代，5G 语音业务有如下发展趋势。

- 更好的通话质量，采用 EVS 高清语音编码，有效提升 MOS 值。语音计费与流量计费合并，即通过语音的 IP 数据流量计费，而非时长计费。
- 业务连续性进一步提升，VoNR 通话中的 5G 用户移动到 4G 网络下也可以无缝切换。

14.1 IMS 介绍

VoLTE 和 VoNR 是未来 5G 网络下语音的可实现方式，其中，VoLTE 和 VoNR 都是通过 IMS 协议实现的，其区别主要在于 VoLTE 是 IMS 数据包通过 4G LTE 网络进行传输，5G VoNR 是 IMS 数据包通过 5G NR 网络进行传输。

在 5G 网络中，IMS 网络的总体架构与 4G 相同，主要区别在于进一步支持了 EVS WB 和 SWB 两种超高清语音编解码技术，以便进一步提升通话质量。

本章将介绍 IMS 的基本功能和流程，并着重从 UE 的视角阐述支持 IMS 的 UE 所需要具备的能力。

14.1.1 IMS 注册

为了执行 IMS 业务，IMS 协议栈需要支持下面两个重要的 IMS 层用户标识。

（1）PVI（Private User Id）：又称 IMPI，是网络层的标识，具有全球唯一性，存储在 SIM 卡上，用于表示用户和网络的签约关系，一般也可以唯一标识一个 UE。网络可以使用 PVI 进行鉴权来识别用户是否可以使用 IMS 网络，PVI 不用于呼叫的寻址和路由。

PVI 可以用“用户名@归属网络域名”或“用户号码@归属网络域名”来表示。习惯上常采用“用户号码@归属网络域名”的方式。

（2）PUI（Public User Id）：又称 IMPU，是业务层标识，可由 IMS 层分配多个，用于标识业务签约关系、计费等，还表示用户身份并用于 IMS 消息路由。PUI 不需要鉴权。

PUI 可以采用 SIP URI 或者 Tel URI 的格式。SIP URI 的格式遵循 RFC3261 和 RFC2396，如 1234567@ domain、Alex@ domain。Tel URI 的格式遵循 RFC3966，如 tel：+1-201-555-0123、tel：7042；phone-context=example. com。

为了执行 IMS 语音业务，UE 需要执行 IMS 注册。注册过程的目的是在 UE、IMS 网络之间建立一个逻辑路径，该路径用来传递后续的 IMS 数据包。IMS 注册完成后能实现以下功能。

- UE 可以使用 IMPU 进行通信。
- 建立了 IMPU 与用户 IP 地址之间的对应关系。
- UE 可以获取当前的位置信息和业务能力。

注册过程如图 14-1 所示，UE 在使用 IMS 业务前，应在 IMS 中注册，IMS 网络维持用户注册状态。用户注册到 IMS，注册由 UE 发起，S-CSCF 进行鉴权和授权，并维护用户状态；UE 可以通过周期性注册更新保持注册信息，如果超时未更新，网络侧会注销用户。

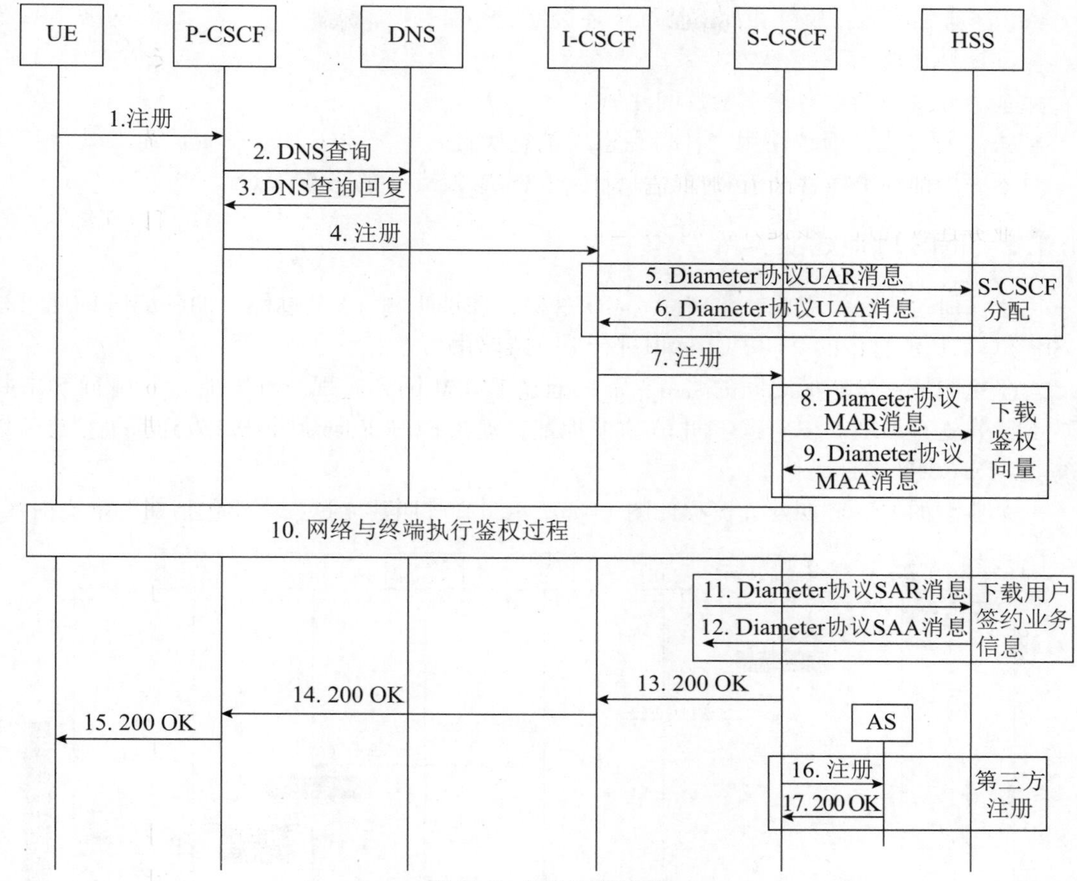

图 14-1　IMS 注册过程

注册完成后，UE、核心网网元和 IMS 网元将获得以下信息（如表 14-2 所示）：简言之，UE 注册后，各个节点将被打通，IMS 网元具备了找到 UE 的能力，UE 也获得了执行语音业务的必要参数。

表 14-2　注册前后 UE 和网络侧获得的数据

网元	注 册 前	注 册 中	注 册 后
UE	IMPU、IMPI、域名、P-CSCF 名称或地址、鉴权密码	IMPU、IMPI、域名、P-CSCF 名称或地址、鉴权密码	IMPU、IMPI、域名、P-CSCF 名称或地址、鉴权密码
P-CSCF	DNS 地址	I-CSCF 地址、UE IP 地址、IMPU、IMPI	I-CSCF 地址、UE IP 地址、IMPU、IMPI
I-CSCF	HSS 地址	S-CSCF 地址	无
S-CSCF	HSS 地址	HSS 地址、用户签约业务信息、P-CSCF 地址、P-CSCF 网络标识、UE IP 地址、IMPU、IMPI	HSS 地址、用户签约业务信息、P-CSCF 地址、P-CSCF 网络标识、UE IP 地址、IMPU、IMPI
HSS	用户签约业务信息、鉴权数据	P-CSCF 地址	S-CSCF 地址

IMS 注册完成后，后续在如下情况下还会发起注册。

- 周期性注册。
- 能力改变或新业务请求触发的注册。
- 去注册（去注册也使用“注册请求”消息执行）。

对于更详细的 IMS 注册流程描述，请参见 TS23. 228[1] 的第 5 章。

14. 1. 2 IMS 呼叫建立

由于注册过程已经完成，主叫侧（MO 过程）和被叫侧（MT 过程）的各 IMS 网元可根据 SIP INVITE 消息中的被叫 PUI 标识进行下一跳路由。

对于主叫域和被叫域之间的路由，需要通过 ENUM 网元实现。具体地，主叫 I-CSCF 将被叫 PUI 发送至 DNS，以查询被叫 I-CSCF 地址，被叫 I-CSCF 向被叫 HSS 发送查询信息，以获得被叫 S-CSCF 地址。

一个典型的 IMS 呼叫建立流程如图 14-2 所示，在呼叫建立过程主要包括如下重要内容。

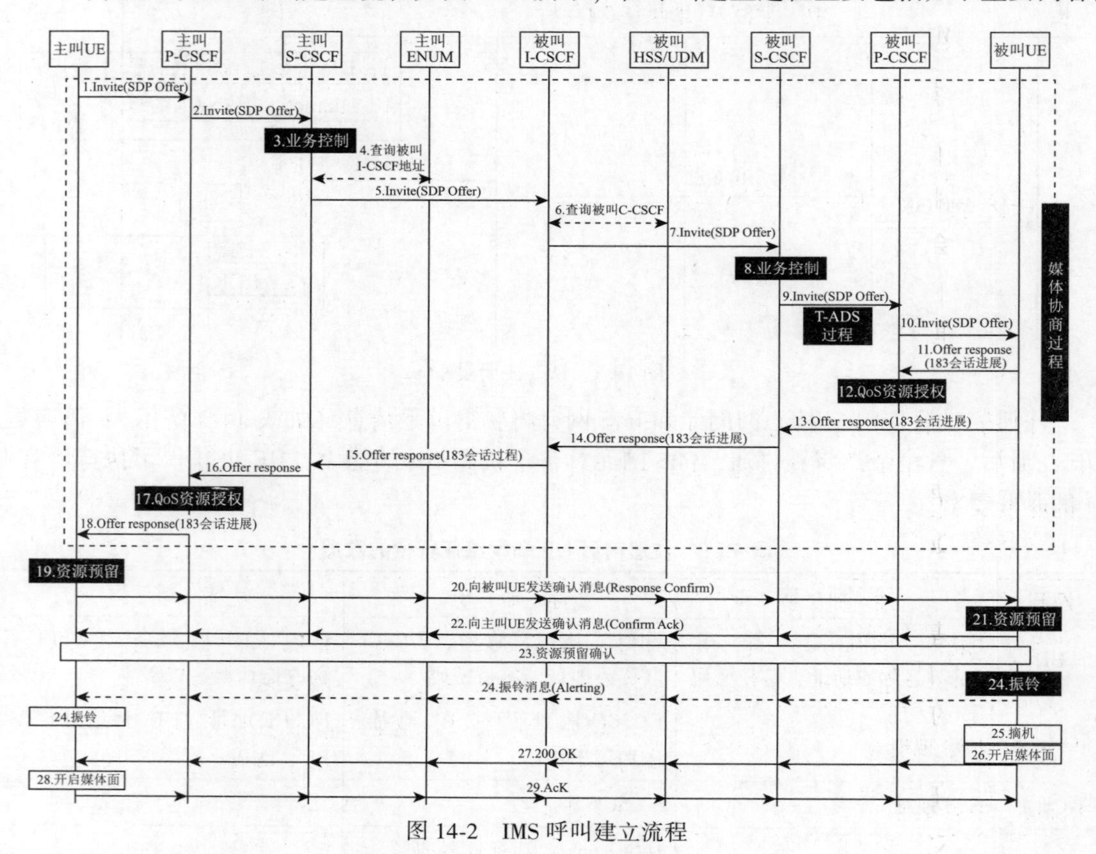

图 14-2　IMS 呼叫建立流程

- 媒体协商过程

通过 SDP 协议承载主叫 UE 支持的媒体类型和编码方案，与被叫 UE 进行协商（一般通过 SIP Invite 和 Response 消息中的 SDP 请求-应答机制）；双方所协商的媒体类型包括音频、视频、文本等，每种媒体类型可以包括多种编码制式。

- 业务控制

主叫和被叫的 S-CSCF 均可以根据在 IMS 注册过程中获得的用护签约信息来判断该 SIP

Invite 消息中请求的业务是否允许执行。

- QoS 资源授权

即专用 QoS 流/承载建立过程，S-CSCF 触发 UE 的专载/数据流建立过程，在首次 SDP 请求应答后触发核心网会话修改流程。

- T-ADS（被叫接入域选择）过程

判断被叫用户最近驻留在哪一个域（如 PS 域或 CS 域），通过 S-CSCF 触发 AS 向 HSS 查询被叫 UE 当前驻留的域（比如，EPC 或 CS），然后 S-CSCF 根据被叫 UE 的域选择向指定域发送消息。

- 资源预留过程

为了保证协商的媒体面可以成功建立，需要在主叫和被叫侧预留资源。资源预留通常发生在媒体协商过程完成并获得对端确认后。

- 振铃过程

发生在资源预留成功之后。

详细的 IMS 呼叫建立流程及描述请参加 3GPP TS23.228 [1] 的第 5 章。

14.1.3 异常场景处理

由于无线网络资源是有限的，并且 UE 具有移动性，因此在 5G 语音进行的过程中，有一些异常场景将不可避免地出现。常见的异常场景以及 UE 侧的处理方式如下。

1. PDU 会话丢失

如果 UE 和网络之间的 PDU 会话丢失，网络侧必须终止正在进行的 SIP 会话。为此，UE 应当尝试重新建立一个 PDU 会话，该情况下网络侧会重新为该 UE 建立一个新的 QoS 数据流。

可以看到，为了支持 IMS 语音业务，UE 的 IP 地址是不能改变的，虽然在 5G 标准中引入了 SSC Mode-2、SSC Mode-3（即 IP 地址改变的情况下业务仍然不断）模式，但是该模式不适用于 5G 语音业务。

2. 语音 QoS 数据流丢失

通常，用于语音的 QoS 数据流是 5QI = 1 对应的 QoS 参数建立的。为了实现 5QI = 1 的 QoS 数据流，基站使用的资源会比用于传输普通上网数据的 QoS 数据流要多。在网络拥塞或弱覆盖等情况下，基站资源可能无法保证 5QI = 1 的 QoS 数据流并释放该 QoS 数据流。这种情况下，UE 的语音业务数据将根据 QoS Rule 被映射到“match-all”的 QoS 数据流上。虽然该 QoS 数据流一般没有 GFBR 保障，但能够通过“Best Effort”方式尽量保障 5G 语音数据的传输，以便尽量保证语音业务不会被中断。

3. 网络不支持 IMS Voice 的指示

运营商网络的部署上，可能存在部分地区不支持 IMS 语音的情况。这种情况一般见于运营商网络中基站密度和空口容量有限的情况下，虽然能够保障一般上网数据的传输（普通上网数据对于 QoS 的要求较低），但无法保障大量的用户在该地区同时发起语音的需求，即不能支持大量的 5QI = 1 的 QoS 数据流的建立。这种情况下，网络侧 AMF 会在 NAS 消息中指示 UE“IMS Voice over PS Session is not supported”，以便 UE 不要在该区域的 5GS 网络上发起语音业务。

然而，对于在该区域以外已经发起语音业务并移入到该区域的用户，虽然 UE 仍然会收到“IMS Voice over PS Session is not supported”指示，但不影响当前正在进行的语音通话，即 UE 不会释放当前正在进行的 IMS 语音会话，但当前会话结束后，UE 不会在该区域再次发起语音业务。

4. UE 回落到 EPS 后执行语音业务失败

考虑到语音业务需要优先保障以及无线网络环境的不确定性，在 3GPP R16 标准中，在 RRC Release 或 Handover Command 消息中新引入了一个参数“EPS Fallback Indication”。该情况下，UE 即使建立与目标小区的连接失败，仍然优先选择 E-UTRA 小区再次尝试连接建立，以此来尽可能保障语音业务的成功率，详见 TS38. 306[3]第 5 章的描述。

关于 EPS Fallback 流程的描述，请参见本书 14. 2. 2 节。

14. 2　5G 语音方案及使用场景

除了要支持 14. 1 节所述的 5G 语音的业务功能外，5G 语音的发展还要受核心网能力和覆盖问题的影响。

核心网能力主要考虑如下几个方面。

- 合法监听（Lawful Interception，LI）问题。
- 计费问题。
- 漫游问题。
- 现有网络的升级改造问题。
- 5G 网络与 4G 网络的对接兼容性问题。

上述这些问题需要核心网的支持，而对于普通业务数据则不需要过多考虑上述限制。

覆盖问题较好理解，在 5G 建网初期，由于频谱、基站数等客观因素的限制，5G 网络的覆盖范围必然小于 4G 网络，因此即便 5G 网络先可以支持原生的语音业务，UE 在 5G 网络和 4G 网络之间的频繁移动也会造成 4G/5G 的跨系统切换，这对于网络负担和用户体验都提出了巨大的挑战。

根据上述原因，考虑到 5G 网络部署的实际情况，5G 网络下的语音方案分为两种：VoNR 和 EPS/RAT Fallabck。前者是 UE 用户直接在 5G 网络上完成 IMS 呼叫的呼叫建立（包括 MO Call 和 MT Call），后者则是 UE 用户回落至 4G 网络/基站完成 IMS 的呼叫建立。无论是 VoNR 还是 EPS/RAT Fallback，UE 都是在 5G 网络上进行核心网注册以及 IMS 注册，并在 5G 网络执行数据业务，仅当语音呼叫发生时行为不同。EPS/RAT Fallback 可以较好地满足运营商在 5G 建网初期的语音需求，但长期来看 VoNR 才是最终目标。VoNR 和 EPS/RAT Fallback 会在后续章节进行详细介绍。

此外，可以看到，5G 网络下已不支持 4G 语音 CSFB 方案，也就是说 UE 不能在语音呼叫发生的情况下发送业务请求消息（Service Request）申请回落至 2G、3G 的 CS 域执行呼叫建立。

14. 2. 1　VoNR

如图 14-3 所示，VoNR（Voice over NR，通过 NR 执行的语音业务）的前提是 5G 网络支持 IMS 语音业务，UE 在建立呼叫时直接在 5G 网络上完成即可。

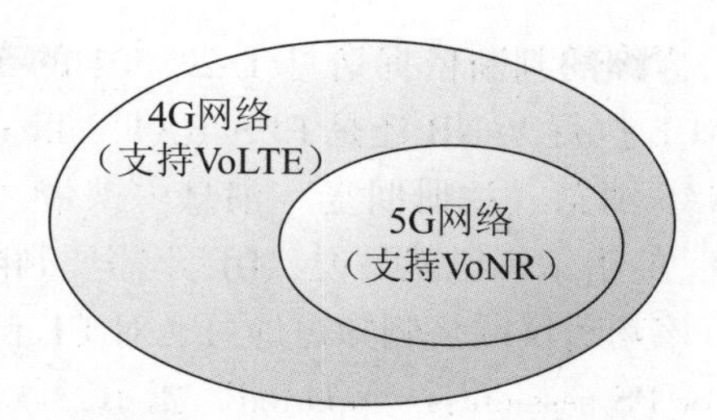

图 14-3　5G 网络支持 VoNR

为了能够进行 VoNR 呼叫建立，结合本书 14.1 节介绍的各层能力，UE 需要完成如下过程（见图 14-4）。

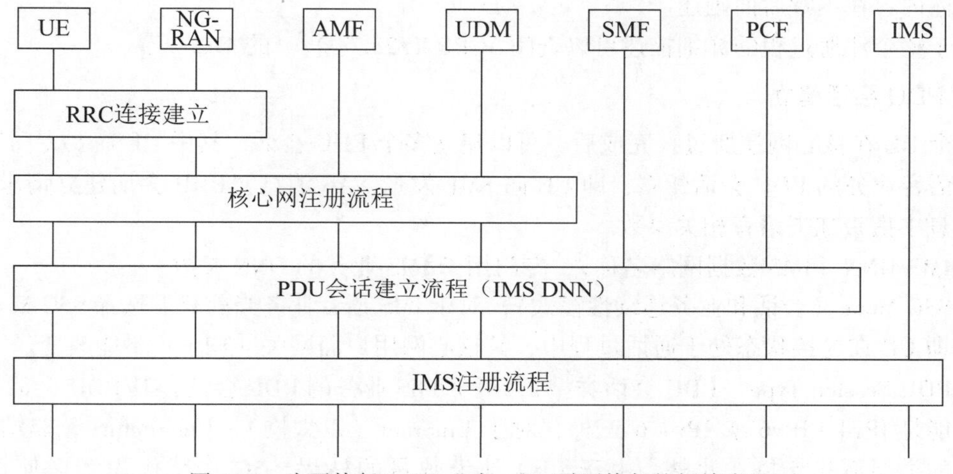

图 14-4　为了执行 VoNR 业务，UE 需要执行的相关流程

1. RRC 连接建立

UE 通过随机接入完成与基站之间的 RRC 连接建立。UE 在 RRC 连接建立完成后，基站可以向 UE 请求上报语音相关能力参数（IMS Parameters），包括 VoNR 的支持情况、VoLTE 的支持情况、EPS Fallback 的支持情况等。UE 在 AS 层上报的语音能力相关参数，可用于核心网决定是否支持语音业务，同时核心网也会存储相关能力参数供后续使用。

2. 核心网注册过程

完成 RRC 建立后，UE 向 AMF 发送注册请求（Registration Rquest）消息，注册请求中包含语音能力相关参数有 Attach with “Handover” flag（携带“切换”标志的附着）、Dual Conectivity with NR（与 NR 组成的双连接）、SRVCC capability（SRVCC 能力）和 class mark-3（分类标记-3）。

AMF 接收到“注册请求”后，从 UDM 中获取签约信息，签约信息中语音相关参数包括 STN-SR（会话转移编号）、C-MSISDN（关联的移动台国际用户识别码），用于执行 5G-SRVCC（5G 单无线语音连续性）使用。

此外，AMF 还可以发起“UE capability match（UE 能力匹配）”流程，来获得基站上该 UE 对于语音的支持参数，包括 RRC 建立过程中 UE 发送给基站的语音相关参数，详细流程请参见 TS23.502[2] 的 4.2.8a 节。

AMF 根据注册请求、签约信息、基站上的无线能力参数以及本地配置等，判断是否向

UE 发送指示支持语音业务，详细的判断依据请见 TS23. 501 的 5. 16. 3. 1 节。这里需要注意的是，AMF 判断无论是为该 UE 执行 VoNR 还是 EPS/RAT Fallback（EPS/RAT 回落），都向 UE 发送相同的指示，即在 NAS 消息“注册回复”消息中携带“IMS voice over PS session is supported（支持 IMS 语音）”的指示。也就是说，UE 不需要判断通过 VoNR 还是 EPS/RAT Fallback 流程实现语音业务，该判断仅网络侧知道即可。对 UE 侧，只要在 AMF 回复的 NAS 消息中接收到“IMS voice over PS session is supported”指示，就认为本网络在该注册区支持 IMS 语音，并继续执行 PDU 会话建立流程。

VoNR 即语音呼叫流程在连接 NR 的 5GC 上完成，具体内容在本节阐述，EPS/RAT Fallback（EPS/RAT 回落）流程即语音呼叫流程在 EPS 上完成或在连接 E-UTRA 的 5GC 上完成，具体内容在本章后面阐述。

对于整个注册过程的详细描述可以查阅 3GPP TS23. 502[2] 的 4. 2. 2 节。

3. PDU 会话建立

一个 UE 在核心网注册过程完成后，可以建立多个 PDU 会话，其中 UE 需要专门发起一个用于语音业务的 PDU 会话建立，即 UE 向 SMF 发送 NAS 消息“PDU 会话建立请求”，该 NAS 消息中携带如下语音相关参数。

- IMS DNN（IMS 数据网络名称），专门用于 IMS 业务的 DNN 参数。
- SSC Mode（会话和业务连续性模式），对于 IMS 语音业务当前只能选择 SSC Mode = 1，即 UE 在连接状态处于通话过程中，其核心网用户面网关（UPF）不能改变。
- PDU Session Type（PDU 会话类型），对于 IMS 业务的 PDU 会话，其 PDU 会话类型只能是 IPv4、IPv6 或 IPv4v6 三种，对于 Ethernet（以太网）、Unstructure（非结构化）的类型不予支持。此外，由于 IPv4 地址数量的枯竭，5G 系统优先考虑使用 IPv6 类型。

SMF 接收到“PDU 会话建立请求”消息后，可以从 UDM 中获取会话管理相关签约信息，并且从 PCF 中获取 PCC 策略，其中 PCC 策略中携带用于传输 IMS 信令的 PCC 规则，SMF 根据该 PCC 规则与基站和 UPF 交互建立 5QI = 5 的 QoS 数据流，用于承载 IMS 信令。这里需要注意的是，5QI = 5 的 QoS 数据流是在 PDU 会话建立过程中就完成的，而用于承载 IMS 语音数据的 5QI = 1 的 QoS 数据流则是在语音通话建立过程中完成的，且在语音通话结束后会被释放。5Q1 = 1 和 5QI = 5 两个重要的 5G 语音相关数据流的关键参数如表 14-3 所示。

表 14-3 VoNR 相关的 QoS 数据流

5QI 取值	资源类型	默认优先级	数据包延时预算	数据包错误率	默认最大数据突发量	默认平均时间窗	举例业务
1	GBR	20	100 ms	10^{-2}	N/A	2 000 ms	IMS 语音
5	Non-GBR	10	100 ms	10^{-6}	N/A	N/A	IMS 信令

QoS 数据流的详细描述请查看本书第 13 章。

除了对语音相关的 QoS 数据流的建立外，SMF 需要进行的另一件重要的事情是为该 UE 发现 P-CSCF，如 4. 1. 2 节所述，P-CSCF 是 IMS 网络的接入点，UE 的 IMS 信令和语音数据均需要通过 P-CSCF 发给 IMS 的其他网元进行路由和处理。

SMF 执行好 PDU 会话的建立过程后，会在 NAS 消息“PDU 会话建立回复”消息中携带如下语音相关参数。

- P-CSCF 的 IP 地址或域名信息，用于 UE 能够与正确的 P-CSCF 进行通信。
- UE 的 IP 地址。

对于完整的 PDU 会话建立的详细描述可以查看 3GPP TS23.502[2] 的 4.3.2.2 节。

4. IMS 注册

用于 IMS 业务的 PDU 会话建立完成后，UE 即可通过 5QI=5 的 QoS 数据流向 P-CSCF 发起 IMS 注册请求过程。具体的 IMS 注册过程已在 14.1.2 节详细阐述，在此不再赘述。

14.2.2 EPS Fallback/RAT Fallback

1. EPS Fallback（EPS 回落）流程

如 14.2 节开头所述，由于核心网能力和覆盖范围的原因，5G 网络建设初期执行 VoNR 的难度较大，由于现网上 VoLTE 的建设已经相当成熟，很多运营商均考虑在 5G 网络建设初期使用 VoLTE 来解决语音需求。换句话说，5GUE 用户执行非语音业务时可以使用 5G NR 网络，当需要进行语音业务时，将通过 EPS Fallback 过程回落到 4G LTE 网络执行 VoLTE 语音通话。

可能有不少人看到“EPS Fallback”这个词，就会想起 4G 语音使用的“CS Fallabck（CSFB）”方案，的确，两者的基本思想都是将 UE 从“n”G 网络回落到“n-1”G 网络来执行语音业务，但是两者又存在着一些本质区别，表 14-4 从 UE 角度阐述了两者的主要区别。

表 14-4　EPS Fallback 和 CS Fallback 的对比

类　别	EPS Fallback	CS Fallback
支持 IMS 协议栈	需要，属于 IP 通话	不需要，属于电路域通话
高清语音编码	支持 EVS、AMR-WB（注释 1）	最高支持 AMR-WB
在语音通话建立前执行注册	UE 在核心网注册网络后必须进行 IMS 注册，才可以后续执行语音建立流程	UE 只在核心网执行联合附着
第一条语音通话建立消息	UE 不需要等待回落完成，在 5G 网络即可发送 SIP Invite/183 Ack 消息	UE 需要等待回落完成，在 CS 于发送 Call setup 消息
UE 发起回落请求	不需要，网络侧在 IMS 语音建立过程中通过切换或重定向触发向 4G 网络的回落	需要 UE 发起 Extended Service Request 请求消息触发网络执行向 2/3G 网络的切换或重定向

注：高清语音编码的详细描述请参见 3GPP TS26.114[6] 的 5.2.1 节。

在 3GPP 5G 标准讨论初期，争论的焦点是 EPS Fallback 是 UE 触发（像 CSFB 一样 UE 发起 Service Request 来触发），还是由基站触发。在讨论过程中，大多数公司认为相比于 4G 时借用 CS 域进行语音业务，5G 网络和 4G 网络使用 IMS 协议执行语音业务这一点上是没有区别的（即同为 PS 域的语音业务），所以，“从 VoLTE 到支持 VoNR”会比“从 CS 域到支持 VoLTE”简单很多。这也就意味着运营商会在 5G 建网初期使用 EPS Fallback，而不久就可以过渡到在 5G 网络直接发起语音业务（即 VoNR）。因此，为了减少对于 UE 复杂度的影响，最终选择了基于网络侧触发的方式执行 EPS Fallback，换言之，UE 只需要正常地执行 IMS 协议栈流程和 UE 内部的 NAS 和 AS 模块功能，不需要为感知和判断 EPS Fallback 做任何增强。

EPS Fallback 流程如图 14-5 所示，UE 可以通过触发重定向和切换两种方式实现回落，不管是哪一种回落方式，其用户面网关（PGW+UPF）均不能改变，即 IP 地址不会发生改变。UE 回落到 EPS 后，核心网会再次触发专有语音承载的建立以用于语音业务。同时，需要注意的是整个 EPS Fallback 过程不影响 IMS 层的信令传输，即 IMS 层执行的 4.1.3 节所述的 IMS 呼叫建立流程不会因为 EPS Fallback 过程而中断。

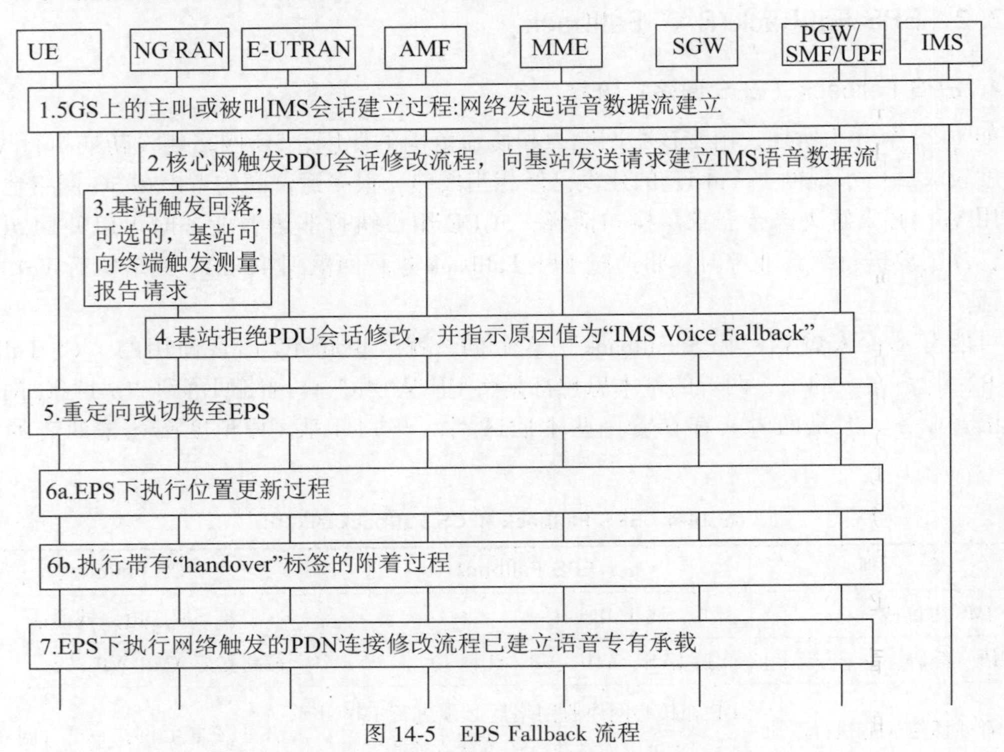

图 14-5　EPS Fallback 流程

详细的 EPS Fallback 流程描述，请参考 TS23.502[2] 的 4.13.6.1 节。

2. RAT Fallback（RAT 回落）流程

除了 EPS Fallback 外，3GPP 还引入了 RAT Fallback 场景，该场景与 EPS Fallback 过程很像，唯一的区别是核心网 5GC 不变，即 UE 从连接 5GC 的 NR 基站回落到同样连接 5GC 的 E-UTRA 基站。RAT Fallback 的使用场景也主要是考虑 5G 建网初期的 NR 基站覆盖较少，而使用 E-UTRA 将能够避免频繁的 Inter-RAT 切换从而减轻网络负担并保证业务连续性。但是，由于 5G 建网初期，5GS 核心网也是新部署的网络，正如本书 14 章开头所述，即便是仅 5GC 支持语音业务也不是一件容易的事情，RAT Fallback 存在较大的部署困难。可以预见，在 5G 建网最初几年，EPS Fallback 会是很多运营商使用的回落方式，然后再逐渐过渡到 VoNR。

RAT Fallback 的详细描述请参见 TS23.502[2] 的 4.13.6.2 节。

14.2.3　Fast Return（快速返回）

Fast Return（快速返回）是指 UE 在执行 EPS Fallback 或 RAT Fallback 并完成语音业务后能够快速返回 5G 网络。

使用 Fast Return 功能时，UE 可以接收到 E-UTRA 基站发来的 NR 邻区信息，并按照基站的指示执行的重定向或切换流程回到 NR 小区，省去了 UE 测量邻区信号强度、读取 SIB 消息等时间，因此，返回速度快，准确率高，可以避免 UE 受到现网复杂环境的影响。

相比之下，如果没有快速返回功能，则 UE 在 E-UTRA 基站下执行完语音业务后，只能等到没有其他数据业务传输并回到空闲态后，按照“频点优先级”执行小区重选回到 NR 小区。在外场环境下 UE 容易受到现网复杂环境的影响，接入请求被拒绝的可能性大，这时 UE 需要重新选择其他小区接入，耗费的时间明显高于快速返回。

Fast Return 功能的关键点是需要 E-UTRA 基站能够准确判断通过重定向或切换到本小区的 UE 是由于 EPS Fallback 导致的，而非其他原因（如 UE 移动性、NR 小区信号质量不佳等）导致的。

为此，在 EPS Fallback 或 RAT Fallback 过程中，E-UTRA 基站会从核心网侧接收到 Handover Restriction List 以及 RFSP Index，其中 HRL 中包含 Last Used PLMN ID（最后使用的 PLMN 标识），RFSP Index（接入制式和频率选择策略索引）用于指示该 UE 是否能够接入 NR 频点，基站结合和两个参数以及本地的策略配置就可以判断出该 UE 是否是执行了 EPS Fallback 或者 RAT Fallback，从而在语音业务执行完成后（语音业务完成后 5QI=1 的 QoS 数据流会被删除）主动发起重定向或切换流程，使 UE 返回 5G 网络。

快速返回功能虽然简单，但可以有效提升用户体验，能够尽量让用户待在 5G 网络下，体验更好的服务质量。因此，在 4G CSFB 时，大部分运营商就部署了 Fast Return 机制，相信在 5G EPS Fallback 和 RAT Fallback 中也会被大量使用。

详细的描述请见 TS23.501[4] 的 5.16.3.10 节。

14.2.4　语音业务连续性

语音业务的一个重要特征就是移动性，对于 IMS 语音来讲，通话中的语音业务需要保证 IP 地址不变性，即通话过程中锚定的 UPF 不能改变。虽然在 5G 引入了 SSC Mode-3 模式，也就是先建后切的方式实现业务有 UPF-1 无缝切换到 UPF-2，但是该模式需要应用层的改动。目前 IMS 语音业务仍只支持 SSC Mode-1 模式，即通话过程中的锚定点不能改变，以避免业务的改动。

除了 UPF 锚点不变外，UE 还需要支持如下功能以保障移动过程中的语音业务连续性。

- 5G 系统内切换：UE 按照同系统内跨基站切换的流程执行操作即可，详见 3GPP TS 23.502[2] 的 4.9 节。
- 5G 与 4G 系统间切换：UE 在 5GS 和 EPS 系统之间切换，详见 3GPP TS 23.502[2] 的 4.11 节。
- 除上述两个必选功能外，3GPP R16 还定义了可选功能 5G-SRVCC（单无线语音连续性），即正在进行语音业务的 UE 移动出 5G 覆盖区域的情况下，若没有 4G 覆盖或者 4G 覆盖不支持 VoLTE，则 5G 基站触发 NG-RAN->UTRAN 的 SRVCC 过程，切换到 3G CS 域执行语音业务。由于 SRVCC 涉及 Inter-RAT Handover（跨 RAT 切换）和

Session Transfer（会话转移）两个流程，对于空口和网络侧的部署要求都很高，因此，截至目前没有任何运营商考虑 5G-SRVCC 功能。关于详细的描述和流程，请参见 3GP PTS23. 216[7] 中的 5G-SRVCC 相关章节。

14.3 紧急呼叫

紧急呼叫是指在拨打紧急救助电话（如美国的 911，中国的 119、110）时，UE 即便在没有 SIM 卡，资费不足或没有当前 SIM 卡的运营商网络覆盖的情况下，仍可以通过任意支持紧急呼叫业务的运营商网络拨打紧急呼叫。

紧急呼叫在欧美都是非常重要的功能，在中国也越来越被重视。虽然宽泛地讲，紧急呼叫也是语音业务的一种，但细节上与普通语音呼叫业务有如下主要区别（见表 14-5）。

表 14-5 紧急呼叫与普通呼叫的区别

类　别	紧急呼叫	普通呼叫
注册过程中的鉴权	不需要	需要
呼叫限制	业务具有最高的抢占优先级，且一般的接入和移动性不适用于紧急呼叫业务	须遵从接入和移动性限制
主叫和被叫功能	一般仅支持主叫功能（因此不需要提前执行 IMS 注册），但部分国家有“call back”功能，即在紧急呼叫拨打后，支持被叫端呼叫该用户	主叫和被叫必选支持，因此必选执行 IMS 注册
执行呼叫的 IMS 网络	绝大多数情况下，UE 在漫游地拨打紧急呼叫号码，将由漫游地的 IMS 服务器（专有 CSCF）为其服务	绝大多数情况下，由回归属网络的 IMS 执行呼叫流程
PDU 会话的建立	PDU 会话是在执行通话时建立	一般情况下，提前建立好
域选功能	UE 可以根据网络侧对于紧急呼叫的支持情况，在执行紧急呼叫时自主离开并选择其他网络	UE 不能自主选择其他网络，必须听从网络侧的命令执行
EPS/RAT Fallback 能力	在网络允许的情况下，UE 可以主动发起 EPS/RAT Fallback 流程	是否执行 Fallback 完全由网络侧决定，UE 不能主动请求也不需要感知

关于 5G 紧急呼叫，详细的描述请参见 3GPP TS23. 167[5] 以及 3GPP TS23. 501[4] 的 5. 16. 4 节。

14.4 小结

本章对 5G 语音进行了详细的介绍，回顾了 4G 语音的发展，结合未来语音业务的发展趋势，从 UE 的视角以及网络部署的实际情况引出了 5G 语音的相关重要特性，使读者能够“知其然，更知其所以然”，主要包括以下几方面。

- 语音业务的演进趋势以及 5G 语音业务的优势。

- 从 5G 网络部署视角引出 5G 语音的解决方案：VoNR、EPS/RAT Fallback。
- 从 AS 层、NAS 层和 IMS 层讲述了 5G 语音的工作过程和重要特性。
- 紧急呼叫业务的主要特点。

参考文献

[1] 3GPPTS23. 228 V16. 4. 0（2020-03）. IP Multimedia Subsystem（IMS）. Stage 2.
[2] 3GPP TS23. 502 V16. 4. 0（2020-03）. Procedures for the 5G System（5GS）.
[3] 3GPP TS38. 306 V16. 0. 0（2020-04）. NR; User Equipment（UE）radio access capabilities.
[4] 3GPP TS23. 501 V16. 4. 0（2020-03）. System architecture for the 5G System（5GS）.
[5] 3GPP TS23. 167 V16. 1. 0（2019-12）. IP Multimedia Subsystem（IMS）emergency sessions.
[6] 3GPP TS26. 114 v16. 5. 2（2020-03）. IP Multimedia Subsystem（IMS）; Multimedia Telephony. Media handling and interaction.
[7] 3GPP TS23. 216 v16. 3. 0（2019-12）. Single Radio Voice Call Continuity（SRVCC）. Stage 2.

第 15 章

高可靠低时延通信（URLLC）

徐 婧 林亚男 梁 彬 沈 嘉 编著

URLLC（Ultra-reliable and Low-latency Communication，高可靠低时延通信）是 5G 三大应用场景之一，也是传统移动通信网络向垂直行业拓展的一个重要方向。URLLC 突破传统网络对速率的追求，更加强调时延和可靠性的需求，因此，也需要一些新的技术手段支持低时延、高可靠的需求。

URLLC 的标准化是一个循序渐进的过程。在 NR（NewRadio，新空口）的第一个标准版本 R15 中，URLLC 设计目标场景单一，典型的例子是 32 Byte 业务包在 1 ms 时延内的传输可靠性达到 99.999%。为满足这个指标，在 NR 灵活配置的基础上，做了进一步增强，包括快速的处理能力（处理能力 2），超低码率的 MCS（Modulation and Coding Scheme，调制编码机制）/CQI（Channel Quality Indicator，信道质量指示）设计，免调度传输和下行抢占机制，以满足基本的 URLLC 需求。

在 NR 的第二个标准版本 R16 中，对 URLLC 单独建立 SI（Study Item，研究项目）和 WI（Work Item，工作项目）项目。在 SI 阶段，首先，讨论了 URLLC 增强的应用场景，主要包括 4 个场景：AR（Augmented Reality，增强现实）/VR（Virtual Reality，虚拟现实），工业自动化（Factory Automation），交通运输业（Transport Industry）和电网管理（Electrical Power Distribution）。其次，针对上述 4 个场景，提出了 7 个研究方向，包括下行控制信道增强、上行控制信息增强、调度/HARQ（Hybrid Automatic Repeat Request，混合自动重传请求）处理增强、上行数据共享信道增强、免调度传输增强、上行抢占技术和 IIoT（Industrial Internet of Things，工业互联网）增强（包括下行半持续传输增强和用户内多业务优先传输机制）。在 WI 阶段，针对上述 7 个方向，进行了更加深入和细致的讨论，清晰了技术细节。其中大部分方向都落地标准，但也有一些技术方向，如调度/HARQ 处理增强和用户内多业务优先传输的部分方案，因难以达成共识而夭折。

考虑到标准技术可以直接参考 3GPP 38 系列协议，本章尽量避免重复说明，侧重介绍一些关键技术点的标准化推动过程，便于读者理解标准方案的着眼点和技术好处。

15.1 下行控制信道增强

15.1.1 压缩的控制信道格式引入背景

一次完整的物理层传输过程至少包括控制信息传输和数据传输两部分。以下行传输为例，下行传输过程包括下行控制信息传输和下行数据传输。因此，下行数据传输的可靠性取决于下行控制信道和下行数据共享信道的可靠性，即 $P=P_{PDCCH}\times P_{PDSCH}$，其中 P 为数据传输的可靠性，P_{PDCCH} 为下行控制信道的可靠性，P_{PDSCH} 为下行数据共享信道的可靠性。如果考虑重传，还要考虑上行 HARQ-ACK 反馈的可靠性与第二次传输的可靠性。对于 URLLC 的可靠性要求，如 R15 的 99.999%和 R16 的 99.999 9%，如果要保证一次传输达到 99.999%或 99.999 9%可靠性，下行控制信道的可靠性至少也要达到相应的量级。因此下行控制信道可靠性增加是 URLLC 需要考虑的一个主要问题。在 R15 阶段，高聚合等级（聚合等级 16）和分布式 CCE（Control-Channel Element，控制信道单元）映射被采纳，既适用于 URLLC 也适用于 eMBB（Enhanced Mobile Broadband，增强移动宽带），详见第 5 章。这里主要讨论 R16 URLLC 增强项目中专门针对 URLLC 的 PDCCH（Physical Downlink Control Channel，物理下行控制信道）增强方案，包括如下两种提高 PDCCH 可靠性的方案。

● 方案 1：减少 DCI（Downlink Control Information，下行控制信息）的大小

使用相同的时频资源传输比特数量较小的 DCI 可以提高单比特信息的能量，进而提高整个下行控制信息的可靠性。减少 DCI 的大小通常通过压缩或者缺省 DCI 中的指示域来实现。

● 方案 2：增加 PDCCH 传输资源

使用更多的时频资源传输一个 PDCCH，如增加 PDCCH 的聚合等级或采用重复传输。

方案 1 压缩 DCI 大小不仅有利于提高下行控制信道的可靠性，而且能够缓解 PDCCH 的拥塞。但压缩 DCI 势必会引入调度限制。结合 URLLC 业务需求和传输特征，如数据量小、大带宽传输、下行控制与数据信道紧凑传输等，DCI 大小的压缩对 URLLC 传输的限制可忽略。对于方案 2，由于在 R15 阶段已经引入了比 LTE 更高等级的聚合等级，即聚合等级 16。经评估[1]，该聚合等级已经接近甚至能够满足可靠性需求。另外，更高的聚合等级势必增加时频资源开销，无法适用小带宽传输。因此，在 R16 阶段，没有考虑进一步增加聚合等级。对于重复传输方案，重复资源映射方案需要讨论，如 CORESET（Control Resource Set，控制资源集合）内重复和 CORESET 间重复。对于 URLLC，为了满足低时延需求，还需要支持灵活的重复起点位置，这将增加终端盲检测的复杂度。考虑到标准化和实现复杂度问题，PDCCH 重复传输没有被采纳。经过 3GPP 讨论，在 R16 URLLC 增强项目中，方案 1 被 NR 标准接受。

15.1.2 压缩的控制信道格式方案

经过仿真评估，综合考虑了 PDCCH 可靠性、PDCCH 资源利用率、PDCCH 拥塞率、PDSCH/PUSCH（Physical Uplink Shared Channel，物理上行共享信道）容量等方面的衡量，在 3GPP RAN1 96 会议上确定了压缩 DCI 格式的设计目标。

● 支持可配置的 DCI 格式，该 DCI 格式的大小范围为：

■ 最大的 DCI 比特数可以大于 DCI format 0_0/1_0 的比特数；

■ 最小的 DCI 比特数相比 DCI format 0_0/1_0 的比特数少 10~16 bit。

结合 URLLC 业务需求和传输特征，压缩 DCI 格式的设计主要考虑如下三个方面。

● 针对大数据传输的信息域取消，包括：

■ 第二个码字的 MCS；

■ 第二个码字的 NDI（New Data Indicator，新数据指示）；

■ 第二个码字的 RV（Redundancy Version，冗余版本）；

■ CBG（Codebook Group，码字组）传输信息；

■ CBG 清除信息。

● 针对 URLLC 数据传输特征优化设计部分信息域，包括以下几个方面。

■ 频域资源分配

考虑到 URLLC 多采用大带宽传输，不仅可以获得频率分集增益，也可以压缩时域符号数目，降低传输时延。但频率资源分配类型 1 的指示颗粒度是 1 个 PRB（Physical Resource Block，物理资源块），对大带宽传输来说过于精细，因此，考虑提高频域资源分配类型 1 的指示颗粒度，压缩频域资源分配域的开销。

■ 时域资源分配

考虑到 URLLC 下行控制信息和下行数据传输多采用紧凑模式，即下行数据传输紧随下行控制信息之后，降低时延。因此，采用下行控制信息位置作为下行数据信道时域资源指示的参考起点，则下行数据信道时域资源的相对偏移取值有限，进而可以减少时域资源分配域的开销，或者在下行时域资源分配域开销不变的情况，可以增加下行时域资源分配的灵活度。该优化的技术好处主要体现在本时隙内调度时，因此，该优化仅适用于 $K_0=0$ 的情况，其中 K_0 为下行控制信息与下行数据之间的时隙间隔，详见第 5 章。

■ RV 版本指示

RV 版本指示通常采用 2 bit，分别对应 {0，2，3，1}。当 RV 版本指示域压缩到 0 bit 时，采用 RV0 保证其自解码性质。当 RV 版本指示域压缩到 1 bit，采用 {0，3} 还是 {0，2}，有过一番争论。{0，2} 可以获得较好的合并增益，并且被非授权频谱采纳。但 RV2 自解码特性略差，对于 RV0 没有接收到的情况，可能会影响数据的检测接收。考虑到上行传输，若第一次调度信令漏检，则基站可在第二次调度时指示 RV0 克服自解码问题。因此，有些公司建议下行传输采用 {0，3}，上行传输采用 {0，2}，但因为是优化非必要的增强并且会增加终端复杂度，在标准讨论后期，标准采用了基本方案，即上下行传输均采用 {0，3}。

■ 天线端口

考虑到 URLLC 多采用单端口传输，MU-MIMO（Multi-User Multiple-Input Multiple-Output，多用户-多输入多输出）也不适用 URLLC 传输。因此，消除天线端口指示域，且天线端口默认采用天线端口 0 也是有效减少 URLLC DCI 大小的一种方法。该域是否存在，可以通过是否配置 DMRS（Demodulation Reference Signal，解调参考信号）配置信息来区别，这也是一种常见的确定 DCI 域的方式。但是考虑到 DMRS 配置信息不仅包含 DMRS 配置参数，也包含 PTRS（Phase-tracking Reference Signals，相位追踪参考信号）配置参数，所以，直接将 DMRS 配置参数取消，会导致 PTRS 无法配置。因此，标准最后引入了专门的配置信令指示天线端口域是否存在。

- 大部分信息域仍然保留 DCI format 0_1/1_1 中的可配置特性，包括载波指示、PRB 绑定大小指示、速率匹配指示等。

为了减少终端盲检测次数，标准约束了 DCI Size（DCI 大小）的数目。在 R15 阶段，标准规定终端在一个小区中可以监测的 DCI Size 不超过 4 个，并且，使用 C-RNTI 加扰的 DCI 大小不超过 3 个，因此，不同 DCI Format 引入了 DCI Size 对齐的规则。在 R16，引入 DCI 格式 0_2/1_2，既要避免增加终端盲检测复杂度，也要保留引入压缩 DCI 格式的优势，标准最终采用如下 DCI Size 对齐方案。

- 首先，DCI 格式的对齐顺序是：DCI 格式 1_1 和 0_1 优先对齐，如果仍然超过 DCI Size 的个数限制，则进一步对 DCI 格式 1_2 和 0_2 对齐。
- 其次，DCI 格式 0_1/1_1 与 DCI 格式 0_2/1_2 通过网络配置，保证其 DCI Size 不同。这样做的好处在于在检测 PDCCH 前就可以区别 DCI 格式。

15.1.3　基于监测范围的 PDCCH 监测能力定义

理论上，PDCCH 监测能力的增强会提高 URLLC 调度的灵活性，改善 PDCCH 拥塞，降低时延。然而，PDCCH 监测能力增强也会增加终端复杂度。为了减少对终端复杂度的影响，一种方式是约束配置，例如，限制支持增强 PDCCH 监测能力的载波数，保持多载波上的 PDCCH 监测总能力不变，或者避免多载波上的 PDCCH 监测总能力显著增加。又例如，限制 PDSCH/PUSCH 传输，包括 PRB 数目、传输层数和传输块大小等，这样终端在保持处理时间不变的情况下，通过简化 PDSCH/PUSCH 传输节约出的处理时间，可以用于 PDCCH 的监测。另一种方式是约束 PDCCH 监测范围，避免 PDCCH 堆积，即 PDCCH 监测能力针对较短的时间范围定义。因此，R16 标准在 R15 标准基础上，做了增强，采纳了第二种方式。具体地，R15 采用基于时隙的 PDCCH 监听能力定义，R16 引入基于监听范围的 PDCCH 监听能力定义。

PDCCH 监测能力针对较短的时间范围定义的方式，其时间范围的定义包括两种方案。

- 方案 1：PDCCH 监测时机，PDCCH 监测时机的定义详见第 5 章。
- 方案 2：PDCCH 监测范围，即在 R15 PDCCH 监测范围定义的基础上修订。PDCCH 监测范围定义了两个时间范围参数（X，Y），其中 X 表示两个相邻的 PDCCH 监测机会之间间隔的最小符号数，Y 表示在一个监测间隔 X 内的 PDCCH 监测时机的最大符号数。

考虑到不同搜索空间中的 PDCCH 监测时机在时域上可能重叠，因此，基于 PDCCH 监测时机定义的 PDCCH 监测能力，无法避免短时间内大量 PDCCH 监测的需求，不能缓解终端监测复杂度。进而，标准采纳了基于 PDCCH 监测范围的 PDCCH 监测能力定义的方式。并在 R15 PDCCH 监测范围定义的基础上做了如下修订。

- 引入子载波间隔 SCS（Subcarrier Spacing，子载波间隔）因素。监测范围采用符号数标识，PDCCH 监测处理时间用绝对时间衡量。不同 SCS 下，两者的对应关系不同。
- 去掉组合（X，Y）=（1，1）。从时延需求角度，一个时隙内 7 个监测范围已经足够。从实现角度，该组合会增加终端复杂度。

在确定监测范围的定义后，基于监测范围的 PDCCH 监测能力的定义也有两种方案。

- 方案 1：直接定义一个监测范围内的 PDCCH 监测能力。
- 方案 2：定义一个时隙内的 PDCCH 监测能力，一个监测范围内的 PDCCH 监测能力为一个时隙内的 PDCCH 监测能力除以一个时隙内包含的非空监测范围的数目。

方案 1 直接在 R15 能力信令上拓展，即在上报监测范围长度和间隔的同时，将该监测范围的 PDCCH 监测能力一同上报即可，标准化工作量小。方案 2 意在将终端能力的利用率最大化，即对于没有配置 PDCCH 监测时机的监测范围，不消耗监测能力，则把这些监测能力平摊到配置了 PDCCH 监测时机的监测范围（非空监测范围）内。大多数公司认为确定一个 PDCCH 监测范围内的监测能力，是确定一个时隙的监测能力的前提。所以，建议优先讨论方案 1。

在确定了基于监测范围的 PDCCH 监测能力的定义后，基于监测范围的 PDCCH 监测能力数值的确定主要从 URLLC 灵活调度需求和终端复杂度两方面考虑，最终确定的基于监测范围的 PDCCH 监测能力在一个时隙内的累计能力约为基于时隙的 PDCCH 监测能力的两倍。

基于监测范围的 PDCCH 监测能力包括用于信道估计的非重叠 CCE 的最大数目（C）和 PDCCH 候选最大数目（M）。

15.1.4 多种 PDCCH 监测能力共存

在 R15 已有的基于时隙的 PDCCH 监测能力的基础上引入基于监测范围的 PDCCH 监测能力，两者的共存问题引起大家关注。尤其考虑到其 PDCCH 监测能力背后对应的下行控制信息传输需求。R15 已有的基于时隙的 PDCCH 监测能力更适合 eMBB 调度和公共控制信息传输，基于监测范围的 PDCCH 监测能力更适合 URLLC 调度。为此，标准讨论了如下 4 种方案，下面以 PDCCH 候选最大数目为例说明。

- 方案 1：上报一个监测范围内的监测能力，每个监测范围的监测能力相同。如图 15-1 所示，监测范围为｛2，2｝，每个监测范围内的 PDCCH 候选最大数目均为 M1。

M1	M1	M1	M1	M1	M1	M1

图 15-1　支持多业务的 PDCCH 监测能力方案 1

- 方案 2：上报两个监测范围内的监测能力 1 和监测能力 2，监测能力 1 为一个时隙中第一个监测范围的 PDCCH 监测能力，监测能力 2 为一个时隙中第一个监测范围以外其他每个监测范围的 PDCCH 监测能力。如图 15-2 所示，监测范围为｛2，2｝，第一个监测范围的 PDCCH 候选最大数目为 M1，其他监测范围内的 PDCCH 候选最大数目为 M2。通常 M1 大于 M2，M1 考虑了 URLLC，eMBB 调度和公共控制信息传输的需求，M2 仅考虑 URLLC 的调度需求。

M1	M2	M2	M2	M2	M2	M2

图 15-2　支持多业务的 PDCCH 监测能力方案 2

- 方案 3：上报两套监测范围内的监测能力，其中一套包含两个监测能力，监测能力 1 和监测能力 2，监测能力 1 为一个时隙中第一个监测范围的 PDCCH 监测能力，监测能力 2 为一个时隙中第一个监测范围以外其他每个监测范围的 PDCCH 监测能力。另外一套仅包含一个监测能力 3，监测能力 $3=\dfrac{\text{监测能力 1-监测能力 2}}{\text{一个时隙内监测范围的数目}}+$监测能力 2，每个监测范围内的监测能力相同。如图 15-3 所示，监测范围为｛2，2｝，第一套第一个监测范围的 PDCCH 候选最大数目为 M1，其他监测范围内的 PDCCH 候选最大数目为 M2，通常 M1 大于 M2。第二套每个监测范围内的 PDCCH 候选最大数目为 M3。第一套监测能力为非均匀配置，主要用于第一个监测范围有公共信息传输的场景，第二套监测能力为均匀配置。

M1	M2	M2	M2	M2	M2	M2
M3	M3	M3	M3	M3	M3	M3

图 15-3　支持多业务的 PDCCH 监测能力方案 3

- 方案 4：对 eMBB 和 URLLC 分别上报监测能力。如图 15-4 所示，基于监测范围的 PDCCH 候选最大数目 M1 用于支持 URLLC 业务，基于时隙的 PDCCH 候选最大数目 M2 用于支持 eMBB 业务和公共控制信息传输。

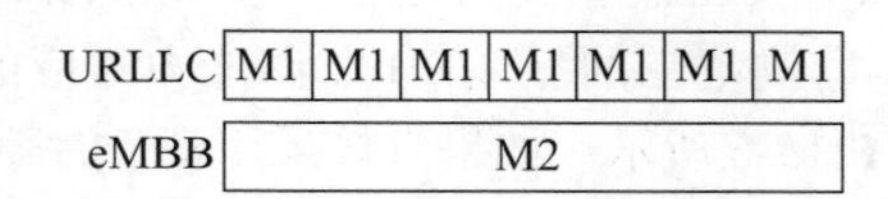

图 15-4　支持多业务的 PDCCH 监测能力方案 4

方案 2 和方案 3 存在时间上非均匀的监测，非均匀的监测不能将终端能力充分发挥，或需要终端实现非均匀的监测能力，实现复杂度高。因此，方案 2 和方案 3 被排除。方案 4 针对多种业务类型独立设置监测能力，并且通过多个独立的处理单元实现，复杂度略高。不过，这一点可以复用多载波工作架构实现，减少对终端的影响。但是，终端在 PDCCH 检测之前如何区别业务也需要进一步研究。URLLC 和 eMBB 的 PDCCH 监测能力独立，无法共享也会造成处理能量浪费。方案 1，实现和标准化简单，而且 URLLC 和 eMBB 可以共享 PDCCH 监测能力，所以，标准采纳了方案 1。但是，如何支持多种业务和公共控制信息传输以及相应的 PDCCH 丢弃规则需要进一步讨论。

15. 1. 5　PDCCH 丢弃规则增强

由 15. 1. 4 节可知，终端上报一个监测范围内的监测能力 M，在监测范围内的候选 PDCCH 数目或者用于信道估计的非重叠的 CCE 数目大于监测能力时，则需要丢弃 PDCCH。但 PDCCH 丢弃的实现复杂度高，因此，如何增强 PDCCH 丢弃也成为一个争论点。

- 方案 1：任意监测范围内都可以执行 PDCCH 丢弃。
- 方案 2：有限的监测范围内可以执行 PDCCH 丢弃。例如，只有一个监测范围能够执行 PDCCH 丢弃。

方案 1 支持灵活的调度，但是频繁的 PDCCH 丢弃评估增加了终端复杂度。方案 2 虽然限制了调度的灵活性，但也比较适配 eMBB 和公共控制信息的调度位置，如图 15-5 所示。考虑到第一个监测范围内包含了公共控制信息，甚至还有 eMBB 和 URLLC 业务调度信息的传输，所以，允许第一个监测范围内的 PDCCH 配置数目大于 PDCCH 监测能力。其他监测范围内仅包含 URLLC 业务调度信息传输，为其配置的 PDCCH 配置数目必须小于 PDCCH 监测能力。方案 2 是终端复杂度和调度灵活性较好的平衡，标准采纳了方案 2。

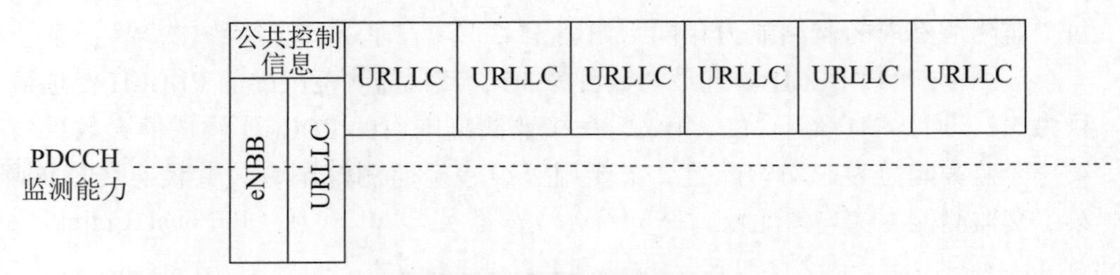

图 15-5 PDCCH 丢弃规则

15.1.6 多载波下 PDCCH 监测能力

多载波场景下，当配置的载波数大于终端上报的 PDCCH 监测能力对应的载波数时，多个载波配置的 PDCCH 监测数目之和需要小于等于终端上报的 PDCCH 监测能力对应的载波数与单个载波 PDCCH 监测能力的乘积，即 PDCCH 的监测配置需要根据 PDCCH 监测总能力进行缩放。基于监测范围的 PDCCH 监测能力也存在多载波缩放的问题。但与基于时隙的 PDCCH 监测能力不同，基于监测范围的 PDCCH 监测能力对应的监测范围对不同载波可能存在时间不对齐的问题，如图 15-6 所示。如果直接采用基于时隙的 PDCCH 监测能力对应的缩放机制，其只限定了多个载波的 PDCCH 监测能力在载波间缩放，但没有限定在各个载波的哪些监测范围内缩放，存在方案不清楚的问题。进一步，如果基于监测范围的 PDCCH 监测能力的多载波缩放约定在相同编号的监测范围内，由于多载波的监测范围不对齐，可能在一定时间范围内的 PDCCH 监测负荷超过终端的能力。例如，载波 1 的第一监测范围的 PDCCH 监测能力与载波 2 的第一监测范围的 PDCCH 监测能力之和小于 M，但由于载波 1 的第一监测范围和第二监测范围与载波 2 的第一监测范围都重叠，则在较短的时间范围内需要对载波 1 的第一监测范围的 PDCCH 监测，载波 2 的第一监测范围的 PDCCH 监测和载波 1 的第二监测范围的 PDCCH 监测，这样就会超过终端的多载波 PDCCH 监测能力 M（M 为 PDCCH 监测能力对应的载波数×单载波的 PDCCH 监测能力）。

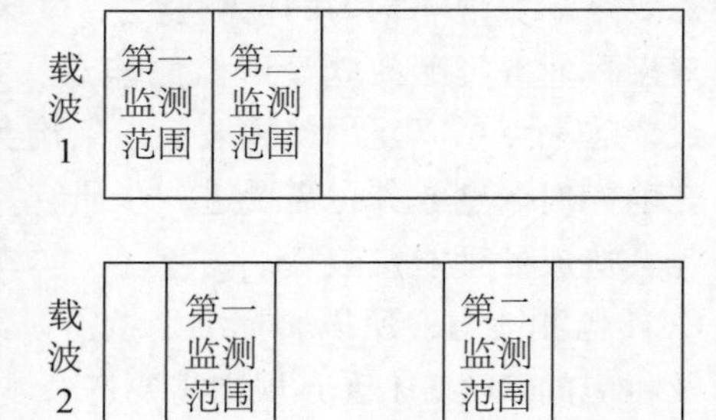

图 15-6 多载波间监测范围不对齐示例

因此，对于基于监测范围的 PDCCH 监测能力在多载波间缩放的问题，引入了一个限制，即对不同的监测范围或监测范围不对齐的多载波，独立确定各自监测范围对应的 PDCCH 监测总能力。对于监测范围相同且对齐的多载波，联合确定该监测范围对应的 PDCCH 监测总能力。

此外，对于基于时隙的 PDCCH 监测能力和基于监测范围的 PDCCH 监测能力的载波数独立配置。也支持基于监测范围的 PDCCH 监测能力的载波数和基于时隙的 PDCCH 监测能力的载波数的组合上报。具体的约束为：

- pdcch-BlindDetectionCA-R15 最小值为 1，pdcch-BlindDetectionCA-R16 最小值为 1；
- pdcch-BlindDetectionCA-R15+pdcch-BlindDetectionCA-R16 的取值范围为 3～16；
- pdcch-BlindDetectionCA-R15 可选值为 1～15；
- pdcch-BlindDetectionCA-R16 可选值为 1～15。

15.2　上行控制信息增强

如第 5 章所述，5G NR 相对 LTE 的一大创新，是采用了“符号级”的灵活时域调度，从而可以实现更低时延的传输，包括引入了符号级的“短 PUCCH（Physical Uplink Control Channel，物理上行控制信道）”，以实现快速的 UCI（Uplink Control Information，上行控制信息）传输，包括低时延的 HARQ-ACK 反馈和 SR（Scheduling Request，调度请求发送）。但面向 URLLC 的低时延和高可靠传输要求，R15 NR PUCCH 在如下几个方面还有很大提升空间。

- 虽然 R15 NR 的 PUCCH 已经缩短到符号级，但 UCI 的传输机会仍然是“时隙级”的，如在一个时隙内只能传输一个承载 HARQ-ACK 的 PUCCH，无法实现“随时反馈”HARQ-ACK。
- R15 NR 的 URLLC 业务的 UCI 和 eMBB 业务的 UCI 不能相互独立的生成，如 URLLC 业务的 HARQ-ACK 和 eMBB 业务的 HARQ-ACK 需要构建在一个码本内，使 URLLC HARQ-ACK 的时延和可靠性被 eMBB HARQ-ACK“拖累”（如 eMBB HARQ-ACK 通常包含很多 bit，造成合成后的 HARQ-ACK 码本很大，无法实现很高的传输可靠性），无法针对 URLLC HARQ-ACK 进行专门的优化。
- 即使设计了 URLLC 和 eMBB 业务的 UCI 的分开生成机制，但如果物理层无法区分这两种 UCI，无法识别它们的“高、低优先级”，也无法将 URLLC 和 eMBB UCI 与分配给它们的资源形成一一映射，从而“保护”URLLC UCI 的资源专用性。
- 最后，即使定义了 UCI 的“高、低优先级”，并为它们分配“专用”资源，但由于基站调度的“先后”顺序，也很难完全避免资源冲突问题。当优先级高的后调度资源需要“抢占”优先级低的先调度资源，需要设计相应的冲突解决机制，以切实保证 URLLC UCI 的优先性。

这些 R15 NR 中的问题，在 R16 URLLC 项目中得以增强，我们将在本节中依次介绍[2-7]。

15.2.1　多次 HARQ-ACK 反馈与子时隙（Sub-slot）PUCCH

R15 NR 虽然引入了长度只有几个符号的“短 PUCCH”，为快速反馈 UCI 提供了很好的设计基础，但一个终端在一个时隙内只能传输一个承载 HARQ-ACK 的 PUCCH，大大限制了反馈的时效性。如图 15-7（a）所示，终端接收 PDSCH 1，并且在上行时隙 1 反馈 HARQ-ACK，而在稍晚的时刻，终端又收到一个下行业务（PDSCH 2）需要尽快反馈 HARQ-ACK。按 R15 NR 机制，如果 PDSCH2 对应的 HARQ-ACK 也在上行时隙 1 反馈，为了保证终端有足够的处理时间，只能在上行时隙 1 靠后的资源反馈，并且 PDSCH1 的 HARQ-ACK 也要在该 PUCCH 资源传输，这样会延后 PDSCH1 的 HARQ-ACK 反馈。或者在下一个上行时隙反馈，这样会延后 PDSCH 2 的 HARQ-ACK 反馈。因此，R15 终端在一个时隙内只能传输一个承载 HARQ-ACK 的 PUCCH 的限制，不可避免地造成下行业务的反馈时延增大。

要解决这个问题，需要在一个上行时隙中提供多次 HARQ-ACK 反馈机会，如图 15-7（b）所示，PDSCH 2 的 HARQ-ACK 能够在同一个时隙中传输，就可以保证 HARQ-ACK 的随时反馈，满足 URLLC 下行业务的反馈时延要求。

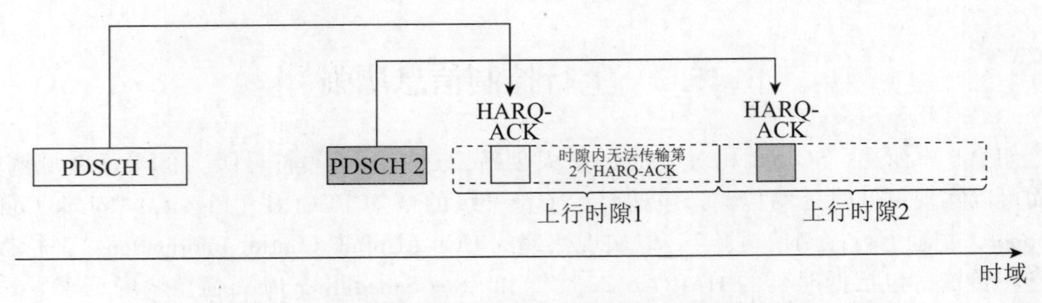

（a）时隙内无法多次反馈HARQ-ACK造成HARQ-ACK反馈延迟

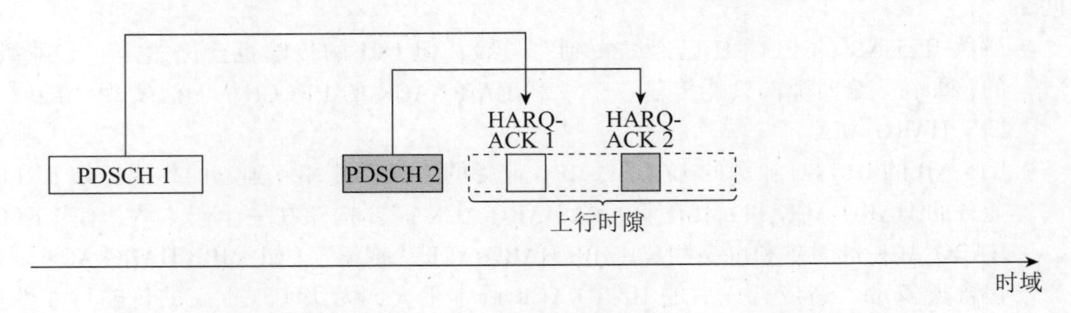

（b）时隙内多次反馈HARQ-ACK可以保证HARQ-ACK随时传输

图 15-7　为什么要支持一个时隙多次反馈 HARQ-ACK

1. 基于子时隙（Sub-slot）的 HARQ-ACK 方案

如 5. 5 节所述，R15 NR PUCCH 资源分配仍然是基于时隙的，虽然从基站角度，一个时隙内可以复用多个终端的“短 PUCCH”，但一个终端在一个时隙内只会拥有一个承载 HARQ-ACK 的 PUCCH 资源。要想支持一个终端在一个时隙内多次反馈 HARQ-ACK，需要对 R15 NR PUCCH 资源分配的诸多方面进行重新设计，包括：

- 如何在一个时隙内划分多个 HARQ-ACK？
- 如何将 PDSCH 关联到多个 HARQ-ACK？
- 如何为多个 HARQ-ACK 分配时频资源？
- 如何指示从 PDSCH 到 HARQ-ACK 的时域偏移（即 K_1）？

针对这些问题，在 R16 NR 标准化中提出了多种候选方案，比较典型的包括基于子时隙（Sub-slot）的方案和基于 PDSCH 分组（PDSCH Grouping）的方案。

Sub-slot 方案是将一个上行时隙进一步划分为更短的 Sub-slot，一个 Sub-slot 只包含几个符号，然后在 Sub-slot 这个单元内尽可能重用 R15 的 HARQ-ACK 码本构建、PUCCH 资源分配机制、UCI 复用等机制。具体方法为如下几种。

- K_1 以 Sub-slot 为单位指示。
- 落入一个 Sub-slot 的 HARQ-ACK 复用在一个 HARQ-ACK 码本中传输。
- 在下行时隙中也按一个虚拟的 Sub-slot 网格确定 PDSCH 与 HARQ-ACK 的关联关系，即以 PDSCH 结尾所在的虚拟 Sub-slot 来计算 K_1 的起始参考点。通过起始参考点和 K1 计算出 HARQ-ACK 所在的 PUCCH 开始的 Sub-slot。
- PUCCH 所在的符号以 Sub-slot 的起点为参考点编号，需要配置 Sub-slot 级的 PUCCH 资源集。

以图 15-8 为例，假设一个上行时隙划分为 7 个 Sub-slot，每个 sub-slot 长度为 2 个符号。根据 PDSCH 1 和 PDSCH 2 末尾所在的虚拟 Sub-slot 和 K_1 计算出它们的 HARQ-ACK 均落在 Sub-slot 1 中，起始符号 S 分别为 Symbol 0 和 Symbol 1，因此这两个 HARQ-ACK 复用在一起，在 Sub-slot 1 中传输。根据 PDSCH 3 和 PDSCH 4 末尾所在的虚拟 Sub-slot 和 K_1 计算出它们的 HARQ-ACK 均落在 Sub-slot 4 中，起始符号 S 分别为 Symbol 0 和 Symbol 1，因此这两个 HARQ-ACK 复用在一起，在 Sub-slot 4 中传输。需要说明的是，PDSCH 实际上不真的存在 Sub-slot 结构的，下行的虚拟 Sub-slot 网格仅仅用于定位 K_1 的起始参考点的方法。

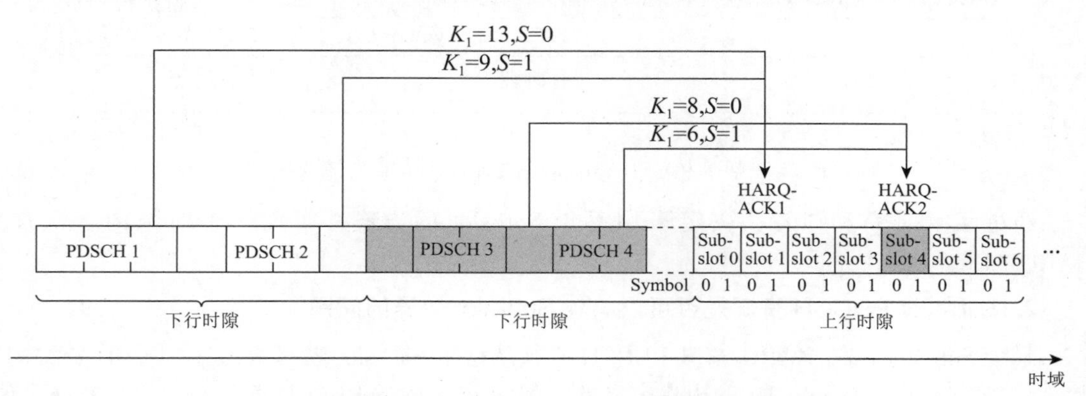

图 15-8　基于 Sub-slot 的 HARQ-ACK 反馈机制示意图

PDSCH Grouping 方案并不需要将一个上行时隙划分为 Sub-slot，然后通过 PUCCH 的时域位置来确定哪些 PDSCH 的 HARQ-ACK 复用在一起传输，而是可以通过更显性的方式确定 PDSCH 到 PUCCH 之间的关联关系。具体方法为如下几种。

- K_1 仍以 slot 为单位指示。
- 通过调度 PDSCH 的 DCI 中的指示信息［如 PRI（PUCCH Resource Indicator，PUCCH 资源指示符）或新增加的一个 PDSCH Grouping 指示符］，确定这个 PDSCH 关联到上行时隙中的哪个 HARQ-ACK 码本，即对 PDSCH 进行分组，分到一组的 PDSCH 的 HARQ-ACK 复用到一个 HARQ-ACK 码本中传输。
- 保持 R15 的 PUCCH 资源集配置不变，采用时隙级 PUCCH 资源，相对时隙边界定义 PUCCH 资源。

以图 15-9 为例，假设在调度 PDSCH 的 DCI 中包含 1 bit 的 PDSCH Grouping 指示符，指示这个 PDSCH 关联到哪个 HARQ-ACK 码本。PDSCH 1 和 PDSCH 2 被指示关联到 HARQ-ACK 1，PDSCH 3 和 PDSCH 4 被指示关联到 HARQ-ACK 2，则无须依赖 Sub-slot 结构就可以实现在一个 slot 里多次反馈 HARQ-ACK。

可以看到，上述两种方案都可以实现在一个时隙内多次反馈 HARQ-ACK。Sub-slot 方案的好处是只要定义了 Sub-slot 结构，将操作单位从 slot 改为 Sub-slot，就可以重用 R15 的 HARQ-ACK 码本生成方法，无须引入新的机制，但 K_1 和 PUCCH 资源的定义也要改为“Sub-slot 级”。PDSCH Grouping 方案的优点是可以重用 R15 的 K_1 和 PUCCH 资源的定义和资源集配置方法，且 K_1 具有较大的指示单位 slot，在指示距离 PDSCH 较远的 HARQ-ACK 时效率更高（但 URLLC 通常采用距离 PDSCH 很近的快速 HARQ-ACK 反馈），但需要设计额外的 PDSCH Grouping 机制，如在 DCI 中加入新的指示信息。PDSCH Grouping 方案的 HARQ-ACK 的资源位置不受 Sub-slot 网格的限制，似乎更为灵活，但同时也可能带来更复杂的

PUCCH 资源重叠问题，后续可能要设计更为复杂的资源冲突解决机制。

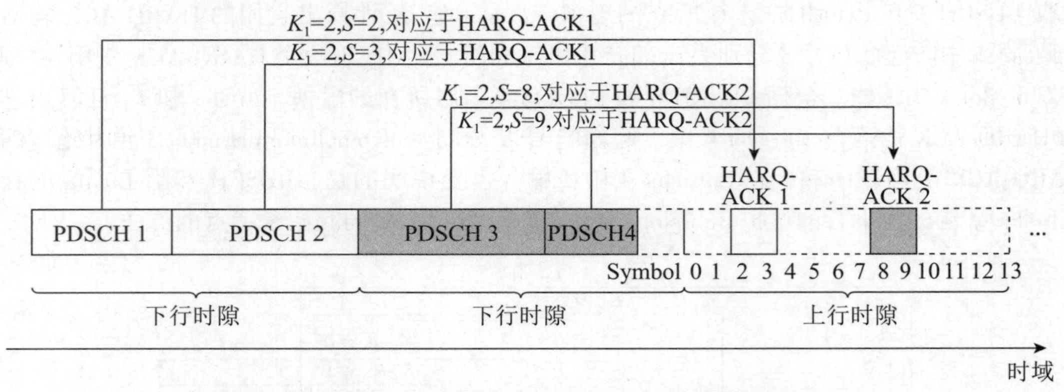

图 15-9 基于 PDSCH Grouping 的 HARQ-ACK 反馈机制示意

经过反复研究和讨论，决定采用基于 Sub-slot 的方案，实现一个时隙内多次反馈 HARQ-ACK。

2. Sub-slot PUCCH 资源是否可以跨越 Sub-slot 边界的问题

某个 Sub-slot 内的 HARQ-ACK PUCCH 必须从这个 Sub-slot 内起始，且 PUCCH 资源的起始符号是相对于这个 Sub-slot 的边界定义的，如图 15-8 中的 PUCCH 起始符号 S 只有两个值：Symbo 0 和 Symbol 1。但是还需要确定的是：PUCCH 资源的长度是否也要限制在 Sub-slot 内？还是可以跨越 Sub-slot 边界，进入下一个 Sub-slot？

- 方案 1：不允许 PUCCH 资源跨越 Sub-slot 边界

如果 Sub-slot PUCCH 不能跨越 Sub-slot 边界，则意味着较长的 PUCCH 是不允许使用的，尤其是这种 2 个符号构成的 Sub-slot 结构，只能使用 1~2 个符号长的 PUCCH，从而只能用于有良好上行覆盖的场景，且承载的 UCI 容量也不能太大。

- 方案 2：允许 PUCCH 资源跨越 Sub-slot 边界

R15 NR 标准可以灵活地支持各种长度的长 PUCCH 和短 PUCCH（如 5. 5 节所述），如果允许 PUCCH 资源跨越 Sub-slot 边界，即使采用了很短的 Sub-slot，也可以使用比较长的 PUCCH 资源，可以支持小区边缘覆盖，并承载较大容量的 UCI。

方案 2 引起的疑问是：URLLC 业务是否需要长 PUCCH 来传输 HARQ-ACK？长 PUCCH 是否能取得低时延的效果？应该说即使使用了长 PUCCH 传输 HARQ-ACK，方案 2 仍然可以通过在一个时隙内提供了更多“PUCCH 起始”的机会，从而可以降低 UCI 时延，只采用短 PUCCH 和降低传输时延没有必然的联系。

但方案 1 确实是比较简单、够用的方案，即假设终端的信号覆盖质量是相对“慢变”“稳定”的，如果基站配置终端采用 2 个符号长的 Sub-slot，说明当前的信号覆盖可以支撑这样短的 PUCCH 的上传，不需要更长的 PUCCH 弥补覆盖不足，信号覆盖质量突然变差不是一个常见的场景。而且 Sub-slot PUCCH 主要用于传输 URLLC 业务的 HARQ-ACK，很多 HARQ-ACK 复用在一起形成很大 HARQ-ACK 码本的情况（如很多时隙的 HARQ-ACK 复用在一起的 TDD 系统、很多载波的 HARQ-ACK 复用在一起的载波聚合等）不是需要考虑的主流场景。而方案 2 由于不能把 PUCCH 限制在 Sub-slot 内，因此会延伸到下一个 Sub-slot，可能造成复杂的跨 Sub-slot 的 PUCCH 重叠场景，需要设计复杂的冲突解决机制。

因此经过研究讨论，最终确定不允许 Sub-slot PUCCH 跨越 Sub-slot 边界，即 $S+L$ 必须小于等于 Sub-slot 的长度，这也是和 R15 NR 的设计（$S+L$ 必须小于等于 slot 的长度）相似的，只是把 slot 换成了 Sub-slot。重要的是，PUCCH 不允许跨越 slot 边界，是基于 slot 的 PUCCH 和基于 Sub-slot 的 PUCCH 都必须遵守的限制。

需要说明的是，Sub-slot 概念是为了解决在一个时隙内多次传输 HARQ-ACK 而引入的，因此遗留问题是：其他类型的 UCI［如 SR、CSI（Channel Stat Information，信道状态信息）报告］是否应该基于 Sub-slot？如果一个 PUCCH 配置（即 RRC 参数集 *PUCCH-Config*）是基于 Sub-slot 的，那么是只有用于 HARQ-ACK 的资源不能跨越 Sub-slot 边界，还是 CSI、SR 也不能跨越 Sub-slot 边界？一种意见认为，SR 和 CSI 的长度不应受到 Sub-slot 的限制，如 R15 SR 本身就可以在一个时隙内多次传输，不需要采用 Sub-slot 进行增强，这和 HARQ-ACK 的情况不同。CSI 反馈有可能具有相当大的容量，在一个 Sub-slot 中可能无法容纳。但另一种意见认为：将 HARQ-ACK 限制在 Sub-slot 内是为了避免复杂的跨 Sub-slot PUCCH 冲突场景，这个问题不仅对 HARQ-ACK 存在，对其他类型的 UCI 也是存在的，只有将所有 UCI 均限制在 Sub-slot 内，才能重用 R15 的冲突解决机制，简单地将单位从 slot 换到 Sub-slot。经过讨论，最终确定在配置 Sub-slot 的 *PUCCH-Config* 中，SR、CSI 等 UCI 也不能跨越 Sub-slot 边界。

3. Sub-slot 长度与 PUCCH 资源集的配置问题

接下来的一个相关的问题是：是为不同的 Sub-slot 配置不同的 PUCCH 资源集，还是所有 Sub-slot 共享一个 PUCCH 资源集？这涉及另外两个问题：是否允许 PUCCH 资源跨越 Sub-slot 边界？是否存在不等长度的 Sub-slot 同时使用的场景？

如图 15-10 所示，以一个 slot 包含两个 Sub-slot（Sub-slot 长度 =7 个符号）为例，如果允许 PUCCH 资源跨越 Sub-slot 边界，则 Sub-slot 0 可以配置长度超过 7 个符号的 PUCCH 资源（如图中 Sub-slot 的 PUCCH resource 3、resource 4），而 Sub-slot 1 只能配置长度小于等于 7 个符号的 PUCCH 资源。在这种情况下，如果两个 Sub-slot 共享一个 PUCCH 资源集，则 Sub-slot 0 只能使用 $S+L\leq 7$ 的 PUCCH 资源（即允许 PUCCH 资源集跨越 Sub-slot 边界的好处大大缩水）。或者在资源集中配置 $S+L>7$ 的 PUCCH 资源，但只能由起始于 Sub-slot 0 的 PUCCH 使用，起始于 Sub-slot 1 的 PUCCH 不能使用，这又减少了 Sub-slot 1 的可用 PUCCH 资源数量。或者还要对配置的长 PUCCH 资源做“截断”处理，供 Sub-slot 1 使用，带来额外的复杂度。因此如果允许 PUCCH 资源跨越 Sub-slot 边界，则也应该允许针对不同的 Sub-slot 配置不同的 PUCCH 资源集（如位于 slot 头部的 Sub-slot 与位于 slot 尾部的 Sub-slot 可以配置不同的资源集）。但是，R16 NR PUCCH 资源不允许跨越 Sub-slot 边界，因此配置 Sub-slot 特定（Sub-slot-specific）的 PUCCH 资源的主要理由也就不存在了。

另外一个相关的问题是 Sub-slot 的长度，由于一个时隙包含 14 个符号，2 个符号和 7 个符号的 Sub-slot 都可以做到所有的 Sub-slot 等长度（1 个时隙分别包含 7 个和 2 个 Sub-slot）。但如果想要支持别的 Sub-slot 长度，就会出现不等长的 Sub-slot 结构。如图 15-11 所示，如果一个 slot 包含 4 个 Sub-slot，则一个 slot 只能分割成 2 个包含 3 个符号的 Sub-slot（图中 Sub-slot 0、Sub-slot 3）和 2 个包含 4 个符号的 Sub-slot（图中 Sub-slot 1、Sub-slot 2）。而 $S+L=4$ 的 PUCCH 资源只能用于 Sub-slot 1、Sub-slot 2，不能用 Sub-slot 0、Sub-slot 3。因此，如果想充分利用 PUCCH 资源集中的资源，最好能为 3 个符号长的 Sub-slot 和 4 个符号长的 Sub-slot 分别配置一个 PUCCH 资源集。

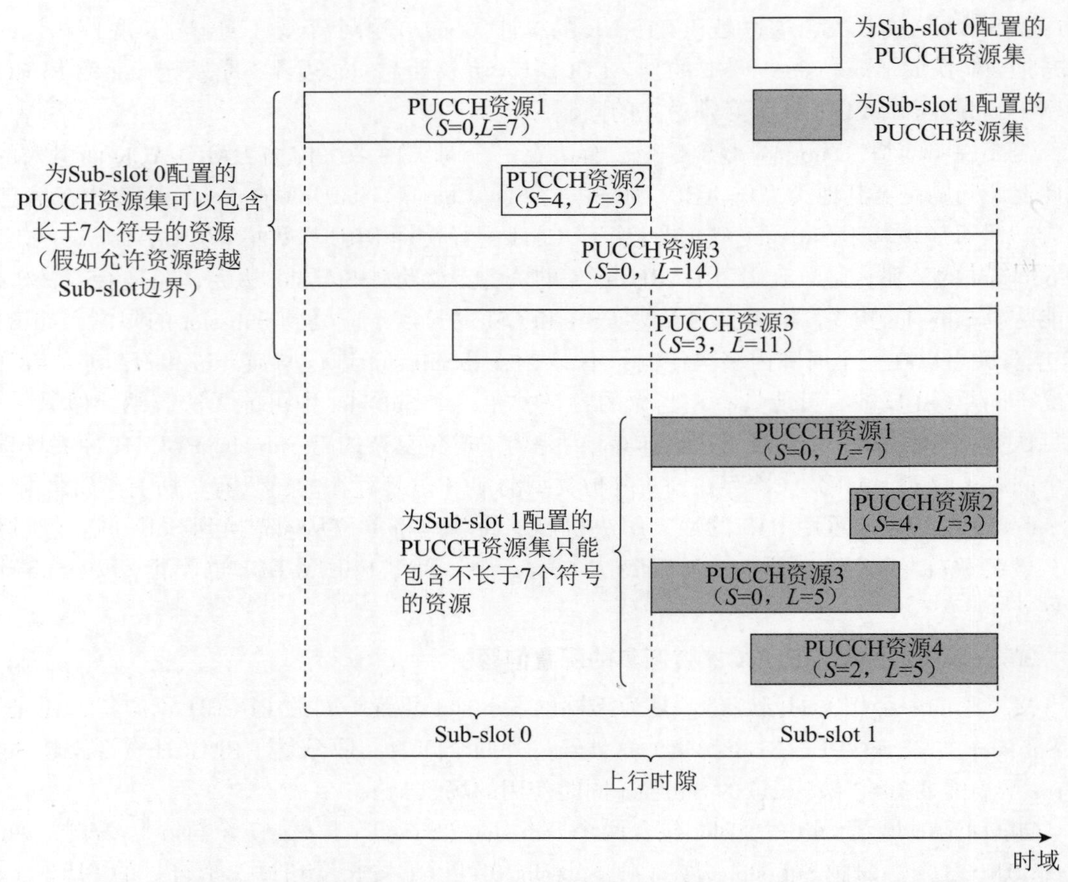

图 15-10 如果允许 PUCCH 资源跨越 Sub-slot 边界，则应该为不同的 Sub-slot 配置不同的 PUCCH 资源集

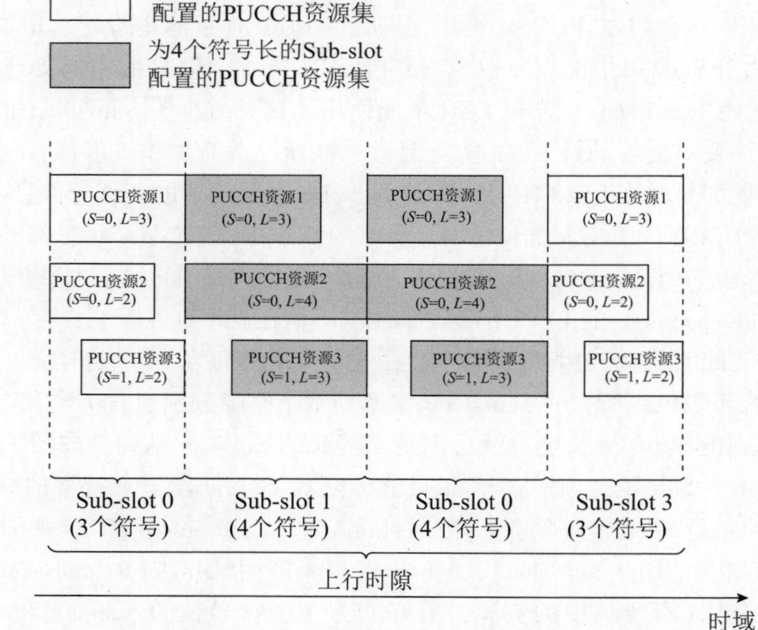

图 15-11 对于不等长度的 Sub-slot，应该配置不同的 PUCCH 资源集

经过讨论，最终决定采用比较简单的设计，即只支持 2 个符号和 7 个符号两种 Sub-slot 长度，不使用会造成不等长 Sub-slot 长度的 Sub-slot 结构。一种 Sub-slot 结构下，所有 Sub-slot 都采用相同的 PUCCH 资源集。这样针对一种 Sub-slot，只要配置一种公共的 PUCCH 资源集即可。

15. 2. 2　多 HARQ-ACK 码本

构建 HARQ-ACK 码本的目的是将多个 PDSCH 的 HARQ-ACK 复用在一起传输，以提高传输效率。这在所有 PDSCH 都是一种业务类型时是没有问题的。但 URLLC 是和 eMBB 具有很大差异的另一种业务，要求更高的可靠性和更低的时延，但并不追求很高的频谱效率和用户容量。因此将 URLLC PDSCH 和 eMBB PDSCH 的 HARQ-ACK 复用在一个码本中是不太合理的。URLLC 的 HARQ-ACK 要求快速反馈、在一个时隙内多次反馈，而 eMBB 的 HARQ-ACK 在一个时隙内仅反馈一次，如果将两种 HARQ-ACK 复用在一个码本中，那么即便 URLLC HARQ-ACK 采用了 Sub-slot 结构，也只能“等到”与 eMBB HARQ-ACK 复用在一起以后再传输，无法保证低时延。在可靠性方面，一个码本窗口内的 URLLC HARQ-ACK 码本通常可以保持一个比较小的尺寸，实现高可靠性的传输。但如果必须和 eMBB HARQ-ACK 复用在一个码本里，则大容量的 HARQ-ACK 码本无法保证传输可靠性。

因此，R16 URLLC 在 PUCCH 方面的另一项增强，就是支持并行构建多个 HARQ-ACK 码本，分别用于不同优先级的业务（具体的优先级指示方法见 15. 2. 3 节）。为了简化设计，R16 首先支持并行构建两个不同的 HARQ-ACK，因为就近期看来，区分两个优先级（URLLC 为高优先级，eMBB 为低优先级）就够了。接下来，需要解决两个问题：一是如何将 PDSCH 以及它们的 HARQ-ACK 关联到这两个码本？二是这两个码本采用哪些资源和配置参数构建？

第一个问题类似于 15. 2. 1 节介绍的 PDSCH Grouping 问题，最终通过 DCI 中的优先级指示实现了这种关联关系，详见 15. 2. 3 节。第二个问题关系 PUCCH 的参数集配置问题。在 R15 NR 中，一个 UL BWP（Bandwidth Part，带宽部分）只配置有 1 个 PUCCH 的参数集（*PUCCH-Config*）。如果维持只有一个 *PUCCH-Config*，则只能在同一套 RRC 参数集内挑选参数构建两个 HARQ-ACK 码本，无法实现针对 eMBB 和 URLLC 的分别优化。*PUCCH-Config* 中明确应该对 eMBB 和 URLLC 分开配置的参数包括如下内容。

- Sub-slot 配置：采用 2 个符号、7 个符号的 Sub-slot 还是采用 14 个符号的 slot。
- K_1 集合：从 PDSCH 到 HARQ-ACK 间隔的 slot 或 Sub-slot 数量。
- PUCCH 资源集：在一个 slot 或 Sub-slot 内可供 HARQ-ACK 传输的 PUCCH 时频资源。

由于 Sub-slot 结构本身是为了 URLLC 业务引入的，因此 eMBB HARQ-ACK 码本和 eMBB HARQ-ACK 码本很有可能采用不同的 Sub-slot 配置。由于 Sub-slot 长度不同，K_1 的指示单位不同（如分别为 slot 和 Sub-slot），因此共享同一套 K_1 集合是非常不合理的，应该允许分开配置。由于 Sub-slot 配置不同，PUCCH 资源也应该分开配置。如 15. 2. 1 节介绍的，因为 PUCCH 资源被限制在 Sub-slot 内，两种不同长度（如 3 个符号和 4 个符号）的 Sub-slot 都应该分别配合 PUCCH 资源集，更不要说基于 Sub-slot 的 PUCCH 资源集和基于 slot 的 PUCCH 资源集，其起始符号、长度都应该分开配置，才能实现各自优化的 PUCCH 资源分配。其他参数，如空间传输参数、功率控制参数等，也都适合分开优化。因此最终决定，*PUCCH-Config* 中所有和 HARQ-ACK 相关的参数都可以配置两套。虽然从原理上说，这两套 *PUCCH-*

Config 参数集是分别针对 eMBB 和 URLLC 业务的，但标准中也不做这种限定。

另外，虽然比较合理的配置是一个 *PUCCH-Config* 用于基于 slot 的 PUCCH，另一个 *PUCCH-Config* 用于基于 Sub-slot 的 PUCCH，但从标准的灵活性角度考虑，各种组合也都是允许的，以适应各种终端类型的需要，包括如下内容。

- 一个 *PUCCH-Config* 基于 slot，另一个 *PUCCH-Config* 基于 Sub-slot：如适合同时支持 eMBB 业务和 URLLC 业务的多功能终端。
- 两个 *PUCCH-Config* 均基于 Sub-slot：如适合支持不同等级 URLLC 业务的 URLLC 终端。
- 两个 *PUCCH-Config* 均基于 slot：如适合支持不同等级 eMBB 业务的 eMBB 终端。

需要说明的是，并非只有 URLLC 业务需要低时延传输，一些 eMBB 业务（如 VR（虚拟现实）、AR（增强现实））也需要低时延传输。从这个角度说，Sub-slot HARQ-ACK 反馈在 eMBB 业务中也是有应用场景的。

15.2.3 优先级指示

为兼顾 URLLC 业务的可靠性及系统效率，3GPP RAN1 确定：针对不同的业务，终端可支持最多两个 HARQ-ACK 码本，且不同码本可以通过物理层区分。通过下述物理层参数确定 PDSCH（Physical Downlink Shared Channel，物理下行共享信道）或指示 SPS（Semi-persistent Schedulin，半持续调度）资源释放的 PDCCH 所对应的 ACK/NACK 信息所属的 HARQ-ACK 码本的方案随之被提出来。

- 方案 1：通过 DCI 格式确定对应的 HARQ-ACK 码本

R16 URLLC 下行控制信道增强中，支持引入压缩的 DCI 格式以提高下行控制信道的可靠性及效率。因此可使用 DCI 格式隐式区分 HARQ-ACK 码本，即 DCI 格式 0_1/1_1 对应码本 1，新 DCI 格式对应码本 2。

该方案的主要缺点是在调度上带来较大的约束，即 R15 DCI 格式 0_0/0_1/1_0/1_1 只能用于调度 eMBB 业务，新的 DCI 格式只能用于调度 URLLC 业务。另外，强制不同业务使用不同的 DCI 格式，终端需要盲检更多的 DCI 格式，从而增加了 PDCCH 的盲检次数。

- 方案 2：通过加扰 DCI 的 RNTI 确定对应的 HARQ-ACK 码本

R15 中对于数据信道支持了两种 MCS 表格，其中一个表格的设计初衷是为了保证 URLLC 业务的可靠性，即 MCS 表格中包括更低的编码速率。若使用该 MCS 表格进行数据传输时，基站将使用一个特定的 MCS-C-RNTI 对 DCI 进行加扰，具体参见 15.4.1 节。由于 MCS-C-RNTI 的引入本身就是为了满足 URLLC 业务更低可靠性的要求，因此将该 RNTI 进一步推广用于指示 URLLC 业务对应的 HARQ-ACK 码本也是一个顺理成章的方案。

该方案的缺点同样是限制了调度的灵活性，即 URLLC 业务必须使用低码率 MCS 表格，而 eMBB 业务则无法使用低码率 MCS 表格。

- 方案 3：通过在 DCI 中设置显示的指示信息确定对应的 HARQ-ACK 码本

  该方案可以进一步划分为通过 DCI 已有信息域或新增信息域指示 HARQ-ACK 码本。

  - 方案 3-1：通过 PDSCH 的时长/mapping Type 区分 HARQ-ACK 码本。例如，PDSCH 时长小于一定长度或 URLLC 使用 PDSCH mapping Type B 时为 URLLC 传输。
  - 方案 3-2：通过 HARQ 进程号区分 HARQ-ACK 码本。该方案实际上是将一些 HARQ 进程号预留给 URLLC 业务使用。

- 方案 3-3：通过 HARQ 反馈定时 K_1 区分 HARQ-ACK 码本。具体地，URLLC 业务使用反馈定时集合中数值小的 K_1，eMBB 业务使用反馈定时集合中数值大的 K_1。
- 方案 3-4：通过独立的信息域指示 HARQ-ACK 码本。

方案 3-1~方案 3-3 实质上都是为了支持 URLLC 业务而对 eMBB 业务引入调度限制，势必会造成 eMBB 性能出现一定的损失。很多公司是不认同这样的设计原则的。方案 3-4 的缺点在于增加了 DCI 开销。但由于终端最多只支持 2 个 HARQ-ACK 码本，因此在 DCI 中增加 1 bit 即可。

- 方案 4：通过传输 DCI 的 CORESET/search space 确定对应的 HARQ-ACK 码本

对 eMBB 与 URLLC 分别配置独立的 CORESET 或者搜索空间，进而通过 CORESET 或者搜索空间区分 HARQ-ACK 码本。而使用独立的 CORESET 或者搜索空间调度不同的业务，将会提高 PDCCH 阻塞概率，另外增加终端进行 PDCCH 盲检的数量。对于基于搜索空间的确定 HARQ-ACK 码本的方案，还存在搜索空间时频资源重叠的问题，进而增加检测复杂度。

从上述分析可知，除方案 3-4 之外的所有其他方案都会引入调度限制，这导致了 eMBB 传输性能损失或 PDCCH 盲检增加。而方案 3-4 不会引入任何调度限制且 DCI 实际只会增加 1 bit 开销，对检测性能影响不大。因此，3GPP 最终确定在 DCI 中可配置 1 bit 信息域用于指示对应的 HARQ-ACK 码本的优先级信息。另外，该优先级信息同样用于解决 ACK/NACK 反馈信息与其他上行信道时域资源冲突问题。相应地，其他上行信道也要支持优先级指示，具体地：

- 对于动态调度的 PUSCH，其优先级信息通过 DCI 中的独立信息域指示；
- 对于高层信令配置的 PUSCH、SR，其优先级信息通过高层信令配置；
- 对于使用 PUCCH 传输的 CSI 信息，其优先级固定为低优先级；
- 对于使用 PUSCH 传输的 CSI，其优先级信息取决于 PUSCH 的优先级信息。

15. 2. 4　用户内上行多信道冲突

在 NR R15 阶段，当多个上行信道时域资源冲突时，要将所有上行信息复用于一个上行信道内进行传输，而影响复用传输的两个主要因素为：重叠信道中 PUCCH 所使用的格式和复用处理时间。

在 NR R16 讨论初期，为了提高 URLLC 业务可靠性和降低时延，曾经试图针对不同上行信道冲突情况分别给出解决方案，表 15-1 列出了当时提出的部分冲突解决方案。本节主要关注物理层解决方案。高层解决方案详见第 16 章。

表 15-1　不同业务类型上行信息冲突解决方案

类　别	URLLC SR	URLLC HARQ-ACK	CSI	URLLC PUSCH
URLLC SR	—	—	—	—
URLLC HARQ-ACK	重用 R15 机制	—	—	—
CSI	方法 1：丢弃 CSI。 方法 2：若满足约束条件，进行复用传输。约束条件包括：时序、时延、可靠性、CSI 资源优先级等		—	—

续表

类　别	URLLC SR	URLLC HARQ-ACK	CSI	URLLC PUSCH
URLLC PUSCH	支持将 SR（非 BSR）直接复用于 PUSCH 中进行传输。	重用 R15 机制	方法 1：丢弃 CSI。 方法 2：若满足约束条件，进行复用传输；否则丢弃 CSI。约束条件包括：时序、CSI 资源优先级等	—
eMBB SR	方法 1：丢弃低优先级 SR。 方法 2：终端实现解决	方案 1：丢弃 eMBB SR。 方案 2：若满足约束条件，进行复用传输；否则丢弃 eMBB SR。约束条件包括：时序、时延、可靠性、PUCCH 格式等	R15 已支持	方案 1：丢弃 eMBB SR。 方案 2：若满足约束条件，进行复用传输；否则丢弃 eMBB SR。约束条件包括：时序、PUSCH 中是否包括 UL-SCH
eMBB HARQ-ACK	方案 1：丢弃 eMBB HARQ-ACK。 方案 2：若满足约束条件，进行复用传输；否则丢弃 eMBB HARQ-ACK。约束条件包括：时序、时延、可靠性、PUCCH 格式、动态指示等		R15 已支持	方案 1：扩展 beta 取值范围，即 beta 可小于 1。当 beta 取 0 时，表示 eMBB UCI 不可复用于 URLLC PUSCH 中传输。 方案 2：丢弃 eMBB PUCCH
eMBB PUSCH	方法 1：URLLC SR 为正时，丢弃 eMBB PUSCH。 方法 2：若时延和/或可靠性满足约束条件，则复用传输；否则丢弃 eMBB PUSCH	方案 1：丢弃 eMBB PUSCH。 方案 2：若时延和/或可靠性满足约束条件，则复用传输	R15 已支持	

RAN1 #98bis 会议上以支持多 HARQ-ACK 码本反馈为出发点（参见 15.2.1 节），同意支持两级物理层优先级指示，即高优先级、低优先级，并在该次会议上针对上行信道冲突问题，仅限控制信道与上行数据信道，控制信道与控制信道之间的冲突问题的解决方案达成结论：当高优先级上行传输与低优先级上行传输重叠且满足约束条件时，取消低优先级上行传输。其中的约束条件主要考虑取消低优先级上行传输所需要的处理时间、高优先级上行传输准备时间。相较于常规的上行传输准备，此时终端需要先进行丢弃判断再开始进行数据准备，因此时序约束相较于 R15 的 PUSCH 准备时间增加了额外的时间量，具体地，高优先级上行传输与对应的 PDCCH 结束符号之间的时间间隔不小于 $T_{proc,2}+d_1$，其中，$T_{proc,2}$ 为 R15 定义的 PUSCH 准备时间，d_1 取值为 0、1、2，由终端能力上报信息报告给基站。满足上述约束时，终端在第一个重叠时域符号之前取消低优先级传输。另外，为了降低终端实现的复

杂度，R16 进一步规定：终端确定一个低优先级传输与一个高优先级传输冲突后，终端不期待在高优先级传输对应的 DCI 之后再收到一个新到 DCI 再次调度该低优先级传输。

上述结论扩展用于解决多个优先级不同的上行信道冲突问题时，为了不引入额外的终端处理，终端通过如下步骤确定实际发送的上行信道。

- 步骤 1：针对每一个优先级，分别执行 R15 的复用处理机制，得到 2 个不同优先级的复用传输信道。
- 步骤 2：若步骤 1 得到的 2 个复用传输信道重叠，则传输其中高优先级信道。

15.3　终端处理能力

15.3.1　处理时间引入背景与定义

NR 系统为支持多种业务、多种场景，引入了灵活的调度机制，如灵活的时域资源分配和灵活的调度时序。同时，在标准中也定义了相应的处理能力，确保基站指示的调度时序能够给予终端足够的时间处理数据。R15 标准分别针对超低时延和常规时延需求两类业务定义了两种处理能力。终端默认支持普通处理能力（UE Capability 1）以满足常规时延需求，快速处理能力（UE Capability 2）需要上报以满足超低时延需求。快速处理能力采用终端上报模式，因为快速处理能力需要更加高级的芯片技术，芯片的成本和复杂度也相应增加，针对特定业务需求才是必要的。虽然两种处理能力是考虑多种业务，如 URLLC 和 eMBB 需求引入的，但协议并没有约束处理能力和业务之间的对应关系。因此，本节的内容不受限于 URLLC。

目前，标准定义的处理能力包括以下 2 个[9]。

- PDSCH 处理时间 N_1，用于定义 PDSCH 最后一个符号结束位置到承载 HARQ-ACK 的 PUCCH 第一个符号起始位置之间的最短处理时间需求。
- PUSCH 处理时间 N_2，用于定义 PDCCH 最后一个符号结束位置到 PUSCH 第一个符号起始位置之间的最短处理时间需求。

15.3.2　处理时间的确定

处理时间的确定除了需要考虑业务需求，还要考虑终端的实现成本和复杂度。标准在确定处理时间时，一方面基于理论模型分析结果，另一方面参考各家公司反馈的数据确定。

下面以下行数据处理过程为例，简要说明处理时间的理论模型分析方法[8]。图 15-12 是一种典型的下行数据处理模型。为了提高处理速度，各个功能模块之间存在一定的并行处理情况，而并行程度受物理层信号设计影响较大。具体地，图 15-12（a）为仅有前置导频的下行数据处理过程，图 15-12（b）为包含额外导频的下行数据处理过程。图 15-12（a），数据的解调、解码在信道估计之后（即第三个符号）就开始了，可以实现接收和处理并行，因此当数据接收完成后仅需要少量的数据处理时间。图 15-12（b），因为额外导频在数据的末端，数据的解调、解码需要等到数据接收完成之后才能进行，因此当数据接收完成后仍然需要较长的数据处理时间。由此可见，处理时间受导频位置影响较大。类似地，数据的映射方式也会影响数据的接收检测。先频后时的映射方式，终端可以在接收到少量符号后就进行 CB（Codelock，码块）级的检测。但时域交织的映射方式，终端需要等到所有符号接收完后才能重构一个完整的 CB，并进行检测。

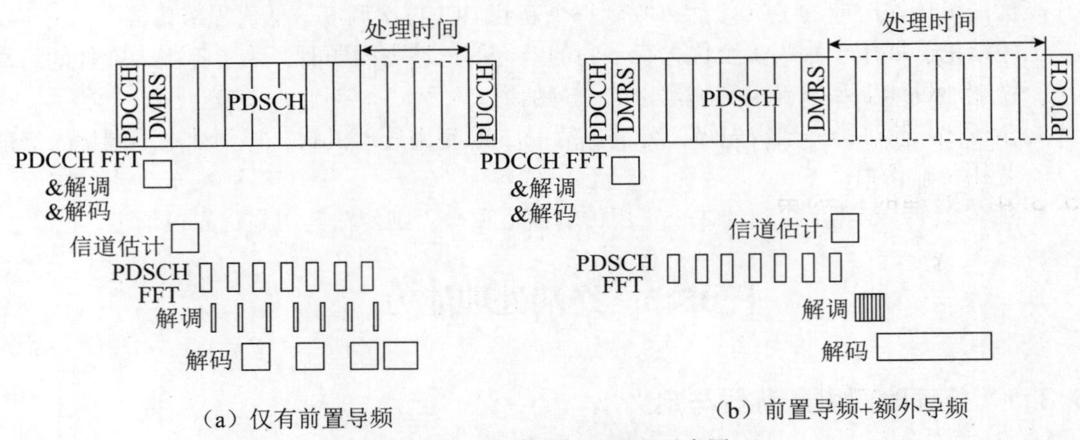

（a）仅有前置导频　　（b）前置导频+额外导频

图 15-12　下行数据处理过程示意图

影响处理时间的因素很多，包括数据带宽、数据量、PDCCH 盲检测、DMRS 符号位置、数据映射方式、SCS 配置等。在各家公司反馈处理能力数据前，先对评估假设达成共识，如表 15-2 所示[10]。在此共识的基础上，各家公司反馈了处理能力数据，经讨论确定了最终的终端处理能力。这个过程既是基站厂商和终端芯片厂商的博弈，也是各个芯片厂商之间的博弈。

表 15-2　处理时间的影响因素和评估假设（N_1，N_2）

类别	N_1	N_2
标准假设	单载波/单 BWP/单 TRP（Transmission and Recepetion Point，发送接收点）： ● 所有 MCS 配置；最多 4 层 MIMO 数据流和 256QAM ● 最多 3 300 个子载波 PDCCH： ● 与 PDSCH 的参数集/ BWP 相同 ● 一个对应 PDSCH 的调度分配 ● 44 次盲检测，一个符号 CORESET PDSCH： ● PDSCH 不会先于 PDCCH ● 时域长度 14 符号 ● 先频后时，无时域交织 PUCCH： ● 短 PUCCH 格式	单载波/单 BWP/单 TRP： ● 所有 MCS 配置；最多 4 层 MIMO 数据流和 256QAM ● 最多 3 300 个子载波 PDCCH： ● 与 PUSCH 的参数集/BWP 相同 ● 一个对应 PUSCH 的调度分配 ● 44 次盲检测，一个符号 CORESET PUSCH： ● 时域长度 14 符号 ● 无时域交织 ● DFTsOFDM 或者 OFDM ● 前置参考信号 ● 无 UCI 复用
候选因素	●子载波间隔 SCS ● DMRS 配置 ● 峰值速率百分比 ● 资源映射方式	●子载波间隔 SCS ● 资源映射方式 ● 峰值速率百分比

标准中定义的处理能力是基于一定的传输参数假设确定的。对于超越上述条件的情况，标准也定义了一些特例，尤其是处理能力 2。对于处理能力 2，定义了一些回退模式，即满

足如下两种情况时，终端回退到处理能力 1。

- μPDSCH=1 且调度的 PRB 数目超过 136，终端按照处理能力 1 检测 PDSCH。如果终端需要接收一个或多个 PDSCH，其 PRB 数目超过 136，则终端至少需要在这些 PDSCH 结束位置后的 10 个符号之后才能按照处理能力 2 接收新的 PDSCH。
- 配置了额外解调参考信号（dmrs-AdditionalPosition ≠ pos0）。

15.3.4　处理时间约束

如第 5 章所述，NR 支持灵活的调度配置。但为了保证终端有足够的时间处理，调度配置需要满足一定的时序条件。该时序条件以处理时间为基准，也将子载波间隔等因素考虑进来。标准中定义了 PDCCH-PUSCH、PDSCH-PUCCH 的时序条件。本节对于上述规则进行详细介绍。

如图 15-13 所示，终端在时隙 n 接收到 PDCCH，当前调度的 PUSCH 传输所在的时隙是时隙 $n+K_2$，K_2 由 DCI 或高层信令配置。考虑到终端需要解调 PDCCH、准备 PUSCH，基于 K_2 确定的 PUSCH 的起始时间不应该早于对应 PDCCH 结束位置后 $T_{proc,2}=\max[(N_2+d_{2,1})(2\,048+144)\cdot\kappa 2^{-\mu}\cdot T_C, d_{2,2}]$ 时间之后的第一个上行符号。其中，N_2 是根据终端能力及子载波间隔 μ 确定的。如果 PUSCH 中的第一个 OFDM 符号只发送 DMRS，则 $d_{2,1}=0$，否则 $d_{2,1}=1$。如果调度 DCI 触发了 BWP 切换，则 $d_{2,2}$ 等于切换时间，否则 $d_{2,2}=0$。

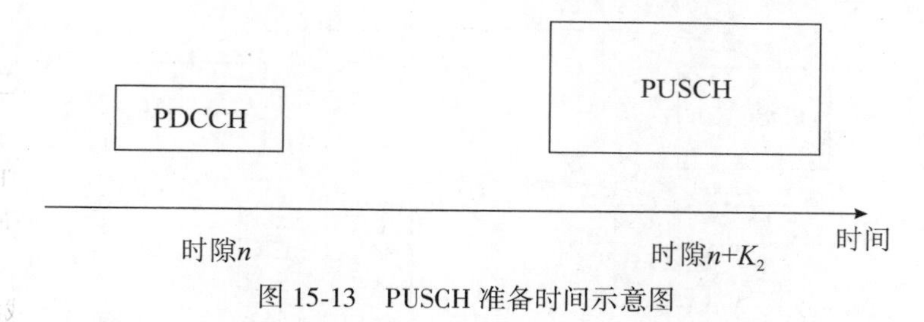

图 15-13　PUSCH 准备时间示意图

终端接收 PDSCH 之后，需要向 gNB 发送反馈信息，告知 gNB 当前 PDSCH 是否正确接收。如图 15-14 所示，终端在时隙 n 接收到 PDSCH，则需要在时隙 $n+k$ 发送反馈信息，k 是调度 PDSCH 的 DCI 中 PDSCH-to-HARQ_feedback timing 域指示的或由高层信令配置。考虑到终端处理 PDSCH 的时间，基于 k 确定的承载 ACK/NACK 的 PUCCH 起始符号不早于 PDSCH 结束后 $T_{proc,1}=(N_1+d_{1,1})(2\,048+144)\cdot\kappa 2^{-\mu}\cdot T_C$ 时间之后的第一个上行符号。其中，N_1 是根据子载波间隔 μ 确定的。$d_{1,1}$ 与终端的能力等级、PDSCH 的资源等信息相关。

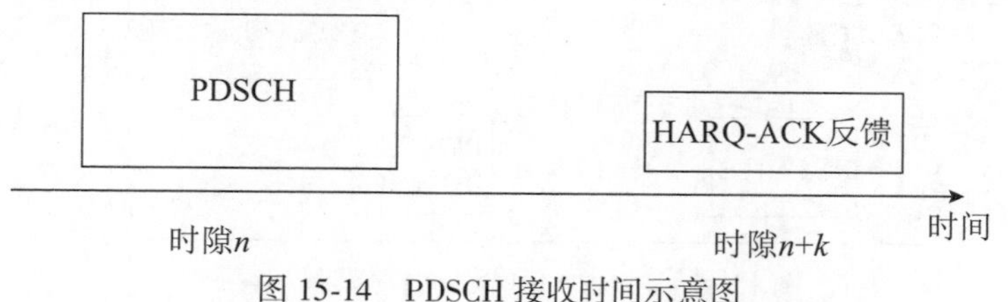

图 15-14　PDSCH 接收时间示意图

15.3.5　处理乱序

NR R15 虽然支持灵活调度，具体设计参见第 5 章，但是为了降低终端实现的复杂度，对一个载波内的数据处理依然定义了比较严苛的时序关系。

PDSCH 时序满足如下条件。

- 终端不期待接收两个相互重叠的 PDSCH。
- 对于 HARQ 进程 A，在对应的 ACK/NACK 信息完成传输之前，终端不期待接收到一个新的 PDSCH 其对应的 HARQ 进程号与 HARQ 进程 A 相同。图 15-15 所示例子中，终端不期待接收 PDSCH 2，其承载的 HARQ 进程与 PDSCH 1 承载的 HARQ 进程的编号相同。

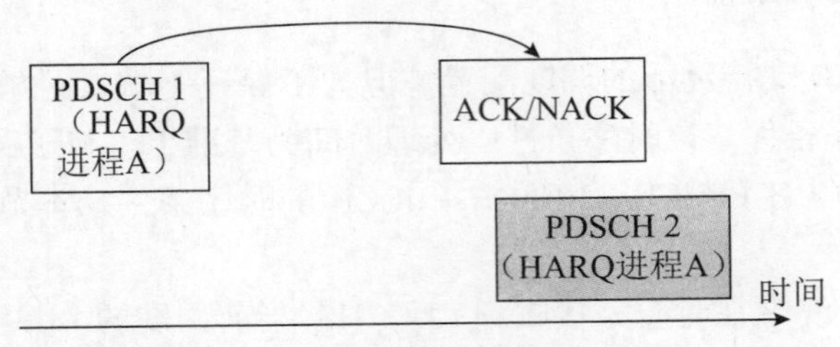

图 15-15　PDSCH 时序限制示意图一

- 终端在时隙 i 中收到第一 PDSCH，其对应的 ACK/NACK 信息通过时隙 j 传输。终端不期待收到第二 PDSCH，其起始符号在第一 PDSCH 起始符号之后，但对应的 ACK/NACK 信息通过时隙 j 之前的时隙传输。图 15-16 所示例子中，终端不期待收到 PDSCH 2，其对应的 ACK/NACK 信息在时隙 j 之前传输。

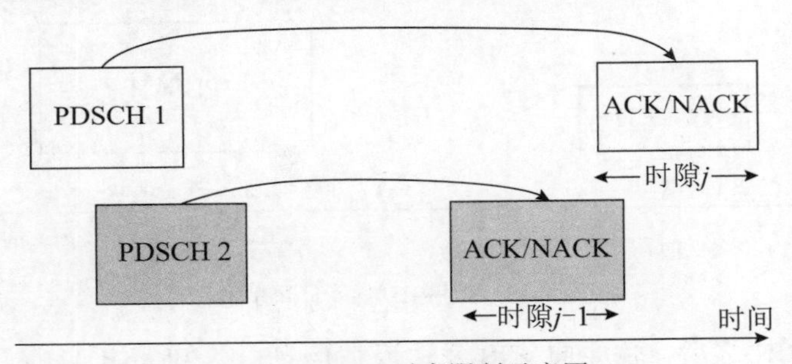

图 15-16　PDSCH 时序限制示意图二

- 终端收到第一 PDCCH 用于调度第一 PDSCH。终端不期待收到第二 PDCCH，其结束位置晚于第一 PDCCH 的结束位置，但其调度的第二 PDSCH 的起始位置早于第一 PDSCH 的起始位置，如图 15-17 所示。

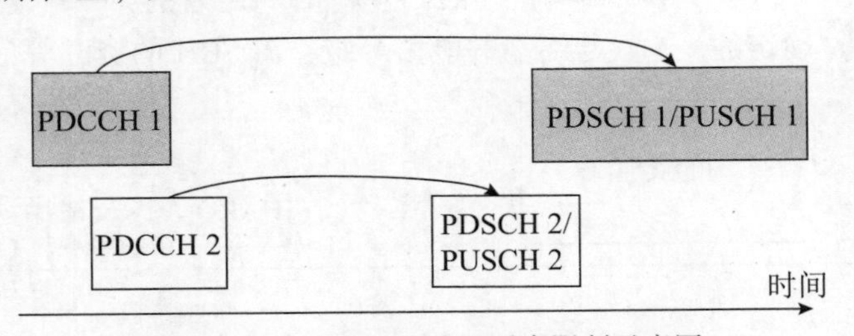

图 15-17　PDSCH/PUSCH 时序限制示意图

PUSCH 时序需要满足下述条件。

- 终端不期待发送两个相互重叠的 PUSCH。
- 终端收到第一 PDCCH 用于调度第一 PUSCH。终端不期待收到第二 PDCCH，其结束位置晚于第一 PDCCH 的结束位置，但其调度的第二 PUSCH 的起始位置早于第一

PUSCH 的起始位置。图 15-17 所示例子中，终端不期待收到 PDCCH 2。

NR R16 讨论之初，为了更好地满足 URLLC 业务短时延需求，曾提出支持乱序调度及反馈（Out-of-order Scheduling/HARQ），即突破如图 15-16、图 15-17 所示的时序限制，使得晚到达的 URLLC 数据可以更早地传输或反馈。此时，UE 优先处理时间在后的高优先级信道是各公司基本的共识。但标准化过程中，主要的争议点在于如何处理时间在前的低优先级信道。

- 方案 1：终端总是处理时间在后的信道。UE 实现确定是否处理时间在前的信道。
- 方案 2：作为一种终端能力，对于有能力的终端需要处理两个信道。
- 方案 3：在满足某些约束条件下（如具有载波聚合能力），终端处理两个信道；否则，终端行为不做定义。
- 方案 4：终端放弃处理时间在前的信道。
  - 方案 4-1：终端总是放弃处理时间在前的信道。
  - 方案 4-2：定义一些调度限制条件，如调度的 PRB 数、TBS（Transport Block Size，传输块大小）、层数、时间在前与时间在后信道之间的间隔等。若满足限制条件，则放弃处理时间在前的信道。

上述标准化方案对应的实现方案可大致分为两类：一类实现方案是终端采用同一个处理进程处理两个优先级的信道，则终端需要具备暂停低优先级信道和切换高优先级信道的能力。另一类实现方案是终端采用两个处理进程分别处理两个优先级的信道。不同的实现方案对产品研发影响大，经过协商，终端厂商接受通过能力上报支持个性化的实现方案。但多样的终端类型会增加基站调度的复杂度，因此基站厂商强烈反对。由于各家公司的观点一直不能够收敛，最终 R16 没有支持 Out-of-order Scheduling/HARQ，即数据调度及反馈依然要遵守 R15 定义的时序限制。

15.4　数据传输增强

15.4.1　CQI 和 MCS

通常，数据传输需要配置合适的调制编码以适应信道质量变化，并满足业务可靠性需求。URLLC 与 eMBB 的评估场景和覆盖需求相同，但 URLLC 的可靠性需求更高，因此，针对 eMBB 设计的 MCS 表格无法匹配 URLLC 高可靠性传输。R15 后期针对 URLLC 业务，优化了 MCS 和 CQI 机制。

1. CQI 和 MCS 表格设计

CQI 表格设计主要是为了满足 URLLC 高可靠性需求，其中，URLLC 的可靠性要求达到 99.999%，其对应的目标 BLER 为 10^{-5}。但是新设计的 CQI 表格中对应最低码率的 CQI 是否对应目标 BLER=10^{-5} 存在分歧，在标准讨论中主要包括两种方案。

- 方案 1：最低码率 CQI 对应目标 BLER=10^{-5}。考虑到 URLLC 的低时延需求，在很多情况下，只能有一次传输机会。例如，系统资源拥塞时，数据等待传输时间过长，只能有一次传输机会，或者大多数 TDD 配置下，调度传输和反馈存在较大的时间间隔，完成一次传输的时间间隔拉大，在目标时延要求下，也只能实现一次传输。该方案就适用于这种只有一次传输机会的传输方案。但目标 BLER=10^{-5} 的 CQI 测试方案复杂，相应的终端实现复杂度也高。因此，遭到终端芯片厂商反对。

- 方案 2：最低码率 CQI 对应目标 BLER 大于 10^{-5}，如 10^{-3} 或 10^{-4}。虽然 URLLC 的目标 BLER = 10^{-5}，但是，通过一次传输实现，频谱效率低。满足时延需求的前提下，尽可能采用自适应重传机制，可以明显地提高系统频谱效率。因此，URLLC 传输也需要配置目标 BLER>10^{-5}，如 10^{-3} 或 10^{-4} 的 CQI。而且目标 BLER>10^{-5} 的 CQI 测试方案相对简单，且终端实现复杂度也低。

考虑到不同目标 BLER 对应的 CQI 可以折算得到。例如，对于方案 1，基于目标 BLER = 10^{-5} 和 BLER = 10^{-1} 的第一 CQI 和第二 CQI，可以较好地估算出目标 BLER = 10^{-5} 和 BLER = 10^{-1} 之间的任意 BLER 对应的 CQI。标准最终采用了方案 1。

CQI 表格设计除了明确最低码率，还需要从系统资源效率和 CQI 指示开销等方面考量 CQI 指示精度和 CQI 元素个数。考虑到标准化工作量，面向 URLLC 设计的 CQI 表格在已有 CQI 表格的基础上做了简单修订，具体地，在最低频谱效率对应的 CQI 元素前填补了 2 个 CQI 元素面向低 BLER 需求，去掉最高频谱效率和次高频谱效率对应的 2 个 CQI 元素，保证 CQI 元素个数不变。

MCS 表格设计类似 CQI 表格设计，与 CQI 表格对应的频谱效率一致，在已有 MCS 表格的基础上补充相应低频谱效率对应的 MCS 元素，去掉高频谱效率对应的 MCS 元素。

2. CQI 和 MCS 表格配置方法

NR 系统包含多个 CQI 和 MCS 表格，如何配置指示 CQI 和 MCS 表格是一个需要标准化的问题。

对于 CQI 表格配置，通过 *CSI-ReportConfig* 中 cqi-Table 配置 CQI 报告对应的 CQI 表格。

对于 MCS 表格配置，考虑到 URLLC 和 eMBB 业务是动态变化的，一些动态配置方式被提出。但考虑到一个 MCS 表格覆盖较大范围的频谱效率，信道环境变化也是连续的，因此，一些公司认为 MCS 表格无须动态指示配置。

对于半静态传输方式，如 ConfiguredGrant 和 SPS 传输，由于传输参数是通过 RRC 信令配置的，因此，MCS 表格通过 RRC 信令配置也是顺理成章。

对于动态传输方式，传输参数可以通过动态配置方式指示，多种 MCS 表格配置方式被充分讨论，经过几轮讨论后，得到如下两种方案。

- 方案 1：通过搜索空间或 DCI 格式隐性指示 MCS 表格。
  - 方案 1-1：若新 MCS 表格被配置，则公共搜索空间中的 DCI format 0_0/1_0 对应已有 MCS 表格；用户专属搜索空间中的 DCI format 0_0/0_1/1_0/1_1 对应新 MCS 表格。否则，采用已有方案。
  - 方案 1-2：若新 MCS 表格被配置，则公共搜索空间中的 DCI format 0_0/1_0 对应已有 MCS 表格；用户专属搜索空间中的 DCI format 0_0/1_0 对应第一 MCS 表格，DCI format 0_1/1_1 对应第二 MCS 表格。其中，第一 MCS 表格和第二 MCS 表格通过高层信令配置。否则，采用已有方案。
- 方案 2：通过 RNTI 指示 MCS 表格。
  - 当新 RNTI 被配置，则通过 RNTI 指示 MCS 表格。否则，采用已有方案。

方案 1-1 的好处是对虚警概率和 RNTI 空间无影响，但 MCS 表格基本属于半静态配置状态，调度灵活性受限，即对于信道条件好的情况，难以配置高频谱效率的 MCS。此外，因为依赖 RRC 配置，RRC 重配置期间，存在模糊问题。方案 1-2 在方案 1-1 的基础上支持基于 DCI 格式指示 MCS 表格配置。当配置两个 DCI 格式时，MCS 表格配置可以动态切换，但由于检测 DCI 格式增加，PDCCH 盲检测预算会受影响。当仅配置一个 DCI 格式时，只能支持一个 MCS 表格配置，调度灵活性的问题仍然存在。方案 2 支持基于 RNTI 指示 MCS 表格配置，能够快速切换 MCS 表格配置。但该方法消耗了 RNTI，增加了虚警概率。对于虚警概率的影响，可以通过合理的搜索空间配置控制。两个方案各有利弊，最后标准对两者进行了融合，形成如下两种方案。

- 如果新 RNTI 没有配置，则通过扩展 RRC 参数 mcs-table，支持半静态的新 MCS 表格配置。若新 MCS 表格被配置，则公共搜索空间中的 DCI format 0_0/1_0 对应已有 MCS 表格，用户专属搜索空间中的 DCI format 0_0/0_1/1_0/1_1 对应新 MCS 表格。
- 如果新 RNTI 配置，则通过 RNTI 指示 MCS 表格，支持动态的新 MCS 表格配置。具体地，如果 DCI 通过新 RNTI 加扰，则采用新 MCS 表格。

上述规则也适用于 DCI format 0_2/1_2。

15.4.2　上行传输增强

在 R15，通过上行传输机制优化（如引入免调度传输机制）降低上行传输时延。但是，上行传输仍然存在一些限制，进而影响调度时延，包括：

- 一次调度无法跨越时隙；
- 同一个进程数据的传输需要满足一定的调度时序要求；
- 重复传输采用时隙级别的重复机制。

为了减少这些时延，在 R16 阶段，上行传输做了进一步增强，引入背靠背重复传输机制。背靠背重复传输机制主要具备如下特点。

- 相邻的重复传输资源在时域首尾相连。
- 一次调度的资源可以跨越时隙。这样可以保证在时隙后部达到的业务分配足够的资源或进行即时调度。
- 重复次数采用动态指示方式，适应业务和信道环境的动态变化。

针对背靠背重复传输方案，标准讨论了 3 种基本的资源分配指示方式[11]。

- 方案 1：微时隙重复方案

时域资源分配指示第一次重复传输的时域资源，剩余传输次数的时域资源根据第一次重复传输的时域资源，上下行传输方向配置等信息确定。每一次重复传输占用连续的符号。

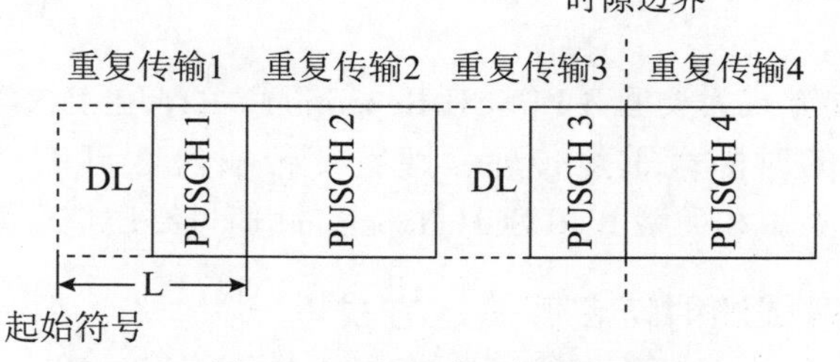

图 15-18　微时隙重复方案

- 方案 2：分割重复方案

时域资源分配指示第一个符号时域位置和所有传输的总长度。根据上下行传输方向，时隙边界等信息对上述资源进行切割，进而分割成一次或多次重复传输。每一次重复传输占用连续的符号。

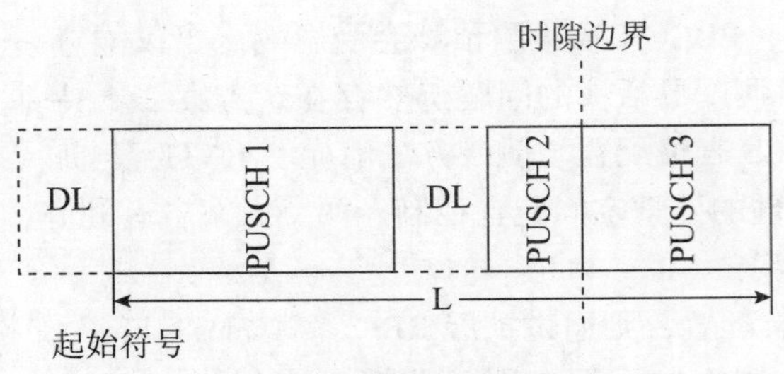

图 15-19 分割重复方案

- 方案 3：多调度重复方案

多个 UL grant 分别调度多个上行传输。多个上行传输在时域上连续。并且允许第 i 个 UL grant 在第 i-1 个 UL grant 调度的第 i-1 次上行传输结束之前发起调度。

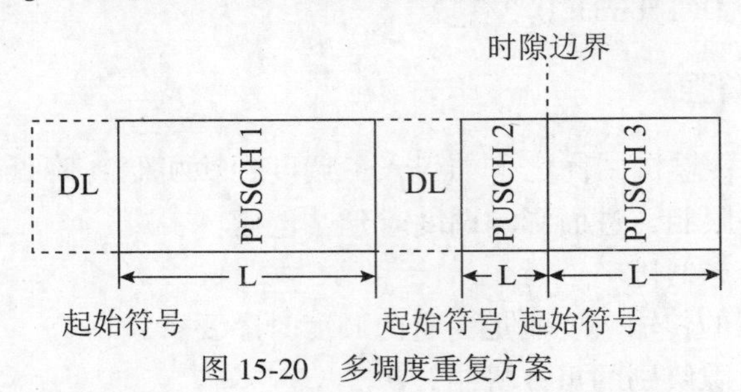

图 15-20 多调度重复方案

方案 1 的优点是资源指示简单，但为了适配时隙边界，需要精细划分每次重复传输的长度，重复次数增加会导致参考信号开销增加。方案 2 的资源指示也简单，但每次重复传输的长度差异大，且资源指示长度过长增加 PUSCH 解调解码的复杂度。方案 3 的资源指示灵活准确，但指示开销最大。方案 3 由于资源指示开销过大，先被排除。结合方案 1 和方案 2 的优点，最终确定了标准方案，即时域资源分配指示第一次重复传输的时域资源，剩余传输次数的时域资源根据第一次重复传输的时域资源，上下行传输方向配置等信息确定。遇到时隙边界则进行切割，使得每个重复传输的 PUSCH 的时域资源属于一个时隙。

上行传输增强的时域资源指示沿用了 R15 时域资源指示机制，即高层信令配置多个时域资源位置，物理层信令指示多个时域资源位置中的一个。在 R15，高层信令配置的每一个时域资源位置采用 SLIV（Start and Length Indicator Value，起点长度指示）方式指示。但对于上行传输增强，高层信令配置的每一个时域资源位置包含起始符号，时域资源长度和重复次数 3 个信息域。

上述上行重复传输方式为类型 B PUSCH Repetition。R16 在引入类型 B PUSCH Repetition 的同时，增强了 R15 的时隙级重复传输，即重复传输次数可以动态指示，称为类型 A PUSCH Repetition。类型 A 和类型 B PUSCH Repetition 通过高层信令配置确定。

15.4.3 上行传输增强的时域资源确定方式

重复传输的资源指示方式给出了每一次重复传输的时域资源范围，但该时域资源范围内可能存在一些无法用于上行传输的符号。例如，下行符号，用于周期性上行探测信号传输的符号等。因此，实际可用的上行传输资源需要进一步限定。在 R16 上行传输增强中，定义了两种时域资源。

- 名义 PUSCH Repetition：通过重复传输的资源分配指示信息确定。不同名义 PUSCH

Repetition 的符号长度相同。名义 PUSCH Repetition 用于确定 TBS，上行功率控制和 UCI 复用资源等。

- 实际 PUSCH Repetition：在重复传输的资源分配指示信息确定的时域资源内去掉不可用的符号，得到每一次可以用于上行传输的时域资源。不同的实际 PUSCH Repetition 的符号长度不一定相同。实际 PUSCH Repetition 用于确定 DMRS 符号，实际传输码率，RV 和 UCI 复用资源等。

注意：实际 PUSCH Repetition 并不是最终真正用于传输上行数据的资源。对于实际 PUSCH Repetition 中的一些特定符号，还会做进一步的不发送处理。下面也分两个步骤来介绍真正用于传输的 PUSCH Repetition 资源。

（1）步骤 1：实际 PUSCH Repetition 资源的确定

对于实际 PUSCH Repetition 资源的确定方案，既要避免传输资源冲突，也要考虑相关信令的可靠性问题。标准针对如下 3 种情况分别进行了讨论。终端考虑 3 种情况确定出不可用符号，据此对名义 PUSCH Repetition 进行分割，形成实际 PUSCH Repetition。

- 上下行配置

上下行配置方式包括半静态配置和动态配置两种。对于半静态上下行配置，配置信息可靠性较高，直接根据配置信息的指示结果将传输方向冲突的符号（如半静态配置的下行符号）定义为不可用符号。对于灵活符号和上行符号都当作可用符号。

如图 15-21 所示，一个上行重复传输，重复次数为 4。其中，第一次 PUSCH Repetition 所在的符号为半静态配置的下行符号，则被定义为不可用符号。第二次 PUSCH Repetition 和第三次 PUSCH Repetition 所在的符号为半静态配置的灵活符号，则被定义为可用符号。第四次 PUSCH Repetition 所在的符号为半静态配置的上行符号，则被定义为可用符号。

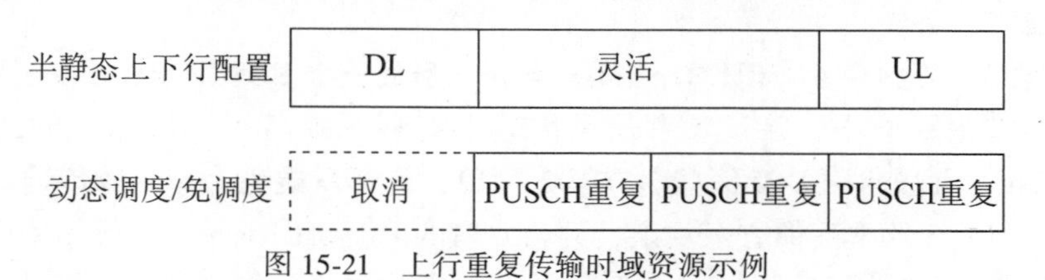

图 15-21　上行重复传输时域资源示例

- 不可用符号图样

除了传输方向冲突的时域资源外，还有一些不可用符号，如 SRS 符号、SR 符号等。为了避免与这些不可用符号的冲突，R16 支持由高层信令配置不可用符号图样 InvalidSymbol-Pattern，并通过下行控制信息指示不可用符号图样是否生效。具体地，当高层信令配置不可用符号图样，但下行控制信息没有包含不可用符号图样指示域，则不可用符号图样配置的符号为不可用符号。当高层信令配置不可用符号图样，并且下行控制信息包含不可用符号图样指示域，则根据下行控制信息中不可用符号图样指示域确定不可用符号图样配置的符号是否为不可用符号。

- 切换间隔配置

如上下行配置部分的讨论，对于上行重复传输，灵活符号资源通常是可用的。但下行传输到上行传输切换过程中需要预留一个保护间隔。该保护间隔可以通过合理分配上行重复传输资源，配置不可用符号等方式避让。对于合理分配上行重复传输资源的方案，可能带来传输延迟。对于配置不可用符号图样的方案，该方案无法解决动态的上下行切换保护间隔问题。所以，标准引入了切换间隔配置。对于靠近下行符号的前 N 个符号为不可用符号，N 为配置的切换间隔。

- 广播及相关下行控制信息

SIB1 中的 ssb-PositionsInBurst 对应的符号，ServingCellConfigCommon 中 ssb-PositionsInBurst 对应的符号，和 MIB 中用于传输 Type0-PDCCH CSS 的 CORESET 的符号 pdcch-ConfigSIB1。

（2）步骤 2：不发送的实际 PUSCH Repetition 的确定

确定实际 PUSCH Repetition 之后，对于如下两类实际 PUSCH Repetition 会做不发送处理。

- 半静态配置的灵活符号

对于免调度传输，如果配置了动态上下行配置，那么半静态配置的灵活符号根据动态上下行配置的情况，确定是否不发送。

  - 当终端能够获得一个实际 PUSCH Repetition 的所有符号的动态上下行配置信息时，如果该实际 PUSCH Repetition 包含了动态下行符号和动态灵活符号，则该实际 PUSCH Repetition 不发送。
  - 当终端只能获得一个实际 PUSCH Repetition 的部分符号的动态上下行配置信息时，如果该实际 PUSCH Repetition 包含了半静态配置的灵活符号，则该实际的 PUSCH Repetition 不发送。

- 单符号处理

对于分割确定的单符号的处理，标准讨论了 3 种解决方案。

  - 方案 1：正常传输，不做特殊处理。
  - 方案 2：丢弃。
  - 方案 3：与相邻 PUSCH Repetition 合并，形成一个 PUSCH Repetition。

方案 1 标准化影响小，并且参考信号传输也有利于提高用户检测性能，但单符号的 PUSCH Repetition 无法承载 UCI 信息。方案 2 简单，且可以避免上行无效传输，但丢弃规则还有待讨论。方案 3 效率高但方案复杂，且合并后的 PUSCH Repetition 可能造成用户之间的参考信号不对齐，影响用户识别和上行传输检测性能。对于分割确定的单符号，标准最终采纳了方案 2。

15.4.4 上行传输增强的频域资源确定方式

通常，上行传输通过跳频获得频率分集增益。在 R15，上行重复传输是基于时隙的重复，所以，采用隙间跳频或时隙内跳频获得频率分集增益。对于背靠背重复传输，重复颗粒度变得更加精细，跳频时域颗粒度是否也相应调整是一个需要讨论的问题。标准讨论了如下 4 种方案。

- 方案 1：时隙间跳频。
- 方案 2：时隙内跳频。
- 方案 3：PUSCH Repetition 间跳频，传输重复可以是名义 PUSCH Repetition 或者实际 PUSCH Repetition。
- 方案 4：PUSCH Repetition 内跳频，传输重复可以是名义 PUSCH Repetition 或者实际 PUSCH Repetition。

在考虑跳频方案时，主要保证上行传输资源能够获得均等的频率分集增益，即对应两个频域资源上的时域资源长度尽可能相同。另外，尽量避免过多的跳频导致较多的导频开销。最终，标准采纳了时隙间跳频和名义 PUSCH Repetition 间跳频。

15.4.5 上行传输增强的控制信息复用机制

上行传输增强定义了两类时域资源：名义 PUSCH Repetition 和实际 PUSCH Repetition。而上行控制信息复用传输与 PUSCH Repetition 资源有直接关系。相应地，上行控制信息复用方案也需要增强，具体包括复用时序、承载上行控制信息的 PUSCH Repetition 选择和上行控制信息复用资源确定等方面[12]。

1. 复用时序

复用时序用于保证终端有足够的时间实现上行控制信息复用。复用时序确定包括两个主要方案。

- 方案 1：基于与上行控制信道重叠的第一次实际的 PUSCH Repetition 的起始符号确定。

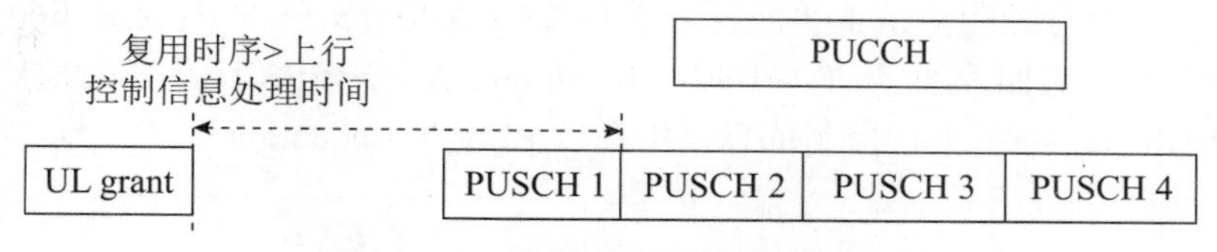

图 15-22 上行控制信息复用时序示例

- 方案 2：基于与上行控制信道重叠的第 i 次实际的 PUSCH Repetition 的起始符号确定，其中，第 i 次实际的 PUSCH Repetition 的起始符号与最近的下行信号的间隔不小于上行控制信息复用的处理时间，i 小于等于实际的 PUSCH Repetition 的最大次数。

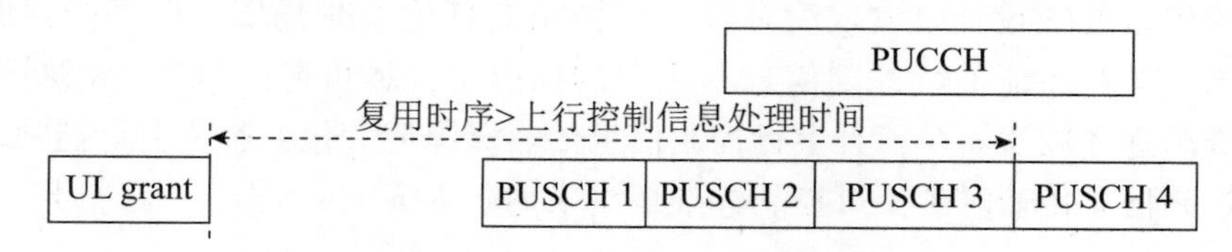

图 15-23 上行控制信息复用时序示例

方案 1 沿用了 R15 的设计思路，方案 2 允许上行控制信息复用到第一个重叠的实际的 PUSCH Repetition 之后满足处理时延的其他 PUSCH Repetition 上，增强了复用资源选择的灵活度，也就增加了上行控制信息资源分配和上行数据传输调度的灵活度，降低了上行控制信息或上行重复传输的时延。但是方案 2 需要对 PUSCH Repetition 进行选择，增加了终端的复杂度，并且需要将 TA 考虑进来，而 TA 估计在终端和基站之间可能存在误差，可能造成基站和终端确定的 PUSCH Repetition 不同。标准最后采用了方案 1。

2. 承载上行控制信息的 PUSCH Repetition 选择

- 方案 1：与上行控制信道重叠的第一次实际的 PUSCH Repetition。如图 15-24 所示，第二个实际的 PUSCH Repetition 是与 PUCCH 重叠的第一个实际的 PUSCH Repetition，则上行控制信息复用在该实际的 PUSCH Repetition 上。但第二个实际的 PUSCH Repetition 的资源可能会比较少，无法将所有上行控制信息复用，因此会造成上行控制信息丢失。

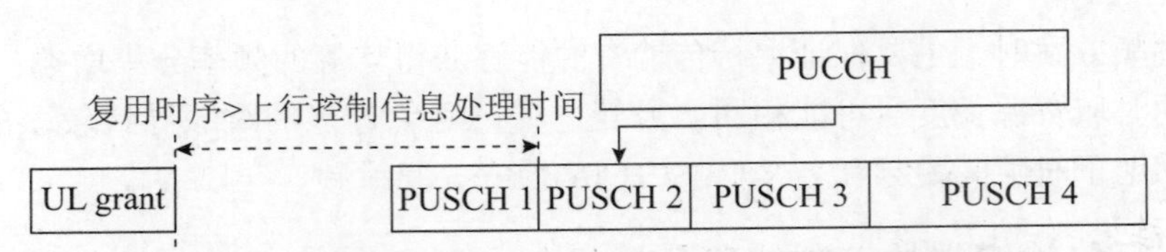

图 15-24　复用上行控制信息的 PUSCH Repetition 选择示例

- 方案 2：与上行控制信道重叠的最近的且上行控制信息复用资源充足的实际的 PUSCH Repetition。如图 15-25 所示，第三个实际的 PUSCH Repetition 是与 PUCCH 重叠的第一个能够承载所有上行控制信息的实际的 PUSCH Repetition，上行控制信息复用在该实际的 PUSCH Repetition 上。

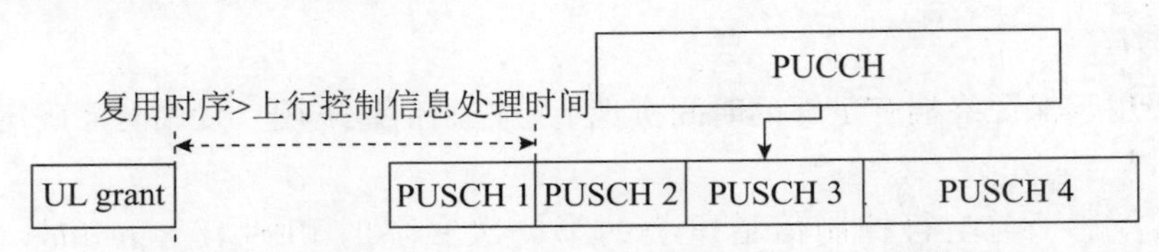

图 15-25　复用上行控制信息的 PUSCH Repetition 选择示例

- 方案 3：与上行控制信道重叠的符号数最多的最近的实际的 PUSCH Repetition。如图 15-26 所示，第四个实际的 PUSCH Repetition 是与 PUCCH 重叠的符号数最多的 PUSCH Repetition，上行控制信息复用在该 PUSCH Repetition 上。

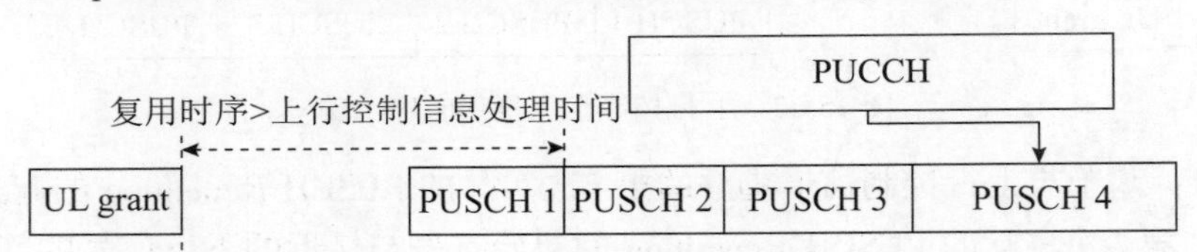

图 15-26　复用上行控制信息的 PUSCH Repetition 选择示例

方案 1 顺延了 R15 设计，实现简单且上行控制信息传输时延低，但可能造成上行控制信息丢失。方案 2 在保证上行控制信息不丢失的前提下，尽可能降低上行控制信息传输时延。方案 3 资源选择策略简单，且上行控制信息传输资源最大化，避免上行控制信息丢失损失，但上行控制信息传输时延不可控。标准最终采用了方案 1。

15.5　免调度传输技术

由于上行业务是由终端发起的，通常，基站在获知上行业务需求后才会发起合理的调度。因此，传统的上行传输过程比较复杂，主要包括终端上报业务请求、基站发起调度获知业务需求、终端上报调度请求、基站基于调度请求发起上行调度、终端基于上行调度传输数据。复杂的上行业务传输过程不可避免地带来了调度时延。对 URLLC 来说，这个调度时延可能导致业务无法在时延要求范围内完成传输，或者传输次数压缩到 1 次，无法获得自适应重传机制的增益，低效使用传输资源。因此，在 NR 阶段，针对 URLLC 低时延的需求，引入免调度传输技术。免调度传输技术的基本思想是基站预先为终端分配上行传输资源，终端根据业务需求可以在预分配的资源上直接发起上行传输。免调度传输技术与 LTE 系统的 SPS 技术有相似之处，即资源都是预先配置的，但针对 URLLC 的低时延特性，免调度传输技术在灵活传输起点、资源配置、多套免调度资源机制上做了进一步物理层优化设计。免调度高层技术详见第 16 章。

15. 5. 1 灵活传输起点

免调度传输技术的传输资源是预先分配的，在简化上行传输过程的同时，也带来了预分配资源使用低效的问题。为了避免上行用户间干扰，预分配资源被配置后，一般不会动态调度其他用户使用。对于不确定性业务来说，没有业务需求时就会造成传输资源浪费。通常，免调度传输资源会基于上行业务的到达特性（如周期和抖动）和传输时延需求等确定资源传输参数（如免调度传输资源的周期）。对于 URLLC，周期设置过长可能导致资源等待的时延。如图 15-27 所示，对于一个周期为 8 ms，抖动-1～1 ms 的业务，基站为其配置了 8 ms 周期的免调度资源，即传输资源自 2 ms 时刻开始每间隔 8 ms 出现一次。由于业务到达存在抖动，业务无法正好在第 2 ms 时刻前达到，如图 15-27 所示，该业务在 2. 5 ms 时刻达到时，需要等待 7. 5 ms 才能等到下一个资源。另外，周期设置过短会导致系统传输资源浪费。如图 15-28 所示，对于同样一个业务，基站为了将等待资源的时延控制在 1 ms 内，为其配置了 1 ms 周期的免调度资源。对于一个周期为 8 ms 的业务，配置的免调度资源达到需求的 8 倍，造成了大量资源浪费。

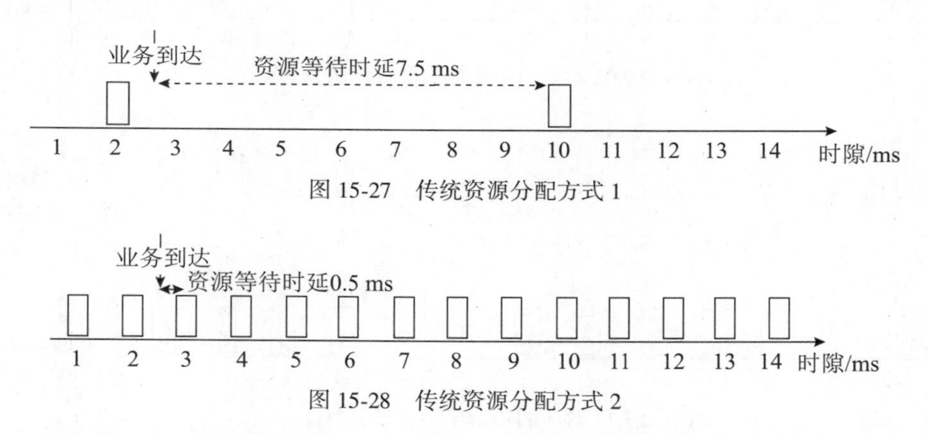

图 15-27 传统资源分配方式 1

图 15-28 传统资源分配方式 2

为了平衡传输时延和系统资源使用效率，NR 系统在重复传输的基础上引入了灵活传输起点，既避免了过多的冗余资源配置，也克服了业务达到抖动造成的过长的资源等待时间。具体地，基站可以根据业务到达周期配置免调度资源周期，根据业务达到抖动和时延需求，在一个周期范围内配置一定重复次数的资源，并且允许终端在这些重复的资源上灵活发起传输，即使业务达到发生抖动，也能在较小的时间范围内发起传输，无须等待到下一个资源周期。对于上述例子中同样的业务，如图 15-29 所示，基站为其配置了周期为 8 ms、重复次数为 2 的免调度资源。当业务在 2. 5 ms 到达时，可以在第一周期内的第二个重复资源上传输，资源等待时延为 0. 5 ms，但系统预留资源仅为所需资源的 2 倍，相比传统资源分配方式 2，资源开销缩减到 1/4。

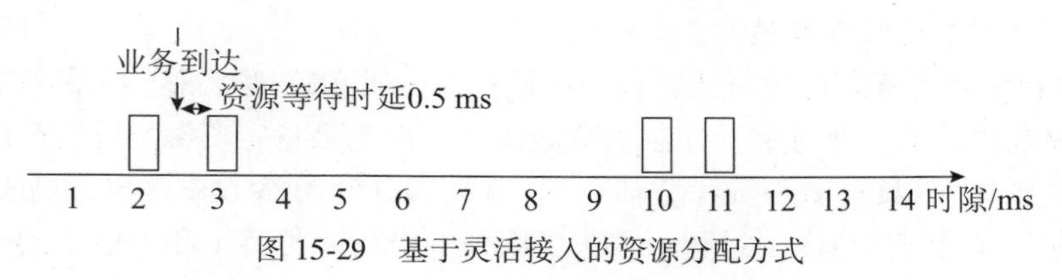

图 15-29 基于灵活接入的资源分配方式

此外，为了避免资源混叠导致基站无法区别多个周期上的上行数据的问题，限制了重复传输最晚在预配置的结束位置处结束，保证各个周期的传输资源是独立的。

灵活传输起点大大减少了资源等待时延，但是基于传统 RV 序列｛0，2，3，1｝的重复传输，由于数据传输不一定都包含 RV0，所以终端可能无法把完整的原始信息发送出去。

为了保证灵活传输起点的上行传输能够把完整的原始信息发送出去，NR 系统对于灵活接入的初次传输的 RV 进行了约束，即初次传输的 RV 采用 RV0。同时，为了能够支持灵活接入，引入了 RV｛0，0，0，0｝和 RV｛0，3，0，3｝两种序列。对于 RV｛0，0，0，0｝的情况，终端可以在任意的位置发送初始传输，如图 15-30（a）所示。重复次数为 8 的最后一次传输除外。这种例外情况，考虑到重复次数为 8 的配置通常用于信道质量差的用户，对于这些用户，发起一次传输，传输可靠性，包括参考信号检测和数据信道的解调检测，都难以保证。因此，对于重复次数为 8 的配置做了特殊处理。对于 RV｛0，3，0，3｝的情况，终端可以在任意 RV0 的位置发起初始传输，如图 15-30（b）所示。对于 RV｛0，2，3，1｝的情况，终端仅能在第一个传输位置发起初始传输，如图 15-30（c）所示。

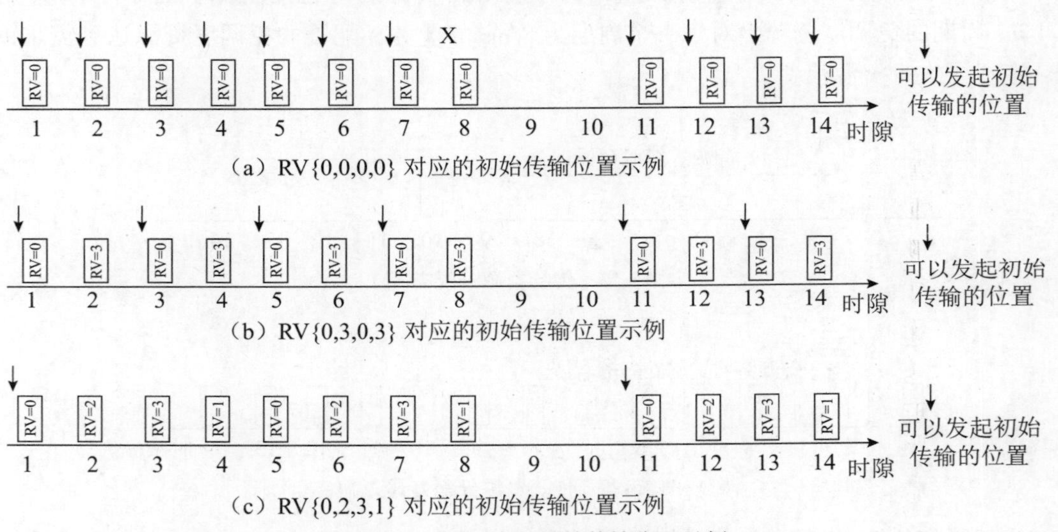

图 15-30　RV 对应的初始传输位置示例

在 R15，一个 BWP 只能激活一套免调度传输，引入灵活传输起点机制可以降低 URLLC 业务传输时延。在 R16，支持多套免调度传输，对于不同时刻的到达的业务，可以采用与之匹配的免调度资源传输，因此，在 R16，是否采用灵活传输起点机制通过高层信令配置。

15.5.2　资源配置机制

免调度资源配置方式包括以下两种。

- 类型 1：免调度资源配置方式，通过高层信令配置免调度资源上传输所需要的特定资源配置信息（与动态上行传输不同或者免调度传输特有的信息）。一旦高层信令配置完成，免调度资源就被激活。
- 类型 2：免调度资源配置方式，通过高层信令配置免调度资源上传输所需要的部分特定资源配置信息，通过下行控制信息激活并完成剩余特定资源配置信息的配置。

类型 2 较类型 1，具有动态资源激活/去激活，部分资源参数重配置的灵活性。但是由于需要额外的下行控制信息激活过程，引入了额外的时延。类型 1 和类型 2 各有利弊，可以适配不同的业务类型。例如，类型 1 可以用于时延敏感的 URLLC 业务，类型 2 可以用于需求具备时效性的 VoIP（Voice over Internet Protocol，基于 IP 的语音传输）业务。

1. 重复传输

重复传输是保证数据可靠性的一种常见方法，结合灵活传输起点，对于 URLLC 高可靠和低时延的需求，更是一举两得。因此，也成为重点研究技术点。在 NR 系统，引入了灵活的资源配置方式，如符号级的时域资源分配方式。同样地，在重复传输方式上也存在时隙级重复传输和背靠背重复传输两种方式，如图 15-31 所示。

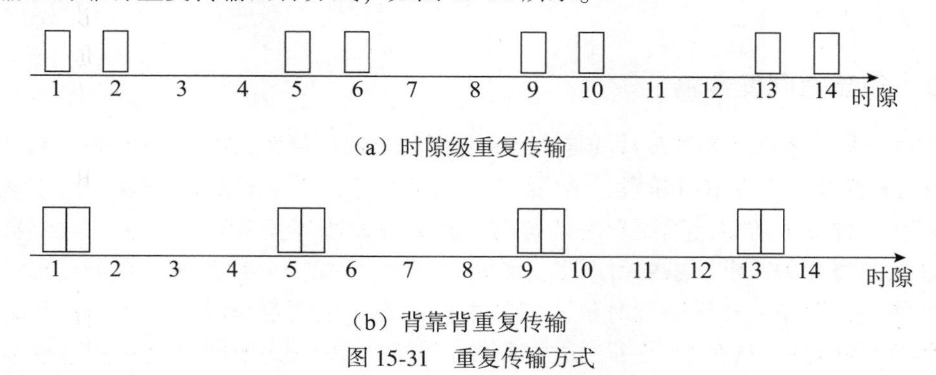

（a）时隙级重复传输

（b）背靠背重复传输

图 15-31　重复传输方式

- 时隙级重复传输的传输资源基于时隙为单位进行重复，重复资源在每个时隙内的位置是完全相同的。对于一次重复传输时域资源少于 14 个符号的情况，多次重复传输之间会存在间隙。该方式资源确定简单，但重复传输之间存在间隙，引入一定的时延。
- 背靠背重复传输的相邻重复传输之间的时域资源是连续的。背靠背重复传输避免了重复传输之间的时延，有利于低时延业务传输。但是，背靠背重复传输资源确定较复杂，如，跨时隙、SFI 互操作等问题需要解决。

考虑到 R15 标准即将冻结，R15 优先采纳了时隙级重复传输方案。在 R16 上行重复传输增强项目中，针对 URLLC 低时延需求，引入背靠背重复传输，详见 15.4.2 节～15.4.5 节。至此，NR 系统支持了时隙级重复传输和背靠背重复传输两种传输方案。

2. 资源配置参数

动态上行传输的传输参数主要通过高层信令 PUSCH-Config 配置，对于免调度传输，考虑到免调度传输用于 URLLC 业务，业务传输需求不同于常规业务，免调度传输的传输参数主要通过高层信令 ConfiguredGrant-Config 独立配置。但对于免调度重传传输，它承载 URLLC 业务，但在动态资源区域传输，因此，对于免调度重传传输参数的配置存在两种方案。

- 方案 1：免调度重传调度的传输参数以 PUSCH-Config 为基础，部分参数基于 ConfigureGrant-Config，优化传输性能。
- 方案 2：免调度重传调度的传输参数以 ConfiguredGrant-Config 为基础。

方案 1 不需要额外的下行控制信息域对齐操作，因为无论是动态调度还是免调度重传的 DCI 信息域都是由 PUSCH-Config 确定的，自然对齐。方案 2 需要额外的下行控制信息域对齐操作，动态调度的 DCI 信息域由 PUSCH-Config 确定的，而免调度重传的 DCI 信息域由 ConfiguredGrant-Config 确定的，两个高层参数配置独立，可能导致对应的 DCI 信息域不同。标准采纳了方案 1。

当免调度重传调度的传输参数以 PUSCH-Config 为基础，而免调度激活/去激活的传输参数以 ConfiguredGrant-Config 为基础时，采用同一个 CS-RNTI 加扰的下行控制信息分别实现免调度重传调度和激活/去激活操作时，只能通过 NDI，区别免调度重传调度和激活/去激活两类操作。识别 NDI 的前提是确定 NDI 在下行控制信息中的比特位置。但是由于两个功能的下行控制信息基于确定不同的高层参数，NDI 位置并不是天然对齐的。为了保证 NDI 位置对齐，标准对 ConfiguredGrant-Config 的参数配置做了约定，保证基于 ConfiguredGrant-Config 确定的信息域长度不大于基于 PUSCH-Config 确定的信息域长度。对于基于 ConfiguredGrant-Config 确定的信息域长度小于基于 PUSCH-Config 确定的信息域长度的情况，相关信息域采用补零方式对齐[13]。

15.5.3 多套免调度传输

在 R15 阶段，考虑到系统设计的复杂度和应用需求的必要性，限制一个 BWP 仅能激活一个免调度传输资源。但在 R16 阶段，考虑到如下两种因素，引入了多套免调度资源传输机制。

- 存在多种业务类型，其业务达到周期、业务包大小等业务需求存在较大差异。为了适配各类业务需求，需要引入多套免调度资源。如图 15-32 所示，免调度资源 1 用于短周期，存在业务抖动且时延敏感的小包业务。免调度资源 2 用于长周期，业务达到时间确定但包较大的业务。适配业务的资源分配方式既能满足业务传输需求，也能优化系统资源效率。

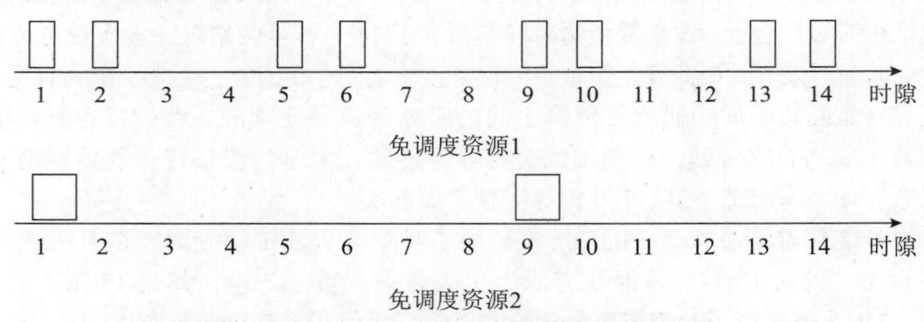

图 15-32　适应多类型业务的多套免调度资源分配方式

- 灵活传输起点技术仅能适应低时延的需求，但由于结束位置固定，实际使用资源减少，业务的可靠性无法保证。为了同时解决时延和可靠性的需求，引入多套免调度资源适应不同时间达到的业务，且保证充分的重复。如图 15-33 所示，当业务在时隙 1、5、9、13 到达时，采用免调度资源 1。当业务在时隙 2、6、10、14 到达时，采用免调度资源 2。

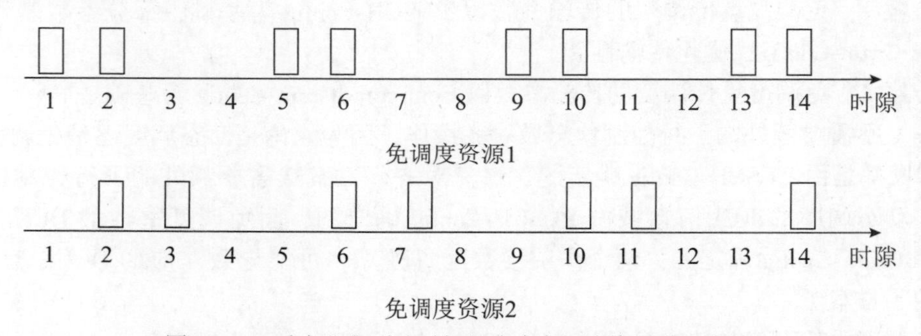

图 15-33　适应业务到达时间的多套免调度资源分配方式

在 R15 阶段，对于一个类型 2 的免调度传输机制，分别需要一个下行控制信息激活和去激活类型 2 的免调度传输资源。在 R16 阶段，引入多套免调度传输机制，尤其对于类型 2 的免调度传输机制，如果沿用 R15 激活/去激活信令设计方式，则下行控制信令开销增加。为了控制下行控制信令的开销，对于激活/去激活信令的独立方案和联合方案进行讨论。

对于激活信令，多套免调度传输资源联合方案可以减少信令开销，但是多套免调度传输资源共享部分资源配置，也会造成传输资源约束，对于适配不同业务类型的免调度资源尤其不适用。为了保证各套免调度传输资源的优化，下行控制信息需要优化设计，是否需要引入新的下行控制信息格式也不确定。由于各个公司无法达成共识，R16 也没有采纳联合激活机制。

对于去激活信令，由于其不存在资源配置功能，仅是一个开关作用，联合去激活不需要太多额外的下行控制信息设计工作，且减少下行控制信息开销的好处显而易见。因此，联合去激活机制被采纳。为了支持联合去激活，需要提前配置联合去激活的多套免调度传输资源集合映射表，去激活的下行控制信息通过指示集合编号起到联合去激活的效果。

15.5.4　容量提升技术

对于免调度传输，存在资源浪费的问题。为了解决这个问题，可以考虑使用 NOMA（Non-orthogonal Multiple Access，非正交多址接入）技术，提升免调度资源的容量。当然，NOMA 作为一种先进的多址接入技术，也曾是 5G 预选技术中的一个热门技术其应用场景非常广泛[14]。在 RAN1 #84bis 会议讨论，确定了 NOMA 的应用场景及其预计效果，具体如表 15-3 所示。

表 15-3　NOMA 应用场景

应用场景	需　求	预 计 效 果
eMBB	频谱效率高 用户密度大 用户体验公平	使用 NOMA 获得更大的用户容量 信道衰落和码域干扰不敏感 链路自适应对 CSI 精度不敏感
URLLC	可靠性高 时延短 需要与 eMBB 业务复用	分级增益提高可靠性，并通过精准的接入设计避免冲突 时延减少，通过 grant-free 增加传输机会 非正交复用多重业务
mMTC	海量接入 小包传输 功率效率高	增加接入密度 使用免调度传输减少信令开销和降低功耗

NOMA 技术发送端处理是在现有的 NR 调制编码的框架下，在部分模块增加 NOMA 处理实现，如图 15-34 所示。

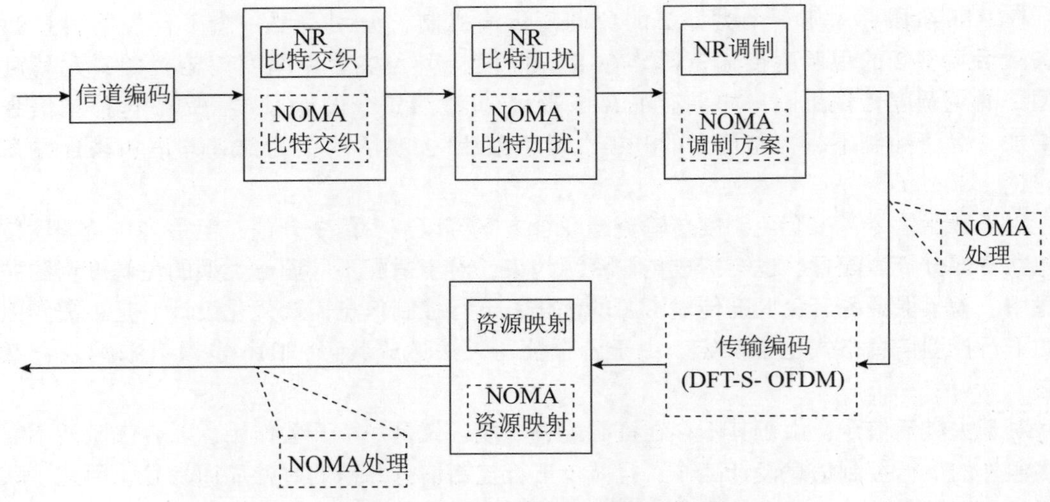

图 15-34　NOMA 技术发送端处理流程

NOMA 传输处理的特征在于增加了 MA（Multiple Access，多址接入）的标识及其相关的辅助功能，讨论了 MA 标识的实现方案。MA 标识相关的辅助功能和 NOMA 接收算法的具体内容如下。

1. MA 标识的实现方案有以下几种。

● 方案 1：比特级处理方式

通过比特级处理实现 NOMA 传输主要是通过随机化来区分用户。随机化具体的实现方式有加扰和交织两种。

- 通过比特级加扰的方式实现的 NOMA 传输，如 LCRS（Low Code Rate Spreading，低码率扩展）和 NCMA（Non-orthogonal Coded Multiple Access，非正交码多址接入），使用了相同的发送流程，都包括信道编码、速率匹配、比特加扰以及调制。用户在比特加扰时使用用户专属的方式，因此，比特加扰功能可以作为 MA 标识。
- 通过比特级交织实现的 NOMA 传输，有 IDMA（Interleave Division Multiple Access，交织块多址接入）和 IGMA（Interleave-Grid Multiple Access，交织网多址接入）。使用用户专属的交织方式可以是用户的 MA 标识。例如，使用 NR LDPC 的交织器代替速率匹配模块中的普通交织器，可以通过交织方式的不同区分用户。

● 方案 2：调制符号级处理方式

通过符号级处理时限 NOMA 传输主要是通过调整符号的特征来区分用户，主要方法有基于 NR 调制方式的扩展，用户使用特定的调制方式，对于调制符号加扰，和使用零比特填充的调制符号交织方法。

- 基于 NR 调制方式的扩展

  使用低密度和低相关性序列进行的符号扩展，可以作为 MA 标识用来区分用户。同时，为了调整频谱效率，可以从 BPSK、QPSK 或高阶 QMA 调整的星座图中选取星座点作为 MA 标识的调制符号。用于符号扩展的序列可以是 WBE 序列、有量化元素的复数序列、格拉斯曼（Grassmannian）序列、GWBE（Generalized Welch-bound Equality）序列、基于 QPSK 的序列、稀疏传播矩阵、基于多用户干扰生成的序列等。

■ 用户使用特定的调制方式

调整符号的扩展通过修改比特与调制符号的映射方式实现。例如，将符号扩展与调制方式结合的 SCMA（Sparse Code Multiple Access，稀疏码多址接入）技术，将 M 个比特映射到 N 个符号。不同的输入比特数 M 有不同的映射方法，最终映射成稀疏的调制符号序列。

■ 调制符号加扰

使用调制符号加扰实现 NOMA 传输的有 RSMA 技术，其使用混合的短码扩展和长码加扰作为 MA 标识。加扰序列可以根据用户组识别号或小区识别号生成，对应用户组专属或者小区专属的加扰序列。用于加扰的序列可以是 Gold 码、Zafoff-Chu 序列，或者二者的组合。

■ 使用零比特填充的调制符号交织方法

使用零比特填充的调制符号交织方法实现 NOMA 传输的有 IGMA 技术。使用零填充和调制符号交织，实现稀疏的调制符号到 RE 映射并作为 MA 标识，进而区分不同的用户。

● 方案 3：用户专属的 RE 稀疏映射方式

在上述 SCMA、PDMA（Pattern Division Multiple Access，模式块多址接入）和 IGMA 技术中，都提出了将稀疏的调整符号到 RE 映射作为 MA 标识。具体的，都包括了零填充和调制符号的交织与映射。也可以通过稀疏扩展序列来实现稀疏调制符号到 RE 的映射。稀疏扩展序列是可以配置的，并且决定了 MA 标识的稀疏性。

● 方案 4：OFDM 符号交错传输方式

在这一方式中，用户专属的起始传输时间是 MA 标识的一部分。在周期内，通过不同的传输起始时间来区分用户。

2. MA 标识相关的辅助功能包括如下几种。

● 方案 1：每个用户多分支传输（Multi-branch Transmission Per UE）

用户划分多分支过程可以在信道编码之前或者信道编码之后进行，在划分多分支后，每个分支有专属的 MA 标识，并且分支专属 MA 标识替代用户专属的 MA 标识。不同分支专属的 MA 标识可以是正交的，也可以是非正交的。不同分支专属的 MA 标识也可以共享。

● 方案 2：用户或传输分支特定的功率分配（UE/branch-specific Power Assignment）

对于 GWBE 和多分支传输方案等 NOMA 技术，用户或分支专属的 MA 标识设计中考虑了功率分配的问题。

3. NOMA 的接收算法，主要包括如下几种方法。

● 方案 1：MMSE-IRC

通过 MMSE（Minimum Mean Squared Error，最小均方误差）算法可以抑制小区间干扰，可以使用没有干扰消除的 MMSE 接收算法进行 NOMA 接收。使用一次 MMSE 检测和信道译码来解码用户数据。

● 方案 2：MMSE-hard IC

使用有干扰消除的 MMSE 接收算法，使用译码器输出的硬信息进行干扰消除。干扰消除可以连续进行、并行进行二者混合进行。对于连续干扰消除方式，成功译码一个用户时，将其从用户池中删除，对剩余的用户进行译码。并行干扰消除时，迭代的检测和译码，每次迭代中，多个用户并行译码，译码成功后，将用户从用户池中删除。

● 方案 3：MMSE-soft IC

使用有干扰消除的 MMSE 接收算法，使用译码器输出的软信息进行干扰消除。干扰消除可以连续进行、并行进行或二者混合进行。对于连续和并行干扰消除方式，与 MMSE-hard IC 类似。对于混合干扰消除方式，在每次迭代中，使用硬信息干扰消除成功的用户才会被从用户池中删除。

● 方案 4：ESE+SISO

使用迭代检测和译码，每次迭代更新状态信息，其状态信息包括均值和方差。

● 方案 5：EPA+hybrid IC

采用迭代检测和解码。每个 EPA 和信道解码器之间的外部迭代需要 EPA 内部的因子节点/资源元素（FN/RE）和变量节点（VN）/用户之间的消息传递通。干扰消除可以连续、并行或混合过程进行。

经过长时间的研究讨论，NOMA 技术方案仍然比较分散，3GPP 难以就方案选择达成一致，因此 NOMA 技术最终没有被标准采纳。

15.6 半持续传输技术

半持续传输技术是用于下行的免调度传输技术，主要用于小包周期性业务传输，可减少下行控制信令开销。在 R15，半持续传输基本沿用了 LTE 方案。在 R16，考虑到 URLLC 的一些特征，到达时间存在抖动和低时延需求，半持续传输技术以及相应的 HARQ-ACK 反馈进行了增强[16]。本章仅关注物理层增强部分，高层增强技术详见第 16 章。

15.6.1 半持续传输增强

R16 半持续传输增强包括多套半持续传输和短周期半持续传输。与多套免调度传输一样，考虑到业务到达的抖动性，R16 引入多套半持续传输机制。多套半持续传输资源的激活/去激活信令设计类似于多套免调度传输，即多套半持续传输资源的激活是独立的，但去激活可以是联合的。

多套半持续传输与多套免调度传输设计在如下两点存在差别。

- 考虑到同一个优先级的下行传输对应同一个 HARQ-ACK 码本的约束，联合去激活的多套半持续传输也要属于同一个优先级。
- 对于多套半持续传输时域资源直接重叠的情况，接收半持续传输序号较小的半持续传输并反馈 HARQ-ACK。通过合理配置保证半持续传输序号排序与优先级保持一致，即半持续传输序号越小，优先级越高。对于间接重叠情况，终端可接收间接重叠的多套半持续传输。一个时隙内接收的下行传输数目取决于终端上报的能力。

在 R15，半持续传输的最小周期为 10 ms，难以满足 URLLC 业务需求。在 R16，半持续传输的最小周期扩展到 1 ms。

15.6.2 HARQ-ACK 反馈增强

NR R15 中 UE 只支持一套 SPS PDSCH 配置，其最小周期为 10ms。在不考虑与动态调度 PDSCH 的 ACK/NACK 复用传输的情况下，每个 SPS PDSCH 根据半静态配置的 PUCCH 资源

（PUCCH 格式 0 或 PUCCH 格式 1）和激活信令中指示的 K_1，得到一个独立的 PUCCH 传输对应的 ACK/NACK 信息，如图 15-35 所示。

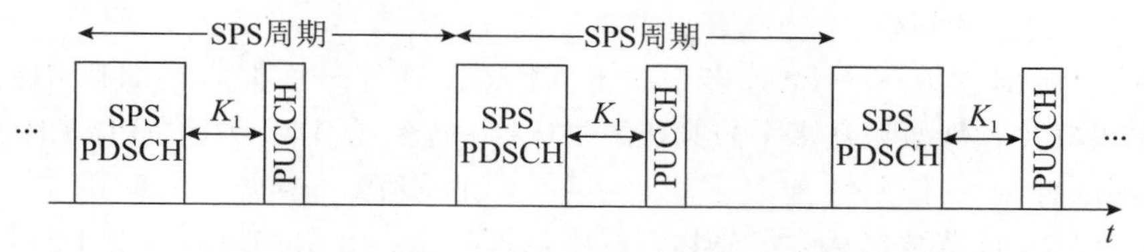

图 15-35　R15 SPS PDSCH 对应的 ACK/NACK 反馈机制

R16 支持多套 SPS PDSCH 传输后，原有的一对一反馈机制将无法适用。3GPP 针对多套 SPS PDSCH 传输的 ACK/NACK 反馈增加主要讨论了如下两个问题。

1. 如何确定每个 SPS PDSCH 对应的 HARQ-ACK 反馈时间

以图 15-36 为例，基站配置给终端 4 套 SPS 资源且 SPS 周期均为 2 ms。对于如何确定每个 SPS PDSCH 对应的传输 ACK/NACK 的时隙，标准化过程中提出了如下方案。

- 方案 1：将 ACK/NACK 推迟到第一个可用的上行时隙内传输

以图 15-36 中 SPS 配置 1 为例，若基站指示 K_1 的取值为 2，由于时隙 3 为下行时隙，则时隙 1 中的 SPS 配置 1 对应的 ACK/NACK 信息将从时隙 3 推迟到时隙 5 进行传输。而时隙 3 中的 SPS 配置 1 对应的 ACK/NACK 信息不需要推迟，仍然在时隙 5 中传输。

- 方案 2：针对每个 SPS 传输配置 K_1

以图 15-36 为例，需要针对时隙 1~4 中所有 SPS 传输分别配置 K_1。例如，时隙 1 中的 SPS 传输对应的 K_1 取值为 4，时隙 2 中的 SPS 传输对应的 K_1 取值为 3，时隙 3 中的 SPS 传输对应的 K_1 取值为 2，时隙 4 中的 SPS 配置 3 对应的 K_1 取值为 1，时隙 4 中的 SPS 配置 4 对应的 ACK/NACK 无法在时隙 5 中的 PUCCH 传输（无法满足译码时延要求），需要指示其他取值。

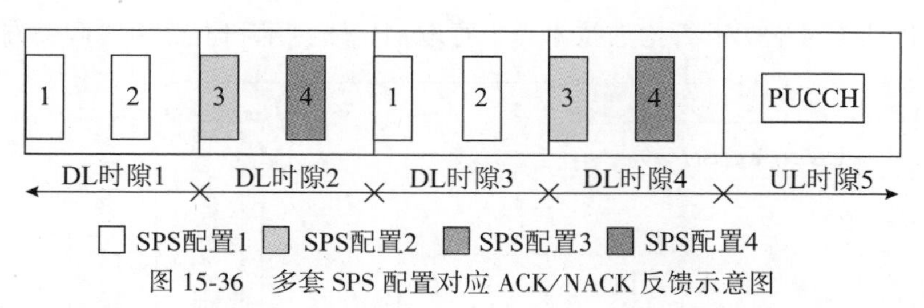

图 15-36　多套 SPS 配置对应 ACK/NACK 反馈示意图

方案 1 终端实现较为复杂，方案 2 信令开销大。在 3GPP RAN1 讨论过程中，方案 1、2 都没有通过，最终确定配置多套 SPS 资源时，不对 HARQ-ACK 反馈时序做增强，即沿用 R15 机制，针对每套 SPS 配置指示一个 K_1。以图 15-36 中 SPS 配置 1 为例，若基站指示 K_1 的取值为 2，则时隙 1 中的 SPS 配置 1 对应的 ACK/NACK 需要在时隙 3 中传输，由于时隙 3 为下行时隙，因此该 ACK/NACK 无法传输。而时隙 3 中的 SPS 配置 1 对应的 ACK/NACK 在时隙 5 中传输。

2. 如何配置 PUCCH 资源

虽然 HARQ-ACK 反馈时序没有进行增强，但多套 SPS 配置后，依然存在多个 SPS PDSCH 对应的 ACK/NACK 信息需要通过同一个时隙进行反馈。以图 15-36 为例，若基站指示 SPS 配置 1、2 对应的 K_1 取值为 4，SPS 配置 3、4 对应的 K_1 取值为 3，则时隙 5 中的

PUCCH 需要承载 4 bit ACK/NACK 信息。对于一个 UE，不同时隙中承载的 SPS PDSCH 对应的 ACK/NACK 信息的比特数量可能是不同的，如何确定每个时隙中实际使用的 PUCCH 资源是另一个需要讨论的问题。

- 方案 1：针对多套 SPS 配置多个公共 PUCCH 资源。根据当前时隙中实际反馈的 ACK/NACK 比特数目从多个公共资源中选择一个作为实际使用的 PUCCH 资源。
- 方案 2：针对多套 SPS 配置多组公共 PUCCH 资源。根据当前时隙中实际反馈的 ACK/NACK 比特数目从多组公共资源中选择一组，并根据最后一个 DCI 激活信令中的指示从该组资源中选择一个作为实际使用的 PUCCH 资源。

对于 SPS PDSCH 基于激活信令确定 PUCCH 资源所能够提供的调度灵活性有限，而配置的 PUCCH 资源开销却显著增加。因此 3GPP RAN1 98bis 会议上同意使用方案 1 确定复用传输多个 SPS PDSCH 对应的 ACK/NACK 信息的 PUCCH 资源。

15.7 用户间传输冲突

在 NR 系统设计时，为了支持 URLLC 的灵活部署，不仅考虑 URLLC 和 eMBB 独立布网，也考虑同一个网络支持 URLLC 和 eMBB 两种业务。然而，URLLC 业务和 eMBB 业务的需求不同，URLLC 业务需要被快速调度并传输，时延低至 1 ms。eMBB 业务相对 URLLC 业务的时延需求较宽松。相应地，URLLC 的调度时序短，eMBB 的调度时序长，如图 15-37 所示。由于两者的调度时序不同，因此可能存在业务间的冲突。尤其为了保证 URLLC 能够及时调度，系统允许 gNB 调度 URLLC 时，使用已经调度给 eMBB 业务的资源，如图 15-37 所示。图 15-37 以上行传输为例，对于下行传输也存在类似的用户间资源冲突问题。此时，URLLC 终端和 eMBB 终端在相同的资源上进行数据传输，URLLC 终端和 eMBB 终端的数据传输会成为彼此的干扰，使得 URLLC 和 eMBB 的可靠性难以满足需求。为了解决这种冲突的情况，3GPP 具体讨论了下行抢占技术、上行取消传输技术和上行功率调整方案[17-23]。

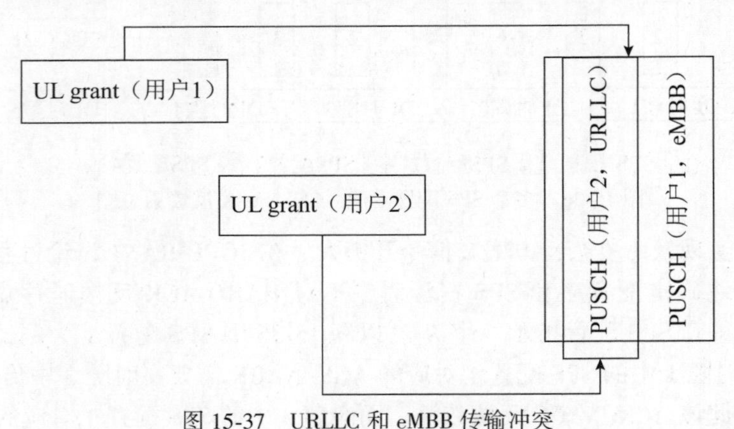

图 15-37　URLLC 和 eMBB 传输冲突

15.7.1 冲突解决方案

在 3GPP 会议讨论中，针对 URLLC 和 eMBB 共存并且传输资源存在冲突的情况，对下行 PDSCH 传输和上行 PUSCH 传输分别进行了讨论。本节以 URLLC 终端和 eMBB 终端的数据传输资源存在冲突的情况为例阐述用户间冲突解决方案。

1. 针对用户间下行 PDSCH 传输，在讨论过程中，有以下几种候选方案。

● 方案 1：抢占 eMBB PDSCH 资源，并丢弃相应传输

对于已经调度给 eMBB 终端的 PDSCH，gNB 可以抢占被调度的资源，用于调度 URLLC 终端，并且 gNB 发送信令，告知 eMBB 终端被抢占的资源。eMBB 终端收到 gNB 发送的抢占信令后，终端认为信令指示的资源上没有发送给自己的数据，也就是说终端会忽略在这些资源上收到的数据。

● 方案 2：抢占 eMBB PDSCH 资源，并延迟发送相应传输

对于已经调度给 eMBB 终端的 PDSCH，gNB 可以抢占被调度的资源，用于调度 URLLC 终端。URLLC 的 PDSCH 传输结束后，gNB 恢复被抢占资源上 eMBB 数据的传输，其使用的资源可以是通过 DCI 显示指示的，也可以是通过高层信令的配置。

方案 1 需要增加新的信令，终端在解调解码 PDSCH 时，需要对部分数据做特殊处理或不处理。方案 2 需要改变传统的 PDSCH 处理流程，即一个调制后的数据块拆分成多个部分，通过多次调度，调度在到多个时频资源上发送。由于调制后数据块的拆分方式是动态变化的，并不是总能找到一个与抢占资源的资源数和信道条件完全匹配的时频资源块。而且也会带来资源碎片的问题。方案 1 较方案 2 而言，标准化和实现的复杂度低。经研究讨论，方案 1 最终被采纳。

2. 针对用户间上行 PUSCH 的传输冲突，在讨论过程中，有以下几种候选方案。

● 方案 1：抢占 eMBB PUSCH 资源，对应的 eMBB PUSCH 取消传输

通过 UL CI（Uplink Cancellation Indication，上行取消传输信令），指示 eMBB PUSCH 和 URLLC PUSCH 的冲突资源。终端收到 UL CI 后，根据自己的传输信息和 UL CI 指示的冲突资源的信息，确定是否需要取消传输以及如何取消传输。

● 方案 2：对 URLLC PUSCH 进行功率调整

通过开环功率调整指示信令，在 eMBB PUSCH 和 URLLC PUSCH 存在资源冲突时，更新 URLLC 终端的功率参数，采用较高的发送功率进行数据传输。

方案 1 可以将来自 eMBB 的干扰消除干净，保障 URLLC 的可靠性。当方案 1 需要 eMBB 终端具备快速停止的处理能力时，增加了 eMBB 终端的复杂度，而增益却在 URLLC 终端。而且考虑到系统中，还存在一些不支持该功能的终端，对于来自这些终端的干扰，是无法消除的。方案 2 通过增强 URLLC 终端的能力克服干扰，避免增加 eMBB 复杂度。并克服了方案 1 无法解决的问题。但方案 2，一方面干扰消除不彻底，另一方面，对于功率受限的用户，无法保证 URLLC 可靠性。方案 1 和方案 2 各有利弊，而且存在一定的互补性，因此均被 3GPP 会议采纳，并分别进行了讨论。

对于方案 1，在讨论初期，设定终端收到 UL CI 后，当 UL CI 指示的资源与自己的传输资源存在冲突时，终端取消当前传输，否则，终端不会取消传输。考虑到终端恢复上行传输的复杂度，取消传输的范围是从冲突资源的起点开始直到当前传输的结束位置，而不仅仅是冲突资源部分。对于重复传输情况，取消传输针对每一个重复传输独立执行，如图 15-38 所示。

在后期讨论过程中，针对 UL CI 指示资源与终端 PUSCH 传输资源存在冲突时是否需要根据 PUSCH 的优先级确定 PUSCH 是否取消传输的问题进行了进一步讨论。一部分公司支持忽略优先级直接进行取消传输，另一部分公司支持根据优先级确定是否传输，即如果优先级指示信息指示的优先级为高优先级，则 PUSCH 不取消传输，否则 PUSCH 取消传输。忽略优先级取消传输的方案，不论优先级是高或者低，在 UL CI 指示的资源与 PUSCH 资源存

在冲突时，PUSCH 均取消传输。对应地，会降低 URLLC 的传输效率。其主要原因是调度信息中的优先级指示主要用于同一用户的不同业务的优先级指示，对不同用户存在指示不准确的情况，即同一种业务对于不同的用户可能是不同的优先级，如某种业务对于用户 1 是高优先级，对于用户 2 是低优先级，此时，如果按照优先级进行取消传输，则会出现同一种业务对不同的用户有不同的取消传输的情况。最终经讨论决定，引入高层参数配置是否根据优先级进行 PUSCH 取消传输。

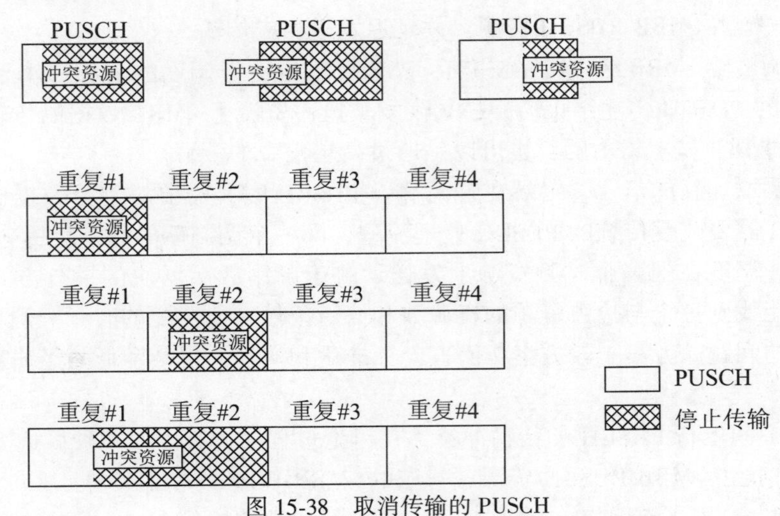

图 15-38　取消传输的 PUSCH

15.7.2　抢占信令设计

抢占信令的设计主要考虑抢占信令的发送时间，抢占信令与被抢占信令的时序关系，抢占信令的格式、发送周期，抢占信令需要的检测能力等，这些问题在 3GPP 会议上进行了详细讨论。

首先对 DL PI（Downlink Pre-emption Indication，下行抢占指示）进行介绍，对于 DL PI 信令设计，主要从下面几个方面讨论。

1. 抢占信令的信令类型

● 方案 1：组公共 DCI

一个或多个终端属于一个组，接收相同的抢占信令。采用冲突资源指示的方式，终端接收抢占信令后，对冲突资源上数据做特殊处理或者不接收检测。

● 方案 2：UE 专属 DCI

一个抢占信令只发给一个终端。如果多个终端的传输资源都受到 URLLC 业务抢占，则需要发送多个抢占信令。

方案 1 采用组播方式，多个用户共享信息，信令开销小。方案 2 采用用户专属 DCI，可以针对性地指示冲突资源，指示精度高。而且用户专属 DCI 可以采用优化的传输方式，例如波束赋形，提高下行控制信息传输效率。但当多个终端的传输资源都受到 URLLC 业务抢占时，信令开销较大。考虑到 URLLC 常采用大带宽资源分配方式，受影响的用户数不止一个，标准采纳了方案 1。

2. 下行抢占信令的发送时间

DL 用于指示 PDSCH 的资源冲突情况。关于 DL PI 信令的发送时机，标准中讨论了讨论了如下 4 种方案，如图 15-39 所示。

- 方案 1：DL PI 在冲突时隙 n，冲突资源之前发送。
- 方案 2：DL PI 在冲突时隙 n，冲突资源之后发送送。
- 方案 3：DL PI 在冲突时隙的下一个时隙的 PDCCH 资源上发送。
- 方案 4：DL PI 在冲突时隙的 k 个时隙之后的 PDCCH 资源上发送。

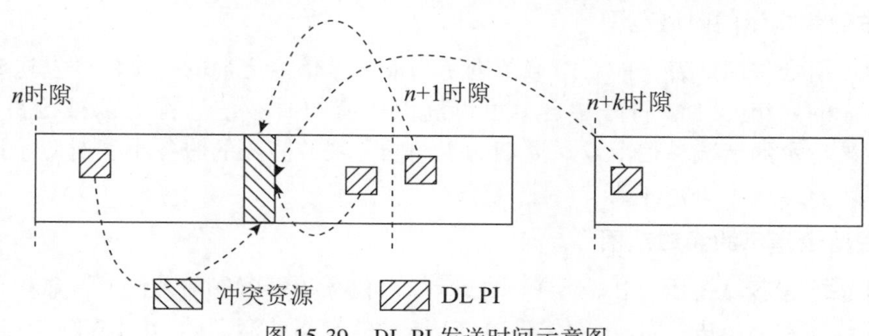

图 15-39　DL PI 发送时间示意图

方案 1、方案 2、方案 3、方案 4 在实现时，都需要空闲的 PDCCH 资源用于传输 DL PI，其区别主要在于 DL PI 的发送时间与冲突资源或有冲突 PDSCH 资源的时间关系。在 R16 讨论时，对以上方案进行的仿真比较，方案 1 对于性能没有明显影响，方案 1 和方案 2 的实现复杂度较高。方案 3 和方案 4，DL PI 指示两个 DL PI 之间的资源抢占情况，DL PI 之间的时间间隔越短，其指示的抢占信息越及时准确。最终标准采纳了方案 3，并放松了 PDCCH 位置的约束。具体地，为 DL PI 配置专属搜索空间，发生冲突传输时，在冲突时隙之后的第一个时隙发送 DL PI。

3. 下行抢占信令的格式

DL PI 采用 DCI 格式 2_1。DCI 格式 2_1 携带多个抢占信息域，每个信息域包含 14 bit，与一个载波相对应，其对应关系为高层信令配置。DCI 格式 2_1 的负载大小可变，最小为 14 bit，最大为 126 bit。

UL CI 信令设计的讨论，与 DL PI 类似。但 UL CI 在 DL PI 之后讨论，很多方法参考了 DL PI，见表 15-4。

表 15-4　DL PI、UL CI 信令设计比较

类　别	DL PI	UL CI
信令类型	组公共 DCI	组公共 DCI
信令发送时间	冲突资源之后	冲突资源之前
DCI 大小	最小 14 bit，最大 126 bit	最小 14 bit，最大 126 bit
资源指示方式	指示颗粒度可配置，指示资源范围固定	指示颗粒度可配置，指示资源范围可配置

UL CI 与 DL PI 信令的主要区别在于信令发送时间和资源指示方式，其中，资源指示方式详见 15.7.3 节。对于信令的发送时间，DL PI 可以在 PDSCH 接收或冲入资源之后发送，终端在解码 PDSCH 时，或者在重传合并时，才会参考 DL PI 指示。UL CI 的作用是取消 PUSCH 传输，所以，只有在冲突资源之前发送 UL CI 才可以起到取消传输的作用。因此，UL CI 的传输必须在冲突资源之前发送，并且保证终端有足够的取消传输处理时间。

15.7.3 抢占资源指示

抢占信令指示被抢占的资源，本节主要讨论抢占信令指示的资源范围是如何确定的。

对于 DL PI 指示的资源范围，在确定 DL PI 的周期发送方式之后，进行了讨论，主要包括以下几方面。

1. 抢占信令指示的时域范围

由于抢占信令是周期发送的，时域范围是当前抢占信令之前的一个信令发送周期对应的时间长度对应的一组 OFDM 符号集合，可以确保所有的时域信息都可以被抢占信令指示，避免了不能被指示的情况。信令发送周期对不同的子载波间隔的服务小区对应不同的 OFDM 符号数。

2. 抢占信令指示的频域范围

- 半静态配置频域范围，由高层信令指示抢占信令指示的频域范围，配置灵活。
- 协议约定频域范围，如协议约定 DL PI 指示的是当前激活的 DL BWP。

讨论决定采用协议约定的方法确定抢占信令指示的频域范围，即当前激活的 DL BWP。这样可以使得抢占信令指示的频域范围最大，并节省配置频域范围的信令开销。

3. 抢占信令的指示方法

针对抢占信令的指示方法，研究了如下几个方案。

- 方案 1：时域/频域分别指示

具体来说，时域指示方法包括：

  - 先指示时域范围中的某个时隙，再指示被指示的时隙中的 OFDM 符号；
  - 将时域范围用 Bitmap 指示，每个比特指示相同的时域长度。

频域指示方法包括：

  - 使用 Bitmap 指示 RBG 的占用情况；
  - 使用起点+终点的方法指示 RB 占用情况。

- 方案 2：时域/频域联合指示

如图 15-40，将抢占信令指示的时频域范围划分为二维格式，每个比特指示图中的一个格子，每个格子代表 x 个 OFDM 符号和 y 个 PRB 的时频范围。

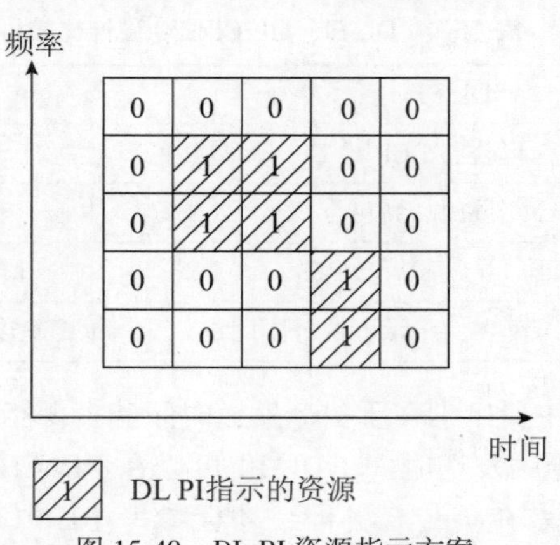

图 15-40 DL PI 资源指示方案

方案 1 指示精度高于方案 2，但开销大。经过讨论决定采用方案 2，并设定 $\{M, N\}$，

M 表示将抢占信令指示的时域范围分为 M 个时域组，N 表示将抢占信令指示的频域范围分为 N 个频域组，$\{M, N\}$ 的取值有 2 种，即 $\{14, 1\}$ 和 $\{7, 2\}$。

对于 UL CI 如何指示 RUR（Reference Uplink Resource，参考资源范围），尽可能参考 DL PI 指示方法的设计，降低标准化和实现的复杂度。但是，考虑到 PUSCH 与 PDSCH 的传输过程不同，上行取消传输与下行抢占过程存在一定差异，因此，在 UL CI 资源指示上还有额外的考虑。

（1）RUR 与 UL CI 搜索空间周期的关系

用于传输 URLLC 的 PUSCH 较 PDSCH 有更小的时域资源，为了更加精确地指示取消传输的 PUSCH 资源，UL CI 指示的时域资源范围与指示颗粒度较 DL PI 更加灵活和精确。时域资源确定的具体讨论如下：

- 根据 UL CI 的传输周期确定，即传输周期为 RUR 的时域长度；
- 由高层信令配置 RUR 包含的 OFDM 符号数目。

经过会议讨论决定，如果搜索空间周期大于 1 个时隙，则使用搜索周期作为 RUR 的时域范围；否则，通过高层信令配置的方法，确定时域范围。

（2）UL CI 与 RUR 起点的时序关系

DL PI 在 PDSCH 之后传输，并且对时延不敏感，而 UL CI 用于指示终端取消传输 PUSCH，所以，UL CI 需要在被取消传输的 PUSCH 资源之前传输并且能够在短时间内取消传输。因此，UL CI 与 RUR 起点的间隔不能太长，一种直观的方法是直接参考终端的最小处理时间 $T_{\mathrm{proc},2}$，确定 UL CI 到 RUR 起点的时间间隔。然而，这种时序关系的定义通常不会把 TA 考虑进来。如果把 TA 考虑进来，就可能造成不同终端 RUR 起点在基站侧不对齐，这样干扰可能无法按照基站的期待取消，或者需要过度取消保证干扰消除干净。因此，标准采纳了高层信令配置的方式。考虑到取消过程需要满足处理能力 2 对应的处理时间 $T_{\mathrm{proc},2}$，因此，采用在 $T_{\mathrm{proc},2}$ 基础上再加一个偏移量的方式，该偏移量通过高层信令配置。

（3）RUR 的频域资源确定

用于传输 URLLC 的 PUSCH 和 PDSCH 在频域资源上有很大区别，PDSCH 在频域上占用更多的资源，而上行传输存在功率受限的问题，因为 PUSCH 的频域范围不会太大，故而 UL CI 和 DL PI 相比，其指示范围和指示颗粒度都有所区别。频域资源确定的具体讨论如下：

- 采用协议约定方式，将终端所在 BWP 上的所有 PRB 作为 RUR；
- 由高层信令配置 RUR 包含的 PRB 的位置和数目。

考虑到终端在进行上行传输时，会存在功率限制，PUSCH 的频域资源不一定会占满整个载波带宽，故而选择灵活性较好的由高层信令配置确定频域资源的方法。

4. 取消传输信令的指示方法

虽然 UL CI 的指示方法，在 R16 阶段又进行了新的讨论，但最终还是采用了 DL PI 所采用的方法，即时域/频域联合指示。

15.7.4　上行功率控制

对于 eMBB PUSCH 和 URLLC PUSCH 的传输资源存在冲突时，除了取消 eMBB PUSCH 传输，还可以通过调整 URLLC PUSCH 传输功率的方法，提高 URLLC PUSCH 的接收信噪比，进而保证 URLLC PUSCH 的可靠性。

该场景的功率控制目的与传统的功率控制不一样，具有突发性，变化范围大，没有延续性等特征，因此，在现有功率控制机制上做了进一步的调整。

1. 功率参数的选择

- 方案 1：设定不同的开环功率参数，通过信令指示使用哪一个参数进行功率计算。
- 方案 2：增加闭环功率调整步长的个数，在资源冲突时，使用较大的闭环功率调整步长，使得传输功率可以快速调整。

闭环功率调整有累计和非累计两种方式。DCI 中有闭环功率调整信息时，对于非累计的方式，虽然新的闭环功率调整步长对于之后的传输没有影响，但是在冲突资源上的干扰大小不固定，不同的干扰情况需要使用不同的闭环功率调整步长来提高译码 SINR（Signal-to-noise And Interference Ratio，信噪比），因此，需要增加较多的闭环功率调整步长，并且实现需要根据干扰情况使用不同的调整步长，复杂度较高。对于累计方式，如果按照现有的规则累计，则会影响后续的传输功率确定；如果不累计，则需要更改现有的闭环功率调整规则，并且需要增加信令指示当前的闭环功率调整参数是否需要累计。采用更新开环功率参数的方式，不存在多次传输的累计问题，而且可以达到相同的功率控制效果，因此，标准采纳了开环功率参数调整方式。

2. 功率参数指示方式

- 方案 1：组公共 DCI

组公共 DCI 中包含组内每个终端和/每个资源区域需要使用的功率调整参数。当组内有一个终端需要进行功率调整时，组公共 DCI 就需要发送。组公共 DCI 同样适用于免调度传输。

- 方案 2：UE 专属 DCI

在上行调度 DCI 中，增加功率参数指示域，用来指示当前调度传输时使用的功率参数。UE 专属 DCI 适用于动态调度传输。

方案 1，各家公司无法达成一致意见，没有被采纳。方案 2 对标准修改较少，被采纳。

15.8 小结

本章介绍了 NR 系统中针对 URLLC 优化的物理层技术，主要包括 R15 阶段的处理能力、MCS/CQI 设计、免调度传输和下行抢占技术，以及 R16 阶段的下行控制信道增强、上行控制增强、上行数据共享信道增强、处理时序增强、免调度传输增强、半持续传输增强和上行抢占技术。

参考文献

[1] R1-1903349. Summary of 7.2.6.1.1 Potential enhancements to PDCCH，Huawei. 3GPP RAN1 #96，Athens，Greece，February 25-March 1，2019.

[2] R1-1905020. UCI Enhancements for eURLLC，Qualcomm Incorporated. 3GPP RAN1 #96b，April 8th-12th，2019，Xi'an，China.

[3] R1-1906752. On UCI Enhancements for NR URLLC，Nokia，Nokia Shanghai Bell. 3GPP RAN1#97，Reno，Nevada，US，13th-17th May 2019.

[4] R1-1906448. UCI enhancements for URLLC，OPPO. 3GPP RAN1#97，Reno，Nevada，US，13th-17th May 2019.

[5] R1-1907754. Summary on UCI enhancements for URLLC，OPPO. 3GPP RAN1#97，Reno，US，May 13th-17th 2019.

[6] R1-1909645. Offline summary on UCI enhancements for URLLC, OPPO. 3GPP RAN1#98, Prague, CZ, August 26th-30th, 2019.

[7] R1-1912519. UCI enhancements for URLLC, OPPO. 3GPP RAN1#99, Reno, US, November 18th-22nd, 2019.

[8] R1-1717075. HARQ timing, multiplexing, bundling, processing time and number of processes, Huawei. 3GPP RAN1 #90bis, Prague, Czech Republic, 9th-13th, October 2017.

[9] 3GPP TS 38. 214, NR. Physical layer procedures for data, V15. 9. 0 (2020-03).

[10] R1-1716941. Final Report of 3GPP TSG RAN WG1 #90 v1. 0. 0, MCC Support. 3GPP RAN1 #90bis, Prague, Czech Rep, 9th-13th October 2017.

[11] R1-1911695. Summary of Saturday offline discussion on PUSCH enhancements for NR eURLLC, Nokia, Nokia Shanghai Bell. 3GPP RAN1 #98bis, Chongqing, China, 14th-20th October 2019.

[12] R1-2001401. Summary of email discussion [100e-NR-L1enh_URLLC-PUSCH_Enh-01], Nokia, Nokia Shanghai Bell. 3GPP TSG-RAN WG1 Meeting #100-e, e-Meeting, February 24th-March 6th, 2020.

[13] R1-1808492. Discussion on DL/UL data scheduling and HARQ procedure, LG Electronics. 3GPP RAN1 #94, Gothenburg, Sweden, August 20th-24th, 2018.

[14] 3GPP TR 38. 812 V16. 0. 0 Study on Non-Orthogonal Multiple Access (NOMA) for NR.

[15] R1-1909608. Summary#2 of 7. 2. 6. 7 Others, LG Electronics. 3GPP RAN1 #98, Prague, Czech Republic, August 26th-30th, 2019.

[16] R1-1911554. Summary#2 of 7. 2. 6. 7 others, LG Electronics. 3GPP RAN1 #98bis, Chongqing, China, October 14th-20th, 2019.

[17] R1-1611700. eMBB data transmission to support dynamic resource sharing between eMBB and URLLC, OPPO. 3GPP RAN1 #87, Reno, USA, 14th-18th November 2016.

[18] R1-1611222. DL URLLC multiplexing considerations, Huawei, HiSilicon. 3GPP RAN1 #87, Reno, USA, 14th-18th November 2016.

[19] R1-1611895. eMBB and URLLC Multiplexing for DL, Fujitsu. 3GPP RAN1 #87, Reno, USA, 14th-18th November 2016.

[20] R1-1712204. On pre-emption indication for DL multiplexing of URLLC and eMBB, Huawei, HiSilicon. 3GPP RAN1 #90, Prague, Czech Republic 21-25 August 2017.

[21] R1-1713649. Indication of Preempted Resources in DL, Samsung. 3GPP RAN1 #90, Prague, Czech Republic 21-25 August 2017.

[22] R1-1910623. Inter UE Tx prioritization and multiplexing, OPPO. RAN1 #98bis, Chongqing, China, Oct. 14th-20th, 2019.

[23] R1-1908671. Inter UE Tx prioritization and multiplexing, OPPO. RAN1 #98, Prague, Czech, August 26th-30th, 2019.

第16章

高可靠低时延通信（URLLC）——高层

付 喆 刘 洋 卢前溪 编著

时间敏感性网络（Time Sensitive Network，TSN）是工业互联网场景下的一种典型网络场景。新空口（New Radio，NR）R16版本的一大愿景是支持工业互联网（Industry Internet of Things，IIoT）的业务传输。因此，IIoT项目对5G系统如何更好地承载TSN的业务进行了研究。各公司一致同意在该项目相关TR 38.825[1] 中明确给出利用5G网络承载TSN业务时需要满足的业务传输需求，具体见表16-1。

表16-1 时间敏感网络使用场景分类和性能要求

场景	用户数	通信业务有效性	传输周期（ms）	允许的端到端时延	存活时间	包大小（bytes）	业务区域	业务周期	用例
1	20	99.999 9%-99.999 999%	0.5	小于传输周期	传输周期	50	15m×15m×3m	周期性	自动控制和控制控制
2	50	99.999 9%-99.999 999%	1	小于传输周期	传输周期	40	10m×5m×3m	周期性	自动控制和控制控制
3	100	99.999 9%-99.999 999%	2	小于传输周期	传输周期	20	100m×100m×30m	周期性	自动控制和控制控制

同时，由于TSN业务通常为时延敏感型的业务，TSN业务服务对象如生产流水线上的机械臂对于时间同步有其特定需求，3GPP同样在这方面进行了研究。具体内容可参见TR 22.804[2]，TSN业务的时间同步要求见表16-2。

表16-2 时钟同步服务性能要求[2]

时钟同步精度水平	在一个时间同步通信组中的设备数	时钟同步要求	业务区域
1	多达300个	$< 1\ \mu s$	$\leqslant 100\ m^2$
2	多达10个	$< 10\ \mu s$	$\leqslant 2\ 500\ m^2$
3	多达500个	$< 20\ \mu s$	$\leqslant 2\ 500\ m^2$

为了支持高可靠低时延通信的业务传输需求，IIoT项目还研究了两个问题，一个是在用

户（User Equipment，UE）的多个传输资源出现冲突时如何优先处理某些资源的问题；另一个是数据如何使用多于两个路径进行复制传输的问题。本章将对这些问题进行一一解读。

本章主要关注高层解决方案。物理层解决方案详见第 15 章。

16.1　工业以太网时间同步

在典型的应用场景如智慧工厂的环境下，产品线产品组装首先需要主控制器将动作单元的相关操作指令和指定完成时间等信息发送给终端。在接收到这些信息后，终端告知动作单元在规定的时间点做规定的操作指令。可以预见，如若终端、动作单元与主控制器之间没有进行严格的时钟同步，那么动作单元会在错误的时间点执行操作动作，对产品的质量造成很大的影响。如前所述，TR 22.804[2] 中给出了工业以太网同步需求调研的数据。

从表 16-2 中可以看出，最严苛的同步精度性能要求是在同一基站覆盖范围下多达 300 个终端的时钟同步误差都要小于 1 μs。在 5G NR R15 中定义的时钟信息广播 *SystemInformationBlock*9 信息单元（Information Element，IE）[3] 的时间颗粒度为 10 ms，远远不能达到工业以太网的性能要求。可见，5G NR R16 标准为满足时钟同步性能要求需要做大量的工作。

TR 38.825[1] 中给出 5G NR 支持工业以太网时钟同步的方案。该方案中，5G 系统作为 TSN 的桥梁承担了 TSN 网络系统与 TSN 端站之间的通信工作。其中，5G 系统边缘（如 UE 和 UPF）的 TSN 适配器需要支持 IEEE 802.1AS 时钟同步协议的功能；而 5G 系统内部的部件如 UE、gNB 和用户面功能（User Plane Function，UPF）只需与 5G 主时钟进行同步即可，不需要与 TSN 主时钟进行同步。这样看来，除了在 5G 系统边缘上引入 TSN 适配层，工业以太网的时钟同步的需求对于 5GS 的功能和标准影响都可以说做到了最小化。

下面主要介绍 TSN 适配层为 TSN 网络与 TSN 端站提供的时钟同步机制。在图 16-1 中，首先右端 TSN 网络中节点需要将时钟同步信令发送给 5G 边缘网元 UPF。之后，UPF 上的 TSN 适配器在接收到 gPTP 时钟消息时用 5G 系统内部时钟记录当前时间 TSi。其后，UPF 将此 gPTP 时钟消息经由 gNB 传输到 UE 端。经过 UE 端上的 TSN 适配器处理，5G 终端将此消息继续向 TSN 端站发送，完成时钟同步。在发送出去的消息中终端侧适配层会在校正域添加 5G 系统内部消息处理时延，为 $T_{Se}-T_{Si}$。其中，T_{Se} 为终端侧边缘适配器用 5G 系统内部时钟记录的将 gPTP 时钟向 TSN 端站发送时的 5G 系统内部时间。左端 TSN 端站的当前时钟可以表示为

$$T_{端站}=T_{TSN网络节点}+T_{Se}-T_{Si}+T_2+T_1 \tag{16.1}$$

从式（16.1）可以看出，端站需要同步到的时钟信息为 TSN 网络节点在 gPTP 消息中写入的时钟 $T_{TSN网络节点}$ 加上 gPTP 消息从 TSN 网络节点传输到端站所用时延。传输时延分为两部分：5G 系统内部传输时延和 5G 系统外部时延。其中，5G 系统内部传输时延由 $T_{Se}-T_{Si}$ 给出；5G 系统外部传输时延由 T_2+T_1 给出，具体推算方法可见文献［4］中 Peer-delay 算法描述。

T_1 和 T_2 都是在非空口上传输数据包的时延，上下行传输时延可认为是相同的，继而可以应用 PTP 协议中的 Peer-delay 算法[4] 得出，在本书中不再赘述。另外，从式（16.1）可以看出，如若 5G 系统内部终端与 UPF 的时钟无法做到同步，那么对于 gPTP 消息在 5G 系统内部的传输时间的估计将会变得不准确，影响最终 TSN 端站时钟同步的准确度。

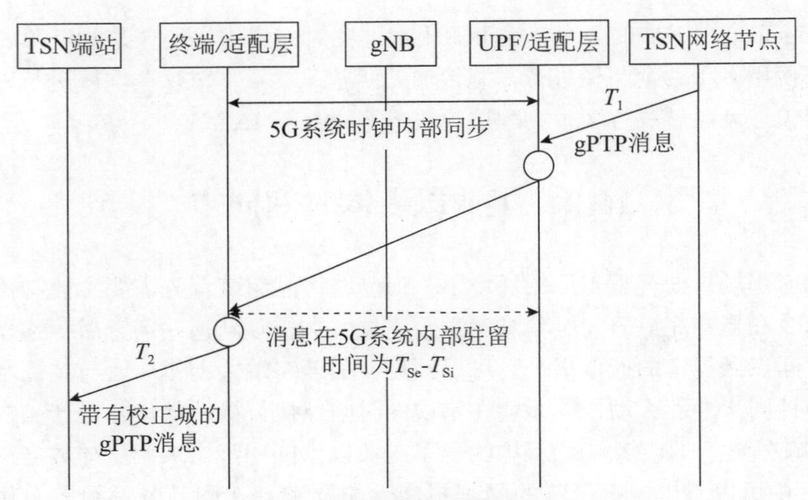

图 16-1 5G 同步时间敏感时钟

从 RAN 的角度分析，同步错误源由两部分组成：基站到终端的空口同步错误和从基站到 TSN 时钟源的同步错误。3GPP RAN1/2 和 RAN3 分别对这两个接口上的同步性能完成了相应的评估工作。由于篇幅所限，这里不再赘述，详细评估结果可以参考 TR 38.825[5]。另外，TR 38.825[5] 中也汇总了 RAN1/2/3 组给出的同步性能分析结果，总结出在假设 TSN 时钟源与基站之间 100 ns 的时钟错误偏差和 15 kHz 的 SCS 前提下，总体同步准确性误差为 665 ns，满足 TR 38.825[1] 中给出的工业以太网最严苛的同步性能要求。

如前所述，在 R15 NR 中，TS 38.331[3] 定义的时间颗粒度为 10 ms 的系统时钟同步的信息广播 SIB9（即每过 10 ms，时钟信息的数值加 1）无法满足工业以太网的性能要求。所以在 R16 NR 中，3GPP 无线接入网（Radio Access Network，RAN）2 组决定在 SIB9 中新引入一个包含时间颗粒度为 10 ns 的系统时钟信息 IE-*ReferencetimeInfo*。应用此系统时钟信息的机制与 R15 类似——该 IE 中时钟信息的实际参考生效点为该 IE 中 *ReferenceSFN* 的边界点。可以看出，此空口同步机制的潜在错误来源在于网络发送该下行参考帧的时间点和终端接收到该下行参考帧的时间点之间时间差。

在 3GPP RAN2 讨论过程中，终端、芯片厂商和网络厂商围绕究竟是由基站还是终端承担补偿时间差的责任展开了热烈的讨论，主要有如下两个方案。

- 方案 1：终端通过随机接入或者通过接收定时调整命令媒体接入控制控制单元（TA command MAC CE，Timing Advance command Media Access Control Control Element）等方式从基站端获取定时提前量（Timing Advance，TA），对时间差做修正。
- 方案 2：网络通过检测 UE 探测参考信号（Sounding Reference Signal，SRS）等方式推算终端到基站的距离，依据此信息在发送给终端的包含高精度时钟信息 *Reference-timeInfo*IE 的无线资源控制（Radio Resource Control，RRC）单播信令中对时钟信息进行预调整。

对于方案 1，主要的支持力量来自网络设备厂商，它们认为如果是由基站承担所有终端的时间差修正工作，对于基站负担比较大，而终端原本就可以通过随机接入等方式更新 TA，由终端来负责时间差补偿比较合适；对于方案 2，主要的支持力量来自终端和基带芯片厂商，它们认为在 NR R16 中将要引入 5G 定位等特性，网络端在准确推算终端距离信息上会有一些可用的工具，所以倾向于选择方案 2。最终，考虑到 R16 NR 工业以太网的主要部署场景为小区，该时间差不大，对系统内时钟同步性能影响有限，所以 3GPP RAN2 只是以允许终端可自行决定是否对接收到的时钟信息进行调整的方式来解决这个问题，但对具体的实现方式不做标准要求。

此外，R16 NR 允许终端通过接收广播或者 RRC 信令单播的方式获取时钟信息。当终端处于 RRC_IDLE/RRC_INACTIVE 态，终端通过监听系统广播的方式获取 SIB9；如若在读取 SIB1 信息中发现系统当前没有调度 SIB9 广播，那么标准也允许终端可通过适用于 RRC_IDLE/RRC_INACTIVE 态 on-demand SI 机制请求获取时钟信息，详见本书 11.1 节。

对处于 RRC_connected 态的终端，如若希望网络向其发送时钟信息，则是另一套机制。

- 当终端希望获取 *ReferencetimeInfo*IE 时，终端在终端辅助信息信令中将参考信息请求相关标志位（referenceTimeInfoRequired）设为真值。
- 网络给终端单播携带有高精度时钟信息的下行 RRC 信令或者系统广播 SIB9。

16.2　用户内上行资源优先级处理

为了支持多种 URLLC 业务，以及为了满足 URLLC 业务的严苛的时延要求，NR R16 考虑了更多的资源冲突的场景。对同一用户内的上行资源冲突来说，R16 主要考虑以下几种冲突场景。

- 数据和数据之间的冲突：根据资源的类型，该场景又可以细分为 3 种子场景，即配置授权（Configured Grant，CG）和配置授权之间的冲突，配置授权和动态授权（Dynamic Grant，DG）之间的冲突，动态授权和动态授权之间的冲突。
- 数据和调度请求（Scheduling Request，SR）之间的冲突：根据资源的类型，该场景又可以细分为两种子场景，即配置授权和 SR 之间的冲突，动态授权和 SR 之间的冲突。由于在两种子场景下需要解决的均是数据信道和控制信道之间的冲突问题，因此可以采用相同的冲突解决处理方式。

以下内容，将对每种场景分别进行阐述。

16.2.1　数据和数据之间的冲突

R15 标准在考虑数据和数据之间的冲突时，仅涉及 DG 和 CG 的冲突场景，且在该场景下，始终要求优先 DG 传输。R16 考虑了更加复杂的资源冲突场景，即 CG 与 CG 冲突的场景，CG 与 DG 冲突的场景，DG 与 DG 冲突的场景。为了保证 URLLC 业务的传输需求，R16 对这些资源冲突场景中用户内优先级处理进行增强。具体介绍如下。

1. DG 和 CG 冲突的场景，以及 CG 和 CG 冲突的场景

为了支持多种 URLLC 业务，以及为了满足 URLLC 业务的严苛的时延要求，给 UE 预配置的 CG 资源之间，或 CG 和 DG 资源之间存在有资源重叠的情况。由于存在配置的 CG 资源没有数据需要传输的情况，因此对于涉及 CG 资源的冲突情况，在标准化过程中给出了两种可能的优先级处理方案。

- 方案 1：媒体接入控制（Media Access Control，MAC）层不做处理，由物理层进行优先级处理，即物理层选择优先传输的资源。
- 方案 2：MAC 层和物理层均参与到优先级处理中，即 MAC 层也要做优先传输资源的选择。

一些观点认为，MAC 层仅能解决部分的冲突场景，例如物理上行共享信道（Physical Uplink Shared Channel，PUSCH）和 PUSCH 的冲突，PUSCH 和 SR 的冲突，但是不能解决涉及其他上行控制信息（Uplink Control Information，UCI）的冲突，如混合自动重传请求确认（Hybrid Automatic Repeat reQuest Acknowledge，HARQ-ACK）和 PUSCH 冲突。此外，在多种资源冲突的情况下，如 CG PUSCH、HARQ-ACK 和 DG PUSCH 冲突时，一些公司认为，即使 MAC 层做了冲突处理，选择优先传输 CG PUSCH，物理层还需要再做一次冲突选择，导致 CG PUSCH 实际上被取消，那么不如由物理层进行统一处理。而方案 1 的问题在于，由于存在资源过分配的情况，且待传的数据信息只有 MAC 层才有，物理层需要先从 MAC 层获取是否有数据待传输的信息，才能选择优先传输的资源，这里本身就有层间交互需求和时延的问题。并且，若由 MAC 层先做一次优先级处理，可以避免不必要的组包和数据传输延迟的问题。因此，最终在标准化过程中选择了方案 2，即 MAC 层和物理层都需要参与到优先级处理过程中。

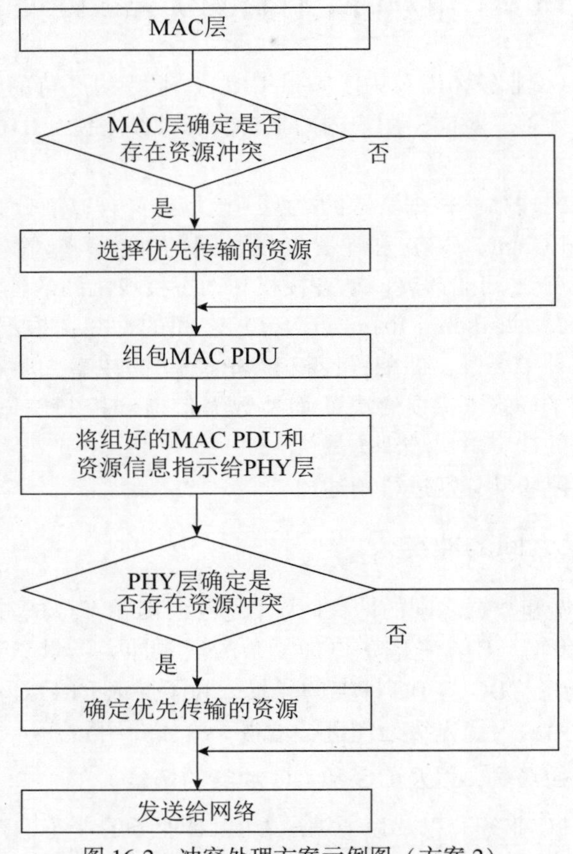

图 16-2　冲突处理方案示例图（方案 2）

在 MAC 执行优先处理时，采用了基于逻辑信道优先级的优先处理方式，即 MAC 层将基于逻辑信道优先级，选择优先传输的资源。

具体的，当对 MAC 实体配置了基于逻辑信道优先级的优先处理方式，若出现传输资源冲突的情况，则 MAC 层优先传输承载了高优先级数据的上行传输资源。上行传输资源的优先级由复用到或可以复用到对应该资源中的最高优先级的逻辑信道的优先级来确定。而逻辑信道是否能够复用到对应传输资源中，取决于该逻辑信道是否有待传输的数据以及配置的逻辑信道映射限制。除了现有的逻辑信道映射限制外，R16 基于可靠性需求还分别针对 CG 和 DG 引入了各自的逻辑信道映射限制，用于限制可以使用 CG 进行传输的逻辑信道和使用 DG 进行传输的逻辑信道。

若两个冲突资源的逻辑信道优先级相同，那么在 CG 和 DG 冲突时优先进行 DG 传输；在 CG 和 CG 冲突时，选择哪个 CG 传输取决于 UE 实现。

对资源冲突的场景，具体可以细分为如下 3 种情况。

- 情况 1：若发生资源冲突时，还没有生成任何一个资源的 MAC PDU，则最终仅生成一个 MAC PDU。
- 情况 2：若发生资源冲突时，已经生成了一个资源的 MAC PDU，且另一个资源的优先级低，则 MAC 层不会生成另一个资源对应的 MAC PDU。
- 情况 3：若发生资源冲突时，已经生成了一个资源的 MAC PDU，另一个资源的优先级高，则 MAC 层将对高优先级的资源生成另一个 MAC PDU。相应的，已经生成的低优先级的资源对应的 MAC PDU 就是低优先级 MAC PDU。

若低优先级的资源为 CG 资源，且已经对低优先级的 CG 资源生成了低优先级 MAC PDU，那么这类 MAC PDU 可以被称为对应 CG 的低优先级 MAC PDU。对此类 MAC PDU，由于网络侧并不知道 CG 资源没有被传输是由低优先级导致的还是由没有用的数据传输导致的，因此网络并不一定会对这个 CG 资源进行重传调度。而一旦此类 MAC PDU 生成但网络不调度对应的重传，必会导致此 MAC PDU 丢弃，进而造成数据丢失。而为了保证可靠性要求，这样的数据丢失又是应该尽量避免的。因此，对于此类 MAC PDU，RAN2 引入了一种 UE 自动传输的机制，作为对网络重传调度方式的补充，来避免数据丢失的问题。具体的，网络可以通过配置 *autonomouseTx* 来指示 UE 是否使用自动传输功能。在配置自动传输功能使用的情况下，UE 需要使用与低优先级的 CG 具有相同 HARQ 进程的，且与该低优先级的 CG 属于同一个 CG 配置的后续的 CG 资源来传输此类 MAC PDU。具体选择后续的哪个 CG 资源来传输此低优先级 MAC PDU，取决于 UE 实现。此外，由于 UE 自动传输的机制是网络重传调度方式的补充，因此在 UE 收到网络调度的针对此低优先级 MAC PDU 的重传资源的情况下，即使配置了自动传输功能，UE 也不会再对该低优先级 MAC PDU 进行自动传输了。

然而，在 R16 讨论的最后，由于 RAN1 不能对部分冲突场景的冲突处理进行支持，RAN2 最终缩小了 R16 RAN2 用户内上行资源优先级处理的应用范围，并最终形成了以下结论。

- 对 DG 和 CG 冲突的场景：不论物理层优先级是否相同，MAC 仅生成一个 MAC PDU 给物理层。
- 对 CG 和 CG 冲突的场景：
  - 若冲突的 CG 资源的物理层优先级相同，则 MAC 仅生成一个 MAC PDU 给物理层。
  - 若冲突的 CG 资源的物理层优先级不同，则 MAC 可以生成多个 MAC PDU 给物理层。终端实现保证低优先的资源被取消，高优先的资源被传输。

2. DG 和 DG 冲突的场景

通常来说，这个场景可以出现在下述情况中：网络调度了传输 eMBB 业务的 DG 资源之后，发现 URLLC 业务可用且其时延要求很高，网络不得不再次调度对 URLLC 业务的 DG 资源，进而导致两个 DG 资源至少在时域位置上发生重叠。在标准化过程中，由于 RAN1 认为该冲突场景并不会出现，因此最终确定 R16 不对该场景进行支持。

16.2.2 数据和调度请求之间的冲突

在 R15，当数据和 SR 冲突时，MAC 不会指示物理层发送该 SR。在 R16，为了更好地支持 URLLC 业务的传输需求，RAN2 讨论认为是可以将冲突的 SR 优先传输的。而是否优先传输冲突的 SR，依然是根据逻辑信道优先级来确定的，这是为了保证在不同冲突场景下采用一致的冲突处理方案。

具体的，当对 MAC 实体配置了基于逻辑信道优先级的优先处理方式，若出现 UL-SCH 资源和传输 SR 的资源冲突，且触发 SR 的逻辑信道的优先级高于 UL-SCH 资源的优先级，则 MAC 层将优先指示物理层进行 SR 传输。若 UL-SCH 资源和传输 SR 的资源冲突，SR 在 MAC PDU 生成之前被触发，且 SR 优先级高，则 MAC 不会对该 UL-SCH 资源生成对应的 MAC PDU。相反，若 SR 的传输需求在 MAC PDU 生成之后被触发，那么该 MAC PDU 将被认为是低优先级 MAC PDU。对低优先级 MAC PDU 的处理，可以参照 16.2.1 节中的相关描述。

在 R16 讨论的最后，由于 RAN1 不能对部分冲突场景的冲突处理进行支持，最终，对 UL-SCH 资源和传输 SR 的资源冲突的场景，RAN2 形成了以下结论。

- 若冲突的资源的物理层优先级相同，则 MAC 不会指示物理层发送 SR。
- 若冲突的资源的物理层优先级不同，则 MAC 有可能指示物理层发送 SR。

为了便于读者理解，本书对 R16 用户内上行资源优先级处理方案进行了总结对比，具体见表 16-3。

表 16-3 UE 内部上行资源优先级处理对比

<table>
<tr><th>类　别</th><th>R15/R16</th><th>DG 与 CG 冲突</th><th>CG 与 CG 冲突</th><th>DG 与 DG 冲突</th><th>CG 与 SR 冲突</th><th>DG 与 SR 冲突</th></tr>
<tr><td rowspan="2">支持的场景</td><td>R15</td><td>√</td><td></td><td></td><td>√</td><td>√</td></tr>
<tr><td>R16</td><td>√</td><td>√</td><td></td><td>√</td><td>√</td></tr>
<tr><td rowspan="4">优先级选择规则</td><td>R15</td><td>DG 优先</td><td></td><td></td><td>UL-SCH 资源优先</td><td>UL-SCH 资源优先</td></tr>
<tr><td rowspan="3">R16</td><td colspan="5">DG 与 CG 冲突：MAC 仅生成一个 MAC PDU 给物理层</td></tr>
<tr><td colspan="5">CG 与 CG 冲突：若物理层优先级不同，则可以生成两个 MAC PDU 给物理层，否则，生成一个 MAC PDU。是否生成两个 MAC PDU，取决于逻辑信道优先级</td></tr>
<tr><td colspan="5">数据与传输 SR 的资源冲突：若物理层优先级不同，则可以将 MAC PDU 和 SR 指示给物理层，否则，重用 R15 规范。是否将 MAC PDU 和 SR 都指示给物理层，取决于逻辑信道优先级</td></tr>
<tr><td rowspan="2">是否存在低优先级 MAC PDU</td><td>R15</td><td colspan="5">否</td></tr>
<tr><td>R16</td><td colspan="5">可能。其中，可以配置对应 CG 的低优先级 MAC PDU 的自动传输功能</td></tr>
</table>

16.3 周期性数据包相关的调度增强

根据表 16-1 可以看出，TSN 网络数据包的发送周期为 0.5~2 ms。在 RAN 侧，如果通过动态调度的方式获取上下行数据，信令开销很大，那么最好的方式无疑是用下行半静态调度

（Semi-persistent Scheduling，SPS）资源和上行配置授权去承载上下行指令和反馈信息。3GPP RAN2 在回顾 R15 定义的上下行半静态调度资源时发现需要对其在 QoS 保障上进行多方面的增强，详情将在以下小节分别讲述。

16.3.1　支持更短的半静态调度周期

R15 定义的半静态调度周期有两点问题。

- 上/下行半静态调度资源周期的颗粒度差异过大（下行半静态调度资源周期最小为 10 ms，而上行最小值为两个码元周期，根据子载波间隔的不同，间隔为 18～143μs）。
- 上/下行半静态调度周期可选值均有限。

首先，如果半静态调度资源周期设置的过大，而 IIoT 指令周期较小，则用半静态调度资源承载网络指令时会出现指令需要等待较长时间才可以从发送端发送出去的问题，如图 16-3 所示。

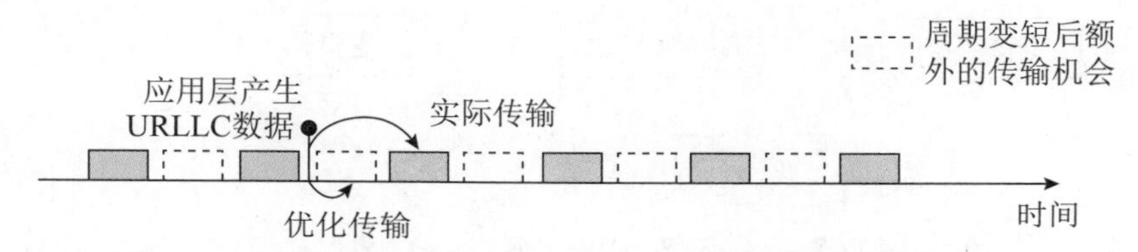

图 16-3　半静态调度周期更短的情况下，可将数据更快地发送出去

针对此问题，3GPP RAN1 物理层标准组经研究讨论后决定 5G NR R16 对于所有下行 SCS 选项都支持配置最小周期为 1 个时隙的下行半静态调度资源。

其次，如 TR 38.825[1] 所述，周期性指令/反馈的数据包的生成周期是在 1～10 ms 这个区间取值的，且周期具体取值不固定（根据具体应用需求而定）。在这种情况下，如果半静态调度上/下行资源的周期可选取值较少，或者不支持短周期的配置，则很有可能会出现资源的周期与数据包生成周期不匹配的情况。如图 16-4 所示，网络激活半静态调度资源后，URLLC 上行数据到达通信协议栈的时间点会逐渐与半静态调度资源的出现时间段错开，继而会频繁出现应用数据不能及时发送出去的问题，所以需要网络频繁地重新配置半静态调度资源以修正此问题。

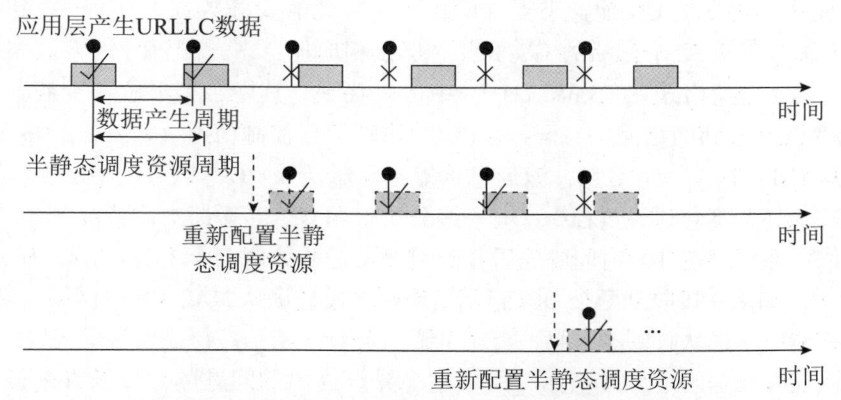

图 16-4　应用层产生数据的时间点逐渐与半静态调度资源的出现时间段错开

针对此问题，3GPP RAN2 经过讨论后决定在 5G NR R16 中支持周期为任意整数倍个时隙的半静态调度资源配置。

16.3.2 配置多组激活的半静态调度资源

R16 为了支持 URLLC 业务传输的需求，支持为终端配置多组半静态调度资源的特性，具体分析可参见第 15 章。

为了帮助终端将具有不同通信性能要求的逻辑信道的数据映射到合适的上行半静态调度资源（CG）上，R16 NR 决定引入 CG 的 ID。在实际配置方面，首先，网络在使用 RRC 信令为终端配置某个 CG 时，可选地在配置授权配置中提供这个参数。其次，在为终端配置某逻辑信道时，可选地为其配置一个含有至少一个 CG ID 的列表（allowedCG-List-r16），表征逻辑信道的数据可以在这些 CG 资源上进行传输。这样的话，当某个 CG 的传输机会到来前，终端 MAC 实体可根据此 CG 的 ID 索引号寻找符合条件的逻辑信道，搭载其产生的数据，如图 16-5 所示。NR R16 在为终端配置上行 BWP 时会告知终端需要添加/改变或者释放掉的 CG 资源的信息。

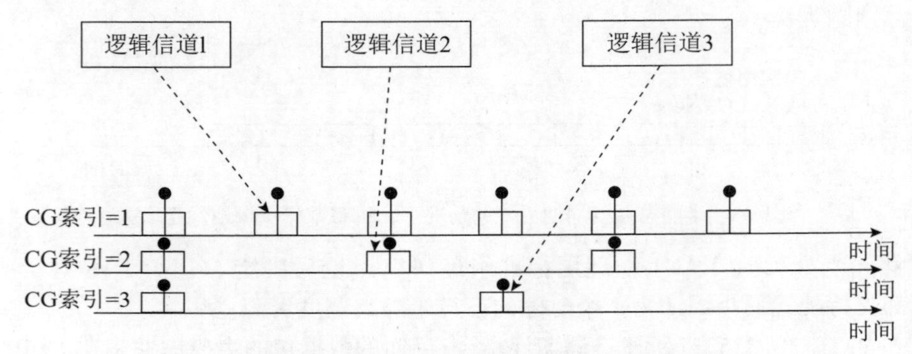

图 16-5　终端不同的逻辑信道将其数据搭载在不同的 CG

另外，对于 type-2 CG，当终端接收到网络的 CG 激活/去激活 DCI 指令后，需要相应地将确认信息发送给网络。在 R15 NR 中，网络只能为终端配置至多一个 type-2 CG 资源，那么相应地，CG 确认 MAC CE 的组成也就很简单，只包含有一个专用的逻辑信道 ID 的 MAC PDU 子头（负荷为零）。但是，在 R16 NR 中，如上所述，因为网络可以为终端配置多个 CG 资源，因此终端在回复网络确认信息时也需要告诉网络其收到了哪些 CG 的激活/去激活指令。为了使用足够多的 CG 配置来支持承载不同属性的业务数据，3GPP 决定 R16 终端每个 MAC 实体最多支持 32 个激活的 CG 资源。那么相应地，多元配置上行确认 MAC CE 长度也为 32 bit，具体净荷格式在 TS 38.321[6] 中可以找到。其中，第 x 位置 1 或者 0 分别代表终端接收或者没有收到网络面向 ID=x 的 CG 的物理下行控制信道（Physical Downlink Control Channel，PDCCH）DCI 指示信息，该信息可以指示激活该 CG，也可以指示去激活该 CG。

其实，在具体标准化讨论过程中，有一些公司对 MAC CE 净荷中比特位置 0 或者置 1 的意义是有异议的：假设终端在短时间内先后收到网络发送的针对 ID=2 的 CG 资源的激活和去激活的 DCI 指示，如果在接收到两个 DCI 指示后终端才发送确认 MAC CE 给网络，则该 MAC CE 无法告知网络侧终端确认收到的是第一个还是第二个 DCI 指示。但是按常理来说，基站一般不会在短时间内连续发送两个 DCI 指示，所以这个异议提出的问题的假设条件是偏极端的（网络在短期内发送了激活和去激活两个 DCI 指示），最终导致该异议没有被广泛接受。这里也可以看出来，3GPP 作为一个主要由业内通信工程师所组成的标准化组织的做事原则：在很多时候并不是要追求一个完美无瑕的解决方案，而是期望在解决方案的复杂性和应用范围之间找到比较理想的平衡点——既不让方案太复杂，又可以在绝大多数场景下应用。

另外需要注意一点的是，虽然 TS 38.321[6] 中所示多元配置上行确认 MAC CE 可以标识出 32 个 CG 的 DCI 指示接收状态，但实际上，网络不但可以为终端分配 type-2 CG，也可以分配 type-1 CG。对于 type-1 CG 来讲，终端是在接收到网络的 RRC 信令配置后即刻激活的，无须等待 DCI 指示信息。那么对应的，在接收到该多元 CG 确认 MAC CE 后，网络将忽略所有 type-1 CG 的 ID 在 MAC CE 上对应的比特位的值，即终端将这些比特位设置为 0 或者 1 并无本质差别。

16.3.3　半静态调度资源时域位置计算公式增强

在 LTE 和 R15 NR 中，网络为终端配置的上/下行半静态调度资源周期都可被一个系统超帧（Hyper Frame）时长整除（1 024 帧 = 10 240 ms）。但是在 R16 NR 中，如前所述，因为网络支持为终端配置周期为任意整数倍个单元时隙的半静态调度资源，所以导致上/下行半静态调度资源周期可能不被系统超帧时长整除的问题。继而，在变换超帧号时，系统存在前后半静态调度资源的间距异常的问题，具体如图 16-6 所示。

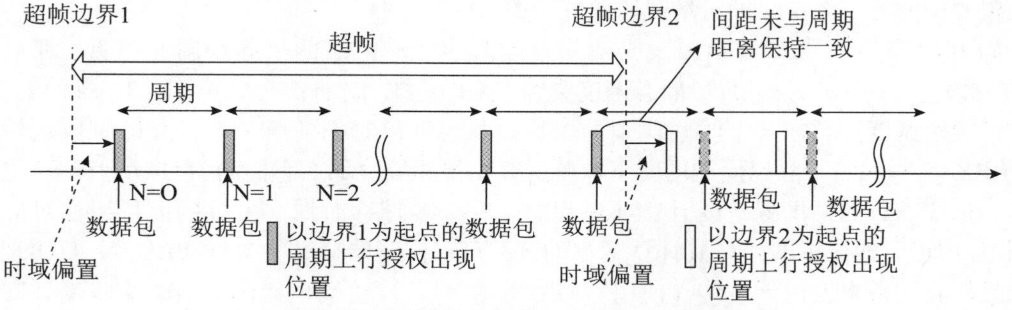

图 16-6　在跨越超帧位置，前后上行授权时域间距异常

那么，为什么会出现这样的问题呢？根据 TS 38.321[6]，NR R15 type-1 上行授权的出现位置推算依赖于 3 个因素：系统帧号（System Frame Number，SFN）、每帧中时隙的数目（Slot Number in the Frame）和每时隙中码元数量（Symbol Number in the Slot）。终端从 0 递增 N，从每个超帧变换后的 SFN = 0 起，依照 S、时域偏移值（Time Domain Offset）和周期（Periodicity）计算上行授权出现的位置。其中，S 由 SLIV（Start and Length Indicator）[8] 推导而来，它给出具体首个上行授权的 OFDM 起始符号位置。从图 16-6 可以看出，在连续两个超帧中，第一个上行授权出现的位置相对于两个 SFN = 0 的边界都是相同的（与 SFN = 0 的边界的距离都由时域偏置给定），导致的结果就是每个超帧边界后的第一个上行授权与该超帧边界前的最后一个上行授权之间的距离与 *periodicity* 参数给定间距不符。同样的问题也出现于 type-2 CG 上，只不过第一个上行授权的位置是由终端收到的 DCI 激活指示给出，这里就不再赘述了。那么如何解决这个问题呢？其实方法很简单，在表述上使得后续 SPS 的时域位置只与前一个 SPS 的时域位置保持 *periodicity* 给定的间距即可，且在跨越超帧边界时，N 不再重置为 0，进而不再会出现跨越超帧边界前后 SPS 之间间隔不符合信令中周期（Periodicity）给定间距的问题。所以在 NR R16 中，3GPP 决定对上行 type-1 和 typ-2 CG 的周期时域确定公式也做相应的表述修改，详情见 TS 38.321[6]。

最后需要注意的另一点改动为：对于 type-1 CG，在 TS 38.321[6] 中，时域位置计算公式中加入了 *timeReferenceSFN* 的相关项。主要原因是什么呢？无线通信是一种不确定性较大的通信方式，因为 RLC 重传或者空口传输时延不确定可能会导致从网络发送 RRC 配置信令到终端成功收到该信令之间时延过大的问题。假设在发送该信令时，网络是根据当前超帧内 SFN=0 的位置和期待的上行授权周期出现位置得出时域偏置等参数并配置给终端，如果终端延时在下一个超帧到来后才接收到该信令，它会参照下一超帧内 SFN=0 的位置使用配置的时域偏置等信息得出第一个上行授权的时域位置。这样的话，实际出现的上行授权的时域位置与网络需求的不符，进而影响数据传输。那么如何解决这个问题呢？3GPP 决定在 RRC 信令中另外为 UE 配置参考 SFN 的值（*timeReferenceSFN*，默认值为 0）。当可能出现终端实际接收到 RRC 信令的时间与网络实际发送 RRC 信令的时间分别在超帧边界两端的情况时，网络可以在信令中将 *timeReferenceSFN* 设为 512 并且依照该帧设置时域偏移值等终端参数配置。这样，如果出现 UE 在下一个超帧才收到 RRC 信令的情况，UE 会以上一超帧中的 SFN=512 作为开始帧号来计算无线资源的出现位置，从而避免了上述偏差问题。

16.3.4 重新定义混合自动重传请求 ID

在 R15 NR 中，对于半静态调度传输的上/下行授权，HARQ 进程 ID 计算结果只与传输时频资源中的第一个符号的时域起始位置相关。

如 16.3.2 节所述，NR R16 支持为终端配置多个激活态的半静态调度资源。那么依照 TS 38.321[6] 中所示上/下行半静态调度资源 HARQ 进程 ID 计算公式可知，对于网络配置的多个半静态调度资源在某个时间段中的上行授权，如果它们的第一个符号的时域起始位置（CURRENT_symbol）除以周期的向下取整运算结果相等，那么它们的 HARQ 进程 ID 也就会一样。这样导致的结果就是该 HARQ 进程的缓存需要储存时域上重叠的上行授权对应的多个 MAC PDU。即便标准允许 HARQ 进程的缓存可以同时储存这些 MAC PDU，一旦出现传输错误且接收端请求发送端重传（使用 HARQ ID）时，发送端也无法搞清楚接收端到底请求的是对于哪个 MAC PDU 的重传。

针对这个问题，3GPP RAN2 标准组决定引入 *harq-procID-offset-r*16 参数。对于每组半静态调度资源，HARQ 进程 ID 的计算不仅与第一个符号的时域起始位置相关，也与网络给它配置的 *harq-procID-offset-r*16 有关。从 TS 38.331[3] 中可以看出，在网络为终端配置的每个上下行半静态调度资源的配置中都可选地额外配置取值范围 0~15，类型为整数型 HARQ 进程偏移。这样的话，对于时域开始位置相同的多个上/下行半静态调度资源，搭载在其上的 MAC PDU 会被放入不同的 HARQ 实体和相应的缓存中。

16.4 PDCP 数据包复制传输增强

16.4.1 R15 NR 数据包复制传输

早在 R15 NR 版本，3GPP RAN2 就为了初步满足 URLLC 数据传输中的高可靠性需求，在标准化过程中确定了分组数据汇聚协议（Packet Data Convergence Protocol，PDCP）数据包复制传输的机制。具体地说，在载波聚合场景下，开启 PDCP 数据包复制传输后，传输端的信令无线承载（Signaling Radio Bearer，SRB）/数据无线承载（Data Radio Bearer，DRB）上的数据包可以在为此 SRB/DRB 配置的两个 RLC 实体（其中一个为主 RLC 实体（Primary RLC)，另一个是辅 RLC 实体（Secondary RLC））对应的逻辑信道上进行传输（如果两个 RLC 实体服务于同一个无线承载，则它们对应的配置 *RLC-BearerConfig* 中的 srb-Identity 或

drb-Identity 将被设为同一值），最后由 MAC 层组建 MAC PDU 时将其映射到对应不同载波的传输资源上（通过上行授权的逻辑信道选择过程），具体架构如图 16-7 所示。在双连接场景下，在开启 PDCP 数据包复制传输后，传输端的主 RLC 实体和辅 RLC 实体会将相同的数据包发送给终端，如图 16-8 所示。

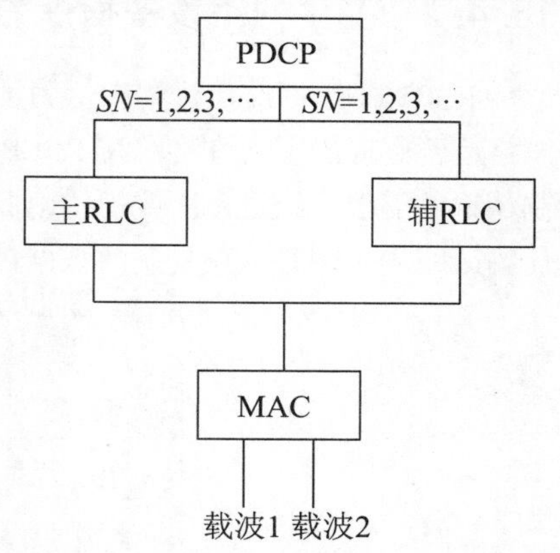

图 16-7　载波聚合场景下，数据包复制传输（R15 引入）

在这两种场景下，在接收到冗余数据包后，终端 PDCP 层都需要根据 PDCP SN 号完成冗余包鉴别与丢弃的任务。此外，如果确认数据包在其中一条通信链路成功传输后，PDCP 层也会告知另一条数据链路不再进行复制数据传输，以节约空口传输资源。

对于 SRB，复制传输的状态始终为激活态。而对于 DRB，激活态是网络可以通过 RRC 信令或者 MAC CE 的方式进行开启或者关闭的。如果使用 RRC 配置信令，那么 PDCP 配置信息 *PDCP-Config* 中的 *PDCP-Duplication* IE 的值可被设为 true 或 false，分别表示当收到此 RRC 信令后终端的行为是开启还是关闭数据包复制传输。另外，网络也可以通过发送复制激活/去激活 MAC CE（如图 16-9 所示）的方式开启/关闭承载的数据包复制传输。其中，第 i 个比特位的值（0/1）表征终端需要去激活/激活第 i 个 DRB（相应的 DRB ID 为对应该小区组的、配置了 *PDCP-Duplication* IE 的多个 DRB 中的按照升序排列第 i 个 DRB 的 ID）。在未激活或者去激活 PDCP 数据包复制传输（通过 MAC CE 或者 RRC 信令的方式）后，主 RLC 实体和逻辑信道仍然会承担数据包传输工作，而辅 RLC 实体和逻辑信道不会被用于数据包复制传输。

对于双连接场景，当终端未激活或者去激活数据包复制传输后，终端连接状态可选地回退到分离承载状态，即两个 RLC 实体和对应的逻辑信道可以为此 DRB 传输序列号不同的 PDCP 数据包，以达到提高终端吞吐量的目的。

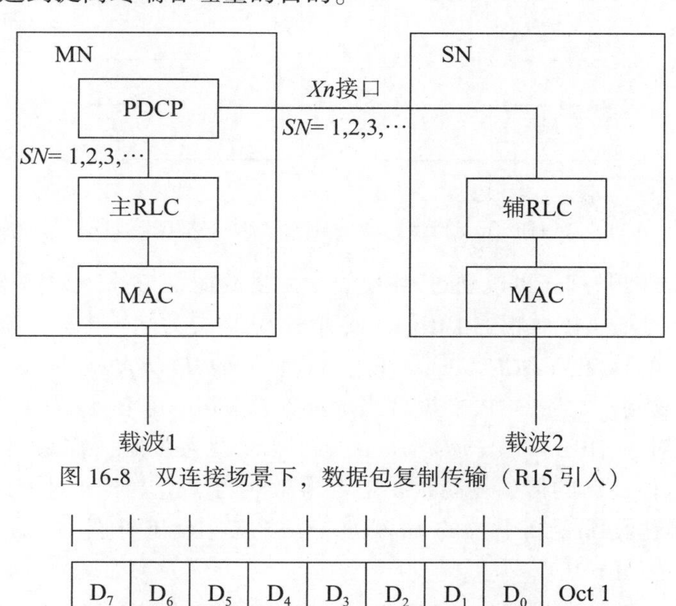

图 16-8　双连接场景下，数据包复制传输（R15 引入）

D_7	D_6	D_5	D_4	D_3	D_2	D_1	D_0	Oct 1

图 16-9　复制激活/去激活 MAC CE 净荷组成部分

16.4.2 基于网络设备指令的复制传输增强

在 R16 NR 标准化过程中，为了满足工业以太网更严苛的数据传输可靠性要求，欧美的一些网络运营商提出了允许终端在 PDCP 复制传输激活态下使用多于两条 RLC 传输链路进行数据包复制传输的需求。经过多次线上讨论后，3GPP RAN2 达成结论，允许网络为终端配置最多 4 条 RLC 传输链路用于同时传输复制的数据包。其中两种可能的架构如图 16-10 和图 16-11 所示。

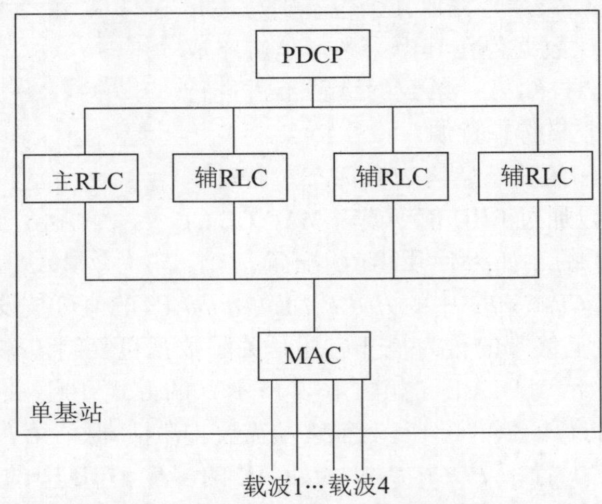

图 16-10 载波聚合场景下支持多达 4 条 RLC 传输链路用于数据复制传输

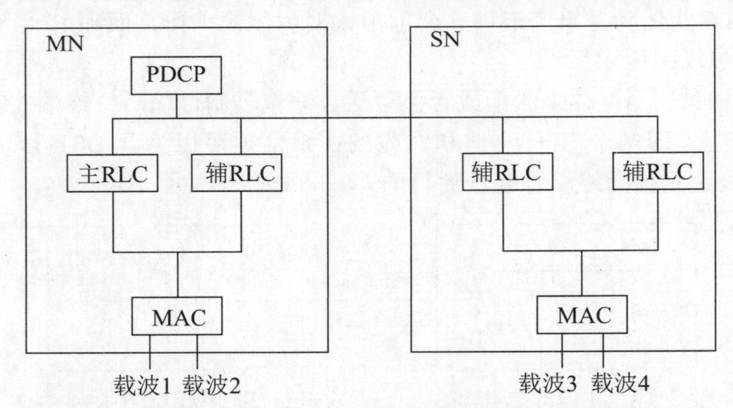

图 16-11 CA+DC 下支持多达 4 条 RLC 传输链路用于数据复制传输

在具体实施中，网络首先可以通过 RRC 信令为终端配置与各个 DRB 相关的 RLC 传输链路（即有多于两个 RLC 实体对应的 DRB ID 或者 SRB ID 设为同一个）。与 R15 Duplication 类似，当网络在该承载对应的 *PDCP-Config* IE 中配置了 *PDCP-Duplication* IE，则可视为网络已为终端配置了传输复制。对于 SRB 来说，当 *PDCP-Duplication* IE 设为 1 时，所有相关 RLC 实体都为激活态；对于 DRB，当 *PDCP-Duplication* IE 设为 1 时，需要进一步明确 RRC 为 DRB 配置的各个 RLC 实体的传输复制状态是否为激活的。这主要通过 R16 为终端提供多于两条 RLC 复制传输链路配置新引入的 *moreThanTwoRLC-r*16 IE 中的 *duplicationState* IE 实现。对于该 IE，需要注意如下几点。

- 该 IE 的表现形式为具有 3 bit 的 Bitmap，给出了各个辅 RLC 传输链路的当前激活状态——如果比特值设为 1，则对应的辅 RLC 传输链路为激活态（Bitmap 中位数最小到位数最大的比特位分别对应逻辑信道 ID 从最小到最大的逻辑信道）。

- 如果用于复制传输的辅 RLC 链路数目为 2，则 Bitmap 中的最高位的值将被忽略。
- 如果 *duplicationState* IE 没有出现在 RRC 配置中，则说明所有的辅 RLC 链路的复制状态都是去激活的。
- 在网络发送的 RRC 配置中，*PDCP-Duplication* IE 和 *duplicationState* IE 的配置情况在一定程度上需要保持一致，如表 16-4 所示。

表 16-4　*PDCP-Duplication* 与 *duplicationState* 对应配置关系

IE	配置情况 1	配置情况 2	配置情况 3
PDCP-Duplication	没有出现在配置中	置为 1	置为 0
duplicationState	没有出现在配置中	Bitmap 中至少一位为 1	不出现或者全置为 0

与 R15 NR 类似，网络为终端配置回退至分离承载的选项：在 *morethanTwoRLC-r16* IE 中可以配置对应于分离辅承载的逻辑信道 ID。当回退到分离承载后，除了主传输链路以外，终端只可能会在该传输链路上进行数据传输。

在 RRC 配置完成后，根据网络对信道情况的侦测或者根据终端反馈的信道情况，网络可以动态地为终端变换当前激活的传输链路（传输链路 ID 和/或数目）。针对在 R16 中网络最多为终端配置 3 条辅助 RLC 链路进行数据包复制传输的需求，R16 新引入了一个 RLC 激活/去激活的 MAC CE，用于动态地变换当前激活的 RLC 复制传输链路。该 MAC CE 净荷格式由 DRB ID 和相关 RLC 的激活状态标识位组成，如图 16-12 所示。

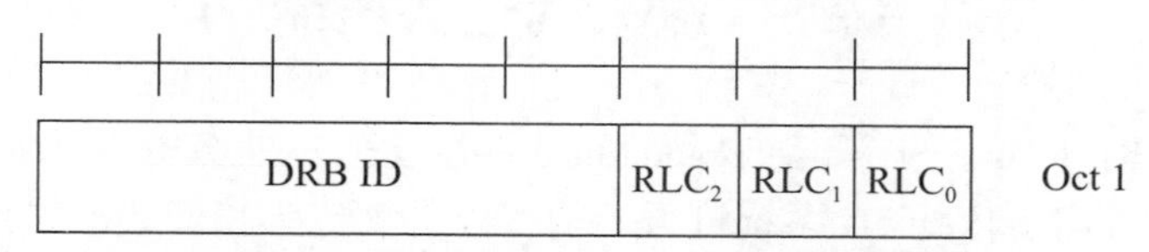

图 16-12　复制 RLC 激活/去激活 MAC CE 净荷组成部分

图 16-12 所示的复制 RLC 激活/去激活 MAC CE 中的 DRB ID 标识网络下发此 MAC CE 对应的目标承载。后续比特位置 0/1 指示终端去激活/激活对应的 RLC 传输链路（索引为 0 到 2 的 RLC 传输链路对应逻辑信道 ID 按升序排列的辅 RLC 传输链路，并遵从先主小区组再辅小区组的原则）。通过 MAC CE 的方式，网络可以快速指示终端用哪几个已配置的辅 RLC 传输链路对某给定承载进行数据包复制传输；当所有辅 RLC 传输链路对应的比特位都被置 0 后，对于该承载，存在两种情况。

- 终端中止数据包复制传输，只应用 RRC 信令中给定的主 RLC 传输链路传输 PDCP PDU。
- 终端中止数据包复制传输，回退到分离承载 Split Bearer 状态。

16.4.3　基于终端自主的复制传输增强构想

如前所述，在基于网络设备指令的复制传输增强机制中，终端首先需要上报信道情况等信息给网络，网络根据终端上报的信息做出一系列的判断，如是否需要激活复制传输机制、激活几条 RLC 传输链路、具体激活的 RLC 传输链路是否需要变换等。之后，网络端会将判断的结果以图 16-12 中所示的 MAC CE 的方式发送给终端。最后，终端根据接收到的 MAC CE 对相应的承载的激活状态进行改变（如果需要）。

可以想象，在终端发现主传输链路的信道条件、HARQ 反馈情况或数据包传输时延等参考信息满足一定的条件的情况下，如果允许第一时间由终端自主决定当前复制传输激活状态，继而应用在激活的传输链路上预先配置的上行半静态调度资源上，则复制传输会变得更加具有实时性和时效性。但是，一些 3GPP 标准制定成员，如主流网络设备厂商，比较担心开放终端自主的复制传输后会对网络设备的控制权造成较大影响，终端和网络设备在复制传输激活状态等方面可能会存在短时的不匹配情况。在 R16 的讨论过程中，3GPP RAN2 中以终端、芯片厂商为首的支持派与网络设备厂商为首的反对派围绕此议题展开了大量的讨论，具体细节可见相关邮件讨论[7] 和 RAN2 第 107 次会议主席报告。最后结论是暂时推迟支持基于终端自主复制传输增强的标准化方案。

另外值得注意的一点是，有一些标准制定成员提出终端可以根据单个数据包的传输需要来决定是否开启传输复制，即仅针对特定包，如某个承载内的特定包，开启复制传输。具体地说，IIoT 某些应用存在存活定时（Survival Time）机制。例如，当存活定时器设为两个传输循环时，对应的关键数据包在第一次没有传输成功的情况下，还具有另外一次传输机会。如果第二次传输仍然没有成功，则会对整个 IIoT 系统造成严重影响（Down State）。显然，比较理想的操作是对该数据包的第二次传输激活复制传输以提高通信传输可靠性。很明显，基于终端自主的复制传输增强的撒手锏——快速响应——使之成为能够解决这个问题的非常具有竞争力的机制。综上，我们预测在后续版本 R17 标准化过程中，基于终端自主的复制传输增强会再次被讨论。

16.5 以太网包头压缩

时间敏感性传输（Time Sensitive Communication，TSC）业务通常采用以太帧的封装格式。考虑到 TSC 业务需要依托 5G 系统进行传输，以太帧包头和负载的占比关系，以及为了提高以太帧在空口传输的资源利用率，R16 引入了针对以太帧的以太网包头压缩（Ethernet Header Compression，EHC）机制。

由于 R15 NR 并不支持对以太帧的包头压缩，因此首要的问题就是如何实现 EHC。考虑到 5G 已经支持了针对互联网协议（Internet Protocol，IP）包头的鲁棒性头压缩（RObust Header Compression，RoHC）机制，一些观点认为可以采用与 ROHC 相同的实现原则，即 RoHC 的算法由其他组织规定，5G 网络仅需要配置相应的 RoHC 参数，并利用配置的 RoHC 参数和其他组织规定的算法，进行头压缩和解压缩处理。而另一些观点则认为，若仍然采用相同的原则，则需要触发其他组织对以太网包头压缩予以研究和标准化。RAN2 的工作也将受限于其他工作组的工作进度。这将带来大量的时延和组间沟通工作，不利于 3GPP 标准化的进展。因此，最终 EHC 的全部工作将由 3GPP 独立完成。

在具体设计时，EHC 采用了与 RoHC 类似的设计原理，即基于上下文信息来保存，识别和恢复被压缩的包头部分。

在上下文信息的设计过程中，RAN2 最先明确将上下文标识（Context Indentifier，CID）作为 EHC 的上下文信息，但是就是否包含子协议（Profile）标识迟迟没有达成结论。一些观点认为可以利用 Profile 来区分以太帧中是否包含 Q-tag，以及包含几个 Q-tag。另一些公司认为可以利用 Profile 来区分不同的高层协议类型。而反对方则认为我们可以给一个较大的上下文标识的取值范围，并利用上下文标识来区分各种信息。在标准化讨论的过程中，以简化为目的，RAN2 最终确定 R16 版本中压缩端/解压缩端不需要对不同的高层协议类型进行区分，并最终仅支持上下文标识作为 EHC 的上下文信息。

也就是说，解压缩端基于上下文标识来识别和恢复压缩的以太帧。具体的，压缩端和解压缩端将需要被压缩的、原始的包头信息记为上下文，每个上下文被一个上下文标识唯一标识。在 R16 中支持两种长度的上下文标识，分别为 7 bit 和 15 bit，具体选用哪种长度上下文标识由 RRC 配置。

对压缩端来说，在上下文未建立时，压缩端将发送包含完整包头（Full Header，FH）的数据包给对端。在上下文建立后，压缩端将发送包含压缩包头（Compressed Header，CH）的数据包给对端。那么，如何确定上下文已经建立完成呢？或者说，如何确定可以开始转换状态发送压缩包了呢？在标准化过程中，各公司给出了以下两种可选方式。

- 方式 1：基于反馈包的状态转换方式。
- 方式 2：基于 N 次完整包发送的状态转换方式。

若采用方式 2，3GPP 需要考虑完整包发送次数 N 的标准化问题。一般来说，若不对 N 进行标准化，而将完整包发送次数的取值留给压缩端实现，则会引入解压缩端尚未建立上下文却要对压缩包进行解压缩处理的异常情况。而如何确定一个合适的 N 值也不是那么容易的，这需要考虑解压缩端的处理能力、信道质量等各方面的因素。同时，由于 R16 限制 EHC 的应用场景为双向链路场景，最终 3GPP 采用了基于方式 1 的状态转换方式。

相应地，EHC 压缩流程如下：对一个以太帧包流来说，EHC 压缩端先建立 EHC 上下文，并关联一个上下文标识。而后，EHC 压缩端发送包含完整包头的数据包，即完整包，给对端。包含完整包头的数据包中包含上下文标识和原始的包头信息。解压缩端接收到包含完整包头的数据包后，根据该包中的信息建立对应上下文标识的上下文信息。当解压缩端建立好上下文后，传输 EHC 反馈包到压缩端，向压缩端指示上下文建立成功。压缩端收到 EHC 反馈包后，开始发送包含压缩包头的数据包，即压缩包，给对端。包含压缩包头的数据包中包括上下文标识和被压缩过的包头信息。当解压缩端收到包含压缩包头的数据包后，解压缩端将基于上下文标识和存储的对应这个上下文标识的原始包头信息，对这个压缩包进行原始包头恢复。解压缩端可以根据携带在包头中的包类型指示信息，即 F/C，确定接收到的数据包为完整包还是压缩包。该包类型指示信息占用 1 bit。EHC 压缩处理流程示意如图 16-13 所示。

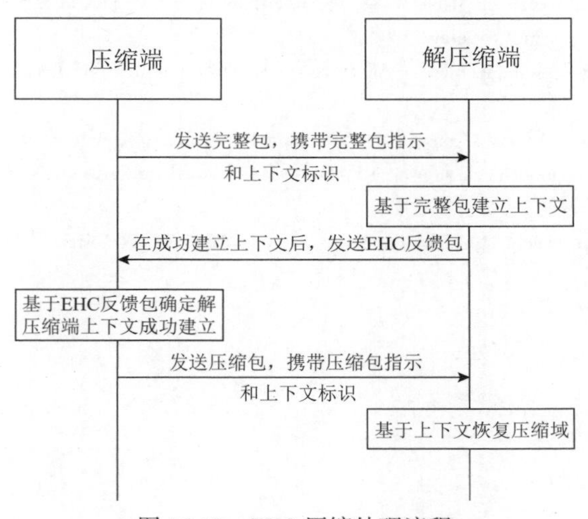

图 16-13　EHC 压缩处理流程

在配置 EHC 的情况下，可以对以太帧包头中的很多域进行压缩，包括目标地址、源地址、802.1Q-tag、长度/类型。由于前导码 Preamble，帧开始界定符（Start-of-Frame Delimiter，SFD）和帧校验序列（Frame Check Sequence，FSC）不会通过 3GPP 系统空口传输，因此不需要在 EHC 中考虑这些域的压缩问题。

与 RoHC 类似，EHC 的功能也是在 PDCP 层实现的。RRC 层可以为关联 DRB 的 PDCP 实体配置分别针对上行和下行的 EHC 参数。若配置了 EHC，压缩端将对承载在 DRB 上的数据包进行以太网包头压缩的操作。需要说明的是，EHC 不应用于业务数据适配协议（Service Data Adaptation Protocol，SDAP）包头和 SDAP 控制 PDU。

R16 NR 可以同时支持 EHC 和 RoHC 这两种头压缩配置。其中，RoHC 用于 IP 包头压缩，EHC 用于以太帧包头压缩。对一个 DRB 来说，EHC 和 RoHC 是独立配置的。当对一个 DRB 同时配置了 RoHC 和 EHC 时，RoHC 头位于 EHC 头后。当从高层接收到的 PDCP 业务数据单元（Service Data Unit，SDU）为非 IP 的以太帧时，PDCP 只进行 EHC 压缩操作，并将经 EHC 压缩后的非 IP 包递交到低层。当从低层接收到的 PDCP PDU 为非 IP 的以太帧时，PDCP 只进行 EHC 解压缩操作，并将经 EHC 解压缩之后的非 IP 包递交到高层。

16.6 小结

本章介绍了 IIoT 技术的相关内容和结论，主要涉及以太网时间同步、调度增强、头压缩、用户内上行资源优先级处理和 PDCP 数据包复制传输几个方面的内容。这些技术的应用，可以使得 5G 系统为 URLLC/TSC 业务提供更好的传输保证，满足此类业务超高可靠、低时延的传输需求。

参考文献

[1] 3GPP TR 38.825：study on NR Industrial Internet of Things（IOT），V16.0.0，2019-03.

[2] 3GPP TR 22.804：Study on Communication for Automation in Vertical Domains，V2.0.0，2018-05.

[3] 3GPP TS 38.331：Radio Resource Control（RRC）protocol specification，V16.0.0，2020-03.

[4] Lee，Kang B.，and J. Eldson. Standard for a precision clock synchronization protocol for networked measurement and control systems. 2004 Conference on IEEE 1588，Standard for a Precision Clock Synchronization Protocol for Networked Measurement and Control Systems. 2004.

[5] 3GPP TR 23.734：Study on enhancement of 5G System（5GS）for vertical and Local Area Network（LAN）services，V16.2.0，2019-06.

[6] 3GPP TS 38.321：Medium Access Control（MAC）protocol specification，V16.0.0，2020-03.

[7] R2-1909444 Summary of e-mail discussion：[106#54][IIoT] Need for and details of UE-based mechanisms for PDCP duplication，CMCC.

[8] 3GPP TS 38.214：NR：Physical layer procedures for data，V16.1.0，2020-03.

第 17 章

5G V2X

赵振山　张世昌　丁　伊　卢前溪　

在 3GPP R14 中研究了基于 LTE 的车联网技术，即 LTE V2X（Vehicle to Everything，车联网）。LTE V2X 是基于侧行链路（SideLink，SL）传输的一种技术，侧行链路即终端与终端之间的直接通信链路。与传统的蜂窝通信系统中数据传输方式不同，在 LTE V2X 中，终端之间通过 SL 直接通信，具有更高的频谱效率和更低的时延。

基于 LTE V2X 的车联网可以用于支持辅助驾驶，为驾驶员提供辅助信息，而随着时代的进步，人们对技术的要求也越来越高，不再仅满足于现有的技术，而是期望达到自动驾驶的需求，而 LTE V2X 很难满足自动驾驶的需求，因此，基于 NR 的车联网技术 NR V2X 受到越来越多公司的关注。

本章将介绍 NR V2X 中的物理层帧结构、物理信道和信号、物理层过程、资源分配方式、高层相关过程等。

17.1　NR V2X 时隙结构和物理信道

17.1.1　基础参数

R16 NR V2X 可以工作在智能交通系统（Intelligent Transportation System，ITS）专用频谱，同时，为了扩大 NR V2X 的应用范围，在授权频谱上 NR V2X 也可以和 NR Uu 或 LTE Uu 操作共存。在频谱范围方面，NR V2X 支持第一频率范围（Frequency Range 1，FR1）和第二频率范围（Frequency Range 2，FR2），然而除支持 PT-RS 之外，R16 中并没有针对 FR2 进行过多的优化，所以，在 R16 NR V2X 中并不支持波束管理等增强 FR2 性能的复杂功能[1]。NR V2X 在 FR1 和 FR2 支持的子载波间隔和对应的 CP 长度和 NR Uu 相同，如表 17-1 所示。在 NR Uu 通信中，网络为每个终端可以配置独立的 BWP，对应独立的子载波间隔，但是从系统的角度来看，在该系统中可以同时支持多个子载波间隔。但是对于 NR V2X，由于要支持广播和组播通信，如果不同的终端配置了不同的子载波间隔，对于接收终端而言，为了接收所有其他终端发送的数据，就需要同时支持多个子载波间隔，因此为了降低 UE 实现复杂度，在一个侧行载波上，仅配置一种 CP 长度类型和一种子载波间隔。

表 17-1　在不同频率范围内 NR V2X 支持的子载波间隔和 CP 长度

类　别	FR1			FR2	
子载波间隔	15 kHz	30 kHz	60 kHz	60 kHz	120 kHz
CP 长度	仅常规 CP	仅常规 CP	常规 CP 和长 CP	常规 CP 和长 CP	仅常规 CP

在 NR 上行中支持两种波形，即 CP-OFDM 和 DFT-s-OFDM，在 RAN1#94 和 RAN1#95 次会议上，RAN1 对 NR V2X 支持的波形进行了讨论。其中部分公司建议 NR V2X 沿用 NR 上行设计，支持上述两种波形，而多数公司建议 NR V2X 仅需要支持 CP-OFDM。支持 DFT-s-OFDM 的公司认为，这种波形的峰均功率比（Peak to Average Power Ratio，PAPR）低于 OFDM，有利于增加侧行传输的覆盖范围，尤其是侧行同步信号（Sidelink Synchronization Signal，S-SS），侧行控制信道（Physical Sidelink Control Channel，PSCCH）和侧行反馈信道（Physical Sidelink Feedback Channel，PSFCH），因为增加 S-SS 和侧行广播信道（Physical Sidelink Broadcast Channel，PSBCH）的覆盖可以尽可能避免蜂窝网络覆盖范围外出现多组采用不同定时的侧行通信 UE，增加 PSCCH 的覆盖范围有利于提高资源侦听（Sensing）的性能，而由于 PSFCH 仅占用一个 OFDM 符号，因此在极端情况下可能需要增加最大发送功率增加覆盖范围。然而反对 DFT-s-OFDM 的公司认为，如果需要支持两种波形，则 UE 需要同时支持 DFT-s-OFDM 的发送和接收，而 NR Uu 中 UE 只需要支持 DFT-s-OFDM 的发送，所以支持侧行通信的 UE 的实现复杂度将明显增加。另外，在 NR V2X 中，PSCCH 和侧行数据信道（Physical Sidelink Shared Channel，PSSCH）将在部分 OFDM 符号上通过 FDM 的方式复用，也就是说 UE 需要同时发送 PSCCH 和 PSSCH，在这种情况下，DFT-s-OFDM 的低 PAPR 优势将不复存在，而 S-SS 和 PSFCH 采用的是 ZC 序列，DFT-s-OFDM 在 PAPR 方面不会带来额外的增益。综合比较下来，支持 DFT-s-OFDM 的弊端远大于因此带来的收益，所以在 RAN1#96 次会议上，RAN1 决定在 R16 NR V2X 中仅支持 CP-OFDM。

与 NR Uu 接口类似，在 NR V2X 载波上也支持侧行带宽分段（SL BWP）配置，由于侧行通信中存在广播和组播业务，一个 UE 需要面向多个接收 UE 发送侧行信号，一个 UE 也可能需要同时接收多个 UE 发送的侧行信号，为了避免 UE 同时在多个 BWP 上发送或接收，在一个载波上，最多只能配置一个 SL BWP，而且该 SL BWP 同时应用于侧行发送和侧行接收。在授权频谱上，如果 UE 同时配置了 SL BWP 和 UL BWP，则两者的子载波间隔（SCS）需要相同，这一限制可以避免 UE 同时支持两个不同的子载波间隔。

NR V2X 中也存在资源池（Resource Pool，RP）的配置，资源池限定了侧行通信的时频资源范围。资源池配置的最小时域粒度为一个时隙，资源池内可以包含时间上不连续的时隙；最小频域粒度为一个子信道（Sub-channel），子信道是频域上连续的多个 PRB，在 NR V2X 中一个子信道可以为 10、12、15、20、25、50、75 或 100 个 PRB。由于 NR V2X 中仅支持 CP-OFDM，因此为了降低侧行发送的 PAPR，资源池内的子信道在频域上必须是连续的。此外，资源池内包含的频域资源应位于一个 SL BWP 范围内，如图 17-1 所示。

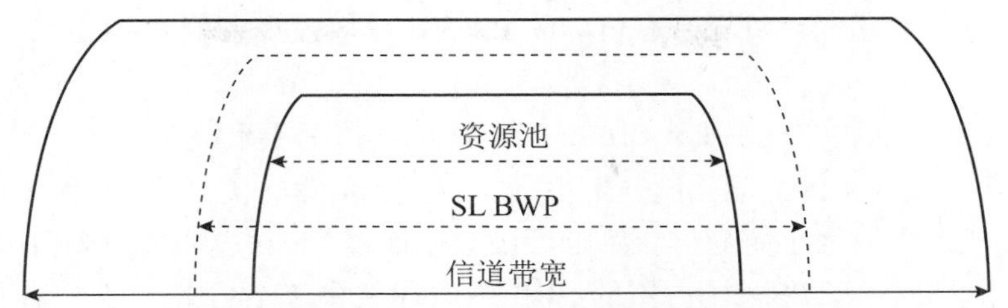

图 17-1　信道带宽，SL BWP 及资源池之间的关系

17.1.2　侧行链路时隙结构

NR V2X 中存在两种不同的时隙结构：第一种时隙结构中存在 PSCCH、PSSCH，可能存在 PSFCH，下文简称为常规时隙结构；第二种时隙结构中存在侧行同步信号 S-SS 和侧行广播信道 PSBCH（合称侧行同步信号块，Sidelink Synchronization Signal Block，S-SSB），下文简称为 S-SSB 时隙结构。

图 17-2 中给出了 NR V2X 中常规结构的示意图。可以看到，在一个时隙内，第一个 OFDM 符号固定用于自动增益控制（Automatic Gain Control，AGC），在 AGC 符号上，UE 复制第二个符号上发送的信息。而时隙的最后一个符号为保护间隔（Guard Period，GP），用于收发转换，用于 UE 从发送（或接收）状态转换到接收（或发送）状态。在剩余的 OFDM 符号中，PSCCH 可以占用从第二个侧行符号开始的两个或三个 OFDM 符号，在频域上，PSCCH 占据的 PRB 个数在一个 PSSCH 的子带范围内，如果 PSCCH 占用的 PRB 个数小于 PSSCH 的一个子信道的大小，或者，PSSCH 的频域资源包括多个子信道，则在 PSCCH 所在的 OFDM 符号上，PSCCH 可以和 PSSCH 频分复用。

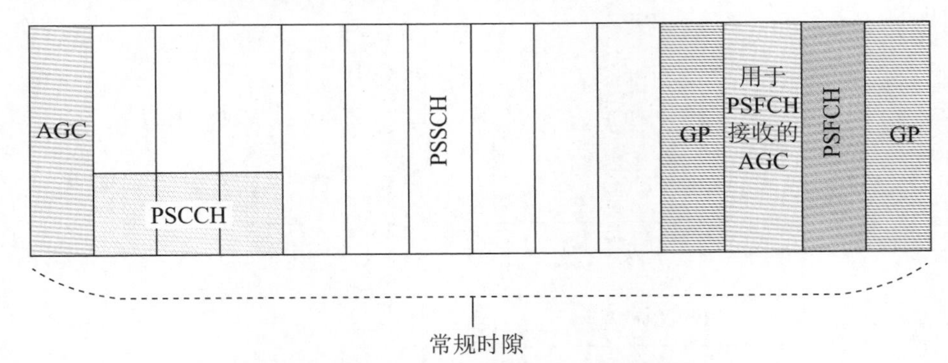

图 17-2　14 个 OFDM 符号的 NR V2X 时隙结构

在 RAN1#94 次会议上，RAN1 曾对 PSCCH 和 PSSCH 之间的复用方式进行过讨论，会议上共确定了 4 种备选方式，如图 17-3 所示。

● 方式 1

这种方式中 PSCCH 和 PSSCH 在时域上占用不重叠的 OFDM 符号，在频域上占用相同的 PRB，即两者之间完全通过时分的方式复用。这种方式有利于降低 PSSCH 的解码时延，因为 PSCCH 可以在 PSSCH 开始之前便开始解码。然而，由于 PSCCH 和 PSSCH 在频域上占用的 PRB 个数相同，PSCCH 在频域占用的 PRB 个数将随着 PSSCH 占用的 PRB 个数而改变，由于在 NR V2X 中，业务负载和码率均可能在很大的范围内发生变化，从而导致 PSSCH 占用 PRB 个数的动态范围可能很大，而且 PSSCH 可以从任何一个子信道开始，所以，接收

UE 需要在每一个子信道起点针对所有可能的 PSCCH 频域大小盲检 PSCCH。

● 方式 2

与方式 1 相同，这种方式中 PSCCH 和 PSSCH 依然占用不重叠的 OFDM 符号，所以在时延方面，方式 2 和方式 1 的性能相同。但不同于方式 1 的是，方式 2 中 PSCCH 占用的 PRB 个数不随 PSSCH 的频域大小而变化，所以可以避免接收 UE 根据不同 PSCCH 频域大小进行 PSCCH 盲检。但是，由于 PSSCH 占用的 PRB 个数往往多于 PSCCH，在这种情况下将导致 PSCCH 所在 OFDM 符号上资源的浪费。

● 方式 3

方式 3 和 LTE V2X 中采用的 PSCCH 和 PSSCH 的复用方式相同，即 PSCCH 和 PSSCH 占用不重叠的频域资源，但占用相同的 OFDM 符号。这种方式下，PSCCH 占用整个时隙内的所有 OFDM 符号，所以可以采用类似于 LTE V2X 中的方式，将 PSCCH 的功率谱密度相对于 PSSCH 增加 3dB，从而增加 PSCCH 的可靠性。然而，在这种方式中接收 UE 需要在一个时隙结束后才能开始解码 PSCCH，最终导致 PSSCH 的解码时延高于方式 1 和方式 2。

● 方式 4

在这种方式中，PSCCH 和一部分 PSSCH 在相同的 OFDM 符号上不重叠的频域资源上发送，而和其他部分 PSSCH 在不重叠的 OFDM 符号。方式 4 具备方式 1 和方式 2 低时延的优点，但由于 PSCCH 的频域大小恒定，所以可以避免 PSCCH 盲检，此外，在 PSCCH 所在的 OFDM 符号上，如果 PSCCH 占用的 PRB 个数小于 PSSCH，则剩余的 PRB 依然可以用于 PSSCH 发送，所以可以避免方式 2 中资源浪费的问题。由于方式 4 具有兼具其他方式的优势，最终成为 NR V2X 采用的 PSCCH 和 PSSCH 复用方式。

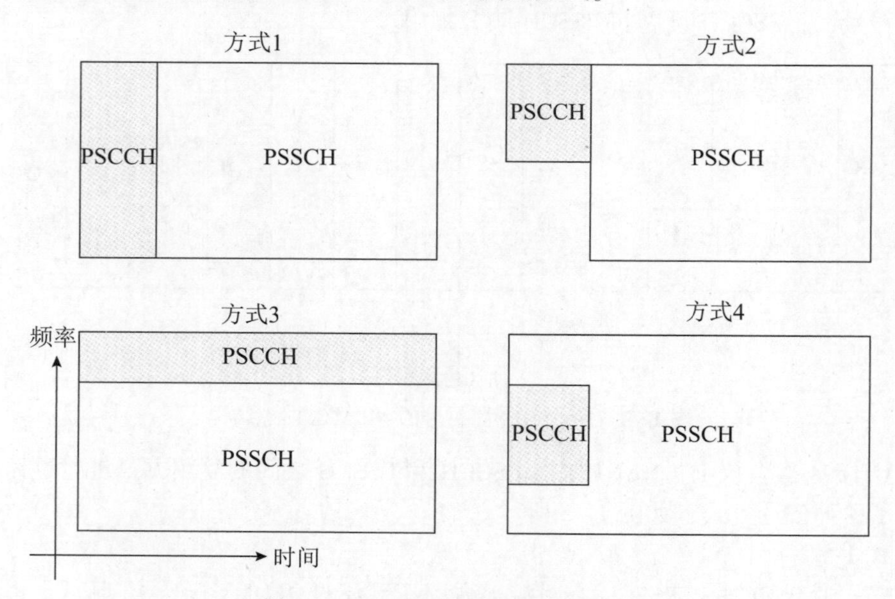

图 17-3　PSCCH 和 PSSCH 复用方案

在 NR V2X 中，PSFCH 资源是周期性配置的，周期可以为 {0，1，2，4} 个时隙，如果为 0，则表示当前资源池内没有 PSFCH 资源配置，而 2 个或 4 个时隙的周期可以降低 PSFCH 占用的系统资源。如果在一个时隙内存在 PSFCH 资源，则 PSFCH 位于时隙内的倒数第二个 OFDM 符号，由于在 PSFCH 所在的 OFDM 符号上 UE 的接收功率可能发生变化，因此所在时隙内的倒数第三个符号也将用于 PSFCH 发送，以辅助接收 UE 进行 AGC 调整，倒数第三个符号上的信号是倒数第二个符号上信号的重复。此外，发送 PSSCH 的 UE 和发送 PSFCH 的 UE 可能不同，因此，在两个 PSFCH 符号之前，需要额外增加一个符号用于 UE 的收发转换，如图 17-2 所示。

为了支持蜂窝网络覆盖范围外和全球卫星导航系统（Global Navigation Satellite System，GNSS）覆盖范围外 UE 的同步，NR V2X 中 UE 需要发送同步信号 S-SS 和 PSBCH，S-SS 和 PSBCH 占用一个时隙，该时隙即为 S-SSB 时隙，如图 17-4 所示。在 S-SSB 时隙中，包括 S-SS 和 PSBCH，其中 S-SS 又分为侧行主同步信号（Sidelink Primary Synchronization Signal，S-PSS）和侧行辅同步信号（Sidelink Secondary Synchronizatio Signal，S-SSS）。S-PSS 占据该时隙中的第二、第三个 OFDM 符号，S-SSS 占据该时隙中的第四、第五个 OFDM 符号，最后一个符号为 GP，其余符号用于传输 PSBCH。两个 S-PSS 和 S-SSS 在时域上是连续的，这样通过 S-PSS 获取的信道估计结果可以应用于 S-SSS 检测，利于提高 S-SSS 的检测性能。

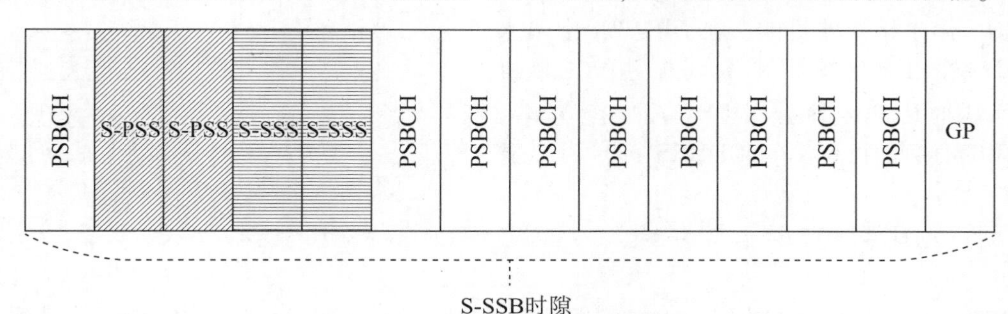

图 17-4　S-SS/PSBCH 时隙结构

17.1.3　侧行链路物理信道和侧行链路信号

1. PSCCH

在 NR V2X 中，PSCCH 用于承载和资源侦听（Sensing，如 17.2.4 节所述）相关的侧行控制信息。在时域上 PSCCH 占用 2 个或 3 个 OFDM 符号，在频域上可以占用 {10，12，15，20，25} 个 PRB。一个资源池内 PSCCH 占用的 OFDM 符号个数以及占用的 PRB 个数均是由网络配置或预配置的，其中，PSCCH 占用的 PRB 个数必须小于或等于资源池内一个子信道中包含的 PRB 个数，以免对 PSSCH 资源选择或分配造成额外的限制。

控制信道盲检测对接收 UE 复杂度影响很大，为了降低 UE 对 PSCCH 的盲检测，在一个资源池内只允许配置一个 PSCCH 符号个数和 PRB 个数，也就是说，PSCCH 只有一种聚合级别。另外，PSCCH 固定采用 QPSK 调制，并和 Uu 接口中的下行控制信道相同，固定采用 Polar 编码。而且，对于广播、组播和单播，PSCCH 中携带的比特数相同。

PSCCH 的 DMRS 图案和 PDCCH 相同，即 DMRS 存在于每一个 PSCCH 的 OFDM 符号上，在频域上位于一个 PRB 的 {#1，#5，#9} 个 RE，如图 17-5 所示。PSCCH 的 DMRS 序列通过以下公式生成：$r_l(m)=\frac{1}{\sqrt{2}}[1-2c(m)]+j\frac{1}{\sqrt{2}}[1-2c(m+1)]$，其中 $c(m)$ 由 $c_{\text{init}}=[2^{17}(N_{\text{symb}}^{\text{slot}}n_{\text{s,f}}^{\mu}+l+1)(2N_{\text{ID}}+1)+2N_{\text{ID}}]\bmod 2^{31}$ 进行初始化，这里 l 为 DMRS 所在 OFDM 符号在时隙内的索引，$n_{\text{s,f}}^{\mu}$ 为 DMRS 所在时隙在系统帧内的索引，$N_{\text{ID}}\in\{0,1,\cdots,65\,535\}$，

在一个资源池内，N_{ID} 的具体值由网络配置或预配置。

在侧行通信系统中，UE 自主进行资源选择或基于网络的侧行资源调度确定发送资源，均可能导致不同的 UE 在相同的时频资源上发送 PSCCH，为了保证在 PSCCH 资源冲突的情况下接收方至少能够检测出一个 PSCCH，LTE V2X 中采用了 PSCCH DMRS 随机化的设计方案。即 UE 在发送 PSCCH 时，可以随机从 {0，3，6，9} 中随机选择一个值作为 DMRS 的循环移位，如果多个 UE 在相同的时频资源上发送的 PSCCH DMRS 采用不同的循环移位，接收端 UE 依然可以通过正交的 DMRS 至少检测出一个 PSCCH。出于相同的目的，在 NR V2X 中引入了 3 个 PSCCH DMRS 频域 OCC 供发送 UE 随机选择，从而达到区分不同 UE 的效果。最终，一个 PRB 内每个 RE 上的 DMRS 符号可以表示为

	符号#1	符号#2	符号#3
RE#11			
RE#10			
RE#9	参考信号	参考信号	参考信号
RE#8			
RE#7			
RE#6			
RE#5	参考信号	参考信号	参考信号
RE#4			
RE#3			
RE#2			
RE#1	参考信号	参考信号	参考信号
RE#0			

图 17-5 PSCCH DMRS 时频域位置

$$a_{k,l}^{(p,\mu)}=\beta_{\mathrm{DMRS}}^{\mathrm{PSCCH}}w_{f,i}(k')\,r_l(3n+k'),\quad k=nN_{\mathrm{sc}}^{\mathrm{RB}}+4k'+1,\ k'=0,1,2,\ n=0,1,2,\cdots \tag{17.1}$$

其中，$\beta_{\mathrm{DMRS}}^{\mathrm{PSCCH}}$ 表示 PSCCH DMRS 发送功率调整因子，$w_{f,i}(k')$ 如表 17-2 所示，i 的值由发送 UE 在 {0，1，2} 中随机选择。

表 17-2 $w_{f,i}(k')$

k'	$w_{f,i}(k')$		
	$i=0$	$i=1$	$i=2$
0	1	1	1
1	1	$e^{j2/3\pi}$	$e^{-j2/3\pi}$
2	1	$e^{-j2/3\pi}$	$e^{j2/3\pi}$

PSCCH 中携带的侧行控制信息（Sidelink Control Information，SCI）格式称为 SCI 格式 1-A，其中包含的信息比特域以及对应的比特数如下所述。

- 调度的数据的优先级：3 bit。
- 频域资源分配（Frequency Resource Assignment）。
  - 如果一个 PSCCH 可以指示当前传输资源和一个重传资源，则为 $\log_2\left\lceil\frac{N_{\mathrm{Subchnnel}}^{\mathrm{SL}}(N_{\mathrm{Subchnnel}}^{\mathrm{SL}}+1)}{2}\right\rceil$ 比特。
  - 如果一个 PSCCH 可以指示当前传输资源和 2 个重传资源，则为 $\log_2\left\lceil\frac{N_{\mathrm{Subchnnel}}^{\mathrm{SL}}(N_{\mathrm{Subchnnel}}^{\mathrm{SL}}+1)(2N_{\mathrm{Subchnnel}}^{\mathrm{SL}}+1)}{6}\right\rceil$ 比特。
- 时域资源分配（Time Resource Assignment）。

  - 如果一个 PSCCH 可以指示当前传输资源和一个重传资源，则为 5 bit。
  - 如果一个 PSCCH 可以指示当前传输资源和两个重传资源，则为 9 bit。
- PSSCH 的参考信号图案：$\log_2 N_{\text{pattern}}$ 比特，其中 N_{pattern} 为当前资源池内允许的 DMRS 图案个数。
- 第二阶 SCI 格式：2 bit。
  - 00 代表 SCI 2-A，01 代表 SCI 2-B，10、11 为用于将来版本的保留状态。
- 第二阶 SCI 码率偏移：2 bit。
- PSSCH DMRS 端口数：1 bit。
- MCS：5 bit。
- MCS 表格指示：0~2 bit，取决于资源池内允许使用的 MCS 表格个数。
- PSFCH 符号数：如果 PSFCH 周期为 2 个或 4 个时隙，则为 1 bit，否则为 0 bit。
- 资源预留周期（Resource Reservation Period）：4 bit；当资源池配置中去激活 TB 间资源预留时，不存在该信息比特域。
- 保留比特：2~4 bit，具体比特个数由网络配置或预配置（保留比特的值均设为 0）。

2. PSSCH

PSSCH 用于承载第二阶 SCI（SCI 2-A 或 SCI 2-B，详见下文）和数据信息，在介绍第二阶 SCI 之前，有必要首先介绍一下二阶 SCI 设计。

由于 NR V2X 中支持广播、组播和单播 3 种传输类型，不同的传输类型需要不同 SCI 格式以支持 PSSCH 的传输。表 17-3 总结了不同的传输类型下可能需要的 SCI 比特域。可以看到，不同的传输类型所需的 SCI 比特域存在交集，但是，相对于广播业务，组播和单播业务需要更多的比特域。如果采用相同的 SCI 大小，则意味着广播业务中需要在 SCI 中添加很多冗余比特，影响资源利用效率。而如果采用不同的 SCI 大小，则接收 UE 需要盲检不同的 SCI。

此外，对于单播业务，不同的信道状态需要不同的 SCI 码率，无论采用固定 SCI 码率还是根据信道状态动态调整 SCI 码率，都会导致上面的问题。

表 17-3　不同传输类型所需的 SCI 比特域

SCI 比特域	广播	组播	单播
时频域资源指示	√	√	√
PSSCH 优先级	√	√	√
MCS	√	√	√
HARQ 进程号	√	√	√
源 ID	√	√	√
目标 ID		√	√
NDI	√	√	√
HARQ 反馈指示信息		√	√
区域（Zone）ID		√	
通信距离要求		√	
CSI 反馈指示			√

经过数次会议的激烈角逐，最终二阶 SCI 设计获得了多数公司的支持，在 2019 年 8 月 RAN#98 次会议上，最终决定 NR V2X 支持二阶 SCI 设计。二阶 SCI 设计的原则是尽可能缩

小第一阶 SCI 的比特数，并且保证第一阶 SCI 的比特数不随传输类型，信道状态等因素而改变，从而使得 NR V2X 无须根据不同的应用场景来调整第一阶 SCI 的聚合级别。基于这一原则，第一阶 SCI 用于承载资源侦听相关的信息，包括被调度的 PSSCH 的时域和频域资源，同时指示第二阶 SCI 的码率、格式等信息。相比之下，第二阶 SCI 提供 PSSCH 解码所需的其他信息，由于第一阶 SCI 提供了第二阶 SCI 的相关信息，所以第二阶 SCI 可以采用多种不同的格式和码率，但接收 UE 不需要对第二阶 SCI 进行盲检。所以，二阶 SCI 设计可以有效降低第一阶 SCI 的比特数，提高第一阶 SCI 的解码性能从而提高资源侦听的准确性，而且第一阶 SCI 的比特数保持不变，可以实现组播和广播在同一个资源池内的共存，而不会影响 PSCCH 的接收性能。

第二阶 SCI 采用 Polar 编码方式，固定采用 QPSK 调制，并且和 PSSCH 的数据部分采用相同的发送端口，所以可以利用 PSSCH 的解调参考信号进行解调。然而，与 PSSCH 数据部分的发送方式不同，当 PSSCH 采用双流发送方式时，第二阶 SCI 在两个流上发送的调制符号完全相同，这样的设计可以保证第二阶 SCI 在高相关信道下的接收性能。第二阶 SCI 的码率可以在一定范围内动态调整，具体采用的码率由第一阶 SCI 中“第二阶 SCI 码率偏移”域指示，所以即使在码率改变后接收端也无须对第二阶 SCI 进行盲检测。第二阶 SCI 的调制符号从第一个 PSSCH 调制解调参考信号所在的符号采用先频域后时域的方式开始映射，并在该符号上通过交织的方式和 DMRS 的 RE 复用，如图 17-6 所示。

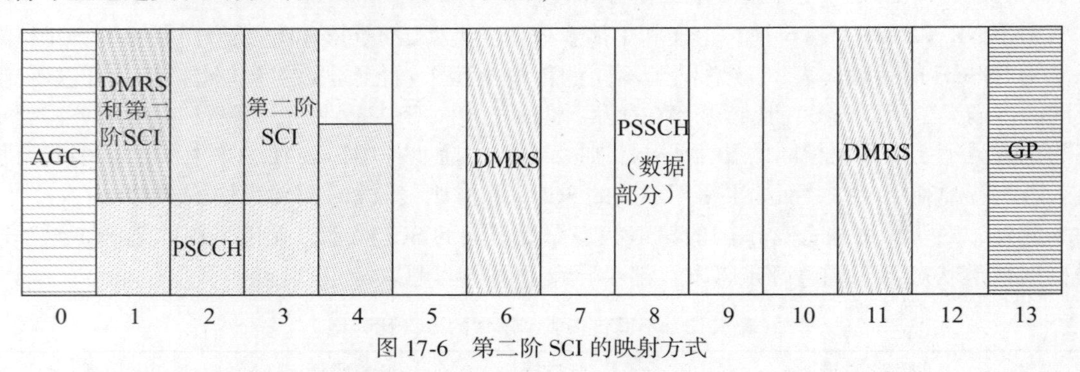

图 17-6　第二阶 SCI 的映射方式

在 3GPP R16 中定义了两种第二阶 SCI 格式，即 SCI 2-A 和 SCI 2-B。SCI 格式 2-B 适用于基于距离信息进行侧行 HARQ 反馈的组播通信方式；SCI 格式 2-A 适用于其余的场景，如不需要侧行 HARQ 反馈的单播、组播、广播，需要侧行 HARQ 反馈的单播通信方式，需要反馈 ACK 或 NACK 的组播通信方式等。

SCI 2-A 包含以下信息。

- HARQ 进程：$\log_2 N_{\text{process}}$ 比特，其中 N_{process} 表示 HARQ 进程数。
- NDI ：1 bit。
- RV：2 bit。
- 源 ID：8 bit。
- 目标 ID：16 bit。
- HARQ 反馈激活/去激活 ：1 bit。
- 单播/组播/广播指示：2 bit，00 表示广播，01 表示组播，10 表示单播，11 预留。
- CSI 反馈请求：1 bit。

SCI 2-B 只用于指示组播业务发送，所以与 SCI 2-A 相比，SCI 2-B 不包含单播、组播、广播指示域和 CSI 反馈请求域，但额外包含以下两个信息域。

- 区域（Zone）ID：12 bit。
- 通信距离要求：4 bit。

其中，区域 ID 用于指示发送 UE 所在地理位置对应的区域，通信距离要求用于指示当前传输的目标通信距离，在这种组播通信模式下，如果在发送端 UE 通信距离要求范围内的接收端 UE 没能成功解调 PSSCH，则应该反馈 NACK，而如果成功解调 PSSCH，则不应反馈任何 HARQ 信息，详见 17.3.1 节。

PSSCH 的数据部分采用 LDPC 编码，最高支持到 256QAM 调制和两个流传输。在一个资源池内 PSSCH 可以采用多个不同的 MCS 表格，包括常规 64QAM MCS 表格、256QAM MCS 表格和低频谱效率 64QAM MCS 表格[2]，而在一次传输中具体采用的 MCS 表格由第一阶 SCI 中的“MCS 表格指示”域指示。为了控制 PAPR，PSSCH 必须采用连续的 PRB 发送，由于子信道为 PSSCH 的最小频域资源粒度，因此要求 PSSCH 必须占用连续的子信道。

与 NR Uu 接口类似，PSSCH 支持多个时域 DMRS 图案。在一个资源池内，如果 PSSCH 的符号数大于等于 10，则可以最多配置 3 个不同的时域 DMRS 图案，即 2 个、3 个或 4 个符号的时域 DMRS 图案；如果 PSSCH 的符号数为 9 或 8，则可以配置 2 个或 3 个符号的时域 DMRS 图案；对于更短的 PSSCH 长度，则只能配置 2 个符号的时域 DMRS 图案。需要注意的是，上述 PSSCH 的符号数并不包括用作 AGC 的第一个侧行符号，用作 GP 的最后一个侧行符号，PSFCH 符号，以及 PSFCH 符号之前的 AGC 和 GP 符号。如果资源池内配置了多个时域 DMRS 图案，则具体采用的时域 DMRS 图案由发送 UE 选择，并在第一阶 SCI 中予以指示，图 17-7 中给出了 12 个符号长度的 PSSCH 可以采用的时域 DMRS 图案。这样的设计允许高速运动的 UE 选择高密度的 DMRS 图案，从而保证信道估计的精度，而对于低速运动的 UE，则可以采用低密度的 DMRS 图案，从而提高频谱效率。

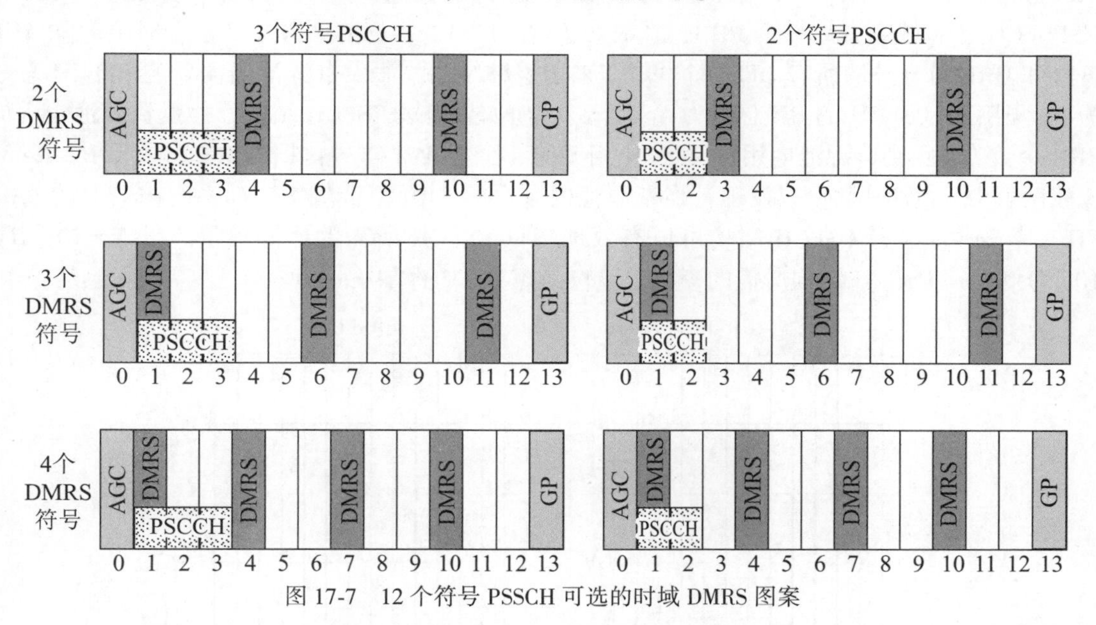

图 17-7　12 个符号 PSSCH 可选的时域 DMRS 图案

NR Uu 接口支持两种频域 DMRS 图案，即 DMRS 频域类型 1 和 DMRS 频域类型 2，而且对于每一种频域类型，均存在单 DMRS 符号和双 DMRS 符号两种不同类型。单符号 DMRS 频域类型 1 支持 4 个 DMRS 端口，单符号 DMRS 频域类型 2 可以支持 6 个 DMRS 端口，双

DMRS 符号情况下，支持的端口数均翻倍。然而，在 NR V2X 中，由于最多只需要支持两个 DMRS 端口，所以，仅支持单符号的 DMRS 频域类型 1，如图 17-8 所示。

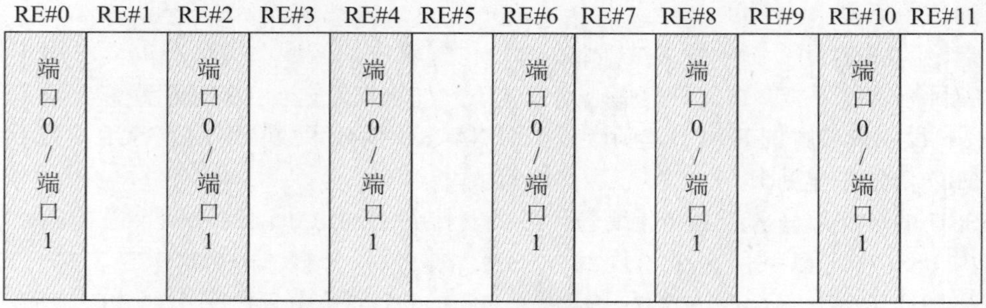

RE#0
RE#1
RE#2
RE#3
RE#4
RE#5
RE#6
RE#7
RE#8
RE#9
RE#10
RE#11
端口0/端口1
端口0/端口1
端口0/端口1
端口0/端口1
端口0/端口1
端口0/端口1

图 17-8　单符号 DMRS 频域类型 1

3. PSFCH

在 R16 NR V2X 中，仅支持序列类型的 PSFCH，称为 PSFCH 格式 0，该类型 PSFCH 在频域上占用一个 PRB，在时域上占用一个 OFDM 符号，采用的序列类型和 PUCCH 格式 0 相同。在一个资源池内，PSFCH 资源以 1 个、2 个或 4 个时隙为周期配置，存在 PSFCH 资源的时隙上，PSFCH 资源位于时隙内最后一个可用于侧行发送的 OFDM 符号上。然而，为了支持收发转换以及 AGC 调整，如图 17-2 所示，PSFCH 符号之前存在两个 OFDM 符号分别用于收发转换和 AGC 调整。此外，在上述 3 个 OFDM 符号上不允许 PSCCH 和 PSSCH 发送。在 R16 NR V2X 中，PSFCH 只用于承载 HARQ 反馈信息，一个 PSFCH 的容量为 1 bit。

可以看到，目前 PSFCH 相关的 3 个 OFDM 符号中，只有 1 个 OFDM 符号用于反馈信息的传输，另外 2 个 OFDM 仅用于收发转换或 AGC 调整，资源利用率比较低。因此，在 NR V2X 标准制定过程中，一度考虑引入长 PSFCH 结构以提高资源利用效率。如图 17-9 所示，长 PSFCH 在频域上占用一个 PRB，在时域上将占用 12 个 OFDM 符号（一个时隙内除 AGC 符号和 GAP 符号外的所有 OFDM 符号）。采用这种结构，假设资源池内需要的 PFSCH 总数为 N，则用于 PSFCH 的 RE 总数为 $N\times12\times12$。而如果为短 PSFCH 结构，假设资源池包含的 PRB 个数为 B，则资源池内用于 PFSCH 相关的 3 个 OFDM 符号占据的 RE 总数为 $B\times12\times3$。比较两者占用的 RE 数可以发现，当资源池内包含的 PRB 个数较大，而系统内需要的 PSFCH 个数较少时，长 PSFCH 结构可以有效地降低 PSFCH 所需的资源数量。以 $N=10$，$B=100$ 为例，长 PSFCH 结构所需的资源数量仅为短 PSFCH 结构的 40%。

短PSFCH
长PSFCH
PRB
GP
AGC
PSFCH

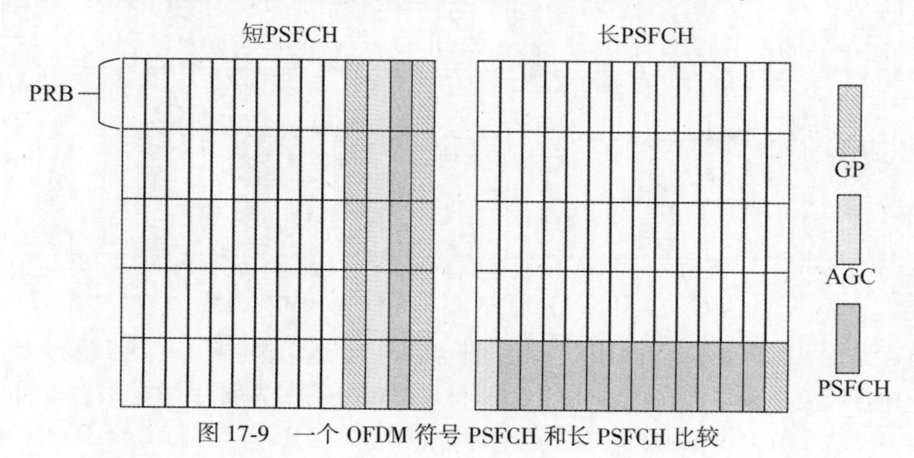

图 17-9　一个 OFDM 符号 PSFCH 和长 PSFCH 比较

然而由于在NR V2X系统中需要支持组播业务的HARQ反馈，对于组播业务，每一个PSSCH可能需要多个PSFCH反馈资源（与组内接收UE个数有关），随着系统内需要的PSFCH反馈资源的增加，长PSFCH结构在资源效率方面的优势变得不再那么明显。此外，长PSFCH的时延大于短PSFCH，如果要支持长PSFCH，资源池内还需要配置专用于PSFCH的频域资源，将增加系统设计的复杂度。所以长PSFCH结构最终没有被采用。

4. PSBCH

在NR V2X中支持多种类型的同步源，同步源包括GNSS、gNB、eNB和UE，终端从同步源获取同步信息，在侧行链路上转发同步信号和PSBCH，以辅助其他终端进行同步。终端如果无法从GNSS和gNB/eNB获取同步信息，则会在侧行链路上搜索其他终端发送的侧行同步信号S-SS，获取同步信息以及PSBCH信道承载的系统信息。终端如果搜索到其他终端发送的同步信号，并且将其作为同步源，则在转发同步信息时，其发送的PSBCH的内容根据检测到的同步源的PSBCH内容生成。

在NR V2X中PSBCH主要用于承载如下信息。

- sl-TDD-Config：侧行TDD配置，用于指示可用于SL传输的上行时隙信息，根据网络发送的TDD-UL-DL-ConfigCommon信息确定；该信息域包括12比特，其中1 bit用于指示图案（pattern）个数，4 bit用于指示pattern的周期，7 bit用于指示每个pattern内的上行时隙个数。
    - 如果TDD-UL-DL-ConfigCommon配置信息确定的某个时隙中的上行符号的个数和位置满足侧行传输的要求，即一个时隙中的符号$\{Y, Y+1, Y+2, \cdots, Y+X-1\}$是上行符号，则该时隙可以用于侧行传输，其中，$Y$表示用于侧行传输的起始符号的位置，$X$表示用于侧行传输的符号个数。
- inCoverage：该信息域用于指示发送该PSBCH的终端是否处于网络覆盖范围内。
- directFrameNumber：用于指示该S-SSB所在的DFN帧号。
- slotNumber：用于指示该S-SSB所在的时隙索引，该时隙索引是在DFN内的时隙索引。

对于位于小区覆盖范围外的终端，其发送的PSBCH的内容根据预配置信息确定。对于位于小区覆盖范围内的终端，其发送的PSBCH的内容根据网络配置信息确定。在NR系统中，网络通过TDD-UL-DL-ConfigCommon半静态配置小区时隙配比，该配置参数的指示信息可以参考5.6.2节。在配置信息TDD-UL-DL-ConfigCommon中包括参考子载波间隔，该参数用于确定TDD-UL-DL-ConfigCommon信令中指示的图案的时域边界。终端在侧行链路发送PSBCH时，按照侧行链路的子载波间隔发送该PSBCH，sl-TDD-Config信息域指示的时隙信息也是根据侧行子载波间隔确定的。因此，终端需要将TDD-UL-DL-ConfigCommon信令指示的以参考子载波间隔大小作为参考的上行时隙或上行符号转换为以侧行链路的子载波间隔大小作为参考的上行时隙和上行符号的个数。

如果TDD-UL-DL-ConfigCommon只配置一个图案，则：

- 1 bit图案指示信息设置为0。
- 4 bit周期指示信息如表17-4所示。

表 17-4 网络配置一个图案时 PSBCH 中的周期指示信息

PSBCH 中周期指示信息索引	周期（ms）
0	0. 5
1	0. 625
2	1
3	1. 25
4	2
5	2. 5
6	4
7	5
8	10
9~15	预留

- 7 bit 上行资源指示信息，对于单个图案，周期最大是 10 ms，在侧行链路采用最大子载波间隔，即 120 kHz，最多包括 80 个上行时隙，可以通过该 7 bit 完全指示。

如果 TDD-UL-DL-ConfigCommon 配置两个图案，则：

- 1 bit 图案指示信息设置为 1。
- 4 bit 周期指示信息，网络配置 2 个图案时，两个图案的总周期 $P+P_2$（其中 P 表示第一个图案的周期，P_2 表示第二个图案的周期）能够整除 20 ms，因此，可能的周期组合如表 17-5 所示。

表 17-5 网络配置两个图案时 PSBCH 中的周期指示信息

PSBCH 中周期指示信息索引	总周期（$P+P_2$）（ms）	两个图案中每个图案周期	
		P（ms）	P_2（ms）
0	1	0. 5	0. 5
1	1. 25	0. 625	0. 625
2	2	1	1
3	2. 5	0. 5	2
4	2. 5	1. 25	1. 25
5	2. 5	2	0. 5
6	4	1	3
7	4	2	2
8	4	3	1
9	5	1	4
10	5	2	3
11	5	2. 5	2. 5
12	5	3	2

续表

PSBCH 中周期指示信息索引	总周期（$P+P_2$）（ms）	两个图案中每个图案周期	
		P（ms）	P_2（ms）
13	5	4	1
14	10	5	5
15	20	10	10

- 7 bit 上行资源指示信息，对于两个图案，周期最大是 20 ms，在不同侧行链路子载波大小的情况下，7 bit 难以完全指示所有可能的两个图案中上行时隙数的组合情况，因此需要对指示信息进行粗粒度化指示，在不同子载波间隔、不同的周期组合时采用不同的粒度指示上行时隙和上行符号。

表 17-6　网络配置两个图案时 PSBCH 中的时隙指示粒度

<table>
<tr><th rowspan="2">PSBCH 中周期指示信息索引</th><th rowspan="2">总周期（$P+P_2$）（ms）</th><th colspan="2">两个图案中每个图案周期</th><th colspan="4">不同侧行链路子载波间隔时的指示粒度</th></tr>
<tr><th>P</th><th>P_2</th><th>15 kHz</th><th>30 kHz</th><th>60 kHz</th><th>120 kHz</th></tr>
<tr><td>0</td><td>1</td><td>0. 5</td><td>0. 5</td><td rowspan="6" colspan="4">1</td></tr>
<tr><td>1</td><td>1. 25</td><td>0. 625</td><td>0. 625</td></tr>
<tr><td>2</td><td>2</td><td>1</td><td>1</td></tr>
<tr><td>3</td><td>2. 5</td><td>0. 5</td><td>2</td></tr>
<tr><td>4</td><td>2. 5</td><td>1. 25</td><td>1. 25</td></tr>
<tr><td>5</td><td>2. 5</td><td>2</td><td>0. 5</td></tr>
<tr><td>6</td><td>4</td><td>1</td><td>3</td><td rowspan="8" colspan="3">1</td><td rowspan="8">2</td></tr>
<tr><td>7</td><td>4</td><td>2</td><td>2</td></tr>
<tr><td>8</td><td>4</td><td>3</td><td>1</td></tr>
<tr><td>9</td><td>5</td><td>1</td><td>4</td></tr>
<tr><td>10</td><td>5</td><td>2</td><td>3</td></tr>
<tr><td>11</td><td>5</td><td>2. 5</td><td>2. 5</td></tr>
<tr><td>12</td><td>5</td><td>3</td><td>2</td></tr>
<tr><td>13</td><td>5</td><td>4</td><td>1</td></tr>
<tr><td>14</td><td>10</td><td>5</td><td>5</td><td colspan="2">1</td><td>2</td><td>4</td></tr>
<tr><td>15</td><td>20</td><td>10</td><td>10</td><td>1</td><td>2</td><td>4</td><td>8</td></tr>
</table>

5. S-SS

NR V2X 中的 S-SS 包括侧行主同步信号（Sidelink Primary Synchronization Signal，S-PSS）和侧行辅同步信号（Sidelink Secondary Synchronization Signal，S-SSS）。S-PSS 由 M 序列（M-sequence）生成，序列长度为 127 点；S-SSS 由 Gold 序列生成，序列长度为 127 点，S-PSS 和 S-SSS 的具体序列生成公式参见文献［16］。S-PSS 映射到同步时隙中的第 2、第 3 个时域符号上，两个符号上映射相同的序列；S-SSS 映射到第 4、第 5 个时域符号上，两个符号上

映射相同的序列。

NR V2X 支持共计 672 个侧行同步信号标识（Sidelink Synchronization Signal Identity，SL SSID），由 2 个主同步信号标识和 336 个辅同步标识构成。

$$N_{ID}^{SL}=N_{ID,1}^{SL}+336\times N_{ID,2}^{SL} \tag{17.2}$$

其中，$N_{ID,1}^{SL}\in\{0，1，\cdots，335\}$，$N_{ID,2}^{SL}\in\{0，1\}$。

6. SL PT-RS

NR V2X 在 FR2 支持 SL PT-RS，SL PT-RS 的图案和 SL PT-RS 序列的生成机制和 NR 上行 CP-OFDM PT-RS 相同，SL PT-RS 物理资源映射过程中，RB 偏移由对应一阶 SCI CRC 的 16 比特最低有效位 LSB 确定，而且，SL PT-RS 不能映射到 PSCCH 占用的 RE，二阶 SCI 占用的 RE，SL CSI-RS 占用的 RE，以及 PSSCH DMRS 占用的 RE。

7. SL CSI-RS

为了更好地支持单播通信，NR V2X 中支持 SL CSI-RS。SL CSI-RS 只有满足以下 3 个条件时才会发送。

- UE 发送对应的 PSSCH，也就是说，UE 不能只发送 SL CSI-RS。
- 高层信令激活了侧行 CSI 上报。
- 在高层信令激活侧行 CSI 上报的情况下，UE 发送的二阶 SCI 中的相应比特触发了侧行 CSI 上报。

SL CSI-RS 的时频位置由发送 UE 确定，并通过 PC5-RRC 通知接收 UE。为了避免对 PSCCH 和第二阶 SCI 的资源映射造成影响，SL CSI-RS 不能和 PSCCH 所在的时频资源冲突，不能和第二阶 SCI 在同一个 OFDM 符号发送。由于 PSSCH DMRS 所在 OFDM 符号的信道估计精度较高，而且两个端口的 SL CSI-RS 将在频域上占用两个连续的 RE，所以 SL CSI-RS 也不能和 PSSCH 的 DMRS 发送在同一个 OFDM 符号上。此外，SL CSI-RS 不能和 PT-RS 发生冲突。

17.2 侧行链路资源分配

与传统的蜂窝网络系统中 UE 和网络通过上行或下行链路进行数据传输不同，车载终端设备之间通过侧行链路直接进行信息的交互。由于在有蜂窝信号覆盖和无蜂窝信号覆盖的场景下车联网系统都需要进行信息的传输，因此车联网系统中的资源分配分为两种：一种是由基站为终端分配侧行传输的传输资源，在 NR V2X 中称为模式 1（Mode 1）；另一种是终端自主选取传输资源，在 NR V2X 中称为模式 2（Mode 2）。模式 1 的侧行资源分配方式又分为动态资源分配方式和侧行免授权资源分配方式。

17.2.1 时域和频域资源分配

- 时域资源分配

在 NR V2X 中，PSSCH 和其关联的 PSCCH 在相同的时隙中传输，在一个时隙中 PSSCH 和 PSCCH 复用的方式参见 17.1.2 节，PSCCH 占据 2 个或 3 个时域符号。NR V2X 的时域资源分配以时隙为分配粒度。通过参数 startSLsymbols 和 lengthSLsymbols 配置一个时隙中用于侧行传输的时域符号的起点和长度，这部分符号中的最后一个符号用作 GP，PSSCH 和

PSCCH 只能使用其余的时域符号，但是如果一个时隙中配置了 PSFCH 传输资源，则 PSSCH 和 PSCCH 不能占用用于 PSFCH 传输的时域符号，以及该符号之前的 AGC 和 GP 符号（见图 17-10）。

如图 17-10 所示，网络配置 sl-StartSymbol = 3，sl-LengthSymbols = 11，即一个时隙中从符号索引 3 开始的 11 个时域符号可用于侧行传输，该时隙中有 PSFCH 传输资源，该 PSFCH 占据符号 11 和符号 12，其中符号 11 作为 PSFCH 的 AGC 符号，符号 10、符号 13 分别用作 GP，可用于 PSSCH 传输的时域符号为符号 3 至符号 9，PSCCH 占据 3 个时域符号，即符号 4、5、6，符号 3 通常用作 AGC 符号。

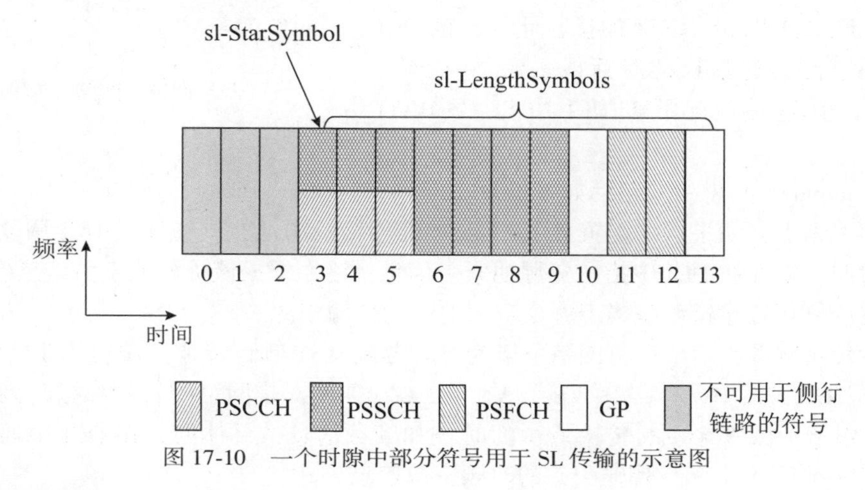

图 17-10　一个时隙中部分符号用于 SL 传输的示意图

● 频域资源分配

在 NR V2X 中，PSSCH 的频域资源分配以子信道（Sub-channel）为粒度，一个子信道包括连续的 N_1 个 PRB，PSSCH 的频域资源分配信息由起始子信道索引和分配的子信道个数确定。PSSCH 和其关联的 PSCCH 的频域起始位置是对齐的，PSCCH 在 PSSCH 的第一个子信道中传输，占据该子信道中的 N_2（$N_2 \leqslant N_1$）个 PRB，其中 N_1、N_2 是可配置的参数，N_1 取值范围是 10、12、15、20、25、50、75、100，N_2 取值范围是 10、12、15、20、25。

17.2.2　模式 1 动态资源分配

动态资源分配方式即网络通过下行控制信息 DCI 为终端动态分配侧行传输资源的资源分配方式。在 NR V2X 系统中，终端的业务主要包括两种：周期性的业务和非周期性的业务。对于周期性的业务，终端的侧行数据通常具有周期性，因此可以利用网络分配的半静态的传输资源进行传输；对于非周期性的业务，其数据到达是随机的，数据包的大小也是可变的，因此很难利用半静态分配的传输资源进行传输，通常是采用动态分配的传输资源进行传输。在动态资源分配方式中，终端通常向网络发送资源调度请求（Scheduling Request，SR）和缓存状态上报（Buffer Status Report，BSR），网络根据终端的缓存状态为终端分配侧行传输资源。

LTE V2X 主要用于辅助驾驶，而 NR V2X 是用于自动驾驶，因此相对于 LTE V2X，NR V2X 系统对传输的可靠性要求更高，因此，为了提高侧行传输的可靠性，引入了侧行反馈信道 PSFCH，即发送终端向接收终端发送 PSCCH/PSSCH，接收端终端根据检测结果向发送端发送 PSFCH，用于指示该 PSSCH 是否被正确接收。在模式 1 的资源分配方式中，侧行传输资源是网络分配的，因此，发送终端需要将侧行 HARQ 反馈信息上报给网络，从而使得网络可以根据该上报的侧行 HARQ 反馈信息判断是否需要为该发送终端分配重传资源。在模式 1 的资源分配方式中，网络为终端分配对应的 PUCCH 传输资源，终端在该 PUCCH 上向网络上报侧行 HARQ 反馈信息（见图 17-11）。

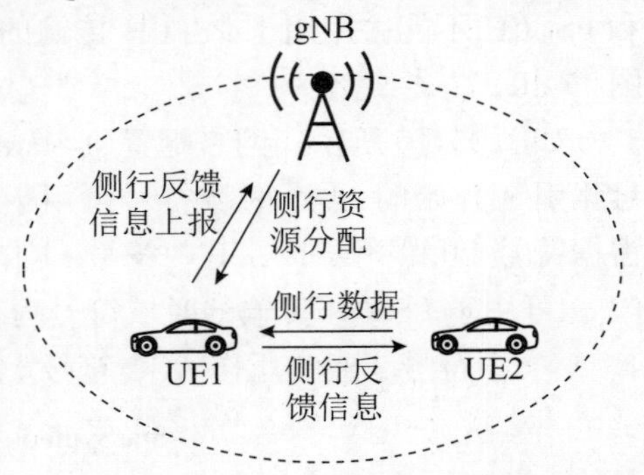

图 17-11　网络分配侧行传输资源

为了支持动态资源分配，在 NR V2X 中引入了新的 DCI 格式，即 DCI format 3_0，在用于动态资源分配时，该 DCI 用 SL-RNTI 加扰，此外，该 DCI 格式也可用于侧行免授权的激活或去激活（详见 17.2.3 节），在这种情况下该 DCI 用 SL-CS-RNTI 加扰。

在 DCI format 3_0 中主要包括如下信息。

- 资源池索引：如果网络配置多个 Mode 1 的传输资源池，则在通过 DCI 调度侧行传输资源时，需要在 DCI 中指示资源池索引信息，终端根据该资源池索引信息确定该 DCI 调度的侧行传输资源是属于哪个资源池中的传输资源。
- 侧行传输资源指示信息：网络可以为终端分配 N 个侧行传输资源，用于传输 PSCCH 和 PSSCH，其中，$1\leqslant N\leqslant N_{\max}$，$N_{\max}=2$ 或 3，$N_{\max}$ 是网络配置的参数。网络设备在 DCI 中指示该 N 个侧行传输资源的时域和频域信息，具体的，在 DCI 中通过下面的信息指示该 N 个侧行传输资源的时频资源信息。
  - Time gap：用于指示第一个侧行传输资源与该 DCI 所在时隙的时隙间隔。
  - Lowest index of the subchannel allocation to the initial transmission：用于指示第一个侧行传输资源占据的子信道的最低索引。
  - Frequency resource assignment：与 SCI format 1-A 中指示频域资源的信息相同，用于确定侧行传输资源的频域资源大小（即子信道个数），以及除第一个侧行传输资源外的其他 N-1 个侧行传输资源的频域起始位置。
  - Time resource assignment：与 SCI format 1-A 中指示时域资源的信息相同，用于确定除第一个侧行传输资源外的其他 N-1 个侧行传输资源相对于第一个侧行传输资源的时隙间隔。
- PUCCH 传输资源指示信息：用于配置终端向网络上报侧行 HARQ 反馈信息的 PUCCH 的传输资源，在 DCI format 3-0 中通过 2 个信息域配置 PUCCH 的传输资源。
  - PUCCH resource indicator：PUCCH 的资源指示，通常网络通过 RRC 配置信令配置 PUCCH 的资源集合，通过该信息域在该资源集合中确定 PUCCH 的传输资源。具体的 PUCCH 资源指示方式参见 5.5.4 节。
  - PSFCH-to-HARQ feedback timing indicator：该指示信息用于指示 PSFCH 和 PUCCH 之间的时隙间隔，用 PUCCH 子载波间隔所对应的时隙个数表示；如果网络分配的侧行传输资源对应至少一个 PSFCH 传输资源，则该时隙间隔表示最后一个 PSFCH 的传输资源和 PUCCH 传输资源之间的时隙间隔。
- HARQ 进程号：用于指示网络为终端分配的侧行传输资源所对应的 HARQ 进程号。终端使用该侧行传输资源进行侧行数据传输，在 SCI 中指示的侧行 HARQ 进程号

（记为第一 HARQ 进程号）与网络在 DCI 中指示的 HARQ 进程号（记为第二 HARQ 进程号）可以不同，如何确定侧行 HARQ 进程号取决于终端实现，但是终端需要确定第一 HARQ 进程号与第二 HARQ 进程号之间的对应关系。当网络通过 DCI 调度重传资源时，在重传调度的 DCI 中指示第二 HARQ 进程号，并且 NDI 不翻转，因此终端可以确定该 DCI 用于调度重传资源，并且基于第一 HARQ 进程号和第二 HARQ 进程号的对应关系确定该 DCI 调度的侧行传输资源用于第一 HARQ 进程号所对应的侧行数据传输的重传。

- NDI：用于指示是否是新数据传输。
- 配置索引：当终端被配置 SL-CS-RNTI 时，DCI format 3_0 可以用于激活或去激活 Type-2 侧行免授权，网络可以配置多个并行的 Type-2 侧行免授权，该索引用于指示该 DCI 激活或去激活的侧行免授权。当 UE 没有被配置 SL-CS-RNTI 时，该信息域为 0 bit。
- Counter sidelink assignment index：用于指示网络累积发送的用于调度侧行传输资源的 DCI 的个数，终端根据该信息确定在生成 HARQ-ACK 码本时的信息比特的个数。

下面通过图 17-12 示意性地给出各个传输资源之间的时间关系，该例子中，DCI 用于分配 3 个侧行传输资源，并且分配了 PUCCH 的传输资源。

- *A* 表示承载侧行资源分配信息 DCI 的 PDCCH 与第一个侧行传输资源之间的时间间隔，通过 DCI 中的 Timing gap 确定。
- *B* 表示分配的侧行传输资源相对于第一个侧行传输资源之间的时隙间隔，根据 DCI 中的 Time resource assignment 确定。
- *C* 表示 PSFCH 传输资源与 PUCCH 传输资源之间的时隙间隔，根据 DCI 中的 PSFCH-to-HARQ feedback timing indicator 确定，如果有多个与 PSSCH 对应的 PSFCH，则按照最后一个 PSFCH 的时隙位置确定。
- *K* 表示 PSSCH 时隙与对应的 PSFCH 时隙之间的时间间隔，该参数根据资源池配置信息确定。

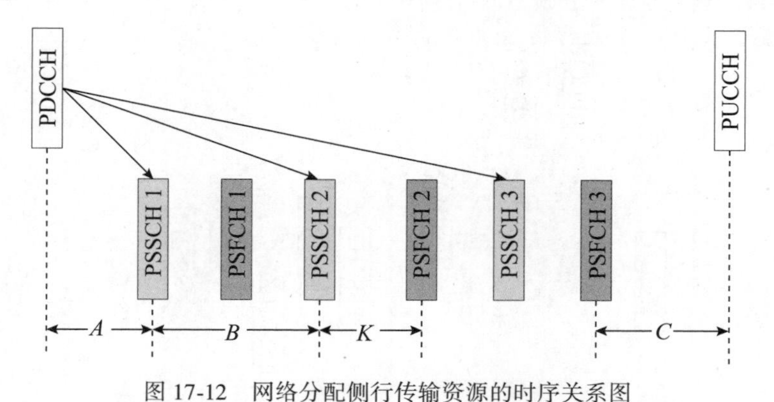

图 17-12　网络分配侧行传输资源的时序关系图

17.2.3　模式 1 侧行免授权资源分配

对于周期性的业务，网络通常为终端分配半静态的传输资源。在 LTE V2X 中，网络为终端配置半静态（Semi-persistent Static，SPS）的传输资源，在 NR V2X 中，借鉴了 NR 系统中上行免授权（Uplink Configured Grant，UL CG），在侧行链路中引入了侧行链路免授权

(Sidelink CG，SL CG)。当终端被配置了侧行免授权传输资源，在有侧行数据到达时，终端可以使用该侧行免授权传输资源传输该侧行数据，而不需要向网络重新申请传输资源，因此，侧行免授权传输资源可以降低侧行传输的时延。侧行免授权传输资源是周期性的传输资源，因此可以适用于周期性的侧行数据的传输，当然也可以用于传输非周期的侧行数据。

SL CG 分为类型 1（Type-1）侧行免授权和类型 2（Type-2）侧行免授权。

- Type-1 SL CG：类似于 Type-1 UL CG，即网络通过 RRC 信令为 UE 配置侧行免授权传输资源和传输参数。
- Type-2 SL CG：类似于 Type-2 UL CG，即网络通过 RRC 信令为 UE 配置部分传输参数，通过 DCI 信令激活该侧行免授权，并且该 DCI 用于配置侧行传输资源，如果网络希望 UE 上报侧行反馈信息，该 DCI 还用于配置 PUCCH 传输资源。

在每个侧行免授权周期网络可以通过侧行免授权为 UE 分配 N 个侧行传输资源，其中，$1 \leqslant N \leqslant N_{max}$，$N_{max}=2$ 或 3，N_{max} 是网络配置的参数。如果网络希望 UE 上报侧行 HARQ 反馈信息，在每个侧行免授权周期内分配一个 PUCCH 传输资源，该 PUCCH 传输资源位于该周期内最后一个 PSSCH 所对应的 PSFCH 的时隙之后，使得 UE 根据该侧行免授权周期内的所有侧行传输资源的传输状况决定向网络上报的侧行 HARQ 反馈信息的状态。

NR V2X 支持多个并行的侧行免授权，每个侧行免授权可以对应多个 HARQ 进程，一个侧行数据块的传输只能在一个侧行免授权中进行，不能跨不同的侧行免授权。在一个侧行免授权周期内的侧行免授权传输资源，只能传输一个新的侧行数据块，如果侧行数据需要进行重传，则网络可以通过动态调度的方式为该侧行数据分配重传资源。网络分配的重传资源的时域范围可以超过该侧行数据所对应的侧行免授权周期。

如图 17-13 所示，SL CG 的每个周期内配置了 3 个 PSSCH 传输资源（PSSCH 1、PSSCH 2、PSSCH 3）和 1 个 PUCCH 资源，如果终端在第一个 SL CG 的侧行传输资源上传输了一个数据块，但是没有传输成功，则通过 PUCCH 向网络上报 NACK，网络通过 DCI 调度重传资源，并且该 DCI 调度了 3 个重传资源（PSSCH 4、PSSCH 5、PSSCH 6），这 3 个用于重传的侧行传输资源可以延伸到下一个 SL CG 周期中。

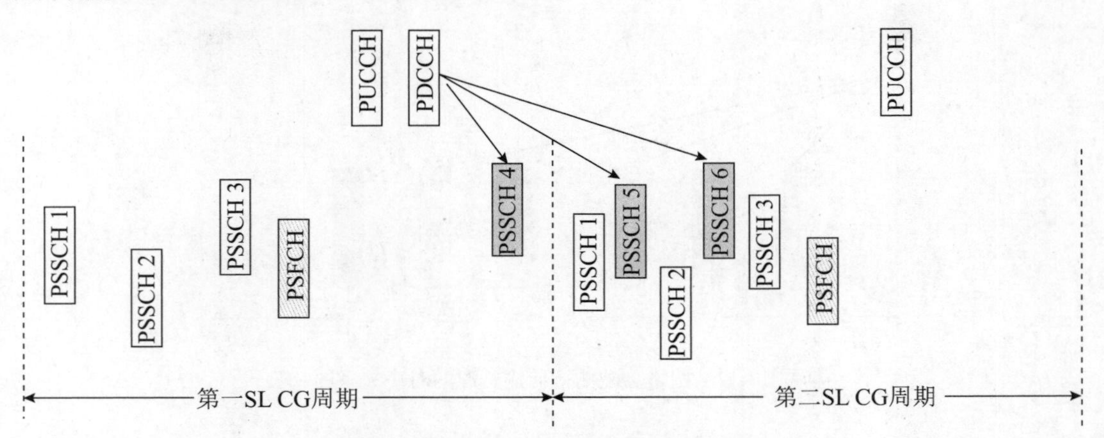

图 17-13　侧行免授权的重传调度示意图

对于 Type-2 SL CG，网络通过 DCI format 3_0 激活或去激活该侧行免授权，当 DCI format 3_0 用于激活或去激活侧行免授权时，该 DCI 通过 SL-CS-RNTI 加扰，NDI 域设为 0。

- HARQ 进程号信息域设置为全 0：用于激活侧行免授权。

● HARQ 进程号信息域设置为全 1，且 Frequency resource assignment 信息域设置为全 1：用于去激活侧行免授权。

17.2.4　模式 2 资源分配

在 17.2.3 节中已经介绍了模式 1 的资源分配方案，即基站为终端分配用于侧行传输的时频资源。本小节将介绍模式 2 的资源分配方案。在模式 2 下，终端依靠资源侦听或者随机选择自行在网络配置或预配置的资源池中选取时频资源用于发送侧行信息。因此，模式 2 资源分配更准确的描述应该为资源选择。

在 NR V2X 的 SI 阶段，曾经提出了 4 种模式 2 的资源分配方案，分别为模式 2（a）、模式 2（b）、模式 2（c）和模式 2（d）。

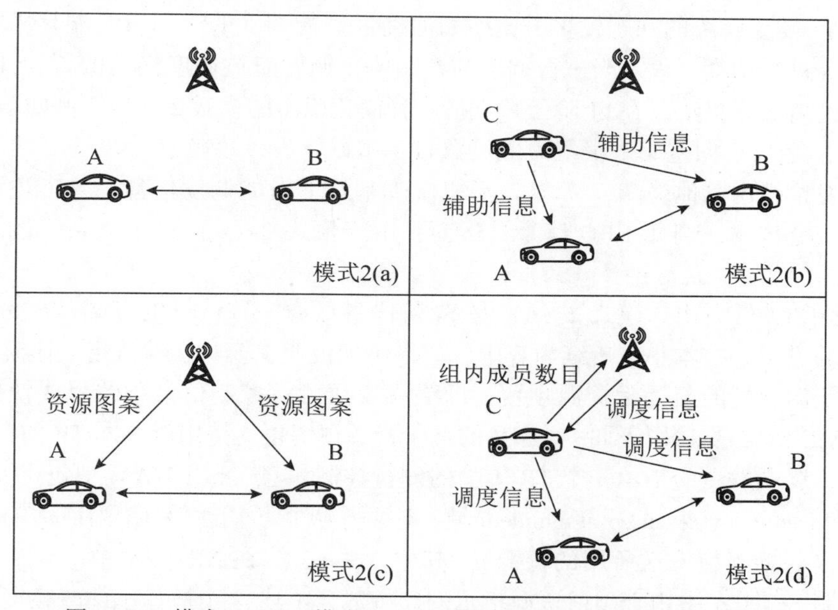

图 17-14　模式 2（a）、模式 2（b）、模式 2（c）、模式 2（d）机制

模式 2（a）是指，终端通过解码侧行控制信息以及测量侧行链路接收功率等方法，在资源池中自行选择没有被其他终端预留或被其他终端预留但接收功率较低的资源，从而降低资源碰撞概率，提升通信可靠性。模式 2（a）整体上继承了 LTE V2X 模式 4 中资源选择机制的主体设计，基于资源预留、资源侦听以及资源排除等操作进行资源选择。在整个 SI 阶段，该模式得到了各家厂商一致的认可，成为 NR V2X WI 阶段重点研究的内容。

模式 2（b）是终端之间通过协作进行资源选择的模式，即终端发送辅助信息帮助其他终端完成资源选择。上述辅助信息可以是终端进行资源侦听的结果或者是建议其他终端使用的资源等。例如图 17-14 模式 2（b）中，车载终端 C 发送辅助信息给终端 A 和终端 B，终端 A 和终端 B 利用该辅助信息以及自身资源侦听的结果在资源池中选择资源。此外，在标准化过程中有公司提出，接收端指示建议的资源给发送端，发送端从接收端建议的资源中选取资源发送数据[3]，这也是模式 2（b）的一种形式。然而，由于模式 2（b）需要终端间传输辅助信息，更适合应用在互相之间存在稳定连接的分组场景下，并且相对于模式 2（a）在资源侦听等步骤上并没有明显的区别，最终该模式在 SI 阶段没有被列为独立的模式进行研究而是被当作其他 3 种模式的附加功能。但是，在第 86 次 RAN 全会上，终端间通过协作进行资源选择的模式又重新被列为 NR V2X R17 版本的研究目标之一。

模式 2（c）是指网络配置或预配置给终端资源图案（pattern），终端利用资源图案中的资源发送初传和重传，达到降低发送时延的效果。网络配置的资源图案可以是一个或多个，当配置的资源图案为多个时，终端利用资源侦听或者地理位置信息选择其中一个图案。此外，通过保证任意两个资源图案在时域上不完全重叠，可以明显降低半双工问题带来的负面影响[4-5]。但模式 2（c）在一定程度上与模式 1 中侧行免授权资源分配的机制类似，并存在灵活性较差的缺点，例如如何释放图案中没有使用的资源以及如何适应非周期业务等，该模式的研究只停留在 SI 阶段。

模式 2（d）与模式 2（b）的机制类似，区别在于模式 2（d）中终端直接为其他终端调度时频资源。同时，模式 2（d）也适合应用在互相之间存在稳定连接的分组场景下。因为模式 2（d）需要解决的问题较多，比如如何确定进行调度的终端，终端是用物理层信令还是高层信令进行调度，以及当进行调度的终端停止调度时被调度终端的行为如何设计等。所以经过讨论后最终决定，在 SI 阶段只支持一种简化版本的模式 2（d）。例如图 17-14 模式 2（d）所示，终端 C 向基站上报组内成员数目，基站下发调度信息，终端 C 将基站下发的调度信息转发给组内其他终端，终端 C 不能修改基站下发的调度信息。且上述调度信息全部通过高层信令传输，例如 RRC 信令。然而，由于模式 2（d）过于复杂，最终未能进入 WI 阶段。

从上述介绍能够看出，模式 2（a）是 SI 阶段各厂商一致认可的方案，也是 WI 阶段集中进行研究的方案。在本小节后续内容中，如果不加说明，模式 2 默认指上述模式 2（a）。

模式 2 资源分配的前提是资源预留，即终端发送侧行控制信息预留将要使用的时频资源。在 NR V2X 中，支持用于同一个 TB 的重传资源预留也支持用于不同 TB 的资源预留。

具体的，终端发送的指示一个 TB 传输的侧行控制信息（SCI 1-A）中包含 time resource assignment 和 frequency resource assignment 域，这两个域指示用于该 TB 当前传输和重传的 N 个时频资源（包括当前发送所用的资源）。其中 $N \leq N_{max}$，在 NR V2X 中，$N_{max}=2$ 或 3。同时，为了控制 SCI 1-A 中用于预留资源指示的比特数，上述 N 个被指示的时频资源应分布在 W 个时隙内，在 NR V2X 中 $W=32$。例如，图 17-15 中，终端会在指示 TB 1 初传的 PSCCH 中利用上述两个域指示初传、重传 1 和重传 2 的时频资源位置（$N=3$），即预留重传 1 与重传 2 的时频资源，并且初传、重传 1 和重传 2 在时域上分布在 32 个时隙内。

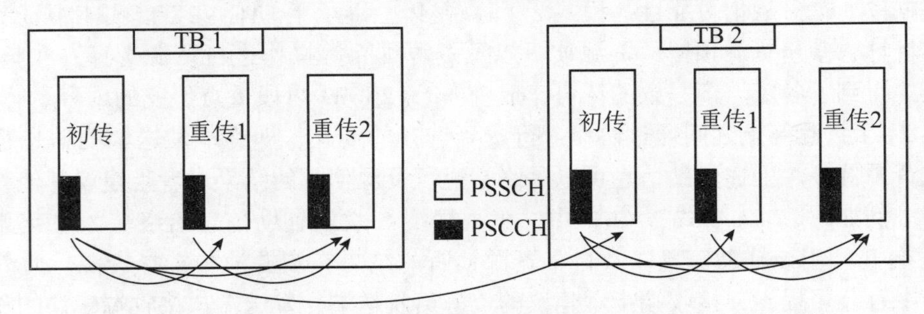

图 17-15　用于同一个 TB 的重传资源预留及用于不同 TB 的资源预留

在标准化过程中，有公司指出，终端发送侧行控制信息时应尽可能多地指示时频资源，进而让其他终端获知其预留的资源[6-7]。为达到这一效果，在 RAN1#100bis 会议上经讨论后决定，$N=\min(N_{select}, N_{max})$，其中 N_{select} 为包括当前传输资源在内的 32 个时隙中 UE 已选择的时频资源数量。例如，图 17-15 TB 1 中，假设 $N_{max}=3$，当 UE 完成资源选择后，如果时域上重传 1 与重传 2 的时频资源距离初传均大于 32 个时隙，即以初传的时域位置为参考点，32 个时隙内只有初传的传输资源，则此时 $N_{select}=1$，UE 在指示初传的侧行控制信息中只会指示当前初传的时频资源；反之，如果在资源选择结果中重传 1 在时域上距离初传在 32 个时隙内，即以初传的时域位置为参考点，32 个时隙内有初传和重传 1 两个时频资源，则此时 $N_{select}=2$，在这种情况下，UE 在指示初传的侧行控制信息中将会指示初传和重传 1 的时频资源位置。

同时，终端发送的侧行控制信息中还包含 resource reservation period 域，该域用以预留下一个周期内的时频资源，而下一个周期内的时频资源将用于另外一个 TB 的传输。例如图 17-15 中，终端在发送侧行控制信息指示 TB 1 传输时，其中的 resource reservation period 域将指示预留下一个周期内的时频资源，下一个周期内的时频资源用于传输 TB 2。具体的，假设传输 TB 1 时的侧行控制信息指示 TB 1 传输所用的时频资源分别为（n_1，k_1）、（n_2，k_2）、（n_3，k_3），其中 n_1、n_2、n_3 分别表示三个传输资源所在的时域位置，k_1、k_2、k_3 分别表示三个侧行传输资源所对应的频域位置；如果该侧行控制信息中的 resource reservation period 域设置为 100，则表示该侧行控制信息同时预留了（n_1+100，k_1）、（n_2+100，k_2）、（n_3+100，k_3）三个侧行传输资源，该三个侧行传输资源将用于传输 TB2。在 NR V2X 中，resource reservation period 域可能的取值为 0、1~99、100、200、…、1 000 ms，相比 LTE V2X 更为灵活。但在每个资源池中，只配置了其中的 16 种取值，UE 根据所用的资源池确定可能使用的值。

进行资源选择的终端，通过解码其他终端发送的侧行控制信息，获知并排除其他终端预留的时频资源，能够避免资源碰撞，提升通信可靠性。

然而，需要特别说明的是，在 NR V2X 中根据网络配置或预配置侧行控制信息中可以不包含 resource reservation period 域，在这种情况下，指示一个 TB 传输的控制信息不能预留另外一个 TB 的传输资源。从图 17-15 中可以看到，侧行控制信息中不包含 resource reservation period 域时，TB 2 的初传在发送之前未被任何侧行控制信息指示，因此进行资源选择的终端无法提前获知其时频位置，也就无法排除该资源并可能最终导致资源碰撞。为解决这一问题，一些公司在标准制定过程中提出了独立（Standalone）PSCCH 的概念[8-9]。

独立 PSCCH 是指，PSCCH 在其调度的 PSSCH 之前独立发送。例如，图 17-16（子图 1）中，终端提前利用独立 PSCCH 中携带的侧行控制信息向其他终端指示其调度的数据传输的时频资源，从而进行资源选择的终端可以提前获知该终端接下来要使用的资源并在资源选择时予以排除。然而，独立 PSCCH 方案需要通过复用方式 2 或复用方式 3 与 PSSCH 在一个时隙内复用，而最终标准化确定的帧结构是复用方式 4（详见 17.1.2 节）。为了能够在复用方式 4 中支持类似于独立 PSCCH 的资源预留方案，在 RAN1#98 次会议上，有公司提出了图 17-16（子图 2）中所示的解决方案，即终端发送一个频域宽度为单个子信道的 PSCCH+PSSCH 替代子图 1 中独立发送的 PSCCH。但这种方案会导致终端多次传输所用子信道的数目不一致，从而大幅度增加侧行控制信息中的信令开销，所以最终该方案也没有通过。总之，尽管通过理论分析和仿真验证，独立 PSCCH 所实现的方案能够提供一定的性能增益，但该方案没有被 3GPP 采纳。

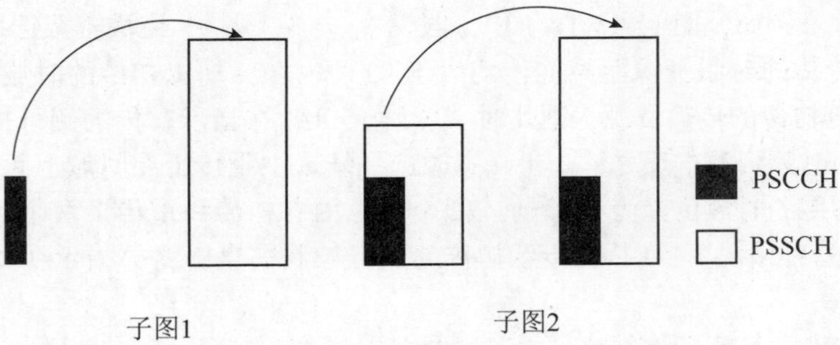

PSCCH
PSSCH
子图1
子图2

图 17-16　Standalone PSCCH

下面详细说明模式 2 资源选择的步骤：

如图 17-17 所示，终端的数据包在时隙 n 到达，触发资源选择。资源选择窗从 $n+T_1$ 开始，到 $n+T_2$ 结束。$0 \leqslant T_1 \leqslant T_{\text{proc},1}$，当子载波间隔是 15 kHz、30 kHz、60 kHz、120 kHz 时，$T_{\text{proc},1}$ 分别为 3、5、9、17 个时隙。$T_{2\min} \leqslant T_2 \leqslant$ 数据包延迟预算（Packet Delay Budget，PDB）。$T_{2\min}$ 可能的取值为$(1、5、10、20) \times 2^{\mu}$ 个时隙，其中 $\mu=0$、1、2、3 分别对应子载波间隔是 15 kHz、30 kHz、60 kHz、120 kHz 的情况，终端根据自身待发送数据的优先级从该取值集合中确定 $T_{2\min}$。当 $T_{2\min}$ 大于数据包延迟预算时，T_2 等于数据包延迟预算，以保证终端可以在数据包的最大时延到达之前将数据包发送出去。

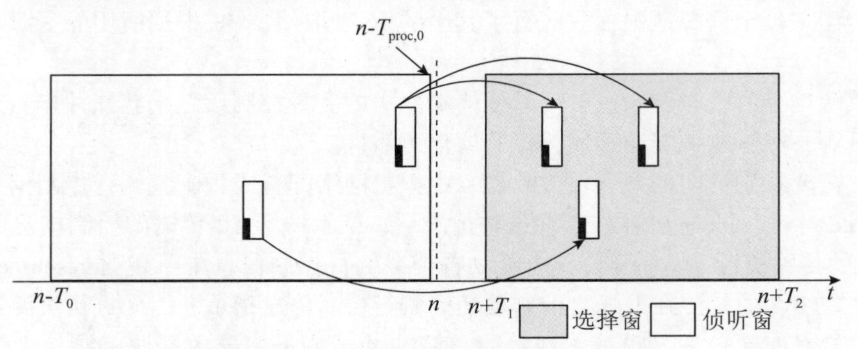

图 17-17　模式 2 资源选择示意图

终端在 $n-T_0$ 到 $n-T_{\text{proc},0}$ 进行资源侦听，T_0 的取值为 100 ms 或 1 100 ms。当子载波间隔是 15 kHz、30 kHz、60 kHz、120 kHz 时，$T_{\text{proc},0}$ 分别为 1、2、4 个时隙。

(1) Step 1：终端确定候选资源集合

终端将资源选择窗内所有的可用资源作为资源集合 A。

如果终端在侦听窗内某些时隙发送数据，则由于半双工的限制，UE 在这些时隙上不会进行侦听，因此 UE 需要将这些时隙所对应的在资源选择窗内的时隙上的资源排除掉以避免和其他 UE 的资源冲突。具体的，在确定这些时隙所对应的资源选择窗内的时隙时，终端利用所用资源池配置中的 resource reservation period 域的取值集合确定选择窗内与这些时隙对应的时隙，并将对应时隙上的全部资源排除。

如果终端在侦听窗内侦听到 PSCCH，则测量该 PSCCH 的 RSRP 或者该 PSCCH 调度的 PSSCH 的 RSRP，如果测量的 RSRP 大于 SL-RSRP 阈值，并且根据该 PSCCH 中传输的侧行控制信息中的资源预留信息确定其预留的资源在资源选择窗内，则从集合 A 中排除对应资源。如果资源集合 A 中剩余资源少于资源集合 A 进行资源排除前全部资源的 $X\%$，则将

SL-RSRP 阈值抬升 3dB，重新执行 Step 1。上述 X 可能的取值为 20、35、50，终端根据待发送数据的优先级从该取值集合中确定参数 X。同时，上述 SL-RSRP 阈值与终端侦听到的 PSCCH 中携带的优先级以及终端待发送数据的优先级有关。终端将集合 A 中经资源排除后的剩余资源作为候选资源集合。

（2）Step 2：终端从候选资源集合中随机选择若干资源，作为其初次传输以及重传的发送资源

整体上，NR V2X 模式 2 的资源分配机制与 LTE V2X 中的模式 4 类似，但存在如下几点不同。

- NR V2X 中要支持大量非周期业务，所以取消了 LTE V2X 中资源排除后依据 SL RSSI 对剩余资源进行排序的步骤。
- NR V2X 模式 2 可以根据 PSCCH RSRP 或 PSSCH RSRP 与 SL RSRP 阈值比较，资源池内具体采用哪种信道测量结果由网络配置或预配置。
- NR V2X 模式 2 中侦听窗的长度是 100 ms 或 1 100 ms，而 LTE V2X 中侦听窗长度为 1 000 ms。此外，NR V2X 中选择窗的上限是业务的时延要求范围，而 LTE V2X 中选择窗上限固定为 100 ms。
- 在 Step 2 中，资源选择需要满足一些时域上的限制，主要包括以下两点。
  - 在除去一些例外情况后，终端应使选择的某个资源能够被该资源的上一个资源指示，即二者之间的时域间隔小于 32 个时隙。例如，在选择图 17-15 TB 1 中的 3 个资源时，应使得重传 1 至少可以被初传的侧行控制信息指示，重传 2 至少可以被重传 1 指示。上述例外情况包括资源排除后终端无法从候选资源集合中选择出满足该时域限制的资源，以及在资源选择完成后由于资源抢占或拥塞控制等原因打破该时域上的限制。
  - 终端应保证任意两个选择的时频资源，如果其中前一个传输资源需要 HARQ 反馈，则二者在时域上至少间隔时长 Z。其中时长 Z 包括终端等待接收端 HARQ 反馈的时间以及准备重传数据的时间。例如，在选择图 17-15TB 1 中的 3 个资源时，如果初传需要 HARQ 反馈，则重传 1 与初传之间至少间隔时长 Z。当资源选择无法满足该时域限制时，取决于终端实现，可以放弃选择某些重传资源或者针对某些传输资源去激活 HARQ 反馈。

此外，NR V2X 支持 Re-evaluation 机制。当终端完成资源选择后，对于已经选择但未通过发送侧行控制信息指示的资源，仍然有可能被突发非周期业务的其他终端预留，导致资源碰撞。针对该问题，一些公司[10-11] 提出了 Re-evaluation 机制，即终端在完成资源选择后仍然持续侦听侧行控制信息，并对已选但未指示的资源进行至少一次的再次评估。Re-evaluation 机制在 RAN1 98bis 会议上被正式通过。

如图 17-18 所示，资源 w、资源 x、资源 y、资源 z、资源 v 是 UE 已经选择的时频资源，资源 x 位于时隙 m。对于 UE 即将在资源 x 发送侧行控制信息进行首次指示的资源 y 和资源 z（资源 x 之前已经被资源 w 中的侧行控制信息指示）。UE 至少在时隙 $m\text{-}T_3$ 执行一次上述 Step 1，即确定资源选择窗与侦听窗，并对资源选择窗内的资源进行资源排除，得到候选资源集合。如果资源 y 或资源 z 不在候选资源集合中，则 UE 执行上述 Step 2 重选资源 y 和资源 z 中不在候选资源集合中的时频资源，也可以重选任何已经选择但未通过发送侧行控制信息指示的资源，例如资源 y、资源 z 和资源 v 中的任意几个资源。上述 T_3 等于 $T_{\text{proc},1}$（图 17-18

中虚线箭头表示即将发送侧行控制信息指示，实线箭头表示已经发送侧行控制信息指示）。

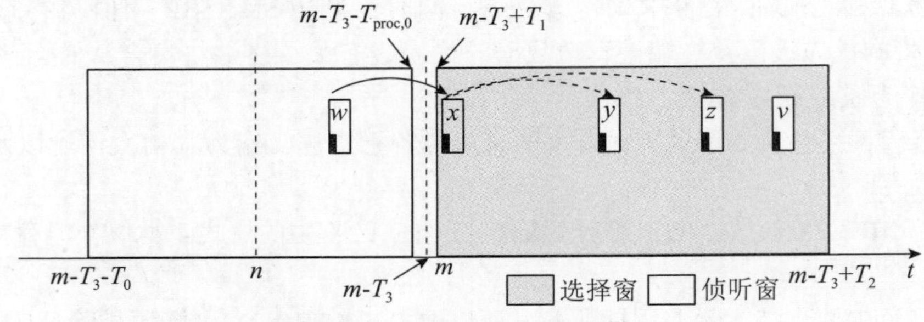

图 17-18　Re-evaluation 机制

需要说明的是，在标准化进程中，一些公司认为 Re-evaluation 的行为要在每个时隙都执行，如此能够尽早地发现已选但未指示的资源是否被其他 UE 预留，尽早触发资源重选，提升通信可靠性[6,12]。另外一些公司对上述观点的功耗提出质疑，认为只在 m-T_3 执行 Re-evaluation[13-14]。此外，还有一些其他观点，如每几个时隙执行一次或取决于 UE 实现在哪些时隙执行[15]。因此，最终结论为至少在 m-T_3 执行一次 Re-evaluation 操作。

NR V2X 支持 Pre-emption 机制，即资源抢占机制。在 NR V2X 中，关于 Pre-emption 机制的结论都是以被抢占 UE 的角度描述的。在完成资源选择后，UE 仍然持续侦听侧行控制信息，如果已经选择的并且已经通过发送侧行控制信息指示的时频资源满足以下 3 个条件，则触发资源重选。

- 侦听到的侧行控制信息中预留的资源与 UE 已选且已指示的资源重叠，包括全部重叠和部分重叠。
- UE 侦听到的侧行控制信息对应的 PSCCH 的 RSRP 或该 PSCCH 调度的 PSSCH 的 RSRP 大于 SL RSRP 阈值。
- 侦听到的侧行控制信息中携带的优先级比 UE 待发送数据的优先级高。

如图 17-19 所示，资源 w、x、y、z、v 是 UE 已经选择的时频资源，资源 x 位于时隙 m。对于 UE 即将在时隙 m 发送侧行控制信息指示的且已经被 UE 之前发送的侧行控制信息指示的资源 x 和资源 y。UE 至少在时隙 m-T_3 执行一次上述 Step 1，确定候选资源集合。如果资源 x 或资源 y 不在候选资源集合中（满足上述前两个条件），进一步判断是否是由于携带高优先级的侧行控制信息的指示导致资源 x 或资源 y 不在候选资源集合中（满足上述最后一个条件），如果是，则 UE 执行 Step 2 重选资源 x 和资源 y 中满足上述 3 个条件的时频资源。此外，当触发资源重选后，UE 为了满足 Step 2 中需要满足的时域限制条件，也可以重选任何已选择但未通过发送侧行控制信息指示的资源，如资源 z 和资源 v 中的任意几个。上述 $T_3=T_{\text{proc},1}$。

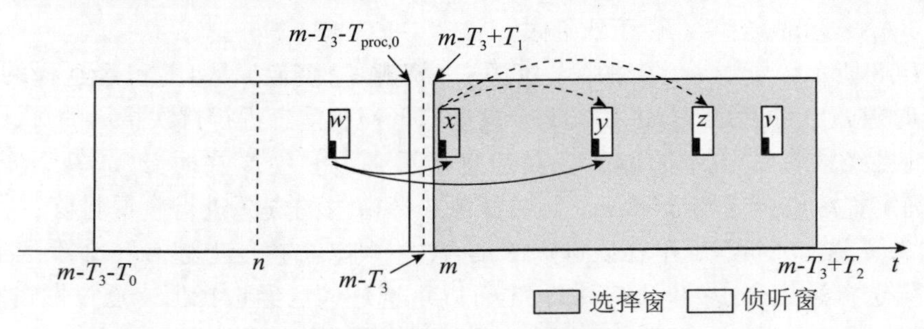

图 17-19　Pre-emption 机制

17.3　侧行链路物理过程

17.3.1　侧行链路 HARQ 反馈

在 LTE V2X 中，侧行链路传输的数据主要是通过广播的方式进行发送的，通常采用盲重传的方式进行侧行数据的传输，即发送端不需要根据接收端的 HARQ 反馈进行重传或新传，而是自主进行一定次数的侧行数据重传，然后进行新传。在 NR V2X 中，为了满足更高的传输可靠性的需求，在侧行链路中引入了侧行 HARQ 反馈机制，即接收端 UE 检测发送端 UE 发送的 PSCCH/PSSCH，根据检测结果向发送端 UE 发送 HARQ 反馈信息，该 HARQ 反馈信息承载在 PSFCH 信道中。发送端在发送侧行数据时，通过 SCI 指示接收端是否需要发送侧行 HARQ 反馈。

1. 侧行 HARQ 反馈方式

在 NR V2X 中支持 3 种侧行数据的传输方式：单播、组播和广播。侧行链路 HARQ 反馈只适用于单播和组播，不适用于广播。在广播传输方式中，与 LTE V2X 相同，发送端 UE 通常采用盲重传的方式多次传输侧行数据以提高传输可靠性。

在单播传输方式中，发送端和接收端建立单播通信的链路后，发送端向接收端发送侧行数据，接收端根据检测结果向发送端发送 PSFCH，在 PSFCH 中承载侧行 HARQ 反馈信息，如图 17-20 所示。

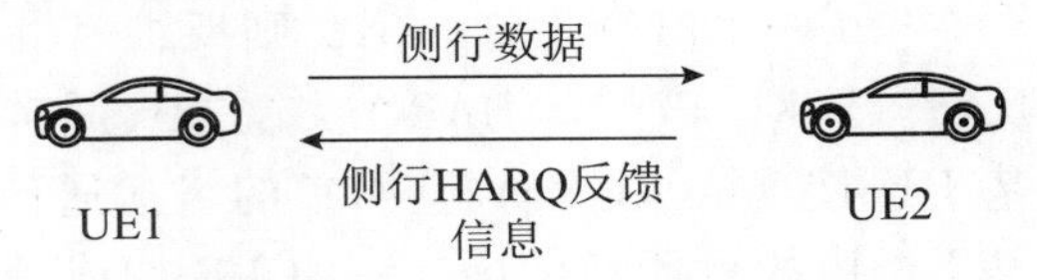

图 17-20　侧行链路反馈示意图

在组播传输方式中，引入了两种侧行 HARQ 反馈方式，即只反馈 NACK 的侧行 HARQ 反馈方式和反馈 ACK 或 NACK 的侧行 HARQ 反馈方式，发送端在 SCI 中指示接收端的侧行 HARQ 反馈方式。

- 第一类侧行 HARQ 反馈方式，又称为 NACK-only

当 UE 未成功检测 PSSCH 时，向发送端 UE 发送 NACK，如果 UE 成功检测了 PSSCH，则不发送侧行 HARQ 反馈信息，并且所有需要发送 NACK 的 UE 使用相同的反馈资源发送 NACK。该侧行 HARQ 反馈方式通常适用于无连接（Connection-less）的组播传输，即 UE 之间并没有建立通信组。另外，该侧行 HARQ 反馈方式通常与通信距离需求相结合，即只有和发送端中在一定距离范围内的 UE 才向发送端 UE 发送侧行 HARQ 反馈信息，而该通信距离范围外的 UE 不需要发送侧行 HARQ 反馈信息。在标准制定的后期，也有公司提出这种反馈方式也可以不与通信距离需求结合，可以用于基于连接（Connection-based）的组播通信中。例如，在车辆编队（Platooning）的场景中，通信组内的车辆数是确知的，此时，也可以采用第一类侧行 HARQ 反馈方式，组内所有的 UE 如果未能成功检测 PSSCH 则反馈 NACK，否则不反馈。

在 NR V2X 中，为了支持 NACK-only 的侧行 HARQ 反馈方式，引入区域（Zone）的概念，即将地球表面划分多个 Zone，通过 Zone ID 标识每个 Zone，对于 NACK-only 的侧行 HARQ 反馈方式，发送端 UE 在 SCI 中携带自身所属的 Zone 对应的 Zone ID 信息，并且指示通信距离需求（Communication Range Requirement）信息。

接收端 UE 接收到发送端 UE 发送的 SCI，根据其指示的 Zone ID 信息以及接收端 UE 自己所处的 Zone，确定与发送端 UE 之间的距离。具体的，接收端可以获知自己的真实位置（如根据 GNSS 获取自身位置信息），但接收端 UE 只知道发送端 UE 所处的 Zone ID，并不知道其真实的地理位置，因此，接收端 UE 根据自己的真实位置以及发送端 UE 的 Zone ID 所对应的多个 Zone 中距离接收端 UE 最近的 Zone 的中心位置确定两者之间的距离。如果接收 UE 确定的距离小于等于通信距离需求信息指示的距离，并且未成功检测 PSSCH，则需要反馈 NACK，如果成功检测 PSSCH，则不需要反馈；如果大于通信距离需求信息指示的距离，则不需要向发送端 UE 发送侧行 HARQ 反馈信息。

如图 17-21 所示，发送端 UE（TX UE）在 Zone 4 中，发送侧行数据，并且在 SCI 中携带 Zone ID 信息和距离信息，UE1 和 UE2 确定与 TX UE 的距离小于该距离信息，因此当检测 PSSCH 失败时，向 TX UE 发送 NACK，否则不反馈；UE3 确定与 TX UE 的距离大于该距离信息，因此 UE3 不会向 TX UE 发送侧行 HARQ 反馈。

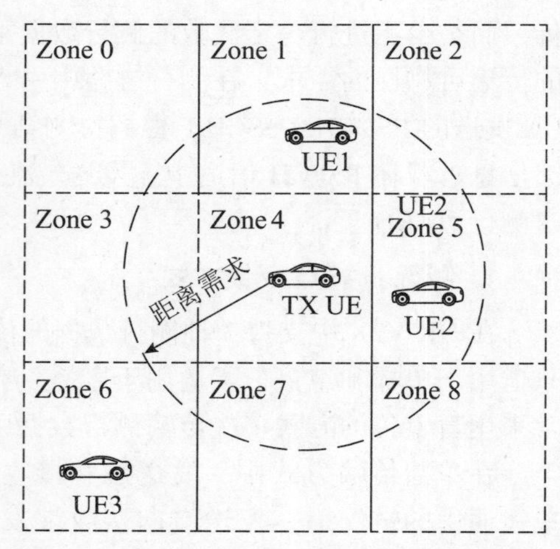

图 17-21　基于 Zone 和距离需求的组播通信侧行反馈示意图

- 第二类侧行 HARQ 反馈方式，即 ACK/NACK 反馈

当 UE 成功检测 PSSCH，则反馈 ACK，否则反馈 NACK。该侧行 HARQ 反馈方式通常适用于基于连接（Connection-based）的组播通信中。在基于连接的组播通信中，一组 UE 构成一个通信组，并且每个组内 UE 对应着一个组内标识。例如，如图 17-22 所示，一个通信组包括 4 个 UE，则该组大小为 4，每个 UE 的组内标识分别对应 ID#0、ID#1、ID#2 和 ID#3。每个 UE 可以获知该 UE 在该组内的组内标识。一个 UE 发送 PSCCH/PSSCH 时，该组内的其他 UE 都是接收端 UE，每个接收端 UE 根据检测 PSSCH 的状态决定向发送端 UE 反馈 ACK 或 NACK，并且每个接收端 UE 使用不同的侧行 HARQ 反馈资源，即通过 FDM 或 CDM 的方式进行侧行 HARQ 反馈。

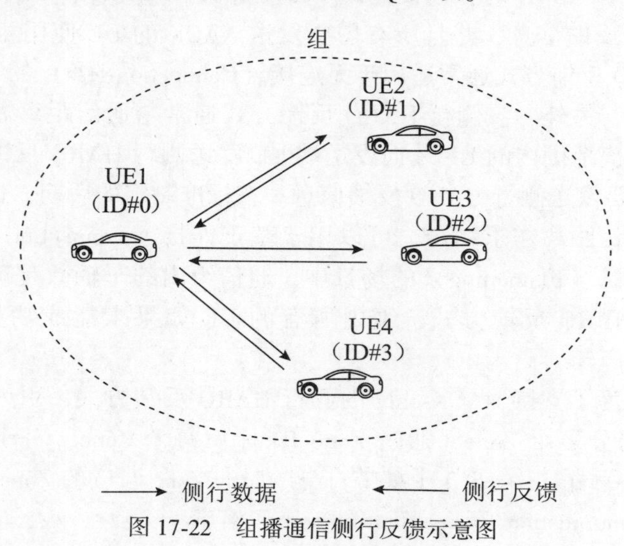

图 17-22　组播通信侧行反馈示意图

2. 侧行 HARQ 反馈资源配置

在 PSSCH 资源池配置信息中可以配置侧行 HARQ 反馈传输资源和 PSFCH 资源。侧行 HARQ 反馈传输资源的配置参数包括以下 4 种。

- 侧行 HARQ 反馈资源的周期：侧行 HARQ 反馈资源可以配置在每个侧行传输的时隙中，但是为了降低侧行 HARQ 反馈的开销，可以配置侧行 HARQ 反馈资源的周期 P，其中 $P=0$、1、2 或 4，用 PSSCH 所在的资源池中的时隙个数表示，即每 P 个时隙中有一个时隙包括 PSFCH 传输资源。$P=0$ 即表示该 PSSCH 资源池中没有 PSFCH 反馈资源。
- 时间间隔：用于指示侧行 HARQ 反馈资源和其对应的 PSSCH 传输资源的时间间隔，用时隙个数表示。
- 侧行 HARQ 反馈资源的频域资源集合：用于指示在一个时隙中可用于传输 PSFCH 的 RB 位置和数量，该参数用位图的形式指示，位图中的每个比特对应频域的一个 RB。
- 一个 RB 中循环移位对（Cyclic Shift Pair，CS 对）的个数：侧行 HARQ 反馈信息通过序列的形式承载，ACK 和 NACK 对应不同的序列，称为一个循环移位对，该参数用于指示 CS 对的个数，即一个 RB 中可以通过 CDM 的方式复用的用户数。

3. 侧行 HARQ 反馈资源的确定

PSFCH 的传输资源是根据其对应的 PSSCH 的传输资源的时频位置确定的。在 NR V2X 中，支持以下两种 PSFCH 的资源确定方式，具体采用哪种确定 PSFCH 资源的方式是根据高层信令配置的。

- 方式 1：根据 PSSCH 频域资源的第一个子信道确定 PSFCH 的传输资源。
- 方式 2：根据 PSSCH 频域占据的所有子信道确定 PSFCH 的传输资源。

对于方式 1 的资源确定方式，由于 PSFCH 的传输资源只根据 PSSCH 占据的第一个子信道确定，因此，无论 PSSCH 占据多少子信道，其对应的 PSFCH 的反馈资源个数都是固定的；对于方式 2，PSFCH 的传输资源个数根据 PSSCH 占据的子信道数确定，因此，PSSCH 占据的子信道越多，其 PSFCH 的传输资源也越多。方式 2 更适用于需要更多侧行 HARQ 反馈资源的场景，如组播中的第二类侧行 HARQ 反馈方式。

根据传输 PSSCH 的时隙以及子信道可以确定其对应的 PSFCH 传输资源集合 $R_{\text{PRB,CS}}^{\text{PSFCH}}$，在该资源集合中的 PSFCH 传输资源的索引先按照 RB 从低到高的顺序，再按照 CS 对从低到高的顺序确定，进一步地，在该资源集合中，通过下面的公式确定 PSFCH 的传输资源：

$$(P_{\text{ID}}+M_{\text{ID}}) \bmod R_{\text{PRB,CS}}^{\text{PSFCH}} \tag{17.3}$$

其中，P_{ID} 表示发送端 ID 信息，即 SCI 中携带的发送端 UE 的源 ID；对于单播或 NACK-only 的组播侧行 HARQ 反馈方式，$M_{\text{ID}}=0$，对于 ACK/NACK 的组播侧行 HARQ 反馈方式，M_{ID} 表示高层配置的接收端 UE 的组内标识。

17.3.2　侧行 HARQ 反馈信息上报

在模式 1 中，侧行传输资源是由网络分配的，为了让网络分配重传资源，发送端 UE 需要向网络上报侧行 HARQ 反馈信息，以指示该侧行数据是否被正确接收。网络接收到 UE 上报的 NACK 时，为该 UE 分配重传资源，如果网络接收到 ACK，则停止对该侧行数据的调度。

在 NR V2X 中，支持通过 PUCCH 和 PUSCH 承载侧行 HARQ 反馈信息的上报方式，不支持侧行 HARQ 反馈信息和 Uu 接口上行控制信息（Uu UCI）复用到同一个 PUCCH 或 PUSCH 信道，以降低上行反馈信息上报过程的复杂度。

如果网络希望 UE 上报侧行 HARQ 反馈信息，则在为 UE 分配侧行传输资源时，同时分配 PUCCH 传输资源，发送端 UE 在该侧行传输资源上向接收端 UE 发送侧行数据，接收端 UE 根据检测结果向发送端 UE 发送侧行 HARQ 反馈信息，发送端 UE 将该侧行 HARQ 反馈信息通过 PUCCH 上报给网络，如果在该 PUCCH 的时隙中，网络同时调度了 PUSCH 传输，则发送端 UE 将该侧行 HARQ 反馈信息承载在 PUSCH 中上报给网络设备。

对于动态调度的资源分配方式，网络通过 DCI 为 UE 分配侧行传输资源以及一个 PUCCH 传输资源；对于侧行免授权的资源分配方式，网络为 UE 在每个侧行免授权周期中分配一个 PUCCH 传输资源。网络分配的 PUCCH 传输资源的时域位置位于该 DCI 调度的最后一个侧行传输资源关联的 PSFCH 之后。

在 NRUu 接口中支持基于 HARQ 码本的上行 HARQ 反馈，即多个时隙的 HARQ 反馈信息复用到同一 PUCCH 或 PUSCH 中。NR V2X 沿用了这种上报机制，支持多个侧行 HARQ-ACK 比特复用在同一 PUCCH 或 PUSCH 中。

17.3.3 侧行链路测量和反馈

1. CQI/RI

NR V2X 的单播通信中支持 CQI 和 RI 上报，但不支持 PMI 上报，而且在一次 SL CSI 上报中，UE 应同时上报 CQI 和 RI，由于 NR V2X 中 PSFCH 仅用于 HARQ 反馈，所以，目前 CQI/RI 通过 MAC CE 承载。另外，在侧行信道上，如果 SL CSI 反馈 UE 采用的是模式 2 资源分配方式，则无法保证 UE 能够获取周期性的资源用于 SL CSI 反馈，所以，在 NR V2X 中仅支持非周期的 SL CSI 反馈。

SL CSI 由发送 UE 通过第二阶 SCI 触发（“CSI 反馈请求”域），为了保证 SL CSI 上报的有效性，接收 UE 在收到 SL CSI 触发信令后应该在特定的最大时延范围内反馈 SL CSI，上述最大时延范围由发送 UE 确定并通过 PC5-RRC 通知接收 UE。

2. CBR/CR

信道繁忙率（Channel Busy Ratio，CBR）和信道占用率（Channel Occupancy Ratio，CR）是用于支持拥塞控制的两个基本测量量。其中，CBR 的定义为：CBR 测量窗［$n-c$，$n-1$］内 SL RSSI 高于配置门限的子信道占资源池内子信道总数的比例，其中 c 为 100 个或 $100 \cdot 2^{\mu}$ 个时隙。CR 的定义为：UE 在［$n-a$，$n-1$］范围内已经用于发送数据的子信道个数和［n，$n+b$］范围内已获得的侧行授权包含的子信道个数占［$n-a$，$n+b$］范围内属于资源池的子信道总数的比例，CR 可以针对不同的优先级分别计算。其中 a 为正整数，b 为 0 或正整数，a 和 b 的值均由 UE 确定，但需要满足以下 3 个条件：

- $a+b+1=1\,000$ 或 $1\,000 \cdot 2^{\mu}$ 个时隙；
- $b<(a+b+1)/2$；
- $n+b$ 不超侧行授权指示的当前传输的最后一次重传。

对于 RRC 连接状态下的 UE，应根据 gNB 的配置测量和上报 CBR。UE 应根据测量到的 CBR 和 CR 进行拥塞控制，具体的，在一个资源池内，拥塞控制过程会限制以下 PSCCH/

PSSCH 的发送参数。

- 资源池内支持的 MCS 范围。
- 子信道个数的可选范围。
- 在 Mode 2 下最大的重传次数。
- 最大发送功率。
- $\sum_{i \geqslant k} CR(i) \leqslant CR_{\text{Limit}}(k)$ 。

其中，$CR(i)$ 为时隙 $n-N$ 测量到的优先级 i 的侧行传输的 CR，$CR_{\text{Limit}}(k)$ 为系统配置的针对优先级 k 的侧行传输和时隙 $n-N$ 测量到的 CBR 的 CR 限制，N 表示 UE 处理拥塞控制所需的时间并和子载波间隔大小参数 μ 有关，3GPP 定义了两种 UE 拥塞控制处理能力（处理能力 1 及处理能力 2），如表 17-7 所示。

表 17-7 拥塞控制处理能力

子载波间隔大小 μ	拥塞控制处理能力 1（单位时隙）	拥塞控制处理能力 2（单位时隙）
0	2	2
1	2	4
2	4	8
3	8	16

3. SL-RSRP

为了支持基于侧行路损的功率控制（详见 17.3.3 节），发送 UE 需要通过一定的方式获取侧行路损估计结果。3GPP 在标准制定过程中曾经考虑过两种不同的侧行路损获取方式：一种是发送 UE 指示参考信号的发送功率，由接收 UE 估计侧行路损，然后将估计的路损上报给发送 UE；另一种是接收 UE 仅上报测量到的 SL-RSRP，然后将 SL-RSRP 上报给发送 UE，由发送 UE 估计侧行路损。由于第一种方式需要在 SCI 中指示参考信号的发送功率，将明显增加 SCI 的比特数，所以最终标准采纳了第二种方式。

SL-RSRP 由接收 UE 根据 PSSCH DMRS 估计，并对估计结果进行 L3 滤波，SL-RSRP 上报由侧行 RRC 信令承载。

17.3.4 侧行链路功率控制

NR V2X 的 PSCCH 和 PSSCH 支持两种不同类型的功率控制，即基于下行路损的功率控制和基于侧行路损的功率控制。

其中，基于下行路损的功率控制主要用于降低侧行发送对上行接收的干扰，如图 17-23 所示，由于侧行通信可能和 Uu 上行位于相同的载波，因此 UE#2 和 UE#3 之间的侧行发送可能对基站对 UE#1 的上行接收造成干扰，引入基于下行路损的功率控制后，UE#2 和 UE#3 之间的侧行发送功率将随着下行路损的减小而减小，从而可以达到控制对上行干扰的目的。而基于侧行路损的功率控制的主要目的是降低侧行通信之间的干扰，由于基于侧行路损的功率控制依赖 SL-RSRP 反馈以计算侧行路损，因此在 R16 NR V2X 中只有单播通信支持基于侧行路损的功率控制。

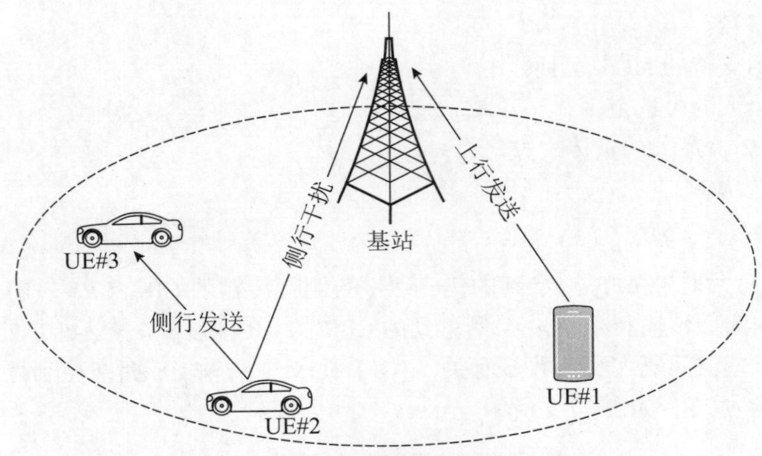

图 17-23　侧行发送对上行接收的干扰

对于仅存在 PSSCH 的 OFDM 符号上 PSSCH 的发送功率可以通过式（17.4）确定。

$$P_{\text{PSSCH}}(i)=\min\{P_{\text{CMAX}},P_{\text{MAX,CBR}},\min[P_{\text{PSSCH},D}(i),P_{PSSCH,SL}(i)]\}\ (\text{dBm})\quad(17.4)$$

其中，P_{CMAX} 是 UE 允许的最大发送功率；$P_{\text{MAX,CBR}}$ 表示在拥塞控制情况下，对于当前 CBR 级别和发送数据优先级所允许的最大发送功率；$P_{\text{PSSCH,D}}(i)$ 和 $P_{\text{PSSCH,SL}}(i)$ 分别通过式（17.5）、式（17.6）确定：

$$P_{\text{PSSCH},D}(i)=P_{0,D}+10\log_{10}[2^{\mu}\cdot M_{\text{RB}}^{\text{PSSCH}}(i)]+\alpha_D\cdot PL_D\ [\text{dBm}]\quad(17.5)$$

$$P_{\text{PSSCH},SL}(i)=P_{0,SL}+10\log_{10}[2^{\mu}\cdot M_{\text{RB}}^{\text{PSSCH}}(i)]+\alpha_{SL}\cdot PL_{SL}\ [\text{dBm}]\quad(17.6)$$

其中，$P_{0,D}$ 和 $P_{0,SL}$ 分别为高层信令配置的基于下行路损和侧行路损的功率控制的基本工作点；α_D 和 α_{SL} 分别为高层信令配置的下行路损和侧行路损的补偿因子；PL_D 和 PL_{SL} 分别为 UE 估计的下行路损和侧行路损，$M_{\text{RB}}^{\text{PSSCH}}(i)$ 为 PSSCH 占用的 PRB 个数。

当一个 OFDM 符号即存在 PSCCH 又存在 PSSCH 时，UE 会将发送功率 $P_{\text{PSSCH}}(i)$ 按照 PSCCH 和 PSSCH 的 PRB 个数比例分配到 PSCCH 和 PSSCH，在这种情况下，PSSCH 的发送功率 $P_{\text{PSSCH2}}(i)$ 为

$$P_{\text{PSSCH2}}(i)=10\log_{10}\left(\frac{M_{\text{RB}}^{\text{PSSCH}}(i)-M_{\text{RB}}^{\text{PSCCH}}(i)}{M_{\text{RB}}^{\text{PSSCH}}(i)}\right)+P_{\text{PSSCH}}(i)\ [\text{dBm}]\quad(17.7)$$

PSCCH 的发送功率为

$$P_{\text{PSCCH}}(i)=10\log_{10}\left(\frac{M_{\text{RB}}^{\text{PSCCH}}(i)}{M_{\text{RB}}^{\text{PSSCH}}(i)}\right)+P_{\text{PSSCH}}(i)\ [\text{dBm}]\quad(17.8)$$

其中，$M_{\text{RB}}^{\text{PSCCH}}(i)$ 为 PSCCH 占用的 PRB 个数。

由于 PSFCH 格式 0 中不包含解调参考信号，而且 PSFCH 资源上可能存在多个 UE 发送的通过码分方式复用的 PSFCH，PSFCH 的接收 UE 无法通过 PSFCH 估计侧行路损，所以，对于 PSFCH 格式 0 仅支持基于下行路损的功率控制。S-SS 和 PSBCH 采用的是广播发送方式，不存在 SL-RSRP 反馈，所以 S-SS 和 PSBCH 也只采用基于下行路损的功率控制。

17.4　高层相关过程

17.4.1　侧行链路协议栈总览

侧行无线承载（SLRB）分为两类：用于用户平面数据的侧行数据无线承载（SL DRB）和用于控制平面数据的侧行信令无线承载（SL SRB）。其中，对于 SL SRB，使用不同 SCCH 分别配置用于承载 PC5-RRC 和 PC5-S。其接入层协议栈如图 17-24 至图 17-27 所示，包含 PHY 层、MAC 层、RLC 层，以及以下几个层。

- 对于针对 RRC 的控制面，包含 PDCP 层和 RRC 层（其中较为特殊的是，对于针对 PSBCH 的控制面，不包含 PDCP 层）。
- 对于针对 PC5-S 的控制面，包含 PDCP 层和 PC5-S 层。
- 对于用户面，包含 PDCP 层和 SDAP 层。

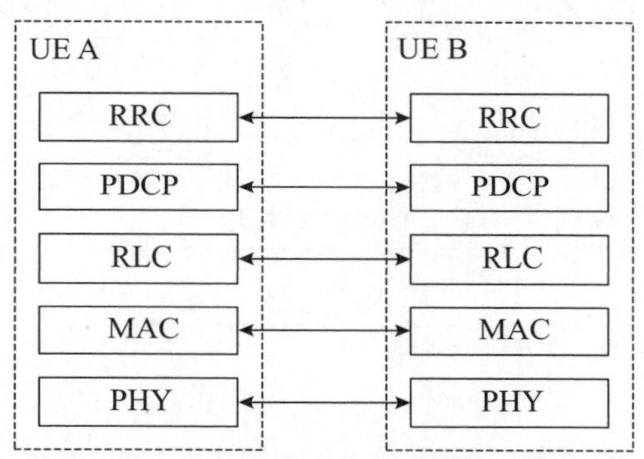

图 17-24　针对 PC5-RRC 的侧行链路控制面接入层协议栈

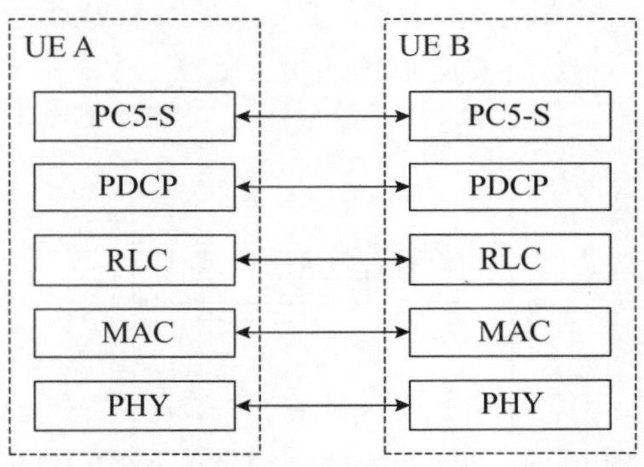

图 17-25　针对 PC5-S 的侧行链路控制面接入层协议栈

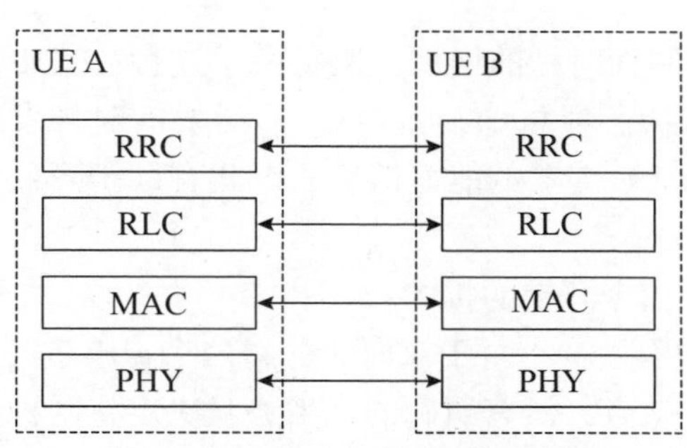

图 17-26　针对 SBCCH 的侧行链路控制面接入层协议栈

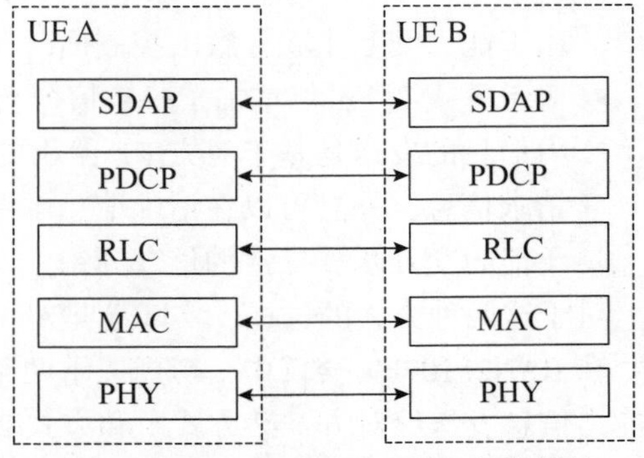

图 17-27　侧行链路用户面接入层协议栈

对于广播和组播来说，UE 不使用 PC5-RRC，即 PC5-RRC 只针对单播链路。具体来说，对于单播侧行链路，PC5-RRC 连接是两个 UE 之间针对一对源侧层 2 地址和目标侧层 2 地址建立的逻辑连接，UE 可以与一个或多个 UE 建立 PC5-RRC 连接。UE 使用单独的 PC5-RRC 过程和消息将进行以下操作。

- UE 之间的能力交互：一条单播链路上的两个 UE，可以在两个方向上使用单独的

PC5-RRC 过程报告自己的能力。
- UE 之间进行侧行链路的接入层配置：一条单播链路上的两个 UE，可以在两个方向上使用单独的 PC5-RRC 过程进行侧行链路接入层配置。
- UE 之间进行侧行链路的测量报告。
- PC5-RRC 连接的释放：PC5-RRC 的连接在如下场景下会被释放（包括但不限于），如单播链路上发生 RLF、PC5-S 层信令交互释放单播链路连接，以及 T400（如 17.4.3 节所述）计时器超时。

在下面的章节中，本书会针对不同的过程进行详细描述。

17.4.2 能力交互

对于能力交互过程的设计，主要针对如下两种方式。
- 方式 1：自主发送，如图 17-28 所示，一个 UE 自主地将自身的能力信息发送给另一个 UE。
- 方式 2：请求发送，如图 17-29 所示，一个 UE 在另一个 UE 的请求下，将自身的能力信息发送给另一个 UE。

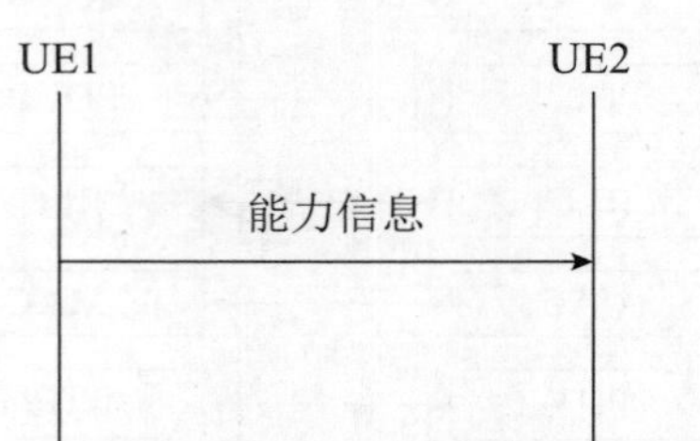

图 17-28 自主发送式侧行链路能力交互过程

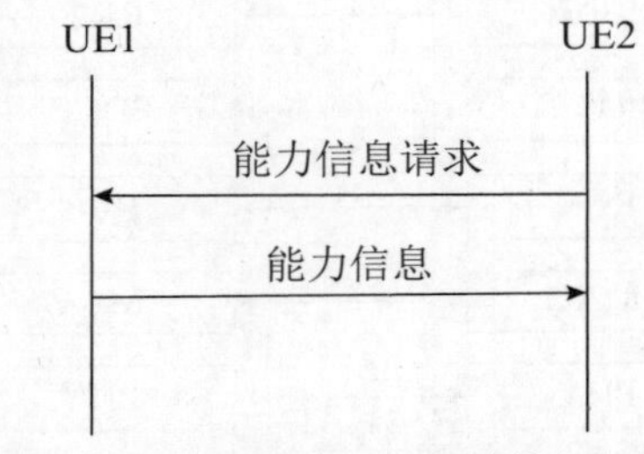

图 17-29 请求发送式侧行链路能力交互过程

这两种方式各有优缺点。
- 对于方式 1：其优点在于节省了一条信令，这有助于在侧行链路连接建立过程中减小由于能力交互步骤导致的控制面时延。
- 对于方式 2：虽然增加了一条信令会导致控制面时延的增加，但是由于这种方式中能力信息的发送是基于对方 UE 给出的请求信息，对方 UE 可以只在有必要的时候发送请求信息，并且可以在请求信息中指示对方 UE 需要的能力信息，因此有助于降低由于能力交互步骤导致的信令开销。

对于这两种方式的选择，实际上是对于时延和信令开销的折中。

在 RAN2#107bis 会议中，考虑以下两个方面的因素：①对于双向业务，两个 UE 都需要将能力信息发送给对方；②方式 1 和方式 2 各有优缺点，没有明确的优劣势，决定将两种方式进行融合。例如：
- 首先，UE1 向 UE2 发送请求信令，要求 UE2 发送能力信息给 UE1，同时 UE1 在请求信令中包含 UE1 自身的能力信息；
- 其次，UE2 向 UE1 回复能力信息，包含 UE2 自身的能力信息。

可以理解为，对于 UE1 自身的能力信息发送来说，采用了方式 1，而对于 UE2 自身的能力信息发送来说，采用了方式 2——通过这种方式，进行了时延和信令开销的折中。

17.4.3 接入层参数配置

对于接入层参数配置过程，协议定义了两个过程如图 17-30 和图 17-31 所示。

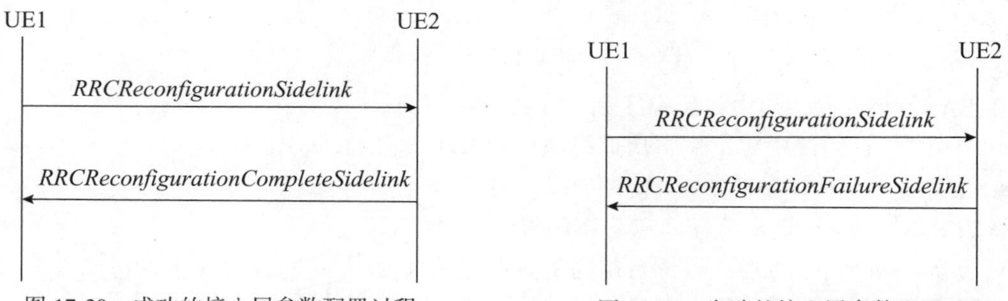

图 17-30 成功的接入层参数配置过程

图 17-31 失败的接入层参数配置过程

该接入层参数配置过程的目的是建立、修改和释放侧行链路 DRB 或配置 NR 侧行链路测量并报告对方 UE。在以下情况下，UE 可以发起侧行链路接入层参数配置过程。

- 释放与对方 UE 相关联的侧行链路 DRB。
- 建立与对方 UE 相关的侧行链路 DRB。
- 对与对方 UE 相关联的侧行链路 DRB 的 SLRB 参数配置中包含的参数进行修改。
- 针对对方 UE 进行 NR 侧行链路测量和报告的配置。

3GPP 对于接入层参数配置的信令内容进行了研究，以 UE1 发送给 UE2 的接入层参数配置信令为例，其可能涉及的参数包含以下几个类型。

- 类型 1：只与 UE1 的数据发送相关，不与 UE2 的数据接收相关的参数。
- 类型 2：与 UE1 数据发送以及 UE2 的数据接收都相关的参数。
- 类型 3：只与 UE2 的数据接收相关，不与 UE1 的数据发送相关的参数。

经过分析，由于类型 2 的参数（如 RLC 模式、RLC 报文头序列号长度、PDCP 报文头序列号长度等）需要两个 UE 使用统一的参数，因此需要保护在接入层参数配置信令中。相比而言，类型 1 和类型 3 可以分别由 UE1 和 UE2 独立配置而不需要在接入层配置信令中体现——尤其对于类型 3 而言。对于组播和广播方式，由于不具备通过 PC5-RRC 进行侧行链路接入层参数配置的能力，接收 UE 只能自行决定接收参数配置。因此，3GPP 最终决定，由 UE2 自行决定类型 3 的参数，而只包含类型 1 的参数中关于 SDAP 层配置的 QoS 相关信息，以辅助 UE2 进行参数设定。

在上述的几个类型的参数中，之所以只涉及 UE1 发送、UE2 接收的方向（而没有涉及 UE2 发送、UE1 接收的方向），是为了和资源分配的设计框架相匹配，即各个 UE 以及服务 UE 的网络节点独立的所述 UE 的发送资源进行控制，从而更好地匹配侧行链路分布式网络拓扑的特点。但是这样的两个方向独立配置的设计引入了一个问题（如图 17-32 所示），即对 RLC 模式来说，两个方向不能独立配置。换句话说，对于同一个侧行链路逻辑信道，不论是 UE1 发送、UE2 接收的方向，还是 UE2 发送、UE1 接收的方向，都必须采用同一个 RLC 模式，而不能一个是 RLC UM，另一个是 RLC AM。但是，由于这两个方向是由两个 UE 或相关的服务基站独立配置的，因此两者之间前期并无信令交互，如何避免两个方向选择不同的模式是亟须解决的问题。

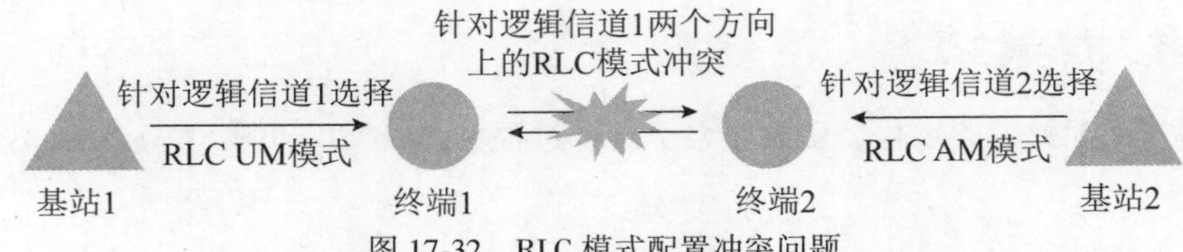

图 17-32　RLC 模式配置冲突问题

在 RAN2#107bis 会议中，研究了如下几种解决方案。

- 方案 1：在协议中固定逻辑信道标识（LCID）和 RLC 模式的对应关系。
- 方案 2：对于单播通信，只使用 RLC AM 模式。
- 方案 3：由 UE 自行分配固定逻辑信道标识（LCID）。
- 方案 4：网络节点在进行侧行链路配置前通过 X_n 接口进行配置参数的协调。
- 方案 5：不解决该问题，如果 RLC 模式冲突发生，按照配置失败进行处理。

3GPP 对上述几种解决方案进行了进一步分析：其中方案 1 和方案 2 属于同一类型，通过在协议中预定义 LCID 和 RLC 模式的对应关系来避免冲突。其中，方案 2 可以看作方案 1 的一个简化模式，即对于所有的 LCID 其对应的 RLC 模式都固定为 RLC AM。考虑到这两种方案对于配置灵活性的损失较大，最终没有被采纳。方案 4 所述的网络节点间的协调涉及的节点间信令较为复杂，并且只限于两个 UE 都处于 RRC 连接态的情况下，复杂度较高且场景较为受限，最终也没有被采纳。

最终，在 RAN2#108 次会议，RAN2 采纳了类似方案 3 和方案 5 结合的方案。考虑到当任意 UE 处于覆盖内时，虽然其参数配置信息来自于网络，但是由于网络节点间缺乏协调，也就对侧行链路对向链路的配置信息无从知晓，因此并不适合将 LCID 的配置权放在网络侧。相反，如果由 UE 进行 LCID 的配置，则 UE 可以根据对向链路的配置信息自行进行 LCID 和 RLC 模式的选择。例如，假设 UE1 收到来自 UE2 的针对 LCID＝1 的逻辑信道的 RLC 模式配置信息，为 RLC AM，那么当 UE1 发送接入层参数配置信息时，如果需要建立两个侧行链路承载，一个为 RLC AM，另一个为 RLC UM，则 UE1 可以将 RLC AM 而非的侧行链路承载配置为 LCID＝1 的逻辑信道上。

同时，为了让双方的网络侧至少知道对方 UE 的对于不同承载的 RLC 模式配置，3GPP 同意支持 UE 向自身的服务网络上报对方 UE 的侧行链路配置，包含 RLC 模式信息和 QoS 属性信息。

其次，需要处理接入层参数配置失败的情况，主要分为两种情况。

- 情况 1：UE1 在向 UE2 发送了参数配置信令之后，没有收到来自 UE2 的确认信令 *RRCReconfigurationCompleteSidelink*。
- 情况 2：UE2 收到来自 UE1 的参数配置信令之后，发现其中包含的参数配置信息不能适用（包括前文所述的 RLC 模式冲突的情况）。

RAN2#106 次会议对上述问题进行了讨论。

- 一方面，针对情况 1，参数配置信令的发送端可以维护一个计时器（T400），该定时器用来判断接收端是否对该参数配置信令回复了确认信令。因此，当该 T400 计时器超时，发送端判断接收端没有回复参数配置信令，主要原因为发送端和接收端之间的链路出现问题，例如发送端和接收端之间的距离变长或者由于遮挡等非视距环境导致路损变大。
- 另一方面，针对情况 2，虽然也可以通过 T400 定时器来处理，即如果参数配置信息不能适用，则接收端不向发送端发送确认信令，但是这种方式会导致发送端不必要的等待时延（即等待 T400 计时器超时），并且在情况 2 中，发送端和接收端的链路质量可能并未发生问题，所以统一使用计时器的方法进行处理并不可行。考虑到这些方面，3GPP 引入了显示的错误信息，即 *RRCReconfigurationFailureSidelink*，用于接收端 UE 向发送端 UE 报告错误信息。

在引入这两个错误处理机制之后，剩下的问题就是，当计时器超时或者发送端收到 *RRCReconfigurationFailureSidelink* 信令之后，如何做进一步处理。

- 针对情况 1，即 T400 超时的情况，由于所述情况是由发送端 UE 和接收端 UE 的链路质量恶化导致的，因此当所述情况发生时，发送端 UE 按照 RLF（如 17.4.5 节所述）进行处理。
- 针对情况 2，即收到 *RRCReconfigurationFailureSidelink* 的情况，所述情况是由参数配置信令不适用于接收端 UE 导致的。
  - 假如此时发送端 UE 处于 RRC 连接态，则说明参数配置信令来自于网络，则该问题可以通过网络更新下发的参数配置信令解决。为了通知网络发生了收到 *RRCReconfigurationFailureSidelink* 的情况，发送端 UE 需要向网络上报所述错误信息。
  - 假如此时发送端 UE 处于 RRC 非激活态、空闲态或处于无覆盖场景，则有两种处理方式。

    方式 1：当发送端 UE 收到 *RRCReconfigurationFailureSidelink* 时，发送端 UE 按照发生了无线链路失败进行处理，即主动断开当前通信链路。

    方式 2：当发送端 UE 收到 *RRCReconfigurationFailureSidelink* 时，发送端 UE 不进行特殊处理。

对于这两种方式，方式 2 给予了发送端 UE 一些自由度，对接入层配置参数进行了调整，因此被 3GPP 最终采纳。

由此，3GPP 对于参数配置的成功场景和错误场景都完成了相关设计。

17.4.4　测量配置与报告过程

对于侧行链路来说，所述相关的测量主要针对单播链路，主要目的是服务于发送端功率控制，即发送端 UE 根据接收端 UE 发送的 RSRP 测量结果，结合自身的发送功率值，对侧行链路路径损耗进行估计，进而调整发送功率值。

对于 RSRP 报告触发条件来说：

- 可以通过周期性计时器触发。
- 可以通过事件触发：针对侧行链路的 RSRP 报告，3GPP 定义了两个事件，即 S1 和 S2，分别针对当前侧行链路的 RSRP 测量值高于或低于一个门限值。

17.4.5　RLM/RLF

针对单播链路，另一个必要功能为无线链路监测（RLM），用以判断无线链路失败（RLF），即当两个 UE 中间的链路发生问题，如两个 UE 彼此远离，或者由于遮挡导致两个 UE 相互无法通信时，需要对正在活动的链路资源和配置进行释放。

针对这个问题，3GPP 讨论了 3 种方案。

- 方案 1：PC5-S 层解决方案，如图 17-33 所示，两个 UE 通过发送类似于心跳包的

Keep-Alive 信令，从而达到监测对方 UE 状态的目的——若对方 UE 没有在一定时间内（T4101）回复所述信令，则说明两个 UE 之间的链路发生了中断，否则说明两个 UE 直接的链路处于正常状态。

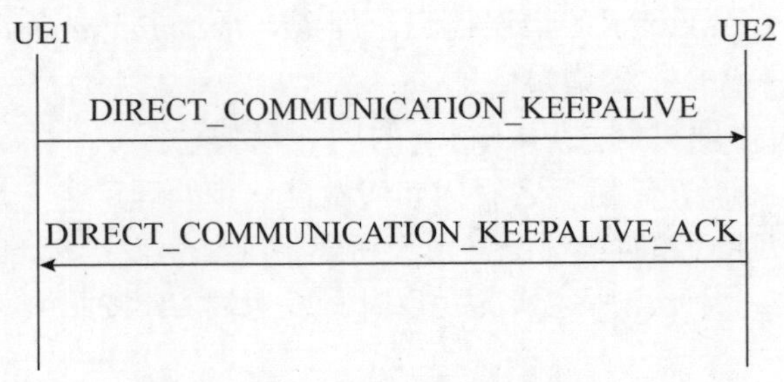

图 17-33 Keep-Alive 信令过程

- 方案 2：接入层解决方案。
  - 方案 2-1：通过 RLC AM 的重传次数进行判断，即若 RLC AM 的重传超出一定次数，则判断发生了 RLF，否则就说明当前链路质量正常。这与 Uu 接口中通过 RLC AM 判断 RLF 的方式一样。
  - 方案 2-2：通过物理层指示的方式进行判断，即通过物理层指示当前链路的质量指示来判断当前链路的质量。这里所说的物理层链路质量指示包括类似传统的 in-sync、out-of-sync 指示，以及由于 HARQ 机制得到的来自收到反馈。

一方面，方案 1 是必要的，考虑到底层的传输方式，可能并未采纳 RLC AM 或带反馈的 HARQ 传输方式。另一方面，方案 2 可以作为方案一的补充而存在，这主要是考虑到 PC5-S 层解决方案的响应速度可能较慢，接入层解决方案可以更迅速地检测无线链路失败。因此，3GPP 最终采纳了全部方案，即方案 1、方案 2-1 和方案 2-2。具体的，对于方案 2-2 来说，链路检测是通过在带反馈的 HARQ 传输过程中，对于接收端的 DTX 检查完成的，即当发送端 UE 检测到一定数量的 DTX 时，触发无线链路失败。

17.5 小结

本章介绍了 NR V2X 的传输技术，NR V2X 支持单播、组播、广播等传输方式，并且在侧行链路上引入了侧行 HARQ 反馈机制，对于一个侧行数据，最大可以支持 32 次重传，从而可以提高侧行数据传输的可靠性。在 NR V2X 中引入了双流传输，提高了系统的传输速率。支持 CQI/RI 的反馈，可以进行动态 MCS 选取和调整。对于 PSSCH 信道，支持基于侧行链路路损和下行链路路损的开环功率控制，在保证数据正确接收的基础上可以降低链路间的传输干扰。支持不同的侧行子载波间隔，侧行链路子载波间隔越大，越有利于降低传输时延。

NR V2X 支持网络分配侧行传输资源和 UE 自主选取传输资源，对于网络分配传输资源，又分为网络分配侧行免授权传输资源和动态分配侧行传输资源的传输方式，对于侧行免授权传输资源，降低 UE 与网络之间的资源分配的信令开销和时延，可以实现低时延的侧行传输。支持 UE 向网络上报侧行 HARQ 反馈信息，辅助网络进行资源调度。

对于单播通信，引入侧行 RRC 信令，单播通信的 UE 之间通过 PC5-RRC 信令交互能力信息、进行接入层参数配置、进行测量配置与报告等。

参考文献

[1] RP-190766. New WID on 5G V2X with NR sidelink, LG Electronics, Huawei, RAN Meeting #83, Shenzhen, China, March 18-21, 2019.

[2] 3GPP TS 38.214. 3rd Generation Partnership Project; Technical Specification Group Radio Access Network, NR. Physical layer procedures for data (Release 16).

[3] R1-1904074. Discussion on mode 2 resource allocation mechanism, vivo, RAN-1 #96bis, Xi'an, China, April 8th-12th, 2019.

[4] R1-1812409. Enhancements of Configured Frequency-Time Resource Pattern in NR V2X Transmission, Fujitsu, RAN-1 #95, Spokane, Washington, USA, November 12th-16th 2018.

[5] R1-1812209. Sidelink resource allocation mode 2, Huawei, RAN-1 #95, Spokane, Washington, USA, November 12th-16th 2018.

[6] R1-2002539. Sidelink Resource Allocation Mechanism for NR V2X, Qualcomm Incorporated, RAN-1 #100bis-e, April 20th -30th, 2020.

[7] R1-2002078. Remaining issues on Mode 2 resource allocation in NR V2X, CATT, RAN-1 #100bis-e, April 20th -30th, 2020.

[8] R1-1906076. Discussion of Resource Allocation for Sidelink-Mode 2, Nokia, Nokia Shanghai Bell, RAN-1 #97, Reno, USA, May 13th-17th, 2019.

[9] R1-1906392. Mode 2 resource allocation mechanism for NR sidelink, NEC, RAN-1 #97, Reno, USA, May 13th-17th, 2019.

[10] R1-1910213. Discussion on mode 2 resource allocation mechanism, vivo, RAN-1 #98bis, Chongqing, China, October 14th-20th, 2019.

[11] R1-1910650. Resource Allocation Mode-2 for NR V2X Sidelink Communication, Intel Corporation, RAN-1 #98bis, Chongqing, China, October 14th-20th, 2019.

[12] R1-2001994. Solutions to Remaining Opens of Resource Allocation Mode-2 for NR V2X Sidelink Design, Intel Corporation, RAN-1 #100bis-e, April 20th -30th, 2020.

[13] R1-2001749. Discussion on remaining open issues for mode 2, OPPO, RAN-1 #100bis-e, April 20th -30th, 2020.

[14] R1-2002126. On Mode 2 for NR Sidelink, Samsung, RAN-1 #100bis-e, April 20th-30th, 2020.

[15] R1-1913029. Considerations on the resource allocation for NR sidelink Mode2, CAICT, RAN-1 #99, Reno, US, November 18th-22th, 2019.

[16] 3GPP TS 38.211. 3rd Generation Partnership Project; Technical Specification Group Radio Access Network, NR. Physical channels and modulation (Release 16).

第 18 章

5G非授权频谱通信

林 浩 吴作敏 贺传峰 石 聪 编著

18.1 简介

在 3GPP R15 标准引入的 NR 系统，是用于在已有的和新的授权频谱上使用的通信技术。NR 系统可以实现蜂窝网络的无缝覆盖、高频谱效率、高峰值速率和高可靠性。在长期演进技术（Long Term Evolution，LTE）系统中，非授权频谱（或免授权频谱）作为授权频谱的补充频谱用于蜂窝网络已经实现。同样，NR 系统也可以使用非授权频谱，作为 5G 蜂窝网络技术的一部分，为用户提供服务。在 3GPP R16 标准中，讨论了用于非授权频谱上的 NR 系统，称为 NR-unlicensed（NR-U）。NR-U 系统的技术框架主要在 2019 年的 RAN1#96-99 会议完成，历时一年。

NR-U 系统支持两种组网方式：授权频谱辅助接入和非授权频谱独立接入。前者需要借助授权频谱接入网络，非授权频谱作为辅载波使用；后者可以通过非授权频谱独立组网，UE 可以直接通过非授权频谱接入网络。在 3GPP R16 中引入的 NR-U 系统使用的非授权频谱的范围集中于 5 GHz 和 6 GHz 频谱，如美国 5 925~7 125 MHz，或者欧洲 5 925~6 425 MHz。在 R16 的标准中，也新定义了 band 46（5 150~5 925 MHz）作为非授权频谱使用。

非授权频谱是国家和地区划分的可用于无线电设备通信的频谱，该频谱通常被认为是共享频谱，即通信设备只要满足国家或地区在该频谱上设置的法规要求，就可以使用该频谱，而不需要向国家或地区的专属频谱管理机构申请专有的频谱授权。由于非授权频谱的使用需要满足各个国家和地区特定的法规的要求，如通信设备遵循“先听后说”（Listen Before Talk，LBT）的原则使用非授权频谱。因此，NR 技术需要进行相应的增强以适应非授权频谱通信的法规要求，同时高效的利用非授权频谱提供服务。在 3GPP R16 标准中，主要完成了以下方面的 NR-U 技术的标准化：信道监听过程、初始接入过程、控制信道设计、HARQ 与调度、免调度授权传输等。本章将对这些技术进行详细介绍。

18.2 信道监听

为了让使用非授权频谱进行无线通信的各个通信系统在该频谱上能够友好共存，一些国家或地区规定了使用非授权频谱必须满足的法规要求。例如，根据欧洲地区的法规，在使用非授权频谱进行通信时，通信设备遵循“先听后说”原则，即通信设备在使用非授权频谱上的信道进行信号发送前，需要先进行 LBT，或者说，信道监听。只有当信道监听结果为信道空闲或者说 LBT 成功时，该通信设备才能通过该信道进行信号发送；如果通信设备在该信道上的信道监听结果为信道忙或者说 LBT 失败，那么该通信设备不能通过该信道进行信号发送。另外，为了保证共享频谱的频谱资源使用的公平性，如果通信设备在非授权频谱的信道上 LBT 成功，该通信设备可以使用该信道进行通信传输的时长不能超过一定的时长。该机制通过限制一次 LBT 成功后可以进行通信的最大时长，可以使不同的通信设备都有机会接入该共享信道，从而使不同的通信系统在该共享频谱上友好共存。

虽然信道监听并不是全球性的法规规定，然而由于信道监听能为共享频谱上的通信系统之间的通信传输带来干扰避免以及友好共存的好处，在非授权频谱上的 NR 系统的设计过程中，信道监听是该系统中的通信设备必须要支持的特性。从系统的布网角度，信道监听包括两种机制，一种是基于负载的设备（Load Based Equipment，LBE）的 LBT，也称为动态信道监听或动态信道占用，另一种是基于帧结构的设备（Frame Based Equipment，FBE）的 LBT，也称为半静态信道监听或半静态信道占用。本节将对 NR-U 系统中的 LBT 机制以及基站和 UE 的信道监听进行介绍。

18.2.1　信道监听概述

本节在介绍信道监听前，首先介绍在非授权频谱上的信号传输所涉及的基本概念。

- 信道占用（Channel Occupancy，CO）：指在非授权频谱的信道上 LBT 成功后使用该非授权频谱的信道进行的信号传输。
- 信道占用时间（Channel Occupancy Time，COT）：指在非授权频谱的信道上 LBT 成功后使用该非授权频谱的信道进行信号传输的时间长度，其中，该时间长度内信号占用信道可以是不连续的。
- 最大信道占用时间（Maximum Channel Occupancy Time，MCOT）：指在非授权频谱的信道上 LBT 成功后允许使用该非授权频谱的信道进行信号传输的最大时间长度，其中，不同信道接入优先级下有不同的 MCOT，不同国家或地区也可能有不同的 MCOT。例如，在欧洲地区，一次 COT 内的信道占用时间长度不能超过 10 ms；在日本地区，一次 COT 内的信道占用时间长度不能超过 4 ms。当前，在 5 GHz 频谱上的 MCOT 的最大取值为 10 ms。
- 基站发起的信道占用时间（gNB-initiated COT）：也称为基站的 COT，指基站在非授权频谱的信道上 LBT 成功后获得的一次信道占用时间。基站的 COT 内除了可以用于下行传输，也可以在满足一定条件下用于 UE 进行上行传输。
- UE 发起的信道占用时间（UE-initiated COT）：也称为 UE 的 COT，指 UE 在非授权频谱的信道上 LBT 成功后获得的一次信道占用时间。UE 的 COT 内除了可以用于上行传输，也可以在满足一定条件下用于基站进行下行传输。
- 下行传输机会（DL Transmission Burst）：基站进行的一组下行传输，一组下行传输可以是一个或多个下行传输，其中，该组下行传输中的多个下行传输为连续传输，或该组下行传输中的多个下行传输中有时间空隙但空隙小于或等于 16 μs。如果基站进行的两个下行传输之间的空隙大于 16 μs，那么认为该两个下行传输属于两次下行传输机会。

- 上行传输机会（UL Transmission Burst）：一个 UE 进行的一组上行传输，一组上行传输可以是一个或多个上行传输，其中，该组上行传输中的多个上行传输为连续传输，或该组上行传输中的多个上行传输中有时间空隙但空隙小于或等于 16 μs。如果该 UE 进行的两个上行传输之间的空隙大于 16 μs，那么认为该两个上行传输属于两次上行传输机会。

图 18-1 中给出了通信设备在非授权频谱的信道上 LBT 成功后获得的一次信道占用时间以及使用该信道占用时间内的资源进行信号传输的示例。

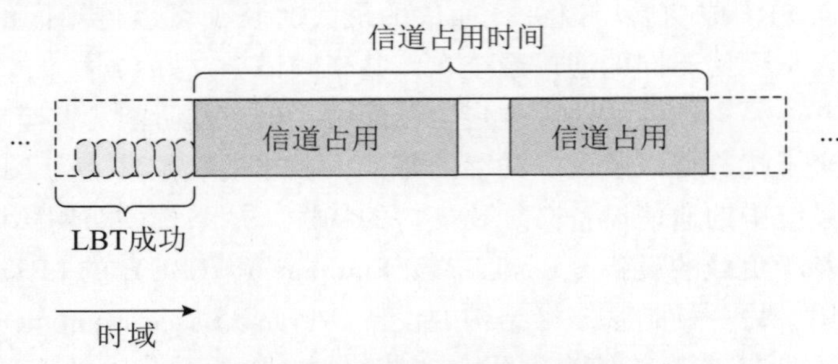

图 18-1　信道占用时间和信道占用的示例

信道监听过程可以通过能量检测来实现，通常情况下没有天线阵列的影响。没有天线阵列影响的基于能量检测的信道监听可以被称为全向 LBT。全向 LBT 很容易实现，并广泛应用于无线局域网（Wireless Fidelity，Wi-Fi）系统和基于授权辅助接入（Licensed-Assisted Access，LAA）的长期演进技术（Long Term Evolution，LTE）中。在使用非授权频谱上的资源进行通信之前进行信道监听，除了可以使不同的竞争通信设备更好地在非授权频谱上共存，还可以对 LBT 设计进行增强，以更好地进行信道复用。在 NR-U 系统的研究阶段，影响 NR-U 系统的 LBT 设计的因素包括：非授权频谱的信道的不同特性，NR 基本技术的增强以及运营商之间的同步。对于前一点，由于非授权频谱上的信号传输可以具有方向性，因此暗示了信道监听时检测的能量与实际对接收端造成的干扰可能不匹配，从而造成“过保护”。对于后一点，由于 NR 技术中支持灵活的帧结构和时隙结构，因此进一步的增强可以来自于运营商节点的同步网络，在运营商节点同步的场景下，不同运营商可以利用该特性更有效的共享该非授权频谱，从而达到吞吐量、可靠性和服务质量（Quality of Service，QoS）的提高。

基于上述分析，NR-U 系统中研究 LBT 时应考虑以下因素：①提升空分复用能力，例如使用方向性信道监听、多节点联合信道监听等方式，以使一些场景下，可以通过牺牲一定的可靠性来提高信道重用的概率，从而达到可靠性和信道重用概率的折中；②提升 LBT 结果的可靠性，如在基于能量检测的基础上考虑接收侧辅助信道监听等方式来减小隐藏节点的影响；③不同的 LBT 机制可以在不同的场景下得到支持，如不同的法规、不同的运营商布网场景，或不同的配置下可以使用不同的 LBT 机制，从而更好地实现复杂度和系统性能的折中，而不是仅支持一种 LBT 机制。

1. 方向性信道监听

全向 LBT 广泛应用于 Wi-Fi 系统和 LTE LAA 系统中。然而，由于使用窄的波束赋形可以带来较高的链路增益，也可以提高空分复用能力，在 NR 系统中支持使用模拟波束赋形和数字波束赋形来进行数据传输。相应地，在 NR-U 系统中也会使用波束赋形来进行数据传输。在这种情况下，如果还使用全向 LBT，可能会导致“过保护”的问题。例如，使用全向 LBT，只要一个方向上的强信号被检测到，所有方向上都不能进行信号传输。由于全向 LBT 会导致空分复用能力的下降，在 NR-U 系统研究的研究阶段（Study Item，SI），也讨论了考虑天线阵列影响的基于能量检测的信道监听，也称为方向性 LBT [1-2]。

如图 18-2 所示，基站 1 为 UE1 服务，基站 2 为 UE2 服务，两条传输链路的方向不同。如果使用方向性 LBT，同时使用波束赋形进行数据传输，可以允许多条链路共存，即实现基站 1 和基站 2 使用相同的时间资源和频率资源分别向 UE1 和 UE2 进行数据传输，因此可以增加空分复用能力，进而增加吞吐量。

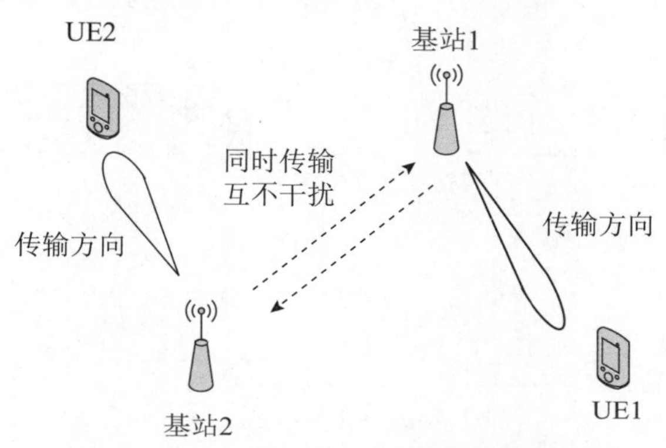

图 18-2　基于方向性 LBT 的波束赋形传输

方向性 LBT 最明显的优点是可以提高成功接入信道的概率，从而增加空分复用。然而，在方向性 LBT 的讨论过程中，一些问题也被提了出来。

- 由于方向性 LBT 只能监听有限的方向，隐藏节点问题可能会变得更加严重。
- 基站使用一个波束进行数据传输时，只能服务该波束对应方向上的 UE。因此，为了服务不同方向上的 UE，基站需要进行多次方向性 LBT 尝试以获取不同方向上的信道占用时间。相比于全向 LBT，方向性 LBT 的时间开销增加了。如何使用较小的开销来获取空分复用增益是需要进一步研究的问题。
- 信道监听时的能量检测门限设置。一方面，由于有波束赋形增益，因此基站的发射功率可以降低，按法规要求，可以使用较高的能量检测门限。另一方面，能量检测门限需要满足干扰公平的原则，例如，较高的能量检测门限可以获得较高的信道接入概率，但会对其他节点造成干扰。如何在考虑各种影响因素的情况下设计一个合理的能量检测门限需要进一步研究。

由于有上述问题，方向性 LBT 是否能全面提升系统谱效率，以及到底能获得多少增益并不清楚，需要进一步被研究。虽然 SI 阶段的结论是方向性 LBT 有益于使用波束赋形的数据传输，然而由于时间限制等原因，在（Work Item，WI）工作阶段并没有针对方向性 LBT 继续研究以及标准化。

2. 多节点联合信道监听

在 NR-U 系统部署中，相邻节点可能属于相同的运营商网络，因此多个节点之间可以通过协调进行多节点联合信道监听[1,2]。多节点联合信道监听机制下，一组基站节点之间通过回程链路（Backhaul）进行信息交互和协调，确定公共的下行传输的起始位置。不同的基站节点可以各自进行独立的 LBT 过程，并在 LBT 结束后通过自我延迟（Self-deferral）的方式，延迟到公共的下行传输起始位置一起传输。通过该机制，可以增加频率复用，也可以避免这组基站节点成为该系统传输中的隐藏节点或暴露节点，从而更好地获得各节点在非授权频谱上的共存。如图 18-3 所示。

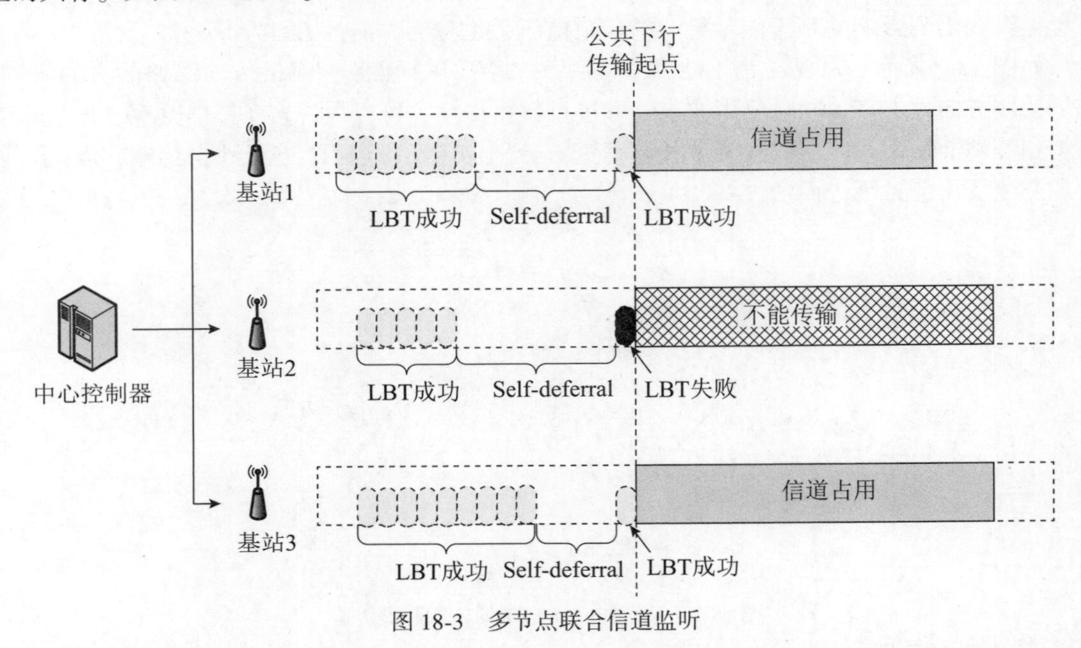

图 18-3　多节点联合信道监听

由于多节点联合信道监听可以增加频率复用，在 SI 阶段，多节点联合信道监听得到了广泛的研究。对齐传输的起始位置、交互和协调不同基站或 UE 之间的 LBT 相关参数、确定干扰节点来源的方式、UE 的干扰测量和上报、能量检测门限调整等都被认为是有利于多节点联合信道监听，从而提高 NR-U 系统布网下的频率复用的方式，其中上述部分方式在 WI 阶段进行了标准化。

3. 接收侧辅助信道监听

接收侧辅助信道监听是一种类似于 Wi-Fi 系统的请求发送/允许发送（Request To Send/Clear To Send，RTS/CTS）机制的 LBT 方式。基站在进行传输前，先发送一个类似于 RTS 的信号询问 UE 是否准备好进行数据接收。UE 在收到 RTS 信号后，如果 LBT 过程成功，则可以向基站发送一个类似于 CTS 的信号。例如，上报自己的干扰测量结果，告知基站自己已准备好进行数据接收，基站在收到 CTS 后即可向 UE 进行下行传输。或者，如果 UE 没有收到 RTS，或 UE 收到 RTS 但由于 LBT 过程失败不能发送 CTS，则 UE 不会向基站发送 CTS 信号，基站在没有收到 UE 的 CTS 信号的情况下，可放弃向 UE 进行下行传输。

接收侧辅助信道监听的好处是可以避免隐藏节点的影响。通过 SI 阶段的研究认为，发送端和接收端之间的握手过程可以减小或消除 UE 的隐藏节点的影响。然而隐藏节点的问题也可以通过 UE 的干扰测量和上报等方式得到缓解，在 WI 阶段并没有针对接收侧辅助的 LBT 继续研究以及标准化。

18.2.2　动态信道监听

动态信道监听也可以认为是基于 LBE 的 LBT 方式，其信道监听原则是通信设备在业务到达后进行非授权频谱的载波上的 LBT，并在 LBT 成功后在该载波上开始信号的发送。

动态信道监听的 LBT 方式包括类型 1（Type 1）信道接入方式和类型 2（Type 2）信道接入方式。Type 1 信道接入方式为基于竞争窗口大小调整的随机回退的多时隙信道检测，其中，根据待传输业务的优先级可以选择对应的信道接入优先级（Channel Access Priority Class，CAPC）p。Type 2 信道接入方式为基于固定长度的监听时隙的信道接入方式，其中，Type 2 信道接入方式包括 Type 2A 信道接入、Type 2B 信道接入和 Type 2C 信道接入。Type 1 信道接入方式主要用于通信设备发起信道占用，Type 2 信道接入方式主要用于通信设备共享信道占用。需要说明的一种特殊情况是，当基站为传输 DRS 窗口内的 SS/PBCH Block 发起信道占用且 DRS 窗口内不包括 UE 的单播数据传输时，如果 DRS 窗口的长度不超过 1 ms 而且 DRS 窗口传输的占空比不超过 1/20，那么基站可以使用 Type 2A 信道接入发起信道占用。

1. 基站侧默认信道接入方式：Type 1 信道接入

以基站为例，基站侧的信道接入优先级 p 对应的信道接入参数如表 18-1 所示。在表 18-1 中，m_p 是指信道接入优先级 p 对应的回退时隙个数，CW_p 是指信道接入优先级 p 对应的竞争窗口（Contention Window，CW）大小，$CW_{\min,p}$ 是指信道接入优先级 p 对应的 CW_p 取值的最小值，$CW_{\max,p}$ 是指信道接入优先级 p 对应的 CW_p 取值的最大值，$T_{\mathrm{mcot},p}$ 是指信道接入优先级 p 对应的信道最大占用时间长度。

表 18-1　不同信道接入优先级 p 对应的信道接入参数

信道接入优先级（p）	m_p	$CW_{\min,p}$	$CW_{\max,p}$	$T_{\mathrm{mcot},p}$	允许的 CW_p 取值
1	1	3	7	2 ms	{3，7}
2	1	7	15	3 ms	{7，15}
3	3	15	63	8 or 10 ms	{15，31，63}
4	7	15	1 023	8 or 10 ms	{15，31，63，127，255，511，1 023}

基站可以根据待传输业务的优先级选择对应的信道接入优先级 p，并根据表 18-1 中的信道接入优先级 p 对应的信道接入参数，以 Type1 信道接入方式来获取非授权频谱的载波上的信道的信道占用时间 COT，即基站发起的 COT。具体可以包括以下步骤。

- 步骤 1：设置计数器 $N=N_{\text{init}}$，其中 N_{init} 是 0 到 CW_p 之间均匀分布的随机数，执行步骤 4。
- 步骤 2：如果 $N>0$，基站对计数器减 1，即 $N=N-1$。
- 步骤 3：对信道做长度为 T_{sl}（T_{sl} 表示 LBT 监听时隙，长度为 9 μs）的监听时隙检测，如果该监听时隙为空闲，执行步骤 4；否则，执行步骤 5。
- 步骤 4：如果 $N=0$，结束信道接入过程；否则，执行步骤 2。
- 步骤 5：对信道做时间长度为 T_d（其中，$T_d=16+m_p\times 9$ μs）的监听时隙检测，该监听时隙检测的结果要么为至少一个监听时隙被占用，要么为所有监听时隙均空闲。
- 步骤 6：如果信道监听结果是 T_d 时间内所有监听时隙均空闲，执行步骤 4；否则，执行步骤 5。

如果信道接入过程结束，那么基站可以使用该信道进行待传输业务的传输。基站可以使用该信道进行传输的最大时间长度不能超过 $T_{\mathrm{mcot},p}$。

在基站开始上述 Type 1 信道接入方式的步骤 1 前，基站需要维护和调整竞争窗口 CW_p 的大小。初始情况下，竞争窗口 CW_p 的大小设置为最小值 $CW_{\min,p}$；在传输过程中，竞争窗口 CW_p 的大小可以根据基站收到的 UE 反馈的肯定应答（Acknowledgement，ACK）或否定应答（Negative Acknowledgement，NACK）信息，在允许的 CW_p 取值范围内进行调整；如果竞争窗口 CW_p 已经增加为最大值 $CW_{\max,p}$，当最大竞争窗口 $CW_{\max,p}$ 保持一定次数以后，竞争窗口 CW_p 的大小可以重新设置为最小值 $CW_{\min,p}$。

2. 基站侧的信道占用时间共享

当基站发起 COT 后，除了可以将该 COT 内的资源用于下行传输，还可以将该 COT 内的资源共享给 UE 进行上行传输。COT 内的资源共享给 UE 进行上行传输时，UE 可以使用的信道接入方式为 Type 2A 信道接入、Type 2B 信道接入或 Type 2C 信道接入，其中，Type 2A 信道接入、Type 2B 信道接入和 Type 2C 信道接入均为基于固定长度的监听时隙的信道接入方式。

- Type 2A 信道接入

UE 的信道检测方式为 25 μs 的单时隙信道检测。具体地，Type 2A 信道接入下，UE 在传输开始前可以进行 25 μs 的信道监听，并在信道监听成功后进行传输。

- Type 2B 信道接入

UE 的信道检测方式为 16 μs 的单时隙信道检测。具体地，Type 2B 信道接入下，UE 在传输开始前可以进行 16 μs 的信道监听，并在信道监听成功后进行传输。其中，该传输的起始位置距离上一次传输的结束位置之间的空隙大小为 16 μs。

- Type 2C 信道接入

UE 在空隙结束后不做信道检测而进行传输。具体地，Type 2C 信道接入下，UE 可以直接进行传输，其中，该传输的起始位置距离上一次传输的结束位置之间的空隙大小为小于或等于 16 μs。其中，该传输的长度不超过 584 μs。

不同的 COT 共享场景下应用的信道接入方案不同。在基站的 COT 内发生的上行传输机会，如果该上行传输机会的起始位置和下行传输机会的结束位置之间的空隙小于或等于 16 μs，UE 可以在该上行传输前进行 Type 2C 信道接入；如果该上行传输机会的起始位置和下行传输机会的结束位置之间的空隙等于 16 μs，UE 可以在该上行传输前进行 Type 2B 信道接入；如果该上行传输机会的起始位置和下行传输机会的结束位置之间的空隙等于 25 μs 或大于 25 μs，UE 可以在该上行传输前进行 Type 2A 信道接入。另外，基站获得的 COT 内可以包括多个上下行转换点。当基站将自己获得的 COT 共享给 UE 进行上行传输后，在该 COT 内基站也可以使用 Type 2 信道接入方式例如 Type 2A 信道接入方式进行信道监听，并在信道监听成功后重新开始下行传输。图 18-4 给出了基站侧的 COT 共享的一个示例。

当基站将获取的 COT 共享给 UE 传输上行时，COT 共享的原则包括共享给 UE 传输的上行业务对应的信道接入优先级应不低于基站获取该 COT 时使用的信道接入优先级。在基站侧的 COT 共享过程中，一些信道接入方式下，上行传输机会的起始位置和下行传输机会的结束位置之间的空隙的大小还需要满足 16 μs 或 25 μs 的要求。上述 COT 共享的原则和空隙大小的要求都可以由基站来保证和指示，基站可以将共享 COT 内的信道接入方式通过显式或隐式的方式指示给 UE。在下一小节中将介绍显式或隐式指示的方式。

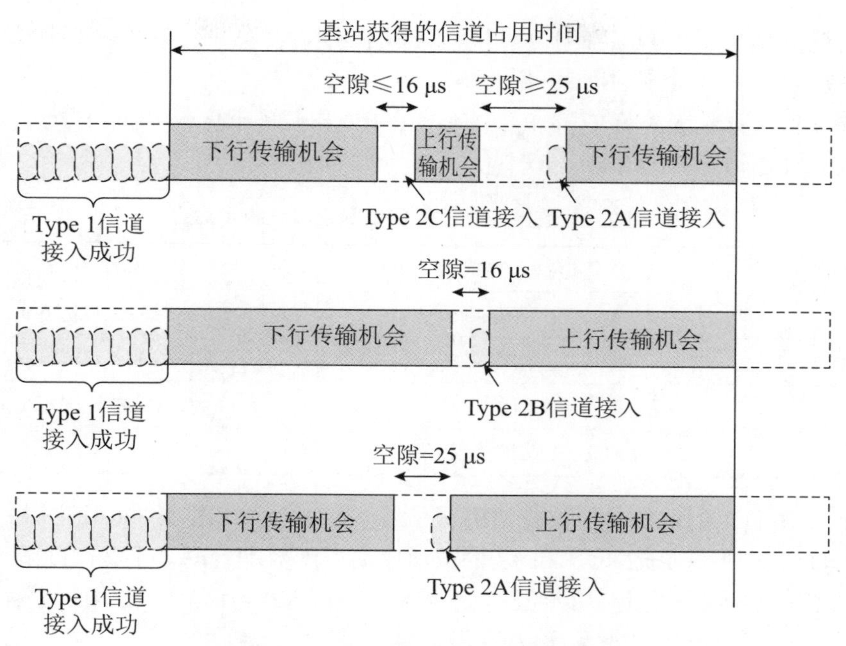

图 18-4 基站侧的信道占用时间共享

3. 信道接入参数指示

在 NR-U 系统中，当 UE 被调度进行物理上行共享信道（Physical Uplink Shared Channel，PUSCH）或物理上行控制信道（Physical Uplink Control Channel，PUCCH）的传输时，基站可以通过携带上行授权（UL grant）或下行授权（DL grant）的下行控制信息（Downlink Control Information，DCI）来指示该 PUSCH 或 PUCCH 对应的信道接入方式。由于一些信道接入方式需要满足 16 μs 或 25 μs 的空隙要求，UE 可以通过传输延长循环前缀（Cyclic Prefix Extension，CPE）的方式来确保两次传输之间的空隙大小，相应地，基站可以指示 UE 的上行传输的第一个符号的 CPE 长度。

在具体指示时，基站可以通过联合编码的方式向 UE 显式指示 CPE 长度、信道接入方式或信道接入优先级等信道接入参数。下面介绍不同 DCI 格式下引入的信道接入参数的指示方式的特征。

- 调度 PUSCH 传输的回退上行授权（DCI 格式 0_0）。
  - 标准中预设信道接入方式和 CPE 长度联合指示的集合，如表 18-2 所示。
  - 该回退上行授权中包括 2 比特 LBT 指示信息，该 2 比特 LBT 指示信息用于从表 18-2 所示的集合中指示联合编码的信道接入方式和 CPE 长度。
  - 该信道接入方式和 CPE 长度用于 PUSCH 传输。
  - 如果信道接入方式为 Type 1 信道接入，UE 根据业务优先级自行选择信道接入优先级（Channel Access Priority Class，CAPC）。
- 调度物理下行共享信道（Physical Downlink Shared Channel，PDSCH）传输的回退下行授权（DCI 格式 1_0）。
  - 标准中预设信道接入方式和 CPE 长度联合指示的集合，如表 18-2 所示。
  - 该回退下行授权中包括 2 比特 LBT 指示信息，该 2 比特 LBT 指示信息用于从表 18-2 所示的集合中指示联合编码的信道接入方式和 CPE 长度。

- 该信道接入方式和 CPE 长度用于 PUCCH 传输，其中，该 PUCCH 可以承载 PDSCH 对应的 ACK 或 NACK 信息。
- 如果信道接入方式为 Type 1 信道接入，UE 确定用于传输 PUCCH 的信道接入优先级 CAPC=1。

表 18-2　信道接入方式和 CPE 长度联合指示集合

LBT 指示	信道接入方式	CPE 长度
0	Type 2C 信道接入	C2×符号长度−16 μs-TA
1	Type 2A 信道接入	C3×符号长度−25 μs-TA
2	Type 2A 信道接入	C1×符号长度−25 μs
3	Type 1 信道接入	0

在表 18-2 中，C1 的取值是协议规定的，子载波间隔为 15 kHz 和 30 kHz 时，C1=1；子载波间隔为 60 kHz 时，C1=2。C2 和 C3 的取值是高层参数配置的，子载波间隔为 15 kHz 和 30 kHz 时，C2 和 C3 取值范围为 1 到 28；子载波间隔为 60 kHz 时，C2 和 C3 取值范围为 2 到 28。

- 调度 PUSCH 传输的非回退上行授权（DCI 格式 0_1）。
  - 高层配置 LBT 参数指示集合，LBT 参数指示集合中包括至少一项联合编码的信道接入方式，CPE 长度和 CAPC。
  - 该非回退上行授权中包括 LBT 指示信息，该 LBT 指示信息用于从上述 LBT 参数指示集合中指示联合编码的信道接入方式，CPE 长度和 CAPC。
  - 该信道接入方式，CPE 长度和 CAPC 用于 PUSCH 传输。
  - 如果指示的信道接入方式是 Type 2 信道接入，则同时指示的 CAPC 是基站获得该 COT 时使用的 CAPC。
  - LBT 指示信息最多包括 6 比特。
- 调度 PDSCH 传输的非回退下行授权（DCI 格式 1_1）。
  - 高层配置 LBT 参数指示集合，LBT 参数指示集合中包括至少一项联合编码的信道接入方式和 CPE 长度。
  - 该非回退下行授权中包括 LBT 指示信息，该 LBT 指示信息用于从上述 LBT 参数指示集合中指示联合编码的信道接入方式和 CPE 长度。
  - 该信道接入方式和 CPE 长度用于 PUCCH 传输，其中，该 PUCCH 可以承载 PDSCH 对应的 ACK 或 NACK 信息。
  - 如果信道接入方式为 Type 1 信道接入，UE 确定用于传输 PUCCH 的信道接入优先级 CAPC=1。
  - LBT 指示信息最多包括 4 比特。

除了上述显式指示，基站还可以隐式指示 COT 内的信道接入方式。当 UE 收到基站发送的 UL Grant 或 DL Grant 指示该 PUSCH 或 PUCCH 对应的信道接入类型为 Type 1 信道接入时，如果 UE 能确定该 PUSCH 或 PUCCH 属于基站的 COT 内，例如 UE 收到基站发送的 DCI 格式 2_0，并根据该 DCI 格式 2_0 确定该 PUSCH 或 PUCCH 属于基站的 COT 内，那么 UE 可以将该 PUSCH 或 PUCCH 对应的信道接入类型更新为 Type 2A 信道接入而不再采用 Type 1

信道接入。

4. UE 侧的信道占用共享

当 UE 使用 Type1 信道接入发起 COT 后，除了可以将该 COT 内的资源用于上行传输，还可以将该 COT 内的资源共享给基站进行下行传输。在 NR-U 系统中，基站共享 UE 发起的 COT 包括两种情况：一种情况是基站共享调度的 PUSCH 的 COT；另一种情况是基站共享免调度授权（Configured Grant，CG）PUSCH 的 COT。

对于基站共享调度 PUSCH 的 COT 的情况，如果基站为 UE 配置了用于 COT 共享的能量检测门限，那么 UE 应使用该配置的用于 COT 共享的能量检测门限进行信道接入。由于在该情况下，UE 的 LBT 接入参数和用于传输 PUSCH 的资源是基站指示的，因此，基站可以知道 UE 发起 COT 后该 COT 内可用的资源信息，从而在 UE 透明的情况下实现 COT 共享。

对于基站共享 CG-PUSCH 的 COT 的情况，UE 传输的 CG-PUSCH 中携带有 CG-UCI，CG-UCI 中可以包括是否将 UE 获取的 COT 共享给基站的指示。如果基站为 UE 配置了用于 COT 共享的能量检测门限，那么 UE 应使用该配置的用于 COT 共享的能量检测门限进行信道接入。相应地，CG-UCI 中的 COT 共享指示信息可以指示基站共享 UE COT 的起始位置、长度以及 UE 获取该 COT 时使用的 CAPC 信息。如果基站没有为 UE 配置用于 COT 共享的能量检测门限，那么 CG-UCI 中的 COT 共享指示信息包括 1 比特，用于指示基站可以共享或不能共享 UE 的 COT。在没有被配置用于 COT 共享的能量检测门限下，基站可共享 COT 的起始位置是根据高层配置参数确定的，可共享的 COT 长度是预设的，以及基站仅可使用该共享的 COT 传输公共控制信息。

在 CG-PUSCH 传输且共享 COT 的情况下，UE 应保证连续传输的多个 CG-PUSCH 中传输的 CG-UCI 中的 COT 共享指示信息指示相同起始位置和长度的 COT 共享，如图 18-5 所示。

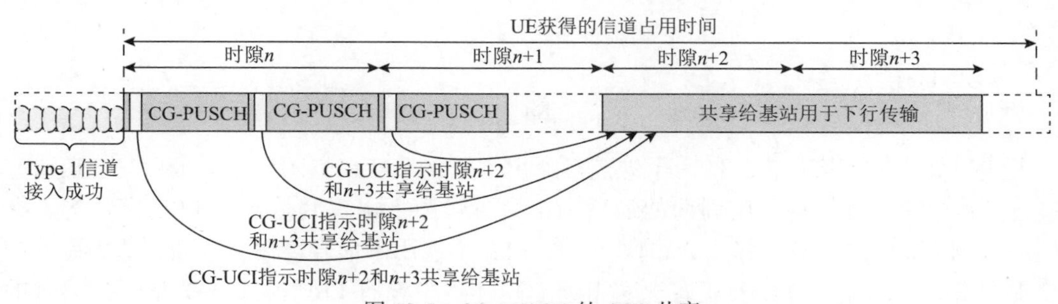

图 18-5　CG-PUSCH 的 COT 共享

18.2.3　半静态信道监听

在 NR-U 系统中，除了支持 LBE 的信道接入机制，还支持 FBE 的信道接入机制。FBE 的信道接入机制可以增加频率复用，但在网络部署时对干扰环境和同步要求较高。在 FBE 的信道接入机制，或者说，半静态信道接入模式中，帧结构是周期出现的，即通信设备可以用于业务发送的信道资源是周期性出现的。在一个帧结构内包括固定帧周期（Fixed Frame Period，FFP）、信道占用时间 COT、空闲周期（Idle Period，IP）。其中，固定帧周期的长度可以被配置的范围为 1～10 ms，固定帧周期中 COT 的长度不超过 FFP 长度的 95%，空闲周期的长度至少为 FFP 长度的 5%且 IP 长度的最小值为 100 μs，且空闲周期位于固定帧周期的尾部。

通信设备在空闲周期内对信道做基于固定长度的监听时隙的 LBT，如果 LBT 成功，下一个固定帧周期内的 COT 可以用于传输信号；如果 LBT 失败，下一个固定帧周期内的 COT 不能用于传输信号。在 NR-U 系统中，在半静态信道接入模式下，目前只支持基站发起 COT。在一个固定帧周期内，UE 只有在检测到基站的下行传输的情况下，才能在该固定帧周期中进行上行传输。

半静态信道接入模式可以是基站通过系统信息配置的或通过高层参数配置的。如果一个服务小区被基站配置为半静态信道接入模式，那么该服务小区的固定帧周期的 FFP 长度为 T_x，该服务小区的固定帧周期中包括的最大 COT 长度为 T_y，该服务小区的 FFP 中包括的空闲周期的长度为 T_z。其中，基站可以配置的固定帧周期 FFP 的长度 T_x 为 1 ms、2 ms、2. 5 ms、4 ms、5 ms 或 10 ms。UE 可以根据被配置的 T_x 长度确定 T_y 和 T_z。具体地，从编号为偶数的无线帧开始，在每两个连续的无线帧内，UE 可以根据 $x \cdot T_x$ 确定每个 FFP 的起始位置，其中，$x \in \{0, 1, \cdots, 20/T_x-1\}$，FFP 内的最大 COT 长度为 $T_y = 0.95 \cdot T_x$，FFP 内的空闲周期长度至少为 $T_z = \max(0.05 \cdot T_x, 100\ \mu s)$。

图 18-6 给出了固定帧周期长度为 4 ms 时的一个示例。如图 18-6 所示，UE 在收到基站配置的 FFP 长度 $T_x = 4$ ms 后，可以根据 $x \in \{0, 1, \cdots, 20/T_x-1\}$ 确定 $x \in \{0, 1, 2, 3, 4\}$，进而 UE 可以确定在每两个连续的无线帧内每个 FFP 的起始位置为 0 ms、4 ms、8 ms、12 ms、16 ms。在每个 FFP 内，最大 COT 长度为 $T_y = 3.8$ ms，空闲周期长度为 $T_z = 0.2$ ms。

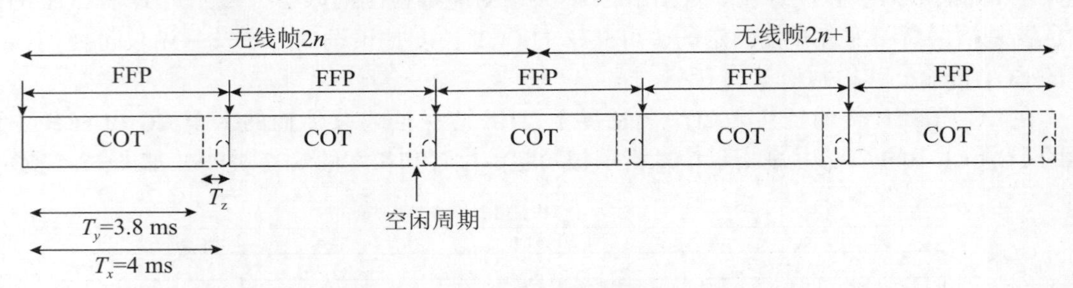

图 18-6　半静态信道占用

上述半静态信道接入模式的一个缺点是，由于基站只能在空闲周期的最后一个监听时隙上进行信道监听，如果在空闲周期的最后一个监听时隙上出现其他使用 LBE 模式的干扰节点例如 Wi-Fi 系统的传输，那么会导致下一个 FFP 不能用于信号传输，从而无法为系统内的用户提供服务。因此，FBE 模式通常应用到周围环境中没有 LBE 模式共享非授权频谱的网络系统中。

如果在某一段非授权频谱上存在多个运营商，由于多个运营商之间在缺乏协调机制的情况下帧结构是不同步的，因此可能出现一个运营商的空闲周期和另一个运营商的信道占用时间在时域上重叠，从而导致该运营商的每个固定帧周期的空闲周期内总是有其他运营商的信号传输，该运营商可能在非常长的一段时间内都无法接入信道，从而无法为系统内的用户提供服务的情况。因此，半静态信道接入模式下，如果有多个运营商，那么该多个运营商之间也需要是帧结构同步的。

另外，即使解决了不同运营商之间的同步问题，不同运营商的节点在布网时也可能出现相互干扰的情况。因此在 SI 阶段，也有公司提出对半静态信道接入模式进行增强[1]。如图 18-7 所示，空闲周期内可以包括多个监听时隙，不同运营商的基站可以从多个监听时隙中随机选择一个监听时隙进行信道监听，并在信道监听成功后从 LBT 成功的时刻开始传输，从而可以避免相邻两个属于不同运营商的节点在传输时造成的干扰。然而由于时间限制等原因，该方案在 WI 阶段并没有继续研究以及标准化。

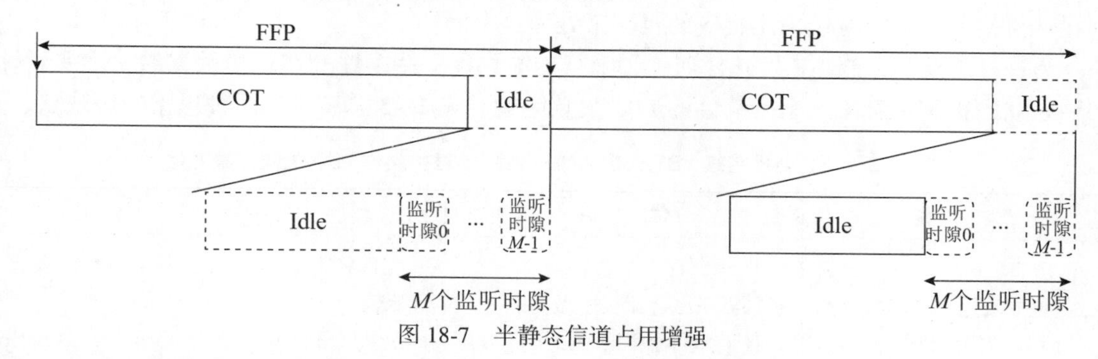

图 18-7　半静态信道占用增强

如前所述，在现有的 NR-U 系统中，如果系统是半静态信道接入模式，那么不允许 UE 发起 COT。如果 UE 需要进行上行传输，则 UE 只能共享基站的 COT。

半静态信道接入模式下，UE 的信道检测方式为在长度为 9 μs 的监听时隙内对信道进行能量检测，并在能量检测通过后进行上行传输。虽然 UE 的信道接入方式是固定的，但 UE 的上行传输的起始位置和基站的下行传输的结束位置之间的空隙大小可以不同。在半静态信道接入模式下的 LBT 指示方式重用了动态信道接入模式下的 LBT 指示方式，当 UE 被调度进行 PUSCH 或 PUCCH 的传输时，基站可以通过携带上行授权或下行授权的 DCI 来指示该 PUSCH 或 PUCCH 对应的信道接入方式以及上行传输的第一个符号的 CPE 的大小。其中，如果基站指示的是 Type1 信道接入或 Type2A 信道接入，UE 都应是在一个长度为 25 μs 的空隙内对信道进行监听时隙长度为 9 μs 的 LBT。

18.2.4　持续上行 LBT 检测及恢复机制

在 NR-U 中，一个普遍的问题是如何处理 LBT 对于各种上行传输的影响。尤其是，当 UE 面临持续性的 LBT 失败时，如何处理 UE 由于 LBT 失败抢占不到信道而进入“死循环”的问题，也就是说，UE 将会一直持续地进行上行传输尝试，但是这些尝试由于持续的 LBT 失败而不能成功[3]。

这里有几个例子可以说明当 UE 面临持续性的 LBT 失败时，一些媒体接入控制（MAC，Media Access Control）层的流程将会进入“死循环”。如图 18-8 所示，当 UE 进行随机接入前导码的传输或者调度请求（Scheduling Request，SR）传输时，由于持续性 LBT 失败，前导码传输对应的计数器不会计数或者说 SR 传输相关的计数器不会计数，因此 UE 将会一直进行前导码传输或者 SR 传输的尝试，从而进入上行传输“死循环”。

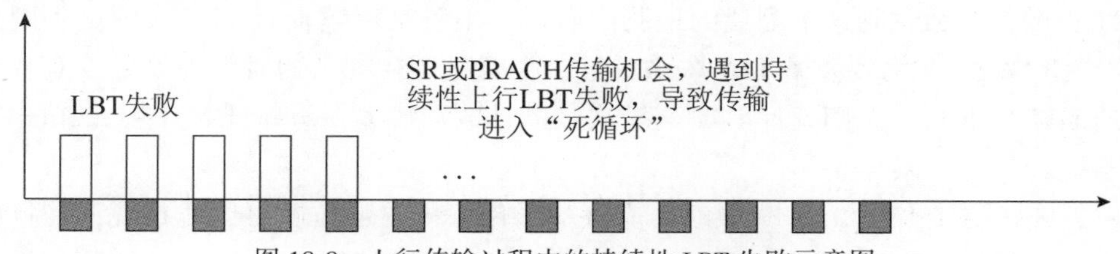

图 18-8　上行传输过程中的持续性 LBT 失败示意图

为了解决持续性的 LBT 失败带来的问题，在标准的讨论过程中产生了两种思路。

第一种是，持续性的 LBT 失败问题可以由各自的上行传输流程去处理。也就是说，当

UE 触发了调度请求发送，在发送调度请求时遇到了持续性的 LBT 问题，则调度请求流程应该来处理这个问题。同样的，当上行传输由于随机接入过程导致了持续性的 LBT 失败问题，则在随机接入过程中应该采用相应的机制来处理这个问题。

另一种思路是，当 UE 发送任何一种上行传输导致了持续性 LBT 失败问题时，需要设计一种独立的机制来解决这个持续性的 LBT 失败问题。表 18-3 总结了这两种思路的优缺点。

表 18-3 独立处理持续 LBT 失败和统一流程处理持续性 LBT 失败方案对比

类　别	优　点	缺　点
在各自的流程中处理持续性上行 LBT 失败问题	· 只需在已有流程中做增强 · 对于不同流程的增强可以不同	· 对 MAC 层影响较大，各个流程需要进行梳理 · 各个流程触发的上行传输可能会互相影响导致出现更多问题
设计一个统一的流程来处理持续性上行 LBT 失败问题	· 不需要对各个现有流程分别做增强 · 有一个统一的处理机制来处理各种上行传输导致的持续上行 LBT 失败问题	· 会触发更多对于新的机制的讨论

最后经过讨论，决定设计一种统一的机制来处理持续性的上行 LBT 失败问题。

在讨论采用一种统一的机制来处理持续性上行 LBT 失败问题的时候，主要考虑的是如何检测持续性上行 LBT 失败，另外一个问题当 UE 触发了持续上行 LBT 失败时，如何设计恢复机制，因此，讨论的方向主要集中在如下几个方面[4]。

第一，在设计检测持续上行失败时，到底是应该考虑所有的上行传输还是只需要考虑由 MAC 层触发的上行传输。MAC 层触发的传输包括调度请求传输，随机接入相关的传输以及基于动态调度或者半静态调度的 PUSCH 传输，除此之外，还有一些上行传输主要是由物理层触发发起，如包括 CSI、HARQ 反馈以及 SRS 等。经过讨论，会议最后决定将所有上行传输所导致的 LBT 失败都考虑到持续上行 LBT 失败检测中，因此，需要物理层将对应上行 LBT 失败的结果指示到 MAC 层[5]。

第二，应该采用什么样的机制来检测持续的上行 LBT 失败。在方案讨论的过程，大部分公司认为需要有一个定时器来决定是否触发持续上行 LBT 失败。也就是说，“持续性”应该限制在某一个时间段内，而不是任何时间累计的 LBT 失败都能触发持续性 LBT 失败。具体的，网络侧会配置一个 LBT 失败检测定时器，同时配置一个检测次数门限。当 UE 遇到的上行 LBT 失败的次数达到这个配置的检测门限时，则触发持续上行 LBT 失败。否则，当定时器超时的时候，UE 需要重置 LBT 失败计数，也就是说在规定的时间内如果没有收到物理层指示的 LBT 失败指示，则统计 LBT 失败次数的计数器清零，重新开始计数（如图 18-9 所示）。

第三，MAC 层在统计 LBT 失败时，应该基于什么样的颗粒度？也就是说，是将所有从物理层指示上来的 LBT 失败次数都统计在一起，统一触发持续上行 LBT 失败还是说是基于不同的上行载波，或者是只统计某些上行载波。UE 是针对每个上行带宽分段（Bandwidth Part，BWP）上的 LBT 子带独立进行 LBT 的，而考虑到每个载波上最多只能激活一个 BWP，可以认为 UE 执行 LBT 是对每个载波独立进行的。因此，在统计持续上行 LBT 失败时，可以认为每个载波是独立的，也就是说可以给每个上行载波独立地维护一个统计 LBT 失败的计数器和定时器。

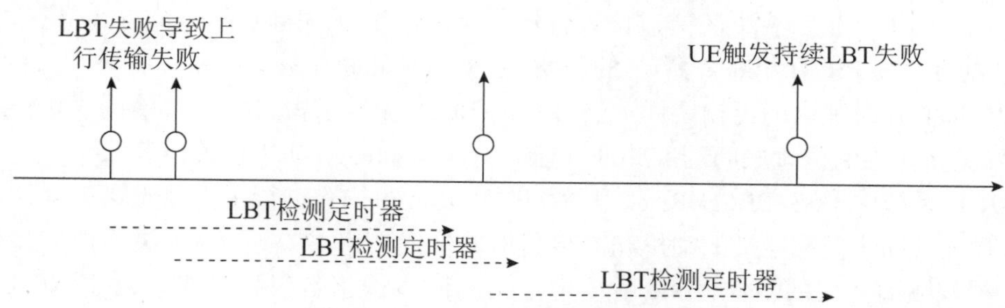

图 18-9　LBT 检测定时器机制示意图

在决定了持续上行 LBT 失败检测机制后，剩下的就是考虑怎么进行持续上行 LBT 失败恢复[6]。对于恢复机制的设计，考虑到不同上行载波的持续上行 LBT 失败是独立触发的，因此对于不同的载波，其恢复机制是不一样的。

- 对于 PCell，也就是主小区，当触发持续上行 LBT 失败时，UE 可以直接触发无线链路失败流程，最终通过 RRC 重建流程来恢复持续上行 LBT 失败问题。
- 对于双连接下的 PSCell，也就是辅小区组的主小区，当触发持续上行 LBT 失败时，考虑到主小区组的链路是正常的，UE 可以通过主小区组的 PCell 将该持续上行 LBT 失败事件上报给网络。一般来说，网络可以通过重配置来解决 PSCell 上的持续上行 LBT 失败问题。
- 对于 SCell，也就是辅小区，当触发持续上行 LBT 失败时，UE 可以通过触发一个 MAC CE 来上报该持续上行 LBT 失败问题。

18.3　初始接入

本节介绍在非授权频谱独立组网的方式下，NR-U 技术的初始接入相关的系统设计。NR-U 系统的初始接入过程与 NR 系统是类似的，相关过程可参考第 6 章 NR 初始接入。本节重点介绍 NR-U 系统的初始接入相关的系统设计与 NR 系统的不同之处。

18.3.1　SS/PBCH Block（同步信号广播信道块）传输

与 NR 系统类似，在 NR-U 系统的初始接入过程中，UE 同样通过搜索 SS/PBCH Block（Synchronization Signal Block/PBCH Block，同步信号广播信道块）获得时间和频率同步，以及物理小区 ID，进而通过 PBCH 中携带的主信息块（Master Information Block，MIB）信息确定调度承载剩余最小系统消息（Remaining Minimum System Information，RMSI）的物理下行共享信道（Physical Downlink Shared Channel，PDSCH）的物理下行控制信道（Physical Downlink Control Channel，PDCCH）的搜索空间集合（Search Space Set）信息。其中，RMSI 通过 SIB1 传输。

搜索 SS/PBCH Block 首先要确定 SS/PBCH Block 的子载波间隔。在 NR-U 系统中，若高层信令没有指示 SS/PBCH Block 的子载波间隔时，UE 默认 SS/PBCH Block 的子载波间隔为 30 kHz。通过高层信令，可以配置辅小区或辅小区组的 SS/PBCH Block 的子载波间隔为

15 kHz 或 30 kHz。对于初始接入的 UE，按照默认的 30 kHz 子载波间隔搜索 SS/PBCH Block，这主要是基于 R16 标准引入的 NR-U 技术所使用的载波频谱（5~7 GHz）的范围考虑的[7]。

对于 NR-U 系统中 SS/PBCH Block 的传输方式，在 RAN1#96-RAN1#99 会议期间进行了大量的讨论。针对 NR-U 系统的信道接入特点，对 SS/PBCH Block 的传输方式进行了增强，这其中包括了 SS/PBCH Block 所在的同步栅格（Synchronization Raster，SR）的位置、SS/PBCH Block 在时隙内的传输图样、SS/PBCH Block 在发送窗口内的传输图样，SS/PBCH Block 在发送窗口内的位置之间的准共址（Quasi-Co-Location，QCL）关系等。

在 NR-U 系统中，SS/PBCH Block 所在的同步栅格的位置进行了重新定义，并详细讨论了 NR-U 系统中同步栅格定义的动机和同步栅格的位置[8-12]。首先，为了灵活地支持各种信道带宽和授权频谱使用的情况，NR 系统中定义的同步栅格数量比较多。对于 NR-U 系统，信道带宽和位置相对固定，在给定信道范围内并不需要过多的同步栅格，原有 NR 系统相对密集的同步栅格设计可做放松，以减少 UE 搜索 SS/PBCH Block 的复杂度。基于这种考虑，在每个信道带宽内只保留一个同步栅格的位置作为 NR-U 系统的同步栅格。其次，NR-U 系统中信道带宽内允许的一个同步栅格的位置是另一个需要讨论的问题，主要有两种方案，即同步栅格大致在信道带宽的中间还是边缘。该问题的提出主要考虑因素是 RMSI 与 SS/PBCH Block 之间的相互位置关系。如果同步栅格大致在信道带宽的中间，则限制了可用于 RMSI 传输的 RB 个数，或者需要考虑 RMSI 的传输围绕 SS/PBCH Block 的时频资源做速率匹配。如果同步栅格大致在信道带宽的边缘，使得 RMSI 的传输不围绕 SS/PBCH Block 的时频资源做速率匹配，可用于 RMSI 传输的 RB 个数也会更少地受限。综上，为了便于 RMSI 传输，最小化对 NR-U 系统设计的约束，最终 NR-U 系统将同步栅格位置定义在信道带宽的边缘位置。

为了减少 LBT 失败对 SS/PBCH Block 传输造成的影响，希望在基站获得信道占用之后，尽可能地发送更多的信道和信号，这样可以尽量减少进行信道接入的尝试次数。NR-U 系统同样定义了类似于 LTE LAA 中定义的发现参考信号（Discovery Reference Signal，DRS）窗口。在该 DRS 窗口内，除了 SS/PBCH Block 的传输，还希望复用 RMSI 传输相关的信道，包括 Type0-PDCCH 和 PDSCH，在 DRS 窗口内发送。标准采纳了 SS/PBCH Block 和 Type0-PDCCH 采用 TDM 方式进行复用，类似 NR 中的 SS/PBCH block 和控制资源集合（Control Resource Set，CORESET）#0 复用图样 1（参考 6.2.2 节）。SS/PBCH Block 在时隙内的传输图样，需要考虑 Type0-PDCCH 和 PDSCH 与 SS/PBCH Block 如何复用在 DRS 窗口内传输。在 RAN1#96 会议上，基于绝大多数公司的一致观点，首先确定了 SS/PBCH Block 在时隙内的传输图样的基线，即每个时隙内的两个 SS/PBCH Block 的符号位置分别为（2，3，4，5）和（8，9，10，11）。在此基础上，考虑到 SS/PBCH Block 和 Type0-PDCCH 的复用中，对于时隙内的第二个 SS/PBCH Block 对应的 Type0-PDCCH，需要支持在两个 SS/PBCH Block 之间的连续两个符号上进行传输。为此，各公司提出了 SS/PBCH Block 在时隙内的传输图样的方案[13]。在 RAN1#96 会议上，通过以下两种 SS/PBCH Block 在时隙内的传输图样供进一步选择，如图 18-10 所示。

- 图样 1：时隙内的两个 SS/PBCH Block 的符号位置分别为（2，3，4，5）和（8，9，10，11）。
- 图样 2：时隙内的两个 SS/PBCH Block 的符号位置分别为（2，3，4，5）和（9，10，11，12）。

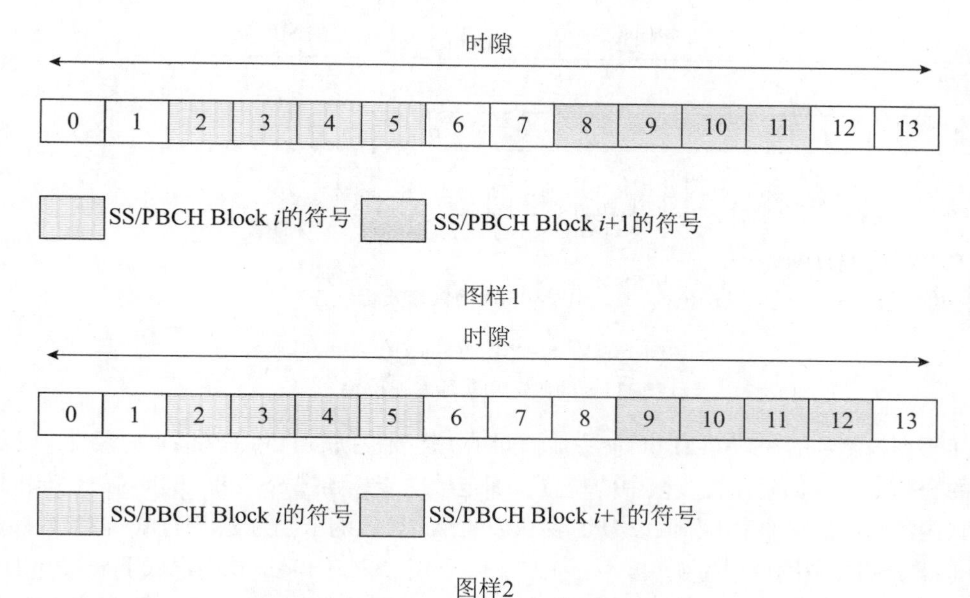

图 18-10　SS/PBCH Block 在时隙内的传输图样

在 RAN1#96bis 会议上，针对上述两种图样继续进行了讨论，并分别在两种图样下讨论了相应的 Type0-PDCCH 的 CORESET 在时隙的符号位置的候选方案。在 RAN1#97 会议上，由于各公司在候选方案的选择上没有达成一致，决定暂时搁置该问题的讨论。最后，SS/PBCH Block 在时隙内的传输图样沿用了 NR 中 SS/PBCH Block Pattern Case A 和 Case C（参考 6.1.3 节），即上述图样 1。虽然标准最终沿用了 NR 中的 SS/PBCH Block Pattern，但是该标准讨论的过程对我们理解 NR-U 系统中 DRS 窗口内的信道和信道的发送是有所帮助的。

对于 SS/PBCH Block 在 DRS 窗口内的传输图样的设计，同样是考虑了如何减少 LBT 失败对 SS/PBCH Block 传输造成的影响。这些设计包括了 DRS 窗口的长度、SS/PBCH Block 的传输图样等。在 NR-U 系统中，DRS 窗口的长度是可以配置的，其最大长度为半帧，可配置的长度包括 0.5 ms、1 ms、2 ms、3 ms、4 ms、5 ms。在初始接入阶段，当 UE 没有收到 DRS 窗口长度的配置信息之前，UE 认为 DRS 窗口长度为半帧。当基站发送 SS/PBCH Block 时，由于 LBT 的影响，获得信道接入的起始时间可能不是 DRS 窗口的起始时间点。基于不确定的信道接入起始时间，如何设计 SS/PBCH Block 在 DRS 窗口内的传输图样是标准上需要考虑的问题。为此，引入了 DRS 窗口内的候选 SS/PBCH Block 位置的概念。如前所述，每个时隙内包含两个 SS/PBCH Block 的传输位置，根据 DRS 窗口包含的时隙个数，可以得到 SS/PBCH Block 在 DRS 窗口内的传输图样。以 DRS 窗口的长度为 5 ms 为例，对于 SS/PBCH Block 的子载波间隔为 30 kHz 和 15 kHz，DRS 窗口内分别包含 20 个和 10 个 SS/PBCH Block 位置。该 SS/PBCH Block 位置称为候选 SS/PBCH Block 位置，是否在该候选 SS/PBCH Block 位置上发送，取决于 LBT 的结果。当 LBT 成功之后，基站在信道接入的起始时间之后的第一个候选 SS/PBCH Block 位置开始在连续的候选 SS/PBCH Block 位置上实际发送 SS/PBCH Block。SS/PBCH Block 在 DRS 窗口内的候选发送位置和实际发送位置的示意如图 18-11 所示，其中，每个候选 SS/PBCH Block 位置对应一个候选 SS/PBCH Block 索引。

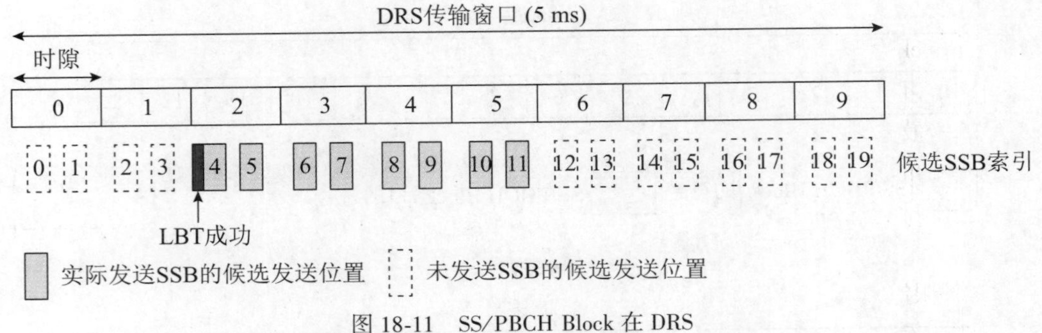

图 18-11　SS/PBCH Block 在 DRS 窗口内的候选和实际发送位置

为了根据检测到的 SS/PBCH Block 完成帧同步，需要根据 SS/PBCH Block 的索引，以及该索引对应的 SS/PBCH Block 在无线帧中的位置，确定帧同步。候选 SS/PBCH Block 索引用于表示 DRS 窗口内的候选位置的索引，假设 DRS 窗口内的候选位置的个数为 Y，则 DRS 窗口内候选 SS/PBCH Block 索引的范围分别为 0，1，…，Y-1。候选 SS/PBCH Block 索引承载于 SS/PBCH Block 中，当 UE 检测到 SS/PBCH Block 时，就可以根据其中携带的候选 SS/PBCH Block 索引完成帧同步。候选 SS/PBCH Block 索引通过 PBCH 指示，指示方法将在第 18.3.2 节具体介绍。

从 DRS 窗口内的候选 SS/PBCH Block 位置的设计可以看出，基站实际上并不会在所有的候选 SS/PBCH Block 位置上都发送 SS/PBCH Block。在周期性出现的不同的 DRS 窗口内，由于信道接入成功的起始时间可能不同，如何确定在不同的候选 SS/PBCH Block 位置上发送的 SS/PBCH Block 之间的 QCL 关系，是需要解决的问题。在 RAN1 #96-RAN1 #97 会议期间对该问题进行了讨论。具有相同候选 SS/PBCH Block 索引对应的 SS/PBCH Block 之间是具有 QCL 关系的。在 R15 NR 中载波频谱为 3~6 GHz 对应的 SS/PBCH Block 最大个数为 8，SS/PBCH Block 索引范围也为 0~7，与 SS/PBCH Block 的最大个数，以及 SS/PBCH Block 的 QCL 信息是一一对应的。与 R15 NR 不同的是，R16 NR-U 中候选 SS/PBCH Block 位置的个数相比实际发送的 SS/PBCH Block 的最大个数要多，这就需要定义在不同候选 SS/PBCH Block 位置上发送的 SS/PBCH Block 之间的 QCL 关系。为此，在 RAN1 #97 会议引入了参数 Q，用于确定候选 SS/PBCH Block 索引对应的 QCL 信息。当两个候选 SS/PBCH Block 索引对 Q 取模之后的结果相同，则这两个候选 SS/PBCH Block 索引对应的 SS/PBCH Block 具有 QCL 关系。在 RAN1#99 会议上，通过了两种关于 SS/PBCH Block 索引的术语：候选 SS/PBCH Block 索引和 SS/PBCH Block 索引，它们之间的关系根据为

SS/PBCH Block 索引 = modulo（候选 SS/PBCH Block 索引，Q）　　(18.1)

图 18-12 给出了根据候选 SS/PBCH Block 索引和参数 Q 确定对应的 QCL 信息的示意图。

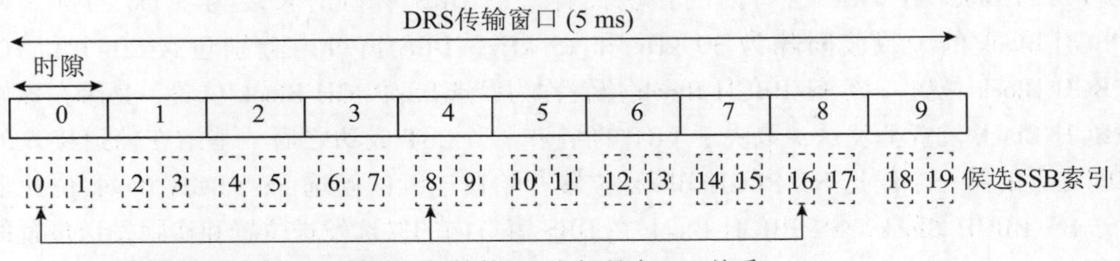

图 18-12　根据候选 SS/PBCH Block 索引和参数 Q 确定 QCL 信息

也就是说，候选 SS/PBCH Block 索引对 Q 取模之后的结果定义为 SS/PBCH Block 索引。SS/PBCH Block 索引不同的 SS/PBCH Block 不具有 QCL 关系。由此可见，参数 Q 表示了该小区发送的不具有 QCL 关系的 SS/PBCH Block 的最大个数。换句话说，参数 Q 表示了 SS/PBCH Block 波束的最大个数。在 RAN1 #98 会议上，关于参数 Q 的取值范围进行了讨论，主要观点包括：1~8 中的所有值和其中的部分值[14]。各公司考虑的因素主要包括小区部署的灵活性、信道接入影响和参数 Q 的指示信令开销。最终采取了折中的方案，确定的 Q 的取值范围为{1，2，4，8}。在 RAN1#99 会议上，通过了在一个 DRS 窗口内发送的 SS/PBCH Block 的个数不超过 Q 的限制。在 RAN1#100bis-e 会议上，通过在一个 DRS 窗口内具有相同 SS/PBCH Block 索引的 SS/PBCH Block 最多只发送一次的结论。为了 UE 获得所检测到的 SS/PBCH Block 的 QCL 信息，参数 Q 对 UE 来说是已知的。对于初始接入的 UE 来说，本小区的参数 Q 通过 PBCH 指示，指示方法将在第 18.3.2 节具体介绍。对于邻小区来说，参数 Q 可以通过专用 RRC 信令或者 SIB 信息进行指示，主要用于 UE 在 IDLE、INACTIVE 和 CONNECTED 状态下对邻小区进行 RRM 测量。参数 Q 对应标准中定义的参数 N_{SSB}^{QCL}。

在确定了 SS/PBCH Block 的子载波间隔、传输图样、QCL 信息之后，UE 就可以通过检测 SS/PBCH Block 完成同步、MIB 的接收，以及进一步的 SIB 的接收和 RACH 过程，完成 NR-U 系统中的初始接入。

18.3.2　主信息块（MIB）

如上一节介绍的，候选 SS/PBCH Block 索引和用于确定 SS/PBCH Block 的 QCL 信息的参数通过 PBCH 指示。PBCH 的传输包括 PBCH 承载的信息和 PBCH DMRS。其中，PBCH 承载的信息包括 PBCH 额外载荷和来自高层的 MIB 信息。其中，PBCH 额外载荷用于承载与定时相关的信息，如 SS/PBCH Block 索引和半帧指示。本节介绍在 NR-U 系统中 PBCH 承载的信息相比于 NR 系统的变化。

由于 DRS 窗口的长度最大为 5 ms，DRS 窗口内最多包含 20 个 SS/PBCH Block 位置（子载波间隔为 30 kHz），候选 SS/PBCH Block 索引的范围需要支持 0，1，…，19。因此，需要在 PBCH 中确定 5 比特用于指示候选 SS/PBCH Block 索引。在标准讨论过程中，首先达成的一致意见是 PBCH 的载荷相比 R15 不增加，为了尽量减少对标准和产品设计的影响。R15 中 PBCH DMRS 序列存在 8 种，其索引用于指示 SS/PBCH Block 索引的最低 3 位。NR-U 沿用了这种方式，用于指示候选 SS/PBCH Block 索引的最低 3 位。剩余的 2 比特使用 R15 中定义的用于在 FR2 时指示最大 64 个 SS/PBCH Block 索引的 6 比特中的第 4、5 位比特的比特位。而 R16 NR-U 系统的载波频谱属于 FR1，在 R15 的 FR1 频谱，PBCH 额外载荷中的这两个比特位是空闲的，因此可以在 R16 NR-U 系统中重新定义该两比特用于指示候选 SS/PBCH Block 索引的第 4、5 位比特。此外，PBCH 额外载荷中的半帧指示信息也与 R15 相同。这是对标准影响较小的方案，在标准化过程中各公司的观点也较一致，在 RAN1#97-98 会议上达成了相关结论。图 18-13 给出了候选 SS/PBCH Block 索引指示的示意图。

在 NR-U 系统中，用于确定 SS/PBCH Block 的 QCL 信息的参数 Q 是需要指示给 UE 的新信息。在 RAN1#98-99 会议期间，关于参数 Q 的指示产生了多种候选方案，主要包括如下几种。

- 方案 1：系统消息 SIB1 指示。
- 方案 2：MIB 信息指示。
- 方案 3：PBCH 额外载荷指示。

● 方案 4：不指示，采用固定取值。

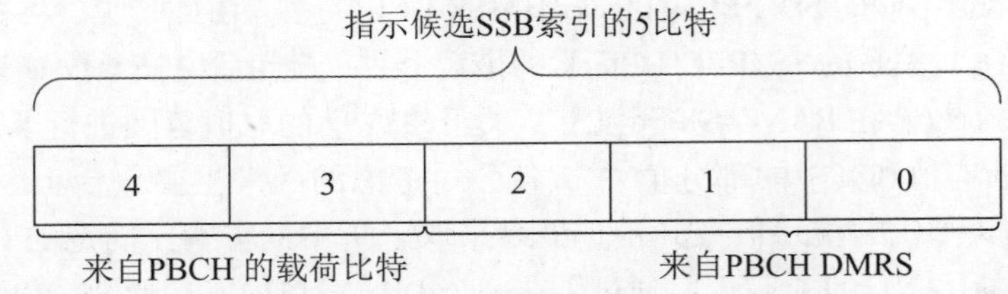

图 18-13 候选 SS/PBCH Block（同步信号广播信道块）索引在 PBCH 中的指示

随着参数 Q 的取值范围 {1，2，4，8} 的结论的达成，方案 4 首先被排除。剩下的方案主要包含两大类：一类是通过 SIB1 指示，一类是通过 PBCH 指示。方案的选择考虑的问题的焦点在于 UE 在接收 SIB1 之前是否需要知道参数 Q。支持通过 SIB1 指示的公司认为如果参数 Q 通过 PBCH 指示，在正确接收到 PBCH 之前，UE 并不能得到参数 Q，其对于 PBCH 的解码并没有帮助。对 Type0-PDCCH 的接收，虽然参数 Q 对于确定 Type0-PDCCH 的监听时机有帮助，但是在很多场景下，如 RRM 测量，参数 Q 是通过 SIB 或者专有 RRC 信令指示的。真正需要参数 Q 的场景是通过 SS/PBCH Block 的 QCL 信息确定关联的 RACH 资源，此时是在 SIB1 信息接收之后，因此可以在 SIB1 中指示参数 Q [15]。支持通过 PBCH 指示的公司认为，不同 DRS 窗口的具有 QCL 关系的 SS/PBCH Block 之间需要进行联合检测，根据检测的结果进行小区选择和波束的选择，这与 R15 的作用是类似的[16]。经过讨论，考虑了大多数公司的倾向方案，在 RAN1#99 会议上同意通过 MIB 中的 2 比特指示参数 Q，具体重用的 R15 定义的 MIB 中的 2 比特，包括了以下两个方案，并最终在 RAN1#100 会议上通过了方案 1。其中，由于 NR-U 技术中定义了 Type0-PDCCH 和 SS/PBCH Block 的子载波间隔总是相同的，Type0-PDCCH 的子载波间隔不再需要通过 SubcarrierSpacingCommon 指示。同时，SS/PBCH Block 的 RB 边界和公共的 RB 边界之间的满足偶数个子载波偏移，对于 ssb-SubcarrierOffset 的 LSB 也是不需要的。因此，上述两个比特可以重用来指示参数 Q 的取值。

● 方案 1：
  ■ 子载波间隔 SubcarrierSpacingCommon（1 bit）；
  ■ 子载波偏移 ssb-SubcarrierOffset 比特域的最低位（1 bit）。
● 方案 2：
  ■ 子载波间隔 SubcarrierSpacingCommon（1 bit）；
  ■ MIB 中的空闲比特（1 bit）。

图 18-14 给出了参数 Q 通过 MIB 指示的示意图，表 18-4 给出了参数 Q 的取值与 MIB 中的 2 比特的对应关系。

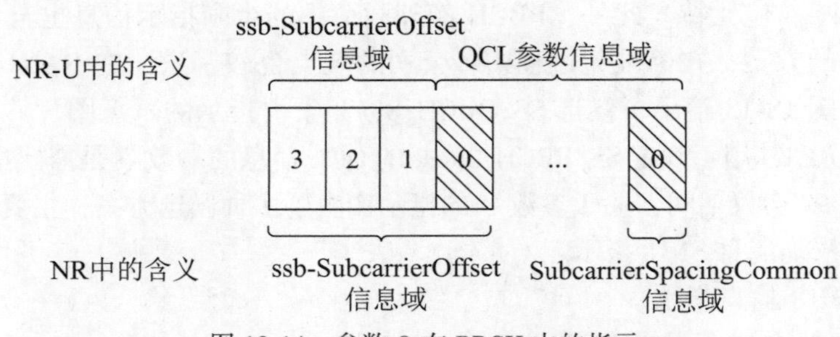

图 18-14 参数 Q 在 PBCH 中的指示

表 18-4　参数 Q 在 MIB 中的指示

SubcarrierSpacingCommon	LSB of ssb-SubcarrierOffset	Q
scs15or60	0	1
scs15or60	1	2
scs30or120	0	4
scs30or120	1	8

由于 MIB 中的部分比特代表的含义在 NR-U 系统中进行重新定义，NR 系统和 NR-U 系统中的 UE 对 MIB 有不同的解读。但是，由于在 6 GHz 频谱在不同的国家和地区规划的用途可能不同，存在部分频谱在不同的国家和地区分别作为授权频谱和非授权频谱使用，如图 18-15 所示。在这种情况下，需要 UE 去识别在这部分频谱所检测到的 SS/PBCH Block 对应的是 NR 系统还是 NR-U 系统。在 RAN1 #99 会议上，有公司提出在 BCCH-BCH-Message 中引入新的 MIB type 指示[17]，用于去区分不同的 MIB 类型。但是这种方案并没有获得大多数公司的支持。在 RAN1#100bis-e 会议，对于该问题的解决讨论了以下几种方案[18]。

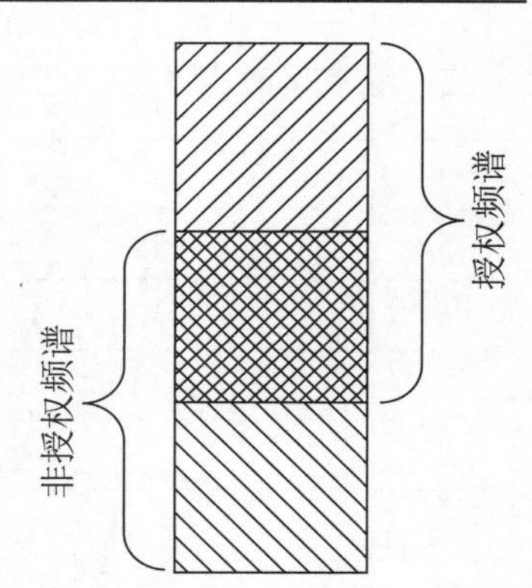

图 18-15　授权频谱和非授权频谱的重叠示意图

- UE 尝试两种 MIB 的解读。
- 通过对 PBCH 循环冗余校验（Cyclic Redundancy Check，CRC）进行不同的加扰区分不同的 MIB。
- 授权频谱和非授权频谱上定义的同步栅格的位置不同。

截至本书定稿，该问题在标准上仍未达成一致的解决方案，其可能在 R16 或者以后的标准版本中解决。

18. 3. 3　RMSI 监听

在 UE 检测到 SS/PBCH Block 并获得 MIB 信息之后，通过 SS/PBCH Block 和 Type0-PDCCH CORESET 的复用方式，以及 MIB 中指示的 Type0-PDCCH CORESET 和 Search Space 信息，检测 Type0-PDCCH，并进而接收 RMSI。在 R15 NR 技术中，SS/PBCH Block 和 Type0-PDCCH CORESET 的复用方式包括 3 种图样（参考 6. 2. 2 节）。在 R16 NR-U 技术中，标准采纳了 SS/PBCH Block 和 Type0-PDCCH CORESET 采用 TDM 方式进行复用，类似 NR 技术中的 SS/PBCH Block 和 Type0-PDCCH CORESET 的复用方式中的图样 1。

在 RAN1 #96 会议上，确定了 Type0-PDCCH CORESET 和 SS/PBCH Block 的子载波间隔总是相同的，并且 Type0-PDCCH CORESET 的频域资源对于 30 kHz 子载波间隔为 48 个 RB，对于 15 kHz 子载波间隔为 96 个 RB。在 RAN1 #96bis 会议上，确定了 Type0-PDCCH CORESET 包含 1 或 2 个符号。在 RAN1 #99 会议上，确定了 Type0-PDCCH CORESET 与 SS/PBCH Block 的频域位置之间偏移的 RB 个数，对于 30 kHz 子载波间隔为 {0，1，2，3} 个 RB，对于 15 kHz 子载波间隔为 {10，12，14，16} 个 RB。为此，在 R16 标准中增加 NR-U 技术对应的 Type0-PDCCH CORESET 映射表格，如表 18-5 和表 18-6 所示。MIB 中的指示 Type0-PDCCH CORESET 的比特域与 R15 相同。

表 18-5　Type0-PDCCH CORESET 的配置参数：{SS/PBCH Block，PDCCH} 的 SCS=｛15，15｝kHz，非授权频谱

索引	SS/PBCH Block 和 CORESET 的复用图样	CORESET 的 RB 数量	CORESET 的符号数量	偏移的 RB 数量
0	1	96	1	10
1	1	96	1	12
2	1	96	1	14
3	1	96	1	16
4	1	96	2	10
5	1	96	2	12
6	1	96	2	14
7	1	96	2	16
8	Reserved			
9	Reserved			
10	Reserved			
11	Reserved			
12	Reserved			
13	Reserved			
14	Reserved			
15	Reserved			

表 18-6　Type0-PDCCH CORESET 的配置参数：{SS/PBCH Block，PDCCH} 的 SCS=｛30，30｝kHz，非授权频谱

索引	SS/PBCH Block 和 CORESET 的复用图样	CORESET 的 RB 数量	CORESET 的符号数量	偏移的 RB 数量
0	1	48	1	0
1	1	48	1	1
2	1	48	1	2
3	1	48	1	3
4	1	48	2	0
5	1	48	2	1
6	1	48	2	2
7	1	48	2	3
8	Reserved			
9	Reserved			
10	Reserved			

续表

索引	SS/PBCH Block 和 CORESET 的复用图样	CORESET 的 RB 数量	CORESET 的符号数量	偏移的 RB 数量
11	Reserved			
12	Reserved			
13	Reserved			
14	Reserved			
15	Reserved			

在 NR-U 技术中，Type0-PDCCH 的 Search Space 信息在 MIB 中的指示域和指示方式与 R15 相同（参考 6.2.4 节）。对于 SS/PBCH Block 和 Type0-PDCCH CORESET 的复用图样 1，UE 在包含两个连续的时隙的监听窗口监听 Type0-PDCCH。两个连续的时隙中起始时隙的索引为 n_0。每个索引为 $\bar{i}$ 的候选 SS/PBCH Block 对应一个监听窗口，$0 \leqslant \bar{i} \leqslant \bar{L}_{\max}-1$，$\bar{L}_{\max}$ 为候选 SS/PBCH Block 的最大个数。该监听窗口的起始时隙的索引 n_0 通过以下公式确定。

$$n_0 = (O \cdot 2^{\mu} + \lfloor \bar{i} \cdot M \rfloor) \bmod N_{\text{slot}}^{\text{frame},\mu} \tag{18.2}$$

在确定时隙索引 n_0 之后，还要进一步确定监听窗口所在的无线帧编号 SFN_C：

- 当 $\lfloor (O \cdot 2^{\mu} + \lfloor \bar{i} \cdot M \rfloor) / N_{\text{slot}}^{\text{frame},\mu} \rfloor \bmod 2 = 0$，$\text{SFN}_C \bmod 2 = 0$；
- 当 $\lfloor (O \cdot 2^{\mu} + \lfloor \bar{i} \cdot M \rfloor) / N_{\text{slot}}^{\text{frame},\mu} \rfloor \bmod 2 = 1$，$\text{SFN}_C \bmod 2 = 1$。

即根据$(O \cdot 2^{\mu} + \lfloor \bar{i} \cdot M \rfloor) / N_{\text{slot}}^{\text{frame},\mu}$ 计算得到的时隙个数小于一个无线帧包含的时隙个数时，SFN_C 为偶数无线帧，当大于一个无线帧包含的时隙个数时，SFN_C 为奇数无线帧。由此可见，在 NR-U 技术中，Type0-PDCCH Search Space 的确定与 R15 是类似的，区别在于在 NR-U 技术中每个候选 SS/PBCH Block 索引关联一组 Type0-PDCCH 的监听时机。

在 NR-U 系统中，还有一种 RMSI 接收的情况是在辅小区接收 RMSI。这是为了在 NR-U 系统中支持自动邻区关联（Automatic Neighbour Relations，ANR）功能，以解决不同运营商部署小区时可能产生 PCI 冲突的问题[19-21]。由于 ANR 功能依赖于 RMSI 的获取，需要在辅小区支持 RMSI 的接收。UE 在收到辅小区的 RMSI 之后，可以上报小区全球标识（Cell Global Identity，CGI），用于网络的 ANR 功能。为了在辅小区接收 RMSI，UE 需要接收辅小区上的 SS/PBCH Block 来获得 Type0-PDCCH 信息。由于辅小区并非用于初始接入的小区，用于携带 Type0-PDCCH 信息的 SS/PBCH Block 的频域位置也并非位于同步栅格上。在这种情况下，需要设计如何通过非同步栅格上接收到的 SS/PBCH Block 来获得 Type0-PDCCH 信息，从而在辅小区上接收 RMSI。经过讨论，在 RAN1#100-e 会议上通过了在辅小区接收 RMSI 的过程。

- 步骤 1：检测 ANR SS/PBCH Block，解码 PBCH 获得 MIB 信息。
- 步骤 2：通过 MIB 信息获得子载波偏移信息 ssb-SubcarrierOffset 得到 $\bar{k}_{\text{SSB}}$，根据 $\bar{k}_{\text{SSB}}$ 确定 k_{SSB}。
    - ssb-SubcarrierOffset 得到 $\bar{k}_{\text{SSB}}$。当 $\bar{k}_{\text{SSB}} \geqslant 24$，$k_{\text{SSB}} = \bar{k}_{\text{SSB}}$；否则，$k_{\text{SSB}} = 2 \cdot \lfloor \bar{k}_{\text{SSB}}/2 \rfloor$。
- 步骤 3：根据 k_{SSB} 确定 common RB 的边界。

● 步骤 4：根据 MIB 中的 CORESET#0 信息确定第一 RB 偏移。

● 步骤 5：根据 ANR SS/PBCH block 的中心频率和该 LBT 带宽内定义的 GSCN 之间的频率偏移，确定第二 RB 偏移。

● 步骤 6：根据第一 RB 偏移和第二 RB 偏移确定 CORESET#0 的频域位置。

该过程的示意图如图 18-16 所示。

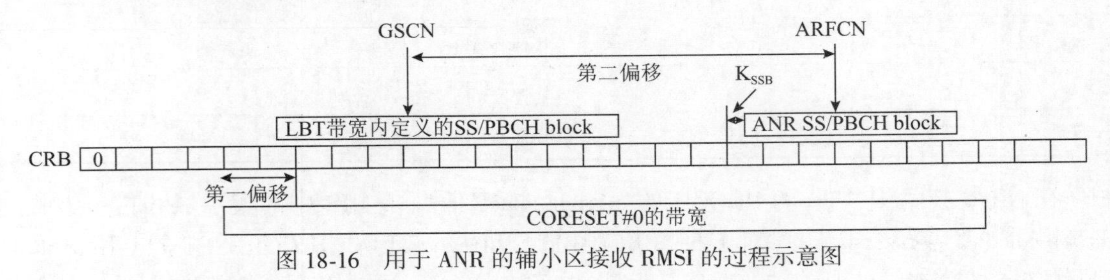

图 18-16　用于 ANR 的辅小区接收 RMSI 的过程示意图

18.3.4　随机接入

在 NR-U 系统中，对于 RACH 过程的增强主要考虑以下几个方面。

● PRACH 信道的 OCB 问题。

● PRACH 序列。

● PRACH 过程的信道接入。

● PRACH 资源的有效性。

● 2-step RACH 的支持。

为了满足 PRACH 的 OCB 要求，在 RAN1#93 会议上达成结论，考虑 PRACH 信道频域资源的梳齿结构（Interlaced PRACH）。RAN1#95 会议讨论了几种 Interlace 和非 Interlace 方案，其中，Interlace 方案在频域上不连续分配，具体的 Interlace 的方式包括 PRB 或者 RE 级别的 Interlace。非 Interlace 方案在频域上连续分配，通过对 PRACH 序列在频域上进行重复或者引入长 PRACH 序列，来满足最小的 OCB 要求。在 RAN1#96bis 会议上，多家公司给出了相关的仿真结果，评估不同的方案下的 PRACH 信道的覆盖和容量[22]。结果表明，频域连续分配的 PRACH 序列重复或长 PRACH 序列方案具有更好的 MCL 结果，因为 PRACH 占用了更多的频域带宽，但缺点是会造成 PRACH 容量的降低。根据各家公司的仿真结果和观点，本次会议最终通过不采用 Interlace 方案，同时考虑以下的候选方案。

● 方案 1：对原有的 139 长度的短 PRACH 序列进行重复，映射到连续的子载波。

● 方案 2：采用不重复、单独的比 139 长的 PRACH 序列，映射到连续的 RB。

接下来的几次会议继续讨论了引入 PRACH 长序列，以及 PRACH 序列长度的选择，在 RAN1#99 会议达成了最终的结论：在支持原有的 139 长的 PRACH 短序列的基础上，支持单独的 PRACH 长序列。

● 对于 15 kHz 子载波间隔，$L_{RA}=1\ 151$；对于 30 kHz 子载波间隔，$L_{RA}=571$。

● 通过 SIB1 可以指示使用原有的 139 长的 PRACH 序列还是新引入的长 PRACH 序列。

如表 18-7 所示，在现有的 PRACH Format 下，增加了对长序列的支持。对于 $L_{RA}=571$，PRACH 占据 48 个 RB，对于 $L_{RA}=1\ 151$，PRACH 占据 96 个 RB。

表 18-7　Preamble Formats 表格

Format	L_{RA}			Δf^{RA}	N_u	N_{CP}^{RA}
	$\mu\in\{0, 1, 2, 3\}$	$\mu=0$	$\mu=1$			
A1	139	1 151	571	$15\cdot 2^{\mu}$ kHz	$2\cdot 2\,048\kappa\cdot 2^{-\mu}$	$288\kappa\cdot 2^{-\mu}$
A2	139	1 151	571	$15\cdot 2^{\mu}$ kHz	$4\cdot 2\,048\kappa\cdot 2^{-\mu}$	$576\kappa\cdot 2^{-\mu}$
A3	139	1 151	571	$15\cdot 2^{\mu}$ kHz	$6\cdot 2\,048\kappa\cdot 2^{-\mu}$	$864\kappa\cdot 2^{-\mu}$
B1	139	1 151	571	$15\cdot 2^{\mu}$ kHz	$2\cdot 2\,048\kappa\cdot 2^{-\mu}$	$216\kappa\cdot 2^{-\mu}$
B2	139	1 151	571	$15\cdot 2^{\mu}$ kHz	$4\cdot 2\,048\kappa\cdot 2^{-\mu}$	$360\kappa\cdot 2^{-\mu}$
B3	139	1 151	571	$15\cdot 2^{\mu}$ kHz	$6\cdot 2\,048\kappa\cdot 2^{-\mu}$	$504\kappa\cdot 2^{-\mu}$
B4	139	1 151	571	$15\cdot 2^{\mu}$ kHz	$12\cdot 2\,048\kappa\cdot 2^{-\mu}$	$936\kappa\cdot 2^{-\mu}$
C0	139	1 151	571	$15\cdot 2^{\mu}$ kHz	$2\,048\kappa\cdot 2^{-\mu}$	$1\,240\kappa\cdot 2^{-\mu}$
C2	139	1 151	571	$15\cdot 2^{\mu}$ kHz	$4\cdot 2\,048\kappa\cdot 2^{-\mu}$	$2\,048\kappa\cdot 2^{-\mu}$

相比 R15 NR，在 NR-U 系统中，RACH 过程中的信道发送需要考虑信道接入的影响。为了尽量减少由于 LBT 失败造成的 RACH 过程的延迟，一方面，在 RACH 过程中同样支持信道占用共享（COT Sharing，具体细节可参考 18. 2. 2 节）。当基站在发送 Msg2 时，可以将基站获得的 COT 共享给 UE 进行 Msg3 的发送。否则，UE 在发送 Msg3 时需要进行 LBT 以获得信道接入，会存在 LBT 失败的可能，从而带来 Msg3 的发送延迟。在上述方案中，基站在发送 Msg2 时，可以根据自身的 COT 情况，在 Msg2 中携带 UE 用于发送 Msg3 需要采用的 LBT 的类型。另一方面，在基站发送 Msg2 时，考虑到潜在的 LBT 失败问题，其在 UE 的 RAR 接收窗口内有可能不能及时获得信道接入从而导致无法发送 Msg2。因此 NR-U 系统中对 RAR 接收窗口的最大长度进行了扩大，即从 R15 定义的最大 10 ms 的 RAR 接收窗口扩大到 40 ms，以便于基站可以有更多的时间进行信道接入，避免因为 LBT 失败造成 RAR 无法及时发送。相应的，由于 R15 的 PRACH 资源的周期最短为 10 ms，计算 RA-RNTI 的方法并不需要区分 PRACH 资源所在的 SFN。在采用最大 40 ms 的 RAR 接收窗口之后，多个 UE 在多个 RO 发送的 PRACH 对应的 RAR 接收窗口发生重叠，从而这些 UE 可能在 RAR 接收窗口收到通过相同 RA-RNTI 加扰的 RAR 信息。为了让这些 UE 区分所收到的 RAR 对应的 PRACH 资源所在的 SFN，在调度承载 RAR 信息的 PDSCH 的 DCI format 1_0 中定义了 2 比特用于指示 SFN 的最低两位。UE 在收到该 SFN 的最低两位之后，可以确认该 RAR 是否对应于该 UE 的 PRACH 传输所在的 SFN[23-27]。

PRACH 资源的有效性判断除了沿用 R15 的定义之外，针对 NR-U 技术中的信道接入过程，增加了额外的定义。在 18. 2. 3 节介绍了 FBE 的信道接入类型，当配置了 FBE，如果 PRACH 资源与信道占用开始之前的一组连续的符号发生重叠，则该 PRACH 资源被认为是无效的。

另外，在 R16 引入的特性 2-step RACH，在 NR-U 系统中同样支持。在 NR-U 系统中针对 4-step RACH 的增强同样适用于 2-step RACH，包括 RAR 接收窗口扩大、DCI Format 1_0 指示 SFN 的最低两位、COT Sharing 等。

18.4 资源块集合概念和控制信道

本节介绍通过非授权频谱独立组网的方式下，NR-U 系统中对于宽带传输的特殊设计以及针对由于非授权频谱的 LBT 失败导致的调度问题做了改进，本小节主要介绍 NR-U 系统对于控制信道设计和侦测增加。

18.4.1 NR-U 系统中宽带传输增强

在 NR-U 系统中，由于非授权频谱的使用规定的要求，每次传输都是基于一个 20 MHz 带宽的颗粒度去传输。而 NR 的设计已经考虑到大带宽和大吞吐量传输，因此 NR 在非授权频谱中的传输也不应限于一个 20M 带宽去传输，所以更大带宽传输需要在 NR-U 被支持，这里的更大带宽指的是 20 MHz 数倍的数量级。在 3GPP 的讨论中，有两个分支方案分别被提出，且收到了均衡数量的公司的支持。

第一个分支是利用 NR 里的 CA 的特性。如图 18-17 所示，每个 20 MHz 的带宽可以看作是一个载波带宽（Component Carrier，CC）[28-33]，那么支持多个 20 MHz 带宽就如同支持多个 CC。

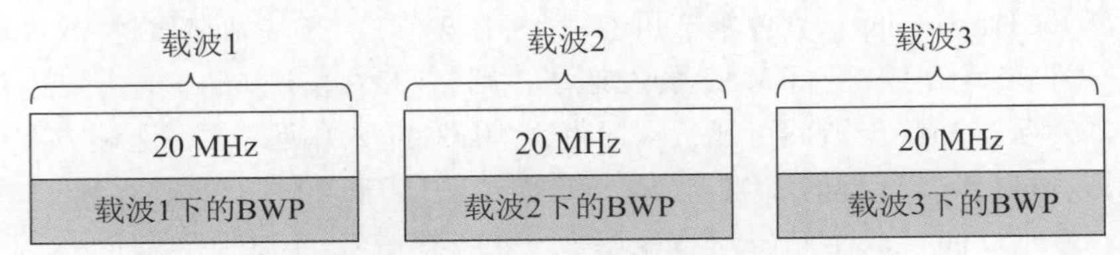

图 18-17 用 CA 的方式支持大带宽传输

这个方案的优点在于载波聚合（Carrier Aggregation，CA）的特性在 NR 的 R15 版本里已经完成，如果按照 CA 的特性去支持大带宽的传输不需要有额外的协议影响，这样可以大大的节省 R16 协议的制定时间。但相反地，这个方案的缺点在于：首先，在 NR-U 系统中支持大宽带传输的前提是需要支持 CA 特性，而 CA 在 NR R15 里并没有这样的隐性约束。这里需要提到的是 R15 的 UE 可以无须 CA 能力支持 100 MHz 带宽传输，但是如果这个方案被采用，则约束了 UE 要支持大于 20 MHz 带宽传输就需要支持 CA 能力。其次，类似 CA 特性的设计需要把 BWP 的带宽固定配成 20 MHz 带宽，这样的设计思路与 NR 相悖。因为 NR 的设计理念是可以灵活地配置 BWP 带宽，并且可以灵活地在多个 BWP 间切换。所以类 CA 的设计思路在某种程度上来说有一些回退设计，摒弃了 NR 的杀手级灵活性优势。

第二个分支方案如图 18-18 所示，UE 可以被配置一个大带宽的 BWP，该 BWP 覆盖了多个 20 MHz 的信道带宽，这些 20 MHz 带宽在 NR-U 的设计初期被称为 LBT 子带，且子带和子带间有保护带[34-38]。其中保护带的作用是防止子带间的由于带外能量泄漏（Out-of-band Power Leakage）所引起的干扰。这里的干扰是 UE 在一个子带上传输，与和该子带相邻的子带上的其他 UE 的传输甚至与其他系统设备的传输的干扰，这样的干扰被称为子带间的干扰。

要降低子带间干扰的影响，需要在子带间预留一些保护带，使得在相邻子带上实际的传输在频域上相隔更远，这样相应的干扰会更小。同时这些 LBT 子带都配置在同一个载波带宽里，它们属于同一个小区的子带，因此这类保护带被称为小区内保护带（Intra-cell Guard Band）。

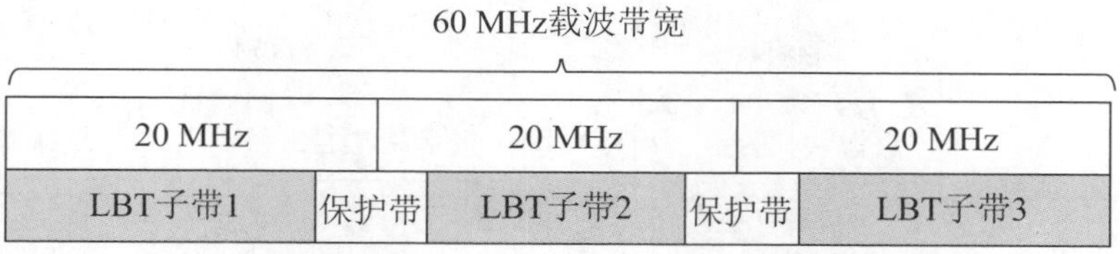

60 MHz载波带宽

20 MHz		20 MHz		20 MHz
LBT子带1	保护带	LBT子带2	保护带	LBT子带3

图 18-18 大带宽由多个 LBT 子带组成，子带间由保护带控制子带间干扰

经过 3GPP 的会议多次长时间的讨论，最后决定采用第二分支的设计思路，其主要的原因在于第二分支的设计更为灵活，并且保持了 NR 的高灵活度的设计初心。

确定了设计思路后，3GPP 立即致力于讨论对于第二分支的具体设计方案。首先要解决的问题是小区内保护带以及 LBT 子带的确定。对于小区内保护带的设计，3GPP 首先考虑了一个默认的静态小区内保护带数值，这个保护带的设计思路是把 20 MHz 带宽的中心频点固定在预设定的频点上，这些频点与其他的系统例如 Wi-Fi 使用的中心频点相差甚微，这样同时也是为了考虑不同系统在一个共享频谱友善中共存的原因。然后根据子载波的间隔不同，确定了固定的保护带大小，这些保护带是基于资源块数量来确定的，即整数个资源块[39-1]。

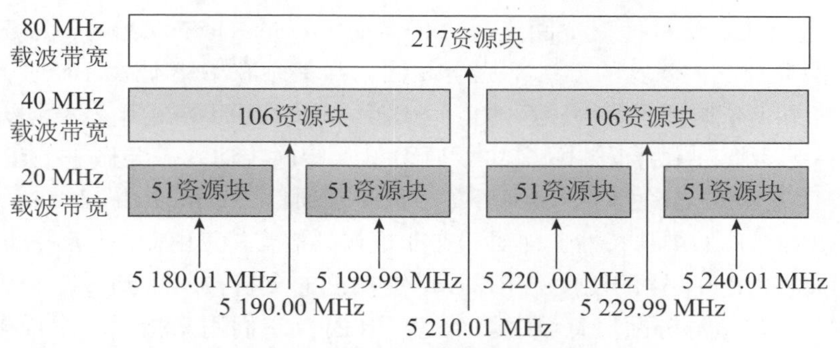

图 18-19 3GPP NR-U 中的信道栅格（Channel Raster）设计

基于默认的小区内保护带，系统基本可以满足子带间干扰的控制要求，但是并不能解决所有的部署场景的需求。出于 NR 一贯的灵活度设计理念，3GPP 又提出了在默认区间保护带之外，再支持网络对于区间保护带的灵活配置。这样的优点是当网络遭遇很严重的干扰时，网络可以配置更大的区间保护带以损失频谱效率为代价从而更有效地干预子带间的干扰。相反的，当系统内子带间干扰不会对通信性能造成影响的情况下，可以选择配置更小的区间保护带来获得更大的频谱效率。这里需要补充的是在 3GPP 的第四工作组（Working Group 4）在定义默认小区内保护带数值的同时也定义了 UE 最低性能，这里包括了 UE 必须满足的带外能量泄漏的抑制性能。然后如果基站配置了比默认值更小的保护带数值，这样就需要 UE 提供更强的带外能量泄漏抑制能力。在 RAN1#101-e 会议上，为了避免引入两种不同的 UE 能力，最终协议规定基站仅能配置比默认值更大的保护带数值，而不可以配置比默认值更小的非零保护带。更进一步地，LBT 子带也被统一称为资源块集合（Resource Block Set）。资源块集合和区间保护带的配置方式是，如图 18-20 所示，基站在公共资源基准（Common Resource Block Grid，CRB）上先配置一个载波带宽并且在载波带宽内配置一个或多个小区内保护带，小区内保护带的配置包括起点的 CRB 位置和保护带长度。当配置完成后，整个的载波带宽被分为了多个资源块集合。最后网络通过配置 BWP，再把资源块集合映射到 BWP 上。值得注意的是 3GPP 协议要求网络配置的 BWP 必须包括整数个资源块集

合。类似 BWP 配置方式，上行载波和下行载波内的资源块集合分别独立配置。

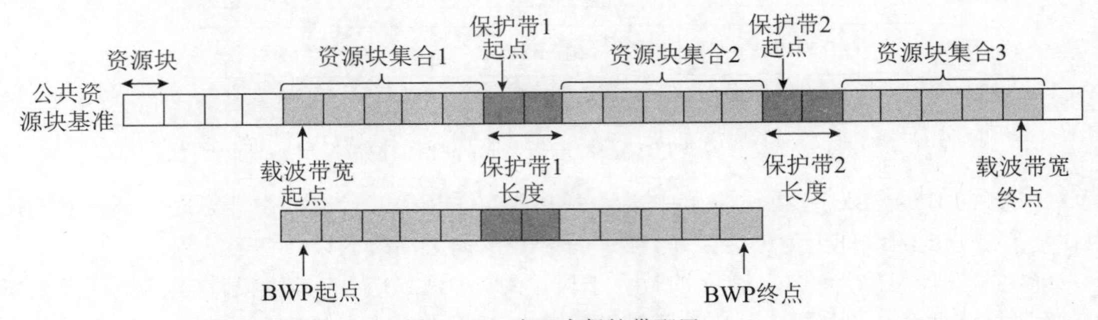

图 18-20　小区内保护带配置

确定了资源块集合的配置后，在上行数据调度的过程中，基站需要指示 UE 在一个或多个资源块集合内传输，这种按资源块集合来调度 UE 的方式被称为第二类型调度方式，对于资源块集合调度的确定是接下来的重点讨论方向。

上行调度可分多个场景，其中包括对于连接态 UE 的调度，和对于空闲态（Idle）UE 的调度。更进一步地对于连接态 UE 的调度还分为在公共搜索空间集合（Common Search Space Set，CSS set）和在 UE 特有搜索空间集合（UE-specific Search Space Set，USS set）内的调度。在这些不同场景下，调度的方法不完全相同。当基站在 USS 调度 UE 时，基站可以用 DCI 格式 0_0 和 0_1 来调度。值得注意的是，3GPP 保留用 DCI 格式 0_2 来调度 NR-U UE 的可能性，但在一些功能上做了限制，其主要原因是支持这些功能需要做进一步的协议规范，鉴于 DCI 格式 0_2 是在 R16 里对于超高可靠性低时延通信（Ultra Reliable Low Latency Communications，URLLC）的增强特性，而对于在非授权频谱支持 URLLC 业务并非是 R16 NR-U 的关注点，因此在 NR-U 里对于这些 URLLC 增强功能的支持被延后到 R17 讨论。并且这两个 DCI 格式中的频域资源分配信息域中均带有 Y 比特，它们用来指示一个或多个调度的资源块集合，而 Y 的值是由激活上行激活 BWP 上总共的资源块集合数量来确定。选择引入 Y 比特指示的优点是基站可以灵活地指示在任意一个或者多个资源块集合中传输上行，且不会增加 DCI 的开销。而当基站用 DCI 格式 0_0 在公共搜索空间集合内调度连接态 UE 或者在第一类 PDCCH 共搜索空间集合内共搜索空间集合内调度 idle UE，或者是用 RAR UL grant 来调度上行的情况下，DCI 和 RAR UL grant 中不包括显式指示调度资源块集合的信息域。协议中规定了 UE 确定资源块集合的方法如下：对于 DCI 格式 0_0 在公共搜索空间集合内调度连接态 UE 上行的设计方案最初有三个候选项[40-44]：第一个方案是永远限制在上行激活 BWP 中的第一个资源块集合（对于 Idle UE 来说初始上行 BWP 为上行激活 BWP）；第二个方案是 UE 默认调度在 BWP 中所有的资源块集合；第三个方案是 UE 根据收到的下行调度控制信息在哪个下行资源块集合上，确定与之对应的上行的资源块集合。在这三个方案中，第一个方案实现简单，但是调度的限制比较大。特别是当干扰环境对于每个资源块集合不同情况下，如果第一个资源块集合长时间处于强干扰状态，那么 UE 的 LBT 将持续失败，导致无法传输上行。第二个方案需要 UE 每次都大带宽传输且需要每个资源块集合上的 LBT 都成功，这样增加了上行传输的失败概率。第三个方案增强了 UE 的上行传输成功的概率。如图 18-21 所示，当下行 BWP 包括 4 个资源块集合，而上行包括 2 个资源块集合，基站可以将调度 DCI 发送在资源块集合 1 或资源块集合 2 上，那么与之对应的上行资源块集合 0 或者资源块集合 1 就是调度的上行资源块集合。如果基站可以在下行资源块集合 1 里成功地完成

LBT 并且发送上行调度 DCI，那么 UE 就会有很高的概率也成功通过 LBT，并且发送上行。由于这个增强的优势，第三个方案在 RAN1#100b-e 会议被采纳。但是对于这个方案有一个缺陷，即在下行资源块集合没有对应的上行资源块集合的情况下，UE 无法判断上行调度的资源，例如图 18-21 中，如果 DCI 发送在下行资源块集合 0 或者 3 中的情况。经过讨论在 RAN1#100b-e 中最终规定这种情况下，UE 把上行传输确定在上行资源块集合 0。

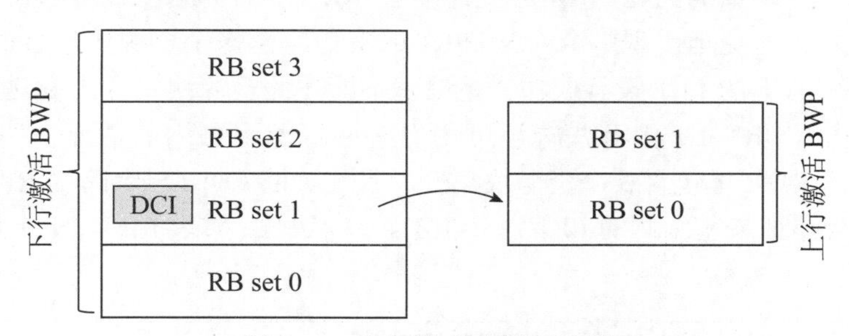

图 18-21　资源块集合调度示例

对于 RAR 和第一类 PDCCH 共搜索空间集合（Type 1 PDCCH CSS set）内调度场景，3GPP 讨论初期打算重用之前介绍的共搜索空间集合内调度的方案从而实现统一的设计。然而在讨论过程中遇到了问题，即当 Idle UE 和连接态 UE 在一个资源块集合重合时，基站只凭借收到的 PRACH 是无法区分出调度的上行传输是来自连接态 UE 还是 Idle UE 如图 18-22 所示。在这种情况下基站需要同时盲检连接态 UE 的资源块集合 0 的上行传输和 Idle UE 在初始上行 BWP 的上行传输，并且需要为这两个传输预留两份资源，导致严重的资源浪费。鉴于这个原因，最终在 RAN1#101-e 会议上决定 RAR 和第一类 PDCCH 共搜索空间集合内调度的上行与 UE 传输 PRACH 的上行在同一个资源块集合内。采用这个方案的原因是，当 UE 发送了 PRACH 在某一个资源块集合，且 PRACH 被基站接收，这时这个资源块集合对于 UE 和基站来说没有任何歧义，且由于 UE 发送了 PRACH，也暗示着 UE 已经在这个资源块集合内成功通过 LBT，因此 UE 将面临较小概率在同一个资源块集合内持续 LBT 失败。

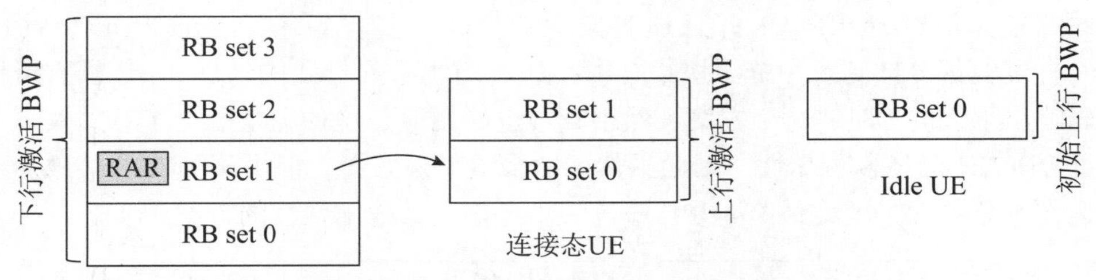

图 18-22　RAR（随机接入相应）调度连接态 UE 和 Idle UE 示例

18. 4. 2　下行控制信道和侦测增强

在 NR-U 中，下行控制信道的设计和 NR 没有本质上的区别。如第 6. 2. 3 节和 6. 2. 4 节介绍的，UE 会被预先配置一些周期性的 PDCCH 搜索空间用于接收下行控制信道。NR 的 PDCCH搜索空间和 PDCCH CORESET 的概念被完整地沿用到了 NR-U 系统中，然而由于非授权频谱的特殊的情况，基站本不能保证每次都在配置的资源里成功发送控制信道，这取决于基站的 LBT 成功与否。因此在 NR-U 系统中，控制信道的相关设计主要致力于解决由于 LBT 失败而带来的问题。

1. CORESET 和搜索空间集合配置

在 18. 4. 1 中我们已经介绍过，NR-U 支持一个 BWP 中配置了多个资源块集合，每个资源快集合可以看作一个 LBT 子带，所以基站要在某个资源块集合里发送下行传输就必须保证对于这个资源块集合 LBT 成功。很显然，在实际的通信中 LBT 成功与否是不能被提前预判的，这就带来了一个新的问题。NR 的设计中 CORESET 的资源位置可以在 BWP 里灵活配置，那么这也就不可避免地出现一个 CORESET 的资源跨越多个资源块集合的情况。与此同时当某个资源块集合上的 LBT 没有成功，基站就不能在此资源块集合内发送下行控制信道。导致出现在同一个 CORESET 内有些资源可用而有些资源不可用的情况，如图 18-23 所示，当 UE 的下行激活 BWP 里包含 3 个资源块集合，且配置的 CORESET 跨度 RB set 0 和 RB set 1 两个资源块集合。如果基站侧的 LBT 对于 RB set 1 失败，那么 RB set 1 上的 CORESET 和资源不可用[34]。

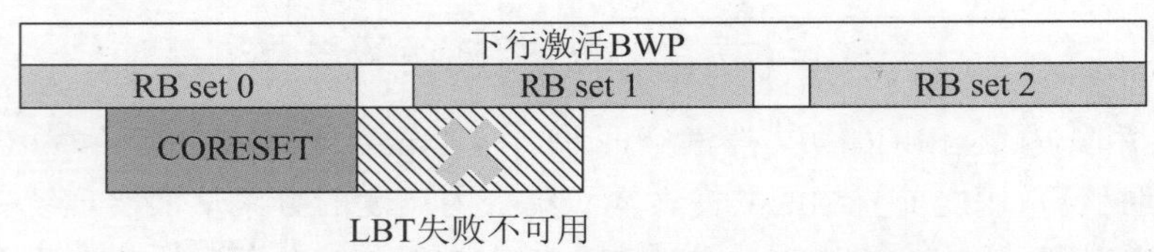

图 18-23　激活下行 BWP（带宽分段）内配置多个资源块集合且 CORESET（控制资源集合）横跨多个资源块集合

为了解决这个问题，3GPP 考虑了不同的方案。其中一个解决方案是由基站实现，即基站在发送下行控制信道时自行避开不可用的那些资源。这个方案的优点是没有任何的协议影响，节约了标准化的时间。但是它的缺点也很显而易见，即当由 LBT 失败导致资源无效时，基站仅有更少的资源来调度 UE。并且当 CORESET 内的交织功能被开启时，由于某些资源不可用会导致交织后的 PDCCH 候选资源被打孔，这样严重降低下行控制信道的接收可靠性，因此这个方案隐性地导致实现中基站会配置交织功能的关闭。

随着这些问题浮出水面，3GPP 也陆续扩展出了多套解决方案。一个方案如图 18-24 所示，基站配置大带宽 CORESET 并且通过交织的方式尽量把每一个候选 PDCCH（PDCCH Candidate）资源都分散到每个资源块集合中，这样即便遇到打孔的情况，UE 也有可能利用信道解码解出承载的 DCI。这个方案虽然很直观也简便但是这种完全取决于基站实现的方法无法保证 PDCCH 的传输可靠性。因此虽然标准采纳了该方案，但由于 DCI 的接收对于整个系统的运作十分关键，因此最终 3GPP 还进一步考虑了其他增强性的方案。

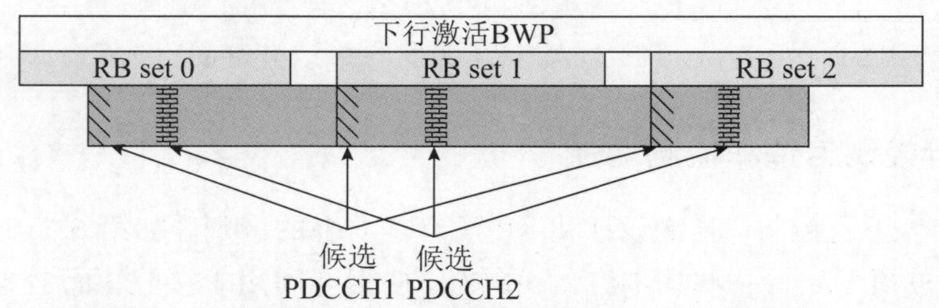

图 18-24　NR-U 系统中 PDCCH（物理下行控制信道）接收的备选方案 1

另一个方案是配置多个 CORESET，且每个 CORESET 只包含于一个 LBT 子带内，或者一个资源块集合内。这样交织的问题天然就解决了，但这个设计方案需要基站配置与资源块集合同等数量的 CORESET。在 NR 中当频点小于 6 GHZ，UE 需要支持一个 BWP 的带宽最大可配至 100 MHz，这样就对应 5 个资源块集合，那么也就需要配置 5 个不同的 CORESET 在 BWP 内。这个特性已经超出了 NR 的可支持范围，因为 NR 在一个 BWP 内最多支持 3 个 CORESET。同样地在 NR 中，搜索空间集合需要和 CORESET 关联，并且同一个搜索空间集合索引禁止关联不同的 CORESET，这样如果简单地把可配的 CORESET 数量增加，也会使得需要支持的可配置的搜索空间集合索引增加，如图 18-25 所示。经过反复的考量后，3GPP 决定基于这个方案的思路进行改版设计，主要聚焦解决如何减少 CORESET 数量和搜索空间集合数量的问题。

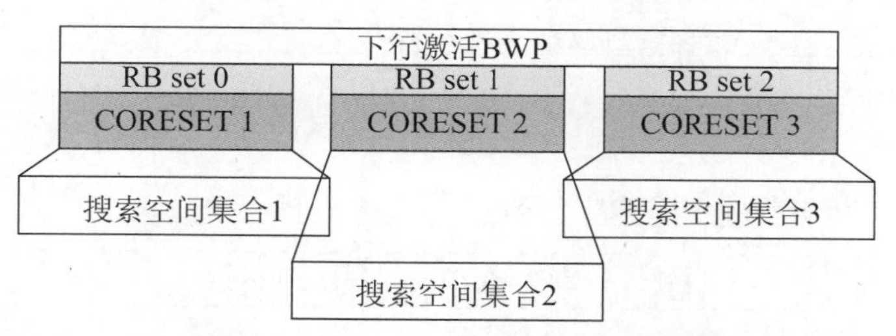

图 18-25　NR-U 系统中 PDCCH（物理下行控制信道）接收的备选方案 2

在 RAN1#98b 会议中最终被采用的方案解决了配置过多的 CORESET 和搜索空间集合的问题，具体的方案是当一个 CORESET 被配置并且限制在一个资源块集合内的情况下，基站可以配置一个特殊的搜索空间集合，使这个搜索空间集合与该 CORESET 相关联后产生镜像 CORESET，并且镜像 CORESET 的资源会被复制到其他的资源块集合中去，如图 18-26 所示，当复制的镜像 CORESET 资源映射到资源块集合后，UE 就可以根据映射后的 CORESET 的时频域资源和相关联的搜索空间集合在其他的资源块集合内区监听下行控制信道。这个特殊的搜索空间集合配置中引入了一个比特映射（Bitmap）的参数，其中每一个比特对应了一个资源块集合，当一个比特为 1 时 CORESET 就会映射到对应的资源块集合中去，当一个比特为 0 时，CORESET 就不需要映射到对应的资源块集合。通过这个解决方案，需要被配置的 CORESET 数量和搜索空间集合数量不需要增加。

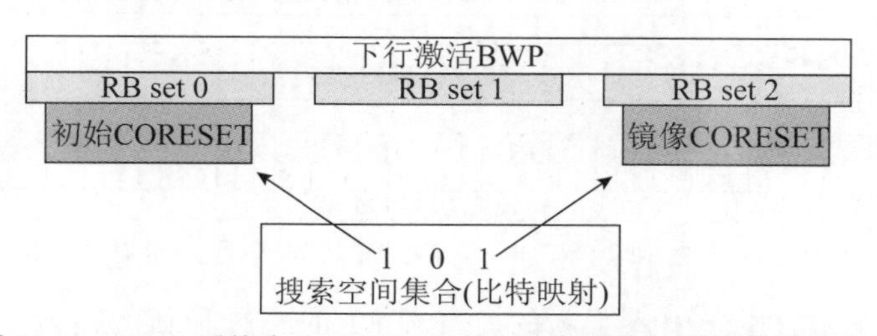

图 18-26　NR-U 系统中 CORESET（控制资源集合）侦测的最终方案

这个方案实现的条件是初始 CORESET 的频域资源需要局限在一个资源块集合内，也就是说初始 CORESET 的资源不得超出一个资源块集合的范围。这样就会又带来一个新的问题，在 NR 中 CORESET 的资源配置是通过 6 个资源块为粒度指示的（关于 NR 的 CORESET 设计细节参见 5.4 小节）。由于这个指示粒度较大，因此为了确保配置后的初始 CORESET 资源不超出资源块集合，在实际系统中会出现部分非 6 的整数倍的 PRB 资源不可被用于 CORESET 配置的情况。解决这个问题的方案是引入了一个新的 CORESET 资源配置方法如图 18-27 所示[39]，这个方法直接从 BWP 内的第一个资源块为起点，加上一个资源块的偏移参数（rb-Offset）确定初始 CORESET 的起点资源块，这样初始 CORESET 的资源可以在一个资源块集合内调整，由于这个偏移量是从 0 到 5，那么它最多可以调整偏移 5 个资源块，从而完美地避免了在一个粒度里部分资源块超过资源块集合的问题[38-39]。对于镜像 COREST 的资源确定是把初始 CORESET 的资源在频域上做了偏移至要映射的新的资源块集合内，且起点位置对应于新的资源块集合的边界有 rb-Offset 偏移量。当基站在确定初始 CORESET 资源大小时，需要考虑到镜像 CORESET 的资源也禁止超过其要映射的资源块集合。

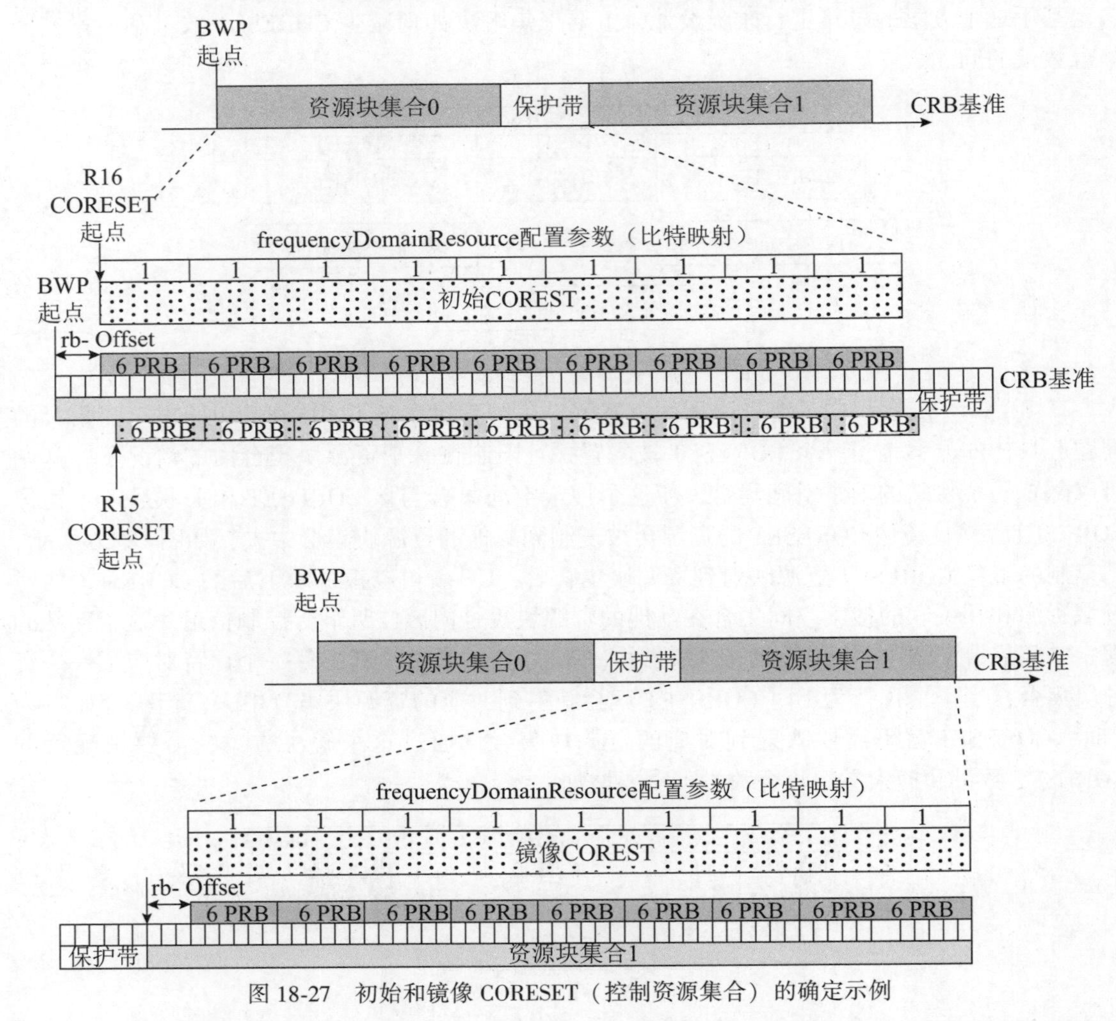

图 18-27　初始和镜像 CORESET（控制资源集合）的确定示例

这里需要说明的是，由于引入了新的 CORESET 的配置和新的搜索空间集合配置方案，如何保证后向兼容的问题也在 3GPP 的会议中展开了讨论。问题主要围绕当一个 R15 版本的搜索空间集合配置关联到了 R16 版本的 CORESET 上，抑或当一个 R16 版本的搜索空间集合配置关联到了 R15 版本的 CORESET 上，UE 应该如何解读这些配置。最终的约定概况见表 18-8。

表 18-8　R16 CORESET 和搜索空间集合配置

CORESET 配置版本	关联的搜索空间集合配置版本	CORESET 位置按照 R16 或者 R15 确定
CORESET 配置里没有 rb-offset 参数	R15 版本	CORESET 的位置确定根据 R15 规则
CORESET 配置里没有 rb-offset 参数	R16 版本	CORESET 的位置确定根据 R16 规则，且 rb-offset 默认为 0
CORESET 配置里有 rb-offset 参数	R15 版本	CORESET 的位置确定根据 R16 规则，但是不要求初始 CORESET 的资源局限在一个资源块集合内
CORESET 配置里有 rb-offset 参数	R16 版本	CORESET 的位置确定根据 R16 规则，且要求初始和镜像 CORESET 的资源局限在一个资源块集合内

2. 搜索空间组切换

在本节中我们将介绍 NR-U 系统中的又一个新特性：搜索空间组切换。在介绍这个特性之前，我们先来回顾一下 18.2 小节阐述的非授权频谱通信的痛点。由于基站在得到信道传输 COT 前需要通过 LBT，且大部分的情况下基站会用 LBT Type-1 方式来做信道接入，而 LBT Type-1 的信道接入时长是随机的。那么基站如何可以保证在 LBT 成功的结束点位置就可以传输数据，而不需要再等待过长的一段时间，以至于有再次丢失信道传输权的风险。这个问题在 Wi-Fi 系统里不存在，因为 Wi-Fi 系统本质上是一个异步系统，因此 Wi-Fi UE 可以在 LBT 结束且成功后的任何的位置发起传输。然而对于 NR-U 系统来说，其本质是一个同步系统，整个系统的运作都基于一个确定的帧结构，那么基站的下行发送，无论是控制信道、数据信道，还是参考信号，都是有一些具体的位置的规则，在这样的情况下随机生成的 LBT 结束位置和同步系统的这些理念不匹配。为了解决这个问题，系统应该尽量多地为基站留出调度 UE 的位置，这样基站可以在任意 LBT 结束的位置发送下行控制信号。但是这样会引入一个新的问题，UE 为了配合基站灵活的发送下行控制信号，需要一直处于频繁侦听下行控制信号的状态，这样不利于终端侧节能[46-49]。最终 3GPP 在 RAN1#98b 会议中决定权衡基站接入信道的成功率和 UE 的能耗两个因素，采用搜索空间组切换的方案，如图 18-28 所示，即在基站的 COT 外 UE 基于一个搜索空间组来进行搜索，但在基站 COT 内基站内 UE 可以切换到另一个搜索空间组。这两个搜索空间组的搜索频繁度不同。在 NR-U 的场景下 COT 外的搜索空间较 COT 内的更为密集。例如，在 COT 外基于部分时隙（Mini-slot-based）侦听控制信号，UE 的能耗更高，但在基站 COT 内 UE 将切换到更稀疏的搜索空间，如基于全时隙（Slot-based）侦听控制信号。

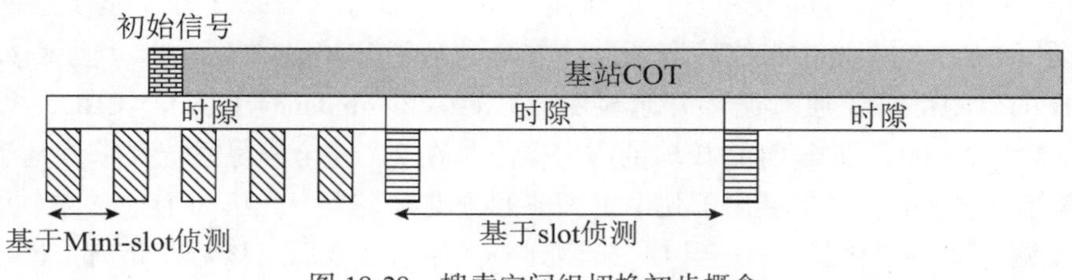

图 18-28　搜索空间组切换初步概念

3GPP 引入了 COT 信息，即基站可以通知 UE 基站的 COT 已经建立，并且通知 COT 的长度信息。关于基站 COT 的信息，在前面的章节我们已经了解到，基站如果 LBT 成功就可以建立一个 COT 在基站的 COT 内基站可以进行包括控制信道、数据信道或参考信号的下行传输，同时基站还可以共享出它的 COT 用于 UE 侧的上行传输。因此在这样的情况下，COT 的信息对于 UE 尤为重要，因为在基站 COT 的外面，事实上 UE 是接收不到任何有用传输的。从这个角度出发，很合理的一个猜想是，UE 在基站 COT 内和 COT 外的处理应该不同。一个很合理的解释是，在基站 COT 外的处理可以等同于功耗的浪费，即由于基站不能发送传输，所以收不到任何有用信息。从这个角度来说应该尽量把高功耗的处理用于基站的 COT 内。

这个问题在 3GPP 会议中受到了广泛的关注。总结多方观点后基本确定一个共识，即基站需要通知 COT 何时开始，基于这个 COT 起始点 UE 可以用不同的接收方式。这个是本特性的一个初始雏形。

确定了这个特性的具体思路后，接下来的问题就是如何通知基站的 COT 信息。一个比较直观的方案是需要设计一个参考导频，也称为初始信号如图 18-28 所示，该参考导频用于通知 UE 基站的 COT 起始位置，此参考信号的设计可以类似 Wi-Fi 系统的初始参考信号，UE 侧需要持续地监听这个参考导频。这个设计思路是由 IEEE 标准组织主导，并且 IEEE 在 3GPP 的会议中提议将这个参考导频设计为和目前 Wi-Fi 所用的参考导频一致，这样的优点是两个不同的系统设备可以更容易地在共享频谱中发现对方。这样的设计对于 Wi-Fi 来说是有利的，但是这样的设计对于 3GPP 系统来说有很大的限制。其中一点是 Wi-Fi 系统的基带处理机制，包括信道编码、采样频率都和 3GPP 不一样，简单地移植 Wi-Fi 的设计会引起严重的兼容问题，但是如果将 Wi-Fi 的设计做大修改去融合 3GPP 的系统会需要很长的研究时间，最后导致无法在计划的时间内完成 R16 的标准化工作。由于这个原因，最终 3GPP 放弃使用新的导频设计来通知 UE 基站的 COT 方案。第二个备选方案是基于已有的参考信号来判断基站是否建立了 COT，在 3GPP 的讨论中 DMRS 为可以考虑的参考信号，而以下为两个关键需要解决的问题：第一，如何设计出让不同的 UE 都能识别的 DMRS；第二，检测的可靠性。第一个问题主要可以理解为，目前 NR 的系统设计中，除了系统消息和调度系统消息的 PDCCH 的 DMRS 是不同 UE 都可以识别的，其他的控制信道和数据信道上传输的 DMRS 都是根据为 UE 专属定制加扰的，其他 UE 不能识别。但是系统消息都是在规定的时间窗内发送，在其他的时间点上如果基站新建了 COT，无法用系统消息的 DMRS 来通知 UE。因此需要一个新设计的公共 DMRS。对于第二个问题，同时也是最关键的问题，UE 基于 DMRS 来判断基站是否建了新的 COT 的具体实现方法是，UE 会持续做对于这个特殊的 DMRS 的检测，如果检测到了 DMRS 存在，此 UE 会认为 COT 开始了，并且 DMRS 可以规定发送在 COT 的起始位置。但由于对于参考信号的存在性检测只是简单的能量检测，这样很容易发生虚警或者漏检，导致对于 COT 判断的可靠性有很大的影响。这里的影响可以理解为一旦发生了基站和 UE 间理解的歧义，UE 和基站可能在不同的搜索空间组内做控制信号的收和发，这样使得整个系统无法正常工作。基于这两方面的原因，3GPP 在 RAN1#99 会议中最终确定了设计方案是基于 PDCCH 的检测，其原因如之前所分析，PDCCH 的检测是需要通过循环冗余校验（Cyclic Redundancy Check，CRC）校验，目前 CRC 的比特数为 16 bit，那么 CRC 校验的虚警概率是在 2^{-16} 完全满足系统要求。基于这个设计思路，在多方的讨论下，又扩展出了几个更细节的分支方案[46-57]。第一个分支方案是基于公共 PDCCH 的检测，即 DCI 格式 2_0。当 UE 检测到 DCI 格式 2_0 后，该 DCI 带有 1 比特搜索空间组切换指示，UE 根据指示判断是否切换。这里需要解释一下，为什么会有不切换的状态。在一般的情况下如我们之前阐述，当基站新建了一个 COT 后，UE 需要在 COT 内换一个搜索空间组以便于减少盲捡控制信号的能耗，但是有一个特别的场景是当基站的 COT 很短的情况下，基站为了避免 UE 频繁地在两个搜索空间组间切换，基站可以指示 UE 不做切换的动作而一直保持在原来的搜索空间组。

由于 DCI 格式 2_0 不是每个 UE 必配置的，所以当 UE 没有被配置这个 DCI 格式的时候，UE 也可以基于其他的 DCI 格式做隐性的组切换。所谓隐性也就是说基站没有一个指示信息，当 UE 在一个组中检测到任意的一个 DCI 格式，那么 UE 就会切到另一个组。这里值得注意的是搜索空间组的切换需要一定的延迟，也就是说当收到触发切换的 DCI 格式后需要等待 P 个符号后的第一个时隙边界才开始真正地完成切换。如图 18-29 所示当 UE 在时隙 n 收到了触发 DCI 格式，实际切换发生在时隙 n+2 的边界。这里 P 的值是可配置的且和 UE 能力有关。

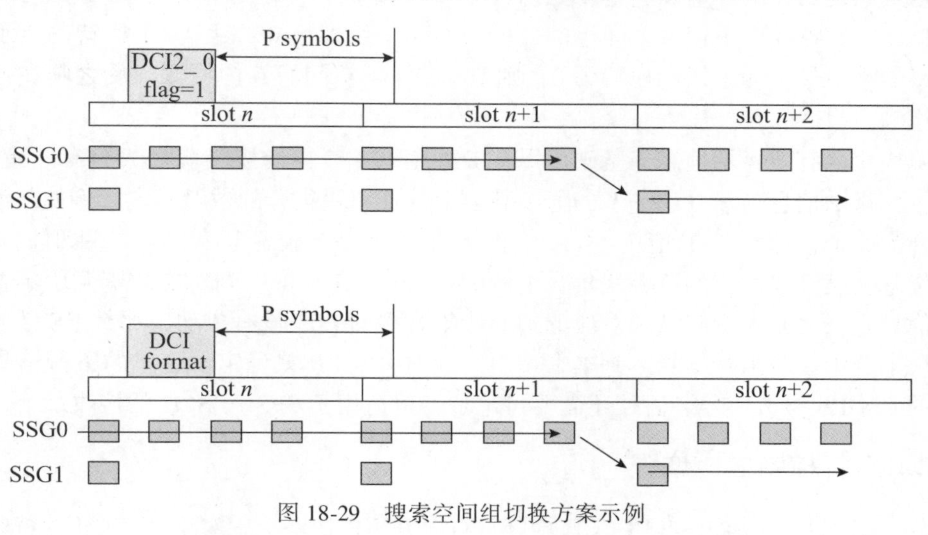

图 18-29　搜索空间组切换方案示例

3. 公共控制信号 DCI 格式 2_0 增强

DCI 格式 2_0 在 NR R15 中是一个很特殊的 DCI 格式，除了它承载在公共的 PDCCH 中，它携带的 SFI 信息可以用来取消免调度授权的周期性上下行接收或者传输的资源。在 NR-U 中 DCI 格式 2_0 被赋予了更多的功能。以下为除了 SFI 以外的其他新增强的功能。

COT 信息：如图 18-30 所示，基站 COT 长度信息是在 DCI 格式 2_0 内指示，基站首先在 RRC 里配置一个 COT 长度表格，表格最多包括 64 行，需最多 6 比特指示。每一行配置一个 COT 长度，长度是由 OFDM 符号数量来表示，最大的符号数为 560 个符号，如果换算成 30 kHz 子载波间隔则为 20 ms 的 COT 长度。这里需要说明的是根据表 18-1 所示一个 COT 最大值为 10 ms，而这里可指示的 COT 长度高达 20 ms。其中的原因是在非授权频谱通信中法规允许发送端在 COT 内发生传输间隙（Transmission Pause）而间隙的时间不计入有效 COT 的长度。也就是说如果基站发起一个 10 ms 的 COT，如果中途有 10 ms 的间隙，那么这 10 ms 的 COT 实际上花了 20 ms 完成。考虑到这个原因，NR-U 的设计中所指示 COT 的最大长度可以为 20 ms。COT 的起点为收到 DCI 格式 2_0 的时隙的起点。这里值得注意的是 COT 的绝对长度最长是 20 ms，因此当子载波间隔为 15 kHz 时，可以指示的符号数仅为 280。另一方面，当 DCI 格式 2_0 配置的情况下，COT 信息指示并非要必须配置。所以当 COT 信息没有被配置的情况下，UE 可以根据 SFI 的指示判断 COT 长度，即 SFI 指示到的最后一个时隙即为 COT 的终点。COT 信息在 NR-U 系统中至关重要，例如在 18. 4. 2. 2 中的搜索空间组切换特性中，UE 需要明确知道 COT 的起始位置和长度，这样 UE 可以在 COT 结束 UE 及时切回初始搜索空间组。此外，在 18. 2. 2 节中介绍的基站 COT 共享特性也需要 UE 确定所调度的上行资源是否在基站的 COT 内从而共享基站的 COT。

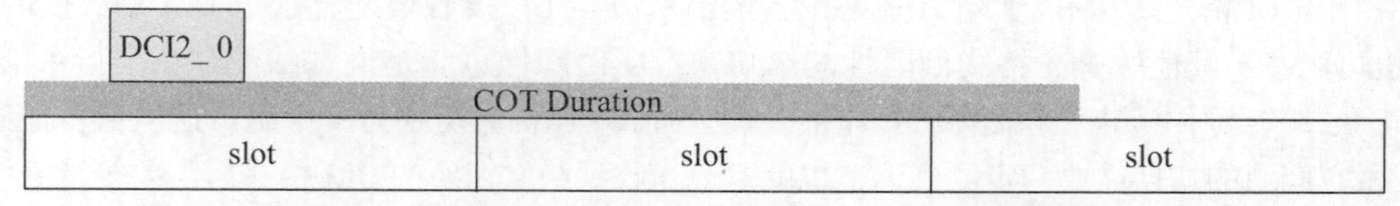

图 18-30　DCI2_0 中包括 COT（信道占用时间）长度信息域用于确定结束位置

搜索空间组切换触发信息：基站可以在 DCI 格式 2_0 内配置触发指示信息。如果配置，指示信息为 1 比特，由于搜索空间组的数量一共两个组即组 0 或组 1，1 比特的指示信息直接指示组的索引号，如果指示比特为 0，则 UE 在搜索空间组 0 内检测，反之则在搜索空间组 1 内检测。

资源块集合有效指示信息：基站可以在 DCI 格式 2_0 内配置资源块集合有效指示信息。如果配置，指示信息为 X 比特，X 的值由载波上的资源块集合的数量确定，例如载波上的资源块集合为 5 个，那么 X 的值为 5，每个比特映射到一个资源块集合。当映射的比特为 1 时，则指基站已经在对应的资源块集合上的 LBT 成功，UE 可以到对应的资源块集合上去接收下行信号，反之则表示基站在对应的资源块集合中的 LBT 没有成功，那么 UE 无须去对应的资源块集合中接收下行信号。到本书撰写完成时，3GPP 只确定了这里的下行信号为周期性配置的 CSI-RS 参考信号。后续还需要讨论是否也适用于 SPS-PDSCH 的接收。

18. 4. 3　上行控制信道增强

本节介绍 NR-U 系统中的 PUCCH 增强设计。在 NR-U 系统中对于 PUCCH 的特殊需求是满足非授权频谱法规的最小传输带宽（Occupancy Channel Bandwidth，OCB）要求，即每次传输需要占满 LBT 子带（20 MHz）带宽的 80%。然而从第 5. 5 节中我们已经了解到 NR R15 PUCCH 的设计无法满足 OCB 要求特别是对于 PUCCH 格式 0 和 PUCCH 格式 1，因为它们在频域上只占一个资源块带宽，远远无法满足 OCB 的要求。为此 3GPP 考虑采用梳尺结构 PUCCH 设计，所谓梳尺结构是指连续的两个可用资源块间隔固定的数量的不可用资源块，这样就可以 PUCCH 可用资源在频域上拉宽从而达到 OCB 的要求（见图 18-31）。

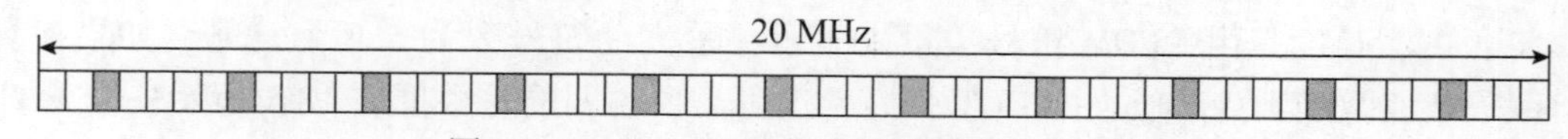

图 18-31　130 kHz 子载波间隔下的梳尺示例

在讨论梳尺的初期，有两个不同的备选方案。第一个备选方案为以子载波为颗粒度来设计的梳尺结构。这样的梳尺结构被称为子资源块梳尺（Sub-PRB-based Interlace），它的优点是有利于能量集中。由于在 NR-U 系统中的最大功率谱密度是固定值且此固定值是基于每 1 MHz 的单位粒度。那么在 1 MHz 内有效资源用得越少，所用资源上的功率就越大，这样在该资源上的平均接收信噪比也越大，最终提高传输质量。然而也有公司持不同意见。其反驳的主要理由是子资源块梳尺的优势主要体现在某些特定的场景，如上行传输的资源很少的情况下。对于 PUCCH 的传输的确属于这个场景，但是如果考虑到上行数据传输，可能大带宽多资源的场景更为普遍，因此上行控制传输和数据传输的梳尺设计尽量保持一个统一设计。

另一个问题是调度的不匹配，由于 NR R15 的上行调度都是基于最小颗粒度为一个资源块，如果在 NR-U 系统中把调度资源化分成比资源块更小的子资源块，这样需要对于上行调度的机制重新设计，延长了整个设计的周期，从而会延缓标准制定的进程。由于 NR-U 的设计初心是尽可能地沿用 NR R15 的设计，使得 NR-U 系统可以和 NR R15 完美的融合不仅有利于 UE 厂商开发基带模块，更有利于运营商协同运营授权频谱系统和非授权频谱系统。出于这个考虑，3GPP 最终放弃了这个备选方案，而采用了以资源块为颗粒度的资源块梳尺结构。在下面的章节中我们将介绍基于梳尺结构的 PUCCH 的设计。

1. 梳尺设计（Interlace）

3GPP 确定了以资源块为颗粒度的梳尺结构后，进一步地对于梳尺的模式以及配置进行讨论。NR 系统已经支持了多子载波的配置，并且在 NR-U 的讨论前期已经确定对于载波频率范围在 6 GHz 以下时，子载波间隔 15 kHz 和 30 kHz 需要被支持。由于 NR 系统中一个资源块内包含的子载波数量为固定值 12 个，那么也就是说对于不同的子载波间隔，其对应的资源块的带宽会发生变化。另外，对于非授权频谱，除了特殊的场景外，法规规定其最小的传输带宽为 20 MHz，那么 OCB 的要求也是基于这个最小传输带宽而定的。结合这两方面的因素，一个首要设计思路，无论子载波间隔的配置值，UE 在任意一个梳尺内传输，都需要满足 OCB 要求。为了达到这个目的，3GPP 最终确定了梳尺的结构由梳尺索引决定。对于一个确定的梳尺索引，其梳尺内包括多个资源块，被称为梳尺资源块（Interlaced Resource Block，IRB）且带有梳尺资源块索引。对于连续的两个梳尺资源块间相隔的资源块数量固定为 M，其中 M 的具体值由子载波间隔确定。对于 15 kHz 子载波间隔，相邻的 M 为 10，即固定间隔 10 个资源块。同样地，M 个梳尺可以在频域上正交复用，它们的梳尺的索引为 0 到 $M-1$。而对于 30 kHz 子载波间隔，由于每个资源块的带宽相比 15 kHz 增加了一倍，因此相邻的梳尺资源块的间隔较少至固定 5 个资源块，且 UE 最多可以被分配 5 个梳尺（见图 18-32）。在 3GPP 的讨论过程中也有公司提出需要支持 60 kHz，并且采用间隔一个资源块的设计方案，但由于没有共识而没有被采用。

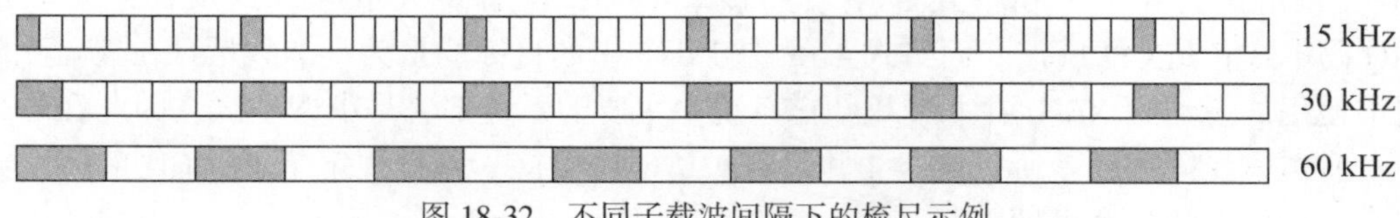

图 18-32　不同子载波间隔下的梳尺示例

接下来我们来介绍基站是如何配置梳尺的。第 4 章我们已经了解到了对于 UE 来说基站会为其配置 BWP，之后 UE 的数据接收与发送都发生在配置的 BWP 内。那么比较自然的一个方案是把梳尺配置在 BWP 内，也就是说梳尺的第一个索引的第一个梳尺资源块为 BWP 的第一个资源块，梳尺的起点就随着 BWP 的确定而确定。这样的配置优势在于无须额外的信令而达到配置梳尺的效果。然而这个方案的潜在缺陷是不利于基站对于不同 UE 的调度。可以简单地理解为基站对于不同的 UE 调度时，它们的 BWP 是不必须完全频域对齐的。在 NR R15 中，基站通过实现使不同 UE 在频域上错开，即 FMD 方式（Frequency Division Multiplexing，FDM）。但是由于梳尺内有多个资源块，且它们是有规律的排列，如果不同 UE 配置的梳尺没有对齐，基站实现会增加很大的复杂度使它们在频域上完全不重叠。如图 18-33 所示，当 UE1 在 BWP1 内配置了梳尺，而 UE2 在 BWP2 配置了梳尺，那么基站在同时调度 UE1 和 UE2 时，需要计算它们所调度的梳尺间在频域上不能有重叠，否则就会出现干扰。

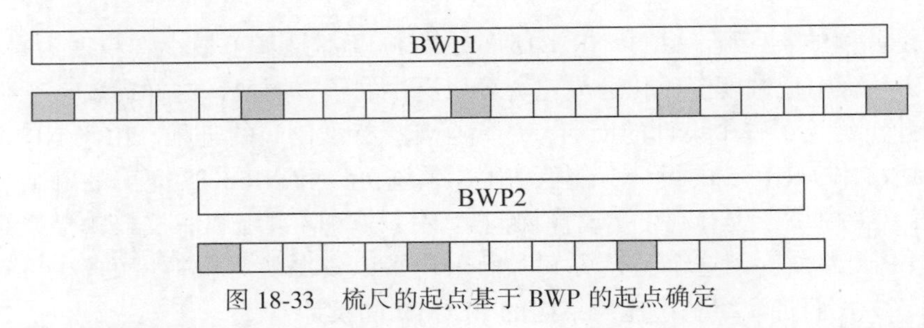

图 18-33 梳尺的起点基于 BWP 的起点确定

但是如果梳尺的配置对于不同 UE 是完全对齐的，且独立于 BWP 的配置的情况下（见图 18-34），只要基站在调度不同 UE 时用不同的梳尺索引就可以完全避免频域碰撞的问题，从而大大减少了基站的调度复杂度。因此协议最终决定梳尺的配置是对于所用 UE 是相同的，其索引 0 的起点在 Point A（Point A 的更详细介绍请参见第 4 章）。

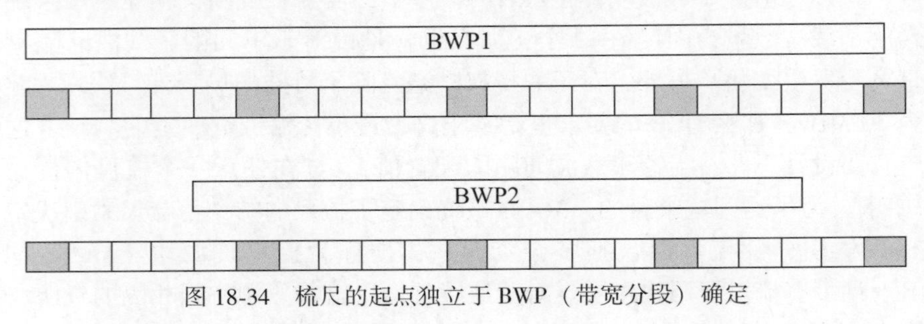

图 18-34 梳尺的起点独立于 BWP（带宽分段）确定

2. 上行控制信号（PUCCH）设计

对于 PUCCH 格式的设计，NR-U 系统采用了和 R15 相似的思路。在 R15 协议中 PUCCH 包括格式 0/1/2/3/4，其区别分别体现在承载的比特数、符号长度和频域上的资源数量。从功能性上分析，格式 0 和 1 是用于初始接入过程中反馈消息 4 的 HARQ-ACK 反馈和 RRC 配置过程中下行 PDSCH 的 HARQ-ACK 反馈。因此，格式 0 和格式 1 在讨论中被认为是必要的 NR-U 支持格式。格式 2 和格式 3 用于连接态的 UE 且需要大承载量的反馈，如大尺寸 HARQ 码本或者是 CSI 反馈。而格式 4 在最初 R15 里的目标场景为小承载量且在覆盖受限的情况下使用。考虑到 NR-U 在非授权频谱系统中主要的系统部署是小型小区，因此在通常情况下没有覆盖受限问题，所以格式 4 并没有被 NR-U 支持。并且规定了 PUCCH 的传输必须限定在一个资源块集合中即限制在一个 LBT 子带内。

- PUCCH 格式 0 和格式 1

PUCCH 格式 0 和格式 1 在 R15 中就采用了比较相似的设计。它们同样都是基于序列的 PUCCH，这样基站无须解码而只要利用相关性确定 UE 所发的序列。在梳尺结构下，PUCCH 格式 0 需要在一个梳尺索引里反馈，且 PUCCH 的资源限制在一个 LBT 子带带宽内。因此，一个梳尺索引在一个 LBT 子带带宽内包括 10 个或 11 个梳尺资源块。但是 R15 的设计里 PUCCH 格式 0 只包含 1 个资源块。因此，在 3GPP 讨论过程中一个重要的设计目标是如何把一个资源块扩展到 10 个或 11 个梳尺资源块上。在讨论中一个简单的扩展方案是对于第一个梳尺资源块采用类似 R15 的序列设计，然后将相同序列复制到剩余的梳尺资源块上。这个方案简单却有明显的缺陷，即由于重复的在频域上复制资源块会导致 PUCCH 格式 0 在时域上产生有较大的峰均功率比（Peak to Average Power Ratio，PAPR），使得功率放大器的有效放大性能降低导致功率受限，并且还会增加非线性干扰的风险（见表 18-9）。出于这个原因，3GPP 将讨论重点缩小至如何找到相应的设计方案可以有效控制 PAPR。

表 18-9 R15 中 PUCCH（物理上行控制信道）不同格式的特性总结

		PUCCH 长度			
		短（1~2 个符号）	长（4~14 个符号）		
上行控制信道比特数	2bit 以下	格式 0			频域资源块数量
			格式 1		
	2bit 以上	格式 2		1~16	
			格式 3		
			格式 4		

这里我们介绍最主要两种备选设计，第一个方案是在每个梳尺资源块上调制一个不同的相位偏移，而第二个方案则是在每个梳尺资源块上加上一个固定的相位偏移。这两个方案的区别如下。

方案 1：如果在一个梳尺资源块上的初始序列为 $S(n)$，那么调制后的序列为 $S_1(n)$，其中 α 为相位偏移值，这个值在不同的资源块上不同。

$$S_1(n)=e^{j\alpha n}\cdot S(n),\ n=0,1,\cdots,11 \tag{18.3}$$

方案 2 于方案 1 的区别在于方案 2 没有调制的动作，而只是对于整个的梳尺资源块加上一个相同的相位差。

$$S_2(n)=e^{j\alpha}\cdot S(n),\ n=0,1,\cdots,11 \tag{18.4}$$

方案 2 的优点是接收端在做序列相关检测的过程中无须相位差的信息，这样就无须有协议的影响，有利于标准的进程。但是其缺点是 PAPR 的性能对于不同的 UE 实现算法无法统一，这样不利于基站对于终点发射功率的控制，且基站对于 PUCCH 的相关性检测基于非相干检测（non-coherent detection），导致性能不如方案 1。鉴于以上的理由方案 1 最终被采用。PUCCH 格式 1 的设计思路基本和格式 0 相同，这里不再重复阐述。

● PUCCH 格式 2

在 R15 中 PUCCH 格式 2 的频域资源可以配置 1~16 个资源块，而在 NR-U 系统中在之前已介绍过由于 PUCCH 限制在一个资源块集合内基于梳尺传输，一个梳尺在一资源块集合内的梳尺资源块数量为 10 个或 11 个，具体取决于梳尺索引。例如，PUCCH 格式 2 里承载的上行控制信令（Uplink Control Information，UCI）需要满足一个规定的传输码率的要求使之可以可靠地被基站接收。当 UCI 的比特数量偏少时，所需的资源快数量随之偏少。反之则需要数量较大的资源块来保证所要求的传输码率。在 NR-U 系统中，当 UCI 的比特数偏小时，用梳尺型 PUCCH 格式 2 传输可以进一步降低 UCI 的传输码率，提高了传输的可靠性，从这点来说梳尺型不但满足了传输 OCB 要求而且还使得 UCI 的传输更可靠。然而当 UCI 的比特数接近于最大时，在 R15 可能需要超过 10 个资源块来承载，那么一个梳尺索引显然不能满足资源要求。在这种情况下，基站可以配置第二个梳尺索引用于传输 UCI，这样两个梳尺索引最多可以有 22 个梳尺资源块，完全满足了 R15 下同等 UCI 的比特数量级。另外，NR-U 对于 PUCCH 格式 2 的梳尺的索引分配沿用了 R15 的思路，即在 RRC 信令中半静态的配置，UE 根据具体所需的资源块数量选择用一个梳尺索引还是用 2 个梳尺索引。值得注意的是，NR-U 对于 PUCCH 的资源占用效率也做了进一步考虑。这里主要解决的问题是，当

UCI 的比特数很少时，如极端情况只需要一个资源块传输就可以满足可靠性要求，在这样的情况下仍用一个梳尺传输就会造成资源的浪费。对于提要资源的有效利用问题，3GPP 决定在 RAN1#99 会议中提出可以支持对于同一个梳尺内多用户的复用。其中多用户复用是基于正交码（Orthogonal Cover Code，OCC）扰码（见图 18-35），NR-U 系统支持 OCC 深度 2 和 OCC 深度 4 两种配置，前者可以复用 2 个用户，后者可以复用 4 个用户。OCC 码则选择了传统 HARDARMA 码。然而随之引入一个新问题，即 OCC 码序列对于 PAPR 的影响不均匀，例如 UE1 被基站配置了 OCC 码［1，1］，而 UE2 被基站配置了 OCC 码［1，-1］，那么 UE1 会有更高的 PAPR 影响。为了解决这个问题，3GPP 采用了 PUCCH 格式 0 的思路，即对于一个梳尺内的不同梳尺资源块，UE 会采用轮巡 OCC 码的方式，由于同一个梳尺内的复用用户的变化规律相同，OCC 正交性仍然可以保持。

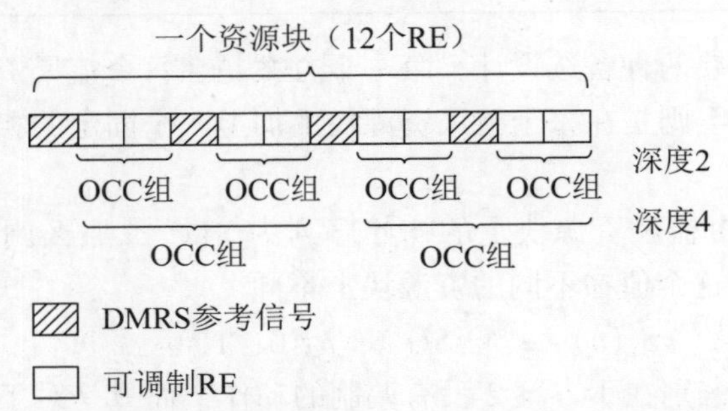

图 18-35　PUCCH（物理上行控制信道）格式 2 的 OCC（正交码）扰码示例

- PUCCH 格式 3

对于 PUCCH 格式 3 的设计思路和 PUCCH 格式 2 很相似，同样可以配置最多两个梳尺索引，UE 可以根据 UCI 的比特数量来选择一个索引或两个索引传输。这里主要介绍的不同点是 PUCCH 格式 3 采用了 DFT-s-OFDM 波形，所以资源块数量的选择有所限制，即需要满足 DFT 长度为 2×3×5 原则，这个原则具体为长度需要被 2、3、5 整除。当 PUCCH 用一个梳尺索引传输时，UE 必须选用前 10 个梳尺资源块传输而非 11 个。而当 PUCCH 用两个梳尺索引传输时，UE 必须选用 20 个梳尺资源块。PUCCH 格式 3 同样支持 OCC，但与 PUCCH 格式 2 不同的是，用于 DFT 的影响，OCC 需要在时域进行（见图 18-36）。OCC 扰码后的 UCI 再经过 DFT 映射到梳尺上的资源块内。

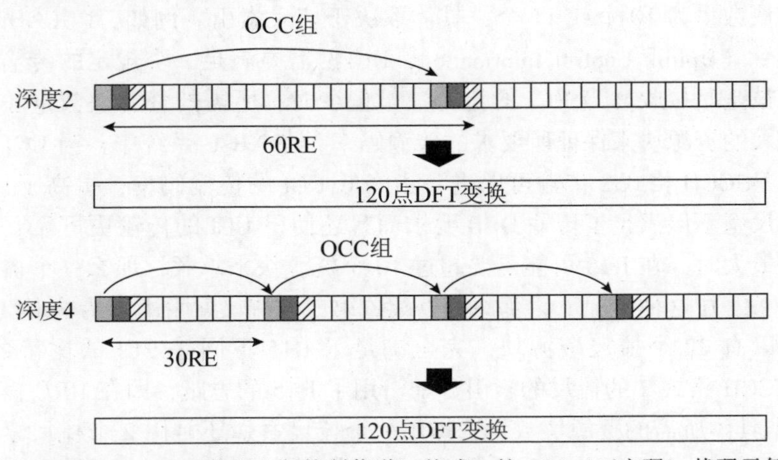

图 18-36　PUCCH（物理上行控制信道）格式 3 的 OCC（正交码）扰码示例

18.5　HARQ 与调度

当 NR 系统应用到非授权频谱上时，可以支持独立布网，即 NR-U 系统不依赖于授权频谱上的载波提供辅助服务。在这种场景下，UE 的初始接入、移动性测量、信道测量、下行控制信息和数据传输以及上行控制信息和数据传输都是在非授权频谱上的载波上完成的。由于在非授权载波上的通信开始前要先进行信道监听，因此可能会出现待传输的信道或信号因为信道监听失败而不能发送的情况。在这种情况下，如何进行 HARQ 与调度的增强，以提高非授权频谱的载波上的数据传输效率，是本节主要讨论的问题。

18.5.1　HARQ 机制

在 R15 的 NR 系统中，HARQ 反馈机制支持 Type-1 码本反馈方式和 Type-2 码本反馈方式，其中，Type-1 码本反馈也称为半静态码本反馈，Type-2 码本反馈也称为动态码本反馈。上述 NR 系统中的 HARQ 机制是研究非授权频谱的载波上的 HARQ 机制增强方案的基础。

1. HARQ 新问题

在非授权频谱上的 HARQ 反馈讨论过程中，一些新问题被提了出来[58]。

- 问题 1：信道监听失败导致 HARQ-ACK（混合自动重传请求应答）信息不能被反馈。

如图 18-37 所示，在非授权频谱上，由于任何通信开始前都要先进行信道监听，因此可能会出现待传输的信道或信号因为信道监听失败而不能发送的情况。因此，对于待传输的 PUCCH，如果 UE 的信道监听失败，则 UE 在对应的 PUCCH 资源上不能发送 PUCCH。在这种情况下，如果 PUCCH 中应携带 PDSCH 解调结果对应的 HARQ-ACK 信息，由于 UE 未能发送这些 HARQ-ACK 信息，基站在没有接收到这些 HARQ-ACK 反馈信息的情况下，只能调度这些 HARQ-ACK 信息对应的 PDSCH 重传，且一个 PUCCH 时隙可能对应多个 PDSCH 的反馈，因此可能导致多个 PDSCH HARQ 进程的重传。如果这些 PDSCH 中包括已经成功译码的 PDSCH，这将会极大地影响整个系统的传输效率。因此，如何解决因为 UE 侧的信道监听失败未能发送 HARQ-ACK 信息从而导致基站侧针对同一个 HARQ 进程的 PDSCH 多次重复调度的问题，是需要大家讨论和解决的。

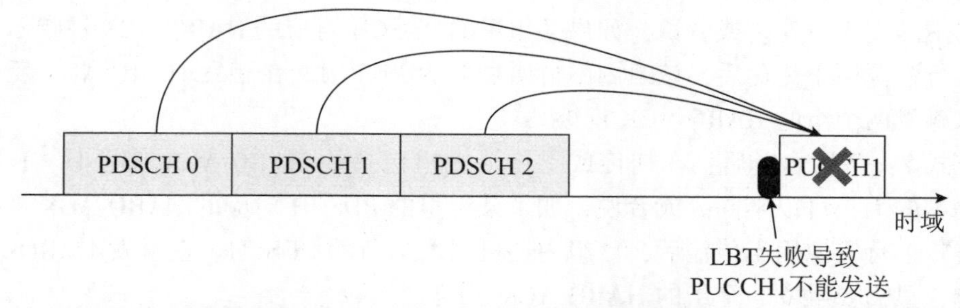

图 18-37　信道监听失败导致 HARQ-ACK（混合自动重传请求应答）信息不能发送

- 问题 2：处理时间不够导致 HARQ-ACK 信息不能被反馈。

如图 18-38 所示，在非授权频谱上支持多种信道接入方式，其中，如果 UE 可以共享基站获得的信道占用时间，那么 UE 可以使用 Type 2A 信道接入、Type 2B 信道接入或 Type 2C

信道接入等优先级较高的信道接入方式，从而有较高的信道接入概率。这些信道接入方式尤其适用于携带 HARQ-ACK 信息的 PUCCH 传输，以使 UE 有较高的成功概率向基站反馈 HARQ-ACK 信息。但是使用 Type 2A 信道接入、Type 2B 信道接入或 Type 2C 信道接入等信道接入方式需要满足一定的要求，例如 UE 需要在下行传输结束后通过固定时隙长度，如 16 μs 或 25 μs 的信道监听后即开始传输 PUCCH。由于该时间太短，UE 通常来不及处理和反馈基站在下行传输的信道占用时间的结束位置处调度的 PDSCH 对应的 HARQ-ACK 信息。在这种情况下，如何解决在信道占用时间的结束位置处调度的 PDSCH 对应的 HARQ-ACK 反馈，是一个需要讨论的问题。

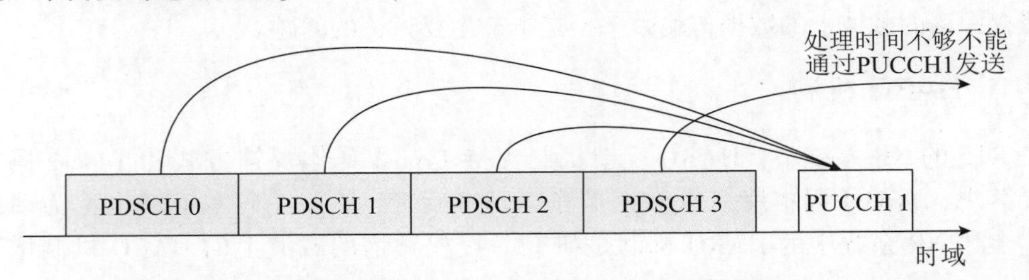

图 18-38　处理时间不够导致 HARQ-ACK（混合自动重传请求应答）信息不能发送

非授权频谱的载波上的 HARQ 机制增强方案主要是为了解决上述两个问题。

2. HARQ-ACK 信息的重传

对于上述问题 1，信道监听失败导致 HARQ-ACK 信息不能被反馈，在讨论过程中主要有两大思路：一是在时域或频域上增加更多的 PUCCH 资源，二是支持 HARQ-ACK 信息的重传，两种方式都可以使 UE 有更多的 PUCCH 反馈机会。在标准化过程中，为了灵活反馈非授权频谱上被调度的 PDSCH 对应的 HARQ-ACK 信息，主要考虑了动态重传 HARQ-ACK 信息。基于此，引入了两种新的 HARQ-ACK 码本反馈方式。

一种是基于 Type-2 码本的增强的动态码本反馈，也称为 eType-2 码本反馈方式。在 eType-2 码本反馈方式中，基站可以对调度的 PDSCH 进行分组，并通过显式信令指示 PDSCH 的分组信息，以使 UE 在接收到 PDSCH 后根据不同的分组进行基于组的 HARQ-ACK 信息反馈。

在标准讨论过程中，如图 18-39 所示，基站调度的 PDSCH 的分组包括以下两种方式。

- 方式 1：基站分组后，在初传或重传该组里包括的 HARQ-ACK 信息时，HARQ-ACK 码本的大小不变。或者说，如果某组里的 PDSCH 对应的 HARQ-ACK 被指示一个有效上行资源用于传输后，该组内不再增加新的 PDSCH。在触发 HARQ-ACK 反馈时，可以触发两个组的 HARQ-ACK 反馈。
- 方式 2：基站分组后，在初传或重传该组里包括的 HARQ-ACK 信息时，HARQ-ACK 码本的大小可以不同。或者说，如果某组里的 PDSCH 对应的 HARQ-ACK 被指示一个有效上行资源用于传输后，该组内还可以增加新的 PDSCH。在触发 HARQ-ACK 反馈时，只需要触发一个组的 HARQ-ACK 反馈。

在 HARQ 机制的标准化过程中，上述方式 1 和方式 2 融合成了一种方式，即基站可以对调度的 PDSCH 进行分组，并通过显式信令指示 PDSCH 的分组信息，以使 UE 在接收到 PDSCH 后根据不同的分组进行对应的 HARQ-ACK 反馈。如果 UE 的某组 HARQ-ACK 信息在某次传输时由于信道监听失败未能进行传输，或基站在某个 PUCCH 资源上未能检测到期待

UE 传输的某组 HARQ-ACK 信息，基站可以通过 DCI 触发 UE 进行该组 HARQ-ACK 信息的重传。其中，UE 在进行某组 HARQ-ACK 信息重传时可以保持和初传同样的码本大小，也可以在重传时增加新的 HARQ-ACK 信息。对于 UE 来说，需要清楚一个组对应的 HARQ-ACK 信息的起始位置，或者说，UE 需要清楚什么时候可以清除/重置该组里包括的 HARQ-ACK 信息。由于每次传输的 HARQ-ACK 码本的长度可能不固定，因此可以通过显式信令指示的方式来确定一个组对应的 HARQ-ACK 信息的起始位置。具体地，可以通过 1 比特的信令翻转来指示，该 1 比特的信令即是后面介绍的新反馈指示（New Feedback Indicator，NFI）信息。当组#1 对应的 1 比特 NFI 信令翻转（该比特由 0 变为 1 或由 1 变为 0）时，表示该组#1 中包括的 HARQ-ACK 码本重置，即清除该组#1 中已有的 HARQ-ACK 信息，重新组建组#1 对应的 HARQ-ACK 码本。

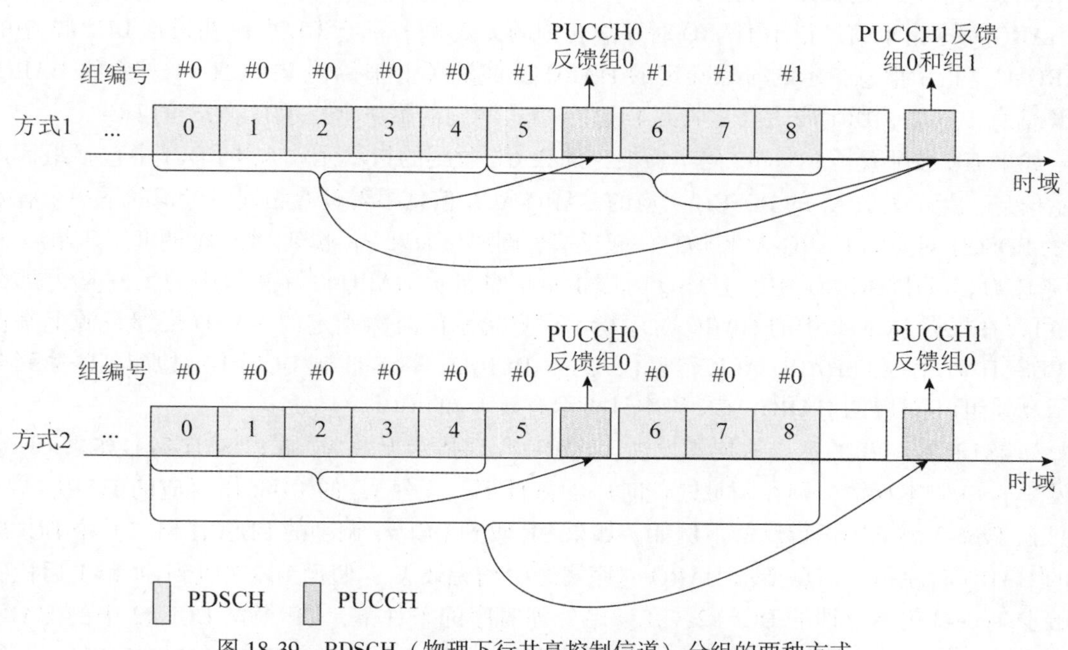

图 18-39　PDSCH（物理下行共享控制信道）分组的两种方式

在 NR-U 系统中，还引入了另一种动态码本反馈方式，即 one-shot HARQ-ACK 码本反馈，也称为 Type-3 码本反馈方式。Type-3 码本反馈方式下，HARQ-ACK 码本中包括一个 PUCCH 组中所有配置的载波上的所有 HARQ 进程对应的 HARQ-ACK 信息。如果基站为 UE 配置了 Type-3 码本反馈，那么基站可以通过 DCI 中的显式信令触发 UE 进行 Type-3 码本反馈。其中，触发 UE 进行 Type-3 码本反馈的 DCI 可以调度 PDSCH 传输，也可以不调度 PDSCH 传输。

3. 无效 K_1 的引入及反馈方式

为了解决上述问题 2，处理时间不够导致 HARQ-ACK 信息不能被反馈，在非授权频谱上引入了无效 K_1 的指示。在非授权频谱上，DCI 中的 HARQ 时序指示信息除了可以用于指示传输该 DCI 调度的 PDSCH 对应的 HARQ-ACK 信息的 HARQ 反馈资源的时隙，还可以用于指示该 DCI 调度的 PDSCH 对应的 HARQ-ACK 信息先不进行反馈的状态。该特性主要用于 DCI 格式 1_1 调度的 PDSCH。具体地，基站可以在为 UE 配置 HARQ 时序集合时，在 HARQ 时序集合中包括表示无效 K_1 的资源指示，当 UE 收到 DCI 格式 1_1 调度的 PDSCH 且该 DCI

格式 1_1 中的 HARQ 时序指示信息指示 HARQ 时序集合中的无效 K_1 时，表示该 PDSCH 对应的 HARQ 反馈资源所在的时隙暂时无法确定。

无效 K_1 指示可以应用于 Type-2 码本反馈、eType-2 码本反馈和 Type-3 码本反馈。在 Type-1 码本反馈中不支持被配置无效 K_1。如果 UE 收到 DCI 格式 1_1 调度的 PDSCH，且该 DCI 格式 1_1 中的 HARQ 时序指示信息指示 HARQ 时序集合中的无效 K_1，那么对于接收到的 PDSCH 对应的 HARQ-ACK 反馈信息，由于该 HARQ-ACK 反馈信息没有被指示 HARQ 反馈资源，UE 应该怎么处理呢？这个问题在标准中也讨论了很长时间。

如果 UE 被配置了 Type-2 码本反馈且没有被配置 eType-2 码本反馈，那么 UE 收到的指示无效 K_1 的 PDSCH 对应的 HARQ-ACK 信息跟着下一个收到有效 K_1 的 PDSCH 对应的 HARQ-ACK 信息一起反馈。例如，如果 UE 收到 DCI #1 调度的 PDSCH #1，其中 DCI #1 中的 HARQ 时序指示信息指示 HARQ 时序集合中的无效 K_1，那么 UE 可以在根据 DCI #2 中的 HARQ 时序指示信息指示的时隙确定的 HARQ 反馈资源上来传输 PDSCH #1 对应的 HARQ-ACK 信息，其中，DCI #2 是 UE 收到 DCI #1 后检测到的第一个指示有效 K_1 的 DCI。

如果 UE 被配置了 eType-2 码本反馈，那么 UE 收到的指示无效 K_1 的 DCI 中包括组标识指示信息，指示无效 K_1 的 PDSCH 对应的 HARQ-ACK 信息跟着具有相同组标识的下一个有效 K_1 的 PDSCH 对应的 HARQ-ACK 信息一起反馈。例如，如果 UE 收到 DCI #1 调度属于组#1 的 PDSCH #1，其中 DCI #1 中的 HARQ 时序指示信息指示 HARQ 时序集合中的无效 K_1，那么 UE 可以在根据 DCI #2 中的 HARQ 时序指示信息指示的时隙确定的 HARQ 反馈资源上来传输 PDSCH #1 对应的 HARQ-ACK 信息，其中，DCI #2 是 UE 收到 DCI #1 后检测到的第一个指示反馈组#1 对应的 HARQ-ACK 码本且指示有效 K_1 的 DCI。

如果 UE 被配置了 Type-3 码本反馈，在 UE 收到指示无效 K_1 的 PDSCH 后，如果 UE 被触发 Type-3 码本反馈，则在满足处理时序的条件下，无效 K_1 的 PDSCH 对应的 HARQ-ACK 信息在 Type-3 码本中进行反馈。例如，如果 UE 收到 DCI #1 调度的 PDSCH #1，其中 DCI #1 中的 HARQ 时序指示信息指示 HARQ 时序集合中的无效 K_1，假设 UE 在收到 DCI #1 后检测到触发 Type-3 码本反馈的 DCI #2，在满足处理时序的条件下，UE 根据 DCI #2 中的 HARQ 时序指示信息指示的时隙确定的 HARQ 反馈资源来传输 PDSCH #1 对应的 HARQ-ACK 信息。

18.5.2 HARQ-ACK 码本

在 NR-U 系统中，除了支持 R15 的 Type-1 码本反馈方式和 Type-2 码本反馈方式，还新引入了增强的类型 2（Enhanced Type-2，eType-2）码本反馈方式和类型 3（Type-3）码本反馈方式。本节主要介绍 eType-2 HARQ-ACK 码本和 Type-3 HARQ-ACK 码本的生成方式。

1. 增强的类型 2（eType-2）HARQ-ACK 码本

如前所述，如果 UE 被配置 eType-2 码本反馈，基站可以对调度的 PDSCH 进行分组，并通过显式信令指示 PDSCH 的分组信息，以使 UE 在接收到 PDSCH 后根据不同的分组进行对应的 HARQ-ACK 反馈。在 eType-2 码本反馈中，UE 最多可以被配置两个 PDSCH 组。该特性主要用于 DCI 格式 1_1 调度的 PDSCH。为了支持 eType-2 码本生成和反馈，DCI 格式 1_1 中包括如下信息域。

- PUCCH 资源指示：用于指示 PUCCH 资源。
- HARQ 时序指示：用于动态指示 PUCCH 资源所在的时隙，其中，如果 HARQ 时序指

示信息无效 K_1，则表示 PUCCH 资源所在的时隙暂不确定。

- PDSCH 组标识指示：用于指示当前 DCI 调度的 PDSCH 所属的信道组，其中，该 PDSCH 组标识指示的 PDSCH 组也称为调度组，该 PDSCH 组标识未指示的 PDSCH 组也称为非调度组。
- 下行分配指示（Downlink Assignment Index，DAI）：如果是单载波场景，DAI 包括 C-DAI 信息（Counter DAI，DAI 计数信息），如果是多载波场景，DAI 包括 C-DAI 信息和 T-DAI 信息（Total DAI，DAI 总数信息），其中，C-DAI 信息用于指示当前 DCI 调度的 PDSCH 是当前调度组中对应的 HARQ 反馈窗中的第几个 PDSCH，T-DAI 信息用于指示当前调度组对应的 HARQ 反馈窗中一共调度了多少个 PDSCH。
- 新反馈指示（New Feedback Indicator，NFI）：用于指示调度组对应的 HARQ-ACK 信息的起始位置，如果 NFI 信息发生翻转，则表示当前调度组对应的 HARQ-ACK 码本重置。
- 反馈请求组个数指示：用于指示需要反馈一个 PDSCH 组或两个 PDSCH 组对应的 HARQ-ACK 信息，其中，如果反馈请求组个数信息域设置为 0，那么 UE 需要进行当前调度组的 HARQ-ACK 反馈；如果反馈请求组个数信息域设置为 1，那么 UE 需要进行两个组即调度组和非调度组的 HARQ-ACK 反馈。

在 UE 被配置 eType-2 码本反馈方式下，由于 UE 最多可以反馈两个 PDSCH 组对应的 HARQ-ACK 信息，为了使反馈的码本更准确，基站还可以通过高层参数在 DCI 格式 1_1 中为 UE 配置用于生成非调度组的 HARQ-ACK 码本的指示信息。

- 非调度组的 NFI：用于和非调度组的 PDSCH 组标识联合指示非调度组对应的 HARQ-ACK 码本。
- 非调度组的 T-DAI：用于指示非调度组中包括的 HARQ-ACK 信息的总数。

基于上述 DCI 中的信息域，UE 可以动态生成 eType-2 码本并进行 HARQ-ACK 信息的初传和重传，其中，UE 在进行某组 HARQ-ACK 信息的重传时可以保持和初传同样的码本大小，也可以在重传时增加新的 HARQ-ACK 信息。如果 UE 收到 DCI 格式 1_0 调度的 PDSCH，则在满足一定条件下 DCI 格式 1_0 调度的 PDSCH 可以认为属于 PDSCH 组 0，否则 DCI 格式 1_0 调度的 PDSCH 可以认为既不属于 PDSCH 组 0 也不属于 PDSCH 组 1。

下面对 eType-2 码本生成的几种情况进行介绍。

- 情况 1：UE 收到 DCI 格式 1_1 的调度且被配置非调度组的码本生成指示信息

假设一个 HARQ 进程对应 1 比特 HARQ-ACK 信息。UE 在小区 1 和小区 2 上被调度 PDSCH 接收，DCI 格式 1_1 中的信息域中包括组标识（用 G 表示）、调度组的 DAI（用 C-DAT，T-DAI 表示）、调度组的 NFI（用 NFI 表示）、HARQ 时序指示（用 K_1 表示，其中无效 K_1 用 NNK1 表示）、非调度组的 T-DAI（用 T-DAI2 表示）、非调度组的 NFI（用 NFI2 表示）、反馈请求组个数指示（用 Q 表示）。

如图 18-40 所示，在时隙 n 上，UE 在小区 1 上收到调度 PDSCH1 的 DCI 中的 PDSCH 组标识 G=0、NFI=0 且 C-DAI=1，T-DAI=2，该 PDSCH 1 对应的 HARQ-ACK 信息被指示通过时隙 n+3 上的 PUCCH 资源进行反馈，其中，由于反馈请求组个数指示 Q=0，UE 不需要读取非调度组对应的 T-DAI2 和 NFI2 指示信息；UE 在小区 2 上收到调度 PDSCH2 的 DCI 中的 PDSCH 组标识 G=0、NFI=0 且 C-DAI=2，T-DAI=2，该 PDSCH 2 对应的 HARQ-ACK 信息被指示通过时隙 n+3 上的 PUCCH 资源进行反馈，其中，由于反馈请求组个数指示 Q=0，

UE 也不需要读取非调度组对应的 T-DAI2 和 NFI2 指示信息。在时隙 $n+1$ 上，基站向 UE 调度了 PDSCH3，这里假设 UE 没有收到调度 PDSCH3 的 DCI 信息。在时隙 $n+2$ 上，UE 在小区 2 上收到调度 PDSCH4 的 DCI 中的 PDSCH 组标识 G = 1、NFI = 0 且 C-DAI = 1，T-DAI = 1，该 PDSCH 4 对应的 HARQ 时序指示为无效 K_1，即表示 PDSCH4 对应的 HARQ-ACK 信息的反馈资源暂时不确定，其中，由于反馈请求组个数指示 Q = 0，UE 也不需要读取非调度组对应的 T-DAI2 和 NFI2 指示信息。

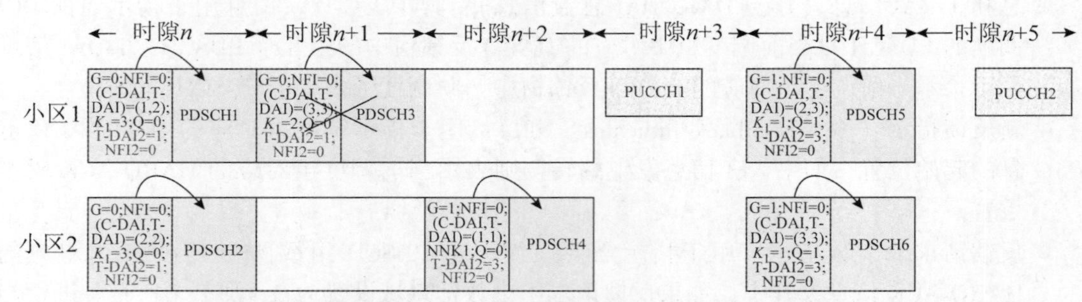

图 18-40　配置非调度组的码本生成指示信息下的 eType-2 码本生成

UE 根据 PDSCH1 和 PDSCH2 对应相同的组标识 G = 0 和相同的 NFI = 0，可以确定 PDSCH1 和 PDSCH2 对应的 HARQ-ACK 信息均属于组#0 的 HARQ-ACK 码本。

因此，在上述过程中，UE 为时隙 $n+3$ 上的 PUCCH 资源 1 生成的 HARQ-ACK 码本如图 18-41 所示，其中第 1 比特对应 PDSCH1 的译码结果，第 2 比特对应 PDSCH2 的译码结果。

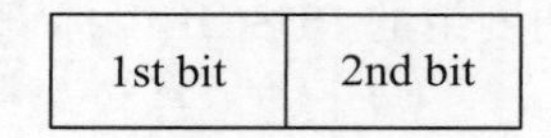

PDSCH1　PDSCH2

图 18-41　HARQ-ACK（混合自动重传请求应答）码本

在时隙 $n+4$ 上，UE 在小区 1 上收到调度 PDSCH5 的 DCI 中的 PDSCH 组标识 G = 1、NFI = 0 且 C-DAI = 2，T-DAI = 3，该 PDSCH5 对应的 HARQ-ACK 信息被指示通过时隙 $n+5$ 上的 PUCCH 资源进行反馈，其中，由于反馈请求组个数指示 Q = 1，UE 读取非调度组对应的 T-DAI2 = 3，NFI2 = 0；UE 在小区 2 上收到调度 PDSCH6 的 DCI 中的 PDSCH 组标识 G = 1、NFI = 0 且 C-DAI = 3，T-DAI = 3，该 PDSCH6 对应的 HARQ-ACK 信息被指示通过时隙 $n+5$ 上的 PUCCH 资源进行反馈，其中，由于反馈请求组个数指示 Q = 1，UE 读取非调度组对应的 T-DAI2 = 3，NFI2 = 0。

UE 根据 PDSCH4、PDSCH5 和 PDSCH6 对应相同的组标识 G = 1 和相同的 NFI = 0，可以确定 PDSCH4、PDSCH5 和 PDSCH6 对应的 HARQ-ACK 信息均属于组#1 的 HARQ-ACK 码本。在调度 PDSCH6 的 DCI 中 Q = 1，说明该 DCI 也触发了另一个组即组#0 的反馈；DCI 中 NFI2 = 0，说明触发反馈的组#0 对应的 NFI 取值为 0；DCI 中 T-DAI2 = 3，说明触发反馈的组#0 中包括的 HARQ-ACK 比特数为 3。因此，UE 确定在 PUCCH 资源 2 上反馈组#0 和组#1 的 HARQ-ACK 码本，且组#0 中包括的 HARQ-ACK 比特数为 3。在标准中，当需要在一个 PUCCH 资源上反馈两个组的 HARQ-ACK 码本时，组#0 的 HARQ-ACK 码本排列在组#1 的 HARQ-ACK 码本前面。

在上述过程中，UE 为时隙 $n+5$ 上的 PUCCH 资源 2 生成的 HARQ-ACK 码本如图 18-42

所示，其中，对于未被接收到的 PDSCH3 对应的译码结果为 NACK。

1st bit	2nd bit	NACK	4th bit	5th bit	6th bit
PDSCH1	PDSCH2		PDSCH4	PDSCH5	PDSCH6

图 18-42　HARQ-ACK（混合自动重传请求应答）码本

● 情况 2：UE 收到 DCI 格式 1_1 的调度且未被配置非调度组的码本生成指示信息

假设一个 HARQ 进程对应 1 比特 HARQ-ACK 信息。UE 在小区 1 和小区 2 上被调度 PDSCH 接收，DCI 格式 1_1 中的信息域中包括组标识（用 G 表示）、调度组的 DAI（用 C-DAT，T-DAI 表示）、调度组的 NFI（用 NFI 表示）、HARQ 时序指示（用 K_1 表示，其中无效 K_1 用 NNK1 表示）、反馈请求组个数指示（用 Q 表示）。

如图 18-43 所示，在时隙 n 上，UE 在小区 1 上收到调度 PDSCH1 的 DCI 中的 PDSCH 组标识 G=0、NFI=0 且 C-DAI=1，T-DAI=2，该 PDSCH1 对应的 HARQ-ACK 信息被指示通过时隙 n+3 上的 PUCCH 资源进行反馈，反馈请求组个数指示 Q=0；UE 在小区 2 上收到调度 PDSCH2 的 DCI 中的 PDSCH 组标识 G=0、NFI=0 且 C-DAI=2，T-DAI=2，该 PDSCH 2 对应的 HARQ-ACK 信息被指示通过时隙 n+3 上的 PUCCH 资源进行反馈，反馈请求组个数指示 Q=0。在时隙 n+1 上，基站向 UE 调度了 PDSCH3，这里假设 UE 没有收到调度 PDSCH3 的 DCI 信息。在时隙 n+2 上，UE 在小区 2 上收到调度 PDSCH4 的 DCI 中的 PDSCH 组标识 G=1、NFI=0 且 C-DAI=1，T-DAI=1，该 PDSCH 4 对应的 HARQ 时序指示为无效 K_1，即表示 PDSCH4 对应的 HARQ-ACK 信息的反馈资源暂时不确定，其中，反馈请求组个数指示 Q =0。

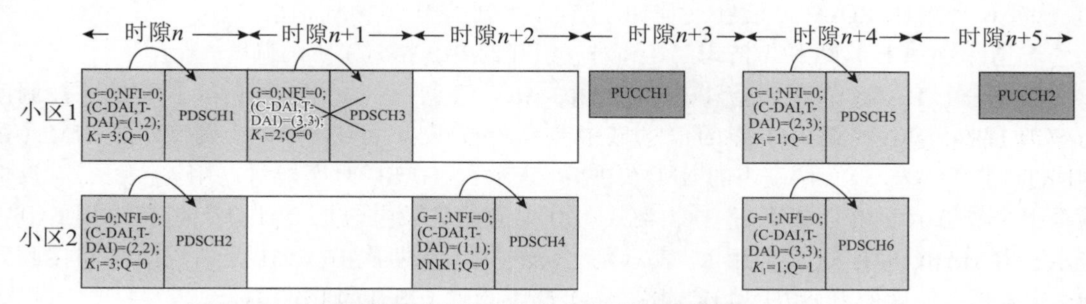

图 18-43　未配置非调度组的码本生成指示信息下的 eType-2 码本生成

UE 根据 PDSCH1 和 PDSCH2 对应相同的组标识 G = 0 和相同的 NFI = 0，可以确定 PDSCH1 和 PDSCH2 对应的 HARQ-ACK 信息均属于组#0 的 HARQ-ACK 码本。

因此，在上述过程中，UE 为时隙 n+3 上的 PUCCH 资源 1 生成的 HARQ-ACK 码本如图 18-44 所示，其中第 1 比特对应 PDSCH1 的译码结果，第 2 比特对应 PDSCH2 的译码结果。

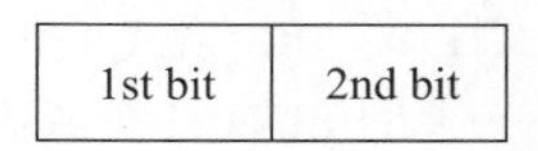

PDSCH1　PDSCH2

图 18-44　HARQ-ACK（混合自动重传请求应答）码本

在时隙 n+4 上，UE 在小区 1 上收到调度 PDSCH5 的 DCI 中的 PDSCH 组标识 G=1、NFI=0

且 C-DAI＝2，T-DAI＝3，该 PDSCH5 对应的 HARQ-ACK 信息被指示通过时隙 $n+5$ 上的 PUCCH 资源进行反馈，反馈请求组个数指示 Q＝1；UE 在小区 2 上收到调度 PDSCH6 的 DCI 中的 PDSCH 组标识 G＝1、NFI＝0 且 C-DAI＝3，T-DAI＝3，该 PDSCH6 对应的 HARQ-ACK 信息被指示通过时隙 $n+5$ 上的 PUCCH 资源进行反馈，反馈请求组个数指示 Q＝1。

UE 根据 PDSCH4、PDSCH5 和 PDSCH6 对应相同的组标识 G＝1 和相同的 NFI＝0，可以确定 PDSCH4、PDSCH5 和 PDSCH6 对应的 HARQ-ACK 信息均属于组#1 的 HARQ-ACK 码本。在调度 PDSCH6 的 DCI 中 Q＝1，说明该 DCI 也触发了另一个组即组#0 的反馈，因此，UE 确定在 PUCCH 资源 2 上反馈组#0 和组#1 的 HARQ-ACK 码本。由于调度 PDSCH6 的 DCI 中不包括非调度组的 NFI2 和 T-DAI2 信息，UE 根据自己的接收情况确定待反馈的组#0 对应的 NFI 信息为 0，且组#0 中包括的 HARQ-ACK 比特数为 2。如前所述，当需要在一个 PUCCH 资源上反馈两个组的 HARQ-ACK 码本时，组#0 的 HARQ-ACK 码本排列在组#1 的 HARQ-ACK 码本前面。

在上述过程中，UE 为时隙 $n+5$ 上的 PUCCH 资源 2 生成的 HARQ-ACK 码本如图 18-45 所示。

1st bit	2nd bit	3rd bit	4th bit	5th bit
PDSCH1	PDSCH2	PDSCH4	PDSCH5	PDSCH6

图 18-45　HARQ-ACK（混合自动重传请求应答）码本

由于没有被配置非调度组的指示信息，一些情况下，当 UE 没有正确接收基站发送的调度信息时，可能会出现基站和 UE 对生成码本的理解不一致。例如，在该示例中，基站期望 UE 反馈 6 比特 HARQ-ACK 信息，但 UE 反馈了 5 比特 HARQ-ACK 信息。

- 情况 3：UE 收到 DCI 格式 1_0 和对应组 0 的 DCI 格式 1_1 的调度

假设一个 HARQ 进程对应 1 比特 HARQ-ACK 信息。UE 在小区 1 和小区 2 上被调度 PDSCH 接收，DCI 格式 1_1 中的信息域中包括组标识（用 G 表示）、调度组的 DAI（用 C-DAT，T-DAI 表示）、调度组的 NFI（用 NFI 表示）、HARQ 时序指示（用 K_1 表示）、反馈请求组个数指示（用 Q 表示）。DCI 格式 1_0 中的信息域中包括 DAI 计数信息（用 C-DAT 表示）和 HARQ 时序指示（用 K_1 表示）。其中，UE 在两次 PUCCH 反馈资源中间接收到 DCI 格式 1_0 调度的 PDSCH 和 DCI 格式 1_1 调度的属于组 0 的 PDSCH。

如图 18-46 所示，在时隙 $n+1$ 上，UE 在小区 1 上收到调度 PDSCH1 的 DCI 格式 1_0，DCI 格式 1_0 中的 C-DAI＝1，该 PDSCH 1 对应的 HARQ-ACK 信息被指示通过时隙 $n+5$ 上的 PUCCH 资源进行反馈；UE 在小区 2 上收到调度 PDSCH2 的 DCI 格式 1_1 中的 PDSCH 组标识 G＝0、NFI＝0 且 C-DAI＝2，T-DAI＝2，该 PDSCH 2 对应的 HARQ-ACK 信息被指示通过时隙 $n+5$ 上的 PUCCH 资源进行反馈，反馈请求组个数指示 Q＝0。在时隙 $n+2$ 上，UE 在小区 1 上收到调度 PDSCH3 的 DCI 格式 1_0，DCI 格式 1_0 中的 C-DAI＝3，该 PDSCH3 对应的 HARQ-ACK 信息被指示通过时隙 $n+5$ 上的 PUCCH 资源进行反馈。在时隙 $n+3$ 上，UE 在小区 2 上收到调度 PDSCH4 的 DCI 格式 1_1 中的 PDSCH 组标识 G＝0、NFI＝0 且 C-DAI＝4，T-DAI＝4，该 PDSCH4 对应的 HARQ-ACK 信息被指示通过时隙 $n+5$ 上的 PUCCH 资源进行反馈，反馈请求组个数指示 Q＝0。在时隙 $n+4$ 上，UE 在小区 1 上收到调度 PDSCH5 的 DCI 格式 1_0，DCI 格式 1_0 中的 C-DAI＝5，该 PDSCH5 对应的 HARQ-ACK 信息被指示通过时隙

n+5 上的 PUCCH 资源进行反馈。

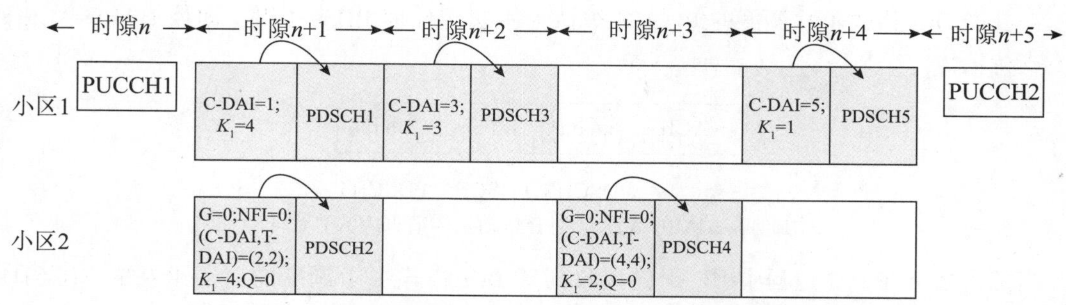

图 18-46　UE 收到 DCI 格式 1_0 和对应组 0 的 DCI 格式 1_1 的调度

因此，在上述过程中，UE 为时隙 n+5 上的 PUCCH 资源 2 生成的 HARQ-ACK 码本如图 18-47 所示，其中 DCI 格式 1_0 调度的 PDSCH 被认为属于 PDSCH 组 0。

1st bit	2nd bit	3rd bit	4th bit	5th bit
PDSCH1	PDSCH2	PDSCH3	PDSCH4	PDSCH5

图 18-47　HARQ-ACK（混合自动重传请求应答）码本

● 情况 4：UE 收到 DCI 格式 1_0 的调度且未收到 DCI 格式 1_1 的调度

假设一个 HARQ 进程对应 1 比特 HARQ-ACK 信息。UE 在小区 1 上被调度 PDSCH 接收，DCI 格式 1_1 中的信息域中包括组标识（用 G 表示）、调度组的 DAI（用 C-DAT，T-DAI 表示）、调度组的 NFI（用 NFI 表示）、HARQ 时序指示（用 K_1 表示）、反馈请求组个数指示（用 Q 表示）。DCI 格式 1_0 中的信息域中包括 DAI 计数信息（用 C-DAT 表示）和 HARQ 时序指示（用 K_1 表示）。其中，UE 在两次 PUCCH 反馈资源中间接收到 DCI 格式 1_0 调度的 PDSCH 且未接收到 DCI 格式 1_1 调度的属于组 0 的 PDSCH。

如图 18-48 所示，在时隙 n+1 上，基站使用 DCI 格式 1_1 向 UE 调度了 PDSCH1，其中，DCI 格式 1_1 中的 PDSCH 组标识 G=0、NFI=0 且 C-DAI=1，T-DAI=1，该 PDSCH1 对应的 HARQ-ACK 信息被指示通过时隙 n+5 上的 PUCCH 资源进行反馈，反馈请求组个数指示 Q=0，这里假设 UE 没有收到调度 PDSCH1 的 DCI 信息。在时隙 n+2 上，UE 收到调度 PDSCH2 的 DCI 格式 1_0，DCI 格式 1_0 中的 C-DAI=2，该 PDSCH2 对应的 HARQ-ACK 信息被指示通过时隙 n+5 上的 PUCCH 资源进行反馈。在时隙 n+3 上，UE 收到调度 PDSCH3 的 DCI 格式 1_0，DCI 格式 1_0 中的 C-DAI=3，该 PDSCH3 对应的 HARQ-ACK 信息被指示通过时隙 n+5 上的 PUCCH 资源进行反馈。在时隙 n+4 上，UE 收到调度 PDSCH4 的 DCI 格式 1_0，DCI 格式 1_0 中的 C-DAI=4，该 PDSCH4 对应的 HARQ-ACK 信息被指示通过时隙 n+5 上的 PUCCH 资源进行反馈。

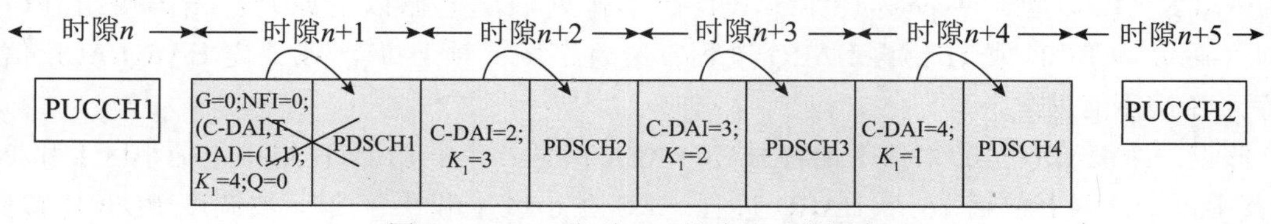

图 18-48　UE 收到 DCI 格式 1_0 的调度

在上述过程中，由于 UE 没有接收到 DCI 格式 1_1 调度的属于组 0 的 PDSCH1，因此 UE

根据 Type-2 码本生成方式为时隙 n+5 上的 PUCCH 资源 2 生成的 HARQ-ACK 码本如图 18-49 所示，其中 DCI 格式 1_0 调度的 PDSCH 被认为不属于任何 PDSCH 组，即该 HARQ-ACK 码本不支持重传。

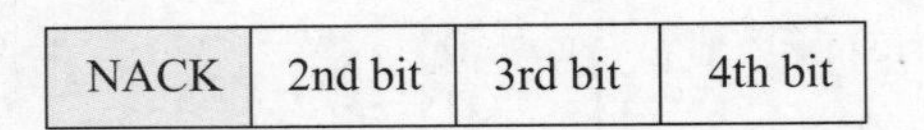

NACK	2nd bit	3rd bit	4th bit

PDSCH2 PDSCH3 PDSCH4

图 18-49 HARQ-ACK（混合自动重传请求应答）码本

当然，如果在上述过程中 UE 正确接收到了 DCI 格式 1_1 调度的属于组 0 的 PDSCH1，那么 UE 根据 eType-2 码本生成方式为时隙 n+5 上的 PUCCH 资源 2 生成的 HARQ-ACK 码本如图 18-50 所示，其中 DCI 格式 1_0 调度的 PDSCH 被认为属于 PDSCH 组 0，即该 HARQ-ACK 码本可以被调度重传。

1st bit	2nd bit	3rd bit	4th bit

PDSCH1 PDSCH2 PDSCH3 PDSCH4

图 18-50 HARQ-ACK（混合自动重传请求应答）码本

2. 类型 3（Type-3）HARQ-ACK 码本

如前所述，如果 UE 被配置 One-shot HARQ-ACK 反馈，那么 DCI 格式 1_1 中可以包括 1 比特的 one-shot HARQ-ACK 反馈请求信息域（One-shot HARQ-ACK request）。基站可以通过将该 one-shot HARQ-ACK 反馈请求信息域设置为 1 来触发 UE 进行 one-shot HARQ-ACK 反馈。其中，触发 UE 进行 one-shot HARQ-ACK 反馈的 DCI 格式 1_1 可以调度 PDSCH 接收，也可以不调度 PDSCH 接收。

如果 UE 收到基站通过 DCI 触发的 one-shot HARQ-ACK 反馈，那么 UE 生成 Type-3 HARQ-ACK 码本，其中，Type-3 HARQ-ACK 码本中包括一个 PUCCH 组中所有配置的载波上的所有 HARQ 进程对应的 HARQ-ACK 信息。

Type-3 码本反馈具体包括两种类型，一种是携带新数据指示（New Data Indicator，NDI）信息的 Type-3 码本反馈，一种是不携带 NDI 信息的 Type-3 码本反馈，基站可以通过高层信令来配置 UE 在进行 Type-3 码本反馈时是否需要携带 NDI 信息。下面对 Type-3 码本生成的两种类型进行介绍。

● 类型 1：携带 NDI 信息的 Type-3 码本反馈

一个传输块（Transport Block，TB）对应一个 NDI 值。在该类型下，对于每个 HARQ 进程，UE 反馈最近一次收到的该 HARQ 进程号对应的 NDI 信息和 HARQ-ACK 信息。如果某个 HARQ 进程没有先验信息例如没有被调度，UE 假设 NDI 取值为 0 且设置 HARQ-ACK 信息为 NACK。该类型下 Type-3 HARQ-ACK 码本排列顺序遵循以下原则：先码块组（Code Block Group，CBG）或 TB，再 HARQ 进程，最后小区，对于每个 TB，先 HARQ-ACK 信息比特，后 NDI 信息。

假设一个 HARQ 进程对应 1 比特 HARQ-ACK 信息。一个 PUCCH 组中包括小区 1 和小区 2，其中每个小区上包括 16 个 HARQ 进程。UE 在小区 1 和小区 2 上被调度 PDSCH 接收，DCI 格式 1_1 中的信息域中包括 one-shot HARQ-ACK 反馈请求信息域（用 T 表示）。

如图 18-51 所示，在时隙 n 上，UE 在小区 1 上收到调度 PDSCH1 的 DCI，其中，

PDSCH1 对应的 HARQ 进程号为 4，NDI 信息为 1，该 PDSCH 1 对应的 HARQ-ACK 信息被指示通过时隙 n+3 上的 PUCCH 资源进行反馈，T=0，即未触发 one-shot HARQ-ACK 反馈请求；UE 在小区 2 上收到调度 PDSCH2 的 DCI，其中，PDSCH2 对应的 HARQ 进程号为 5，NDI 信息为 0，该 PDSCH 2 对应的 HARQ-ACK 信息被指示通过时隙 n+3 上的 PUCCH 资源进行反馈，T=0，即未触发 one-shot HARQ-ACK 反馈请求。在时隙 n+1 上，UE 在小区 1 上收到调度 PDSCH3 的 DCI，其中，PDSCH3 对应的 HARQ 进程号为 8，NDI 信息为 0，该 PDSCH 3 对应的 HARQ-ACK 信息被指示通过时隙 n+3 上的 PUCCH 资源进行反馈，T=0，即未触发 one-shot HARQ-ACK 反馈请求。在时隙 n+2 上，UE 在小区 2 上收到调度 PDSCH4 的 DCI，其中，PDSCH4 对应的 HARQ 进程号为 9，NDI 信息为 1，该 PDSCH 4 对应的 HARQ-ACK 信息被指示通过时隙 n+3 上的 PUCCH 资源进行反馈，T=1，即触发 one-shot HARQ-ACK 反馈请求。

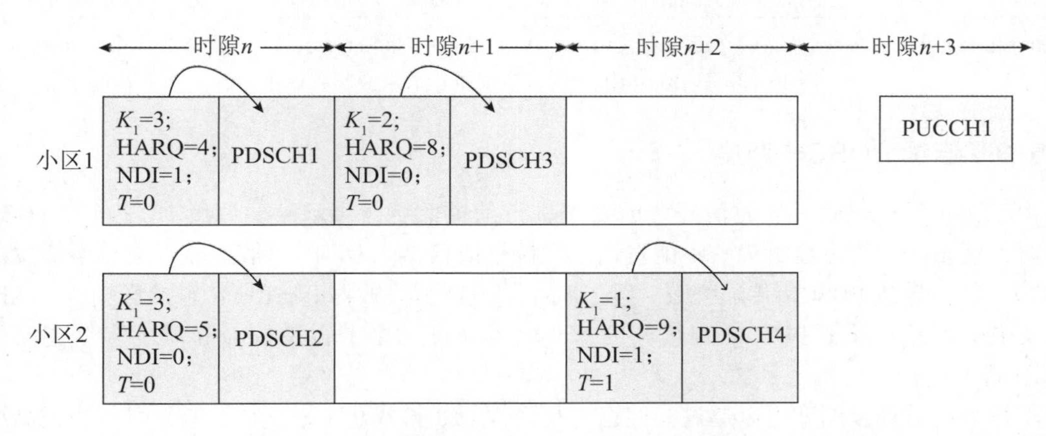

图 18-51　one-shot HARQ-ACK（混合自动重传请求应答）反馈

UE 为时隙 n+3 上的 PUCCH 资源 1 生成的 HARQ-ACK 码本中包括 NDI 信息，其中第 9 和第 10 比特对应 PDSCH1 的译码结果和 NDI 信息，第 17 和第 18 比特对应 PDSCH3 的译码结果和 NDI 信息，第 43 和第 44 比特对应 PDSCH2 的译码结果和 NDI 信息，第 51 和第 52 比特对应 PDSCH4 的译码结果和 NDI 信息。具体如图 18-52 所示。

NACK	0	NACK	0	NACK	0	NACK	0	9th bit	10th bit	NACK	0	NACK	0	NACK	0
HARQ0	NDI0	HARQ1	NDI1	HARQ2	NDI2	HARQ3	NDI3	HARQ4	NDI4=1	HARQ5	NDI5	HARQ6	NDI6	HARQ7	NDI7

17th bit	18th bit	NACK	0	NACK	0	NACK	0	NACK	0	NACK	0	NACK	0	NACK	0
HARQ8	NDI8=0	HARQ9	NDI9	HARQ10	NDI10	HARQ11	NDI11	HARQ12	NDI12	HARQ13	NDI13	HARQ14	NDI14	HARQ15	NDI15

NACK	0	NACK	0	NACK	0	NACK	0	NACK	0	43rd bit	44th bit	NACK	0	NACK	0
HARQ0	NDI0	HARQ1	NDI1	HARQ2	NDI2	HARQ3	NDI3	HARQ4	NDI4	HARQ5	NDI5=0	HARQ6	NDI6	HARQ7	NDI7

NACK	0	51st bit	52nd bit	NACK	0	NACK	0	NACK	0	NACK	0	NACK	0	NACK	0
HARQ8	NDI8	HARQ9	NDI9=1	HARQ10	NDI10	HARQ11	NDI11	HARQ12	NDI12	HARQ13	NDI13	HARQ14	NDI14	HARQ15	NDI15

图 18-52　HARQ-ACK（混合自动重传请求应答）码本

- 类型 2：不携带 NDI 信息的 Type-3 码本反馈

在该类型下，对于每个 HARQ 进程，UE 反馈该 HARQ 进程号对应的 HARQ-ACK 信息。

如果某个 HARQ 进程没有先验信息，如没有被调度，UE 设置 HARQ-ACK 信息为 NACK。对于某一个 HARQ 进程，如果 UE 进行过一次 ACK 反馈后，应对该 HARQ 进程进行状态重置。该类型下 Type-3 HARQ-ACK 码本排列顺序遵循以下原则：先 CBG 或 TB，再 HARQ 进程，最后小区。

同样以图 18-51 所示的情况为例，UE 为时隙 $n+3$ 上的 PUCCH 资源 1 生成的 HARQ-ACK 码本中不包括 NDI 信息，其中第 5 比特对应 PDSCH1 的译码结果，第 9 比特对应 PDSCH3 的译码结果，第 22 比特对应 PDSCH2 的译码结果，第 26 比特对应 PDSCH4 的译码结果。具体如图 18-53 所示。

NACK	NACK	NACK	NACK	5th bit	NACK	NACK	NACK	9th bit	NACK	NACK	NACK	NACK	NACK	NACK	NACK
HARQ0	HARQ1	HARQ2	HARQ3	HARQ4	HARQ5	HARQ6	HARQ7	HARQ8	HARQ9	HARQ10	HARQ11	HARQ12	HARQ13	HARQ14	HARQ15

NACK	NACK	NACK	NACK	NACK	22nd bit	NACK	NACK	NACK	26th bit	NACK	NACK	NACK	NACK	NACK	NACK
HARQ0	HARQ1	HARQ2	HARQ3	HARQ4	HARQ5	HARQ6	HARQ7	HARQ8	HARQ9	HARQ10	HARQ11	HARQ12	HARQ13	HARQ14	HARQ15

图 18-53　HARQ-ACK（混合自动重传请求应答）码本

18.5.3　连续 PUSCH 调度

由于在非授权载波上的通信开始前要先进行信道监听，当基站要调度 UE 进行 PUSCH 传输时，基站因为信道监听失败不能发送上行授权信息，或 UE 因为信道监听失败不能发送 PUSCH，都会导致 PUSCH 传输失败。为了减小信道监听失败对 PUSCH 传输的影响，在 NR-U 系统中引入了上行多 PUSCH 连续调度，即可以通过一个上行授权 DCI 调度多个连续的 PUSCH 进行传输。

上行多信道连续调度可以通过非回退上行授权 DCI 格式 0_1 来支持。基站可以通过高层信令为 UE 配置支持多 PUSCH 连续调度的时域资源分配（Time Domain Resource Assignment，TDRA）集合，该 TDRA 集合中可以包括至少一行 TDRA 参数，其中，每行 TDRA 参数中包括 m 个 PUSCH 的 TDRA 分配，该 m 个 PUSCH 在时域上是连续的，m 的取值范围为 1 到 8。

如果 m 的取值为 1，那么 DCI 格式 0_1 为调度一个 PUSCH 传输的上行授权，在这种情况下，DCI 格式 0_1 中包括上行共享信道（Uplink shared channel，UL-SCH）域和码块组传输信息（Code Block Group Transmission Information，CBGTI）域，且该 PUSCH 对应 2 比特冗余版本（Redundancy Version，RV）指示信息。

如果 m 的取值大于 1，那么 DCI 格式 0_1 为调度多个 PUSCH 传输的上行授权，在这种情况下，DCI 格式 0_1 中不包括 UL-SCH 域和 CBGTI 域，且该 m 个 PUSCH 中的每个 PUSCH 分别对应 1 比特 RV 指示信息和 1 比特 NDI 指示信息。

如果 DCI 格式 0_1 在调度 m 个 PUSCH 传输的同时也触发了信道状态信息（Channel State Information，CSI）反馈，那么对于 CSI 反馈映射的 PUSCH 包括以下两种情况：

- 如果 m 的取值小于或等于 2，则 CSI 反馈承载在该 m 个 PUSCH 中的最后一个被调度的 PUSCH 上。
- 如果 m 的取值大于 2，则 CSI 反馈承载在该 m 个 PUSCH 中的倒数第二个被调度的 PUSCH 上。

18.6　NR-U 系统中免调度授权上行

在本小节中我们将介绍免调度授权（Configured Grant，CG）上行传输在 NR-U 中的扩展。在第 15.5 节我们已经介绍了免调度授权传输在 R15 和 R16 在授权频谱中的设计细节。在本节中我们重点介绍 3GPP 在 NR-U 的特殊场景而对于免调度授权传输的必要增强，我们将分为以下几个部分分别阐述：时频域资源配置、CG-UCI 和重复传输、CG 控制信号、下行反馈信号，以及重传计时器。

18.6.1　免调度授权传输资源配置

在非授权频谱中 UE 需要通过信道接入检测来确定是否可以发送上行数据，由于这个特殊的限制，在 NR-U 系统中对于免调度授权传输做了特别的考虑。这里主要的增强点在于，当 UE 通过信道接入侦测得到信道的使用权后，UE 有一段信道占用时间，在这段时间内应该尽可能地让 UE 连续传输多个 CG-PUSCH。这样 UE 就无须再做额外的信道接入侦测，从而大幅地提高了 UE 在非授权频谱中传输的效率。我们在之前的章节中已经了解到了在 R15 中，免调度授权传输的资源并没有在时域里配置多个连续 CG-PUSCH 的设计，因此在 NR-U 中，时域配置设计的主要目标是如何配置出多个连续的 CG-PUSCH 资源。在 3GPP 的讨论中有不同的候选设计方案[59-69]。其中方案 1 的设计思路是基站配置第一个时隙里的 CG-PUSCH 资源，以及总共的时隙数量，从第二个时隙开始 CG-PUSCH 的资源占满整个时隙。这样的设计优势是在配置信息中只需要包括时隙的数量以及第一个时隙内的 CG-PUSCH 的起始符号位置。UE 根据配置信息确定所有的 CG-PUSCH 资源都首尾相连，如图 18-54 所示。

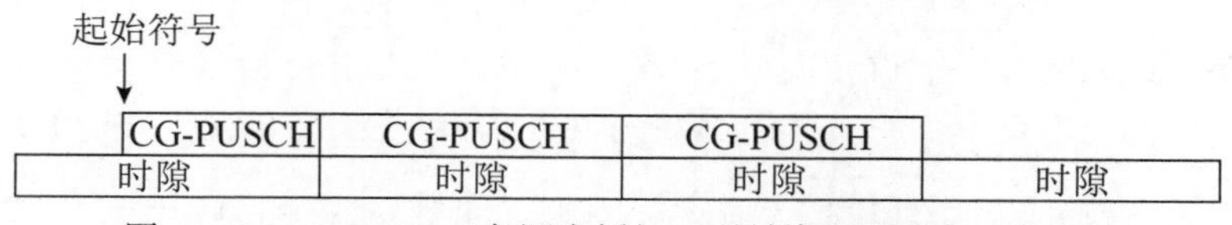

图 18-54　NR-U CG（免调度授权）时域资源配置备选方案 1

然而此方案的限制是，从第二个时隙开始的所有 CG-PUSCH 的传输都是全时隙传输，这样的设计的第一个缺点是 UE 对于第一个 CG-PUSCH 的非全时隙传输的处理和之后全时隙的不同，因此需要有一个处理上的转换。第二个缺点是，资源配置的不灵活限制了未来的增强可能，例如在未来要在 NR-U 系统中支持低时延业务，全时隙传输无法满足低时延要求。所以 3GPP 决定需要设计一个更灵活的且后向兼容的方案。于是转向方案 2：在每个时隙内的 CG 资源都根据第一个时隙的 CG 资源来配置，这样避免了之后的时隙内的 CG 资源都固定为全时隙传输，提高了灵活性。然而如图 18-55 所示，这个方案带来的另一个问题是在连续时隙内的 CG 资源可能不连续，这样无法达到对于 NR-U 系统中连续 CG 传输过程中不做额外的信道接入检测的目的。为了解决这个问题，如图 18-56 所示，一个简单的修改方案基于第一个时隙的 CG 资源配置，且把后一个时隙内的第一个 CG 资源的时域向前延伸直到与前一个时隙的最后一个 CG 资源相连。

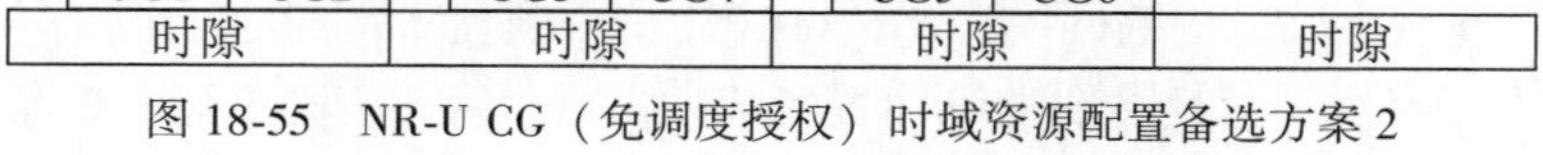

CG1	CG2	CG3	CG4	CG5	CG6	
时隙		时隙		时隙		时隙

图 18-55　NR-U CG（免调度授权）时域资源配置备选方案 2

CG1	CG2	CG3	CG4	CG5	CG6	
时隙		时隙		时隙		时隙

图 18-56 从第二个时隙起的第一个 PUSCH 资源延长至本时隙的起始符号

此外，另一个问题是关于第一个时隙内的 CG 资源配置。基站在配置第一个时隙内第一个 CG 资源的起始位置和长度时，可以配置第一个 CG 资源在时隙内的任意位置，这样 UE 按照第一个 CG 的资源，依次映射出当前时隙内其他的 CG 资源。例如图 18-57 所示，当第一个 CG 的资源的起始符号为符号 2 且长度为 3 个符号，此时 UE 可以确定后续的 3 个 CG 资源，UE 可以通过映射整数个 CG 资源占满该时隙。但是如果第一个 CG 的资源的起始符号为 2，且长度为 5 个符号，如图 18-58 所示，很明显，UE 无法通过映射整数个 CG 资源占满该时隙。在这种情况下，即便是下一个时隙内的第一个 CG 资源长度伸长，也无法满足连续的 CG 资源的要求，因为 CG 资源不能跨时隙配置。所以一个最直接的方案是如图 18-59 所示把第一个时隙内的最后一个 CG 资源延长至最后一个符号。

		CG			CG			CG			CG		
0	1	2	3	4	5	6	7	8	9	10	11	12	13
时隙													

图 18-57 UE 基于第一个 CG（免调度授权）资源连续映射确定时隙内的其他资源

		CG					CG						
0	1	2	3	4	5	6	7	8	9	10	11	12	13
时隙													

图 18-58 当第一个 CG（免调度授权）资源的位置以及长度配置不合适时，导致时隙内存在资源间隙

		CG					CG						
0	1	2	3	4	5	6	7	8	9	10	11	12	13
时隙													

图 18-59 当第一个 CG（免调度授权）资源的位置以及长度配置不合适时，导致时隙内存在资源间隙

此方案可以有效解决对于连续的 CG 资源的配置问题。但是在讨论中有反对方认为基站如果需要配置出连续的 CG 资源，那么基站应该负责把 CG-PUSCH 的资源大小与时隙内的位置做完美的匹配，而不需要去做额外的资源延伸处理，相反的，如果基站没有配置出连续的资源，那么基站有可能故意为之，这样可以在非连续的符号上再传输下行。最终 3GPP 在 RAN1#99 会中决定，在 NR-U 中基站只需配置时隙数量（N）和第一个时隙内的 CG-PUSCH 的数量（M）以及第一个 CG-PUSCH 的起始符号位置（S）和长度（L）。例如图 18-60 所示基站可以配置 $S=2$，$L=2$，$M=6$，$N=2$ 四个参数，即 CG 资源占据 2 个时隙且每个时隙内由 6 个 CG-PUSCH 资源，每个 CG-PUSCH 资源占 2 个 OFDM 符号，且第一个 CG-PUSCH 资源的起始符号为 2。这样就可以配置出图 18-60 所示的 CG 资源。

		CG		CG		CG		CG		CG		CG				CG		CG		CG		CG		CG		CG	
0	1	2	3	4	5	6	7	8	9	10	11	12	13	0	1	2	3	4	5	6	7	8	9	10	11	12	13
时隙														时隙													

图 18-60 CG（免调度授权）资源配置最终方案，通过 4 个参数（起始符号、CG-PUSCH 长度、时隙数量、时隙内 CG-PUSCH 数量）共同确定 CG 资源

另外，由于在 NR-U 讨论的同时，NR R16 URLLC 项目中同时也在讨论进一步对于免调度授权传输的增强工作，并且最新的设计支持基站提供多套 CG 资源配置机制（具体参见第

15.3.3 节），因此在 NR-U 系统中基站也支持了这一机制，其实现的方法是基站向 UE 配置多套 CG 资源的配置参数，每套配置参数对应一组资源，即多套配置参数对应了多组 CG 资源。如果基站配置了多套 CG 配置参数，基站可以全部激活多套或者只激活部分配置参数，具体的激活方法直接重用了 URLLC R16 的设计，具体请参见第 15 章。

18.6.2 CG-UCI 和 CG 连续重复传输

与 R15 相似，NR-U 系统中的 CG 传输支持对于同一个 TB 的多次传输。但由于 NR-U 支持多套 CG 配置参数，这个增强设计使之与 R15 有略微区别。其主要区别在于，如果 UE 要对一个 TB 做多次重复传输（如 K 次重复），NR-U 中 UE 可以选择任意一个 CG 资源开始连续传输 K 次 CG-PUSCH，但 R15 只能在指定的位置开始连续的 CG-PUSCH。这里需要注意的是，UE 所传输的 K 次 CG-PUSCH 必须传输在连续的 CG 资源，且这些 CG 资源必须属于同一 CG 资源配置参数。例如图 18-61 中，基站提供了两套 CG 资源的配置（CG 配置 1 和 CG 配置 2），如果 UE 被配置了连续传输 4 次，那么 UE 可以在 CG 配置 1 或 CG 配置 2 下的资源里选择对于同一个 TB 做 4 次 CG 传输。但是 UE 不允许在跨不同的 CG 配置的资源内选择 4 个 CG 资源用于重复传输。连续传输的次数由基站通过 RRC 参数（rep$K$）配置得到，它的配置候选值包括 1、2、4、8。当 rep$K$ = 1 时表示重复 CG 传输去使能。除此之外，在 NR-U 系统中进行 CG 传输的另一个增强特性是 CG-PUSCH 中包括了上行控制信号（CG-UCI），即免调度授权上行控制信令[61-67]。CG-UCI 承载着一些对于 CG-PUSCH 接收所必须的控制信令，以及 UE 侧信道占用共享信息。引入 CG-UCI 后使得在 NR-U 系统中的 CG 传输灵活度进一步得到提升。下面具体说明 CG-UCI 的具体用途。

在 R15 里 CG-PUSCH 传输对应预定义的 HARQ 进程，且进程号与 CG 的资源做一一映射。这样如果发生进程冲突的时候 UE 无法灵活避免。为了解决这个问题，在 NR-U 系统中 UE 在 CG-UCI 里加入了 HARQ 进程号，这样 UE 可以灵活地调度不同的进程号，也归功于这个改进，在 18.6.1 节中我们介绍了当 CG 重复传输时 UE 可以任意选择 CG 资源作为 K 次重复传输的起始资源。

CG传输 √

CG配置1														CG配置2													
CG		CG		CG		CG		CG		CG		CG		CG		CG		CG		CG		CG		CG		CG	
0	1	2	3	4	5	6	7	8	9	10	11	12	13	0	1	2	3	4	5	6	7	8	9	10	11	12	13
时隙														时隙													

CG传输 ×

CG配置1														CG配置2													
CG		CG		CG		CG		CG		CG		CG		CG		CG		CG		CG		CG		CG		CG	
0	1	2	3	4	5	6	7	8	9	10	11	12	13	0	1	2	3	4	5	6	7	8	9	10	11	12	13
时隙														时隙													

图 18-61 CG（免调度授权）多次重复传输禁止跨不同 CG 配置

另外，对于 CG-PUSCH 传输时的 RV（Redendancy Version）值的选择在 R15 是有严格规定的，即基站严格规定 UE 在 CG 重复传输时采用具体的 RV 值以及它们的选择顺序，且 CG 的重复起始资源的 RV 值必须等于 0。而在 NR-U 中，UE 可以自行选择 RV 值并且用 CG-UCI 通知基站选择的 RV 值。此外，CG-UCI 里还包括了 PUSCH 的 NDI 指示，基站可以根据收到的 HARQ 进程号和 NDI 的指示来判断 CG-PUSCH 里的数据是新传数据还是重传数据。

从以上几个方面可以看出 CG-UCI 的引入使得 NR-U 系统中 CG 的灵活性得到了增强。如表 18-10 所示为 CG-UCI 里包括的信息域和对应的比特数，其中 COT 共享信息用于指示 UE 的 COT 是否可以共享给基站以用于传输下行（见 18.2.2 小节）。

表 18-10　CG-UCI 信息域

信息域	比特数
HARQ	4
RV	2
NDI	1
COT 共享信息指示	不固定比特数

如果严格地从技术层面分析，NR-U 里的 CG 传输的规则可以考虑进一步优化。例如，既然 CG-UCI 里已经包括了 HARQ、RV 和 NDI，那么协议没有必要进一步规定 UE 在传输 K 次重复时必须连续传输，基站可以根据 CG-UCI 里的指示来确定哪些 CG-PUSCH 里承载着对于同一个 TB 的重复传输。

接下来我们介绍 UE 对于 CG-UCI 的传输设计。协议规定 CG-UCI 需要和每个 CG-PUSCH 的数据部分一起传输，但是二者独立编码。类似于在 R15 的 CG 传输中，当 PUCCH 的资源和 CG-PUSCH 的资源在时域上发生碰撞时，PUCCH 中的 UCI 和 CG-PUSCH 复用的处理方法。其处理方法可以简单地理解为部分 CG-PUSCH 的资源被预留出传输 UCI，且 UCI 和 CG-PUSCH 独立编码。同样的方法被用于 NR-U 系统中，但区别是当 CG-PUSCH 与 PUCCH 在时隙内发生碰撞时，UE 需要同时把 CG-UCI、UCI 和 CG-PUSCH 复用在一个信道内。这样导致了优先级问题，即如果 CG-PUSCH 资源不足以承载所有的信息时，如何确定上述各部分的传输优先级。在 R15 中，对此类问题协议规定 HARQ-ACK 信息为最高优先级，CSI 第一类信息次之，最后是 CSI 第二类信息。也就是说 UE 需要放弃低优先级信息而保全高优先级信息。在 NR-U 中，由于额外多出了 CG-UCI，因此对于其和 HARQ-ACK 相比谁的优先级更高引发了激烈的讨论。最终在 RAN1#98b 会议上确定 CG-UCI 和 HARQ-ACK 有相同的优先级，并规定遇到此类碰撞发生时，CG-UCI 和 HARQ-ACK 用联合编码的方式。而且如图 18-62 所示，PUCCH 与时隙内的第二个 CG 资源传输发生碰撞且 PUCCH 里的 UCI 承载 HARQ-ACK 信息时，UE 需要使用联合编码的方式，CG-UCI 比特在前 HARQ-ACK 比特在后，编码后二者自然使用同一个 CRC 扰码加扰。当 UCI 里承载的控制信号为 CSI 时，复用流程参照 R15 规则，此时把 CG-UCI 看作 HARQ-ACK。

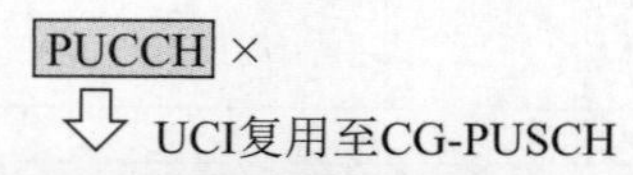

图 18-62　CG-PUSCH（免调度授权物理上行共享信道）与 PUCCH（物理上行控制信道）碰撞，UCI（上行控制信息）复用在 CG-PUSCH 资源内，且与 CG-UCI（免调度授权上行控制信息）联合编码

在第 18.5 小节，我们已经介绍过 HARQ-ACK 码本的设计。在实际通信中，基站和 UE 对于 HARQ-ACK 码本的比特数有时会产生歧义，主要的原因是可能的一次或多次的调度信息丢失（DTX）。在产生歧义的情况下，基站无法解码 CG-UCI 和 HARQ-ACK。所以 3GPP 协议也提供了一套回退方案，即基站可以选择在 RRC 的配置里直接取消 UCI 复用在 CG-PUSCH 里的功能，如图 18-63 所示。如果这个功能被禁止的话，UE 遇到 PUCCH 和 CG-PUSCH 传输相碰撞的情况下，会选择在 PUCCH 里传输 UCI。

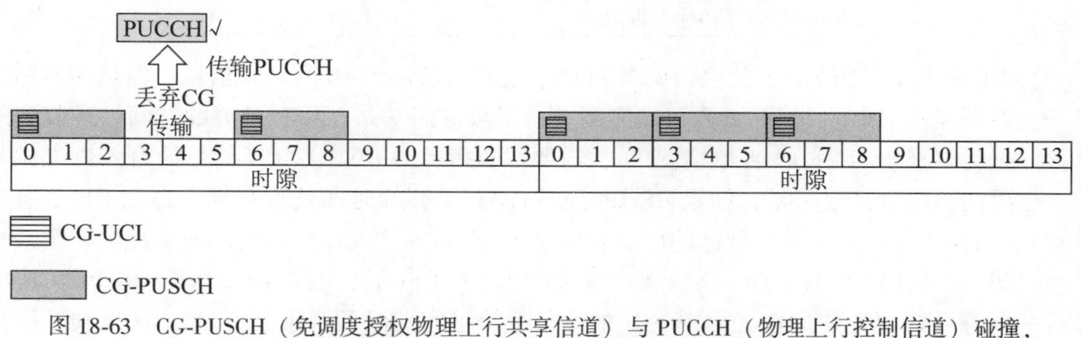

图 18-63 CG-PUSCH（免调度授权物理上行共享信道）与 PUCCH（物理上行控制信道）碰撞，UE 丢弃 CG-PUSCH 而只传输 PUCCH

在本小节中介绍了 UE 可以通过 CG-UCI 里的控制信息通知基站传输的 CG-PUSCH 为新传或重传。在下一个小节将继续介绍 UE 如何决定何时发送重传数据。

18. 6. 3 下行反馈信道 CG-DFI 设计

在 R15 中 CG 传输不支持重传机制，当 CG 的初始传输完成后，UE 会启动 CG 计时器（configuredGrantTimer），当 configuredGrantTimer 过期后如果 UE 没有收到基站发来的重传动态调度，那么 UE 会认为初始传输被基站成功接收。这时 UE 就会把缓存里的数据清空。在 NR-U 系统中，为了使 UE 获得对于发送的数据的 HARQ-ACK 反馈信息，3GPP 引入了免调度授权下行反馈信息（CG-DFI）[59-69]。该信令需要在 CG 传输功能被配置后才能激活。引入 CG-DFI 可以达到两个目的：①基站及时提供给 UE CG-PUSCH 的 ACK/NACK 信息，用于 UE 在下一次传输时做 CW 大小的调整（CW 调整相关内容参阅第 18. 2. 2 小节）；②基站及时提供 UE CG-PUSCH 的 ACK/NACK 信息，UE 可以根据 ACK/NACK 信息来判断是否重传或提前终止 CG-PUSCH 传输。

CG-DFI 的 DCI 格式和 DCI 格式 0_1 相同且用 CS-RNTI 加扰。当 UE 在非授权频率上通信时，如果被配置了检测 DCI0_1 且 CG 传输功能被激活时，该 UE 就会同时检测 CG-DFI。CG-DFI 里的主要信息域由以下组成：载波指示信息，这个信息域用来指示 DFI 里的 HARQ-ACK 信息是针对具体指示的上行载波。在 3GPP 讨论初期，方案建议直接重用 Type-3 HARQ-ACK 码本（具体 Type-3 HARQ-ACK 码本细节请阅读 18. 5. 2 小节），但由于 Type-3 HARQ-ACK 码本是基于一个 PUCCH 组（PUCCH Group）建立的，如果一个组内有多个上行载波，每个上行载波可以配置最多 16 个进程，那么在这样的情况下反馈的比特数量庞大。由于下行 DCI 的可携带的比特数量有限，无法承载如此多的信息比特，考虑到 DCI 的开销和传输可靠性，在 RAN1#99 会议中，确定最终的方案是在 DCI 里选择某一个上行载波的 HARQ 进程进行 HARQ-ACK 的反馈（见表 18-11）。这里有一个细节需要注意的是，CG-DFI 里的 HARQ-ACK 信息是 HARQ 进程对应的 TB 的 CRC 校验结果，即如果校验通过则为 ACK

(1 比特指示为 1)，反之为 NACK。因此即便 UE 在一个上行载波上配置了 CBG 传输，CG-DFI 对于此载波的 HARQ-ACK 反馈也是基于 TB 的反馈。

表 18-11　CG-DFI 信息域

DCI 格式指示	1 比特
载波指示	0 或 3 比特
DFI 指示	1 比特
HARQ 进程 HARQ-ACK 指示	16 比特

当 UE 收到 CG-DFI 后，就会得到各 HARQ 进程对应的 HARQ-ACK 信息。但是在实际情况下，对于某些 HARQ 进程，UE 可能刚刚发送了数据而基站并没有足够的时间处理收到的上行数据，以至于当 UE 收到 CG-DFI 后，需要对于指示的 HARQ-ACK 信息的有效性先做判断。这里的主要设计思路是，如果 UE 知道基站没有足够的时间处理数据，那么 UE 会忽略所指示的 HARQ-ACK 信息。具体的协议规则是：基站在配置 CG 传输的同时会配置一个最小处理时间 cg-minDFI-Delay-r16（D）。UE 每次收到 CG-DFI 后，会根据发送的 CG-PUSCH 的最后一个符号到承载 CG-DFI 的 PDCCH 的第一个符号间的时间长度是否大于 D 来判断所指示的 HARQ-ACK 信息是否有效。如果此时间长度大于 D，则说明 DFI 里指示的对应的 HARQ 进程的 HARQ-ACK 信息为有效，反之则无效。例如图 18-64 中，DFI 对于 HARQ0 和 HARQ1 的 HARQ-ACK 信息有效，而对于 HARQ2 的 HARQ-ACK 信息无效。

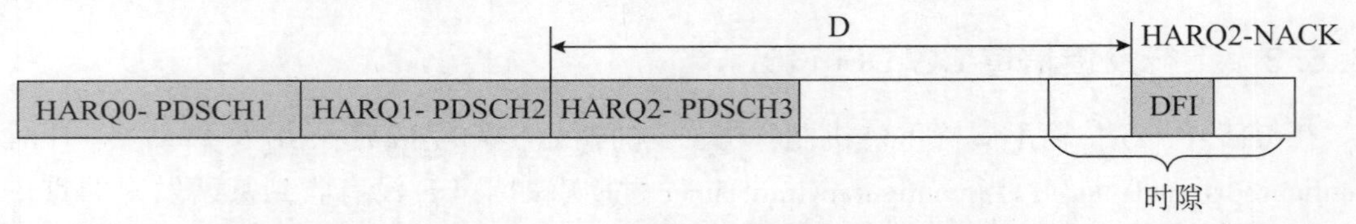

图 18-64　UE 根据 PUSCH（物理上行共享控制信道）和 CG-DFI（免调度授权下行反馈信息）之间的时间间隔判断 HARQ-ACK（混合自动重传请求应答）信息是否有效

同样地，当 CG 传输为重复传输时，若 DFI 里指示了一个 HARQ 进程对应的 HARQ-ACK 信息为 ACK 时，只需要重复传输的多个 CG-PUSCH 中至少一个 CG-PUSCH 满足处理时间 D，那么指示的 HARQ-ACK 信息则有效。相反地，如果指示的 HARQ-ACK 信息为 NACK 时，则需要所有的 CG-PUSCH 都满足处理时间 D，则为有效，反之则确定为无效。

18.6.4　CG 重传计时器

在非授权频谱通信中，接收端的干扰普遍比授权频谱严重，加之 LBT 的影响，在某些情况下基站无法在 configuredGrantTimer 过期前及时调度 UE 重传。针对这样的情况，除了 18.6.3 小节介绍的 CG-DFI 外，3GPP 在 RAN2#105b 会议中建议引入了一个全新重传计时器（cg-RetransmissionTimer）[70]。这个重传计时器在每次 CG-PUSCH 成功传输后自动开启，这里强调成功传输的原因是，当 UE 由于 LBT 失败而无法传输 CG-PUSCH 时，重传计时器无须启动。在重传计时器过期后如果没有收到基站发来的 CG-DFI 且指示之前的 CG 传输为 ACK，那么 UE 认为之前的 CG 传输没有成功，且自动发起重传。更进一步地，在 RAN2#107b 会议中确定当 UE 需要自行重传时，需要在最近可用的 CG 资源里发起重传[71]。UE 在 CG 重传时可以自行选择 RV 值，基站根据 NDI 值和 HARQ 进程值来判断是否为 TB 新传或者重传。这里需要注意的是，如图 18-65 所示，configuredGrantTimer 只在 CG 初传的时候启动，且在重传时不重置计时器。但是一旦 configuredGrantTimer 过期时，无论重传计时器是否正在运行，UE 都会停止重传计时器且认为基站正确收到 CG 传输。

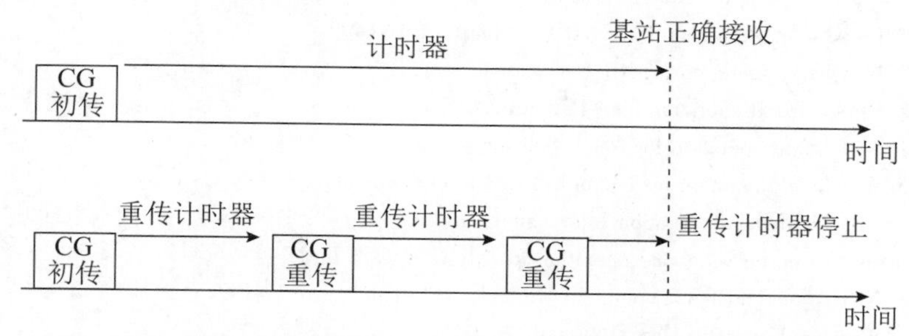

图 18-65　CG（免调度授权）计时器和 CG 重传计时器的运作原理

18.7　小结

本章主要介绍了 NR-U 在针对非授权频谱通信的增强技术方案。通过 6 小节分别阐述了信道监听过程、初始接入过程、资源块集合及控制信道设计、HARQ 与调度、免调度授权传输各个方面的标准制定过程并解释了其中重要特性讨论的来龙去脉。

参考文献

[1] R1-1807389. Channel access procedures for NR unlicensed, Qualcomm Incorporated. 3GPP RAN1#93, Busan, Korea, May 21-25, 2018.

[2] R1-1805919. Coexistence and channel access for NR unlicensed band operations, Huawei, HiSilicon. 3GPP RAN1#93, Busan, Korea, May 21-25, 2018.

[3] R2-1901094. Detecting and handling systematic LBT failures in MACMediaTek Inc. discussion Rel-16 NR_unlic-Core.

[4] R2-1910889. Report of Email Discussion [106#49] [NR-U] Consistent LBT Failures.

[5] R2-1904114. Report of the email discussion [105#49] LBT modeling for MAC Huawei, HiSilicon discussion Rel-16 NR_unlic-Core.

[6] R2-1912304. Details of the Uplink LBT failure mechanism Qualcomm Incorporated.

[7] R1-1901332. Feature lead summery on initial access signals and channels for NR-U, Qualcomm, RAN1 #AH-1901.

[8] R1-1906672. Physical layer design of initial access signals and channels for NR-U, LG Electronics, RAN1#97.

[9] R1-1907258. Initial access signals and channels for NR-U, Qualcomm Incorporated, RAN1#97.

[10] R1-1907258. Initial access signals and channels for NR-U, Qualcomm Incorporated, RAN1#97.

[11] R1-1907451. Initial access signals and channels, Ericsson, RAN1#97.

[12] R1-1906782. Initial access signals/channels for NR-U. Intel Corporation, RAN1#97.

[13] R1-1903404. Feature lead summery on initial access signals and channels for NR-U, Qualcomm, RAN1 #96.

[14] R1-1909454. Feature lead summary #1 of Enhancements to initial access procedure, Charter Communications, RAN1 #98.

[15] R1-1912710. Enhancements to initial access procedure, Ericsson, RAN1 #99.

[16] R1-1912507. Enhancements to initial access procedure for NR-U, OPPO, RAN1 #99.

[17] R1-1912710. Enhancements to initial access procedure, Ericsson, RAN1#99.

[18] R1-2002028. Initial access signals and channels, Ericsson, RAN1# #100bis-e.

[19] R1-1908202. Considerations on initial access signals and channels for NR-U, ZTE, Sanechips, RAN1#100bis-e.

[20] R1-1908137. Discussion on initial access signals and channles, vivo, RAN1#98.

[21] R1-1909078. Remaining issues for initial access signals and channels, AT&T, RAN1#98.

[22] R1-1905634. Feature lead summery on initial access signals and channels for NR-U, Qualcomm Incorporated, RAN1#96bis.

[23] R1-1912939. Initial access and mobility procedures for NR-U, Qualcomm Incorporated, RAN1#99.

[24] R1-1912198. Enhancements to initial access and mobility for NR-unlicensed, Intel Corporation, RAN1#99.
[25] R1-1912286. On Enhancements to Initial AccessProcedures for NR-U, Nokia, Nokia Shanghai Bell, RAN1#99.
[26] R1-1912710. Enhancements to initial access procedure, Ericsson, RAN1#99.
[27] R1-1912765. Initial access procedure for NR-U, Sharp, RAN1#99.
[28] R1-1902887. Wideband operation for NR-U Ericsson.
[29] R1-1901942. On wideband operation for NR-U Fujitsu.
[30] R1-1902261. Wide-band operation for NR-U Samsung.
[31] R1-1902475. Wideband operation for NR-unlicensed Intel Corporation.
[32] R1-1902591. NR-U wideband operation InterDigital, Inc.
[33] R1-1902872. Discussion on wideband operation for NR-U WILUS Inc.
[34] R1-1908113. NRU wideband BWP operation Huawei, HiSilicon.
[35] R1-1908421. Wideband operation for NR-U OPPO.
[36] R1-1908688. On wideband operation in NR-U Nokia, Nokia Shanghai Bell.
[37] R1-1909249. Wideband operation for NR-U operationQualcomm Incorporated.
[38] R1-1909302. Wideband operation for NR-U Ericsson.
[39] TS 38. 101-1. NR; User Equipment (UE) radio transmission and reception; Part 1: Range 1 Standalone.
[40] R1-2001758. Discussion on the remaining issues of UL signals and channels OPPO.
[41] R1-2001651. Remaining issues on physical UL channel design in unlicensed spectrum vivo.
[42] R1-2001533. Maintainance on uplink signals and channels Huawei, HiSilicon.
[43] R1-2001934. Remaining issues of UL signals and channels for NR-U LG Electronics.
[44] R1-2002030. UL signals and channels Ericsson.
[45] R1-1905949. Considerations on DL reference signals and channels design for NR-U ZTE, Sanechips.
[46] R1-1906042. DL channels and signals in NR unlicensed band Huawei, HiSilicon.
[47] R1-190619. DL signals and channels for NR-UNTT DOCOMO, INC.
[48] R1-1906484. DL signals and channels for NR-UOPPO.
[49] R1-1906656. On DL signals and channelsNokia, Nokia Shanghai Bell.
[50] R1-1906673. Physical layer design of DL signals and channels for NR-U LG Electronics.
[51] R1-1906783. DL signals and channels for NR-unlicensed Intel Corporation.
[52] R1-1906918. DL signals and channels for NR-U Samsung.
[53] R1-1907085. DL Frame Structure and COT Aspects for NR-U Motorola Mobility, Lenovo.
[54] R1-1907159. Design of DL signals and channels for NR-based access to unlicensed spectrum AT&T.
[55] R1-1907259. DL signals and channels for NR-U Qualcomm Incorporated.
[56] R1-1907334. On COT detection and structure indication for NR-U Apple Inc.
[57] R1-1907452. DL signals and channels for NR-U Ericsson.
[58] R1-1807391. Enhancements to Scheduling and HARQ operation for NR-U, Qualcomm Incorporated, 3GPP RAN1# 93, Busan, Korea, May 21-25, 2018.
[59] R1-1909977. Discussion on configured grant for NR-U ZTE, Sanechips.
[60] R1-1910048. Transmission with configured grant in NR unlicensed band Huawei, HiSilicon.
[61] R1-1910462. Configured grant enhancement for NR-U Samsung.
[62] R1-1910595. On support of UL transmission with configured grants in NR-U Nokia, Nokia Shanghai Bell.
[63] R1-1910643. Enhancements to configured grants for NR-unlicensed Intel Corporation.
[64] R1-1910793. On configured grant for NR-U OPPO.
[65] R1-1910822. Discussion on configured grant for NR-U LG Electronics.
[66] R1-1910950. Configured grant enhancement Ericsson.
[67] R1-1911055. Discussion on NR-U configured grant MediaTek Inc.
[68] R1-1911100. Enhancements to configured grants for NR-U Qualcomm Incorporated.
[69] R1-1911163. Configured grant enhancement for NR-U NTT DOCOMO, INC.
[70] R2-1903713. Configured grant timer (s) for NR-U Nokia, Nokia Shanghai Bell.
[71] R2-1912301. Remaining Aspects of Configured Grant Transmission for NR-U Qualcomm Incorporated .

第19章 5G终端节能技术（Power Saving）

左志松 徐伟杰 胡 奕 编著

19.1 5G终端节能技术的需求和评估

5G的NR的R15为基础版本。在NR R16的标准制定过程中，采用比较全面的方法分析了各种候选的节能技术。对这些候选技术评估和综合之后，NR R16标准采用了具有较高节能增益的技术进行增强。

19.1.1 5G终端节能技术需求

5G的NR标准保障了极高的网络系统数据率，以满足ITU的IMT-2020的5G数据吞吐量最小性能的要求[1]。同时，终端侧的能量消耗也是一个IMT-2020重要的性能要求指标。从R16开始，NR标准开始专门立项致力于终端的节能优化。

IMT-2020的节能需求表述为两个方面。一方面是在数据有数据传输时高能效地进行传输。另一方面要求在没有数据传输时能迅速转入极低耗电状态。终端的节能通过在多种不同功耗的状态之间转换进行。而这些转换可以通过网络的指示完成。当有数据服务时，终端需要被网络侧迅速"唤醒"且匹配合理的资源高能效地传输完数据。当没有数据服务时，终端又要及时地进入低功耗状态。

终端收发数据的能耗一般受几个因素影响：终端的处理带宽、终端收发的载波数量、终端的激活RF链路、终端的收发时间等等因素。根据LTE的路测数据，RRC_CONNECTED模式下的终端功耗占了终端所有功耗的大部分。RRC_CONNECTED模式下数据传输中，终端的收发处理的上述几个能耗因素，需要与当前的数据业务模型相匹配。时域上和频域上所用的资源要去匹配其所接收的PDCCH/PDSCH以及所传输的PUCCH/PUSCH需要的资源。匹配的过程动态化，即每子帧变化，就能更好地达到节能的效果。RRM测量消耗了终端较多的能量。在终端开机期间的RRC_CONNECTED/IDLE/INACTIVE态下都需要进行RRM测量。减小不必要的测量对节能也起着重要作用。当终端进入高效传输模式时，及时地预先测量也能提高传输的效率，减少转换节能状态和收发数据的时间。

终端在提高传输能效的同时，仍然需要保持较低的数据时延和较高的吞吐量性能。采用的节能技术不能明显降低网络的性能指标。

19.1.2 节能候选技术

NR 的终端候选节能技术包含了几组终端进行节能的机制。NR 的第一个标准化版本中提供了一些支持的基础技术，即 BWP、载波聚合、DRX 机制等。NR 的终端节能增强进一步完善了基础技术在节能上的扩展。NR 的节能候选技术分成如下几大类[6-8]。最终所选择的节能技术从中筛选。

1. 终端频率自适应

载波内，终端通过 BWP 的调整来完成频率自适应的功能。调整的依据可以是数据业务量。如第 4 章中的 BWP 功能的描述，在 NR 中更窄的 BWP 意味着更小带宽收发的射频处理，功耗也相应降低。窄的 BWP 也减少了基带的处理能耗。在多个载波之间，终端支持快速的 SCell 的激活和去激活也会降低在 CA/DC 的操作下的能耗。

频率自适应过程中，终端也需要相应地调整测量类的 RS。在终端一个时刻只能处理一个 BWP 的前提下，辅助的 RS 能够帮助终端尽快切换到不同的 BWP。如图 19-1 所示，如果切换到更大的 BWP 之前在目标 BWP 的带宽内进行测量，就可以让基站为终端进行更有效调度，选用更合适的 MCS，以及占用更合理的频率位置。同时，终端不需要在测量稳定之前进入更大带宽的 BWP。

增强的物理层信令还需要使得终端能够迅速切换 BWP。进一步的优化中，BWP 还可以进一步和 DRX 配置之间建立关联关系[4-5]。

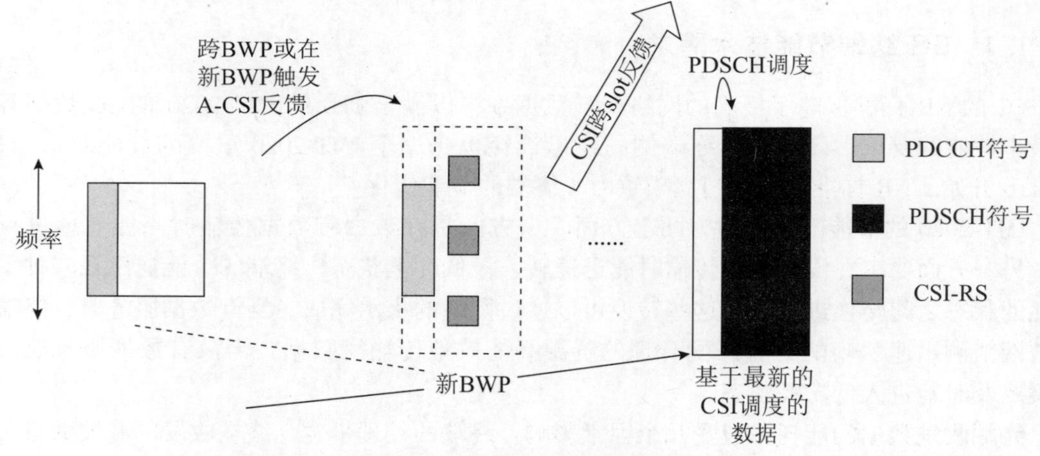

图 19-1 通过 BWP 调整完成节能

以上这些测量增强等技术，在基础的 BWP 机制上没有被充分地支持。在节能增强中，考虑 BWP 切换机制上关联必要的增强功能。

在多载波的操作环境下，以载波为颗粒度的节能优化考虑一些快速切换的候选技术。NR 载波最多可以有 15 个辅载波。大量的辅载波在没有数据的时候需要关掉控制信道、数据信道和测量信号的接收以实现节能。如图 19-2 所示，终端在数据不活跃时，只打开一个主载波的下行，其他载波的下行进入睡眠状态（如激活所谓睡眠 BWP）。而且，主载波的下行也可以根据实时业务切换到窄带的 BWP 上。

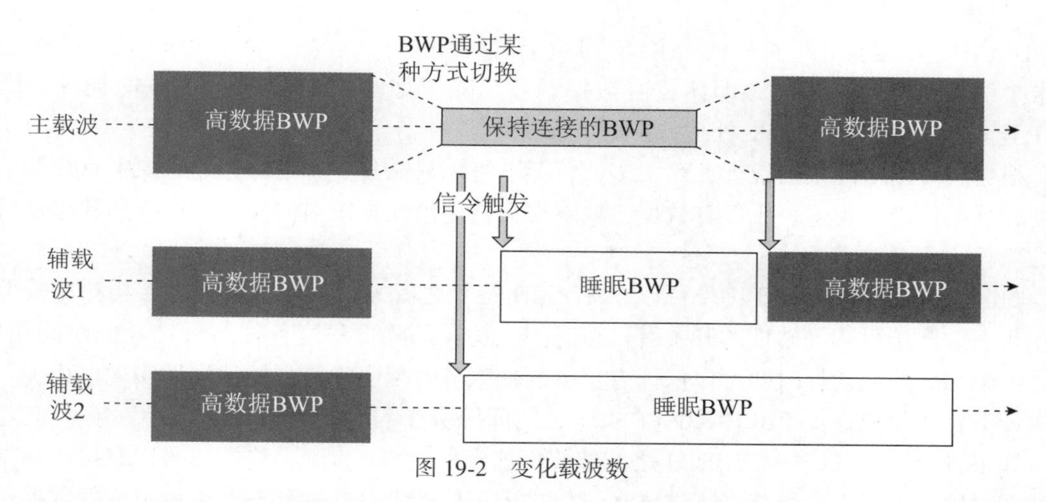

图 19-2 变化载波数

基础的 NR 载波聚合技术已经支持动态的 BWP 切换。但是基础的 NR 载波聚合技术没有相应的快速切换辅小区（载波）睡眠的机制。

2. 时间自适应的跨时隙调度

在时间上终端可以通过调整控制和数据的处理的顺序获得降功耗的效果。通过顺序化的控制和数据处理，不必要的射频和基带处理功耗被省掉。其射频功耗自适应过程如图 19-3 所示。

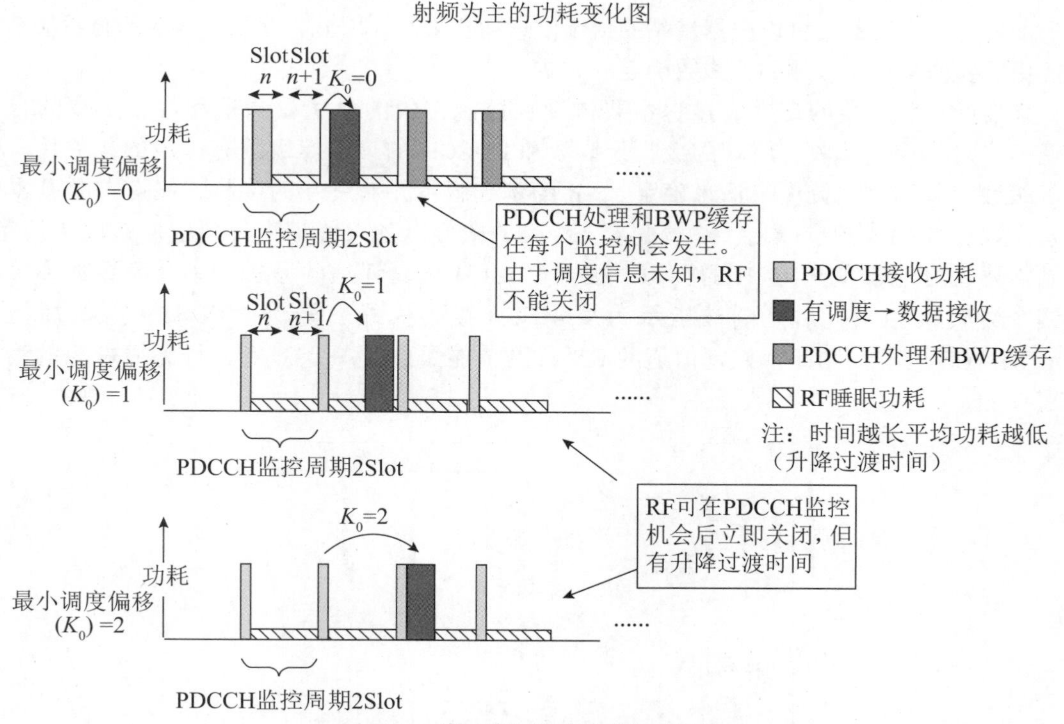

图 19-3 跨时隙调度功耗变化示意图

为什么会有这样的差别呢？原因来自 NR 和 LTE 都支持本 Slot 调度。在 NR 中，如果 PDSCH/PUSCH 配置的时域调度表中含有 $K_0=0$ 或 $K_2=0$ 的项，终端必须在每个调度 PDCCH 监控机会结束后准备上下行的数据。由于盲检出 PDCCH 的调度信息需要时间，终端不得不在 PDCCH 之后缓存几个符号的全 BWP 带宽上的下行信号。因此，每个 PDCCH 监控机会都会带来射频上的功率损耗，即使没有数据调度。除了如图 19-3 所示的射频能耗外，缓存 BWP 上的信号也是有能耗的处理。

根据实际网络的数据统计，绝大多数情况下终端只在其中一小部分的时隙中有控制信道调度和数据传输。为这一小部分数据传输终端无谓地消耗了较多的控制信道检测和缓存所需要的功耗。

跨时隙调度的优势在于终端可以在 PDCCH 符号之后关闭射频部分，进入功耗比较低的休眠状态。由于射频等硬件的开关有过渡时间，功耗的降低程度往往与低功耗的时间相关。但是 1 个 Slot 的低功耗时间可以保证有足够的功率节省。由于与具体的硬件实现也相关，某些设计下，即使只保证 PDCCH 和 PDSCH 之间间隔数个符号的本 Slot 调度也是有节能效果的。如果将调度 PDCCH 和 PDSCH 之间偏移增加到 1 个 Slot 以上，终端还可以直接将基带硬件处理时钟、电压等参数降低。这样还可以进入更低的维持功耗状态，适应更低的数据业务到达率的场景。基带硬件调参的方式下，PDCCH 和 PUSCH 之间的偏移也必须相应地配置成更大的 Slot 数。

由于 PDCCH 的控制信息不仅触发数据部分，还触发下行测量 RS 以及 SRS 发送。因此在相应的下行测量 RS 和 SRS 的所在时隙也需要有相应的偏移以保障终端进入低功耗状态。

3. 天线数自适应

多天线的接收和发射都会影响功耗。对于终端侧而言，接收天线的数量只能半静态配置。而发射的天线数量可以根据基站的指示信息动态确定。因此，终端天线数的自适应节约功耗更需要增强在接收侧的天线数确定的方式。

终端的接收天线的自适应过程主要体现在控制接收的自适应调整和数据接收的自适应调整。对于控制接收，终端的接收天线数和 PDCCH 的聚合等级数有一定的相关性。聚合等级数由基站侧的调度自适来确定。NR 的基础版本，对终端的接收天线有一个基本的假定。在 2. 5 GHz 频点以上，终端配置 4 个接收天线。如果终端允许自适应接收天线数，基站需要相应地改变 PDCCH 的资源。根据 PDCCH 仿真评估的分析，集合等级数和接收天线个数大致相当。当终端被指示为从 4RX（接收天线）转为 2RX 时，需要加倍的 PDCCH CCE 资源。因此，控制信道的 RX 数以节能是通过一定程度下行无线资源的消耗来实现的。

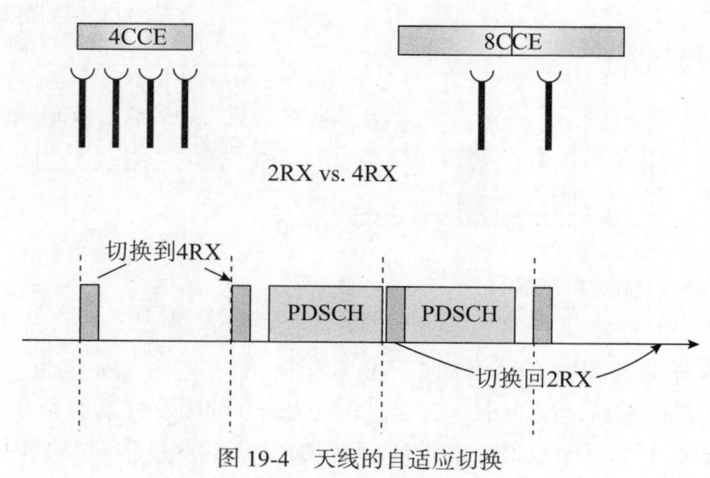

图 19-4 天线的自适应切换

终端在接收数据时，所需的 RX 数量和当前信道阶数相关。当阶数很低的时候用单天线或双天线接收的性能与 4 天线接收单层信号没有太大区别。但减少的天线数可带来一定的节能效果。

NR 的基础版本下行 MIMO 最大层数是 RRC 配置在每小区上，不能动态指定 MIMO 层数。而快速地确定 MIMO 的层数有助于终端迅速切换数据部分的接收天线数。

4. DRX 自适应

NR 和 LTE 都支持配置 DRX 机制。在连接态下配置的 DRX 称为 C-DRX。在后文中如果不特别说明，我们都把 C-DRX 成为 DRX。一个普通的 DRX 配置是基于计时器控制开关的。纯粹的 DRX 的使用很简单，但是缺乏一种和实时数据到达相匹配的机制。因此，有必要考虑一种指示方式，让终端在 DRX 周期开始之前知道本周期有下行的数据到达。在收到指示唤醒的情况下，终端才进入 DRX ON 并开始检测 PDCCH。指示的方式可以通过专有的唤醒信号或信道来完成。在 DRX ON 期间，还可以通过节能唤醒信号让终端提前结束 DRX ON。需要说明的是，NR 的基础版本已经支持了基于 MAC CE 的睡眠信号。

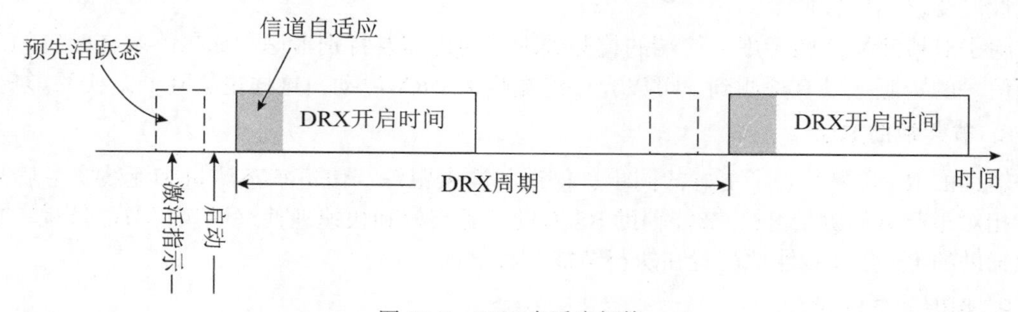

图 19-5　DRX 自适应切换

终端收到唤醒信号或唤醒信道的指示之后，有一定的准备时间来启动 DRX ON。在这个准备时间终端可以完成初始的测量。传统的 DRX 往往有信道更新不及时的问题。因为在 DRX OFF 期间，原有的信道测量会变得不可靠。对 NR 而言，Beam 的预跟踪也是信道测量中的一部分。在准备时间中，可以配置一些测量信号。这个准备时间的定义也可以延伸到 DRX ON 开始的几个 Slot。

5. 自适应减少 PDCCH 监控

在终端的节能方案中，多数都与减少不必要 PDCCH 监控对应的能耗有关。那么更直接的节能技术就是减少 PDCCH 监控本身。关于 PDCCH 的监控的讨论早在 NR 的初期研究中就进行过。从 LTE 的实测来看，待机时的 PDCCH 监控占去了每天通信功耗的大半。因为终端在每一个 Slot 都会进行 PDCCH 检测和缓存，而多数的 Slot 实际只有很少的数据或完全没有数据。

除了 DRX 自适应外，可以通过如下方式减少 PDCCH 监控。

- PDCCH 忽略，即让终端动态地中断一段时间的 PDCCH 监控。
- 配置多 CORESET/搜索空间配置，终端快速地切换配置。
- 物理层信令指示盲检次数。

6. 用户辅助信息上报

在所有的候选技术中，在何种参数下终端能够节能部分地取决于不同的终端产品实现。

在更匹配特定终端实现的参数配置下，这个终端可以达到更佳的节能目的。用户的辅助信息上报就是终端推荐参数上报给基站。基站参考这些参数进行配置以达成终端节能的目的。这些信息包括终端推荐的处理时序（K_0/K_2）、BWP 配置信息、MIMO 层数配置、DRX 配置和控制信道参数等。

7. 节能唤醒信号/信道

节能唤醒信号/信道的候选多数基于基础的 NR 设计。其中包括使用 PDCCH 信道结构、扩展 TRS、CSI-RS 类 RS、SSS 类和 DMRS 信号以及数据信道类的信道结构。也有新引入的方案，如序列指示。

所有的这些信号都可以触发终端节能。但是需要进一步考虑信号的资源效率，复用容量、终端检测复杂度和其他信道的兼容和复用以及检测性能。

对于检测性能，需要有多个维度的考虑。对于唤醒信号，一般要求在 0.1%的漏检率和 1%的虚警率。唤醒信号和后继的 DRX 启动相关，一旦发生漏检，终端在紧接的 DRX ON 上都不会检测控制信道。这样的连续丢失数据是应该避免的。虚警只会导致少量的功耗升高，因此性能要求相对较低。

除了对检测性能的考虑，终端的检测处理行为也需要特别考虑。如果终端在配置的节能唤醒信号的资源上没有检测到，可以允许终端唤醒 DRX 启动，这样也会降低漏检的影响。

8. 节能辅助 RS

辅助的 RS 主要是为了更好的同步、信道和波束跟踪、信道状态测量和无线资源管理测量。相对于已有的测量 RS，节能辅助 RS 有助于更高效和快速地使终端执行节能过程。也就是说辅助的 RS 会针对性地配置在执行节能过程之前。

9. 物理层节能过程

前述的终端节能技术需要结合相应的终端侧的节能过程。多种终端节能技术可以整合在一个节能过程中。典型的方式是，通过节能唤醒信号触发不同的 DRX 的自适应。在启动 DRX 之前，与节能唤醒信号相关联的辅助 RS 还可以帮助终端迅速测量信道，跟踪波束，来完成一些预处理工作。

节能唤醒信号还可以去触发 BWP 在切换，MIMO 层自适应，不同频率位置预测量，终端的低功耗处理模式。

10. 高层节能过程

高层主要考虑 NR 现有高层过程机制下的节能增强。高层的节能过程和前述物理层的节能技术在通信协议上都有对应关系。

基础的 NR DRX 周期不支持 10.24 s 的配置。R16 考虑延长到 10.24 s。基础的 NR Paging 机制由于支持一个资源上寻呼多个终端，带来一定虚警率。Paging 虚警率也有待增强。

在不同的 RRC 态（RRC_CONNECTED/RRC_IDLE/RRC_INACTIVE）间的有效切换也有助于终端节能。

DRX 的机制在基础的 NR 中主要定义在高层的 MAC 层，需要结合物理层的节能唤醒信号。结合主要通过驱动 MAC 层的 drx-onDurationTimer。并且，节能唤醒信号需要和 DRX 周期之间定义时间偏移关系来保证终端处理时间。

MIMO 层数/天线数自适应，降低 PDCCH 检测，CA/DC 的节能和辅助信息上报也需要定义相应的高层过程。

11. RRM 测量节能

在不同的 RRC 态下测量的特性可能不一样，因此减少不必要的测量也可以帮助节能。在终端处于静止不动或很低速度移动的状态下，信道的变化相对较慢。因此，减小单位时间内测量的频次对性能影响较小。

基站配置相应 RRM 的操作来达到终端节能的目的，基站需要一些类型的信息来决定相应的配置。这些信息首先基站可以直接获得的：对多普勒频移的估计，配置的何种小区类型，如宏小区或微小区。基站可以借助终端的上报辅助信息：移动性管理信息、终端发送 RS 的信道测量和终端对 RS 的测量上报。通过对这些信息的综合和门限判断，基站可以配置必要的测量以有效地让终端控制能耗。

19.1.3　节能技术的评估方法

NR 标准的终端节能技术的评估方法建立在一套终端能耗的模型之上[2]。

终端能耗的模型考虑了所有的通信处理能耗因素。为了便于比较，终端能耗模型基于一定的参数假定，对应 FR1，评估基准的子载波间隔是 30 kHz 子载波间隔，1 个载波，载波占用带宽为 100 MHz。双工模式为 TDD。上行最大传输功率为 23 dBm。

对应 FR2，评估基准的子载波间隔是 120 kHz 子载波间隔，1 个载波，载波占用带宽为 100 MHz。双工模式为 TDD。

功耗模型一般考虑 Slot 为单位的平均功耗，对于终端处于不同的状态或处理不同的信号时，给定的终端的功耗值如表 19-1 所示。

表 19-1　终端处理状态与功耗模型

功耗状态	状态特性	相对功率取值	
		FR1	FR2（不同于 FR1 的取值）
深度睡眠	最低的功耗状态。一般保持此状态的时间应该长于进入和离开该状态的时间。此状态下可以不必保持精确的定时跟踪	1 （可选：0.5）	
轻度睡眠	较低的过度功耗状态。一般保持此状态的时间应该长于进入和离开该状态的时间	20	
微睡眠	进入和离开此状态的时间通常认为很短，不在模型之内计算	45	
仅检测 PDCCH	无 PDSCH 数据接收和本 Slot 调度。包含了 PDCCH 解码及进入睡眠过程功耗	100	175
SSB 或 CSI-RS 处理	SSB 用于精细时频同步和 RSRP 测量。CSI-RS 包含 TRS	100	175
PDCCH+PDSCH	同时具有 PDCCH+PDSCH 的接收	300	350
UL	上行的长 PUCCH 或者 PUSCH 发送	250（0 dBm） 700（23 dBm）	350

对于 3 种睡眠方式在转换时间内有一定的功耗，相应的功耗状态转换时间如表 19-2 所示。

表 19-2　功耗状态转换时间

睡眠方式	转换功耗（相对功耗 X 毫秒）	总转换时间
深度睡眠	450	20ms
轻度睡眠	100	6ms
微睡眠	0	0ms

为了在参考的 NR 配置的基础之上评估不同的配置下终端功耗的变化，还定义了在参考 NR 配置基础之上的功耗缩放模型，具体如下面描述。

接收 BWP 为 X MHz 带宽的功耗缩放值＝0. 4+0. 6（X−20）/80。X ＝10、20、40、80 和 100。其他带宽线性取值包括如下内容。

- 下行 CA：2CC 的功耗缩放值＝1. 7×1CC。4CC 的功耗缩放值＝3. 4×1CC 。
- CA（UL）：2CC 的功耗缩放值＝1. 2×1CC。发射功率＝23 dBm。
- 接收天线：2RX 的功耗缩放值＝0. 7×4RX，适用于 FR1。1RX 的功耗缩放值＝0. 7×2RX，适用于 FR2。
- TX（发射）天线（仅限 FR1）：2TX 的功耗缩放值＝1. 4×1TX 功耗（0 dBm）。1. 2×1TX 功耗（23 dBm）。
- PDCCH-only 跨时隙调度的功耗缩放值＝0. 7×本时隙调度。
- SSB 接收时 1 个 SSB 为两个 SSB 功率的 0. 75 倍。
- 仅有 PDSCH 的 Slot 的功率：FR1 下 280，FR2 下 325。
- 短 PUCCH：短 PUCCH 的功耗缩放值＝0. 3×上行功率。
- SRS SRS 的功耗缩放值＝0. 3×上行功率。

终端节能技术的评估建立在功耗模型的基础上。候选的技术通过功耗模型建模，分析计算出不同候选技术的节能效果。链路仿真和系统仿真也用到评估中来作为评估的性能指标。系统仿真的数据到达模型，还可以为功耗分析产生必要的功耗分布。采用的数据业务到达模型主要分 3 种（见表 19-3）。

表 19-3　数据业务模型

类　别	FTP	Instant Messaging	VoIP
模型	FTP model 3	FTP model 3	LTE VoIP. AMR 12. 2 kbps
包大小	0. 5 MB	0. 1 MB	
平均到达间隔时间	200 ms	2 sec	
DRX 设置	周期＝160 ms Inactivity 定时器＝100 ms	周期＝320 ms Inactivity 定时器＝80 ms	周期＝40 ms Inactivity 定时器＝10 ms

基于数据到达模型计算出不同类型的 Slot，可以获得对应 Slot 的功耗。最后可以统计出终端的功耗。

19.1.4 评估结果与选择的技术

根据上述的模型，多方进行了仿真计算平台的校准。各种候选技术得以评估。节能增益是一项技术的主要的评估目标。使用节能技术的情况下和基准的NR技术相比，终端节能技术会带来一定的性能损失。主要的损失体现在终端体验吞吐量（UPT）上。除此以外，数据端到端的延时也会有所损失。评估的目的是确认终端在节约能耗的情况下不明显带来性能损失。

前述终端的各种节能技术都被进行了评估[2]。

1. 节能技术评估结果

终端的各种节能技术包频域自适应方面，对BWP切换自适应评估观察到16%~45%的节能增益。对SCell自适应运行的增益达到了12%~57.5%的节能增益，同时数据时延增加了0.1%~2.6%。

时域自适应方面，对跨Slot调度的评估观察到多至2%~28%的节能增益。然而，用户体验吞吐量会下降0.3%~25%。用户体验吞吐量往往和跨Slot调度的偏移相关，偏移越大体验吞吐量越小。对于本Slot调度，通过增加控制和数据间隔的符号也能带来一定增益。较少的统计样本显示节能增益在15%左右。然而本Slot调度带来的资源碎片化等问题会带来高至93%的资源开销。多Slot调度也会带来小于2%的节能。

空间域上，动态MIMO层数或天线数的自适应可以带来增加3%~30%的节能增益。评估中观察到4%的时延增加。半静态的天线自适应可以带来6%~30%的节能，但是有比较明显的时延和吞吐量的损失。另外为了补偿较少的收发天线数，基站侧需要为同样的传输信息给终端配置更多的控制和数据资源。

DRX域上的自适应的评估显示有8%~50%的增益。这些增益是基于评估假设中的基准DRX配置的。时延增加了2%~13%。然而，由于不够优化的设计，NR的基础技术的DRX配置在仿真评估中给定的业务模型下反而会提高37%~47%能耗。

动态PDCCH检测自适应增加了5%~85%的节能增益。时延和吞吐量的损失分别在0%~115%和5%~43%。

在评估中节能唤醒信号的主要是用于触发终端的DRX自适应。在部分的评估中节能唤醒信号的触发还用于触发BWP的切换和PDCCH监控的切换。

由于实际网络配置和终端实现上的差别，用户辅助节能信息的上报在评估中没有直接体现。但基于高层过程的分析结果，仍然认为对终端节能有很大的帮助。

时域自适应和放松标准的RRM测量，RRC CONNECTED态下的测量节能增益可达7.4%~26.6%。在RRC IDLE/INACTIVE态下的测量节能增益可达0.89%~19.7%。

频域内自适应和放松标准的RRM测量，RRC CONNECTED态下的测量节能增益可达1.8%~21.3%。在RRC IDLE/INACTIVE态下的测量节能增益可达4.7%~7.1%。

额外的RRM测量资源的配置的评估也显示提供可达19%~38%的测量节能。

在高层寻呼过程的节能分析中，支持上至10.24秒DRX周期也能带来终端的节能效果。针对RRC IDLE/INACTIVE态下的一些增强的规则也可以节能。

2. NR标准引入的终端节能技术增强

根据评估和分析的结果，3GPP综合考虑选择了几种终端节能增强技术用以增强NR的基础版本[3]。

频域自适应技术的基础是 BWP 技术框架。BWP 在设计时本身已经考虑了节能方面的因素。NR 的节能的增强评估综合在 BWP 基础上使用了一些优化的配置，引入了 BWP 切换时的测量导频帮助更高效切换 BWP。但评估中没有证明需要专门为 BWP 增加这些测量导频才能达到节能增益。要达到测量的优化需要另外进行相应的测量配置和上报，而不是和 BWP 切换机制进行绑定。BWP 框架本身的增强，如基于 DCI 的 BWP 切换时延缩短，也尚未被证明为必要的技术。

同样作为频域自适应，辅载波（SCell，在后面标准化中称辅小区）自适应显示了一定的增益，且性能代价很小。辅载波的节能自适应做 NR 载波聚合增强的一部分进行。

时域自适应上，本 Slot 调度也不必要对基础 NR 技术进行修改适应。而且，本 Slot 调度降低了系统的资源利用率。对于跨 Slot 调度，由于多个终端可以被调度在不同的 Slot 间隔使用，基站的资源利用率不会下降。

空域自适应上，RX 自适应虽然有增益，但因为 NR 的协议接口中不是直接定义天线数而是定义 MIMO 层数。因此增强只考虑 MIMO 层数。

RRM 的测量标准考虑对入网性能的影响，只扩展基础 NR 版本的测量间隔和相应的触发条件。

最终 NR 的终端节能技术引入了节能唤醒信号触发 DRX 自适应和跨 Slot 调度，基于 BWP 的 MIMO 层数配置，辅小区（载波）（SCell）休眠，终端辅助信息上报，以及 RRM 测量放松[3]。

触发 DRX 自适应的节能唤醒信号由专门的信道定义，主要用于唤醒信号下一个 DRX ON 周期的 PDCCH 检测。节能唤醒信号的定义基于 PDCCH 的信道结构，重用了 DCI 格式，搜索空间和控制资源集合等概念。信号的检测需要通过解调和 Polar 编解码。由于跨 Slot 调度的切换的时间颗粒度要求高于 DRX 自适应的时间粒度，因此跨 Slot 调度的触发不在唤醒信号中传输。节能唤醒信号所触发的 DRX 自适应在高层执行相应的过程，包括 MAC 的实体过程。

跨 Slot 调度的触发由 PDCCH 调度 DCI 里面增加的触发域来实现。PDCCH 的触发可以达到动态地跨 Slot 和非跨 Slot 调度的转换，以保证迅速适应即时的不同的数据业务时延和节能的需求。

NR 的基础技术仅支持基于 Cell 级别的数据 MIMO 层数配置。引入新的基于 BWP 层的 MIMO 层数配置，可以保障终端在切换到某一 BWP 时，接收较少层数的数据。在终端实现侧，则可以用较少的接收天线数接收该 BWP。

高层引入标准化机制使得终端上报转移出 RRC_CONNECTED 态的终端优选的期待参数。

高层还引入机制使得终端可以上报期待的 C-DRX、BWP 和 SCell 配置。对这些配置而言，不同的配置值与终端侧的状态和终端硬件实现相关。不同终端的上报，可以更好地让基站配置合理的节能参数。

高层引入 RRM 测量放松主要限于 RRC_IDLE/INACTIVE 态。参数包括更长的测量间隔、减少的测量小区、减少的测量载波。测量放松的触发条件时基于终端处在非小区边缘，固定位置或低移动性状态。高层定义相应的一些条件和阈值来判断这些终端状态。

辅小区（载波）增强的方案在载波聚合增强的框架中引入，主要是触发辅小区（载波）休眠。辅小区（载波）休眠可在 DRX 周期前，也就是非激活时间，通过节能唤醒信号触发。辅小区（载波）休眠也可通过激活时间中的 PDCCH 特定域来触发。

本章下面的内容逐一介绍 NRR16 中具体采纳和标准化的节能技术。

19.2　节能唤醒信号设计及其对 DRX 的影响

19.2.1　节能唤醒信号的技术原理

由前面的分析可知，由于终端处于连接态的能耗占 NR 终端能耗的绝大部分，因此 R16 节能唤醒信号也是用于终端处于 RRC 连接状态时的节能。

传统的终端节能机制主要为 DRX。当配置 DRX 时，终端在 DRX ON Duration 检测 PDCCH，若 ON Duration 期间收到数据调度，则终端基于 DRX 定时器的控制持续检测 PDCCH 直至数据传输完毕；否则若终端在 DRX ON Duration 未收到数据调度，则终端进入 DRX（非连续接收）以实现节能。可见，DRX 是一种以 DRX 周期为时间颗粒度的节能控制机制，因此不能实现最优化功耗控制。例如，即使终端没有数据调度，终端在周期性启动 DRX ON Duration 定时器运行期间也要检测 PDCCH，因此依然存在功率浪费的情况。

为了实现终端进一步的节能，NR 节能增强引入了节能唤醒信号。标准化的节能唤醒信号与 DRX 机制结合使用。其具体的技术原理是，终端在 DRX ON Duration 之前接收节能唤醒信号的指示。如图 19-6 所示，当终端在一个 DRX 周期有数据传输时，节能唤醒信号“唤醒”终端，以在 DRX ON Duration 期间检测 PDCCH；否则，当终端在一个 DRX 周期没有数据传输时，节能唤醒信号不“唤醒”终端，终端在 DRX ON Duration 期间不需要检测 PDCCH。相比现有 DRX 机制，在终端没有数据传输时，终端可省略 DRX ON Duration 期间 PDCCH 检测，从而实现节能。终端在 DRX ON Duration 之前的时间被称为非激活时间。终端在 DRX ON Duration 的时间被称为激活时间。

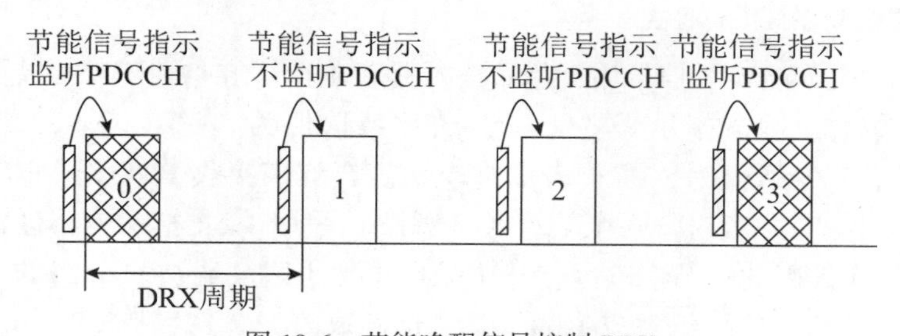

图 19-6　节能唤醒信号控制 DRX

此外，当终端工作于载波聚合模式或双连接模式时，由于终端业务负载量随着时间的波动，终端传输数据的所使用的载波数目的需求也是变化的。然而，目前终端只能通过 RRC 配置/重配置或 MAC CE 激活载波或去激活载波的方式来改变传输数据的载波数目，由于 RRC 配置/重配置或 MAC CE 的方式所需的生效时间较长，通常不能及时地匹配终端的业务需求的变化。因此导致的结果是：要么是激活的载波数目较少，在终端需要传输数据时再激活更多的辅载波，从而导致数据传输时延增大；要么激活的载波数目较多，在终端传输数据较少时不能及时去激活载波导致功耗的浪费。

为了实现频率域快速的调节以实现终端的节能，3GPP 讨论引入辅小区（载波）休眠功能。所谓的辅小区（载波）休眠功能是指当终端没有数据传输时，终端的部分辅小区（载波）还可以保持“激活”状态，但终端将在这些载波上切换至休眠 BWP，终端在休眠 BWP 上不需要检测 PDCCH，也不需要接收 PDSCH。载波休眠和休眠 BWP 的切换机制在 19.5 节有完整的描述。

节能唤醒信号可指示辅小区（载波）休眠。而且，节能唤醒信号实现了动态的发送，其生效时延相比在 LTE 中的 RRC 配置/重配置或 MAC CE 的方式时延可缩减，因此实现了终端功耗的及时精确控制。

19.2.2 R16 采用的节能唤醒信号

节能唤醒信号可以采用序列的形式，也可以采用 PDCCH DCI。采用序列的形式作为节能唤醒信号时，终端可以使用相关检测的方式接收节能唤醒信号，且序列信号的接收对同步的要求一般较低，不需终端在接收节能唤醒信号之前预先同步，因此从终端产品实现和节能效果上看，序列的形式有明显的优势。相比序列的形式，采用 PDCCH 的形式作为节能唤醒信号，在信号接收、检测等方面更加复杂。首先，PDCCH 的解调涉及信道估计、信道均衡以及 Polar 译码等操作；其次，可能存在多个 PDCCH 检测时刻，每一个 PDCCH 检测时刻终端需要检测多个 PDCCH Candidate 以及多个聚合等级 AL；最后，在检测 PDCCH 之前，要求终端实现足够的时频同步精度，因此终端需要提前接收同步信号块 SSB 实现同步。

另外，采用序列的形式也有其缺点，序列可承载的信息比特较少，例如，1 bit 信息需要两种不同的序列来承载，N bit 信息需要 2^N 个不同的序列来分别承载。因此，当节能唤醒信号需要承载的信息比特较多时，终端需要检测更多的序列。而 PDCCH DCI 则可以承载较多的信息比特。从标准化角度而言，序列形式需要更多的标准化工作，包括序列的选取，不同终端、不同小区、不同的信息比特的序列如何设计等；而 PDCCH 则有较成熟的设计，标准化影响较小。

3GPP 权衡上述因素，最终选择了以 PDCCH 结构作为节能唤醒信号。

1. 节能唤醒信号的 DCI 格式

如前一节所述，节能唤醒信号用于指示终端是否唤醒以接收 PDCCH 以及指示终端辅小区（载波）休眠操作。唤醒指示需要 1 bit，若比特取值为“1”，表示终端需要醒来接收 PDCCH；否则，若比特取值为“0”，表示终端不需要醒来接收 PDCCH。NR 终端最多可配置 15 个辅小区（载波）。若对每一个辅小区（载波）采用 1 bit 指示辅小区休眠，则最多需要 15 bit，开销较大。因此，节能唤醒信号中采用了辅小区（载波）分组的方法，将辅小区（载波）分成最多 5 组，每一组对应 1 bit。若该比特取值为“1”，则对应的所有辅小区（载波）应工作于非休眠 BWP，即若辅小区（载波）在节能唤醒信号指示之前，若处于非休眠 BWP，则该辅小区（载波）保持工作在非休眠 BWP；若处于休眠 BWP，则该辅小区（载波）需要切换至非休眠 BWP。类似地，若该比特取值为“0”，则对应的所有辅小区（载波）应工作于休眠 BWP。需要说明的是，如 19.5 节所述，在激活时间内还有其他 DCI 格式触发辅小区（载波）的休眠。节能唤醒信号的辅助小区（载波）分组与激活时间内的辅助小区（载波）分组是独立配置的。

因此，在节能唤醒信号中，单个用户所需的比特数目为最多 6 个。其中包括 1 个唤醒指示比特和最多 5 个辅小区休眠指示比特。接下来，需要解决用户的节能指示比特在 DCI 中如何承载的问题。显然，一条 DCI 若仅允许携带单用户的节能指示比特，则传输效率较低，首先 DCI 自身需要 24 bit 的 CRC 校验位，其次在比特数目小于 12 bit 时，Polar 编码的效率较低。因此，应允许节能唤醒信号携带多个用户的指示比特以提升资源使用效率。如图 19-7 所示，网络通知每一个用户的节能指示比特在 DCI 中的起始位置，而单用户的比特数目可通过配置的辅小区（载波）分组数目隐式得到［唤醒指示比特一定出现，辅小区（载波）休眠指示比特数目可以为 0］。进一步地，网络还会通知终端 DCI 的总比特数目以及加扰 PDCCH 的 PS-RNTI。节能唤醒信号采用的 DCI 格式为 2_6。

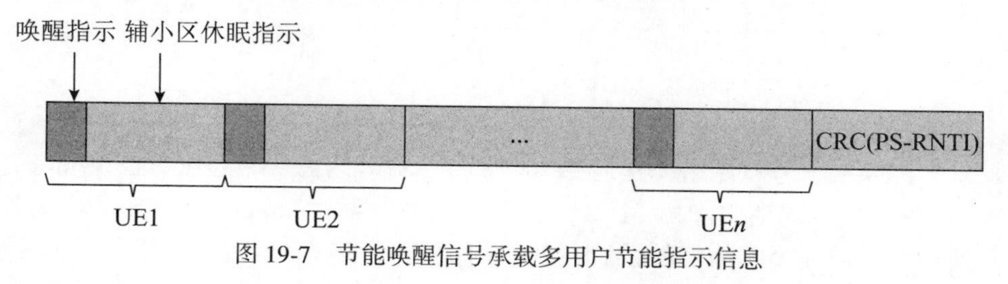

图 19-7　节能唤醒信号承载多用户节能指示信息

2. 节能唤醒信号的检测位置

与其他 PDCCH 一样，作为节能唤醒信号的 PDCCH 也是在配置的 PDCCH 搜索空间中检测的。为了支持节能唤醒信号的多波束传输，节能唤醒信号 PDCCH 最多可以支持 3 个 PDCCH CORESET，且 PDCCH CORESET 沿用 R15 PDCCH 的 MAC CE 更新机制。为了减少和控制终端功耗，节能唤醒信号 PDCCH 使用的聚合等级以及每一个聚合等级所对应的 PDCCH 候选位置数量均是可配的。

3GPP 对于节能唤醒信号的检测位置的确定进行了较为详细的讨论。涉及的首要问题是节能唤醒信号检测的起始位置。由于节能唤醒信号位于 DRX ON Duration 之前，因此节能唤醒信号检测的起始位置可由一个相对于 DRX ON Duration 起始位置的一个时间偏移 PS-offset 得到，然而在标准讨论中，有如下两种方式获得 PS-offset。

- 方式 1：时间偏移 PS-offset 采用显式信令配置。
- 方式 2：时间偏移 PS-offset 由 PDCCH 搜索空间的配置得到。

方式 1 是网络直接配置一个时间偏移 PS-offset。方式 2 网络不需要显式配置，而是通过配置 PDCCH 搜索空间来隐式获得时间偏移 PS-offset。例如，在配置 PDCCH 搜索空间后，可以将在 DRX ON 之前且距离 DRX ON 最近的 PDCCH 检测位置作为 PDCCH 的检测位置，或者将 PDCCH 搜索空间的周期配置与 DRX 的周期相同，并设置合理 PDCCH 搜索空间的时间偏移，使得 PDCCH 检测位置位于 DRX ON 之前。两种方式均可以得到合适的 PDCCH 检测位置，然而方式 2 由于现有协议支持的 PDCCH 周期与 DRX 周期的数值范围不匹配，最终从易于标准化的角度，选择了方式 1，即采用显式信令配置时间偏移 PS-offset。

在确定了 PDCCH 检测位置的起点之后，还需要进一步确定 PDCCH 检测的终点，PDCCH 检测的终点是由终端的设备能力所确定的。终端在 DRX ON 之前的最小时间间隔内需要执行设备唤醒以及唤醒后的初始化等操作，因此，在 DRX ON 之前的最小时间间隔内终端不需要检测节能唤醒信号。处理速度较快的终端，可以使用较短的最小时间间隔，见表 19-4 中值 1，而处理速度较慢的终端，需要使用较长的最小时间间隔，见表 19-4 中值 2。

表 19-4 最小时间间隔

子载波间隔/kHz	最小时间间隔（slots）	
	值 1	值 2
15	1	3
30	1	6
60	1	12
120	2	24

因此，节能唤醒信号以网络配置的 PS-offset 指示的时间位置为起点，在该起点后一个完整的 PDCCH 搜索空间周期内（由 PDCCH 搜索空间的参数“duration”定义）检测节能唤醒信号，且所检测的节能唤醒信号的位置在最小时间间隔所对应的时间段之前。如图 19-8 所示，终端检测虚线框所标示的节能唤醒信号的时间位置。

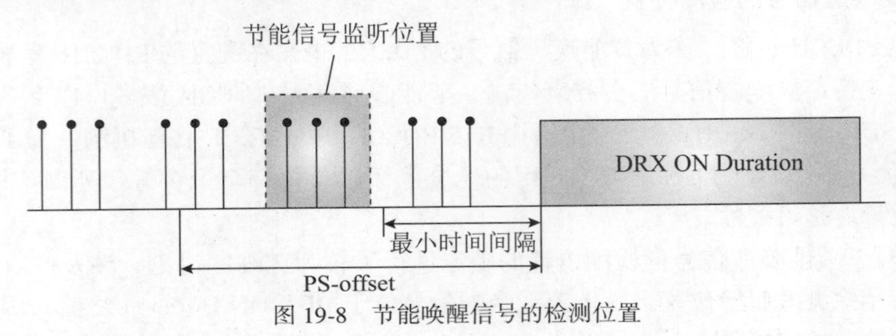

图 19-8 节能唤醒信号的检测位置

3. 是否应用于 short DRX

标准化讨论过程中一个重要的问题是节能唤醒信号是否既可应用于 long DRX 又可应用于 short DRX，还是仅能应用于其中一种。long DRX 具有较长的 DRX 周期，一般也可配置较长的 DRX ON Duration，因此节能唤醒信号应用于 long DRX 可产生更明显的节能增益；此外，long DRX 有规律的周期性，有利于将具有相同周期的多个用户的节能唤醒信号复用在同一个 DCI 中，从而有效节省节能唤醒信号的开销。因此，节能唤醒信号可应用于 long DRX。

然而，各公司对于节能唤醒信号是否应用于 short DRX 产生了较大分歧。一方面，支持 short DRX 的公司认为，short DRX 也可配置较大的 DRX 周期，因此在这些情况下节能唤醒信号可带来进一步的节能增益。另一方面，反对支持 short DRX 的公司的观点为 short DRX 一般周期较短，本身已经可实现较好的节能，进一步使用节能唤醒信号带来的增量节能效果不明显；且 short DRX 基于随机到达的数据调度触发，因此 short DRX 在时间上并不总是周期性出现，导致多个用户的节能唤醒信号很难复用。

最终，经过反复讨论，3GPP 确定 R16 仅支持节能唤醒信号应用于 long DRX。该结论的达成主要驱动自物理层设计节能唤醒信号的考虑，并不是高层配置的原因。

4. DRX 激活时间期间是否检测

节能唤醒信号周期性配置于 DRX ON Duration 之前，因此一般情况下终端在 DRX 激活时间之外检测节能唤醒信号。但也存在一些情况，如在 DRX 周期内有持续的数据调度，因此即使 DRX ON Duration 定时器超时，但终端可能已经启动了 DRX-inactivity 定时器，且随着数据的持续调度，在下一个 DRX ON 之前的节能唤醒信号检测的时间位置 DRX-inactivity 定时器依然在运行，即终端还处于 DRX 激活时间。此时，需要规定终端是否在激活时间期间还需要检测节能唤醒信号。

考虑到终端在 DRX active 期间还可能有数据传输，此时 DRX-inactivity 定时器已经可以有效控制终端是否需要继续检测 PDCCH。因此进一步采用节能唤醒信号进行 PDCCH 检测控制的必要性不大。因此，最终 3GPP 确定终端不需要在 DRX 激活时间期间检测节能唤醒信号。

5. 节能唤醒信号的检测与响应

基于节能唤醒信号的配置，终端接收和检测节能唤醒信号，当终端检测到节能唤醒信号时，终端基于节能唤醒信号中终端对应的比特的指示确定是否唤醒并监测 PDCCH 的操作。例如，终端检测到唤醒指示的比特取值为“1”，则终端的底层向高层发送启动 DRX On-duration timer 的指示，终端 MAC 层收到指示后启动 DRX On-duration timer，终端在 timer 运行期间检测 PDCCH；否则，终端检测到唤醒指示的比特取值为“0”，则终端的底层向高层发送不启动 DRX On-duration timer 的指示，终端 MAC 层收到指示后不启动 DRX On-duration timer，进而终端不检测 PDCCH。

但也存在一些情况，让终端不检测节能唤醒信号。这些情况在下一节有具体的定义。此时，终端物理层应反馈给 MAC 层回退到传统的 DRX 方式，即正常启动 DRX On-duration timer 以进行 PDCCH 检测。

还有一些异常情况会导致终端检测不到信号。例如，由于信道的突然恶化，控制信道的误块率等原因导致终端漏检节能唤醒信号；或者由于网络瞬时负载过大没有多余的 PDCCH 资源从而不能发送节能唤醒信号。这些情况下，终端是否启动 DRX On-duration timer 以进行 PDCCH 检测是由高层信令配置确定，具体的配置见下一节。

19.2.3　节能唤醒信号对 DRX 的作用

节能唤醒信号的主要作用是指示终端是否唤醒，在随后的 DRX 周期正常启动 DRX On-duration timer，从而使得终端可以检测 PDCCH[13]。也就是说，节能唤醒信号主要影响 DRX On-duration timer 的启动状态。除了 DRX On-duration timer，节能唤醒信号对其他的定时器的操作都没有影响。因此，节能唤醒信号必须与 DRX 结合使用的。只有配置了 DRX 功能的终端才能配置唤醒信号。

在标准化讨论初期，对于使用节能唤醒信号唤醒终端的方法有以下两种方案[14]。

- 方案 1：终端根据是否收到节能唤醒信号来决定是否唤醒。也就是说，如果终端在 DRX On-duration timer 启动时刻之前收到了节能唤醒信号，则终端在随后的 DRX 周期正常启动 DRX On-duration timer；否则，终端在随后的 DRX 周期不启动 DRX On-duration timer。
- 方案 2：终端根据收到的节能唤醒信号中的显式指示来决定是否唤醒。也就是说，如果终端在 DRX On-duration timer 启动时刻之前收到了节能唤醒信号并且该节能唤醒信号指示终端唤醒，则终端在随后的 DRX 周期正常启动 DRX On-duration timer；如果终端在 DRX On-duration timer 启动时刻之前收到了节能唤醒信号并且该节能唤醒信号指示终端不唤醒，终端在随后的 DRX 周期不启动 DRX On-duration timer。

由于节能唤醒信号是基于 PDCCH 设计的，存在一定的漏检概率，在终端漏检节能唤醒信号的情况下，方案 1 可能会导致终端进一步漏检随后网络发送的调度信令。也就是说，如果网络给终端发送了节能唤醒信号但终端没有检测到该节能唤醒信号，此时终端的行为是在随后的 DRX 周期不启动 DRX On-duration timer，即终端在 DRX 持续期间不检测 PDCCH。那么，网络在该 DRX 持续期间调度了终端，终端是收不到网络发送的指示调度的 PDCCH 的，从而影响了调度性能。此外，从节省 PDCCH 资源开销的角度考虑，节能唤醒信号可以是基于单个终端发送的，也可以是基于终端分组发送的，对于基于终端分组发送节能唤醒信号的情况，位于同一个分组的不同终端的唤醒需求有可能是不同的，而方案 1 无法实现针对同一个分组多个终端网络唤醒其中一部分终端同时不唤醒其他终端的功能。考虑到上述两方面的原因，最终采纳了方案 2。

与本节后面列出的节能唤醒信号不进行检测的几种情况不同，如果终端进行了检测但是没有检测到节能唤醒信号，终端的“缺省”行为是由高层配置的。其处理方式为：如果终端在 DRX On-duration timer 启动时刻之前没有检测到节能唤醒信号，则终端在随后的 DRX 周期是否启动 DRX On-duration timer 的行为由网络配置。如果网络没有配置终端行为，则针对这种情况终端的默认行为是在随后的 DRX 周期不启动 DRX On-duration timer。

如 19.2.2 节所述，在时域上，终端在位于 DRX On-duration timer 启动时刻之前的一段时间内检测节能唤醒信号。在高层配置上，网络给终端节能唤醒信号配置了一个相对于 DRX On-duration timer 启动时刻的最大时间偏移。同时，终端根据自己的处理能力向网络上报其对于节能唤醒信号的检测时刻相对于 DRX On-duration timer 启动时刻的最小时间偏移。根据这样的配置，终端就可以在距离 DRX On-duration timer 启动时刻之前的最大时间偏移和最小时间偏移之间的时间内检测节能唤醒信号，如图 19-9 所示。在频域上，节能唤醒信号基于 MAC 实体进行配置，且作用于对应的 MAC 实体。并且，终端只能被配置在 PCell 和 PSCell 上检测节能唤醒信号。

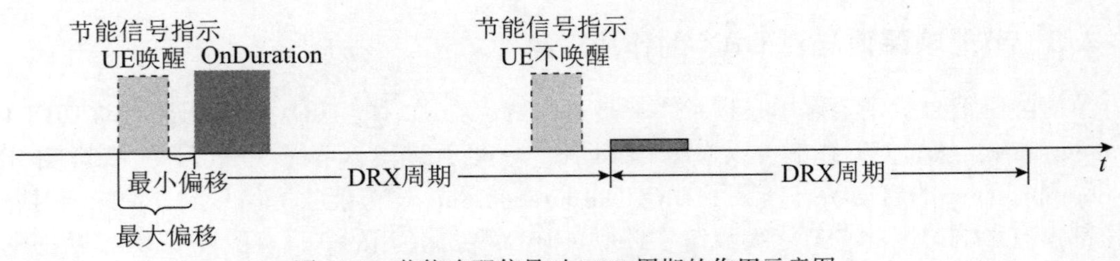

图 19-9　节能唤醒信号对 DRX 周期的作用示意图

此外，规定了以下 3 种终端不检测节能唤醒信号的场景。

- 节能唤醒信号的检测时机处于 DRX 激活期。
- 节能唤醒信号的检测时机处于测量间隔期间。
- 节能唤醒信号的检测时机处于 BWP 切换期间。

如果终端没有检测节能唤醒信号，则终端在随后的 DRX 周期正常启动 DRX On-duration timer。

在 NR R15 标准中，对于配置了 DRX 功能的终端，终端只在 DRX 激活期发送周期/半持续 SRS 和周期/半持续 CSI 上报，以达到终端节电的目的。终端发送 SRS 是为了便于网络对终端进行上行信号估计和实现上行频选性调度。终端向网络上报 CSI：一方面是为了便于网络对终端进行下行频选性调度，另一方面是网络对波束管理的需求。在 R15 标准中，对于配置了 DRX 功能的终端，由于终端会周期性的启动 DRX On-duration timer 从而进入 DRX 激活期，这样网络可以通过配置合适的 CSI 上报周期使得终端能够在每个 DRX 周期都可以向网络上报周期 CSI。在引入节能唤醒信号后，如果终端在持续相当长一段时间内都没有上下行业务的需求，则网络有可能在这段时间内都不唤醒该终端，从而使得终端长时间地都处于 DRX 非激活期。如果终端在这段时间内都一直不上报 CSI，则可能导致网络不能很好地监测终端的波束质量，严重时会导致终端波束失败。考虑到终端节电需求和网络波束管理需求的折中，在由于节能唤醒信号导致终端本该启动但没有启动 DRX On-duration timer 的期间，终端是否上报周期 CSI 的行为可以由网络配置决定。

19.3　跨 Slot 调度技术

19.3.1　跨 Slot 调度的技术原理

跨 Slot 调度是一种时域自适应，在广义上与 DRX 自适应同属于一大类。所不同的是，跨 Slot 调度将调度 PDCCH 和被调度的 PDSCH/PUSCH，在时域上用一个偏移隔离开，可以在终端处理上的规避重叠的时间。NR 的基础技术的支持 PDCCH 和被调度的 PDSCH/PUSCH 配置以 Slot 为单位的偏移 K_0/K_2。

当被调度的 PDSCH/PUSCH 和调度 PDCCH 在同一个 Slot 中时，即为本 Slot 调度。对本 Slot 的调度会导致接收方的控制信道和数据信道解调上的时间重叠。如图 19-10 所示，由于接收方在解调控制信道时，并不知道这一次是否有被调度到的数据。因此，需要在控制信道后面几个符号存储整个 BWP 带宽的信号或者样点。只有当解码出了 PDCCH 中的自己的 PDSCH 调度信息，才能知道 PDSCH 在 BWP 中占据的 RB 进行解调。

当被调度的 PDSCH/PUSCH 和调度 PDCCH 在不同的 Slot 中时，则是跨 Slot 调度。跨 Slot 的调度很好地规避了接收方的控制信道和数据信道解调上的时间重叠。如图 19-10 所示，因为偏移足够长，解调控制信道时间内不需要去接收数据。因此，终端不必缓冲存储整个 BWP 带宽的信号或者样点。在控制和数据信道的间隔时间内，终端可以极大简化处理，还可以关断射频模块达到微睡眠或轻度睡眠的能耗状态。

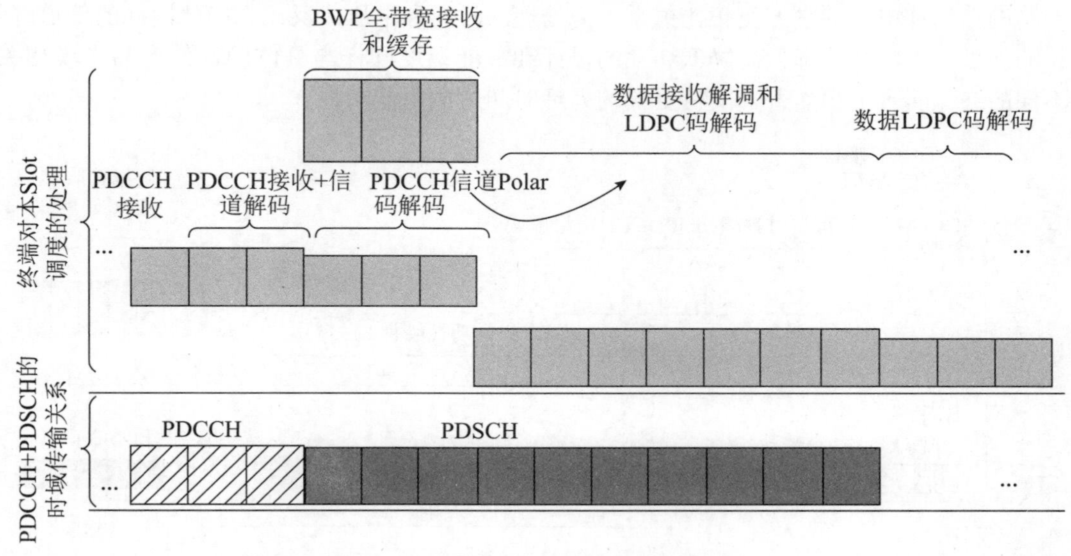

图 19-10　本 Slot 调度的功耗比例和时间分布示意图

在更极端的 PDCCH 和 PDSCH 频域复用的配置时，从 Slot 里第一个符号开始终端就需要缓存整个 BWP。此时的不必要的功耗将更多。

对于典型的数据服务，只有一少部分 Slot 会发生调度。实测的网络中，PDCCH 连续发生调度的 Slot 只占总子帧数的 20%左右。然而对于本 Slot 调度，即使 Slot 里面没有数据调度，终端也必须在控制信道的时域位置后做一些 BWP 缓存的后处理。所以，从统计上看本 Slot 调度对终端的平均功耗有较大的影响。

但是相较于图 19-10，在图 19-11 的跨 Slot 调度的情况下，不必要的后处理功耗将会被优化掉。

尽管对于不同的终端硬件实现，后处理的占用时间可能会不同。但是，终端和芯片公司普遍认为基本上近一个 Slot 的间隔足够完成。如图 19-11 所示，处理同样的数据量，跨 Slot 方式可以带来关闭 RF 及避免缓存。但是会带来一个 Slot 的额外时延。

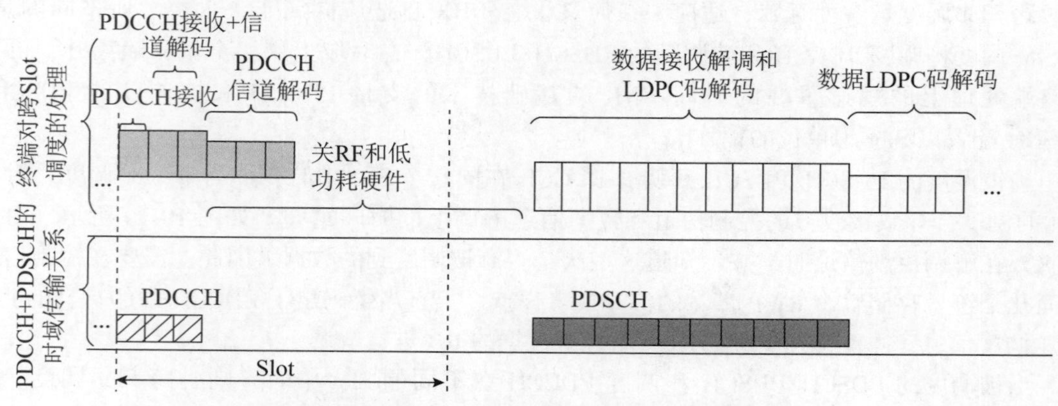

图 19-11　跨 Slot 调度 $K_0 = 1$ 的功耗比例和时间分布示意图

然而，Slot 偏移数大于 1 时，终端还可以进一步地优化能耗。在关断射频的时刻，终端也可以降低硬件处理的时钟频率以及电平。由此带来更低的能耗。在图 19-12 中，演示了 $K_0 = 2$ 的优化处理。但是此时的编解码速度明显放慢，占用的处理时间也会变长。典型基带数字处理电路的功耗和电压的平方呈正比关系。但处理的时间和电压成反比。因此同样的信道解码码长的处理累积功耗会降低。降低功耗的设计和节能幅度同样与具体的硬件产品实现相关，但不同的终端实现上仍然普遍支持更长的处理时间达成更低功耗。

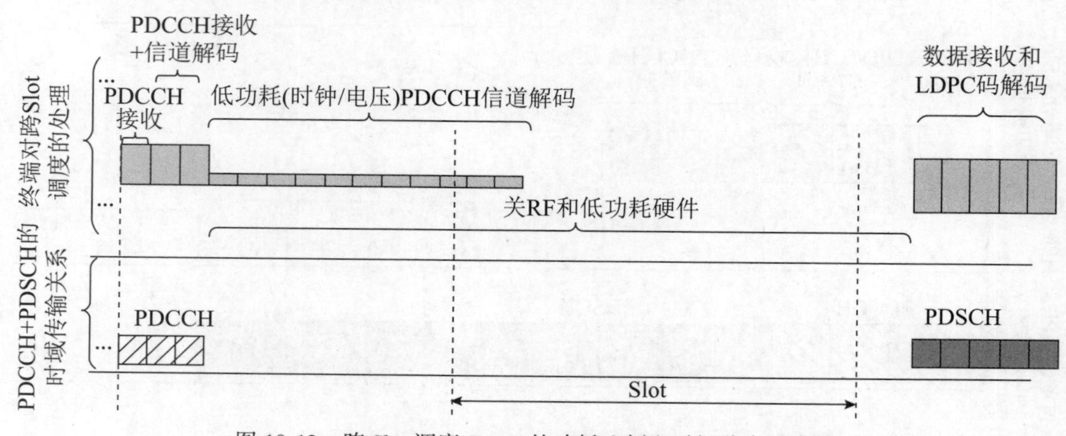

图 19-12　跨 Slot 调度 $K_0 = 2$ 的功耗比例和时间分布示意图

图 19-12 主要描述了下行数据调度的节能优化。对于上行数据，跨 slot 调度节能的考虑有所不同。主要的考虑有两个因素。与 LTE 类似，NR 的控制信道搜索空间可以独立传输上行调度 DCI 和下行调度 DCI。终端在检测控制信道完成前并不知道有调度 DCI 以及调度的类型。终端对控制 DCI 的检测部分的功耗优化处理是统一的。因为 19.1.2 节中提到可以通过调参的方式降低 DCI 解码速度，所以 K_2 需要相应地增加。而且，对于上行跨 Slot 调度，检测出控制信道后对 PUSCH 的传输块的准备过程可以单独地进行节能处理。降低上行数据的准备速度也可以优化上行数据处理模块的功耗。

基于这些原因，K_2 需要被配置成大于 1 的值，且与 K_0 分别配置。

终端的辅助上报优选的期待跨 Slot K_0/ K_2 参数也可以帮助基站去调取合适的 Slot 偏移。

19.3.2　灵活调度机制用于跨 Slot 调度

NR 的基础技术的支持 PDCCH 和被调度的 PDSCH/PUSCH 配置以 Slot 为单位的偏移 K_0/ K_2。具体偏移体现在数据信道的 TDRA（时域资源调度）表 19-5 中[20]。对于 PDSCH 和 PUSCH，都有时域资源的表项配置。其中的出于资源的灵活使用考虑，每一项 TDRA 都配置有数据映射方式 Mapping Type，时隙偏移 K_0/ K_2，时隙内开始符号 S 和符号个数 L。其中 K_0/ K_2 决定了是否是跨时调度。TDRA 可以配置多达 16 项的表项，这些参数都是独立的。调度 DCI 中，表项的 Index 就可以指示本次调度用到的时域资源调度参数，也就是数据所在的 Slot 相对控制 DCI 所在 Slot 之后偏移以及在 Slot 里面开始和结束的符号。通过配置偏移值大于 1 个 Slot 的 TDRA 项就达到了节能处理的目的。

表 19-5　TDRA 参量

Index	PDSCHMapping Type	K_0	S	L
Index	PUSCHMapping Type	K_2	S	L

由于配置非常灵活，NR 的基础技术可以给终端配置多种 TDRA 项，既包含本 Slot 调度，也包含跨 Slot 调度。此时，终端在解出 DCI 之前并不知道本次调度是跨 Slot 调度，而终端必须在每个检测 DCI 机会为本 Slot 调度做缓存 BWP 的准备。因此 NR 的跨 Slot 增强技术针对性引入了动态的 DCI 指示用户关闭或恢复所有 Slot 偏移小于某一门限值的 TDRA 项。如图 19-13，这里的最小门限，即最小 K_0 值为 1。

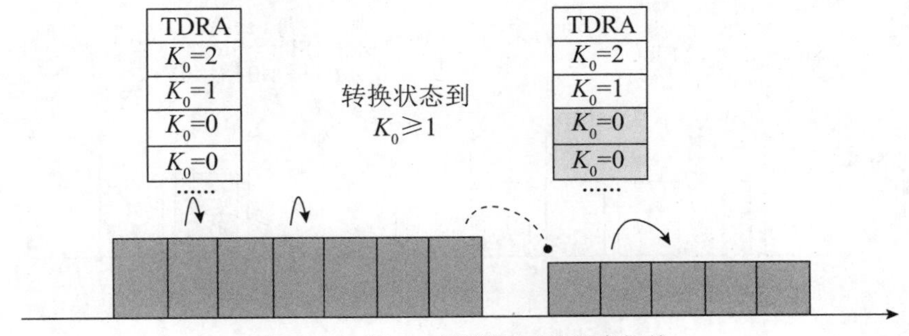

图 19-13　跨 Slot 调度不同的状态切换

仍然，对于基础的 NR 技术可以通过半静态的方法设置 PDSCH 的全部时域资源分配的 K_0>1 来达到终端进入跨时隙的处理。这种方式下，终端将半静态地进入更长的数据时延模式。这不能很好地响应变化很快的数据服务。基础的 NR 由于没有对节能专项增强，这种节能的方式归于终端的实现。也就是说，此时即使基站配置项的所有 K 值都大于 1，也不是所有的终端都能确保节能。

19. 3. 3 动态指示跨 Slot 调度的处理

NR 跨 Slot 调度的增强主要引入了动态指示跨 Slot 调度的系列处理机制。TDRA 表项的配置仍然基于 NR 的基础技术。通过动态的指示，去使能（禁用）K_0/ K_2 小于预配置值的表项。这种指示的方法兼容了 NR 基础版本的数据资源时域分配的框架。非回退的 DCI 上行调度 format 0_1 和下行调度 format 1_1 各增加一个比特域用于指示跨 Slot 调度的适用最小 K_0/ K_2 值。最小 K_0/ K_2 不同于 TDRA 中指示的 K_0/ K_2。在本文表达式中，最小 K_0/ K_2 往往记作 min K_0/min K_2。

DCI 的指示为联合指示，即指示一个根据配置确定最小 K_0 和 K_2 的组合。因为最小 K_2 包含的 PUSCH 数据准备时间是有别于最小 K_0，因此二者不必相同。当前适用的最小 K_0/ K_2 值不只适用于专用搜索空间 format 0_1 和 format 1_1，也适用于专用搜索空间的其他 DCI format。对于公共搜索空间类型 0/0A/1/2 且配置缺省 TDRA 表，波束恢复搜索空间等 DCI，不适用最小 K_0/ K_2 值而是按照本 Slot 调度的要求解码控制信道。

动态的指示方式使得在每个 Slot 都能指示切换最小 K_0/ K_2 值。当终端的数据到达率较高，基站可以立即为终端指定一个较小的最小 K_0/ K_2 值，或者不做限制而允许本 Slot 调度。当基站发现终端的数据不活跃时终端被切换到一个较大的最小 K_0/ K_2 值。

在图 19-14 中，展示了动态跨 Slot 调度切换的过程。

仍以调度 PDSCH 为例，图中的终端配置为：跨 Slot 指示状态为 1，最小 K_0 配为 1；跨 Slot 指示状态为 0，最小 K_0 配为 0。

可以看出，在每个 Slot 都能指示跨 Slot 调度转换。然而，DCI 中指示的跨 Slot 调度状态并不是立即生效，而是经过时延 x。19. 3. 4 节会详细讲解 x 的确定方法。

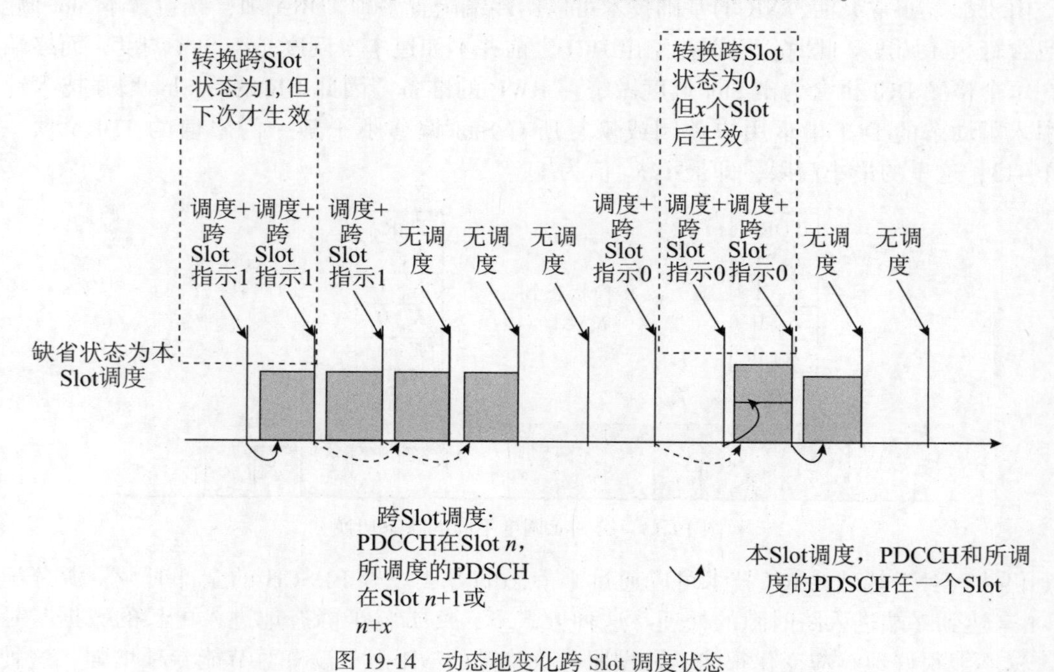

图 19-14 动态地变化跨 Slot 调度状态

19.3.4　跨 Slot 调度的作用时间机制

动态的 DCI 指示仍然会带来微小的时延。终端侧在最小 K 值较大时，控制信道的处理速度变慢，因此需要一定时间解出 DCI 里面的最小 K 值指示更新。新指示的跨 Slot 调度最小 K 参数的生效时间一般不小于一个 Slot。另一个因素是终端原有假定的最小 K 值，这个值是终端对控制信道解码的上限值。终端的射频，硬件电路也需要这个时间来调低或者调高处理能力。新指示的更新时间原则上为常量值和最小 K 值前值中取最大。

由于 NR 支持的 SCS 越大 Slot 长度越小，而控制信道的绝对处理时间并不会因为 SCS 变化而明显减小。因此最小的更新时间常量值随着 SCS 而改变。

最小 K_0/ K_2 值和 TDRA 表都是配置在被调度载波的 PDSCH/PUSCH 参数的。PDSCH/PUSCH 参数的是按照每 BWP 配置。跨 Slot 调度用于不同 SCS 间隔的载波聚合时，需要将被调度载波激活 BWP 的 K 值转换为调度载波激活 BWP 上的 K 值。其新指示更新时间的转换需要根据调度和被调度载波的 SCS 系数 u 进行。

转换的计算如下[20]：

$$\text{Max}\ [\text{ceiling}\ (\min K_{0,\text{scheduled}} \cdot 2^{\mu_{\text{scheduling}}}/2^{\mu_{\text{scheduled}}}),\ Z] \qquad (19.1)$$

表 19-6　最小常数 Z

μ	Z
0	1
1	1
2	2
3	2

其中，$\min K_{0,\text{scheduled}}$ 为被调度载波当前激活 BWP 的原最小 K_0，$\mu_{\text{scheudling}}$ 为 PDCCH 的 SCS 系数，$\mu_{\text{scheudled}}$ 为被调度 PDSCH/PUSCH 所在 BWP 的 SCS 系数。如果调度 PDCCH 为 Slot 中前 3 个符号之后，表中 Z 取值加 1。

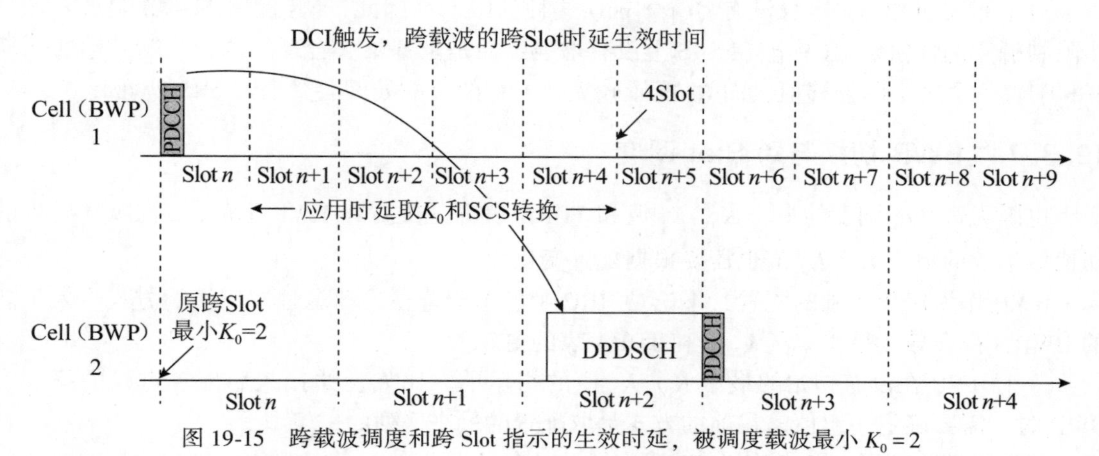

图 19-15　跨载波调度和跨 Slot 指示的生效时延，被调度载波最小 $K_0=2$

通过时延的确认机制，基站和终端可以在保持对适用最小 K_0/ K_2 值的同步。由于应用时延只体现在 PDCCH，因此只基于 K_0 计算。

19.3.5 跨 Slot 调度的错误处理

尽管有了跨 Slot 更新的时延确认，但由于基站和终端的收发处理，终端不可避免地收到不正确的 DCI 时域调度指示而丢弃 DCI。网络中的控制信道的误块率控制在 1%的水平。动态信令的丢失会导致不正确指示。一种典型的情况就是基站在更新跨 Slot 时延指示时，第一次的更新指示终端没有正确地收到。基站在后面的 Slot 继续发调度 DCI，而 DCI 里面的跨 Slot 指示域将继续保持指示。因此，终端理解的跨 Slot 更新时间会晚于基站的更新时间。由于存在各种基站和终端理解不一致的情况，有必要对其引入错误处理机制。主要的机制有两种。

第一种是当收到的 DCI 调度中的 PDSCH/PUSCH 的 K_0/ K_2 值小于当前跨 Slot 调度适用的最小 K_0/ K_2 值时，终端可以不对数据进行处理。此时终端可能处于射频关断状态，无法按照指定的时间响应。引入这样的处理机制，也可以帮助基站通过终端的响应来判断是否发生了不一致[21]。

第二种主要机制如前面的典型例子所述，终端可能出现连续多次丢失控制信道的情况，或者调度 Slot 间隔可能较长，这种情况下终端可能会在一定时间内收到相反的跨 Slot 指示。针对这些情况，终端可以不对跨 Slot 更新时延内的再次更新做出响应[21]。

19.3.6 跨 Slot 调度对上下行测量的影响

跨 Slot 调度节能是基于不同信号的收发间隔。除了 PDCCH/PDSCH/PUSCH 外，一些测量带来的信号收发也需要考虑。非周期的下行测量 RS 和上行 SRS 都是由下行控制 DCI 触发的。终端在确保 PDSCH 的偏移，也需要保证可能非周期触发的下行测量 RS 也在偏移之后。所触发的 SRS 发送不能早于 PUSCH。

NR 的基础版本对下行测量做了一些限制，即 CSI-RS 的偏移是由其资源配置的非周期触发偏移所决定。但是当测量的 DCI 触发状态中不包括 QCL-typeD 时，CSI 的触发偏移固定为 0。这会导致终端无法进行节能处理。增强的跨 Slot 调度也对 CSI-RS 偏移做了限制，如果配置了最小 K_0/ K_2 值，还是根据配置触发偏移，而不是本 Slot。

对于非周期 SRS，本身没有 QCL-typeD 这种的限制。因此，NR 的跨 Slot 节能没有进一步限制触发偏移值。NR 标准在 SRS 上没有增强，而是由基站去合理配置。当基站给非周期 SRS 配置一个过小的偏移值，而 K_2 配置较大，上行的节能处理会受限于 SRS 处理。

19.3.7 BWP 切换与跨 Slot 调度

也因为跨 Slot 调度的最小 K_0/ K_2 值和 TDRA 表都是配置在 BWP 上的，当 BWP 发生的切换所生效的最小 K_0/ K_2 值也需要根据配置变化。

BWP 作为比较基础的配置，不论是 RRC 半静态配置还是动态触发切换的方式生效了新的 BWP，都会导致最小 K_0/ K_2 值和 TDRA 表的更新。

一个 BWP 在没有初始的最小 K_0/ K_2 值的指示前，比如初始接入后配置进入的第一个 BWP 时，需要确定一组值。目前的方式是取配置的最小序列的一组。

如果终端收到了 DCI 既有 BWP 切换指示又有最小 K_0/ K_2 值的指示，则需要同时考虑两个问题：①原来的 BWP 上的最小 K_0/ K_2 值的状态如何保持，新的 BWP 的 SCS 系数不同时需要相应的转换。而且对这个状态也应该满足一定的时延，且考虑 BWP 的 SCS 系数转换。

②新的 BWP 上的最小 K_0/ K_2 值的配置组合独立于原 BWP。DCI 中发送的最小 K_0/ K_2 指示，应该根据新 BWP 上的配置上有对应指示（见图 19-16）。

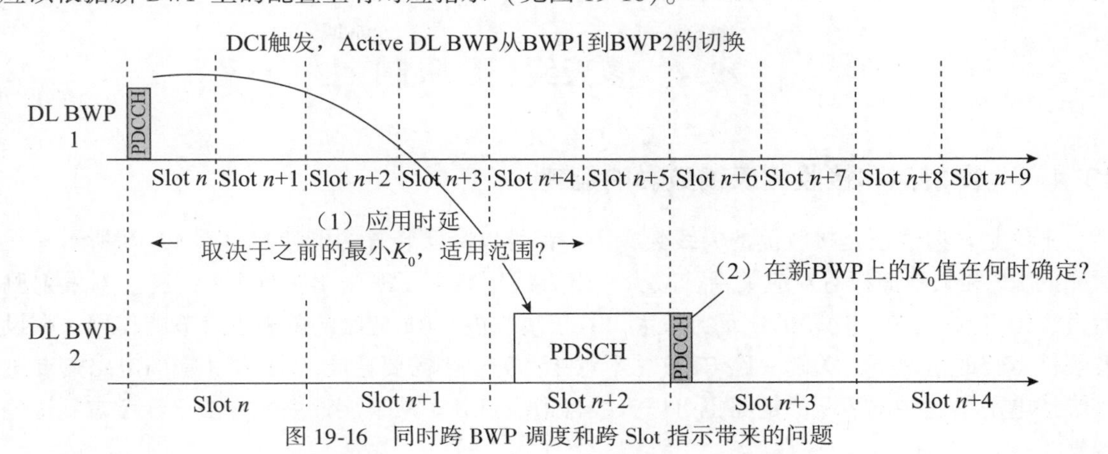

图 19-16　同时跨 BWP 调度和跨 Slot 指示带来的问题

对于这两个问题，需要适当地转换处理。对于问题①，NR 跨 Slot 调度利用了 DL（UL）BWP 转换的时延中间不能有新的 DL（UL）接收（发送）。由 DCI 触发的 BWP 转换 4.3 节可知，这是为了规避 BWP 参数的不确定期的处理。NR 跨 Slot 调度只定义了触发 BWP 切换的这个 DCI 调度需要满足其调度数据的偏移时间不小现有的基于原 BWP 的 SCS 和最小 K 值计算的偏移时间。也就是满足：

- 下行调度中的时域资源分配的 $K_0 \geqslant \text{ceiling}\left(\min K_{0,\text{scheduling}} \cdot 2^{\mu_{\text{scheduled}}}/2^{\mu_{\text{scheduling}}}\right)$。其中，$\min K_{0,\text{scheduling}}$ 为调度 BWP 所指定的原最小 K_0，$\mu_{\text{scheduling}}$ 为 PDCCH 的 SCS 系数，$\mu_{\text{scheduled}}$ 为被调度 PDSCH 的 SCS 系数；
- 上行调度中的时域资源分配的 $K_2 \geqslant \text{ceiling}\left(\min K_{2,\text{scheduling}} \cdot 2^{\mu_{\text{scheduled}}}/2^{\mu_{\text{scheduling}}}\right)$。其中，$\min K_{2,\text{scheduling}}$ 为调度 BWP 所指定的原最小 K_0，$\mu_{\text{scheudling}}$ 为 PDCCH 的 SCS 系数，$\mu_{\text{scheudled}}$ 为被调度 PUSCH 的 SCS 系数。

对于问题②，NR 跨 Slot 调度规定了新的 K_0（K_2）值基于新 BWP 的配置和 SCS，在被调度的 PDSCH（PUSCH）之后开始。这同样利用了 BWP 切换时间内不需要收发的特征，具体可参考第 4 章。

如图 19-17 所示，标准引入约束条件解决问题①和问题②。

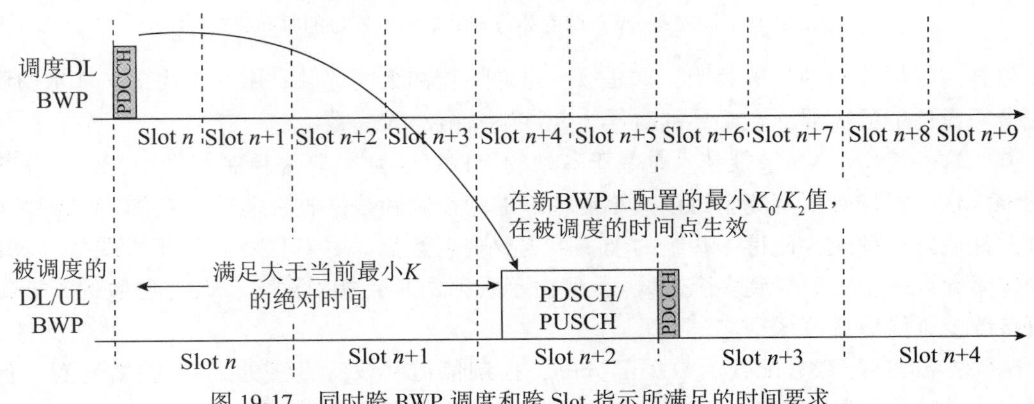

图 19-17　同时跨 BWP 调度和跨 Slot 指示所满足的时间要求

一种比较少见的情况是当 DCI 指示跨 Slot 调度之后，另外有一个 DCI 指示了调度载波上的 BWP 转换并改变了 SCS。此时定义的应用时延仅仅基于 *K* 值确定就不够了。NR 跨 Slot 调度等同于以时间单位定义应用时延，所以其处理可以涵盖到这种情况。

19.4 多天线层数限制

19.4.1 发射侧和接收侧天线数影响能耗

不论是发射侧还是接收侧的天线数减小，都可以降低装置的能耗。由图 19-18 所示，发射侧的 RF 和天线面板有对应关系，减少一组天线则减少了对应 RF 的功率消耗。对发射侧而言，RF 包含功放，功耗的比重比较大。对于接收侧，RF 链路的关断也有节能作用。在设备硬件运转的情况下，关闭一路 RF，并不意味着完全不需要耗能。RF 和相应的电路需要进入维持电平。这些不活跃的链路也可以天线自适应打开。从节能评估的方法已经考虑到这些因素。

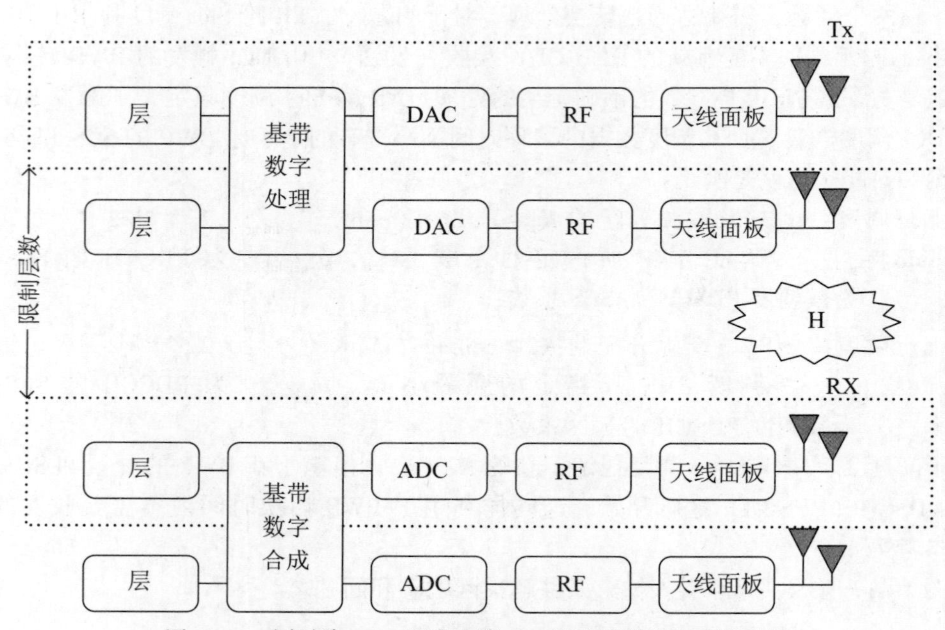

图 19-18　同时跨 BWP 调度和跨 Slot 指示所满足的时间要求

另外，根据前面的分析表明，这是以一定的性能和无线资源利用率为代价。基站的调度会充分考虑性能的需要，在必要的时候才允许终端减小天线数。

基于这些考虑，NR 节能技术是基于基站的 MIMO 层数限制来控制终端节能的。从终端侧的 MIMO 收发层数限制完全可以减小能耗终端的控制和数据收发能耗。在图 19-18 中可以看到，让收发层数减少使得一些组的天线不需要映射数据。尽管层数不等于天线数（NR 技术的框架允许一个层映射到多个天线），但由于映射的关系相对固定，改变层数的节能效果和直接改变天线数没有区别。

NR 的 MIMO 层数是配置给数据部分的，控制信道并没有直接的天线/层数配置。但是控制信道的接收层数在实现中可以根据关联的数据层数调整[9]。

NR 的基础版本主要支持半静态的 MIMO 层数配置。下行最大 MIMO 层数通过参数

PDSCH-ServingCellConfig 配置到小区。NR 的基础版本对下行最大 MIMO 层数的改变只能通过高层的重配完成。由于重配的开销大，周期长，实际上重配对无法让终端自适应节能。NR 的节能增强则利用 BWP 的框架，引入最大的 MIMO 层数配置到 BWP。BWP 的动态切换达成 NR MIMO 层数自适应节能。

19.4.2 下行 MIMO 层数限制

如上所述，下行 MIMO 层数限制需要延伸到 BWP 的配置框架。解决的方式是配置在每个 BWP 上的 PDSCH-Config 中增加 maxMIMO-Layers-r16 参数。如果每个 BWP 配置不同的 MIMO 最大层数，节能 BWP 配置较少的最大层数而性能 BWP 配置较多的最大层数。通过 BWP 的切换得到层数的变化。其中，DCI 触发的 BWP 切换可以达成动态的层数切换。

上述每 BWP 最大层数的限制会带来和每小区（载波）的最大层数的兼容问题。

一方面，当配置了 BWP 最大层数时，不能超过小区上的最大层数。在没有配置 BWP 上最大层数时，需要以小区上的最大层数为准。

另一方面，小区配置的最大层数会影响到多载波下 TBS 有限缓存比特数（DL-SCH TBS_{LBRM}）[19] 的系数的计算。基础的 NR 版本下，每个载波的系数根据小区最大层数和 4 之间的最小值来计算。为了保持有限缓存比特数计算的兼容，NR 节能增强技术规定了在 BWP 全部配置了最大层数的情况下，其中一个 BWP 的最大层数要等于小区的最大层数。

19.4.3 上行 MIMO 层数限制

对于上行 MIMO 层数限制，NR 的基础版本支持在基于 Codebook 的上行传输上限制每个 BWP 的最大阶数。这个等效于对 MIMO 层的限制。这样本来就能够达到对终端发射节能的控制。

对于基于 Non-Codebook 的上行传输，基站仍可以通过在 BWP 上配置的 SRS 资源及端口的配置间接限制上行传输的层数。因此 NR 的基础版本上行 MIMO 也不需要再做增强。

19.5 辅小区（载波）休眠

19.5.1 载波聚合下的多载波节能

如候选技术中描述，当载波聚合时，辅小区（载波）的动态开闭是频域上自适应的一种形式。NR 支持多达 16 个聚合的载波（Carrier Aggregation）。同时收发多个载波的能耗较高，而终端的数据并不是在所有 Slot 都需要在多个载波收发。打开的载波上，没有数据也需要按照搜索空间的周期检测配置进行 PDCCH 检测。与单载波的情况一样，这里仅 PDCCH 的检测就占用了较多的能耗。在终端节能的可行性研究阶段，评估显示辅小区（载波）的动态休眠可以达到至少 12%的能耗降低。

原则上，载波聚合模式中，只需要有一个载波处于活跃状态即可。这个载波作为锚点载波来触发其他载波的休眠和非休眠。载波聚合的主载波很适合作为这样的锚点。主载波上因为有系统广播消息，也无法支持即时的休眠方式。因此，多载波节能技术可通过在 NR 多载波技术的框架上引入辅小区（载波）休眠的方式来支持[10-11]。

由于数据到达的动态特性，辅小区（载波）的启用和休眠需要快速指示。NR 的载波聚合下引入了动态的信令支持这一特性。主载波上传输的下行控制 DCI 可以一次性触发多个辅小区（载波）的休眠和退出休眠（见图 19-19）。在评估过程中发现，动态的触发比定时器触发的休眠方式节能增益更高。而且，动态触发对数据的时延影响更小。

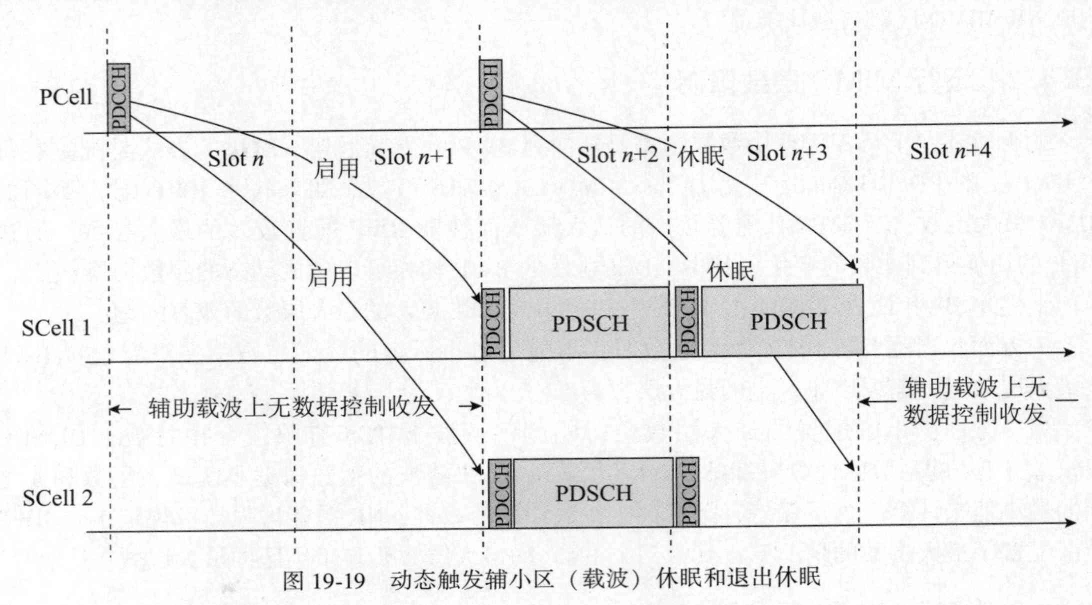

图 19-19　动态触发辅小区（载波）休眠和退出休眠

19.5.2　辅小区（载波）节能机制

在 LTE 中，有辅载波休眠态的方式支持节能。休眠态的方式是定义为一种 RRC 状态。进入和离开休眠态的时间较长，而且状态转换较复杂。NR 考虑支持动态切换载波的休眠。有两种供讨论的子方案。

第一种是动态 PDCCH 直接指示。这种方式下，通过主载波 PDCCH 直接指示某一个或者一组辅小区（载波）关掉 PDCCH 检测的方式来关闭主要的上下行数据传输。PDCCH 关闭辅载波的 PDCCH 检测的方式还需要定义相应的时延生效机制。这种机制在跨 Slot 调度指示中也有引入。

第二种方式是基于 BWP 的切换来完成。NR 的基础版本根据终端能力可以给每个载波配置多达 4 个 BWP。其中一个 BWP 配置成休眠 BWP，即 BWP 上不配置 PDCCH 检测。辅小区（载波）在切换到休眠 BWP 上时，则整个载波进入休眠。BWP 的框架和特性可以重用于辅小区（载波）休眠指示。

两种方案中，后者的复杂度较小也不需要太多的新机制引入讨论。因此，NR 节能增强选用了 BWP 切换的方式进行辅小区（载波）休眠。节能休眠仅需定义在一个下行 BWP。下行 BWP 上没有 PDCCH 检测，相应的上行的 PUSCH 传输也会停止。

休眠指示可以与节能唤醒信号相结合发送，也可以在一般的控制信道中发送。和唤醒信号结合是为了在 DRX 激活时间外之前确认辅小区（载波）的休眠状态，免去每次 DRX 激活开始时辅小区（载波）不必要的打开。在 DRX 激活时间内，主载波的普通的 DCI 可以随时唤醒或者休眠辅小区（载波）。

激活时间内，普通 DCI 触发的辅小区（载波）休眠的转换时间重用跨载波下行 BWP 切换的时间点。

休眠的 BWP 仍可以配置周期的 CSI 测量资源。控制和数据的中断不影响测量。当辅小区（载波）退出休眠时，新的 BWP 上的数调度 MCS 选择可以依据休眠 BWP 上的测量（见图 19-20）。

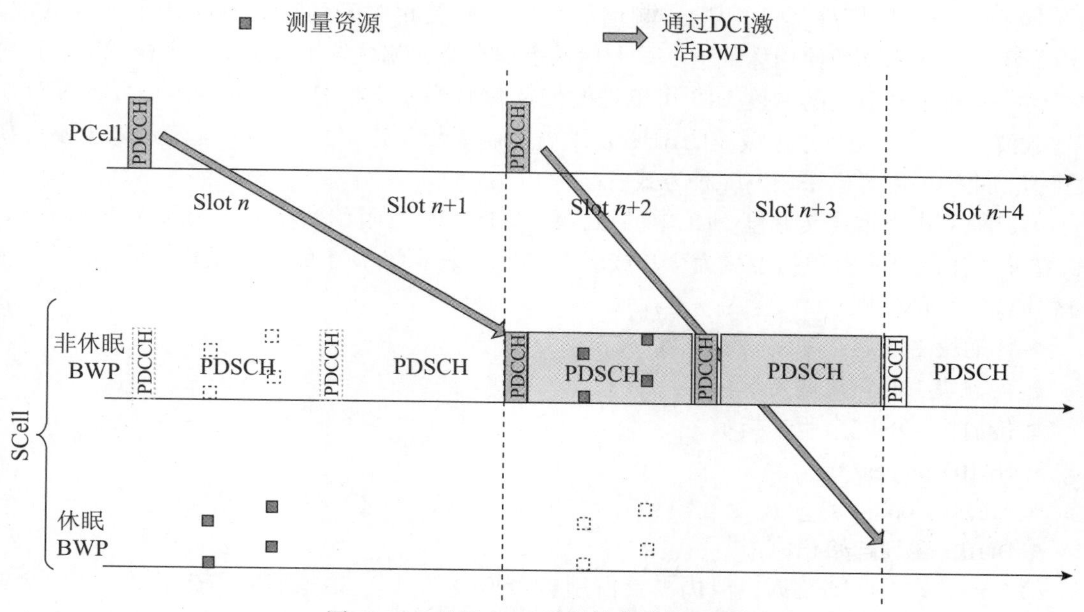

图 19-20　基于 BWP 机制的载波休眠切换

由于重用了 BWP 切换机制，bwp-InactivityTimer 超时后，已经进入休眠的 BWP 的辅小区（载波）会回退到 default BWP。NR 不排除 default BWP 配置成休眠 BWP 的情况。如果 default BWP 配置成休眠 BWP，会导致 bwp-InactivityTimer 超时触发辅小区（载波）休眠。

19.5.3　激活时间外的辅小区（载波）休眠触发

激活时间外的辅小区（载波）休眠触发通过节能唤醒信号 DCI 格式 2_6 中的专用比特来指示。由于节能唤醒信号可为多终端指示等原因，每个终端的休眠指示限制在 5 bit 及以下。每个比特用于指示一组辅小区（载波）的休眠或者非休眠。从终端射频设计的能耗上看，同一频谱的载频的开关可以相关联。一个频谱内载频同时打开收发与独立打开的功耗差别较小。载波分组由基站配置决定。

终端在一个辅小区（载波）上只能配置一个休眠 BWP。当终端被指示退出休眠 BWP 时，需要选择是哪一个非休眠 BWP。配置第一非休眠 BWP 成为必要。与 SCell 的分组类似，这个参数对激活时间外和激活时间内分别配置以保证一定灵活性。为了让终端侧和基站减少不必要的 BWP 切换，NR 规定了终端在当前激活是休眠 BWP 且收到退出休眠指示的情况下才会切换到第一非休眠 BWP。终端在当前激活是某一非休眠 BWP，在收到退出休眠指示时只需要保持当前的 BWP 即可。

激活时间外的休眠触发是一次性的，如果节能唤醒信号丢失但是终端的配置行为是仍然唤醒，此时终端只是简单地重新进入上次激活的 BWP。

19.5.4　激活时间内的辅小区（载波）休眠触发

激活时间内的辅小区（载波）休眠触发通过普通的 PDCCH 指示。指示又分成两种可由基站配置的方式。

第一种方式为普通的主载波调度 DCI 中增加专用比特。由于 PDCCH 调度 DCI 已经有较大负荷，休眠指示域也限制在 5 bit 及以下。每个比特用于指示一组辅小区（载波）的休眠或者非休眠。基站可以同样利用同一频谱的载频的开关相关联的特性进行辅小区（载波）分组的配置以达到高效使用休眠信令。专用域增加在 DCI 格式 0_1 和 1_1 两个格式下。这种方式的特点是主载波上的调度 DCI 可以随时发起休眠指示。但是，即使在不需要改变辅小区（载波）休眠情况下，主载波的调度 DCI 仍然需要传输这个比特域。这就带来了不必要的开销。此时可以考虑采用第二种方式。

第二种方式为重定义调度 DCI 中的域，将该 DCI 专门用作辅小区（载波）休眠指示。DCI 格式 1_1 的频率资源指示域为全 0 或者全 1 时，表示该 DCI 的如下域用于指示 15 个辅小区（载波）的休眠。

- 传输块 1 的调制和编码等级数 MCS。
- 传输块 1 的新数据指示符。
- 传输块 1 的冗余版本指示。
- HARQ process 号。
- Antenna port（s）。
- DMRS 序列初始化值。

第二种方式不调度数据，但仍需要占用整个 DCI 格式。在载波数比较少时，开销会较大。NR 的 HARQ-ACK 是根据对调度数据的解码而反馈。调度数据的第一种方式自然可实现基站和终端的通信握手，这样帮助两侧的同步。不调度数据的第二种方式则需要有另一种方式支持握手。因此对于第二种方式，NR 引入基于 PDCCH 的 HARQ-ACK 反馈定时。在不同的 SCS 系数下，采用固定的定时关系。

与激活时间外类似，基站配置第一非休眠 BWP 给终端。不考虑 bwp-InactivityTimer 超时的情况，在激活时间内终端只有在当前激活是休眠 BWP 且收到退出休眠指示的情况下才会切换到第一非休眠 BWP。终端在当前激活是某一非休眠 BWP，在收到退出休眠指示时只需要保持当前的 BWP 即可。

激活时间内，第一种和第二种方式可以根据场景的需求由基站灵活配置。

在激活时间内，休眠 BWP 的触发方法和 NR 的基础版本 DCI 触发 BWP 切换的方法高度重合。这会出现一个兼容问题，即 DCI 触发 BWP 的 ID 等于休眠 BWP ID 的处理。NR 不排除这种配置和指示。如果 DCI 触发的切换的 BWP ID 为休眠 BWP，由于后继没有下行数据和 HARQ-ACK 反馈而使得切换不可靠。

19.6 RRM 测量增强

19.6.1 非连接态终端的节能需求

处于非连接态的终端需要基于网络的配置对服务小区以及其他邻小区进行 RRM 测量以支持移动性操作，如小区重选等。在 NR R15 中，出于终端节能的考虑，当终端在服务小区的信道质量较好时，终端可以不启动针对同频频点以及同等优先级或低优先级的异频/异技术频点的 RRM 测量[15]，同时针对高优先级的异频/异技术频点的 RRM 测量可以增大测量间隔。具体而言，有以下两种情况。

- 当终端在服务小区上的 RSRP 高于配置 SIntraSearchP（一种高层配置门限参数）且终端在服务小区上的 RSRQ 高于 SIntraSearchQ 时，终端可以不启动针对同频频点邻小区的 RRM 测量。
- 当终端在服务小区上的 RSRP 高于 SnonIntraSearchP 且终端在服务小区上的 RSRQ 高于 SnonIntraSearchQ 时，终端可以不启动针对异频和异系统低优先级和同等优先级频点邻小区的 RRM 测量。同时，对于异频和异系统的高优先级频点，终端可以启动放松的 RRM 测量，文献［16］中给出了该场景下针对每个高优先级频点的 RRM 测量间隔要求 Thigher_priority_search =（60×Nlayers）s，其中 Nlayers 为网络广播的高优先级频点个数。

对于需要执行邻小区 RRM 测量的终端，有必要引入一套针对邻小区的 RRM 测量放松机制，以进一步满足终端省电的需求。

19.6.2　非连接态终端 RRM 测量放松的判断准则

针对非连接终端的 RRM 测量引入了两套测量放松准则，分别是“终端不位于小区边缘”准则和“低移动性”准则。这两套准则都是以终端在服务小区上的“小区级”测量结果来进行衡量的。下面分别针对这两种准则进行介绍。

1.“终端不位于小区边缘”准则

针对该准则，网络会配置一个 RSRP 门限，另外还可以配置一个 RSRQ 门限，当终端在服务小区上的 RSRP 大于该 RSRP 门限，并且在网络配置了 RSRQ 门限的情况下，终端在服务小区上的 RSRQ 大于该 RSRQ 门限时，则认为该终端满足“终端不位于小区边缘”准则。

网络配置的用于“终端不位于小区边缘”准则的 RSRP 门限需小于 SIntraSearchP 和 SnonIntraSearchP。如果网络同时配置了“终端不位于小区边缘”准则的 RSRQ 门限，则该用于“终端不位于小区边缘”准则的 RSRQ 门限需小于 SIntraSearchQ 和 SnonIntraSearchQ。

2.“低移动性”准则

针对该准则，网络会配置 RSRP 变化的评估时长 TSearchDeltaP 和 RSRP 变化值门限 SSearchDeltaP，当一段时间 TSearchDeltaP 内终端在服务小区上的 RSRP 变化量小于 SSearch-DeltaP 时，则认为该终端满足“低移动性”准则（见图 19-21）。

终端在完成小区选择/重选之后，需要在至少一段时间 TSearchDeltaP 内执行正常的 RRM 测量。

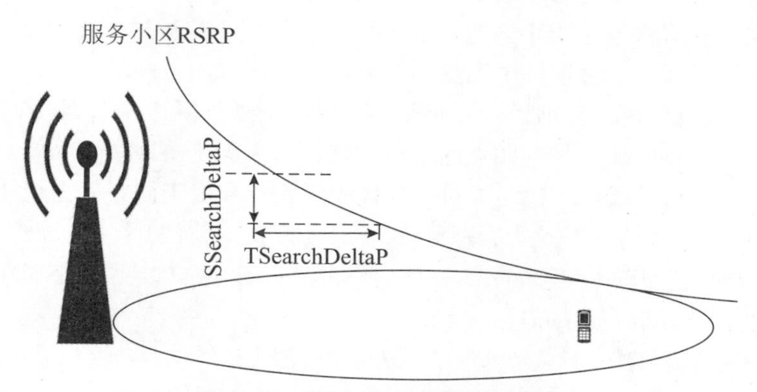

图 19-21　低移动性判断准则示意图

网络通过系统广播的方式通知终端启动 RRM 测量放松的功能。在配置 RRM 测量放松功能的情况下，网络需要配置至少一个 RRM 测量放松判断准则。针对不同的配置，终端使用的 RRM 测量放松准则可能出现以下 4 种情况。

- 情况 1：网络只配置了"终端不位于小区边缘"准则，则当终端满足"终端不位于小区边缘"准则时，终端针对邻小区启动放松的 RRM 测量。
- 情况 2：网络只配置了"低移动性"准则，则当终端满足"低移动性"准则时，终端针对邻小区执行放松的 RRM 测量。
- 情况 3：网络同时配置了"终端不位于小区边缘"准则和"低移动性"准则，并且网络指示这 2 个准则的使用条件为"或"，则当终端满足这 2 个准则中的其中任意一个准则时，终端针对邻小区启动放松的 RRM 测量。
- 情况 4：网络同时配置了"终端不位于小区边缘"准则和"低移动性"准则，并且网络指示这 2 个准则的使用条件为"和"，则当终端同时满足这 2 个准则时，终端针对邻小区启动放松的 RRM 测量。

由于针对高优先级频点的 RRM 测量通常不受终端移动性的影响，而是为了负荷均衡的目的。在 NR R15 版本标准中，终端始终要执行对高优先级频点的 RRM 测量。在 R16 版本引入 RRM 测量放松之后，网络可以通过广播消息指示是否可以对高优先级频点的 RRM 测量在 R15 支持的最大测量间隔基础上做进一步的放松。

为了便于网络优化，网络可以为一些终端配置测量记录。处于 RRC 连接态的终端在收到记录测量配置消息后启动定时器 T330。当终端进入 RRC 空闲态或 RRC 非激活态后，在 T330 运行过程中会记录 RRM 测量结果。在引入非连接态的 RRM 测量放松后，终端在 T330 运行期间是否可以执行放松的 RRM 测量是需要考虑的一个问题。考虑到网络通常会根据收集到的来自多个终端的测量记录来实现网络优化，并且终端是在满足 RRM 测量放松准则的情况下才会执行放松的 RRM 测量，放松的 RRM 测量对测量性能通常不会造成太大的影响。因此，标准化讨论最终确定在 T330 运行期间终端仍然可以执行放松的 RRM 测量。

19.6.3 非连接态终端的 RRM 测量放松的方法

对于同等优先级或低优先级频点的 RRM 测量，针对不同的 RRM 测量放松准则分别定义了 RRM 测量放松的方法。具体有以下 3 种情况[17]。

- 当终端满足"低移动性"准则时，终端在执行对邻小区的 RRM 测量时使用更长的测量间隔。使用一个固定的缩放因子来增大测量间隔。
- 当终端满足"终端不位于小区边缘"准则时，终端在执行对邻小区的 RRM 测量时使用更长的测量间隔。使用一个固定的缩放因子来增大测量间隔。
- 当终端同时满足"低移动性"准则和"终端不位于小区边缘"准则时，终端对同频频点，异频频点以及异技术频点的测量间隔都增大为 1 小时。

此外，在不同的信道条件下，终端对于高优先级频点和对于同等优先级或低优先级频点的 RRM 测量放松在一些场景下需要区别对待。

- 场景 1：终端在服务小区上的 RSRP 大于 SnonIntraSearchP，并且终端在服务小区上的 RSRQ 大于 SnonIntraSearchQ。
  - 如果网络没有配置"低移动性"准则或者网络配置了"低移动性"准则但终端不满足该"低移动性"准则，则终端对于高优先级频点按照 R15 的方法执行放松的 RRM 测量。

■ 如果网络配置了网络配置了“低移动性”准则并且终端满足该“低移动性”准则，则终端针对高优先级频点的 RRM 测量间隔增大到 1 小时。

● 场景 2：终端在服务小区上的 RSRP 小于或等于 SnonIntraSearchP，或者终端在服务小区上的 RSRQ 小于或等于 SnonIntraSearchQ。

■ 当终端满足网络配置的 RRM 测量放松准则时，终端对于高优先级频点使用与低优先级和同等优先级频点相同的测量放松要求。

19.7　终端侧辅助节能信息上报

19.7.1　终端辅助节能信息上报的过程

为了更好地辅助网络为终端配置合适的参数，以达到终端节能的目的，网络可以为终端配置节能相关的终端辅助信息上报。NR R16 标准中引入了 6 种类型的节能相关的终端辅助信息[18]。

● 以节能为目的的终端期待的 DRX 参数配置。
● 以节能为目的的终端期待的最大聚合带宽。
● 以节能为目的的终端期待的最大辅载波个数。
● 以节能为目的的终端期待的最大 MIMO 层数。
● 以节能为目的的终端期待的跨时隙调度的最小调度偏移值。
● RRC 状态转换。

终端辅助信息上报的信令流程如图 19-22 所示。

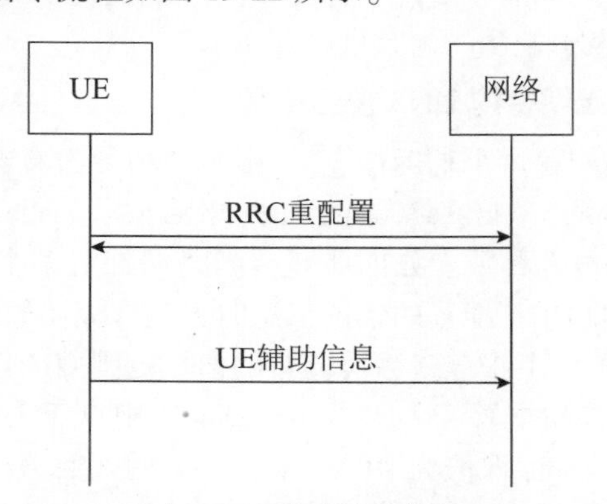

图 19-22　终端辅助信息

对于每种类型的终端辅助信息，终端首先要通过终端能力上报告知网络自己具备上报这种类型的终端辅助信息的能力，然后网络通过 RRC 重配置消息给终端配置针对这种类型的终端辅助信息上报功能。不同类型的终端辅助信息上报功能是由网络分别配置的。对于每种类型的终端辅助信息，只有当网络给终端配置了针对这种类型的终端辅助信息上报功能时，终端才能够向网络上报这种类型的终端辅助信息。

为了避免终端频繁地进行终端辅助信息上报，对于每种类型的终端辅助信息上报，网络会针对该类型的终端辅助信息上报配置一个禁止定时器。终端每次上报该类型的终端辅助信息后，都会启动这个禁止定时器。在该禁止定时器运行过程中，终端是不能上报该类型的终端辅助信息的。只有当该禁止定时器没有运行，并且满足该类型的终端辅助信息的上报触发条件时，终端才可以上报该类型的终端辅助信息。对于每种类型的终端辅助信息，其禁止定时器可以支持的最大时长均为 30 s。

为了节省上报的信令开销，对于每种类型的终端辅助信息上报，支持增量的上报方式。也就是说，对于某种类型的终端辅助信息，如果终端当前对于该特性的期待配置与终端最近一次针对该特性上报的期待配置相比没有变化，则终端本次可以选择不上报针对该类型的终端辅助信息。从网络侧的角度，当网络接收到终端针对某种特性的终端辅助信息上报，则网络会一直维护该上报信息，直到其收到终端下一次针对该特性的终端辅助信息的上报。

当终端将针对某种特性的终端辅助信息上报给网络时，终端会将该特性中所有终端有期待配置的参数包含在针对该特性的终端辅助信息中，而对于那些终端没有期待配置的参数则不包含在该终端辅助信息中。如果终端针对某种特性的终端辅助信息中的所有参数都没有期待的配置，则终端可以通过上报一个针对该特性的空的辅助信息 IE（即针对该特性的辅助信息 IE 中不包含任何一个参数）告知网络其对于该特性的辅助信息中的所有参数都没有期待的配置。

对于 MR-DC 场景，用于节能的终端辅助信息是基于 CG 进行配置的。对于 MCG 和 SCG，只有在网络给终端配置了针对该 CG 的终端辅助节能信息上报时，终端才可以向网络上报针对该 CG 的辅助节能信息。网络可以通过 MCG 侧的 SRB1 或者通过 SCG 侧的 SRB3 给终端配置针对 NR SCG 的辅助节能信息上报功能。终端可以通过 MCG 侧的 SRB1 或者通过 SCG 侧的 SRB3 向网络上报针对 NR SCG 的辅助节能信息。

19.7.2 终端辅助节能信息上报的内容

如 19.7.1 节所述，目前标准中支持 6 种类型的节能相关的终端辅助信息，下面分别针对每种类型的终端辅助信息中包含的内容进行介绍。

1. 以节能为目的的终端期待的 DRX 参数配置

终端期待的 DRX 参数配置这个辅助信息 IE 中包含的参数有：终端期待的 drx-InactivityTimer、终端期待的 DRX long cycle、终端期待的 DRX short cycle、终端期待的 drx-ShortCycleTimer。这 4 个参数都是可选参数。如前所述，当终端针对某个参数没有任何期待的配置时，终端可以在上报期待的 DRX 配置的辅助信息时不包含该参数。

对于每个参数，终端可以上报该参数可支持的值域范围内的任何值。在网络为终端进行 DRX 配置时，如果网络给终端配置了 DRX short cycle，则对于 DRX long cycle 和 DRX short cycle 配置需满足 DRX long cycle 取值为 DRX short cycle 的整数倍。同理，在终端向网络上报期待的 DRX 参数配置时，如果终端同时上报了期待的 DRX long cycle 和期待的 DRX short cycle，则需满足终端上报的期待的 DRX long cycle 取值为期待的 DRX short cycle 取值的整数倍。

2. 以节能为目的的终端期待的最大聚合带宽

终端可以针对 FR1 和 FR2 分别上报期待的上行最大聚合带宽和下行最大聚合带宽。对于某个 FR，只有在网络为终端在这个 FR 上配置了服务小区时终端才可以针对该 FR 上报期待的最大聚合带宽。

3. 以节能为目的的终端期待的最大辅载波个数

终端可以分别上报期待的上行辅载波个数和下行辅载波个数。在 MR-DC 中，终端可以通过上报期待的最大辅载波个数为 0 并且对于 FR1 和 FR2 期待的最大聚合带宽都为 0 来向网络隐式地指示该终端期待释放 NR SCG。

4. 以节能为目的的终端期待的最大 MIMO 层数

终端可以针对 FR1 和 FR2 分别上报期待的上行最大 MIMO 层数和下行最大 MIMO 层数。出于节能的考虑，终端可以上报期待的最小 MIMO 层数为 1。

5. 以节能为目的的终端期待的跨时隙调度的最小调度偏移值

终端期待的跨时隙调度的最小调度偏移值这个辅助信息 IE 中包含的参数有：终端期待的最小 K_0 值和终端期待的最小 K_2 值。其中，终端期待的最小 K_0 值和终端期待的最小 K_2 值可以针对不同的子载波间隔分别上报。这 2 个参数都是可选参数。如前所述，当终端针对某个参数没有任何期待的配置时，终端可以在上报期待的跨时隙调度的最小调度偏移值的辅助信息时不包含该参数。

6. RRC 状态转换

如果终端在未来一段时间都不期待有下行数据接收和上行数据发送，则终端可以向网络上报期望离开 RRC 连接态。同时，终端可以进一步地向网络指示期望转换至 RRC 空闲态还是 RRC 非激活态。

如果终端想要取消之前向网络上报过的期望离开 RRC 连接态，如终端有新的上行数据到达，终端会有向网络上报期望留在 RRC 连接态的需求。这种情况下，终端是否可以向网络上报期望留在 RRC 连接态还取决于网络配置。

19.8　小结

5G 的 NR 标准的终端节能技术包括 NR R15 的基础版本节能和 R16 的节能增强。NR 的基础版本已经在 BWP 设计、灵活调度、DRX 配置等方面提供了一些终端节能的基础功能。NR 的节能增强在这些基础上全面完善了终端在频率自适应、时域自适应、天线数自适应、DRX 自适应、终端优选的期待配置参数上报以及 RRM 测量上的节能功能的优化。

参考文献

[1] M. 2410-0（11/2017），Minimum requirements related to technical performance for IMT-2020 radio interface (s)，ITU.

[2] TR38. 840 v16. 0. 0，Study on User Equipment（UE）power saving in NR.

[3] RP-191607，New WID：UE Power Saving in NR，CATT，3GPP RAN#84，Newport Beach，USA，June 3rd-6th，2019.

[4] R1-1813447，UE Adaptation to the Traffic and UE Power Consumption Characteristics，Qualcomm Incorporated，3GPP RAN1#95，Spokane，Washington，USA，November 12th-16th，2018.

[5] R1-1900911，UE Adaptation to the Traffic and UE Power Consumption Characteristics，Qualcomm Incorporated，3GPP RAN1 Ad-Hoc Meeting 1901，Taipei，China，21st-25th January，2019.

[6] R1-1901572，Power saving schemes，Huawei，HiSilicon，3GPP RAN1#96，Athens，Greece，February 25th-March 1st，2019.

[7] R1-1903016，Potential Techniques for UE Power Saving，Qualcomm Incorporated，3GPP RAN1#96，Athens，Greece，February 25th-March 1st，2019.

[8] R1-1903411，Summary of UE Power Saving Schemes，CATT，3GPP RAN1#96，Athens，Greece，February 25th-

March 1st, 2019.

[9] R1-1908507, UE adaptation to maximum number of MIMO layers, Samsung, 3GPP RAN1#98, Prague, CZ, August 26th-30th, 2019.

[10] R1-1912786. Reduced latency Scell management for NR CA, Ericsson. 3GPP RAN1#99, Reno, USA, November 18-22, 2019.

[11] R1-1912980. SCell dormancy and fast SCell activation, Qualcomm Incorporated. 3GPP RAN1#99, Reno, USA, November 18-22, 2019.

[12] R1-2002763. Summary#2 for Procedure of Cross-Slot Scheduling Power Saving Techniques, MediaTek. 3GPP RAN1#100bis, e-Meeting, April 20th-30th, 2020.

[13] TS38. 321 v16. 0. 0. Medium Access Control (MAC) protocol specification.

[14] R2-1905603. Impacts of PDCCH-based wake up signaling, OPPO. 3GPP RAN2 # 106, Reno, USA, 13rd-17th May, 2019.

[15] 3GPP TS 38. 304 v15. 6. 0. User Equipment (UE) procedures in Idle mode and RRC Inactive state.

[16] 3GPP TS 38. 133 v15. 9. 0. Requirements for support of radio resource management.

[17] R4-2005331. Reply LS on RRM relaxation in power saving, 3GPP RAN4#94ebis, 20-30 Apr, 2020.

[18] R2-2004943. CR for 38. 331 for Power Savings, MediaTek Inc. 3GPP RAN2#110e, 1st-12th June 2020.

[19] 3GPP TS 38. 212 v16. 1. 0. Multiplexing and channel coding.

[20] 3GPP TS 38. 214 v16. 1. 0. Physical layer procedures for data.

[21] 3GPP TS 38. 213 v16. 1. 0. Physical layer procedures for control.

第20章
R17与B5G/6G展望

杜忠达　沈　嘉　编著

20.1　Release 17 简介

在 2019 年 3GPP 忙于完成 R16 标准化的同时，也在筹划下一个版本的工作计划。2019 年上半年是 R17 课题的预热期，在此期间的 3GPP 全会上陆陆续续能够看到 3GPP 成员单位提交的 R17 课题的提案。在 2019 年 6 月，即 RAN#84 次会议上 3GPP 决定开始通过邮件讨论的方式来明确各个 R17 课题的细节内容。在 RAN#86 次会议上 3GPP 最终通过了 R17 课题包，并且也决定了整个 R17 的工作周期为 15 个月。不巧的是 2020 年年初的新冠病毒的肆虐直接导致了 2020 年上半年 3GPP 面对面会议的取消。在 RAN#87e 次会议上，3GPP 决定把 R17 的工作计划整体平移一个季度。在经过这样调整以后，R17 的工作计划如图 20-1 所示[1]。

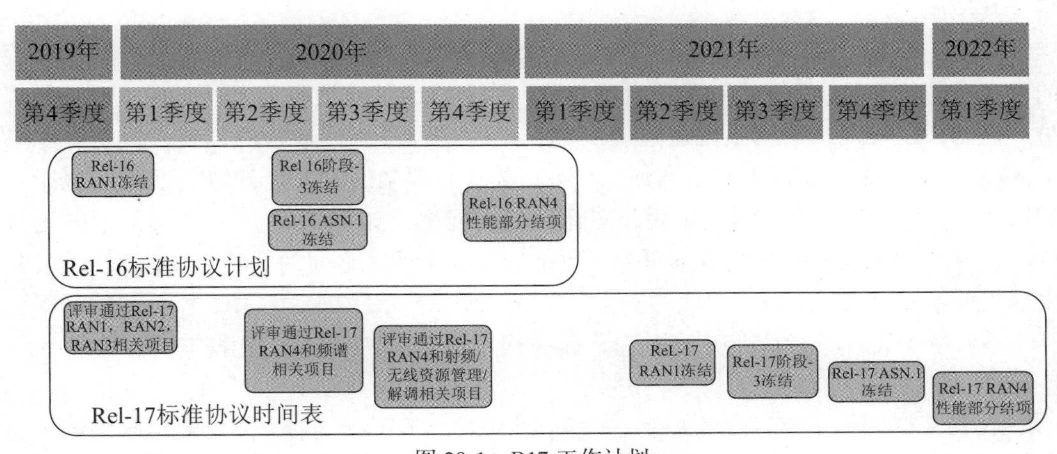

图 20-1　R17 工作计划

R17 的课题总的来说继续保持了对 eMBB 业务的技术改善，并且对 R16 已经引入的垂直行业相关的技术做了进一步的增强。与 eMBB 业务、垂直行业都相关的是网络覆盖范围的提高，包括非地面通信的标准化，使得蜂窝网络呈现出海、陆、空 3 维立体覆盖。R17 也对 5G NR 在频谱、应用、广播通信机制和网络维护方面做了新的研究和探讨。图 20-2 是整个

R17 课题的分类示意图。

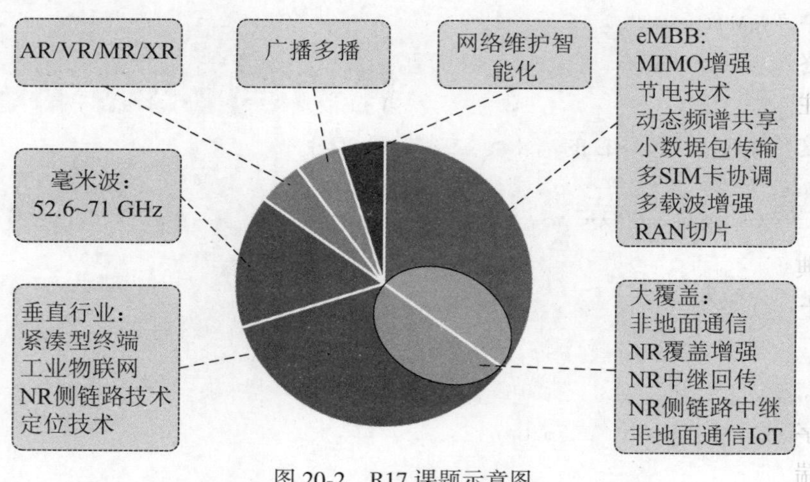

图 20-2　R17 课题示意图

在 R17 eMBB 增强技术中，除了多 SIM 卡协调和 RAN 切片之外，其他的课题基本上是 R16 课题的延续或者扩展。例如，MIMO[2] 在减少控制信令和时延上从中低速扩展到 FR2 的高速场景，并且假设 UE 有多个天线面板；在多点发送和多面板接收下波束管理和信道鲁棒性、可靠性的提升上从 PDSCH 信道扩展到了 PDCCH、PUSCH 和 PUCCH 信道；增加了 SRS 的天线端口以增加 SRS 的覆盖和容量；在 FDD 频谱进一步探讨利用信道互易性来增强 CSI 的测量和上报机制等。在 R16 中，基于 DCI 的节电技术解决方案主要是用来避免无谓地唤醒 UE，在 R17 中则考虑了更高速率业务的需求，寻求在 UE 已经被唤醒的前提下减少对 PDCCH 信道的监听。在 RRC_IDLE 和 RRC_INACTIVE 两个状态下设法减少对寻呼消息的监听和参考信号的系统开销[3]。在 RRC_INACTIVE 状态下直接发送小数据包的想法主要也是为了避免或者减少 UE 进入 RRC_CONNECTED 状态所带来的信令和功耗的开销，这对穿戴设备尤其适用[4]。

一个 UE 有多个 SIM 卡在 4G 时代就已经比较流行了。两个 SIM 卡所对应的两个系统之间的冲突问题往往是由于 UE 有限的射频资源，如有限的射频链路和天线。4G LTE UE 都是通过厂商的产品实现来减少或规避这个问题，也就是说没有标准化的方案，但是效果不理想。5G NR UE 在射频资源上有所增加，一般认为比较典型的配置是 2T4R。但是市场上中低端的智能手机或穿戴设备，也会采用相对比较低的配置，如 1T2R，所以类似的问题还是存在的。在 R17 中采用标准化的方案可以尽可能减少两个系统之间的寻呼冲突，并且在 UE 决定离开当前系统（往往是 5G NR）去响应另外一个系统（往往是 4G LTE）寻呼的时候，减少在当前系统中正在进行的业务的影响，提高网络感知能力[5]。其中响应语音业务的寻呼是重点。

RAN 切片课题的主要目的，是使 UE 能够快速接入到一个支持 UE 想要发起的业务切片的小区，包括小区选择和重选过程中匹配小区能够支持的切片和 UE 想要发起业务的切片，以及基于切片信息来发起随机接入过程。在发生移动性事件，如切换的时候，能够保证切片在源小区和目标小区之间不兼容的情况下保持业务的连续性。在 RAN 侧对切片这个概念做进一步的深耕也是 5G 网络技术的一种趋势[6]。

垂直行业相关的技术增强是 R16 的一个显著特点，并且在 R17 将有新的突破，包括引入紧凑型 NR UE 和高精度的室内定位。5G NR 的 3 大应用场景都有各自的侧重点：eMBB 想要的是高速率，mMTC 要求的是广覆盖和多连接，而 URLLC 在可靠性和时延性能上追求极致。在一个终端上最多只能实现其中的两个维度，因为在同一个通信系统前提下，这 3 种需求实际上往往相互矛盾。但是也有一些终端需要兼顾这些需求，只是在支持程度上会大大下降，逻辑上这些紧凑型 NR UE 的需求可以参考图 20-3。

在 3GPP 刚开始讨论的时候，这样的 UE 被称为“NR-Lite”，意思是“轻”终端。“轻”不仅体现在 UE 的体积和重量上（如其中典型的应用是工业传感器），也体现在硬件的配置和处理能力上，即与智能终端相比具有更少的天线端口、更窄的工作带宽。在此基础上还要求超长的待机时间、更多的连接数，同时还需要保持类似的覆盖范围。在 3GPP 最终立项的时候，这个名字改成了“reduced capability NR devices”，中文称为紧凑型终端。在 3GPP 的讨论过程中，这样的终端也包括了智能穿戴设备，如智能手表，以及用于工业或者智慧城市的视频监控和跟踪设备。但是不包括已经基于 LTE 系统开发的 NB IoT 和 mMTC，这是为了避免对市场上已经成熟产品的影响，也是为了减少 3GPP 标准化的工作量[7]。

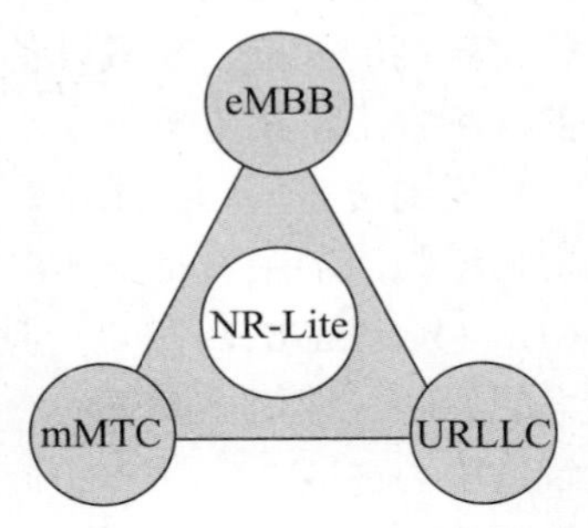

图 20-3　NR-Lite 定位

R16 中基于 NR 定位参考信号的定位技术实际上已经成熟，可以满足室内 3 m（80%概率）和室外 10 m（80%概率）的定位精度，同时也引入了基于 UE 的定位方案，即 UE 可以根据网络的辅助信息来计算出最后的定位信息。但是 R16 的方案无论是在精度上（≤0.2 m），还是在时延上（≤100 ms）均无法满足工业上室内定位的需求。同时，商业上和定位需求相关的应用也要求低于 1 m 的定位精度。另外在 R17 的定位课题中首次提出了定位的可靠性和完整性需求，简单地说，也就是要求定位系统一直可用。如果定位系统出现问题，还需要及时通知正在定位的 UE，避免因为误信而导致事故。这个要求对于交通、电力或者是紧急呼叫所使用到的定位应用尤其重要。在技术上会侧重于增强 R16 中引入的定位参考信号、定位方法和相关的协议流程[8]。

当然 R17 中和垂直行业相关的技术更多的是在 R16 基础上的增强。R16 URLLC 在提高可靠性的基本思路是除了增加 PDCP PDU 的重复支路之外（最多是 4 个），以“插队”的方式，即牺牲相对来说优先级较低的逻辑信道的发送或反馈，来达到提高优先级逻辑信道可靠性的目的。这样的做法多少有些“简单粗暴”。R17 尝试精细化 R16 的方案，最大程度减少对优先级相对较低的逻辑信道的影响，如在 UE 内或 UE 间做优先级处理时可以采用某种信道复用的方式，使得优先级相对较低的逻辑信道在冲突的时候不会被全部丢弃。另外，采用非授权频谱的 NR 也是一个比较大的突破。一般来说非授权频谱会因为频谱共享的原因在通信可靠性和时延性能上无法和授权频谱可比。但是在工业场景里，在封闭的环境下，基本上可以做到频谱“独享”。在这样的前提下可靠性和时延问题在一定程度上可以通过技术手段来克服，如采用 FBE（Frame Based Equipment）的信道接入方式等[9]。

侧链路（Sidelink）通信技术在 R16 中最重要的应用场景是 V2X，也就是车联网，UE 的形式往往是车载式终端。在 R17 中这种基于 PC5 接口的侧链路通信技术除了车联网之外，也会拓展到公共安全应用和消费电子的应用上。在这些新的应用场景中，UE 往往是手持终端，因此侧链路技术在 R17 的重心落在了和节电相关的解决方案上，如在 PC5 接口引入 DRX 机制，在资源分配方面引入了 UE 之间协调机制和部分感知（Partial Sensing）的方式来减少 UE 对控制信道的监听[10]。和侧链路通信技术直接相关的另外一个课题是基于 PC5 接口的中继，包括 UE 到网络的中继以及 UE 到 UE 的中继。两种中继方式对于公共安全应用来说都比较重要，而商业上的一些应用，如智能手表或手环通过智能手机连接到网络，则对终端到网络的中继方式最感兴趣。对于智能手表或手环来说，和智能手机之间的基于 PC5 接口的短距离通信几乎耗电为零，从而可以大大提高待机时间。在室内场景下，借助智能手机比较高的配置，穿戴设备可以流畅地和网络进行通信，侧链路中继可以看作扩大网络覆盖的一种技术解决方案[11]。

说到覆盖问题，无论是 eMBB 业务还是垂直行业，R17 都提供了相应的解决方案。NR 覆盖增强课题主要是要解决上行业务信道的覆盖问题。5G NR 中最典型的全球性频谱是 3.5 GHz（band n78、n79）。与用于 LTE 的频谱相比，3.5 GHz 因为传播路损和建筑物穿透损耗大的原因，即使在波束赋形技术的帮助下，在市区的室内覆盖中也不见得有多少优势。在建筑物中心区域，5G NR 的覆盖甚至要比 LTE 还要差。目前全球范围内部署 SA 网络是 5G NR 的趋势，而且在中国一开始就会大规模部署。在这种情况下覆盖就成了基于 3.5 GHz SA 网络的一个痛点。除了直接在 3.5 GHz 上下功夫的同时，借助低频谱频谱，如 1.8 GHz 或者 2.1 GHz FDD 频谱，也可以有效解决上行的覆盖问题。在这个课题中针对 FR1 频谱，研究的主要对象是语音业务和中低速率的数据业务。虽然 FR2 的覆盖问题也会在这个课题中进行研究，但是 FR2 的覆盖已经有一个比较好的解决方案，就是利用中继回传技术[12]。

上述的覆盖问题，无论是 FR1 还是 FR2 频谱，针对的还是传统的基于蜂窝的地面网络。非地面通信要解决的是广域覆盖。在 R16 中非地面通信的研究对象是高轨卫星（即同步卫星）和低轨卫星。5G NR 通信系统所面临的挑战主要是超长信号传输时延和比较大的频率偏差。需要注意的是，非地面通信除了要求 UE 具备 GNSS 定位能力之外，在发射功率上并没有提出额外的要求——还是采用第三类功率等级，即 23 dBm。在 R17 对非地面通信标准化的时候，所采用的方案也可以扩展到高空气球和空对地通信。需要注意的是在空对地通信中，飞机快速移动，类似于较为特殊的 UE；而在卫星通信中，在空中部署的更像是基站的射频部分或者 DU[13]。R17 在非地面通信上的另外一个扩展是把类似的解决方案移植到 IoT 领域，用于跟踪远洋油轮上货物的位置，并且进行简单的通信[14]。非地面通信逐渐进入市场并且开始产业化的重要原因是空间发射技术的成熟和可靠，使得发射小体积卫星的成本变得比较低。

R17 在毫米波、XR、广播多播和网络智能化上也进行了大胆的探索。目前 5G NR 所涉及的频域分成两段：FR1（400 MHz~7.125 GHz）和 FR2（24.25~52.6 GHz）。在 R17 刚开始的时候，美国的一些公司和运营商提出对 52.6~114.25 GHz 这段频谱从波形开始进行系统性的研究。在对全球各个区域的频谱管理条例的整理和研究以后，逐步发现业界最感兴趣的是 60 GHz 附近的一段频谱，即 52.6~71 GHz。尤其是在不少国家，这段频谱附近的非授权频谱（参考表 20-1）有产业化的可能。在 2019 年埃及举办的 WARC19 会议上，这段频谱也被 ITU-R 正式定为蜂窝无线通信频谱。

表 20-1　非授权频域分布

国家和地区	频谱［GHz］	Max TX power［mW］
美国	57~64	500
加拿大	57~64	500

续表

国家和地区	频谱［GHz］	Max TX power［mW］
日本	59～66	10
欧盟	57～66	20
澳大利亚	59.4～62.9	10
韩国	57～64	10

基于这样的原因，3GPP 最后决定只对这段频谱进行研究和标准化。为了减少标准化的工作量，大的原则是在原来 5G NR 的波形基础上对核心的几个物理层参数，如子载波间隔（SCS）和信道带宽等进行直接的扩展。采用这种方式，基本上可以继承现有的物理层协议框架。另外，该频谱的毫米波波束的发送和接收更加具有方向性，形成所谓的"铅笔波束"。在这样的前提下，信道接入的方式将不同于现有的 LBE 和 FBE 的信道接入方式，在空间这个维度上具备更高的共存可能[15-16]。

XR 是一个笼统的术语，可以代表 AR（增强现实）、VR（虚拟现实）、MR（混合现实）等。要达到视觉上以假乱真的效果，XR 相关的应用要求通信系统在高流量的同时还要保证相当高的可靠性和比较低的时延。另外一种类似的应用是云游戏（Cloud Gaming）。XR 和云游戏对 5G NR 系统来说既是挑战也是机遇。首先，在网络架构上，5G 网络必须要增加边缘计算节点，也就是拉近云计算节点和终端之间的距离，否则时延的要求往往无法满足。其次，无论是头盔还是眼镜都对功耗有比较高的要求，这是因为一方面用户戴的时间会比较长，另一方面运算的负载比较高。如何降低功耗、增加待机时间和用户的舒适度都是值得探讨的领域。最后，XR 和云游戏的业务需求看上去有点"既要马儿跑，又要马儿不吃草"，即使是 5G NR 这样的宽带通信系统也很难做到长时间给多个用户提供同时满足"高流量、低时延、高可靠"的业务。为了做到"好钢用在刀刃上"的效果，需要仔细研究 XR 和云游戏的业务模型，特别是数据包大小分布范围以及在时域上的到达规律和相关的性能 KPI，如时延和丢包率，从而使通信系统更好地适配。R17 的 XR 课题的主要目的就是找到合适的评估方法来做上述内容的研究[17]。

广播多播技术在 3GPP 有悠久的历史，UMTS 和 LTE 系统都进行过基于 SFN 的 MBMS 方案的标准化，在 LTE 系统中还引入了基于 PDSCH 的单小区广播技术（SC-PTM）。但是真正在市场上得到广泛应用的广播多播技术可以说是凤毛麟角。而广播多播可以成为某些技术的有益补充，如在 IoT 和 V2X 技术中，通过广播的方式可以提高频谱效率。在视频点播这样的应用中，可能会出现一个小区中的多个用户在点播相同视频内容的情况，在这样的前提下把多个单播的线程合并成一个广播多播的线程就可以达到节省无线资源的目的。另外，与公共安全相关的广播明显要比单播更加高效。因为这样的原因 3GPP 最后决定在 R17 中研究基于 5G NR 的一个简化版的广播多播方案。方案不要求采用传统的 SFN 的方式来增加小区边缘覆盖；可以采用和单播混合组网的方式，并且会引入广播多播和单播之间的切换机制；当 UE 在 RRC_CONNECTED 状态的时候，单播还可以为广播多播提供上行反馈来增加广播多播的可靠性[18]。

图 20-4 中相同颜色的小区构成了广播多播同步覆盖区域。NR MBMS 的同步覆盖区域介于 LTE MBMS 和 LTE 高功率高塔广播之间，在一个基站内部实现。

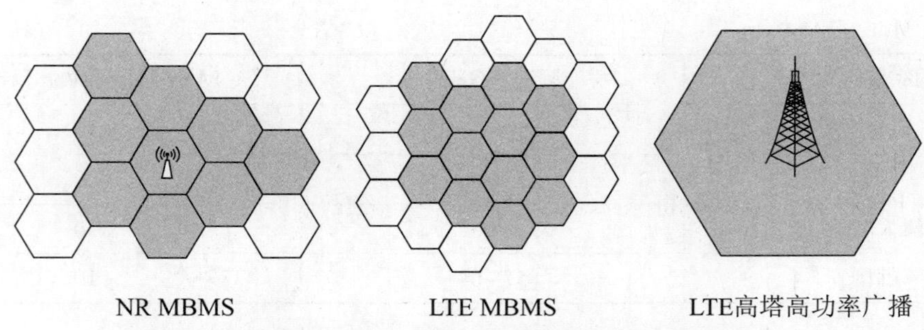

图 20-4 NR MBMS、LTE MBMS 和高功率高塔广播的比较

最后来说说网络维护的智能化。3GPP 从 LTE 开始就在系统中引入了 SON 和 MDT 机制，利用 UE 提供的测量和统计信息来建模网络的运行状态。随着人工智能所要求的算力（硬件）和深度学习算法（软件）的逐渐成熟和普及，在网络维护中引入大数据收集和智能处理水到渠成。在此基础上，在 3GPP 通信系统的其他模块中也将逐渐引入人工智能[19]。

20.2 B5G/6G 展望

移动通信技术十年一代，通常在一代技术完成第一代标准化后就开始下一代的预研与规划，这是因为移动通信标准需要全球统一，在演进方向和核心技术上需要国际产业界取得高度共识后才能开始标准化，除去正式标准化一般要耗费 3~4 年，留给预研阶段的也就 6~7 年。5G NR R15 版本标准化 2015 年启动，2019 年底正式完成，R16 作为 5G 标准不可或缺的一部分，2020 年才最终完成。假设新一代技术（正式名称未定，我们姑且称其为 6G）2025 年开始标准化工作，自今日始，也就还有 5 年左右的准备时间了。实际上面向 6G 的思考、设想和关键技术预研从 2019 年就已开始，我们可以统称为 B5G（Beyond 5G，后 5G）研究。为什么称为 B5G 而不称为 6G？这两种叫法有什么不同吗？在两代技术之间通常还存在一系列渐进式的增强优化，5G 之后、6G 之前也会有“5. 5G”等过渡性技术，在早期研究阶段，很多预研技术难以判断会在 5. 5G 这样的中间标准版本中出现，还是会等到 6G 才标准化，所以统称 B5G 是更为准确的，B5G 技术预研既可以服务于 6G，也可以服务于 5. 5G 等中间版本，这取决于实际市场需求何时到来及关键技术何时成熟。如果一项原本为 6G 储备的新技术，可以和 5G 标准兼容，市场需求提前出现了，技术也成熟了，当然可以提前在 5. 5G 中标准化。所以在现阶段，无法划清 B5G 研究和 6G 研究的界限，也不需要做硬性区分。

1. B5G/6G 愿景与需求

研究新一代移动通信技术，制定新一代移动通信标准之前，首先要想清楚：新一代技术要达到什么新的目标？满足人和社会何种新的需求？什么业务应用是以前的系统没有支持而在未来将变得非常重要的？也就是要从 B5G/6G 的愿景（Vision）和需求（Requirement）开始研究。

在移动通信发展历史上，每一代技术都肩负起了“提升业务性能、扩展应用范围”的任务，如图 20-5 所示，一般每一个重要的移动业务会经历两代技术从引入走到普及：1G 系统就可以提供移动话音业务，但到 2G 时代移动话音才真正成熟；2G 系统开始支持移动数据（Mobile Data），但 3G 系统（HSPA）才具备了高速传输数据的能力；以视频为代表的移动多媒体（Mobile Multimedia）应用从 3G 时代出现，而在 4G 时代才真正流行起来；4G 系统从后期开始引入物联网（IoT）技术，但真正将 IoT 作为核心业务的是 5G。在话音、数据、多媒体、物联网业务均以得到较好的支持后，B5G/6G 又能为我们的工作、生活带来什么新的价值和意义呢？——我们相信这个新增的部分是智能的交互（Exchange of Intelligence），预计这种新型的业务将从 5G 后期引入，并成为 6G 时代的主要特征。

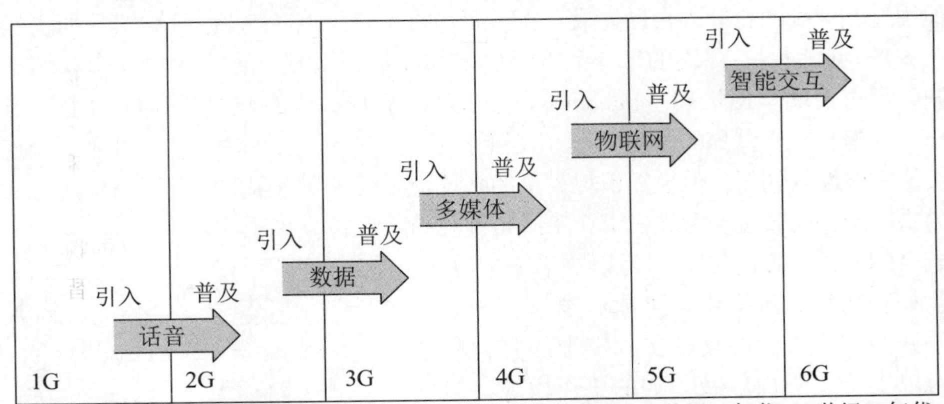

图 20-5　每代移动通信技术支持的新业务新应用

移动通信技术是为了满足世界上的信息交互而产生的（见图 20-6）。

- 在 1G 到 4G 时代，重点主要是实现人与人之间的信息交互，满足信息互通、情感交流和感官享受的需要，部分或全部的将书信交谈、书报阅读、艺术欣赏、购物支付、旅游观光、体育游戏等传统生活方式转移到了手机上，相当程度上实现了"生活娱乐的移动化"，因此我们可以将 4G 称为"移动互联网"。
- 5G 除了继续提升移动生活的体验之外，将重点转移到"生产工作的移动化"上来，基于 5G 的物联网、车联网、工业互联网技术正试图将千行百业的生产工作方式用"移动物联网"来替代。
- 但在十年前我们规划 5G 的目标和需求的时候，始料未及的是人工智能（Artificial Intelligence，AI）技术的快速普及。因此 6G 需要补上的一个短板是"思考学习的移动化"，我们可以称其为"移动智联网"（Mobile Internet of Intelligence）。

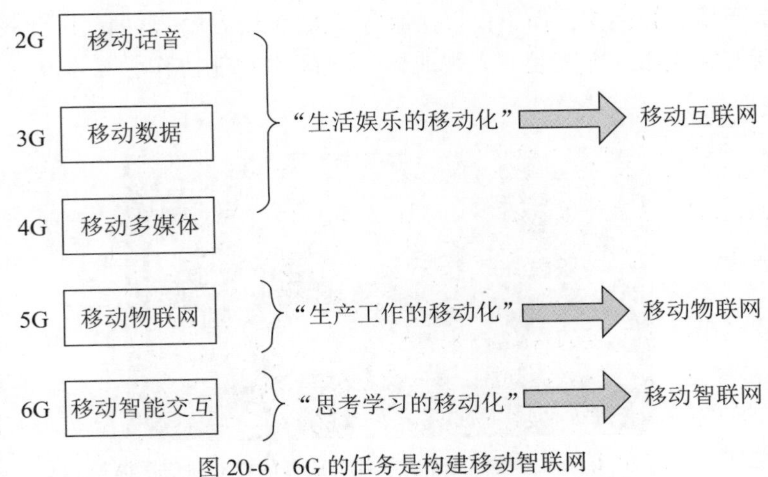

图 20-6　6G 的任务是构建移动智联网

信息流动的模式，是在世界和人类漫长的历史中逐渐形成的，自有其合理性和科学性。回顾移动通信乃至信息技术的发展历史，成功的业务均是将生产生活中合理的信息流动模式转移到移动网络中来。在日常生产生活过程中，数据的交互、感官的互动不能替代智能的传递。这就像现实生活中，如果我们要让一个人去完成一项工作，不会始终站在他身边，像“提线木偶”一样指挥他的一举一动，而是会将完成此项工作所需的知识、方法和技能教授给他，然后放手让他用这些学到的智能去自己完成工作。而目前我们在 4G、5G 系统中实现的仍然是“提线木偶”式的物联网——终端的每一个传感数据都收集到云端，终端的每一个动作都由云端远程控制，只有云端掌握推理（Inference）和决策的智能，终端只是机械的“上报与执行”，这种工作方式是和真实世界的合理工作方式相悖的，虽然 5G 在低时延、高可靠、众连接等方面做了大量突破性的创新，但也需消耗大量的系统资源，仅靠有限的无线频谱资源想要满足不断增长的物联网终端数量和业务需求，未必是“可持续”的发展模式。

随着 AI 技术的快速发展，为以更合理的方式实现物↔物信息交流提供了可能。越来越多的移动终端开始或多或少地具备智能推理的算力和架构，可以支持“学而后做”式的工作模式，但现有的移动通信网络还不能很好支持“智能”这一新型业务流的传输。数据信息（包括关于人的数据和关于机器的数据）和感官信息（各类音视频信息）的交互均已在 4G、5G 系统中得到高效传输，但唯有智能信息（知识、方法、策略等）的交互尚未被充分考虑。人和人之间的智能交互（学习、教授、借鉴）自然可以通过数据和感官信息交互来完成，但其他类型的智能体（Intelligent Agent）之间的智能交互则需要更高效、更直接的通信方式来实现，相信这应该是 B5G/6G 技术的核心目标之一。因此“智能流”（Intelligence Stream）可能是继数据流、媒体流之后的一种在移动通信系统中流动的新业务流，是 6G 系统新增的核心业务形式（见图 20-7）。

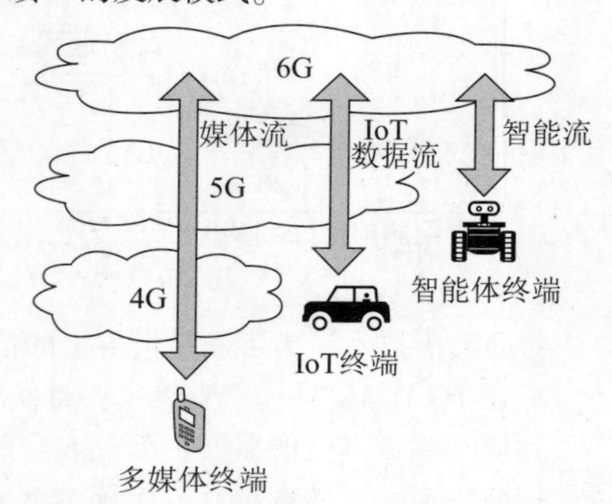

图 20-7 智能流将成为 6G 主要的新兴业务形式

随着 AI 技术的快速普及，预计不远的未来，世界上其他类型的智能体（如智能手机、智能机器、智能汽车、无人机、机器人等）的数量将远远超过人的数量，6G 等新一代通信系统应该是服务于所有智能体，而不仅仅是服务于人和无智能机器的，因此我们也应该设计一代能够用于所有智能体（尤其是非人智能体）之间“智能协作、互学互智”的移动通信系统（见图 20-8）。

图 20-8 6G 愿景：为所有智能体服务的移动通信系统

在当前的 AI 发展阶段，非人智能体之间的智能交互的具体形式，主要是 AI 模型（Model）和 AI 推理、训练过程中的中间数据的交互。2019 年年底，3GPP SA1（系统架构第 1 工作组，负责业务需求研究）工作组启动了“在 5G 系统中传输 AI/ML 模型传输”研究项目，用于研究 AI/ML（Machine Learning，机器学习）相关业务流在 5G 网络上传输所需的功能和性能指标[20]。项目定位了 3 个典型的应用场景：

- 分割式 AI/ML 操作（Split AI/ML operation）；
- AI/ML 模型数据的分发与共享；
- 联邦学习与分布式学习。

本书不是关于 AI 技术的书籍，这里不对 AI 与 ML 技术的基本知识作介绍，仅对 AI/ML 模型和数据在 B5G 及 6G 系统上传输的潜在需求作一讨论。目前最常用的 AI/ML 模型是深度神经网络（Deep Neural Network，DNN），广泛与用于语音识别、计算机视觉等领域。以图像识别常用的卷积神经网络（Convolutional Neural Network，CNN）为例，模型的分割式推理（Split Inference）、模型下载和训练（Training）如果在移动终端和网络上协同进行，均需要实现比现有 5G 系统更高的关键性能指标（Key Performance Indicator，KPI）。

Split Inference 是为了将终端与网络的 AI 算力有机结合，将 Inference 过程分割在两侧完成的技术。相对由终端或网络独自完成 Inference 过程，由终端和网络配合完成 Inference 可以有效缓解终端与网络的算力、缓存、存储和功耗压力，降低 AI 业务时延，提高端到端推理精度和效率[21-25]。以[24]中分析的 CNN AlexNet[26]为例（见图 20-9），可以在网络的中间某几个池化层（Pooling Layer）设定候选分割点（Split Point），即在分割点以前的各层的推理运算在终端执行，由终端算力承担，然后将生成的中间数据（Intermediate Data）通过 B5G/6G 网络传输给网络侧服务器，由网络侧服务器完成分割点以后的各层的推理运算。可以看到，不同的 Split Point 要求不同的终端算力投入和中间数据量。在一定的 AI 推理业务时延要求下，不同的中间数据量带来不同的上行数据率需求。部分 AI 业务的分割式图像识别所要求的移动网络传输数据率示例如表 20-2 第二列所示，可以看到，对于某些实时性要求较高的业务，需要在几十毫秒甚至几毫秒内完成一帧图像的识别，某些分割方式下的单用户最高上行传输速率需求可超过 20Gbps。

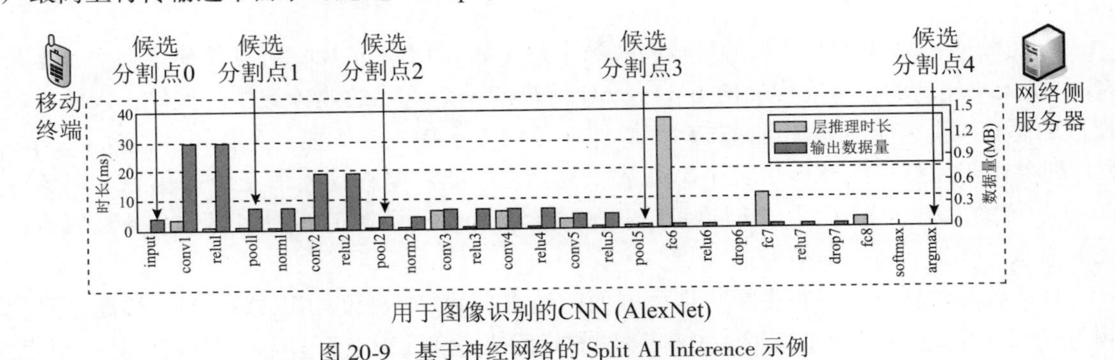

图 20-9　基于神经网络的 Split AI Inference 示例

表 20-2　AI/ML 业务的传输数据率需求示例

应用场景	Intermediate Data 上传数据率需求	AI 模型下载数据率需求	联邦学习数据双向传输数据率需求
智能手机未知图像识别	1. 6~240 Mbps	2. 5~5 Gbps	6. 5 Gbps

续表

应用场景	Intermediate Data 上传数据率需求	AI 模型下载数据率需求	联邦学习数据双向传输数据率需求
监控系统身份识别	1.6~240 Mbps	2.5~5 Gbps	11.1 Gbps
智能手机图像增强	1.6~240 Mbps	2.5~5 Gbps	16.2 Gbps
视频识别	16 Mbps~2.4 Gbps	8.3~16.7 Gbps	19.2 Gbps
AR 视频/游戏	160 Mbps~24 Gbps	250~500 Gbps	20.3 Gbps
远程自动驾驶	16 Mbps~2.4 Gbps	250~500 Gbps	6.5 Gbps
远程控制机器人	16 Mbps~2.4 Gbps	250~500 Gbps	11.1 Gbps

由于移动终端的算力和存储容量有限，难以使用泛化能力强的大型 AI 模型，而计算量、内存和存储量较小的 AI 模型又往往只适用于特定的 AI 任务和环境，当任务或环境发生变化时，就需要重新选择优化的模型，如果终端因为存储空间限制没有存储所需的模型，则需要从网络侧服务器上下载，常见的图像识别 CNN 模型大小可达到数十至数百兆字节[26-31]。部分 AI 业务的模型下载所要求的移动网络传输数据率示例如表 20-2 第三列所示，由于移动终端工作环境的不确定性与突变性，可能需要在 1 ms 内完成模型的下载，对于某些实时性要求较高的业务，所要求的单用户下行传输速率需求最高可达到 500 Gbps。

AI 模型训练所需的训练数据的多样性和完备性，使移动终端采集的训练数据集（Training Set）有很高的训练价值，而为了保护终端数据的隐私性，基于移动终端的联邦学习（Federated Learning，FL）成为一项很有吸引力的 AI 训练技术[26,32-34]。移动联邦学习需要在网络和终端之间迭代交互待训练的模型和训练后的梯度（Gradient），一次迭代的典型的传输数据量可达到上百兆字节。由于移动终端在适宜训练的环境中停留的不确定性和训练数据保存的短期性，应该充分利用联邦终端的可用算力，在尽可能短的时间内完成一个终端的模型训练工作，为了跟上终端的 AI 训练能力，不使移动通信传输成为短板，需要在数十毫秒时间内完成一次训练迭代，所要求的单用户上下行双向传输速率需求最高也可达到 20 Gbps 以上。

由此可见，AI 模型和数据的传输需要数十甚至数百 Gbps 单用户可见传输数据率，这是 5G 系统无法达到的，可能构成向 B5G 及 6G 演进的一个重要的业务类型。另外，人的更高层次的感官感受需求也可能继续推动多媒体业务的需求提升。例如，全息视频（Holographic）业务由于需要一次性传输数十路高清视频，也可能需要移动通信系统提供数十至数百 Gbps 的传输速率。当然，用户对这种消耗大量设备和无线资源的新型多媒体业务到底有多强的需求，还需要进一步研究。

新一代移动通信技术在更高数据率方面的追求是始终不变的，以移动 AI、移动全息视频为代表的 6G 新业务可能需要 1 Tbps 级别的峰值速率和几十上百 Gbps 的终端可见数据率，和 5G 相比需要将近 2 个数量级的提高。

另外，在 4G、5G 阶段的“向垂直行业渗透”的努力也不会停止，业内正在探讨的性能提升方向包括以下几个。

- 覆盖范围的全球化扩展：即将以地面移动通信为主的 5G 系统扩展到能覆盖空天、荒漠、海洋、水下的各个角落。

- 支持更低时延（0.1 ms 乃至零时延）和更高可靠性（如 99.999 999 9%）。
- 支持 1 000 km/h 的移动速度，覆盖飞机等应用场景。
- 支持厘米级的精确定位。
- 每平方千米范围内百万级的终端连接数量。
- 支持极低的物联网功耗，甚至达到“零功耗”的水平。
- 支持更高的网络安全性。

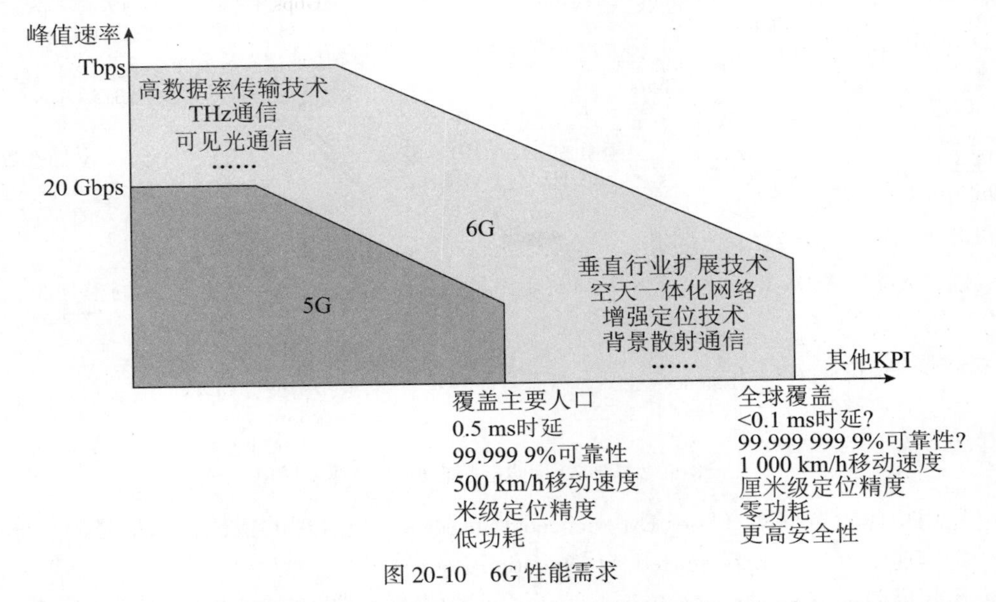

图 20-10　6G 性能需求

这些垂直行业的新需求很多还在初步的畅想阶段，对这些 KPI 的必要性还缺乏扎实、务实的研究分析，举例如下。

- “无所不在的 6G 覆盖”确实可以把目前 5G 系统不能达到的地域、场景也纳入移动通信的覆盖范围，但在这些极端场景中到底有多少用户、多少容量需求？是否存在能支撑 6G 这样一个商用系统的产业规模性？
- 零时延和 99.999 999 9%可靠性从技术上讲也并非无法做到，但必然会带来巨大的通信冗余，消耗很大系统资源才能换取。而 6G 系统毕竟是一个需要计算投入产出比的民用通信网络，是否存在能付出如此高成本的业务应用？在 AI 时代，对于具有一定智能和容错能力的终端，是否需要如此追求如此严苛的极端性能指标？

因此，这些垂直行业需求还需要得到真正来自目标行业的需求输入。时延、可靠性、覆盖率、用户数、定位精度、功耗、安全性这些需求是随着垂直行业需求随时出现，且可以附加在现有 5G 技术之上的。如果确有需求，不一定要等待 6G 再去标准化，完全可以纳入 5G 增强版本（如 5.5G）。只有数据率的“数量级提升”是 6G 能够显著区别于 5G 的“标志性”指标。

另外，从上面对“AI 业务在 B5G/6G 系统中的传输”的介绍可以看到，智能域（Intelligence Domain）的资源（如 AI 算力）可以与时域、频域等传统维度的资源形成互换。因此，相应的，B5G/6G 性能 KPI 体系中也可能会增加智能域这个新的维度。AI 与 B5G/6G 的结合将从“为 AI 业务服务”（for the AI）、“用 AI 增强 B5G/6G 技术”（by the AI），最终发展到将应用层的 AI 与无线接入层的 AI 完全融合，形成一个归一的 AI 6G 系统（of the AI）。

随之，6G 系统的设计目标应该是针对跨层的 AI 操作的效率最大化，而不仅仅是通信链路的性能优化。例如，以 AI 推理的精确度（Inference Accuracy）和 AI 训练的精确度（Training Loss）代替通信的精确度（Error Rate），以 AI 推理的时延（Inference Latency）和 AI 训练的时延（Training Latency）代替通信的时延，以 AI 操作的效率替代数据传输的效率。对比 5G 的 KPI 体系［如图 20-11（a）所示］，6G 的 KPI 体系可能会引入这些智能域 KPI，如图 20-11（b）所示。

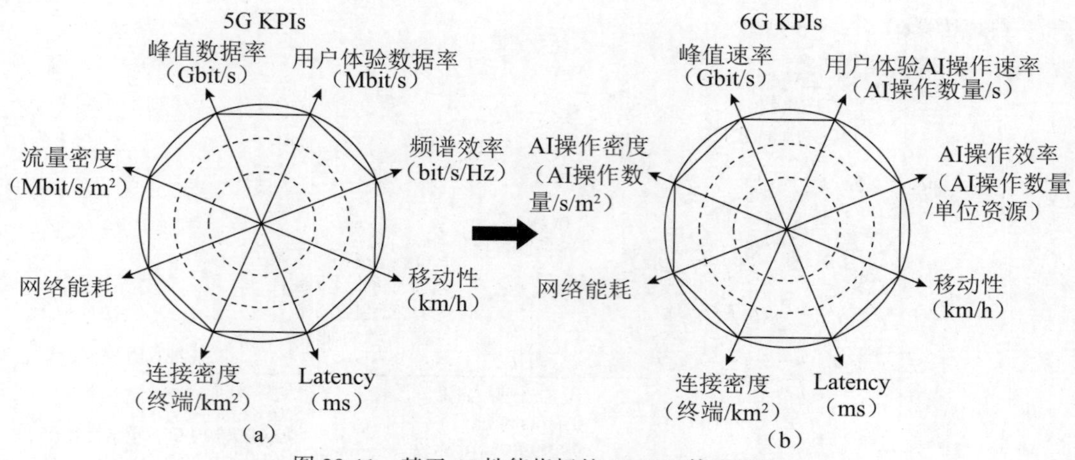

图 20-11　基于 AI 性能指标的 6G KPI 体系展望

- 比用户体验数据率（User Experienced Data Rate）更合理的指标，应该是用户体验 AI 操作速率（User Experienced AI Operation Rate）。
- 比频谱效率（Spectrum Efficiency）更合理的指标，应该是 AI 操作效率（AI Operation Efficiency）。
- 比流量密度（Area Traffic Capacity）更合理的指标，应该是 AI 操作密度（Area AI Operation Capacity）。

AI 操作速率可以按式（20.1）定义，针对这个 KPI，系统的设计目标应该是尽可能提高用户每秒能够完成的 AI 操作（推理、训练）的数量，而不单纯追求空中接口每秒传输的比特数量。为了提高 AI 操作速率，可以采用上面介绍的那些 AI 与 B5G/6G 结合的方法，如在一定的空口传输数据率下，采用一个适当的分割点进行分割 AI 操作，可以实现更高的 AI 操作速率。将一定的空口传输数据率用于下载适当的 AI 模型，相对于仅仅将其用于传输传统数据，可以实现更高的 AI 操作速率。

$$\text{AI 操作速率}=\frac{\text{AI 操作数量}}{\text{时间}} \tag{20.1}$$

AI 操作效率可以按式（20.2）定义，针对这个 KPI，系统的设计目标应该是尽可能提高消耗单位资源（包括时频域、算力、存储、功耗等各种维度的资源）实现的 AI 操作数量，分母中各个维度的资源之间可以灵活互换、取长补短，避免出现“短板”维度，实现综合资源利用率最优。例如，采用最优的 AI 模型和 AI 分割点进行 AI 推理可以节省空口资源，选择覆盖好的终端进行联邦学习可以节省终端的存储资源和功耗，从而提升 AI 操作的效率。

$$\text{AI 操作速率}=\frac{\text{AI 操作数量}}{\text{时间}\times\text{频率}\times\text{算力}\times\text{存储}\times\text{功耗}} \tag{20.2}$$

2. B5G/6G 候选技术展望

为了实现上述明显高于 5G 的性能指标，需要找到相应的使能技术。本书并非专门介绍 B5G/6G 候选技术的书籍，这里对业内研究较多的 B5G/6G 候选技术作一简单介绍，对应于上述潜在 6G 需求，大致可以分如下几类来讨论。

（1）高数据率使能技术

追求更高的传输数据率，始终是移动通信技术的主题。在 4G 以前，主要是通过扩大带宽和提高频谱效率两个手段来提升数据率，在 3G 引入 CDMA（码分多址）和链路自适应（Link Adaptation），在 4G 引入 OFDMA 和 MIMO，都获得了数倍的频谱效率提升，并分别将传输带宽扩展到 5 MHz 和 20 MHz。但到了 5G 阶段，似乎已经缺乏大幅提高频谱效率的技术，NOMA（非正交多址）这样的能小幅提高频谱效率的技术最终也没有被采用，数据率提升主要依靠扩展传输带宽这一条路了，而大带宽传输主要在高频谱（如毫米波频谱）实现。预计 6G 将延续“向更高频谱寻找更大带宽，换取高数据率”的技术路线，候选技术主要包括 THz 传输和可见光通信（Visible Light Communications，VLC）。

在 6G 中使用 THz 技术，延续了移动通信“逐次提高频谱”的思路，随着 100 GHz 以下的毫米波技术已经在 5G 阶段完成标准化，再向上进入到 100 GHz 以上频谱，已经进入了泛义上的 THz 频谱。关于 THz（Terahertz）的频率范围有一种常见的说法是 0. 1～10THz，可望提供数十、上百 GHz 的可用频谱，实现 100Gbps 乃至 1Tbps 的传输速率。THz 发射机可能会延续类似毫米波通信的大规模天线体制，阵元的数量可能达到数百甚至上千个，在 MIMO 技术上与 5G 可能有一定的继承性，这是无线通信产业对这个技术最为关注的原因。关于 THz 通信技术的传播特性试验还处于早期阶段，THz 电磁波已经在质量、安全检测等领域用于透视，说明其在很近距离内对衣物、塑料等一部分材质具有一定的能量穿透性，但这不意味着 THz 是一种像 6 GHz 以下无线通信技术那样可以在 NLOS（Non-Line-of-Sight，非视距）环境工作的宽带通信技术，在穿透后的 THz 信号中是否能还原高速数据，还有待于试验的验证。另外，THz 信号的空间衰减无疑是很大的，其覆盖距离会比毫米波更小，主要用于很近距离的无线接入或特定场景的无线回传（Backhaul）。最后，THz 的收发信机及相关射频器件的研发还处于早期阶段，短期内还无法实现小型化、实用化，是否能在 2030 年前提供大规模商用的低成本设备，面临着较大挑战。

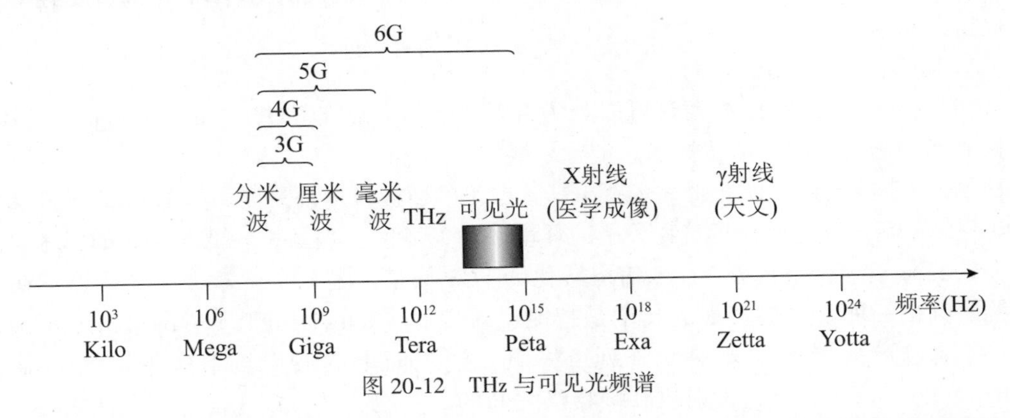

图 20-12　THz 与可见光频谱

VLC 是一种使用可见光频谱的无线通信技术。光纤通信已经成为最成功的有线宽带通信技术，近些年也逐渐用于无线通信场景。无线激光通信已经用于卫星间和星地间通信，基于发光二极管（LED）照明的室内宽带无线接入技术（称为 LiFi）也已经在产业界研发了十几年时间。与 THz 一样，VLC 的最大优势是可以提供充裕的频谱资源。可见光频谱位于 380~750 THz，VLC 通信带宽主要受限于收发信机的工作带宽，传统 LED 发射机的调制带宽只有数百 MHz，传输速率最高也就 1 Gbps 左右，在类似照明灯的扩展角范围内难以实现比高速 Wi-Fi、5G 更高的传输速率，这可能是 LiFi 技术尚未普及的主要原因。激光二极管（LD）发射机可以实现数 GHz 的传输带宽，通过多路并行传输（类似 MIMO 光通信）实现数十 Gbps 传输速率是完全可行的。与 THz 通信相比，VLC 的优点是可以在成熟的光纤通信器件基础上研发 VLC 通信设备，研发的基础好得多。但 VLC 也存在容易被自然光干扰、容易受到云雾遮挡、收发需要不同的器件等缺点。尤其是 VLC 已经完全脱离了传统无线通信基于射频天线进行的收发的技术路线，需要采用光学系统（如透镜、光栅等），无线通信产业要适应这套新的技术体制，远比 THz 通信（仍沿用大规模天线）难度要大。

无论是 THz 通信还是 VLC，即使解决了无线链路的收发问题，随之而来的棘手问题，是波束、光束如何对准的问题。从能量守恒的角度可以判断，在不显著提升发射功率的条件下，传输带宽的大幅提升必然带来功率谱密度（Power Spectral Density，PSD）的急剧降低，要想维持一个起码可用的覆盖距离，只能在空间上聚集能量予以补偿。5G 毫米波技术之所以采用基于大规模天线的波束赋形，就是为了将能量集中在很窄的波束中（被形象地称为 Pencil Beam，笔形波束），换取有效的覆盖。如果 THz 通信或 VLC 的传输带宽比毫米波更宽，势必需要进一步收窄波束宽度。基于 LD 的 VLC 发射机天生可以生成极窄的光束，在接收机侧将能量集中在一个很小的光斑内，但即使是设备发生难以察觉的抖动，都会丢失链路。因此，6G 系统无论采用何种高速率传输方案，都必须解决极窄波束/光束的快速对准、维持和恢复问题。其实，5G 毫米波采用的波束管理（Beam Management）和波束失败恢复（Beam Failure Recovery）可以看作一个初步的波束对准和恢复技术。对于 5G 毫米波这样的 Pencil Beam 尚且需要设计如此复杂的对准技术，THz 通信还是 VLC 的极窄波束的对准技术势必是一个具有很高技术难度的课题。

最后，从网络拓扑角度看，侧链路（Sidelink）可能在 6G 高数据率系统中发挥更重要的作用。由于 100 Gbps~1 Tbps 的高数据率连接的覆盖范围可能进一步缩短（如在 10 m 以内），采用蜂窝拓扑实现的难度进一步增大，预计采用侧链路实现的可行性更大。因此，与以前的各代移动通信技术在下行链路实现最高峰值速率不同，6G 技术的最高峰值速率很可能在侧链路获得。

（2）覆盖范围扩展技术

6G 的覆盖范围扩展技术大致可以分为两类：高速传输的 LOS（Line-of-Sight，可视径）扩展技术和特殊场景的广覆盖技术。

从 5G 毫米波开始，能获得大带宽、高数据率的通信技术都只能用于 LOS 信道，基本没有 NLOS 覆盖能力，造成在建筑物较多的环境中（如城区）覆盖率较低。因此如何尽可能获取更多的 LOS 信道，将部分 NLOS 信道转化为 LOS 信道，是一个学术界、产业界正在研究的课题。其中一种有可能实现的技术是智能反射表面（Intelligent Reflecting Surface，IRS）。IRS 可以通过可配置的反射单元阵列，将照射到表面上的波束折射到指定的方向［如图 20-13（a）所示］，绕过发射机和接收机之间的障碍物，将 NLOS 信道转化为 LOS 信道。IRS 不同于普通的反射表面，可以不服从入射角等于出射角的光学原理，可以通过反射单元的配置，改变反射波束的角度，覆盖障碍物后的不同终端或跟随终端移动。另外，IRS 也可以将一个窄波束扩展成一个相对宽的波束，同时覆盖多个终端［如图 20-13（b）所示］。相对中继站（Relay Station），IRS 如果能实现更低的部署成本和更简单的部署环境，则成为一个有吸引力的 LOS 信道扩展技术。

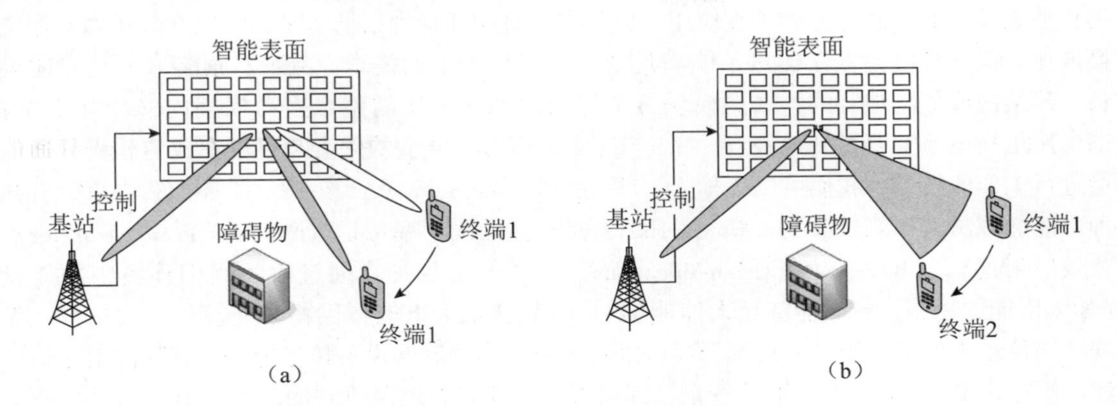

图 20-13　智能反射表面示意图

其他的 LOS 信道扩展技术还包括移动基站技术，即通过可移动的车载或无人机基站，根据被服务终端的位置主动移动，绕过障碍物，获得 LOS 信道，实现毫米波、THz 或 VLC 通信。

特殊场景的广覆盖技术的目标是覆盖空天、海洋、荒漠等特殊的应用环境。这些环境中虽然没有大量的通信用户，但对应急救灾、远洋运输、勘探开采等特殊场景仍有重要的意义。在 20.1 节已经介绍 R17 NR 标准中将开展 NTN（Non-Terrestrial Networks，非地面通信网络）标准化工作[13]，利用卫星通信网络覆盖范围广、抗毁能力强的特点，实现上述应用场景。但卫星通信网络也有容量有限、不能覆盖室内、时延相对较大、需要专用终端等问题，因此未来 6G 网络的一个重要方向是构建空天地一体化网络，即将地面移动通信网络、天基通信网络（航空器、无人机）、空间网络（卫星）融合在一起，实现互联互通、优势互补，实现最大覆盖广度和深度的 6G 网络（如图 20-14 所示）。空天地一体化网络主要是一种网络技术，需要解决的主要是空天、地面两个网络的联合组网和资源灵活配置问题。

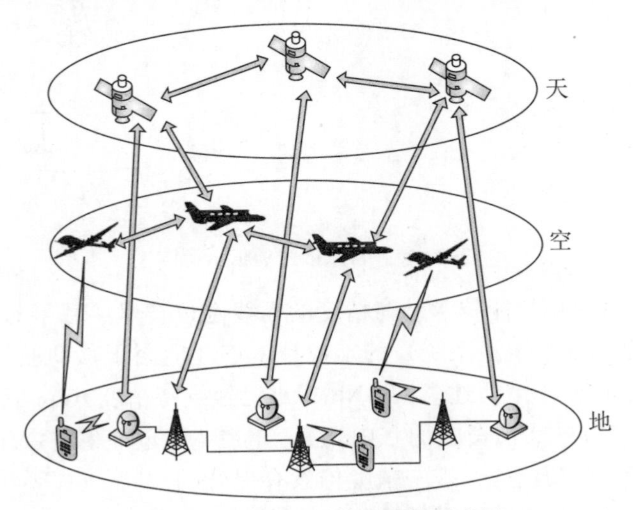

图 20-14　空天地一体化网络示意图

（3）垂直应用使能技术

与 5G 一样，B5G/6G 技术也将会持续针对各种垂直行业应用进行优化。在 4G 中，已经支持 NB-IoT 这样的窄带物联网技术，目标是尽可能低成本、低功耗地实现物物通信，支持远程抄表、工业控制等各种垂直应用。但是即使将功耗降到很低水平，可以在数年内不用更换电池，但这种电池寿命仍然不能满足某些应用场景下的需求。例如，很多嵌入在封闭设备、建筑内或危险地区的物联网模块，希望能做到在模块的整个生命周期内（如几十年）都不用更换电池。要做到这一点，完全靠消耗电池里的电量是不足够的，必须有借助外部能量进行工作的技术，我们可以统称为“零功耗”（Zero-power）技术。实现“零功耗”有几种可能的方法，如能量收割（Power Harvesting）、无线功率传送（Wireless Power Transfer）、背景散射通信（Backscatter Communications）等。能量收割是通过收集周围环境中的能量（如太阳能、风能、机械能甚至人体能量），将其转化为电能，供物联网模块收发信号；无线功率传送类似于无线充电技术，可以远距离隔空为物联网设备传输电能；背景散射通信已经广泛用于 RFID 等短距离通信场景，即通过被动反射并调制收到的环境能量，向外传递信息。传统的背景散射通信是由读写器（Reader）直接向电子标签（Tag）发射一个连续波背景信号，在读写器的电路上反射形成一个调制有信息的反射信号，由读写器进行接收［如图 20-15（a）所示］。但由于读写器的发射功率有限，这种传统的方式只能在很近距离内工作。一种改进的方式是在工作区域内建立一些专门发射背景信号的能量发射器（Power beacon），读写器反射来自能量发射器的背景信号［如图 20-15（b）所示］，这种方法可能可以在较远的距离实现背景散射通信。“零功耗”通信的核心是研发有效、可靠、低成本的“零功耗”射频模块，但由于外部能量获取的非连续性和不稳定性，通信系统设计也需要进行相应的考虑。

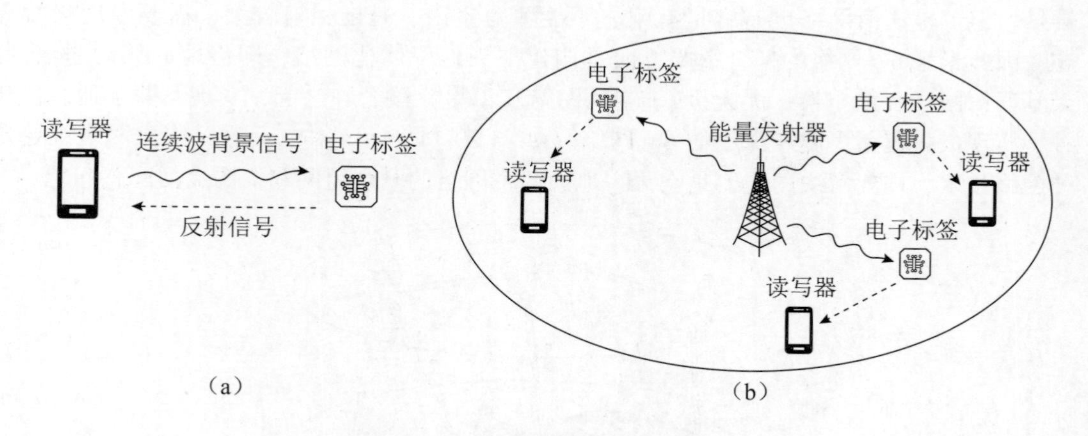

图 20-15　背景散射通信示意图

另一个重要的垂直应用使能技术是高精度的无线定位技术。基于 GNSS（Global Navigation Satellite Syste，全球导航卫星系统）的定位技术广泛应用于移动通信业务，但也具有不能覆盖室内的缺陷。如 20.1 节所述，R16 NR 标准已经支持精度 10 m 以内的基于 5G 网络的定位技术，可以用于 GNSS 无法覆盖的室内场景，R17 NR 正准备将定位精度进一步提高到亚米级。但是面向多种移动业务，这一精度仍然有提升的空间，6G 系统的目标可能是实现厘米级的定位精度。目前还不明确采用何种新技术能实现如此高的定位精度。同时，通过无线信号进行定位也不是高精度定位的唯一技术路线，事实上，目前基于计算机视觉和 AI 技术来进行定位的应用更为广泛。基于 5G、6G 的高精度定位技术也需要和这些定位技术竞争，看哪种技术最终能在市场中胜出。

除了上述两例，还有很多潜在的垂直应用使能技术可能包含在 B5G/6G 系统中。当然，像上面曾经谈到的，由于这些技术不依赖于 B5G/6G 核心技术，也不采用 6G 新频谱，因此可能随时根据市场的需要启动研发和标准化工作，从而成为 5G 增强技术的一部分，不一定等到 6G 时代再进入国际标准。

总之，6G 关键技术的研究还处于早期阶段，产业界正在广泛地考察、评估各种可能的候选技术，现在谈论技术的遴选和集成还为时过早，我们今天看好的技术未必最后真的会成为 6G 的一部分，反之可能还有有竞争力的 6G 技术尚未进入我们的视野，当前的核心工作应该是尽早厘清 6G 的业务需求和技术需求，想清楚我们要设计一个怎样的 6G 系统，为用户、为产业带来哪些新的价值和感受。

最后，一个不确定的问题是：6G 是否会对 5G 已覆盖的频谱中的技术进行重新设计？从 2G、3G 到 4G，移动通信系统都是按照完全替代上一代技术来设计的。在 5G 技术规划的早期，曾考虑了两种思路：一是 5G NR 系统只针对高频谱新频谱（即毫米波频谱）进行设计，6 GHz 以下的原有频谱重用 4G LTE 即可，即 5G 和 4G 是长期共存互补的关系；二是 5G NR 系统对 6 GHz 以下的系统也进行重新设计，从而能够逐步完全替代 4G 系统。显然，最终的结果是采用了第二种思路，正如本书很多章节中介绍的，这是因为在 2004—2008 年设计 4G 系统时，考虑到当时设备、芯片的可实现能力水平，LTE 系统只设计了一个简化的、缩减版本的 OFDMA 系统，没有充分挖掘 OFDMA 在灵活性和效率上的设计潜力。因此，5G NR 有充分的理由重新设计一个能够充分发挥 OFDMA 潜力的完整版本的 OFDMA 系统，来替代 LTE 系统。但是 6G 和 5G 又会是什么关系呢？6G 是否还要把 100 GHz 以下的 5G 系统进行重新设计、致力于最终替代 5G 呢？还是只需要对 100 GHz 以上的新频谱进行设计，在 100 GHz 以下重用 5G 系统，使 6G 和 5G 长期共存互补呢？显然这取决于在 100 GHz 以下是否存在足够的增强、优化的空间，是否值得重新进行系统设计。这要看产业在未来几年的思考和共识。

20.3 小结

2020—2025 年，5G 标准仍将持续演进，满足更多垂直行业应用的需求，同时对 5G 基础设计进行优化和改进。按既往规律，6G 标准化可能于 2025 年启动。对 6G 的业务和技术需求、关键技术、系统特性的预研还处于早期阶段，但可以预计，很多 5G 技术和设计在 6G 时代还会得到沿用及增强。因此，深入了解 5G 标准，对未来的 6G 的系统设计和标准化也将具有重要的作用。

参考文献

[1] RP-200493. 3GPP Release timelines, RAN Chair, RAN1/RAN2/RAN3/RAN4/RAN5 Chairman.

[2] RP-193133. WID proposal for Rel. 17 enhancements on MIMO for NR, Samsung.

[3] RP-193239. New WID: UE Power Saving Enhancements, MediaTek Inc.

[4] RP-193252. New WID on NR small data transmissions in INACTIVE state, ZTE Corporation.

[5] RP-193263. New WID Support for Multi-SIM devices in Rel-17，vivo.
[6] RP-193254. Study on enhancement of RAN Slicing，CMCC Verizon.
[7] RP-193238. New SID on support of reduced capability NR，Ericsson.
[8] RP-193237. New SID on NR Positioning Enhancements，Qualcomm.
[9] RP-193233. New WID on enhanced Industrial Internet of Things（IoT）and URLLC support，Nokia.
[10] RP-193257. New WID on NR sidelink enhancement，LG Electronics.
[11] RP-193253. New SID：Study on NR sidelink relay，OPPO.
[12] RP-193240. New SID on NR coverage enhancement，China Telecom.
[13] RP-193234. New WID：Solutions for NR to support non-terrestrial networks（NTN），THALES.
[14] RP-193235. New Study WID on NB-IoT/eTMC support for NTN，MediaTek Inc.
[15] RP-193259. New SID Study on supporting NR above 52_6 GHz，Intel Corporation.
[16] RP-193229. New WID proposal for extending NR operation up to 71GHz，Qualcomm.
[17] RP-193241. New SID on XR Evaluations for NR，Qualcomm.
[18] RP-193248. New WID proposal：NR Multicast and Broadcast Services，HUAWEI.
[19] RP-193255. New WID：SON/MDT for NR，CMCC.
[20] S1-193606. New WID on Study on traffic characteristics and performance requirements for AI/ML model transfer in 5GS，OPPO，CMCC，China Telecom，China Unicom，Qualcomm. 3GPP TSG-SA WG1 Meeting #88，Reno，Nevada，USA，18-22 November 2019.
[21] Zhi Zhou，Xu Chen，En Li，Liekang Zeng，Ke Luo，Junshan Zhang. Edge intelligence：Paving the last mile of artificial intelligence with edge computing. Proceeding of the IEEE，2019，Volume 107，Issue 8.
[22] Jiasi Chen，Xukan Ran. Deep learning with edge computing：A review. Proceeding of the IEEE，2019，Volume 107，Issue 8.
[23] I. Stoica et al. A Berkeley view of systems challenges for AI. 2017，arXiv：1712. 05855. [Online]. Available：https：//arxiv. org/abs/1712. 05855.
[24] Y. Kang et al. Neurosurgeon：Collaborative intelligence between the cloud and mobile edge. ACM SIGPLAN Notices，vol. 52，no. 4，pp. 615-629，2017.
[25] E. Li，Z. Zhou，and X. Chen. Edge intelligence：On-demand deep learning model co-inference with device-edge synergy. in Proc. Workshop Mobile Edge Commun.（MECOMM），2018，pp. 31-36.
[26] A. Krizhevsky，I. Sutskever，and G. E. Hinton. ImageNet classification with deep convolutional neural networks. in Proc. NIPS，2012，pp. 1097-1105.
[27] K. Simonyan and A. Zisserman. Very deep convolutional networks for large-scale image recognition. 2014，arXiv：1409. 1556. [Online]. Available：https：//arxiv. org/abs/1409. 1556.
[28] K. He，X. Zhang，S. Ren，and J. Sun. Deep residual learning for image recognition. in Proc. IEEE CVPR，Jun. 2016，pp. 770-778.
[29] A. G. Howard et al. MobileNets：Efficient convolutional neural networks for mobile vision applications. 2017，arXiv：1704. 04861. [Online]. Available：https：//arxiv. org/abs/1704. 04861.
[30] C. Szegedy，et al. Going deeper with convolutions. in Proc. CVPR，2015，pp. 1-9.
[31] Sergey Ioffe and Christian Szegedy. Batch normalization：Accelerating deep network training by reducing internal covariate shift. In ICML.，2015.
[32] T. Nishio and R. Yonetani. Client selection for federated learning with heterogeneous resources in mobile edge. 2018，arXiv：1804. 08333. [Online]. Available：https：//arxiv. org/abs/1804. 08333.
[33] Federated Learning. https：//justmachinelearning. com/2019/03/10/federated-learning/.
[34] Nguyen H. Tran，Wei Bao，Albert Zomaya，Minh N. H. Nguyen，Choong Seon Hong. Federated Learning over Wireless Networks：Optimization Model Design and Analysis. IEEE INFOCOM 2019-IEEE Conference on Computer Communications.

缩略语

2G	the 2nd Generation	第2代
3G	the 3rd Generation	第3代
3GPP	3rd Generation Partnership Project	第3代合作伙伴计划
4G	the 4th Generation	第4代
5G	the 5th Generation	第5代
6G	the 6th Generation	第6代
8PSK	8-state Phase Shift Keying	八相相移键控
ACK	Acknowledgement	肯定确认
A-GNSS	Advanced GNSS	先进 GNSS
A-GPS	Assisted GPS	辅助 GPS
AI	Artificial Intelligence	人工智能
AM	Acknowledgement Mode	确认模式
AMBR	Aggregate Maximum Bit Rate	聚合最大比特速率
AMC	Adaptive Modulation and Coding	自适应调制和编码
AMR	Adaptive Multi Rate	自适应多速率
ARP	Almost Regular Permutation	近似规则置换
ARQ	Automatic Repeat-reQuest	自动重传请求
AS	Access Stratum	接入层
AWGN	Additive White Gaussian Noise	加性高斯白噪声
B5G	Beyond 5G	后 5G
BBU	BaseBand Unit	基带单元
BCCH	Broadcast Control CHannel	广播控制信道
BCH	Broadcast CHannel	广播信道
BER	Bit Error Ratio	误码率
BF	Beamforming	波束赋形
BLER	BLock Error Ratio	误块率
BPSK	Binary Phase Shift Keying	二相相移键控
BS	Base Station	基站
CAZAC	Constant Amplitude Zero Auto-Correlation	等幅零相关
CB	Code Block	码块
CCE	Control Channel Element	控制信道粒子
CCSA	China Communications Standardization Association	中国通信标准化协会
CDF	Cumulative Distribution Function	累积分布函数
CDM	Code-Division Multiplexing	码分复用
CDMA	Code-Division Multiple Access	码分多址
CF	Contention Free	无竞争
CFI	Control Format Indicator	控制格式指示
CN	Core Network	核心网
CNN	Convolutional Neural Network	卷积神经网络

CoMP	Coordinative Multiple Point	协同多点
CP	Control Plane	控制面
CP	Cyclic Prefix	循环前缀
C-Plane	Control Plane	控制面
CQI	Channel Quality Indicator	信道质量指示
CRC	Cyclic Redundancy Check	循环冗余校验
C-RNTI	Cell RNTI	小区 RNTI
CSFB	Circuit Switch FallBack	电路域回落
CSI	Channel State Information	信道状态信息
CT	Core Network and Terminal	核心网及终端
CW	Code Word	码字
DC	Direct Current	直流
DCI	Downlink Control Information	下行控制信息
DFT	Discrete Fourier Transform	离散傅里叶变换
DFT-S-OFDM	DFT-Spread OFDM	DFT 扩展 OFDM
DL	DownLink	下行
DL-SCH	Downlink Shared CHannel	下行共享信道
DM	Demodulation	解调
DNN	Deep Neural Network	深度神经网络
DRS	Discovery Reference Signal	发现参考信号
DRX	Discontinuous Reception	不连续接收
DTX	Discontinuous Transmission	不连续发送
EIRP	Equivalent Isotropic Radiated Power	有效全向辐射功率
eNodeB（eNB）	Evolved Node B	演进型节点 B
EPC	Evolved Packet Core network	演进型分组核心网
EPS	Evolved Packet System	演进型分组系统
ETSI	European Telecommunications Standards Institute	欧洲电信标准研究所
EUL	Enhanced Uplink	增强上行
E-UTRA	Evolved UTRA	演进型 UTRA
E-UTRAN	Evolved UTRAN	演进型 UTRAN
EVM	Error Vector Magnitude	差错矢量值
FDD	Frequency Division Duplex	频分双工
FDM	Frequency Division Multiplexing	频分复用
FDMA	Frequency Division Multiple Access	频分多址
FEC	Forward Error Correction	前向纠错编码
FER	Frame Error Rate	误帧率
FFT	Fast Fourier Transform	快速傅里叶变换
FH	Frequency Hopping	跳频
FL	Federated Learning	联邦学习
FTP	File Transfer Protocol	文件传送协议
GBR	Guaranteed Bit Rate	保证比特率
GNSS	Global Navigation Satellite System	全球导航卫星系统
GP	Guard Period	保护时隙
GPS	Global Positioning System	全球定位系统
GSM	Global System for Mobile communication	全球移动通信系统
GTP-U	GPRS Tunneling Protocol for User Plane	GPRS 用户平面隧道协议

HARQ	Hybrid Automatic Repeat-reQuest	混合自动重传请求
HSPA	High Speed Packet Access	高速分组接入
HSS	Home Subscriber Server	归属用户服务器
HTTP	Hyper Text Transfer Protocol	超文本传输协议
ID	Identifier	标识符
IEEE	Institute of Electrical and Electronics Engineers	电气和电子工程师学会
IMS	IP Multimedia Subsystem	IP 多媒体子系统
IMT-2020	International Mobile Telecommunications 2020	国际移动通信 2020
IP	Internet Protocol	因特网协议
IPv4	Internet Protocol Version 4	因特网协议第 4 版本
IPv6	Internet Protocol Version 6	因特网协议第 6 版本
IR	Incremental Redundancy	增量冗余
IRC	Interference Rejection Combining	干扰抑制合并
IRS	Intelligent Reflecting Surface	智能反射表面
ITU	International Telecommunication Union	国际电信联盟
ITU-R	ITU-Radio	国际电信联盟无线部门
L1	Layer 1	层 1
L2	Layer 2	层 2
L3	Layer 3	层 3
LA	Location Area	位置区
LAN	Local Area Network	局域网
LB	Long Block	长块
LDPC	Low Density Parity Check	低密度奇偶校验（码）
LED	Light Emitting Diode	发光二极管
LOS	Line-of-Sight	视距
LRI	Latin square and Rectangle structured Interleaver	拉丁正方与矩形结构交织器
LTE	Long Term Evolution	长期演进
MAC	Media Access Control	媒体接入控制
MBMS	Multimedia Broadcast and Multicast Service	多媒体广播和多播业务
MBR	Maximum Bit Rate	最大比特率
MCS	Modulation and Coding Scheme	调制编码方式
MG	Measurement Gap	测量间隔
MIB	Master Information Block	主信息块
MIMO	Multiple Input Multiple Output	多入多出
ML	Machine Learning	机器学习
MME	Mobility Management Entity	移动性管理实体
MPR	Maximum Power Reduction	最大功率回退
MU-MIMO	Multiple User MIMO	多用户 MIMO
NACK	Negative Acknowledgement	否定确认
NAS	Non-Access Stratrum	非接入层
NB-IoT	Narrow-Band Internet of Things	窄带物联网
NDI	New Data Indicator	新数据指示符
NF	Network Function	网络功能
NFC	Near Field Communications	近场通信
NLOS	Non-Line-of-Sight	非视距
Node B	Node B	节点 B（UMTS 基站）

NTN	Non-Terrestrial Networks	非地面通信网络
OFDM	Orthogonal Frequency Division Multiplexing	正交频分复用
OFDMA	Orthogonal Frequency Division Multiple Access	正交频分多址
OQAM	Offset QAM	位移 QAM
OS	Orthogonal Sequence	正交序列
OTT	Over The Top	运营商网络中的应用业务
PAPR	Peak-to-Average Power Ratio	峰平比
PBCH	Physical Broadcast CHannel	物理广播信道
PCC	Policy and Charging Control	政策与计费控制
PCFICH	Physical Control Format Indicator CHannel	物理控制格式指示信道
PDCCH	Physical Downlink Control CHannel	物理下行控制信道
PDCP	Packet Data Convergence Protocol	分组数据汇聚协议
PDSCH	Physical Downlink Shared CHannel	物理下行共享信道
PDU	Packet Data Unit	分组数据单元
PHICH	Physical HARQ Indicator CHannel	物理 HARQ 指示信道
PHY	Physical layer	物理层
PLMN	Public Lands Mobile Network	公众陆地移动通信网
PMI	Precoding Matrix Indicator	预编码矩阵指示符
PRACH	Physical Random Access CHannel	物理随机接入信道
PRB	Physical Resource Block	物理资源块
PSD	Power Spectral Density	功率谱密度
PSK	Phase Shift Keying	相移键控
PTP	Point-To-Point	点到点
PUCCH	Physical Uplink Control CHannel	物理上行控制信道
PUSCH	Physical Uplink Shared CHannel	物理上行共享信道
PSS	Primary Synchronization Signal	主同步信号
QAM	Quadrature Amplitude Modulation	正交调幅
QoS	Quality of Service	服务质量
QPP	Quadratic Permutation Polynomial	二次置换多项式
QPSK	Quaternary Phase Shift Keying	四相移相键控
R15	Release15	第 15 版本
R16	Release16	第 16 版本
R17	Release 17	第 17 版本
RACH	Random Access CHannel	随机接入信道
RAN	Radio Access Network	无线接入网
RA-RNTI	Random Access RNTI	随机接入 RNTI
RAT	Radio Access Technology	无线接入技术
RB	Resource Block	资源块
RB	Radio Bearer	无线承载
RE	Resource Element	资源粒子
REG	RE Group	RE 组
RF	Radio Frequency	射频
RFID	Radio Frequency Identity	射频标签
RI	Rank Indicator	秩指示
RIV	Resource Indicator Value	资源指示值
RLC	Radio Link Control	无线链路控制

RNTI	Radio Network Temporary Identifier	无线网络临时标识
ROHC	Robust Header Compression	可靠头压缩
RRC	Radio Resource Control	无线资源控制
RRM	Radio Resource Management	无线资源管理
RRU	Radio Remote Unit	无线远端单元
RS	Reference Signal	参考信号
RSRP	RS Received Power	RS 接收功率
RSRQ	RS Received Quality	RS 接收质量
RSSI	Received Signal Strength Indication	接收机信号场强指示
RV	Redundancy Version	冗余版本
Rx	Receive	接收
SA	Services and System Aspects	业务与系统方面
SC-FDMA	Single Carrier FDMA	单载波 FDMA
SCTP	Streaming Control Transport Protocol	流控制传输协议
SDF	Service Data Flow	业务数据流
SDM	Space Division Multiplexing	空分复用
SDMA	Space Division Multiple Access	空分多址
SDU	Service Data Unit	业务数据单元
SFBC	Space Frequency Block Code	空频块码
SFN	System Frame Number	系统帧号
SI	System Information	系统信息
SIB	System Information Block	系统信息块
SID	Silence Descriptor	静寂描述
SIM	GSM Subscriber Identity Module	GSM 用户识别模块
SINR	Signal to Interference plus Noise Ratio	信干噪比
SIP	Session Initiated Protocol	会话初始化协议
SMF	Session Management Function	会话管理功能
SN	Secondary Node	辅节点
SNR	Signal to Noise Ratio	信噪比
SON	Self-Organizing Network	自组织网络
SR	Scheduling Request	调度请求
SRS	Sounding Reference Signal	信道探测参考信号
SRVCC	Single Radio Voice Call Contibuity	单无线语音连续性
SSC	Session and Service Continuity	会话与服务连续性
SSS	Secondary Synchronization Signal	辅同步信号
SU-MIMO	Single User MIMO	单用户 MIMO
SVD	Singular Value Decomposition	奇异值分解
SvLTE	Simultaneous Voice and LTE	双待手机
TA	Timing Advance	时间提前量
TA	Tracking Area	跟踪区域
TAC	Tracking Area Code	跟踪区域码
TAI	Tracking Area Indicator	跟踪区域标识
TB	Transport Block	传输块
TBS	Transport Block Size	传输块大小
TCP/IP	Transport Control Protocol/Internet Protocol	传送控制协议/因特网协议
TDD	Time Division Duplex	时分双工

TDM	Time Division Multiplexing	时分复用
TDMA	Time Division Multiple Access	时分多址
TD-SCDMA	Time Division Synchronous CDMA	时分同步码分多址
TFI	Transport Format Indicator	传输格式指示符
THz	Terahertz	太赫兹
TM	Transparent Mode	透明模式
TPC	Transmit Power Control	发送功率控制
TR	Technical Report	技术报告
TS	Technical Specification	技术规范
TTI	Transmission Time Interval	发送时间间隔
Tx	Transmisson	发送
UCI	Uplink Control Information	上行控制信息
UE	User Equipment	用户设备
UL	Uplink	上行
UL-SCH	Uplink Shared CHannel	上行共享信道
UM	Un-acknowledgement Mode	非确认模式
UMTS	Universal Mobile Telecommunications System	通用移动通信系统
UP	User Plane	用户面
VLC	Visible Light Communications	可见光通信
VoIP	Voice over IP	IP 话音
VoLTE	Voice over LTE	基于 LTE 接入技术的语音
VoNR	Voice over NR	基于 NR 接入技术的语音
VSF-OFDM	Variable Spread Factor OFDM	可变扩频系数 OFDM
WCDMA	Wideband CDMA	宽带 CDMA
WG	Working Group	工作组
WI	Work Item	工作阶段
Wi-Fi	Wireless Fidelity	无线高保真
WiMAX	World interoperability for Microwave Access	全球微波接入互操作
WLAN	Wireless Local Area Network	无线局域网